国外优秀食品科学与工程专业教材

ELSEVIER

食品工程导论

（第五版）

著 【美】R. Paul Singh
Dennis R. Heldman

译 许学勤

中国轻工业出版社

图书在版编目（CIP）数据

食品工程导论：第五版/（美）辛格，（美）赫尔德曼著；许学勤译. —北京：中国轻工业出版社，2018. 1

国外优秀食品科学与工程专业教材

ISBN 978－7－5184－0904－4

Ⅰ. ①食…　Ⅱ. ①辛…　②赫…　③许…　Ⅲ. ①食品工程－高等学校－教材　Ⅳ. ①TS2

中国版本图书馆 CIP 数据核字（2016）第 284604 号

ELSEVIER
Elsevier（Singapore）Pte Ltd.
3 Killiney Road，#08－01 Winsland House I，Singapore 239519
Tel：(65) 6349－0200；Fax：(65) 6733－1817

Introduction to Food Engineering，5e
R. Paul Singh，Dennis R. Heldman

ISBN－13：9780123985309

This translation of Introduction to Food Engineering，fifth edition by R. Paul Singh and Dennis R. Heldman was undertaken by China Light Industry Press and is published by arrangement with Elsevier（Singapore）Pte Ltd.
Introduction to Food Engineering，fifth edition by R. Paul Singh and Dennis R. Heldman 由中国轻工业出版社进行翻译，并根据中国轻工业出版社与爱思唯尔（新加坡）私人有限公司的协议约定出版。
《食品工程导论》（第五版）（许学勤译）
ISBN：9787518409044

责任编辑：苏　杨　　加工编辑：方朋飞　　策划编辑：马　妍　　责任终审：滕炎福
封面设计：锋尚设计　　版式设计：锋尚设计　　责任校对：晋　洁　　责任监印：张　可

出版发行：中国轻工业出版社（北京东长安街 6 号，邮编：100740）
印　　刷：河北鑫兆源印刷有限公司
经　　销：各地新华书店
版　　次：2018 年 1 月第 1 版第 1 次印刷
开　　本：787×1092　1/16　印张：41.5　字数：960 千字
书　　号：ISBN 978－7－5184－0904－4　定价：135.00 元
邮购电话：010－65241695　发行电话：010－85119835　传真：85113293
网　　址：http：//www. chlip. com. cn　Email：club@ chlip. com. cn
如发现图书残缺请与我社邮购联系调换
140947J1X101ZYW

作者简介

R·P·辛格和D· R· 赫尔德曼再次推出了《食品工程导论》的第五版。该书自1984年首次出版以来一直保持着很高的声誉。辛格教授和赫尔德曼教授在食品工程课程教学方面有多年经历，他们的学生既有本科生也有研究生；加上赫尔德曼教授在食品加工行业的经历，这种合作方式再次在本书得到体现。作者精选的知识点及编写素材，可使学生和教师都能从这一联手推出的宝贵知识财富中受益匪浅。

辛格是美国加利福尼亚大学戴维斯分校的杰出食品工程教授，自1975年起，他先后在该校开授过多门食品工程课程。1986年，美国农业工程师学会（ASAE①）授予他青年教育工作者奖。2007年他因“食品工程教育的全球贡献”而获得岸田国际奖，并在2013年获得梅西弗格森教育奖。美国食品科学技术学会（IFT）1982年授予他塞缪尔凯特普雷斯科特研究奖，1988年授予其国际奖，并因在“食品技术领域的杰出贡献”而授予他尼古拉斯·阿佩尔奖。1997年，他取得了乳品和食品工业供应商协会和ASAE颁发的卓越食品工程奖，将其评价为“食品工程教育和服务方面杰出的世界级科学家和教育家”。2011年，辛格被工程与食品国际协会授予食品工程终身成就奖。2000年他同时被选为国际食品协会和ASAE的资深会员，2001年被选为国际食品科学院院士。他曾帮助葡萄牙、印度尼西亚、阿根廷和印度建立食品工程规划，并在世界各地40多个国家广泛讲授食品工程课程。辛格曾独立撰写或合作撰写过15本书，并发表了260多篇技术论文。他目前在加利福尼亚大学戴维斯分校利用数学模拟研究传热传质过程，并在食品供应链中寻求可持续发展性。2008年，辛格因在“食品工程研究和教育方面的创新和领导地位”而当选为美国工程院院士。

目前，赫尔德曼是在俄亥俄州立大学食品工程方面的Dale A. Seiberling特聘教授，从事提高食品加工系统效率方面的研究。此外，他还具有为教育界、工业界和政府部门提供食品加工工程方面的咨询经历。他是加利福尼亚大学戴维斯分校的兼职教授，也是密苏里大学的名誉教授。他的研究兴趣主要集中在利用模型来预测食品的热物理性质和开发用于食品加工过程的仿真模型。他单独或与人合作共发表了150多篇研究论文，是《食品工程手册》（2007年出版第二版）参编者，是《农业、食品与生物工程百科全书》（2011年第二版）的编者，也是2010年版《农业和食品生物技术百科全书》的参编者。赫尔德曼先后在密歇根州立大学、密苏里大学、新泽西州立罗格斯大学和俄亥俄州立大学为本科生和研究生开授过食品工程课程。他曾在金宝汤公司、美国食品加工协会，以及温伯格咨询集团公司担任过技术主管。他先后得过多项奖励，例如，1981年获得DFISA－ASAE食品工程奖，1978年获得俄亥俄州立大学杰出校友奖，1974年获得ASAE青年研究学者奖，并

① ASAE，是American Society of Agricultural Engineers（美国农业工程师学会）的缩写。——译者注

且曾经担任过2006—2007年度美国食品科学技术协会（IFT）主席。2011年，他被工程和食品国际协会授予食品工程终身成就奖，并被冷冻食品基金会授予食品冷冻研究奖。2013年，IFT和Phi Tau Sigma授予赫尔德曼卡尔·R·费勒斯奖。此外，赫尔德曼是IFT（1981）、美国农业工程师学会（1984）、国际食品科学与技术学会（2006）的成员。

第五版序

20 世纪 90 年代初我从化学工程专业毕业并取得学士学位后不久，便见到了由辛格和赫尔德曼教授编写的《食品工程导论》第二版。当时我受聘于一家工程公司从事食品加工厂设计和施工工作，因此需要了解食品工程。有关食品加工单元操作的精彩描述使我能得心应手地投入第一份专业工作。1997 年我作为研究生在一次食品工程会议上遇到了辛格和赫尔德曼两位教授，当时他们介绍了起着远距离研究和教育工具作用的远程实验室前沿工作。我在美国佛罗里达大学当助教的第一年，有机会与辛格教授讨论过为食品科学专业学生教授工程原理方面所遇到的问题，这些问题主要是由于当时为这类学生设置的数学课程极少所引起。过去八年里，我所教的柑橘加工技术课程使用了《食品工程导论》的第三版和第五版作为参考书。这是一本专为食品科学家写的书，很难想象，美国的食品科学或食品工程专业人员还有谁未使用过《食品工程导论》作为教材或参考书。本书的早期版本已经被翻译成西班牙语、汉语、韩语、葡萄牙语、马其顿语和阿尔巴尼亚语。我还了解到有位退休工程师为了保持头脑活跃，甚至还时常对该书习题进行解答。

过去十年中，随着婴儿潮年代出生人员的退休，包括本人以及在华盛顿州立大学几位同学在内的多位青年助教，相继在全美主要大学的食品科学系担当食品工程教学任务。本人问到的一些人均反映在有关课程中引用了《食品工程导论》。一些人引用了书中大部分内容，另一些人则引用了几章。《食品工程导论》的第五版出版得非常及时，是教授们应有的一本很好的教学工具书。

食品工程很大程度上涉及对食品加工、包装及贮运过程中发生的动态理化现象加以解释，以便对提供安全、营养和市销的食品的加工过程进行设计和操作。动态过程虽可用数学微分方程描述，但对于缺乏这方面知识的学生来说，是一件很困难的事。幸运的是，《食品工程导论》给出了这些方程的简单代数求解方法，并为学生提供了可以轻松建立并应用的电子表格之类的工具，从而克服了上述困难。头脑精明的学生无需经过烦琐的数学运算，只要利用此类模拟工具便可对相关变量进行深入了解，并观察它们对过程产生的影响。除了前几版本已经丰富的内容和工具以外，新版本提供的嵌入式多媒体工具将改善食品加工操作学习的可视化环境，更适合当今技术娴熟型学生。

辛格和赫尔德曼两位教授应用多种策略解决了食品工程教育方面的各种难点。本教材是不断更新的几十年教学经验的产物。能为辛格和赫尔德曼教授的书写序是我的莫大荣幸。本人相信，许多像我一样的学生或教师，都会将《食品工程导论》视为其职业伴侣。

佛罗里达大学
Jose′ I. Reyes De Corcuera

第三版序

食品工业是一个总收入次于信息业的大产业。为了满足已经超过六十亿世界人口的增长需求，它以飞快的速度发展。农业相关领域的进展使食物生产率达到了前所未有的水平。人类既需要安全的食品，也需要高质量、方便和保健的食品。食品科学家一直面临着满足这些需求的挑战。从原料到成品的食品加工过程涉及许多加工操作，这些操作均按量化方式进行，并需要众多工程方面的配合，以使得产品在保留品质、提高安全性、增加方便性、改善功能性和延长货架寿命等方面获得成功的平衡。

食品工程涉及包括热力学、流体流动和传热传质在内的所有经典工程学科，也与物理化学、生物过程和材料科学有关。了解食品加工过程的基础工程问题对于食品工业发展至关重要，食品科学教学不仅要对研究生，而且也要对本科生进行工程学科领域拓展的引导。生物化学家、微生物学家、营养学家、风味化学家、感官评定科学家和毒理学家均有必要了解现代食品加工的工程原理知识。

辛格博士和赫尔德曼博士在第三版中，继续采用了先作原理应用方面的描述，再展开过程量化关系式的方式进行编写——业已证明这是一种极好的工程原理教学技巧。作者在第三版的整个编辑中利用了信息技术，而且，在辛格博士的网站还提供了大量的图示例子。

自从第一版出版以来，辛格和赫尔德曼的《食品工程导论》教材成了食品工程学术界和食品工业界的规范。此书第三版不仅仍将保持这一传统，而且也相当有可能成为其他学科领域的表述规范。

感谢作者邀请本人为此书写序从而能为此学术成果作点贡献。我也深深地感谢作者在帮助建立食品工程标准和使得这一标准完美化方面，在他们的职业生涯中所作的无私努力。

北卡罗林纳州立大学食品科学系
William Neal Reynolds 教授和主任
Ken Swartzel 教授

译者序

再次将辛格和赫尔德曼两位教授合编的第五版《食品工程导论》翻译成中文，奉献给各位读者，深感荣幸。本人在翻译该书第三版时，就深深地为其内容编写的技巧和风格所打动。本书内容及其编写手法充分体现了两位作者在美国，乃至全球食品工程教学界所享有的盛誉实至名归。

以介绍原理应用作铺垫再展开量化关系式的《食品工程导论》涉及的内容，大部分是我国食品专业主要课程——食品工程原理所包含的内容。当前，国内食品工程原理教材有不少版本，为广大师生在食品工程方面的教学活动提供了较大的选择余地，但中文版的国外优秀教材并不多，目前只有中国轻工业出版的第三版《食品工程导论》中译本。此次翻译的该书第五版，较第三版增加了辅助过程、食品挤压过程和包装概念三章内容，另外，其他一些章节也作了不同程度的调整，增加的内容有第 2 章的固体食品输送、加工过程控制和传感器，第 3 章的能源、水和环境，第 4 章的电导率和欧姆加热，第 5 章的保藏加工处理系统，以及附录部分的因次分析等，大部分章还增加或更新了习题内容。这些增加的内容，在食品领域具有较大工程应用范围和发展潜力，它为食品工程教材内容注入了新的元素。本人期待此书能对国内食品工程教学和学生掌握食品工程知识有所帮助。

一如既往，感谢中国轻工业出版社提供的此书翻译机会，以及在出版方面所作的努力。感谢本人所在单位江南大学有关师生对本书译事所提供的帮助和启示。

许学勤

2017 年 5 月于无锡

前　言

在美国和加拿大，食品工程是取得本科食品科学学位的主要课程。食品加工及工程在IFT批准的规划中被看成核心竞争力之一。这些核心竞争力包括若干工程问题，如（1）工程原理，包括质量和能量衡算、热力学、流体流动及传热和传质；（2）食品保藏原理，包括低温和高温加工、水分活度；（3）食品加工技术原理，如干燥、高压、无菌处理、挤压；（4）包装材料和方法；（5）清洗和消毒。要为数学和工程意识有限的学生介绍这些概念具有很大的困难。我们写本书的目标是为将在食品行业从业的学生提供足够的工程概念背景，以便能和工程专业人员方便地进行沟通交流。

这本书适用于本科食品科学专业的食品工程课程教学。书中的知识点选自食品输送、加工、储存、食品包装和配送过程中的工程应用。大部分主题都包括背景介绍、基本工程概念和实例。采用这种编排方法的目的是帮助学生掌握工程概念的应用，同时对解题方法加以理解，逐步掌握这些概念。

本书范围包括基于基础物理学的基本工程原理和食品加工过程的若干应用。前面四章介绍了质量和能量衡算、热力学、流体流动与传热概念。本书第五版着重增加了一个可持续发展的概念。接下来的四章包括热力学和传热在保藏、冷藏、冷冻和液态食品蒸发浓缩过程中的应用。后面几章介绍与湿空气和传质概念有关的内容，各章涉及的内容包括工程概念用于膜分离过程、干燥过程、挤压、包装和包括过滤、离心和混合在内的辅助过程。

本书第五版包含前四个版本的大部分内容。各章包括了有助于学生对过程应用加以理解的适当描述。虽然方程都从基本概念开始介绍，但这些方程都给出了求解方法和实际应用问题。多数章节包含多个例题，以说明各种概念和应用，一些例题以电子表格程序形式介绍。各章尾的习题内容得到了更新，因而仍能为学生熟练掌握解题技巧提供机会。

本书第五版最显而易见的更新是关于内容载体。除了传统纸质课本以外，本书也有电子书。最后，第三种介绍模式结合了某些适用于平板式电脑的最新交互模式。这些互动手法包括过程动画、有助于“假设”分析的虚拟解题、工业设备照片、加工操作视频片断及模拟实验。模拟实验涉及预测给定过程食品物理、化学或微生物学变化的过程模拟。这些模拟实验以一种用户友好的界面方式展现，目的在于强化学生对重点概念的理解。第五版的第3章重点增加了资源可持续性内容。这些概念可使学生了解描述过程和操作效率的最新术语。

这本书主要适用于为有志取得食品科学研究生学位的本科生开课的教师。用于展示工程概念和应用的一些方法，基于我们自己的综合教学经验。教师们可选择利用本书的章节和有关材料，以满足所教课程的具体目标。书中的描述性信息、概念和例题的组织结构，为教学活动提供了最大灵活性。这本书的信息组织结构确实可以成为学生的学习指南。有些学生经过对给定章节内容的自学，应该可以完成每章后面的较难习题。

本书内容可方便地组织成两步式教学结构内容。第1章到第4章内容可构成第一部分，信息重点是工程概念。第 5 章至第 8 章内容构成强调应用的第二部分。另外，第 9 章和第 10 章也可作为基本内容纳入课程，而第 11 章到第 15 章也属于应用部分内容。此外，应用部分的章节内容也是加工主干课程的内容基础。

我们要感谢近 40 年来得到的同事们的许多建议和来自学生的激励。所有意见和建议对于本书不断更新和发展都十分宝贵。正如食品工程概念和应用不断发展一样，我们也将不断与教师和学生保持沟通与交流。

R·P·辛格
D·R·赫尔德曼

目　录

1 引　言

对于大多数食品工业中的通用单元操作原理的理解，需要借助于物理学、化学和数学方面的知识。例如，如果要求一位食品工程师设计一个涉及加热和冷却的食品加工过程，那么，他就必须对决定传热的物理原理有很好的了解。通常要求工程师的工作是量化的，因此，使用数学的能力是最基本的。加工会造成食品变化，这种变化可以是物理的、化学的、酶学的或者是微生物学方面的变化。通常，我们有必要了解加工过程中发生的化学变化的动力学行为。对于食品过程的设计和分析必须了解这方面的定量信息。在学习食品工程原理以前，希望学生已经修过数学、化学、物理学方面的基础课程。在本章中，我们将复习一些对于食品工程而言有重要作用的物理和化学概念。

1.1　量纲

可见和/或可测量的物理存在可以通过量纲定量描述。例如，时间、长度、面积、体积、质量、力、温度和能量都是量纲。量纲的大小由单位来表达；长度的单位可以用米、厘米或毫米来表示。

基本量纲，如长度、时间、温度和质量表示一个物理存在。次级量纲由基本量纲结合而成（如体积是长度的三次方；速度是距离除以时间）。

方程必须使量纲保持一致。因此，如果一个方程左侧的量纲是“长度”，那么方程右侧的量纲也必须是“长度”。这是一个检查方程正确与否的好方法。解数值问题时，在方程中写出每一量纲的单位也有助于避免计算时出错。

1.2　工程单位

物理量可由许多单位制来度量。最常用的单位制包括英制、厘米克秒（cgs）制和米千克秒（mks）制。然而，由于必须用无数的符号来代表单位，因此使用这些单位制经常会造成大量的混乱。国际组织曾试图统一不同的单位制、符号和相关的数量。国际单位制（SI）是国际协议的结果。以下将要讨论的 SI 单位由 7 个基本单位、2 个补充单位和一系列导出单位构成。

1.2.1 基本单位

SI 的基础是 7 个明确定义的单位，这些单位约定成俗地被认为在量纲上是独立的。7 个基本单位的定义如下：

（1）长度单位（米）：米（m）等于氪 -86 原子的 $2p_{10}$ 和 $5d_5$ 能级间跃迁辐射真空波长的 1650763.73 倍的长度①。

（2）质量单位（千克）：千克（kg）等于国际千克原器的质量。（国际千克原器是一个特制的铂 - 铱合金的圆柱体，此原器现由国际重量和计量局保存在法国塞维汉的拱形容器中）。

（3）时间单位（秒）：秒（s）是铯 -133 原子基态的两个超精细能极之间跃迁所对应辐射的 9192631770 个周期的持续时间。

（4）电流单位（安培）：安培（A）是一恒定电流，若保持在处于真空中相距 1m 的两无限长而圆截面可忽略的平行直导线内，则在此两导线之间产生的力在每米长度上等于 2×10^{-7}N。

（5）热力学温度单位（开尔文）：开尔文（K）是水三相点热力学温度的 1/273.16。

（6）物质的量单位（摩尔）：摩尔（mol）是一系统的物质的量，该系统所包含的基本单元数与 0.012kg 碳 -12 的原子数目相等。

（7）亮度单位（坎德拉）：坎德拉（cd）是在 101325N/m^2 压强下，处于铂凝固点温度的黑体的 1/600000m^2 表面在垂直方向上的发光强度。

表 1.1 列出了以上基本单位及它们的符号。

表 1.1 SI 基本单位

现象或事件的可测量属性	名称	符号
长度	米	m
质量	千克	kg
时间	秒	s
电流	安培	A
热力学温度	开尔文	K
物质的量	摩尔	mol
发光强度	坎德拉	cd

① 这种米的定义已废除。
米是光在真空中（1/299792458）s 时间间隔内所经路径的长度。——译者注

1.2.2 导出单位

导出单位是基本单位经乘除得到的代数组合。为了简化起见，导出单位通常使用专用名称和符号，这些名称和符号还可以用来得到别的导出单位。以下为一些常见导出单位的定义。

（1）牛顿（N）：牛顿是给 1kg 质量以 $1m/s^2$ 的加速度所需的力。

（2）焦耳（J）：焦耳是在 1N 力作用方向上位移 1m 所做的功。

（3）瓦特（W）：瓦特是以 1J/s 的速率产生能量的功率。

（4）伏特（V）：伏特是 1A 恒定电流通过正好消耗 1W 功率的导线两点间的电势差。

（5）欧姆（Ω）：欧姆是 1V 的恒定电压作用于非电动力源导体，在导体两点间产生 1A 电流时的电阻。

（6）库伦（C）：库伦是由 1A 电流输送的电量。

（7）法拉（F）：法拉是一个在两个平板间的电压为 1V、带 1C 电量的电容器的电容量。

（8）亨利（H）：亨利是封闭环以 1A/s 速率变化产生 1V 电动势时的感应系数。

（9）韦伯（Wb）：韦伯是只有一个环路的磁通量，它在 1s 时间间隔内均匀地减少到零时环路中产生 1V 的电位差。

（10）流明（lm）：流明是发光强度为 1cd 的点光源照在单位立体角（1sr）内发出的光通量。

表 1.2、表 1.3 和表 1.4 分别给出了以基本单位、带专用名的 SI 导出单位和用专门名称表示的 SI 导出单位表示的 SI 导出单位的例子。

表 1.2 以基本单位表示的 SI 导出单位例子

物理量	SI 单位	
	名称	符号
面积	平方米	m^2
体积	立方米	m^3
速度	米/秒	m/s
加速度	米/秒^2	m/s^2
［质量］密度	千克/立方米	kg/m^3
电流密度	安培/米^2	A/m^2
磁场强度	安培/米	A/m
浓度	摩尔/米^3	mol/m^3
比体积	立方米/千克	m^3/kg
光通量	坎德拉/米^2	cd/m^2

表 1.3 使用专用名的 SI 导出单位例子

物理量	名称	SI 单位		
		符号	用其他单位表示	用 SI 基本单位表示
频率	赫兹	Hz		s^{-1}
力	牛顿	N		$m \cdot kg \cdot s^{-2}$
压强、应力	帕斯卡	Pa	N/m^2	$m^{-1} \cdot kg \cdot s^{-2}$
能量、功、热量	焦耳	J	Nm	$m^2 \cdot kg \cdot s^{-2}$
功率、辐射能量	瓦特	W	J/s	$m^2 \cdot kg \cdot s^{-3}$
电量	库伦	C		$s \cdot A$
电势、电位差、电动势	伏特	V	W/A	$m^2 \cdot kg \cdot s^{-3} \cdot A^{-1}$
电容	法拉	F	C/V	$m^{-2} \cdot kg^{-1} \cdot s^4 \cdot A^2$
电阻	欧姆	Ω	V/A	$m^2 \cdot kg \cdot s^{-3} \cdot A^{-2}$
电导	西门子	S	A/V	$m^{-2} \cdot kg^{-1} \cdot s^3 \cdot A^2$
摄氏温度	摄氏度	℃		K
光通量	流明	lm		$cd \cdot sr$
照度	勒克斯	lx	lm/m^2	$m^{-2} \cdot cd \cdot sr$

表 1.4 通过专用名导出单位导出的导出单位例子

物理量	SI 单位		
	名称	符号	SI 基本单位表示
动力黏度	帕·秒	Pa·s	$m^{-1}kg \cdot s^{-1}$
力的动量	牛·米	N·m	$m^2 \cdot kg \cdot s^{-2}$
表面张力	牛/米	N/m	$kg \cdot s^{-2}$
功率密度、热流密度、辐射强度	瓦/平方米	W/m^2	$kg \cdot s^{-3}$
热容量，熵	焦/开	J/K	$m^2 \cdot kg \cdot s^{-2} \cdot K^{-1}$
比热容	焦/（千克·开）	J/（kg·K）	$m^2 \cdot s^{-2} \cdot K^{-1}$
比能	焦/千克	J/kg	$m^2 \cdot s^{-2}$
热导率	瓦/（米·开）	W/（m·K）	$m \cdot kg \cdot s^{-3} \cdot K^{-1}$
能量密度	焦/立方米	J/m^3	$m^{-1} \cdot kg \cdot s^{-2}$
电场强度	伏/米	V/m	$m \cdot kg \cdot s^{-3} \cdot A^{-1}$
电荷密度	库/立方米	C/m^3	$m^{-3} \cdot s \cdot A$
电流密度	库/平方米	C/m^2	$m^{-2} \cdot s \cdot A$

1.2.3 辅助单位

这类单位包含两个纯几何单位，它们可以看做基本单位也可看做导出单位。

（1）单位平面角（弧度）：弧度（rad）是一个圆的两条半径所夹的圆弧等于半径长度时的夹角。

（2）单位立体角（球面度）：球面度（sr）是一个顶点位于球心，正好将球面切出一个与球半径平方相等面积的立体角。

辅助单位列于表1.5中。

表1.5 SI辅助单位

物理量	SI单位	
	名称	符号
单位平面角	弧度	rad
单位立体角	球面度	sr

例1.1

将以下单位值转换成SI单位的值：

a. 60 lb_m/ft^3的密度值转成kg/m^3值

b. 1.7×103Btu 能量值转成kJ值

c. 2475 Btu/lb_m 的焓值转成kJ/kg值

d. 14.69psig 的压强值转成kPa值

e. 20cp 的黏度值转成Pa·s值

解：

我们分别用列于附录表A.1.2中的单位转换因子进行转换。

a. 虽然可以直接利用表A.1.2中的密度转换的因子：$1\ lb_m/ft^3 = 16.0185\ kg/m^3$，但我们在此先对每一量纲进行转换。因为

$$1lb_m = 0.45359kg$$
$$1ft = 0.3048m$$

所以

$$(60\ lb_m/ft^3)(0.45359kg/lb_m)\left(\frac{1}{0.3048}m/ft\right)^3 = 961.1kg/m^3$$

另一种应用转换因子直接进行换算的方法是

$$\frac{(60lb_m/ft^3)\ (16.0185kg/m^3)}{(1lb_m/ft^3)} = 961.1kg/m^3$$

b. 对于能量

$$1Btu = 1.055kJ$$

所以

$$\frac{(1.7\times10^3Btu)(1.055kJ)}{(1Btu)} = 1.8\times10^3kJ$$

c. 对于焓，每一量纲的换算因子分别为：

$$1\text{Btu} = 1.055\text{kJ}$$

$$1\text{lb}_\text{m} = 0.45359\text{kg}$$

所以

$$(2475\ \text{Btu/lb}_\text{m})(1.055\text{kJ/Btu})\left(\frac{1}{0.45359\ \text{kg/lb}_\text{m}}\right) = 5757\text{kJ/kg}$$

另一种应用转换组合因子 1 Btu/lb_m = 2.3258 kJ/kg 直接进行换算的方法是

$$\frac{(2475\ \text{Btu/lb}_\text{m})(2.3258\text{kJ/kg})}{(1\ \text{Btu/lb}_\text{m})} = 5756\text{kJ/kg}$$

d. 对于压强

$$\text{psia} = \text{psig} + 14.69$$

表压 14.69psig 首先转化成绝对压强 psia（参见 1.9 节有关表压与绝对压强的讨论）

$$14.69\text{psig} + 14.69 = 29.38\text{psia}$$

每一量纲的单位换算如下

$$1\text{lb} = 4.4483\text{N}$$

$$1\text{in} = 2.54 \times 10^{-2}\text{m}$$

$$1\text{Pa} = 1\ 1\text{N/m}^2$$

因此

$$(29.38\ \text{lb/in}^2)(4.4482\text{N/lb})\left(\frac{1}{2.54 \times 10^{-2}\text{m/in}}\right)^2\left(\frac{1\text{Pa}}{1\ \text{N/m}^2}\right)$$

$$= 202567\text{Pa}$$

$$= 202.57\text{kPa}$$

另一种算法是

$$1\ \text{psia} = 6.895\ \text{kPa}$$

$$\frac{(29.38\text{psia})(6.895\text{kPa})}{1\text{psia}} = 202.58\text{kPa}$$

e. 对于黏度

$$1\text{cp} = 10^{-3}\text{Pa}\cdot\text{s}$$

因此

$$\frac{(20\text{cp})(10^{-3}\text{Pa}\cdot\text{s})}{1\text{cp}} = 2 \times 10^{-2}\text{Pa}\cdot\text{s}$$

例 1.2

运用牛顿第二运动定律，决定 SI 制和英制单位中的力和重量的单位。

解：

a. 力

牛顿第二运动定律指出，力与质量和加速度成正比。因此

$$F \propto ma$$

利用一个比例常数 k

$$F = kma$$

当用 SI 单位时

$$k = 1\ \frac{\text{N}}{\text{kg}\cdot\text{m/s}^2}$$

因此

$$F = 1\left(\frac{\text{N}}{\text{kg}\cdot\text{m/s}^2}\right)(\text{kg})(\text{m/s}^2)$$

$$F = 1\text{N}$$

在英制单位中，常数 k 被定义为

$$k = \frac{1}{32.17}\left(\frac{1\text{b}_\text{f}}{\text{lb}_\text{m}\cdot\text{ft/s}^2}\right)$$

更经常使用的是另一个常数 g_c

$$g_c = 1/k = 32.17\left(\frac{\text{lb}_\text{m}}{\text{lb}_\text{f}}\right)\left(\frac{\text{ft}}{\text{s}^2}\right)$$

因此

$$F = \frac{ma}{g_c}$$

或

$$F = \frac{1}{32.17}\left(\frac{\text{lb}_\text{f}}{\text{lb}_\text{m}\cdot\text{ft/s}^2}\right)(\text{lb}_\text{m})(\text{ft/s}^2)$$

$$F = \frac{1}{32.17}\text{lb}_\text{f}$$

b. 质量

质量 W' 是地球重力作用于一个物体产生的力。1kg 的质量可以计算如下：

$$\begin{aligned} W' &= kmg \\ &= \left(1\ \frac{\text{N}}{\text{kg}\cdot\text{m/s}^2}\right)(1\text{kg})\left(9.81\ \frac{\text{m}}{\text{s}^2}\right) \\ &= 9.81\text{N} \end{aligned}$$

当使用英制单位时

$$\begin{aligned} W' &= kmg \\ &= \frac{1}{32.17}\left(\frac{\text{lb}_\text{f}}{\text{lb}_\text{m}\cdot\text{ft/s}^2}\right)(1\text{lb}_\text{m})(32.17\text{ft/s}^2) \\ &= 1\text{lb}_\text{f} \end{aligned}$$

1.3 系统

系统是任何指定的空间区域或是由真实（或设想）的边界所规定的有限量的物质。系统的边界可以是真实的，如罐子的壁，也可以是设想的包围系统的表面。另外，边界还可以分为固定的和可动的。例如，图 1.1 中，系统的边界包围了一个贮罐、管路和一个阀。如果我们的分析只关心阀，我们可以只沿阀画出边界。

一个系统的组成是通过系统边界内的成员来描述的。一旦我们选定了一个系统的边界，那么，系统外的一切就成了环境。通过系统和它的边界的选择，可以简化对给定问题的分析，因此，需要适当地注意这方面的训练。

系统可以是开口的也可以是闭口的。闭口系统的边界不允许物质的流动。换句话说，封闭系统不与外界发生物质交换。闭口系统可以与外界发生热量和功的交换，这可导致能量、体积或其他系统性质的变化，但它的质量保持不变。例如，包括一个贮罐壁（图1.2）的系统边界不允许物质流过，因此，我们讨论的是一个封闭系统。在开放系统（也称为容积控制系统），热量和物质均可以通过边界（也称为控制面）流入或流出。如图1.1所示为热量和水经过系统的边界流动。

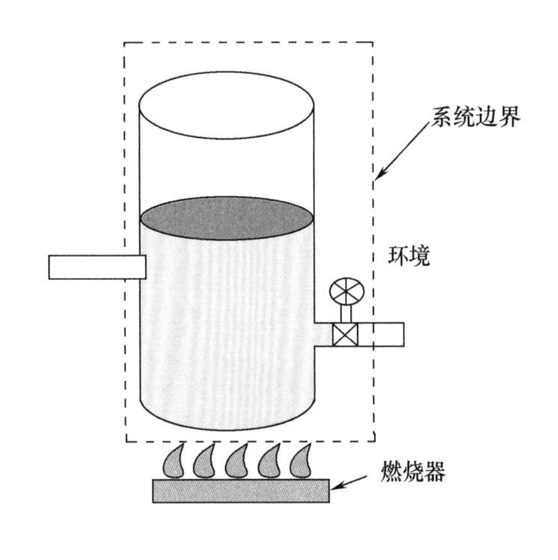

图1.1　由排放口及阀构成的贮罐系统

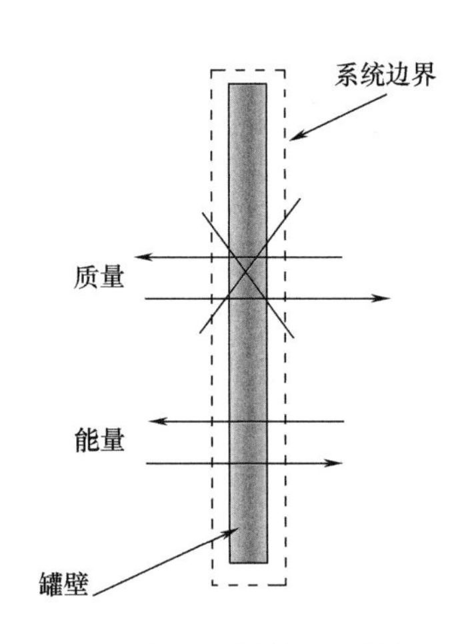

图1.2　含壁的闭口系统

根据具体问题所选择的系统，可以是简单的（如贮罐的壁），也可以如我们在图1.1中考虑的那样包括几个部分，如一个贮罐、阀和管路。我们将在1.14节中见到，一个系统甚至可以包括整个食品加工厂。

边界上不发生质量、热量或功交换的系统称为孤立系统。孤立系统对它的环境不产生影响。例如，如果我们在一个封闭的容器中进行一个与外界没有热交换的化学反应，并且它的体积保持恒定，那么我们就可以认为这种过程是在孤立系统内发生的。

不论是开口系统还是闭口系统，如果与外界不发生热交换，那么这样的系统就称为绝热系统。虽然不可能完全做到绝热，但在某些情形下可以做到接近绝热状态。当一个过程在恒温下发生时，通常要与环境发生热量交换，这样的系统称为等温系统。

值得注意的是，系统的边界不必一定是刚性；事实上，边界在过程中可以是柔性的，可以发生膨胀和收缩。活塞和汽缸可作为活动边界的例子。如图1.3所示，我们考虑只包围气体的边界。因此，活塞和汽缸是系统的外界。此种场合下，系统的边界是可变的。当活塞运动到右边，系统的边界膨胀；当它移动到左边，边界收缩。这是一个闭口系统的例子，因为在系统边界上没有发生物质（气体）的传递。将此例子进一步引申，我们可以在汽缸下安装一个加热器；由于沿边界有热量传递会引起系统内的气体膨胀，从而使活塞向右运动。

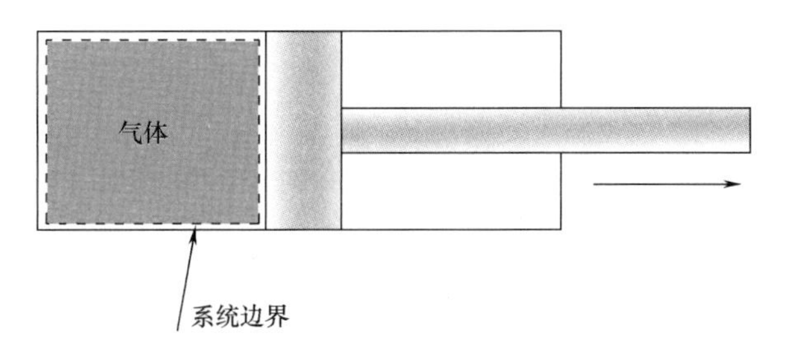

图 1.3 带柔性边界的系统

1.4 系统状态

以下要讨论的系统状态指的是系统的平衡状态。当某个系统处于平衡状态时，我们既可测量出它的性质，也可以利用测到的性质进行计算，以得到对系统状态的完整描述。平衡时，所有的系统性质有其固定的值。如果任何性质的值发生变化，那么系统的状态也会变化。内部温度均为 10℃的苹果（图 1.4）是一个处于热平衡状态的物体。同样地，如果内部的压强也处处相同，那么它是处于机械平衡状态的物体。虽然重力作用会使不同位置的内部压强有所差异，但在热力学上，这样的差异常常可以忽略。当两相同时存在时，例如在饱和溶液中存在固体晶体，如果它们的质量保持恒定，那么就有相平衡。另外，当材料的化学组成不随时间发生变化时，系统就处于化学平衡状态。这意味着没有化学反应发生。一个平衡状态的系统必须满足所有的先决平衡条件。

当系统状态发生变化时，我们说系统正经历一个过程。过程的途径可引起许多不同的状态。要完整地描述一个过程，需要了解其初始、中间和终了状态，并且还需要知道它与外界发生的任何作用。例如，将图 1.4 中的苹果放到 5℃的环境下，它将因此达到一个内部均一温度为 5℃的最终状态（图 1.5）。此例中的苹果经历了一个引起状态变化的冷却过程。在这一过程中，它最初的均一温度是 10℃，但最终变成了 5℃的均一温度。这一过程的途径如图 1.6 所示。

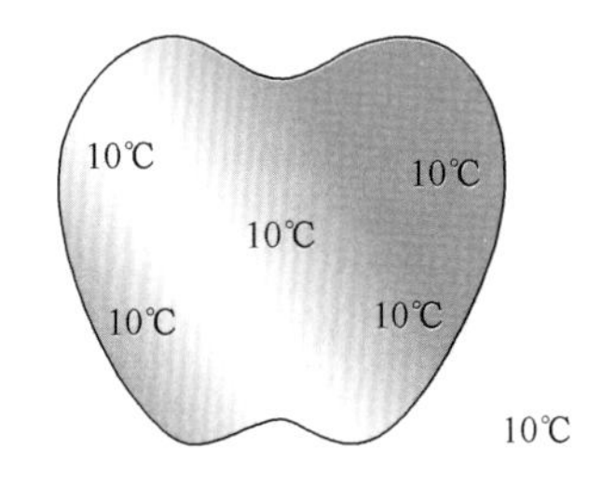

图 1.4 内部温度均为 10℃的热平衡苹果

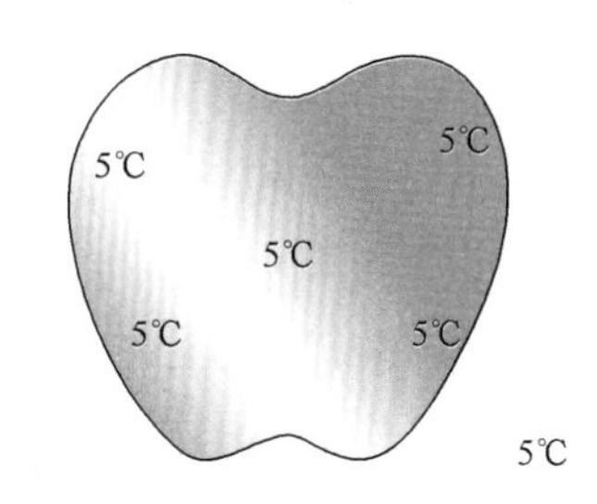

图 1.5 苹果置于 5℃环境的最终状态

前面苹果的例子表明，可以通过系统的参数来描述系统的状态。为了固定系统的状态，需要确定系统状态的参数值。

参数是一些可以观察到的特征，如压强、温度或体积，它们规定了一个热力学系统的平衡状态。参数与达到系统状态的方式无关，它们仅仅是系统状态的函数。因此，参数与系统状态发生变化的途径无关。我们可以将状态参数分为广延性参数和强度性参数。

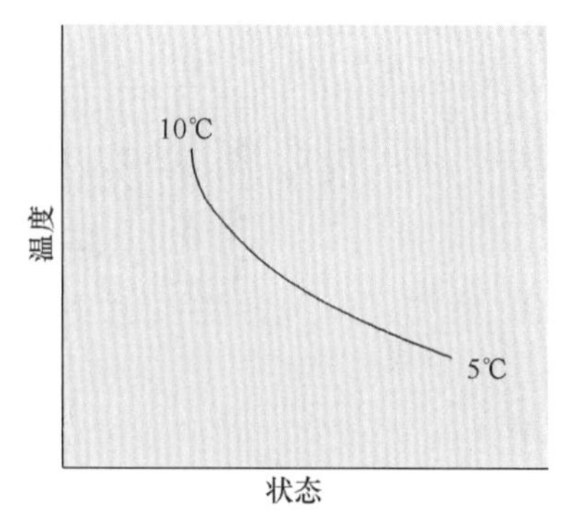

图 1.6　苹果从 10℃冷却至 5℃的过程路径

1.4.1　广延性参数

广延性参数的值取决于系统的范围或大小。例如，质量、长度、体积和能量均与系统的大小有关。这些参数具有可加性；因此，系统的广延性参数是系统组成元素部分参数值的总和。我们可以简单地通过将系统增大一倍来确定一个参数是否是广延性的；如果参数的值也增加了一倍，那么这个参数是广延性的。

1.4.2　强度性参数

强度性参数与系统的大小无关。温度、压强和密度是强度性参数的例子。对于一个均匀系统，我们常常可以通过两个广延性参数相除来获得一个强度性参数。例如，质量除以体积（这是两个广延性参数）得到密度，密度是一个强度性参数。

系统还有比参数。比参数是表达单位质量的参数。因此，比体积是体积/质量，而比能是能量/质量。

1.5　密度

密度定义为单位体积的质量，它的量纲是（质量）/（长度）^{3}。SI 的密度单位是 kg/m^3。密度是物体内物质构成的表征。由紧密分子排列构成的材料有较高的密度值。附录 A.3 给出了不同金属和非金属的密度值。一给定物质的密度除以相同温度下的水的密度就得到相对密度。

食品有三种类型的密度，即固体密度、颗粒密度和松密度。这些不同类型密度的值取决于食品材料的空隙度。

如果忽略空隙度，则除了高脂或高盐食品（Peleg，1983）以外，大多数食品的固体密度（表 1.6）为 1400～1600kg/m^3。

颗粒密度考虑了食品颗粒中存在的空隙。这一密度定义为一粒子的实际质量与它的实际体积之比。

松密度定义为单位体积空间所含颗粒的质量。表 1.7 为一些食品物料的代表性松密度值。这一测量包括了颗粒间的空隙。食品材料的空隙可以通过空隙度来描述，空隙是不为固体材料占据的体积。

表1.6 主要食品组分的固体密度

组分	固体密度/（kg/m^3）	组分	固体密度/（kg/m^3）
葡萄糖	1560	脂肪	900~950
蔗糖	1590	盐	2160
淀粉	1500	柠檬酸	1540
纤维素	1270~1610	水	1000
蛋白质（球状）	~1400		

来源：Peleg（1983）

表1.7 一些食品材料的松密度

材料	松密度/（kg/m^3）	材料	松密度/（kg/m^3）
豆子，可可	1073	芥末籽	720
豆子，黄豆（完整）	800	花生（带壳）	480~720
椰子（破碎了的）	320~352	青豆（干）	800
咖啡豆（绿）	673	油菜籽	770
咖啡豆（磨碎）	400	米（清洁）	770
咖啡豆（焙烘豆）	368	米（带壳）	320
玉米（穗）	448	糖（砂糖）	800
玉米（带壳）	720	小麦	770
乳（完全干燥）	320		

因此

$$\text{空隙度} = 1 - \frac{\text{松密度}}{\text{固体密度}} \tag{1.1}$$

颗粒间的空隙度可以用式（1.2）定义：

$$\text{颗粒空隙度} = 1 - \frac{\text{松密度}}{\text{颗粒密度}} \tag{1.2}$$

密度也可根据附录表A.2.9所给的系数和产品组成，利用式（1.3）来确定：

$$\rho = 1/\sum(m_i/\rho_i) \tag{1.3}$$

式中 m_i①——产品组分的质量分数

ρ_i——产品组分的密度（表A.2.9）

式（1.3）适用于总体空隙率为零的各种高水分食品。由此表达式中各组分密度值与温度有关。

1.6 浓度

浓度是单位体积所含物质的量度。它可以表达成单位质量的质量，或者表示成单位体

① 我国GB 3100~3102—1993《量和单位》规定质量分数应表示为W。——译者注

积的质量。通常，用单位质量的质量定义浓度时，以百分数形式给出。因此，一种食品含20%的脂肪指的是每100g食品中含20g脂肪。浓度也可以表示成单位体积的质量——如溶解于单位体积溶液中的溶质。

另一个用于表示浓度的单位是物质的量浓度。物质的量浓度是以每升的克数除以溶质摩尔质量为单位的溶液的浓度。将这些单位处理成无量纲[①]形式，可以使用摩尔分数；这是物质摩尔数对系统总摩尔数的比值。

这样，对于一种含A和B二组分的溶液，它们的摩尔数分别为n_A和n_B，则A组分的摩尔分数X_A是

$$X_A = \frac{n_A}{n_A + n_B} \tag{1.4}$$

有时也用质量摩尔浓度作单位表示浓度。组分A在溶液中的质量摩尔浓度定义为：单位质量其他用作溶剂的组分中所含组分A的数量。质量摩尔浓度的SI制单位是mol/kg。

对双组分溶液，M'_A和摩尔分数X_A的关系式（此关系式中，溶剂B的摩尔质量是M_B）为：

$$X_A = \frac{M'_A}{M'_A + \frac{1000}{M_B}} \tag{1.5}$$

质量摩尔浓度和摩尔分数均与温度无关。

例1.3

利用电子表计算蔗糖溶液浓度单位。糖溶液由10kg蔗糖用90kg水溶解配成。溶液的密度是1040kg/m³。求：

a. 单位质量的质量浓度（质量分数）

b. 单位体积的质量浓度（质量浓度）

c. °Brix（糖度）

d. 物质的量浓度

e. 摩尔分数

f. 质量摩尔浓度

g. 如果：①蔗糖溶液的每80 kg水中含20kg蔗糖，且糖溶液的密度为1083kg/m³；②蔗糖溶液的每70 kg水中含30kg蔗糖，且糖溶液的密度为1129kg/m³，利用电子表重新计算（a）到（f）。

解：

（1）用Excel写成的电子表格见图E1.1。

（2）从电子表格计算得到的结果见图E1.2。

（3）一旦根据第（1）步建立起电子表格计算式，就可以方便地用给定值计算所有其他的未知值。

① 我国GB 3100~3102—1993《量和单位》规定无量纲形式应改为量纲为1的形式。——译者注

	A	B
1	已知	
2	蔗糖量	10
3	水量	90
4	溶液密度	1040
5		
6	溶液体积	=（B2+B3）/B4
7	溶液浓度（质量分数）	=B2/（B2+B3）
8	溶液浓度（质量浓度）	=B2/B6
9	糖度	=B2/（B2+B3）*100
10	物质的量浓度	=B8/342
11	摩尔分数	=（B2/342）/（B3/18+B2/342）
12	质量摩尔浓度	=（B2*1000）/（B3*342）

图 E1.1　例 1.3 中计算糖浓度的电子表

	A	B	C	D	E
1	已知				单位
2	蔗糖量	10	20	30	kg
3	水量	90	80	70	kg
4	溶液密度	1040	1083	1129	kg/m^3
5					
6	溶液体积	0.0962	0.0923	0.0886	m^3
7	溶液浓度（质量分数）	0.1	0.2	0.3	kg 溶质/kg 溶液
8	溶液浓度（质量浓度）	104	216.6	338.7	kg 溶质/m^3 溶液
9	糖度	10	20	30	（kg 溶质/kg 溶液）*100
10	物质的量浓度	0.30	0.63	0.99	mol 溶质/L 溶液
11	摩尔分数	0.0058	0.0130	0.0221	
12	质量摩尔浓度	0.325	0.731	1.253	mol 溶质/L 溶液

图 E1.2　例 1.3 中糖浓度电子表计算结果

1.7　水分含量

水分含量表示的是湿样品所含的水分量。通常有两种基本的水分含量表示方式，即湿基和干基。

湿基水分含量（MC_{wb}）是单位质量湿样品中所含的水分量。

因此

$$MC_{wb} = \frac{水分质量}{湿样质量} \tag{1.6}$$

干基水分含量（MC_{db}）是单位质量存在于样品中的干固形物所含的水分量。

因此

$$MC_{db} = \frac{水分质量}{干固形物质量} \tag{1.7}$$

（MC_{wb}）和（MC_{db}）的关系可以推导如下：

$$MC_{wb} = \frac{水分质量}{湿样质量} \tag{1.8}$$

$$MC_{wb} = \frac{水分质量}{水分质量 + 干固形物质量} \tag{1.9}$$

上式分子分母同时除以干固形物质量得：

$$MC_{wb} = \frac{水分质量/干固形物质量}{\dfrac{水分质量}{干固形物质量} + 1} \tag{1.10}$$

$$MC_{wb} = \frac{MC_{db}}{MC_{db} + 1} \tag{1.11}$$

已知 MC_{db}时，可用以上关系式计算出 MC_{wb}。同样，如果知道 MC_{wb}，也可以根据式（1.12）计算出 MC_{db}的量：

$$MC_{db} = \frac{MC_{wb}}{1 - MC_{wb}} \tag{1.12}$$

前面方程中的水分含量值是用分数表示的。注意到，干基水分含量值可以超过100%，因为存在于湿样中的水分量可以大于其中的干固形物的量。

例 1.4

将85%湿基水分含量换算成干基水分含量。

解：

a. $MC_{wb} = 85\%$

b. 用分数表示，$MC_{wb} = 0.85$

c. 根据方程

$$MC_{db} = \frac{MC_{wb}}{1 - MC_{wb}}$$
$$= \frac{0.85}{1 - 0.85}$$
$$= 5.67$$

即

$$MC_{db} = 567\%$$

例 1.5

写一个将（以 10% 为间隔）湿基水分含量从 0 到 90% 换算成干基水分含量的计算表。

解：

a. 由于涉及重复计算，因此计算表构成如下。

b. 在如图 E1.3 所示的 Excel 表中，在 A 列中输入从 0 到 90、增量为 10 的数。

c. 在 B2 格中按电子表格式输入方程式（1.12）所示的（变成以百分数表示的）式子：

$$MC_{db} = A2/\ (100 - A2)\ * 100$$

d. 将 B2 格中的内容复制到从 B3 到 B11 的格中。

e. 计算的结果见图 E1.4 所示的电子表。

f. 利用 Excel 的作图命令，用 A 列和 B 列的数据作图。此图（图 E1.5）可用于将水分含量从一种基准值换算成另一种基准值。

	A	B
1	水分含量（湿基）	水分含量（干基）
2	0	= A2/（100 - A2） * 100
3	10	= A3/（100 - A3） * 100
4	20	= A4/（100 - A4） * 100
5	30	= A5/（100 - A5） * 100
6	40	= A6/（100 - A6） * 100
7	50	= A7/（100 - A7） * 100
8	60	= A8/（100 - A8） * 100
9	70	= A9/（100 - A9） * 100
10	80	= A10/（100 - A10） * 100
11	90	= A11/（100 - A11） * 100

图 E1.3　例 1.5 中将湿基水分含量转换成干基水分含量的电子表

	A	B
1	水分含量（湿基）	水分含量（干基）
2	0	0.00
3	10	11.11
4	20	25.00
5	30	42.86
6	40	66.67
7	50	100.00
8	60	150.00
9	70	233.33
10	80	400.00
11	90	900.00

图 E1.4　例 1.5 中电子表计算结果

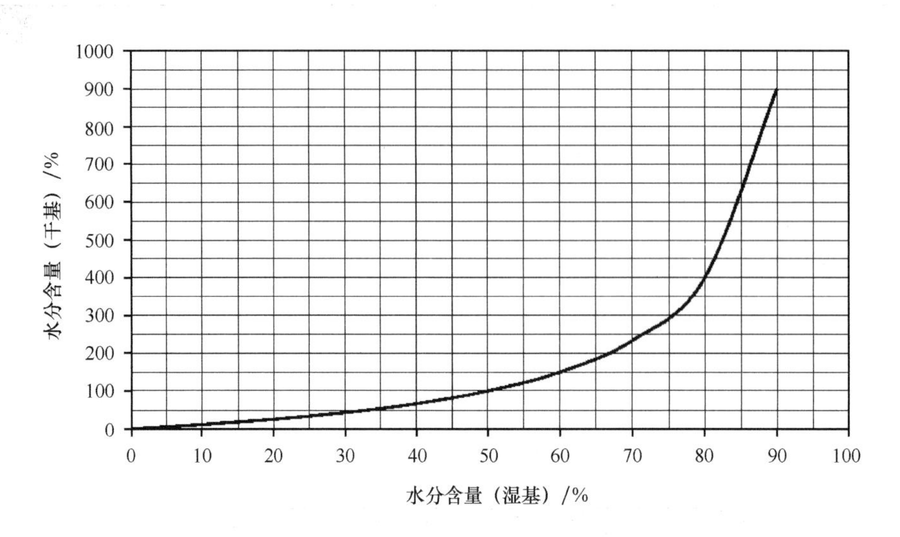

图 E1.5　湿基水分含量与干基水分含量的对应关系曲线

1.8　温度

温度属于一类不完全服从科学定义的参数。我们通常将温度看成是我们生理对热或冷的响应量度。然而，生理响应是主观的，因此它不能提供客观的量度。例如，握住一块40℃的钢与握一块同样温度的木头相比，感觉要冷得多。温度可以得到正确测量，因为许多材料的状态参数会因为热或冷而发生变化。而且，这些变化既可靠又可以预测——这是正确测量温度的前提。

温度计是一种普遍使用的测量温度的仪表；它简单地给出热度的测量数值。通常，要在玻璃温度计的毛细管中放入水银或酒精之类物质。这种物质受热会发生膨胀，其膨胀系数比玻璃高得多。这种物质沿标有刻度的玻璃毛细管运动，从而给出温度测量数。其他测量温度的仪器有热电偶、电阻式温度指示仪、电热调节器和高温计（将在第 3 章讨论）。

温度计的热力学基础是最先由 R. H. Fowler 在 1931 年描述的热力学零定律。根据这一定律，如果两个物体与第三个物体成热平衡，那么，这两个物体之间也成热平衡。这意味着，如果将第三个物体选作温度计，并且两个物体的温度是相同的，那么，无论这两个物体接触与否，都会相互处于热力学平衡状态。

热力学零定律的意义似乎微不足道，但是，它却可以从热力学的另外两个定律出发导出。

温度刻度按 SI 单位制是摄氏温标，按瑞典天文学家摄尔修斯（Celsius）的名字命名。在英制单位中，温度使用华氏温标，这个温标以德国仪器制作师华伦海脱（G. Fahrenheit）的名字命名。这两个温标分别使用不同的参照点。冰点是一个大气压、饱和空气下冰水混合物的平衡温度。摄氏温标中冰点是 0℃，而在华氏温标中冰点是 32°F。在一个大气压下，液态水和水蒸气成平衡时的沸点温度在摄氏温标中是 100℃，而在华氏温标中沸点是 212°F。

除了上述温标以外，还有一个热力学温标，这个温标独立于任何材料的参数。在 SI 中，热力学温标是使用开尔文温度单位（K，而不是°K）的开尔文温标。在开尔文温标中，最低的温度是 0 K，但这个温度没有真正被测量过。在英制单位体系中，还有一个列氏（Rankine）温标，用 R 表示温度单位。

开尔文和摄氏温度可以用式（1.13）联系起来：

$$T\ (\mathrm{K}) = T\ (^\circ\mathrm{C}) + 273.15 \tag{1.13}$$

上式中的数值在多数工程计算中圆整到 273。

另外值得注意的是，开尔文温标和摄氏温标的分度值是相同的。因此，如果只关心温差，那么，摄氏或开尔文温标都可以使用。因此，

$$\Delta T\ (\mathrm{K}) = \Delta T\ (^\circ\mathrm{C}) \tag{1.14}$$

例如，某液体食品的比热容是 3.5kJ/（kg·℃）。比热容单位 kJ/（kg·℃）表示每千克液体食品每升高 1℃需要 3.5kJ 的热量。因此，只要温度在分母，我们实际上考虑的均是温度差的单位，因为摄氏温标变化 1°也就是开尔文温标变化一个单位。从而，该液体食品的比热容也可以写成 3.5kJ/（kg·K）。

1.9 压强

如图 1.7 所示为小室所包含的一种气体。气体分子撞击小室的内壁而产生正对内壁的作用力。当流体处于平衡状态时，单位面积的小室内壁上由流体产生的作用力称为压强。如果我们取一处微小的内壁（dA），并设垂直作用于它的力是 dF，那么压强为

$$p = \frac{dF}{dA} \tag{1.15}$$

压强是系统的强度参数。小室中流体的压强随深度而增加，因为流体的质量随深度而增加。

压强可以用单位面积的力表示。压强的量纲是（质量）（时间）$^{-2}$（长度）$^{-1}$。在 SI 系统中，压强的单位是 N/m^2。这个单位也称为帕斯卡（以 Blaise Pascal① 的名字命名）。由于帕斯卡单位较小，因此，也可以使用另一单位巴（bar②），bar 和 Pa 的关系如下

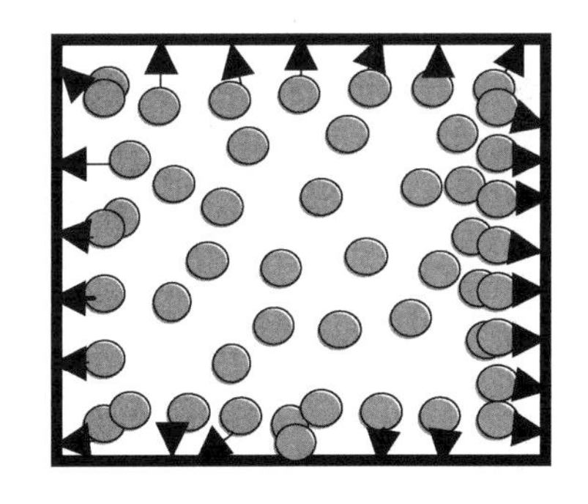

图 1.7 气体分子对室内壁的作用力

$$1\ \mathrm{bar} = 10^5\mathrm{Pa} = 0.1\mathrm{MPa} = 100\mathrm{kPa}$$

标准大气压被定义为由 760mm 汞柱产生的压强。用不同的单位体系表示的标准大气

① Blaise Pascal（1623—1662），法国哲学家和数学家，现代概率理论的创始者。他研究流体静力学和大气压，导出了压强的帕斯卡定律。他被认为是第一台数学计算机和注射器的发明者。除了研究物理科学以外，他还是一位宗教学者，1655 年写下了 *Les Provinciales* 一书，这是一部捍卫詹森主义反对基督教的书。

② 巴（bar）在我国为非许用单位。——译者注

压如下

$$1\text{atm} = 14.696\text{lb/in}^2 = 1.01325\text{bar} = 101.325\text{kPa}$$

零压强代表绝对真空。当以绝对真空为基准测量压强时，测到的压强称为绝对压强。而当用压力表之类的压强测量器进行测量时，通常将一个大气压标定为零。因此，这些测量器所测的实际上是绝对压强与大气压强之差。用压强表测量到的压强通常称为表压，表压与大气压之间可用关系式（1.16）和式（1.17）联系：

当压强大于 $P_{大气压}$ 时 $$P_{绝对} = P_{表压} + P_{大气压} \tag{1.16}$$

当压强小于 $P_{大气压}$ 时 $$P_{真空} = P_{表压} - P_{绝对} \tag{1.17}$$

如图 1.8 所示为用不同名称表示的压强之间的关系。

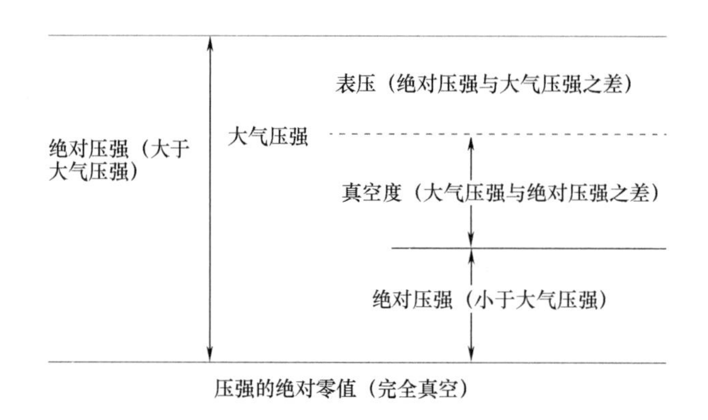

图 1.8 不同压强物理量的相互关系示意

在英制表示的真空单位中，大气压被称为 0in 汞柱真空度。完全真空是 29.92in 汞柱。这样，15in 汞柱真空度的压强比 20in 汞柱真空的压强高。在 SI 系统中，表示真空度的约定与英制的相反，并且真空的单位是帕斯卡。完全真空时，绝对压强是 0 Pa（1atm 是 101.325kPa）。SI 表示的真空和英制表示的真空之间可有关系式（1.18）

$$P_{大气压} = 3.38638 \times 10^3 \ (29.92 - I) \tag{1.18}$$

式中，$P_{大气压}$ 的单位是 Pa，I 是英寸汞柱。

压强是用于表示液体和气体的参数。对于固体，我们用正应力而不用压强。在涉及流体流动的场合，压强通常表示成一种流体的高度或“压头”。可以支持被作用流体高度的压强可以用数学式（1.19）表示

$$P = \rho g h \tag{1.19}$$

式中 P——绝对压强，Pa

ρ——流体的密度，kg/m^3

g——重力加速度，9.81m/s^2

h——流体的高度，m

因此，两个大气压可以支持

$$\frac{2 \times [101.325 \times 103(\text{N/m}^2)]}{[13546(\text{kg/m}^3)][9.81(\text{m/s}^2)]} = 1525\text{mm 汞柱}$$

现以一个装有 7m 深水的贮罐（图 1.9）为例讨论。水作用于罐底上的压强与罐子的

直径无关，但与罐中水的高度有关。罐中水的高度称为静压头。如图1.9所示，装在罐底的压力表的指示值为0.69bar（10psig，即相当于$10lb/in^2$），这一压强是由7m深的水产生的。因此，在（1）位置的静压头是7m的水柱。如果在罐中装的是其他液体而不是水，那么将显示不同的压强，因为所用的液体有不同的相对密度。所以，如果罐中装的是汽油（相对密度=0.75），同样的0.69bar的压强将由9.38m高的汽油柱产生。如果罐中装的是汞（相对密度是13.6），那么，在位置（1）处，产生同样压强的汞柱是0.518m，这样的静压头被称为0.518m汞柱。

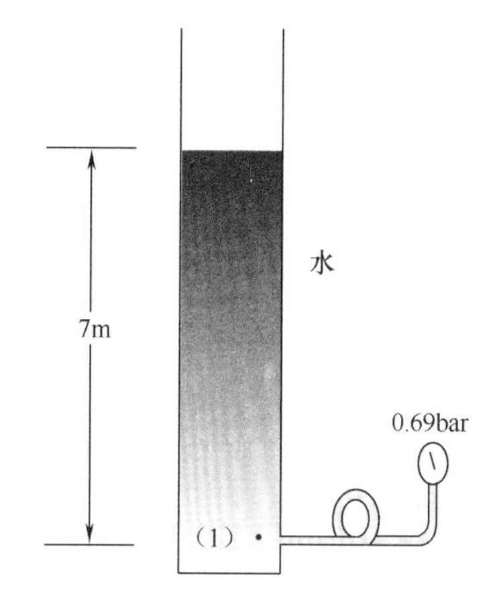

图1.9 一根水柱的压头

静压头可以用以下式（1.20）转换成压强：

$$压强(bar) = \frac{静压头(m)}{10.2} \times 相对密度 \tag{1.20}$$

在流体流动问题中，常常会遇到另外两个术语，即静压和冲压。静压是用运动速度与流体流速相同的装置测到的压强。冲压是流体被正面挡住后，在流动方向垂直面上单位面积受体所受的力。

流体的压强可用各种仪器测量，这些仪器包括布尔登管、压力计和压强传感器。布尔登管如图1.10所示。它由一个卵形臂ABCD构成。内压的增加使臂伸展，指针在刻度盘上指示压强。

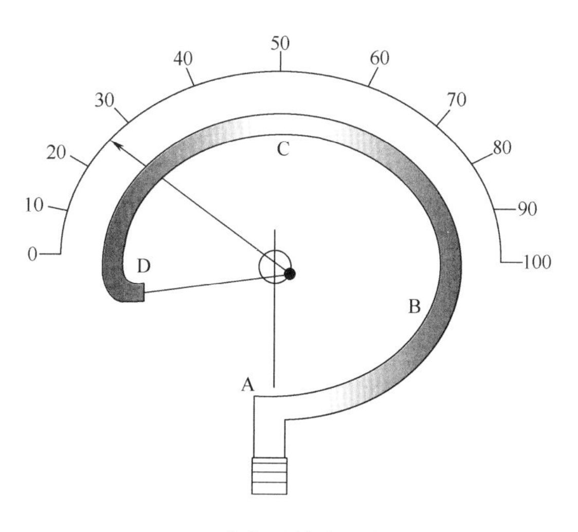

图1.10 布尔登管式压力传感器

1.10 焓

焓是广延性参数，用内能和压强与体积的乘积之和表示：

$$H = E_i + PV \tag{1.21}$$

式中　H——焓，kJ

E_i——内能，kJ

P——压强，kPa

V——体积，m^3

焓也可用单位质量焓表示：

$$H' = E'_i + PV' \tag{1.22}$$

式中　H'——单位质量的焓，kJ/kg

E'_i——单位质量内能，kJ/kg

V'——比体积，m^3/kg

需要注意的是，焓只在特殊情况下才是能量的量。例如，房间中空气的焓不是能量的量，因为时间的压强与比体积之乘积不是一个能量数。房间中空气唯一的能量是它的内能。当流体进入或离开某个开口系统时，压强与体积的乘积代表流动能。这时，流体的焓是内能和流动能的总和。

焓总是以某参比状态为基准给出，基准状态的焓值是任意选的，为了方便起见，基准状态的焓值通常定为零。例如，蒸汽表中所列的蒸汽的焓是以0℃饱和液体（即水）的焓为零作基准的。

1.11　状态方程和理想气体定律

简单系统的所有热力学参数可由两个独立的参数表示。系统参数的关系式称为状态方程。一个系统的两个参数值可用来确定第三个参数的值。

理想气体状态方程包括压强、体积和温度三个参数，可写成

$$PV' = RT_A \tag{1.23}$$

或

$$P = \rho RT_A \tag{1.24}$$

式中　P——绝对压强，Pa

V'——比体积①，m^3/kg

R——气体常数，$m^3 \cdot Pa/(kg \cdot K)$

T_A——绝对温度，K

ρ——密度，kg/m^3

室温下的实际气体，如氢、氮、氦和氧非常接近理想气体。

理想气体状态方程也可以摩尔为基准写成

$$PV = nR_0 T_A \tag{1.25}$$

式中　V——m kg 或 $n$mol 气体的体积，m^3

R_0（$=M \times R$）——通用气体常数，它与气体的性质无关，其值为 8314.41［$m^3 \cdot Pa/$

① 我国 GB 3100～3102—1993《量和单位》规定比体积表示为 ν。——译者注

(kg · mol · K)]；M 是物质的分子质量

1.12 水的相图

水被看作纯物质。虽然水会发生相变，但它有均一不变的化学组成。因此，液态水或者冰和水的混合物、水和蒸汽的混合物、冰和水蒸气的混合物都是纯物质。

饱和温度和饱和压强下物质的蒸汽称为饱和蒸汽。饱和温度是一定压强下发生汽化的温度，这一压强称为饱和压强。因此，在100℃时，水的饱和压强是101.3kPa。一定压强下，水蒸气的温度高于饱和温度时称为过热蒸汽。

饱和压强和温度下的液态物质称为饱和液。如果在饱和压强下，物质的温度低于饱和温度，则称为过冷液。饱和温度下，部分水以液态存在，另一部分以汽态形式存在，则水蒸气质量对（水汽）总质量的比值称为水蒸气的干度。例如，如果湿蒸汽中含0.1kg水和0.9kg蒸汽，那么此湿蒸汽的干度就是0.9除以1.0（湿蒸汽的总质量）；从而湿蒸汽的干度等于0.9或90%。

如图1.11所示的水的相图，在研究不同相之间的压强－温度关系很有用。这一相图给出了固相、液相和气（或汽）相的限制条件。在由曲线分开的区域内，压强和温度的组合只允许一个相存在（固相、液相或汽相）。在曲线范围内任意改变温度或压强都不会发生相变。如图1.11所示，升华曲线将固相与汽相分开，熔解曲线将固相与液相分开，汽化曲线将液相与汽相分。三条曲线交汇于一个三相点。三相点是固态、液态和汽态都同时出现的平衡点。水的三相点温度是0.01℃。

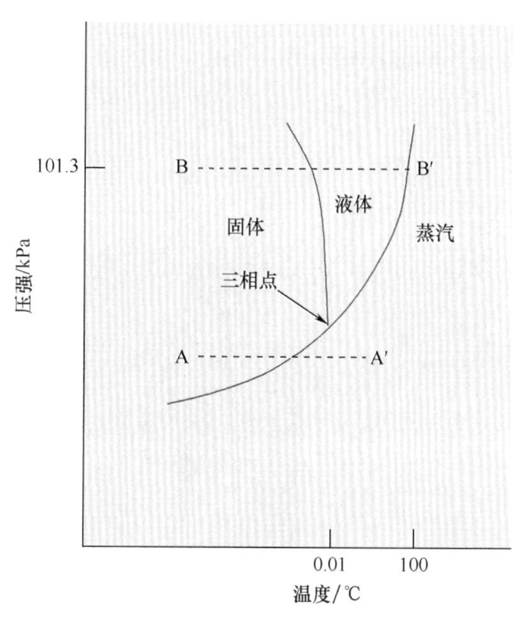

图1.11 水的相变图

图1.11所示的相图可用于考察恒压下发生相变的过程。例如，AA′线是低温、恒压条

件下冰升华为蒸汽的过程曲线。此时不存在液相。曲线 BB′是大气压以上压强下的加热曲线，最初的固态熔化为液态，在更高的温度下水发生汽化。

在研究萃取、结晶、蒸馏、沉淀和冻结过程时，相图很重要。

1.13 质量守恒

质量守恒原理是：

物质既不能产生也不能消灭。但它的组成却可从一种形式变成另一种形式。

尽管化学反应前后反应物和产物的质量构成会发生变化，但系统的总质量却维持不变。当不存在化学反应时，系统的组成及其质量与闭口系统的相同。我们可以用文字方程的形式表示质量守恒原理：

进入系统周界的质量速率 − 离开系统周界的质量速率 = 系统内质量积累速度 (1.26)

如果系统内质量积累的速率为零，那么质量进入速率必然等于质量离开速率。例如（图 1.12）如果贮罐中牛乳的液面位置维持不变，而在入口处的牛乳的流率是 1kg/s，那么牛乳在出口处的流率也必然是 1kg/s。

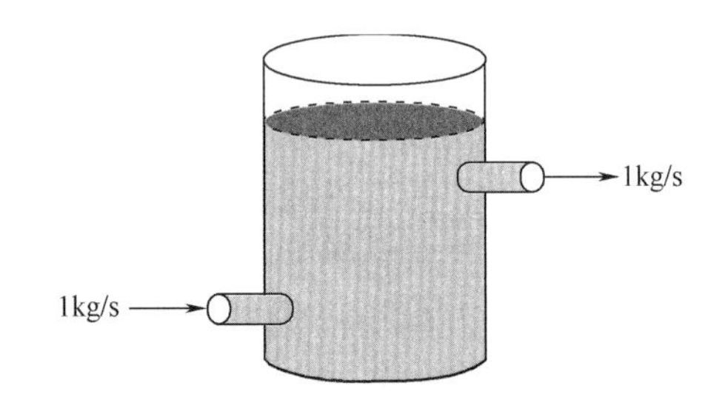

图 1.12 流入与流出贮罐的液体

下面讨论如何将以上文字方程转化成数学形式。为进行这种转化，可借助于图 1.13 所示的带输入和输出流的示意图。虽然图中只示意了一个输入和一个输出，但对于一个容积控制系统来说，可以有多种输入和输出。因此，一般情况下，进入一个系统的质量流率是

$$\dot{m}_{进}{}^{①} = \sum_{i=1}^{n} \dot{m}_i \qquad (1.27)$$

其中，角标 i 代表输入，n 代表输入数。

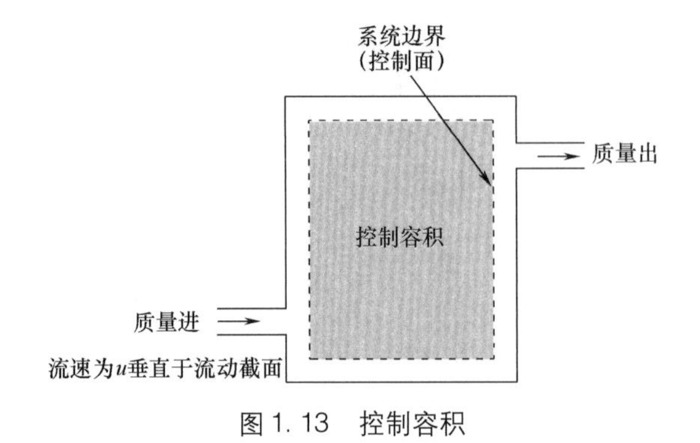

图 1.13 控制容积

① 我国 GB 3100 ~ 3102—1993《量和单位》规定质量流量符号为 q_m。—— 译者注

离开系统的质量流率是

$$\dot{m}_{出} = \sum_{e=1}^{p} \dot{m}_e \tag{1.28}$$

其中，角标 e 代表输出，p 代表输出数。

系统周界内的质量积累速率被表示成时间的函数，

$$\dot{m}_{累积} = \frac{\mathrm{d}m_{系统}}{\mathrm{d}t} \tag{1.29}$$

通过对文字方程（1.26）取代，得

$$\dot{m}_{进} - \dot{m}_{出} = \frac{\mathrm{d}m_{系统}}{\mathrm{d}t} \tag{1.30}$$

通常，质量流率比诸如速度之类的其他参数要容易测量。质量流率可以用测量到的流体流动速率和密度来代替，这时的数学分析式涉及积分计算，我们将在下一节讨论。

1.13.1 开口系统的质量守恒

让我们设想一个输送流体的管道截面。对于所示的容积控制开口系统，一流体以流速 u 通过面积为 $\mathrm{d}A$ 的截面进入系统。联想到速度是一个向量，它既有大小也有方向。如图1.13所示，只有正对 $\mathrm{d}A$ 面的速度成分会通过周界进入系统。其他的速率成分，$u_{\tan}$（截面的切向）对我们的推导没有影响。因此，如果经过周界的流元具有 u_n 的流速，那么进入系统的质量流率可以表达成

$$\mathrm{d}\dot{m} = \rho u_n \mathrm{d}A \tag{1.31}$$

对有限面积进行积分

$$\dot{m} = \int_A \rho u_n \mathrm{d}A \tag{1.32}$$

以上质量流率方程既可用于输入也可用于输出场合。

系统的总质量可用其体积与密度的乘积表示，即

$$m = \int_V \rho \mathrm{d}V \tag{1.33}$$

将以上数量代入文字方程式（1.26），得

$$\int_{A_{进}} \rho u_n \mathrm{d}A - \int_{A_{出}} \rho u_n \mathrm{d}A = \frac{\mathrm{d}}{\mathrm{d}t}\int_V \rho \mathrm{d}V \tag{1.34}$$

由于涉及微积分计算，因此上面的方程有点复杂。但对于工程中常见的两种情形，这一表达式可以简化。首先，如果是均匀流动，那么经过流动截面的所有流体的参数也是均一的。在不同的截面上流体的参数可能会发生变化，但同一截面上流体的参数在径向不同位置是相同的。例如，管中流动的果汁在管子中心和管壁处的参数值相同。这些参数可以是密度、压强或者温度。对于均匀流，可以用累加式替代积分符号，即

$$\sum_{进} \rho u_n \mathrm{d}A - \sum_{出} \rho u_n \mathrm{d}A = \frac{\mathrm{d}}{\mathrm{d}t}\int_V \rho \frac{\mathrm{d}V}{\mathrm{d}t} \tag{1.35}$$

第二种要作的假设是稳定状态——即流动不随时间发生变化，但一个位置的流动情形可以不同于另一位置的流动情形。如果不随时间发生变化，那么以上方程的右侧就不存在。因此，可以得到

$$\sum_{进} \rho u_n \mathrm{d}A = \sum_{出} \rho u_n \mathrm{d}A \tag{1.36}$$

进一步地，如果是不可压缩流体——多数液体是不可压缩的——那么密度就不发生变化。因此

$$\sum_{进} u_n \mathrm{d}A = \sum_{出} u_n \mathrm{d}A \tag{1.37}$$

流速与面积的乘积就是体积流量。因此，根据质量守恒原理，对于均匀、稳定流动的不可压缩流体，其体积流量也保持不变。对于蒸汽和气体一类的可压缩流体，输入系统的质量流量等于输出系统的质量流量。

1.13.2 闭口系统的质量守恒

前面提到过，闭口系统的周界没有质量进出。因此，系统的质量不随时间而变，即

$$\frac{\mathrm{d}m_{系统}}{\mathrm{d}t} = 0 \tag{1.38}$$

或

$$m_{系统} = 常数 \tag{1.39}$$

1.14 物料衡算

无论是类似泵和均质机的单机设备，还是由若干过程单元构成的整个加工厂（例如，如图 1.14 所示的番茄酱生产线），都可用物料衡算进行估算。也可以应用物料衡算手段对原料的消耗、产品物流和副产品物流进行估算。

有组织地进行物料衡算的步骤如下：

（1）从问题的表述中收集所有输入和输出的组成和质量方面的已知数据。

（2）画方块流程图，指出过程、输入和输出。画出系统的周界。

（3）在方块流程图中写出所有已知的数据。

（4）选择计算基准（如质量或时间）。基准的选择要方便计算。

（5）利用方程（1.30），写出符合所选计算基准的物料平衡式，每一未知数需要一个独立的物料平衡式。

（6）解物料衡算方程组，确定未知数值。

以下例子介绍物料衡算的应用。

例 1.6

一燃烧炉将 95% 的碳转化成二氧化碳，余下的转化成一氧化碳。利用物料衡算计算燃烧炉排出的各种气体的量。

已知：

碳转化成 CO_2 = 95%

碳转化成 CO = 5%

解：

（1）以 1kg 碳为计算基准。

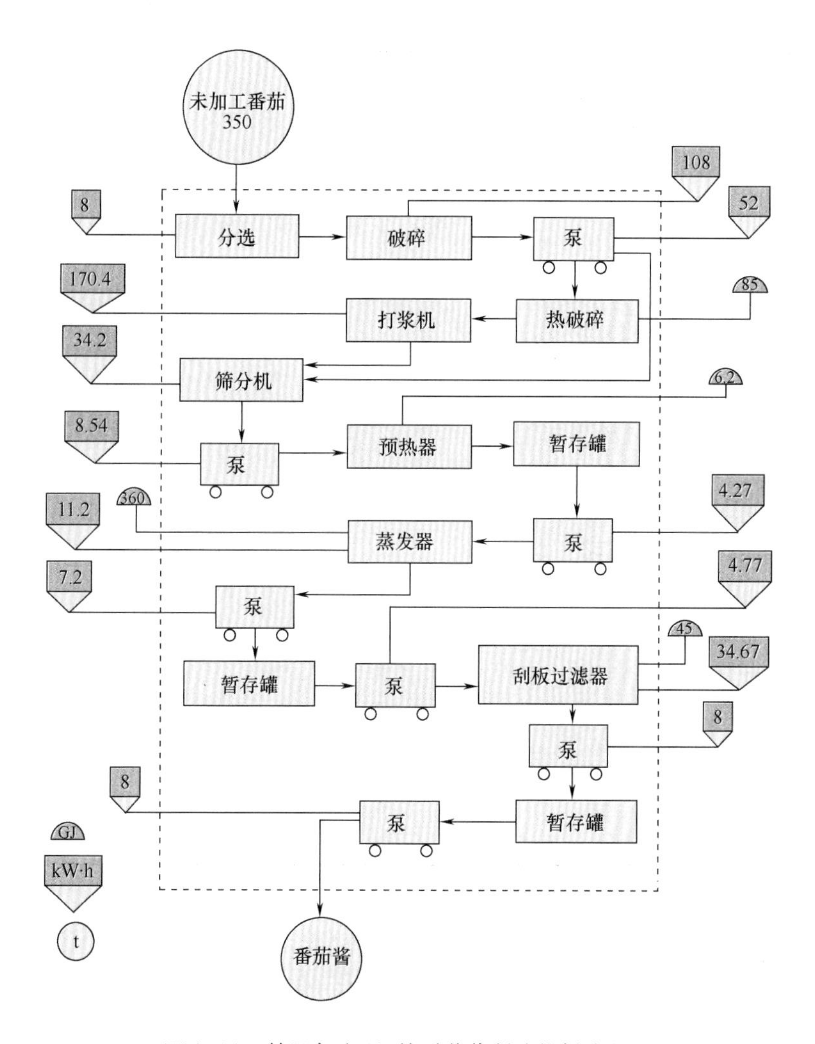

图 1.14 基于每班 8h 的番茄酱制造能耗流程图
（资料来源：Singh 等，1980）

（2）燃烧方程为

$$C + O_2 = CO_2$$

$$C + \frac{1}{2}O_2 = CO$$

（3）根据以上方程，燃烧 12kg 碳可以生成 44kg 二氧化碳，或者生成 28kg 的一氧化碳。

（4）那么，产生的 CO_2 为

$$\frac{(44\text{kg}CO_2)(0.95\text{kg 燃烧的 C})}{12\text{kg 燃烧的 C}} = 3.48\text{kg}CO_2$$

（5）同样，产生的 CO 为

$$\frac{(28\text{kgCO})(0.05\text{kg 燃烧的 C})}{12\text{kg 燃烧的 C}} = 0.12\text{kgCO}$$

（6）这样，每燃烧 1kg 碳生成的燃气中含 3.48kgCO_2和 0.12kgCO。

例 1.7

某种湿食品含水量为 75%。经过干燥除去原来水分的 80%。求：

（a）每千克食品除去的水分质量；

（b）干燥食品的组成

已知：

初始含水量 = 70%

除去的水分 = 80% 原来水分含量

解：

（1）选择计算基准 = 1kg 湿食品。

（2）输入处的水质量 = 0.7kg。

（3）除去的水分含量 = 0.8 × 0.7 = 0.56kg/kg 湿食品材料量。

（4）写出水的物料平衡式

$$干燥食品中的水分 = 0.7 \times 1 - 0.56 = 0.14\text{kg}$$

（5）写出固形物的物料平衡式

$$0.3 \times 1 = 输出物流中的固形物$$

$$固形物 = 0.3\text{kg}$$

（6）因此，干燥食品中含 0.14kg 的水和 0.3kg 的固形物。

例 1.8

一膜分离系统将液体食品的总固形物（TS）从 10% 浓缩到 30%。浓缩分两个阶段完成。第一阶段得到低总固形物液流。第二阶段从低总固形物液流浓缩到最终浓度的液流。第二阶段的稀溶液再回到第一阶段。当循环流含 2% TS、废流含 0.5% TS 及第一阶段与第二阶段间液流含 25% TS 时，求循环流量的大小。该过程以 100kg/min 的产量生产 30% TS 的产品。

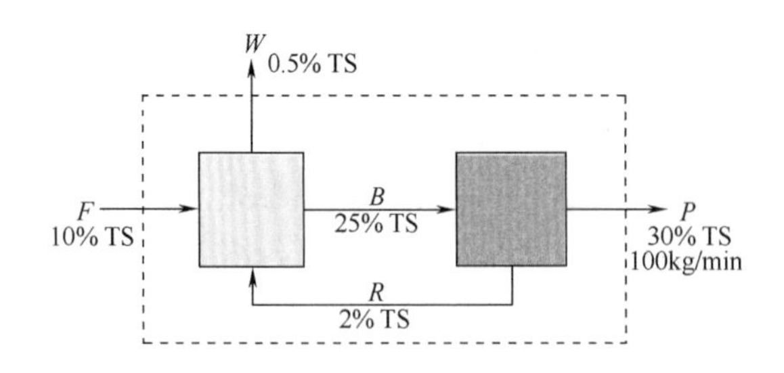

图 E1.6　例 1.8 所述设备的安排示意图

已知（图 E1.6）：

输入流的浓度 = 10%

输出流的浓度 = 30%

循环流的浓度 = 2%

废液流的浓度 = 0.5%

两阶段间液流的浓度 = 25%

输出液流的质量流量 = 100kg/min

解：

（1）选择以 1min 为计算基准。

（2）对于整个系统[①]

$$F = P + W$$

$$F\,x_F = P\,x_P + W\,x_W$$

$$F = 100 + W$$

$$F\,(0.1) = 100\,(0.3) + W\,(0.005)$$

其中 x 是固形物分数。

（3）对于第一阶段

$$F + R = W + B$$

$$F\,x_F + R\,x_R = W\,x_W + B\,x_B$$

$$F\,(0.1) + R\,(0.02) = W\,(0.005) + B\,(0.25)$$

（4）根据第（2）步

$$(100 + W)\,(0.1) = 30 + 0.005W$$

$$0.1W - 0.005W = 30 - 10$$

$$0.095W = 20$$

$$W = 210.5\ \text{kg/min}$$

$$F = 310.5\ \text{kg/min}$$

（5）根据第（3）步

$$310.5 + R = 210.5 + B$$

$$B = 100 + R$$

$$310.5\,(0.1) + 0.02R = 210.5\,(0.005) + 0.25B$$

$$31.05 + 0.02R = 1.0525 + 25 + 0.25R$$

$$4.9975 = 0.23R$$

$$R = 21.73\ \text{kg/min}$$

（6）结果表明，循环流的流量是 21.73kg/min。

例 1.9

用对流式干燥机对水分含量为 75% 的土豆片进行干燥。进入干燥机的空气的水分含量为 0.08kg 水/1kg 干空气；离开干燥机的空气的水分含量为 0.18kg 水/1kg 干空气。空气流量为 100kg/h。如图 E1.7 所示，进入干燥机的土豆量为 50kg/h。在稳定态时，需要计算以下内容：

---

① F，P，W，R，B 均表示质量流量，在我国常表示为 $q_{m,F}$，$q_{m,P}$……——译者注

a. “干土豆”的质量流量

b. 离开干燥机的“干土豆”的干基水分含量

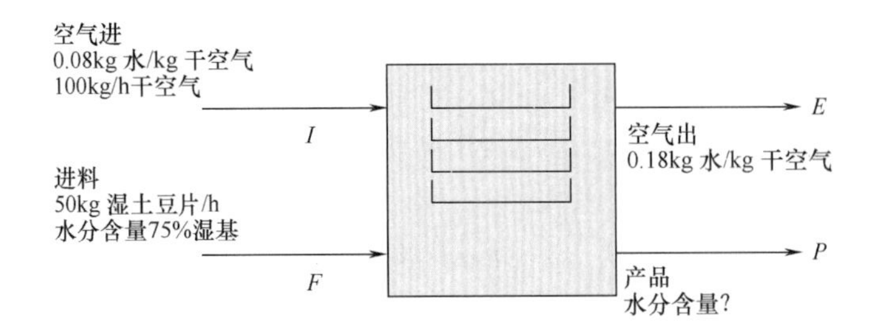

图 E1.7　例 1.9 中的系统示意图

解：

（1）基准 = 1h。

（2）进入干燥机的空气质量 = 干空气质量 + 水分质量

$$I = 100 + 100 \times 0.08$$

$$I = 108\text{kg}$$

（3）离开干燥机的空气质量 = 干空气质量 + 水分质量

$$E = 100 + 100 \times 0.18$$

$$E = 118\text{kg}$$

（4）干燥机总平衡

$$I + F = E + P$$

$$108 + 50 = 118 + P$$

$$P = 40\text{kg}$$

（5）干燥机的固形物平衡

输入料的固形物含量可以根据式（1.6）湿基水含量定义式计算，将式（1.6）重写成

$$1 - MC_{wb} = 1 - \frac{\text{水分质量}}{\text{湿样品质量}}$$

或

$$1 - MC_{wb} = \frac{\text{干固形物质量}}{\text{湿样品质量}}$$

或

$$\text{干固形物质量} = \text{湿样品质量}（1 - MC_{wb}）$$

因此

$$\text{干固形物质量} = F（1 - 0.75）$$

设 y 为产品 P 的固形物分量，那么，可从干燥器的固形物平衡算出

$$0.25F = y \times P$$

$$y = \frac{0.25 \times 50}{40}$$

$$= 0.3125$$

这样

$$\frac{\text{干固形物质量}}{\text{湿样品质量}}=0.3125$$

因此，输出的土豆中水分含量（湿基）为

$$1-0.3125=0.6875$$

（6）将湿基水分含量转换为干基水分含量

$$MC_{\mathrm{db}}=\frac{0.6875}{1-0.6875}$$

$$MC_{\mathrm{db}}=2.2\ \mathrm{kg}\ \text{水}/\mathrm{kg}\ \text{干固形物}$$

（7）离开干燥器的土豆的质量流量是40kg，水分含量为每千克干固形物含水2.2kg。

例1.10

实验工程食品经如图E1.8所示的五步完成。输入原料是1000kg/h。图中标出了各种物流的已知组成值。注意每一物流的组成只分固形物和水。物流C均分为E和G两股流。希望得到的产品P最终固形物含量为80%。由物流K得到一股固形物含量为20%，流量为450kg/h的副产品。请计算以下内容：

a. 产品P的质量流量

b. 回流A的质量流量

c. 回流R的质量流量

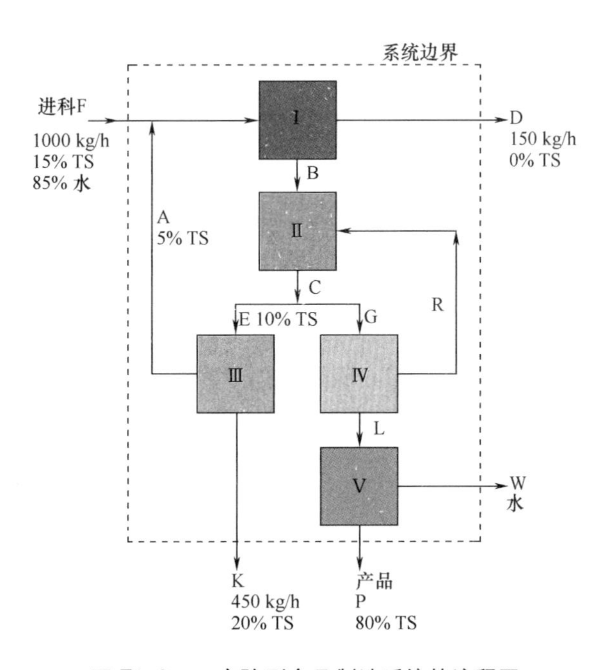

图E1.8 一实验型食品制造系统的流程图

已知：

进料=1000kg/h

产品 P 的固形物含量 =80%

物流 K 的质量流量 =450kg/h

物流 K 的固形物含量 =20%

解：

（1）基准 =1h。

（2）以整个系统考虑，得到固形物平衡（见图 E1.9）。

$$0.15 \times F = 0.2 \times K + 0.8 \times P$$

$$0.15 \times 1000 = 0.2 \times 450 + 0.8 \times P$$

$$150 = 90 + 0.8 \times P$$

$$P = 60/0.8 = 75\text{kg}$$

$$P = 75\text{kg}$$

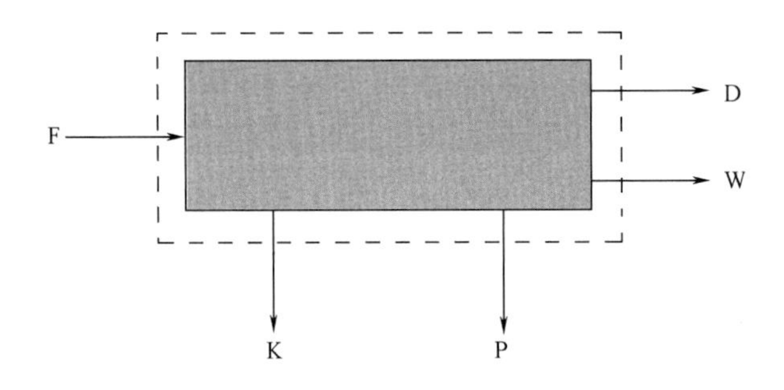

图 E1.9　例 1.10 的总系统

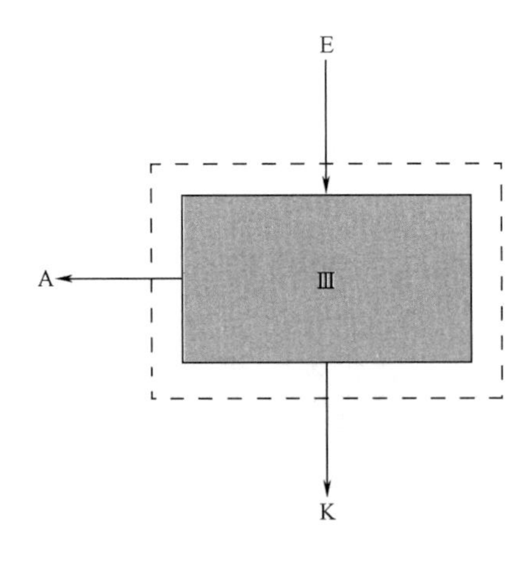

图 E1.10　例 1.10 中系统第Ⅲ步的示意

（3）考虑第Ⅲ步（见图 E1.10）。

总平衡

$$E = A + K;\ E = A + 450 \tag{1}$$

固形物平衡

$$0.1E = 0.05A + 0.2K$$

$$0.1E = 0.05A + 0.2 \times 450$$

$$0.1E = 0.05A + 90 \quad (2)$$

联立解方程（1）和方程（2）得

$$E = 1350\text{kg}$$

$$A = 900\text{kg}$$

（4）由于 C 等量地分成 E 和 G

G = 1350kg（固形物含量 10%）

（5）对整个系统进行衡算求 W

$$F = K + P + D + W$$

$$1000 = 450 + 75 + 150W$$

$$W = 325\ \text{kg}$$

（6）一起考虑第Ⅳ和第Ⅴ两步（图 E1. 11）

$$G = R + W + P$$

$$1350 = R + 325 + 75$$

$$R = 950\text{kg}$$

（7）物流 P、A 和 R 的质量流率分别为 75kg、900kg 和 950kg。

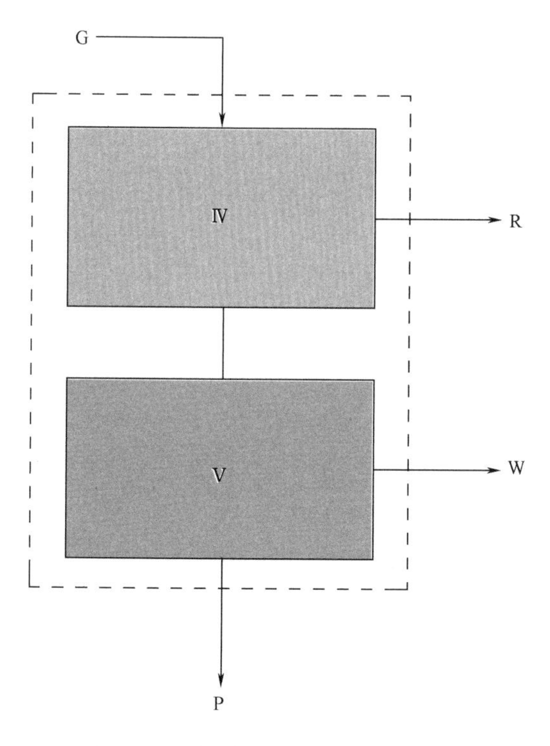

图 E1. 11　例 1. 10 中系统第Ⅳ和第Ⅴ步的示意图

1. 15　热力学

热力学是对食品加工过程中所发生的现象进行研究的基础。研究任何食品加工过程的一般做法是首先观察现象，进行实验测试证实所见到的观察，建立数学关系，然后将所得到的知识应用于加工过程。这种观察过程与通常对物理系统中进行考察所采用的热力学方法非常相似。

工程过程研究中，通常关心的是宏观事物。应用宏观方法的热力学称为经典热力学。关心分子水平现象和分子平均行为的热力学称为统计热力学。

在食品工程中，工程师通常关心的许多过程是热力学的应用。例如，我们可能需要计算一个过程的热或功的效率。又如，从加工过程中获取最大的做功可能是关键计算，或者需要确定如何用最小的功完成一个过程。更进一步地，我们还会遇到要求确定系统中两个变量平衡关系的情形。

热力学定律最有助于展开实验或对系统行为进行了解分析。经典热力学以实验为基础，关心的是系统的宏观参数。这些参数可以直接测量到，或者可以根据别的直接测量参数进行计算得到。例如，我们可以用压强表测量得到封闭小室内的气体压强。

热力学也有助于确定平衡趋势。通过对趋势的了解，我们可以了解正在进行的过程的方向。热力学不能告诉我们正在发生的过程需要多少时间才能到达终点，但可以帮助我们了解过程的终点状态。因此，时间不是热力学的一个变量，我们依靠别的方式确定过程的速率。这是食品工程师的另一重要计算内容。

1.16 热力学定律

1.16.1 热力学第一定律

热力学第一定律是一个有关能量守恒的阐述。定律描述如下：

闭口系统内的能量守恒。

热力学第一定律的另一种说法是：

能量既不能被产生也不能被消灭，但可以从一种形式转换成另一种形式。

能量可以存贮在物体内，也可以转变成另一种能量形式，例如热能或机械能的形式。如果我们升举一个物体，那么它的势能将增加。增加的势能会贮存在物体中，直到再次移动它。同样地，通过加热可以增加物体的热能，使其温度升高。

能量也可以从一种形式转变成另一种形式。例如，水电站中的高位水落到涡轮机的叶片，在涡轮机内势能转变成机械能，然后在发电机内机械能转变成电能。将电能传输到家庭或工厂，又可以转变成别的有用形式的能量，例如，用加热器将电能转变成热能。

在能量从一种形式转变成另一种形式的过程中，也会有热能产生，这种热能常常被误认为是能量的损失。而这实际是能量的转变，只不过转变成的能量不是所需要的能量形式而已。例如，在电动机中电能转变成机械能，就会有10%～15%的能量“损失”。这种损失是因为摩擦而使部分电能变成了热能。尽管我们可以将所有的机械能转变成热能，但我们不能将所有的热能转变为功，这可以通过热力学第二定律加以阐明。

1.16.2 热力学第二定律

热力学第二定律有助于分析能量的转变方向。以下分别是鲁道夫·克劳修斯[①]和劳德·开尔文[②]关于热力学第二定律的两种说法。

不可能把热量从低温物体传到高温物体而不引起其他变化。

不可能从单一热源吸取热量使之完全转变为功而不产生其他影响。

热力学第二定律可以帮助解释为什么热量总是从热的物体流向冷的物体；为什么两种气体可以在小室内自动混合起来，但混合后就不会自动地分开；为什么不可能制造出从单一热源吸热做相同能量功的机器。

热力学第二定律既规定了能量的数量也规定了能量的方向。这一定律的重要性在任何过程中均是很明显的——过程的路径总是朝品质降低的方向。例如，桌上放的一碗热汤会自动地冷下来。此时，能量的品质下降了。高质量能量（在较高温度）从汤转移到了环境，成为较无用形式的能量。

1.17 能量

能量是一个标量。牛顿[③]首先提出了动能和势能的假说。我们不能直接测量到能量，但可以用间接的方法来测到它并分析它的值。能量可以有多种形式，如势能、动能、化学能、磁能和电能。

系统的势能是它相对于重力场位置引起的。如果一个物体的质量是 m，所处的高度是 h，并且重力加速度是 g，那么它的势能是

$$E_{PE} = mgh \tag{1.40}$$

一物体的动能是由它的速度引起的。如果一个质量为 m 的物体以速度 u 运动，那么它的动能为

$$E_{KE} = \frac{1}{2}mu^2 \tag{1.41}$$

动能和势能都是宏观上的力，即它们代表了整个系统的能量。这与内能不同，内能是由系统的微观性质引起的。在分子水平，物质的原子是连续运动的。它们在随机方向运动、相互碰撞、振动和旋转。与所有这些运动相关的能量，包括原子间的吸引能量，构成了一个称为内能的总体能量。

内能是一个广延性参数，它与过程的路径无关。虽然我们不能测到内能的绝对值，但

---

① 鲁道夫·克劳修斯（Rudolf Clausius）（1822—1888），德国数学物理学家，被认为是热力学的创始人。1850年，他发表了描述热力学第二定律的论文。他发展了蒸汽机理论，其在电解方面的工作是电解理论的基础。

② 劳德·开尔文（Lord Kelvin）（1824—1907），苏格兰数学家、物理学家和工程师。在他22岁时，在Glasgow大学获得了自然哲学教授职位。他在能量守恒定律发展、绝对温标（以他的名字命名）、光的电磁理论和电磁的数学分析方面做出了贡献。他是一位多产的作者，发表了600多篇科学论文。

③ 艾萨克·牛顿（Isaac Newton）（1643—1727），英国物理学家和数学家，建立了计算基础，发现了白光的组成，研究星体运动，推导出反平方定律，1687年提出此定律。

我们可将内能变化与温度或压力等其他参数联系起来。

在许多工程系统中，占主导地位的可能是一到两种形式的能量，而其他形式的能量可以忽略。例如，当甜菜从传送带落入料仓时，甜菜的动能和势能会发生变化，但其他形式的能量，如化学能、磁能和电能不会发生变化，因而在分析时可以忽略。同样地，番茄汁在热破碎加热器中加热时，它的势能和动能不会发生变化，但果汁的内能却会随温度升高而变。

系统的总能量可以用一个方程形式写出

$$E_{总} = E_{KE} + E_{PE} + E_{电} + E_{磁} + E_{化} + \cdots + E_{i} \tag{1.42}$$

这里，E_i是内能（kJ）。

如果与动能、势能和内能相比，其他形式的能量较小，那么

$$E_{总} = E_{KE} + E_{PE} + E_{i} \tag{1.43}$$

1.18 能量平衡

热力学第一定律指出，能量既不能生成也不能消灭。可将此描述以文字方程（1.44）表示

$$\text{进入系统的总能量} - \text{离开系统的总能量} = \text{系统的能量变化} \tag{1.44}$$

因此，当一个系统在发生某个过程，进入系统的能量减去离开系统的能量必须与系统的能量变化相等，即

$$E_{进} - E_{出} = \Delta E_{系统} \tag{1.45}$$

也可以单位时间为基准表示速率写出能量平衡方程：

$$\dot{E}_{进} - \dot{E}_{出} = \Delta \dot{E}_{系统} \tag{1.46}$$

在 E 上方加点是表示能量单位以单位时间为基准。因此，$\dot{E}_{进}$是入口处的能量速率（J/s）。

将热力学第一定律应用到工程问题，需要考虑所有对给定系统比较重要的能量形式。在分析食品工程问题时，要考虑每一重要的能量形式，这些能量要根据系统是开口的还是闭口的分别加以讨论。

1.19 闭口系统的能量平衡

前面提到，对于闭口系统，能量可以通过周界传递，但不能交换质量。系统与外界的主要耦合作用是由热量传递和不同形式的功引起的。我们首先一一考虑这些耦合作用，然后根据热力学第一定律原理进行能量平衡。

1.19.1 热量

系统与其环境的热量传递也许是食品工程中最常见的能量传递形式。在蒸煮、杀菌处

理和用专门方式生产新的食品时，热量起着主要作用。

由于与温度联系在一起，因此热量是一种容易感觉到的能量形式。我们知道，温差使得热量从热的物体传到冷的物体。在食品工程系统中，传热起着重要的作用，因此我们将专门在第4章详细讨论传热问题。在此，只须知道一个系统与其环境之间的热交换是由于温度引起的就足够了。

我们用Q代表热量，其单位是焦耳（J）。在热力学上热量通过系统边界进行交换需要作出符号约定。如果热量是从系统传向环境的，那么Q是负的。反过来，如果热量是从环境传到系统（如加热马铃薯）的，那么传递的热量Q是正的。

在讨论单位时间传递热量时，使用热量传递速率符号q，其单位是J/s或瓦（W）。因此

$$Q = m\int_{T_1}^{T_2} c\mathrm{d}T \tag{1.47}$$

如果能量传递是在恒压下进行的，那么

$$Q = m\int_{T_1}^{T_2} c_{\mathrm{p}}\mathrm{d}T \tag{1.48}$$

式中　c_{p}——恒压下的比热容，J/（kg·K）

在恒容积条件下，

$$Q = m\int_{T_1}^{T_2} c_{\mathrm{v}}\mathrm{d}T \tag{1.49}$$

式中　c_{v}——恒容积下的比热容，J/（kg·K）

对于固体和液体，c_{p}和c_{v}的值相同，但对于气体两者相差很大。

1.19.2　功

功包括了非温差引起的系统与外界的所有耦合作用。这种耦合作用有很多形式，例如，发动机中活塞的运动、电线经过一个系统传递电流、轴将能量从电机传递到另一包括在系统周界内的设备。

功的符号是W，其单位是焦耳（J）。对于功W的符号约定如下：任何时候，系统做功为正（W是正的）；外界对系统做功为负（W是负的）。这与热量传递情形相反。

以下推导一般的功耦合数学关系式。如图1.15所示，在力F作用下，一个物体移动了一小距离ds。那么对系统所做的功就可以计算为力与距离的乘积，即

$$\mathrm{d}W = -F\mathrm{d}s \tag{1.50}$$

负号的使用符合上面所作的符号约定。物体从位置1移动到位置2时所做的功可以通过式（1.51）计算

$$W_{1-2} = -\int_1^2 F\mathrm{d}s = F(s_1 - s_2) \tag{1.51}$$

系统与环境的功耦合可来自若干原因，如周界移动、地球引力、加速作用和轴转动。下面分别对这些做功进行数学描述。

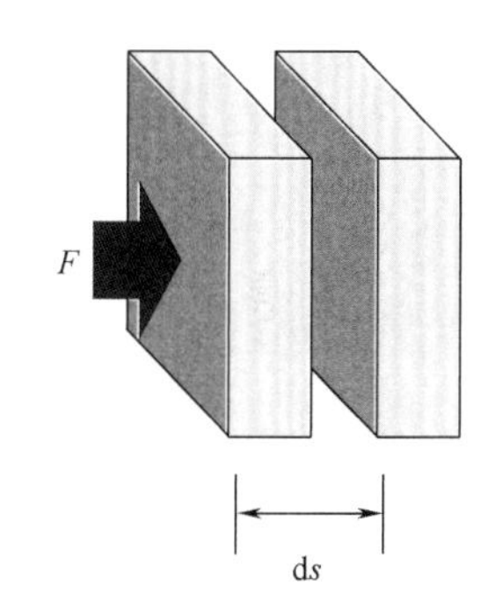

图1.15　物体运动引起的做功

1.19.2.1 移动周界做功

封闭在气缸内推动活塞运动的发动机是常见的能量传递系统的例子。另一个例子是脚踏泵压缩气体，这时活塞运动将气缸内的气体压缩。在这些例子中，由于力的作用，使系统的周界发生了移动，而功是通过系统的周界进行传递的。

以图 1.16 中的气缸和活塞为例，系统的周界沿气体画出。注意，活塞和气缸不属于系统，而属于系统的环境。我们将气缸放在一个加热器上，并对活塞加一个恒定的压强。气体受热后会膨胀，从而使得活塞从位置 1 运动到位置 2。由于系统的周界是能变形的，因此当活塞向前移动时它就膨胀。这时的功是由于气体膨胀引起的，即系统做功。

活塞移动一小段距离 ds，由系统做的微分功是力 F 与距离 ds 的乘积：

$$\mathrm{d}W = F\mathrm{d}s \tag{1.52}$$

但根据方程（1.15），力/面积 = 压强。因此，如果活塞的截面积是 A，那么

$$\mathrm{d}W = pa\mathrm{d}s = p\mathrm{d}V \tag{1.53}$$

如果活塞从位置 1 运动到位置 2，那么

$$W_{1-2} = \int_1^2 p\mathrm{d}V \tag{1.54}$$

根据气体定律，压强与体积成反比关系，当压强增加时，体积减小（或气体被压缩），当压强降低时，体积将增大（或气体膨胀）。因此，在此例中，压强保持恒定，气体因为加热而膨胀，这样体积 V_2 就会比 V_1 大，从而功 W_{1-2} 是正的。这与系统做功为正的约定是相符的；在将活塞从位置 1 移动到位置 2 时，气体膨胀。另一方面，如果没有热量向气缸提供，而气体由于下降的活塞运动受到压缩，那么最终的体积 V_2 将小于初始的体积 V_1，根据方程（1.54）算出的功是负的，表明功是外界对系统做的。

需要强调指出，功与热之间的耦合是通过周界进行能量传递的机制。它们不是参数；因此，它们与过程的路径有关。在与周界移动有关的做功情形下，如本节所述的，我们需要知道压强体积路径。如图 1.16 所示的一条典型路径描述了从状态 1 到状态 2 的过程。由于压强保持不变，体积从 V_1 变到 V_2。曲线下的面积是所做的功。

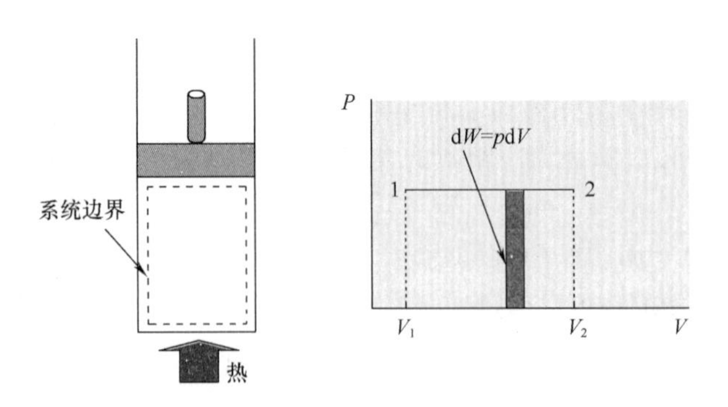

图 1.16 移动边界引起的做功

1.19.2.2 重力做功

由重力或逆重力做功可以根据牛顿第二定律对力的定义式计算到：

$$F = mg \tag{1.55}$$

如图1.17所示，质量为m的物体被升举小段距离$\mathrm{d}z$，需要的功是：

$$\mathrm{d}W = F\mathrm{d}z \tag{1.56}$$

或者，将式（1.55）代入式（1.56）得

$$\mathrm{d}W = mg\mathrm{d}z \tag{1.57}$$

为了将一个物体从位置1举到位置2：

$$\int_1^2 \mathrm{d}W = \int_1^2 mg\mathrm{d}z \tag{1.58}$$

或

$$W = mg\ (z_2 - z_1) \tag{1.59}$$

从式（1.59）可以看到，重力作用做功与系统的势能变化相等。

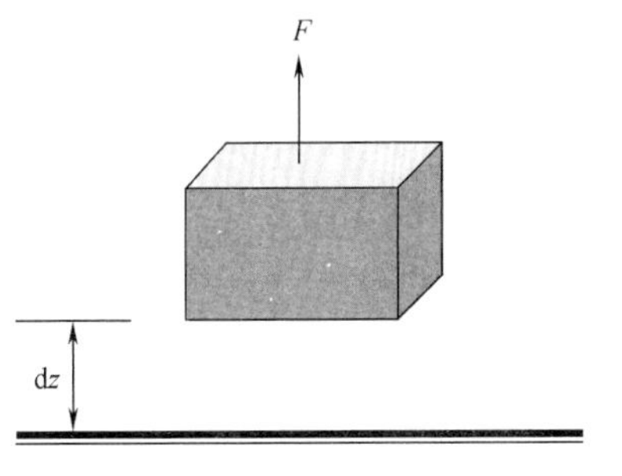

图1.17 升举物体引起的做功

1.19.2.3 速度变化做功

如果一物体正以某速度u_1运动，那么要确定将物体速度改变为u_2所需要做的功，仍可利用牛顿第二运动定律。相应的力是

$$F = ma \tag{1.60}$$

而加速度的表达式为

$$a = \frac{\mathrm{d}u}{\mathrm{d}t} \tag{1.61}$$

如果物体在时间$\mathrm{d}t$内运动了一小段距离$\mathrm{d}s$，那么速度为

$$u = \frac{\mathrm{d}s}{\mathrm{d}t} \tag{1.62}$$

功的定义是

$$W = F\mathrm{d}s \tag{1.63}$$

将式（1.61）和式（1.62）代入式（1.63）

$$W = m\frac{\mathrm{d}u}{\mathrm{d}t}u\mathrm{d}t \tag{1.64}$$

对上式约分并进行积分，

$$W = m\int_1^2 u\mathrm{d}u \tag{1.65}$$

得

$$W = \frac{m}{2}(u_2^2 - u_1^2) \tag{1.66}$$

因此，用于改变速度所做的功与系统动能的变化值相等。

1.19.2.4 轴转动做功

不少系统利用旋转轴传输能量。例如，电动机的转动轴为与之相连的设备提供机械

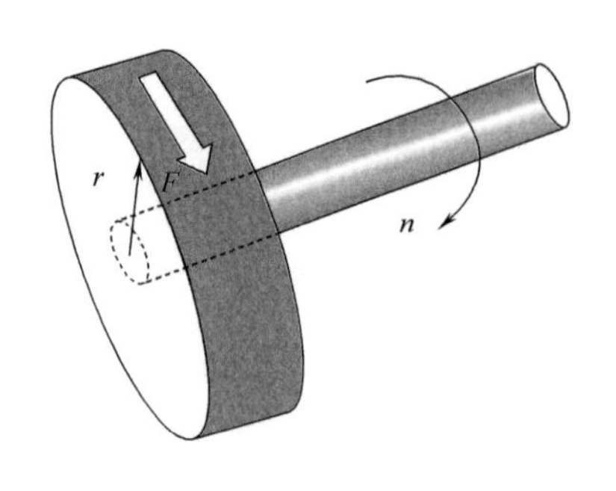

图 1. 18　转动轴做功

能。同样，汽车发动机也是通过旋转轴将能量传递给轮子的。如图 1.18 所示，如果力和半径已知，那么作用到轴上的扭矩 Ω①就可以确定。因此

$$\Omega = Fr \tag{1.67}$$

假设沿圆周运动的距离是 s，旋转数是 n，那么在 n 转中转过的距离是

$$s = (2\pi r)\ n \tag{1.68}$$

由于力和距离的乘积是功，根据式（1.67）和式（1.68），可得

$$W = \frac{\Omega}{r}(2\pi r)n \tag{1.69}$$

$$W = (2\pi n)\Omega \tag{1.70}$$

1. 19. 2. 5　摩擦引起的做功

如果系统存在摩擦作用，那么为了克服摩擦必须做功。如果将摩擦能标记为 E_f，单位为 J，那么由于摩擦引起的做功是

$$W = -E_f \tag{1.71}$$

1. 19. 2. 6　能量平衡

根据热力学第一定律，闭口系统能量总变化等于加入系统的热减去系统所做的功。根据约定使用的适当符号，可以将闭口系统的能量平衡数学式写成

$$\Delta E = Q - W \tag{1.72}$$

系统总能量变化 ΔE 由内热能 E_i、动能 E_{KE} 和势能 E_{PE} 构成，因此

$$\Delta E_i + \Delta E_{KE} + \Delta E_{PE} = Q - W \tag{1.73}$$

根据 1. 19. 2 节中的讨论，对于（图 1. 16）气缸中气体膨胀，可以写出一个完整的做功方程

$$W = \int p\mathrm{d}V - \Delta E_{KE} - \Delta E_{PE} - E_f \tag{1.74}$$

式（1. 74）可以重写成

$$W + E_f = \int p\mathrm{d}V - \Delta E_{KE} - \Delta E_{PE} \tag{1.75}$$

在式（1. 73）和式（1. 75）间，约去 W、ΔE_{KE} 和 ΔE_{PE}

$$\Delta E_i = Q + E_f - \int p\mathrm{d}V \tag{1.76}$$

根据基本计算定理，可知

$$\mathrm{d}(pV) = p\mathrm{d}V + V\mathrm{d}p \tag{1.77}$$

或进行积分

$$\Delta pV = \int p\mathrm{d}V + \int V\mathrm{d}p \tag{1.78}$$

① 我国 GB 3100 ~ 3102—1993《量和单位》规定力矩（扭矩）符号为 M。——译者注

因此，可以写出

$$\int p\mathrm{d}V = \Delta pV - \int V\mathrm{d}p \tag{1.79}$$

或者将式（1.79）代入式（1.76）得

$$\Delta E_{\mathrm{i}} + \Delta pV = Q + \Delta E_{\mathrm{f}} + \int V\mathrm{d}p \tag{1.80}$$

将式（1.80）写成膨胀形式，注意Δ对于内能意味着时间上最终状态减去初始状态的能量，而Δ对于其他项代表离开系统的能量减去进入系统的能量。

$$E_{\mathrm{i},2} - E_{\mathrm{i},1} + p_2V_2 - p_1V_1 = Q + \Delta E_{\mathrm{f}} + \int V\mathrm{d}p \tag{1.81}$$

$$(E_{\mathrm{i},2} + p_2V_2) - (E_{\mathrm{i},1} + p_1V_1) = Q + \Delta E_{\mathrm{f}} + \int V\mathrm{d}p \tag{1.82}$$

在1.10节中，$E_{\mathrm{i}} + pV$定义为焓（H），因此，

$$H_2 - H_1 = Q + \Delta E_{\mathrm{f}} + \int V\mathrm{d}p \tag{1.83}$$

加工过程广泛利用焓进行计算。许多物质（如蒸汽、氨及一些食品）的焓值可以从表中找到（见表A.4.2，表A.6.2和表A.2.7）。

对于恒压、没有摩擦的过程，式（1.83）中右边第二、第三项为零，因此，

$$H_2 - H_1 = Q \tag{1.84}$$

或

$$\Delta H = Q \tag{1.85}$$

食品加工中遇到最多的是恒压过程。因此，根据式（1.85），焓的变化被简称为热含量。

对于恒压间歇过程，系统的焓变ΔH实际上可以通过测量热量Q的变化得到。不管是测量到的参数还是通过查表得到的参数，都有一套计算方式。我们考虑两种情形：涉及显热变化的加热或冷却，涉及相变的加热或冷却。

1. 恒压下不涉及相变的加热

如果加热引起温度从T_1变化到T_2，那么

$$\Delta H = H_2 - H_1 = Q = m\int_{T_1}^{T_2} c_{\mathrm{p}}\mathrm{d}T \tag{1.86}$$

$$\Delta H = mc_{\mathrm{p}}(T_2 - T_1) \tag{1.87}$$

式中 c_{p}——1t比热容，J/（kg·℃）

m——质量

T——温度

1和2——初始值和终了值

2. 恒压下涉及相变的加热

加热或冷却过程会涉及潜热变化，这种场合温度保持恒定而潜热会增加或减少。例如，当冰融化时，需要融解潜热。同样，为了使水汽化为蒸汽，必须加入潜热。水在0℃时的融化潜热是333.2kJ/kg。水的汽化潜热与温度和压强有关。水在100℃时的汽化潜热是2257.06 kJ/kg。

例 1.11

将 -10℃的 5kg 冰加热融化成 0℃的水，然后再加热使水汽化。离开的饱和蒸汽温度为 100℃。请计算过程发生的焓变化。冰的比热容为 2.05kJ/（kg·K）。水的比热容为 4.182kJ/（kg·K），融化潜热为 333.2kJ/kg，水在 100℃时的汽化潜热是 2257.06 kJ/kg。

已知：

图 E1.12 给出了一条水的温度-焓值曲线。注意在涉及潜热的地方温度保持恒定。

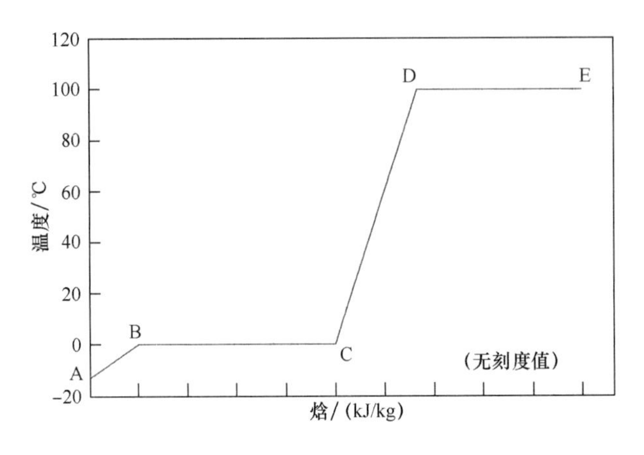

图 E1.12 冰融化与水汽化的温度-焓关系曲线

解：

对图 E1.12 中不同的区域分别进行焓计算

（1）A—B 区域

$$
\begin{aligned}
\Delta H_{AB} &= \Delta Q = m\int_{-10}^{0} c_p \mathrm{d}T \\
&= 5(\mathrm{kg}) \times 2.05\left(\frac{\mathrm{kJ}}{\mathrm{kg}\cdot ℃}\right)(0+10)℃ \\
&= 102.5\mathrm{kJ}
\end{aligned}
$$

（2）B—C 区域

$$
\begin{aligned}
\Delta H_{BC} &= mH_{潜热} \\
&= 5(\mathrm{kg}) \times 333.2\left(\frac{\mathrm{kJ}}{\mathrm{kg}}\right) \\
&= 1666\mathrm{kJ}
\end{aligned}
$$

（3）C—D 区域

$$
\begin{aligned}
\Delta H_{CD} &= \Delta Q = m\int_{0}^{100} c_p \mathrm{d}T \\
&= 5(\mathrm{kg}) \times 4.182\left(\frac{\mathrm{kJ}}{\mathrm{kg}\cdot ℃}\right) \times (100-0)℃ \\
&= 2091\mathrm{kJ}
\end{aligned}
$$

（4）D—E 区域

$$
\begin{aligned}
\Delta H_{DE} &= mH_{潜热} \\
&= 5(\mathrm{kg}) \times 2257.06\left(\frac{\mathrm{kJ}}{\mathrm{kg}}\right)
\end{aligned}
$$

$$= 11285.3\text{kJ}$$

（5）总的焓变化

$$\Delta H = \Delta H_{AB} + \Delta H_{BC} + \Delta H_{CD} + \Delta H_{DE}$$
$$= 102.5 + 1666 + 2091 + 11285.3$$
$$= 15144.8\text{kJ}$$

显然，汽化占了整个过程的 70% 的焓变。

1.20 开口系统的能量平衡

开口系统的特点是，除了功和能量可以通过系统的周界进行传递以外，还可有质量传递。任何进入或离开系统的质量都会相应地将一定量的能量带入或带出系统。因此，需要考虑由于质量流动而引起的系统能量变化。与流动有关的功有时称为流动功。流动功可以计算成将一定量质量推过系统周界所需的功。我们来考察一个均一参数微流元进入开口系统的情形（图 1.19）。如果该微流元的截面是 A，流体的压强是 p，那么用于推动这一流动元通过系统周界的力是

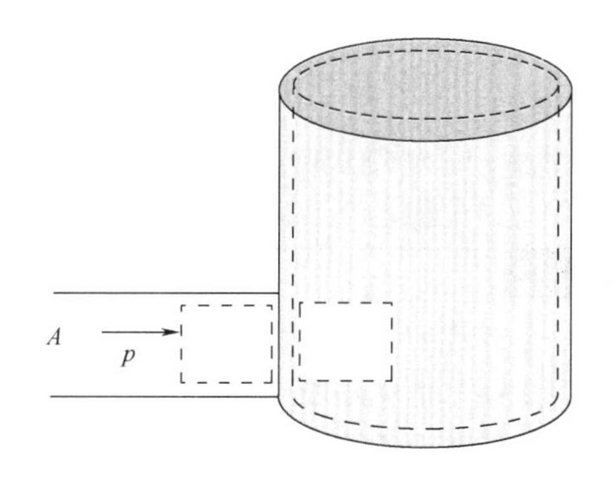

图 1.19 液体的体积运动

$$F = pA \tag{1.88}$$

如果该微流元被推了距离 L，那么其所做的功是

$$W_{质量流} = FL = pAL = pV \tag{1.89}$$

根据式（1.43），图 1.19 所示的该流元的总能量包括动能、势能和内能。此外，还必须考虑流体流动即流动功。因此，

$$E = E_i + E_{KE} + E_{PE} + pV \tag{1.90}$$

或，分别用能量计算元素代入各项

$$E = E_i + \frac{mu^2}{2} + mgz + pV \tag{1.91}$$

1.20.1 稳定流动系统的能量平衡

稳定状态系统的参数不随时间而变。它们可因位置的不同而有差别。稳定态是无数工程系统中非常普通的情形。对于稳定态系统，参量不随时间而变。应用这一条件，可以将速率形式的能量平衡写成：

$$\dot{E}_{进} - \dot{E}_{出} = \Delta\dot{E}_{系统} = 0 \tag{1.92}$$

因此

$$\dot{E}_{进} = \dot{E}_{出} \tag{1.93}$$

1.21 总能量平衡

将前面各项代入式（1.93），得

$$Q_{进} + W_{进} + \sum_{j=1}^{p} m_i\left(E'_{i,j} + \frac{u_j^2}{2} + gz_j + p_j V'_j\right) = Q_{出} + W_{出} + \sum_{e=1}^{q} m_i\left(E'_{i,e} + \frac{u_e^2}{2} + gz_e + p_e V'_e\right) \quad (1.94)$$

在式（1.94）中，E'表示单位质量的内能，V'表示比体积。这一方程适用于流入系统的流量为 p 和输出流量为 q 的一般情形。如果系统只有一个输入（位置 1）和两个输出（位置 2），那么

$$Q_m = \left(\frac{u_2^2}{2} + gz_2 + \frac{P_2}{\rho_2}\right) - \left(\frac{u_1^2}{2} + gz_1 + \frac{P_1}{\rho_1}\right) + (E'_{i,2} - E'_{i,1}) + W_m \quad (1.95)$$

式中 Q_m和 W_m分别代表单位质量的热量和功。在式（1.95）中，V'由 $1/\rho$ 取代。第 2 章将更详细地讨论稳定流系统的能量平衡。以下为一些食品加工应用中的能量衡算例子。

例 1.12

一管式漂烫机用于处理利马豆（图 E1.13）。产品的质量流量是 860kg/h。理论上，漂烫处理的能量消耗是 1.19GJ/h。由于绝热不当而从漂烫机损失的热量估计值为 0.24GJ/h。如果输入漂烫机的总能量为 2.71GJ/h，则：

a. 计算用于重新加热水所需的能量

b. 确定各物流所占的能量百分数

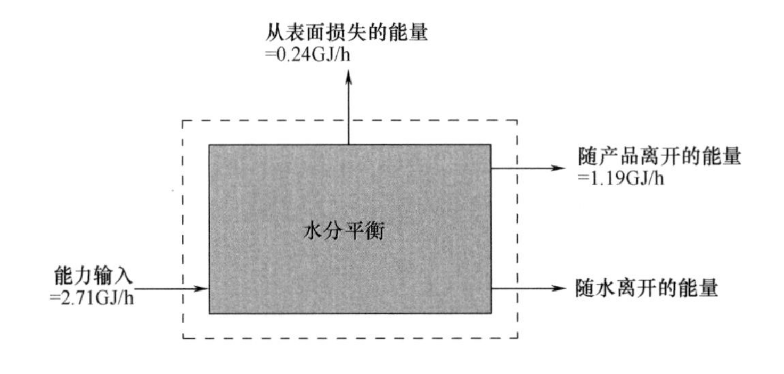

图 E1.13 漂烫机系统示意图

已知：

产品的质量流量 =860kg/h

产品的理论需能量 =1.19GJ/h

隔热不当造成的热损失 =0.24GJ/h

方法：

先写出一个能量平衡式，然后解出未知数。

解：

（1）选择 1h 作为计算基准。

（2）能量平衡可以写成：

进入漂烫机的能量 = 产品带走的能量 + 绝热损失热量 + 水带走的能量

（3）在以上的能量平衡式中代入适当的值，

$$2.71 = 1.19 + 0.24 + E_W$$

得

$$E_W = 1.28\text{GJ/h}$$

因此，完成漂烫处理将水加热和保温所需能量为 2.71 − 1.28 = 1.43（GJ/h）。

（4）以上的值可以换算成总热能输入量的百分数

$$\text{产品带走的能量} = \frac{1.19}{2.71} \times 100 = 43.91\%$$

$$\text{绝热能量损失} = \frac{0.24}{2.71} \times 100 = 8.86\%$$

$$\text{水带走的能量} = \frac{1.28}{2.71} \times 100 = 47.23\%$$

（5）结果表明该漂烫机的热能效率约为 44%。

例 1.13

以半连续方式将马铃薯用蒸汽脱皮。每 100kg 未脱皮马铃薯用蒸汽 4kg。进入系统的未脱皮马铃薯的温度为 17℃，脱皮后离开系统的马铃薯温度为 35℃。从系统中出来的废弃物温度为 60℃（见图 E1.14）。未脱皮马铃薯、废弃物和脱皮马铃薯的比热容分别为 3.7、4.2 和 3.5kJ/（kg·K）。如果蒸汽热焓（以 0℃为基准）为 2750kJ/kg，确定加工过程中废弃物的量和脱皮马铃薯的量。

已知：

蒸汽的质量流量 = 4kg/100kg 未脱皮马铃薯

未脱皮马铃薯温度 = 17℃

脱皮马铃薯温度 = 35℃

废弃物的温度 = 60℃

未脱皮马铃薯比热容 = 3.7kJ/（kg·K）

脱皮马铃薯比热容 = 3.5kJ/（kg·K）

废弃物的比热容 = 4.2kJ/（kg·K）

蒸汽的焓 = 2750kJ/kg

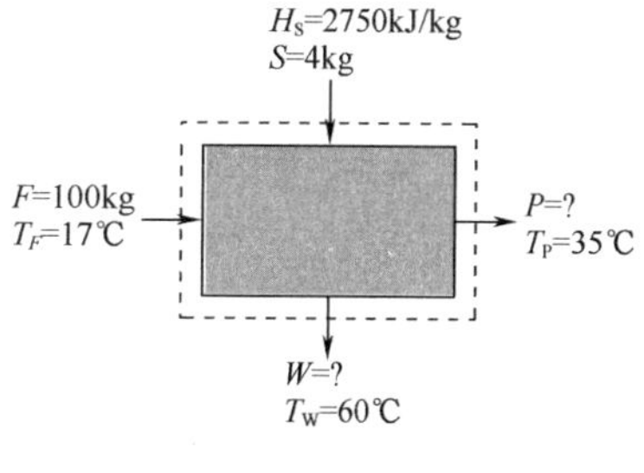

图 E1.14 例 1.13 中各物流的进出关系图

解：

（1）以 100kg 未脱皮马铃薯为计算基准。

（2）根据质量平衡

$$F + S = W + P$$

$$100 + 4 = W + P$$

$$W = 104 - P$$

（3）根据能量平衡

$$Fc_p(T_F - 0) + SH_s = Wc_p(T_W - 0) + Pc_p(T_P - 0)$$

$$100 \times 3.7 \times 17 + 4 \times 2750 = W \times 4.2 \times 60 + P \times 3.5 \times 35$$

$$6290 + 11000 = 252W + 122.5P$$

（4）由第（3）步得

$$17290 = 252 \times (104 - P) + 122.5P$$

$$252P - 122.5P = 26208 - 17290 = 8918$$

$$P = 68.87\text{kg}$$

$$W = 35.14\text{kg}$$

1.22 功率

做功的速率定义为功率，在 SI 中，其量纲为（质量）（长度）^{2}（时间）$^{-3}$，单位是瓦（W）。英制的功率单位是马力（hp），1hp = 0.7457kW。

1.23 面积

面积是平面或曲面的量度。它的定义是两个长度的乘积。在 SI 中，面积的单位是平方米（m^2）。

某些食品制造过程计算需要用到食品的面积。例如，计算食品表面传热和传质时，必须知道食品的面积。某些物理过程会增加面积，例如喷雾干燥前，液流转变成雾滴，增加了液体的面积从而强化了干燥过程。如表 1.8 所示为某些食品的面积。一些食品加工过程需要了解面积体积比。例如，制造罐头食品时，较高的面积体积比有利于对容器几何中心的加热，从而可以降低食品的过热程度。因此，蒸煮袋通常被认为比圆形罐头好。由于它们的扁平形状，蒸煮袋的面积体积比高，因此与圆形罐头相比，较容易对冷点进行加热。在所有的几何形状中，球体的面积体积比最小。

表 1.8 食品的面积

食品	平均面积/cm^2
苹果（Delicious）	140.3
梨（Bartlett）	145.42
李子（Monarch）	35.03
蛋（60g）	70.5

资料来源：Mohenin（1978）。

注：表中 Dilicious、Bartlett 和 Monarch 分别为美国市场上苹果、梨和李子的品种名称。

习题

1.1 质量10kg的食品被运输上月球，月球表面的重力加速度为$1.624m/s^2$，约为地球表面重力加速度值的1/6。试计算：

a. 产品在地球表面所施的力，分别用SI单位和英制单位表示。

b. 该产品在月球表面所受的力，分别用SI单位和英制单位表示。

1.2 空金属罐加热到90℃并密封，然后将其置于室温冷却至20℃。假定罐头所含的是理想条件下的空气，试问冷却后罐内压力为多少？

1.3 试估算20℃时新鲜胡萝卜的固形物密度。

*1.4 有一批重10kg的食品，其水分含量为175%（干基）。试计算将产品干燥到15%（湿基）水分含量需要除去多少水。

1.5 估计$5m^3$空气压力增加50kPa引起的温度变化。大气压力下空气的初始温度为15℃。

1.6 用10%固形物含量的液体产品与糖混合后（脱水）浓缩所得终产物中产品固形物含量为15%，糖固形物含量为15%。试确定200 kg液体产品得到的终产物量。需要加多少糖？计算浓缩除去的水分量。

1.7 用除热量为6000kJ的系统冷冻某食品。假设该产品在初始冻结点（-2℃）以上的比热容为3.5kJ/（kg·℃），熔化潜热为275kJ/kg，-5℃以下的比热容为2.8kJ/（kg·℃）。如果产品的初始温度为20℃，试估计15kg冷冻产品的最终温度。

1.8 液体食品在间接式热交换器中用冷水作介质由80℃冷却至30℃。假如产品质量流量为1800kg/h，并使热交换器中的水温由10℃升至20℃，试确定冷却产品所需的水流量。产品的比热容为3.8kJ/（kg·K），水的比热容为4.1kJ/（kg·K）。

1.9 温度为15℃的牛乳以2000kg/h的流量进入热交换器。加热介质为由水蒸气提供的潜热。产品出口温度为95℃，产品比热容为3.9kJ/（kg·℃）。如果蒸汽潜热为2600kJ/kg，试估计实现产品加热所需的加热蒸汽流量。

1.10 钢桶内装有4L 12℃的水。将一支1400W的电加热器浸在该桶中。试确定将水加热到70℃需要多长时间。假定空桶的质量为1.1kg，钢的比热容为0.46kJ/（kg·℃），水的平均比热容取4.18kJ/（kg·℃）。忽略任何周围环境热损失。

*1.11 利用Pham等人（1994）提供的-40～40℃范围的水温-焓关系（下表）数据，用MATLAB绘成曲线。由标准数据源（例如，Green和Perry，2008）查水的焓值，并与Pham数据一起绘成曲线。对结果差异的可能原因进行讨论。

注：习题中带“*”号的解题难度较大。

T/℃	焓/（kJ/kg）
-44.8	-7.91
-36.0	6.46
-27.6	23.2
-19.5	40.0
-11.4	56.8
-3.35	73.1
0.04	123
0.07	236
0.08	311
0.18	385
3.95	433
10.5	460
17.0	487
23.4	514
29.8	541
36.2	568
42.5	595

*1.12　某浓缩果汁用两段过程稀释。第一阶段40%固形物含量的果汁浓缩物与水混合得到5%固形物含量的混合物。第二阶段用上述5%稀释液与流量为100kg/min的40%固形物浓缩果汁混合成终产品，终产品的流量为500kg/min。试确定终产品的总固形物含量(%)及第一阶段需要投入的稀释液流量（kg/min）。

符号

A	面积（m^2）
c	比热容［kJ/（kg·℃）］
c_p	恒压比热容［kJ/（kg·℃）］
c_v	恒容比热容［kJ/（kg·℃）］
E	能量（J/kg）
E_i	内能（kJ）
E'_i	比内能（kJ/kg）
E_{KE}	动能（kJ/kg）
E_{PE}	势能（kJ/kg）
F	力（N）
g	重力加速度（m/s^2）

h　　流体高度（m）
H　　焓（kJ）
H'　　单位质量焓（kJ/kg）
I　　水银柱高度（in）
m　　质量（kg）
$\dot{m}$　　质量流量（kg/s）
MC_{db}　　干基水分含量（kg 水/kg 干制品）
MC_{wb}　　湿基水分含量（kg 水/kg 湿制品）
M'　　质量摩尔浓度（mol 溶质/kg 溶剂）
M　　摩尔质量
n　　物质的量
p　　压强（Pa）
Q　　热量（kJ/kg）
ρ　　密度（kg/m^3）
R　　气体常数［m^3·Pa/（kg·mol·K）］
R_0　　通用气体常数，8314.41［m^3·Pa/（kg·mol·K）］
τ　　时间常数（s）
T　　温度（℃）
U　　内能（kJ/kg）
u　　速度（m/s）
V'　　比体积（m^3/kg）
V　　体积（m^3）
W　　功（kJ）
x　　质量分数（无量纲）
X_A　　A 的摩尔分数
z　　距离（m）
Ω　　扭矩

参考文献

Cengel, Y. A., Boles, M. A., 2010. Thermodynamics, An Engineering Approach, seventh ed. McGraw Hill, Boston.

Chandra, P. K., Singh, R. P., 1994. Applied Numerical Methods for Agricultural Engineers. CRC Press, Inc., Boca Raton, Florida.

Earle, R. L., 1983. Unit Operations in Food Processing, second ed. Pergamon Press, Oxford.

Green, D. W., Perry, R. H., 2008. Perry's Chemical Engineer's Handbook, eighth ed. McGraw – Hill Book Co., New York.

Himmelblau, D. M., 1967. Basic Principles and Calculations in Chemical Engineering, second ed. Prentice –

Hall, Englewood Cliffs, New Jersey.

Mohsenin, N. N., 1978. Physical Properties of Plant and Animal Materials: Structure, Physical Characteristics and Mechanical Properties, second ed. Gordon and Breach Science Publishers, New York.

Peleg, M., 1983. Physical characteristics of food powders. In: Peleg, M., Bagley, E. B. (Eds.), Physical Properties of Foods. AVI Publ. Co, Westport, Connecticut.

Pham, Q. T., Wee, H. K., Kemp, R. M., Lindsay, D. T., 1994. Determination of the enthalpy of foods by an adiabatic calorimeter. J. Food Engr. 21, 137 – 156.

Singh, R. P., 1996a. Computer Applications in Food Technology. Academic Press, San Diego.

Singh, R. P., 1996b. Food processing. In: The New Encyclopaedia Britannica, vol. 19. pp. 339 – 346, 405.

Singh, R. P., Oliveira, F. A. R., 1994. Minimal Processing of Foods and Process Optimization – An Interface. CRC Press, Inc., Boca Raton, Florida.

Singh, R. P., Wirakartakusumah, M. A., 1992. Advances in Food Engineering. CRC Press, Inc., Boca Raton, Florida.

Singh, R. P., Carroad, P. A., Chinnan, M. S., Rose, W. W., Jacob, N. L., 1980. Energy accounting in canning tomato products. J. Food Sci. 45, 735 – 739.

Smith, P. G., 2003. Introduction to Food Process Engineering. Kluwer Academic/Plenum Publishers, New York.

Toledo, R. T., 2007. Fundamentals of Food Process Engineering, third ed. Springer Science + Business Media, New York.

Watson, E. L., Harper, J. C., 1988. Elements of Food Engineering, second ed. Van Nostrand Reinhold, New York.

2

食品加工过程中的流体流动

将液体食品从一处输送到另一处是许多食品加工厂的一项基本操作。液体食品原料和包装前的加工液体产品可用各种系统进行输送。加工厂遇到的液体食品种类极为广泛，包括了从乳到番茄酱在内的各种不同流动类型的食品。食品加工系统的设计与大多数其他应用有很大的区别，因为要保证产品质量必须满足卫生要求。输送系统的设计必须符合容易进行有效清洗的要求。

本章将讨论流体的流动。流体是液体和气体的总称。本章将要讨论的多数是液体食品。流体受力作用就开始运动。在液体输送系统范围内，无论何时何地，总有几种力同时对流体作用，如压强、重力、摩擦力、热效应、电荷、磁场和地球自转偏向力。作用于流体的力的大小和方向都很重要。因此，建立流体元的受力平衡是确定流动力或流动阻力的关键。

从日常处理不同类型流体的经历可知，如果流体系统内一处的压强比另一处高，那么流体就会朝压强低的区域流动。重力使流体从高处流向低处。流体流动到较低位置便减少了势能，而它的动能却得到了增加。有温度梯度存在的流体内，热的流体密度低而较轻，因此会向上升，其位置则被另一部分密度大的流体取代。

从概念上讲，我们可以将运动流体想象成是由一层流体滑过另一层流体构成的。黏稠力切向作用就在这些假想的流动层之间的面上，并且它们的方向与流动方向相反。这就是为什么蜂蜜（一种非常黏稠的食品）比黏度相当低的牛乳流动得要慢得多的原因。所有的流体均表现某种黏性行为，这种黏性行为由黏度这一流动参数所规定。我们将讨论这些因素及其在设计（将加工厂内不同液体食品和液体组分输送到不同地方的）输送设备时的作用。

2.1 液体输送系统

流体输送系统通常有四个基本要素，即贮罐、管路、泵和管件。如图 2.1 示意了一条简单的牛乳巴氏杀菌生产线。原料乳进入平衡罐，经过巴氏杀菌，最后经过流动转换阀流出系统。罐与阀之间由管路相连。除了可以依靠重力进行流动的情形以外，流体输送系统的第三个要素是依靠机械能输送产品的泵。系统的第四个要素是包括阀和弯头在内的管件，它们用于控制和分配流体的流动。系统中使用的罐可以有不同形状和大小。除了这些基本要素以外，输送系统还可包括加工设备，例如，用于牛乳巴氏杀菌的热交换器（图 2. 1）。

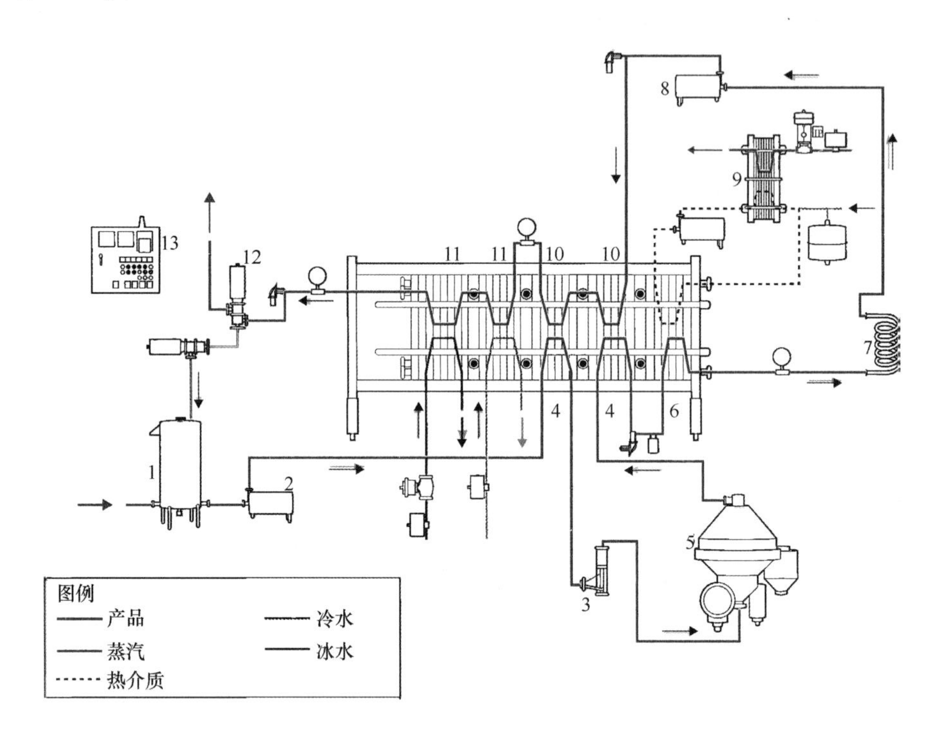

图 2. 1　乳品加工生产线

1—平衡罐　2—进料泵　3—流量控制　4—热量回收段　5—离心净乳机　6—加热段　7—保温管
8—增压泵　9—热水加热系统　10—冷量回收段　11—冷却段　12—流量分配阀　13—控制板
（资料来源：Tetra Pak Prrocessing Systems AB）

2. 1. 1　加工厂的管道

食品加工厂内的流体（液体和气体）多数用封闭的管道来进行输送，圆形管道通常称为管子，非圆形的管道称为异形管。尽管敞开的沟道有时也在食品加工厂见到，但出于卫生考虑，应当尽量避免使用。用于液体食品的管道及其管件有许多独特的性质。或许，最为明显的特征是使用的材料是不锈钢的。这种金属提供了光滑、可清洗和耐腐蚀的性能。不锈钢的耐腐蚀性来源于它的“被动性”——当这种金属暴露到空气中时，在其表面形成了一层膜。实际上，这层表面膜在每次清洗后必须重新形成。如果这种保护性的表层受到损伤（这在不能建立被动保护层时可能会出现），那么，相应的部位就容易受到腐蚀。因此，为了保持耐腐蚀性，需要小心保护不锈钢表层。Heldman 和 Seibeling（1976）详细讨论过腐蚀机制。

典型的液体食品输送管道系统由若干基本要素构成。除了长度不等的（直径在 2 ~

10cm 的）直管以外，为了改变产品输送的方向，还需要弯头和三通。如图 2.2 所示，这些构件被焊接在系统中，并且可用于不同的结构中。系统中的阀门是用于控制流量的另一构件，如图 2.3 所示为一个气动作用的阀门。这一阀可以远程操作，这种操作通常根据预设的信号来完成。

图 2.2　典型液体食品加工系统的管路和管件

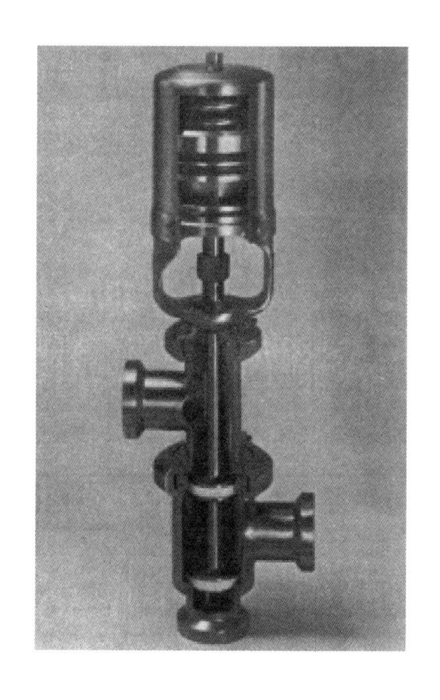

图 2.3　液体食品的气动控制阀
（资料来源：Cherry－Burrell 公司）

所有管路系统的构件必须满足食品卫生要求。光滑的不锈钢表面需要进行清洗。此外，系统的使用要合理，这样可以保持良好的防腐状态。由于这些系统常用现场清洗（CIP）系统进行清洗，因此，在最初的系统设计时必须考虑到这一点。

2.1.2 泵的类型

除了依靠重力作用进行输送以外，为了克服液体输送阻力，必须通过泵向液体产品提供某种类型的机械能。食品工业有许多类型的泵。如图 2.4 所示，泵可以分为正位移泵和离心泵两类，每一大类又包括了各种类型的泵。

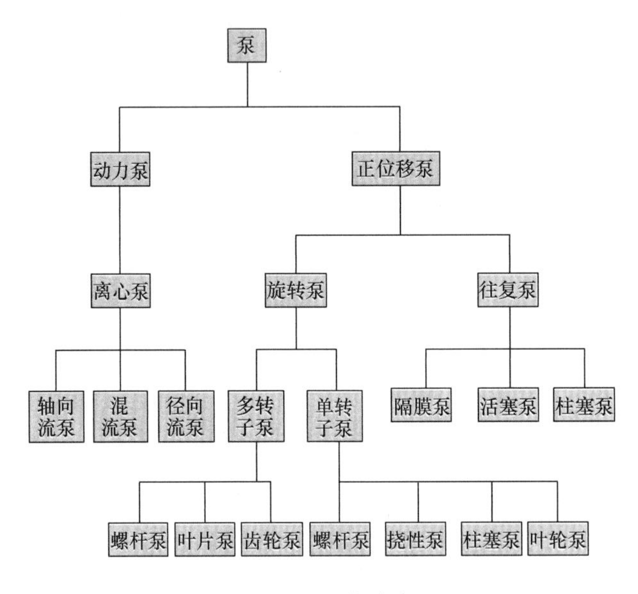

图 2.4　泵的分类

2.1.2.1 离心泵

离心泵操作的基本原理是利用离心力增加液体的压强。如图 2.5 所示，离心泵主要由一个电机驱动的叶轮及一个封闭叶轮的壳体构成。由叶轮转动中心处进入离心泵的产品，由于受到离心力的作用而运动到叶轮的周缘。在此，产品的压强达到最大，并从出口进入管路。

食品工业大多数使用的是两叶片式卫生离心泵（图 2.5）。某些场合也使用三片和四片式离心泵。离心泵用来输送低黏度液体（如乳和果汁）效率最高，可以在泵压要求不高的条件下获得高流量。离心泵的排量稳定。这些泵适用于清澈、清洁的流体，也可用于研磨性液体的输送。离心泵也可用于输送含有固体粒子的液体（如带豌豆的水）。离心泵难于输送像蜂蜜一类的高黏度液体，原因是产品的黏性力使得离心泵不能提供所需的流动速度。

离心泵的流量通过设在泵出口处管道的阀门来控制。这种控制流量的方法经济实用，可以完全关闭阀门从而切断流动。由于这一步不会损伤离心泵，它通常在液体食品加工操作中使用。但长时间阻止离心泵液体的流动可能对离心泵造成损害，所以不建议这样做。

离心泵的简单设计很适用于清洗。

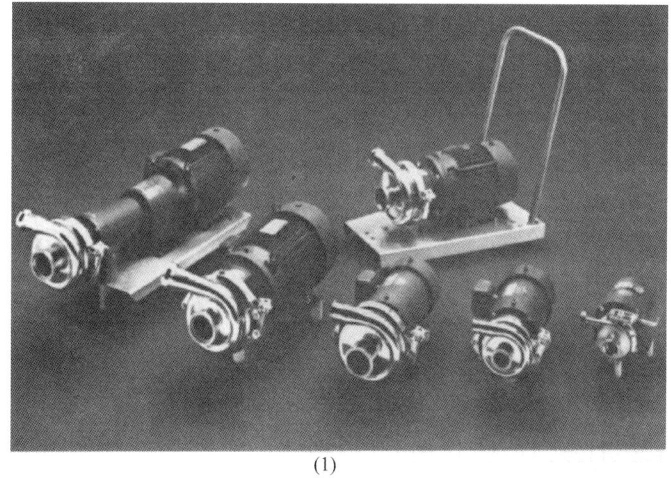

(1)

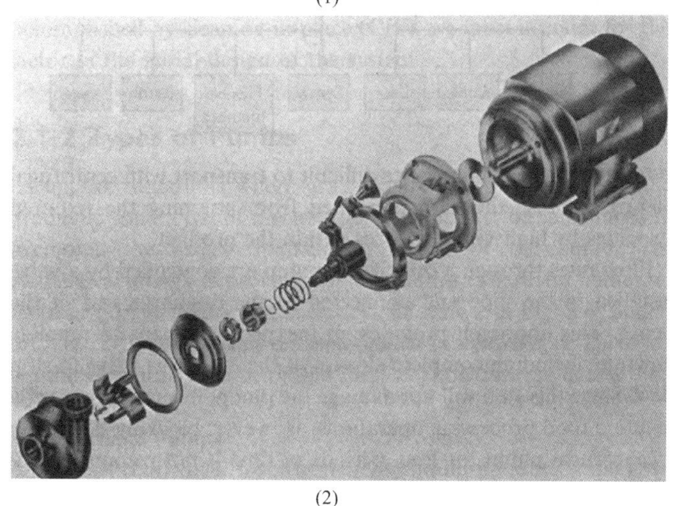

(2)

图 2.5　（1）离心泵的外型　（2）离心泵的组件

（资料来源：图 1 来自 Cherry－Burrell 公司，图 2 来自 CREPACO 公司）

2.1.2.2　正位移泵

正位移泵直接将力作用在包围的液体上，可以产生移动液体所需的压强。产品的运动直接与泵内运动部件的速度有关。因此，流量直接受泵的驱动速度控制。正位移泵的操作原理允许正位移泵输送高黏度的液体。

如图 2.6 所示的旋转泵是一种正位移泵。虽然旋转式正位移泵有若干种，但一般的操作原理都相同，由旋转部件和泵壳将一定量的液体围起来。泵将一定容积的输入液体排放到泵的输出口。旋转泵包括滑片泵、罗茨泵、内齿轮泵和齿轮泵。一般情况下，旋转泵至少要有一个部件由能够耐受泵内强力作用的材料制成。保证密封是这种泵设计的一大特点。旋转泵改变旋转方向可以改变流体的运动方向。旋转泵可以提供稳定的输送流动。

第二类正位移泵是往复泵。顾名思义，往复泵通过活塞对泵体内液体的作用完成输送

图2.6　一种正位移泵的组件
（资料来源：Tri - Canada 公司）

作用。往复泵通常由若干活塞缸体构成，这些活塞缸体被安排在不同的旋转位置，从而保证获得较均匀的输出压强。往复泵多用于需要获得低流量高压强的低黏度液体输送。往复泵提供的是脉冲流。

2.2　液体性质

前面部分介绍的液体输送系统直接与液体的性质有关，主要是黏度和密度。这些参数会影响输送液体所需的功率，也会影响液体在管路内的流动行为。为了对输送系统进行优化设计，有必要了解这些性质的物理含义。我们将在本章后面讨论测量这些参数的一些方法。

2.2.1　表示材料对应力响应的术语

液体受到力作用就发生流动。单位面积的力定义为应力。作用力垂直于作用面时的应力称为正应力。正应力常常称为压强。当作用力与受作用面相平衡时，应力称为切应力。切应力作用于流体时，由于流体不能支持这种切应力，因此流体会发生变形，或者简单地说，流体会发生流动。

根据切应力对固体和液体的影响情况，可以将物料分为塑性体、弹性体和流体。

对于弹性固体，受切应力作用时，会产生与应力成比例的有限变形，材料不会流动。撤去施加的应力后，固体会回到它原来的位置。

对于塑性材料，当应力作用时，会发生连续变形；变形的速率与切应力的大小成正比。当取消切应力时，物料表现出某种程度的回复。这方面的例子有 Jell - O® 果冻和一些软干酪。

流体在受到剪切作用时会发生连续变形。变形的速率与受到的切应力成正比。流体的变形不会复原，也就是说，当应力撤消以后，流体不会（或无能力）回到它原来的形状。

当正应力或压强作用于液体时，看不到明显的变化。因此，液体被称为不可压缩流体，而气体是可压缩流体，因为增加压强可使气体所占的体积明显地缩小。

2.2.2 密度

液体的密度定义为单位体积内液体质量，在 SI 中，它的单位是 kg/m^3。密度的物理意义是占据规定单位体积的液体的质量。密度最易被察觉的特点是易受温度影响。例如，水的密度在 4℃时最大，并且会随温度的升高而不断地减小（图 2.7）。

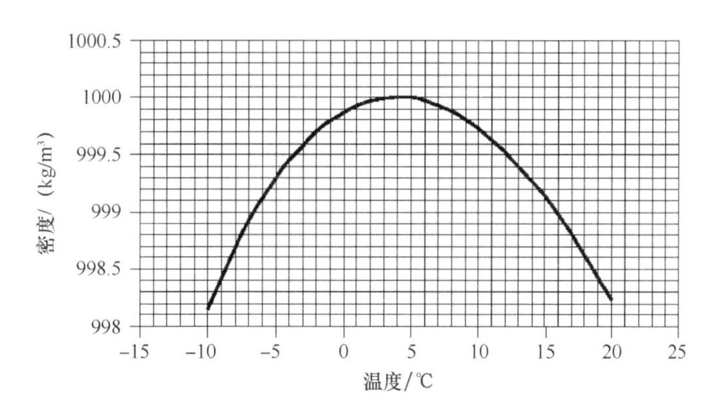

图 2.7 水的密度与温度的关系

液体的密度通常用手持式相对密度计测量。这一仪器测量相对密度，相对密度是给定液体的密度与同温度下水的密度的比值。这种测量计是一种加重的浮标，浮标与相对密度刻度杆相连。浮标正比于液体密度沉入待测液体内，根据密度刻度标在液体面的位置可以读出液体的相对密度。但在将相对密度转换为密度时，必须保证所使用的水的密度是测量温度下的密度。

2.2.3 黏度

流体可以看成是由不同层构成的物质。流体一受到力的作用就发生运动。流体层在通常称为剪切力的作用下，一层流体在另一层流体上运动。剪切力的方向与它所作用的流体面相平行。根据牛顿第二运动定律，运动的流体要产生一个流动阻力，这一阻力与剪切力的方向相反，它也作用在与流动相平行的面上。这一阻力是流体的重要性质——黏度的量度。

不同类型的流体所产生的运动阻力范围很大。例如，蜂蜜与水或乳相比，较难从玻璃瓶倒出或搅动。蜂蜜被认为比乳黏稠。在这一概念性框架下，我们将讨论一个假设的实验。

如图 2.8（1）所示，两块无限大的平行板相隔一定距离 dy。首先我们在两块板间放置一钢块，并紧紧地将钢块与两平行板相接触，这样，当我们使板运动时，贴在上面的钢块也一定会跟着运动。然后锚定底下的板子，在整个实验过程中，这块板保持不动。然后，我们对顶板施加一个力 F，使它向右运动一小段距离，δx。由于板的这一移动，在钢块上的一条设想的线 AC 会转动到 AC' 位置，并且变形的角为 $\delta\theta$。钢块中阻止运动的力将在钢板界面上产生作用，其方向与作用力 F 的方向相反。这一相反方向的力作用在面积 A 上，这是平行板与钢块相接触的面积。反作用力等于 δA，这里 δ 是剪切应力（单位面积的力）。实验表明，对于固体材料，如钢，角变形 $\delta\theta$ 与剪切应力 δ 成正比。当力撤销以后，钢块恢复到它原来的形状。因此，钢被称为弹性材料。

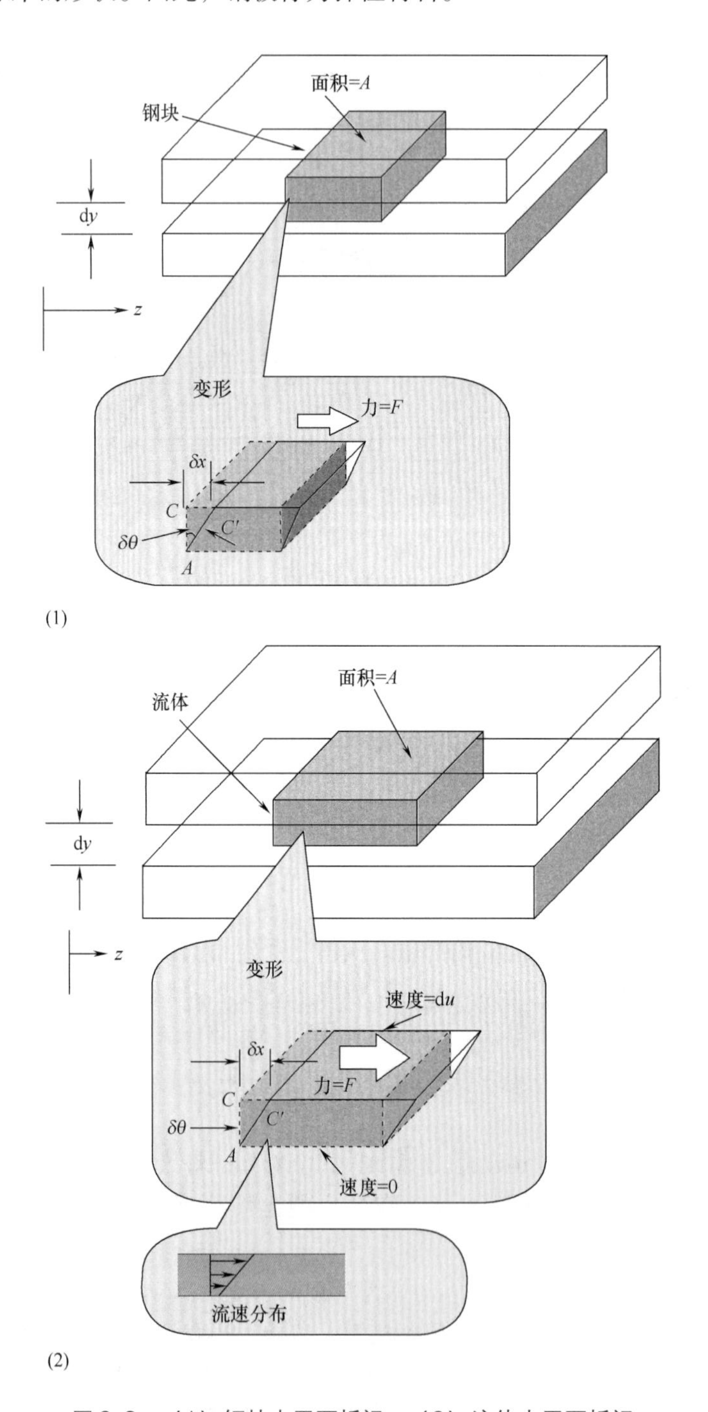

图 2.8　（1）钢块夹于两板间　（2）流体夹于两板间

如果在两块板之间用流体替代钢块进行实验［图 2.8（2）］，我们会发现情形有很大的不同。在整个实验中，底板被固定住。我们对顶板施加一个力 F。经过一短暂的过渡期，当作用力保持作用在顶板，顶板就会连续地以速度 $\mathrm{d}u$ 运动。紧跟顶板下面的流体层实际上是粘在板上的，因此也会随板以 $\mathrm{d}u$ 的速度向右运动，而最底一层粘在底板上的流体层则保持不动。在两个极端层之间的层也会向右运动，每一层由紧挨着的上面一层拖着运动。如图 2.8（2）所示，在两板块间形成了一个速度分布曲线。这一情形与图 2.9 所示的一叠扑克牌相类似。如果顶层一扑克牌向右运动，那么它就会拖着下面的一张牌运动，这张被拖动的牌又会拖动下面的牌运动，如此重复下去。拖动力取决于牌与牌之间的接触面提供的摩擦阻力。

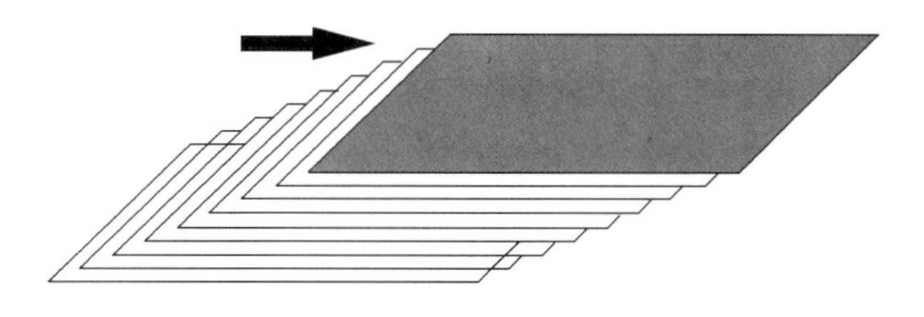

图 2.9　与流体顶层运动类似的顶层扑克牌引起下层纸牌运动的拽力示意图

在图 2.8（2）中，如果在小段时间增量 δt 内，产生了一个 $\delta\theta$ 的角变形，AC 线变形到 AC' 线，那么

$$\tan\delta\theta = \frac{\delta x}{\mathrm{d}y} \tag{2.1}$$

对于小角度变形

$$\tan\delta\theta \approx \delta\theta \tag{2.2}$$

因此

$$\delta\theta = \frac{\delta x}{\mathrm{d}y} \tag{2.3}$$

但，线性位移 δx 等于速度和时间增量的乘积，即

$$\delta x = \mathrm{d}u\delta t \tag{2.4}$$

所以

$$\delta\theta = \frac{\mathrm{d}u\delta t}{\mathrm{d}y} \tag{2.5}$$

式（2.5）意味着角位移不仅与速度和两板间的距离有关，而且也和时间有关。因此，对于流体，剪切应力必须与剪切速率发生关联，而不像固体那样仅仅与剪应力有关。剪切速率 $\dot{\gamma}$ 为

$$\dot{\gamma} = \lim \frac{\delta\theta}{\delta t} \tag{2.6}$$

或者

$$\dot{\gamma} = \frac{\mathrm{d}u}{\mathrm{d}y} \tag{2.7}$$

因此，剪切速率是速率相对变化被两块板间距离相除的结果。牛顿观察到，如果（通过增加力 F）剪切应力 σ 增加，那么剪切速率 $\dot{\gamma}$ 也将成比例地增加。

$$\sigma \propto \dot{\gamma} \tag{2.8}$$

或

$$\sigma \propto \frac{\mathrm{d}u}{\mathrm{d}y} \tag{2.9}$$

或者，用一个常数项取代比例符号

$$\sigma = \mu \frac{\mathrm{d}u}{\mathrm{d}y} \tag{2.10}$$

式中 μ 为流体的黏性系数，或称黏度。它也称为“绝对”或“动力学”黏度。

服从式（2.10）的液体称为牛顿液体，它的剪切速率与剪切应力成正比。用剪切应力对剪切速率作图，可以得到一条通过原点的直线（图 2.10）。直线的斜率就是黏度值 μ。水是一种牛顿液体；其他牛顿液体还有蜂蜜、流体乳和果汁。表 2.1 列出了一些物料黏性系数的例子。黏度是流体的物理性质，它代表了物料对剪切引起的流动的阻力。另外，黏度还与物料的物理 - 化学性质和温度有关。

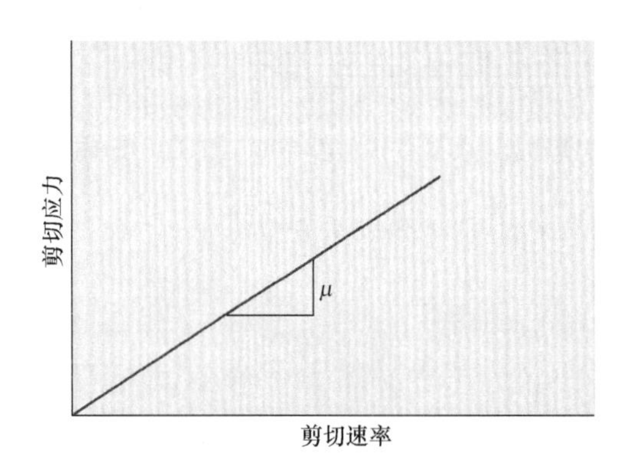

图 2.10　牛顿流体的剪切应力与剪切速率关系

不服从式（2.10）的液体称为非牛顿液体，这类液体的性质将在 2.9 节进行讨论。

表 2.1　某些普通物料在室温下的黏度

流体	黏度/（Pa·s）
空气	10^{-5}
水	10^{-3}
橄榄油	10^{-1}
甘油	10^{0}
液态蜂蜜	10^{1}
果葡糖浆	10^{2}
玻璃	10^{40}

剪切应力可以通过式（2.10）获得。因为力的单位是 N，而面积的单位是 m^2，所以剪切应力的单位是 Pa，即

$$\sigma \equiv \frac{\mathrm{N}}{\mathrm{m}^2} \equiv \mathrm{Pa}$$

注意，文献中常用 τ 代表剪切应力。但是，流变学会推荐的表示剪切应力的符号是 σ，因此本书将用这一符号代表剪切应力。在 cgs 制单位中，剪切应力的单位是 dyn/cm^2，这里

$$1Pa \equiv 10dyn/cm^2$$

式（2.7）中的 $\dot{\gamma}$，即 du/dy，称为剪切速率。这是液体中由式（2.7）所示的剪切应力引起的速度梯度。它的单位是 s^{-1}，由速度变化（m/s）除以距离（m）得到。因此，由下式得到的黏度 μ 的单位在 SI 中是 Pa · s

$$\mu = \frac{\sigma}{\dot{\gamma}} \equiv \frac{Pa}{s^{-1}} \equiv Pa \cdot s$$

通常，液体的黏度用 mPa · s 表示

$$1000mPa \cdot s = 1Pa \cdot s$$

单位 Pa · s 也可以表示成

$$\mu \equiv Pa \cdot s \equiv \left(\frac{N}{m^2}\right)s \equiv \left(\frac{kg \cdot m}{s^2 \cdot m^2}\right)s \equiv \frac{kg}{m \cdot s}$$

在 cgs 单位制里，剪切应力的单位是 dyn/cm^2，剪切速率的单位是 s^{-1}，黏度的单位是泊（P），即

$$\mu \equiv \frac{dyn \cdot s}{cm^2} \equiv P$$

文献中，液体的黏度常使用厘泊（cP 或 0.01P）。P 与 P · s 的关系如下

$$1P \equiv 0.1Pa \cdot s$$

和

$$1cP = 1mPa \cdot s$$

水在室温下的黏度约为 1cP（或 1mPa · s），而蜂蜜的黏度为 8880cP。根据 Van Wazer（1963），人眼能区分的流体黏度范围在 100 ~ 10000cP。超过 10000cP 的材料表现出固体性状。因此，黏度为 600cP 的液体与黏度为 300cP 的液体相比要黏一倍。

尽管通常使用的是动力黏度 μ，但还有一个表示黏性的物理量，即运动黏度 ν。当用毛细管黏度计（如乌氏黏度计或后面将要讨论的坎农 - 芬斯克黏度计）测牛顿液体时，利用重力使样品通过毛细管。因此，在计算时液体的密度起很重要的作用。运动黏度通常用于表达非食品材料（如润滑油）的黏度。它和动力黏度有如下的关系

$$运动黏度 = \frac{动力黏度}{密度}$$

或者

$$\nu = \frac{\mu}{\rho} \tag{2.11}$$

运动黏度的单位是

$$\nu \equiv \frac{m^2}{s}$$

在 cgs 单位制中，运动黏度的单位是斯（S）或厘斯（cS）。这一单位名称取自乔治 · 斯托克斯（1819—1903，剑桥物理学家），他对黏性流体理论作出了主要贡献。这里

$$1S = 100cS$$

或

$$1\text{cS} = \frac{1\text{mm}^2}{\text{s}}$$

水在20.2℃时的运动黏度为$1\text{mm}^2/\text{s}$。

例2.1

在品质控制试验中，用一支黏度计测量液体食品的黏度。在剪切速率为100s^{-1}时记录到的剪切应力为4dyn/cm^2。计算该液体的黏度，并将黏度表示成Pa·s，cP，P，kg/（m·s）和mPa·s。

已知：

剪切应力$=4\text{dyn/cm}^2$

剪切速率$=100\text{s}^{-1}$

方法：

利用式（2.10）的黏度定义计算黏度。对于单位转换，注意到

$$1\text{dyn/cm}^2 = 1\text{g/(cm}\cdot\text{s}^2) = 0.1\text{kg/(m}\cdot\text{s}^2) = 0.1\text{N/m}^2 = 0.1\text{Pa}$$

解：

（1）剪切应力在SI中的单位是

$$\sigma = \frac{4(\text{dyn/cm}^2)\times 0.1[\text{kg/(m}\cdot\text{s}^2)]}{1(\text{dyn/cm}^2)}$$

$$\sigma = 0.4\text{kg/(m}\cdot\text{s}^2)$$

$$\sigma = 0.4\text{Pa}$$

（2）用Pa·s表示黏度

$$\mu = \frac{0.4(\text{Pa})}{100(\text{s}^{-1})} = 0.004\text{Pa}\cdot\text{s}$$

（3）用P表示黏度

$$\mu = \frac{4(\text{dyn/cm}^2)}{100(\text{s}^{-1})}$$

$$\frac{0.04(\text{dyn/cm}^2)}{1(\text{dyn}\cdot\text{s/cm}^2)/1(\text{P})} = 0.04\text{P}$$

（4）用cP表示黏度

$$\mu = \frac{0.04(\text{P})}{1(\text{P})/100(\text{cP})}$$

$$\mu = 4\text{cP}$$

（5）用kg/（m·s）表示黏度

由于$1\text{Pa} = 1\text{kg/(m}\cdot\text{s}^2)$

$$\mu = 0.004\text{kg/(m}\cdot\text{s})$$

（6）用mPa·s表示黏度

由于$1\text{mPa}\cdot\text{s} = 1\text{cP}$

$$\mu = 4\text{mPa}\cdot\text{s}$$

例 2.2

分别确定 20℃和 60℃时空气和水的动力黏度和运动黏度。

已知：

水的温度 = 20℃

方法：

根据附录表 A.4.1 和表 A.4.2 查取绝对黏度和运动黏度值。

解：

（1）在表 A.4.1 中查取水在 20℃时的值

a. 动力黏度 $= 993.41 \times 10^{-6}$ Pa·s

b. 运动黏度 $= 1.006 \times 10^{-6}$ m^2/s

（2）在表 A.4.1 中查取水在 60℃时的值

a. 动力黏度 $= 471.650 \times 10^{-6}$ Pa·s

b. 运动黏度 $= 0.478 \times 10^{-6}$ m^2/s

（3）在表 A.4.4 中查取空气在 20℃时的值

a. 动力黏度 $= 18.240 \times 10^{-6}$ Pa·s

b. 运动黏度 $= 15.7 \times 10^{-6}$ m^2/s

（4）在表 A.4.4 中查取空气在 60℃时的值

a. 动力黏度 $= 19.907 \times 10^{-6}$ Pa·s

b. 运动黏度 $= 19.4 \times 10^{-6}$ m^2/s

从这些结果可以看出，水的动力黏度随黏度的升高而降低，而空气的动力黏度却随温度升高而升高。温度对液体黏度的影响大于对空气黏度的影响。空气的动力黏度比水的小得多。

2.3 牛顿液体的处理系统

在食品加工厂，液体食品可用不同的方式处理，如加热、冷却、浓缩或混合。将液体食品从一台加工设备输送到另一台设备的操作通常是用泵完成的，当然，如果适合的话，也可用重力输送。根据液体的速度、内部黏性和惯性力，可以有不同的流动特性。用于输送液体的泵的能量因流动条件不同而异。本节将用定量方式描述液体食品的流动特性。

下面的几节，我们将讨论流体沿流线的流动。我们用想象的所谓流线来考察流体在流动过程中任意时刻的情形（图 2.11）。曲线的截面方向没有流体运动。沿流线任意点的流体速度与流线相切。流线合在一起构成流管，流线很好地示意了流体即时流动的情况。

2.3.1 连续方程

物质守恒原理常常用来处理流体流动问题。为了理解这一重要的原理，我们观察图

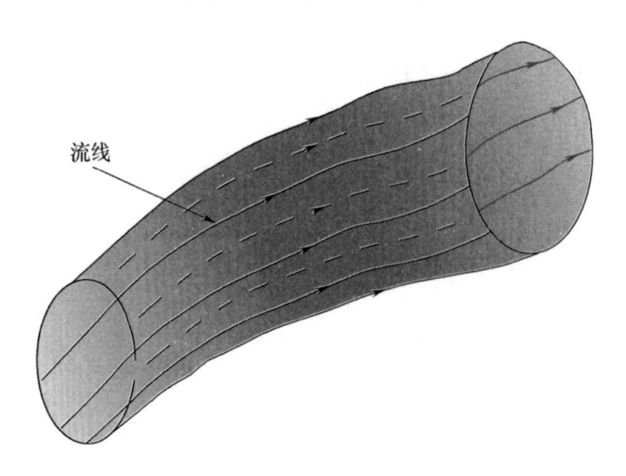

图 2.11　由流线构成的流动管（流动只发生在流线方向，流线之间无流动）

2.12 所示的在管道内流动的流体。由于流体是运动的，假设在时间 δt 内，流体所占的空间 XX′运动到了 YY′。X 和 Y 的距离是 δx_1，X′和 Y′的距离是 δx_2。X 处的截面面积是 dA_1，X′处的截面面积是 dA_2。在管子的两端有意选择了不同的截面面积，以表示本推导适用于这种变化。为了使物质守恒，在 XX′空间内的质量必须等于 YY′空间内的质量。我们也注意到，YX′空间内包含的流体是初始和终了空间所共有的流体。因此，在空间 XY 内的流体质量必须等于空间 X′Y′内的流体质量。所以

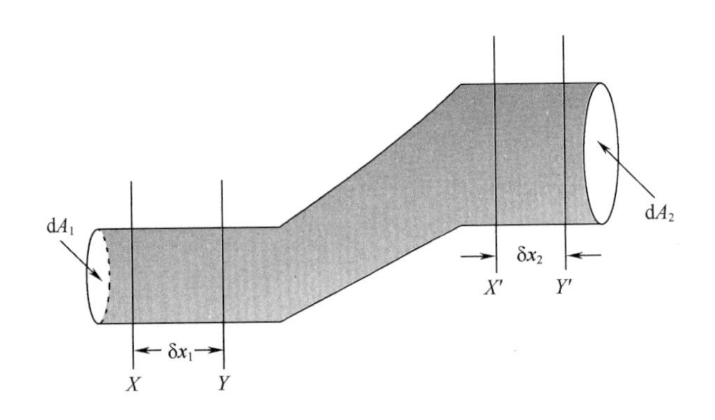

图 2.12　流体在变截面管中的流动

$$\rho_1 A_1 \delta x_1 = \rho_2 A_2 \delta x_2 \tag{2.12}$$

用时间间隔 δt 除上式得

$$\rho_1 A_1 \frac{\delta x_1}{\delta t} = \rho_2 A_2 \frac{\delta x_2}{\delta t} \tag{2.13}$$

或

$$\rho_1 A_1 \bar{u}_1 = \rho_2 A_2 \bar{u}_2 \tag{2.14}$$

式中　$\bar{u}$——平均速度

式（2.14）就是连续方程。这一方程可以质量流量或体积流量为基准表示。在式（2.14）中

$$\rho A \bar{u} = \dot{m} \tag{2.15}$$

式中 $\dot{m}$——质量流量，kg/s

质量流量是密度 ρ、管子的截面积 A 和流体平均流速 $\bar{u}$ 的函数。式（2.14）表明在稳定流条件下质量流量是一定值。

对于不可压缩流体，如液体，其密度保持不变。那么，式（2.14）就可写成

$$A_1\bar{u}_1 = A_2\bar{u}_2 \tag{2.16}$$

其中

$$A\bar{u} = \dot{V} \tag{2.17}$$

质量流量 $\dot{V}$ 是管子的截面积 A 与平均流速 $\bar{u}$ 的乘积。根据式（2.17），在稳定流条件下，体积流量保持恒定。

以上的数学推导只有使用给定截面中的平均流速 $\bar{u}$ 的情况下才有效。$\bar{u}$ 中的平均符号表示它代表速度的平均值。我们将在后面的2.3.4节中见到，管路中完全形成的流动速度分布实际上是抛物线形的。在此，需要保证式（2.14）中使用的一定是平均流速。

例2.3

啤酒在管中以1.8L/s的体积流量流动。管子的内径是3cm。啤酒的密度是1100kg/m³。计算啤酒的平均流速和它的质量流量（kg/s）。质量流量是什么？如果使用另一根内径为1.5cm的管子，同样的体积流量下流速是多少？

已知：

管子的直径 = 3cm = 0.03m

体积流量 = 1.8L/s = 0.0018m³/s

密度 = 1100kg/m³

方法：

首先用式（2.17）和给出的体积流量计算平均流速 $\bar{u}$。然后用式（2.15）求质量流量。

解：

（1）根据式（2.17）

$$\text{平均流速}\quad \bar{u} = \frac{0.0018(\text{m}^3/\text{s})}{\dfrac{\pi \times 0.03^2}{4}(\text{m}^2)} = 2.55\text{m/s}$$

（2）根据式（2.15）

$$\text{质量流量} = \dot{m} = 1100(\text{kg/m}^3) \times \frac{\pi \times 0.03^2}{4}(\text{m}^2) \times 2.55(\text{m/s})$$

$$\dot{m} = 1.98\text{kg/s}$$

（3）如果管子的直径减半，而体积流保持不变，那么新的流速为

$$\bar{u} = \frac{0.0018(\text{m}^3/\text{s})}{\dfrac{\pi \times 0.015^2}{4}(\text{m}^2)} = 10.19\text{m/s}$$

（4）请注意，管子的直径减半，流速将增加到原来的4倍。

2.3.2 雷诺数

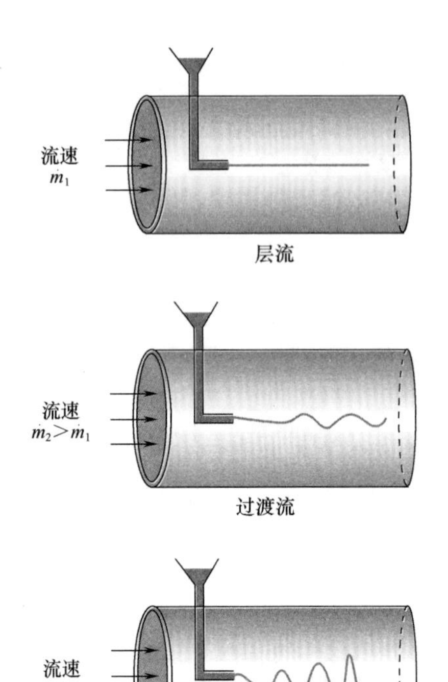

图 2.13 管中层流、过渡流和湍流

小心地将颜料液注入管中流动的流体，可以观察到流体的流动行为。如图 2.13 所示，在“低”流动速率下，颜料沿管子的轴向成直线方式流动。随着流量增加到某一“中等”水平，颜料开始沿注入点出现一定距离的模糊。颜料的模糊是由于一部分颜料沿径向运动引起的。在“高”流量时，注入的颜料立即发生弥漫。在此高流量条件下，颜料同时沿径向和轴向随机运动。这种在低流量时观察到的直线流动称为层流，而在较高流量下出现的无序流动称为湍流。

层流流动行为受流体性质、流量和液 - 固界面的尺寸影响。惯性力随着质量流量的增加而增加，但这些力受到流动流体内的黏性力的阻碍。随着这些相反方向的力达成平衡，流动行为就会发生变化。根据雷诺[①]（1874）实验，惯性力是液体密度 ρ、管子的直径 D 和流体的平均流速 $\bar{u}$ 的函数。另一方面，黏性力是液体黏度的函数。一个称为雷诺数的无因次数定义为惯性力与黏性力之比：

$$N_{Re}{}^{②} = \frac{\text{惯性力}}{\text{黏性力}} \tag{2.18}$$

或

$$N_{Re} = \frac{\rho\bar{u}D}{\mu} \tag{2.19}$$

如果用质量流量 $\dot{m}$ 取代上式中的平均流速，那么将式（2.15）代入式（2.19）并经过整理，得

$$N_{Re} = \frac{4\dot{m}}{\mu\pi D} \tag{2.20}$$

雷诺数在定量描述流体在管子内或在不同形状的物体表面的流动特性时最为有用。人们不再只能用如“低”“中”“高”等有限的定性词来描述流体的流动。有了雷诺数，就可以专门地确定一个给定流体在给定流动条件下的流动行为。

雷诺数可用来对黏性效应引起的能量耗散进行深层次的了解。根据式（2.18），当黏

---

① 雷诺（Osborne Reynolds）（1842—1912），英国物理学家、工程师和教育家。他是曼彻斯特·欧文学院（Manchester Owens）的第一位工程师教授。他在此一直工作到 1905 年退休。他主要从事流体力学研究。他发展了润滑理论，研究过冷凝过程，并于 1883 年提出了对流体流动的湍流现象数学研究的基础。他的工作结果引发了蒸发器、冷凝器的重大改造，并发展了涡轮机技术。

② 我国 GB 3100 ~ 3102—1993《量和单位》规定雷诺数符号为 Re。—— 译者注

性力对能耗起主要作用时，雷诺数小，或者说流动是在层流区。只要雷诺数小于等于2100，流动特性便是层流或成流线状。雷诺数在2100～4000时，表明流动在过渡区。雷诺数大于4000时，对应的是湍流区，此时的黏性力对能耗影响较小。

例2.4

用泵将液体通过内径为3cm的管子输送到缓冲罐。贮罐的直径为1.5m、高为3m。液体的密度为$1040kg/m^3$、黏度为$1600\times10^{-6}Pa\cdot s$。

a. 如果液体在管内是层流，问液体灌满贮罐所需的最少时间是多少？

b. 如果流体在管内是湍流，灌满贮罐的最长时间是多少？

已知：

管子直径＝3cm＝0.03m

贮罐高度＝3m

贮罐直径＝1.5m

液体密度＝$1040\ kg/m^3$

液体黏度＝$1600\times10^{-6}Pa\cdot s=1600\times10^{-6}\ kg/ms$

方法：

对于（a）部分，用层流区的最大雷诺数2100计算对应的流量。对于（b）部分，用湍流区的最小雷诺数4000计算对应的流量。灌满贮罐所需的时间根据贮罐的体积和液体的体积流量求出。

解：

（a）部分

①根据式（2.19），在层流时的最大流速是

$$\bar{u}=\frac{2100\mu}{\rho D}=\frac{2100\times1600\times10^{-6}[kg/(m\cdot s)]}{1040(kg/m^3)\times0.03(m)}=0.108m/s$$

那么，根据管子的截面积和式（2.17）求出的体积流量是：

$$\dot{V}^{①}=\frac{\pi\times0.03^2(m^2)}{4}\times0.108(m/s)=7.63\times10^{-5}\ m^3/s$$

②

$$贮罐的体积=\frac{\pi(直径)^2(高度)}{4}=\frac{\pi\times1.5^2(m^2)\times3(m)}{4}=5.3m^3$$

③

$$灌满贮罐最短时间=贮罐体积/体积流量=\frac{5.3(m^3)}{7.63\times10^{-5}(m^3/s)}=6.95\times10^4 s=19.29h$$

（b）部分

④根据式（2.19），在湍流条件下最小流速是

① 我国GB 3100～3102—1993《量和单位》规定体积流量表示为q_v。——译者注

$$\bar{u} = \frac{4000\mu}{\rho D} = \frac{4000 \times 1600 \times 10^{-6}[\text{kg}/(\text{m}\cdot\text{s})]}{1040(\text{kg}/\text{m}^3) \times 0.03(\text{m})} = 0.205\text{m/s}$$

那么，利用管子截面积和式（2.17）计算到的体积流量为

$$\dot{V} = \frac{\pi \times 0.03^2(\text{m}^2)}{4} \times 0.205(\text{m/s}) = 1.449 \times 10^{-4}\ \text{m}^3/\text{s}$$

⑤
灌满贮罐最长时间 = 贮罐体积/体积流量

$$= \frac{5.3(\text{m}^3)}{1.449 \times 10^{-4}\ (\text{m}^3/\text{s})} = 3.66 \times 10^4\text{s} = 10.16\text{h}$$

⑥在层流条件下，灌满贮罐所需的最短时间是 19.29h，而在湍流条件下灌满贮罐所需的最长时间是 10.16h。

例2.5

在 20℃时直径为 5cm 的管子中，出现层流向过渡流转变的空气和水的流速为多少？

已知：

管子直径 = 5cm = 0.05m

温度 = 20℃

对于水，从附录表 A.4.1 可查得

密度 = 998.2 kg/m^3

黏度 = 993.414 × 10^{-6} Pa·s

对于空气，从表 A.4.4 可查得

密度 = 1.164 kg/m^3

黏度 = 18.240 × 10^{-6} Pa·s

方法：

用雷诺数 2100 计算层流向过渡流转变的速度。

解：

（1）根据所选的雷诺数和式（2.19），可以得到平均流速为

$$\bar{u} = \frac{N_{\text{Re}}\mu}{\rho D}$$

（2）对于水

$$\bar{u} = \frac{2100 \times 993.414 \times 10^{-6}\left(\frac{\text{kg}}{\text{m}\cdot\text{s}}\right)}{998.2\left(\frac{\text{kg}}{\text{m}^3}\right) \times 0.05(\text{m})}$$

$$\bar{u} = 0.042\text{m/s}$$

（3）对于空气

$$\bar{u} = \frac{2100 \times 18.240 \times 10^{-6}\left(\frac{\text{kg}}{\text{m}\cdot\text{s}}\right)}{1.164\left(\frac{\text{kg}}{\text{m}^3}\right) \times 0.05(\text{m})}$$

$$\bar{u} = 0.658\text{m/s}$$

（4）在直径5cm的管子中，从层流向过渡流转变的空气和水的流速均较低，通常，在实际生产中使用的流速要高得多。因此，工业界使用的流速一般位于过渡区与湍流区之间。多数情况下遇到的层流是在液体非常黏稠的情况下遇到的。

2.3.3 过渡区和发展完全的流动

流体进入管子时，会遇到一段称为端口区的管子，液体在此区域管子内的流动与在随后的管子中的流动有很大的差别。如图2.14所示，刚入管子口时，液体有均匀的速度分布，见图中的相同长度的箭头。当它开始向管内移动时，紧靠管壁的液体被管壁表面与液体之间的摩擦力所拉住。在管壁处的液体的流速为零，并随着向管子中轴线靠近，流速变大。因此，边界（即管壁）处就已经开始对速度分布产生影响。如图2.14所示，在入口处，边界层的发展出现在X到Y区间。在Y处，边界层对速度分布的影响均集中到中轴线。在Y处的速度分布的切面是抛物线形的，我们将在后面一节从数学上进行推导。X到Y的区间称为端口区，而Y以后的液体流动通常称为边界层发展完全的流动。

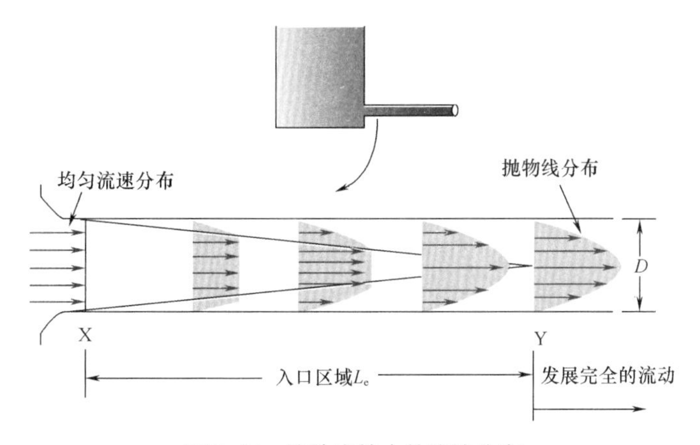

图2.14 流体在管中的流速分布

量纲分析表明，无量纲端口长度（L_e/D）是雷诺数的函数。理论上，端口长度L_e可以用下面的式子计算出。

对于层流

$$\frac{L_e}{D} = 0.06N_{Re} \tag{2.21}$$

对于湍流

$$\frac{L_e}{D} = 4.4(N_{Re})^{1/6} \tag{2.22}$$

例2.6

用长为10m、直径为2cm的管子以40L/min的流量输送20℃的葡萄酒。问管子的端口区域为多少？

已知：

管径 =2cm =0.02m

管长 =10m

流量 =40L/min =6.67 ×10⁻⁴ m³/s

温度 =20℃

方法：

由于葡萄酒的性质没有给出，我们用表附录 A.4.2 中水的性质代替葡萄酒的性质。首先确定雷诺数，然后从式（2.21）和式（2.22）中选择适当的式子计算端口区。

解：

（1）根据式（2.17），计算到的平均流速为

$$\bar{u} = \frac{0.000667\left(\frac{m^3}{s}\right)}{\frac{\pi \times 0.02^2}{4}(m^2)}$$

$$= 2.12 m/s$$

（2）利用式（2.19）计算到的雷诺数是

$$N_{Re} = \frac{998.2\left(\frac{kg}{m^3}\right) \times 2.12\left(\frac{m}{s}\right) \times 0.02(m)}{993.414 \times 10^{-6}(Pa \cdot s)}$$

$$N_{Re} = 42604$$

因此，流动属于湍流，我们选择式（2.22）确定端口区的长度

（3）根据式（2.22）

$$L_e = 0.02(m) \times 4.4 \times (42604)^{1/6}$$

$$L_e = 0.52m$$

（4）端口区长度是总管长的5%。

2.3.4　发展完全的流动条件下液体流动的速度分布

计算管子中的流速分布取决于需要计算的区域是端口还是边界层发展完全的流动区域。端口区计算很复杂，因为，液体的流速不仅与距管中心线的半径（r）有关，也与自端口开始的距离（x）有关。而在边界层发展完全的区域，液体流动的速度分布只与距离管子中心线的半径有关。在端口区，三项力——重力、压力和惯性力——对流动产生影响。流体在端口主要受到惯性力的加速作用，从 X 到 Y 区间的流动速度分布如图 2.14 所示。对湍流条件下端口区流动的数学描述非常复杂，超出了本书的范围。因此，这里只讨论管径恒定的水平直管中边界层发展完全的液体在层流条件下的流速分布。

假定流体流动是发生在边界层发展完全的恒直径直管中的稳定流动。压力和重力使流体在发展完全的区域流动。在水平管段，重力作用可以忽略。因此，出于分析目的，只考虑压力。当一种黏性液体（黏度大于零的液体）在管内流动时，黏性力与压力方向相反。因此，为了克服阻碍流动的黏性力，必须施加压力。而且，流动没有加速作用，在边界层

发展完全的区域，流动速度不在管子的轴向发生变化。为了保证稳定流动，必须使黏性力与压力保持平衡。我们将进行这方面的力平衡分析。

根据牛顿第二运动定律，对如图 2.15 所示的液体流动元进行受力分析。圆柱的半径为 r，长度为 L，管子的直径是 D。在初始时刻 t，流动元位于 A 到 B 之间。经过一小段小时 Δt 以后，流动元移动到新的位置 A′B′。如图 2.15 所示，流动元的两端 A′B′表示的速度分布是弯曲的，这表明在边界层发展完全的条件下，轴中心处的流速最大，并随半径（r）增大而减小。

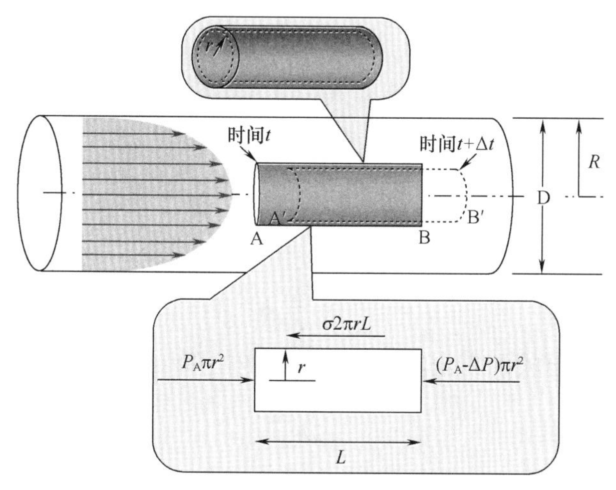

图 2.15　流体在管中流动的力平衡

由于管子是水平的，因此可以忽略重力作用。虽然从轴的一个位置到另一位置，压强发生了变化，但在管子的任意截面上是处处相等的。假定在 A 截面处的压强是 P_A，在 B 位置的压强是 P_B。如果从 A 到 B 的压降是 ΔP，那么，$\Delta P = P_A - P_B$。

由受力分析图 2.15 可见，作用在流动元上的压力如下：

在垂直截面 πr^2，

在位置 A，

$$\text{压力} = P_A \pi r^2 \tag{2.23}$$

在位置 B，

$$\text{压力} = (P_A - \Delta P)\ \pi r^2 \tag{2.24}$$

并且，在圆周面 $2\pi rL$ 上，

$$\text{由黏性引起的与压力相反的力} = \sigma 2\pi rL \tag{2.25}$$

其中，σ 是切应力。

根据牛顿第二运动定律，x 方向的力，$F_x = ma$。如本节前面所述，在边界层发展完全的流动条件下，没有加速作用，即 $a_x = 0$。因此，$F_x = 0$。从而，作用在液体流动元上的力必须平衡，即

$$P_A \pi r^2 - (P_A - \Delta P)\pi r^2 - \sigma 2\pi rL = 0 \tag{2.26}$$

或，简化为

$$\frac{\Delta P}{L} = \frac{2\sigma}{r} \tag{2.27}$$

对于牛顿液体，如式（2.10）所示，剪切应力与黏性成线性关系。对于管内流动，我们用柱坐标形式表达这一方程，即

$$\sigma = -\mu \frac{\mathrm{d}u}{\mathrm{d}r} \tag{2.28}$$

注意，在管内流动情况下，$\mathrm{d}u/\mathrm{d}r$ 是负值，如图 2.15 所示，流速随半径 r 的增加而增大。因此，在式（2.28）中引入一个负号，这样可以得到一个正的剪切应力值 σ。将式（2.27）代入式（2.28）

$$\frac{\mathrm{d}u}{\mathrm{d}r} = -\left(\frac{\Delta P}{2\mu L}\right)r \tag{2.29}$$

积分

$$\int \mathrm{d}u = -\frac{\Delta P}{2\mu L}\int r\mathrm{d}r \tag{2.30}$$

或

$$u(r) = -\left(\frac{\Delta P}{4\mu L}\right)r^2 + C_1 \tag{2.31}$$

式中 C_1——常数

对于管内流动的黏性流体，在 $r = R$ 处，$u = 0$；所以

$$C_1 = \frac{\Delta P}{4\mu L}R^2 \tag{2.32}$$

因此，对于层流、边界层发展完全流动条件，流体在管内的流速分布是

$$u(r) = \frac{\Delta P}{4\mu L}(R^2 - r^2) \tag{2.33}$$

或

$$u(r) = \frac{\Delta PR^2}{4\mu L}\left[1 - \left(\frac{r}{R}\right)^2\right] \tag{2.34}$$

式（2.34）是抛物线方程。因此，对于发展完全的流动条件，得到的是抛物线形的速度分布。用 $r = 0$ 代入式（2.34），可以得到最大流动速度（$u_{\max}$）位于管子的中心，即

$$u_{\max} = \frac{\Delta PR^2}{4\mu L} \tag{2.35}$$

下面，对管截面进行积分，确定体积流量。首先，考察厚度为 $\mathrm{d}r$ 的小面积 $\mathrm{d}A$，如图 2.15 所示，$\mathrm{d}A = 2\pi r\mathrm{d}r$。在此窄圆环内的流速被假定是恒定的。那么，在此圆环内的体积流量为

$$\dot{V}_{\mathrm{ring}} = u(r)\mathrm{d}A = u(r)2\pi r\mathrm{d}r \tag{2.36}$$

整个管内的体积流量通过以下的积分计算得到：

$$\dot{V} = \int u(r)\mathrm{d}A = \int_{r=0}^{r=R} u(r)2\pi r\mathrm{d}r \tag{2.37}$$

将式（2.34）代入式（2.37），得

$$\dot{V} = \frac{2\pi\Delta PR^2}{4\mu L}\int_0^R \left[1 - \left(\frac{r}{R}\right)^2\right] r\mathrm{d}r \tag{2.38}$$

或

$$\dot{V} = \frac{\pi R^4 \Delta P}{8\mu L} \tag{2.39}$$

流体在管内的平均流速定义为体积流量除以管子的截面积 πR^2，即

$$\bar{u} = \frac{\dot{V}}{\pi R^2} \tag{2.40}$$

将式（2.39）代入式（2.40），得

$$\bar{u} = \frac{\Delta PR^2}{8\mu L} \tag{2.41}$$

式（2.39）称为泊肃叶定律。边界层发展完全的层流流动特性，分别得到 G. Hagen（1839）和 Poiseuil①（1840）的独立描述。

如果用式（2.35）除式（2.41），可得

$$\frac{\bar{u}}{u_{max}} = 0.5 \quad （层流） \tag{2.42}$$

由式（2.42）可见，对于发展完全的层流流动条件，平均流速是最大流速的一半。而且，由式（2.39）可见，管子的半径（或直径）对流量有很大的影响。管子的直径增加一倍，相应的流量就增加16倍。

在边界层发展完全的湍流条件下，描述速度分布的数学分析很复杂。因此，通常使用以下的经验表达式：

$$\frac{\bar{u}(r)}{u_{max}} = \left(1 - \frac{r}{R}\right)^{1/j} \tag{2.43}$$

式中　j——雷诺数的函数。对于多数应用，推荐使用 $j=7$

湍流条件下，速度分布可从式（2.44）计算到：

$$u(r) = u_{max}\left(1 - \frac{r}{R}\right)^{1/7} \tag{2.44}$$

式（2.44）也称为布拉修斯1/7次方定律。

湍流条件下的体积流量也可如层流那样得到。将式（2.43）代入式（2.37）

$$\dot{V} = \int_{r=0}^{r=R} u_{max}\left(1 - \frac{r}{R}\right)^{1/j} 2\pi r\mathrm{d}r \tag{2.45}$$

对式（2.45）积分，得

$$\dot{V} = 2\pi u_{max}\frac{R^2 j^2}{(j+1)(2j+1)} \tag{2.46}$$

将式（2.40）代入式（2.46）可以得到平均流速与最大流速之间的关系，

$$\frac{\bar{u}}{u_{max}} = \frac{2j^2}{(j+1)(2j+1)} \tag{2.47}$$

将式（2.47）中的 j 替换成7，得

$$\frac{\bar{u}}{u_{max}} = 0.82 \quad （湍流） \tag{2.48}$$

因此，在湍流情形下，平均流速是最大流速的82%。最大流速出现在管子的中轴线处。

例2.7

某流体以层流方式在直径为2cm的直管中流动。管子两端的压降为330Pa，流体的黏度为5Pa·s，管长为300cm。请计算管子不同半径处的流体流速和平均流速。

① 泊肃叶（Jean-Louis-Marie Poiseuille）（1799—1869），法国生理学家，研究圆管中层流条件下流体的流速。同样的数学表达式也由 Gottilf Hagen 提出；因此，这一关系式称为 Hagen-Poiseuille 方程。泊肃叶也研究血液循环和在窄管中的流体流动。

已知：

管子直径 = 2 cm

管子长度 = 300 cm

压降 = 330 Pa

黏度 = 5 Pa · s

方法：

用式（2.33）计算不同半径处的流速。

解：

（1）根据式（2.33）

$$u = \frac{\Delta P}{4\mu L}(R^2 - r^2)$$

计算下列管半径处的流速：$r=0$，0.25cm，0.5cm，0.75cm 和 1cm

r = 0 cm　　u = 0.055 cm/s

r = 0.25 cm　　u = 0.0516 cm/s

r = 0.5 cm　　u = 0.0413 cm/s

r = 0.75 cm　　u = 0.0241 cm/s

r = 1 cm　　u = 0 cm/s

（2）计算得到的平均流速为 0.0275cm/s；这一值是最大流速的一半。

2.3.5 摩擦阻力

为了将若干来源的液体通过管道用泵输送，必须克服沿程的阻力。如我们在 2.2.3 节所述，黏性力在液体流动中起重要的作用；这些力是由于层与层之间相对运动而产生的。液体与管壁间的摩擦力也在输送中起重要作用。当流体流过管子时，由于摩擦的原因，损失了部分机械能。通常将这种能耗称为摩擦能“损失”。实际上这些能量并不是损失，而是转化成了热能。因此，在液体输送系统中，并不是所有机械能都是可利用的。

摩擦力与多种因素有关，如雷诺数、流量和表面粗糙程度等。摩擦力对流动的影响用摩擦因子 f 表示。以下推导层流条件下的数学关系式。

摩擦因子是管壁处剪切应力（σ_w）与单位体积流体动能之比。

$$f = \frac{\sigma_w}{\rho\bar{u}^2/2} \tag{2.49}$$

重写式（2.27），$r=D/2$，得管壁处的剪切应力

$$\sigma_w = \frac{D\Delta P}{4L} \tag{2.50}$$

将式（2.50）代入式（2.49）得

$$f = \frac{\Delta PD}{2L\rho\bar{u}^2} \tag{2.51}$$

整理式（2.41），确定边界层发展完全的层流条件下的压降

$$\Delta P = \frac{32\mu\bar{u}L}{D^2} \tag{2.52}$$

将式（2.52）代入式（2.51）得

$$f = \frac{16}{N_{Re}} \tag{2.53}$$

其中，f 称为范宁摩擦系数。值得注意的是，许多其他教科书用的是另一个称为达西[①]摩擦系数，同样用符号 f 表示。达西摩擦系数是范宁摩擦系数的 4 倍。在化工杂志中，更经常使用的是范宁摩擦系数，本书只使用范宁摩擦系数。

以上导出的范宁摩擦系数只适用于层流条件。过渡流和湍流条件下的数学推导相当复杂。对于涉及层流以外条件的流动，可以用摩擦系数与雷诺数关系图。这一关系图（图 2.16）称为穆迪图。穆迪图给出了各种管子相对粗糙度下摩擦系数与雷诺数的关系。在低雷诺数（$N_{Re} \ll 2100$）时，曲线可以用式（2.53）描述，这一区间不受表面粗糙度 ε 的影响。在由层流向湍流过渡区（或称为临界区域），两种曲线均可以使用。对于湍流，最经常使用的是摩擦系数，因为它保证由于摩擦引起的压力损失不会被误解。穆迪图的精度为 ±15%。

由穆迪图可以明显看出，即使是光滑的管子，摩擦系数也不会是零。因为，从微观的水平来说，由于总有一定的粗糙度存在，所以无论多么光滑的管子也总会有流体沾在管子壁面上。因此，当流体流过管子时，总有一定的摩擦损失出现。

Haaland（1983）提出了一个估计摩擦系数（f）的直接方程。对此用于计算达西摩擦系数的方程稍作修改，就成了下面可用（借助于电子表格）来计算湍流区范宁摩擦系数的式子。

$$\frac{1}{\sqrt{f}} \approx -3.6\log\left[\frac{6.9}{N_{Re}} + \left(\frac{\varepsilon/D}{3.7}\right)^{1.11}\right] \tag{2.54}$$

例 2.8

将 30℃的水以 2 kg/s 的流量泵运送通过一直径为 2.5cm、长度为 30m 的钢管。计算管子部分因摩擦引起的压强损失。

已知：

（由表附录 A.4.1 查得）水的

密度（ρ）= 995.7 kg/m^3

黏度（μ）= 792.377 × 10^{-6} Pa·s

管子长度（L）= 30m

管子直径（D）= 2.5 cm = 0.025m

质量流量（$\dot{m}$）= 2kg/s

---

① 亨利·菲力贝赫·嘉斯帕·达西（Henrl - Phllibert - Gaspard Darcy）（1803—1858），法国水文工程师，首次发展了多孔材料中流体层流流动的数学关系式。他是地下水文学科的奠基人。在他的家乡（法国）第戎市，他负责了市政供水系统的设计与建造。他在工作中研究过通过颗粒材料的地下水输送问题。

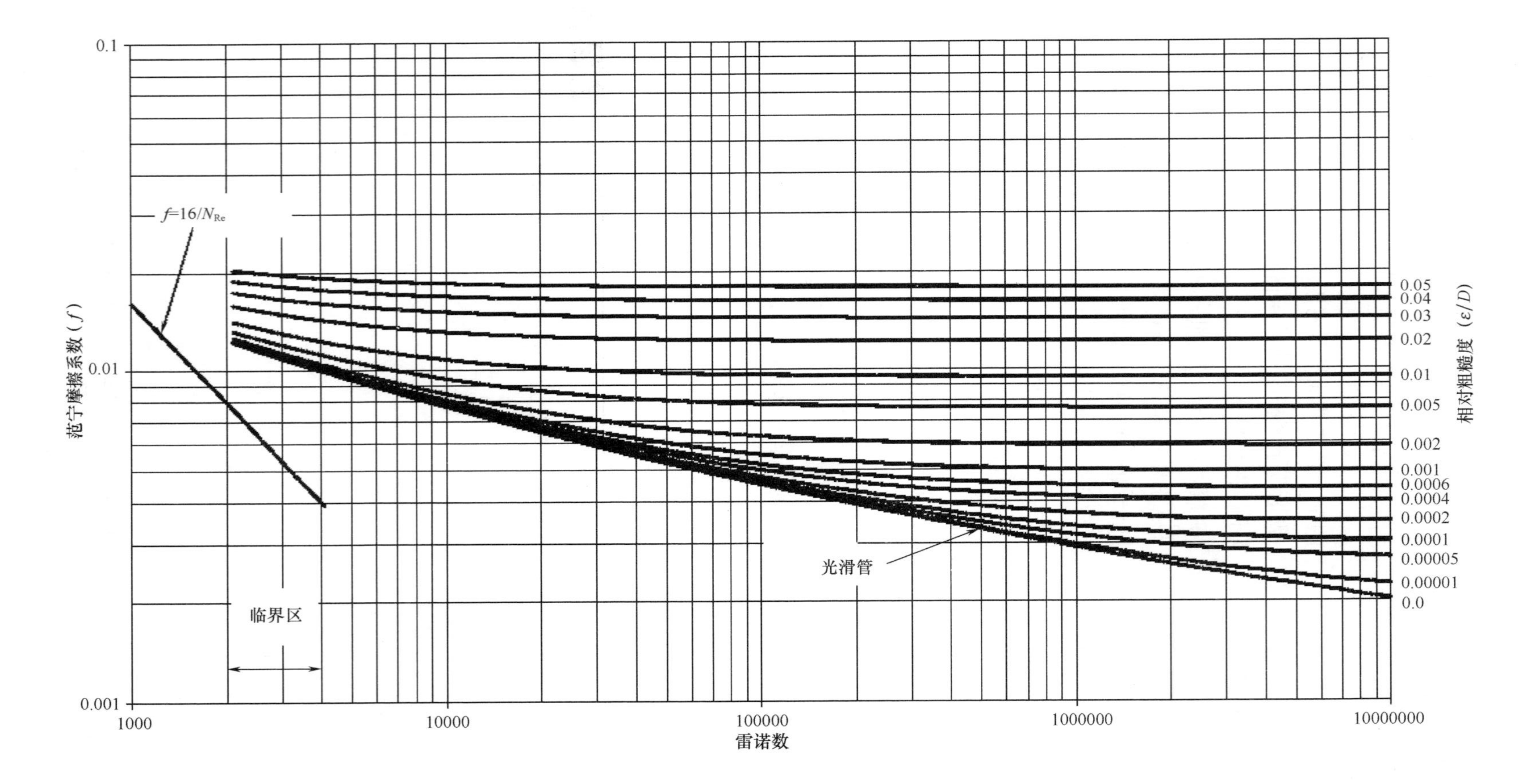

图 2.16　范宁摩擦系数图

新管的当量粗糙度（ε，单位为米）：铸铁，259×10^{-6}；下水管，1.5235×10^{-6}；镀锌铁管，152×10^{-6}；钢或熟铁管，45.7×10^{-6}

（资料来源：L. F. Moody，1944. Trans ASME，66，671）

方法:

利用式（2.51）和所给的已知条件，计算摩擦引起的压力损失。式（2.51）需要利用从图 2.16 查到的摩擦系数 f。只要知道湍流时的雷诺数（N_{Re}）和相对粗糙度（ε/D），就可从图 2.16 查到对应的摩擦系数 f。

解:

（1）根据式（2.51）计算平均流速 $\bar{u}$

$$\bar{u} = \frac{2(\text{kg/s})}{995.7(\text{kg/m}^3)[\pi(0.025\text{m})^2/4]} = 4.092\text{m/s}$$

（2）计算雷诺数

$$N_{Re} = \frac{(995.7\text{kg/m}^3)(0.025\text{m})(4.092\text{m/s})}{(792.377\times10^{-6}\text{Pa}\cdot\text{s})} = 128550$$

（3）根据已知条件和图 2.16，计算相对粗糙度

$$\varepsilon/D = \frac{45.7\times10^{-6}\text{m}}{0.025\text{m}} = 1.828\times10^{-3}$$

（4）根据计算得到的雷诺数和相对粗糙度，从图 2.16 查得摩擦系数

$$f=0.006$$

（5）利用式（2.51）

$$\frac{\Delta P}{\rho} = 2(0.006)\frac{(4.092\text{m/s})^2(30\text{m})}{(0.025\text{m})} = 241.12\ \text{m}^2/\text{s}^2$$

（6）注意到（$1\text{J}=1\text{kg}\cdot\text{m}^2/\text{s}^2$）

$$\frac{\Delta P}{\rho} = 241.12\ \text{m}^2/\text{s}^2 = 241.12\text{J/kg}$$

代表了以单位质量为基准的摩擦引起的能量消耗。

（7）计算的压力损失如下

$$\Delta P = (241.12\text{J/kg})(995.7\text{kg/m}^3) = 240.08\times10^3\text{kg/(m}\cdot\text{s}^2)$$

$$\Delta P = 240.08\text{kPa}$$

2.4 管内流动元的力平衡——伯努利方程的导出

如本章前面所述，流体受到非零合力作用便开始运动。合力改变了流体的动量。根据物理学，动量是质量和速度的乘积。在稳定流动条件下，作用在液体的合力必须等于动量改变的净速率。我们运用这些概念推导流体流动中使用最广泛的伯努利方程。

如图 2.17 所示，设有一团流体以直线方式从位置（1）流到位置（2）。假定流动是稳定态流动并且液体的密度均一。流体的黏度为零。图中显示了 x 轴和 z 轴，y 轴的方向

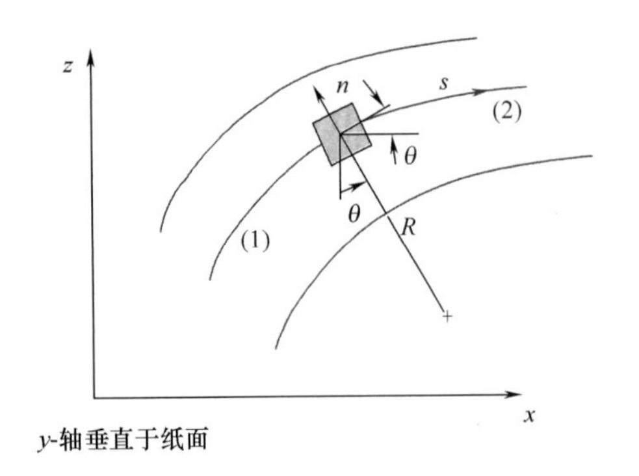

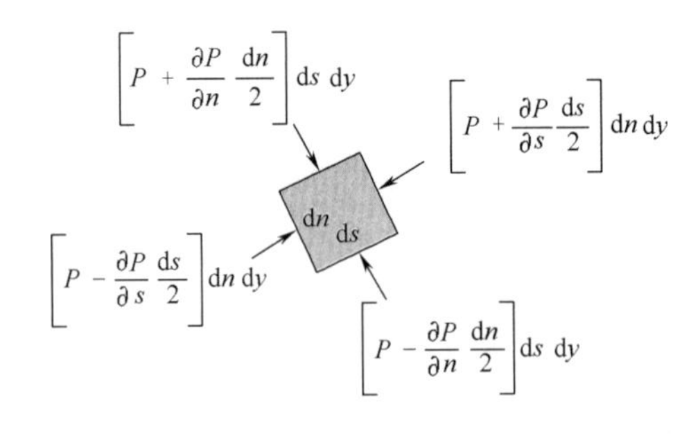

图 2.17　小体积流体上的力平衡

与$x-z$平面垂直。s方向与流线方向平行，n方向垂直于s方向。流团的速度为u。

如果忽略所有的摩擦力，那么作用在流团上的就只有重力和压力。将这些力分开来考虑。

a. 下面求取流团重量作用在s方向的重力分力。流团的体积是$\mathrm{d}n\mathrm{d}s\mathrm{d}y$。如果液体的密度是$\rho$，那么，

$$流团的质量 = \rho g \mathrm{d}n\mathrm{d}s\mathrm{d}y \tag{2.55}$$

另外，由质量引起的在s方向的分力 = $-\rho g\sin\theta\mathrm{d}n\mathrm{d}s\mathrm{d}y$

由于
$$\sin\theta = \frac{\partial z}{\partial s}$$

$$重力在 s 方向的分力 = -\rho g\frac{\partial z}{\partial s}\mathrm{d}n\mathrm{d}s\mathrm{d}y \tag{2.56}$$

b. 如图 2.17 所示，在s方向的压力是作用在流团上的第二个力

$$作用在流团上的压力 = \left(P-\frac{\partial P}{\partial s}\frac{\mathrm{d}s}{2}\right)\mathrm{d}n\mathrm{d}y-\left(P+\frac{\partial P}{\partial s}\frac{\mathrm{d}s}{2}\right)\mathrm{d}n\mathrm{d}y \tag{2.57}$$

或者，对上式进行整理得

$$作用于 s 方向的压力 = -\frac{\partial P}{\partial s}\mathrm{d}n\mathrm{d}y\mathrm{d}s \tag{2.58}$$

根据式（2.56）和式（2.58），可得到在颗粒s方向的受力表达为：

$$s 方向的受力 = \left(-\frac{\partial P}{\partial s}-\rho g\frac{\partial z}{\partial s}\right)\mathrm{d}n\mathrm{d}s\mathrm{d}y$$

或者

$$单位体积的合力 = -\frac{\partial P}{\partial s}-\rho g\frac{\partial z}{\partial s} \tag{2.59}$$

由于这一合力的原因，流团沿着流线方向运动时会产生加速作用。因此，当流团从s运动到$s+\mathrm{d}s$时，它的速度将从u变到$u+(\partial u/\partial s)\mathrm{d}s$。

根据物理学，动量等于质量乘于速度。因此，合力引起的流团动量改变为

$$\rho\left(\frac{u+\frac{\partial u}{\partial s}\mathrm{d}s-u}{\mathrm{d}t}\right)$$

或简化为

$$动量的改变速率 = \rho\frac{\partial u}{\partial s}\frac{\mathrm{d}s}{\mathrm{d}t} \tag{2.60}$$

由于

$$\frac{ds}{dt} = u$$

因此

$$\text{动量的改变速率} = \rho u \frac{\partial u}{\partial s} \tag{2.61}$$

合力必须等于动量的改变速率，即由式（2.59）和式（2.61）得

$$\frac{\partial P}{\partial s} + \rho u \frac{\partial u}{\partial s} + \rho g \frac{\partial z}{\partial s} = 0 \tag{2.62}$$

式（2.62）也称为欧拉运动方程。如果在方程两边乘以 ds，重新整理后可得

$$\frac{\partial P}{\partial s}ds + \rho u \frac{\partial u}{\partial s}ds + \rho g \frac{\partial z}{\partial s}ds = 0 \tag{2.63}$$

式（2.63）的第一项表示流线方向压力的变化；第二项是速率变化，第三项是液位变化。运用计算规则，可以将上式简化为

$$\frac{dP}{\rho} + udu + gdz = 0 \tag{2.64}$$

从位置（1）到（2）对式（2.64）积分，得

$$\int_{P_1}^{P_2} \frac{dP}{\rho} + \int_{u_1}^{u_2} udu + g\int_{z_1}^{z_2} dz = 0 \tag{2.65}$$

代入积分上限对式（2.65）进行计算，并在各项乘以 ρ 后再进行整理，得

$$P_1 + \frac{1}{2}\rho u_1^2 + \rho g z_1 = P_2 + \frac{1}{2}\rho u_2^2 + \rho g z_2 = \text{常数} \tag{2.66}$$

式（2.66）称为伯努利方程，此方程以瑞士数学家丹尼尔·伯努利的名字命名。这是流体动力学中应用最广泛的方程之一。这一方程为解决涉及流体流动的问题提供了很大的帮助。然而，如果在推导时所作的假设不成立，那么就有可能得到错误的结果。再次强调一下，这一方程的主要假设为：

- 位置（1）和（2）在同一流线。
- 流体的密度均一，因此流体是不可压缩的。
- 流体无黏性，即流体的黏度为零。
- 稳定态流动。
- 无轴功作用于流体或由流体做功。
- 流体与环境之间没有热量交换。

我们将在本节的一些例子中见到，即使不严格服从所作的假定，伯努利方程仍可提供较好的近似值。例如，低黏度流体可以近似的看作无黏性流体。

经常使用的伯努利方程的另一种形式是每项用“头”表示。如果对式（2.66）每项除以流体的相对密度（ρg），可得

$$\underbrace{\frac{P}{\rho g}}_{\text{压头}} + \underbrace{\frac{u^2}{2g}}_{\text{速度头}} + \underbrace{z}_{\text{升水头}} = \text{常数} = h_{\text{总}} \tag{2.67}$$

式（2.67）右边每项用长度单位（m）。三项分别是压头、速度头和升水头。这三项的“头”之和是一个常数，称为总头（$h_{\text{总}}$）。流体在管子中流动的总头可以在静止点用毕

托管测量到，具体测量将在 2.7.1 节讨论。例 2.9 和例 2.10 是应用伯努利方程的例子。

例 2.9

直径为 3m 的不锈钢罐用来装葡萄酒。罐内葡萄酒的深度为 5m。有一个直径为 10 cm 的葡萄酒排放口。设流动是无摩擦的稳定流动，请计算葡萄酒排放速度及排空所需的时间。

已知：

罐的高度 = 5m

罐的直径 = 3m

方法：

根据稳定态和无摩擦流动假设，利用伯努利方程进行计算。

解：

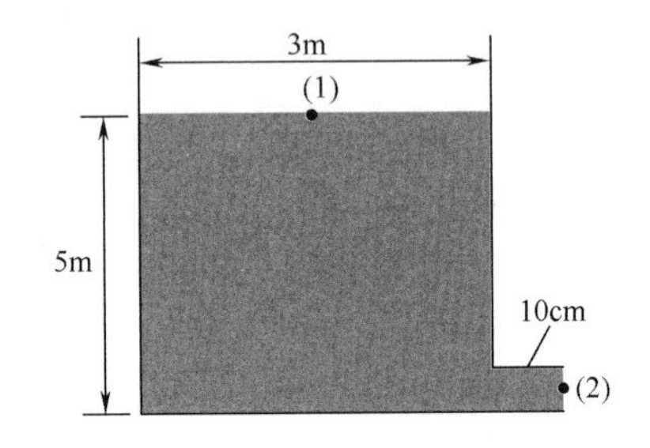

图 E2.1　例 2.9 所给条件的贮罐排液示意图

（1）选择葡萄酒的自由面作为位置（1），选择葡萄酒排放口作为位置（2）。位置（1）的压强等于大气压。位置（1）的速度很低，可以认为是零速度的“准稳定态流动”。

（2）在伯努利方程（2.66）中，$P_1 = P_2 = P_{atm}$，$\rho_1 = \rho_2$，而 $\bar{u} = 0$。因此，

$$gz_1 = \frac{1}{2}\bar{u}_2^2 + gz_2$$

或

$$\bar{u}_2 = \sqrt{2g(z_2 - z_1)}$$

这一式子以托里切利（Evangalista Torricelli）的名字命名，他在 1644 年发现了该公式。

（3）将已知数代入托里切利公式

$$\bar{u} = \sqrt{2 \times 9.81\left(\frac{m}{s^2}\right) \times 5(m)} = 9.9 m/s$$

然后，利用式（2.17）计算从排放口出来的体积流量

$$= \frac{\pi \times 0.10^2(m^2)}{4} \times 9.9(m/s) = 0.078\ m^3/s$$

（4）贮罐的容积是

$$\frac{\pi \times 3^2(m^2)}{4} \times 5(m) = 35.5\ m^3$$

（5）排空贮罐的时间

$$\frac{35.3(m^3)}{0.078(m^3/s)} = 452.6 s = 7.5 min$$

例 2.10

用一直径为 1.5cm 的管子将水从贮罐中虹吸出来。虹吸管的出水端与罐底的距离是

3m。罐内水位为4m。计算虹吸管最大能吸水的高度。水的温度是30℃。

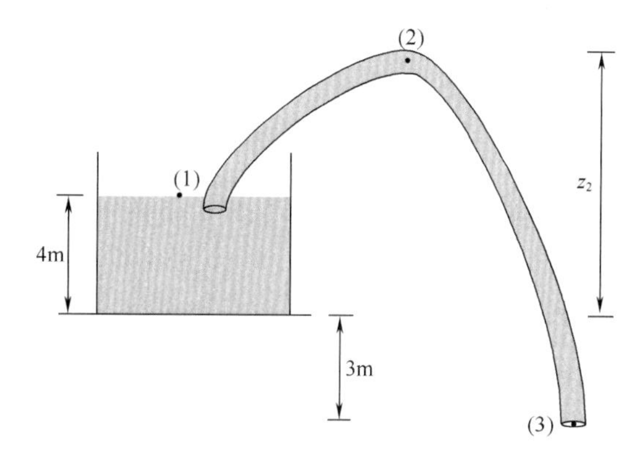

图 E2.2 例2.10所给条件的液体通过虹吸从贮罐流出的示意图

已知:

虹吸管直径 =1.5cm =0.015m

贮罐的高度 =4m

虹吸管的出水端与罐底的距离 =3m

水的温度 =30℃

方法:

假设是无黏性、稳定态和不可压缩流动，在位置（1）（2）和（3）处应用伯努利方程。计算位置（2）处的压强并与30℃时的水蒸气压比较。注意到大气压强为101.3kPa。

解:

（1）在位置（1）（2）和（3）处应用伯努利方程，我们注意到

$$P_1 = P_2 = P_{atm},\ \bar{u}_1 = 0, z_1 = 4\text{m},\ z_3 = -3\text{m}。$$

（2）根据连续性方程式（2.16）

$$A_2\bar{u}_2 = A_3\bar{u}_3$$

因此

$$\bar{u}_2 = \bar{u}_3$$

（3）在位置（1）和（2）之间应用伯努利方程，得

$$\rho g z_1 = \frac{1}{2}\rho\bar{u}_3^2 + \rho g z_3$$

$$\bar{u}_3 = \sqrt{2g(z_1 - z_3)}$$

从而

$$\bar{u}_3 = \sqrt{2 \times 9.81\left(\frac{\text{m}}{\text{s}^2}\right) \times [4 - (-3)](\text{m})}$$

$$\bar{u}_3 = 11.72\text{m/s}$$

位置（2）处也有相同的速度，即 $\bar{u}_2 = 11.72\text{m/s}$。

（4）由表A.4.2查出30℃时水蒸气压 =4.246kPa。再次在（1）和（2）之间应用伯努利方程，注意到 $\bar{u}_1 = 0$，得

$$z_2 = z_1 + \frac{P_1}{\rho g} - \frac{P_2}{\rho g} - \frac{\bar{u}_2^2}{2g}$$

代入计算值，得

$$z_2 = 4(\mathrm{m}) + \frac{(101.325 - 4.246) \times 1000(\mathrm{Pa})}{995.7(\mathrm{kg/m^3}) \times 9.81(\mathrm{m/s^2})} - \frac{1}{2} \times (11.72)^2\left(\frac{\mathrm{m^2}}{\mathrm{s^2}}\right) \times 9.81\left(\frac{\mathrm{s^2}}{\mathrm{m}}\right)$$

$$z_2 = 6.93\mathrm{m}$$

（5）如果z_2大于6.93m，就不会出现虹吸。如果虹吸管排水端位置较低，例如，比罐底低了5 m，那么流速较快而z_2值较低。

2.5 流体稳定态流动的能量方程

前面提到，流体受力作用才发生流动。因此，流体输送系统需要能源；对于液体我们使用泵，对于气体我们使用鼓风机。本节推导用于确定流体流动所需能量的数学表达式。这一数学推导需要用到热力学第一定律和第一章介绍的概念。

让我们考虑如图2.18所示的流体流动。假设：①流动是连续的和稳定态的，并且进入和流出系统的质量流量为恒定；②输入端和输出端的流体性质和状态不变；③流体与环境间的热量和轴功以恒定的速率传递；④忽略由电、磁和表面张力引起的能量传递。

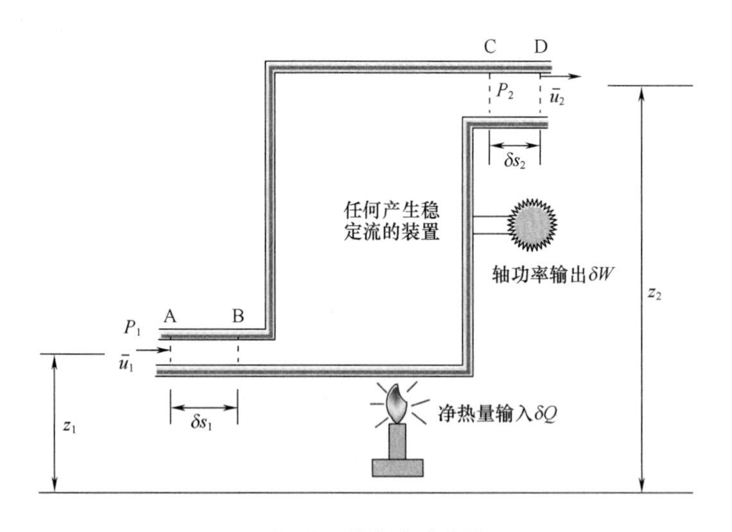

图2.18 稳定流动装置

如图2.18所示流动系统中，有恒定的热量（δQ）加入，并且，系统以恒定速率对环境做功（δW）（例如，如果它是一个涡轮或蒸汽机，那么就可以驱动轴转动；但如果是一台泵，那么是环境对流体做功，这时做功的速率要带一个负号）。在入口端，流体流速为$\bar{u}_1$，压强为P_1，液位水平为z_1。在出口端，流体流速为$\bar{u}_2$，压强为P_2，液位水平为z_2。任何时刻，有一股流体位于A和C之间。经过一小段时间（δt）后，这股流体流到了B和D之间。根据连续方程式（2.14），液体在AB处的质量（δm）与CD处的相同。在入口端，以单位质量为基准，流体的比内能为 E'_{i1}、动能为 $\frac{1}{2}u_1^2$、势能为 gz_1。设系统 B 和 C 之间包含的能量为 E_{B-C}。因此，A 与 C 之间流体所包含的能量为

$$E_{A-C} = E_{A-B} + E_{B-C} \tag{2.68}$$

或

$$E_{A-C} = \delta m\left(E'_{i1} + \frac{1}{2}\bar{u}_1^2 + gz_1\right) + E_{B-C} \tag{2.69}$$

经过一段时间（δt）后，随着流体从 A—C 运动到 B—D，包含于 B 和 D 之间流体中的能量将成为

$$E_{B-D} = E_{B-C} + E_{C-D} \tag{2.70}$$

或

$$E_{B-D} = E_{B-C} + \delta m\left(E'_{i2} + \frac{1}{2}\bar{u}_2^2 + gz_2\right) \tag{2.71}$$

因此，选择区域流体从 A—C 移动到 B—C 的能量增加为

$$\delta E_{增加} = E_{B-D} - E_{A-C} \tag{2.72}$$

$$\delta E_{增加} = \left[E_{B-C} + \delta m\left(E'_{i2} + \frac{1}{2}\bar{u}_2^2 + gz_2\right)\right] - \left[\delta m\left(E'_{i1} + \frac{1}{2}\bar{u}_1^2 + gz_1\right) + E_{B-C}\right] \tag{2.73}$$

简化为

$$\delta E_{增加} = \delta m\left[(E'_{i2} - E'_{i1}) + \frac{1}{2}(\bar{u}_2^2 - \bar{u}_1^2) + g(z_2 - z_1)\right] \tag{2.74}$$

在时间段 δt 内，当流体从 A—C 运动 B—D 时，流体对环境做的功是 δW。（注意，如果使用的是一台对流体做功的泵，那么就成为 $-\delta W$）。进入系统的热量是 δQ。另外，还有（如 2.4 节提到的）压力功。流体在出口端做的功是 $P_2A_2\delta x_2$，在入口处，作用在流体上的功是 $-P_1A_1\delta x_1$，其中 A_1 和 A_2 是进出口处截面积，P_1 和 P_2 是进出口处压强。因此，由流体做的总功为

$$\delta W_{总} = \delta W + P_2A_2\delta x_2 - P_1A_1\delta x_1 \tag{2.75}$$

根据能量守恒，注意到系统的能量变化是加入的热量减去流体对环境做的功，即

$$\delta E_{增加} = \delta Q - \delta W_{总} \tag{2.76}$$

将式（2.74）和式（2.75）代入式（2.76），整理得

$$\delta Q = \delta m\left[(E'_{i2} - E'_{i1}) + \frac{1}{2}(\bar{u}_2^2 - \bar{u}_1^2) + g(z_2 - z_1)\right] + \delta W + P_2A_2\delta x_2 - P_1A_1\delta x_1 \tag{2.77}$$

根据质量守恒，可知

$$\delta m = \rho_1A_1\delta x_1 = \rho_2A_2\delta x_2 \tag{2.78}$$

用 δm 除式（2.77）并代入式（2.78）

$$\frac{\delta Q}{\delta m} = (E'_{i2} - E'_{i1}) - \frac{1}{2}(\bar{u}_2^2 - \bar{u}_1^2) + g(z_2 - z_1) + \frac{\delta W}{\delta m} + \frac{P_2}{\rho_2} - \frac{P_1}{\rho_1} \tag{2.79}$$

整理后得

$$Q_m = \left(\frac{P_2}{\rho_2} + \frac{1}{2}\bar{u}_2^2 + gz_2\right) - \left(\frac{P_1}{\rho_1} + \frac{1}{2}\bar{u}_1^2 + gz_1\right) + (E'_{i2} - E'_{i1}) + W_m \tag{2.80}$$

式（2.80）是稳定流动系统的一般能量方程，其中 Q_m 是单位质量系统得到的热量，W_m 是系统中单位质量流体对环境做的功（例如，通过涡轮做的功）。

如果没有热量和功的传递（$Q_m=0$，$W_m=0$），并且流动流体的内能保持恒定，那么，对于不可压缩和无黏性（黏度=0）流体，式（2.80）就成了2.4节介绍的伯努利方程。

但对于实际流体，不能忽略黏度。为了克服通常称为流动摩擦的黏性力，必须做功。由于摩擦功的原因，有一部分能量转变成了热量，并引起温度的升高。但温度通常增加得非常少而可以忽略不计，摩擦功通常称为有用能的损失。因此，在式（2.80）中，可以将（$E'_{i2}-E'_{i1}$）表示成摩擦能量损失 E_f。涉及泵送液体的问题，可以用泵功（E_P）取代 W_m。注意，由于 W_m 是流体对环境做功，所以需要改变符号。如果没有与环境的热量传递，即 $Q_m=0$，那么式（2.80）就可写成

$$\frac{P_2}{\rho_2}+\frac{1}{2}\bar{u}_2^2+gz_2+E_f=\frac{P_1}{\rho_1}+\frac{1}{2}\bar{u}_1^2+gz_1+E_p \tag{2.81}$$

将式（2.81）进行整理，得到一个以单位质量为基准的、泵功率需要的表达式，并且注意到，$\rho_2=\rho_1=\rho$，

$$E_p=\frac{P_2-P_1}{\rho}+\frac{1}{2}(\bar{u}_2^2-\bar{u}_1^2)+g(z_2-z_1)+E_f \tag{2.82}$$

式（2.82）包括了压力能、动能、势能和摩擦力引起的能量损失项。下面将分别讨论这些项，以便在使用此方程时，可以作必要的修改和实际简化处理。

2.5.1 压强能

式（2.82）中第一项代表位置（1）与位置（2）之间的压强变化引起的能量损耗。如果输送系统［图2.19（1）］包含两个敞开式贮罐，那么压强不变，即 $P_1-P_2=0$。但如果有一个或两个罐有压强或是真空［图2.19（2）］，就必须考虑压强的变化。压强变化增加的能量需要可以表示为

$$\frac{\Delta P}{\rho}=\frac{P_2-P_1}{\rho} \tag{2.83}$$

注意，研究的系统类型中，液体的密度不变。换句话说，流体是不可压缩的。

2.5.2 动能

式（2.82）中第二项代表流体从位置（1）移动到位置（2）发生的速度变化，从而导致动能变化。在推导能量方程式（2.82）时，作过流速在整个截面上处处相等的假设。但由于摩擦效应，如2.3.4节所述，管子截面上各处的流速是不相同的。因此，必须用一个系数 α 来修正式（2.82）中的动能项：

$$动能=\frac{\bar{u}_2^2-\bar{u}_1^2}{2\alpha} \tag{2.84}$$

层流时，$\alpha=0.5$，湍流时，$\alpha=1.0$。注意到式（2.84）中的动能项的单位是J/kg，

$$动能=\frac{\bar{u}^2}{2}\equiv\frac{\mathrm{m}^2}{\mathrm{s}^2}\equiv\frac{\mathrm{kg}\cdot\mathrm{m}^2}{\mathrm{kg}\cdot\mathrm{s}^2}\equiv\left(\frac{\mathrm{kg}\cdot\mathrm{m}}{\mathrm{s}^2}\right)\frac{\mathrm{m}}{\mathrm{kg}}\equiv\frac{\mathrm{N}\cdot\mathrm{m}}{\mathrm{kg}}\equiv\frac{\mathrm{J}}{\mathrm{kg}}$$

2.5.3 位能

用以满足流体高度位置变化所需的能量称为位能。单位质量流体位能变化的一般表达式为：

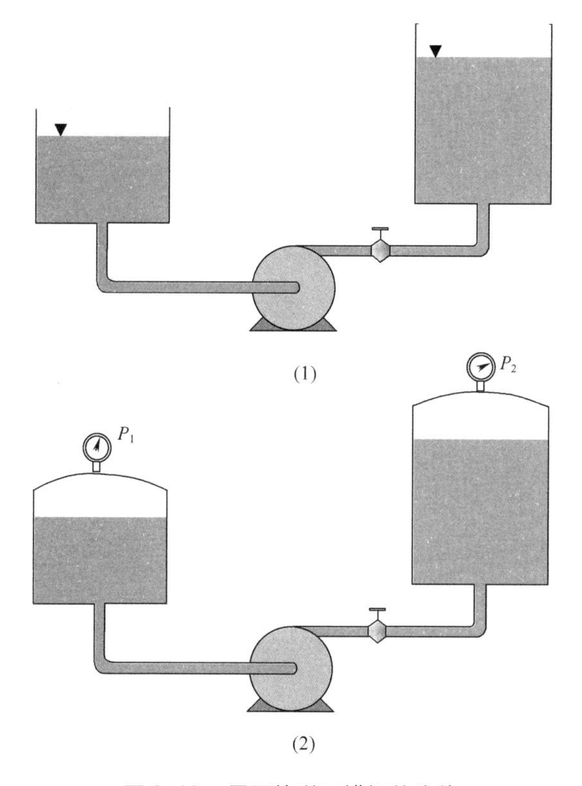

图 2.19　用泵输送两罐间的液体

$$\text{单位质量流体位能变化} = g(z_2 - z_1) \tag{2.85}$$

其中，z_2和z_1是图 2.18 中所示的流体高度，由重力（g）引起的加速作用变成了单位为（J/kg）的位能。

$$\text{位能} = gz \equiv \frac{m^2}{s^2} \equiv \frac{kg \cdot m^2}{kg \cdot s^2} \equiv \left(\frac{kg \cdot m}{s^2}\right)\frac{m}{kg} \equiv \frac{N \cdot m}{kg} \equiv \frac{J}{kg}$$

2.5.4　摩擦能损失

液体在管中流动的摩擦能损耗由沿程损耗和局部损耗两部分构成，即

$$E_f = E_{f\text{沿程}} + E_{f\text{局部}} \tag{2.86}$$

沿程损耗（$E_{f\text{沿程}}$）是黏性液体在直管中流动引起的。式（2.51）可以重新整理成用单位密度的压降表示的单位质量流体的摩擦能损耗

$$E_{f\text{沿程}} = \frac{\Delta P}{\rho} = 2f\frac{\bar{u}^2 L}{D} \tag{2.87}$$

式中f是由穆迪图或式（2.54）得到的摩擦系数。

第二部分局部摩擦损耗是管路系统中各种管件——如阀、三通、弯头等——以及由贮罐进入管路时的流道突然收缩或由管路进入贮管时的流道突然扩展等引起的摩擦损耗。虽然这部分损耗称为局部损耗，但其值有时相当可观。例如，管路中安装的阀如果是全闭的，那么它对流动的阻力是无穷大，从而此时的损耗不会小。局部损耗由三项构成：

$$E_{f\text{局部}} = E_{f\text{收缩}} + E_{f\text{扩展}} + E_{f\text{管件}} \tag{2.88}$$

（1）突然收缩造成的能量损失（$E_{f收缩}$） 当管子的直径突然变小，或者当贮罐中的液体进入管子时，就产生了流动突然收缩（图 2.20）。管子截面的突然收缩会造成能量损耗。如果 $\bar{u}$ 是上流流速，那么由于突然收缩造成的能量损失可以用下式估计：

$$\frac{\Delta P}{\rho} = C_{fc}\frac{\bar{u}^2}{2} \tag{2.89}$$

其中，

$$C_{fc} = 0.4\left(1.25 - \frac{A_2}{A_1}\right) \quad 当 \quad \left(\frac{A_2}{A_1}\right) < 0.715$$
$$C_{fc} = 0.4\left(1 - \frac{A_2}{A_1}\right) \quad 当 \quad \left(\frac{A_2}{A_1}\right) > 0.715 \tag{2.90}$$

当管子与大的贮水容器相连接时，出现了极限情形。如图 2.20 所示，A_1 的直径比 A_2 的大得多，因此，$A_2/A_1 = 0$，从而 $C_{fc} = 0.5$。

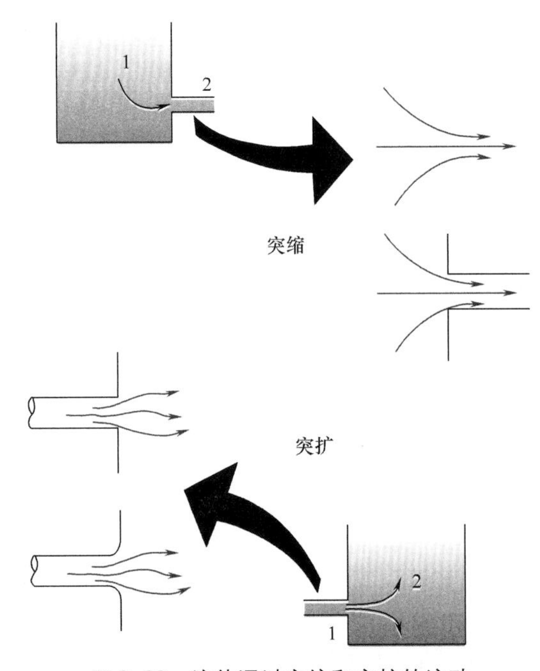

图 2.20 液体通过突缩和突扩的流动

（2）突然扩张引起的能量损失 突然增加管子的截面与突然收缩情形相同，也会因为摩擦的原因而造成能量损失。能量损失为

$$\frac{\Delta P}{\rho} = C_{fe}\frac{\bar{u}^2}{2} \tag{2.91}$$

此处的系数 C_{fe} 为

$$C_{fe} = \left(1 - \frac{A_1}{A_2}\right)^2 \tag{2.92}$$

这里带下标 1 的参数指位置在扩展接头上游。极限情形出现在管子的流出端与贮罐相连，A_2 比 A_1 大得多，从而，$A_1/A_2 = 0$，从而 $C_{fe} = 1.0$。

（3）管件造成的能量损失 如弯头、三通和阀之类的管件均会造成摩擦能损耗。由管

件引起的能量损失是

$$\frac{\Delta P}{\rho}=C_{ff}\frac{\bar{u}^2}{2} \tag{2.93}$$

表2.2列出了不同管件的典型能量损失系数 C_{ff}。式（2.93）中的 C_{ff} 是系统中所有管件损耗系数的总和，因此它与管件的多少有关。例2.11将介绍这方面的计算方法。

表2.2 标准管件的摩擦损失系数

管件类型	C_{ff}	管件类型	C_{ff}
弯头		**阀**	
长半径45°，法兰联接	0.2	角阀，全开	2
长半径90°，丝口联接	0.7	球阀，1/3关闭	5.5
长半径90°，法兰联接	0.2	球阀，1/3关闭	210
标准45°，丝口联接	0.4	球阀，全开	0.05
标准90°，法兰联接	0.3	隔膜阀，开	2.3
标准90°，丝口联接	1.5	隔膜阀，1/4关闭	2.6
180°弯管		隔膜阀，1/2关闭	4.3
180°弯管，法兰联接	0.2	闸阀，3/4关闭	17
180°弯管，丝口联接	1.5	闸阀，1/4关闭	0.26
三通		闸阀，1/2关闭	2.1
支流，法兰联接	1.0	闸阀，全开	0.15
支流，丝口联接	2.0	截止阀，全开	10
直流，法兰联接	0.2	止逆阀，逆流	∞
直流，丝口联接	0.9	止逆阀，顺流	2
活接头	0.8		

液体输送系统中安装的其他设备（如热交换器），由于存在摩擦作用，也标有压降指标值。如果没有，其压降应该通过测量获取。测量到的压降除以液体的密度，可以得到适当的能量单位。

2.5.5 泵的功率需要

根据从一个位置泵送到另一个位置的液体能量变化，可以求出需要的泵功率。将式（2.82）展开，可以得到泵输送的能量需要：

$$E_p=\frac{P_2-P_1}{\rho}+\frac{1}{2}(\bar{u}_2^2-\bar{u}_1^2)+g(z_2-z_1)+E_{f全程}+E_{f局部} \tag{2.94}$$

或

$$E_p=\frac{P_2-P_1}{\rho}+\frac{1}{2}(\bar{u}_2^2-\bar{u}_1^2)+g(z_2-z_1)+\frac{2f\bar{u}^2L}{D}+C_{fe}\frac{\bar{u}^2}{2}+C_{fc}\frac{\bar{u}^2}{2}+C_{ff}\frac{\bar{u}^2}{2} \tag{2.95}$$

或者，每项除以 g，就可以得到所需泵的压头。

$$h_{泵}=\underbrace{\frac{P_2-P_1}{\rho g}}_{压头}+\underbrace{\frac{1}{2g}(\bar{u}_2^2-\bar{u}_1^2)}_{流速头}+\underbrace{(z_2-z_1)}_{位能头}+\underbrace{\frac{2f\bar{u}^2L}{gD}}_{全程损失}+\underbrace{C_{fe}\frac{\bar{u}^2}{2g}+C_{fc}\frac{\bar{u}^2}{2g}+C_{ff}\frac{\bar{u}^2}{2g}}_{局部损失} \quad (2.96)$$

根据功率是做功速率的定义，可以计算出泵的功率（Φ①）；如果质量流量 $\dot{m}$ 已知，则

$$功率=\Phi=\dot{m}(E_p) \quad (2.97)$$

其中，E_p是根据方程算出的泵作用在单位质量流体上的功。

为了计算泵的大小，要将涉及的各种管子的实际尺寸（表 2.3）结合到计算中。注意，钢管管径与同一公称规格的水煤气管径之间有差异。

表 2.3 管子及热交换器管的尺寸

公称尺寸	钢管（管号[a]40）		卫生管		热交换器管（18 管规[b]）	
	内径/in（m）	外径/in（m）	内径/in（m）	外径/in（m）	内径/in（m）	外径/in（m）
0.5	0.622 (0.01579)[c]	0.840 (0.02134)			0.402 (0.01021)	0.50 (0.0127)
0.75	0.824 (0.02093)	1.050 (0.02667)			0.625 (0.01656)	0.75 (0.01905)
1	1.049 (0.02644)	1.315 (0.03340)	0.902 (0.02291)	1.00 (0.0254)	0.902 (0.02291)	1.00 (0.0254)
1.5	1.610 (0.04089)	1.900 (0.04826)	1.402 (0.03561)	1.50 (0.0381)	1.402 (0.03561)	1.50 (0.0381)
2.0	2.067 (0.0525)	2.375 (0.06033)	1.870 (0.04749)	2.00 (0.0508)		
2.5	2.469 (0.06271)	2.875 (0.07302)	2.370 (0.06019)	2.5 (0.0635)		
3.0	3.068 (0.07793)	3.500 (0.08890)	2.870 (0.07289)	3.0 (0.0762)		
4.0	4.026 (0.10226)	4.500 (0.11430)	3.834 (0.09739)	4.0 (0.1016)		

资料来源：Toledo（1990）。

注：a.“管号”是美国定的一种描述钢管的参数号，相同管径的管子管号越大，管壁越厚，也越耐压。

b.“管规”也是美国定的一种描述管子的参数号，从最轻薄的 24 号至最厚重的 7 号分成多种。

c. 括号内数字的单位是米。

① 我国 GB 3100～3102—1993《量和单位》规定功率应表示为 P。——译者注

例 2.11

如图 E2.3 所示，27℃、浓度为 20°Brix（20% 蔗糖质量）的苹果汁从一个敞开贮罐，经过公称直径 1in 的卫生管，用泵送到较高的位置。质量流量为 1kg/s。管路直管长 30 m，中间有两个 90°标准弯头和一个角阀。供料罐的液位维持在 3m，苹果汁离开系统时的高度 12m。计算泵的功率。

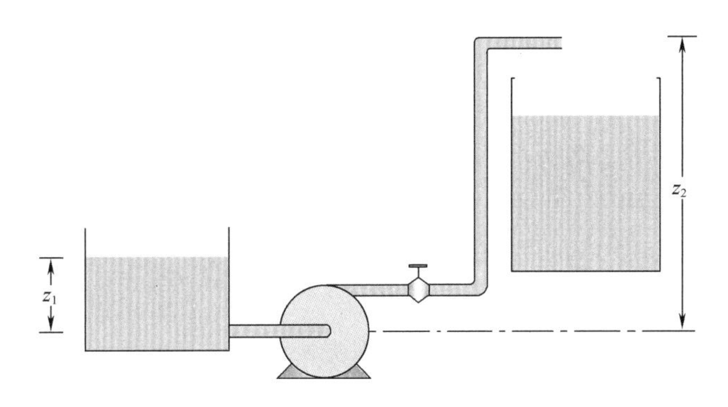

图 E2.3　例 2.11 中用泵从一只贮罐抽液体送到另一只罐中

已知：

假设产品与水有相同的黏度，则从附录表 A.2.4 可查得，产品的黏度（μ）$=2.1\times10^{-3}$ Pa·s

根据 25℃时水的密度估计，产品的密度（ρ）$=997.1$ kg/m^3

由表 2.3 可查到，管径（D）=1in（公称直径）=0.02291m

质量流量（$\dot{m}$）=1kg/s

管长（L）= 30m

根据表 2.2，查取 90°标准弯头和角阀摩擦损失系数

液位 $z_1=3$m，$z_2=12$m

方法：

利用机械能守恒原理计算所需泵的功率。

解：

（1）利用质量流量方程计算平均流速

$$\bar{u}=\frac{\dot{m}}{\rho A}=\frac{1\text{kg/s}}{(997.1\text{kg/m}^3)[\pi(0.02291\text{m})^2/4]}=2.433\text{m/s}$$

（2）通过计算雷诺数

$$N_{\text{Re}}=\frac{(997.1\text{kg/m}^3)(0.02291\text{m})(2.433\text{m/s})}{(2.1\times10^{-3}\text{Pa}\cdot\text{s})}=26465$$

可知，流动属于湍流。

（3）利用能量式（2.82）及相关的参比点，可以得到以下的表达式：

$$g(3)+E_{\text{p}}=g(12)+\frac{(2.433)^2}{2}+E_{\text{f}}$$

其中，参比点 1 是供料罐液位，$\bar{u}_1=0$，并且 $P_1=P_2$。

（4）通过计算 E_f，可以确定所求的功率。根据 $N_{Re}=2.6465\times10^4$ 和光滑管，由图 2.16 查得 $f=0.006$。

（5）贮罐进入管子的阻力可以根据式（2.90）计算，由于 $D_2^2/D_1^2=0$，因此，$C_{fc}=0.4(1.25-0)=0.5$。

并且

$$\frac{\Delta P}{\rho}=0.5\frac{(2.433)^2}{2}=1.48\text{J/kg}$$

（6）由两个弯头和一个阀引起的摩擦阻力损失根据表 2.2 的 C_{ff} 确定。90°丝口标准弯头的 $C_{ff}=1.5$，两个全开的角阀的损失系数为 2。根据式（2.93）得

$$\frac{\Delta P}{\rho}=\frac{(2\times1.5+2)\times2.433^2}{2}=14.79$$

根据式（2.87）求取 30m 长的管子摩擦损失：

$$E_f=\frac{2\times0.006\times2.433^2\times30}{0.02291}=93.01\text{ J/kg}$$

（7）因此，总摩擦损失为

$$E_f=93.01+14.79+1.48=109.3\text{J/kg}$$

（8）利用式（2.95）得到需要的泵做功量

$$E_p=9.81(12-3)+\frac{2.433^2}{2}+109.3$$

$$E_p=200.5\text{J/kg}$$

这就是所求泵需要的能量。

（9）由于功率是单位时间使用的能量

$$\text{功率}=(200.5\text{J/kg})(1\text{kg/s})=200.5\text{J/s}$$

（10）以上结果是理论上的，因为传递给泵的功率效率可能只有 60%，因此

$$\text{实际功率}=200.5/0.6=344.2\text{W}$$

例 2.12

利用例 2.11 所给的数据，制作一张电子表。利用此电子表重新解题。确定在管子长度变为 60、90、120 和 150m 时的功率需要。同样，确定当管径变成 1.5、2 和 2.5in 时的功率需要量。

已知：

条件与例 2.11 的相同。

方法：

应用 EXCEL 制作电子表。所有的数学表达式与例 2.11 中的相同。对于摩擦系数，我

们使用式（2.54）。

解：

所制作的电子表如图 E2.4 所示。所有的常数方程与例 2.11 中的相同。管长和管径变化对功率需要的变化如作图所示。显然，对于此例所给的条件，当管径从 2.5in 降到 1.5in 时对功率有很大的影响。

	A	B	C	D	E	F	G	H
1	已知							
2	黏度（Pa·s）	0.0021						
3	密度（kg/m³）	997.1						
4	直径（m）	0.02291						
5	质量流量（kg/s）	1						
6	管长（m）	30						
7	由表2.2查得的弯头的C_{ff}	1.5						
8	由表2.2查得的角阀的C_{ff}	2						
9	低液位（m）	3						
10	高液位（m）	12						
11								
12	平均流速	2.432883	=B5/(B3*PI()*B4^2/4)					
13	雷诺数	26464.62	=B3*B12*B4/B2					
14	入口损失	1.47973	=0.5*B12^2/2					
15	摩擦系数	0.006008	=(−1/(3.6*LOG(6.9/B13)))^2					
16	沿程损失	93.12623	=2*B15*B6*B12^2/B4					
17	局部损失	14.7973	=(2*B7+B8)*B12^2/2					
18	总损失	109.4033	=B14+B16+B17					
19	泵需要的能量	200.6527	=9.81*(B10−B9)+B12^2/2+B18					
20	功率	334.4212	=B19*B5/0.6					
21								
22	管头	功率		直径	功率			
23	30	334		0.02291	334			
24	60	490		0.03561	172			
25	90	645		0.04749	154			
26	120	800		0.06019	149			
27	150	955						
28								
29								
30								
31								
32								
33								
34								
35								
36								
37								
38								

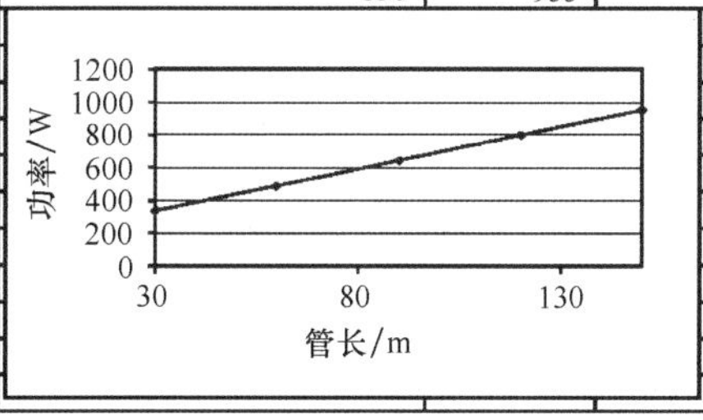

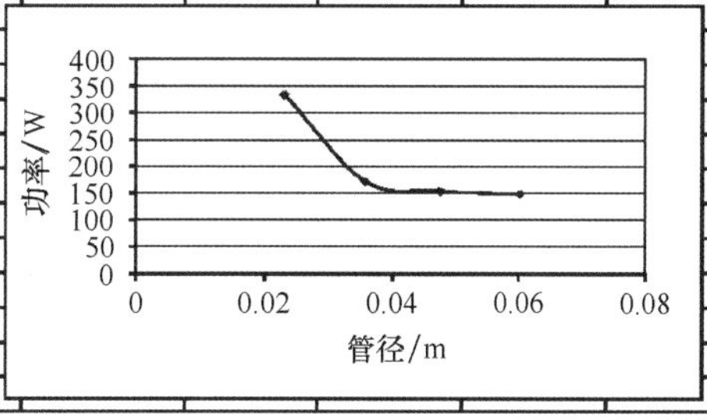

图 E2.4　用于求解例 2.12 的电子工作表

2.6　泵的选择和性能评价

2.6.1　离心泵

在 2.1.2 节中，我们讨论了不同类型泵的一些突出特征。离心泵是输送水和各种低黏度牛顿液体最常用的泵，在此，我们将较详细地讨论这类泵的性能。

如图 2.21 所示，离心泵由两大部件构成：一是与轴相连的叶轮，二是将叶轮包围起来的蜗壳形泵壳。叶轮上有若干叶片，这些叶片通常背向弯曲。离心的泵轴，既可以用电机也可以用发动机驱动转动。当泵轴转动时，安装在轴上的叶轮也跟着转动。液体通过吸液口被吸入泵内。由于转动的叶轮和叶片的方向作用，使得从中心吸入的液体被作用到叶轮的外围。因此，旋转的叶片对液体做功。从吸入口到叶轮外围，由于液体的流速增加，从而提高了它的动能。但液体进入外围区后，由于蜗旋区面积增大，其流速会降低。因此，排出口的液体与入口的相比有较高的压强。总而言之，离心泵的主要作用是提高液体的压强。

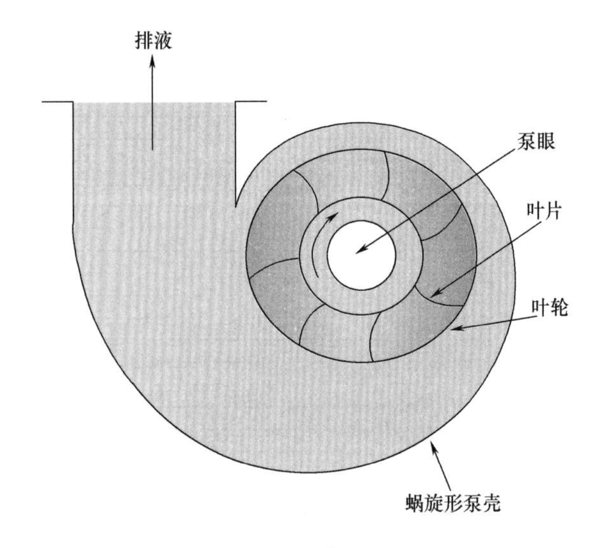

图 2.21　离心泵

尽管有关离心泵操作的理论有不少，但对于给定的流动系统，不能单独地根据理论选泵。因此，通常需要通过实验获得泵的性能数据。由制造厂测到的这些数据，以泵性能曲线的形式随泵提供。因此，工程师的任务是根据泵的性能选择适当的泵。压头是流体流动和选择泵时经常用到的一个术语。我们首先对这一术语作一般了解。

2.6.2　压头

在设计泵时，常用压头表示流体能量。本书第 1 章提到过，压头用代表液柱高度的米表示。

如果式（2.96）中各项对应的是泵吸入口处液体以压头形式表示的各项能量，那么它的总和称为吸入压头。同样，在排放口处，如果将各项能量项变成压头并加起来，就得到排放压头。

如图 2.22（1）所示，我们来考察泵将水从贮罐 A 提升到贮罐 B 的情形。首先假定，管内和管件不产生摩擦能损失。贮罐 A 的水位距泵的中心线 5 m，贮罐 B 的水位距泵的中心线 10m。在泵的吸入口和排放口处读到的表压值分别为 0.49bar 和 0.98bar。根据式（1.20），总压头等于排放口压头减去吸入口压头，即 10 − 5 = 5（m）。

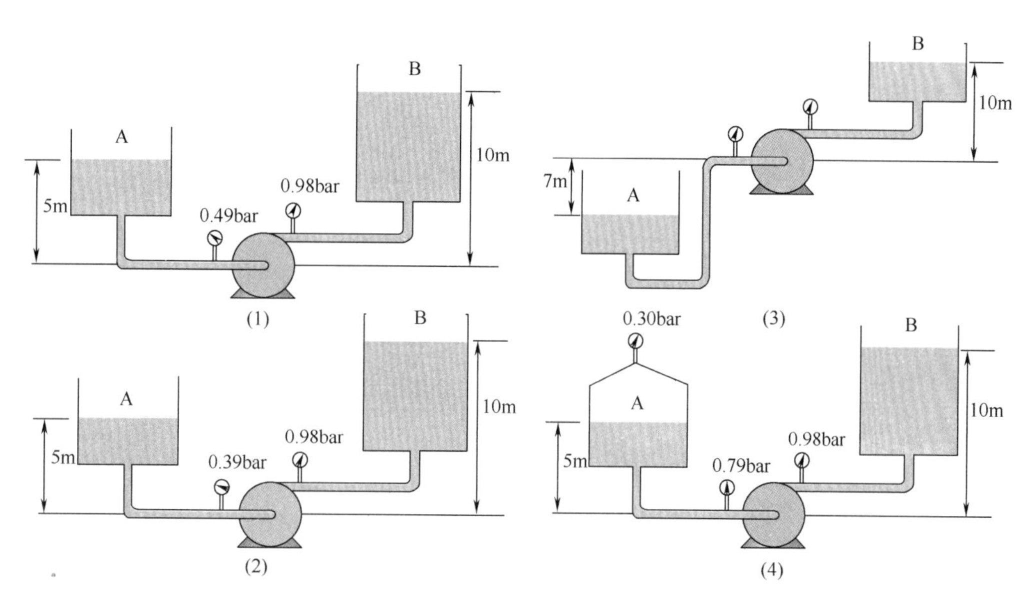

图 2.22　不同条件下泵输送系统的吸入与排出压力

图 2.22（2）与图 2.22（1）中的两只贮罐相同，不同的是吸入口的压强为 0.39bar。这个 0.1bar（相当于 1.02m 水柱）的压降是由贮罐 A 到泵之间的管路沿程阻力和中间的管件局部阻力引起的。这较符合实际情况，因为，黏性流动时总会产生摩擦损失。

贮罐 A 在图 2.22（3）中位置低于泵的中心线。此时，泵必须先把水从低水位吸到泵的中心线处。这称为吸入高度。此时，总压头为吸入口压头与排放口压头之和，即 7 + 10 = 17（m）。

在图 2.22（4）所示的第四种情况中，如吸入口侧贮罐的压力表所示，罐中水是受压的（0.30bar）。吸入口压力表指示的压强为 0.79bar。由于受压的原因，吸入压头比实际水位高。

2.6.3　泵的操作性能

在设计液体系统时，需要确定两项内容：①有关泵的定量资料；②液体在（由管路、贮罐、加工设备和管件等构成的）系统中流动所需要的能量。泵的信息中应该包括泵能提供给（以一定流量流动的）液体的能量。换句话说，我们需要一定操作条件下泵的性能。这一信息，由制造厂以泵性能曲线的形式随泵一起提供，从而工程师们可以根据输送系统要求对泵的选择作出判断。

美国水利协会（1975 年）已经推行工业用泵的标准测试规程。如图 2.23 所示，安装在试验台的泵以恒速运转的方式进行测试。记录（基于参照平面的）吸入高度 z_s 和排放高度 z_d。开始时，阀全开，测量吸入口和排放口处的压强、体积流量和泵的扭矩。然后，稍将阀关小，重复同样的测量。如此重复测量，直到阀几乎全部关闭（但不能将阀全部关闭，否则泵会受到损坏）。

泵的性能试验包括测量体积流量（$\dot{V}$）、吸入口面积（A_s）和排放口面积（A_d）、吸

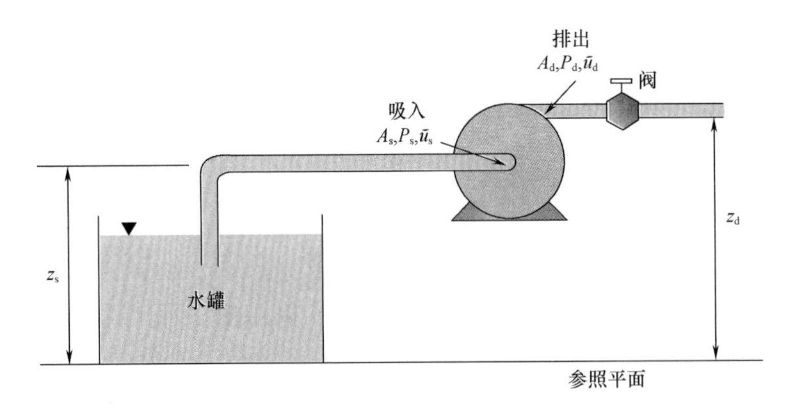

图 2.23 确定泵操作性能的装置

入口和排放口高度、吸入口压强（P_s）和排放口压强（P_d）。得到的数据进行下列计算。

吸入口的流速计算如下

$$\bar{u}_s = \frac{\dot{V}}{A_s} \tag{2.98}$$

同样，泵的排放口的流速可根据下式得到

$$\bar{u}_d = \frac{\dot{V}}{A_d} \tag{2.99}$$

根据2.5节介绍的方法，得到吸入压头和排放压头

$$h_s = \frac{\bar{u}_s^2}{2\alpha g} + z_s + \frac{P_s}{\rho g} \tag{2.100}$$

$$h_d = \frac{\bar{u}_d^2}{2\alpha g} + z_d + \frac{P_d}{\rho g} \tag{2.101}$$

泵的压头根据式（2.100）和式（2.101）得到的吸入压头和排放压头计算为

$$h_{泵} = h_d - h_s \tag{2.102}$$

注意，式（2.102）没有考虑管路的摩擦损失，因为此时我们感兴趣的主要是泵的性能，而不是系统的性能。

泵的功率输出称为流体功率（Φ_{fl}）。它是流体质量流量与泵压头的乘积

$$\Phi_{fl} = \dot{m}gh_{泵} \tag{2.103}$$

流体功率也可以体积流量（$\dot{V}$）表示为

$$\Phi_{fl} = \rho g\dot{V}h_{泵} \tag{2.104}$$

用来驱动泵的功率称为轴功率（Φ_{bk}）。它由提供给泵的扭矩（Ω）和轴的角速度（ω）两项计算得到

$$\Phi_{bk} = \omega\Omega \tag{2.105}$$

泵的效率根据以上两项功率值计算。它是流体得到的功率与驱动泵的轴功率之比，即

$$\eta = \frac{\Phi_{fl}}{\Phi_{bk}} \tag{2.106}$$

下节我们将讨论根据计算得到的泵压头、效率和轴功率建立泵的性能曲线的方法。

例 2.13

用离心泵输送 30℃水的试验得到以下数据：吸入口压强 = 5bar，排放口压强 = 8bar，体积流量 = 15000L/h。请计算给定流量下的泵压头和需要的泵功率。

已知：

吸入口压强 = 5 bar = 5×10^5 Pa = 5×10^5 N/m^2

= 5×10^5 kg/（m · s^2）

排放口压强 = 8 bar = 5×10^5 Pa = 8×10^5 N/m^2

= 8×10^5 kg/（m · s^2）

体积流量 = 15000L/h = 0.0042m^3/s

方法：

利用式（2.102）求泵压头，利用式（2.104）计算需要的流体功率。

解：

（1）对于如图 2.23 所示的泵，式（2.102）中的吸入口和排放口的流速几乎相等，并且高度差 $z_2 - z_1$ 可以忽略，从而

$$h_{泵} = \frac{(P_d - P_s)}{\rho g}$$

$$= \frac{(8-5) \times 10^5 [\mathrm{kg/(m \cdot s^2)}]}{995.7(\mathrm{kg/m^3}) \times 9.91(\mathrm{m/s^2})}$$

$$= 30.7\mathrm{m}$$

（2）根据式（2.104）

$$\Phi_{fl} = 995.7(\mathrm{kg/m^3}) \times 9.81(\mathrm{m/s^2}) \times 0.0042(\mathrm{m^3/s}) \times 30.7(\mathrm{m})$$

$$\Phi_{fl} = 1259\mathrm{W} = 1.26\mathrm{kW}$$

（3）15000L/h 条件下所需要的流体功率为 1.26kW。泵压头为 30.7m。

2.6.4 泵的性能曲线

用计算到的泵压头、效率和轴功率对体积流量作图便可得到离心泵的性能曲线图（图 2.24）。通常，泵的性能曲线以水为流体试验计算得到。因此，如果一台泵用来输送其他液体，那么这些曲线必须针对该液体的性质进行修正。如图 2.24 所示，根据吸入口处的压头和流动条件，离心泵的流量可在零到最大值之间变化。这些曲线与叶轮的直径和泵壳的尺寸有关。流体压头与体积流量之间可以有急剧或平缓的上升、下降关系。图中见到的是上升曲线，因为压头随着流量的增加而升高。这一关系曲线的形状与叶轮的类型和设计有关。在流量为零处，当排放口的阀完全关闭，泵的效率为零，提供给泵的能量全部转化为热量。

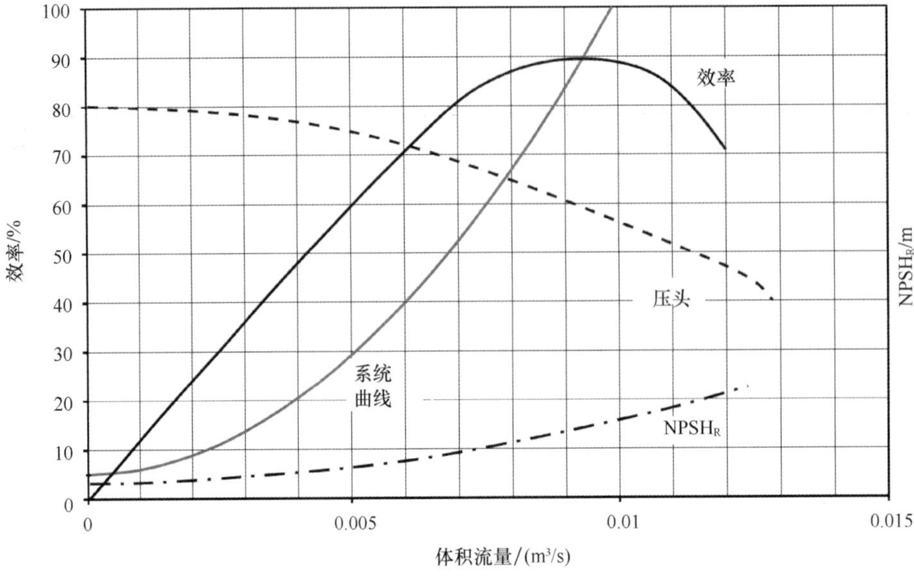

图 2.24　泵的操作性能曲线

通过对离心泵性能曲线分析可以得到一些结论。随着总压头的降低，体积流量增加。当吸入口侧贮罐的液体水位降低，总压头增加而体积流量下降。在低或高体积流量情况下泵的效率低。轴功率随着流量的增加而提高，但当流量达到最大值时开始下降。

效率曲线峰代表了泵效率最高状态下的体积流量。峰效率下的流量是设计流量。峰值点和与最大效率对应的功率曲线上的点称为最佳效率点（BEP①）。随着体积流量的增加，泵的操作功率也增加。如果使用不同的叶轮，压头曲线将会移动；叶轮的直径增大会使曲线升高。因此，使用大直径叶轮可以将液体输送到更高的位置。图 2.24 也标出了汽蚀余量（NPSH②），对此，我们将在下节讨论。

2.6.5　汽蚀余量

在设计泵时，需要特别注意的一件重要事务是防止输送液体的汽化。在封闭空间内，为了防止蒸汽从液体逃逸，需要对液体施一定的压力，这一压力就是液体的蒸汽压。在泵送系统中，必须保证不使液体的压强低于该液体相同温度下的蒸汽压。如果降至低于它的蒸汽压，那么就会在叶轮吸入口出现一种称为“汽蚀”的现象。液体进入叶轮的吸入口时，此处的压强在整个液体输送系统中最低。如果该处的压强低于液体的蒸汽压，那么液体就会汽化。

蒸汽的出现会降低泵的效率。而且，蒸汽进入叶轮后并在向外围运动过程中压力会增加，蒸汽会迅速冷凝。汽蚀现象可以从蒸汽泡形成和消失时在叶轮表面产生的撞击声得到

---

① BEP 是英文 best efficiency points 的缩写，译成“最佳效率点”。

② NPSH 是英文 Net positive suction head 的缩写，译成“汽蚀余量”。

确认。频率高且发生在高局部压强情况下的汽蚀现象可能使叶片表面受到损害。为了避免汽蚀现象，决不允许吸入口处的压强低于液体的蒸汽压。泵制造厂专门规定必需汽蚀余量（$NPSH_R$）为吸入压头减去蒸汽压头，即

$$NPSH_R = h_s - \frac{P_v}{\rho g} \tag{2.107}$$

其中，在泵吸入口一侧的总压头为

$$h_s = \frac{P_s}{\rho g} + \frac{u_s^2}{2g} \tag{2.108}$$

因此

$$\text{汽蚀余量} = \frac{P_s}{\rho g} + \frac{u_s^2}{2g} - \frac{P_v}{\rho g} \tag{2.109}$$

式中 P_v——被泵送液体的蒸汽压

为了保证不产生空穴作用，泵吸入口的压头必须高于汽蚀余量。制造商实验测定到的汽蚀余量测定值通常以图表的形式给出（图 2.24）。泵的使用者必须保证在给定的使用条件下提供的汽蚀余量大于制造商规定的汽蚀余量。

应用泵的第一件事是需要根据流动系统，计算确定它的汽蚀余量。例如，对于如图 2.25 所示的流动系统，我们可以在位置（1）和（2）之间应用式（2.96）

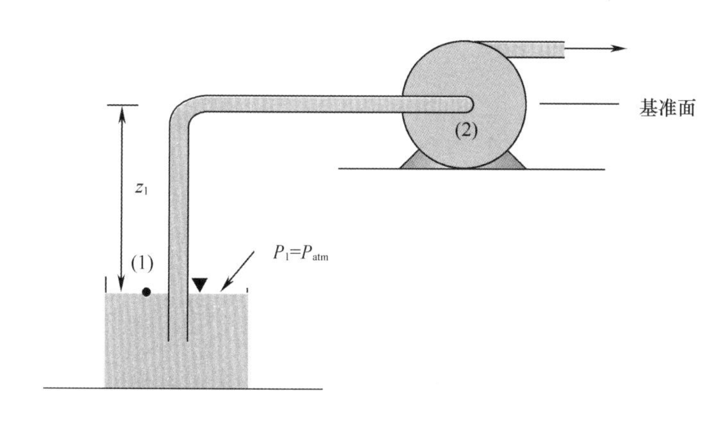

图 2.25 泵输送系统的吸入侧

$$\frac{P_{atm}}{\rho g} - z_1 = \frac{P_2}{\rho g} + \frac{\bar{u}_2^2}{2g} - h_{1-2} \tag{2.110}$$

式中 h_{1-2}——在位置（1）与（2）之间的全程和局部损失

在泵的吸入口（泵叶轮进口）侧的有效压头是

$$\frac{P_2}{\rho g} + \frac{\bar{u}_2^2}{2g} = \frac{P_{atm}}{\rho g} - z_1 - h_{1-2} \tag{2.111}$$

那么，汽蚀余量是吸入口压头减去蒸汽压头，即

$$泵汽蚀余量 = \frac{P_{atm}}{\rho g} - z_1 - h_{1-2} - \frac{P_v}{\rho g} \tag{2.112}$$

为了避免汽蚀作用，工程师必须保证有效汽蚀余量大于等于必需汽蚀余量。注意，如果泵在吸水池液面上方的高度（z_1）增加，或者在吸入口的管路上安装较多的管件而增加摩擦损失（h_{1-2}）的话，均会使式（2.112）中的有效汽蚀余量减小。

例 2.14

要在贮罐水位以上 4m 处安装一台离心泵。泵的操作流量是 $0.02m^3/s$。在此流量下制造商建议的汽蚀余量为 3m。除了在管路入口和泵的吸入口之间的热交换器的损失系数为 $C_f = 15$ 以外，其他摩擦损失忽略不计。管的直径为 10cm，水温为 30℃。问此泵是否符合所给条件要求？

已知：

管的直径 = 10cm = 0.1m

泵在贮罐水位以上的位置 = 4m

体积流量 = $0.02m^3/s$

热交换器引起的损失系数 $C_f = 15$

水温 = 30℃

方法：

首先确定压头损失，然后利用式（2.112）确定有效汽蚀余量。根据蒸汽表（表 A.4.2），查取 30℃时的水蒸气压。

解：

（1）利用式（2.17）和体积流量，得到水流速度

$$\bar{u} = \frac{0.02\left(\frac{m^3}{s}\right)}{\frac{\pi \times (0.1)^2 (m^2)}{4}}$$

$$\bar{u} = 2.55m/s$$

（2）利用与式（2.93）类型的式子确定热交换器引起的摩擦损失：

$$h_L = C_{热交换器} \frac{u^2}{2g}$$

$$h_L = \frac{15 \times (2.55)^5 \left(\frac{m^2}{s^2}\right)}{2 \times 9.81 \left(\frac{m}{s^2}\right)}$$

$$h_L = 4.97m$$

（3）从蒸汽表查得 30℃时的蒸汽压为 4.246kPa；那么根据式（2.112）得到有效汽蚀余量

$$\frac{101.3 \times 1000(Pa)}{9.81(m/s^2) \times 995.7(kg/m^3)} - 4(m) - 4.97(m) - \frac{4.246 \times 1000(Pa)}{9.81(m/s^2) \times 995.7(kg/m^3)}$$

注意，1Pa = 1kg/（m · s^2）

$$有效汽蚀余量 = 10.37 - 4 - 4.97 - 0.43 = 0.97\ (m)$$

（4）计算所得的有效汽蚀余量低于必需汽蚀余量。这意味着会发生汽蚀现象。因此，推荐的泵不适合于给定的条件。为了防止汽蚀作用，应当选用一台必需汽蚀余量小于 0.97m 的泵。

2.6.6 液体输送系统的泵选择

在 2.6.3 节，我们提到设计液体输送系统时，需要知道泵和输送系统的信息。到目前为止，我们已经讨论过泵的要求。本节我们将考虑包括管路、阀门、管件和其他加工设备的总液体输送系统。前面提到，液体输送系统中安装泵的目的是增加液体的能量，以便将其从一个地方输送到另一个地方。例如，在图 2.26 中，用泵将液体从贮罐 A 输送到贮罐 B。输送系统包括一定长度的管子、弯头和阀门。在贮罐 A 中的离地液位是 z_1。贮罐 B 的液位距地面 z_2。位置（1）和（2）处的液体表面的流速可以忽略，两只罐的液面均与大气压相通。因此，对于此输送系统

$$h_{系统} = z_1 - z_2 + h_{1-2} \tag{2.113}$$

根据式（2.96），我们观察到摩擦损失（h_{1-2}）与流速的平方成正比。由于流速与体积流量成正比，因此摩擦损失与体积流量的平方成正比。即

$$h_{1-2} = C_{系统}\dot{V}^2 \tag{2.114}$$

其中，$C_{系统}$ 是系统常数。因此，式（2.114）减式（2.113）

$$h_{系统} = z_1 - z_2 + C_{系统}\dot{V}^2 \tag{2.115}$$

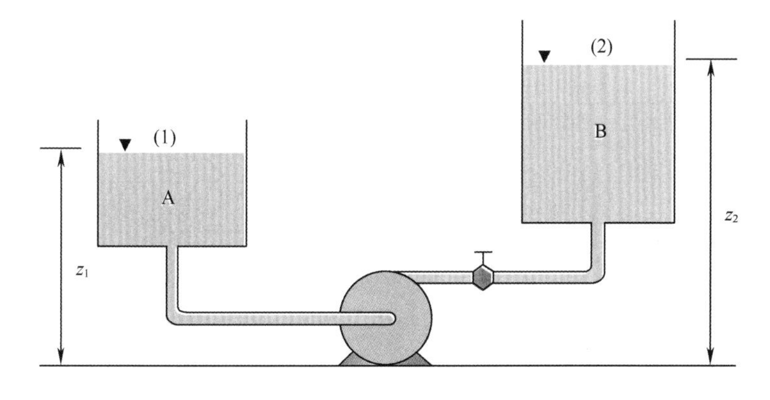

图 2.26 用泵将液体从一只贮罐输送到另一只贮罐

该系统压头与体积流量的函数关系如图 2.27（1）所示。向上增加的曲线表示式（2.115）中的二次方函数。系统压头（$h_{系统}$）与总静压头和系统的全程和局部损失有关。图 2.27（2）中，两个系统压头曲线表示了静压头可以变化的情形。同样，如果摩擦损失

改变，例如，管路中的一个阀是关闭的，或者经过一段时间后管路结垢，那么摩擦损失曲线会发生偏移，这可由如图 2.27（3）所示的三条不同的摩擦损失曲线看出。在图 2.27（2）和图 2.27（3）中，也绘出了 2.6.4 节所讨论过的来自制造商的泵压头曲线。系统压头曲线与泵压头曲线的交点是被选泵的操作点，这一点与输送系统的要求一致。

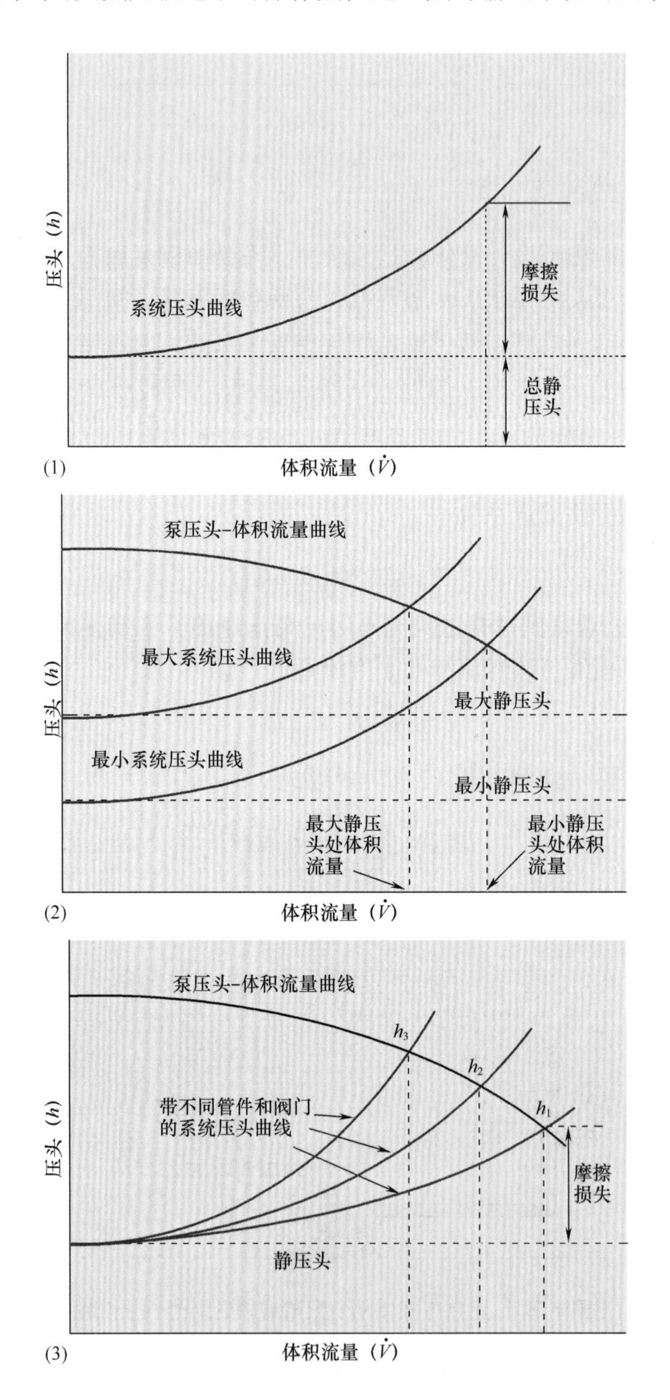

图 2.27　（1）泵的系统压头曲线　（2）最小和最大静压头的泵送系统压头曲线
（3）带不同管件和阀门的泵送系统压头曲线

因此，为了确定给定输送系统的操作条件，例如图 2.26 所示的系统，要将系统曲线叠在泵的特性曲线上面（图 2.28）。系统曲线与泵的性能曲线的交点 A 称为操作点，它给出了系统流量和压头的操作值。这两个值同时满足系统曲线和泵特性曲线。

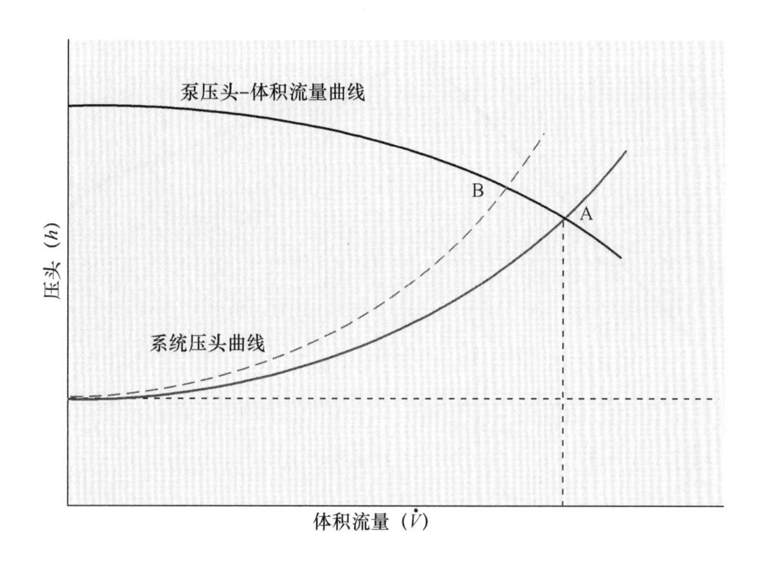

图 2.28 泵压头曲线和系统压头曲线

通常，操作点应该出现在泵的最大效率处。但是此点也与系统曲线有关。如果系统的摩擦损失增加，例如管件数量增加，那么系统曲线就会发生偏移。同样，管内结垢也会增加摩擦损失。系统曲线进一步朝左边移动，新的操作点 B 就会出现在效率较低处，见图 2.28。

例 2.15

要用离心泵将水从贮罐 A 输送到贮罐 B。管的直径是 4cm。摩擦系数是 0.005。局部损失包括在泵的入口处有一个管收缩、在管路的输出口有管突扩、四个管弯头和一个截止阀。管子总长 25m，贮罐 A 和贮罐 B 内水位差是 5m。制造商提供的泵性能如图 E2.5 所示。

已知：

管的直径 = 4cm = 0.04 m

管子长度 = 25m

C_f（弯头） = 1.5（根据表 2.2）

C_f（全开截止阀） = 10（根据表 2.2）

C_{fc} = 0.5 [根据式（2.90） $D_1 \gg D_2$]

C_{fe} = 0.5 [根据式（2.92） $D_2 \gg D_1$]

方法：

先在位置（1）和（2）之间应用能量表达式 [式（2.96）]，然后以泵压头对流量形

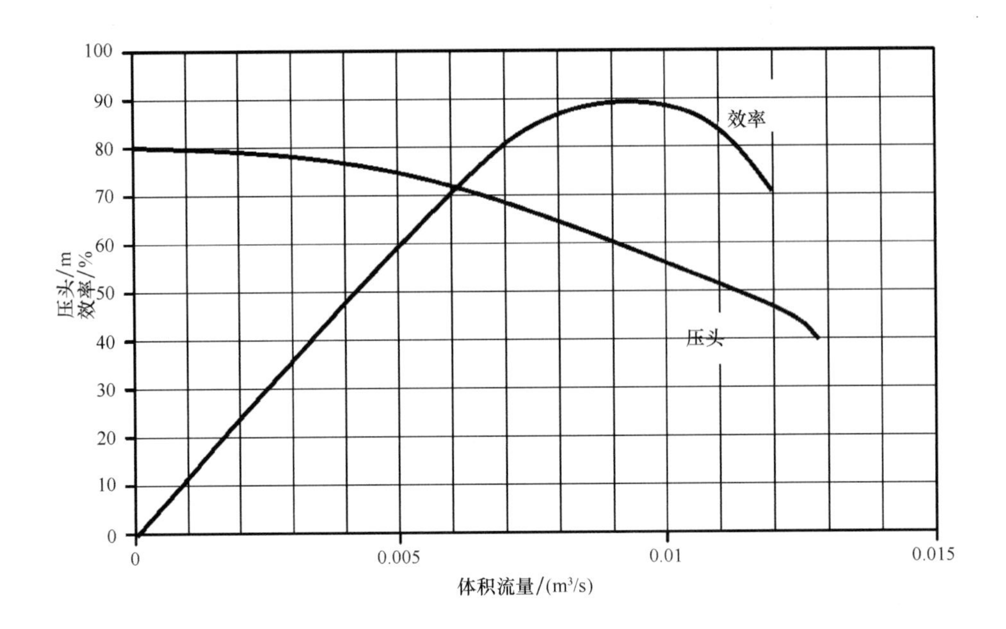

图 E2.5　一离心泵的操作特性

式表示。

解：

（1）$P_1 = P_2 = 0, \bar{u}_1 = \bar{u}_2, z_1 = z_2 = 5\text{m}$，应用能量方程［式（2.96）］，得

$$h_{泵} = z_2 - z_1 + 沿程损失 + 局部损失$$

$$h_{泵} = 5(\text{m}) + \left[\frac{4 \times 0.005 \times 25(\text{m})}{0.04(\text{m})} + 0.5 + 1.0 + 4(1.5) + 10\right] \times \frac{\bar{u}^2(\text{m}^2/\text{s}^2)}{2 \times 9.81(\text{m/s}^2)}$$

$$h_{泵} = 5 + 1.5291 \times \bar{u}^2$$

（2）流速可以用式（2.17）以流量表示成

$$\bar{u} = \frac{4\dot{V}(\text{m}^3/\text{s})}{\pi(0.04)^2(\text{m}^2)}$$

（3）将第（1）步 $h_{泵}$表达式中的 $\bar{u}$ 替换成流量表示

$$h_{泵} = 5 + 968283 \times \dot{V}^2$$

（4）用第（3）步中的 $h_{泵}$表达式作图（图 E2.6）确定系统曲线与泵压头曲线的交点作为操作点。在操作点处的体积流量是 $0.0078\text{m}^3/\text{s}$、压头是 65m、效率是 88%。这一效率与峰效率 90% 相接近。

（5）泵轴处需要的压头

$$= \frac{65(\text{m})}{0.88} = 73.9\text{m}$$

（6）根据式（2.104）和式（2.106）得驱动此泵所需的轴功率

$$= \frac{990(\mathrm{kg/m^3}) \times 9.81(\mathrm{m/s^2}) \times 0.0078(\mathrm{m^3/s}) \times 65(\mathrm{m})}{0.88}$$

$$= 5.6\mathrm{kW}$$

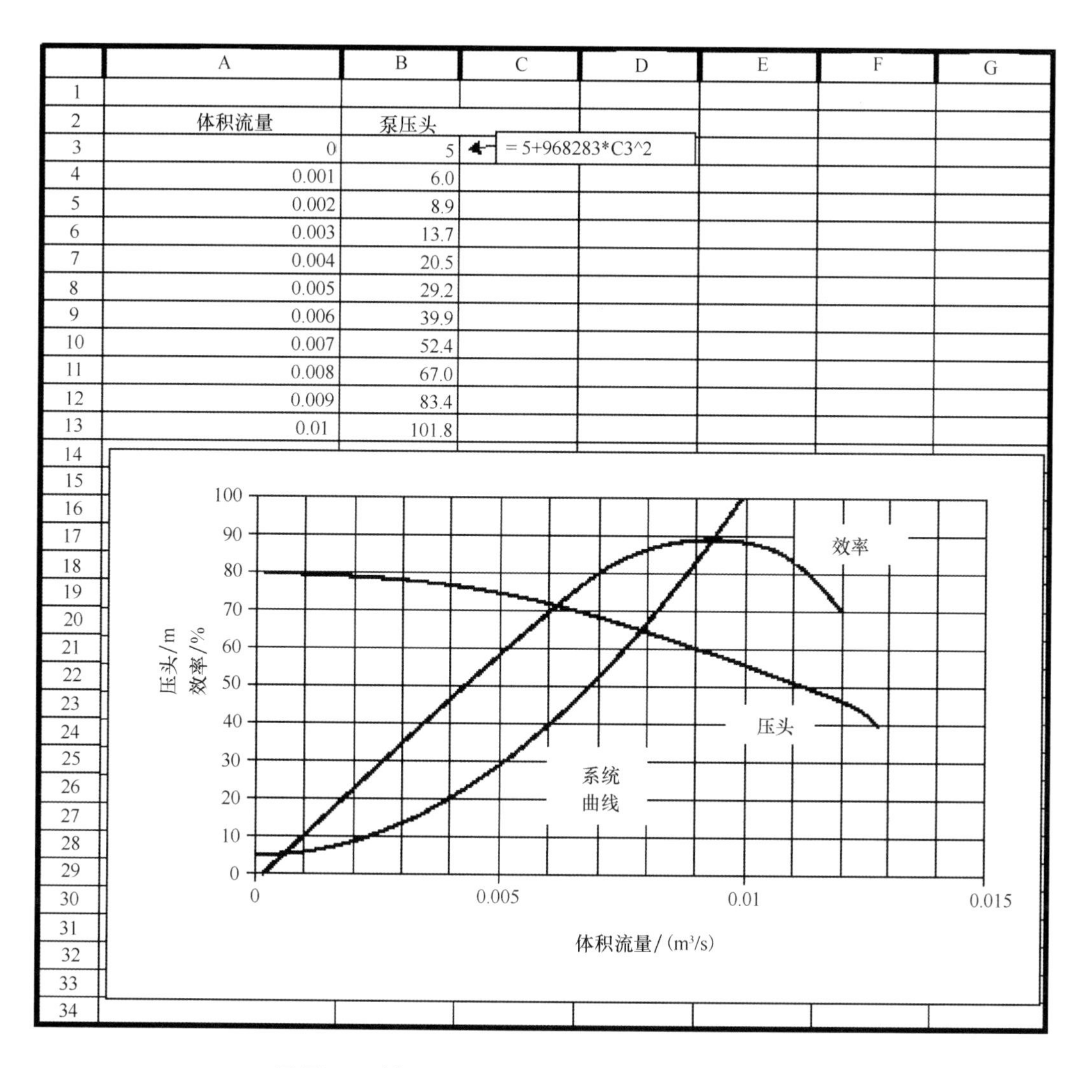

	A	B	C	D	E	F	G
1							
2	体积流量	泵压头					
3	0	5	= 5+968283*C3^2				
4	0.001	6.0					
5	0.002	8.9					
6	0.003	13.7					
7	0.004	20.5					
8	0.005	29.2					
9	0.006	39.9					
10	0.007	52.4					
11	0.008	67.0					
12	0.009	83.4					
13	0.01	101.8					

图 E2.6　例 2.15 得到的系统曲线及泵操作性能曲线

2.6.7　相似定律

不同叶轮离心泵操作性能可用以下一组称为相似定律的方程表示

$$\dot{V}_2 = \dot{V}_1(N_2/N_1) \tag{2.116}$$

$$h_2 = h_1(N_2/N_1)^2 \tag{2.117}$$

$$\Phi_2 = \Phi_1(N_2/N_1)^3 \tag{2.118}$$

式中　N①——叶轮转速

$\dot{V}$——体积流量

Φ——功率

h——压头

这组方程可用以计算叶轮转速变化对给定离心泵操作性能的影响。例如，图 2.29 表示了三个不同叶轮转速的压头曲线。例 2.16 为应用这些式子的实例。

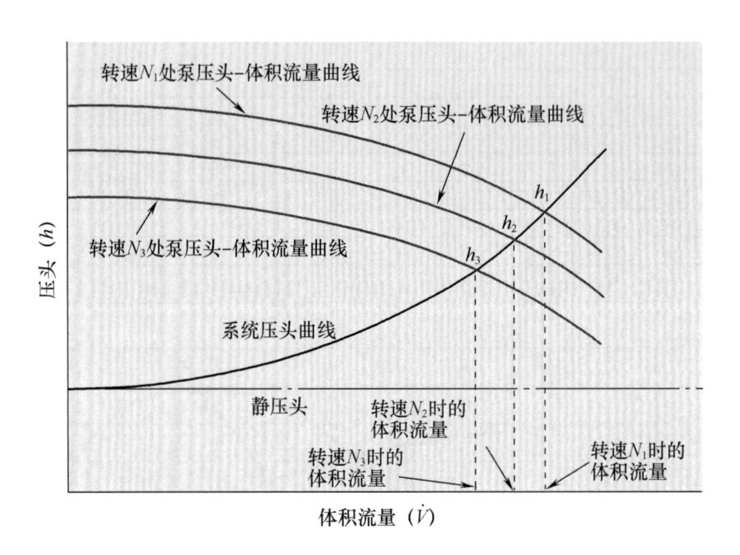

图 2.29　不同转速下的泵压头－输送能力曲线

例 2.16

一台离心泵以下列条件运行：

体积流量 $=5\mathrm{m^3/s}$

总压头 $=10\mathrm{m}$

功率 $=2\mathrm{kW}$

叶轮转速 $=1750\mathrm{r/min}$

请计算泵的转速为 3500r/min 时的操作性能。

解：

转速比为

$$\frac{N_2}{N_1}=\frac{3500}{1750}=2$$

因此，应用式（2.116）、式（2.117）、式（2.118）得

① 我国 GB 3100～3102—1993《量和单位》规定转速的符号为 n。——译者注

$$\dot{V}_2 = 5 \times 2 = 10(\text{m}^3/\text{s})$$

$$h_2 = 10 \times 2^2 = 40(\text{m})$$

$$P'_2 = 2 \times 2^3 = 16(\text{kW})$$

2.7　流量测量

流量测量在液体输送系统中是一项必要的操作。由前面几节可知，流量和流速在设计计算中十分重要。此外，实际操作中需要定期测量以保证输送系统各机部件在期望状态下运行。

有若干种可用以直接定量测量流量或流速的器件，其价格也不昂贵。这些器件包括：①毕托管；②孔板；③文丘里管。以上三种器件均用于压强测量。最常用的压强测量器件是 U 形管压强计。我们首先介绍 U 形管是如何用于测量压强的，然后分析它在测量装置中的应用。

U 形管测压计是一直径小而恒定、形状如“U”形的管子（图 2.30）。管子内灌装有一定高度的用于测量压强的测压计流体。这一流体不能与被测量流体相同。水银是常用的测压计流体。

装有某种流体的容器如图 2.31 所示，要测量容器位置 A 的压强。为了进行测量，在容器与 A 相同的水平面上开一个孔，U 形管的一侧管与此孔相接通。如图所示，容器内流体压力推动测压计左侧管内的测压计流体向下，而右臂管中的流体上升同样距离。经过最初的流动以后，测压计流体静止下来。因此，我们可以应用 1.9 节中讨论过的静压头表达式。

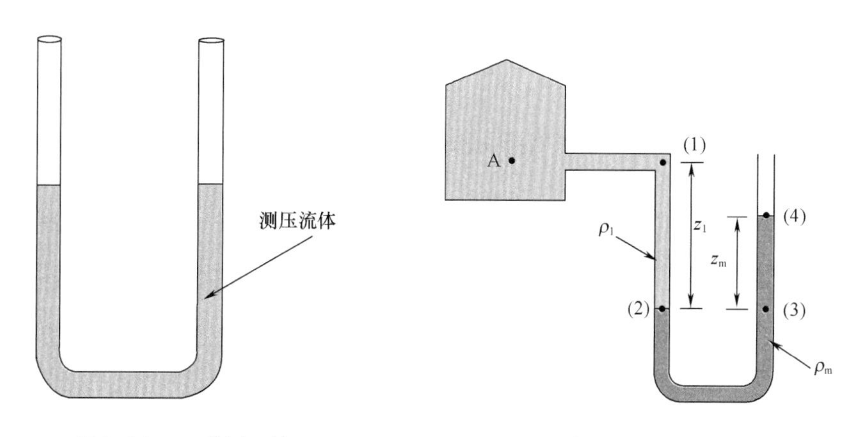

图 2.30　一种测压计　　　图 2.31　一种用于测量内压强的测压计

要分析 U 形管不同位置的压强，一个简便的方法是从测压计一侧开始连续到另一侧结束，选择几个测量压力的位置。按照此法，可以看出位置（1）与 A 有相同的压强，因为它们的高度相同。从位置（1）到位置（2），增加的压强相当于$\rho_1 g z_1$。位置（2）与位置（3）的压强相等，因为它们的位置和其中的流体也在同一水平面上。从位置（3）到位置（4）有一个与$\rho_m g z_m$相当的压降。位置（4）处的测压计流体与大气相通。因此，可以写出以下的压强表达式

$$P_A + \rho_1 g z_1 - \rho_m g z_m = P_{atm} \quad (2.119)$$

或

$$P_A = \rho_m g z_m - \rho_1 g z_1 + P_{atm} \quad (2.120)$$

如果测压计流体的密度（ρ_m）比容器内流体密度（ρ_1）大得多，那么容器 A 位置的压强可以简化为

$$P_A = \rho_m g z_m + P_{atm} \quad (2.121)$$

因此，只要知道测压计流体在两臂中的高度差（z_m）及测压计流体的密度，就可以确定容器中任意位置的压强。注意，测压计的侧壁管长度对被测压强没有影响。另外，根据第 1.9 节，式（2.121）中的$\rho_m g z_m$是表压。

其次，我们考虑 U 形管测压计与两个装有不同密度（ρ_A和ρ_B）流体且压强不同的容器相连接（图 2.32）。假定容器 A 比容器 B 大。同样，我们在测压计上从一个侧臂管到另一个壁管选几个位置考察。位置（1）处的压强与位置 A 的相同。从（1）到（2）的压强增加等于$\rho_A g z_1$。位置（2）与位置（3）有相同的压强，因为它们含有相同的流体并在同一水平高度。从（3）到（4）有一个等于$\rho_m g z_m$的压降。从位置（4）到位置（5）存在另一个等于$\rho_B g z_3$的压降。位置 B 和（5）的压强相等。这样可以写出如下式所示的压强表达式：

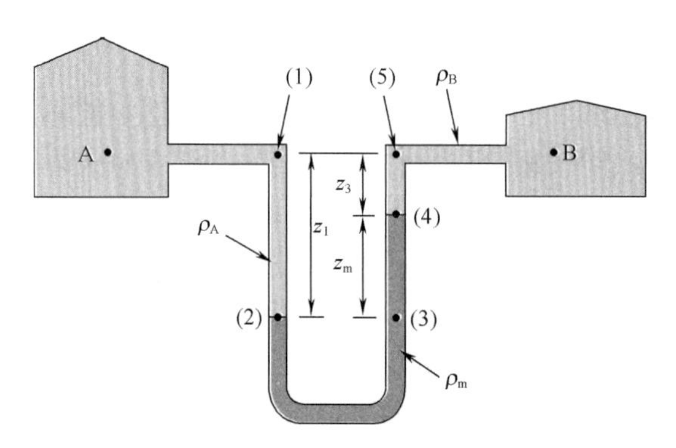

图 2.32　与两个压力室相连的测压计

$$P_A + \rho_A g z_1 - \rho_m g z_m - \rho_B g z_3 = P_B \quad (2.122)$$

或

$$P_A - P_B = g(\rho_m z_m - \rho_A z_1) + \rho_B g z_3 \quad (2.123)$$

从以上的推导可明显看出，测压计流体的密度必须大于被测压强流体的密度。而且，两种流体必须是不相溶的。测压计常用的流体是水银和水，具体采用哪种要视实际情况而定。以上测量压强的分析方法可用来对（使用 U 形管测压计的）流量测装置进行分析。下面将对不同类型的流动测量装置进行分析。

在进行流体流动测量时，必须注意有三种类型的压强：静压强、动压强和静止压强。

静压强是运动流体实际热力学压强减去伯努利方程［式（2.67）］中第一项得到的压强

值。如图2.33所示，在位置（1）测量到的运动流体压强是静压强。如果压力传感器以相同的速度随流体一起流动，那么流体相对于传感器来说是静止的，静压强也由此而得名。一般采用在阻流器上开孔的方法来测量流体的静压强，这样流体在管内流动不会发生扰动。如图2.33所示，使测量用的压强计管a与位置（2）的开孔相连接，就可以测量流体的静压强。利用前面U形管测压计相同的方法，对不同位置的压强进行跟踪，位置（1）的压强如下

$$P_1 = P_3 + \rho g z_2 + \rho g z_1 \tag{2.124}$$

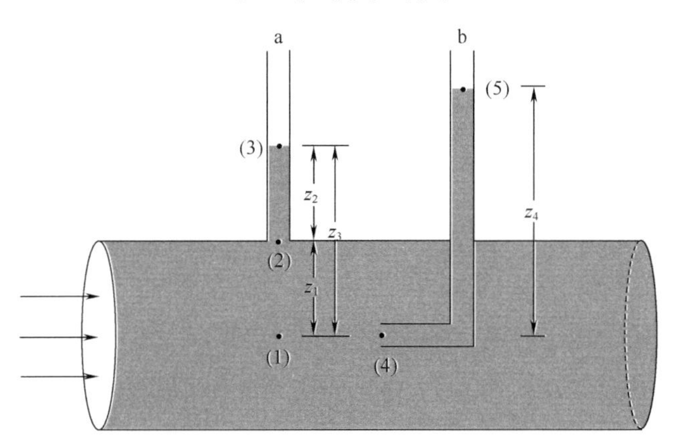

图2.33　流体静压和冲压的测量

但由于测量到的是表压，即 $P_3 = 0$，所以

$$P_1 = \rho g(z_1 + z_2) = \rho g z_3 \tag{2.125}$$

如果在流量测量管中插入一根薄管b，如图2.33所示，一部分流体将被赶入此管并升高到 z_4 位置。经过一段过渡期，薄管内的流体开始静止下来，它的流速为零。这意味着在薄管入口处——位置（4），流体的速度为零，它是静止的。因此在位置（4）处的流体压强是全压强。对位置（1）和位置（4）运用伯努利方程，假定它们在同一水平位置，可得

$$\frac{P_1}{\rho} + \frac{u_1^2}{2g} = \frac{P_4}{\rho} + \frac{\cancel{u_4^2}^{\,0}}{\cancel{2g}} \tag{2.126}$$

因此，全压强（P_4）为

$$P_4 = P_1 + \frac{\rho u_1^2}{2g} \tag{2.127}$$

在式（2.127）中，$\rho u_1^2/2g$ 项称为动压强，因为它代表了流体动能引起的压强。全压强（P_4）是静压强与动压强之和，如果不考虑水位影响，则它是给定流体中能获得的最大压强。注意到图2.33中两管子中的液位；管a与管b的液位差是动能项。我们将用这些定义，建立一个用于设计测量流体流速的毕托管传感器的方程。

2.7.1 毕托管

毕托管是一种广泛使用的测量流速的传感器。其设计的基本原理是：当一个物体放入流动流体时将受到全压和静压作用。毕托管的示意结构如图2.34所示。如上所述，系统中有两个同心小管，两个小管有分开的出口。内管的输入孔直接朝着流体流动，而外管的输入口是开在位于外管圆周面上的一个或多个小孔。毕托管的两个输出管与一个测量压差

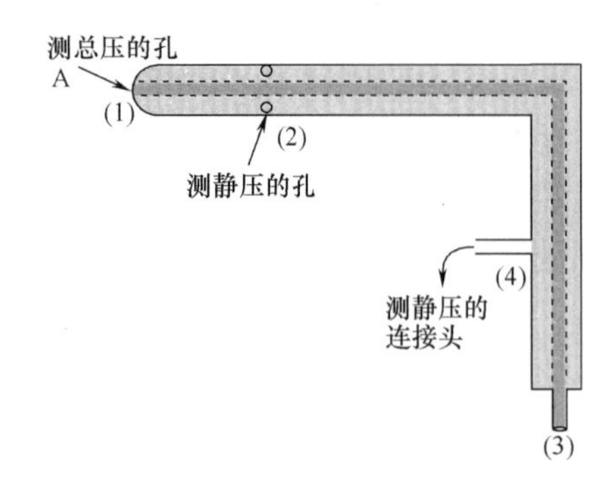

图2.34 毕托管

的U形测压计相连。位于位置（1）的输入孔用来测量全压强。如果在位置（1）溯流向位置A处的压强和流速分别为P_A和u_A，并且认为位置（1）与位置（3）在同一水平面上，那么

$$P_3 = P_A + \frac{\rho_f u_A^2}{2} \tag{2.128}$$

在位置（2）测量流体的静压强。如果位置（2）和位置（4）的高度差忽略不计，则

$$P_4 = P_2 = P_A \tag{2.129}$$

从而，根据式（2.18）和式（2.19）

$$P_3 - P_4 = \frac{\rho_f u_A^2}{2} \tag{2.130}$$

或者重排为

$$u_A = \sqrt{\frac{2(P_3 - P_4)}{\rho_f}} \tag{2.131}$$

利用伯努利方程我们得到了式（2.131），这一方程要求测量的流体是无黏性的（黏度=0）。此方程引入管系数C进行修正后，就可用于实际流体测量。

$$u_A = C\sqrt{\frac{2(P_3 - P_4)}{\rho_f}} \tag{2.132}$$

式（2.132）表明，任何位置流体的流速可以通过测量毕托管压差$P_3 - P_4$的方式来加以测量。被测流体的密度ρ_f和管系数C必须事先知道。多数情况下$C \leqslant 1.0$。由毕托管测量到的流速是毕托管溯流侧位置A处的流速。为了测量管内的平均流速，需要进行多次测量。

如果与毕托管一起使用的U形测压计的形式如图2.35所示，那么，我们可以根据前面介绍的相同方法，确定不同位置的压强。因此，在图2.35中，从位置（3）到位置（4），有一个相当于$\rho_f g z_1$的压强增加。位置（4）和位置（5）由于在同一水平面上，因此压强相同。从位置（5）到位置（6）压强降为$\rho_m g z_m$。从位置（6）到位置（7）还有一个相当于$\rho_f g z_3$的压降。这样，我们可以写出下式

$$P_3 + \rho_f g z_1 - \rho_m g z_m - \rho_f g z_3 = P_7 \tag{2.133}$$

或

$$P_3 + \rho_f g(z_1 - z_3) - \rho_m g z_m = P_7 \tag{2.134}$$

或重排为

$$P_3 - P_7 = g z_m(\rho_m - \rho_f) \tag{2.135}$$

将式（2.135）引入式（2.132），并注意到在图2.34中的$P_3 - P_4$与图2.35中的$P_3 - P_7$

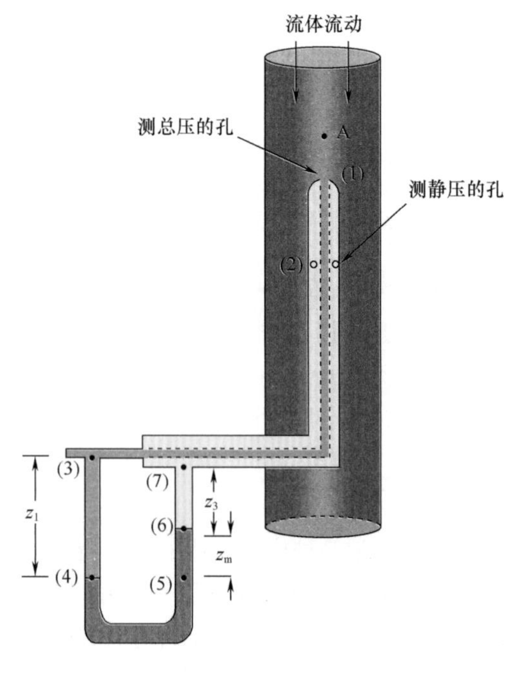

图2.35 用毕托管测量管内流速

是相似的，因此，得

$$u_A = C\sqrt{\frac{2g(\rho_m - \rho_f)z_m}{\rho_f}} \tag{2.136}$$

当毕托管的两根输出管同时与U形管测压计的两侧管子相连接，那么，就可以直接根据测压计流体高度（z_m）测出流体的流速。对于式（2.136），唯一还需要知道的是流体的密度ρ_m、ρ_f和重力加速度（g），以及管子系数C。

例2.17

用毕托管测量管中流动水的最大流速。毕托管内管入口在水管的中心线上，U形管测压计的读数为20mm汞柱。请计算水的流速，假定管子系数为1.0。水银的密度为13600kg/m³。

已知：

测压计读数 = 20mm 汞柱 = 0.02m 汞柱

水银密度（ρ_m）= 13600kg/m³

水的密度（ρ）= 998kg/m³

管系数（C）= 1.0

方法：

利用式（2.136）计算水的流速。

解：

根据式（2.136）和$C = 1$

$$\bar{u}_2 = 1.0\left\{\frac{2[9.81\ (\mathrm{m/s^2})]}{998(\mathrm{kg/m})^3}[13600\ (\mathrm{kg/m})^3 - 998\ (\mathrm{kg/m^3})][0.02(\mathrm{m})]\right\}^{1/2}$$

$$\bar{u}_2 = 2.226\mathrm{m/s}$$

2.7.2 孔板流量计

在管内流动中引入一个已知尺寸的节流件，就可以根据节流件两侧的压强差与流速的关系来测量流体的流量。孔板流量计是一个放在管内的环形件，它使管子的流动截面积减少到已知程度。在孔板两侧装上压力传感器，这样就可以测量到压强变化。

再次应用式（2.66）对孔板附近的流动特性进行分析。参比位置A应当与孔板有足够的距离，从而避免孔板对流动特性的影响。参比位置B直接位于孔板的下游侧附近，这里的流速与孔板内的流速相同。如图2.36示意了孔板流量计周围和参比位置处的流场情况。管子的直径为D_1，孔板小孔的直径为D_2，应用式（2.66）得

$$\frac{\bar{u}_A^2}{2} + \frac{P_A}{\rho_f} = \frac{\bar{u}_B^2}{2} + \frac{P_B}{\rho_f} \tag{2.137}$$

及

$$\bar{u}_A = \frac{A_2}{A_1}\bar{u}_B = \frac{D_2^2}{D_1^2}\bar{u}_B \tag{2.138}$$

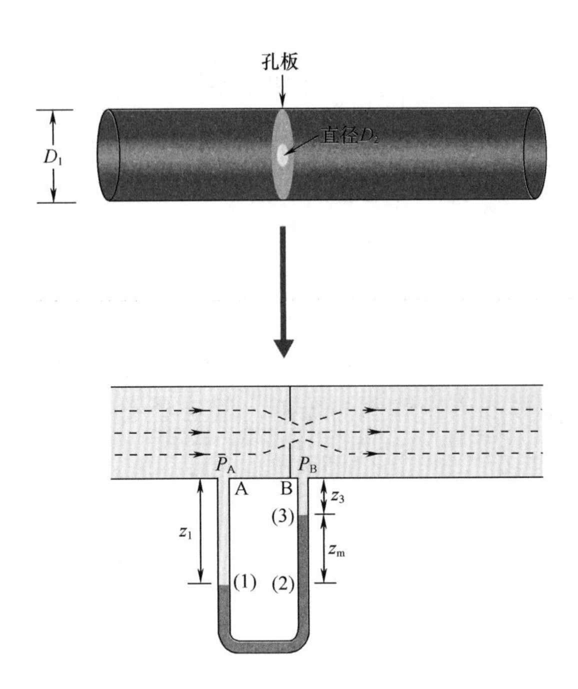

图 2.36　测量流体流动的孔板

结合式（2.137）和式（2.138）得

$$\frac{\bar{u}_B^2}{2}+\frac{P_B}{\rho_f}=\left(\frac{D_2}{D_1}\right)^4\frac{\bar{u}_B^2}{2}+\frac{P_A}{\rho_f} \tag{2.139}$$

或

$$\bar{u}_B=C\left\{\frac{2(P_A-P_B)}{\rho_f\left[1-\left(\frac{D_2}{D_1}\right)^4\right]}\right\}^{1/2} \tag{2.140}$$

根据管子的直径 D_1 和孔板小孔直径 D_2，就可用上式来计算位置 A 处的流速。式中 C 是孔板系数。

如果用 U 形管测压计来确定压降，那么可用与前面 2.7.1 节介绍的相同方法进行。在图 2.36 中，我们选择几个测压点。位置 A 到位置（1）有一个等于 $\rho_f g z_1$ 的压降。位置（1）和位置（2）的压强相同。从位置（2）到位置（3），有一个相当于 $\rho_m g z_m$ 的压降。从位置（3）到位置 B 有一个 $\rho_f g z_3$ 的压降。这样，可以写出

$$P_A+\rho_f g z_1-\rho_m g z_m-\rho_f g z_3=P_B \tag{2.141}$$

移项得

$$P_A-P_B=\rho_f g(z_3-z_1)+\rho_m g z_m \tag{2.142}$$

或

$$P_A-P_B=z_m g(\rho_m-\rho_f) \tag{2.143}$$

引入式（2.140），得到以下关系式

$$\bar{u}_B=C\left\{\frac{2g\left(\frac{\rho_m}{\rho_f}-1\right)z_m}{\left[1-\left(\frac{D_2}{D_1}\right)^4\right]}\right\}^{1/2} \tag{2.144}$$

根据测压计流体高度和密度，就可用此式来计算流动流体的平均流速。

孔板系数 C 是压力传感器位置、雷诺数和管子直径与孔板小孔直径之比值的函数。在 $N_{Re}=30000$ 时，系数 C 值为 0.61；在较低雷诺数时，C 值将随雷诺数而变。建议用已知流动条件对孔板式流量计进行标定，以获得确切的孔板系数。

例 2.18

食品加工厂专门操作中，要设计一个用于测量蒸汽流动的孔板式流量计。蒸汽的压强为 198.53kPa，在直径为 7.5cm 的管中输送时的质量流量约为 0.1kg/s。确定能够适当精确地测量压差的测压计流体应有的密度。要求设计的测压计的高度小于 1m。

已知：

蒸汽的质量流量（$\dot{m}$）=0.1kg/s

管子直径（D_1）=7.5cm=0.075 m

蒸汽密度（ρ）=1.12 kg/m^3（由表 A.4.2，在 198.53 kPa 处查得）

孔板系数（C）=0.61（在 $N_{Re}=30000$ 时）

方法：

利用式（2.144）计算测压计流体的密度（ρ_m），孔板的直径 D_2 和测压计流体的高度 z_m 必须预设。

解：

（1）设孔板的直径 D_2 为 6cm，即 0.06m，

$$\bar{u}=\frac{\dot{m}}{\rho A}=\frac{0.1(\text{kg/s})}{(1.12\text{kg/m}^3)[\pi(0.06\text{m})^2/4]}=31.578\text{m/s}$$

（2）由于测压计流体的高度（z_m）必须小于 1m，所以选择高度值为 0.1m。应用式（2.14），

$$31.578\text{m/s}=0.61\left[\frac{2(9.81\text{m/s}^2)\left(\dfrac{\rho_m}{1.12\text{kg/m}^3}-1\right)(0.1\text{m})}{1-(0.06/0.075)^4}\right]^{1/2}$$

$$\rho_m=904.3\text{kg/m}^3$$

（3）以上的密度可使用密度为 850 kg/m^{3}的轻质油。

2.7.3　文丘里管

为了降低因由孔板流量计的突然收缩而造成的能量损失，可以使用如图 2.37 所示的文丘里管流量计。用类似于孔板式流量计分析的方法可以得到以下方程：

$$\bar{u}_2=C\left\{\frac{2g\left(\dfrac{\rho_m}{\rho}-1\right)z_m}{\left[1-\left(\dfrac{D_2}{D_1}\right)^4\right]}\right\}^{1/2}\tag{2.145}$$

式中 $\bar{u}_2$ 为参比位置 2 处的平均流速，位置 2 是文丘里管的最小直径处。

为了得到适当的流入角和流出角，文丘里管需要精心构造。与孔板式流量计相比，安装文丘里管需要的安装管明显长得多。通常，孔板式流量计价格较低，设计也比文丘里管简单。

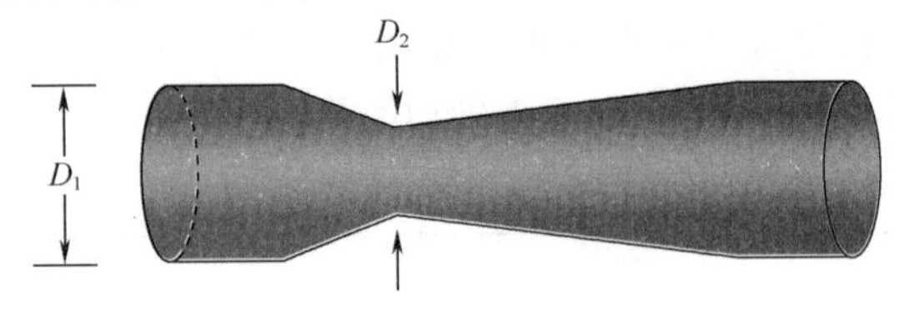

图 2.37　文丘里管流量计

2.7.4　可变面积流量计

前面部分讨论的流量计，即孔板和文丘里管，主要依靠测量流过恒定截面的流体所产生的压降来确定流体的流量。在截面可变型流量计中，流体被引入一个截面变化的流道。这样可以在保持恒定压力条件下产生不动的流动。这些装置中的截面积经过适当标定后可与流量相对应。

转子流量计是常用的截面可变型流量计，如图 2.38 所示。装置中的铅锤（也称浮子）在锥形管中的高度指示流体的流量。转子在垂直安装的锥形管中做上下运动，锥形管的大头朝上，流体自下而上流动将转子带起。由于转子的密度较高，原来堵塞流道的转子在压力上升并受到浮力作用时，开始上浮；随即流体在转子与流量计管壁间流过。随着流量的增大，在转子位置与转子上下压差和浮力间建立起动态平衡。流量计管壁外的刻度用来度量转子相对于参比点的位移。由此可以测量管内流体的流量。当转子在锥形管中较高位置时，供流体流过的截面积也较大，可变截面形流量计也由此而得名。

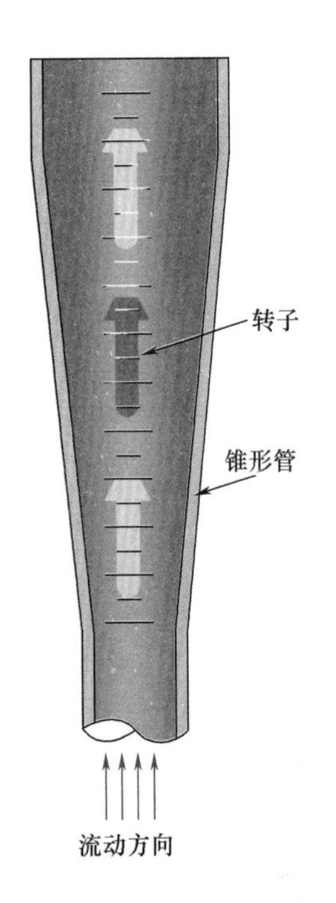

图 2.38　转子流量计

流量计管子材料通常为玻璃、有机玻璃或金属。低流量测量用球形浮子，高流量或精度要求较高的场合使用的是流线形转子。转子材料通常为黑玻璃、蓝宝石、不锈钢和钨等。转子流量计的测量范围通常用两种流体为标准给出：20℃时的水和 20℃ 101.3kPa 压强下的空气。转子流量计的选择根据制造商提供的浮力选择曲线和测量范围进行。一个流量计可以测量较大范围的流量；通过选择不同密度的转子，可获得上千倍的上下限流量差异的量程效果。与孔板流量计不同，转子流量计对附近流体的流速分布不敏感。转子流量计的上下游不需要安装过渡直管。

工业转子流量计可在较大范围提供相当好的重复性。在标准温度和标准压力下，它们的全量程精度标准是 ±2%，对水的测量范围在 $6\times10^{-8}\sim1\times10^{-2}m^3/s$，测空气的流量范围在 $5\times10^{-7}\sim0.3m^3/s$。也有能在低容积和高压力等专门场合下使用的转子流量计。转子流量计购回后要进行标定，对于给定大小、形状和密度的转子的流量计，用专门相对密度的流体进标定。

2.7.5 其他测量方法

除了节流压降测量方法以外，食品工业应用中还有一些专门的测量方法。这些测量方法在原理上各式各样，但均满足卫生生产的设计要求。

基于容积位移的流量测量包括利用已知容积测量室和一个旋转马达。流体直通过测量室时，使得转子转动并给出容积量。流量根据转子的转动数和每转的容积确定。

某些流量测量方法利用了超声波流动传感原理。通常，这些方法以高频波作用对流体流动的响应来指示流量。当流量发生变化时，超声波频率也跟着变化。一种流量检测方法应用了多普勒移动；流量变化引起穿过流动流体的超声波频率发生移动。

另一种流量测量利用不规则形状物体在流动场中产生的涡流作为测量信号。由于以一定频率顺流而下的涡旋运动是流量的函数，因此这一频率可以用来指示流量。典型的做法是，将受热后的温度计置于涡流中，然后测量其冷却速率，从而可以测量涡流的频率。

管中流体的流量可以用置于其中的涡轮来测量。当流量发生变化时，涡轮转速也以一定比例发生变化。将小磁铁贴于涡轮的转动件上，就可测出涡轮的转速。磁铁转动产生的脉冲，通过装在管壁的线圈电流检出。

以上所介绍的流量测量方法均有各自的特点，采用何种方法应视具体应用情况而定。以上方法均已经被用在食品工业的各种不同的场合。

2.8 黏度测量

液体的黏度可用各种方法进行测量。毛细管黏度计和旋转黏度计是较常用的黏度测量仪器。

2.8.1 毛细管黏度计

毛细管测量以图 2.39 所示的原理为基础。如图所示，压强（ΔP）足以克服液体的剪切力，使流体以给定的速度流动。剪切力在整个管长范围内，对所有距管中心半径为 r 的内部液体面产生作用。

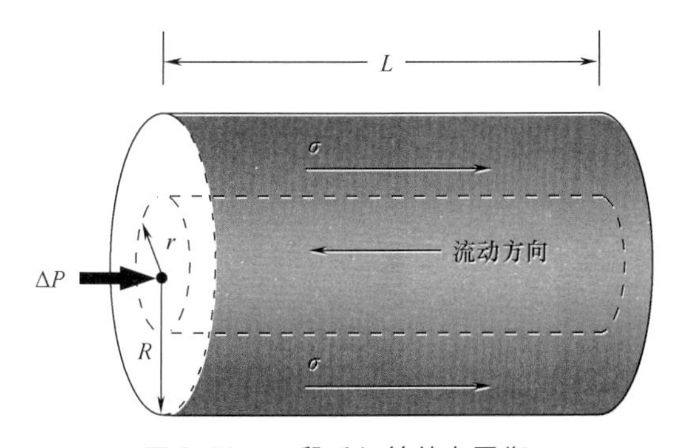

图 2.39 一段毛细管的力平衡

式（2.39）为各种毛细管黏度计的设计和使用提供了基础。对于给定长度（L）和半径（R）的管子，只要测量出给定流量下的体积流量（$\dot{V}$）就可以确定液体的黏度μ：

$$\mu = \frac{\pi \Delta P R^4}{8L\dot{V}} \tag{2.146}$$

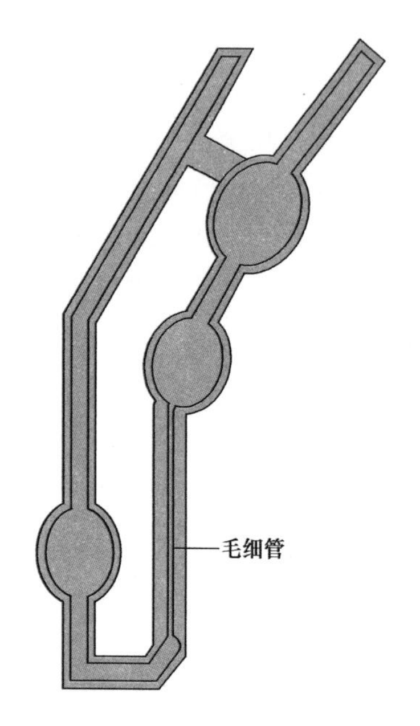

图 2.40　坎农 – 芬斯克黏度计

由于式（2.146）是用牛顿流体推导得到的，因此，任何流量和压力降组合都会给出相同的黏度值。

如图 2.40 所示的坎农 – 芬斯克型毛细管黏度计，利用重力使流体流过玻璃毛细管。毛细管黏度计数学关系式可以进行简化。显然

$$\Delta P = \frac{\rho V g}{A} \tag{2.147}$$

而，经过毛细管的体积流量是

$$\dot{V} = \frac{玻璃泡体积}{流完时间} = \frac{V}{t} \tag{2.148}$$

因此，式（2.146）成为

$$\mu = \frac{\pi \rho g R^4 t}{8V} \tag{2.149}$$

式（2.149）表明，用玻璃毛细管黏度计测量的液体黏度是玻璃泡中液体体积、液体密度、重力加速度（$g = 9.8\ \mathrm{m/s^2}$）及管长（L）的函数。通过测量液体从玻璃泡中流完所需时间，可以确定液体的黏度。

例 2.19

利用毛细管黏度计测量 30℃下蜂蜜的黏度。毛细管的半径是 2.5cm，长度为 25cm。所得的数据如下：

ΔP/Pa	$\dot{V}$/（$\mathrm{cm^3/s}$）
10.0	1.25
12.5	1.55
15.0	1.80
17.5	2.05
20.0	2.55

请根据收集到的数据确定蜂蜜的黏度。

已知：

由式（2.146）计算数据，例如

$\Delta P = 12.5\mathrm{Pa}$

$R = 2.5\ \text{cm} = 0.025\text{m}$

$L = 25\ \text{cm} = 0.25\text{m}$

$\dot{V} = 1.55\text{cm}^3/\text{s} = 1.55 \times 10^{-6}\text{m}^3/\text{s}$

方法：

可以用式（2.146）求取每一压强差（ΔP）和流量（$\dot{V}$）组合的黏度。

解：

（1）利用式（2.146），每一 $\Delta P - \dot{V}$ 组合可以计算得到一个黏度，例如，

$$\mu = \frac{\pi(12.5\text{Pa}\cdot\text{s})(0.025\text{m})^4}{8(0.25\text{m})(1.55\times10^{-6}\text{m}^3/\text{s})} = 4.948\text{Pa}\cdot\text{s}$$

（2）对于每一 $\Delta P - \dot{V}$ 组合进行重复计算，得到以下计算信息

ΔP/Pa	$\dot{V}/(\times10^{-6}\text{m}^3/\text{s})$	μ/（Pa·s）
10.0	1.25	4.909
12.5	1.55	4.948
15.0	1.80	5.113
17.5	2.05	5.238
20.0	2.55	4.812

（3）虽然随着（ΔP）改变而有所变化，但没有一定的变化趋势，因此，黏度最好用算术平均值估计

$$\mu = 5.004\text{Pa}\cdot\text{s}$$

2.8.2 旋转黏度计

第二种黏度计是如图 2.41 所示的旋转式黏度计。此图更专门地示意了液体处于内外两圆筒中间的同心圆筒黏度计。测量时，在给定转速条件下，记录内圆筒转动扭矩（Ω）。为了根据测量结果计算黏度，需要建立扭矩（Ω）和剪切应力（σ）之间的关系式，同时也要建立每秒旋转数（N_r）和剪切速率（$\dot{\gamma}$）之间的关系式。

扭矩（Ω）和剪切应力（σ）之间的关系如下

$$\Omega = 2\pi r^2 L\sigma \tag{2.150}$$

式中 L——圆筒的长度

r——位于内外筒间的半径

在 r 处的角速度为

$$u = r\omega \tag{2.151}$$

对上式进行微分得

$$\frac{\text{d}u}{\text{d}r} = \omega + \frac{r\text{d}\omega}{\text{d}r} \tag{2.152}$$

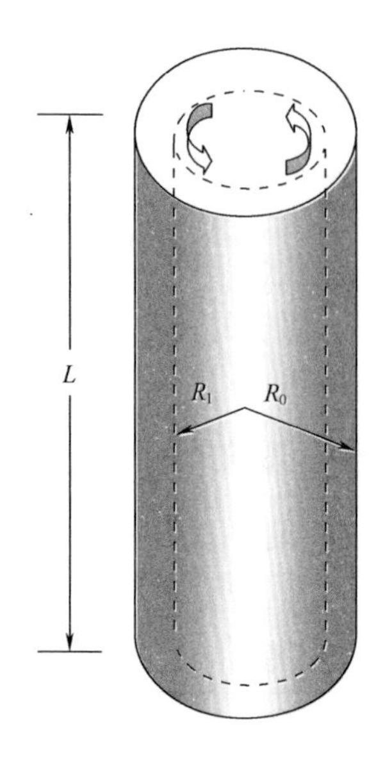

图 2.41　同心圆旋转黏度计

注意，ω 不对剪切产生作用。对于旋转系统，剪切速率（$\dot{\gamma}$）与角速度（ω）有如下的函数关系：

$$\dot{\gamma} = -\frac{\mathrm{d}u}{\mathrm{d}r} = r\left(-\frac{\mathrm{d}\omega}{\mathrm{d}r}\right) \quad (2.153)$$

将这些关系代入式（2.150）

$$\frac{\Omega}{2\pi Lr^2} = -\mu\left(r\frac{\mathrm{d}\omega}{\mathrm{d}r}\right) \quad (2.154)$$

为了得到用于表达黏度的关系式，要从外筒到内筒对上式进行积分：

$$\int_0^{\omega_i}\mathrm{d}\omega = -\frac{\Omega}{2\pi\mu L}\int_{R_0}^{R_i} r^{-3}\mathrm{d}r \quad (2.155)$$

这里，外圆筒（R_o）是静止的（$\omega=0$），而内圆筒（R_j）的角速度为 $\omega=\omega_i$。积分得

$$\omega_i = \frac{\Omega}{4\pi\mu L}\left(\frac{1}{R_i^2}-\frac{1}{R_0^2}\right) \quad (2.156)$$

由于

$$\omega_i = 2\pi N_r \quad (2.157)$$

注意，ω 的单位是（半径单位/s），N_r 的单位是（转数/s），因此

$$\mu = \frac{\Omega}{8\pi^2 N_r L}\left(\frac{1}{R_i^2}-\frac{1}{R_0^2}\right) \quad (2.158)$$

式（2.158）表明，液体黏度可以用同心圆筒黏度计确定，液体黏度是内圆筒半径 R_i、长度 L、外圆筒半径 R_0、在给定（每秒转数）N_r 下的扭矩（Ω）的函数。

单圆筒型黏度计是同心旋转黏度计的一种变型。用这种黏度计测量黏度时，半径为 R_i 的单个圆筒浸入装有样品的容器中。此时外圆筒半径（R_0）趋于无穷大，这样式（2.158）便成为

$$\mu = \frac{\Omega}{8\pi^2 N_r L R_i^2} \quad (2.159)$$

有几种旋转式黏度计均以单圆筒黏度计原理测量，这类黏度计测量时，需要假定装液体的容器壁对液体中的剪切力没有影响。对于牛顿液体这可能是一个很好的假设，但对于每种待测液体则必须小心评估。

例 2.20

用单圆筒旋转黏度计测量液体的黏度；圆筒的半径为 1cm，长度为 6cm。在不同转速（r/min）下得到的扭矩读数如下：

N/（r/min）	Ω/（$\times10^{-3}$N·cm）
3	1.2
6	2.3
9	3.7
12	5.0

根据提供的信息计算液体的黏度。

已知：

式（2.159）需要的输入数据如下（例子）：

$\Omega = 2.3\times10^{-3}\text{N}\cdot\text{cm} = 2.3\times10^{-5}\text{N}\cdot\text{m}$

$N = 6\text{r/min} = 0.1\ \text{r/s}$

$L = 6\ \text{cm} = 0.06\ \text{m}$

$R_i = 1\ \text{cm} = 0.01\ \text{m}$

方法：

利用式（2.159）根据每一转速－扭矩读数组合计算黏度。

解：

（1）利用式（2.159）和已知数据，

$$\mu = \frac{(2.3\times10^{-5}\text{N}\cdot\text{m})}{8\pi^2(0.1\text{r/s})(0.06\text{m})(0.01\text{m})^2} = 0.485\text{Pa}\cdot\text{s}$$

（2）用同样方法，计算每一转速－扭矩组合下的黏度值。

N/（r/s）	Ω/（$\times10^{-5}$N·m）	μ/（Pa·s）
0.05	1.2	0.507
0.1	2.3	0.485
0.15	3.7	0.521
0.2	5.0	0.528

（3）由于假定液体是牛顿型的，所以对四个黏度值进行算术平均处理

$$\mu = 0.510\text{Pa}\cdot\text{s}$$

2.8.3 温度对黏度的影响

温度对液体的黏度有很大的影响。由于温度会在加工过程中发生很大变化，因此，需要在加工过程中出现的不同温度范围，测量液体黏度值。这种温度对黏度的影响特点，也要求测量黏度时特别小心，以免温度对测量产生影响。对于水，根据附录表 A.4.1，黏度对温度的敏感性在室温条件下约为3%/℃。这意味着，如果要获得±1%精度的黏度测量，则需要将样品的温度精度控制在±0.3℃。

有足够的现象表明，温度对液体黏度的影响可以用阿累尼乌斯关系式描述：

$$\ln\mu = \ln B_A + \frac{E_a}{R_g T_A} \tag{2.160}$$

式中　B_A——阿累纽尔斯常数

E_a——活化能常数

R_g——气体常数

利用式（2.160），可以减少描述温度对液体食品黏度影响所需要的测量次数。如果在希望的温度范围内选取3～4个温度点得到上式中的常数（B_A、E_a和R_g）估计，那么就可对温度范围内的其他温度下的液体黏度进行较精确的预测。

例2.21

Vitali和Rao（1984）在$100s^{-1}$剪切速率下，测定得到了8个不同温度下的浓缩橙汁的黏度，如下表所示。

温度	黏度
-18.8	8.37
-14.5	5.32
-9.9	3.38
-5.4	2.22
0.8	1.56
9.5	0.77
19.4	0.46
29.2	0.28

请确定活化能和指数因子，并计算5℃时的橙汁黏度。

方法：

先用电子表将温度转变化成$1/T$，这里T是绝对温度（K）。然后用ln（黏度）对$1/T$作图。用趋势线计算出曲线的斜率、截距和回归系数。最后用阿累尼乌斯方程中的系数计算5℃时橙汁的黏度。

解：

（1）作一张如图E2.7所示的电子表。

（2）用Excel软件中的趋势线功能，获取曲线的斜率和截距。

（3）由斜率得，$5401.5 \times R_g = 10733.7$cal/mol。[气体常数$R_g = 1.98717$ cal/（mol·K）]

截距$B_A = 4.3 \times 10^{-9}$

回归系数=0.99。回归系数高，说明曲线拟合得很好。

（4）根据计算到的阿累尼乌斯方程系数，可以写出计算5℃条件下橙汁黏度的方程式：

$$\mu = 4.3 \times 10^{-9} e^{\left(\frac{5401}{5+273}\right)}$$
$$= 1.178 \text{Pa} \cdot \text{s}$$

（5）5℃条件下橙汁的黏度为1.178Pa · s。此值介于0.8～9.5℃温度间的给定黏度值。

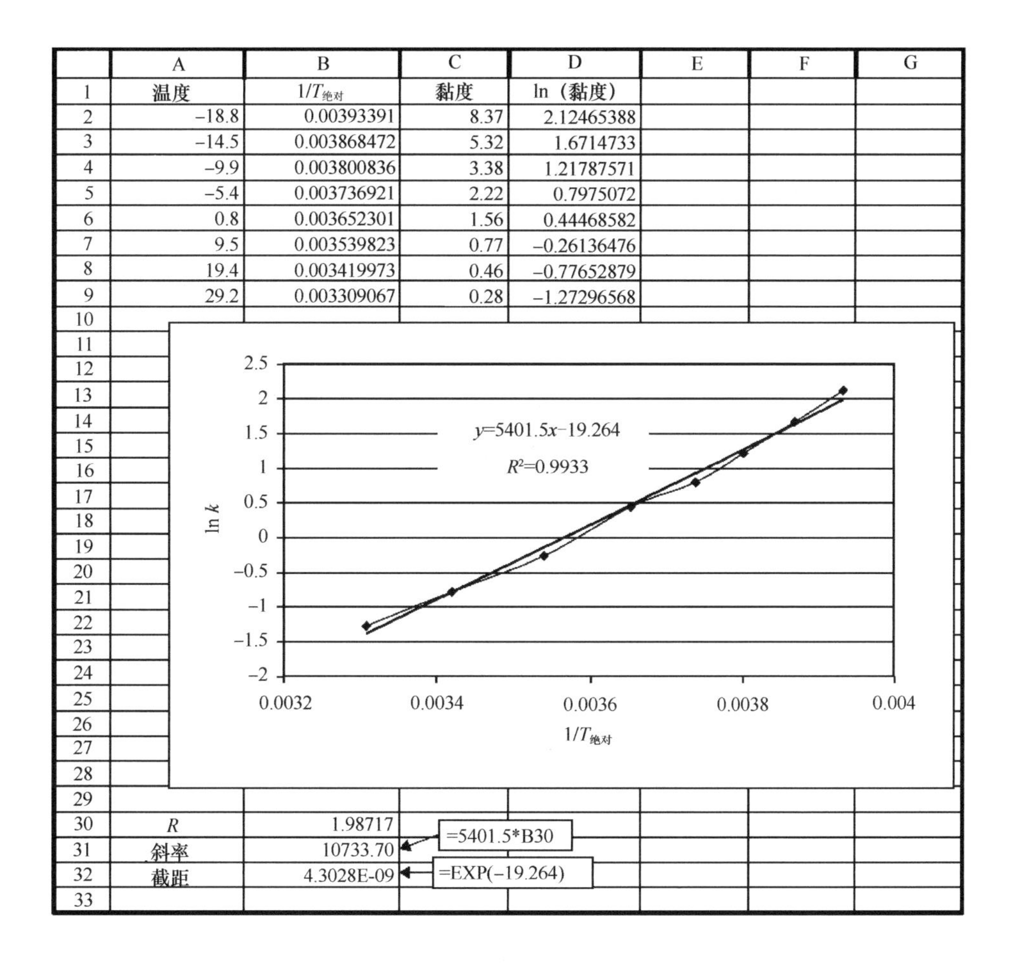

	A	B	C	D	E	F	G
1	温度	$1/T_{绝对}$	黏度	ln（黏度）			
2	−18.8	0.00393391	8.37	2.12465388			
3	−14.5	0.003868472	5.32	1.6714733			
4	−9.9	0.003800836	3.38	1.21787571			
5	−5.4	0.003736921	2.22	0.7975072			
6	0.8	0.003652301	1.56	0.44468582			
7	9.5	0.003539823	0.77	−0.26136476			
8	19.4	0.003419973	0.46	−0.77652879			
9	29.2	0.003309067	0.28	−1.27296568			
30	R	1.98717					
31	斜率	10733.70	=5401.5*B30				
32	截距	4.3028E-09	=EXP(−19.264)				
33							

图 E2.7 例 2.21 解题的电子表格

2.9 非牛顿流体的流动特性

2.9.1 非牛顿流体的性质

从本章前面的讨论中，可清楚地看出流体具有特别的性质。它们在重力作用下流动但不能保持它们的形状。它们可以在一个温度下以固体形式出现，而在另一温度下以液体形式存在，例如，冰淇淋和起酥油。像苹果酱、番茄酱、婴儿食品、汤料和色拉酱这类产品是固体悬浮液体。液滴混于液体的混合液是乳化液，如牛乳。

非牛顿流体可以分为时间相关型和时间无关型两类（图 2. 42）。时间无关型非牛顿流体受到微小的剪切作用便会产生流动。由图 2. 43 可见，时间无关型非牛顿流体与牛顿流体不同，其剪切速率与剪切应力有非线性关系。有两类重要的时间无关型非牛顿流体，即剪切变稀流体和剪切变稠流体。这两种流体类型的差异可方便地利用另一常用的术语——表观黏度来加以认识。

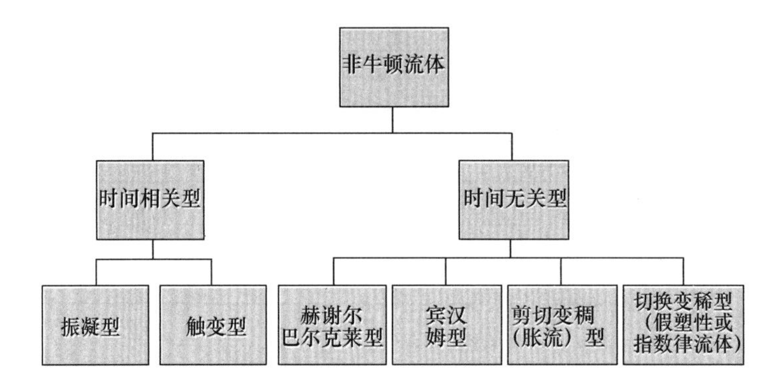

图 2. 42　非牛顿流体的分类

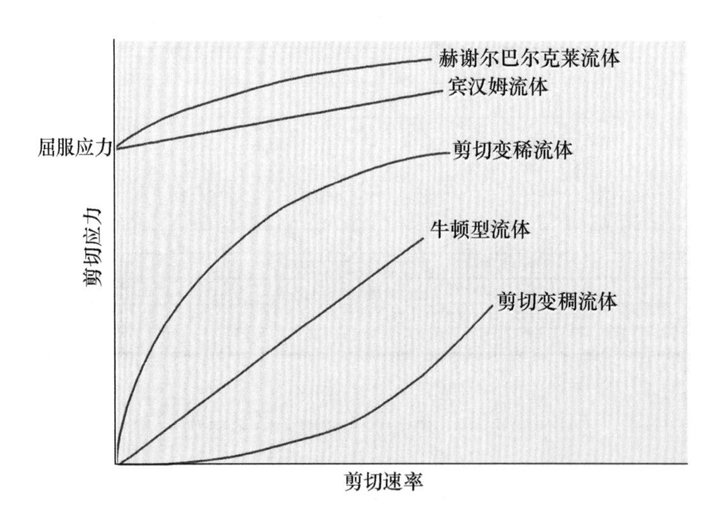

图 2. 43　牛顿型和非牛顿型流体的剪切应力与剪切速率的关系

表观黏度是假定非牛顿流体服从牛顿黏性定律［式（2. 10）］基础上计算得到的。因此，在任何选定的剪切速率下，都可以在曲线上从选定点到坐标原点画出一条直线（图 2. 44）。这条直线的斜率便是所选点的表观黏度。显然，利用这一方法得到的表观黏度值与选择的剪切速度有关。因此，提及表观黏度的同时，必须指出用来计算此黏度的剪切速率值；否则毫无意义。对于剪切变稀流体，表观黏度随着剪切速率增加而下降；因此用

“剪切变稀”来描述这类流体的性状。

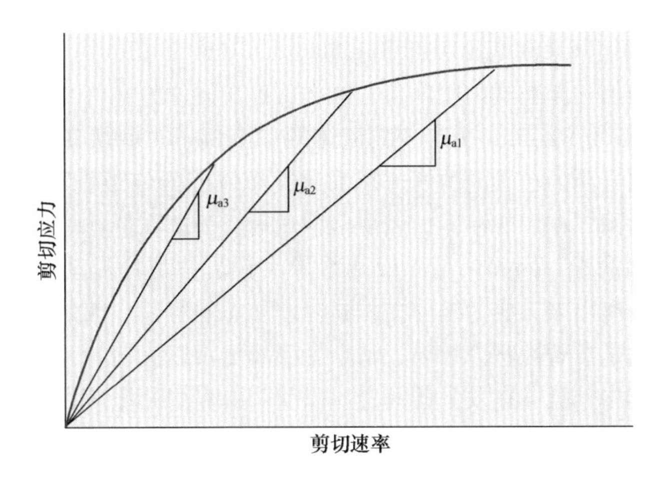

图 2.44 根据剪切应力与剪切速率关系确定表观黏度

剪切变稀流体也称为假塑性或指数律流体。常见的一些剪切变稀流体例子有：浓缩乳、果茶、蛋黄酱、芥末和蔬菜汤等。装在瓶中的剪切变稀产品受到摇动变得较有流动性。同样，如果这些产品在混合器中受到强烈的混合，则它们的黏度会下降，这有利于将其混合。剪切变稀流体可有若干表现形式。肉眼看起来均匀的液体实际上含有微观颗粒。当这些流体受到剪切时，原来随机分布的粒子可能会随流动而自动取向；同样，盘绕的粒子会展开并顺着流动方向拉长。所有聚集的粒子会分散成小的粒子。由于剪切作用引起的改性作用有助于这类流体的流动，从而增加了可观察到的“流体性”。它们通常也是可逆的。因此，当剪切作用停止并经过一段时间后，流体中的粒子会恢复其原有形状——伸长的粒子会重新卷曲起来，分散的粒子会重新聚集。值得一提的是，在非常低（$<0.5\mathrm{s}^{-1}$）或非常高（$>100\mathrm{s}^{-1}$）剪切速率下发生的变化通常很小（图 2.45）。所以，常用于测量指数律流体的流变学参数的剪切速率范围在 $0.5 \sim 100\mathrm{s}^{-1}$。

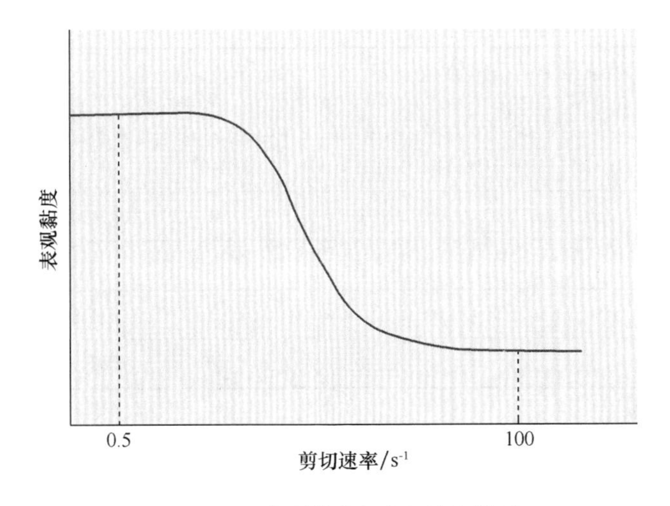

图 2.45 表观黏度与剪切速率关系

有些流体食品经过加工以后会改变流动性质。例如，21℃下的生鸡蛋是牛顿流体，但冻蛋解冻后便表现出剪切变稀流体行为。同样，单倍强度的苹果汁是牛顿流体，但（经过脱果胶和过滤的）浓缩苹果汁是剪切变稀流体。

如果剪切速率增加引起表观黏度升高，那么这种流体称为剪切变稠流体（有时称为胀流性流体）。60%的淀粉水溶液是剪切变稠流体的一个例子。剪切变稠流体的表观黏度随着剪切速率的增加而升高。在较高剪切速率下这类流体变得“很稠”。多数情况下，这类流体是悬浮液——含固体粒子的液体，表现出增塑剂行为。在低剪切速率下，这种流体足以使内含的颗粒得到润滑，因而，悬浮液几乎像牛顿流体那样流动。但随着剪切速率增加，固体粒子开始分离出来，成为楔形物，同时增加总的容积。因此，它们称为胀流性流体。此时的液体失去了可塑性状。结果，整个悬浮液更难以流动。

另一类重要的非牛顿流体在发生任何变形以前需要克服屈服应力。例如，某些番茄酱只有受到一定屈服应力后才发生流动。对于这类流体，剪切速率对剪切应力作图不会通过原点（图2.43）。受到屈服应力作用以后，表现出类似牛顿流体的对剪切速率响应的流体称为宾汉姆塑性体。另一方面，在克服屈服应力后表现出剪切变稀行为的流体称为赫谢尔巴尔克莱流体。这类需要克服屈服应力才能流动的流体，可以认为具有中间粒子（或中间分子）网络结构，这种结构在静止时对低水平剪切作用有抵抗作用。低于屈服应力时，这种物料表现出固体行为，从而在水平面上不会流淌开来。只有当施加的剪切作用超过网络结构保持力时，这种物料才会发生流动。

时间相关型非牛顿流体只有经过一定时间的剪切应力作用后，才能得到恒定的表观黏度值。这些流体也称为触变性材料。触变性材料的例子包括某些淀粉糊。有关这些类型流体的详细讨论见Doublier和Lefebvre（1989）的论述。

非牛顿流体可以用一个通用的数学式表达。此数学模型称为赫谢尔巴尔克莱模型（Herschel and Bulkley，1926）：

$$\sigma = K\left(\frac{du}{dy}\right)^n + \sigma_0 \tag{2.161}$$

表2.4给出了上式中的不同系数值。

表2.4　赫谢尔巴尔克莱模型中的系数值

流体	K	n	σ_0	典型例子
赫谢尔巴尔克莱体	>0	$0<n<\infty$	>0	鱼浆、葡萄浆
牛顿型	>0	1	0	水、果汁、蜂蜜、乳、植物油
剪切变稀（假塑性）	>0	$0<n<1$	0	苹果酱、香蕉泥、橙汁浓缩物
剪切变稠	>0	$0<n<\infty$	0	某些蜂蜜、40%生淀粉溶液
宾汉姆塑性体	>0	1	>0	牙膏、番茄酱

资料来源：Steffe（1996）。

还有一个非牛顿流体的模型，是用于描述巧克力流动数据的卡森模型（Casson，1959），其形式为

$$\sigma^{0.5} = \sigma_0^{0.5} + K(\dot{\gamma})^{0.5} \tag{2.162}$$

剪切应力的平方根对剪切速率的平方根作图得到的是一条直线。直线的斜率是稠度系数，截距的平方是屈服应力。

例 2.22

以下为40℃时瑞典商业巧克力的流变学数据。请用卡森模型确定稠度系数和屈服应力。

剪切速率	剪切应力
0.099	28.6
0.14	35.7
0.199	42.8
0.39	52.4
0.79	61.9
1.6	71.4
2.4	80.9
3.9	100
6.4	123.8
7.9	133.3
11.5	164.2
13.1	178.5
15.9	201.1
17.9	221.3
19.9	235.6

已知：

剪切速率和剪切应力数据由上表给出。

方法：

此例利用电子表求解。

解：

（1）利用式（2.162）。用一张电子表，首先在A和B列分别输入剪切速率和剪切应力数据。然后在C和D两列中，建立剪切速率和剪切应力平方根计算。用C列和D列数据做散点图（如图E2.8所示）。如果使用Excel，就用“趋势线”确定斜率、截距并进行数据拟合。

（2）斜率为2.213，截距为5.4541。

（3）所求的稠度系数为

$$K = 2.213\text{Pa}^{0.5}\text{s}^{0.5}$$

及

$$\text{屈服应力 } \sigma_0 = 5.4541^2 = 29.75\ \text{Pa}$$

（4）以上系数是用0~20s^{-1}剪切速率范围全部数据计算到的。进一步的分析见Steffe（1996）的文献。

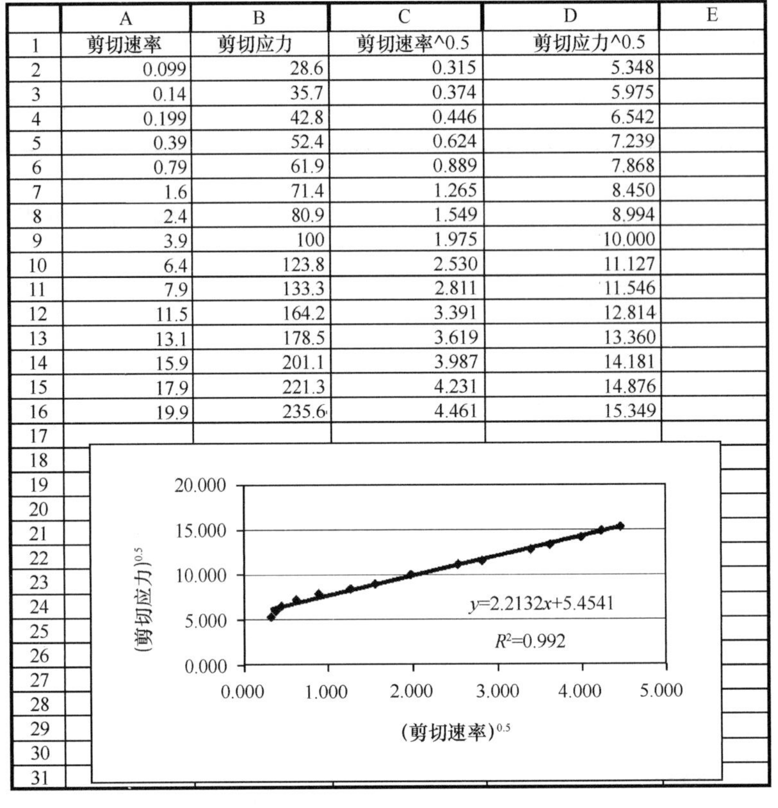

	A	B	C	D	E
1	剪切速率	剪切应力	剪切速率^0.5	剪切应力^0.5	
2	0.099	28.6	0.315	5.348	
3	0.14	35.7	0.374	5.975	
4	0.199	42.8	0.446	6.542	
5	0.39	52.4	0.624	7.239	
6	0.79	61.9	0.889	7.868	
7	1.6	71.4	1.265	8.450	
8	2.4	80.9	1.549	8.994	
9	3.9	100	1.975	10.000	
10	6.4	123.8	2.530	11.127	
11	7.9	133.3	2.811	11.546	
12	11.5	164.2	3.391	12.814	
13	13.1	178.5	3.619	13.360	
14	15.9	201.1	3.987	14.181	
15	17.9	221.3	4.231	14.876	
16	19.9	235.6	4.461	15.349	
17					
18					
19					
20					
21					
22					
23					
24					
25					
26					
27					
28					
29					
30					
31					

图 E2.8　例题 2.22 的电子表求解

2.9.2　指数律流体的速度分布

根据前面的式（2.161），得到一个描述指数律流体的方程如下：

$$\sigma = K\left(-\frac{\mathrm{d}u}{\mathrm{d}r}\right)^{n} \tag{2.163}$$

注意，在管内流动时，从中心到管壁流速是下降的，从而 $\mathrm{d}u/\mathrm{d}r$ 是负的。因此，使用负号以保证得到的剪切应力是正的。

根据式（2.27）和式（2.163）

$$K\left(-\frac{\mathrm{d}u}{\mathrm{d}r}\right)^{n} = \frac{\Delta P r}{2L} \tag{2.164}$$

整理后，给出管中心到管内壁的积分式，

$$-\int_{u}^{0}\mathrm{d}u = \left(\frac{\Delta P}{2LK}\right)^{1/n}\int_{r}^{R} r^{1/n}\mathrm{d}r \tag{2.165}$$

在以上积分限内，对上式进行积分计算

$$u(r) = \left(\frac{\Delta P}{2LK}\right)^{1/n}\left(\frac{n}{n+1}\right)\left(R^{\frac{n+1}{n}} - r^{\frac{n+1}{n}}\right) \tag{2.166}$$

式（2.166）便是指数律流体的速度分布方程。

2.9.3 指数律流体的体积流量

如前面第 2.3.4 节中针对牛顿流体的讨论，对一个环形流动元进行积分可以得到体积流量：

$$\dot{V} = \int_{r=0}^{r=R} u(r) 2\pi r \mathrm{d}r \tag{2.167}$$

代入式（2.166）得

$$\dot{V} = \left(\frac{\Delta P}{2LK}\right)^{1/n}\left(\frac{n}{n+1}\right)2\pi\int_{r=0}^{r=R} r\left(R^{\frac{n+1}{n}} - r^{\frac{n+1}{n}}\right)\mathrm{d}r \tag{2.168}$$

写出带积分限的积分式

$$\dot{V} = \left(\frac{\Delta P}{2LK}\right)^{1/n}\left(\frac{n}{n+1}\right)2\pi\left|\frac{r^2}{2}R^{\frac{n+1}{n}} - \frac{r^{\frac{2n+1}{n}+1}}{\frac{2n+1}{n}+1}\right|_0^K \tag{2.169}$$

积分得

$$\dot{V} = \left(\frac{\Delta P}{2LK}\right)^{1/n}2\pi\left(\frac{n}{n+1}\right)\left[\frac{R^{\frac{3n+1}{n}}}{2} - \frac{r^{\frac{3n+1}{n}}}{\frac{3n+1}{n}}\right] \tag{2.170}$$

化简得

$$\dot{V} = \pi\left(\frac{n}{3n+1}\right)\left(\frac{\Delta P}{2LK}\right)^{1/n}R^{\frac{3n+1}{n}} \tag{2.171}$$

式（2.171）便是指数律流体的体积流量表达式。

2.9.4 指数律流体的平均流速

根据式（2.17），可有

$$u = \frac{\dot{V}}{\pi R^2} \tag{2.172}$$

将式（2.171）代入式（2.172），得到指数律液体的平均流速：

$$\bar{u} = \left(\frac{n}{3n+1}\right)\left(\frac{\Delta P}{2LK}\right)^{1/n}R^{\frac{n+1}{n}} \tag{2.173}$$

对于层流状态下的牛顿流体，流速比 u/u_{max} 既可用式（2.42）也可用式（2.48）计算。非牛顿流体的流速比可以根据 Palmer 和 Jones（1976）的方法求得（图 2.46）。

2.9.5 指数律流体的摩擦系数和广义雷诺数

范宁摩擦系数（在 2.3.5 节中）定义为

$$f = \frac{\Delta PD}{2\rho L\bar{u}^2} \tag{2.174}$$

可以将式（2.173）整理为

$$\frac{\Delta P}{L} = \frac{4K\bar{u}^n}{D^{n+1}}\left(\frac{6n+2}{n}\right)^n \tag{2.175}$$

代入式（2.174）

$$f = \frac{2K}{\rho\bar{u}^{2-n}D^n}\left(\frac{6n+2}{n}\right)^n \tag{2.176}$$

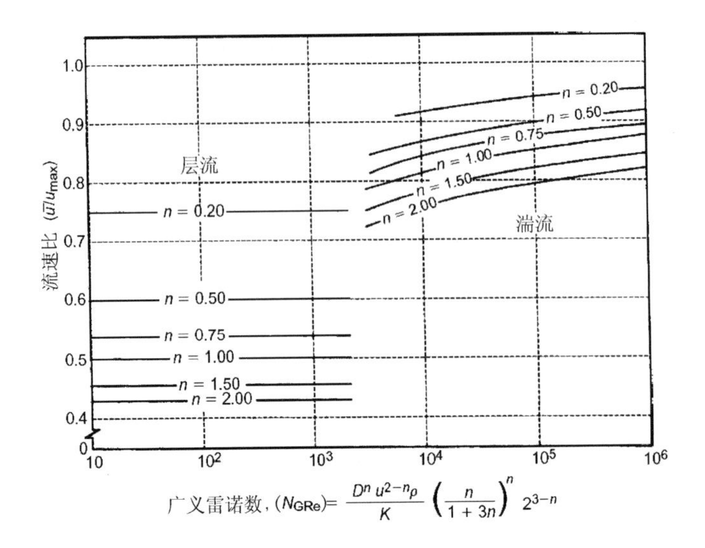

图 2. 46　流速比与广义雷诺数的关系

（资料来源：Palmer 和 Jones，1976）

层流条件下指数律流体的范宁摩擦系数类似于式（2. 53）

$$f = \frac{16}{N_{GRe}} \tag{2. 177}$$

比较式（2. 1　）和式（2. 177），可以得到广义的雷诺数表达式

$$N_{GRe} = \frac{8D^n\bar{u}^{2-n}\rho}{K}\left(\frac{n}{6n+2}\right)^n \tag{2. 178}$$

整理后得

$$N_{GRe} = \frac{D^n\bar{u}^{2-n}\rho}{K8^{n-1}}\left(\frac{4n}{3n+1}\right)^n \tag{2. 179}$$

可见，如果我们在式（2. 179）中代入 $n=1$ 和 $K=\mu$ 就得到了计算牛顿流体雷诺数的式子。

例 2. 23 为本节的各种指数律流体表达式的应用。

例 2. 23

某种非牛顿流体在 10m 长的管中流动。管子的内径为 3. 5cm。测得的压降为 100kPa。稠度系数为 5. 2，流动习性指数为 0. 45。就下列各项计算并作图：流速分布曲线、体积流量、平均流速、广义雷诺数和摩擦系数。

已知：

压降 = 100kPa

管子内径 = 3. 5cm = 0. 035m

稠度系数 = 5. 2

流动习性指数 = 0. 45

管长 = 10m

方法：

根据所给数据和 2.9 节的方程来编制计算表，进行作图和求取结果。

解：

求解结果如电子表所示。显然，中心流速随着流动习性指数增加而增加。一旦建立起如图 E2.9 所示的电子表，就可以在适当的单元格中填入其他的压降、稠度系数、流动习性指数，以观察这些参数对计算结果的影响。例如，流动习性指数从 0.45 增加到 0.5 会造成流速分布的变化（图 E2.9）。

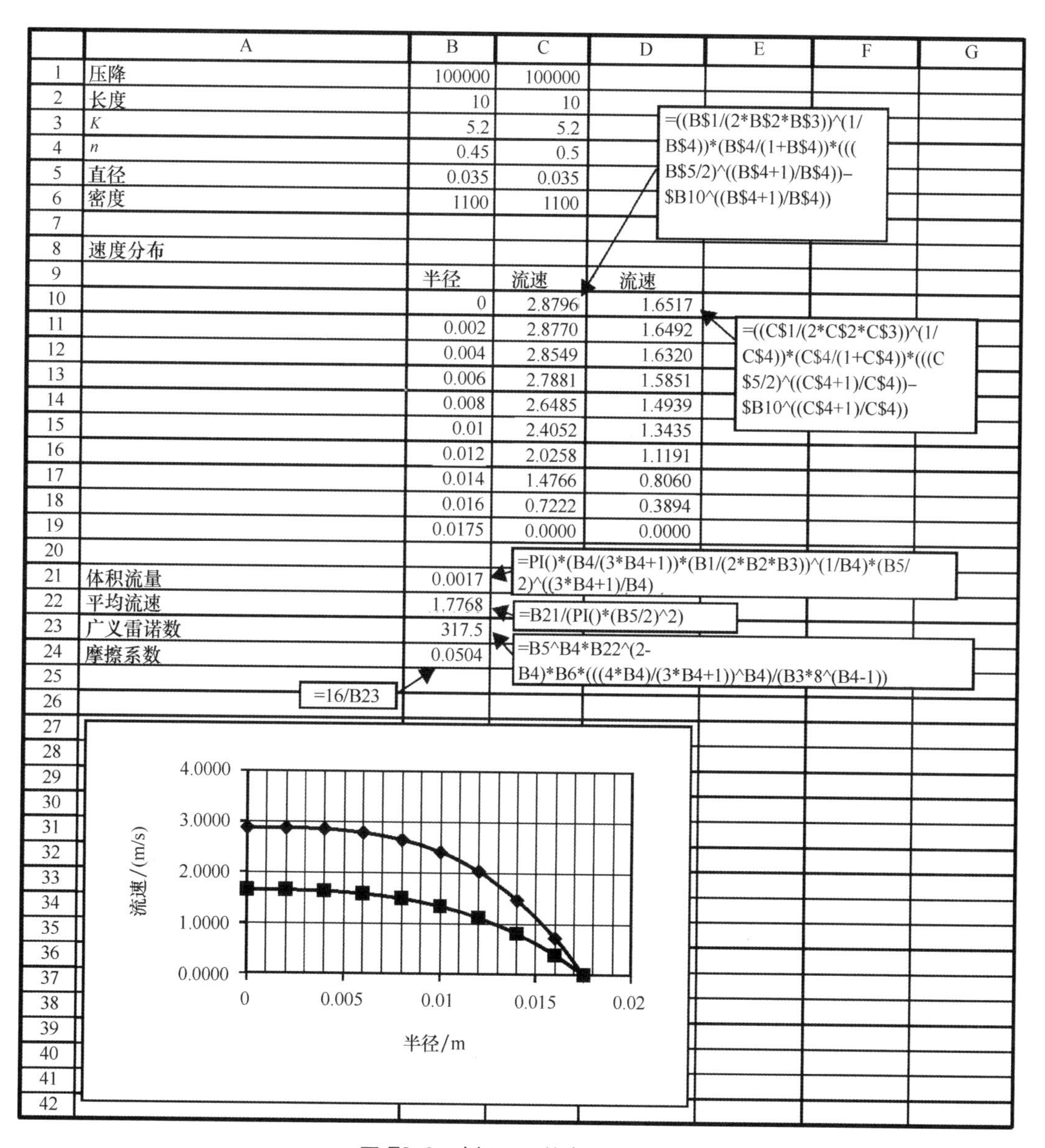

	A	B	C	D
1	压降	100000	100000	
2	长度	10	10	
3	*K*	5.2	5.2	
4	*n*	0.45	0.5	
5	直径	0.035	0.035	
6	密度	1100	1100	
7				
8	速度分布			
9		半径	流速	流速
10		0	2.8796	1.6517
11		0.002	2.8770	1.6492
12		0.004	2.8549	1.6320
13		0.006	2.7881	1.5851
14		0.008	2.6485	1.4939
15		0.01	2.4052	1.3435
16		0.012	2.0258	1.1191
17		0.014	1.4766	0.8060
18		0.016	0.7222	0.3894
19		0.0175	0.0000	0.0000
20				
21	体积流量	0.0017		
22	平均流速	1.7768		
23	广义雷诺数	317.5		
24	摩擦系数	0.0504		

=((B$1/(2*B$2*B$3))^(1/B$4))*(B$4/(1+B$4))*(((B$5/2)^((B$4+1)/B$4))–$B10^((B$4+1)/B$4))

=((C$1/(2*C$2*C$3))^(1/C$4))*(C$4/(1+C$4))*(((C$5/2)^((C$4+1)/C$4))–$B10^((C$4+1)/C$4))

=PI()*(B4/(3*B4+1))*(B1/(2*B2*B3))^(1/B4)*(B5/2)^((3*B4+1)/B4)

=B21/(PI()*(B5/2)^2)

=B5^B4*B22^(2-B4)*B6*(((4*B4)/(3*B4+1))^B4)/(B3*8^(B4-1))

=16/B23

图 E2.9 例 2.23 的电子表求解

2.9.6 非牛顿流体的泵输送计算

对非牛顿流体的泵输送计算类似于第 2.5.5 节介绍的用于牛顿流体的方法。结合非牛顿流体性质，将式（2.95）修改成：

$$E_p = \frac{P_2 - P_1}{\rho} + \frac{1}{2\alpha'}(u_2^2 - u_1^2) + g(z_2 - z_1) + \frac{2f\bar{u}^2 L}{D} + C'_{fe}\frac{\bar{u}^2}{2} + C'_{fc}\frac{\bar{u}^2}{2} + C'_{ff}\frac{\bar{u}^2}{2} \tag{2.180}$$

其中，对于层流和剪切变稀流体，

$$\alpha' = \frac{(2n+1)(5n+3)}{3(5n+3)^2} \tag{2.181}$$

对于湍流

$$\alpha' = 1 \tag{2.182}$$

层流的摩擦系数（f）由式（2.177）得到，对于湍流的摩擦系数从图 2.47 获取。

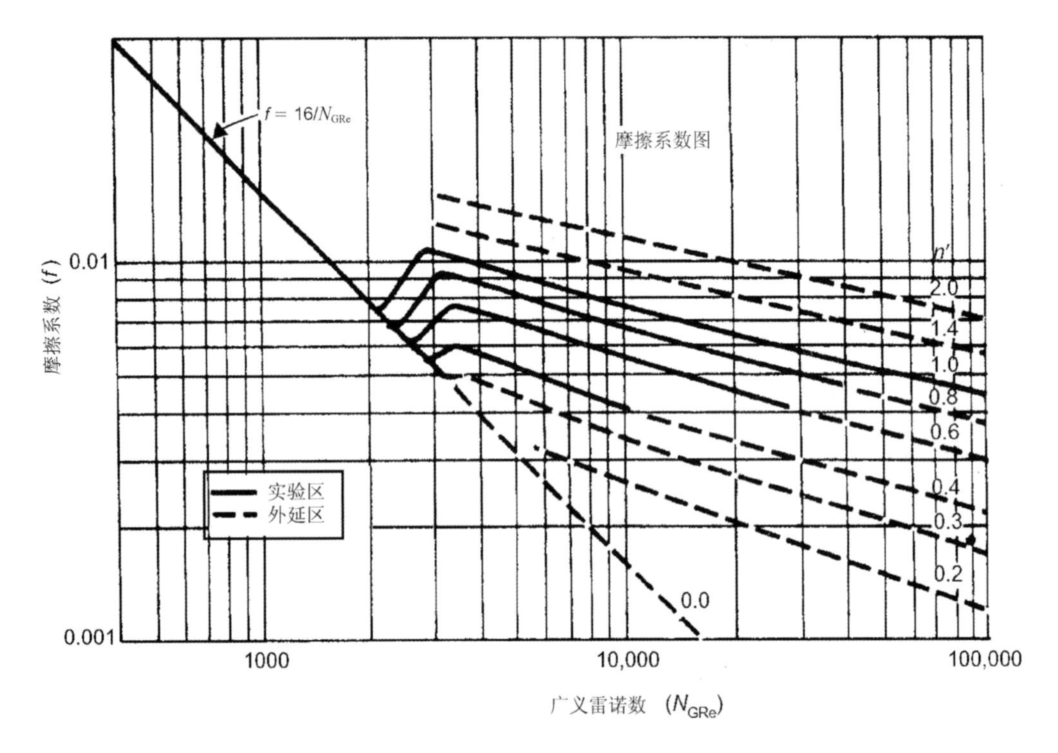

图 2.47 非牛顿流体在圆管中流动的摩擦系数 - 广义雷诺数关系图

（资料来源：Dodg 和 Metzer，1959）

非牛顿流体的 C'_{fe}、C'_{fc} 和 C'_{ff} 系数方面，实验数据有限。以下为 Steffe（1996）所提出的确定非牛顿流体此三项系数的经验方法。

a. 通用雷诺数大于 500 的非牛顿流体，使用湍流状态下牛顿流体的数据［表 2.2、式（2.90）和式（2.92）］。

b. 对于范围在 $20 < N_{GRe} < 500$ 的非牛顿流体，先用（a）方法确定系数 C_{fe}、C_{fc} 和 C_{ff}，然后利用表达式（2 - 183）：

$$C'_{fe}=\frac{500\times C_{fe}}{N_{GRe}};C'_{fc}=\frac{500\times C_{fc}}{N_{GRe}};C'_{ff}=\frac{500\times C_{ff}}{N_{GRe}} \tag{2.183}$$

再将得到的系数值代入式（2.180）。

例2.24为确定非牛顿流体泵送要求的例子。

例2.24

用泵以1.97kg/s的流量，通过直径0.0348m的管子，将非牛顿流体从一个贮罐送到另一个贮罐。流体的性质如下：密度1250kg/m^3，稠度系数5.2Pa·s^n，流动习性指数0.45。两罐之间的管子总长为10 m。进口到出口的液位差为3m。管件包括：三个长半径90°法兰弯头和一个全开角阀。另外，管路中还装有一个压降为100kPa的过滤器。请利用电子表计算此系统的泵输送要求。

已知：

管径=0.0348m

质量流量=1.97kg/s

密度=1250kg/m^3

稠度系数=5.2Pa·s^n

流动习性指数=0.45。

管长=10m

由表2.3查得，长半径90°法兰弯头的C_{ff}=0.2

由表2.3查得，全开角阀的C_{ff}=2

方法：

首先用所给的数据和适当的方程建立电子表，根据质量流量计算：通用雷诺数、修正因子（α）、管件系数C_{fe}和C_{ff}，以及摩擦系数。然后将计算值代入式（2.180）确定泵的输送要求。

解：

（1）如图E2.10所示，在A1:B12区域输入已知数据。

（2）将下列方程输入到单元格，计算所求值

方程序号	计算	单元格
(2.15)	流速	B15
(2.179)	通用雷诺数	B16
(2.181)	修正因子	B17
(2.177)	摩擦系数	B21
(2.183)	管件和收缩的系数	B24
(2.180)	泵送能量	B25

（3）此电子表可用以计算不同输入值的泵输送要求。

	A	B	C	D	E	F	G
1	已知						
2	管径/m	0.03					
3	质量流量/(kg/s)	2					
4	密度/(kg/m³)	1250					
5	压降/kPa	100					
6	角阀	1					
7	长半径弯头	3					
8	长度/m	10					
9	液位差/m	3					
10	*K*/(Pa·s^*n*)	5.2					
11	*n*	0.45					
12	泵效率	0.85					
13							
14							
15	流速	2.26	=B3/(B4*(PI()*B2^2/4))				
16	通用雷诺数	489.92	=(B2^B11*B15^(2-B11)*B4/(B10*8^(B11-1)))*(4*B11/(3*B11))^B11				
17	修正因子	1.20	=2*(2*B11+1)*(5*B11+3)/(3*(3*B11+1)^2)				
18	入口处C_{fe}	0.5					
19	长半径弯头处C_{ff}	0.2					
20	角阀C_{ff}	2					
21	摩擦系数	0.0327	=16/B16				
22	摩擦损失/ (J/kg)	8.11	=(B18*500/B16+3*B19*500/B16+B20*500/B16)*B15^2/2				
23	过滤器引起的摩擦损失	80.00	=B5*1000/B4				
24	总摩擦损失	88.11	=B22+B23				
25	泵所需的能量/ (J/kg)	233.34	=9.81*B9+B15^2/B17+2*B21*B15^2*B8/B2+B24				
26	所需功率/W	549.04	=B26*B3/B12				
27							
28							

图 E2.10　例 2.24 的电子表求解

2.10　固体食品的输送

许多食品和配料并非以液体形式，而是以固体形式在整个加工厂中输送。这些物料的处理、储存及运送需要使用不同类型的设备和工艺设计。许多考虑因素类似于液体，主要体现在要注意设备内产品接触面的卫生要求及确保设计减少对产品质量属性的影响。所有专门设计的块状、粒状和/或粉状物料操作均需要动力。在许多情况下，重力有助于输送，但在许多场合也是固体运输需要克服的力。

物料运输要求的计算直接与粒状固体或粉末的性质有关。这些性质包括固体物料与输送导管表面间的摩擦作用。对物料性质了解以后，便可估计所需输送功率并进行相应的过程构型设计。

2.10.1　粒料和粉末的性质

粒状和粉末状物料的物理性质直接影响这类性状食品的输送和加工操作。以下几节内容将介绍说明用于预测或测量这类性状食品性质的基本关系式。

2.10.1.1 堆积密度

粒状或粉末状物料有类型不同的密度描述。正如 1.5 节所指出，堆积密度用式（2.184）定义：

$$\rho_B = \frac{m}{V} \tag{2.184}$$

即堆积密度等于物料总质量除以相应物料所占据的体积。根据食品物料其他特征，这个属性可能需要更具体的描述。例如，食品粉末的体积会因单粒尺寸和颗粒之间空间体积不同而有差异。根据这些观察，堆积密度大小将随食物颗粒结构内包装的程度而变化。一种方法是测量松堆积密度，具体做法是小心地将颗粒物料在无振动条件下装入预定体积空间，然后测量物料的质量。紧堆积密度是使装在固定体积内物料振动到体积恒定为止，然后根据式（2.184）计算堆积密度。实际上，堆积密度与该操作条件有关，但变化幅度应该在测量方法所给的误差范围之内。

粉料的堆积密度可根据式（2.185）预测：

$$\rho_B = \epsilon_p \rho_p + \epsilon_a \rho_a \tag{2.185}$$

式中 ϵ_p——颗粒所占的体积分数①

ϵ_a——空气所占体积分数

称为空隙度（υ）或空隙率（见式 1.2）的参数被定义为空气所占空间与总体积之和。空隙度（υ）可用式（2.186）表示：

$$\upsilon = 1 - \left(\frac{\rho_b}{\rho_p}\right) \tag{2.186}$$

空隙度可以反映上面提到的堆积密度可变性。

2.10.1.2 颗粒密度

正如 1.5 节所指出，单个食品颗粒的密度被称为颗粒密度，它是颗粒结构内所带气相（空气）体积的函数。这种密度可用相对密度计测量，也可用已知密度溶剂取代颗粒结构内气体的方法测量。

颗粒密度可用式（2.187）预测：

$$\rho_p = \rho_s e_{so} + \rho_a e_a \tag{2.187}$$

其中气相或空气密度（ρ_α）可从标准表（表 A.4）查取，此颗粒固体密度基于产品组成和表 A.2.9 中的系数确定。显然，固体（e_{so}）体积分数和气相或空气（e_a）体积分数与颗粒密度有关。

例 2.25

水分含量为 3.5%（湿基）的脱脂乳粉颗粒，其体积的 10% 为空气所占，试估计 20℃

① 我国 GB 3100~3102—1993《量和单位》规定体积分数表示为 φ。——译者注

温度下该脱脂乳粉的颗粒密度。

解：

（1）根据表 A. 2 所给信息，脱脂乳粉的组成为：35. 6% 蛋白质、52% 碳水化合物、1% 脂肪、7. 9% 灰分和 3. 5% 水。

（2）利用表 A. 2. 9 的关系，产品各组分在 20℃时的密度为：

蛋白质 $=1319.5\text{kg/m}^3$

碳水化合物 $=1592.9\text{kg/m}^3$

脂肪 $=917.2\text{kg/m}^3$

灰分 $=2418.2\text{kg/m}^3$

水 $=995.7\text{kg/m}^3$

空气 $=1.164\text{kg/m}^3$（由附录表 A. 4. 4 查得）

（3）颗粒固体密度是各组分质量的函数：

$$\rho_{so}=0.356\times1319.5+0.52\times1592.9+0.01\times917.2+0.079\times2418.2+0.035\times995.7=1533.1\ (\text{kg/m}^3)$$

（4）根据式（2. 187）估计乳粉颗粒密度：

$$\rho_p=1533.1\times0.9+1.164\times0.1=1379.9\ (\text{kg/m}^3)$$

如解所示，颗粒密度主要受颗粒固形物影响。

孔隙率（Ψ）是产品粉末中空气量与产品总体积之比。正如 1. 5 节所介绍，孔隙率与堆积密度的关系为：

$$\Psi=1-\left(\frac{\rho_b}{\rho_{so}}\right) \tag{2.188}$$

孔隙率与颗粒密度的关系由式（2. 187）给出。颗粒固体和粉末的所有性质均是水分含量和温度的函数。这些关系式考虑了各组分与水分含量和温度的关系，但颗粒结构的其他变化也会发生。Heldman（2001）讨论过这类变化的细节。

2. 10. 1. 3 粒度和粒度分布

粒度是颗粒状食品或粉末的重要特性。此特性直接影响堆积密度大小，也对孔隙率有影响。粒度可用若干不同技术测量，其中包括筛分法、显微观察法或光散射仪测量法（库尔特计数器）。测量结果表明，各种典型粉末或粒状食品的粒度有很大差异。这些观察说明有必要使用至少两个参数来表达粒度特性：即平均粒度和标准偏差。

Mugele 和 Evans（1951）提出过颗粒物料粒径描述的系统方法。该方法建议使用以下模型：

$$d_{qp}^{q-p}=\frac{\sum(d^qN)}{\sum(d^pN)} \tag{2.189}$$

式中 d——粒度

N——对应粒度的颗粒数量

q 和 p——由表 2.5 定义的参数

例如，算术或线性平均粒度为：

$$d_1 = \frac{\sum dN}{N} \tag{2.190}$$

表 2.5 利用式（2.189）求平均粒度的参数值

符号	平均粒度名称	p	q	阶数
X_1	线性（算术）	0	1	1
X_s	面积	0	2	2
X_v	体积	0	3	3
X_m	质量	0	3	3
X_{sd}	面积 - 直径	1	2	3
X_{vd}	体积 - 直径	1	3	4
X_{vs}	体积 - 面积	2	3	5
X_{ms}	质量 - 面积	3	4	7

资料来源：Mugele 和 Evans（1951）。

式（2.190）得到的是颗粒粒度在分布范围内的简单平均值。另一种常称为索特平均粒度的表达式为：

$$d_{vs} = \frac{\sum d^3 N}{\sum d^2 N} \tag{2.191}$$

表示平均粒度为颗粒体积与颗粒表面积之比。

多数情况下，粒状食品或粉末中粒度分布可用对数正态密度函数描述。其参数为几何对数平径值，计算式如下：

$$\ln d_g = \frac{\sum (N \ln d)}{N} \tag{2.192}$$

而几何标准差表达式如下：

$$\ln s_{dg} = \left\{ \frac{\sum [N(\ln d - \ln d_g)^2]}{N} \right\}^{1/2} \tag{2.193}$$

这些参数可根据颗粒食品或粉末的粒径测量值，及筛上物的颗粒数进行估计。

例 2.26

干燥咖啡产品取样测量得到的粒度分布结果如下：

部分/%	粒度/μm
2	40
8	30
50	20
40	15
10	10

试估计基于体积与表面积的平均粒度。

解：

（1）根据式（2.191）：

$$d_{vs}=\frac{(40)^3(2)+(30)^3(8)+(20)^3(50)+(15)^3(40)+(10)^3(10)}{(40)^2(2)+(30)^2(8)+(20)^2(50)+(15)^2(40)+(10)^2(10)}$$

（2）体积/面积或莎得平均粒度为：

$$d_{vs}=522\mu m$$

2.10.1.4 颗粒流动

颗粒状食品或粉末的运动或流动受到若干粉末性质影响，其中包括前面介绍过的颗粒特性。直接影响颗粒流动的性质是其休止角。这是较容易测量的性质，它通过使粉末从容器流动到测量平面上实现。测量的是粉堆的高度（H）和粉堆的圆周长（S），休止角根据下式计算：

$$\tan\beta=\frac{2\pi H}{S} \tag{2.194}$$

休止角的大小与密度、粒度、水分含量及颗粒粉末的粒度分布有关。

内摩擦角是一个与粉末流动关系更为密切的性质。内摩擦角由式（2.195）定义：

$$\tan\varphi=\frac{\sigma}{\sigma_n} \tag{2.195}$$

表明内摩擦角（φ）等于剪切应力（σ）与正应力（σ_n）的比值。如图2.48所示，此性质通过测量不同正压力下使一层粉末在另一层粉末上移动所需的力确定。

Jenike（1970）提出过一个测量颗粒材料的流动特性的基本方法。使用专门剪切室测量到的剪应力和正应力用于生成一些参数，如自由屈服应力（f_c）和主疏松应力（σ_1）。然后用这两个参数根据下式计算流动函数（f'_c）：

$$f_c=\frac{\sigma_1}{f_c} \tag{2.196}$$

此性质（f'_c）表征粉末的流动性，专门用于粒状食品料箱和料斗的设计。Rao（2006）提出过流动函数（f'_c）测量细节。流动函数（f'_c）与粉末流动性大小的关系如表2.6所示。

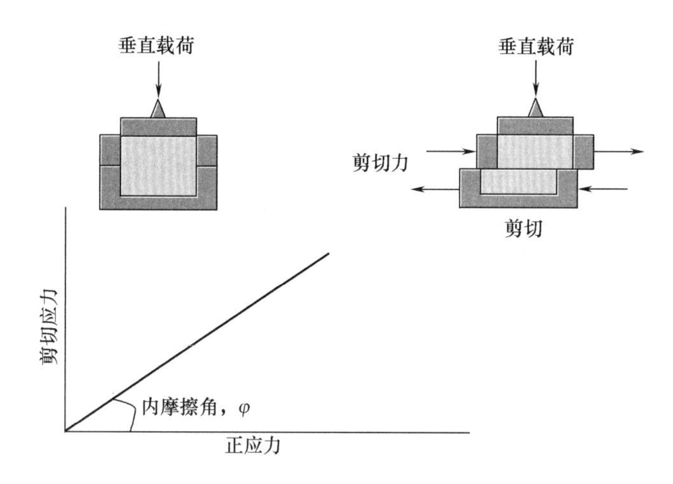

图 2.48 无黏结性粉末的剪切应力与正应力关系

表 2.6 按 Jenike 流动函数确定的粉末流动性

流动函数 f'_c 大小	粉末流动性	粉末类型
$f'_c<2$	非常黏结，不流动	黏结性粉末
$2<f'_c<4$	黏结	
$4<f'_c<10$	易流动	非黏结性粉末
$10<f'_c$	自由流动	

2.10.2 粒状食品的流动

食品粉末流动性大量用于储存容器产品流动性描述。粒状物料性质直接影响容器的设计，特别是容器出口处的构型。由贮存容器出来的粒状食品质量流量可按式（2.197）估计：

$$m_g=\frac{C_g\pi\rho_b\left(\frac{D^5 g\tan\beta}{2}\right)^{0.5}}{4} \tag{2.197}$$

其中质量流量（m_g）是粉末堆积密度（ρ_b）、容器出口直径（D）、粉末休止角（β）以及排放系数（C_g）的函数。排放系数大小因容器构型不同而异，通常为 0.5 ~ 0.7。式（2.197）适用于粒径与开口直径之比小于 0.1 的场合。

利用重力使贮存容器内粒状物料流动的关键问题是容易出现搭桥现象。这种从容器流出的堵塞现象直接受粉末特性影响，特别是密度和内摩擦角。如图 2.49 所示，另一个储存容器重力流动的关键问题是出现塞流，而不是分散流动。由图可见，集中在容器出口处区域出现塞流，这些物料如不借助外力无法除去。容器设计的特征是其锥角（θ_c），即容器出口处斜面与容器垂直边之间的夹角。这个角度要根据粉末内摩擦角确定。

粒状食品物料储存容器出口处直径可借助于下式设计：

$$D_b=\left(\frac{C_b}{\rho_b}\right)(1+\sin\varphi) \tag{2.198}$$

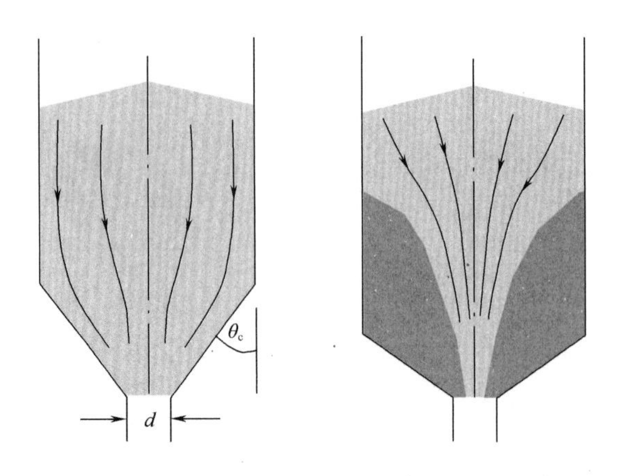

图2.49　食品粉末从储存容器流出示意图

式中的D_b是容器出口为防止粉末在上方出现搭桥现象所需的最小直径，它由内摩擦角测量过程确定的自然凝聚力参数（C_b）决定。

更具体地，天然的凝聚力的参数是剪切应力对正应力的剪切应力轴的截距，如图2.50所示。内摩擦（φ）的角度是剪切应力（τ）与正应力（σ）的角度。

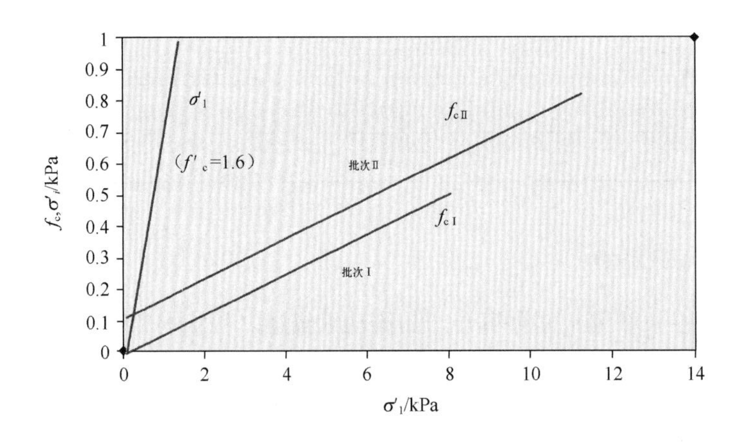

图2.50　速溶可可粉的剪应力与正应力关系

［资料来源：Schubert, H.（1987a）. J. Food Eng. 6：1-32；Schubert, H.（1987b）. J. Food Eng. 6：83-102.］

例2.27

试估算速溶可可粉储存容器开口的最小直径。食品粉末的堆积密度为450kg/m³。

解：

（1）基于剪切应力的测量结果与正应力（图2.50），内耗（批次Ⅱ）的角度，通过式（2.195）确定：

$$\tan\varphi = \frac{1-0.11}{14} = 0.064$$

$$\varphi = 3.66^{\circ}$$

（2）相同测量表明，同批次（基于剪切应力轴截距的）自然黏结参数（C_b）为：

$$C_b = 0.11\text{kPa} = 110\text{Pa}$$

（3）利用式（2.198）：

$$D_b = \left(\frac{110}{450}\right)(1 + \sin 3.66^{\circ})$$

$$D_b = 0.26\text{m} = 26\text{cm}$$

（4）结果表明，为避免此产品在出口处搭桥，该储存容器出口直径需要大于26cm。

利用式（2.196）中的流动函数（f'_c），可对储存容器中的颗粒流动作更透彻的分析。基于此法的这种方法，避免搭桥的最小出口直径（D_b）用式（2.199）估计：

$$D_b = \frac{\sigma' H(\theta)}{g\rho_b} \tag{2.199}$$

式中 $H(\theta)$——描述储存容器出口区域几何形状的函数（见 Jenike，1970）

搭桥的主应力（σ'）可按式（2.200）估算：

$$\sigma' = \frac{\sigma_1}{f'_c} \tag{2.200}$$

式中 σ_1——流动函数（f'_c）测量中的未黏结应力

一旦粉末流动性确立，便可用表 2.6 估计流动函数（f'_c），并根据式（2.199）估计粒状食品储存容器最小出口直径。

2.11 食品加工中的过程控制

典型食品加工厂利用不同过程设备进行多种单元操作：泵送、混合、加热、冷却、冷冻、干燥和包装。通常，连续模式下工作的过程设备比间歇式工作的设备效率高。食品加工厂设计过程中，使用合乎逻辑的方式安排加工设备，使进入工厂的食品原料根据过程要求从一台设备传送到下一台设备。

如图 2.51 所示为番茄罐头制造过程的典型操作流程图。该流程操作包括番茄从卡车卸货、洗涤、清洗、分级、脱皮、装罐和杀菌。大多数用于执行这些处理操作的设备由不同类型输送机连接，从而使整个处理过程以连续方式进行。有些操作需要人工干预，例如，对进入的番茄进行检查以确保去除土块、污垢和严重受损水果等任何不良异物。然而，大多数加工设备不需要太多人，而是利用自动控制器和传感器。

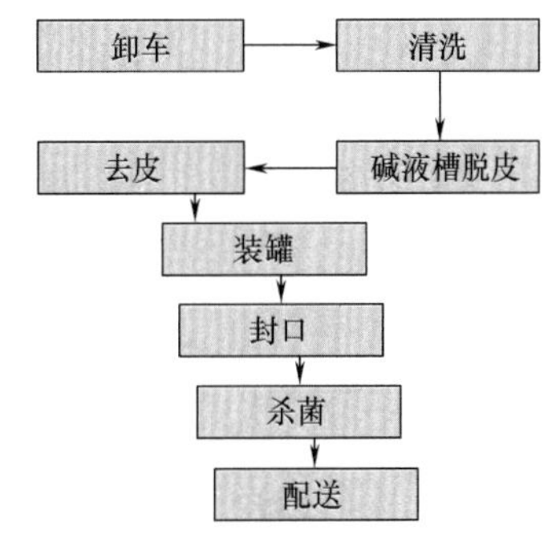

图 2.51 番茄罐头制造步骤

食品制造过程必须确立以下标准：

- 所需生产能力
- 成品品质和卫生
- 柔性制造
- 劳动力优化使用
- 经济运行实现利润最大化
- 遵守地方、国家或国际所规定的环保法规
- 提供安全的工作环境
- 满足任何加工设备特殊约束

这些标准要求对食品加工操作持续监控，并及时消除任何偏差。

本节将讨论加工设备自动控制中的某些基本原则。过程控制设计和实施涉及超出本书范围的高等数学知识。不过，这里仍将引入一些自动控制中的常用术语和方法。

先考虑一个要求操作者将葡萄酒泵送到不同贮罐的简单例子（图2.52）。要实现此任务，操作者要使用一定逻辑：选择预清洗空罐，打开阀门将葡萄酒引入该罐，直到该罐灌满后将葡萄酒引入下一可用罐，以此类推。操作者要注意正在注入葡萄酒的酒罐液位，以免造成溢流导致产品损失。类似逻辑可进行编程，由自动控制系统替代人工干预完成所述任务。

图2.52　人工控制葡萄酒罐的装酒量

2.11.1　过程变量和性能指标

在食品加工设备操作过程中，操作者往往关心各种不同过程变量。例如，可能需要仔

细监测加热系统的产品温度。使用热交换器对牛乳进行巴氏消毒时，必须使牛乳的温度达到71℃并在此温度下保持16s以便杀灭有害病原体。因此，操作者必须在指定时间内确保温度达到所需值，否则牛乳将处理不够（导致不安全产品）或处理过度而损失产品品质。同样，操作不同加工设备时，流速、液位、压力或重量都有可能成为需要监测的重要变量。

控制变量就是系统中可控制的变量。例如，蒸汽组成、蒸汽流量、水流温度，以及贮罐液位均是可控制的变量。加热牛乳时，温度是控制变量。其他控制变量实例包括压力、密度、水分含量，以及颜色之类可测量品质属性。

非控制变量是那些在加工过程中不可控制的变量。例如，在挤压机操作过程中，操作对挤压机螺杆表面的影响是不可控制的变量。

操纵变量是可以调节到实现期望结果的变量。例如，通过改变水箱蒸汽流量就可能改变水温。此变量操作既可由人工操作实现，也可由控制机制实现。对室内水加热时，输入水的流量是一种操纵变量。可测量变量用于改变操纵变量。可测量变量有温度、pH或压力，而操作变量可以是某种物料或能量（如电和蒸汽）的流量。

扰动是指那些非由操作者或控制机制引起的变量变化，它们由系统边界之外的一些变化引起。扰动引起系统出现不良的输出。例如，罐中水温是一个可控制变量，它受输入水流量、输入水流的温度和出口水流量影响。

鲁棒性描述系统对过程参数变化的耐受能力。控制系统鲁棒性降低时，微小的过程参数变化就可使系统不稳定。

性能指的是控制系统的有效性。鲁棒性和性能之间存在折中。

2.11.2 控制过程的输入和输出信号

控制系统和加工设备要输送各种信号（图2.53）。这些信号包括：

- 输出信号，它们是向过程设备执行部分（如阀和发动机）发出的指令。
- 输入信号，向控制器发送的信号，它与以下几项有关：

a. 当某一阀或发动机执行后由加工部分反馈来的信号；

b. 测量选择的过程变量，包括温度、流量和压力；

c. 监测过程设备，并检测某一过程的完成情况。

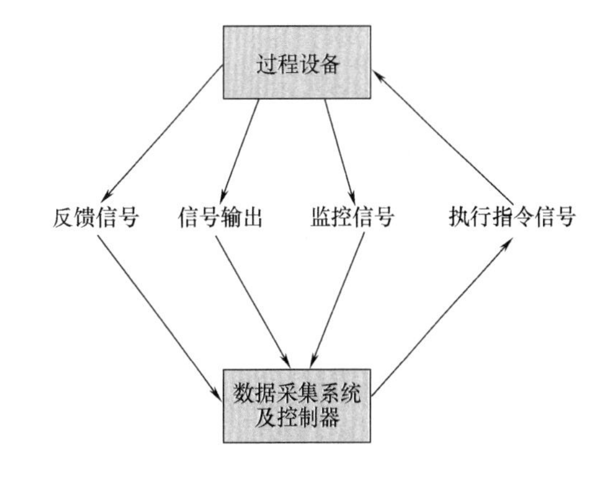

图2.53 过程设备与数据采集系统/控制器之间的通信

控制器接收的信号经过一定逻辑分析，然后编程置入控制系统，这与人工操作员可能遵循的过程控制类似。控制过程系统的总体目标是尽量降低任何外部干扰影响，在稳定条件下进行过程操作，实现最佳性能。下面将讨论不同控制系统设计中使用的不同策略。

2.11.3 控制系统设计

2.11.3.1 控制策略

控制系统可设计成通过数字或模拟信号实现控制或监控任务。例如，过程设备可通过数字控制设置，使其可由远程控制板进行开关控制。类似地，阀也可打开或关闭，或者多台设备可根据希望的序列进行操作。

模拟控制通过控制单元收到的模拟信号实现控制。与反馈信号相结合后，模拟控制可用于操作需要部分关闭或开启的阀门。例如，可以控制过程设备的蒸汽、热水或冷水的流动。

监控可以检查过程关键环节出现的任何重大故障。接收到指示故障信号后，可以关闭设备或终止过程，直到故障纠正为止。数据采集自动化系统的另一特征是，收集到的数据可供工厂管理部门用于改善过程效率，也可用于定期维护、质量保证和成本分析。

2.11.3.2 反馈控制系统

考虑如图2.54所示的加热水罐情形。该罐配备有蒸汽盘管和搅拌器。搅拌器用于提供良好的混合，使罐内水温度均匀，也就是说，使得罐内不同部位的水温一致。蒸汽首先通过控制阀进入加热盘管。蒸汽在盘管内冷凝，冷凝热 Q 被传递到盘管周围的水中，而冷凝水则被排出盘管外。温度为 T_i 的水以 $\dot{m}_i$（kg/s）流量泵入热水罐，温度为 T（与水罐温度相同）的热水以 $\dot{m}_e$（kg/s）流量离开热罐。水罐中水的高度为 h。操作此热水器重要的一点是要确保罐内水体积维持在某预定水平，不能使其溢出或空罐。同样，必须使离开罐的水温度保持在某一预定值。

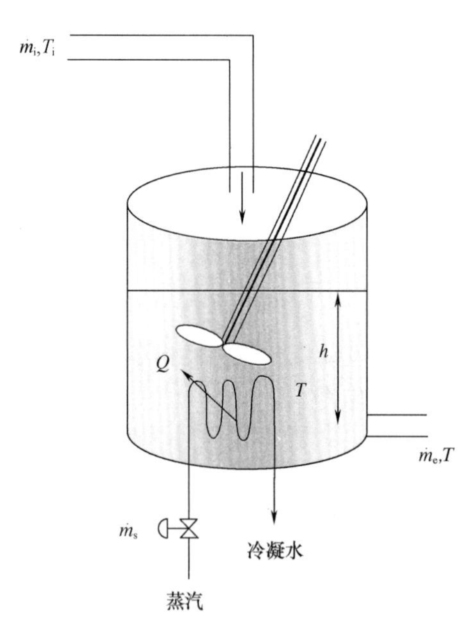

图2.54 蒸汽间接加热的热水罐

稳态条件下，如果入口水流量（$\dot{m}_i$）或温度（T_i）没有任何变化，这种水加热系统应该运行良好。但如果 $\dot{m}_i$ 或 T_i 发生变化，情况将会如何呢？这将导致过程出现扰动，因此需要干预。如果该过程由正在检查温度并注意到变化（扰动）的操作者来监管，则操作者会尝试通过关闭或打开蒸汽阀门来改变蒸汽流量。此过程的简单描述意味着，不能离开系统让其自行工作。它需要或手动或自动控制操作。

控制系统的目标是在负荷发生变化时确定和不断更新阀开度。在反馈控制环内，要测量控制变量值并与通常称为设定值的要求值进行比较。所需值与设定值之差称为控制器误差。作为控制器误差函数的控制器输出用于调整受操纵变量。

以下讨论可代替人工监控的温度控制问题。

如图 2.55 所示，温度传感器（热电偶）安装在贮罐中。蒸汽阀及热电偶由控制器相连。这种控制器的目标是在入口水流量 $\dot{m}_i$ 或温度 T_i 变化时维持恒定水温 T_s（设定温度）。在这种安排中，假如热电偶感测温度变化 ε 为

$$\varepsilon = T_s - T \tag{2.201}$$

偏差 ε 被传送到控制器。如果偏差 ε 大于零，意味着水温下降，应调高水温，控制器将信号发送给蒸汽阀使其打开，将蒸汽送入加热盘管。当水温达到所需值 T_s 时，控制器关闭蒸汽阀。

如图 2.55 所示的控制称为反馈控制，因为由控制器传输信号到蒸汽阀发生在水温测量及与设定温度比较之后。

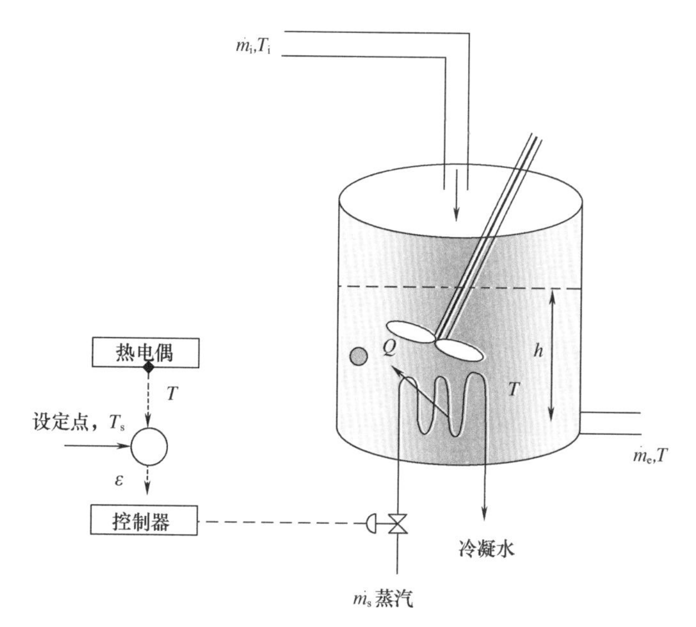

图 2.55 用于蒸汽间接加热水罐的反馈控制系统

2.11.3.3 前馈控制系统

前馈控制是另一种控制类型，如图 2.56 所示。这种情形下，热电偶安装在入口进水管。当进水温度（T_i）下降到低于设定值（T_s）时，意味着偏差 ε 将大于 $T_s - T_i$，会导致水箱水温降低。

这种情况下，控制器将信号发送到蒸汽阀，使阀门打开，使更多蒸汽流入加热盘管。

前馈和反馈控制的差异应该是清楚的，通过观察，可以看到前馈控制的控制器会根据入口水温度变化预计水罐温度变化，并在观察到水罐温度变化之前预先采取纠正措施。

可以安装类似的控制器监控罐的水位（h），并控制罐的入口水流量以使水位维持在设定位置。

2.11.3.4 稳定性和控制函数模型

采用自动控制的另一重要原因是保持系统或过程的稳定性。如图 2.57（1）所示，稳

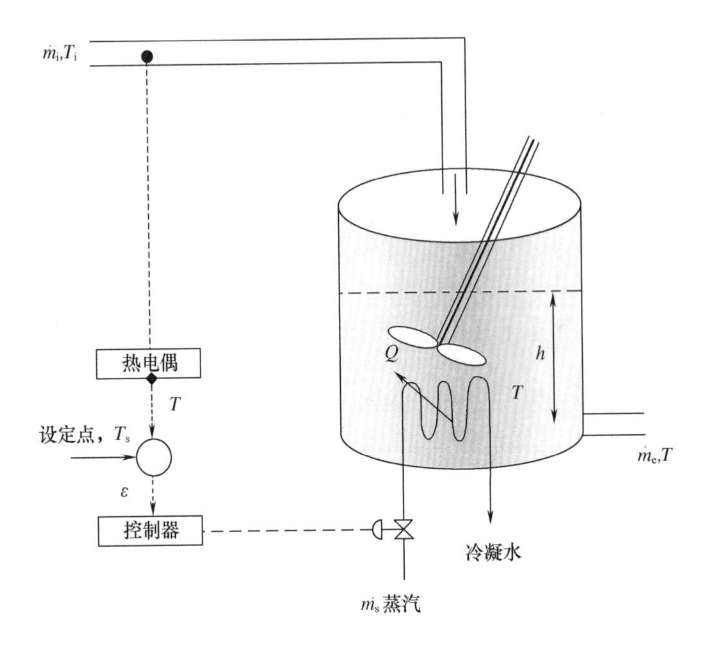

图 2. 56　用于蒸汽间接加热水罐的前馈控制系统

定系统中的任何变量扰动（即变化）会随时间减小。例如，如果温度变为高于某一设定值，并且系统能够使其回到初始值，则不需要采取外部纠正措施。不稳定系统［图 2. 57 (2)］的变量扰动会继续增加到系统无法自动使其回到原始值的程度，就需要采取外部纠正措施，需要防止控制器的不稳定性。

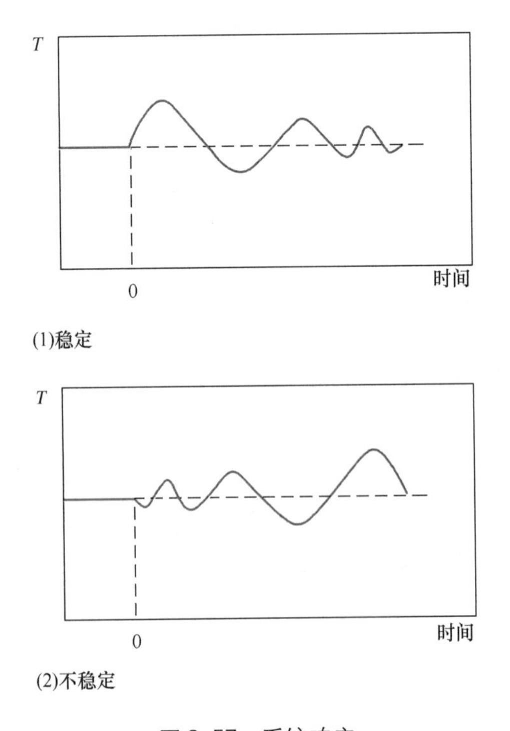

图 2. 57　系统响应

为理解不同类型控制器的工作原理，可考虑中间贮罐液位的控制问题。中间贮罐经常用作两个不同进程之间的缓冲区。如图 2.58 所示，水通过控制阀泵送进入贮罐，并在罐的底部排出。为确保该罐不会溢出，要安装液位传感器以测量水罐水位高度 h_t。该传感器连接到水位控制器。水罐水位所需高度称为设定点 h_s。所需高度和测量高度之差为误差。如果误差为零，则没有必要采取控制动作。然而，如果存在误差，则水位控制器将信号发送到安装在入口处的进水管阀。通常用于操作阀的信号为气动压力 P_1，此压力用于操作阀打开。根据此设置，可以考虑采用不同类型的控制器。

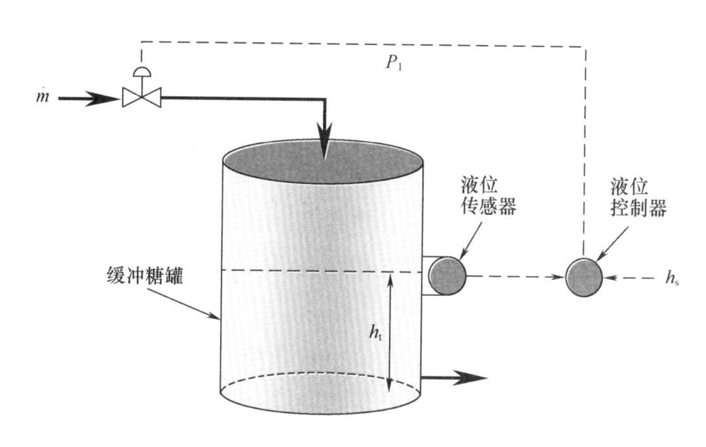

图 2.58　大型缓冲水罐的液位控制

2.11.3.5　开关控制

开关控制类似于家用空调系统中使用的恒温器。该控制要么流量最大，要么流量为零。在图 2.58 所示的应用中，误差指示罐中水位降低时，开闭控制器会向控制阀发出信号。该信号使控制阀利用气动压力 P_1 打开阀门。这种阀称为故障关闭阀，因为它直到施加压力以前一直处于关闭状态。如果控制系统发生故障，这种阀可防止水流入水罐。

工业中使用的许多控制阀操作使用 3 ~ 15psig 的压力信号。这意味着，一个故障关闭阀在 3psig 压力时将完全关闭，而在 15psig 压力下完全打开。

对于连续操作通常要避免使用开关控制器，因为它会产生不希望产生的循环响应（图 2.59）。开关控制系统中的阀由于过度操作，磨损也较严重。

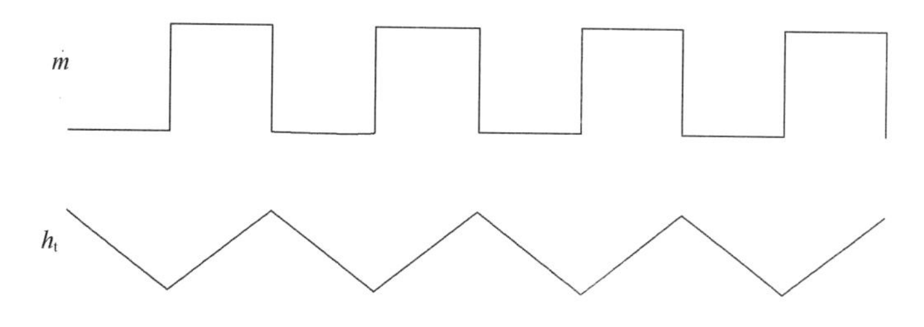

图 2.59　开关控制信号的循环响应

2.11.3.6 比例控制器

比例控制器的驱动输出（c）正比于输入的设定值与测量值之间误差（ε）。因此

$$c(t) = G_p \varepsilon(t) + c_s \tag{2.202}$$

式中 G_p——控制器的比例增益

c_s——控制器的偏置信号

偏置信号是误差为零时的驱动信号。因此，在本例子中，偏置信号是误差为零时施加在阀上的稳定状态压力。

比例增益（G_p）可看成是信号放大。在本例中，一个正误差，即设定点大于测量高度，会增加进入贮罐的水流量。只有当施加在阀上的压力增加时流量才会增加。对于给定误差量，随着比例增益的增加，会导致更多控制动作。

某些控制器使用比例带而不使用比例增益。比例带代表误差范围，它在其整个范围内使控制器改变输出。比例带由下式定义：

$$\text{比例带} = \frac{100}{G_p} \tag{2.203}$$

在比例控制器中，当控制器输出与过程输出到达新平衡值时，便会产生设定点与实际输出之间的偏移，这个偏移即使在误差降低到零之前也会产生。为了这种偏移，可使用比例积分控制器。

2.11.3.7 比例积分（PI）控制器

比例积分（PI）控制器既利用误差也利用误差积分确定控制驱动信号。因此，对于 PI 控制器，驱动信号是

$$c(t) = G_p \varepsilon(t) + G_i \int_0^t \varepsilon(t)\,dt + c_s \tag{2.204}$$

方程右侧第一项与误差成比例，第二项与误差积分成比例。在 PI 控制器中，误差信号使控制器以连续方式改变输出，而误差积分将使误差降低为零。在积分过程中，控制器输出与控制器误差时间积分相联系，使控制器输出取决于误差大小和持续时间。因此，有了积分功能，控制器就可以根据控制器响应的历史积分发出驱动信号。因此，许多应用优先采用 PI 控制器。

2.11.3.8 比例－积分－微分控制器

比例－积分－微分（PID）控制器结合当前误差变化速率（即误差微分）进行工作。PID 控制器输出可用式（2.205）表达：

$$c(t) = G_p \varepsilon(t) + G_i \int_0^t \varepsilon(t)\,dt + G_d \frac{d\varepsilon(t)}{dt} + c_s \tag{2.205}$$

PID 控制器可看成预期控制器。当前误差变化速率被用来预测未来的误差是否会增加或减少，然后利用此信息确定驱动输出。如果出现恒定非零误差，则微分控制作用为零。输入信号有噪声时不适合采用 PID 控制器，因为小的非零误差可能会导致不必要的大控制动作。

2.11.3.9 传输线

传输线用于将信号从测量传感器传输到控制器，并从控制器传输到控制单元。传输线可传输电流，也可传输压缩空气气动压力或液体。

2.11.3.10 末控元件

末控元件执行实施动作。收到信号后，控制单元将做出调整。食品工业中最常使用的控制元件是气动阀，如图 2.60 所示。此阀利用空气操作，通过改变阀塞位置控制流量。阀塞通过连杆与阀膜相连接。控制器发送控制信号使空气压力变化，从而使移动位置的连杆和阀塞通过阀孔改变流量。这便是气闭阀原理。如果出现某种故障，无法供给空气，则阀将无法打开，因为弹簧一直将阀杆和阀塞向上推。此外，还有带故障关闭功能的气开阀。这类阀在阀膜侧空气压力从 3psig 变到 15psig（由 20kPa 变到 100kPa）时，阀随之从完全打开状态变为关闭状态。

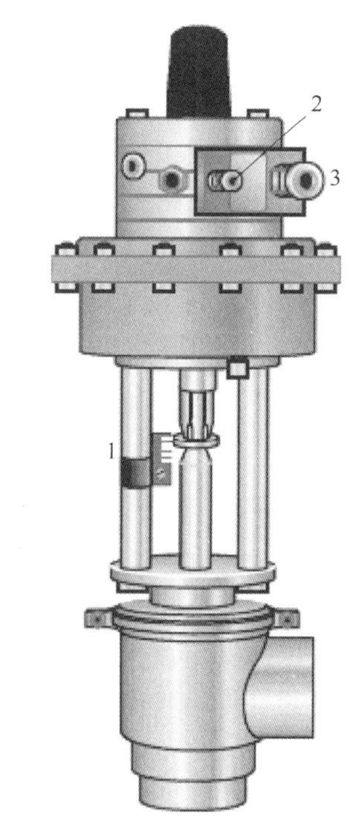

图 2.60 气动阀

1—可视位置指示器 2—电信号接口

3—压缩空气接口

（资料来源：Alpha Laval 公司）

任何反馈控制系统都必须精确测量控制输出。过程控制中最常见的控制变量为：温度、压力、流速、组成以及液位。大量基于各种操作原理的商业传感器可用来测量这些变量。某些变量可直接测量，如压力。温度是间接测量的控制变量，例如，热电偶将温度变化转换为电压。传感器的输出信号通常被转换成用于发送的另一种信号。如表 2.7 所示为用于信号传输的通用标准系统。

表 2.7 用于信号传输的标准系统

气动	气动（3 ~ 15psig 或 20 ~ 100kPa）
电流（直流）	4 ~ 20mA
电压（直流）	0 ~ 10V
	0 ~ 5V

传感器输出可变为相同类型信号，例如，温度和压力信号均可变为用不同导线传输的 4 ~ 20mA 的电流信号。当这些信号到达处理单元，可通过必要放大使电磁阀操作或使控制阀位置改变。

电信号传输可能因外部原因（如附近有大型电气设备操作）而受到破坏。外部噪声可用适当过滤器消除。低信号强度（如毫伏级信号）比高强度信号（伏级信号）更容易受外来噪声影响。电压信号不如电流信号可靠，数字信号太容易受外部电噪声影响。

2.12 传感器

正如上面讨论中所了解的，传感器在测量过程变量中起着重要作用。以下将简单介绍食品加工中常用传感器工作原理。

2.12.1 温度传感器

食品工业中使用的温度传感器可以大致分为指示型和记录型两大类。测量温度用的普通指示传感器有双金属条温度计和热膨胀型温度计。最常见用于记录和过程控制的温度传感器是热电偶、热敏电阻和电阻温度探测器。这三种传感器均提供基于测量能的电信号。

热电偶是由不同材料的两条导线制成的简单装置。如图2.61（1）所示，热电偶导线端部接合形成两个结点。如果将两个结点置于不同温度，就会形成电势差，导致电路中的电流流动（称为塞贝克效应）。此电路测量到的电位差（通常在毫伏数量级）是两结点间温差的函数。如图2.61（1）电路所示，只有温度差可以确定。为了测量未知温度，需要知道结点之一的温度。这可以通过使一个结点置于冰中实现，如图2.61（2）。另一种替代方法是，通过在电路中内置电子冰来确定绝对温度。表2.8列出了热电偶中常用的一些金属和合金组合。

表2.8　用于热电偶的常见金属及合金组合

热电偶类型	正线组成	负线组成	适应性（环境，温度限）
J	铁	康铜	氧化，还原，惰性，最高700℃
K	90%镍，10%铬	95%镍，5%铝	氧化，惰性，最高1260℃
T	铜	康铜	氧化，真空，还原或惰性，最高370℃，适合-175℃

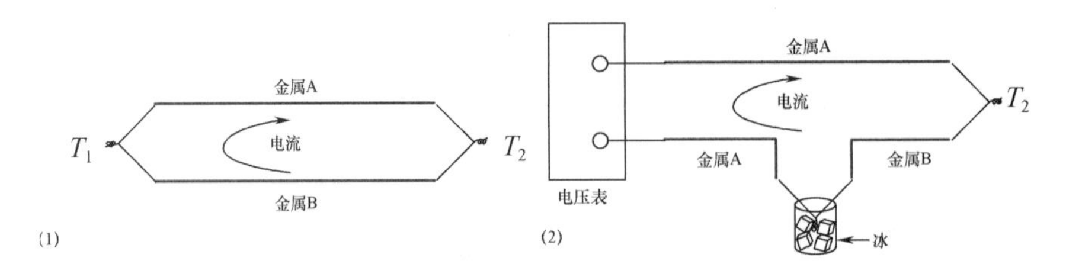

图2.61　热电偶电路

（1）电流在温度 $T_1 \neq T_2$ 时产生　（2）当一个结点置于冰中就可以测量第二个结点的温度

电阻温度检测器（RTD）可用于要求高精确测量温度差场合。电阻有薄膜型和线型两种。最常见的电阻标准有100Ω、500Ω和1000Ω。电阻温度检测器通常由铂或镍制成。因此，Pt100指的是由铂制成的100Ω电阻温度检测器。因为薄膜型电阻温度检测器与线型的相比非常薄，因此要将它嵌入另一种材料，以使其适用于机械操作。通常用陶瓷作支承材料，如图 2.62 所示。表 2.9 所列为热电偶和电阻温度检测器性能特征。

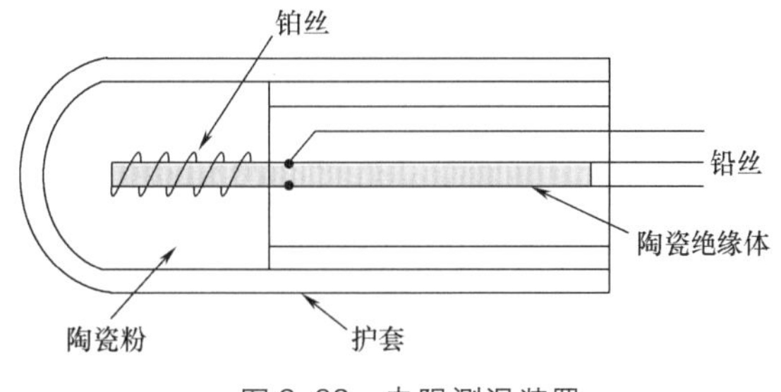

图 2.62　电阻测温装置

表 2.9　热电偶和电阻温度检测器性能

性能	热电偶	电阻温度检测器（RTD）
操作温度范围	广	广，－200～＋850℃
时间响应	快（比 RTD 快）	慢
温度关系函数	非线性	明确定义了的线性关系
耐久性	简单且坚固	对振动、冲击和机械处理敏感
对电磁干扰的敏感性	敏感	
参比	需要参比联接	无
成本	便宜	贵

贮罐和管道之类的过程设备温度利用插在测温套中的传感器测量，如图 2.63 所示。测温套将周围环境与温度传感器隔开。这种设计形式主要是为了防止温度传感器性能下降。测温套的长度至少应为热电偶结点直径的 15 倍。装于测温套的温度传感器动态响应时间相当长，因此，存在影响控制性能问题。

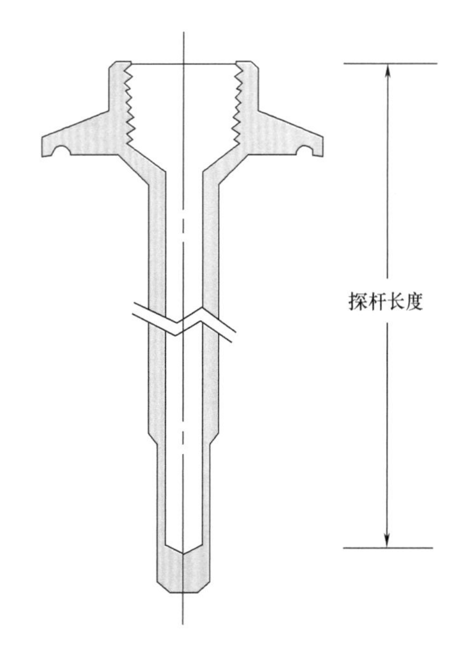

图 2.63　用于将温度传感器与过程环境隔开的测温套

2.12.2　贮罐液位测量

贮罐液位利用不同方法测量。一种方法是在罐中利用流体轻的浮子测量，这种浮子类似于卫生间使用的浮阀。另一种方法是测定两个位置的压力差，一个测压点位于蒸汽空间，另一测压点位于液体中。还有一种超声液体探测器可用于测量贮罐中的液位。

2.12.3　压力传感器

压力传感器用于测量设备中的压力，也可通过测量压差来确定贮罐的液体高度或流动液体和气体的速率。可变电容压差传感器中的隔膜因压力差而产生位移，这种位移由隔膜两侧电容板所感测。传感膜片与电容板周围的电容差被转换成直流电压。压力指示常用压力表或布尔登压力计。然而，为了记录压力，最好选用能够产生电信号的压力传感器。如图2.64所示为一种使用电气输出信号的压力传感器。该仪器内有一个传递压力的柔性隔膜元件。作用在隔膜元件的压力使连杆推动柔性梁。两个应变计安装在横梁上。横梁偏转由应变计感测，该读数被转换为压力读数。

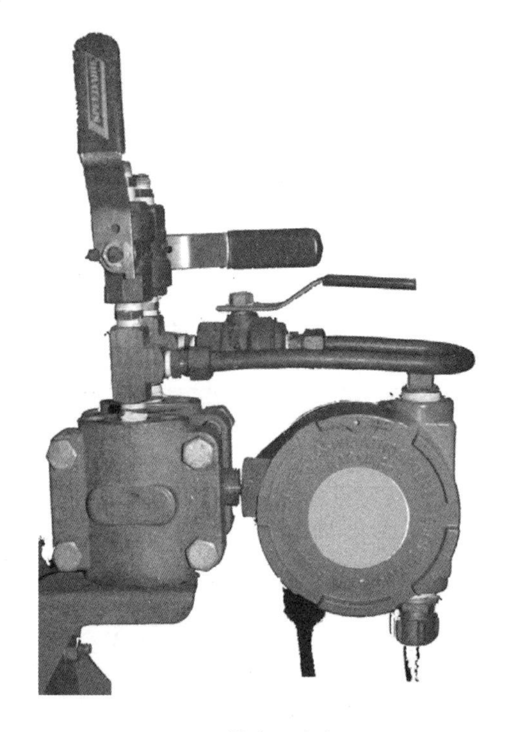

图2.64　微分压力变送器

2.12.4　流量传感器

液体和气体流动通常用使流体通过缩颈引起压力降的方式进行测量。测量的压降、流量则用本章前面介绍的伯努利方程确定。流量测量中使用的典型收缩元件是孔板和文丘里管。涡轮流量计是另一种类型的流量传感器，其中，涡轮转数被用来计算流量。有一种测空气流动的叶片式风速计可测量叶轮转数。热丝风速计常用于测量空气流量。

在线流量计材料会直接与食品介质接触。因此，在食品应用时，必须注意设计和结构（即允许方便清洗）的卫生性，并尽量减少任何死角。如果流量测量装置可进行就地清洗，则这种流量计必须能承受就地清洗过程所要求的清洗条件。如果不能就地清洁，那么测量装置就必须设计成容易拆下清洁的式样。

食品工业使用的典型流量计有涡轮式、正位移式、电磁式和基于科里奥利原理的流量传感器。

正位移流量计具有若干绕轴旋转的固定容积腔室。液体填注入进口处腔室并引起该室的旋转。这些转速流量计与某种型式的机械计数器或电磁信号相连接。这类仪表的优点是无需辅助能量，因为流体可使传感器运动，并且它们对上游直线部分管长没有任何特殊要求。这类流量计的黏度操作范围广，并可在底流量条件下取得良好的测量效果。采用容积式流量计的典型流体有食用油和糖浆。涡轮流量计更适合于低黏度流体，如牛乳、啤酒和水。这类流量计的旋转作用由自动液流能量转换而来。涡轮叶片呈螺旋形安装，螺旋每转一圈的长度相当于螺杆长度。涡轮流量计应远离上游管件安装。

2.12.5 数据采集的重要术语

下列多数术语会在实验测量和数据分析中遇到。这里提供简短定义，以便读者能在实验测量结果的报告中正确使用它们。

准确度：指示值和真实值之差。

漂移：一段时间内仪器读到的某变量的变化。

误差信号：设定值与测量放大值之差。

滞后：仪器从相反方向接近信号取得读数之差。

偏移：零输入时的仪表读数。

精密度：信号可读取的限值。

范围：仪器操作设置的最低值和最高值，或指最低或最高可测量值。

重现性：某变量连续读数间一致性的度量。

分辨率：仪器能产生响应的变量的最小变化量。

灵敏度：仪器输出随被测变量变化的度量。

2.13 传感器的动态响应特性

从前面几节可知，食品加工过程会使用各种控制和测量变量的传感器。例如，热电偶、温度计或热敏电阻可用于测量温度。同样，也可用适当的传感器测量压力、速度和密度之类其他物理量。传感器的关键指标是动态响应。以下简要介绍传感器的动态响应特性。

任何传感器的动态响应特性都通过确定其时间常数测量，时间常数反映了传感器对于输入变化响应的快慢程度。例如，如果测量被加热液体食品的温度，就需要知道置于液体传感器指标的温度与实际温度滞后多少时间。如果液体温度变化相当缓慢，则该时间滞后可能问题不大。但是，如果液体被迅速加热，则要选择一个没有多大滞后时间响应的传感器。传感器时间常数可定量描述这一滞后期。

前面所述仪器响应的“快”和“慢”是主观的，选择传感器时并不十分有用。确定选择的传感器是否符合给定任务要求，需要用客观方法评价。为此，需要确定温度传感器的时间常数。同样方法也可以用于其他类型传感器，例如用于测量压力、速度和质量的传感器。

时间常数的单位是时间单位（如 s）。时间常数与传感器有关。

确定传感器时间常数时，传感器对输入突然变化的响应是指数型的。如图 2.65 所示，当环境温度突然从 0℃ 变为 25℃ 时，温度计的温度响应是一条指数曲线。时间常数（τ）可根据以下指数曲线方程求取：

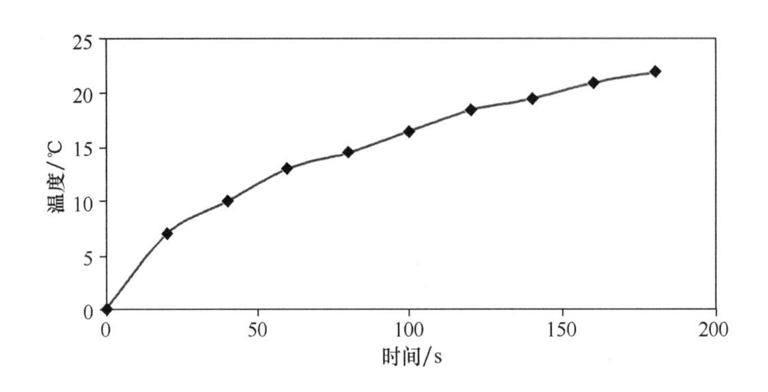

图 2.65 温度传感器的指数响应

$$T = T_u - (T_u - T_0)e^{-\frac{t}{\tau}} \tag{2.206}$$

式中 T——传感器温度，℃

T_u——环境温度，℃

T_0——初始温度，℃

t——时间，s

τ——时间常数，s

重新整理式（2.206）得

$$\frac{T_u - T}{T_u - T_0} = e^{-\frac{t}{\tau}} \tag{2.207}$$

两侧取自然对数得

$$\ln\frac{T_u - T}{T_u - T_0} = -\frac{t}{\tau} \tag{2.208}$$

式（2.208）是一条 $y = mx + c$ 型直线，其中的 y 值为

$$\ln\frac{T_u - T}{T_u - T_0}$$

x 轴为 t，时间常数 τ 是负斜率的倒数。

同时用 1 减去式（2.207）左右两侧得

$$1 - \frac{T_u - T}{T_u - T_0} = 1 - e^{-\frac{t}{\tau}} \tag{2.209}$$

上式整理得

$$\frac{T - T_0}{T_u - T_0} = 1 - e^{-\frac{t}{\tau}} \tag{2.210}$$

因此，在时间常数等于 1 时，即 $t = \tau$ 时，

$$\frac{T - T_0}{T_u - T_0} = 1 - e^{-\frac{T}{\tau}} = 1 - e^{-1} = 1 - 0.03679 = 0.6321$$

即

$$T = T_0 + 0.6321 \ (T_u - T_0)$$

这就是说，时间等于时间常数时，传感器温度将增加步骤温度变化（$T_u - T_0$）的 63.21%，例 2.28 为根据实验数据获得时间常数的例子。

例 2.28

实验测量双金属传感器的时间常数。传感器最初在冰水中平衡。实验自传感器从冰水中取出时开始。迅速擦拭传感器所带任何残留水，并将传感器置于 23℃ 环境温度房间。以下为每隔 20s 得到的温度随时间变化数据。试利用这些数据估计传感器的时间常数。

时间/s	温度/℃
0	0
20	7
40	10
60	13
80	14.5
100	16.5
120	18.5
140	19.5
160	21
180	22

已知：

初始温度，$T_0 = 0℃$

环境温度，$T_u = 23℃$

方法：

利用电子表格解此问题。利用式（2.208）编程，可由直线斜率得到时间常数值。

解：

（1）电子表格程序如图 E2.11 所示。

（2）利用 $\ln[(T_u - T)/(T_u - T_0)]$ 与时间作图。

（3）使用趋势线功能计算斜率。如图所示，该得到的斜率 = −0.0149，

$$时间常数 = -\left(\frac{1}{斜率}\right)$$
$$= 67.11\text{s}$$

（4）因此双金属传感器的时间常数为 67.11s。

	A	B	C	D	E	F
1	初始温度 T_0	23				
2						
3	时间/s	温度/℃	(Tu-T)	(Tu-T)/(Tu-T_0)	ln[(Tu-T)/(Tu-T_0)]	
4						
5	0	0	23	1.0000	0.00000	
6	20	7	16	0.6957	-0.36291	
7	40	10	13	0.5652	-0.57054	
8	60	13	10	0.4348	-0.83291	
9	80	14.5	8.5	0.3696	-0.99543	
10	100	16.5	6.5	0.2826	-1.26369	
11	120	18.5	4.5	0.1957	-1.63142	
12	140	19.5	3.5	0.1522	-1.88273	
13	160	21	2	0.0870	-2.44235	
14	180	22	1	0.0435	-3.13549	
15						
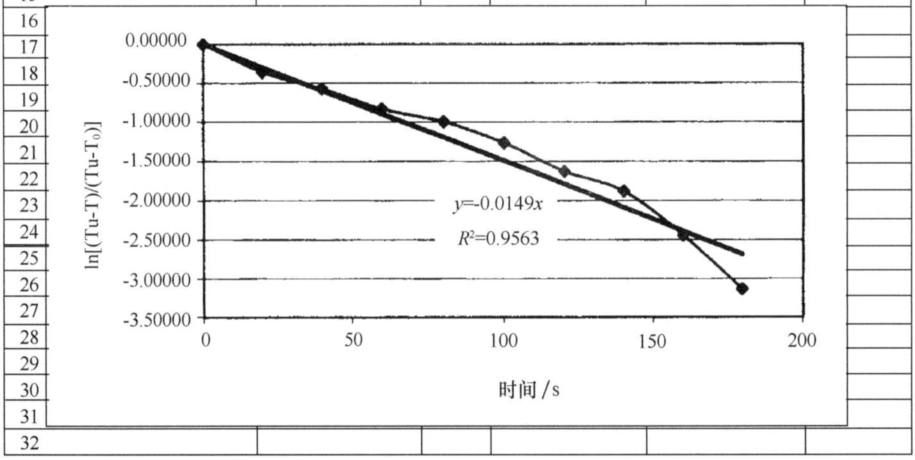 16						
17						
18						
19						
20						
21						
22						
23						
24						
25						
26						
27						
28						
29						
30						
31						
32						

0.00000
-0.50000
-1.00000
-1.50000
-2.00000
-2.50000
-3.00000
-3.50000
ln[(Tu-T)/(Tu-T_0)]
y=-0.0149x
R^2=0.9563
0 50 100 150 200
时间/s

图 E2.11 利用例 2.28 所给数据计算时间常数的电子表格

习题[①]

2.1 计算 25℃的水在公称直径为 2.54cm 的卫生管中以 0.5kg/s 流量流动时的雷诺数。流动属于什么性质？

① 习题中带“*”号的解题难度较大。

2.2　用管子将葡萄酒放入 1.5m 直径的贮罐内。贮罐附近的另一根（直径 15cm）管子用来将罐中的葡萄酒放出。如果要将葡萄酒的液位维持在 2.5m，计算流入罐的葡萄酒体积流量。

2.3　用一根等直径的软管将 20℃的苹果汁从大贮罐中虹吸出来。虹吸管出口端在贮罐底下方 1m 处。计算不产生空化可以进行虹吸的管子峰高。假设苹果汁的性质与水相同。大气压为 101.3kPa。罐中果汁的高度为 2m。

2.4　密度为 $1980kg/m^3$、黏度为 2.67cP 的硫酸在直径 35mm 的管中流动。如果硫酸的流量为 $1m^3/min$，请问流过 30m 光滑管子所产生的摩擦压力损失是多少？

2.5　某液体以 20L/min 的流量在公称直径 3.81cm 的卫生管中流动。液体的密度为 $1030kg/m^3$、黏度为 50cP。计算平均流速和最大流速；问流动属于层流还是湍流？

2.6　某流体以 0.05kg/s 的流量在直径 2.54cm 粗铁管中流动，求产生 70kPa 摩擦压降的总当量长度。流体的黏度为 2cP，密度为 $1000kg/m^3$。

*2.7　乙醇溶液通过直径 25mm 钢管，以 $10m^3/h$ 的流量，用泵输送到参比面上方 25m 处的容器内。管路长 30m，包括 2 个弯头（每个弯头的摩擦当量长度为 20 倍管径）。计算需要的泵功率。溶液的性质：密度 $975kg/m^3$，黏度 $4\times10^{-4}Pa\cdot s$。

2.8　某液体在公称直径 5.08cm、长 40m 的钢管内，以 3m/s 的平均流速流动，产生的摩擦压降为 78.86Pa。如果该液体的密度为 $1000kg/m^3$，那么

a. 确定雷诺数。

b. 确定是层流还是湍流。

c. 计算液体的黏度。

d. 如果该液体是水，估计其温度。

e. 计算质量流量。

*2.9　装在暂存缸中的液体食品（$\rho=1000kg/m^3$，$\mu=1.5cP$），要以 2kg/s 的流量泵送到灌装机。暂存缸中的液位比泵高出 10m，灌装机比泵高 5m。暂存缸与灌装机之间的管路是公称直径 5.08cm、长 100m 的卫生管，输送系统中有 1 个全开球阀和 4 个中等弯曲半径 90°弯头。产品在进灌装机以前经过一个摩擦压降为 100kPa 的热交换器。请确定泵的理论需要功率。

2.10　敞开式水罐上方安装的一台离心泵用（直径 8cm 的）管子抽水。泵的输送流量为 $0.02m^3/s$。泵制造商规定的汽蚀余量为 3m。水温为 20℃，大气压为 101.3kPa。计算泵在水位上方最大不产生汽蚀作用的安装高度。在吸入口与泵之间安装有一台损失系数 $C_f=15$ 的食品加工设备。其他损失忽略不计。

2.11　转速 1800r/min 的离心泵，在压头 30m 时的流量为 1500L/min。如果泵的转速加倍，计算新的流量和压头。

2.12　食用油（相对密度 0.83）在 $0.002\sim0.02m^3/s$ 范围流经文丘里管。计算测量这些流量所需要的压差。管子直径为 15cm，文丘里管喉部直径为 5cm。

2.13　内径 9cm 的管子用于泵送密度为 $1100kg/m^3$ 的液体，最大质量流量 23kg/s。利用孔板（$C=0.61$）测量流量。但最好通过孔板的压力降不超过 15kPa。试确定确保压降保持在所述限制值以内的孔板直径。

2.14　利用毛细管测量某牛顿液体的黏度。毛细管直径为4cm，长为20cm。如果用于维持1kg/s测量流量的压强为2.5kPa，请估计该液体的黏度。液体的密度为998kg/m³。

2.15　某流体以0.12m³/h的流量，流过5m长、直径为8.636cm的不锈钢卫生管时产生的压降为35kPa。假定是层流。请计算该流体的黏度。

2.16　一支直径2cm、长2cm的毛细管黏度计用来测量黏度为10Pa·s的液体食品（ρ=1000kg/m³）。如果要求测量在1kg/min流量下进行，求所需的压强。

*2.17　某液体食品的黏度选用毛细管黏度计进行测量。将要测量的最大黏度为230cP，可以正确测量的最大流量为0.015kg/min。如果毛细管的长度为10cm，可以测量的最大压强为25Pa，求毛细管的直径。产品密度为1000kg/m³。

*2.18　一种单筒型旋转黏度计用来测量黏度为100cP的液体。黏度计的测量头是一个长6cm、直径1cm的纺锤头。在最大剪切速率（转速=60r/min）处，测量达到全量程读数100。确定纺锤头的尺寸，以使得仪器在最大转速时可用来测量高达10000cP的黏度。

2.19　堆积密度为650kg/m³，休止角为55°的干食品粉末利用重力通过大存储容器底的圆形开口排料。请估计为保持5kg/min的质量流量所需的开口直径。排放系数为0.6。

2.20　存储于排料口直径为10cm料箱的某食品干粉利用重力排料。粉料的内摩擦角为58°，堆积密度为525kg/m³。试估计产品从料箱排出出现搭桥现象时粉末的凝聚力参数。

*2.21　Zigrang和Sylvester（1982）给出了一些雷诺数与摩擦系数之间的经验关系式。Churchill提出的方程据认为适用于所有N_{Re}和ε/D值。Churchill模型利用达西摩擦系数（f_D），其值为范宁摩擦系数（f）数倍。

$$f_D = 8\left[\left(\frac{8}{N_{Re}}\right)^{12} + \frac{1}{(A+B)^{3/2}}\right]^{1/12}$$

其中，

$$A \equiv \left[2.457\ln\left(\frac{7}{N_{Re}}\right)^{0.9} + 0.27\frac{\varepsilon}{D}\right]^{16} \qquad B \equiv \left(\frac{37530}{N_{Re}}\right)^{16}$$

利用MATLAB在$\varepsilon/D=50$，$N_{Re}=1\times10^4$、1×10^5、1×10^6和1×10^7时对Churchill模型进行评价。将计算结果与图2.16的范宁摩擦系数读数比较，并与由式（2.54）所给的在湍流条件下的Haaland经验摩擦系数比较。

*2.22　图2.16给出的穆迪曲线的湍流部分（$N_{Re}\geqslant2100$）用于构建Colebrook方程：

$$\frac{1}{\sqrt{f_D}} = -2.0\log_{10}\left(\frac{\varepsilon/D}{3.7} + \frac{2.51}{N_{Re}\sqrt{f_D}}\right)$$

式中　f_D——达西摩擦系数，其值为范宁摩擦系数f的4倍

使用MATLAB的f_{zero}函数，在$\varepsilon/D=0.0004$及雷诺数分别为2100，1×10^4，1×10^5，1×10^6和1×10^7号条件下求解Colebrook方程中的f_D（和f）。将计算结果与图2.16读数值进行比较。

*2.23　内径（D_1）为0.147m的水管安装孔径为0.0735m（D_2），用薄孔板对水流量进行测量。该孔板测压口分别位于距离孔板上游D_1和下游$D_1/2$位置。利用MATLAB计算测得的压降（P_A-P_B）为9000Pa，水温度为20℃时的水流量Q。利用以下所示的White（2008）算法进行计算：

（1）猜测 $C=0.61$。

（2）利用以上 C 值计算流量 Q（m^3/s）。

$$Q=\frac{CA_2}{\sqrt{(1-\beta^4)}}\sqrt{\frac{2}{\rho}(p_1-p_2)}$$

（3）计算管内流速 u_A 及雷诺数 N_{Re}。

（4）利用以下根据 D 和 $D/2$ 确定孔系数的经验方程重新计算 C 值。

$$C\approx 0.5899+0.05\beta^2-0.08\beta^6+(0.0037\beta^{1.25}+0.011\beta^8)\left(\frac{10^6}{N_{Re}}\right)^{1/2}$$

其中，

$$N_{Re}=\frac{u_A D_1\rho_f}{\mu_f}\qquad \beta=\frac{D_2}{D_1}$$

（5）重复步骤（2）到步骤（4）直到得到收敛恒定的 Q 为止。

符号

A	面积（m^2）
α	牛顿流体修正系数
α'	非牛顿流体修正系数
B_A	阿累尼乌斯常数
c	控制器实际输出
c_s	偏出信号
C	系数
C_{fe}	膨胀引起的摩擦损失系数
C_{fc}	收缩引起的摩擦损失系数
C_{ff}	管件引起的摩擦损失系数
C_b	黏滞参数（Pa）
C_g	式（2.197）中的排放系数
D	管径（m）
d	颗粒直径（μm）
d_c	特征直径（m）
e	颗粒内的体积分数
E	内能（J/kg）
E_f	摩擦损失能
ϵ	［式（2.201）］设定值与测量值之差
ε	表面粗糙度（m）［式（2.201）］
E	能量（J）
E'	单位质量能量（J/kg）
E_a	活化能（J/kg）

E_p	泵提供的能量（J/kg）
F	力（N）
f	摩擦因数
f_c	无约束屈服应力（Pa）
f'_c	流程函数
Φ	功率（W）
g	重力加速度（m/s^2）
G_d	微分增益
G_i	积分增益
G_p	比例增益
$\dot{\gamma}$	剪切速率（1/s）
H	高度（m）
$H(\theta)$	输出几何函数
h	压头（m）
j	式（2.43）中的指数
K	稠度系数（Pa·s）
L	长度（m）
L_e	入口长度（m）
μ	黏度（Pa·s）
$\dot{m}$	质量流量（kg/s）
m	质量（kg）
N	转速（r/s）
N_p	颗粒数
N_{Re}	雷诺数
N_{GRe}	通用雷诺数
n	流动习性指数
η	泵的效率
P	压强（Pa）
Q	加入或从系数移走的热量（kJ）
θ	角
R	半径（m）
ρ	密度（kg/m^3）
r	极坐标
R_g	气体常数［cal/(mol·K)］
s	沿流线的距离坐标
S	周长
s_d	标准差
σ	剪切应力（Pa）

σ_n 正应力（Pa）
σ' 大主应力（Pa）
σ_w 壁上的剪切应力（Pa）
T 温度（℃）
t 时间（s）
τ 时间常数（s）
u 流速（m/s）
$\bar{u}$ 平均流速（m/s）
v 动力黏度（m^2/s）
V 体积（m^3）
$\dot{V}$ 体积流量（m^3/s）
φ 内摩擦角
ω 角速度（rad/s）
ψ 孔隙率
W 功（kJ/kg）
W_m 泵做的功（kJ/kg）
v 空隙
x x - 方向的距离坐标（m）
y y - 方向的距离坐标（m）
z 垂直坐标（m）
Ω 扭矩（N · m）
ΔP 压降（Pa）

下标：a，空气；A，绝对；b，最小；B，主体；d，排放；g，粒状的；i，内；m，气压计；n，正；o，外；p，颗粒；s，吸；so，固体；w，壁。

参考文献

Brennan, J. G., Butters, J. R., Cowell, N. D., Lilly, A. E. V., 1990. Food Engineering Operations, third ed. Elsevier Science Publishing Co., New York.

Casson, N., 1959. A flow equation for pigmented - oil suspension of the printing ink type. In: Mill, C. C. (Ed.), Rheology of Dispersed Systems. Pergamon Press, New York, pp. 84 - 104.

Charm, S. E., 1978. The Fundamentals of Food Engineering, third ed. AVI Publ. Co., Westport, Connecticut.

Colebrook, C. F., 1939. Friction factors for pipe flow. Inst. Civil Eng. 11, 133.

Dodge, D. W., Metzner, A. B., 1959. Turbulent flow of non - Newtonian systems. AIChE J. 5 (7), 189 - 204.

Doublier, J. L., Lefebvre, J., 1989. Flow properties of fluid food materials. In: Singh, R. P., Medina, A. G. (Eds.), Food Properties and Computer - Aided Engineering of Food Processing Systems. Kluwer Academic

Publishers, Dordrecht, The Netherlands, pp. 245 – 269.

Earle, R. L., 1983. Unit Operations in Food Processing, second ed. Pergamon Press, Oxford.

Farrall, A. W., 1976. Food Engineering Systems, 1. AVI Publ. Co., Westport, Connecticut.

Farrall, A. W., 1979. Food Engineering Systems, 2. AVI Publ. Co., Westport, Connecticut.

Haaland, S. E., 1983. Simple and explicit formulas for the friction factor in turbulent pipe flow. Fluids Eng. March, 89 – 90.

Heldman, D. R., 2001. Prediction of models for thermophysical properties of foods. In: Irudayaraj, J. (Ed.), Food Processing Operation Modeling: Design and Analysis. Marcel – Dekker, Inc., New York. Chapter 1.

Heldman, D. R., Seiberling, D. A., 1976. In: Harper, W. J., Hall, C. W. (Eds.), Dairy Technology and Engineering. AVI Publ. Co., Westport, Connecticut, pp. 272 – 321.

Heldman, D. R., Singh, R. P., 1981. Food Process Engineering, second ed. AVI Publ. Co., Westport, Connecticut.

Herschel, W. H., Bulkley, R., 1926. Konsistenzmessungen von gummibenzollusungen. Kolloid – Zeitschr 39, 291.

Hydraulic Institute, 1975. Hydraulic Institute Standards for Centrifugal, Rotary and Reciprocating Pumps. Hydraulic Institute, Cleveland, Ohio.

Jenike, A. W., 1970. Storage and Flow of Solids, Bulletin 123 of the Utah Engineering Experiment Station, 4th printing (revised). University of Utah, Salt Lake City.

Loncin, M., Merson, R. L., 1979. Food Engineering; Principles and Selected Applications. Academic Press, New York.

Morgan, M. T., Haley, T. A., 2007. Design of food process control systems. In: Kurz, M. (Ed.), Handbook of Farm, Dairy, and Food Machinery. William Andrew Inc., Norwich, New York, pp. 485 – 552.

Mugele, K. A., Evans, H. D., 1951. Droplet size distribution in sprays. Ind. Eng. Chem. 43, 1317.

Munson, B. R., Okiishi, T. H., Huebsch, W. W., Rothmayer, A. P., 2012. Fundamentals of Fluid Mechanics, seventh ed. John Wiley and Sons, New York.

Palmer, J., Jones, V., 1976. Reduction of holding times for continuous thermal processing of power law fluids. J. Food Sci. 41 (5), 1233.

Peleg, M., 1977. Flowability of food powders and methods for evaluation. J. Food Process Engr. 1, 303 – 328.

Rao, M. A., 2006. Transport and storage of food products. In: Heldman, D. R., Lund, D. B. (Eds.), Handbook of Food Engineering. CRC Press, Taylor & Francis Group, Boca Raton, Florida. Chapter 4.

Reynolds, O., 1874. Papers on Mechanical and Physical Subjects. The University Press, Cambridge, England.

Rotstein, E., Singh, R. P., Valentas, K., 1997. Handbook of Food Engineering Practice. CRC Press, Inc., Boca Raton, Florida.

Schubert, H., 1987a. Food particle technology: properties of particles and particulate food systems. J. Food Engr. 6, 1 – 32.

Schubert, H., 1987b. Food particle technology: some specific cases. J. Food Engr. 6, 83 – 102.

Slade, F. H., 1967. Food Processing Plant, 1. CRC Press, Cleveland, Ohio.

Slade, F. H., 1971. Food Processing Plant, 2. CRC Press, Cleveland, Ohio.

Smits, A. J., 2000. A Physical Introduction to Fluid Mechanics. John Wiley and Sons, Inc., New York.

Steffe, J. F., 1996. Rheological Methods in Food Process Engineering, second ed. Freeman Press, East Lansing, Michigan.

Steffe, J. F., Daubert, C. R., 2006. Bioprocessing Pipelines, Rheology and Analysis. Freeman Press, East

Lansing, Michigan.

Toledo, R. T., 2007. Fundamentals of Food Process Engineering, third ed. Springer – Science + Business Media, New York.

Van Wazer, J. R., 1963. Viscosity and Flow Measurement. Interscience Publishers, New York.

Vitali, A. A., Rao, M. A., 1984. Flow properties of low – pulp concentrated orange juice: effect of temperature and concentration. J. Food Sci. 49 (3), 882 – 888.

Watson, E. L., Harper, J. C., 1988. Elements of Food Engineering, second ed. Van Nostrand Reinhold, New York.

White, F. M., 2008. Fluid Mechanics, seventh ed. McGraw – Hill Book Co., New York.

Zigrang, D. J., Sylvester, N. D., 1982. Explicit approximations of the solution of Colebrook's friction factor equation. AIChE J. 28 (3), 514 – 515.

3 资源的可持续性

现代食品加工厂离开了足够的水、电、汽供应就不能运转。用水量大是不难料到的，因为要用水来处理食品，水也是清洗介质。整个食品加工过程中，电是电机及相关设备的动力。热空气和热水有各种用途，它们可以用不同的能源来加热，包括天然气、煤或油。食品工业中常常用到制冷系统，多数制冷系统需要将电能转化为冷空气。附近有发电厂的加工厂，蒸汽可以直接从发电厂得到①，这一点上，蒸汽与制冷类似，因为制冷需要利用发电厂提供的电。

本章将较详细地讨论食品加工中使用的三种动力能源。这些动力能源包括：①蒸汽的产生与利用；②天然气利用；③电能利用。本章除了蒸汽发生需要用水以外，不讨论水的利用。因为多数应用场合不把水归为能源。由于制冷相当重要，因此将用专门一章讨论。

3.1 蒸汽的产生

蒸汽是汽状的水，当它重复使用时便成了能源。这种能源可以用来提高其他物质（如食品）的温度，而释放能量以后的蒸汽便变成了冷凝水。水从更为基础的能源（如燃油或天然气）获得能量，从液态变为汽态。

本节将讨论食品工业常见的蒸汽发生系统。我们将讨论相变热力学并且用它解释蒸汽表。蒸汽表中的值可用来说明蒸汽发生需要的能量，以及蒸汽在食品加工中的可利用程度。从蒸汽发生用的能源到食品加工应用过程的效率将是重点要讨论的内容。

3.1.1 蒸汽发生系统

蒸汽发生系统可以分为两大类：①火 - 管型；②水 - 管型。这两种形式的蒸汽发生系统在食品工业中均有使用，但水 - 管型系统型式更先进些。蒸汽发生系统或称锅炉，是一台水与加热壁接触的容器，液态水转化为汽态水需要这样的设备。加热面温度通常由天然

① 蒸汽是发电厂的副产品。——译者注

气或其他石油产品的燃烧气体维持。设计时，主要考虑锅炉容器能装蒸汽并能耐受相变产生的压强。

火-管型蒸汽发生器（图3.1）的管内是热气体，管子浸在水中，将水从液态转变成汽态。通过传热产生所希望的状态变化，产生的蒸汽与水贮在同一容器。水-管型蒸汽发生器（图3.2）利用管外热气将热量传入管内流过的水，产生蒸汽。水-管型系统传热更为快些，因为液体可以在管内实现湍流流动。

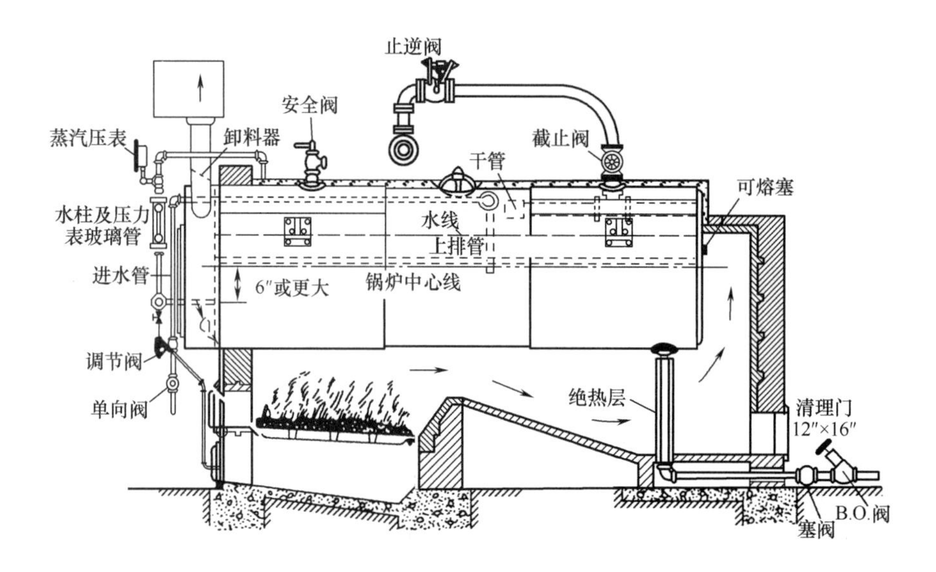

注：1in=2.54cm

图3.1 水平回管火-管型锅炉

（资料来源：Farrall，1979）

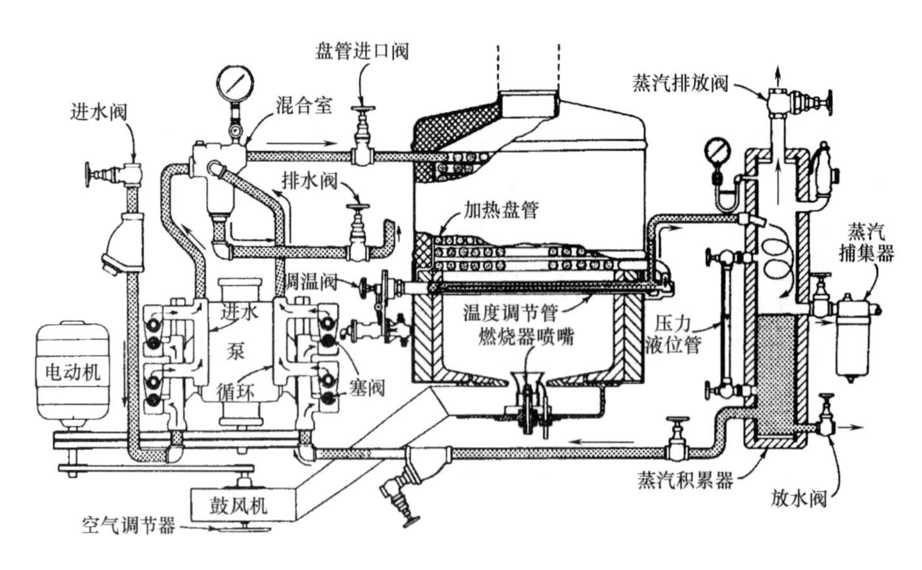

图3.2 水-管型蒸汽发生器

（资料来源：Cherry-Burrell 公司）

水-管型锅炉一般规模较大，压强也较高。这类系统有很大的灵活性，操作起来比火-管型系统安全。水-管型的安全性主要是因为它的相变发生在比较小的管道中，而不是像火-管型那样，相变是发生在大容器中的。后者在系统用汽负荷变化很大时有其优点。食品工业中，几乎所有的现代化蒸汽发生装置都是水-管型的。

蒸汽发生系统的较新发展趋势是使用替代性燃料。尤其是利用加工过程中产生的可燃废料作为燃料。许多场合下，这些材料量大并且存在排放问题。

蒸汽发生系统确实需要在设计方面加以改进，以满足不同的燃烧过程的需要，如图3.3所示。这些系统的优点是有机会建立附设发电系统，如图3.4所示的安排中，利用废弃物燃烧产生的蒸汽，既可以用来发电，同时也可供加工操作使用。如果有废弃材料，则用这种处理方式可以满足相当大比例的用电需要量。

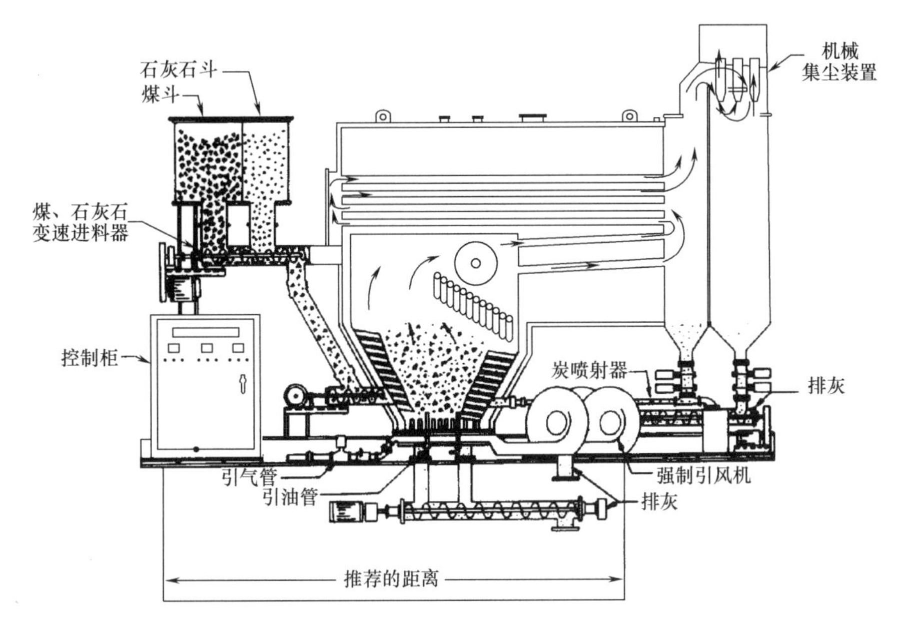

图3.3 蒸汽发生系统
（资料来源：Johnson Boiler公司）

3.1.2 相变的热力学

水从液态转化为蒸汽状态可以用热力学关系式描述。如果水的相变用压-焓关系表示，就可以得到如图3.5所示的相图。钟形曲线代表了不同状态下水的压强、温度和焓的关系。左侧的曲线是饱和水曲线，右侧的曲线则是饱和蒸汽曲线。钟形曲线内任何一点表示液体与蒸汽的混合物状态。饱和蒸汽曲线右边是过饱和蒸汽区。饱和液体曲线左侧是过冷液区。在大气压下，显热使得液体的热焓增加，直到它到达饱和液体曲线为止。

现以图3.5中的ABCD过程为例。A点代表0.1MPa和90℃条件下的水。水的焓约为375kJ/kg。水温随着热量增加升到饱和液体线上B点的100℃。B点处饱和水的

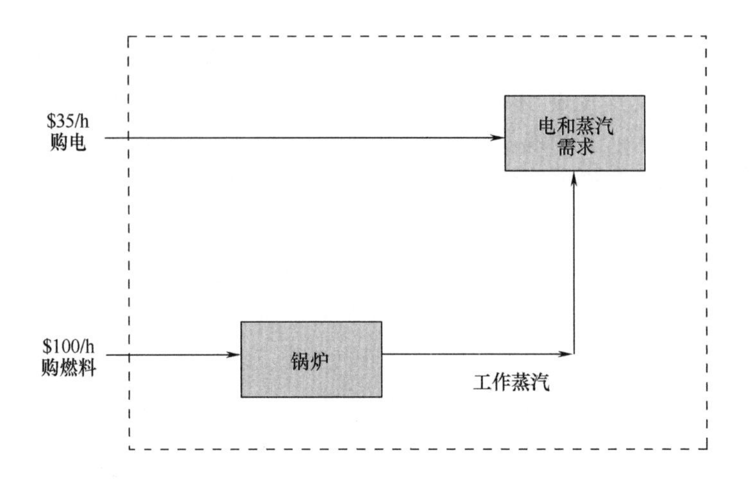

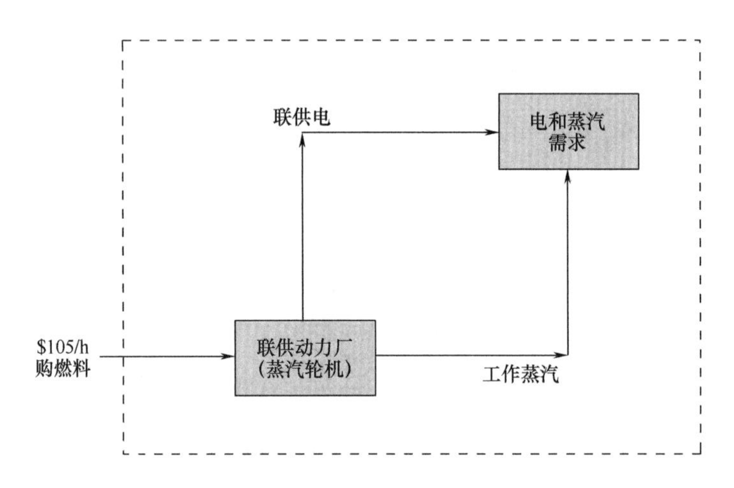

图 3.4　联供和非联供蒸汽发生系统

(资料来源：Teixeira，1980)

焓为 H_c（表示冷凝焓），此点的读数为 420kJ/kg。进一步（以潜热方式）增加热能，导致相变发生。在 C 点，所有的水已经变为蒸汽，因此产生了 100℃ 的饱和蒸汽。在 C 点的饱和蒸汽的焓是 H_v（代表饱和蒸汽焓），即 2675kJ/kg。进一步加热，得到相同压强但温度更高的过热蒸汽。D 点代表 200℃ 的过热蒸汽，其焓为 H_s = 2850kJ/kg（代表过热蒸汽）。尽管图 3.5 有助于概念上理解蒸汽发生过程，但下面要介绍的蒸汽表却可以提供更为精确的数值。

将水的相变过程在压强 - 容积坐标上作图，可以得到如图 3.6 所示的曲线。可见，水从液态变到汽态过程中，体积大大增加。实际上，这一转变发生在恒定容积的容器中，相变过程的结果是压强的升高。在一个连续蒸汽发生过程中，用于加工操作的蒸汽，其压强和对应的蒸汽温度由加入大量来源于燃料的热量维持。

蒸汽发生过程的第三个热力学关系由温度 - 熵坐标表示，如图 3.7 所示。这一关系表明，从液体到汽体的相变伴随熵的增加。虽然这一热力学性质比焓使用得

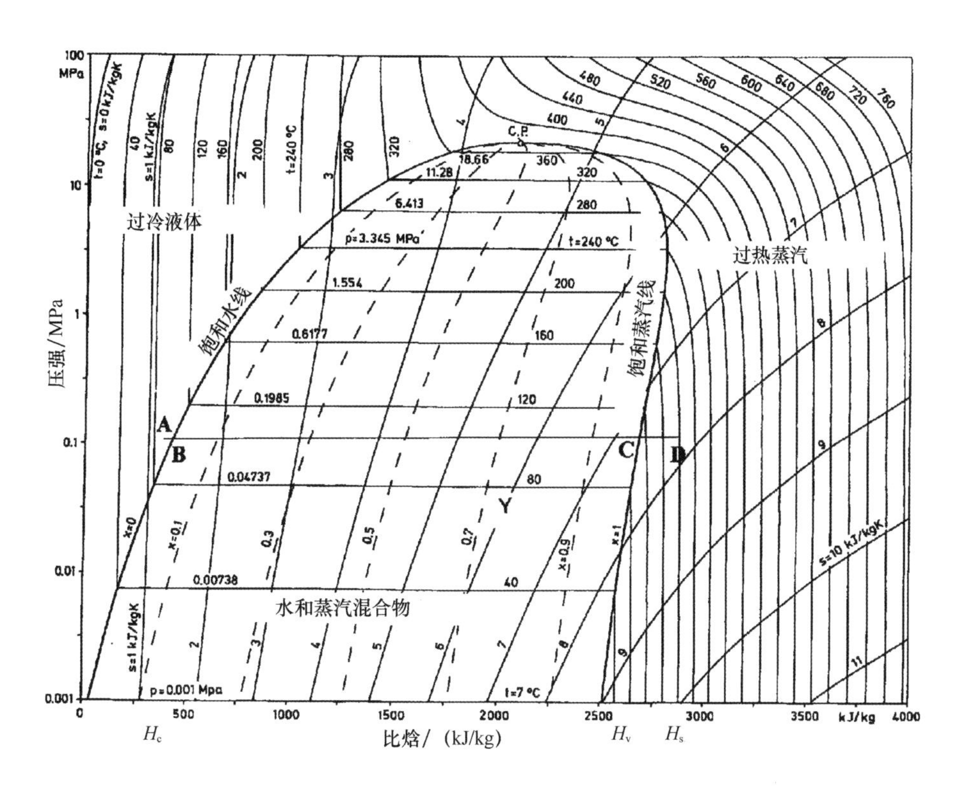

图 3.5　蒸汽－水与水蒸气相变时的压－焓关系

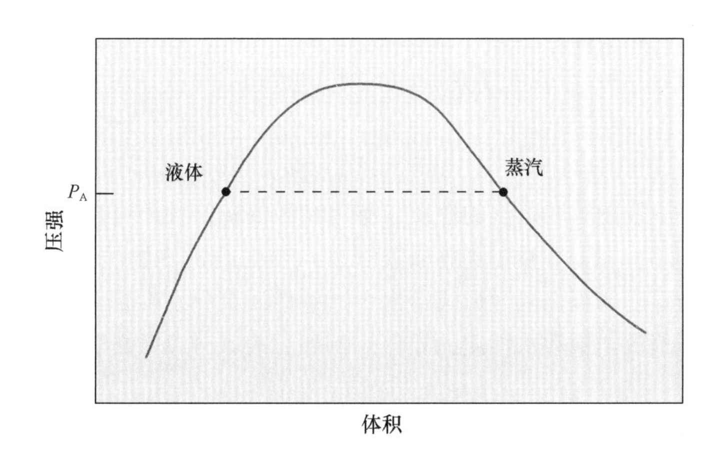

图 3.6　水与蒸汽相变时的压强－体积关系

少，但有其特点。例如，压强下降导致温度下降（称为“闪蒸冷却”）是一个理想的等熵过程。同样，蒸汽从低压向高压的压缩过程是一个温度不断升高的等熵过程。

蒸汽发生过程使用许多专用的术语。饱和液体指的是任何压强和对应温度下与其蒸汽相平衡的水。饱和液体存在于任何压强及其对应温度下的沸点状态。湿蒸汽是与液体相平衡的饱和蒸汽。同样，湿蒸汽也存在于任何压强及其对应温度下的沸点状态。过热蒸汽是不同压强及对应温度下焓大于饱和蒸汽时的蒸汽。在饱和液体与饱和蒸汽之间存在一个连

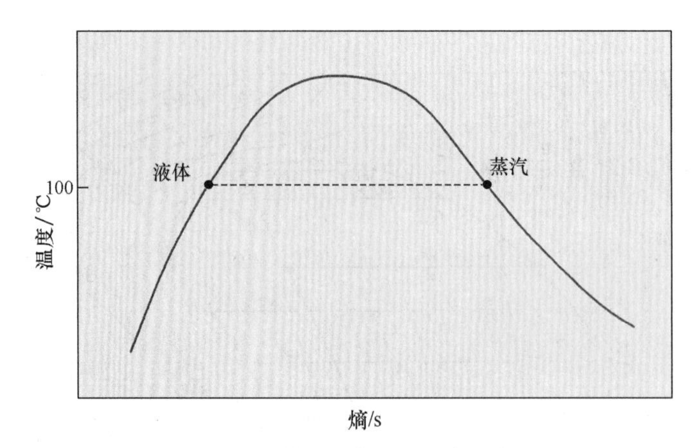

图 3.7 水与蒸汽相变时的温度 - 熵关系

续的状态区域，此区域内，液体和蒸汽的比例随相变的程度而变。相变的完成程度用蒸汽干度（或称品质）表示。通常，蒸汽干度用百分数表示，它表示了蒸汽 - 液态水混合物的热含量。如图 3.5 中的 Y 点代表一种液体水与蒸汽的混合物。此混合物的蒸汽干度是 0.7（即 70%），表示混合物由 70% 的汽体和 30% 液态水构成。蒸汽干度小于 100% 的蒸汽的焓可用以下方程表示：

$$H = H_c + x_s(H_v - H_c) \tag{3.1}$$

上式可以重新整理为

$$H = (1 - x_s)H_c + x_s H_v \tag{3.2}$$

蒸汽比体积与蒸汽干度的关系如下：

$$V' = (1 - x_s)V'_c + x_s V'_v \tag{3.3}$$

3.1.3 蒸汽表

前面介绍的是用线图获取蒸汽的性质。更为精确的蒸汽性质可从蒸汽表查到（见附录表 A.4.2 和表 A.4.3）。表 A.4.2 是饱和蒸汽表。表中的蒸汽性质包括比体积、焓和熵，所有这些性质作为温度和压强函数形式给出。这些性质又分别在饱和水与饱和蒸汽栏中列出，表中还给出了蒸汽与饱和水性质的差值。例如，表 A.4.2 中的汽化潜热是饱和蒸汽与饱和水的焓差值。

表 A.4.3 是过热蒸汽表。每一压强下的比体积、焓和熵值通过饱和温度以上的若干温度给出。此性质值代表了温度对比体积、焓和熵的影响。

蒸汽的热力学性质还可以用数学方程表示。文献中有这类方程的报道。将这些方程编入计算机程序，就可以用来确定蒸汽的焓值。例 3.3 介绍了一组由 Martin（1961）、Steltz 和 Silvestri（1958）介绍的经验方程。该例题用电子表确定蒸汽的热力学性质。

例 3.1

确定温度为 120℃、干度为 80% 的蒸汽的体积和焓。

已知:

饱和水的比体积（V'_c） =0.0010603m³/kg

蒸汽比体积（V'_v） =0.8919m³/kg

饱和水的焓（H_c） =503.71kJ/kg

蒸汽的焓（H_v） =2706.3kJ/kg

方法:

干度为80%的蒸汽的体积和焓可以用饱和条件及以分数表示的蒸汽干度表示。

解:

（1）焓

$$H = H_c + x_s(H_v - H_c) = (1 - x_s)H_c + x_sH_v$$
$$= 0.2 \times 503.7 + 0.8 \times 2706.3$$
$$= 2265.78(\text{kJ/kg})$$

（2）比体积

$$V' = (1 - x_s)V'_c + x_sV'_v$$
$$= 0.2 \times 0.0010603 + 0.8 \times 0.8919$$
$$= 0.7137(\text{m}^3/\text{kg})$$

（3）忽略饱和水体积

$$V' = x_sV'_v = 0.8 \times 0.8919 = 0.7135\ (\text{m}^3/\text{kg})$$

例3.2

用蒸汽作加热介质，将牛乳从60℃加热到115℃，处理量为500kg/h。热交换器的效率为85%，蒸汽的干度为90%。系统设计的冷凝水排放温度为115℃。确定此过程所需要的蒸汽质量流量和体积流量。

已知:

产品流量（m） =500kg/h

乳的比热容（c_p） =3.86kJ/（kg·℃）（表A.2.1）

产品初温（T_i） =60℃

产品终温（T_o） =115℃

蒸汽干度（x_s） =90%

蒸汽温度（T_s） =120℃；选择此蒸汽温度以保证产品与蒸汽之间有一最小5℃的温差。对于120℃的蒸汽，压强为198.55kPa，并且从表A.4.2查得

H_c =503.71kJ/kg　　V'_c =0.0010603m³/kg

H_v =2706.3kJ/kg　　V'_v =0.8919m³/kg

方法:

用产品需要的热量来确定需要的蒸汽质量流量。蒸汽的体积流量根据其质量流量和比体积计算。

解:

(1) 热量需要

$$q = \dot{m}c_p(T_o - T_i) = (500kg/h)(3.86kJ/kg)(115℃ - 60℃) = 106150kJ/h$$

对于85%效率的热交换器

$$q = \frac{106150}{0.85} = 124882(kJ/h)$$

(2) 干度为90%的蒸汽

$$H = 0.1 \times 503.71 + 0.9 \times 2706.3 = 2486.04(kJ/kg)$$

(3) 离开热交换器的冷凝水的热焓为(水的比热容从表A.4.1查取)

$$H_c = [4.228kJ/(kg \cdot ℃)](115℃) = 486.04kJ/kg$$

(4) 由于蒸汽产生的热能为

$$q_s = \dot{m}_s(H - H_c)$$

并且，这个量必须与蒸汽需要量相符，因此

$$\dot{m}_s = \frac{124882kJ/h}{(2486.04 - 486)kJ/kg} = 62.44kg/h$$

(5) 90%干度的蒸汽比体积为

$$V' = 0.1 \times 0.0010603 + 0.9 \times 0.8919 = 0.8028(m^3/kg)$$

(6) 蒸汽的体积流量为

$$(62.35kg/h)(0.8028m^3/kg) = 50.05m^3/h$$

(7) 蒸汽发生系统的能力为

$$124882kJ/h = 34689J/s = 34689W = 34.7kW$$

例3.3

编写一个预测饱和蒸汽和过热蒸汽焓值的电子表。

方法:

利用Martin(1961)及Steltz和Silvestri(1958)所给的经验方程编写Excel电子表。

解:

图E3.1和图E3.2为编入方程的电子表，及以120℃蒸汽为例进行计算的电子表示意。由B45到B48单元格区得到的计算结果如下

$$V_v = 0.89m^3/kg$$

$$H_c = 503.4kJ/kg$$

$$H_v = 2705.6kJ/kg$$

$$H_{蒸发} = 2202.2kJ/kg$$

	A	B
1	温度/℃?	120
2		248
3		7.46908269
4		= -0.00750675994
5		-0.0000000046203229
6		-0.001215470111
7		0
8		= B2 - 705.398
9		= (EXP (8.0728362 + B8 * (B3 + B4 * B8 + B5 * B8^3 + B7 * B8^4) / (1 + B6 * B8) / (B2 +459.688))) * 6.89
10	压力/KPa?	= B9
11		= B10 * 0.1450383
12	温度/℃?	= B1
13		= B12 * 1.8 +32
14		= (B13 +459.688) /2.84378159
15		= 0.0862139787 * B14
16		= LN (B15)
17		= - B16/0.048615207
18		= 0.73726439 - 0.0170952671 * B17
19		= 0.1286073 * B11
20		= LN (B19)
21		= B20/9.07243502
22		= 14.3582702 + 45.4653859 * B21
23		= (B15) ^2/0.79836127
24		= 0.00372999654/B23
25		= 186210.0562 * B24
26		= EXP (B25 + B20 - B16 +4.3342998)
27		= B26 - B19
28		= B24 * B27^2
29		= B28^2
30		= 3464.3764/B15
31		= -1.279514846 * B30
32		= B28 * (B31 +41.273)
33		= B29 * (B15 +0.5 * B30)
34		= 2 * (B32 +2 * B33)
35		= B28 * (B30 * B28 - B31)
36		= 18.8131323 + B22 * B21
37		= B26 +2 * (B26 * B25)
38		= B37 * B34/B27 + B34 - B35 - B37
39		-32.179105
40		1.0088084
41		-0.00011516996
42		0.00000048553836
43		-0.00000000073618778
44		9.6350315E - 13
45	V_v	= (0.0302749643 * (B34 - B27 + 83.47150448 * B15) /B19) * 0.02832/0.45359
46	H_c	= (B39 + B40 * B13 + B41 * B2^2 + B42 * B2^3 + B43 * B2^4 + B44 * B2^5) * 2.3258
47	H_v 或 H_s	= (835.417534 - B17 + B14 +0.04355685 * (B32 + B23 - B27 + B38)) * 2.3258
48	$H_{蒸发}$	= B47 - B46

图 E3.1 例 3.3 中预测饱和蒸汽及过热蒸汽焓值的电子表

	A	B	C
1	温度/℃	120	
2		248	为进行饱和蒸汽计算：B1格输入温度，在B10格输入=B9，在B12格输入=B1
3		7.46908269	
4		-0.00750676	
5		-4.62032E -09	
6		-0.00121547	
7		0	
8		-457.398	
9		198.558129	
10	压力/kPa?	198.558129	为进行过热蒸汽计算：B10格输入压力，B12输入温度
11		28.79853348	
12	温度/℃?	120	
13		248	
14		248.8545543	
15		21.45474124	
16		3.065945658	
17		-63.06556831	
18		1.815387125	
19		3.703701635	
20		1.309332761	
21		0.144319883	
22		20.91982938	
23		576.5634419	
24		6.46936E -06	
25		1.204659912	
26		43.91899067	
27		40.21528903	
28		0.010462699	
29		0.000109468	
30		161.4736976	
31		-206.6079934	
32		-1.729850209	
33		0.011186715	
34		-3.414953557	
35		2.179353383	
36		21.83227963	
37		149.7338856	
38		-168.0431145	
39		-32.179105	
40		1.0088084	
41		-0.00011516996	
42		4.8553836E -07	
43		-7.361878E -10	
44		9.6350315E -13	
45	V_v	0.89172	
46	H_c	503.41	过热蒸汽的H_s由单元格B47给出
47	H_v或H_s	2705.61	
48	$H_{蒸发}$	2202.20	

图 E3.2 例 3.3 中电子表计算举例

3.1.4 蒸汽利用

食品加工厂中蒸汽发生系统的生产能力由各项使用蒸汽的操作需要所决定。蒸汽需要量从两方面提出：①要求加热介质的温度；②提供操作的蒸汽的量。由于温度是压强的函数，因此温度要求是系统操作条件之一。此外，蒸汽的性质也是压强（和温度）的函数，因此压强会对使用蒸汽的量有影响。

以下介绍确定蒸汽发生系统规模的步骤。确定各项使用蒸汽操作的热能需要量。多数场合，这些对热能的需要量会有最高温度的要求，从而规定了操作蒸汽的压强。系统的操作压强规定以后，蒸汽的性质也就知道，从而各蒸汽单元能提供的热能也得到确定。这一信息随后可用于计算加工需要的蒸汽量。在确定连接加工过程与蒸汽发生系统之间蒸汽管路的管径时，需要了解所需蒸汽的体积。利用需要蒸汽的质量单位及蒸汽的比体积，就可以算出蒸汽的体积流量。

食品加工厂中各加工过程使用蒸汽需要一套输送系统。蒸汽发生系统与使用蒸汽的各加工过程之间通过一个管网连接。这种蒸汽输送系统必须考虑两个因素：①蒸汽到各用汽点输送的流动阻力；②输送过程中的热损失。

蒸汽输送涉及许多第 2 章讨论过的内容。在加工厂蒸汽管路中流动的蒸汽可以用机械能平衡方程式（2.81）描述。多数情形下，蒸汽发生系统与蒸汽使用点不会在同一个水平面上，因此，方程两边的第三项必须加以考虑。由于蒸汽流速在蒸汽发生系统内基本上是零，因此，至少在与右侧的这一项相比时，方程左侧的动能项可认为是零。式（2.81）中的压强项非常重要，因为左侧代表了蒸汽发生的压强，而右侧是用汽点的压强。由于输送过程没有做功（E_P），因而此项为零；但摩擦损失的能量却是相当显著的。多数情形下，摩擦引起的能量损失可以直接算成蒸汽发生系统与用汽点之间的压强损失。

例 3.4

蒸汽从蒸汽发生系统以 1kg/min 的流量通过一根公称直径 2in 的钢管，输送到用汽加工车间。输送管长 20m，中间有 5 个 90°标准弯头。如果发生的蒸汽压强为 143.27kPa，请计算用汽点的蒸汽压强。蒸汽的黏度为 10.335×10^{-6} Pa · s。

已知：

蒸汽流量（$\dot{m}_s$）= 1kg/min

蒸汽压强 = 143.27kPa

管径（D）= 2in（公称直径）= 0.0525m（表 2.3）

管长（L）= 20m

5 个 90°标准弯头

蒸汽黏度（μ）= 10.335×10^{-6} Pa · s

方法：

利用机械能平衡，计算摩擦能损失，确定 20m 长管子的压强损失。

解:

(1) 应用式 (2.51),根据雷诺数和相对粗糙度确定摩擦系数f,在143.27kPa处蒸汽的密度为0.8263kg/m³。

$$\bar{u} = \frac{(1\text{kg/min})(1/60\text{min/s})}{(0.8263\text{kg/m}^3)[\pi(0.0525\text{m}^2)/4]} = 9.32\text{m/s}$$

及

$$N_{Re} = \frac{(0.8263\text{kg/m}^3)(0.0525\text{m})(9.32\text{m/s})}{(10.335\times10^{-6}\text{Pa}\cdot\text{s})} = 39120$$

(2) 对于管钢 (利用表2.16)

$$\frac{\varepsilon}{D} = \frac{45.7\times10^{-6}\text{m}}{0.0525\text{m}} = 0.00087$$

(3) 由图2.16确定摩擦系数$f=0.0061$

(4) 利用式 (2.51) 计算摩擦能量损失

$$\frac{\Delta P}{\rho} = (2\times0.0061)\frac{(9.32\text{m/s})^2(20\text{m})}{0.0525\text{m}} = 403.7\text{J/kg}$$

(5) 5个标准弯头的摩擦能损失:

根据表2.2,标准弯头 $C_{ff}=1.5$

$$\frac{\Delta P}{\rho} = \frac{5\times1.5\times(9.32)^2}{2}$$

$$\frac{\Delta P}{\rho} = 325.7(\text{J/kg})$$

(6) 应用机械能平衡方程式 (2.81),没有位差和做功项,蒸汽发生系统的流速为零,

$$\frac{143270\text{Pa}}{0.8263\text{kg/m}^3} = \frac{(9.32\text{m/s})^2}{2} + \frac{P_2}{\rho} + (403.7+325.7)$$

即

$$\frac{P_2}{\rho} = 173387.4 - 43.4 - 729.4 = 172614.6(\text{J/kg})$$

(7) 假设蒸汽的密度没有变化

$$P_2 = (172614.6\text{J/kg})(0.8263\text{kg/m}^3) = 142.63\text{kPa}$$

说明流动中摩擦损失引起的压强变化相对较小。

例3.5

总固形物含量为12%的液体食品,用压强为232.1kPa的蒸汽进行注入式加热 (图E3.3)。产品进入加热系统时的温度为50℃,被加热到120℃,注入流量为100kg/min。产品的比热容是组成的函数:$c_p = c_{pw}\times$ (水的质量分数) $+ c_{ps}\times$ (固形物的质量分数),并且,固形物含量为12%的产品的比热容为3.936kJ/ (kg·℃)。确定产品离开加热系统时具有10%总固形物含量的加热蒸汽量和最小蒸汽干度。

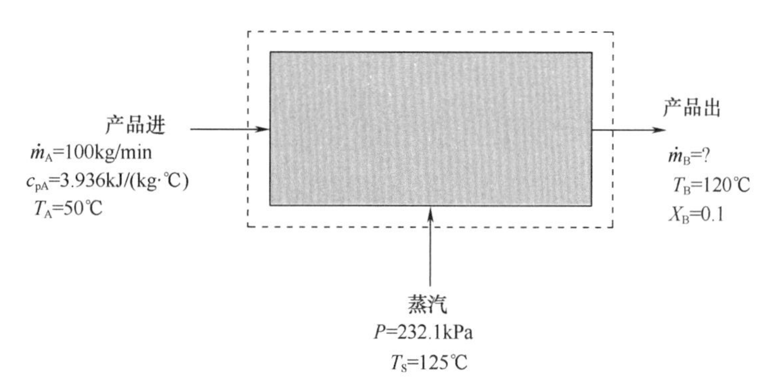

图 E3.3 例 3.5 的系统图

已知：

输入产品总固形物质量分数（X_A①）=0.12

产品质量流量（$\dot{m}_A$）=100kg/min

输出产品总固形物质量分数（X_B）=0.10

输入产品温度（T_A）=50℃

输出产品温度（T_B）=120℃

蒸汽压强=232.1kPa（T_S）=125℃

输入产品比热容（c_{pA}）=3.936kJ/（kg·℃）

方法：

（1）建立质量平衡方程

$$\dot{m}_A + \dot{m}_S = \dot{m}_B$$

$$\dot{m}_A X_A = \dot{m}_B X_B$$

（2）以0℃为基准，建立能量平衡方程

$$\dot{m}_A c_{pA}(T_A - 0) + \dot{m}_S H_S = \dot{m}_B c_{pB}(T_B - 0)$$

（3）解质量平衡方程，求出 $\dot{m}_B$ 和 $\dot{m}_S$，就可以确定需要的蒸汽的焓（H_s）

解：

（1）质量和固形物平衡

$$100 + \dot{m}_s = \dot{m}_B$$

$$100(0.12) + 0 = \dot{m}_B(0.1)$$

$$\dot{m}_B = \frac{12}{0.1} = 120(\text{kg/min})$$

（2）从而

$$\dot{m}_s = 120 - 100 = 20(\text{kg/min})$$

（3）根据能量平衡

$$100 \times 3.936 \times (50 - 1) + 20H_s = 120c_{pB}(120 - 0)$$

其中

$$c_{pB} = 4.232 \times 0.9 + 0.1c_{ps}$$

① 我国《GB 3100 ~ GB 3102 量和单位》规定质量分数的符号为 w。——译者注

根据

$$3.936 = 4.178 \times 0.88 + 0.12c_{ps}$$

$$c_{ps} = 2.161$$

那么

$$c_{pB} = 4.025\text{kJ/(kg·℃)}$$

(4) 解方程求蒸汽的焓(H_s)

$$H_s = \frac{120 \times 4.025 \times 120 - 100 \times 3.936 \times 50}{20}$$

$$H_s = 1914.0\text{kJ/kg}$$

(5) 根据饱和232.1kPa蒸汽的性质

$$H_c = 524.99\text{kJ/kg}$$

$$H_v = 2713.5\text{kJ/kg}$$

得

$$\text{干度(\%)} = \frac{1914 - 524.99}{2713.5 - 524.99} \times 100 = 63.5\%$$

(6) 蒸汽的干度超过63.5%，就会导致被加热产品的总固形物含量高于规定值。

3.2 燃料利用

食品加工厂的能量需要可以用不同的方式提供。通常，传统能源用来发生蒸汽，也作其他的加工用途。如表3.1所示，能源类型包括：天然气、电、石油产品和煤。虽然表中的信息是1973年收集到的，并且天然气的使用量百分数已经有所下降，但似乎可以肯定，食品加工主要依靠石油产品和天然气作能源。

为了将天然气和石油产品中的能量释放出来，要对它们进行燃烧。燃烧是燃料组分与氧发生的快速化学反应。燃烧中主要燃料组分包括碳、氢和硫，后者是不希望的化学成分。反应所需的氧由空气提供，空气必须以最有效的方式与燃料混合。

表3.1 1973年十四种主要耗能食品及相关产品行业各种能源消耗情况 单位:%

工业	各种形式能源				
	天然气	购电	石油产品	煤	其他
肉类包装	46	31	14	9	0
动物饲料	52	38	10	<1	0
湿玉米料碾磨	43	14	7	36	0
液体乳	33	47	17	3	0
甜菜糖生产	65	1	5	25	4
麦芽饮料	38	37	18	7	0

续表

工业	各种形式能源				
	天然气	购电	石油产品	煤	其他
面包及相关产品	34	28	38	0	0
冷冻水果蔬菜	41	50	5	4	0
大豆油	47	28	9	16	0
果蔬罐头	66	16	15	3	0
蔗糖生产	66	1	33	0	0
香肠及其他肉制品	46	38	15	1	0
动物及水产品油脂	65	17	17	1	0
制冰	12	85	3	0	0

资料来源：Uger（1975）。

3.2.1 系统

燃烧炉是天然气或石油产品燃烧系统的主要单元。燃烧器产生的燃气用以蒸汽发生或建筑物加热用的空气加热。燃烧器设计要求使引入燃烧室的燃料与空气以最高效率产生能量。

典型的燃烧器如图3.8所示，是一个单循环调节式燃烧器，可用天然气或油作燃料。空气调节器中的风门朝向可为燃料与空气混合提供湍流效果，也保证产生所期望的短火焰效果。燃烧炉的设计要考虑最少的维护要求，使得燃烧炉在连续运行的状态下外露机会尽量少，并且可以进行易损件的运行更换。

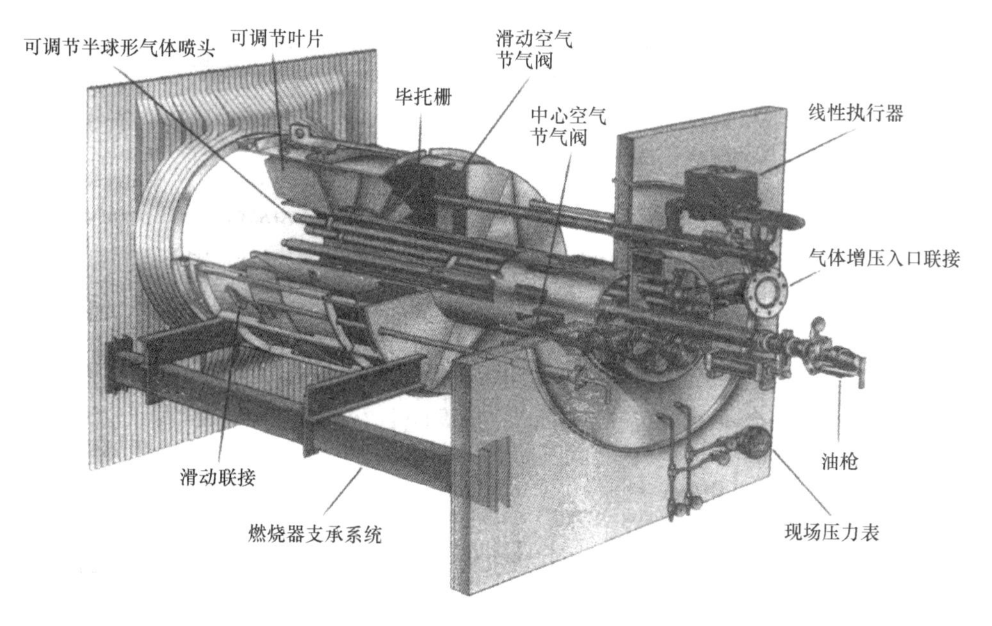

图3.8 带水冷喉的循环调节式油汽两用燃烧炉
（资料来源：Babcock&Wilcox手册，1978）

涉及燃烧的系统，始终要将安全放在重要位置，即使空气流量比需要的高得多，点火位置也应紧靠燃烧炉。开、停、改变负荷和改变燃料时，尤其应注意系统安全。

3.2.2 质量和能量平衡分析

燃烧过程可用式（3.4）关于甲烷和氧反应的方程描述：

$$CH_4 + 2\ O_2 + 7.52\ N_2 = CO_2 + 2\ H_2O + 7.52\ N_2 \tag{3.4}$$

式中，用于燃烧和反应的空气中，每摩尔 O_2 带 3.76molN_2。实际燃气包含 85.3%（体积）的 CH_4，反应如下：

$$\begin{aligned} & 0.853\ CH_4 + 0.126\ C_2H_6 + 0.001\ CO_2 \\ & + 0.017\ N_2 + 0.003\ O_2 + 2.147\ O_2 + 8.073\ N_2 \\ & = 1.106\ CO_2 + 2.084\ H_2O + 8.09\ N_2 \end{aligned} \tag{3.5}$$

以上建立的是理论平衡，它表明每立方米燃气需要 10.22m^3 的空气。

实际燃烧反应中，常常多提供10%的空气，此时的反应式如式（3.6）：

$$\begin{aligned} & 0.853\ CH_4 + 0.126\ C_2H_6 + 0.001\ CO_2 \\ & + 0.017\ N_2 + 0.003\ O_2 + 2.362O_2 + 8.88\ N_2 \\ & = 1.106\ CO_2 + 0.218\ O_2 + 2.084\ H_2O + 8.897\ N_2 \end{aligned} \tag{3.6}$$

它表明，过量的空气会在燃烧过程中得到的燃气中产生过量的氧和氮。以干基计，燃气组成中含 87.1% 的氮、10.8% 的二氧化碳及 2.1% 的氧，这里百分数以体积计。

使用过量空气的必要性在于它可保证高效地燃烧。供氧不足，反应就不完全，结果产生一氧化碳和安全危害问题。此外，燃烧不充分，反应能释放的能量会不到 71%。然而，过量的空气必须控制得当，因为不参与反应的空气会吸收能量，从而降低了燃烧过程释放的能量。

给定反应的燃烧热多少取决于燃料内气体混合物的成分。对于前面提到的燃料，燃烧热约为 36750kJ/m^3。燃气的损失可以与此值比较，此值可以作为燃烧过程的最大值对待。燃气损失将取决于每种燃气组分的热含量，而这些值是气体温度的函数（图 3.9）。利用这些信息，与前面描述的情形有关的能量损失可以得到估计（以 1m^3 370℃ 燃气为基准）。

$$\begin{aligned} CO_2 \quad & 1.106m^3 \times 652kJ/m^3 = 721.1kJ \\ O_2 \quad & 0.2147m^3 \times 458kJ/m^3 = 98.3kJ \\ H_2O \quad & 2.084m^3 \times 522kJ/m^3 = 1087.9kJ \\ N_2 \quad & 8.897m^3 \times 428kJ/m^3 = \underline{3807.9kJ} \\ & \qquad\qquad\qquad\qquad\quad 5715.2kJ \end{aligned}$$

此估算表明，燃气能量损失是 5715.2kJ/m^3，它占燃烧过程可获得总能量的 15.6%。

3.2.3 燃烧器效率

如第 3.2.1 节所指出的，燃烧炉的一个主要目标是保证空气与燃料为最佳混合。没有混合，燃烧过程将不完全，从而会产生与供氧不足相同的结果。燃烧器是燃烧系统的关键

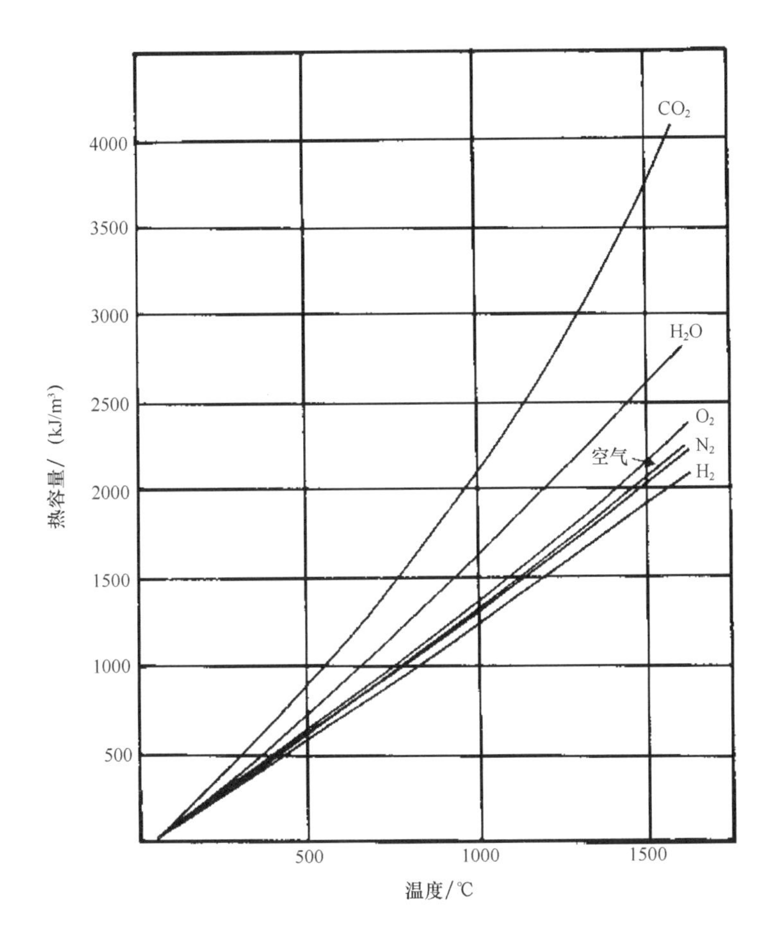

图3.9 存在于燃料产品中的气体焓值

单元，它保证实现过量空气需要量最低，从而获得最低燃气能量损失，即维持高效率燃烧的效果。

例3.6

燃烧天然气生产热能供蒸汽发生器使用。天然气的组成为：85%甲烷、12.6%乙烷、0.1%二氧化碳、1.7%氮、0.3%氧。对燃气组分分析结果如下：86.8%氮、10.5%二氧化碳、2.7%氧。如果离开时燃气的温度为315℃，请确定需要的过量空气和能量损失百分数。

已知：

天然气的组成

燃烧后燃气的组成

所有燃料中的CO_2来自于天然气：1.106m^3 CO_2/m^3燃料

方法：

反应中的过量空气可通过列出反应平衡方程的方式和反应中氧气的过量来确定。燃气中的能量损失以燃气能量含量为基准，根据图3.9确定。

解：

（1）根据燃气组成和观察，燃烧反应必须产生 1.106m^3 CO_2/m^3燃料

$$10.5\% \quad CO_2 = 1.106m^3$$
$$2.7\% \quad O_2 = 0.284m^3$$
$$86.8\% \quad N_2 = 9.143m^3$$

（2）燃烧反应方程为

$$0.853\ CH_4 + 0.126\ C_2H_6 + 0.001\ CO_2 + 0.017\ N_2 + 0.003\ O_2 + 2.428\ O_2 + 9.126\ N_2 = 1.106\ CO_2 + 0.284\ O_2 + 2.084\ H_2O + 9.143\ N_2$$

（3）根据分析

$$\text{过量空气} = \frac{0.284}{2.428 - 0.284} = 13.25\%$$

这里，过量空气百分数由燃气中的氧气与燃烧反应相关的氧气比较得到。

（4）利用燃气的组成及图 3.9 所给的各种组成的热含量，得到以下的计算式

$$CO_2 \quad 1.106m^3 \times 577.4kJ/m^3 = 638.6kJ$$
$$O_2 \quad 0.284m^3 \times 409.8kJ/m^3 = 116.4kJ$$
$$H_2O \quad 2.084m^3 \times 465.7kJ/m^3 = 970.5kJ$$
$$N_2 \quad 9.143m^3 \times 372.5kJ/m^3 = \frac{3405.8kJ}{5131.3kJ}$$

此分析表明，用于燃烧的单位立方燃气损失热量为 5131.3kJ。

（5）根据燃烧热为 36.750kJ/m^3，燃气能量损失占总燃料能量的 14%。

3.3 电能利用

电力在食品工业中普遍使用，现代食品厂离不开电力操作。事实上，大型企业都有备用发电机，以防电网供电的中断。显然，电力是最灵活的能源。此外，与其他能源相比，电力的价格是非常有吸引力的。如图 3.10 所示为番茄加工生产线中每一单元操作的能量需要。如图所示，多数加工设备的操作需要用电。

3.3.1 电学术语与单位

如大多数物理学体系一样，电学有其自身的一套术语和单位。这些术语与单位完全不同于多数物理体系中使用的术语和单位，因此，需要仔细分析，以便将电学术语与其应用联系起来。这里仅作基本介绍，目的是为了对此学科有一个简单的引导。以下为基本术语。

电可定义为导电体中原子间的电子流动。多数材料可以认为是导体，但在导电能力方面会有差异。

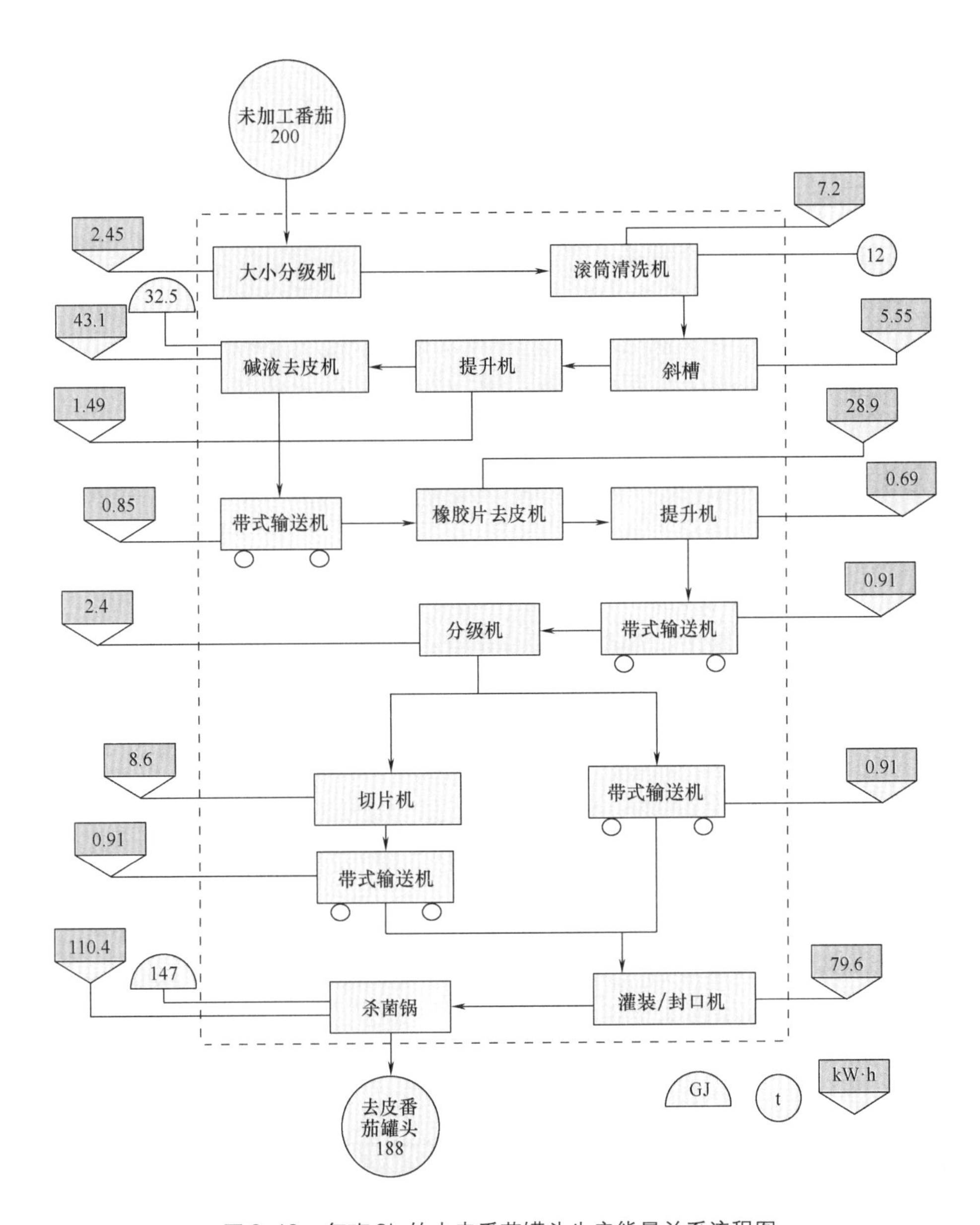

图 3.10 每班 8h 的去皮番茄罐头生产能量关系流程图

安培是描述流过导体的电流大小的单位。根据定义，1 安培（A）是每秒钟有 6.06×10^{18} 个电子流过给定点。

伏特定义为使电流在电路中流动的力。伏特的单位是伏（V）。

电阻用以描述导体阻碍电流流动的程度。电阻的单位是欧姆（Ω）。

直流电是一种在简单电路中流动的电流。根据习惯，电流被认为在伏特发生器中是从正极向负极流动的。

交流电是由交流发电机产生的电流。实际电压测量会发现这种电流的电压随时间而变，并有统一的频率。电压有正负两个相等的值。美国多数使用的交流电是 60Hz 的。

单相电是（从机械能转化为电能的）发电机中单相线圈产生的电流。转子在发电机中是一个磁铁，旋转时转子产生磁力线。这些磁力线在绕有线圈的铁芯（定子）中产生电压。产生的电压成为交流电源。

三相电是由带三组线圈的定子产生的电流。由于三相 AC 电压是同步产生的，因此，这种电压可以相对稳定。与单相电相比，这种电有多方面的优点。

瓦特是电功率的单位。在直流（DC）电系统中，功率是电压与电流的乘积，在交流电（AC）系统中，功率计算需要用到功率因素。

功率因素是实际功率与交流电系统的视功率之比值。这些因素应当尽量大，以保证电动机和导线不存在超额电流，以实现功率定额。

导线是将电能从电源输送到用户的材料。导线的定额基于电阻的大小。

3.3.2 欧姆定律

欧姆①定律是电力使用中最基本的关系式。其形式为

$$E_V = IR_E \tag{3.7}$$

也就是说，电压等于电流 I 与电阻 R_E 的乘积。显然，这一关系式表明，在一定电压下，系统中的电流与导线的电阻成反比。

如前面所指出的，产生的功率是电压与电流的乘积。

$$功率 = E_V I \tag{3.8}$$

或

$$功率 = I^2 R_E \tag{3.9}$$

或

$$功率 = \frac{E_V^2}{R_E} \tag{3.10}$$

这些关系式可直接应用于直流（DC）系统，稍作修改后也可应用于交流（AC）系统。

例 3.7

一个 12V 电池用于操作内电阻为 2Ω 的直流电机。求系统电流及操作电机所需的功率。

已知：

电池电压 $E_V = 12V$

直流电机的电阻 $R_E = 2\Omega$

方法：

用式（3.7）计算电机的电流，用式（3.8）、式（3.9）或式（3.10）计算电机的

① 乔治·西蒙·欧姆（1789—1854）。德国物理学家，1817 年被任命为科隆耶稣学院数学教授。1827 年，他发表了名为《直流电路的数学研究》的论文，但其贡献当时未得到人们认可。他辞去教授职务，转入伦堡理工学院工作。最后于 1841 年，他被授予伦敦皇家学会科普利奖章。

功率。

解:

(1) 应用式 (3.7)

$$I = \frac{E_V}{R_E} = \frac{12}{2} = 6(A)$$

表明系统的电流是6A。

(2) 用式 (3.10) 计算电机的功率

$$功率 = \frac{(12)^2}{2} = 72(W)$$

即电机的功率是0.072kW

3.3.3 电路

电路是用于连接电源与用电点的导体连接方式。有三种基本电路,以串联电路最为简单。如图3.11所示,串联电路中几个电阻串在一起与电源相连接。在此情形下,每个电阻可能代表一个使用电功率的点。通常,这些点称为电负荷。对此情形应用欧姆定律得

$$E_V = I\ (R_{E1} + R_{E2} + R_{E3}) \tag{3.11}$$

表明,串联电阻是可叠加的。此外,串联电路中的电压常常表示成各电阻电压降的总和。

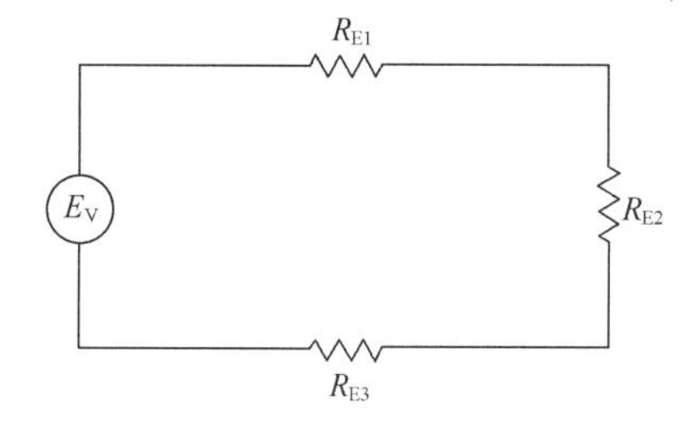

图3.11 串联电阻电路

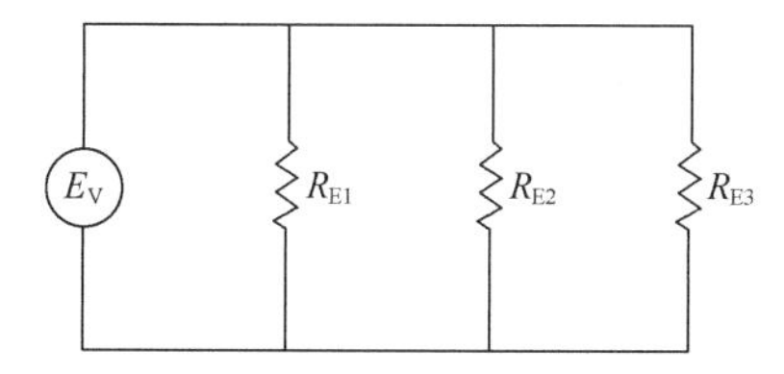

图3.12 并联电阻电路

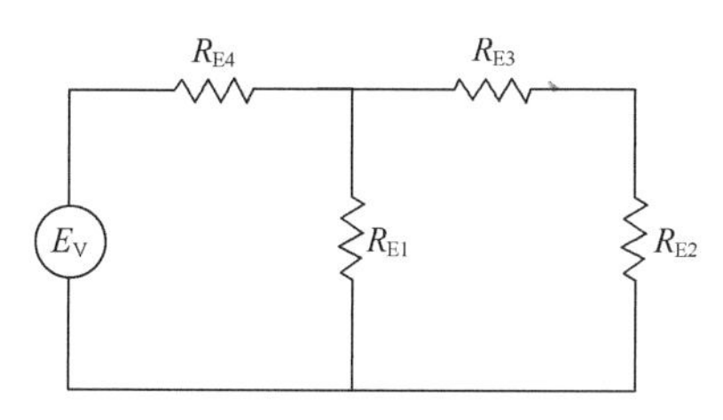

图3.13 串联和并联电阻电路

并联电路中，电阻（或电负荷）平行地与电源相连接，如图 3. 12 所示。将欧姆定律应用于并联电路，得到关系式（3. 12）：

$$E_V = \frac{I}{\left(\frac{1}{R_{E1}} + \frac{1}{R_{E2}} + \frac{1}{R_{E3}}\right)} \tag{3.12}$$

可见，电阻的倒数是可相加的。如图 3. 13 所示，最为复杂的基本电路，是串联和并联电阻结合的电路。为了分析电压与电阻之间的关系，混合电路必须分成两部分。首先，将三个电阻（R_{E1}、R_{E2}、R_{E3}）整合成一个当量电阻 R_e

$$\frac{1}{R_e} = \frac{1}{R_{E1}} + \frac{1}{R_{E2} + R_{E3}} \tag{3.13}$$

然后，可以用欧姆定律对电路进行如下表达

$$E_V = I(R_{E4} + R_e) \tag{3.14}$$

因为，在修正的电路中，电阻 R_{E4} 与 R_e 是串联的。

例 3. 8

若图 3. 13 中的 4 个电阻值为：$R_{E1} = 25\Omega$、$R_{E2} = 60\Omega$、$R_{E3} = 20\Omega$、$R_{E4} = 20\Omega$。求用于维持电阻 R_{E2} 获得 45V 电压降的电源电压。

已知：

4 个电阻如图 3. 13 所示。

电压（E_{V2}）$=45$V。

方法：

可以用各个单元和当量电阻的方式对电源电压 E_V 的需要量进行估算。

解：

（1）运用欧姆定律，通过电阻 R_{E2} 的电流为

$$I_2 = \frac{45}{60} = 0.75(\text{A})$$

（2）由于通过电阻 R_{E3} 的电流必须与通过 R_{E2} 的电流相同，因此

$$E_{V3} = 0.75 \times 20 = 15(\text{V})$$

（3）根据电路设计，经过 R_{E1} 的电压降必须与经过 $R_{E2} + R_{E3}$ 的电压降相同，所以，

$$E_{V2} + E_{V3} = 45 + 15 = 60 = 25I_1$$

$$I_1 = \frac{60}{25} = 2.4(\text{A})$$

（4）经过 R_{E4} 的电流必须是整个电路的总电流，即

$$I_4 = 0.75 + 2.4 = 3.15(\text{A})$$

这也是电源 E_V 输出的电流。

（5）电路的当量电阻为

$$\frac{1}{R_e} = \frac{1}{25} + \frac{1}{60 + 20}$$

$$R_e = 19.05(\Omega)$$

3.3.4 电动机

电动机是电能利用系统的基本设备。此设备将电能转变成机械能，用于操作加工系统的运动部件。

食品加工操作中使用的电动机大部分是三相交流（AC）电机。电机主要由绕绝缘电线软铁芯的电磁铁构成。电流通过电线在铁芯中产生磁场；磁场的方向由电流的方向决定。

电动机运行的第二个原理是电磁感应。电流通过磁场时发生电磁感应现象。感应电流在电路中产生一个电压，其大小是磁场强度、电流通过磁场的速度和磁场中感应线圈的数量的函数。

电动机运行的第三个原理是交流电。如前面所指出的，交变电流以固定的频率改变电流的方向。美国使用的电源一般是60Hz的，即每秒钟电流的方向改变60次。

电动机包括一个定子：由绕有绝缘铜线的两个铁芯构成的筒状体。这两个线圈，如图3.14所示，以相对方式被固定，线圈的引线与60Hz的交流电源相连接。这样，当电流改变方向时，定子成为带有两个极的电磁铁。

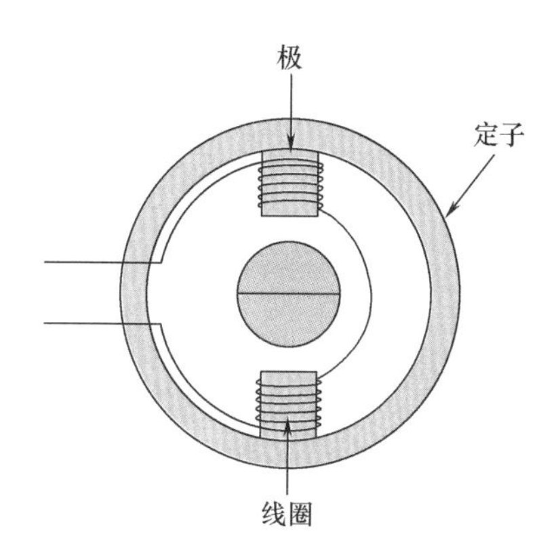

图3.14 定子示意图
（资料来源：Merkel，1983）

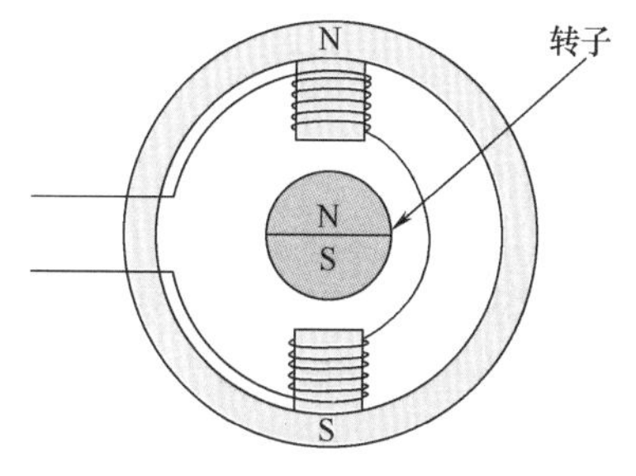

图3.15 带转子的定子示意图
（资料来源：Merkel，1983）

电动机的第二个部件是转子。转子是一个带铜条的铁芯转鼓。转子安装在定子的两极之间（图3.15）。电流通过定子，产生的电磁场又在转子的铜条中产生电流。转子中的电流产生磁极，此磁极反过来又随着定子的磁场转动，从而使电动机转动。由于进入定子的是60Hz的电流，因此，转子每分钟应该转3600转，但它的转速通常是每分钟3450转。

尽管电动机有各种各样的类型，但它们均是以这些基本原理工作的。食品厂最常使用的电动机是单相交流电机。单相电动机有不同类型；其差异在于电机的启动方式不同。

要保证实现电能向机械能有效转换，应用时适当选择电机十分重要。选择电机时要考虑的因素有供电类型和电机使用的电源类型。必须考虑负荷大小、操作环境条件和可利用的工作空间。

3.3.5 电控制

提高电能和用电能驱动的设备的使用效率有赖于控制的自动化。由于食品厂的加工过程和设备操作取决于对物理参数的响应，所以自动控制就涉及将这些物理参数转变成电响应或信号。欣喜的是，这些转换可以方便地利用各种电传感器而得以实现。

可以用若干不同类型的传感器完成对电流的控制。电磁继电器利用电磁线圈使工作电流机械地接通；温度计或湿度计可以成为电流的控制器，它们提供完成工作电流接通所需的机械力；计时器利用时钟机械运动使电路两点接在一起，使工作电流接通；光电控制器利用一个光电池产生小电流，此小电流用于将动力电路接通。其他控制器类型还包括延时继电器、压力开关和限位开关等，它们起同样的电路控制作用。

3.3.6 电照明

电在食品厂的另一主要用途是提供工作照明。通常，工人的工作效率与适当的照明有关。工作场所的照明设计需要考虑几个因素。在工作场所内，必须适当地均匀布置照明。必须适当地提供光源并且可以得到方便的替换。最后，整个系统的成本也是要考虑的因素。

光可以定义为辐射能。光在电磁波谱中占一小部分，并且，光的颜色随波长而变。某点的光照度单位是勒克斯（lx）：距标准烛光1m处的照明。光源可用光通量（流明）表示：一流明（lm）是一平方米上一勒克斯的光照。

食品工厂使用两种类型的光源：白炽灯和日光灯。白炽灯使用一根通电的钨丝作发光源。由于电热丝的高电阻性，电流通过时便变得白热。这种类型的灯泡每瓦约可提供20lm的照度。

日光灯利用一个自感应线圈在灯管内放电。放电产生的热量使得管内水银蒸气中的电子脱离。电子再回到水银蒸气外壳时会产生紫外线发射。紫外线与管壁的磷晶体作用而发光。日光灯的效率比白炽灯的高2~3倍。虽然白炽灯与日光灯还可在其他方面比较，但日光灯的高效与长寿命却是最为重要的。

光照系统设计的一项基本内容是确定维持一定水平光照所需的光源数。照明的表达式为

$$\text{照明} = \frac{(\text{流明}/\text{灯}) \times CU \times LLF}{\text{面积}/\text{灯}} \tag{3.15}$$

式中 CU——利用系数

LLF——光损失因子

上式说明，维持给定空间的照明是光源大小和灯数的函数。利用系数（CU）代表照明空间内的各种因素，如房间大小比例、灯的位置和工作空间的照明等。光损失因子（LLF）表示房间的表面灰尘、灯的灰尘及灯流明损失等。

例 3.9

食品加工厂内某工作区域需要维持 800lm 的光照强度。房间为 10m × 25m，要在里面安装白炽灯（10600lm/灯）。已知 CU 为 0.6，LLF 为 0.8。求需要的灯泡数。

已知：

需要的光强度 = 800lx

房间大小 = 10m × 25m = $250^2 m^2$

灯泡功率为 500W，或 10600lm/灯

利用系数 $CU = 0.6$

光损失因子 $LFF = 0.8$

方法：

可以用式（3.15）确定面积/灯，用得到的结果与所给的面积求出需要的灯数。

解：

（1）每盏灯的面积用式（3.15）计算

$$面积/灯 = \frac{10600 \times 0.6 \times 0.8}{800} = 6.36(m^2)$$

（2）根据以上计算

$$灯数 = \frac{10 \times 25}{6.36} = 39.3 \quad 即 \quad 40$$

3.4 能源、水和环境

“可持续发展”一词在过去 20 年间日益受到重视，并出现了许多不同解释。这一概念在农业和粮食方面的应用始于 20 世纪 60 年代，当时 David Pimental 及其他人（Pimentel 和 Terhune，1977；Pimentel 和 Pimentel，1979；Pimentel 等，1975）开始讨论地球在满足日益增长的世界人口需求方面的极限。如今，可持续发展与所有对环境有影响的工业活动密切相关。联合国（WCED，1987）将可持续发展定义为“对后代人需求不产生影响的满足当代人需求的发展”。最近，Bakshi 和 Fiksel（2003）将可持续发展产品或过程定义为资源消耗和废物产生限制在可接受水平的产品或过程，对满足人类需求有积极贡献，并为企业提供可持续经济价值。最新解释认为可持续性应当同时重视社会、经济和环境问题。

可持续性在农业和食品链方面的应用解释仍在不断发展。早期重点包括食品生产过程

和向消费配送过程的能耗。Heller 和 Keoleian（2000）估计，1995 年美国食物链每年的能源需求为 9.73×10^{15}kJ（或 10.3×10^{15}英热单位）。这两位作者（2000）估计，美国生产的4180.26 亿千克农作物和1086.22 亿千克畜禽产品中，消耗的食品只有1177.57 亿千克。以上总产量中，出口占1651.66 亿千克，1110.12 亿千克为丢弃或浪费的产品。最近温室气体排放受到人们重视，例如，每千克小麦面粉会产生 1010g CO_2（或当量物）。最后，食品生命周期中的水消耗量已被量化，30g 切片面包会产生 40L 水排放量。

虽然对能源和水需求的量化描述可说明对自然资源的总体影响，但常见的这类量化值并不能对每一环节降低对环境和天然资源影响提供多少指导。同样，农业和食品链的温室和类似排放量并不能确定降低这些排放量的具体步骤。生命周期评价概念（LCA）为食品链各环节对环境影响的量化提供了一个框架，也可对整个系统的总体影响进行量化。

3.4.1 生命周期评价

生命周期评价（LCA）是一种产品、过程或活动对资源消耗或环境负担影响的量化方法。实际上，生命周期评价对某过程、某系列过程或某操作系统进行质量和能量衡算，其目的是对过程或操作对环境和自然资源影响进行量化估计。如图 3.16 所示为根据 ISO（2006）划分的生命周期评价阶段。如图所示，这种评估框架包括：

■目标和范围确定——这一阶段确定研究目的、系统边界、预期研究结果、功能单元和假设。

■清单分析——本阶段的目的是为了收集作为适当生命周期评价模型输入的数据。许多工业部门已经建立数据库，但食品系统相关的大多数过程缺乏适当的数据。

■影响评估——基于清单分析数据，评估确定对环境和/或评估设置的其他目标的影响。ISO 标准已经建立系列特定元素。

■解释——为完成评估，需要得出定量分析结论和建议。整体评估的此阶段包括得出改善过程或操作的建议。

此外，图 3.16 还给出了包括产品开发和改进、战略规划、公共策略制定和市场营销在内的典型生命周期评价应用实例。

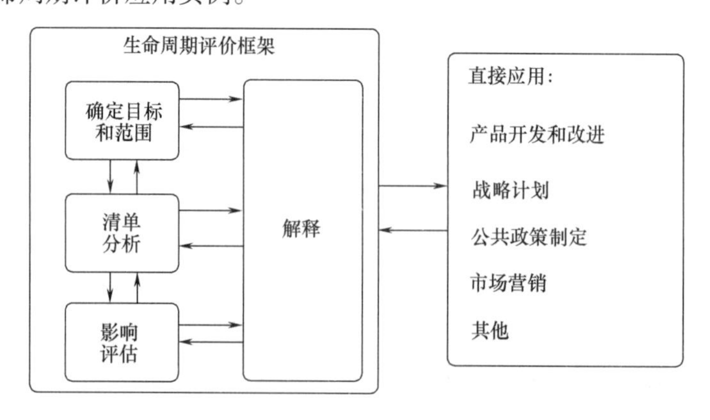

图 3.16 生命周期评价的阶段和应用
（资料来源：ISO，2006）

生命周期评价（LCA）在食品系统中应用需要认真完成四个阶段的评估内容。

（1）确定目标和范围——生命周期评价目标明确规定了其应用、研究原因、目标受众以及如何使用研究结果。生命周期评价范围规定了系统、功能单位、系统范围、假设、局限性和适当配置。确定系统范围是关键的第一步。在规定范围内收集的相关数据作为某过程、操作或系统的输入和输出。食品系统范围选择取决于生命周期评价目标。整个系统可包括从农场到消费者之间的所有流程，包括食品原料生产相关的所有投入。较具体的评估会着重于专门的过程或操作，并要求对每一过程或操作的输入和输出进行量化。

功能单元同样是目标和范围的重要部分。对于食品，收集的输入数据及生命周期评价模型输出数据中，功能单元应该显而易见。典型食品单位包括终产品质量（kg）及为消费者供食的分份量（1L 或 1 杯）大小。表示对环境或资源影响的功能单元部分可有相当大差异，例如能量（kJ）或二氧化碳排放量（kg）方面的差异。

（2）清单分析——这一评估阶段收集生命周期评价模型输入数据。ISO 14044（ISO，2006）已建立系统数据收集方法，并确定了一系列要加以考虑的可再生和不可再生资源。多数情况下，此阶段涉及深入搜索所有信息资源，以建立生命周期评价活动所需的数据库。来自公开发表文献和类似来源的数据，可能需要对适当功能单元的数据进行转换。还可以在实际过程和操作范围内通过实验测量收集整理数据。虽然这类测量会花费大量时间和人力，但这样做可以提高这类过程和操作生命周期评价模型输出的可靠性。Bevilacqua 等（2007）已经为若干食品开发了一份配料和组分的详细清单例子（表 3.2）。数据测量和整理要求密切注意各物流在输入和输出之间的特性变化。许多食品过程和操作的原料或成分会随加工而发生变化，输入的能量会在过程输出以前发生形式变化。

（3）影响评估——清单完成后，就要对过程、操作或系统的潜在影响进行分析。根据 ISO 14040，此个阶段应涉及 4 ~ 6 个步骤，以建立对环境和自然资源影响的适当模型。模型输出要根据数据清单整理成各种类型。选定数据类型后，应以适当数据类型给出评价结果。典型类别包括气候变化、土地利用和水资源所用的中点类型，及人体健康和天然资源枯竭所用的终点类型。影响评价的第三步涉及影响表征。此步骤中，要对产生的影响进行程度划分，包括全球、区域或地方。基于表征因素，评价结果可以转换成适当程度的影响指标。影响表征完成后，要将评价结果以最能代表系统流的形式给出。最后一步为可选步骤，涉及对评价结果进行适当正归一化、分组或加权平均。

表 3.2 意大利面食生产生命周期调查示例

单元过程	输入	具体释放物
硬粒小麦生产（每 $1hm^2$ 平均产 7.4t 小麦）	小麦种子 200kg 1.5kg 阿特拉津（$C_8H_{14}ClN_5$） 500kg 硝酸铵和尿素氮肥 150kg 磷酸二铵磷肥 平均 127.5t×150km 卡车送料 （135kW）拖拉机 Ⅰ 犁地 14km （80kW）拖拉机 Ⅱ（3 次）施肥 42km 联合收割机收获 2h	氨（NH_3）27.3kg（空气） 氮氧化物（NO_x）0.51kg（空气） 氧化亚氮（N_2O）2.1kg（空气） 阿特拉津（$C_8H_{14}ClN_5$）0.6kg（土壤和水） 亚硝酸盐（NO_2^-）2.5kg（土壤和水） 利用土地：10000m^2/年

续表

单元过程	输入	具体释放物
粗面粉生产（6.8t 粗面粉和 2.1t 子产品）	1.5m^3 水 9t 硬粒小麦 平均 50km 距离的 450t×km 卡车送料 天然气 17kg（780MJ） 电力 5.8MW·h	颗粒物质（PM 2.5）1.4kg 二氧化硫（SO_2）1.5mg（空气） 一氧化二氮（N_2O）55mg（空气） 一氧化碳（CO）12mg（空气） 二氧化碳（CO_2）40kg（空气） 碳氢化合物 C_xH_y8mg（空气） 可降解垃圾 0.1t（土壤） 工业设施用地 28.5m^2/年
硬粒小麦面食生产（1000kg 硬粒小麦面食）	水 310L 粗面粉 1010kg 平均 100km 距离的 101t×km 卡车运输粗面粉 热气体 136MJ 用于供热 用电 40kW·h 的服务 用电 120kW·h 的生产过程 天然气 22kg（1012MJ）的热能 干燥 原油 17kg（700MJ）为热能 干燥	颗粒物质（PM）15mg（空气） 二氧化硫（SO_2）460mg（空气） 氮氧化物（NO_x）200mg（空气） 一氧化二氮（N_2O）78mg（空气） 一氧化碳（CO）13.8mg（空气） 二氧化碳（CO_2）106kg（空气） 碳氢化合物 C_xH_y16mg（空气） 干燥产生水蒸气 245kg（空气） 工业占地 1.5m^2/年 铁路/公路占地 0.2m^2/年 可降解垃圾 10kg
塑料包装材料生产（1000kg 塑料包装材料）	发泡聚苯乙烯 1008kg 油墨 8kg 烧热油 60.7GJ 用电 570kW·h	戊烷（C_5H_{12}）37.4kg（空气） 铁（Fe）32mg（水） 铵离子（NH_4^+）19mg（水） 硝酸盐（NO_3^-）16mg（水） 磷酸盐（PO_4^{3-}）259mg（水） 碳氢化合物 C_xH_y8g（水）
纸板包装生产（163kg 纸板包装）	胶水 1.6kg 油墨 0.6kg 复式纸板 170kg 原油 1.5kg（62MJ） 电力 26kW·h	颗粒物质（PM）1.5mg 二氧化硫（SO_2）40mg（空气） 氮氧化物（NO_x）11mg（空气） 一氧化二氮（N_2O）0.9mg（空气） 碳排放量（CO）0.4mg（空气） 二氧化碳（CO_2）4.8kg（空气） 废物（纸）5kg（土壤废物）

资料来源：Bevilacqua 等人（2007）和 Morawicki（2012）。

（4）生命周期解释——生命周期评价最后阶段是从评价结果进行解释。这种解释必须与第一阶段建立的目标和范围一致。此阶段涉及三个关键步骤：

■确定需要通过建议形式提出的显著问题。

■利用适当敏感性分析对生命周期评价结果进行可靠性评估。

■总体评价结论、局限性和建议。

ISO（2006）指南强调需要谨慎报告生命周期评价结果。这些报告需要考虑到评价结果的受众，必须避免以超出评价目标方式对评价结果的误解。

3.4.2 食品系统应用

研究文献发表了若干生命周期评价在食品系统应用的例子。这些结果多数利用上节所述的程序得到。这些评价的总目标是建立食品系统对环境和/或自然资源系统影响的模型。

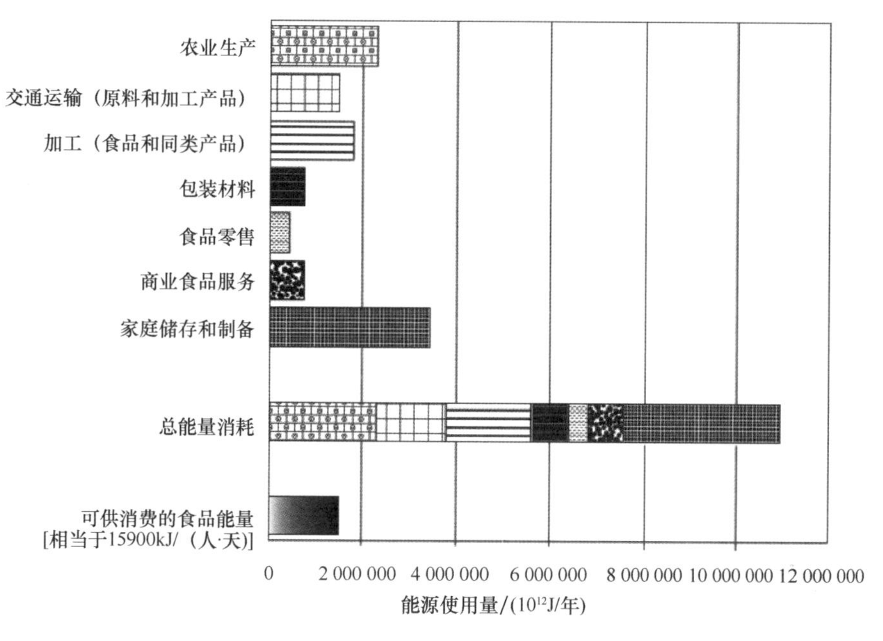

图 3.17 美国食品供应中的生命周期能源使用

（资料来源：Heller 和 Koeleian，2003）

Heller 和 Keoleian（2003）的典型生命周期评价结果如图 3.17 所示，该图示意了美国整个食品链能源需求。结果给出了食品链各具体部分的专门需求，并指出家庭储存和制备的能源需求量最大，占 31.7%，甚至超过了能源需求比重为 21.4% 的农业生产。加工部分的能源需求是 16.4%。虽然这些结果为食品系统主要方面的需求提供了基于比较的指导，但定义的七大方面是相当笼统的。两位作者（Heller 和 Keoleian，2011）还报道了整个液态乳品链的能源需求，包括生产、加工和配送及用于包装和废物管理的具体需求（图 3.18）。这些较详细的结果表明，总能源需求来源于饲料生产、农场设施、加工厂设施、产品贮存及运输，以及消费者存储。分析结果发现所述液态乳品链各部分实际变化对整体需求的影响最显著。这些输入数据从 6 家奶牛养殖场和一家加工厂收集得到，因此可能无法反映其他养殖场和加工厂的情形，并且得到的影响评价有可能受诸如国家、地区或操作规模之类的其他因素影响。

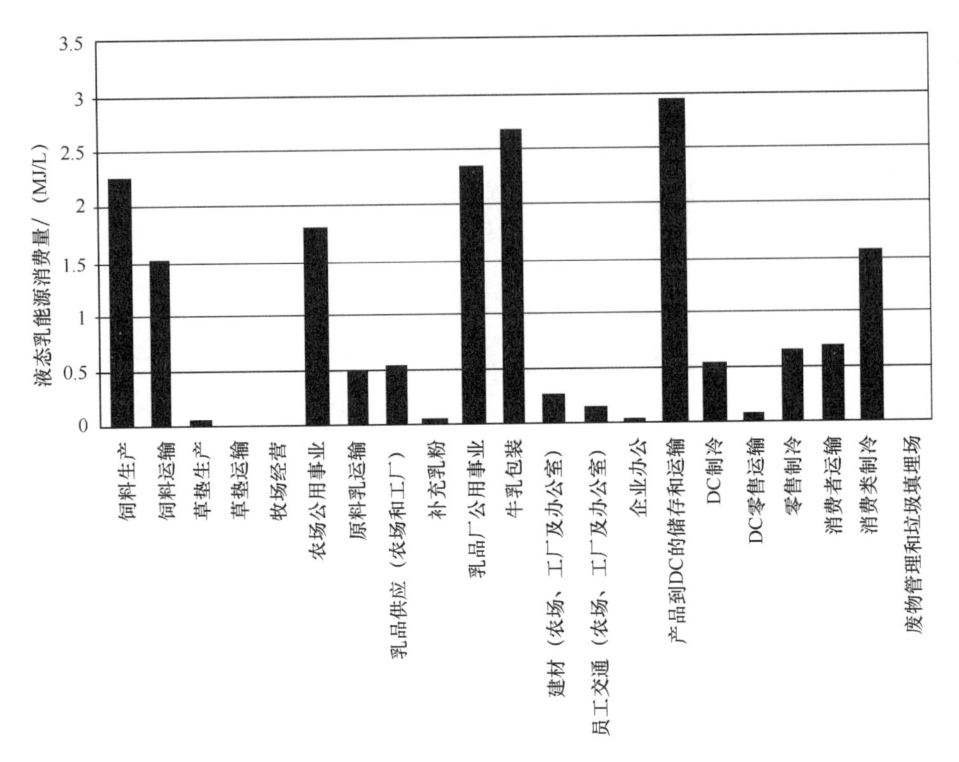

图 3.18　基于功能单元的液态乳生命周期能源消费分配

（资料来源：Heller 和 Koeliean，2011）

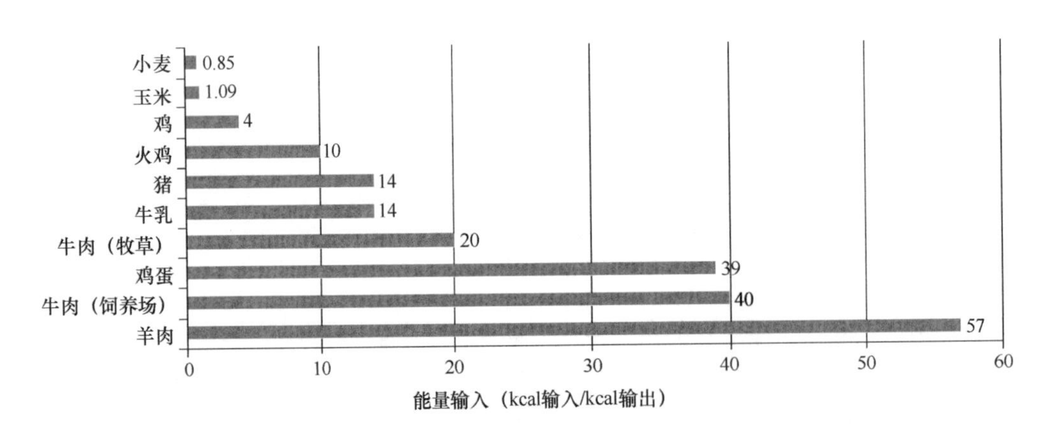

图 3.19　美国生产 1kcal 动物蛋白的能源投入（以 kcal 输入/kcal 输出方式表示）

（资料来源：Pimentel 和 Pimentel，2008；Pelletier 和 Tyedmers，2007）

Pinmental 和 Pinmental（2008）及 Pelletier 和 Tyedmers（2007）报道了另一种形式的应用结果（图 3.19）。这些结果以蛋白质千卡为基准，通过对不同食品生产的能源需求比较得到。表 3.3 给出了渔业、畜牧业和水产养殖方面的类似评价结果，也展示了各种畜养鱼种的能源需求。尽管这些结果说明动物蛋白的能量需求较高，但它们并不能为食品蛋白质生产的节能提供有效的指导。

表 3.3 某些渔业、畜牧业和水产养殖系统以食用蛋白能源投资回报率（EROI%）表示的能源强度

生产系统（地区）	EROI/%
鲱鱼/马鲛鱼，围网（东北大西洋）	56
鸡肉（美国）	25
红鱼属，拖网（北大西洋）	11
贻贝，延绳养殖（斯堪的纳维亚）	5~10
火鸡（美国）	10
全球渔业	8
牛乳（美国）	7.1
猪（美国）	7.1
鲑属，刺网（东北太平洋）	6.8
罗非鱼，池塘养殖（津巴布韦）	6.0
牛肉，牧场养殖（美国）	5.0
鲶鱼，池塘精养（美国）	4.0
挪威龙虾，拖网（东北大西洋）	2.6
鸡蛋（美国）	2.5
牛肉，饲养场（美国）	2.5
大西洋鲑鱼，密集笼（加拿大）	2.5
虾，半精养（厄瓜多尔）	2.5
奇努克鲑鱼，集约化养殖（加拿大）	2.0
大西洋鲑鱼，密集笼（瑞典）	2.0
羊肉（美国）	1.8
鲈鱼，集约化养殖（泰国）	1.5
虾，集约化养殖（泰国）	1.4

资料来源：Tyedmers（2004）和 Tyedmers 等（2005）。

表 3.4 每千克某些食品从原料到零售全过程的环境影响

影响类别	单位	冷冻鸡肉	全麦面包（鲜）	低脂牛乳
全球变暖	CO_2克当量	3650	840	1.1
酸化	SO_2克当量	48.3	5	0.3
养分富集	NO 克当量	208	59	0.51
光化学烟雾	乙烯克当量	0.672	0.27	0.07
土地使用	m^2/年	5	0.98	0

资料来源：Nielsen 等（2003）。

表3.4给出了一个较具体的环境影响生命周期评价应用。该表所示为Nielsen等人2003年报道的冷冻鸡肉、全麦面包和低脂牛乳对全球变暖、酸化、养分富集、光化学烟雾和土地使用的影响。这些结果提供了三类产品每千克产品的相对影响。虽然三类产品不可与人类营养互换，但结果总体表明冷冻鸡肉对全球变暖和养分富集的影响最大。这些结果仍然不能在减少对环境和自然资源影响步骤的制订方面提出充分的具体建议。Morawicki在2012年整理提出的几种食品对全球变暖的影响如图3.20所示。这些生命周期评价结果给出了产品从生产到消费五个不同部分对影响的贡献。对于猪肉，碳排放主要发生在生产过程，而番茄酱的主要碳排放来自加工和包装环节。面包的气体排放主要来自生产和运输环节，而牛乳生产是气体排放的主要环节。后者的结果与图3.18所示的2011年Heller和Keoleian提供的牛乳影响结果相似，但生产过程的废弃物管理是牛乳的主要排放源。

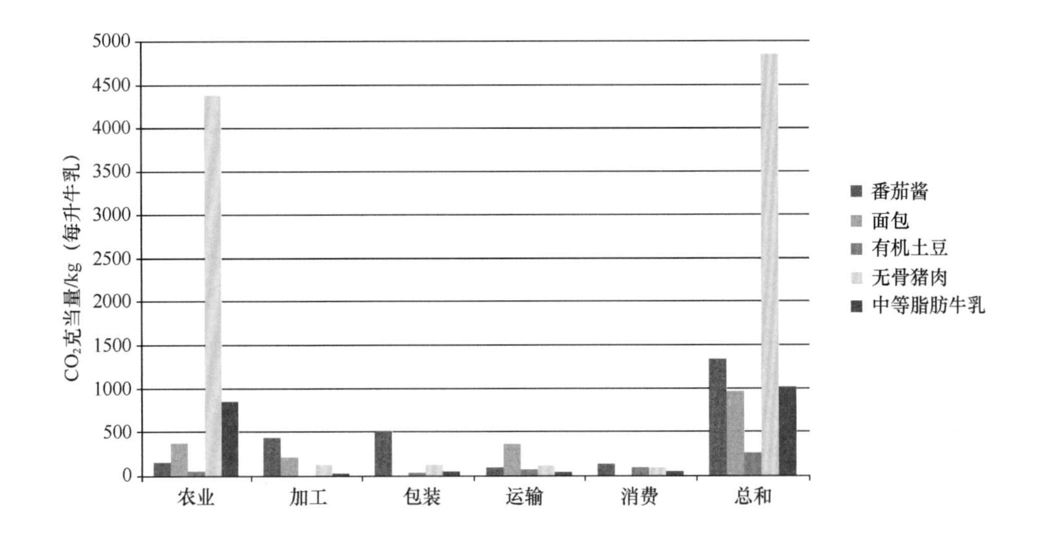

图3.20 某些食品供应链不同阶段每千克产品以二氧化碳克数表示的碳排放

（资料来源：Morawicki，2012）

表3.5 某些消费产品的平均虚拟用水

产品	虚拟用水量/L
1杯咖啡（125mL）	140
1杯茶（250mL）	35
1杯啤酒（250mL）	75
1杯牛乳（200mL）	200
1杯葡萄酒（125mL）	120
1杯苹果汁（200mL）	190
1杯橙汁（200mL）	170
1个番茄（70g）	13

续表

产品	虚拟用水量/L
1个橙子（100g）	50
1个马铃薯（100g）	25
1个苹果（100g）	70
1片面包（30g）	40
1包薯片（200g）	185
1个鸡蛋（40g）	135
1个汉堡包（150g）	2400
1件纯棉T恤（250g）	2000
1双（牛皮）鞋	8000

资料来源：Hoekstra和Chapagain（2007）和Morawicki（2012）。

如表3.5所示为2007年Hoekstra和Chapagain报道的水需求生命周期评价应用。这些虚拟水量描述了为消费者提供给定量产品所需用于生产、加工和输送的虚拟水量。表中所列的结果提供了食品和非食品类商品之间的比较，但没有给出降低水需求的具体步骤。对食品系统进行更深入的评价，应能提出可使水足迹显著减少的环节和具体过程的调整措施。

2000年Heller和Koeleian提出了图3.21所示的对美国食品系统物流的深入评估。这项由分析得到的结果提供了发生在生产和消费点之间的大量损失证据。结果表明消费者浪费了26%可食用食品。Gunder（2012）的一项研究证实了各种食品的显著损失（图3.22）。这些最近的结果表明，损失范围为低至20%的牛乳至高达52%的水果和蔬菜。

所有食品系统生命周期评价结果均描述了改善食品系统效率的机会。很多与可持续发展相关的文献强调，整个食品系统的浪费和损失构成了能源和水的损失，并间接影响到所有用来量化食品系统对环境和自然资源影响的生命周期评价指标。

3.4.3 可持续发展指标

食品系统面对的主要挑战是为最恰当表达系统范围内过程和操作对环境和自然资源影响确定适当指标。大多数生命周期评价结果表明影响最大的是能源需求、水资源利用和废弃物。虽然由Narodoslawsky和Niederi（2006）提出的可持续发展过程指数（SPI）可作为整体指标的起点，但为了进一步分析仍然需要各种输入数据，从而可为食品系统提供适当指数。

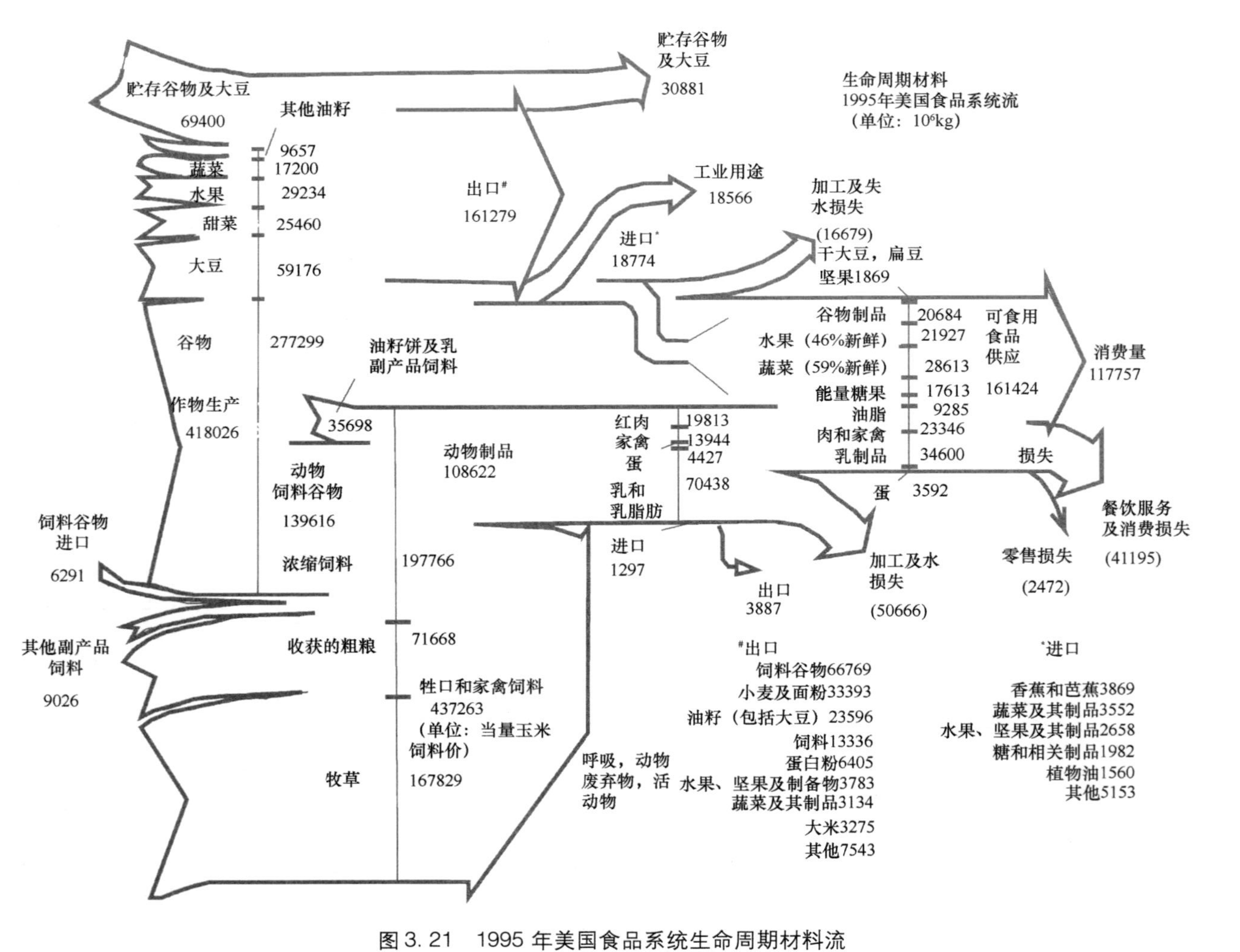

图 3.21 1995 年美国食品系统生命周期材料流
(资料来源:Heller 和 Koelian,2000)

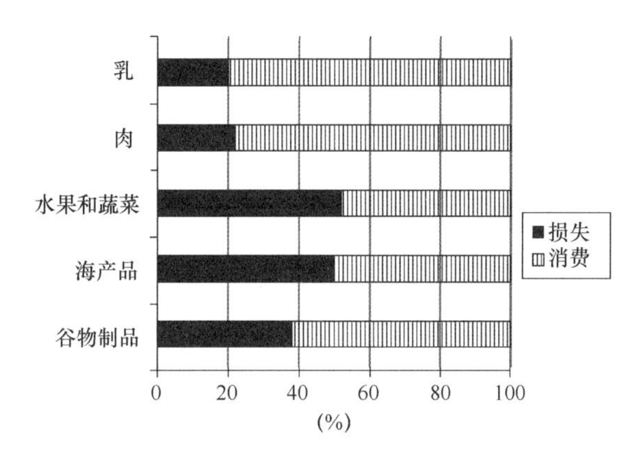

图 3.22 消费食品与食品损失
（资料来源：Gunders，2012）

习题

3.1 计算将60℃水加热到压力为150kPa、温度为150℃的过热蒸汽所需的热能。

3.2 确定198.53kPa饱和蒸汽损失470kJ/kg能量后的蒸汽质量。蒸汽的温度是多少?

3.3 计算将150kPa饱和水加热成相同压力下180℃过热蒸汽所需的能量（kJ/kg）。

3.4 对压力475.8kPa、饱和度75%的蒸汽进行加热。确定将上述蒸汽加热到饱和蒸汽所需的热量。75%饱和度蒸汽的温度是多少?

3.5 果汁用蒸汽为加热介质的间接热交换器加热。该产品流量为1000kg/h，在热交换器入口处的温度为30℃。如果仅利用110℃蒸汽的汽化潜热（2230.2kJ/kg）进行加热，试确定将产品加热到100℃所需的加热蒸汽量。该产物的比热容为4kJ/（kg·℃）。

3.6 使用压力为232.1kPa、饱和度为80%的蒸汽直接注入液体食品加热。温度为15℃的产品以200kg/min流量进入加热系统加热到105℃。该产物比热容为3.85kJ/（kg·K），且不会在加热过程中出现显著变化。试估计蒸汽需要量。

*3.7 饱和度为80%的蒸汽用于加热总固形物含量40%的番茄酱，番茄酱进入注入式加热器的流量为400kg/h。生成的蒸汽压力为169.06kPa，并以50kg/h的流量进入加热器。设该热交换器的效率为85%。如果产物比热容为3.2kJ/（kg·K），产品的初始温度为50℃，试确定产品离开加热器时的温度。确定加热产品的总固形物含量。假定番茄酱比热容在加热过程中不受影响。

3.8 利用天然气燃烧产生蒸气，燃烧时引入5%的过量空气。试估计烟道气组成，并计算20℃烟道气的能量损失。

3.9 某电路包括一个电源和两个（50Ω和75Ω）并联电阻。为使75Ω电阻提供1.6A电流，试确定电源的电压，并计算通过50Ω电阻的电流。

3.10 试计算功率为0.1kW内电阻为4Ω的发动机的电流。所需电压为多少?

*3.11 饼馅的制造涉及浓缩产品与糖液混合，并用蒸汽喷射方式加热。加热到115℃

的制成产品含25%产品固形物及15%糖固形物。进入加工过程的浓缩产品固形物含量为40%，流量为10kg/s，糖浆温度为50℃，糖固形物含量为60%。加热所用蒸汽的压力为98.53kPa。进入加工过程的浓缩产品和最终产品的比热容为3.6kJ/（kg·℃），液浆的比热容为3.8kJ/（kg·℃）。试确定：（a）制成产品的流量；（b）进入过程的糖浆流量；（c）过程的蒸汽需要量；（d）加工过程所需的蒸汽干度。

*3.12 水分含量为85%的液体食品含10%的蛋白质和5%的碳水化合物，用蒸汽喷射方式由20℃加热到80℃。所用蒸汽的干度为80%，压力为232.1kPa，产品进料流量为200kg/min。试计算：（a）进入系统产品的比热容；（b）系统要求的蒸汽质量流量；（c）该最终产物的组成；（d）该最终产品的比热容。

3.13 确定某电加热水壶所需的加热时间和费用。1.5L初温为10℃的水用1500W内置电热元件的水壶加热到95℃。空壶质量0.5kg，其平均比热容为0.7kJ/（kg·℃）。设水的比热容为4.18kJ/（kg·℃），且忽略壶的热损失：（a）确定水加热所需时间；（b）如果电力成本为0.18美元/（kW·h），则将壶中水加热所需的费用是多少？

*3.14 Balan等人（1991）提出了一个计算饱和蒸汽焓的经验公式：

$$H_v = -484.836273 + 3.741550922T + 1.3426566\times10^{-3}T^2 + 97.21546936(647.3 - T)^{1/2} - 1.435427715(1.0085)^T$$

其中焓的单位为（kJ/kg），温度T的单位为K。试用MATLAB编程，对上述方程结果与饱和蒸汽表（表A.4.2）的结果进行比较。

3.15 Irvine和Liley（1984）提出了估算给定温度T_{sat}（K）下饱和蒸汽焓（H_v）的方程：

$$Y = A + BT_C^{1/3} + CT_C^{5/6} + DT_C^{7/8} + \sum_{N=1}^{7}E(N)T_C^N$$

$$Y = \frac{H_v}{H_{vCR}} \quad H_{vCR} = 2099.3\text{kJ/kg}$$

$$T_C = \frac{T_{CR} - T_{sat}}{T_{CR}} \quad T_{CR} = 647.3\text{K}$$

273.16K≤T≤647.3K	
A	1.0
B	0.457874342
C	5.08441288
D	−1.48513244
E（1）	−4.81351884
E（2）	2.69411792
E（3）	−7.39064542
E（4）	10.4961689
E（5）	−5.46840036
E（6）	0.0
E（7）	0.0
H_{vCR}	2099.3

试用 MATLAB 编程，对上述方程结果与饱和蒸汽表（表 A. 4. 2）的结果进行比较。

*3. 16 Irvine 和 Liley（1984）提出了估算饱和温度 T_{sat}（K）饱和蒸汽液体焓（H_c）的方程：

$$Y = A + BT_C^{1/3} + CT_C^{5/6} + DT_C^{7/8} + \sum_{N=1}^{7} E(N) T_C^N$$

$$Y = \frac{H_c}{H_{cCR}} \quad H_{cCR} = 2099.3\text{kJ/kg}$$

$$T_C = \frac{T_{CR} - T_{sat}}{T_{CR}} T_{CR} = 647.3\text{K}$$

式中的参数值［A，B，C，D，E（N）］随温度变化。

	273. 16≤T，300K	300≤T，600K	600≤T≤647. 3K
A	0. 0	0. 8839230108	1. 0
B	0. 0	0. 0	-0. 441057805
C	0. 0	0. 0	-5. 52255517
D	0. 0	0. 0	6. 43994847
E（1）	624. 698837	-2. 67172935	-1. 64578795
E（2）	-2343. 85369	6. 22640035	-1. 30574143
E（3）	-9508. 12101	-13. 1789573	0. 0
E（4）	71628. 7928	-1. 91322436	0. 0
E（5）	-163535. 221	68. 7937653	0. 0
E（6）	166531. 093	-124. 819906	0. 0
E（7）	-64785. 4585	72. 1435404	0. 0
H_{fCR}	2099. 3	2099. 3	2099. 3

试用 MATLAB 编程，对上述方程结果与饱和蒸汽表（表 A. 4. 2）的结果进行比较。

符号

c_p	比热容［kJ/（kg·K）］
CU	利用系数
D	直径（m）
Δp	压降（Pa）
ε	表面粗糙度（m）
E_V	电压（V）
f	摩擦系数
h	高度（m）

H　焓(kJ/kg)
$H_{蒸发}$　蒸发潜热(kJ/kg)
I　电流(A)
L　长度(m)
L_e　当量长度(m)
LLF　光损失因子
$\dot{m}$　质量流量
μ　黏度(Pa·s)
N_{Re}　雷诺数,无量纲
p　压强(Pa)
q　传热速率(kJ/s)
Q　热量(kJ)
ρ　密度
R_E　电阻(Ω)
R_e　当量电阻(Ω)
s　熵[kJ/(kg·K)]
T　温度(℃或K)
$\bar{u}$　平均流速(m/s)
V'　比体积(m^3/kg)
x_s　蒸汽干度
下标:c,液体/冷凝液;e,出口;v,蒸汽;i,初始的;o,其他;s,蒸汽。

参考文献

Bakshi, B. R., Fiksel, J., 2003. The quest for sustainability: Challenges for process systems engineering. AIChE Journal 49 (6), 1350 – 1359.

Babcock & Wilcox Handbook, 1978. Steam—Its Generation and Use. Babcock & Wilcox Co., New York, New York.

Balan, G. P., Hariarabaskaran, A. N., Srinivasan, D., 1991. Empirical formulas calculate steam properties quickly. Chem. Eng. Jan, 139 – 140.

Bevilacqua, M., Braglia, M., Carmignani, G., Zammori, F. A., 2007. Life cycle assessment for pasta production in Italy. J. Food Quality 30 (6), 93 – 2952.

Farrall, A. W., 1979. Food Engineering Systems, vol. 2. AVI Publ. Co., Westport, Connecticut.

Grigull, U., Straub, U. G., Scheibner, G., 1990. Steam Tables in SIUnits, third ed. Springer – Verlag, Berlin.

Gunders, D., 2012. Wasted: How America is Losing up to 40 Percent of its Food from Farm to Fork to Landfill. NRDC Issue Paper IP: 12 – 06 – B. Natural Resources Defense Council. Washington, DC.

Gustafson, R. J., Morgan, M. T., 2004. Fundamentals of Electricity for Agriculture, third ed. American Society of Agricultural and Biological Engineers, St. Joseph, Michigan.

Heller, M. C. , G. A. , Keoleian, 2000. Life Cycle Based Sustainability Indicators for Assessment of the U. S. food System. The University of Michigan—Center for Sustainable Systems. Ann Arbor, MI. I - 60, CSS00—04.

Heller, M. C. , Keoleian, G. A, 2003. Assessing the sustainability of the U. S. food system: a life cycle perspective. Agric. Syst. 76, 1007 - 1041.

Heller, M. C, Koeleian, G. A. , 2011. Life cycle energy and greenhouse gas analysis of a large - scale vertically integrated organic dairy in the United States. Eviron. Sci. Technol. 45, 1903 - 1911.

Hoekstra, A. Y. , Chapagain. , A. K. , 2007. Water footprints of nations: Water use by people as a function of their consumption pattern. Water Resour. Manag. 21 (1), 35 - 48.

International Organization for Standardization (ISO), 2006. Environmental Management - Life Cycle Assessment - Principles and framework. Geneva: ISO.

Irvine, T. F. , Liley, P. E. , 1984. Steam and Gas Tables with Computer Equations. Academic Press, Inc. , Orlando, Florida.

Martin, T. W. , 1961. Improved computer oriented methods for calculation of steam properties. J. Heat Transf. 83, 515 - 516.

Merkel, J. A. , 1983. Basic Engineering Principles, second ed. AVI Publ. Co. , Westport, Connecticut.

Morawicki, R. O. , 2012. Handbook of Sustainability for the Food Sciences. John Wiley & Sons, Inc. , Ames, IA.

Narodoslawsky, M. , Niederl. , A, 2006. The Sustainable Process Index (SPI) . In: Dewulf, J. , van Langenhove, H. (Eds.), Renewable - based Technology. John Wiley & Sons, Hoboken, NJ.

Nielsen, P. H. , et al. , 2003. LCA food data base. Available at: 〈www. lcafood. dk〉 .

Pelletier, N. , Tyedmers, P. , 2007. Feeding farmed salmon; Is organic better? Aquaculture 272, 399 - 416.

Pimentel, D, Terhune. , E. C. , 1977. Energy and food. Ann. Rev. Energy 2, 171 - 195.

Pimentel, D. , Pimentel, M. , 1979. Food, Energy and Society. Edward Arnold (Publishers) Ltd. , London.

Pimentel, D. , Dritschilo, W. , Krummel, J. , Kutzman, J. , 1975. Energy and land constraints in food - protein production. Science 190, 754 - 761.

Singh, R. P. , Carroad, P. A. , Chinnan, M. S. , Rose, W. W. , Jacob, N. L. , 1980. Energy accounting in canning tomato products. J. Food Sci. 45, 735 - 739.

Steltz, W. G. , Silvestri, G. J. , 1958. The formulation of steam properties for digital computer application. Trans. ASME 80, 967 - 973.

Stultz, S. C. , Kitto, J. B. , 2005. Steam—Its Generation and Use. Babcock & Wilcox Handbook. Babcock & Wilcox Co. , New York, New York.

Straub, U. G. , Scheibner, G. , 1984. Steam Tables in SI Units, second ed. Springer - Verlag, Berlin.

Teixeira, A. A. , 1980. Cogeneration of electricity in food processing plants. Agric. Eng. 61 (1), 26 - 29.

Tyedmers, P. H. , 2004. Fisheries and energy use. In: Cleveland, C. (Ed.), In Encyclopedia of Energy, vol. 2. Elsevier. Inc. , Amsterdam.

Tyedmers, P. H. , Watson, R, Pauly, D. , 2005. Fueling global fishing fleets. AMBIO: A J. Hum. Environ. 34 (8), 635 - 638.

Unger, S. G. , 1975. Energy utilization in the leading energy - consuming food processing industries. Food Technol. 29 (12), 33 - 43.

Watson, E. L. , Harper, J. C. , 1988. Elements of Food Engineering, second ed. Van Nostrand Reinhold, New

York, New York.
WCED, 1987. Report of the World Commission on Environment and development: Our common future. United Nations General Assembly, New York.

4

食品加工过程的传热

食品的加热与冷却是食品加工厂最常见的加工过程。现代食品工业中，制冷、冷冻、热杀菌、干燥和蒸发等是常见的单元操作。这些单元操作涉及产品与加热或冷却介质之间的传热。食品加热或冷却是为了防止微生物和酶引起的变质作用。此外，加热或冷却可以使食品产生所希望的感官性质——颜色、质地。

研究传热的重要性在于它是了解各种食品加工操作的基础。本章将讨论传热原理，以及这些原理在食品加工设备设计和操作中的应用。

本章首先介绍热交换设备。食品加工可有各种各样的换热设备选择。这部分阐述提到了食品性质对热交换器设计和操作的重要性。因此，我们将讨论各种获得食品热性质的方法，将介绍传热的基本模型，如传导、对流和辐射。本章要介绍用于预测固体和液体食品中传热的简单数学方程。这些方程是简单热交换器设计和性能评价的有力工具。本章的后面部分将讨论更为复杂的温度随时间而变的非稳定传热问题。本章重点需要了解的是各种基本概念，因为这些概念是随后几章将要讨论的内容的基础。

4.1 食品的加热和冷却系统

食品加工厂利用热交换设备对食品进行加热和冷却。如图 4.1 所示，热交换器可以大致分为直接式和间接式两类。间接式热交换器，顾名思义，产品与加热或冷却介质在物理上通常是由薄壁分开的。而在直接式热交换器中，产品与加热或冷却介质直接进行物理接触。

例如，在蒸汽注入式系统中，蒸汽直接喷射到受加热的产品。在板式热交换器中，一层薄金属板将产品流与加热或冷却介质流分开，在保证不产生混合的情况下进行热交换。下面几节将讨论几种食品工业中常用的热交换器。

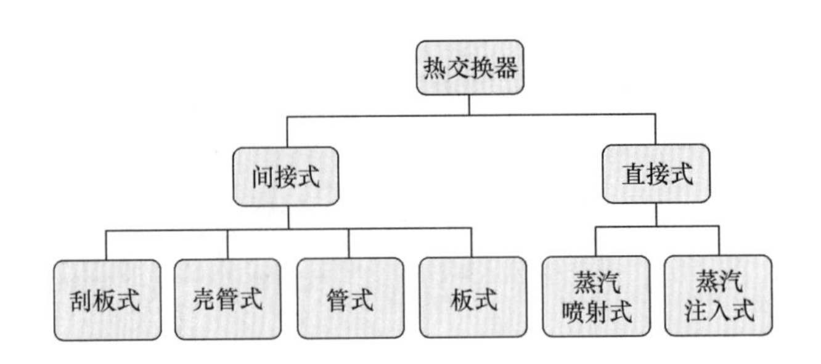

图 4.1 常用热交换器分类

4.1.1 板式热交换器

70 多年前发明的板式热交换器仍在乳品和食品饮料工业中广泛使用。如图 4.2 所示为板式热交换器的示意图。这种热交换器由一系列被压紧在机架上、紧靠在一起的平行不锈钢构成。为防止不同流体串混，换热板周边和板孔采用由天然或人造橡胶制成的密封圈进行密封。产品流与加热（或冷却）介质流之间的流向既可采用顺流（同一方向）也可采用逆流（相反方向）。后面第 4.4.7 节将讨论流向对热交换器操作的影响。

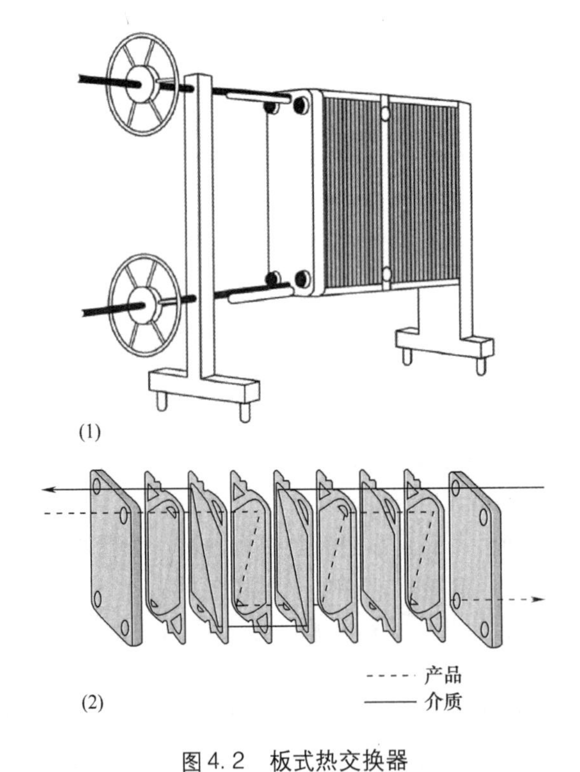

图 4.2 板式热交换器

（1）板式热交换器 （2）换热片间流体流动示意

（资料来源：Cherry – Burrell 公司）

板式热交换器中使用的换热板用不锈钢制作。板子被冲压成专门的构型，以增加产品流的湍流作用，从而可以获得较好的传热效果。如图 4.3 所示为一种称为鱼肋式的换热板构型。

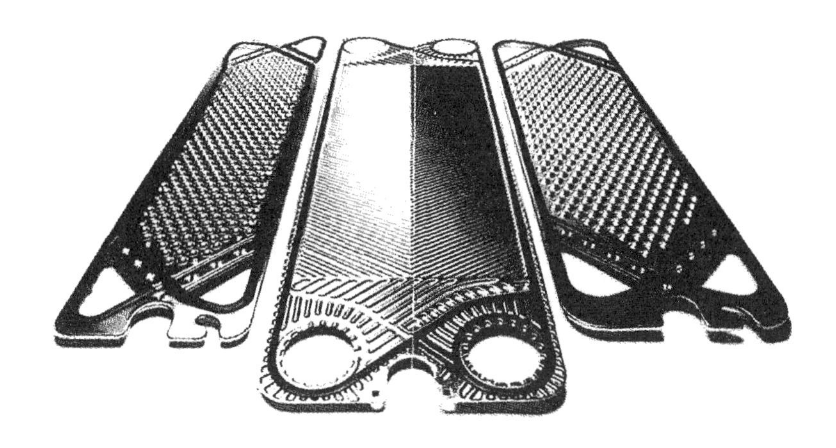

图 4.3　板式热交换器换热片上的波纹形式

（资料来源：Cherry – Burrell 公司）

板式热交换器适用于低黏度（<5Pa·s）液体食品。如果存在悬浮颗粒，那么粒子的当量直径应当小于 0.3cm。较大的粒子会在换热板的接触点处架桥，“烧结”在加热部分。

工业规模的板式热交换器的产品流量范围在 5000 ~ 20000kg/h。使用板式热交换器时，应当尽量减少固形物（如乳蛋白质等）在加热板表面的结垢。结垢会降低从加热介质到产品的传热速率；另外，压降经过一段时间后也会增加。因而，使用一段时间后需要停止操作，对热交换板进行清洗。对于要求超高温处理的乳品，处理的时间通常限制在3 ~ 4h。板式热交换器的优点如下：

■热交换器的维护简单，可以方便地拆开对产品进行检查。

■板式热交换器设计可满足食品卫生要求。

■只要增加换热板，就可提高生产能力。

■板式热交换器可以使产品在与邻近的介质温度相差不到 1℃ 的条件下进行加热或冷却，与其他间接型热交换器相比，投资较少。

■板式热交换器可以允许进行热能的回收使用。

如图 4.4 所示，液体食品在加热段被加热到杀菌温度或别的希望的温度；加热过的流体在热能回收段将其部分热量传给进入热交换器的原料。冷流体被加热到一定温度，这样只需稍许加热就可使其达到希望的温度。为了回收热量，自然需要增加换热板；然而增加的投资会因为运行成本较低而很快被回收。

如图 4.5 所示为一个用于葡萄汁巴氏杀菌的双向热回收型加工过程。“启动”果汁被加热到 88℃（位置 A）以后，经过一个保温管后进入热量回收段（由位置 B 进入）。在此部分，热果汁释放出热量，传给 38℃ 的进入交换器的原料果汁（位置 C）。原料果汁温度升高到 73℃（位置 D），而“启动”果汁的温度降低到 53℃（位置 E）。本例中，由于进来的原料在没有利用额外加热介质的条件下被加热到了其最终巴氏杀菌温度的 70% 程度，因此热量回收率是 [(73 – 38) / (88 – 38)] ×100 即 70%。被预热到 73℃ 的果汁进入加

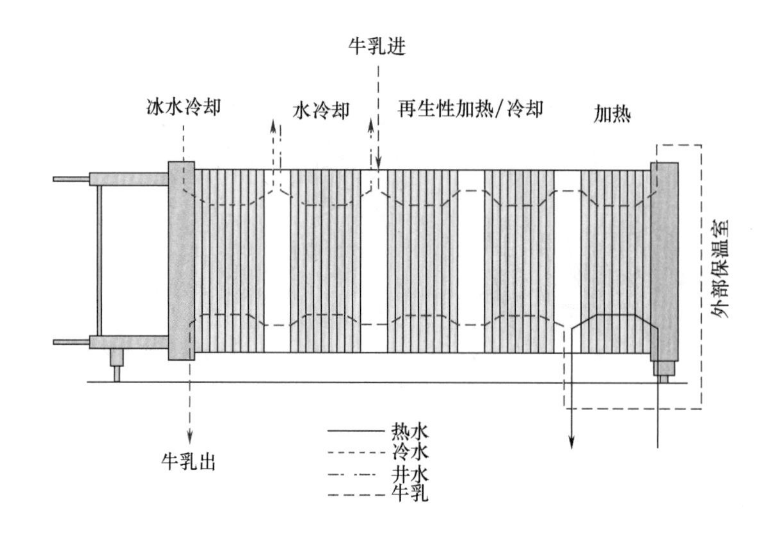

图 4.4 处理乳的五段板式巴氏杀菌器

(资料来源：Alfa - Laval 公司)

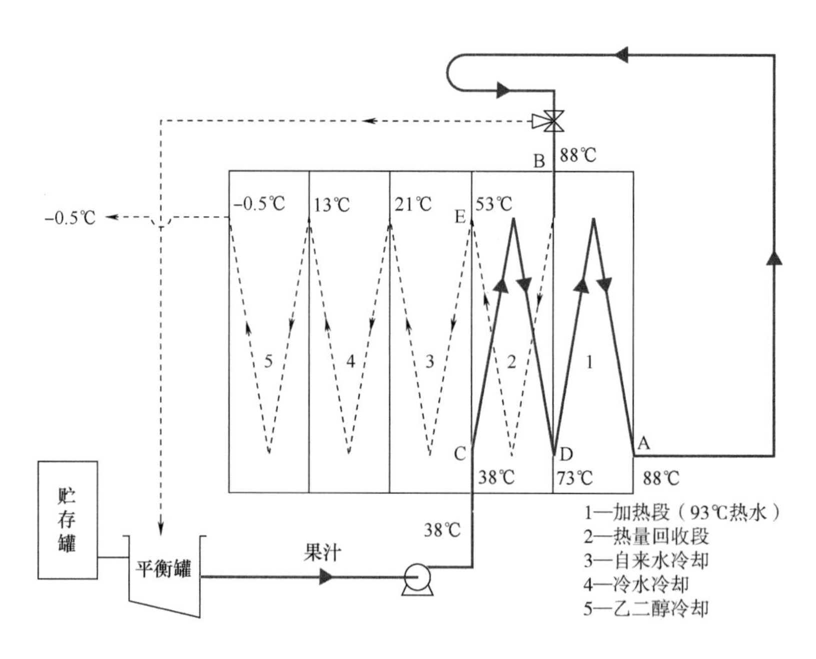

图 4.5 用于葡萄汁杀菌的双向热量回收系统

(资料来源：APV 公司)

热段，在 93℃热水的加热下温度升到 88℃。被加热的果汁然后被泵送到热回收段，在此对进入的原料加以预热，如此循环下去。巴氏杀菌后的果汁可用自来水、冰水或循环甘油进行冷却。应当注意，在上面的例子中，只需从巴氏杀菌果汁中除去少量的热，因此通过热回收处理也降低了冷却负荷。

4.1.2 管式热交换器

最简单的间接式热交换器是二重管热交换器，它由两根同心套管构成。两种流体分别在管环和内管中流动。

两种流体可以朝一个方向（顺流）或朝相反方向（逆流）流动。图 4.6 是逆流套管式热交换器的示意图。

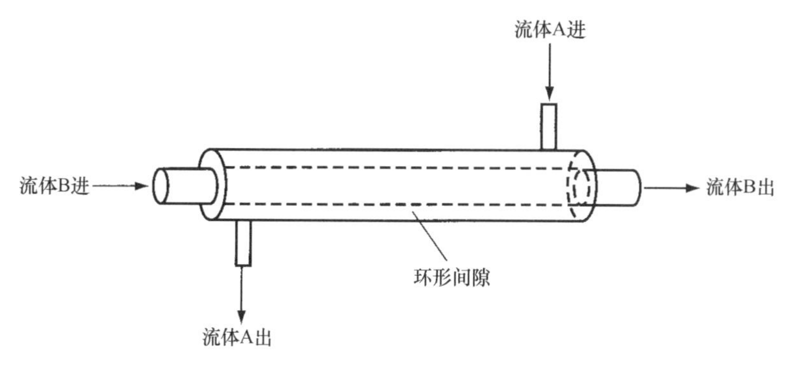

图 4.6 套管式热交换器示意图
（资料来源：Paul Mueller 公司）

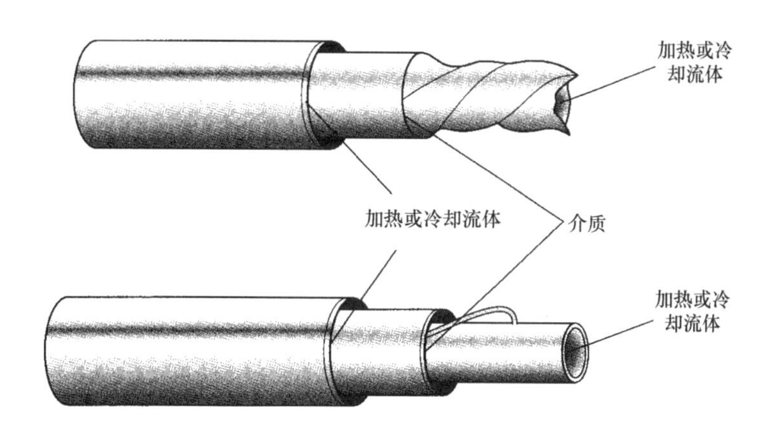

图 4.7 三重管式热交换器示意图
（资料来源 Paul Mueller 公司）

与套管热交换器稍有不同的三重管式热交换器如图 4.7 所示。这种热交换器，产品由中间环管流过，而加热（或冷却）介质从内外管流过。最里层管子可设一些特殊的结构，以产生湍流从而强化传热效果。三重管式热交换器在工业上的某些应用包括：将原果橙汁从 4℃加热到 93℃后又冷却到 4℃；冷干酪废水用冷水从 46℃冷却到 18℃；用氨将冰淇淋混合物从 12℃冷却到 0.5℃。

食品工业使用的热交换器的另一种常见型式是用于蒸发系统加热液体食品的壳管式热交换器。如图 4.8 所示，一种流体在管内流动，另一种流体由泵送通过壳间流动。使壳侧流体流过管子，而不是平行于管子流动，可以提高传热效率。位于壳内的挡板可使流体以错流方式流动。壳内可设一根管道，也可设多根管道，具体管数取决于设计要求。如图4.8所示的壳管式热交换器，一种为单壳程双管型，另一种为双壳程四管型。

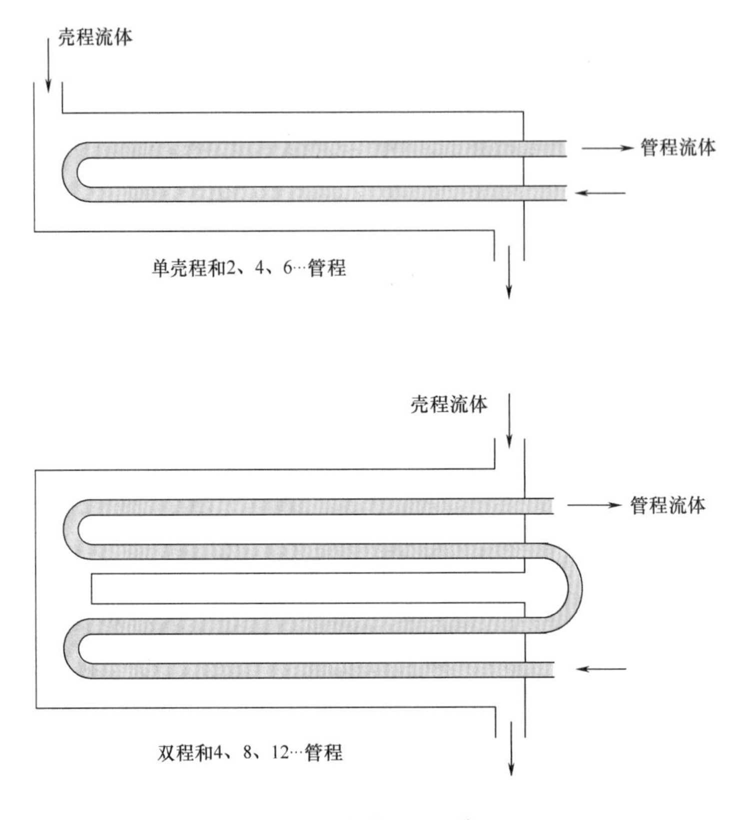

图4.8　壳管式热交换器

4.1.3　刮板式热交换器

在传统的管式热交换器中，由于料液会在管子壁上结垢，因此流体传热会受流动阻力和热阻的影响。如果管子的内壁不断地得到机械刮扫，则这种热阻可降低到最低程度。刮扫作用可以在相对较小体积内获得较快的传热速率。食品加工中使用的刮板式热交换器如图4.9所示。

刮板式热交换器中与食品接触的圆筒采用（316号）不锈钢、纯镍、硬镀铬镍或其他耐腐蚀材料制作。内部的转子装有刮板，刮板由外包塑料或者是注塑件构成（图4.9）。转子的转速从150～500r/min不等。虽然较高的转速可以获得较好的传热效果，但可能会影响食品的质量。因此，必须谨慎地选择转速及转子与筒壁之间的间距。

由图4.9可见，装产品的圆筒和转子由外夹套包住。加热（或冷却）介质在夹套内流过。通常使用的介质有蒸汽、热水、冷冻盐水或制冷剂（或氟利昂）。刮板式热交换器一般使用的温度范围在－35～190℃。

刮板式热交换器提供的稳定混合作用有利于提高产品风味、颜色和质地方面的均匀性。在食品加工业中，刮板式热交换器的应用包括加热、巴氏杀菌、灭菌、搅打、凝固、

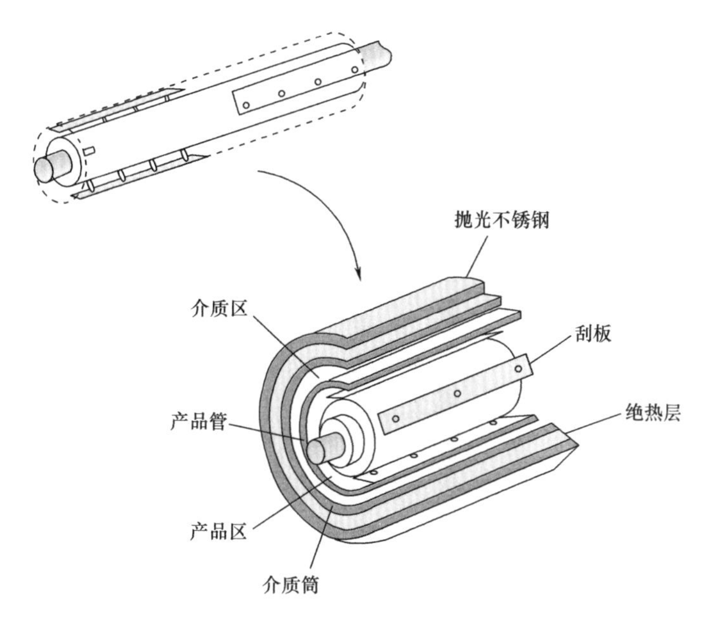

图4.9 刮板式热交换器组成件截面示意
（资料来源：Cherry - Burell 公司）

乳化、塑化和结晶。这种热交换器可处理能用泵输送、黏度范围广泛的液体；可处理的液体食品包括果汁、汤料、浓缩橘汁、花生酱、烤过的豆子、番茄酱和饼馅等。

4.1.4 蒸汽注入式热交换器

蒸汽注入式热交换器使蒸汽与产品直接接触混合。如图4.10所示，液态产品由泵送入热交换器顶部后以薄层方式流入热交换器。液体的黏度决定分散器的尺寸。含颗粒的产品，如蔬菜丁、肉块和米等可以用专门设计的分散器。当蒸汽与食品细滴相接触时，可以得到高效率的传热效果。由于蒸汽冷凝，产品的温度升得非常快。受加热的产品连同冷凝后的蒸汽一起从加热室底部出来。为了获得规定蒸煮效果，要在加热室的底部保留一定量的液体。

进入加热室和离开加热室产品的温差可低到5.5℃（如脱气乳从76.7～82.2℃），也可高达96.7℃（如用于无菌包装的灭菌布丁从48.9℃加热到145.6℃）。

因蒸汽冷凝而加到产品中的蒸汽水分有时是希望有的，尤其是本来需要在处理中加水的过程。如果不希望额外增加水的含量，这部分因冷凝而加入的水则可用泵将产品送到真空冷却系统进行“闪蒸”排除。根据进入到加热器产品的温度和从真空冷却器出来产品的温度，可以计算出加入到产品的冷凝水量。

这种类型的热交换器可用来对许多制品（如浓缩汤、巧克力、加工干酪、冰淇淋混合物、布丁、水果饼馅和牛乳等）进行蒸煮（或灭菌）。

4.1.5 小结

前面几小节我们介绍了几种常用的热交换器。显然，对食品和食品加工设备结构材料的传热特性有基本了解，对于热交换设备的设计和评价是十分必要的。应用热交换器的食

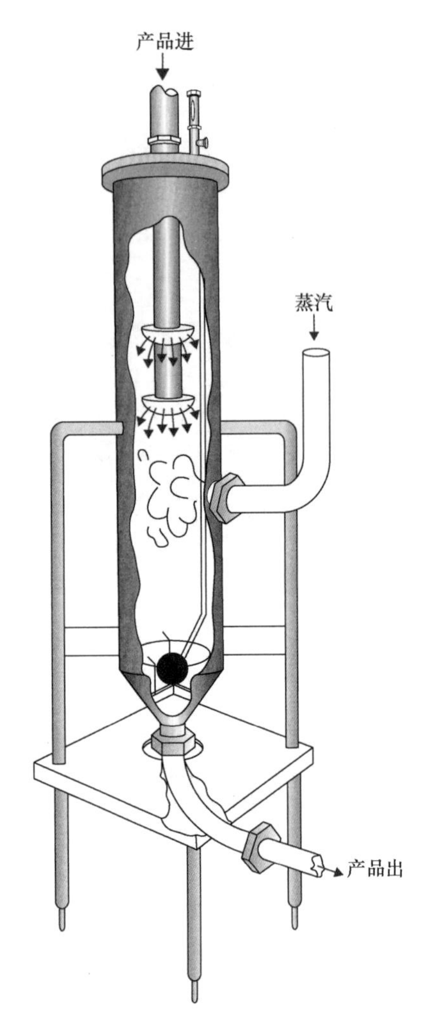

图 4.10　蒸汽注入式热交换器

（资料来源：CREPACO 公司）

品种类广泛。这些食品会引出专门的，有时甚至是复杂的与热交换有关的问题。在下面几节中，我们将定量地对以下方面进行讨论。

（1）热性质　食品和设备材料（如金属）的比热容、热传导率和热扩散系数等对传热有重要的影响。

（2）传热模型　要定量地确定加热或冷却介质与食品之间的热量传递，必须了解实际传热模型（如传导、对流和辐射）的数学描述。

（3）稳定态和非稳定态传热　计算过程对稳定态和非稳定态传热都需要分析。

我们将对简单的传热进行分析推导。对于较复杂情形的传热过程，如对于非牛顿液体，建议参考 Heldman 和 Singh（1981）的教科书。

4.2 食品的热性质

4.2.1 比热容

比热容是单位质量产品在不改变状态情况下，温度改变一个单位所获得或失去的热量：

$$c_p = \frac{Q}{m(\Delta T)} \tag{4.1}$$

式中 Q——热量变化，kJ

m——质量，kg

ΔT——物料的温度变化，℃

c_p——比热容，kJ/（kg·℃）

比热容是对食品加工处理，或（对食品进行）加热或冷却设备进行传热分析的基本参数。食品材料的比热容受到食品的组成、水分含量、温度和压力等多方面影响。食品的比热容随水分含量增加而升高。对于气体，在恒压下的比热容（c_p）比恒容下的比热容（c_v）大。多数食品加工过程中可使用恒压比热容（c_p），因为除高压处理外，食品的压力一般是恒定的。

有状态变化的加工过程，如冷冻或解冻，要使用表观比热容。表观比热容中，除了显热成分以外，还含有状态变化的热量成分。

在进行食品加工过程或加工设备设计时，我们需要了解食品和设备材料的比热容。有两条途径可以获得这些数值。出版物数据（如附录表 A.2.1，表 A.3.1 和表 A.3.2）提供了部分食品和非食品材料的比热容。比热容也可从提供出版物数值的数据库（Singh，1994）获取。另一条获得比热容数据的途径是利用比热容预测方程。比热容预测方程是经验表达式，是通过对实验数据进行拟合得到的数学模型。通常，这些数学模型基于一个或多个食品组分。由于水是许多食品的主要成分，一些模型将比热容表达成水分含量的函数。

早期由 Siebel（1892）推出的一个计算比热容的模型如式（4.2）

$$c_p = 0.873 + 3.349X_w \tag{4.2}$$

式中 X_w——以分数表示的水分含量

这一模型没有反映温度或食品其他成分对比热容的影响。Charrm（1978）提出了以下的产品组分对比热容影响的经验方程

$$c_p = 2.093X_f + 1.256X_s + 4.187X_w \tag{4.3}$$

式中 X——质量分数

下标 f——代表脂肪

s——代表非脂固体

w——代表水

注意，在式（4.3）中，右边各项的系数是相应食品组分的比热容值。例如，4.187 是 70℃水的比热容值，而 2.093 是液体脂肪的比热容值。

Heldman 和 Singh（1981）提出以下基于食品组成的关系式：

$$c_p = 1.424X_h + 1.549X_p + 1.675X_f + 0.837X_a + 4.187X_w \quad (4.4)$$

式中　X——质量分数

下标 h——代表碳水化合物

p——代表蛋白质

f——代表脂肪

a——代表灰分

w——代表水

以上方程没有包括温度对比热容的影响。但是，对于温度变化的过程，必须使用包括温度因素的预测模型。Choi 和 Okos（1986）提出了一个包括组成和温度因素的比热容预测模型。模型的形式如式（4.5）：

$$c_p = \sum_{i=1}^{n} c_{pi}X_i \quad (4.5)$$

式中　X_i——第 i 项组分的分数

n——食品的总组分数

c_{pi}——第 i 项组分的比热容

表 A.2.9 给出了纯食品组分作为温度的函数的比热容。如例 4.1 所示，将此表中的系数编入一张电子表，可预测任何温度下的比热容。

比热容的单位是

$$c_p \equiv \frac{\mathrm{kJ}}{\mathrm{kg \cdot K}}$$

这一单位与 kJ/（kg·℃）相等，因为 1℃ 温度差在摄氏温标和绝对温标中是相等的。

食品的组分值可以从《农业手册（第 8 卷）》（Agriculture Handbook No. 8）（Watt 和 Merrill，1975）查到。附录表 A.2.8 给出了一些食品的组分值。

例 4.1

一种模型食品的组分如下：碳水化合物含量 40%、蛋白质含量 20%、脂肪含量 10%、灰分含量 5%、水分含量 25%。请预测此食品的比热容。

已知：

$$X_h = 0.4 \quad X_p = 0.2 \quad X_f = 0.1 \quad X_a = 0.05 \quad X_m = 0.25$$

方法：

由于食品的组分已经给出，因此可用式（4.4）预测食品的比热容。另外，我们将利用式（4.5）编写一张电子表，计算比热容值。

解：

（1）利用式（4.4）

$$c_p = (1.424 \times 0.4) + (1.549 \times 0.2) + (1.675 \times 0.1) + (0.837 \times 0.05) + (4.187 \times 0.25)$$
$$= 2.14[\mathrm{kJ/(kg \cdot ℃)}]$$

（2）如图 E4.1 所示，利用式（4.5）及表 A.2.9 中的系数编写一张电子表。

	A	B	C	D	E	F	G	H	I
1	温度/℃	20							
2	水	0.25							
3	蛋白质	0.2							
4	脂肪	0.1							
5	碳水化合物	0.4							
6	纤维	0							
7	灰分	0.05							
8									
9		系数							
10	水	4.1766	←	=4.1762-0.000090864*$B$1+0.0000054731*$B$1^2					
11	蛋白质	2.0319	←	=2.0082+0.0012089*$B$1-0.0000013129*$B$1^2					
12	脂肪	2.0117	←	=1.9842+0.0014733*$B$1-0.000048008*$B$1^2					
13	碳水化合物	1.5857	←	=1.5488+0.0019625*$B$1-0.0000059399*$B$1^2					
14	纤维	1.8807	←	=1.8459+0.0018306*$B$1-0.0000046509*$B$1^2					
15	灰分	1.1289	←	=1.0926+0.0018896*$B$1-0.0000036817*$B$1^2					
16									
17		式（4.5）							
18	水	1.044	←	=B2*B10					
19	蛋白质	0.406	←	=B3*B11					
20	脂肪	0.201	←	=B4*B12					
21	碳水化合物	0.634	←	=B5*B13					
22	纤维	0.000	←	=B6*B14					
23	灰分	0.056	←	=B7*B15					
24	结果	2.342	←	=SUM（B18：B23）					

图 E4.1 例 4.1 的电子表

（3）用式（4.4）预测到的比热容为 2.14kJ/（kg·℃），而用式（4.5）计算的结果为 2.34kJ/（kg·℃），两者稍有差异。式（4.5）更为可取，因为它包括了温度对比热容影响的因素。

4.2.2 热导率

食品的热传导率是一个用于计算传热速率的重要性质。热导率的定量表述是：单位时间内，传导通过（温差为单位温度的）单位厚度材料的热量。

在 SI 中，热导率的单位是

$$k^{①} \equiv \frac{J}{s \cdot m \cdot ℃} \equiv \frac{W}{m \cdot ℃} \tag{4.6}$$

注：W/（m·℃）与 W/（m·K）相同。

常见材料的热导率值范围很广。例如，

■金属：50～400W/（m·℃）

■合金：10～120W/（m·℃）

① 我国 GB 3100～3102—1993《量和单位》规定热导率表示为 λ。—— 译者注

■水：0.597W/（m·℃）

■空气：0.0251W/（m·℃）

■绝缘体：0.035～0173W/（m·℃）

大多数高水分含量食品的热导率值与水的热导率值接近。另一方面，干燥多孔食品的热导率由于热导率低的空气存在而受到影响。附录表A.2.2、表A.3.1和表A.3.2给出了一些食品和非食品材料的热导率值。除了数据表值以外，对于有温度变化的过程计算，经验预测方程也很有用。

对于水分含量高于60%的果蔬类产品，Sweat（1974）提出了以下预测方程：

$$k = 0.148 + 0.493X_w \tag{4.7}$$

式中 k——热导率，W/（m·℃）

X_w——以分数表示的水分含量

对于肉和鱼，在0～60℃温度范围、60%～80%（湿基）水分含量范围，Sweat（1975）提出了以下预测方程：

$$k = 0.08 + 0.52X_w \tag{4.8}$$

另一个由Sweat（1986）提出的经验方程是通过对430个固体和液体食品数据点拟合后得到的，其形式为：

$$k = 0.25X_h + 0.155X_p + 0.16X_f + 0.135X_a + 0.58X_w \tag{4.9}$$

式中 X——质量分数

下标h、p、f、a和w——分别代表碳水化合物、蛋白质、脂肪、灰分和水

式（4.9）中的系数是纯组分的热导率值。纯水在25℃时的热导率为0.606W/（m·℃），而式（4.9）中的水的系数为0.58。出现这种情况的可能原因有：数据回归时选择有偏重，食品中水的热导率不同于纯水的。

尽管从式（4.7）到式（4.9）都是简单的计算食品热导率的回归式，但它们却没有包括温度影响在内。Choi和Okos（1986）提出了一个包括组成和温度因素的热导率预测模型。模型的形式如下：

$$k = \sum_{i=1}^{n} k_i Y_i \tag{4.10}$$

式中 n——食品中的组分数

k_i——第i种食品组分的热导率

Y_i——第i种组分的体积分数

其值由式（4.11）得到

$$Y_i = \frac{X_i/\rho_i}{\sum_{i=1}^{n} X_i/\rho_i} \tag{4.11}$$

式中 X_i——质量分数

ρ_i——第i种组分的密度，kg/m^3

表A.2.9列出了一些纯组分的系数k_i值。可以将它们编写到电子表中（见后面例4.2）。对于叠加性模型方程式（4.10）和式（4.11），食品组分值可以从附录表A.2.8查到。用以上食品热导率预测方程得到的值与实验数据相比，误差范围在15%以内。

对于各向异性食品，材料的热性质有方向性。例如，由于纤维结构的存在，导致牛肉的热导率的平行测定值为0.476W/（m·℃）而垂直测定值为0.431W/（m·℃）。Heldman 和 Singh（1981）讨论过各向异性食品中热导率预测的问题。

4.2.3 热扩散系数

热扩散系数是一个与热导率、密度和比热容相关的比值，其表达式为

$$\alpha = \frac{k}{\rho c_p} \tag{4.12}$$

热扩散系数的单位是：

$$\alpha \equiv \frac{m^2}{s}$$

热扩散系数可以通过在式（4.12）代入热导率值、密度值和比热容值而计算得到。附录表A2.3给出了一些热扩散系数的实验测定值。Choi 和 Okos（1986）提出了以下的预测方程

$$\alpha = \sum_{i=1}^{n} \alpha_i X_i \tag{4.13}$$

式中 n——组分数

α_i——第 i 组分的热扩散系数

X_i——每一组分的质量分数

附录表A.2.9给出了一些成分的 α_i 值。

例4.2

估计含水68.3%的牛肉汉堡的热导率。

已知：

$$X_w = 0.683$$

方法：

利用推荐用于肉类的式（4.8）。同样，用式（4.10）和20℃条件，建立一张电子表，以计算热导率。

解：

（1）利用式（4.8）

$$k = 0.08 + (0.52 \times 0.683)$$
$$= 0.435[W/(m \cdot ℃)]$$

（2）然后，我们利用从表A2.8得到的牛肉汉堡的组成及从表A.2.9得到的用于式（4.10）和式（4.11）的系数，编写一张电子表（图E4.2）

（3）由式（4.8）预测到的热导率是0.435W/（m·℃），而用式（4.10）预测到的热导率是0.4821W/（m·℃）。尽管式（4.8）使用方便，但它不含温度影响因素。

	A	B	C	D	E	F	G	H	I
1									
2	已知								
3	温度/℃	20							
4	水	0. 683							
5	蛋白质	0. 207							
6	脂肪	0. 1							
7	碳水化合物	0							
8	纤维	0							
9	灰分	0. 01							
10									
11		密度系数	Xi/ri	Yi					
12	水	995. 739918	0. 000686	0. 717526					
13	蛋白质	1319. 532	0. 000157	0. 164102					
14	脂肪	917. 2386	0. 000109	0. 114046					
15	碳水化合物	1592. 8908	0. 000000	0					
16	纤维	1304. 1822	0. 000000	0					
17	灰分	2418. 1874	0. 000004	0. 004326					
18		合计	0. 000956						
19									
20		*K* 系数							
21	水	0. 6037	0. 4331						
22	蛋白质	0. 2016	0. 0331						
23	脂肪	0. 1254	0. 0143						
24	碳水化合物	0. 2274	0. 0000						
25	纤维	0. 2070	0. 0000						
26	灰分	0. 3565	0. 0015						
27									
28	结果		0. 4821						

=997.18+0.0031439*$ B $3-0.0037574*$B$3^2

=B4/B12

=C12/$C$18

=0.57109+0.0017625*$B$3-0.0000067036*$B$3^2

=B21*D12

图 E4. 2 例 4. 2 的电子表

4. 3 传热模型

第一章我们复习了各种能量的形式，如热能、势能、机械能、动能、电能和核能。本章我们讨论的重点是热能。如第 1. 19 节所指出，热能是显示或隐含形式的内能。一物体（如番茄）的热含量是由其质量、比热容和温度所决定的。计算热含量的方程如下

$$Q = mc_p\Delta T \tag{4.14}$$

式中 m——质量

c_p——恒压比热容，kJ/（kg · K）

ΔT——物体与参比温度之差，℃

热含量总是以某一温度为参比给出。

虽然确定热含量是一项重要的计算，但了解热是如何从一个物体传递到另一个物体更为重要。例如，对番茄汁进行热杀菌，通过将某加热介质（如蒸汽）的热量传递到番茄汁，便提高了番茄汁的热含量。为了设计热杀菌设备，我们需要利用方程（4.14）求出使番茄汁从初温升到杀菌温度所需要的热量。另外，我们还要知道热量从蒸汽通过杀菌器壁传到番茄汁的速率。因此，我们对加热计算关心两个方面：传递的热量 Q［单位用焦耳（J）表示］和热量传递速率 q［单位用瓦特（W）表示］。

我们首先就三个常用（传导、对流和辐射）传热模型的重点部分进行介绍，然后讨论食品加工设计和分析中重要的传热问题。

4.3.1 传导传热

传导是发生在分子水平上的热量传递模式。有两种普遍接受的关于传导传热的理论。一种理论认为，由于固体材料中的分子获得额外的能量而变得较活跃，在固定的位置上振动幅度增大。这些振动从一个分子传向另一个分子，但不发生分子迁移。这样，热量从较高温度区域传向低温区。第二种理论认为，发生在分子水平上的传导是由自由电子的迁移引起的。这种自由电子在金属中大量存在，因此它们可以携带热能和电能。所以，良好的导电体（如银和铜）同时也是良好的导热体。

在传导模型中，传热物体不发生物理运动。传导是不透明固体物料中普遍的传热模式。

根据日常经验，我们知道，热天由室外传入室内的热量（图4.11）与下列因素有关：墙面积（墙面积越大，传导的热量越多）、结构材料的热性质（钢比砖传递的热量多）、墙的厚度（薄墙比厚墙传递的热量多）和温度差（室内外温差越大，传递的热量越多）。因此，热量通过墙壁传递的速率可以表示为

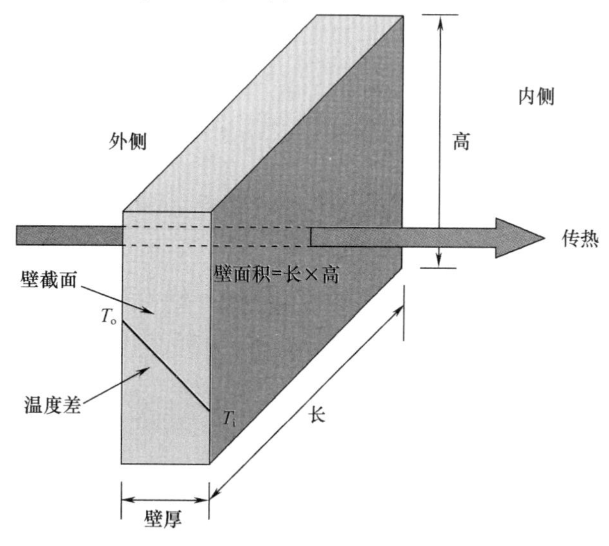

图4.11 墙壁内的热量传导

$$q \propto \frac{(\text{墙壁面积})(\text{温度差})}{\text{墙壁厚度}} \tag{4.15}$$

或

$$q_x \propto \frac{A\mathrm{d}T}{\mathrm{d}x} \tag{4.16}$$

或，代入比例常数，

$$q_x = -kA\frac{\mathrm{d}T}{\mathrm{d}x} \tag{4.17}$$

式中 q_x——热传导方向上的传热速率，W

k——热导率，W/（m · ℃）

A——热流通过的面积

T——温度,℃

x——长度，m，也是变量

式（4.17）也称为傅里叶热传导定律。根据热力学第二定律，热总是从高温向低温方向传导。如图 4.12 所示，温度梯度 $\mathrm{d}T/\mathrm{d}x$ 是负的，因为随着 x 增加，温度下降。因此，在式（4.17）中，使用了一个负号，以保证在温度下降方向得到的热流是正的。

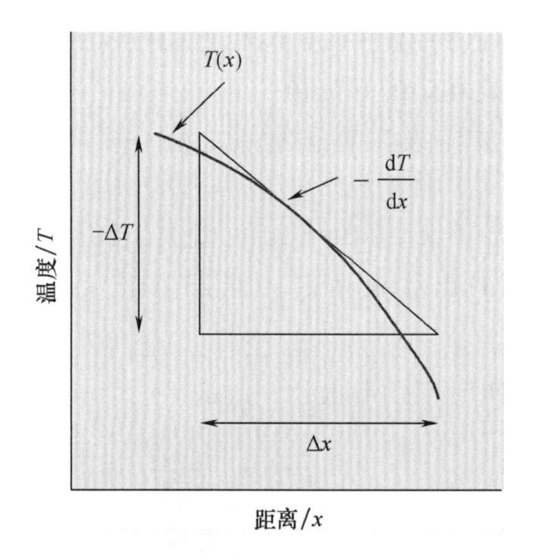

图 4.12 传导性热流的符号规定

例 4.3

厚度为 1cm 的不锈钢板一侧的温度为 110℃，另一侧为 90℃（图 E4.3）。假定是稳定状态，请计算不锈钢板单位面积上的传热速率。不锈钢的热传导率为 17W/（m · ℃）。

已知：

不锈钢板厚度 = 1cm = 0.01m

一侧的温度 = 110℃

另一侧的温度 = 90℃

不锈钢的热传导率 = 17W/（m · ℃）

方法：

正常情况下的稳定态传热，我们应用式（4.17）来计算热传导速率。

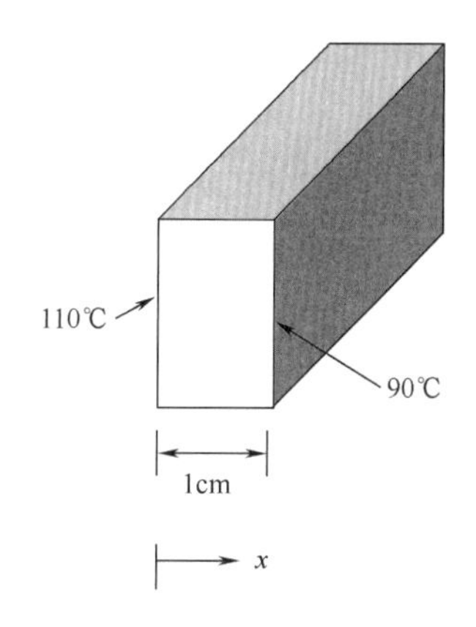

图 E4.3 板内的热流

解:

(1) 根据式 (4.17)

$$q = -\frac{17[\mathrm{W/(m \cdot ℃)}] \times (1\mathrm{m}^2) \times (110-90)(℃)}{(0-0.01)(\mathrm{m})}$$

$$= 34000\mathrm{W}$$

(2) 计算到的单位面积的传热速率为 34000W。热传量为正说明热量总是从 110℃ 传到 90℃。

4.3.2 对流传热

当流体（液体或气体）与固体（如墙壁）相接触时，只要固体与流体之间存在温度差，就会发生热交换。在气体或液体的加热或冷却过程中，流体与固体表面间通过对流进行热交换。

流体的运动在对流传热中起着重要作用。例如，与低速空气流相比，高速空气流会使烤热的马铃薯冷却得快些。由第 2 章的层流或湍流条件的速度分布可见，流体在固体表面的流动行为是复杂的，因此，对流传热是一个复杂问题。

根据流体的流动是强制的还是自然发生的，可以将对流传热分为两类：强制对流和自然对流。强制对流即采用机械手段（如泵或风机）使得流体流动。而自然对流是由于系统内温度梯度造成的密度差引起的。两种对流机制都可能导致流体产生层流或湍流，但在强制对流中，湍流更为普遍。

现在我们来考察（图 4.13）受热平板（PQRS）在流体经过情况下的传热。平板的表面温度为 T_s，远离平板的流体温度是 T_∞。由于流体黏性存在的原因，在流体中建立了一个速度分布场，在固体表面流体的速度为零。总体上，我们发现从固体表面到流动流体的传热速率与固体和流体要接触的表面积 A、T_s 与 T_∞ 两温度之差成正比，即

$$q \propto A(T_s - T_\infty) \qquad (4.18)$$

或

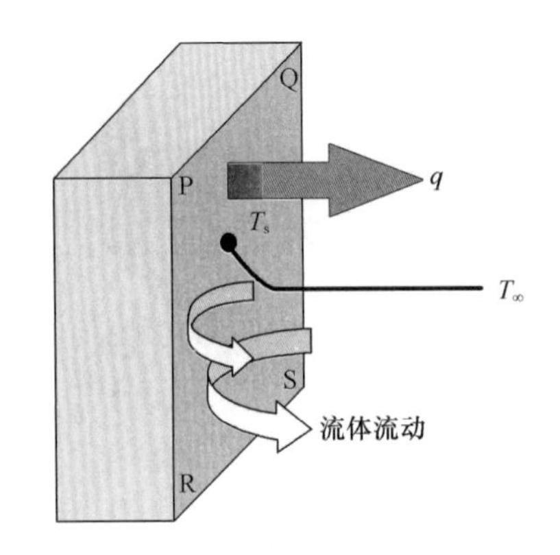

图 4. 13　平板表面的对流性热量流动

$$q = hA(T_s - T_\infty) \tag{4.19}$$

式中　A——面积，m^2

h——对流传热系数（有时称为表面换热系数），W/（m^2·℃）

这一方程也称为牛顿冷却定律。

请注意，对流传热系数（h）不是固体材料的性质。但这一系数取决于流体的性质（密度、比热容、黏度、热传导率）、流体的流速、固体的几何形状与流体接触表面的粗糙度等。表 4. 1 给出了 h 的一些估计值。h 值高代表传热速率快。强制对流的 h 值比自然对流的大。例如，有电风扇的房间感觉起来比空气静止的房间要凉快些。

表 4. 1　某些对流传热系数的近似值

流体	对流传热系数/［W/（m^2·K)］
空气	
自然对流	5～25
强制对流	10～200
水	
自然对流	20～100
强制对流	50～10000
沸水	3000～100000
冷凝中水蒸气	5000～100000

例 4. 4

从单位面积金属板上往外传热的速率是 1000W/m^2。板的表面温度是 120℃，环境温度是 20℃（图 E4. 4）。请估计对流传热系数。

已知：

板表面温度 =120℃

环境温度 =20℃

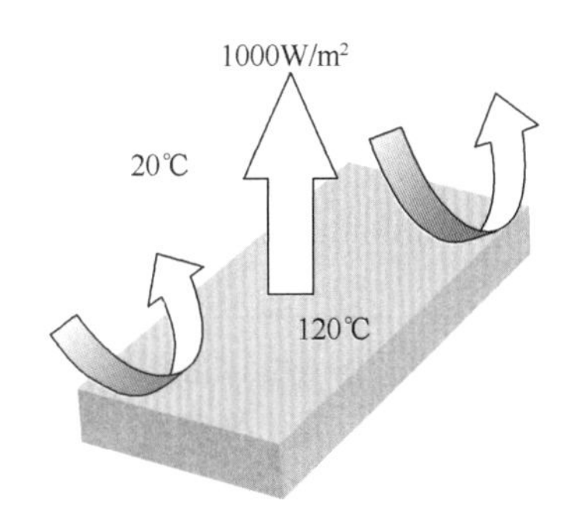

图 E4.4 平板的对流传热

单位面积传热速率 = 1000W/m^2

方法：

由于单位面积传热速率已知，因此直接根据牛顿冷却定律［式（4.19）］求对流传热系数。

解：

（1）根据式（4.19）

$$h = \frac{1000(\text{W/m}^2)}{(120-20)(℃)} = 10\text{W/(m}^2\cdot℃)$$

（2）所求的对流传热系数是 10W/（m^2 · ℃）

4.3.3 辐射传热

辐射传热是通过发射和吸收电磁波（或光子）方式发生在两个表面间的传热。与传导和对流方式传热不同，辐射传热不需要物理介质——它甚至可以发生在完全真空的场合，正如我们每天所见的太阳辐射一样，热辐射以光速运动。气体对辐射而言是透明的，只有某些气体会吸收特殊波长的辐射（如臭氧吸收紫外线）。固体对辐射而言是不可透的。因此，固体材料（如固体食品）的热辐射问题，我们主要分析发生在表面的情况。热辐射与微波和无线电波不同，后者对固体材料有明显的穿透能力。

所有绝对温度零度以上的物体都会发出辐射。从一个物体上发出的热辐射与绝对温度四次方成正比，也与表面特点有关。从一个表面积为 A 的物体发出的热辐射速率可以更专门地用以下方程描述：

$$q = \sigma \varepsilon A T_A^4 \tag{4.20}$$

式中　σ——斯忒藩 - 玻尔兹曼①常数，5.669×10^{-8}W/（m^2 · K^4）

---

① 约瑟夫 · 斯忒藩（Josef Setefan，1835—1893），奥地利物理学家，他在维也纳大学做讲师时开始学术生涯。1866 年，他担任物理研究院院长。他利用数值法推导得到了描述黑体辐射的定律。五年后，另一位奥地利物理学家，波尔兹曼推出了现称为斯忒藩 - 玻尔兹曼定律的热力学基础。

T_A——热力学温度

A——面积，m^2

ε——辐射率，也称为黑度，它是表面相当于黑体辐射的程度。对于黑体，辐射率为1。附录表A.3.3给出了一些表面的辐射率值。

例4.5

计算由如图E4.5所示的$100m^2$光滑铁面（辐射率=0.6）放出的热辐射速率。铁表面的温度为37℃。

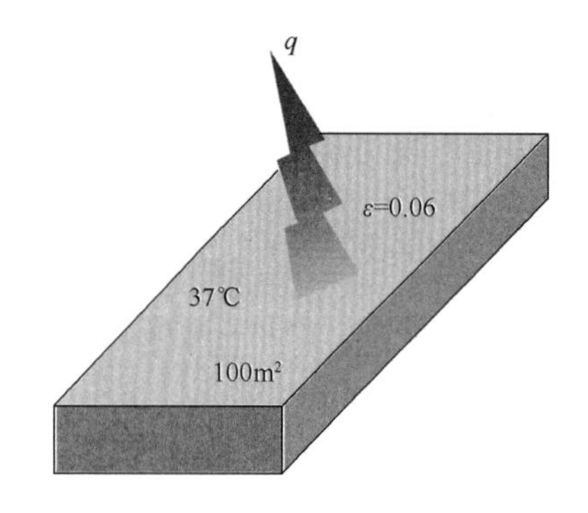

图E4.5 平板的传热

已知：

辐射率 $\varepsilon=0.06$

面积 $A=100m^2$

温度 =37℃。

方法：

利用斯忒藩-玻尔兹曼定律［式（4.20）］计算辐射传热速率。

解：

（1）根据式（4.20）

$$q = [5.669\times10^{-8}W/(m^2\cdot K^4)](0.06)(100m^2)(310K)^4$$
$$= 3141W$$

（2）由光滑铁表面放出的总能量为3141W。

4.4 稳定态传热

对于传热问题，通常要考虑稳定态和非稳定态（即过渡态）条件。稳定态条件传热意味着物体内部的温度场分布不随时间而变，但物体内部不同部位温度可以不同。

在非稳定态条件下，温度同时随位置和时间而变。现以如图 4.14 所示的冷库为例说明。墙内壁温度由制冷作用维持在 6℃，而墙外温度日夜都在变化。假定一天中有几个小时的温度维持在 20℃ 不变，那么，在此时间段内，热量从墙外传入冷库的条件就是稳定态条件。墙截面上任何位置的温度（如 A 点的 14℃）将维持不变，但这一点的温度与墙内传热方向上其他位置的温度是不同的（图 4.14）。然而，如果墙外的温度是变化的（例如增加到 20℃ 以上），那么，通过墙的传热是非稳定态的，因为此时墙内的温度将随时间和位置而发生变化。虽然真正的稳定态条件很少见，但它们的数学分析却很容易。因此，如果有可能，我们总是用稳定态条件来对给定问题进行分析，以获得有用的设备和加工过程设计的信息。某些食品加工过程，例如食品罐头杀菌时的加热，不能用稳定态条件处理，因为在所关心的时间内，温度随时间发生很快的变化，而微生物也是在这段时间内被杀灭的。对于这类问题，需要用非稳定态传热分析方法进行，这将在后面的 4.5 节介绍。

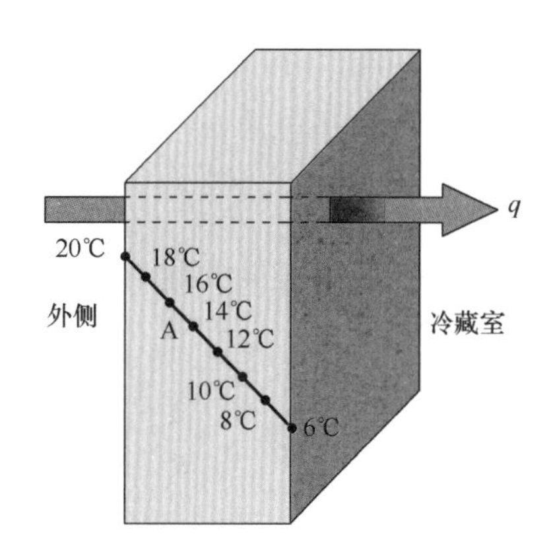

图 4.14 稳定态壁内传导式传热

还有另一种温度随时间而变，但不随位置而变的传热情况，例如在加热或冷却小的铝珠（具有很高的热导率）时就会遇到这种情形。这种情况称为集总系统，将在后面第 4.5.2 节中进行详细讨论。

下面一节，我们将分析稳定态条件传热的几个应用例子。

4.4.1 长方形厚板中的热传导

考虑如图 4.15 所示的一块横截面的厚平板。X 侧的温度 T_1 是已知的。我们将推导一个方程，以确定稳定态条件下 Y 侧温度 T_2 和板内其他任意位置的温度。

首先写出傅里叶定律

$$q_x = -kA\frac{dT}{dx} \tag{4.21}$$

边界条件为

$$\begin{aligned} x &= x_1 \quad T = T_1 \\ x &= x_2 \quad T = T_2 \end{aligned} \tag{4.22}$$

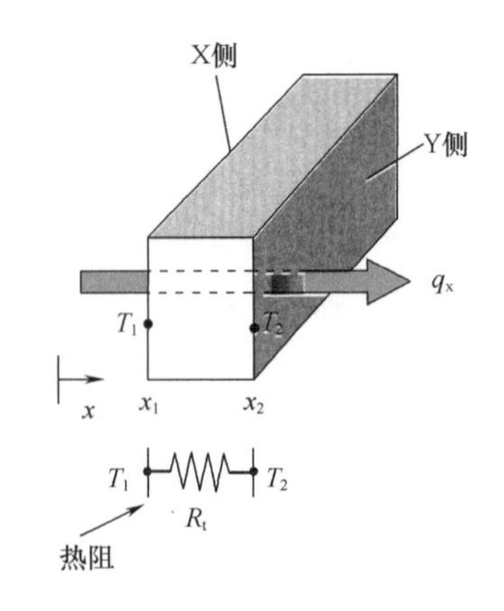

图 4.15　壁内传热及其热阻示意图

分离式（4.21）中的变量，得

$$\frac{q_x}{A}dx = -kdT \tag{4.23}$$

准备积分，代入积分限，得

$$\int_{x_1}^{x_2}\frac{q_x}{A}dx = -\int_{T_1}^{T_2}kdT \tag{4.24}$$

由于 q_x和 A 不随 x 而变，并假定 k 不随温度 T 而变，因此式（4.24）可以重写成

$$\frac{q_x}{A}\int_{x_1}^{x_2}dx = -k\int_{T_1}^{T_2}dT \tag{4.25}$$

最后，对上式积分，得

$$\frac{q_x}{A}(x_2 - x_1) = -k(T_2 - T_1) \tag{4.26}$$

或

$$q_x = -kA\frac{(T_2 - T_1)}{(x_2 - x_1)} \tag{4.27}$$

Y 侧表面温度为 T_2；因此，重新整理式（4.27）得

$$T_2 = T_1 - \frac{q_x}{kA}(x_2 - x_1) \tag{4.28}$$

为了确定板内任意位置 x 处的温度 T，我们用未知的 T 和距离变量 x 相应地代替上式中的 T_2和 x_2，得

$$T = T_1 - \frac{q_x}{kA}(x - x_1) \tag{4.29}$$

4.4.1.1　热阻概念

在第 3 章我们提到，根据欧姆定律，电流 I 正比于电压差 E_V而反比于电阻 R_E，即

$$I = \frac{E_V}{R_E} \tag{4.30}$$

如果我们重新对式（4.27）进行行整理，可得

$$q_x = \frac{(T_1 - T_2)}{\dfrac{(x_2 - x_1)}{kA}} \tag{4.31}$$

或

$$q_x = \frac{(T_1 - T_2)}{R_t} \tag{4.32}$$

比较式（4.30）和式（4.32），可以发现以下三组物理量之间有相似性：传热速率 q_x 和电流 I、温差（$T_1 - T_2$）和电压 E_V，以及热阻 R_t 和电阻 R_E。根据方程（4.31）和方程（4.32），热阻可以写成

$$R_t = \frac{(x_2 - x_1)}{kA} \tag{4.33}$$

图4.15也给出了长方形厚板的热阻组合示意图。在解决长方形厚板的传热问题时，可以应用热阻概念。我们首先用式（4.33）得到热阻，然后将得到的热阻代入式（4.32）。从而可以获得长方形厚板两表面传热速率。应用这一方法的过程将在例4.6中介绍。在研究多层壁传导问题时，应用热阻概念的优点很明显。而且，这种方法与其他方法相比，数学上计算起来要简单得多。

例4.6

a. 用热阻概念重做例4.3。

b. 确定距110℃板面0.5cm处的温度。

已知：

见例4.3

要求温度的位置 =0.5cm =0.005m

方法：

先用式（4.33）求热阻，然后用式（4.32）求传热速率。为了计算板内的温度，要选计算边界为110℃和板内未知温度构成的热阻（图E4.6）。由于在整个板内是稳定态传热，因此我们用前面计算到的 q 值，用式（4.32）来确定未知温度。

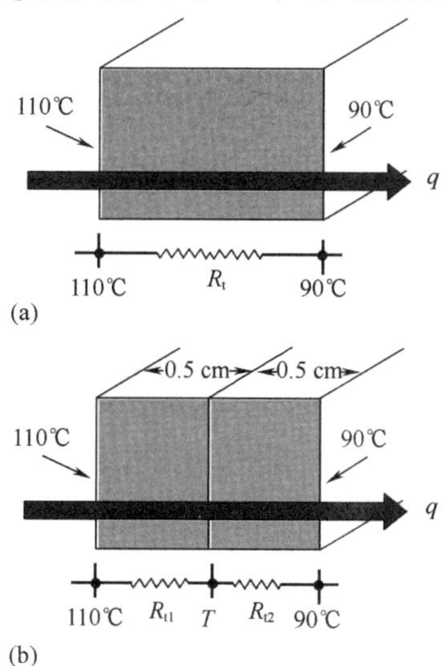

图E4.6 通过壁的热阻

解:

a 部分

(1) 用式 (4.33) 求热阻 R_t

$$R_t = \frac{0.01(\text{m})}{17[\text{W}/(\text{m}\cdot℃)]\times 1(\text{m}^2)}$$

$$R_t = 5.88\times 10^{-4}℃/\text{W}$$

(2) 用式 (4.32) 来确定传热速率

$$q = \frac{110(℃)-90(℃)}{5.88\times 10^{-4}(℃/\text{W})}$$

即

$$q = 34013\text{W}$$

b 部分

(3) 用式 (4.33) 求热阻 R_{t1}

$$R_{t1} = \frac{0.005(\text{m})}{17[\text{W}/(\text{m}\cdot℃)]\times 1(\text{m}^2)}$$

$$R_{t1} = 2.94\times 10^{-4}℃/\text{W}$$

(4) 重排式 (4.32), 确定未知温度 T

$$T = T_1 - (q\times R_{t1})$$

$$T = 110(℃) - 34013(\text{W})\times 2.94\times 10^{-4}(℃/\text{W})$$

$$T = 100℃$$

(5) 中间平面的温度为 100℃。这一温度是可以预计到的, 因为热导率是恒定的, 并且钢板中的温度分布曲线是线性的。

4.4.2 经过管壁的热传导

如图 4.16 所示, 让我们考察一根内径为 r_i、外径为 r_o、长度为 L 的金属圆管。设壁内温度为 T_i, 壁外温度为 T_o。我们要计算沿此管子半径方向的传热速率。假定金属的热导率不随温度而变。

傅里叶定律在柱坐标中可以写成

$$q_r = -kA\frac{dT}{dr} \tag{4.34}$$

其中, q_r是半径方向的传热速率。

将管子的圆周面积取代为

$$q_r = -k(2\pi rL)\frac{dT}{dr} \tag{4.35}$$

边界条件为

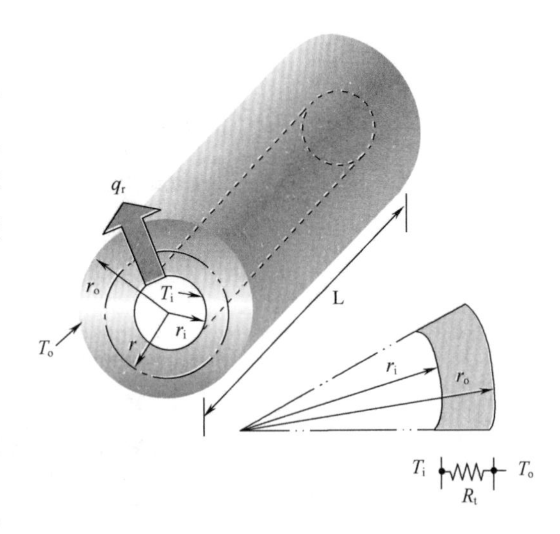

图 4.16 管子径向传热及其热阻示意

$$T = T_i \quad r = r_i$$
$$T = T_o \quad r = r_o \tag{4.36}$$

重排式（4.33），准备积分

$$\frac{q_r}{2\pi L}\int_{r_i}^{r_o}\frac{dr}{r} = -k\int_{T_i}^{T_o}dT \tag{4.37}$$

由式（4.37）得到

$$\frac{q_r}{2\pi L}\left|\ln r\right|_{r_i}^{r_o} = -k\left|T\right|_{T_i}^{T_o} \tag{4.38}$$

$$q_r = \frac{2\pi Lk(T_i - T_o)}{\ln(r_o/r_i)} \tag{4.39}$$

我们可以再次利用电阻相似概念写出一个筒形物情形下的热阻表达式。重新整理式(4.39)，得

$$q_r = \frac{(T_i - T_o)}{\left[\frac{\ln(r_o/r_i)}{2\pi Lk}\right]} \tag{4.40}$$

比较式（4.40）和式（4.32），可以得到一个适用于圆筒半径方向的热阻表达式

$$R_t = \frac{\ln(r_o/r_i)}{2\pi Lk} \tag{4.41}$$

如图4.16所示为一个用于求 R_t 的热流路径。例4.7为此概念应用的实例。

例 4.7

一根内径为6cm、厚2cm的钢管［热传导率=43W/（m·℃）］用于将锅炉的蒸汽输送到相距40m的加工设备。管内表面温度为115℃，外表面温度为90℃（图E4.7）。求稳定态条件下的总热损失。

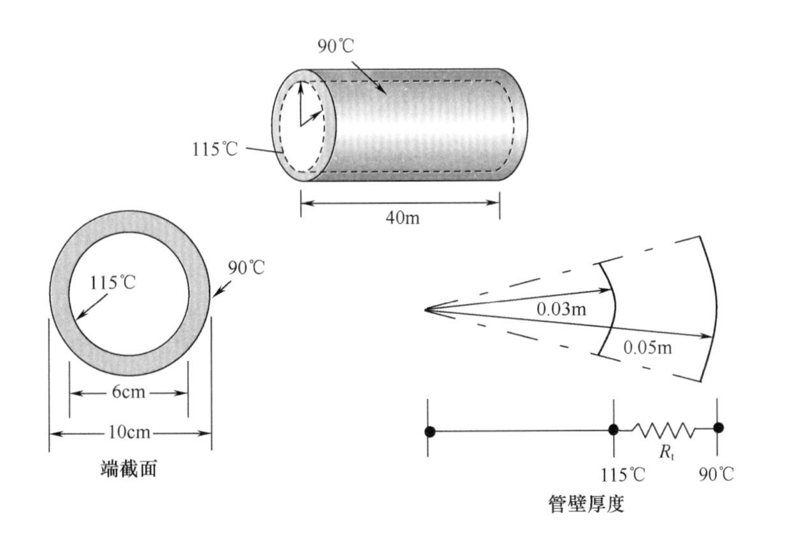

图E4.7　通过管壁的热阻

已知：

管子厚度 =2cm =0.002m

内径 =6cm =0.006m

热传导率 =43W/（m·℃）

管长 =40m

壁内温度 =115℃

壁外温度 =90℃

方法:

先确定管截面热阻，然后用式（4.40）求传热速率。

解:

（1）利用式（4.41）

$$R_t = \frac{\ln(0.05/0.03)}{2\pi \times 40(\text{m}) \times 43[\text{W}/(\text{m}\cdot℃)]}$$

$$= 4.727 \times 10^{-5}℃/\text{W}$$

（2）根据式（4.40）

$$q = \frac{115(℃) - 90(℃)}{4.727 \times 10^{-5}(℃/\text{W})}$$

$$= 528903\text{W}$$

（3）40m 长的管子损失的总热量为 528903W。

4.4.3 多层系统中的热传导

4.4.3.1 （串联）多层平板壁

现在我们来讨论多层不同热导率和不同厚度材料组合平壁的传热问题。由不同绝热材料层构成的冷藏墙壁是这类问题的一个示例。如图 4.17 所示，所有的材料串联排列在传热方向。

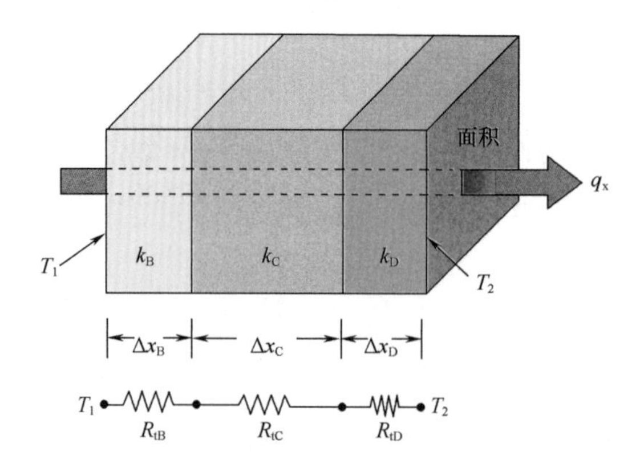

图 4.17 复合长方形壁的传导传热及其热阻示意

根据傅里叶定律

$$q = -kA\frac{dT}{dx}$$

此式可重写为

$$\Delta T = -\frac{q\Delta x}{kA} \tag{4.42}$$

从而，对于材料 B、C 和 D，我们有

$$\Delta T_B = -\frac{q\Delta x_B}{k_B A} \quad \Delta T_C = -\frac{q\Delta x_C}{k_C A} \quad \Delta T_D = -\frac{q\Delta x_D}{k_D A} \tag{4.43}$$

根据图 4.17

$$\Delta T = T_1 - T_2 = \Delta T_B + \Delta T_C + \Delta T_D \tag{4.44}$$

根据式（4.42）、式（4.43）和式（4.44）

$$T_1 - T_2 = -\left(\frac{q\Delta x_B}{k_B A} + \frac{q\Delta x_C}{k_C A} + \frac{q\Delta x_D}{k_D A}\right) \tag{4.45}$$

或，重新整理得

$$T_1 - T_2 = -\frac{q}{A}\left(\frac{\Delta x_B}{k_B} + \frac{\Delta x_C}{k_C} + \frac{\Delta x_D}{k_D}\right) \tag{4.46}$$

可以将式（4.46）重新写成热阻式

$$q = \frac{T_2 - T_1}{\left(\frac{\Delta xB}{k_B A} + \frac{\Delta x_C}{k_C A} + \frac{\Delta x_D}{k_D A}\right)} \tag{4.47}$$

或者，利用每一层的热阻值，可以将式（4.47）写成，

$$q = \frac{T_2 - T_1}{R_{tB} + R_{tC} + R_{tD}} \tag{4.48}$$

其中，

$$R_{tB} = \frac{\Delta x_B}{k_B A} \quad R_{tC} = \frac{\Delta x_C}{k_C A} \quad R_{tD} = \frac{\Delta x_D}{k_D A}$$

多层平板系统的热阻路径如图 4.17 所示。例 4.8 为多层壁传热的计算例子。

例 4.8

冷库墙（3m×6m）由 15cm 厚的混凝土［热导率 =1.37W/（m·℃）］构成。为了保证通过墙壁的传热速率不超过 500W（图 E4.8）必须提供绝热层。如果绝热层的热导率为 0.04W/（m·℃），请计算需要的绝热层厚度。墙壁外表面温度为 38℃，壁内表面温度为 5℃。

已知：

墙的尺寸 =3m×6m

混凝土墙厚度 =15cm =0.15m

$k_{混凝土}$ =1.37W/（m·℃）

允许的最大热渗透，q =500W

$k_{绝热层}$ =0.04W/（m·℃）

墙外温度 =38℃

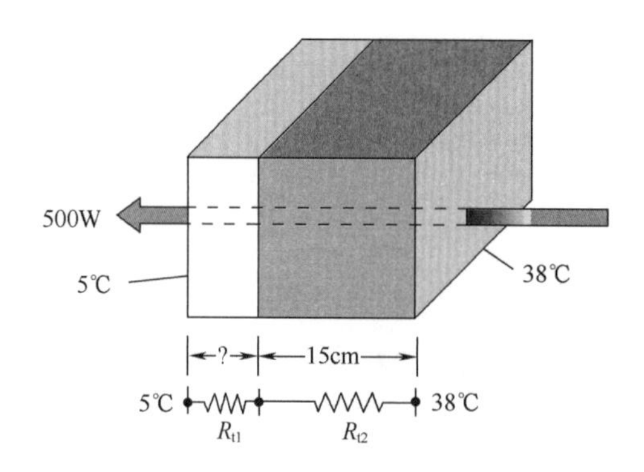

图 E4.8　通过两层壁的传热

墙（混凝土/绝热层）=5℃

方法：

此问题中，已知两个表面温度和通过组合墙的传热速率，因此，我们首先利用这些信息计算混凝土层的热阻。然后计算绝热层的热阻，从而可以求出绝热层厚度。

解：

（1）根据式（4.48）

$$q = \frac{(38-5)(℃)}{R_{t1}+R_{t2}}$$

（2）混凝土层的热阻 R_{t2} 为

$$R_{t2} = \frac{0.15(m)}{1.37[W/(m·℃)] \times 18(m^2)}$$

$$R_{t2} = 0.0061℃/W$$

（3）根据第（1）步

$$\frac{(38-5)(℃)}{R_{t1}+0.0061(℃/W)} = 500$$

或

$$R_{t1} = \frac{(38-5)(℃)}{500(W)} - 0.0061(℃/W)$$

$$R_{t1} = 0.06℃/W$$

（4）根据式（4.48）

$$\Delta x_B = R_{tB} k_B A$$

绝热层的厚度

$$\Delta x_B = 0.06(℃/W) \times 0.04[W/(m·℃)] \times 18(m^2)$$
$$= 0.043m = 4.3m$$

（5）厚度为 4.3cm 的绝热层可以保证通过墙壁的热损失维持在 500W 以下。这一厚度的绝热层可以降低 91% 的热量损失。

4.4.3.2 多层（串联）圆筒

如图4.18所示为一个由A和B两层材料构成的组合圆筒。有绝热材料包裹的钢管是这种情形的一个例子。组合管的传热速率可用下述方法计算。

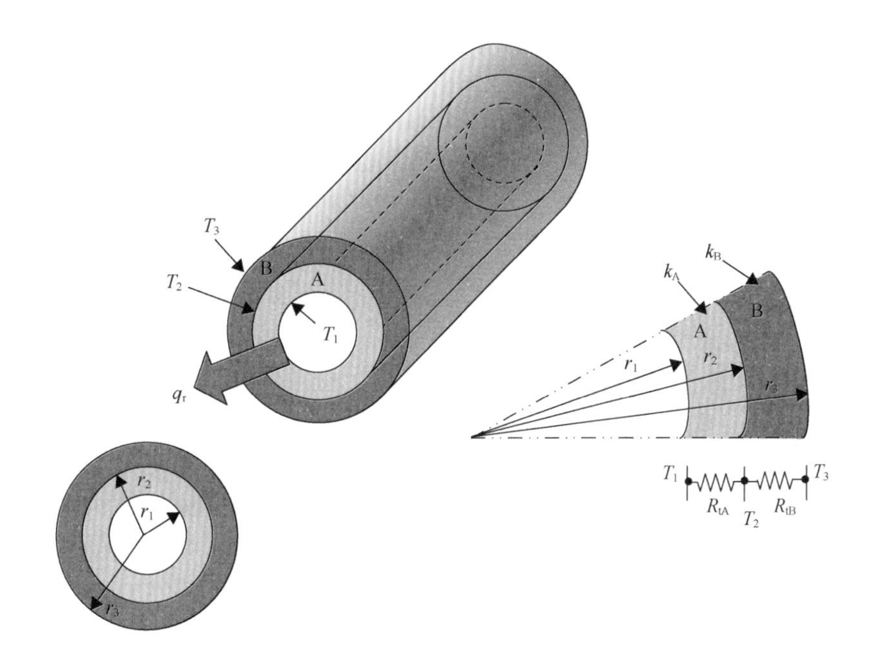

图4.18 同心圆管的传导传热及热阻示意

在第4.4.2节中，我们发现通过单圆筒的传热速率为

$$q_r = \frac{(T_i - T_o)}{\left[\frac{\ln(r_o/r_i)}{2\pi Lk}\right]}$$

利用两层材料构成的组合圆筒的传热速率为

$$q_r = \frac{(T_1 - T_3)}{R_{tA} + R_{tB}} \quad (4.49)$$

或，代入各层热阻得

$$q_r = \frac{(T_1 - T_3)}{\frac{\ln(r_2/r_1)}{2\pi Lk_A} + \frac{\ln(r_3/r_2)}{2\pi Lk_B}} \quad (4.50)$$

计算多层圆筒传热速率需要用到以上方程。注意，如果在温度为T_1和T_3的两表面之间有三层，那么，只要在分母上加上一项热阻就可以了。

假如要求（如图4.18所示）两层之间的温度T_2，可根据稳定态传热方程式（4.50）计算，在稳定态条件下，复合壁每一层有相同的q_r。从而，可以利用下面的方程（它代表已知温度T_1与未知温度T_2之间的热阻）求取T_2。

$$T_2 = T_1 - q\left[\frac{\ln(r_2/r_1)}{2\pi Lk_A}\right] \quad (4.51)$$

用此方法计算层间温度的问题见例4.9。

例4.9

利用不锈钢管［热导率 = 17W/（m·℃）］输送热油（图 E4.9）。管内壁温度是130℃。管子的厚度为 2cm、内径为 8cm。管子用 0.04m 厚的材料［热导率 = 0.035W/（m·℃）］做绝热处理。管外的温度为25℃。假定是稳定态条件，请计算绝热层与钢管间的温度。

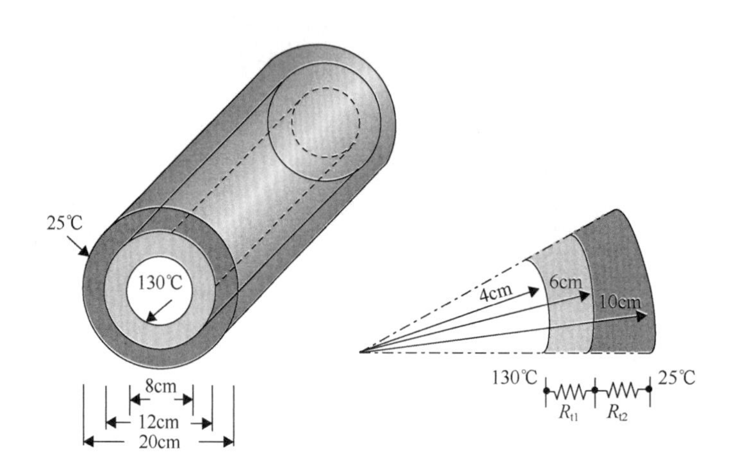

图 E4.9 通过多层管的传热

已知:

钢管厚度 = 2cm = 0.02m

钢管内径 = 8cm = 0.08m

$k_{钢}$ = 17W/（m·℃）

绝热层厚度 = 0.04m

$k_{绝热层}$ = 0.035W/（m·℃）

钢管内壁温 = 130℃

绝热层壁外温度 = 25℃

管长 = 1m（假设）

方法:

首先计算（钢管和绝热层）两层的热阻。然后求通过组合管壁的传热速率。最后根据管子的热阻，确定两层间的温度。

解:

（1）根据式（4.41），管子层的热阻为

$$R_{t1} = \frac{\ln(0.06/0.04)}{2\pi \times 1(\text{m}) \times 17[\text{W}/(\text{m}\cdot℃)]}$$

$$= 0.0038℃/\text{W}$$

（2）同样，绝热层的热阻为

$$R_{t2} = \frac{\ln(0.1/0.06)}{2\pi \times 1(\text{m}) \times 0.035[\text{W}/(\text{m}\cdot℃)]}$$

$$= 2.3229℃/W$$

(3) 根据式 (4.49), 传热速率为

$$q = \frac{(130-25)(℃)}{0.0038(℃/W)+2.3229(℃/W)}$$

$$= 45.13W$$

(4) 应用式 (4.40)

$$45.13(W) = \frac{(130-T)(℃)}{0.0038(℃/W)}$$

$$T = 130(℃) - 0.171(℃)$$

$$T = 129.83℃$$

(5) 所求的壁间温度为 129.8℃。这一温度与钢管内表面的温度 130℃非常接近，原因是钢管的热传导率高。必须了解热面与绝热层之间的壁间温度，以保证所选的绝热材料能够耐受住此温度。

例 4.10

用不锈钢管 [热导率 = 15W/ (m · K)] 输送 125℃的热油 (图 E4.10)。管子的内表面温度是 120℃。管子内径 5cm，厚 1cm。为了保证从管子损失的热量不超 25W/m (管长)，必须采用绝热层。由于空间限制，只允许提供 5cm 厚的绝热层。绝热层的外表温度必须大于 20℃ (环境空气的露点温度) 以避免在绝热层表面积水。求绝热层的热导率，此热导率可使热损失最小，同时避免水在其表面冷凝结露。

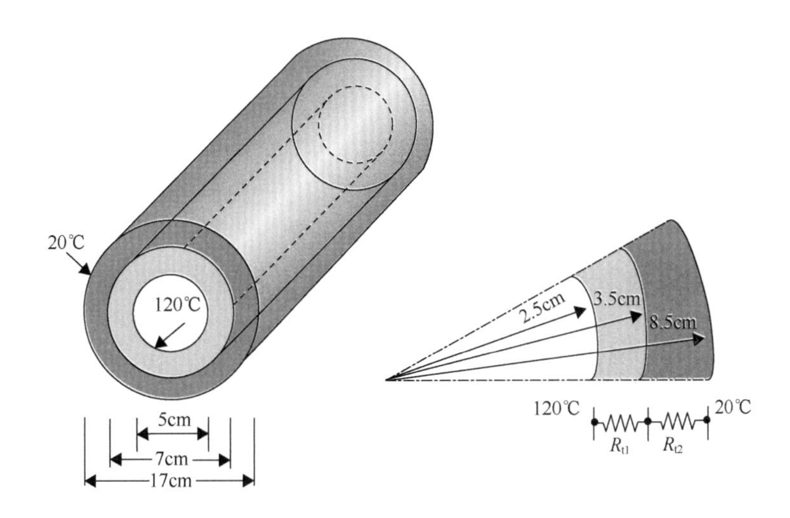

图 E4.10　通过多层管的传热

已知:

钢的热导率 = 15W/ (m · K)

钢管内表面温度 = 120℃

钢管内径 =5cm =0.05m

钢管厚 =0.01m

1m 长管子上允许的热损失 =25W

绝热层厚 =0.05m

外表面温度 >20℃ =21℃ (自设定)

方法:

首先考虑钢层的热阻,并为绝热层建立一个热阻方程。然后将计算到的热阻值代入式(4.50)。这样唯一的未知数是热导率 k。

解:

(1) 钢层的热阻为

$$R_{t1} = \frac{\ln(3.5/2.5)}{2\pi \times 1(\mathrm{m}) \times 15[\mathrm{W/(m \cdot ℃)}]} = 0.0036℃/\mathrm{W}$$

(2) 绝热层热阻为

$$R_{t2} = \frac{\ln(8.5/3.5)}{2\pi \times 1(\mathrm{m}) \times k[\mathrm{W/(m \cdot ℃)}]} = \frac{0.1412(1/\mathrm{m})}{k[\mathrm{W/(m \cdot ℃)}]}$$

(3) 两热阻代入式 (4.50)

$$25(\mathrm{W}) = \frac{(120-21)(℃)}{0.0036(℃/\mathrm{W}) + \dfrac{0.1412(1/\mathrm{m})}{k[\mathrm{W/(m \cdot ℃)}]}}$$

即

$$k = 0.0357\mathrm{W/(m \cdot ℃)}$$

(4) 用热传导率为 0.00357W/ (m · ℃) 材料的绝缘层可以保证在外表面不会结露。

4.4.4 对流传热系数的估计

第 4.3.1 节中的热传导模型中,我们观察到,任何以传导方式进行加热或冷却的材料都是静止不动的。传导是固体内部的主要传热模式。现在我们考虑固体与周围流体之间的对流传热模型。在这种情形下,经受加热或冷却的材料(流体)也发生运动。流体的运动可以由自然浮力作用引起,也可以用强制方式产生,如用泵输送液体或用鼓风机输送空气。

确定由对流引起的传热的复杂性在于有流体运动存在。第二章中,我们已经看到,因为流体材料存在黏性,当流体流过固体表面时会形成一个速度分布。紧靠固体表面的流体不动而沾在表面,离开壁面的流体速度开始不断提高。在流动的流体内形成一个发展完全的边界层,流体的黏性对此边界层有很大的影响。此边界层一直发展到管中心线(图 2.14)。层流时的抛物线形的速率分布表明,由与固体表面接触的黏滞层引起的拖拽作用会影响到管中心的流速。

与速度分布类似,流体流过管子时也会形成温度分布场,如图 4.19 所示。假如管壁面的温度恒定为 T_s,流体进入管子时温度均为 T_i。由于与管壁接触的流体温度迅速与管壁温度接近,因此管内也会发展形成一个温度分布,形成传热边界层。在此热入口区的末端，边界层完全延展到了管子的中心线。

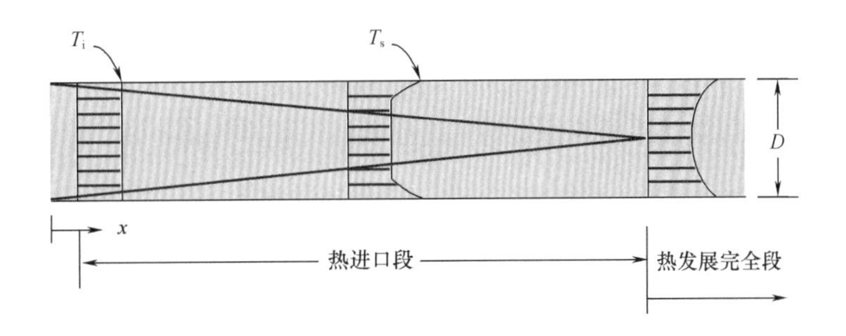

图 4.19　流体在管内流动的热进口段

因此，进行加热或冷却的流体经过管子时，会有两个边界层形成——流体动力学边界层和热边界层。这些边界层对壁面与流体之间的传热速率有很大影响。这一问题的数学分析复杂，超出了本书的范围。但可以用经验方法处理，这种方法广泛用于解决对流传热问题。经验法的缺点是需要大量的实验数据。采用无量纲准数可以克服这一困难，并可使数据得到方便处理。要讨论这种方法，首先需要了解认识几个相关的准数：雷诺数（N_{Re}）、努塞尔准数（N_{Nu}）和普朗特准数（N_{Pr}）。

雷诺数在 2.3.2 节中介绍过。它代表了流体中存在的惯性力和黏性力。雷诺数用式（2.20）计算。

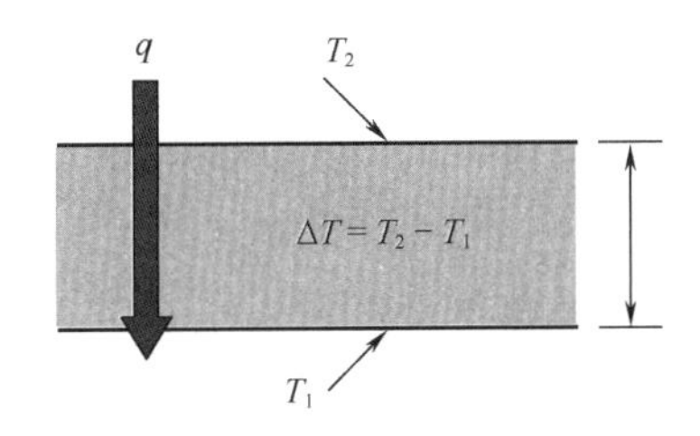

图 4.20　通过流体层的传热

第二个用于对流传热数据分析的准数是努塞尔准数——对流传热系数（h）的无量纲形式。如图 4.20 所示，考虑厚为 l 的流动层。顶层与底层的温度差为 ΔT。如果流体是固定的，那么传热速率将由传导决定，其传热速率为

$$q_{传导} = -kA\frac{\Delta T}{l} \tag{4.52}$$

但如果流体是运动的，那么传热将是对流型的，从而利用牛顿冷却定律的传热速率为

$$q_{传导} = hA\Delta T \tag{4.53}$$

式（4.53）除以式（4.52）得

$$\frac{q_{对流}}{q_{传导}} = \frac{hA\Delta T}{kA\Delta T/l} = \frac{hl}{k} \equiv N_{Nu} \tag{4.54}$$

用特征尺寸（d_c）替代上式中的厚度 l，得

$$N_{Nu} \equiv \frac{hd_c}{k} \tag{4.55}$$

努塞尔准数可以看成是对流传热速率与传导传热速率的比值。因此，如果 $N_{Nu}=1$，那么对流对传热没有改善作用。但，如果 $N_{Nu}=5$，则由于流体流动引起的对流传热速率将是流体以传导方式进行传热速率的5倍。对热表面吹风可使其冷得更快，是因为吹风增加了努塞尔数值，从而增加了对流传热。

第三个用于对流传热经验分析的准数是普朗特准数（N_{Pr}）。普朗特准数描述流体动力学边界层厚度与热边界层的比较。它是分子扩散对热扩散的比值，即

$$N_{Pr}=\frac{\text{动力分子扩散系数}}{\text{热分子扩散系数}} \tag{4.56}$$

或

$$N_{Pr}=\frac{\text{动力黏度}}{\text{热扩散系数}}=\frac{\upsilon}{\alpha} \tag{4.57}$$

将式（2.11）和式（4.12）代入方程（4.57）

$$N_{Pr}=\frac{\mu c_p}{k} \tag{4.58}$$

如果 $N_{Pr}=1$，那么流体动力学边界层与热边界层厚度完全相等。另一方面，如果 $N_{Pr}\ll 1$，则热分子扩散将远远大于动力扩散。因此，热量会散失得很快，液态金属流过管子就是这样的情形。对于气体，N_{Pr}约为0.7，水的 N_{Pr}约为10。

基本了解这三个无量纲准数以后，就可以对下面确定对流传热系数的实验进行讨论。假定某流体流入一根热管。我们感兴趣的是确定从受热管表面向管内流动流体传热的速率，如图4.21所示。实验方法如下，用泵将温度为 T_i的流体（如水）以 u_i的流速平行地送入管子。用电热丝对管子加热以使管子的内表面维持在 T_s温度［此温度比进入流体的温度（T_i）高很多］。测量电流 I 和电阻 R_E，并计算两者的乘积以确定传热速率（q）。管子得到很好的绝热处理，这样所有的电热量全部传入流体。这样，可以通过实验确定 q、A、T_i和 T_s值。利用式（4.53）可以计算出对流传热系数（h）。

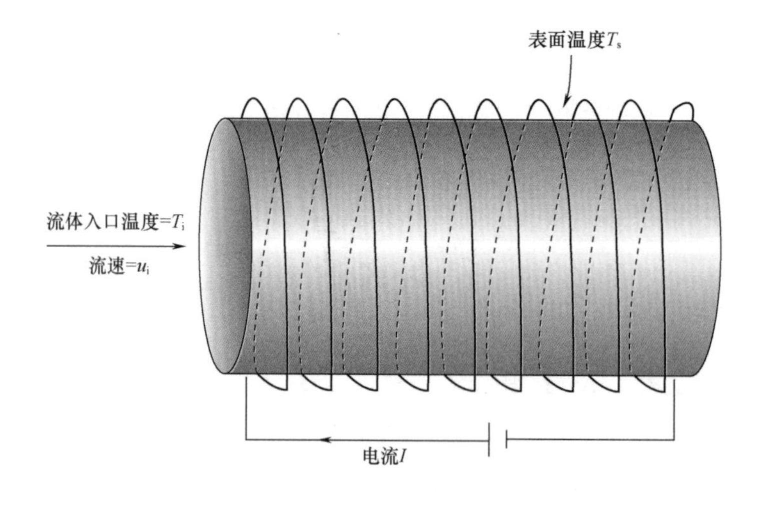

图4.21　利用电加热管表面来加热流体

如果用不同直径的管子或用不同的管表面温度重复以上的实验，可以得到新的 h 值。显然可以通过改变 q、A、T_i 和 T_s 而进行一系列实验，得到一系列的 h 实验值。这一实验的缺点是实验产生了大量的数据，而要将这些数据处理成有意义的形式是一件繁重的事情。但如果我们将这些参数组合起来，构成三个无量纲准数（N_{Re}、N_{Nu}、N_{Pr}）后，这一数据分析就可以大大得以简化。三个准数包括了所有重要的实验性质和变量。

这样，对于每一实验组，计算相应的无因次数，并在双对数纸上，在不同的普朗特准数下，以努塞尔数对雷诺数作图。如图 4.22 所示为一张典型的这种线图。实验证明，固定普朗特数时，在双对数坐标纸上，努塞尔数与雷诺数成直线关系（图 4.22）。这一图形关系可以方便地用方程表示为

$$N_{Nu} = CN_{Re}^{m}N_{Pr}^{n} \tag{4.59}$$

其中，C、m 和 n 为常数。

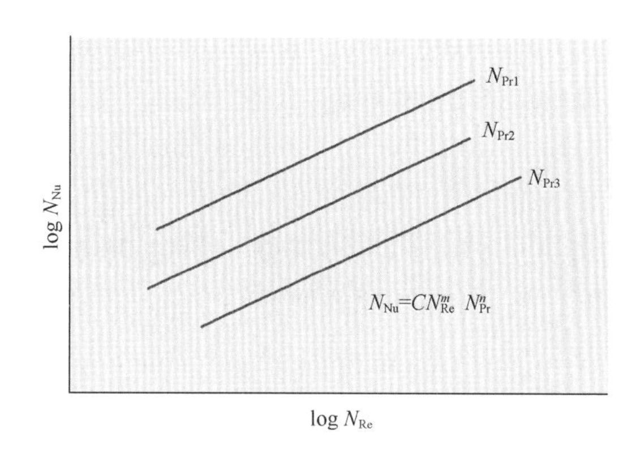

图 4.22　双对数坐标中的努塞尔准数与雷诺准数的关系曲线

将实验得到的系数代入式（4.59），就可以得到给定条件下的经验关系式。一些研究者已经就不同的操作条件（例如，在管内流动、流过管外、流过球体表面等）进行过实验拟合。可以分别在层流和湍流条件下，得到这种经验关系式。

用经验关系式解决对流传热问题的推荐方法如下。

（1）确定流动几何　对流传热问题计算的第一步是要确定与流体接触的固体表面的几何形状与大小。例如，要弄清楚，它是圆管、球面、长方形管还是长方形平板；流体是在管内流动还是在管外流过。

（2）确定流体及其性质　第二步要确定流体的类型。它是水、空气还是液体食品？确定远离固体表面的流体平均温度（T_∞）。某些情形下（例如，在热交换器中），入口处与出口处的平均温度会不同，此时，要用式（4.60）计算平均温度：

$$T_\infty = \frac{T_i + T_e}{2} \tag{4.60}$$

式中　T_i——入口处流体的平均温度

T_e——出口处流体的平均温度

利用平均温度（T_∞），从数据表（例如，对于水可用表 A.4.1，对于空气可用表 A.4.4）查出流体的物理性质和热性质，如黏度、密度和热导率等，要注意每种性质的

单位。

(3) 计算雷诺数　利用流体的流速、流体的性质和与流体接触物体的特征尺寸，计算雷诺数。雷诺数用以确定流动的类型是层流还是湍流。在选用适当的经验关系式时需要知道流动的类型。

(4) 选用适当的经验关系式　利用从第 (1) 到第 (3) 步得到的信息，选择一个几何条件与要研究的相类似者，以式 (4.59) 形式给出的适当经验关系式 (将在后面给出)。例如，如果研究的是管中湍流的水，那么就选择在式 (4.67) 中给出的关系式。利用选择的关系式，计算努塞尔数，最后计算对流传热系数。

对流传热系数是由经验关系式预测的。这一系数会受下列因素影响：流体的类型和流速、流体的物理性质、温度差和所研究物理系数的几何形状等。

以下几节将介绍强制对流和自然对流传热系数估计用的经验关系式。我们将选择食品加工过程常见的对流传热物理体系。其他情形，请参见 Rotstein 等 (1997) 或 Heldman Lund (1992) 等编写的有关手册。所有的关系式只适用于牛顿流体。对于非牛顿流体，推荐参考 Heldman 和 Singh (1981) 编写的教科书。

4.4.4.1　强制对流

在强制对流中，流体在外加机械力 (如电风扇、泵或搅拌器等) 作用下强制经过固体表面 (图 4.23)。无量纲数之间的一般关系式如下

$$N_{Nu} = \Phi(N_{Re}, N_{Pr}) \tag{4.61}$$

式中 N_{Nu}——努塞尔准数 $= hd_c/k$

h——对流传热系数，W/ (m^2 · ℃)

d_c——特征长度，m

k——流体的热导率，W/ (m · ℃)

N_{Re}——雷诺数 $= \rho\bar{u}d_c/\mu$

ρ——流体的密度，kg/m^3

$\bar{u}$——流体的流速，m/s

μ——黏度，Pa · s

N_{Pr}——普朗特准数 $= \mu c_p/k$

c_p——比热容，kJ/ (kg · ℃)

Φ——函数符号

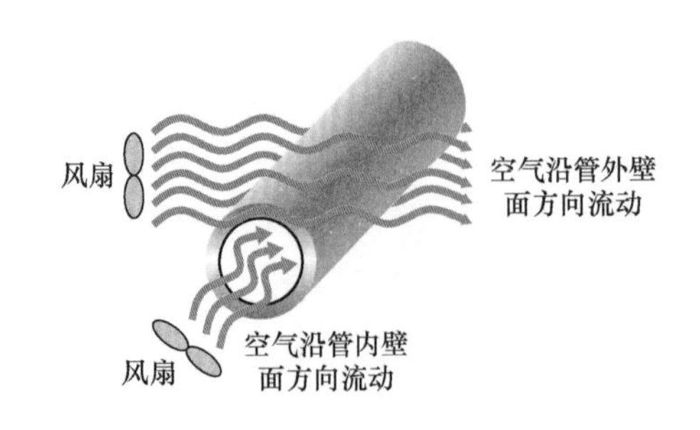

图 4.23　管内外强制对流传热

1. 管中层流

（1）发展完全的条件、表面恒温的管子：

$$N_{Nu} = 3.66 \tag{4.62}$$

其中流体的热导率根据流体的平均温度（T_∞）求取，d_c是管子的内径。

（2）发展完全的条件、表面均匀热流的管子：

$$N_{Nu} = 4.36 \tag{4.63}$$

其中流体的热导率根据流体的平均温度（T_∞）求取，d_c是管子的内径。

（3）适用于端口区和发展完全的流动条件

$$N_{Nu} = 1.86\left(N_{Re} \times N_{Pr} \times \frac{d_c}{L}\right)^{0.33}\left(\frac{\mu_b}{\mu_w}\right)^{0.14} \tag{4.64}$$

其中L是管子的特征长度（m）；d_c是管子的内径；所有物理性质根据流体的平均温度（T_∞）估计，但μ_w除外，它根据管壁温度估计。

2. 管内过渡流动

雷诺数在2100～10000。

$$N_{Nu} = \frac{(f/8)(N_{Re} - 1000)N_{Pr}}{1 + 12.7(f/8)^{1/2}(N_{Pr}^{2/3} - 1)} \tag{4.65}$$

其中，所有物理性质根据流体的平均温度（T_∞）估计；d_c是管子的内径；对于光滑管，摩擦系数f根据式（4.66）计算：

$$f = \frac{1}{(0.790\ln N_{Re} - 1.64)^2} \tag{4.66}$$

3. 管内湍流流动

以下方程适用于雷诺数大于10000的场合。

$$N_{Nu} = 0.023N_{Re}^{0.8} \times N_{Pr}^{0.33} \times \left(\frac{\mu_b}{\mu_w}\right)0.14 \tag{4.67}$$

流体的性质根据流体的平均温度（T_∞）估计，但μ_w除外，它根据管壁温度估计；d_c是管子的内径；式（4.67）适用于恒表面温度和均匀热流条件。

4. 非圆形管中的对流

对于非圆形管，用当量直径作特征尺寸：

$$D_e = \frac{4 \times \text{有效截面积}}{\text{浸润周边}} \tag{4.68}$$

图4.24为边长为W和H的长方形管。这种情形下的当量直径等于$2WH/(W+H)$。

5. 流体流过浸没物体

有些应用中，流体会流过浸没的物体。对于这种情况，传热与下列因素有关：物体的几何形状、物体与其他物体的相对位置、流量及流体的性质。

流体通过单个球体，对球体进行加热或冷却，可以用以下方程：

$$N_{Nu} = 2 + 0.60N_{Re}^{0.5} \times N_{Pr}^{1/3} \quad \text{对于}\begin{cases}1 < N_{Re} < 70000\\0.6 < N_{Pr} < 400\end{cases} \tag{4.69}$$

其中的特征尺寸d_c是球的外直径。流体性质根据下式计算的膜温度T_f确定

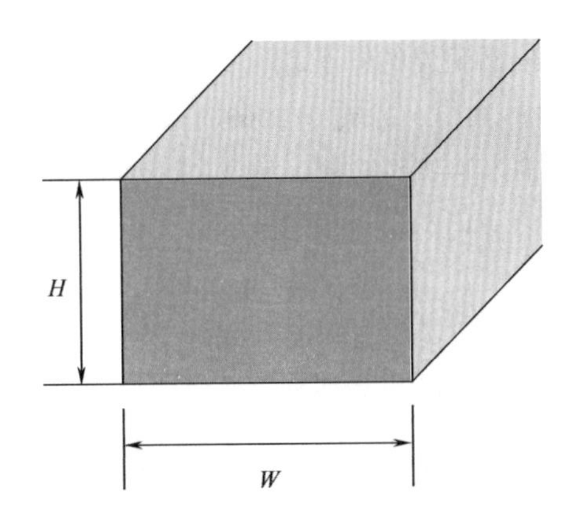

图 4.24　一长方形导体的截面

$$T_f = \frac{T_s + T_\infty}{2}$$

对于流体通过其他浸没物体（如圆柱和平板）的情形，Perry 和 Chilton（1973）的文献给出了这些关系式。

例 4.11

流量为 0.02kg/s、温度为 20℃ 的水，在一根水平管（内径 = 2.5cm）中被加热到 60℃。管内表面的温度为 90℃（图 E4.11）。如果管长为 1m，请估计对流传热系数。

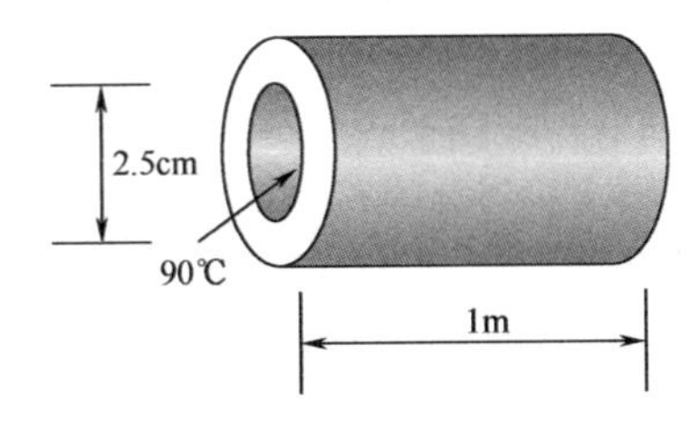

图 E4.11　管内的对流传热

已知：

水的流量 = 0.02kg/s

入口温度 = 20℃

出口温度 = 60℃

内径 = 2.5cm = 0.025m

管子内表面的温度 = 90℃

管长 = 1m

方法：

由于水是在外力作用下流动的，因此本问题属于强制对流传热。首先通过计算雷诺数以确定流动是层流还是湍流。如果雷诺数小于 2100，就用式（4.64）计算努塞尔数。h 可根据努塞尔数求出。

解：

（1）为了计算雷诺数，需要知道水的物理性质。除了μ_w以外，所有的物理性质必须是主体流体温度的平均值，（20 +60）/2 =40℃。根据40℃，从表 A. 4. 1 查得

密度ρ =992. 2kg/m^3

比热容c_p =4. 175kJ/（kg · ℃）

热导率k =0. 633W/（m · ℃）

黏度（绝对）μ =658. 026Pa · s

普朗特数N_{Pr} =4. 3

从而

$$N_{Re} = \frac{\rho \bar{u} D}{\mu} = \frac{4\dot{m}}{\pi \mu D}$$

$$= \frac{4(0.02\text{kg/s})}{\pi(658.026 \times 10^{-6}\text{Pa}\cdot\text{s})(0.025\text{m})}$$

$$= 1547.9$$

注意，1Pa =1kg/（m · s^2）。由于雷诺数小于 2100，所以流动是层流。

（2）我们选择式（4. 64），并利用 90℃时的黏度μ_w =308. 909 ×10^{-6}Pa · s

$$N_{Nu} = 1.86(1547.9 \times 4.3 \times 0.025)^{0.33}\left(\frac{658.016 \times 10^{-6}}{308.909 \times 10^{-6}}\right)^{0.14}$$

$$= 11.2$$

（3）对流传热系数可根据努塞尔数求出

$$h = \frac{N_{Nu}k}{D} = \frac{11.2[0.633\text{W}/(\text{m}\cdot{}^\circ\text{C})]}{0.025\text{m}}$$

$$= 284\text{W}/(\text{m}\cdot{}^\circ\text{C})$$

（4）估计的对流传热系数为 284W/（m^2 · ℃）

例 4. 12

如果在例4. 11 中的水流量从0. 02kg/s 升到0. 2kg/s，而其他条件保持不变，请计算新的对流传热系数。

已知：

见例 4. 11

新的水流量 =0. 2kg/s

方法：

计算雷诺数以确定流动是否为湍流。如果是湍流，则用方程（4. 67）计算努塞尔数。根据努塞尔数计算表面传热系数。

解：

（1）先用例 4. 11 得到的性质计算雷诺数

$$N_{Re} = \frac{4(0.2\text{kg/s})}{\pi(658.026 \times 10^{-6}\text{Pa}\cdot\text{s})(0.025\text{m})} = 15479$$

因此，流动属于湍流。

(2) 由于是湍流，选择式 (4.67) 计算努塞尔数

$$N_{Nu} = 0.023\ (15479)^{0.8}\ (4.3)^{0.33}\left(\frac{658.026\times10^{-6}}{308.909\times10^{-6}}\right)^{0.14}$$

$$= 93$$

(3) 湍流条件下的对流传热系数为 2355 [W/ (m^2 · ℃)]，此值比 (例 4.1 中) 层流条件下计算得到的 h 高出了 8 倍以上。

例 4.13

如果某湍流流动的流体的流速加倍，而其他的参数保持不变，则对流传热系数会增加百分之几?

方法:

用式 (4.67) 解此题

解:

(1) 对流中湍流流动

$$N_{Nu} = 0.023N_{Re}^{0.8}\times N_{Pr}^{0.33}\times\left(\frac{\mu_b}{\mu_w}\right)^{0.14}$$

可以将上式写成

$$N_{Nu1} = f(\bar{u}_1)^{0.8}$$

$$N_{Nu2} = f(\bar{u}_2)^{0.8}$$

$$\frac{N_{Nu2}}{N_{Nu1}} = \left(\frac{\bar{u}_2}{\bar{u}_1}\right)^{0.8}$$

(2) 由于 $\bar{u}_2 = 2\bar{u}_1$

$$\frac{N_{Nu2}}{N_{Nu1}} = (2)^{0.8} = 1.74$$

$$N_{Nu2} = 1.74N_{Nu1}$$

(3) 以上表达式意味着 $h_2 = 1.74h_1$。从而，

$$h\text{的增加}(\%) = \frac{1.74h_1 - h_2}{h_1}\times100 = 74\%$$

(4) 可以预料，流速对对流传热系数有很大的影响。

例 4.14

计算温度为 90℃的空气通过青豆深床层的对流传热系数。假设青豆表面温度为 30℃。豆子的直径为 0.5cm。空气通过青豆床的流速为 0.3m/s。

已知:

青豆直径 =0.005m

空气温度 =90℃

青豆温度 =30℃

空气流速 =0.3m/s

方法:

由于空气沿球状浸没物体（青豆）流动，因此根据式（4.69）估算努塞尔数，再根据努塞尔数求出 h。

解:

（1）空气的性质根据求出的 T_f确定，

$$T_f = \frac{T_s + T_\infty}{2} = \frac{30+90}{2} = 60℃$$

由表 A.4.4 得

$$\rho = 1.025\text{kg/m}^3$$

$$c_p = 1.017\text{kJ/(kg·℃)}$$

$$k = 0.0279\text{W/(m·℃)}$$

$$\mu = 19.907 \times 10^{-6}\text{Pa·s}$$

$$N_{Pr} = 0.71$$

（2）计算雷诺数

$$N_{Re} = \frac{(1.025\text{kg/m}^3)(0.3\text{m/s})(0.005\text{m})}{19.907\times 10^{-6}\text{Pa·s}} = 77.2$$

（3）根据式（4.69）

$$N_{Nu} = 2 + 0.6(77.2)^{0.5}(0.71)^{0.33} = 6.71$$

（4）从而

$$h = \frac{6.71[0.0279\text{W/(m·℃)}]}{0.005\text{m}} = 37\text{W/(m·℃)}$$

（5）所求的对流传热系数为 37W/（m^2·℃）

4.4.4.2 自然对流

自然对流发生在流体与热表面接触而存在密度差的场合（图 4.25）。高温下低密度流体形成了浮力，从而使受到加热的流体向上运动而较冷的流体取代它的位置。

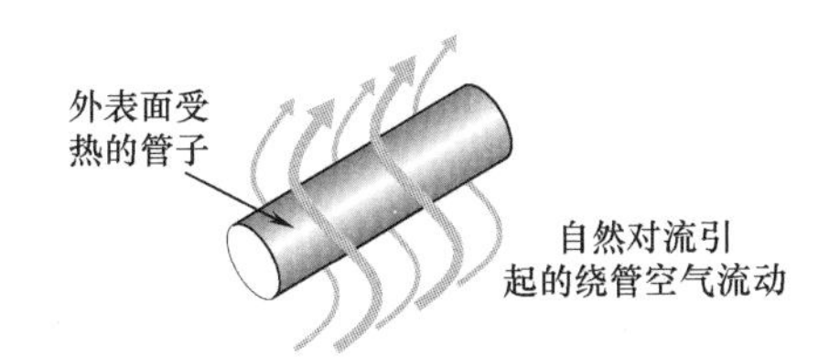

图 4.25 自然对流引起的受热管外侧的传热

用于估计自然对流情形下对流传热系数的经验表达式如下：

$$N_{Nu} = \frac{hd_c}{k} = a(N_{Ra})^m \tag{4.70}$$

其中，a 和 m 是常数；N_{Ra}是瑞利（Rayleigh）数。瑞利数是两个无量纲数（格拉晓夫数和普朗特数）的乘积。

$$N_{Ra} = N_{Gr} \times N_{Pr} \tag{4.71}$$

格拉晓夫数（N_{Gr}）定义式如下：

$$N_{Gr} = \frac{d_c^3\rho^2 g\beta\Delta T}{\mu^2} \tag{4.72}$$

式中　d_c——特征尺寸，m

ρ——密度

g——重力加速度，9.80665m/s²

β——体积膨胀系数，K^{-1}

ΔT——壁面与环境流体的温差，℃

μ——黏度，Pa·s

格拉晓夫数是浮力与黏性力的比值。与雷诺数类似，格拉晓夫数用于确定流过物体的流动是层流还是湍流。例如，对于流过垂直平板的流体，格拉晓夫数大于10^9，流动属于湍流。

在自然对流传热情形下，流体的物理性质根据膜温度估计，$T_f = (T_s + T_\infty)/2$。

式（4.70）适用于垂直的平板和圆柱、水平的平板和圆柱的自然对流情形，表4.2给出了可能在此式中用得到的一些数据。

表4.2　自然对流情形下式（4.70）中的系数

几何体	特征长度	N_{Ra}范围	a	m	方程
垂直板	L	$10^4 \sim 10^9$	0.59	0.25	$N_{Nu} = a(N_{Ra})^m$
		$10^9 \sim 10^{13}$	0.1	0.333	
倾斜板	L				利用与竖板相同的方程，对于 $N_{Ra} < 10^9$，用 $g\cos\theta$ 取代 g
水平板 面积 = A 周长 = p (a) 热板朝上表面 (或冷板朝下表面) 热表面	A/p	$10^4 \sim 10^7$	0.54	0.25	$N_{Nu} = a(N_{Ra})^m$
		$10^7 \sim 10^{11}$	0.15	0.33	

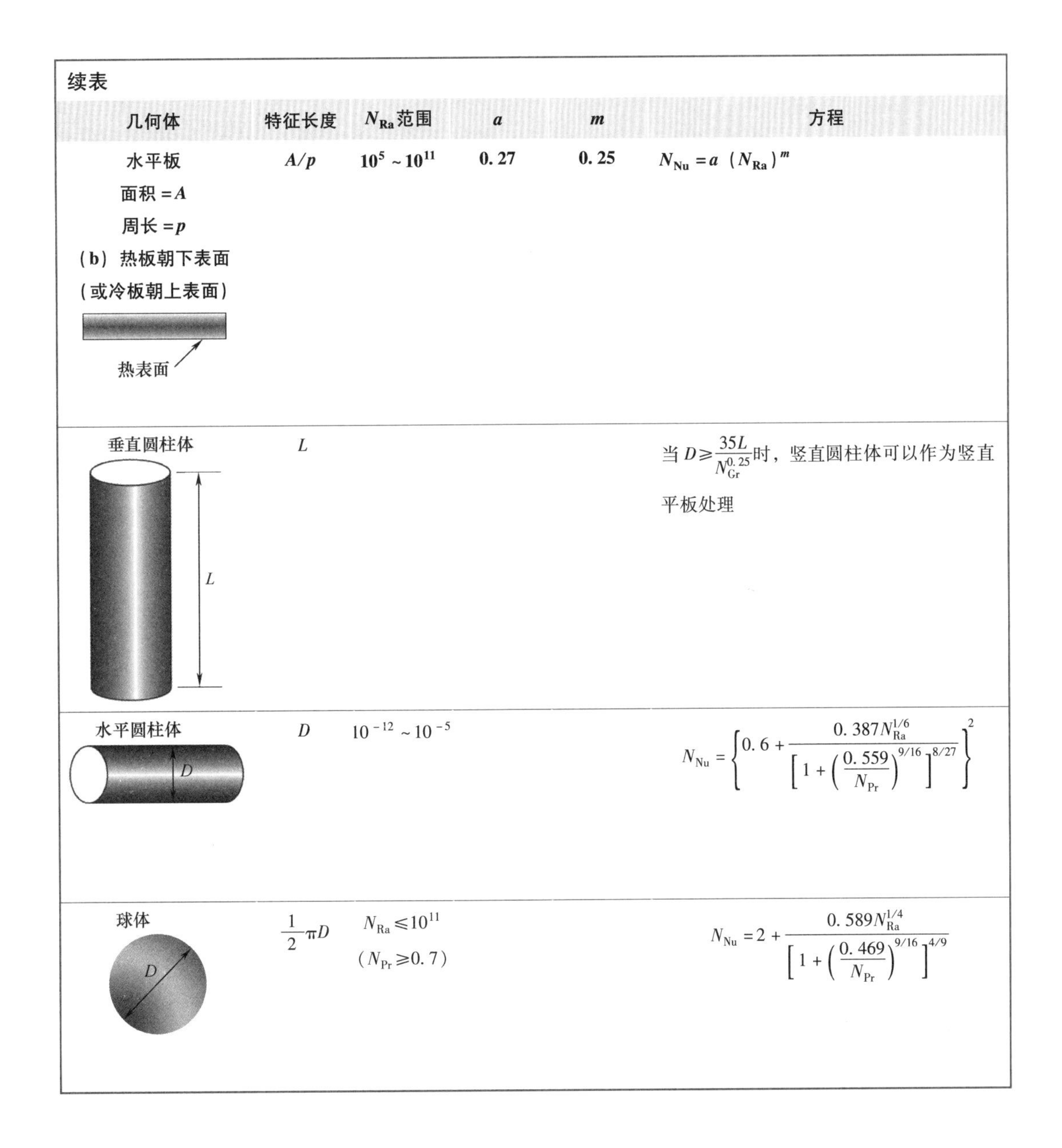

续表

几何体	特征长度	N_{Ra}范围	a	m	方程
水平板 面积 $=A$ 周长 $=p$ (b) 热板朝下表面 (或冷板朝上表面) 热表面	A/p	$10^5 \sim 10^{11}$	0.27	0.25	$N_{Nu}=a\ (N_{Ra})^m$
垂直圆柱体 L	L				当 $D \geqslant \frac{35L}{N_{Gr}^{0.25}}$ 时，竖直圆柱体可以作为竖直平板处理
水平圆柱体 D	D	$10^{-12} \sim 10^{-5}$			$N_{Nu}=\left\{0.6+\frac{0.387N_{Ra}^{1/6}}{\left[1+\left(\frac{0.559}{N_{Pr}}\right)^{9/16}\right]^{8/27}}\right\}^2$
球体 D	$\frac{1}{2}\pi D$	$N_{Ra} \leqslant 10^{11}$ $(N_{Pr} \geqslant 0.7)$			$N_{Nu}=2+\frac{0.589N_{Ra}^{1/4}}{\left[1+\left(\frac{0.469}{N_{Pr}}\right)^{9/16}\right]^{4/9}}$

例 4.15

请估计直径 10cm 的水平蒸汽管损失热量时的对流传热系数。未进行绝热的管子表面温度为 130℃，而空气的温度为 30℃（图 E4.12）。

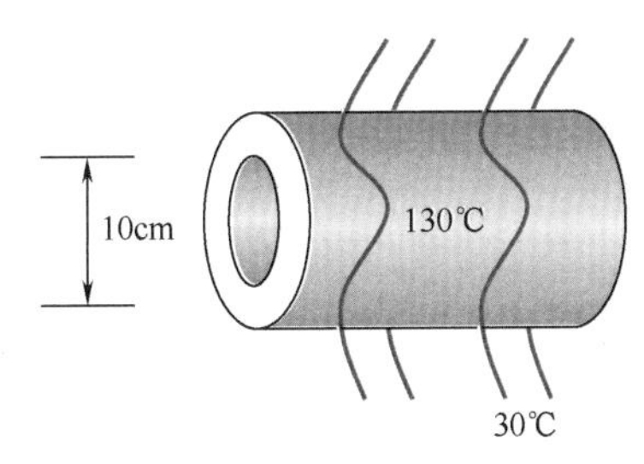

图 E4.12 水平管的对流传热

已知:

管子直径 = 10cm = 0.1m

管表面温度 $T_w = 130℃$

环境空气温度 $T_\infty = 30℃$

方法:

由于未提到由机械力作用使空气运动，因此热量从水平管损失属于自然对流。先确定膜温度下的空气性质，然后计算格拉晓夫准数。根据格拉晓夫准数与普朗特准数的乘积可以由表 4.2 确定 a 和 m 值，这两个参数值将用于式（4.72）。然后根据努塞尔准数计算出表面换热系数。

解:

（1）由于未提到由机械力作用使空气运动，因此热量从水平管损失属于自然对流。

（2）对流膜温度根据下式求取

$$T_f = \frac{T_s + T_\infty}{2} = \frac{130 + 30}{2} = 80℃$$

（3）由表 A.4.4 查取得到 80℃时空气的性质如下：

$$\rho = 0.968 \text{kg/m}^3$$

$$\beta = 2.83 \times 10^{-3} \text{K}^{-1}$$

$$c_p = 1.019 \text{kJ/(kg} \cdot ℃)$$

$$k = 0.0293 \text{W/(m} \cdot ℃)$$

$$\mu = 20.79 \times 10^{-6} \text{N} \cdot \text{s/m}^2$$

$$N_{Pr} = 0.71$$

$$g = 9.81 \text{m/s}^2$$

（4）用 N_{Gr} 和 N_{Pr} 相乘得到雷利数（N_{Ra}）。特征尺寸是管子的外径。

$$N_{Gr} = \frac{d_c^3 \rho^2 g \beta \Delta T}{\mu^2}$$

$$= \frac{(0.1\text{m})^3 (0.968\text{kg/m}^3)^2 (9.81\text{m/s}^2)(2.83 \times 10^{-3}\text{K}^{-1})(130℃ - 30℃)}{(20.79 \times 10^{-6}\text{N} \cdot \text{s/m}^2)^2}$$

$$= 6.019 \times 10^{-6}$$

（注：$1\text{N} = \text{kg} \cdot \text{m/s}^2$），从而

$$N_{Gr} \times N_{Pr} = 6.019 \times 10^6 \times 0.71 = 4.27 \times 10^6$$

（5）根据表 4.2，对于水平圆柱

$$N_{Nu} = \left\{0.6 + \frac{0.387 \times (4.27 \times 10^{-6})^{1/6}}{\left[1 + \left(\frac{0.559}{0.71}\right)^{9/16}\right]^{8/27}}\right\}^2$$

（6）$N_{Nu} = 22$

（7）从而

$$h = \frac{22 \times [0.0293\text{W/(m} \cdot ℃)]}{0.1\text{m}} = 6.5\text{W/(m}^2 \cdot ℃)$$

4.4.4.3 对流传热的热阻

可以像传导传热（第4.4节）那样来定义对流传热的热阻。根据式（4.19），我们知道

$$q = hA(T_s - T_\infty) \tag{4.73}$$

对上式进行整理后得

$$q = \frac{T_s - T_\infty}{\left(\frac{1}{hA}\right)} \tag{4.74}$$

其中由对流引起的热阻 $(R_t)_{对流}$ 为

$$(R_t)_{对流} = \frac{1}{hA} \tag{4.75}$$

对于传热方向上传导和对流成串联的传热问题，总热阻由对流热阻与传导热阻相加而成。我们将在后面涉及对流传热与传导传热的总传热内容中进一步加以讨论。

4.4.5 总传热系数的估计

在许多加热与冷却的应用中，传导与对流传热会同时发生。图4.26的示例中，管中流动流体的温度高于管外环境温度。这种情形下，首先必须由管内流体以强制对流方式，将热量传到管子的内表面，然后以传导方式将热量传过管壁材料，最后通过自然对流方式从管外表面传到周围环境。因而，传热发生在三个串联层中。

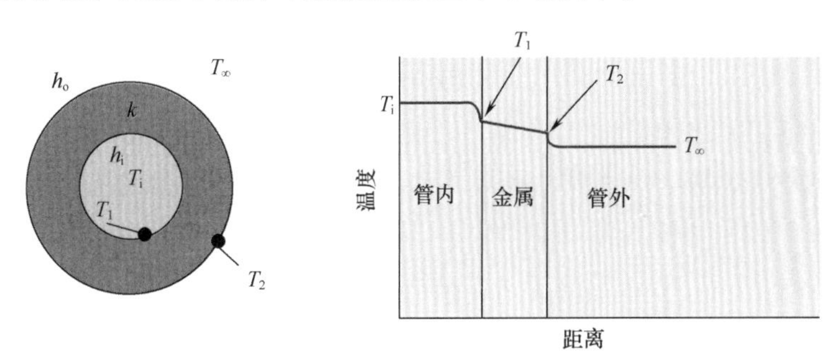

图4.26 传导与对流结合的传热

应用热阻值方式，我们可以写出：

$$q = \frac{T_i - T_\infty}{R_t} \tag{4.76}$$

其中，R_t由以下三项构成：管内对流层热阻、管壁材料传导层热阻和管外对流层热阻。即

$$R_t = (R_t)_{管内对流} + (R_t)_{传导} + (R_t)_{管外对流} \tag{4.77}$$

其中

$$(R_t)_{管内对流} = \frac{1}{h_i A_i} \tag{4.78}$$

式中 h_i——管内对流传热系数

A_i——管子内表面面积

管壁上的热阻是

$$(R_t)_{传导} = \frac{\ln\left(\frac{r_o}{r_i}\right)}{2\pi kL} \tag{4.79}$$

式中 k——管子材料的热导率，W/（m·℃）

r_i——管子的内半径，m

r_o——管子的外半径，m

管外对流热阻为

$$(R_t)_{管外对流} = \frac{1}{h_oA_o} \tag{4.80}$$

式中 h_o——管子外表面对流传热系数，W/（m^2·℃）

A_o——管子的外表面积

将式（4.78）、式（4.79）、式（4.80）代入式（4.76），得

$$q = \frac{T_i - T_\infty}{\frac{1}{h_iA_i} + \frac{\ln(r_o/r_i)}{2\pi Lk} + \frac{1}{h_oA_o}} \tag{4.81}$$

对于此例，我们也可以将总传热过程用式（4.82）表示为：

$$q = U_iA_i(T_i - T_\infty) \tag{4.82}$$

式中 A_i——管子内表面积

U_i——基于内表面积的总传热系数

根据式（4.82），

$$q = \frac{T_i - T_\infty}{\left(\frac{1}{U_iA_i}\right)} \tag{4.83}$$

根据式（4.83）和式（4.81），我们得到

$$\frac{1}{U_iA_i} = \frac{1}{h_iA_i} + \frac{\ln\frac{r_o}{r_i}}{2\pi Lk} + \frac{1}{h_oA_o} \tag{4.84}$$

式（4.84）是总传热系数方程。计算总传热系数时，面积选择是相当任意的。例如，如果 U_o是选择管外面积作基准的总传热系数，那么式（4.84）就成为

$$\frac{1}{U_oA_o} = \frac{1}{h_iA_i} + \frac{\ln\frac{r_o}{r_i}}{2\pi Lk} + \frac{1}{h_oA_o} \tag{4.85}$$

将总传热式（4.82）改写成

$$q = U_oA_o(T_i - T_\infty) \tag{4.86}$$

无论是式（4.82）还是式（4.86），均可得到相同的传热速率（q）。这将在例 4.16 中得到证明。

例 4.16

一根内径 2.5cm 的管子用于输送 80℃的液体食品（图 E4.13）。管内对流传热系数是 10W/（m^2·℃）。厚度为 0.5cm 的管壁由钢制成［热传导率 =43W/（m·℃）］。管外环

境温度是20℃。管外对流传热系数是100W/（m^2·℃）。计算总传热系数及1m长管子上损失的热量。

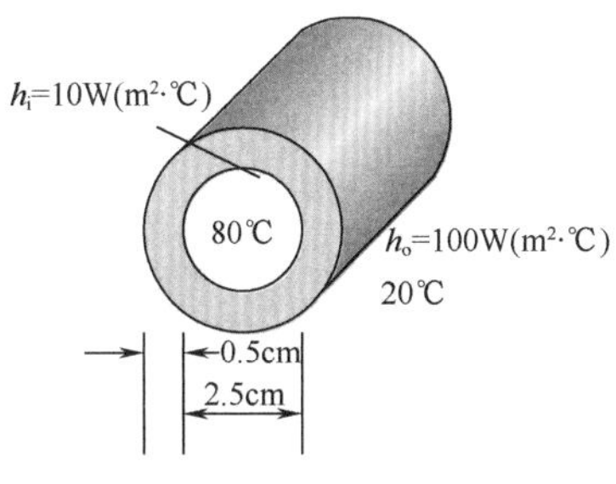

图E4.13 管子的总传热

已知：

管内径＝0.025m

液体的总体温度＝80℃

管内对流传热系数＝10W/（m^2·℃）

管外对流传热系数＝100W/（m^2·℃）

$k_{钢}$＝43W/（m·℃）

管外环境温度＝20℃

方法：

总传热系数既可以管内表面积为基准进行计算，也可以管外表面积为基准进行计算。我们将用式（4.84）计算 U_i，然后用一个式（4.84）的修正式计算 U_o。可以证明，无论是选择 U_i 还是选择 U_o，都将计算得到相同的热流速率。

解：

（1）根据管内面积用式（4.84）计算总传热系数

$$\frac{1}{U_iA_i}=\frac{1}{h_iA_i}+\frac{\ln\left(\frac{r_o}{r_i}\right)}{2\pi Lk}+\frac{1}{h_oA_o}$$

（2）消去面积项，注意到 $A_i=2\pi r_iL$，

$$\frac{1}{U_i}=\frac{1}{h_i}+\frac{r_i\ln\left(\frac{r_o}{r_i}\right)}{k}+\frac{r_i}{h_or_o}$$

（3）将已知值代入上式进行计算

$$\frac{1}{U_i}=\frac{1}{10\text{W}/(\text{m}^2\cdot℃)}+\frac{0.0125(\text{m})\times\ln\left(\frac{0.0175}{0.0125}\right)\left(\frac{\text{m}}{\text{m}}\right)}{43\text{W}/(\text{m}^2\cdot℃)}$$

$$+\frac{0.0125(\text{m})}{100[\text{W}/(\text{m}^2\cdot℃)]\times0.0175(\text{m})}$$

$$=0.1+0.0001+0.00714=0.10724\text{m}^2\cdot℃/\text{W}$$

从而，$U_i=9.32\text{W}/(\text{m}^2\cdot℃)$

（4）热损失为

$$q=U_iA_i(80-20)$$

$$= 9.32[\mathrm{W/(m^2 \cdot ℃)}] \times 2\pi \times 1(\mathrm{m}) \times 0.0125(\mathrm{m}) \times 60(℃)$$
$$= 43.9\mathrm{W}$$

(5) 基于管外面积的总传热系数可以计算为

$$\frac{1}{U_o A_o} = \frac{1}{h_i A_i} + \frac{\ln\left(\frac{r_o}{r_i}\right)}{2\pi L k} + \frac{1}{h_o A_o}$$

(6) 消去面积项，注意到 $A_o = 2\pi r_o L$，

$$\frac{1}{U_o} = \frac{r_o}{h_i r_i} + \frac{r_o \ln\left(\frac{r_o}{r_i}\right)}{k} + \frac{1}{h_o}$$

将已知值代入上式进行计算

$$\frac{1}{U_o} = \frac{0.0175(\mathrm{m})}{10[\mathrm{W/(m^2 \cdot ℃)}] \times 0.0125(\mathrm{m})}$$
$$+ \frac{0.175(\mathrm{m})}{10[\mathrm{W/(m^2 \cdot ℃)}] \times 0.0125(\mathrm{m})}$$
$$+ \frac{1}{100[\mathrm{W/(m^2 \cdot ℃)}]}$$
$$= 0.14 + 0.00014 + 0.01$$
$$= 0.1501(\mathrm{m^2 \cdot ℃})/\mathrm{W}$$
$$U_o = 6.66\mathrm{W/(m^2 \cdot ℃)}$$

(7) 热损失为

$$q = U_o A_o (80 - 20)$$
$$= 6.66[\mathrm{W/(m^2 \cdot ℃)}] \times 2\pi \times 0.0175(\mathrm{m}) \times 1(\mathrm{m}) \times 60(℃)$$
$$= 43.9\mathrm{W}$$

(8) 正如所料，无论怎样选择计算总传热系数的面积基准，得到的热损失结果相同。

(9) 由第(3)和第(6)的结果可以看出，金属壁产生的热阻值比对流层产生的热阻值小得多。

4.4.6 传热面的结垢

加热设备中，当一种液体食品与加热表面接触时，其某些组分有可能沉积在热表面上，从而导致热阻增加。这种在传热表面累积产品的现象称为结垢。液体与过冷表面接触也可观察到类似的现象。结垢后的传热表面不仅增加了热阻，而且也会影响流体流动。另外，食品的有价值成分会损失在结垢层中。利用强化学剂对加热表面的污垢进行清洗也是一种环境污染因素。

结垢是化工过程中的主要关注现象。食品工业中结垢现象更为突出，许多热敏性食品成分很容易沉积在热传表面。因此，涉及加热或冷却作用的工厂需要经常进行清洗，往往需要每天清洗。某些常见结垢类型及其发生机制如表 4.3 所示。

结垢层常含有与引起结垢液体流所不同的组分。例如，乳的蛋白质含量约为 3%，而在温度小于 110℃的结垢沉积物中却含有 50% ~60% 的蛋白质和 30% ~35% 的矿物质。结

垢层中大约一半的蛋白质是β-乳球蛋白。牛乳温度升至高于70~74℃时，蛋白质变性就会增加。蛋白质（β-乳球蛋白）首先会展开并使反应性巯基暴露。然后包括α-乳球蛋白分子在内蛋白质分子自身会发生聚合（聚集）。

表4.3 热交换器常见结垢机制

结垢类型	结垢机制
沉淀	溶解物质沉淀，硫酸钙和碳酸钙之类的盐导致结垢
化学反应	表面材料充当反应物；蛋白质、糖和脂肪的化学反应
颗粒	悬浮在过程流体中的细微颗粒在传热表面积累
生物	宏观和微观生物在传热表面附着
冻结	液体成分在过冷表面固化
腐蚀	传热表面与环境作用产生腐蚀

结垢由复杂的系列反应引起，在加热过程中，这些反应随温度升高而加速。为了弥补热阻增加引起的传热速率降低，必须要有较大的换热面积，这会增加热交换设备费用。用表面结垢的热交换器操作，其降低的传热速率可通过提高横跨传热介质温度的方式补偿。因此，操作热交换器的能量需求会大大增加。据估计，全球每年因结垢造成的产业成本有数十亿美元。

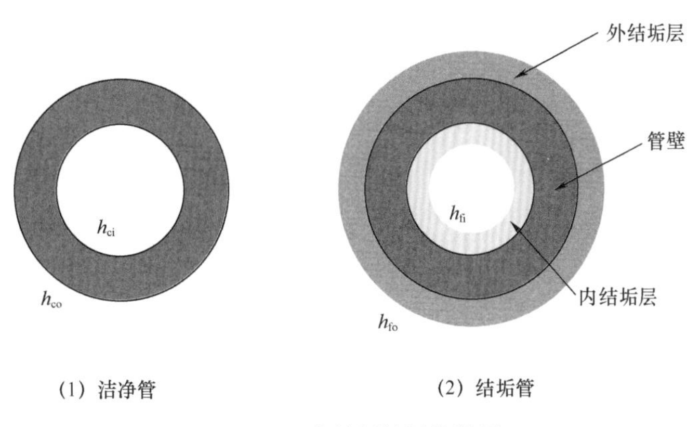

图4.27 内外侧结垢的管子

结垢对传热的影响，可通过对干净管道和内外表面结垢管道传热速率观察的方式进行研究（图4.27）。假设沉积的为薄层，则结垢管内表面对流传热系数h_{fi}将与清洁管内表面的对流传热系数h_{ci}相同。管外的对流传热系数也有相同情形，即$h_{fo}=h_{co}$。类似地，结垢管内表面积$A_{fi}=A_{ci}=A_i$，并且，外表面积$A_{fo}=A_{co}=A_o$。

利用式（4.85），可写出基于清洁管外侧表面的总传热系数方程：

$$\frac{1}{U_{co}A_o}=\frac{1}{h_iA_i}+\frac{\ln\left(\frac{r_o}{r_i}\right)}{2\pi Lk}+\frac{1}{h_oA_o} \tag{4.87}$$

即

$$\frac{1}{U_{co}} = \frac{A_o}{h_i A_i} + \frac{A_o \ln\left(\frac{r_o}{r_i}\right)}{2\pi Lk} + \frac{1}{h_o} \tag{4.88}$$

然后考虑管子内外表面均结垢的情形。如图 4.27（2）所示，管子内部结垢层热阻为 R_{fi} [（$m^2 \cdot ℃$）/W]，管外结垢层热阻为 R_{fo} [（$m^2 \cdot ℃$）/W]。那么对于结垢管，

$$\frac{1}{U_{fo}A_o} = \frac{1}{h_i A_i} + \frac{R_{fi}}{A_i} + \frac{\ln\left(\frac{r_o}{r_i}\right)}{2\pi Lk} + \frac{R_{fo}}{A_o} + \frac{1}{h_o A_o} \tag{4.89}$$

即

$$\frac{1}{U_{fo}} = \frac{A_o}{h_i A_i} + \frac{R_{fi}A_o}{A_i} + \frac{A_o \ln\left(\frac{r_o}{r_i}\right)}{2\pi Lk} + R_{fo} + \frac{1}{h_o} \tag{4.90}$$

由于 R_{fi} 和 R_{fo} 难以单独确定，因此要与式（4.88）中的两项结垢热阻结合，以获得总结垢热阻 R_{ft}，

$$R_{ft} = \frac{A_o}{A_i}R_{fi} + R_{fo} \tag{4.91}$$

因此

$$\frac{1}{U_{fo}} = \frac{A_o}{h_i A_i} + \frac{A_o \ln\left(\frac{r_o}{r_i}\right)}{2\pi Lk} + R_{ft} + \frac{1}{h_o} \tag{4.92}$$

联合式（4.88）和式（4.92），得

$$\frac{1}{U_{fo}} = \frac{1}{U_{co}} + R_{ft} \tag{4.93}$$

工业实际中，将两个总传热系数之比称为清洁因子（C_F），即

$$C_F = \frac{U_{fo}}{U_{co}} \tag{4.94}$$

注意 C_F 值小于 1。将式（4.93）代入式（4.94），整理后可以清洁因子表示结垢热阻：

$$R_{ft} = \frac{1}{U_{co}}\left(\frac{1}{C_F} - 1\right) \tag{4.95}$$

设计热交换器时，可能需要确定因传热面结垢而需要增加的额外面积。为此，可认为洁净面和结垢表面的热传速率相同。因此，

$$q = U_{co}A_{co}\Delta T_m = U_{fo}A_{fo}\Delta T_m \tag{4.96}$$

这样就可以从上面的方程中消去 ΔT_m

$$U_{co}A_{co} = U_{fo}A_{fo} \tag{4.97}$$

即

$$\frac{U_{co}}{U_{fo}} = \frac{A_{fo}}{A_{co}} \tag{4.98}$$

结合式（4.94）、式（4.95）和式（4.98），整理后得

$$R_{ft} = \frac{1}{U_{co}}\left(\frac{A_{fo}}{A_{co}} - 1\right) \tag{4.99}$$

在式（4.99）中，[（A_{fo}/A_{cu}） -1] 项乘以 100 就是与清洁表面相比，需要考虑因结

垢而增加的面积百分比。下面例子将使用先前导出的关系，绘制不同总传热系数与需增加的补偿结垢面积百分比之间关系的曲线图。

例 4.17

在清洁因子为 0.8，0.85，0.9，0.95 时，利用电子表格绘图表示总结垢热阻与范围在1000 ~ 5000W/（m^2 · K）的总传热系数之间的关系。同时绘图表示范围在 1 ~10000W/（m^2 · K）的总传热系数与结垢热阻为 0.0001、0.001、0.01 和0.05m^2 · K/W 所需增加表面积之间的关系。

已知：

第一部分

总传热系数 =1000、2000、3000、4000 和 5000W/（m^2 · K）

清洁因子 =0.8、0.85、0.9、0.95

	A	B	C	D	E
1			清洁因子		
2	总传热系数	0.80	0.85	0.90	0.95
3	1000	2.50	1.76	1.11	0.53
4	2000	1.25	0.88	0.56	0.26
5	3000	0.83	0.59	0.37	0.18
6	4000	0.63	0.44	0.28	0.13
7	5000	0.50	0.35	0.22	0.11

1）输入值示于单元格A3:A7和B2:E2。
2）B3单元格输入=(1/$A3)*(1/B$2-1)*10000,B4:B7和C3:E7单元格以复制粘贴方式输入。

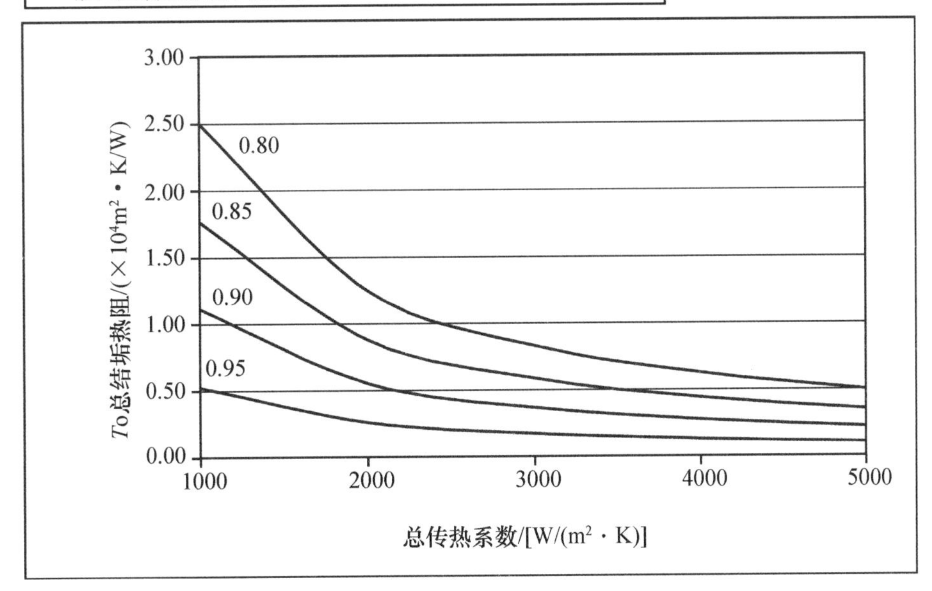

图 E4.14　不同清洁度下总结垢热阻与总传热系数之间的关系

第二部分

结垢热阻 =0.0001、0.001、0.01 和 0.05$m^2 \cdot K/W$

总传热系数 =1、10、100、1000、10000$W/(m^2 \cdot K)$

方法:

利用 Excel 制作两张电子表。第一部分先计算结垢热阻,第二部分计算所需增加的面积。然后根据计算结果作图。

解:

利用式(4.95)制作第一个电子表,用于表示结垢热阻 R_f 与洁净管总传热系数之间的函数关系。利用式(4.99)制作第二个电子表,用 $(A_{fo}/A_{co}-1)\times 100$ 对总传热系数对数作图。由图 E4.14 可见,对于相同清洁管总传热系数,结垢热阻随着清洁度因子下降而增大。这种效应在低总传热系数值时更加明显。同样,从图 E4.15 可见,总传热系数相同时,热阻因子稍增加就需增加较大传热面积。这些图表说明了结垢热阻对传热有很大影响,从而随着结垢增加需要较大传热面积。

	A	B	C	D	E
1			结垢热阻($m^2 \cdot K/W$)		
2	总传热系数	0.0001	0.001	0.01	0.05
3	1	0.01	0.1	1	5
4	10	0.1	1	10	50
5	100	1	10	100	500
6	1000	10	100	1000	5000
7	10000	100	1000	10000	50000

1)输入值示于单元格A3:A7和B2:E2。
2)B3单元格输入=$A3*B$2*100,B4:B7和C3:E7单元格以复制粘贴方式输入。

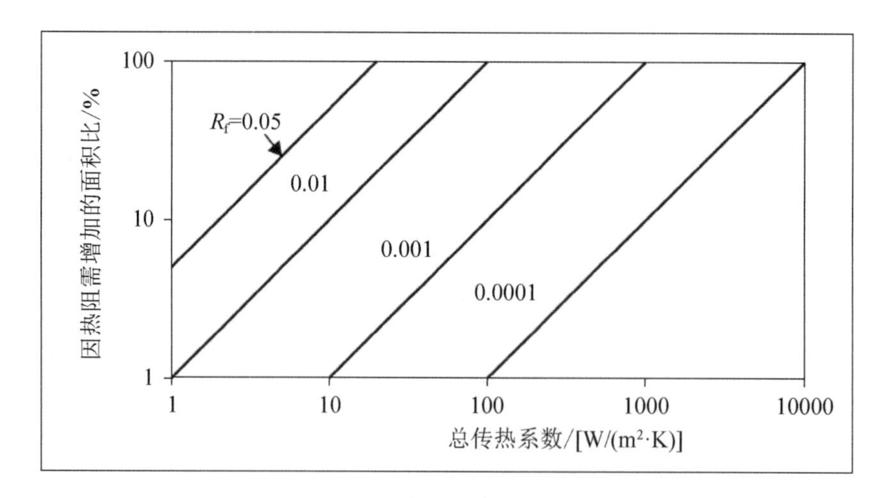

图 E4.15 因热阻引起的增加面积比

4.4.7 管式热交换器的设计

在4.1节各种用于食品加工的热交换设备的介绍中，我们见到，不同几何构型被应用在热交换器的设计中，如管式、板式和刮板式热交换器。热交换器的主要用途是将一种流体的热能传递给另一种流体。本节我们将介绍设计管式热交换器时必要的计算方法。

热交换器计算的目的之一是确定具体应用所需的传热面积。我们将利用以下的假设：

①稳定态传热；

②在整个管子上的总传热系数恒定；

③金属管上没有轴向热传导；

④热交换器绝热良好。热交换发生在热交换器内的两股流体之间。对环境的热损失忽略不计。

第1章已经提到，如果流体的温度从 T_1 变到 T_2，那么流体的能量就会发生变化，这一能量变化可表示为：

$$q = \dot{m}c_p(T_1 - T_2) \tag{4.100}$$

式中 $\dot{m}$——流体的质量流量，kg/s

c_p——流体的比热容，kJ/（kg·℃）

而流体的温度变化是从某一入口温度 T_1 变到出口温度 T_2。

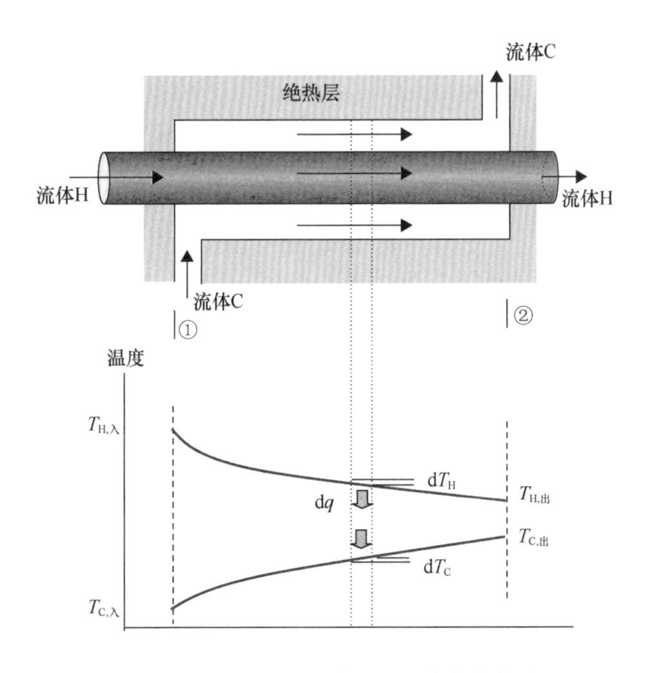

图4.28 顺流式热交换器及温度变化曲线

如图4.28所示的管式热交换器。热流体H由位置①进入热交换器的内管，从位置②流出。流体的温度从 $T_{H,入}$ 降到 $T_{H,出}$。第二股流体是冷流体C，它在外管与内管之间的环道中流过，也由位置①进入、从位置②流出。它的温度从 $T_{C,入}$ 升到 $T_{C,出}$。热交换器外管有良好的绝热保护，因此不与环境发生任何热交换。由于只在两流体 H 和 C 之间有热量传递，因此，热流体 H 的热量下降量必须等于冷流体 C 的能量增加量。从而，可以进行能量衡算，两流体之间的传热速率为：

$$q = \dot{m}_H c_{pH}(T_{H,入} - T_{H,出}) = \dot{m}_C c_{pC}(T_{C,入} - T_{C,出}) \tag{4.101}$$

式中 c_{pH}——热流体的比热容，kJ/（kg·℃）

c_{pC}——冷流体的比热容，kJ/（kg·℃）

$\dot{m}_H$——热流体的质量流量，kg/s

$\dot{m}_C$——冷流体的质量流量，kg/s

式（4.101）可用于确定两流体的进出口温度。另外，如果其他条件已知，还可以用此方程确定两种流体的质量流量。但此方程没有提供任何有关给定传热速率的热交换器大小的信息，因此，不能用来确定两流体产生的热阻。对于这些问题，涉及垂直于流体流动方向的传热情况确定，这将在下面讨论。

如图 4.28 所示，考虑一小段热交换器。我们需要确定从流体 H 到流体 C 的垂直于流动方向的传热速率。在这小段热交换器上，从流体 H 到流体 C 的传热速率（dq）可以表达为：

$$dq = U\Delta T dA \tag{4.102}$$

其中，ΔT 是流体 H 与流体 C 之间的温差。请注意，这一温差在热交换器的位置①到位置②之间是变化的。在流体的入口位置①，该温差 $\Delta T = T_{H,入} - T_{C,入}$，而在出口位置②，该温差为 $\Delta T = T_{H,出} - T_{C,出}$（图 4.28）。为了求解式（4.102），我们可以只用一个 ΔT 值，即一个代表垂直于流动方向温度梯度的平均值。虽然很容易想到对位置①的温差和位置②的温差进行算术平均，但这样做有误差，因为由图 4.28 可见，温度曲线不是线性的。因此，我们将介绍数学分析，以确定流体 H 与流体 C 在热交换器中流动时确切的平均 ΔT 值。

流体 H 与流体 C 之间的温差 ΔT 为

$$\Delta T = T_H - T_C \tag{4.103}$$

式中 T_H——热流体的温度

T_C——冷流体的温度

对于如图 4.28 所示的微环元，进行热流体的能量平衡得

$$dq = -\dot{m}_H c_{pH} dT_H \tag{4.104}$$

同时对微环元中的冷流体进行平衡

$$dq = \dot{m}_C c_{pC} dT_C \tag{4.105}$$

在式（4.104）中，dT_H是负的；因此加了一个负号以得到正的 dq值。解 dT_H和 dT_C得

$$dT_H = -\frac{dq}{\dot{m}_H c_{pH}} \tag{4.106}$$

且

$$dT_C = \frac{dq}{\dot{m}_C c_{pC}} \tag{4.107}$$

然后，用式（4.107）减式（4.106）得

$$dT_H - dT_C = d(T_H - T_C) = -dq\left(\frac{1}{\dot{m}_H c_{pH}} + \frac{1}{\dot{m}_C c_{pC}}\right) \tag{4.108}$$

将式（4.102）和式（4.103）代入式（4.108）得

$$\frac{d(T_H - T_C)}{(T_H - T_C)} = -U\left(\frac{1}{\dot{m}_H c_{pH}} + \frac{1}{\dot{m}_C c_{pC}}\right)dA \tag{4.109}$$

从图4.28中的位置①到②对式（4.109）积分得

$$\ln\frac{(T_{H,出} - T_{C,出})}{(T_{H,入} - T_{C,入})} = -UA\left(\frac{1}{\dot{m}_H c_{pH}} - \frac{1}{\dot{m}_C c_{pC}}\right) \tag{4.110}$$

注意到

$$T_{H,入} - T_{C,入} = \Delta T_1$$

$$T_{H,出} - T_{C,出} = \Delta T_2 \tag{4.111}$$

得到

$$\ln\frac{\Delta T_2}{\Delta T_1} = -UA\left(\frac{1}{\dot{m}_H c_{pH}} + \frac{1}{\dot{m}_C c_{pC}}\right) \tag{4.112}$$

将式（4.101）代入式（4.112）

$$\ln\left(\frac{\Delta T_2}{\Delta T_1}\right) = -UA\left(\frac{T_{H,入} - T_{H,出}}{q} + \frac{T_{C,出} - T_{C,入}}{q}\right) \tag{4.113}$$

整理式（4.113）得

$$\ln\left(\frac{\Delta T_2}{\Delta T_1}\right) = -\frac{UA}{q}[(T_{H,入} - T_{C,入}) - (T_{H,出} - T_{C,出})] \tag{4.114}$$

将式（4.111）代入式（4.114），得

$$\ln\left(\frac{\Delta T_2}{\Delta T_1}\right) = -\frac{UA}{q}(\Delta T_1 - \Delta T_2) \tag{4.115}$$

整理后得

$$q = UA\frac{\Delta T_2 - \Delta T_1}{\ln\dfrac{\Delta T_2}{\Delta T_1}} \tag{4.116}$$

其中

$$q = UA(\Delta T_{lm}) \tag{4.117}$$

$$\Delta T_{lm} = \frac{\Delta T_2 - \Delta T_1}{\ln\dfrac{\Delta T_2}{\Delta T_1}} \tag{4.118}$$

ΔT_{lm}称为对数平均温差。式（4.117）可用于设计热交换器、确定交换器的面积和总传热热阻，这将在例4.18和例4.19中介绍。

例4.18

某液体食品［比热容=4.0kJ/（kg·℃）］在套管式热交换器中流动。该液体食品进入热交换器时温度为20℃，离开时为60℃（图E4.16）。流体食品的流量为0.5kg/s。90℃的热水进入交换器以逆流方式及1kg/s的流量在环形管中流动。水的平均比热容为4.18kJ/（kg·℃）。假定为稳定态。

(1) 计算水的出口温度。

(2) 计算对数平均温差。

(3) 如果平均总传热系数为2000W/(m^2·℃),并且内管径为5cm,请计算该热交换器的长度。

(4) 对于顺流构型,重复以上计算。

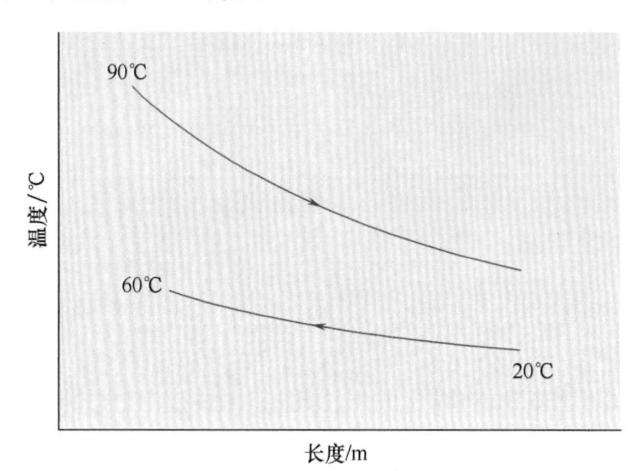

图 E4.16 逆流式热交换器出口温度未知的温度变化曲线

已知:

液体食品:

进口温度 =20℃

出口温度 =60℃

比热容 =4.0kJ/(kg·℃)

流量 =0.5kg/s

水:

进口温度 =90℃

比热容 =4.18kJ/(kg·℃)

流量 =1.0kg/s

热交换器:

内管直径 =5cm

流型 = 逆流

方法:

我们首先用简单热平衡方程计算水的出口温度。然后计算对数平均温差。热交换器的长度根据式(4.117)确定。在顺流条件下重复以上过程,重新求取对数温差和热交换器的长度。

解:

(1) 利用简单热平衡

$$
\begin{aligned}
q &= \dot{m}_C c_{pC} \Delta T_C = \dot{m}_H c_{pH} \Delta T_H \\
&= (0.5\text{kg/s})[4\text{kJ/(kg}\cdot℃)](60℃ - 20℃) \\
&= (1\text{kg/s})[4.18\text{kJ/(kg}\cdot℃)](90℃ - T_e℃)
\end{aligned}
$$

$$T_e = 70.9℃$$

（2）水的出口温度是70.9℃。

（3）根据式（4.118）

$$(\Delta T)_{lm} = \frac{\Delta(T)_1 - \Delta(T)_2}{\ln\left[\frac{\Delta(T)_1}{\Delta(T)_2}\right]} = \frac{(70.9-20)-(90-60)}{\ln\left(\frac{50.9}{30}\right)}$$

$$= 39.5℃$$

（4）流体的对数温差是39.5℃。

（5）根据式（4.117）

$$q = UA(\Delta T)_{lm} = U\pi D_i L(\Delta T)_{lm}$$

其中，q根据第（1）步，为

$$q = (0.5\text{kg/s})[4\text{kJ/(kg}\cdot℃)](60℃ - 20℃) = 80\text{kJ/s}$$

从而

$$L = \frac{(80\text{kJ/s})(1000\text{J/kJ})}{(\pi)(0.05\text{m})(39.5℃)[2000\text{W/(m}^2\cdot℃)]} = 6.45\text{m}$$

（6）当逆流操作时，热交换器的长度为6.5m。

（7）对于顺流操作，系统如图E4.16所示。

（8）假定顺流时的出口温度与逆流时的相同，T_e=70.9℃

（9）根据式（4.118）计算到的对数平均温差为

$$(\Delta T)_{lm} = \frac{(90-20)-(70.9-60)}{\ln\left(\frac{90-20}{70.9-60}\right)} = 31.8℃$$

（10）顺流的对数温度为31.8℃，比逆流的对数温度低了约8℃。

（11）可以像第（5）步一样计算热交换器的长度。

$$L = \frac{(80\text{kJ/s})(1000\text{J/kJ})}{(\pi)(0.05\text{m})(31.8℃)[2000\text{W/(m}^2\cdot℃)]} = 8\text{m}$$

（12）按顺流操作时热交换器的长度为8m。此长度比逆流安排的热交换器长度长了1.55m。

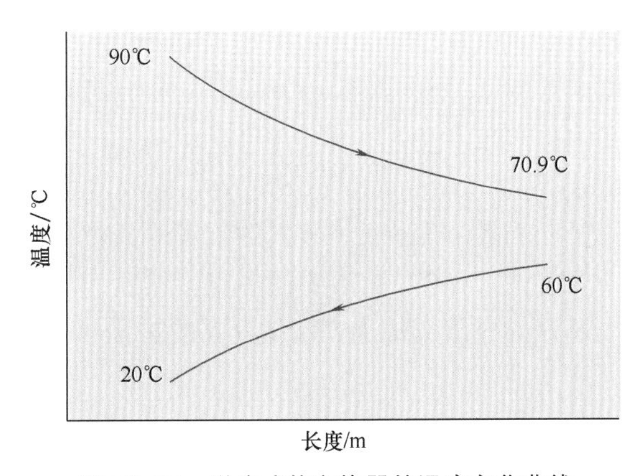

图E4.17 逆流式热交换器的温度变化曲线

例 4.19

干度为90%、压力为143.27kPa的蒸汽，在5m长的套管式热交换器（图E4.17和图E4.18）的环形管中冷凝。流量为0.5kg/s、温度为40℃的液体食品在热交换器的内管流动。里层管的内径为5cm。液体食品的比热容为3.9kJ/（kg·℃），流出热交换器时的温度为80℃。

a. 计算总平均传热系数。

b. 如果钢管的传导热阻忽略不计，而在蒸汽侧的对流传热系数很大（接近无穷大），请估计内管由液体食品的对流引起的传热系数。

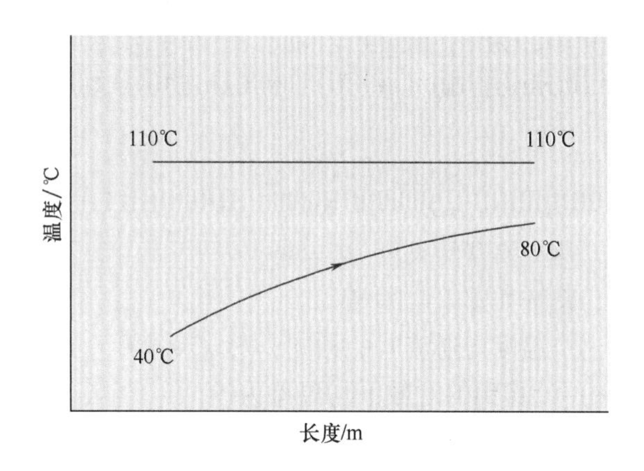

图 E4.18 套管式热交换器的温度变化曲线

已知：

蒸汽压力 = 143.27kPa

长度 = 5m

液体流量 = 0.5kg/s

管子内径 = 0.05m

比热容 = 3.9kJ/（kg·℃）

产品输入温度 = 40℃

产品输出温度 = 80℃

方法：

从附录表A4.2查取蒸汽温度。也注意到蒸汽的干度对蒸汽冷凝温度没有影响。还要计算将液体食品温度从40℃加热到80℃所需要的热量。然后，计算对数平均温差。通过使液体食品得到的热量与蒸汽经过管壁传递到液体食品的热量相等的方法，可以求出总传热系数。

解：

a 部分

（1）从蒸汽表（附录表A4.2）查得蒸汽温度为110℃。

（2）

$$q = \dot{m}c_p\Delta T$$
$$= (0.5\text{kg/s})[3.9\text{kJ/(kg}\cdot℃)](1000\text{J/kJ})(80℃ - 40℃)$$
$$= 78000\text{J/s}$$

（3）

$$q = UA(\Delta T)_{\text{lm}} = \dot{m}c_p\Delta T$$

$$(\Delta T)_{\text{lm}} = \frac{(110-40)-(110-80)}{\ln\left(\frac{110-40}{110-80}\right)} = 47.2(℃)$$

且

$$A = \pi(0.05)(5) = 0.785(\text{m}^2)$$

（4）

$$U = \frac{\dot{m}c_p\Delta T}{A(\Delta T)_{\text{lm}}} = \frac{(78000\text{J/s})}{(0.785\text{m}^2)(47.2℃)} = 2105\text{W/}(\text{m}^2\cdot℃)$$

（5）总传热系数 =2105W/（m^2 · ℃）

b 部分

总传热方程可以写成：

$$\frac{1}{U_iA_i} = \frac{1}{h_iA_i} + \frac{\ln\left(\frac{r_o}{r_i}\right)}{2\pi Lk} + \frac{1}{h_oA_o}$$

因为由钢管传导产生的热阻忽略不计，所以，上式右边第二项为零。同样的道理，第三项也为零，因为对流传热系数非常大。从而，

$$U_i = h_i$$

即

$$h_i = 2105\text{W/}(\text{m}^2\cdot℃)$$

4.4.8 热交换器设计的效能 -NTU 法

前面部分的热交换设计中使用了对数平均温度差（LMTD）方式。设计新热交换器时，入口和出口处流体温度已知，并且目的是为了确定（传热面积、长度和管径方面）热交换器热量大小，因此 LMTD 法效果很好。然而，在热交换器大小、产品进口温度和加热/冷却介质已知但两者出口温度未知情形下，虽然仍然可以采用 LMTD 法，但解题需要采用迭代过程，相当烦琐。为此，采用更为有效的另一种所谓有效性 -NTU 算法。该法涉及三个无量纲数，即热容率比、热交换器效率和传送单元（NTU）。

4.4.8.1 热容率比（C^*）

液体流的热容率等于质量流量与比热容的乘积。因此，热流体和冷流体的热容率分别为：

$$C_H = \dot{m}_H c_{pH} \tag{4.119}$$

$$C_C = \dot{m}_C c_{pC} \tag{4.120}$$

利用问题所给数据可以计算这两个量；两者中较小者称为 C_{min} 而较大者称为 C_{max}。

热容率比（C^*）定义为

$$C^* = \frac{C_{min}}{C_{max}} \tag{4.121}$$

4.4.8.2 热交换器效率（ε_E）

热交换器效率是热的实际传热速率与热交换器最大可达到的传热速率之比。热交换器效率 ε_E 定义为：

$$\varepsilon_E = \frac{q_{实际}}{q_{max}} \tag{4.122}$$

实际传热速率可根据冷热两种流体确定

$$q_{实际} = C_H(T_{H,入口} - T_{H,出口}) = C_C(T_{C,入口} - T_{C,出口}) \tag{4.123}$$

并且，根据观察可以知道，任何换热器入口处冷热两种流体温差最大时，热交换器的传热效率最大。该温度差乘以最小热容率 C_{min} 得到 q_{max}：

$$q_{max} = C_{min}(T_{H,进口} - T_{C,进口}) \tag{4.124}$$

因此，根据式（4.122）

$$q_{实际} = \varepsilon_E q_{max} = \varepsilon_E C_{min}(T_{H,进口} - T_{C,进口}) \tag{4.125}$$

表 4.4 热交换器效能 – NTU 关系

热交换器类型	效能关系
双管并流式	$\varepsilon_E = \dfrac{1 - \exp[-NTU(1 + C^*)]}{1 + C}$
双管逆流式	$\varepsilon_E = \dfrac{1 - \exp[-NTU(1 + C^*)]}{1 - C^*\exp[-NTU(1 - C^*)]}$
管壳式：一壳程 2，4，6…管程	$\varepsilon_E = \dfrac{2}{1 + C^* + \sqrt{1 + C^{*2}}\dfrac{1 + \exp[-NTU\sqrt{1 + C^{*2}}]}{1 - \exp[-NTU\sqrt{1 + C^{*2}}]}}$
板式热交换器	$\varepsilon_E = \dfrac{\exp[(1 - C^*) \times NTU] - 1}{\exp[(1 - C^*) \times NTU] - C^*}$
所有热交换器，$C^* = 0$	$\varepsilon_E = 1 - \exp(-NTU)$

4.4.8.3 传热单元数（NTU）

传热单元数在给定总传热系数和最小热容率条件下提供传热表面积量度。它表示为

$$NTU = \frac{UA}{C_{min}} \tag{4.126}$$

式中 A——传热面积，m^2

U——基于所选面积（见第 4.4.5 节）总的传热系数，W/（m^2·℃）

C_{min}——最小热容率，W/℃

NTU 和热效率之间的关系可根据规定流动条件（例如，逆流或并流）的不同类型热交换器确定。这些关系包括热容率比。表 4.4 和表 4.5 给出了一些常用热交换器的这类关系。在表 4.4 中，热交换器效率以 NTU 形式给，在表 4.5 中，NTU 值以热交换器效率函数形式给出。使用效能 – NTU 法的步骤见下面例子。

表 4.5　热交换器的 NTU – 效能关系

热交换器类型	效能关系
双管并流式	$NTU = -\frac{\ln[1-\varepsilon_E(1+C^*)]}{1+C^*}$
双管逆流式	$NTU = \frac{1}{1-C^*}\ln\left(\frac{1-C^*\varepsilon_E}{1-\varepsilon_E}\right)$　$(C^*<1)$ $NTU = \frac{\varepsilon_E}{1-\varepsilon_E}$　$(C^*=1)$
管壳式：一壳程 2，4，6…管程	$NTU = \frac{1}{\sqrt{1+C^{*2}}}\ln\frac{2-\varepsilon_E(1+C^*-\sqrt{1+C^{*2}})}{2-\varepsilon_E(1+C^*+\sqrt{1+C^{*2}})}$
板式热交换器	$NTU = \frac{\ln\left(\frac{1-C^*}{1-\varepsilon_E}\right)}{1-C^*}$
所有热交换器，$C^*=0$	$NTU = -\ln(1-\varepsilon_E)$

例 4.20

将利用例 4.18 的一些数据，示范如何使用效能 – NTU 法解两种流体出口温度未知的问题。某液体食品［比热容 = 4.0kJ/（kg·℃）］在双管热交换器的内管中流动。液体食品在 20℃进入热交换器。液体食品的流动速率为 0.5kg/s。在环形部分中，热水以 90℃进入热交换器并以 1kg/s 的流速流入逆流方向。水的平均比热容为 4.18kJ/（kg·℃）。基于该内部区域中的平均总传热系数为 2000W/（m^2·℃），内管的直径为 5cm，长度是 6.45m。假设为稳态条件。计算液体食物和水的出口温度。

已知：

液体食品：

进口温度 = 20℃

比热容 = 4.0kJ/（kg·℃）

流量 = 0.5kg/s

水：

入口温度 = 90℃

比热容 = 4.18kJ/（kg·℃）

流量 = 1.0kg/s

热交换器：

内管径 = 5cm

内管长 = 6.45m

总传热系数 = 2000W/ ($m^2 \cdot ℃$)

流型 = 逆流

方法:

由于两种流体的出口温度未知（图 E4.19），因此使用效能 - NTU 法。首先计算最大和最小热容率。两个热容率将用于计算热容率比 C^*。接下来，根据给定的总传热系数、热交换器面积和计算的 C_{min} 值求 NTU。利用计算得到的 NTU 值，用适当表确定热交换器效率。利用热交换器效率定义确定 $q_{实际}$ 及未知温度 $T_{H,出口}$ 和 $T_{L,出口}$。

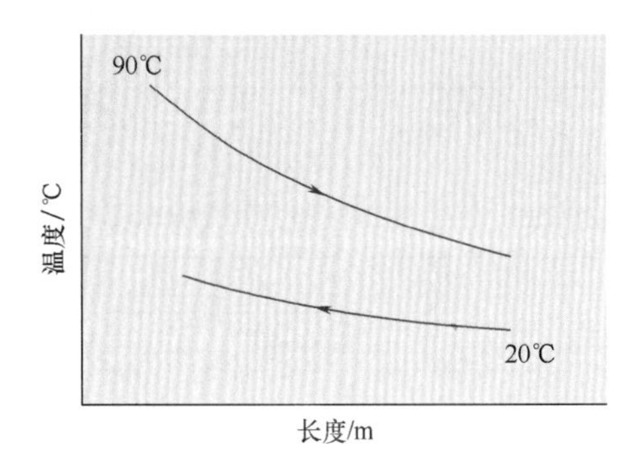

图 E4.19　双管热交换器的温度分布曲线

解:

(1) 热水和液体食品的热容率分别为

$$C_H = \dot{m}_H c_{pH}$$
$$= (1.0\text{kg/s})[4.18\text{kJ/(kg} \cdot ℃)]$$
$$= 4.18\text{kW/℃}$$
$$C_L = \dot{m}_L c_{pL}$$
$$= (0.5\text{kg/s})[4\text{kJ/(kg} \cdot ℃)]$$
$$= 2\text{kW/℃}$$

因此，利用上两个计算到的 C_H 和 C_L 中较小的 C 值

$$C_{min} = 2\text{kW/℃}$$

就可得到 C^*

$$C^* = \frac{2}{4.18} = 0.4785$$

(2) 由式（4.126）求 NTU 值

$$NTU = \frac{UA}{C_{min}} = \frac{[2000\text{W/(m}^2 \cdot ℃)](\pi)(0.05\text{m})(6.45\text{m})}{(2\text{kW/℃})(1000\text{W/kW})}$$

$$NTU = 1.0132$$

(3) 从表 4.4 中选择管式热交换器的 ε_E 表达式，对于逆流，表达式代入相关数值得

$$\varepsilon_E = \frac{1 - e^{[-1.0132(1-0.4785)]}}{1 - 0.4785e^{[-1.0132(1-0.4785)]}}$$

$$\varepsilon_E = 0.5717$$

根据式（4.124）

$$q_{max} = (2kW/℃)(90-20)(℃) = 140kW$$

由于 $\varepsilon_E = \dfrac{q_{实际}}{q_{max}}$

$$q_{实际} = 0.5717 \times 140kW = 80.038kW$$

对于热水流：

$$q_{实际} = 4.18(kW/℃) \times (90 - T_{H,进口})(℃) = 80.038kW$$

$$T_{H,出口} = (90 - 19.15) = 70.85℃$$

同样，对于液体食品流：

$$q_{实际} = 2(kW/℃) \times (T_{L,出口} - 20)(℃) = 80.038kW$$

$$T_{L,出口} = 40.019 + 20 = 60℃$$

计算出的热水和产品流温度分别为70.85℃和60℃。这些值与例4.18的值相当。

4.4.9 板式热交换器的设计

如4.1.1节所述，食品工业常用板式热交换器。板式热交换器设计中需要用到热交换器中特有的某些关系式。某些设计所需的信息是设备制造商的秘密，不容易得到。这里考虑应用板式热交换器设计中所需的某些关键关系式。首先要了解板式热交换器内的流动模式类型。

如图4.2所示为产品流和加热/冷却介质两股液流的换热板布置，这两股液流分别通过相应端口进入和排出。板式热交换器所需数量换热板由螺栓在两端紧固，从而使换热板之间产生固定间隙。流体在换热板间隙通道中流动。流体流通过端孔进入和离开换热板［图4.2（2）］。

每块换热板有一个规定流体在通道内流动方向的垫圈。换热板与衬垫组合成允许产品流在一个通道中流动，而加热/冷却介质在相邻通道中流动。因此，产品和加热/冷却介质以交替方式通过通道，它们不会直接接触（图4.2）。

板式热交换器两股液体流通过换热板进行热交换，传热方向与流动方向垂直。因此，换热板在确保物理完整性的前提下应尽可能薄，以减少传热阻力。将换热板做成波纹板有利于促进液体在板中以湍流方式流动。板式换热器中冲压而成的换热板有几种类型，最常见的一种是称为Chevron型的人字形波纹换热板（图4.3）。食品加工中使用的换热板由（ANSI 316）不锈钢制成，虽然不锈钢的热导率不如非食品应用中使用的其他金属高。过去板式热交换器的垫片材料耐高温。然而，板式热交换器新型耐热材料垫片可在高温下使用相当长时间。

为确定跨换热板热传递速率，有必要了解板两侧的对流传热系数。又由于换热为强制对流模式，因此要使用由努塞尔数、雷诺数和普朗特数构成的无量纲关系式。所用的无量纲关系式与换热板波纹形式有关。适用于板式热交换器的近似式如式（4.127）：

$$N_{Nu} = 0.4N_{Re}^{0.64}N_{Pr}^{0.4} \tag{4.127}$$

为估计雷诺数，必须确定液流在通道中的流速。由于波纹板构型的原因，因此要确定流速比较复杂。可以考虑用简化方法估计流体速度。

板式热交换器的两个端板不参与换热。因此，要从热交换器总换热板数中减去2。

流体流过每个通道的流量为

$$\dot{m}_{Hc} = \frac{\dot{m}_H}{\left(\frac{N+1}{2}\right)} \tag{4.128}$$

及

$$\dot{m}_{Pc} = \frac{2\dot{m}_P}{N+1} \tag{4.129}$$

式中　$\dot{m}_H$ 和 $\dot{m}_P$——分别为热/冷介质流和产品流的总质量流量，kg/s

$\dot{m}_{Hc}$ 和 $\dot{m}_{Pc}$——分别为通道中热/冷介质流和产品流的质量流量，kg/s

N——换热板总数

两相邻板之间通道的横截面面积为：

$$A_c = bw \tag{4.130}$$

两股流体的流速为

$$\bar{u}_{Pc} = \frac{\dot{m}_{Pc}}{\rho_P A_c} \tag{4.131}$$

$$\bar{u}_{Hc} = \frac{\dot{m}_{Hc}}{\rho_H A_c} \tag{4.132}$$

通常的当量直径（即水力直径）D_e 可根据下式计算：

$$D_e = \frac{4 \times \text{流体在通道中的自由流动面积}}{\text{流体的湿润周长}} \tag{4.133}$$

为简化起见，可使用（不考虑构型的）投影面积确定湿润周长：

$$\text{流体的湿润周长} = 2(b+w) \tag{4.134}$$

$$\text{通道自由流动面积} = bw \tag{4.135}$$

因此

$$D_e = \frac{4bw}{2(b+w)} \tag{4.136}$$

由于板式换热中 $b \ll w$，因而上式可以忽略分母中的 b 而成为

$$D_e = 2 \times b \tag{4.137}$$

每股流体的雷诺数如下所示：

产品流：

$$N_{Re,P} = \frac{\rho_P \bar{u}_{Pc} D_e}{\mu_P} \tag{4.138}$$

加热/冷却介质流：

$$N_{Re,H} = \frac{\rho_H \bar{u}_{Hc} D_e}{\mu_H} \tag{4.139}$$

得到雷诺数以后，就可以利用式（4.127）计算每股流的努塞尔数。传热系数计算方式如下：

$$h_P = \frac{N_{Nu} \times k_P}{D_e} \tag{4.140}$$

$$h_{H}=\frac{N_{Nu}\times k_{H}}{D_{e}} \tag{4.141}$$

式中 k_p 和 k_H 分别为产品流和加热/冷却介质流的热传导率，W/（m·℃）。

如果忽略薄金属板的热阻，则总传热系数可以根据两股流体的对流传热系数确定：

$$\frac{1}{U}=\frac{1}{h_{P}}+\frac{1}{h_{H}} \tag{4.142}$$

利用式（4.142）得到总传热系数后，就可用前面4.4.7.2介绍的效能－NTU法的类似方法进行板式换热的其余计算。板式换热器的NTU和效率之间相关表达式列于表4.4和表4.5。以下例子介绍板式热交换器设计的计算方法。

例4.21

苹果汁在板式热交换器中用热水逆流加热。热交换器包含51块换热板。每块板高1.2m、宽0.8m。板间间隙为4mm。已经确定的这种热交换器的加热特性有以下关系：$N_{Nu}=0.4N_{Re}^{0.64}N_{Pr}^{0.4}$。95℃的热水以15kg/s速率进入热交换器，15℃的苹果汁以10kg/s的速率进入热交换器。假设水和苹果汁的物理性质相同。水在55℃时的性质为：密度985.7kg/m^3，比热容＝4179J/（kg·K），热导率＝0.652W/（m·℃），动力黏度＝509.946×10^{-6}N·s/m^2，普朗特数＝3.27。计算水和苹果汁的出口温度。

已知：

板数＝51

板高＝1.2m

板宽＝0.8m

板间距＝4mm＝0.004m

热水进口温度＝95℃

热水质量流量＝515kg/s

苹果汁入口温度＝15℃

苹果质量流量＝10kg/s

水在（95＋15）/2＝55℃时由表A.4.1查到的属性

密度＝985.7kg/m^3

比热容＝4.179kJ/（kg·K）

热导率＝0.652W/（m·℃）

黏度＝509.946×10^{-6}N·s/m^2

普朗特数＝3.27

方法：

假设热交换器在稳态条件下操作。首先，用给定流量和板间距尺寸确定每个流体在流道中的速度。接下来确定雷诺数，并利用无量纲关系式计算努塞尔数和对流传热系数。板两侧的对流传热系数将用于确定总传热系数。总传热系数确定后，就可用效能－NTU法确定每种流体的出口温度。

解：

热水侧传热系数：

(1) 换热板之间的通道的等效直径为

$$D_e = 2 \times b = 2 \times 0.004 = 0.008(\text{m})$$

(2) 每一通道的热水流量

总换热板数=51。由于两端板不参预热交换，因此换热板数=49。因此

$$\dot{m}_{Hc} = \frac{2 \times 15}{(49+1)} = 0.60(\text{kg/s})$$

(3) 每一通道的截面积

$$A_c = 0.004 \times 0.8 = 0.0032(\text{m}^2)$$

(4) 热水在每通道中的流速

$$\bar{u}_c = \frac{0.60(\text{kg/s})}{985.7(\text{kg/m}^3) \times 0.0032(\text{m}^2)} = 0.19\text{m/s}$$

(5) 雷诺数

$$N_{Re} = \frac{985.7 \times 0.19 \times 0.008}{509.946 \times 10^{-6}} = 2941$$

(6) 努塞尔数

$$N_{Nu} = 0.4 \times 2941^{0.64} \times 3.27^{0.4} = 106.6$$

因此，热水侧的对流传热系数为

$$h_H = \frac{106.6 \times 0.652}{0.008} = 8.688[\text{W/(m}^2 \cdot ℃)]$$

苹果汁侧的对流传热系数:

(7) 每一通道中苹果汁的流量

$$\dot{m}_A = \frac{2 \times 10}{(49+1)} = 0.4(\text{kg/s})$$

(8) 每一通道中苹果汁的流速

$$\bar{u}_c = \frac{0.4(\text{kg/s})}{985.7(\text{kg/m}^3) \times 0.0032(\text{m}^2)} = 0.127\text{m/s}$$

(9) 雷诺数

$$N_{Re} = \frac{985.7 \times 0.127 \times 0.008}{509.946 \times 10^{-6}} = 1961$$

(10) 努塞尔数

$$N_{Nu} = 0.4 \times 1961^{0.64} \times 3.27^{0.4} = 82.2$$

(11) 苹果汁侧的对流传热系数

$$h_H = \frac{82.2 \times 0.652}{0.008} = 6702[\text{W/(m}^2 \cdot ℃)]$$

(12) 总传热系数 U

$$\frac{1}{U} = \frac{1}{8688} + \frac{1}{6702}$$

$$U = 3784[\text{W/(m}^2 \cdot ℃)]$$

(13) 总换热面积

$$A_h = 49 \times 1.2 \times 0.8 = 47.04(\text{m}^2)$$

(14) 换热器的 NTU

$$NTU = \frac{3784 \times 47.04}{10 \times 4179} = 4.259$$

（15）热容率比

$$C^* = \frac{10}{15} = 0.67$$

（16）根据表4.4所给关系式得到的热交换效率为

$$\varepsilon_E = \frac{\exp[(1-0.67)\times 4.259]-1}{\exp[(1-0.67)\times 4.259]-0.67}$$

$$\varepsilon_E = 0.9$$

（17）根据 $C_{汁}=C_{min}$ 确定苹果汁的出口温度，即：

$$\frac{q_{实际}}{q_{max}} = 0.9 = \frac{C_{汁}(T_{汁出口}-15)}{q_{min}(95-15)} = \frac{(T_{汁出口}-15)}{(95-15)}$$

因此，$T_{汁出口} = 87℃$

（18）热水的出口温度根据下式确定：

$$0.9 = \frac{C_{水}(95-T_{水出口})}{C_{min}(95-15)} = 1.5\frac{(95-T_{水出口})}{(95-15)}$$

因此，$T_{水出口} = 47℃$

在给定的稳态条件下操作的逆流板式热交换器，热水的出口温度为47℃，苹果汁被加热到87℃。

4.4.10 辐射传热中表面性质的重要性

宇宙内所有材料均会产生基于其表面温度的电磁辐射。当绝对温度为零时，这种辐射消失。辐射的特征也与温度有关。随着温度的增加，辐射的波长降低。例如，由太阳照射出来的光线是短波辐射，而热咖啡杯子表面发射出的是长波辐射。

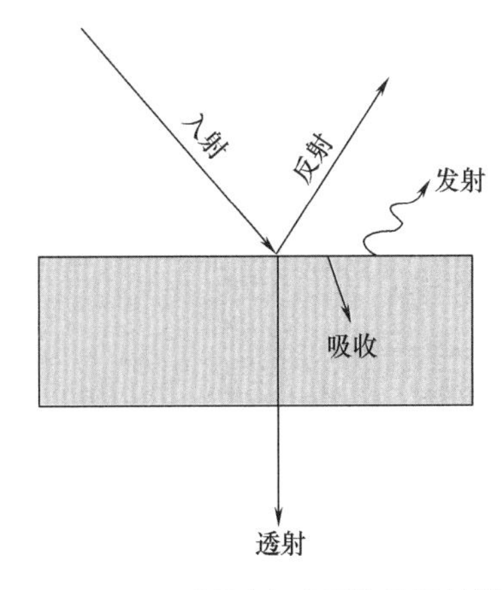

图4.29 入射到半透明体的辐射能

如图4.29所示，给定波长的辐射遇到物体时，部分受到反射，部分穿过物体，部分被吸收。以下表达式始终成立：

$$\phi + \chi + \psi = 1 \tag{4.143}$$

式中 ϕ——吸收率

χ——反射率

ψ——透射率

吸收辐射的结果是温度的升高。

为比较不同材料的辐射吸收，通常采用称为黑体的理想参比物。黑体的吸收率为1.0。但是，世界上不存在真正的黑体；即使灯黑也只有 $\phi=0.99$ 和 $\chi=0.01$。尽管如此，比较不同材料的辐射性质时，黑体仍是一个有用的概念。

ϕ、χ 和 ψ 的绝对大小取决于发射的辐射。因此，房屋的砖墙对可见光是不可透的，但对无线电波却是可透的。

必须严格将辐射能量与反射能量区分开来。这是两个完全不同的概念。入射的全部辐射中，有一部分将从物体反射，反射的大小取决于物体材料的表面吸收率大小。此外，它还会基于其自身温度发射出辐射能（图4.29）。发射的辐射能可以根据式（4.20）计算。

基尔霍夫定律：对于同一波长，一个物体的发射率等于它的吸收率。从而，数学上，

$$\varepsilon=\phi \tag{4.144}$$

这一相等关系在例4.22中讨论。

例4.22

在比较后选择白漆或黑漆对仓库屋顶进行油漆，目的是在夏天时尽量少吸收太阳热量。

已知：

由附录表A.3.3，查得白漆的发射率

$$\varepsilon_{短波}=0.18$$

$$\varepsilon_{长波}=0.95$$

由附录表A.3.3，查得黑漆的发射率

$$\varepsilon_{短波}=0.97$$

$$\varepsilon_{长波}=0.96$$

方法：

根据辐射率值，从长波和短波两方面考察使用白漆或黑漆。

解：

（1）白漆：$\varepsilon_{短波}=0.18$，因此，假定 $\psi=0$，则 $\chi_{短波}=1-0.18=0.82$，从而全部照在屋顶的短波中，有18%被吸收，另外的82%受到反射。

（2）白漆：$\varepsilon_{长波}=0.95$，白漆表面对于长波辐射，有95%的黑体辐射能力。

（3）黑漆：$\varepsilon_{短波}=0.97$，因此，$\phi_{短波}=0.97$。从而全部照在屋顶的短波中，有97%被吸收，另外的3%受到反射。

（4）黑漆：$\varepsilon_{长波}=0.96$，因此，对于黑漆表面，在长波范围，可以发射96%的黑体辐射能。

（5）应当选择白漆，因为它只吸收18%的短波（太阳光）辐射，而黑漆要吸收97%。在将长波发射到环境方面，黑漆与白漆的能力相当。

4.4.11 两物体间的辐射传热

两物体间的辐射传热与辐射表面的辐射率和同一表面的吸收率有关。这种类型传热通常用下式描述：

$$q_{1-2} = A\sigma(\varepsilon_1 T_{A1}^4 - \phi_{1-2} T_{A2}^4) \tag{4.145}$$

式中 ε_1——在温度 T_{A1} 条件下的表面辐射率

ϕ_{1-2}——温度 T_{A2} 条件下受辐射面的吸收率

虽然式（4.20）和式（4.145）给出了辐射传热的基本描述，但是辐射传热还与另外一个重要因素——物体的形状——有关。形状系数代表了高温表面发射出的辐射未被低温表面吸收部分的分数。例如，式（4.145）假定所有温度 T_{A1} 下的辐射全被温度为 T_{A2} 的表面吸收。如果两者全为黑体，那么，结合形状系数的辐射传热描述为：

$$q_{1-2} = \sigma F_{1-2} A_1 (T_{A1}^4 - T_{A2}^4) \tag{4.146}$$

式中，F_{1-2} 是形状系数，它在物理上代表离开 A_1 表面的总辐射被 A_2 表面吸收部分的分数。图 4.30 和图 4.31 为以类型分的、以曲线形式给出的形状系数值。在第一种情形下，形状因素只适用于邻近垂直长方形的辐射。图 4.31 适用于各种形状，包括圆面、方面和长方面。

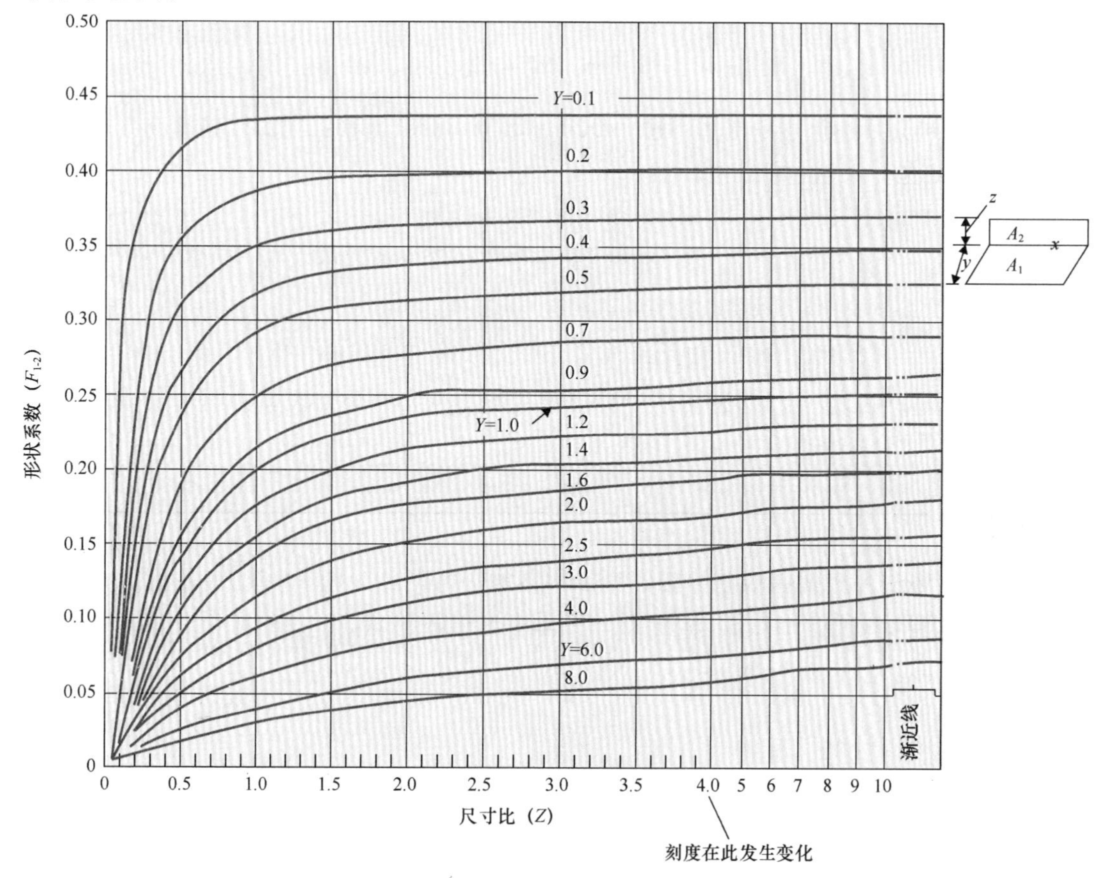

图 4.30 垂直相邻长方形的形状系数，Y（尺寸比）$=y/x$；$Z=z/x$

（资料来源：Hottel，1930）

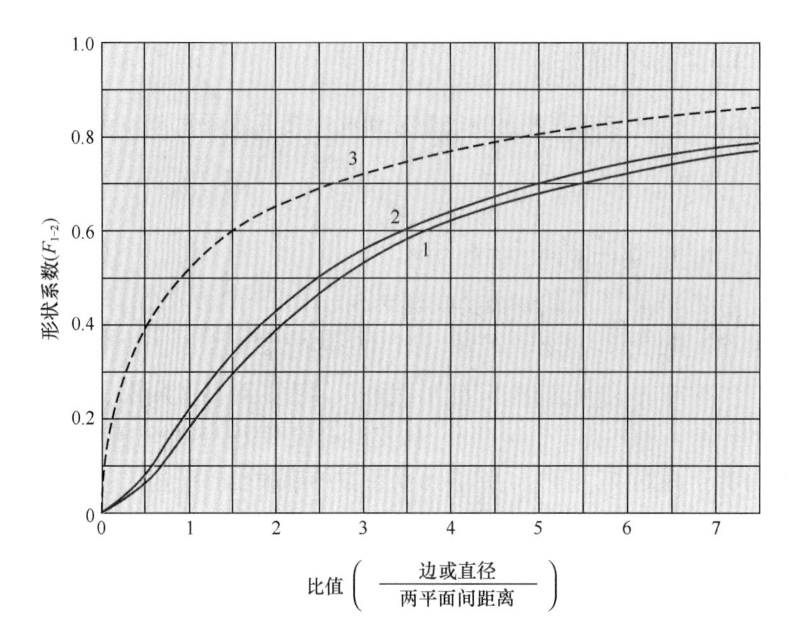

图 4.31　等面积平行正方形、长方形和圆形的形状系数

1—两圆面间直接辐射　2—两方形面间直接辐射　3—由非传导性辐射壁相连的圆面或方形面间总辐射

(资料来源:Hottel,1930)

式(4.146)不适用于非黑体,式(4.20)不包括形状因素;因此,必须有一个包括此两因素的表达式。这样的表达式为:

$$q_{1-2} = \sigma A_1 \xi_{1-2}(T_{A1}^4 - T_{A2}^4) \tag{4.147}$$

其中,ξ_{1-2}系数为包括形状和辐射率因素的系数。这一系数可以用下式估计:

$$\xi_{1-2} = \frac{1}{\frac{1}{F_{1-2}} + \left(\frac{1}{\varepsilon_1} - 1\right) + \frac{A_1}{A_2}\left(\frac{1}{\varepsilon_2} - 1\right)} \tag{4.148}$$

式(4.147)和式(4.148)可用于计算温度均匀、具有辐射表面的两个灰体之间的净辐射热。

例 4.23

计算一个长方形产品接收来自辐射型加热器的辐射传热(图 E4.20)。辐射源是一个温度恒定在200℃的垂直加热板,被加热产品垂直通过辐射源。产品的温度为80℃、辐射率为0.8。产品的尺寸为15cm×20cm,辐射源的尺寸为1m×5m。

已知:

加热器温度=200℃

产品温度=80℃

产品辐射率=0.8

产品尺寸=0.15m×0.2m

加热器尺寸=1m×5m

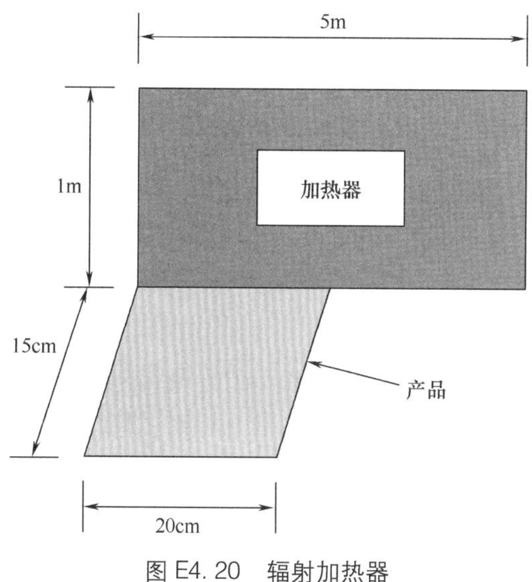

图 E4.20 辐射加热器

方法:

根据式（4.148）计算 ξ_{1-2} 系数时，相互垂直物体的 F_{1-2} 值由图 4.30 查取。然后，利用式（4.147）计算长方形产品接收的辐射热。

解:

（1）利用式（4.147）计算时，其中 ξ 系数必须先根据式（4.148）计算出

$$\xi_{1-2} = \frac{1}{\frac{1}{F_{1-2}} + \left(\frac{1}{1} - 1\right) + \frac{5}{0.03}\left(\frac{1}{0.8} - 1\right)}$$

而其中的 F_{1-2} 必须先从图 4.30 的 $z/x = 5.0$ 和 $y/x = 0.75$ 处查取

$$F_{1-2} = 0.28$$

从而

$$\xi_{1-2} = \frac{1}{(3.57 + 0 + 41.67)} = \frac{1}{45.24} = 0.022$$

（2）根据式（4.147）

$$q_{1-2} = [5.669 \times 10^{-8} \mathrm{W/(m^2 \cdot K^4)}](0.0221)(5\mathrm{m}^2) \times [(473\mathrm{K})^4 - (353\mathrm{K})^4]$$
$$= 216\mathrm{W}$$

4.5 非稳定态传热

非稳定态（或过渡态）传热是温度随位置和时间而变的加热或冷却过程。而在稳定态传热中，温度只与位置有关。食品的许多重要的反应可能发生在最初的非稳定态时期。在热加工中，整个过程可以全发生在非稳定态时期，例如，在一些巴氏杀菌和食品灭菌中，非稳定态时期是加工过程的重要时间段。这类过程设计必须对非稳定态时期的温度随时间

的变化加以分析。

由于温度是两个独立变量（时间和位置）的函数，下面的微分方程是一维情形的控制方程：

$$\frac{\partial T}{\partial t}=\frac{k}{\rho c_p r^n}\frac{\partial}{\partial r}\left(r^n\frac{\partial T}{\partial r}\right) \tag{4.149}$$

式中　T——温度,℃

t——时间，s

r——距中心位置的距离，m

用于专门几何体的参数选用如下：板状 $n=0$，柱状 $n=1$，球状 $n=2$。组合特性 $k/\rho c_p$ 定义为热扩散系数（α）。如果物体表面传热是由对流引起的，那么

$$k\left.\frac{\partial T}{\partial r}\right|_{r=R}=h(T_a-T_s) \tag{4.150}$$

式中　h——对流传热系数，W/（m^2·℃）

T_a——远离表面的加热或冷却介质的温度,℃

T_s——表面温度,℃

对控制式（4.149）求解的步骤涉及高等数学，此已经超出本书的范围。Myers（1971）对非稳定传热中遇到的各种类型的边界问题，给出了完全的数学推导。由于数学复杂，只有简化几何形状（如球形、无穷长柱、无限大平板），才可能得到式（4.149）的分析解。

无限长柱是一根半径为 r 的“长”柱子，球形的半径为 r，无限大平板是一块厚度为 $2z$ 的“大”平板。如图4.32所示，这三种物体在几何上和传热上分别对称于中心线（柱状）、中心平面（板状）或中心点（球状）。

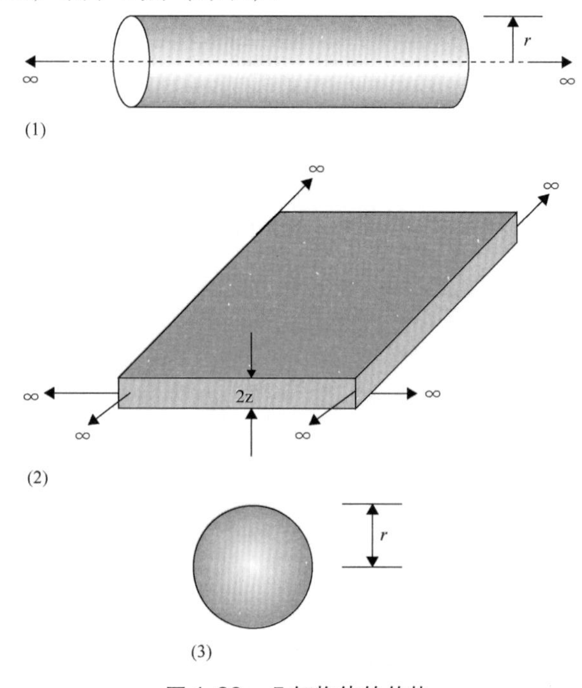

图4.32　几何物体的传热

（1）无限长圆柱体　（2）无限大平板　（3）球体

我们来考察对无限长圆柱物体加热的情形。最初时，假定物体有均匀的温度（T_i）。在时间为 $t=0$ 时，我们把此物体置于维持在恒定温度（T_a）的加热介质中。物体表面的对流传热系数为 h。如图 4.33 所示为不同时间间隔下物体内部的温度分布曲线。在时间 $t=0$时，温度均为 T_i。在时间 $t=t_1$时，温度沿壁增加，在物体内形成促进热传导的一个温度梯度场。在时间 $t=t_2$时，中心温度仍然为 T_i。但随着时间延长，在 $t=t_3$时，中心线温度开始增加，最后到 $t=t_4$时，圆柱的温度均为 T_a。此时，圆柱与环境达成热平衡，传热停止。注意，圆柱轴端没有传热。由于圆柱无限长，在此种情形下，“无限”长意味着只在径向传热，而不在轴向传热。同样，对于厚度为 $2z$ 的无限平板，只在相距 $2z$ 的两个平面上发生传热，而与以上两个面垂直的其余四个面上没有传热。我们将在下面几节中更详细地讨论这些概念。

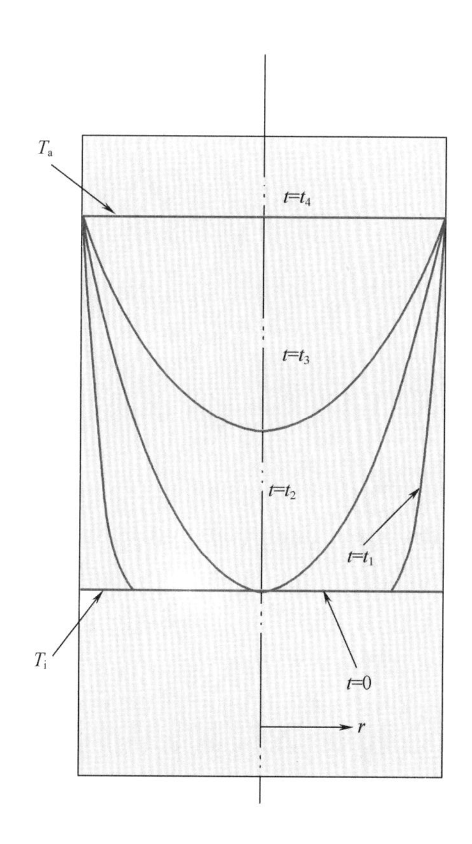

图 4.33　无限长圆柱体中随时间变化的温度分布曲线

4.5.1　外部热阻与内部热阻对传热的重要性

在非稳定传热分析中，第一步要考虑被加热物体表面传热和内部传热的相对重要性。假设一个浸没于流体的物体（图 4.34）。如果流体的温度与固体的初温不同，那么固体内部的温度将升高或下降，直到它的温度值与流体的温度达到平衡为止。

在非稳定态加热期，（初始有均一温度的）固体物件内部的温度会随位置和时间而变化。固体物件浸入流体中后，从流体到固体中心的传热存在两个阻力：一是沿固体表面流

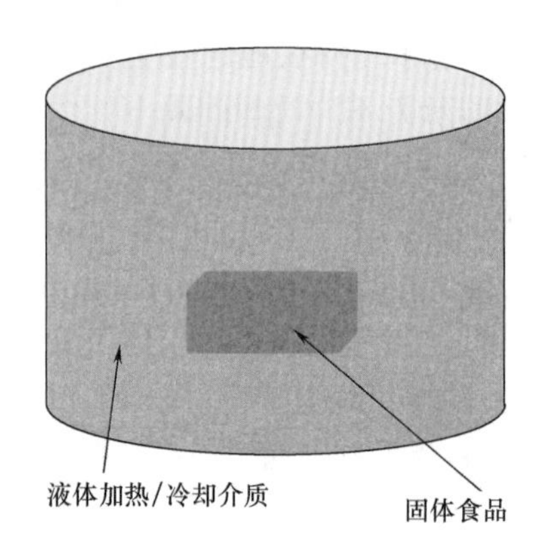

图 4.34　固体物件突然置于加热/冷却介质中

体层产生的对流阻力；二是固体内部的传导热阻。固体内部传导热阻与外部的流体传导热阻之比称为毕渥数（N_{Bi}）。

$$N_{Bi}=\frac{\text{物体内部传导热阻}}{\text{物体外部对流热阻}} \tag{4.151}$$

或

$$N_{Bi}=\frac{d_c/k}{1/h} \tag{4.152}$$

或

$$N_{Bi}=\frac{hd_c}{k} \tag{4.153}$$

其中 d_c是特征尺寸。

根据式（4.118），一个物体表面的对流热阻对其内部的传导热阻小得多，从而毕渥数很高。毕渥数高于40 时，可以忽略表面传热阻力。另一方面，如果内部传导热阻小，那么毕渥数也小。毕渥数介于0.1 ~0.4 时，内部和外部均存在一定的热阻。蒸汽在菜花茎表面的冷凝可以忽略表面传导热阻（$N_{Bi}>0$）。而装热番茄酱的金属罐在冷空气中冷却，会存在一定的内部热阻和一定的外部热阻。置于静止的热空气中的小铜珠，毕渥数小于0.1。以下几小节中，我们将专门讨论这些情形。

4.5.2　可忽略内部热阻的传热（$N_{Bi}<0.1$）——集总系统的分析

毕渥数小于0.1 时，可以忽略内部传热阻力。大多数金属固体加热或冷却时会出现这种情况，但固体食品却不是如此，因为固体食品的热导率相对较低。

忽略内部热阻也意味着物体内部的温度几乎均一。因此，这种情形也称为“集总”系统。当热传导率高的物体置于热传导差的介质（如静止不动的空气）中时，会得到这种情况。这种情况下，热量同时传入物体，这样不存在温度随位置而变的情况。容器中的液体食品得到充分搅拌时，也会出现这种情形。这种特殊情况下，由于产品得到很好的混合，而不存在温度梯度。

忽略内部热阻的传热的数学表达式推导如下。

如图4.34所示为均匀（较低的）温度为T_i的物体放在温度为T_a的热流体中。在非稳定期，沿系统边界建立热平衡得：

$$q = \rho c_p V \frac{dT}{dt} = hA(T_a - T) \tag{4.154}$$

式中 T_a——环境介质的温度

A——物体的表面积

分离变量后得

$$\frac{dT}{(T_a - T)} = \frac{hA dt}{\rho c_p V} \tag{4.155}$$

积分，建立积分限

$$\int_{T_i}^{T} \frac{dT}{T_a - T} = \frac{hA}{\rho c_p V}\int_0^t dt \tag{4.156}$$

$$-\ln (T_a - T)\Big|_{T_i}^{T} = \frac{hA}{\rho c_p V}(t - 0) \tag{4.157}$$

$$-\ln\left(\frac{T_a - T}{T_a - T}\right) = \frac{hAt}{\rho c_p V} \tag{4.158}$$

整理后得

$$\frac{T_a - T}{T_a - T_i} = e^{-(hA/\rho c_p V)t} \tag{4.159}$$

将式（4.159）改写为

$$\frac{T_a - T}{T_a - T_i} = e^{-bt} \tag{4.160}$$

其中

$$b = \frac{hA}{\rho c_p V}$$

式（4.160）左侧分子项$T_a - T$是换热介质与物体间未完成的温度差。分母是加热/冷却过程开始时的最大温差。这样，式左侧的温度比是未完成温度分数。在加热/冷却过程开始时，未完成温度分数是1，随着时间而下降。式（4.160）右侧表示了一个指数下降（或衰减）函数。这意味着，未完成温度分数随着时间而下降，但从不会达到零值，它只能靠近零。而且，当一个物体被加热时，如果b值很高，该物体的温度会很快升高（从而温差很快衰减）。b值直接受以下因素影响：由h描述的表面对流传热、物体的热性质和尺寸。小尺寸、低比热容的物体加热或冷却的时间短。

例 4.24

计算夹层锅内加热5min后（密度 = 980kg/m^3）番茄汁的温度（图E4.21）。夹层锅的半径为0.5m。蒸汽夹层锅的对流传热系数为5000W/（m^2·℃）。夹层锅内表面温度是90℃。番茄汁的初始温度为20℃。假定番茄汁的比热容为3.95kJ/（kg·℃）。

已知：

夹层锅：

表面温度 T_a = 90℃

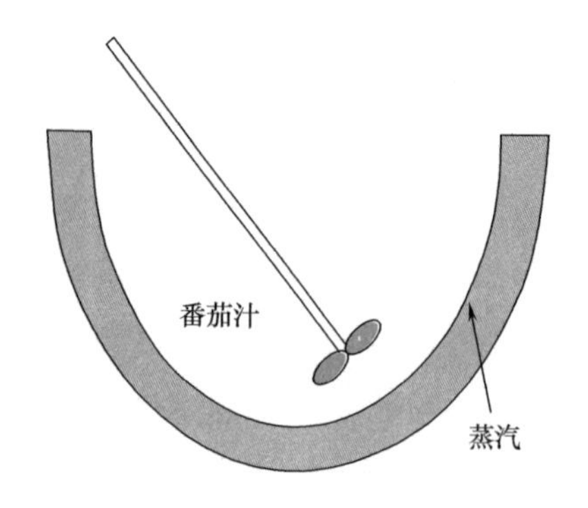

图 E4.21 番茄汁在蒸汽夹层锅中加热

夹层锅半径 =0.5m

番茄汁：

初始温度 $T_i = 20℃$

比热容 $c_p = 3.95kJ/(kg \cdot ℃)$

密度 $\rho = 980kg/m^3$

加热时间 $t = 5min$

方法：

（1）我们在用式（4.159）解题前，首先计算半球形夹层锅的内表面积和体积。

$$A = 2\pi r^2 = 2\pi(0.5)^2 = 1.57(m^2)$$

$$V = \frac{2}{3}\pi r^3 = \frac{2}{3}\pi(0.5)^3 = 0.26(m^3)$$

（2）应用式（4.159）

$$\frac{90 - T}{90 - 20} = \exp\frac{-[5000W/(m^2 \cdot ℃)](1.57m^2)(300s)}{(980kg/m^3)[3.95kJ/(kg \cdot ℃)](1000J/kJ)(0.26m^3)}$$

$$\frac{90 - T}{90 - 20} = 0.096$$

$$T = 83.3℃$$

（3）产品加热 5min 后温度升到 83.3℃。

例 4.25

用实验确定鼓风式冷冻机中青豆冻结时的表面传热系数。为此，使用了一种金属青豆模拟物。模拟物是直径 1cm 的固体铜球。在铜球上钻有一个小孔，在球中心放置一个高传导性的热电偶。铜的密度为 $8954kg/m^3$，比热容为 $3830kJ/(kg \cdot ℃)$。（初温为 10℃的）铜球挂在（−40℃）空气流中，中心温度由热电偶记录。下表数据为时间间隔为 1min、连续记录 14min 的数据。请根据下列数据确定表面传热系数。

时间/s	温度/℃	时间/s	温度/℃
0	10.00	480	2.50
60	9.00	540	1.00
120	8.00	600	1.00
180	7.00	660	0.00
240	6.00	720	-2.00
300	5.00	780	-2.00
360	4.00	840	-3.00
420	3.50		

已知：

铜球的直径 $D=1\text{cm}$

铜的密度 $\rho=8954\text{kg/m}^3$

铜的比热容 $c_p=3830\text{kJ/（kg·℃）}$

铜的初温 $T_i=10℃$

冷空气温度 = $-40℃$

方法：

我们将利用一个变形的式（4.159）作温度－时间曲线。如果用这些数据在半对数坐标纸作图，可以从斜率得到 h。另一种方法是用统计软件对数据进行回归，确定斜率。

解：

（1）式（4.159）可以写成

$$\ln(T-T_a)=\ln(T_i-T_a)-\frac{hAt}{\rho c_p V}$$

（2）温度时间数据表转化成 ln（$T-T_a$）。

（3）利用统计软件（例如，STATVIEW™），可以得到 t 与 ln（$T-T_a$）的相关式，结果为

$$\text{斜率}=-3.5595\times10^{-4}(1/\text{s})$$

（4）从而

$$\frac{hA}{\rho c_p V}=3.5595\times10^{-4}$$

（5）球表面积，$A=4\pi r^2$

球体积，$V=4\pi r^3/3$

（6）将已知数及计算值代入第（4）步的表达式，得

$$h=20\text{W/(m}^2\cdot℃)$$

（7）将青豆放在鼓风冷冻机中原来铜球的位置，可以得到的对流传热系数为 20W/（m²·℃）。

4.5.3 有限内部和表面热阻传热（$0.1 \leqslant N_{Bi} \leqslant 40$）

如前所述，式（4.149）的解复杂，并只适用于如球形、无限长柱和无限平板这样定义好的形状。每一情形的解，是一组无穷系列的三角方程和/或超越方程。这些解有如下形式。

球形：

$$\frac{T_a - T}{T_a - T_i} = 4\left(\frac{d_c}{r}\right)\sum_{n=1}^{\infty}\frac{\sin\lambda_n - \lambda_n\cos\lambda_n}{2\lambda_n - \sin 2\lambda_n}e^{-\lambda_n^2 N_{F_o}}\sin\left(\lambda_n\frac{r}{d_c}\right) \tag{4.161}$$

根方程为

$$N_{Bi} = 1 - \lambda_n\cot\lambda_n \tag{4.162}$$

无限长柱：

$$\frac{T_a - T}{T_a - T_i} = 2\sum_{n=1}^{\infty}\frac{1}{\lambda_n}\frac{J_1(\lambda_n)}{J_0^2(\lambda_n) + J_1^2(\lambda_n)}e^{-\lambda_n^2 N_{F_o}}J_0\left(\lambda_n\frac{r}{d_c}\right) \tag{4.163}$$

根方程为

$$N_{Bi} = \frac{\lambda_n J_1(\lambda_n)}{J_0(\lambda_n)} \tag{4.164}$$

无限平板：

$$\frac{T_a - T}{T_a - T_i} = 4\sum_{n=1}^{\infty}\left(\frac{\sin\lambda_n}{2\lambda_n + \sin 2\lambda_n}\right)e^{-\lambda_n^2 N_{Fo}}\cos\left(\lambda_n\frac{x}{d_c}\right) \tag{4.165}$$

根方程为

$$N_{Bi} = \lambda_n\tan\lambda_n \tag{4.166}$$

这些以无穷级数形式给出的分析解，可以编入计算机的电子表。我们将在后面的例子中介绍这种方法。这些解也已经还原为简单的温度-时间图线，它们相对来说较易使用。在绘制一个典型的非稳定态传热问题的温度-时间线图时，有许多因素，如 r、t、k、ρ、c_p、h、T_i和 T_a。然而，这些因素可以组合成三个无量纲变量，可以方便地建立通用线图。使用这些图，不需要考虑测量上述因素所用的单位如何。如图 4.35、图 4.36 和图 4.37 分别为上述的三种几何形状（球形、无限长柱和无限平板）的非稳定传热的温度-时间线图。这些图称为海斯勒（Heisler）图。这些图中的三个无量纲准数为：未完成温度分数 $(T_a - T)/(T_a - T_i)$、毕渥数（N_{Bi}）和以傅里叶[①]数表示的无量纲时间准数。傅里叶数的定义式如下

$$\text{傅里叶数} = N_{F_o} = \frac{k}{\rho c_p}\frac{t}{d_c^2} = \frac{\alpha t}{d_c^2} \tag{4.167}$$

其中，d_c是特征长度。d_c代表了从物体表面到中心的最短距离。球形和无限长柱的特征长度是半径；无限平板的特征长度是板厚度的 1/2。

我们可以分析傅里叶数（N_{Fo}）的物理显著性。将式（4.167）写成：

$$N_{F_o} = \frac{\alpha t}{d_c^2} = \frac{k(1/d_c)d_c^2}{\rho c_p d_c^3/t} = \frac{\text{通过体积为 } d_c^3 \text{ 实体中 } d_c \text{ 距离的热传导速率(W/℃)}}{\text{体积为 } d_c^3 \text{ 实体热量贮存速率(W/℃)}}$$

---

① 傅里叶（Joseph Baron Fourier，1768—1830）是一位法国数学家和有名望的埃及古物学者。1789 年，他随拿破仑去埃及，对埃及古物进行了广泛研究。1798—1801 年，他担任设于开罗的埃及研究院秘书。他的著作《热分析理论》从 1807 年开始编写，1822 年完成。他发展了固体热传导研究的数学基础。

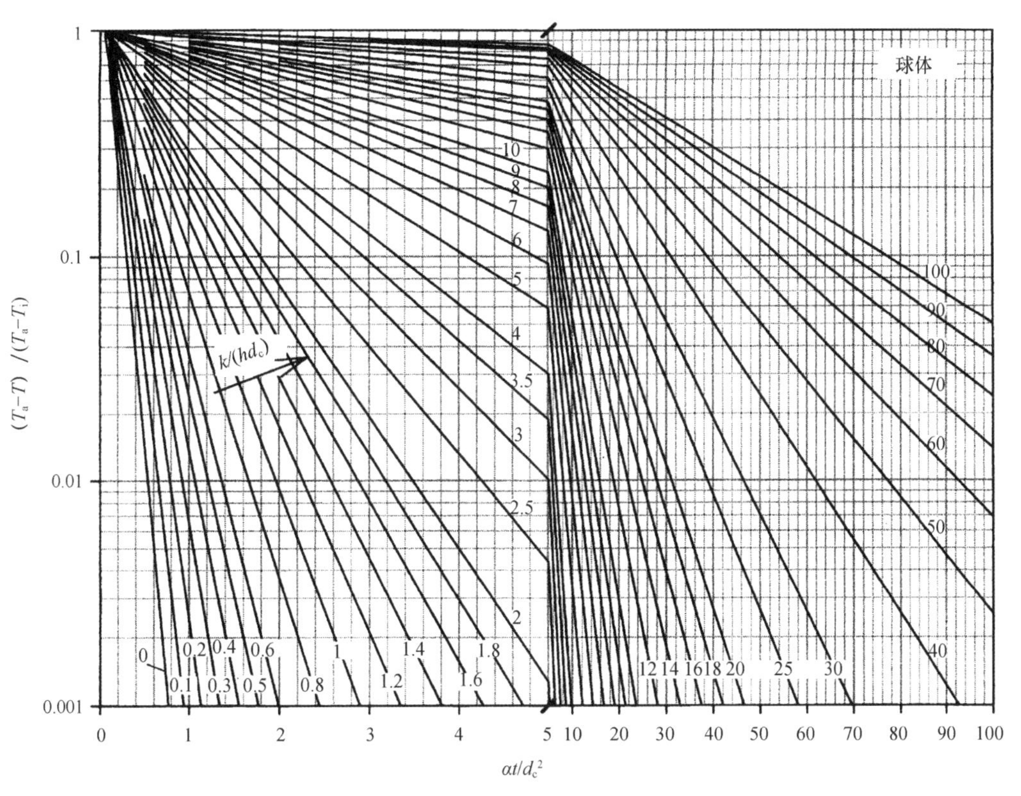

图 4.35 半径为 d_c 的球体几何中心温度

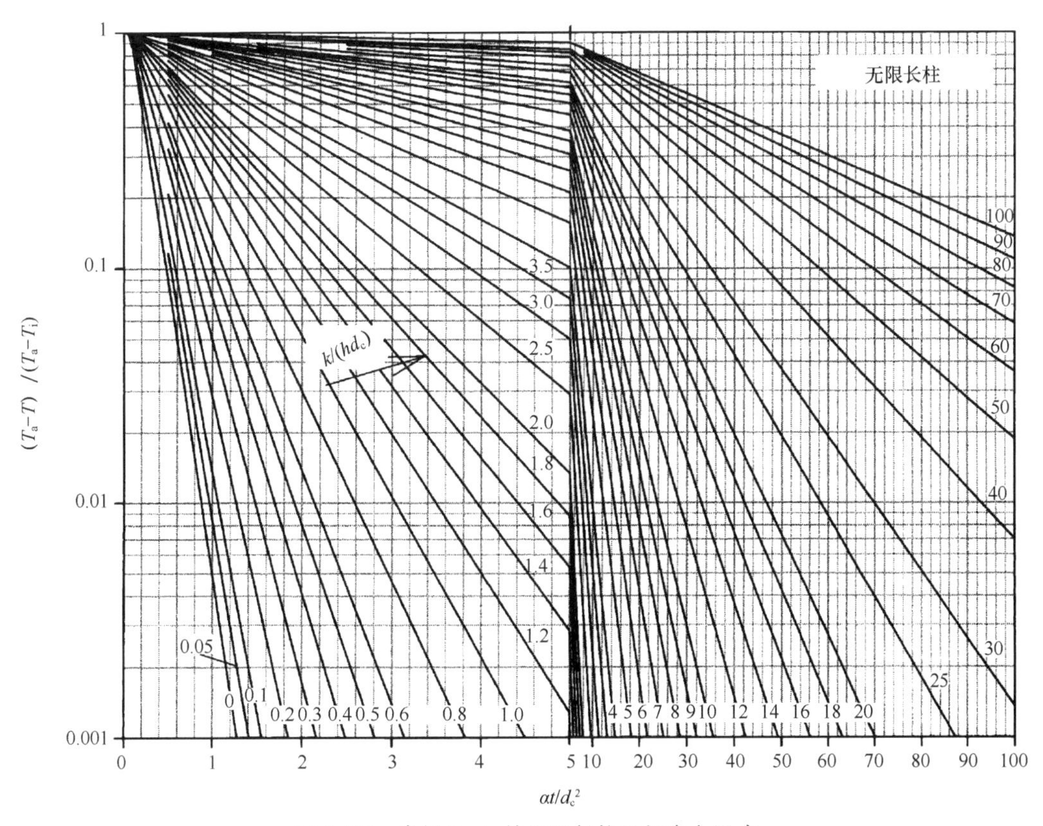

图 4.36 半径为 d_c 的无限长柱几何中心温度

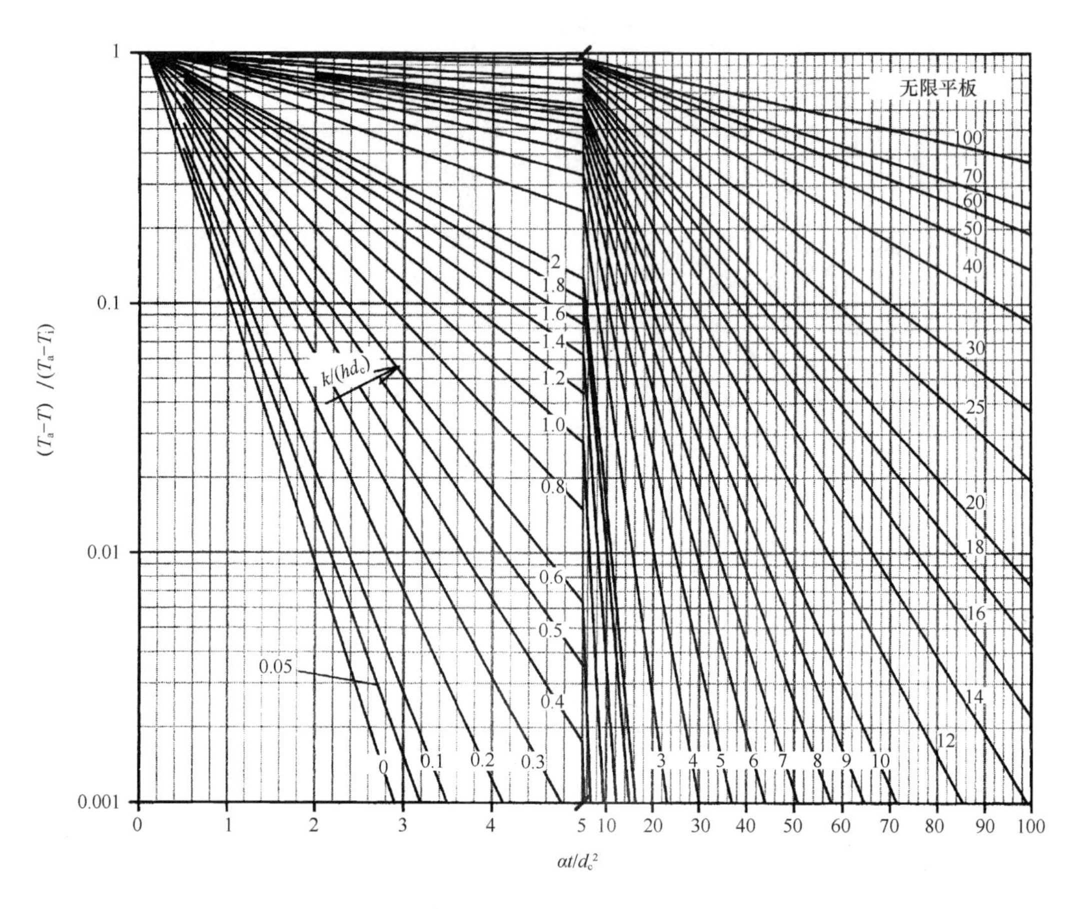

图 4.37 厚度为 $2d_c$ 的无限平板几何中心温度

对于给定体积元，傅里叶数是单位贮存热量速率下热传导速率的度量。因此，傅里叶数大，表明在给定时间内热量穿入物体有较大的深度。

注意，图 4.35、图 4.36 和图 4.37 所示的海斯勒图是以对数刻度表示的。

4.5.4 忽略外部热阻的传热（$N_{Bi}>40$）

对于毕渥数大于 40 的情况，表明可以忽略表面传热热阻，我们可以用图 4.35、图 4.36 和图 4.37 中的图线解题。这些图中，忽略表面热阻的传热由 $k/hd_c=0$ 的线代表。

4.5.5 有限物体的传热

Myers（1971）已经给出数学式

$$\left(\frac{T_a-T}{T_a-T_i}\right)_{有限长圆柱}=\left(\frac{T_a-T}{T_a-T_i}\right)_{无限长圆柱}\times\left(\frac{T_a-T}{T_a-T_i}\right)_{无限平板} \tag{4.168}$$

及

$$\left(\frac{T_a-T}{T_a-T_i}\right)_{有限长方体}=\left(\frac{T_a-T}{T_a-T_i}\right)_{无限平板,长}\times\left(\frac{T_a-T}{T_a-T_i}\right)_{无限平板,宽}$$

$$\times\left(\frac{T_a-T}{T_a-T_i}\right)_{无限平板,高} \tag{4.169}$$

这些表达式可用来确定有限几何体的温度比，如常用于食品热杀菌的圆罐头。虽然从数学上证明式（4.168）和式（4.169）已经超出了本书范围，但可以从视觉上对图4.38进行一番讨论。

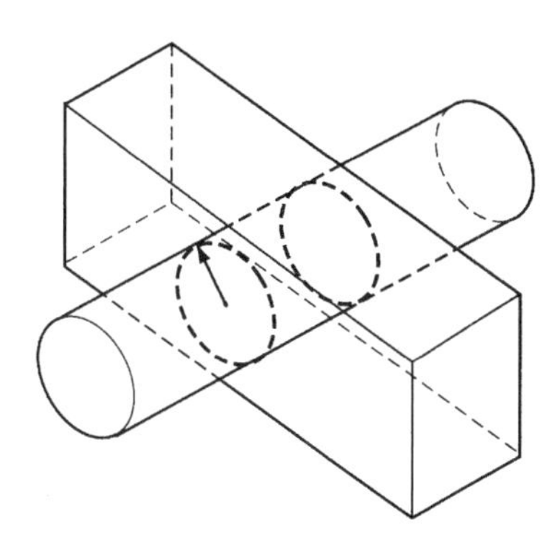

图4.38　将有限长圆柱体看成无限长圆柱体和无限大平板的一部分

有限圆柱体（图4.38）可以看成部分无限长圆柱与部分无限大平板。在半径方向的传热类似于无限长圆柱。调用无限长圆柱形，我们指的是向几何中心的传热只发生在半径方向——通过圆柱的圆周面传入——而圆柱的两端由于太长，所以对于传热没有什么可测量到的传热影响。圆柱端面的传热类似于无限大平板。将有限长圆柱看成一个无限大平板意味着所有热量通过圆柱罐两端传递，而忽略半径方向的传热。这一方法包括了径向传热和圆柱端向传热。同样，长方体形物体可认为由三个无限大平板相交而成，三个无限平板的厚度构成了长方体的长、宽、高。

4.5.6　利用温度-时间曲线进行传热问题的求解

可用以下步骤根据温度-时间曲线确定有限物体的传热。

对于如圆柱形罐头一类的有限长圆柱形物体传热，需要用到无限长圆柱和无限大平板的温度-时间线图。因此，如果需要了解给定时间给定位置的温度，可以用以下步骤确定。

无限长圆柱体：

（1）用圆柱的半径作特征长度，计算傅里叶数。

（2）用圆柱的半径作特征长度，先计算毕渥数，再计算毕渥数的倒数。

（3）在图4.36查出无限长圆柱的温度比。

无限大平板：

（1）用平板的半厚度作特征长度，计算傅里叶数。

（2）用平板的半厚度作特征长度，先计算毕渥数，再计算毕渥数的倒数。

（3）在图4.37查出无限大平板的温度比。

根据式（4.168）用查取到的温度比计算有限长圆柱体的温度比。如果环境介质温度T_a和物体的初温已知，可以计算出有限长圆柱体几何中心的温度。

与以上的步骤类似，可计算有限板状物体（如平行六面体或立方体）几何中心的温度。对于如橙子一类的球形物体，利用图4.35的球形体图线计算。

利用海斯勒图的缺点是当傅里叶数较小时使用困难。例如，由于食品的热扩散性低，因而傅里叶数常常小于1。这种情形下，需要利用Schneider（1963）的刻度放大的图（附录A.8）。这些放大刻度图的使用方法与海斯勒图的使用方法完全一样。注意，放大刻度图直接用毕渥准数而不是毕渥准数的倒数，并且用的是线性-对数坐标，而海斯勒图用的是对数-线性坐标。

例4.26至例4.28为关于本节步骤的示例。

例4.26

请估计将直径为6cm的苹果置于2℃的冷水中冷却到几何中心温度为3℃所需要的时间。苹果的初温为15℃。苹果周围水的对流传热系数为50W/（m^2·℃）。苹果的性质：热导率 k =0.335W/（m·℃）；比热容 c_p =3.6kJ/（kg·℃）；密度 ρ =820kg/m^3。

已知：

苹果直径 =0.06m

对流传热系数 =50W/（m^2·℃）

水流温度 =2℃

苹果初温 =15℃

几何中心终温 =3℃

热导率 =0.335W/（m·℃）

比热容 =3.6kJ/（kg·℃）

密度 =820kg/m^3

方法：

将苹果看成球体，利用图4.35找出傅里叶数。根据式（4.167）计算冷却时间。

解：

（1）首先根据所给温度计算温度分数

$$\left(\frac{T_a - T}{T_a - T_i}\right) = \frac{2-3}{2-15} = 0.077$$

（2）计算毕渥数

$$N_{Bi} = \frac{hd_c}{k} = \frac{[50\text{W}/(\text{m}^2\cdot℃)](0.03\text{m})}{0.355\text{W}/(\text{m}\cdot℃)} = 4.23$$

从而

$$1/N_{Bi} = 0.237$$

（3）由计算到的温度比 =0.007 及（$1/N_{Bi}$） =0.237，从图4.35查取傅里叶数为

$$N_{Fo} = 0.5$$

（4）根据傅里叶数计算所求的冷却时间

$$\frac{k}{\rho c_p}\frac{t}{d_c^2} = 0.5$$

$$t = \frac{(0.5)(820\text{kg/m}^3)[3.6\text{kJ}/(\text{kg}\cdot℃)](0.03\text{m})^2(1000\text{J/kJ})}{0.355\text{W}/(\text{m}\cdot℃)}$$

$=3742\text{s}$

$=1.04\text{h}$

例 4.27

将 303×406 罐装食品置于 100℃沸水中加热 30min，请估算食品几何中心温度。假定产品加热冷却按传导型进行。产品的均一初温为 35℃。食品的性质如下：热导率 $k=0.34\text{W}$（m·℃）；比热容 $c_p=3.5\text{kJ/（kg·℃）}$；密度 $\rho=900\text{kg/m}^3$。沸水的对流传热系数估计为 2000W/（m^2·℃）。

已知：

罐头尺寸

直径 =0.081m

高度 =0.11m

对流传热系数 $h=2000\text{W/（m}^2\text{·℃）}$

加热介质温度 $T_a=100℃$

食品初温 =35℃

加热时间 =30min =1800s

性质

$$k=0.34\text{W/(m·℃)}$$
$$c_p=3.5\text{kJ/(kg·℃)}$$
$$\rho=900\text{kg/m}^3$$

方法：

由于有限圆柱罐头可以看成无限长圆柱体与无限大平板的结合体，我们首先用时间-温度图找出这两种形状的相对温度比。然后根据式（4.168）计算有限长圆柱体的温度比。

解：

（1）首先估计无限长圆柱体的温度比。

（2）毕渥准数 $=hd_c/k$，其中 d_c是半径 =0.081/2 =0.0405（m）

$$N_{Bi}=\frac{[2000\text{W/(m}^2\text{·℃)}](0.0405\text{m})}{0.34\text{W/(m·℃)}}=238$$

从而

$$\frac{1}{N_{Bi}}=0.004$$

（3）无限长圆柱体的傅里叶数为

$$N_{Fo}=\frac{k}{\rho c_p}\left(\frac{t}{d_c^2}\right)$$
$$=\frac{[0.34\text{W/(m·℃)}](1800\text{s})}{(900\text{kg/m}^3)[3.5\text{kJ/(kg·℃)}](1000\text{J/kJ})(0.0405\text{m})^2}$$
$$=0.118$$

（4）可以根据图 4.36、$1/N_{Bi}=0.004$ 及 $N_{Fo}=0.118$ 确定温度比

$$\left(\frac{T_a-T}{T_a-T_i}\right)_{\text{无限长圆柱}}=0.8$$

（5）其次，估计无限大平板的温度比。

（6）毕渥数 $=hd_c/k$，其中 d_c 是半高度 $=0.11/2=0.055\text{m}$

$$N_{Bi}=\frac{[200\text{W}/(\text{m}^2\cdot ℃)](0.055\text{m})}{0.34\text{W}/(\text{m}\cdot ℃)}=323.5$$

从而

$$\frac{1}{N_{Bi}}=0.003$$

（7）无限大平板的傅里叶数为

$$N_{Fo}=\frac{kt}{\rho c_p d_c^2}$$
$$=\frac{[0.34\text{W}/(\text{m}\cdot ℃)](1800\text{s})}{(900\text{kg}/\text{m}^3)[3.5\text{kJ}/(\text{kg}\cdot ℃)](1000\text{J}/\text{kJ})(0.055\text{m})^2}$$
$$=0.064$$

（8）可以根据图 4.37、$1/N_{Bi}=0.003$ 及 $N_{Fo}=0.064$ 确定温度比

$$\left(\frac{T_a-T}{T_a-T_i}\right)_{\text{无限大平板}}=0.99$$

（9）利用式（4.168）计算有限长圆柱体的温度比

$$\left(\frac{T_a-T}{T_a-T_i}\right)_{\text{有限长圆柱体}}=0.8\times 0.99=0.792$$

因此

$$T=T_a-0.792(T_a-T_i)$$
$$=100-0.792(100-35)$$
$$=48.4℃$$

（10）罐头加热 30min 后其几何中心温度为 48.4℃。注意，热量大部分是从径向传递的，只有少部分是由轴向传递的，因为

$$\left(\frac{T_a-T}{T_a-T_i}\right)_{\text{无限大平板}}=0.99$$

即此值接近于 1。如果

$$\left(\frac{T_a-T}{T_a-T_i}\right)=1$$

那么 $T=T_i$；这意味着在加热结束时，中心温度仍然是 T_i（产品的初温），表明没有发生传热。如果

$$\left(\frac{T_a-T}{T_a-T_i}\right)=0$$

那么 $T=T_a$；表明在加热结束时，中心温度与周围环境温度相等。

例 4.28

利用式（4.161）、式（4.163）和式（4.165），编写电子表，将计算结果与从图

4.35、图4.36和图4.37得到的结果进行比较。

方法：

利用Excel编写式（4.161）、式（4.163）和式（4.165）的电子表。由于这些方程得到的是级数解，因此我们只取前30项就可以满足要求。

解：

球体、无限长圆柱体和无限大平板的电子表分别示于图E4.22、图E4.23和图E4.24。这些电算表也包括了用任意傅里叶数计算到的温度比结果。计算的结果与从图4.35、图4.36和图4.37得到的结果相比，相当吻合。

	A	B	C	D	E	F	G	H
1								
2		球形（忽略表面传热热阻）						
3								
4								
5		区间 $0<r<d_c$（其中 d_c 是特征尺寸，即球形的半径）						
6								
7						序列项		
8		傅里叶数	0.3		n	term_ n		
9		r/d_c	0.00001		1	1.6265E-06		
10					2	-2.2572E-10		
11		温度比	0.104		3	8.3965E-17		
12					4	-8.3722E-26		
13					5	2.2376E-37		
14					6	-1.6031E-51		
15					7	3.0784E-68		
16					8	-1.5846E-87		
17					9	2.186E-109		
18					10	-8.086E-134		
19					11	8.015E-161		
20					12	-2.13E-190		
21					13	1.517E-222		
22					14	-2.896E-257		
23					15	1.482E-294		
24					16	0		
25					17	0		
26					18	0		
27					19	0		
28					20	0		
29					21	0		
30					22	0		
31					23	0		
32					24	0		
33					25	0		
34					26	0		
35					27	0		
36					28	0		
37					29	0		
38					30	0		

C11公式：=SUM(F9:F38)*2/PI()*(1/$C$9)

F9公式：=((-1^(E9+1))/E9*EXP(-E9*E9*PI()*PI()*$C$8)*SIN(E9*PI()*$C$9))

步骤：
1) 单元格E9到E38输入1到30
2) 单元格F9输入公式,然后将其复制到单元格F10至F38
3) 单元格C11输入公式
4) 单元格C8输入任何傅里叶数，并在单元格C9中输入半径位置/(特征尺寸)。球形的特征尺寸是半径
5) 如果需要球心的温度比，不要使用i=0,而要单元格C9中输入非常小的数，例如，0.00001
6) 结果示于单元格C11

图E4.22 例4.26（球体）求解的电子表

	A	B	C	D	E	F	G	H	I	J	K	L
1												
2		无限长圆柱体（忽略表面传热热阻）										
3												
4												
5		区间：$0<r<d_c$（其中 d_c 是特征尺寸，即无限圆柱体半径）										
6												
7							序列项	J0for $-3<x<3$			J1for3 < x < lnf	
8		傅里叶数	0.2		h	lambda_n	ArgJ0	J0			J1（lambda_n）	term_n
9		r/d_c	0		0	2.4048255577	0	1	0.820682791	0.195379932	0.519147809	0.251944131
10					1	5.5200781103	0	1	0.802645916	3.23090329	−0.340264805	−0.001200985
11		温度比	0.5015		2	8.6537279129	0	1	0.799856138	6.340621261	0.271452299	1.33199E−07
12					3	11.7915344391	0	1	0.79895277	9.467043934	−0.232459829	−3.0563E−13
13					4	14.9309177086	0	1	0.798552578	12.5997901	0.206546432	1.4036E−20
14					5	18.0710639679	0	1	0.798341245	15.73559327	−0.187728803	−1.27219E−29
15					6	21.2116366299	0	1	0.798216311	18.87310399	0.173265895	2.25935E−40
16					7	24.3524715308	0	1	0.798136399	22.01166454	−0.161701553	−7.82877E−53
17					8	27.4934791320	0	1	0.798082224	25.15091632	0.152181217	5.27858E−67
18					9	30.6346064684	0	1	0.798043816	28.29064728	−0.144165981	−6.91297E−83
19												
20												
21												
22												
23												
24												
25												
26												
27												
28												
29												

步骤：
1) 在单元格E9到E18中输入 0到9
2) 单元格F9到F18输入所示的系数
3) 将公式输入G9、H9、I9、J9、K9和L9，其内容分别拷贝到G10到G18、H10到H18、I10到 I18、J10到J18、K10到K18和L10到L18单元格。
4) 将公式输入C11
5) 单元格C8输入任何傅里叶数，并在单元格C9输入r/(特征尺寸)值
6) 结果示于单元格C11

公式
单元格C11=2*SUM(L9:L18)
单元格G9=$C$9*F9
单元格H9=1-2.2499997*(G9/3)^2+1.2656208*(G9/3)^4-0.3163866*(G9/3)^6+0.0444479*(G9/3)^8-0.0039444*(G9/3)^10+0.00021*(G9/3)^12
单元格I9=0.79788456+0.00000156*(3/F9)+0.01659667*(3/F9)^2+0.00017105*(3/F9)^3-0.00249511*(3/F9)^4+0.00113653*(3/F9)^5-0.00020033*(3/F9)^6
单元格U9=F9-2.35619449+0.12499612*(3/F9)+0.0000565*(3/F9)^2-0.00637879*(3/F9)^3+0.00074348*(3/F9)^4+0.00079824*(3/F9)^5-0.00029166*(3/F9)^6
单元格K9=F9^(-1/2)^19*COS(J9)
单元格L9=EXP(-F9*F9^$C$8)*H9/(F9*K9)

图 E4.23　例 4.26（无限长圆柱体）求解的电子表

	A	B	C	D	E	F	G	H	I	J
1										
2		无限平板（忽略表面传热热阻）								
3										
4										
5		区间：$-d_c<x<d_c$（其中 d_c 是特征尺寸，即平板的半厚温度）								
6										
7							序列项			
8		Fo	1		n	lambda_ n	term_ n			
9		x/d_c	0		0	1.570796327	0.107977045			
10					1	4.71238898	−9.62899 −11			
11		温度比	0.108		2	7.853981634	4.13498E −28			
12					3	10.99557429	−5.65531E−54			
13					4	14.13716694	2.25317E −88			
14					5	17.27875959	−2.5264E −131			
15					6	20.42035225	7.8374E −183			
16					7	23.5619449	−6.6622E −243			
17					8	26.70353756	0			
18					9	29.84513021	0			
19					10	32.98672286	0			
20					11	36.12831552	0			
21					12	39.26990817	0			
22					13	42.41150082	0			
23					14	45.55309348	0			
24					15	48.69468613	0			
25					16	51.83627878	0			
26					17	54.97787144	0			
27					18	58.11946409	0			
28					19	61.26105675	0			
29					20	64.4026494	0			
30					21	67.54424205	0			
31					22	70.68583471	0			
32					23	73.82742736	0			
33					24	76.96902001	0			
34					25	80.11061267	0			
35					26	83.25220532	0			
36					27	86.39379797	0			
37					28	89.53539063	0			
38					29	92.67698328	0			
39					30	95.81857593	0			

=(2*E9+1)/2*PI()

=(2*(-1)^E9*EXP(-F9*F9*$C$8)/F9*COS(F9*$C$9)

=+SUM(G9:G39)

步骤：
1) 单元格E9到E39输入0到30
2) 单元格F9输入公式
3) 将单元格F9中的公式复制到单元格F10至F39
4) 单元格G9输入公式
5) 将单元格G9中的公式复制到单元格G10至G39
6) 单元格C11输入公式
7)结果示于单元格G11
8)单元格C8输入傅里叶数，并在单元格C9中输入x/d_c结果将在C11中显示

图 E4.24 例 4.26（无限大平板）求解的电子表

4.5.7 利用 f_h 和 j_c 因子预测过渡态传热的温度

许多食品加热过程问题，当未完成温度分数降到 0.7 以下时就可以确定未知温度。在这种情形下，微分方程［式（4.149）］可以简化。因为只有第一项级数是有意义的，其余各项很小，可以忽略不计。鲍尔（1927）最早认识到了这一点，他提出了食品热加工计算的数学预测方法。我们将在第 5 章较详细地讨论鲍尔的热加工计算方法，在此介绍长时间过程的预测温度方法。

在式（4.160）中我们注意到未完成温度分数呈指数滞后。因此，对于一般情形，我们可以写出

$$\frac{T_a - T}{T_a - T_i} = a_1 e^{-b_1 t} + a_2 e^{-b_2 t} + a_3 e^{-b_3 t} \cdots \tag{4.170}$$

对于长时间过程，只有级数的第一项是有意义的。因此

$$\frac{T_a - T}{T_a - T_i} = a_1 e^{-b_1 t} \tag{4.171}$$

或者，重整为

$$\ln\left[\frac{(T_a - T)}{a_1(T_a - T_i)}\right] = -b_1 t \tag{4.172}$$

鲍尔利用两个因子来描述传热方程，一个称为f_h的时间因子和另一个称为j_c的温度滞后因子。为了与鲍尔的方法保持一致，我们用符号a_1取代j_c，而用b_1取代2.303/f_h。2.303是以10为底对数转为以e为底对数的换算因子。将这些符号代入式（4.172）

$$\ln\frac{(T_a - T)}{j_c(T_a - T_i)} = -\frac{2.303}{f_h}t \tag{4.173}$$

重排得

$$\ln(T_a - T) = -\frac{2.303t}{f_h} + \ln[j_c(T_a - T_i)] \tag{4.174}$$

转换成log10

$$\lg(T_a - T) = -\frac{t}{f_h} + \lg[j_c(T_a - T_i)] \tag{4.175}$$

鲍尔在推导他的数学方法时用到了式（4.175）。他在旋转180°的lg－线性坐标上用未完成温度（$T_a - T$）对时间t作图（见图4.39）。根据作图曲线，他得到了直线部分穿过一个对数周期所需的时间f_h。换句话说，f_h是未完成温度下降90%所需要的时间。j_c是通过将图中直线延长到时间为0时得到与横坐标相交的截距（$T_a - T_A$）方式而求取的。从而，j_c被定义为（$T_a - T_A$）/（$T_a - T_i$）。我们将在本节末介绍用同样的方法处理冷却曲线的例子。

式（4.161）、式（4.163）和式（4.165）中的无穷级数解既可以编成电子表，也可像Pflug等（1965）介绍的用f_h对N_{Bi}、j_c对N_{Bi}和j_m对N_{Bi}作图（如图4.40、图4.41和图4.42所示）。j_c因子是物体中心的温度滞后，j_m是物体的平均温度滞后。f_h值对于中心温度和平均温度均相同。当需要确定加热（或冷却）负荷时，有必要了解物体的平均温度。从图4.40、图4.41和图4.42，可以得到f_h、j_c和j_m因子，这些因子可代入式（4.174）对简化几何体任一时刻的温度进行计算。如果物体的形状为有限长圆柱体，则可用以下关系式求取f_h和j_c因子。

$$\frac{1}{f_{\text{有限长圆柱体}}} = \frac{1}{f_{\text{无限长圆柱体}}} + \frac{1}{f_{\text{无限大平板}}} \tag{4.176}$$

和

$$j_{c,\text{有限长圆柱体}} = j_{c,\text{无限长圆柱体}} + j_{c,\text{无限大平板}} \tag{4.177}$$

对于砖形（即直角平行六边形）物体

$$\frac{1}{f_{\text{砖形体}}} = \frac{1}{f_{\text{无限大平板1}}} + \frac{1}{f_{\text{无限大平板2}}} + \frac{1}{f_{\text{无限大平板3}}} \tag{4.178}$$

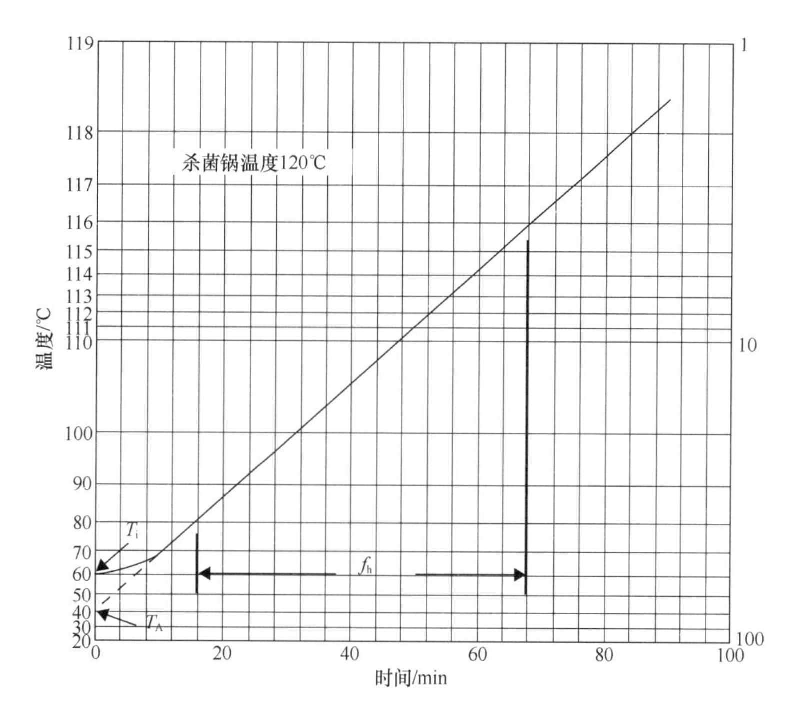

图 4.39 旋转 180°的半对数纸上的加热曲线

和

$$j_{c,砖形体} = j_{c,无限大平板1} + j_{c,无限大平板2} + j_{c,无限大平板3} \tag{4.179}$$

乘积规则的适用性只限于尺寸比远大于 1 的场合（Pham，2001）。可能会发生过度冷却。这种情形下，可以用 Lin 等人（1996）提出的经验方法来计算有限形状的 f_h 和 j_c 因子。

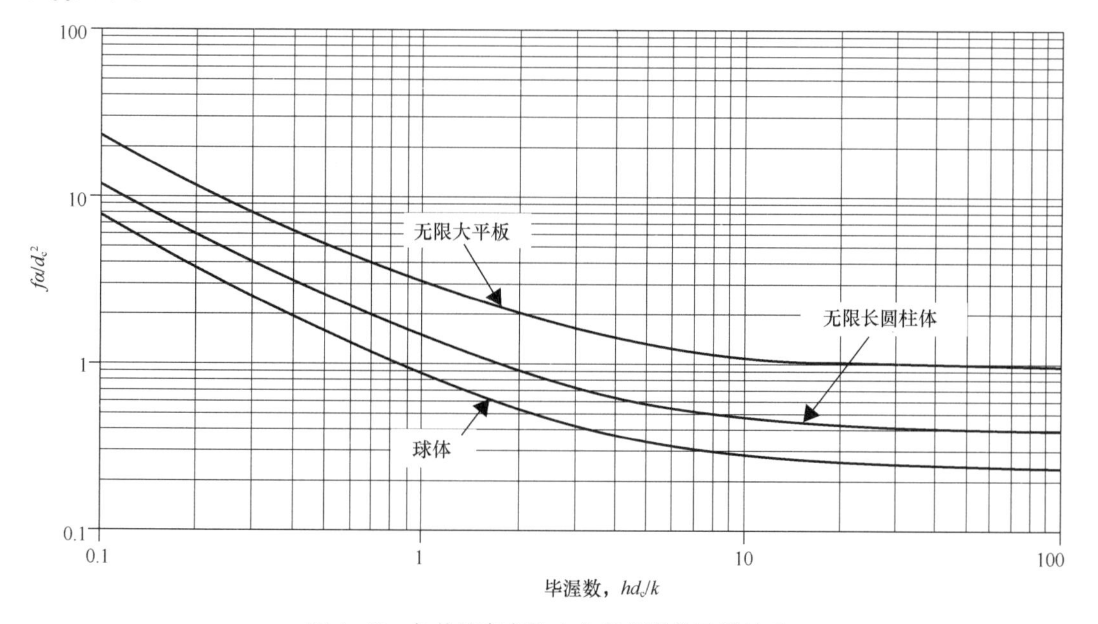

图 4.40 加热速率参数 f_h 与毕渥数的函数关系

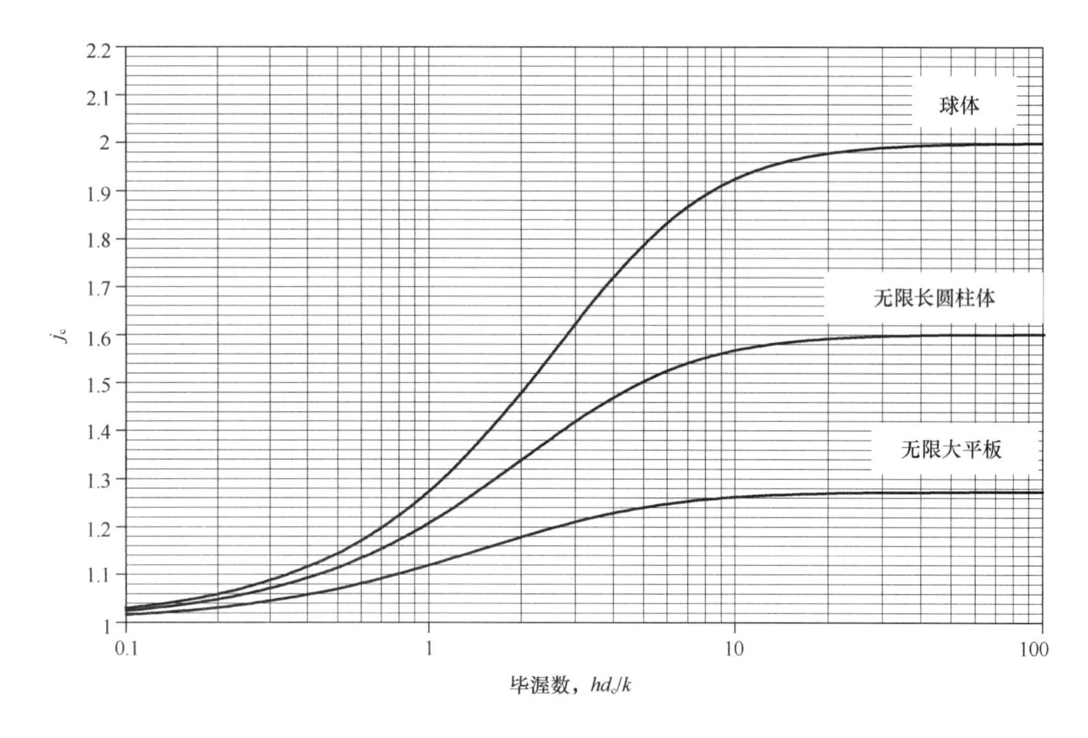

图 4.41 球体、无限长圆柱体和无限大平板几何中心的滞后因子 j_c 与毕渥数的函数关系

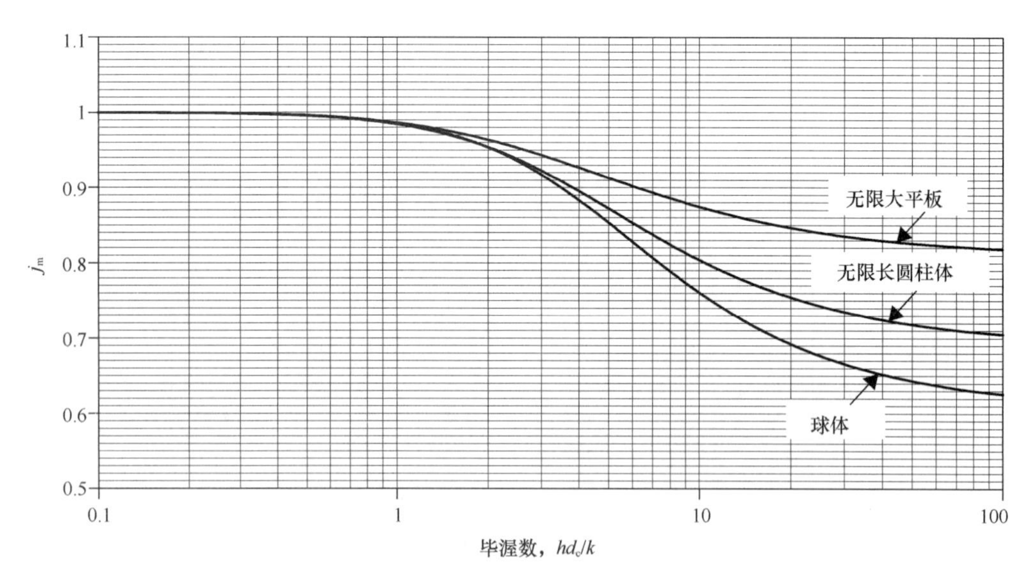

图 4.42 球体、无限长圆柱体和无限大平板平均滞后因子 j_m 与毕渥数的函数关系

例 4.29

装于圆柱形容器的固形食品浸于4℃的冷水中冷却。请根据以下容器几何中心的数据，估计 f 和 j 因子

时间/min	温度/℃	时间/min	温度/℃
0	58	35	12
5	48	40	10
10	40	45	9
15	26	50	7.5
20	25	55	7
25	19	60	6.5
30	15		

已知：

冷却介质温度 =4℃

方法：

我们将使用一张两周期对数纸建立一个如图 E4.25 所示的 y 轴。直线部分延长与 y 轴相交得到伪初始温度。f_c因子通过时间穿过一个对数周期变化的温度来确定。

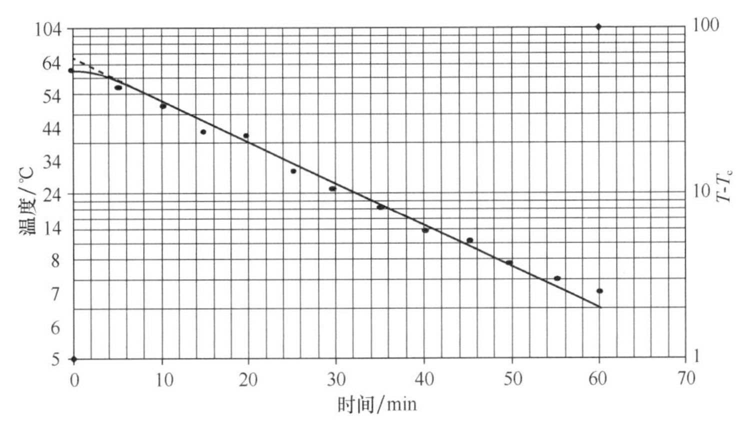

图 E4.25　例 4.27 所给数据的冷却曲线

解：

（1）如图 E4.25 所示，y 轴从下端的 1 +4℃ =5℃开始刻标度；将其余的数值标在 y 轴对数轴上。

（2）在图中标出所有的温度和时间对应点。将直线延长到 y 轴，确定伪初始温度。根据作图，这一温度为 69℃。

（3）确定温度穿过一个对数周期所需要的时间 f_c。根据作图得 f_c =40min。

（4）得到的 j_c值为

$$j_c = \frac{69-4}{58-4} = 1.2$$

（5）根据所给的数据，所求的 f_c为 40、j_c为 1.2。

例 4.30

初温为5℃的热狗，在95℃的热水中加热。对流传热系数为300W/（m^2·℃）。热狗的尺寸为：直径2cm，长15cm。假定主要是径向传热，请估计加热10min后产品的温度。热狗的性质如下：密度 = 1100kg/m^3；比热容 = 3.4kJ/（kg·℃），热导率 = 0.48W/（m·℃）。

已知：

初温 =5℃

加热介质温度 =95℃

对流传热系数 =300W/（m^2·℃）

热狗长 =15cm

热狗直径 =2cm

加热时间 =10min

密度 =1100kg/m^3

比热容 =3.4kJ/（kg·℃）

热导率 =0.48W/（m·℃）

方法：

我们用 Pflug 图解此问题。首先计算毕渥数，然后用图4.40、图4.41 查取f_h和j_c因子。最后用式（4.176）计算所求的温度。

解：

（1）无限圆柱体的毕渥数为

$$N_{Bi} = \frac{300[W/(m^2 \cdot ℃)] \times 0.01(m)}{0.48[W/(m \cdot ℃)]}$$

$$N_{Bi} = 6.25$$

（2）从图4.40，我们得到以下的无限圆柱体计算因子

$$\frac{f_h \alpha}{d_c^2} = 0.52$$

$$f_h = \frac{0.52 \times (0.01)^2(m^2) \times 1100(kg/m^3) \times 3400[J/(kg \cdot ℃)]}{0.48[W/(m \cdot ℃)]}$$

$$f_h = 405.17s$$

（3）从图4.41，我们得到以下的无限圆柱体计算因子

$$j_c = 1.53$$

（4）利用式（4.176）

$$\lg(95 - T) = -\frac{10 \times 60(s)}{405.17(s)} + \lg[1.53 \times (95 - 5)]$$

$$T = 90.45℃$$

（5）经过10min加热，热狗几何中心的温度为90.45℃。计算10min时未完成温度可以检验这种方法的有效性。对于本例题，这种方法适用，因为温度分数为0.05≪0.7（0.7是这种方法有效性的评判标准）。

4.6 食品的电导率

众所周知，电解质置于电场中时，其中的离子会朝电极相反方向运动。电解质中的离子运动会产生热量。类似地，置于两个通交流电或任何其他波形电流电极之间的含离子食品也会因为内部发热而得到加热。电导①（κ_E）与电导率不同，是电阻的倒数，即

$$\kappa_E = \frac{1}{R_E} \tag{4.180}$$

其中 R_E是食品材料的电阻（Ω）。根据欧姆定律可知

$$R_E = \frac{E_V}{I} \tag{4.181}$$

其中 E_V是施加的电压（V），I 是电流（A）。因此电导为

$$\kappa_E = \frac{I}{E_V} \tag{4.182}$$

电导率（σ_E）是材料导电能力的度量。它等于该材料边长 1m 立方体两相对面之间测到的电导。

$$\sigma_E = \frac{\kappa_E L}{A} = \frac{IL}{E_V A} \tag{4.183}$$

式中 A——面积，m^2

L——长度，m

SI 中电导率单位是西门子/米或 S/m。

食品材料的电导率可利用图 4.43 所示的电导率室测定。在这种测定室中，食品置于两个电极之间，而电极与电源相连接。应注意确保电极与食品样品之间紧密接触。

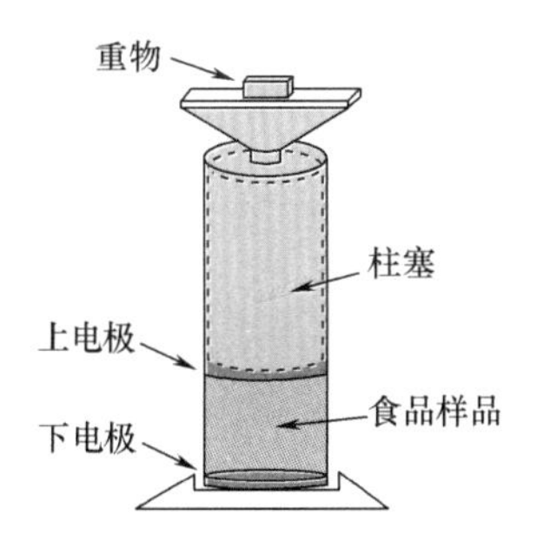

图 4.43 测量食品电导率的装置

（资料来源：Michell 和 Alvis，1989）

食品电导率随温度以线性方式增加。下式可用于计算食品电导率：

$$\sigma_E = \sigma_0(1 + m''T) \tag{4.184}$$

式中 σ_0——在 0℃时的电导率，S/m

① 我国 GB3100～3102—1993《量和单位》规定电导表示为 G。——译者注

m''——系数，1/℃

T——温度,℃

如果选择参比温度，而不是0℃温度，则可用式（4.185）估计电导率：

$$\sigma_E = \sigma_{ref}[1 + K(T - T_{ref})] \tag{4.185}$$

表4.6给出了不同食品的σ_0、σ_{ref}、系数m''和K值。

表4.6 电导率估算式（4.184）和式（4.185）中的系数

产品	σ_{25}/（S/m）	K/（℃$^{-1}$）	σ_0/（S/m）	m''/（℃$^{-1}$）
马铃薯	0.32	0.035	0.04	0.28
胡萝卜	0.13	0.1072	-0.218	-0.064
山药	0.11	0.0942	-0.149	-0.07
鸡	0.37	0.019	0.194	0.036
牛肉	0.44	0.016	0.264	0.027
0.025mol/L磷酸钠	0.189	0.027	0.614	0.083
0.05mol/L磷酸钠	0.361	0.022	0.162	0.048
0.1mol/L磷酸钠	0.676	0.021	0.321	0.0442

资料来源：Palaniappan和Sastry（1991）。

食品的电导率是存在于食品中不同类型和数量组分的函数。含有诸如盐、酸、某些树胶及增稠剂之类电解质的食品，一般常带有对电导率值有显著影响的基团。一些研究者基于实验研究，提出了由食品组分预测电导率的数学关系式。果汁中以果肉或其他细胞材料形式出现的惰性悬浮固形物起绝缘体作用，因此容易引起液体介质电导率降低。Sastry和Palaniappan（1991）报道过以下固形物浓度对橙汁和番茄汁电导率影响的关系式：

$$\sigma_{T.番茄} = 0.863[1 + 0.174(T - 25)] - 0.101 \times M_s \tag{4.186}$$

$$\sigma_{T.橙} = 0.567[1 + 0.242(T - 25)] - 0.036 \times M_s \tag{4.187}$$

式中 M_s——固形物浓度,%

T——温度,℃

例4.31

试估计0.1mol/L磷酸钠溶液在30℃时的电导率。

已知:

温度=30℃

0.1mol/L磷酸钠水溶液

方法:

利用式（4.184）确定电导率。

解:

（1）利用式（4.184）和适当的0℃参比温度时的电导率和m''系数值，可得到

$$\sigma_E = 0.321(1 + 0.0442 \times 30)$$

$$\sigma_E = 0.746(S/m)$$

(2) 注意，如果使用适当的25℃参比温度时的电导率和 K 系数值，可根据式(4.185)得到

$$\sigma_E = 0.676[1 + 0.021(30 - 25)]$$

$$\sigma_E = 0.747(S/m)$$

正如所料，利用式(4.184)或式(4.185)得到的结果相同。

4.7 欧姆加热

在欧姆加热过程中，主交流电流直接通过导电食品，导致食品发热。由于热量在内部产生，欧姆加热与必须通过外表向内部传热的传统加热系统相比，对食品的加热速度快并且更均匀。使食品快速且均匀加热有利于保留许多品质特性，例如颜色、风味和质地。欧姆加热的效率取决于食品的导电能力，食品导电能力由其电导率决定。因此，设计欧姆加热工艺和设备时有必要了解食品的电导率。

欧姆加热可以牛顿流体食品泵送通过电阻加热器为例说明。假设通过管形加热器的流动条件类似于塞流，并且加热器具有恒定电压梯度。在此条件下，液体会因欧姆加热而发热，如果加热器管不是绝热的，则流体会沿径向朝向损失热量。

根据此条件，可得到以下热量衡算式：

$$\dot{m}c_p \frac{dT}{dt} = [|\Delta V|^2 \sigma_0 (1 + m''T)]\left(\frac{\pi d_c^2 L}{4}\right) - U\pi d_c L(T - T_\infty) \tag{4.188}$$

式中 $|\Delta V|$——加热器管轴向的电压梯度，V/m

σ_0——0℃时的电导率

m''——式(4.184)得到的斜率

d_c——加热器管的特征尺寸即直径，m

L——加热器管长，m

U——基于加热器内表面的总传热系数，W/(m^2·℃)

T_∞——加热器环境温度，℃

初始条件为

$$t = 0, T = T_0$$

展开式(4.188)并重新排列可得到

$$\frac{dT}{dt} = \frac{\alpha\pi d_c LT}{\dot{m}c_p} + \frac{b\pi DL}{\dot{m}c_p} \tag{4.189}$$

其中

$$a = \frac{|\Delta V|^2 d_c \sigma_0 m''}{4} - U \tag{4.190}$$

$$b = \frac{d_c |\Delta V|^2 \sigma_0}{4} + UT_\infty \tag{4.191}$$

对式（4.189）积分可得

$$\frac{aT+b}{aT_o+b}=e^{\left(\frac{a\pi d_c L}{mc_p}\right)} \tag{4.192}$$

以下例子将利用式（4.192）确定流出欧姆加热器的液体温度。

例 4.32

某液体食品以 0.5kg/s 流量泵送通过欧姆加热器。加热器管内径为 0.05m，长度为 3m。液体食品比热容为 4000J/（kg·℃）。加热所施加的电压为 15000V。基于管内侧表面的总传热系数为 100W/（m^2·℃）。周围环境空气温度为 20℃。进入电阻加热器的液体食品温度为 50℃。假定液体食品特性与 0.05mol/L 磷酸钠溶液的相似。试计算该液体食品的出口温度。

已知：

流量 =0.5kg/s

欧姆加热器内径 =0.05m

欧姆加热器长 =3m

比热容 =4000J/（kg·℃）

电压 =15000V

总传热系数 =100W/（m^2·℃）

环境温度 =20℃

入口温度 =50℃

方法：

利用所给信息确定电压梯度，并从表 4.6 查取 0.05mol/L 磷酸钠的电特性。利用式（4.192）计算加热器出口处的液体温度。

解：

（1）根据所给信息得到电压梯度

$$|\Delta V|=\frac{15000}{3}=5000\text{V/m}$$

（2）由表 4.6 得到 0.05mol/L 磷酸钠的电特性为：

$$\sigma_0=0.162\text{S/m}$$

$$m''=0.048(℃^{-1})$$

（3）利用式（4.190）和式（4.191）得到如下 a 和 b 值：

$$a=2330\text{W/(m}^2\cdot℃)$$

$$b=52625\text{W/(m}^2\cdot℃)$$

（4）将以上 a 和 b 值代入式（4.192）

$$\frac{2330T+52625}{2330\times50+52625}=e^{\left(\frac{\pi\times2330\times0.05\times3}{0.5\times4000}\right)}$$

求解出未知温度 T 为

$$T=103℃$$

因此，欧姆加热器将使液体食品温度从 50℃ 提高到 103℃。

4.8 微波加热

电磁辐射根据波长或频率分类。微波属于频率范围在 300MHz～300GHz 的电磁波谱区。由于微波用于雷达、航海导航和通讯设备，因此它们的使用受到政府机构管理。美国联邦通信委员会已经为工业、科学和医学设备在微波范围专门定了两个频率，即（915±13）MHz 和（2450±50）MHz。类似的频率在全球范围内受到国际电讯联盟管理。

微波与可见光有一定的类似性。微波可以聚成束。它们可以穿过小孔管。根据材料的介电性质，微波可被介质材料吸收或反射。微波也可穿过材料而不被吸收。包装材料，如玻璃、陶瓷和大多数热塑材料允许微波通过，只有很少吸收或没有吸收。微波从一种材料穿过进入另一种材料时会改变方向，这类似于光线由空气进入水一样会发生折射。

与传统加热系统不同，微波可穿入食品，整个食品材料均是它的加热范围。因此加热速率较快。注意，微波的加热作用是由于它们与食品材料作用的结果。微波本身是非离子化的辐射，这与电离辐射（如 X 射线和 γ 射线）有明显的区别。当食品在微波场中受到作用时，尚未见有非热效果在食品中产生过（IFT，1989；Mertens 和 Knorr，1992）。

电磁波的波长、频率和速度之间的关系如下

$$\lambda = u/f' \tag{4.193}$$

式中 λ——波长，m

f'——频率，Hz

u——速度，3×10^8m/s

利用式（4.193），可以计算出微波范围的民用微波波长

$$\lambda_{915} = \frac{3\times10^8(\text{m/s})}{915\times10^6(1/\text{s})} = 0.328\text{m}$$

和

$$\lambda_{2450} = \frac{3\times10^8(\text{m/s})}{2450\times10^6(1/\text{s})} = 0.122\text{m}$$

4.8.1 微波加热的机制

介质材料对微波的吸收结果是从微波获得能量，从而这些材料的温度得到升高。对于微波场中物料发热的机制，有两种重要的解释：离子极化和偶极子旋转。

4.8.1.1 离子极化

当电场作用于含离子食品溶液时，其中的离子由于它们固有的带电原因而会加速运动。产生的离子间碰撞作用将离子的动能转化成了热能。高离子浓度溶液会有较多的离子碰撞，从而表现出温度的升高。

4.8.1.2 偶极子旋转

食品材料含有像水一样的偶极子分子。这些分子通常以随机方式取向。但是，当受到

电场作用时，这些分子会自动地根据电场的极性取向。在微波场中，极性快速地改变方向(例如，微波频率2450MHz，极性方向以每秒2.45×10^9次的频率改变)。极性分子旋转以保持电性取向与快速变化的极性一致（图4.44)。这样的分子转动导致了这些分子与环境介质的摩擦，从而产生热量。随着温度的升高，极性分子为保持取向而运动的速度更快。影响微波对材料加热的因素有多种，包括：大小、形状、状态（如水或冰)、材料的性质和加工设备等。

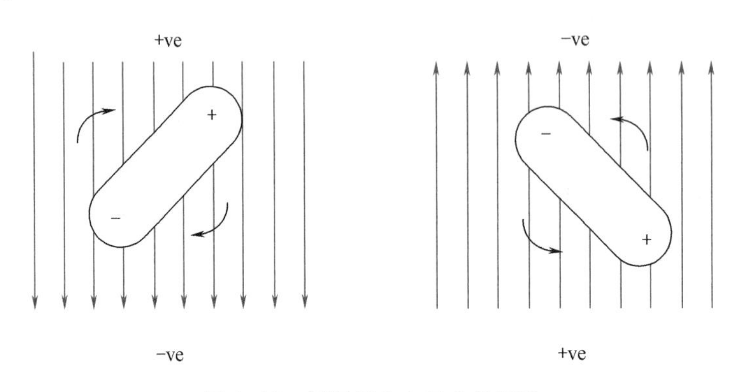

图4.44 偶极子在电场中的运动
(资料来源：Decareau 和 Peterson，1986)

4.8.2 介电性质

在微波处理中，我们对被加热材料的电性质感兴趣。重要的电性质是相对介电常数ε'和相对介电损失ε''。“损失”意味着电能向热能的转变（或“损失”)，“相对”指的是相对于自由空间而言。

相对介电常数（ε'）代表材料储存电能的能力，而相对介电损失（ε''）指的是材料散失电能的能力。这些性质代表了材料电绝缘能力。事实上食品是不良绝缘体，因此，当食品被置于微波场时会吸收大量的能量，结果得到即时的加热（Mudett，1986)。代表外加电场转化为热量程度的材料介电损失因子（ε''）通常由下式表示：

$$\varepsilon'' = \varepsilon'\tan\delta \tag{4.194}$$

$\tan\delta$称为损失正切，它代表了电场穿透材料能力和电能转化为热能的能力。

4.8.3 微波能热能的转换

微波能本身不是热能；而加热通常是微波能与介电材料作用的结果。微波能转变成热能可近似地用下面的方程表示（Copson，1975；Decareau 和 Peterson，1986)。

$$P_D = 55.61\times10^{-14}E^2f'\varepsilon'\tan\delta \tag{4.195}$$

式中 P_D——吸收功率，W/cm^3

E——电场强度，V/cm

f'——频率，Hz

ε'——相对介电常数

$\tan\delta$——损失正切

在式（4.195）中，介电常数（ε'）和损失正切（$\tan\delta$）是材料的重要性质，电场强度（E）和频率（f'）代表了能源性质。因此，在加热材料与提供热能的微波系统之间有直接的联系。显然，根据式（4.195），增加电场强度对功率密度有很大的影响，因为在关系式中有一个平方项。

本章前面提到的控制传热方程式（4.149）可以修改成预测微波场中传热的方程。在式（4.149）中引入一个热发生项 q'''，它相当于方程（4.195）中的功率吸收。这样，在无限大平板的非稳态传热中，我们可以得到以下的一维表达式：

$$\frac{\partial^2 T}{\partial x^2}+\frac{q'''}{k}=\frac{\rho c_p \partial T}{k\partial t} \tag{4.196}$$

以上方程式可以通过数值法求解（Mudgett，1986）。

4.8.4 微波的穿透深度

微波向微波场中材料的能量传递受到材料电性质的影响。能量在材料中的分布由衰减因子（α'）确定。

衰减因子（α'）可根据损失正切值、相对介电常数和微波频率计算：

$$\alpha'=\frac{2\pi}{\lambda}\left[\frac{\varepsilon'}{2}(\sqrt{1+\tan^2\delta}-1\right]^{1/2} \tag{4.197}$$

电场的穿透作用可以根据衰减因子进行计算。如 von Hippel（1954）所指出，穿透深度（Z）是电场强度在降低到自由空间强度的 1/e 时所对应的穿透距离，它是衰减常数的倒数。因此，

$$Z=\frac{\lambda}{2\pi}\left[\frac{2}{\varepsilon'(\sqrt{1+\tan^2\delta}-1)}\right]^{1/2} \tag{4.198}$$

由于频率与波长成倒数关系，因此，根据式（4.198），915MHz 的微波能与 2450MHz 的微波能相比，有较大的穿透深度。

除了上面关于微波场穿透深度的描述以外，通常还用两种不同的方法表示微波功率的穿透深度。微波功率穿透深度的第一种描述如下：穿透深度是微波入射功率降低到其大小的 1/e 时，距介电材料表面的距离。Lambert 关于功率吸收的表达式如下：

$$P=P_0 e^{-2\alpha' d} \tag{4.199}$$

式中 P_0——入射功率

P——在穿透深度处的功率

d——穿透深度

α'——衰减因子

如果微波功率在深度 d 处降低到入射功率的 1/e，那么，$P/P_0=1/e$。因此，根据式（4.199），$2\alpha' d=1$ 和 $d=1/2\alpha'$。

第二种微波穿透深度用半功率深度（即入射功率的一半）来定义。因此，在半功率深度处，$P/P_0=1/2$。根据式（4.199），$e^{-2\alpha' d}=1/2$，解 d 得 $d=0.347/\alpha'$。

例 4.33

Mudgett（1986）在一篇关于微波性质的文章中，提供了生马铃薯介电常数和损失正

切的数据。在20℃条件下，对于频率2450MHz的微波，其介电损失为64，损失正切是0.23。请确定衰减因子、微波场穿透浓度和半功率穿透深度（即微波功率降到入射功率一半时的穿透深度）。

方法：

利用式（4.197）和式（4.198）相应地确定衰减因子和微波场的穿透深度。微波功率降低到原来功率一半时离表面的距离根据式（4.199）的修改式计算。

解：

（1）根据式（4.197）

$$\alpha' = \frac{2\pi \times 2450 \times 10^6 (1/s)}{3 \times 10^8 (m/s) \times 100 (cm/m)} \left[\frac{64}{2}(\sqrt{1 + (0.23)^2} - 1\right]^{1/2}$$

$$\alpha' = 0.469 (cm^{-1})$$

（2）由式（4.198）可见，微波场的穿透深度是α'的倒数，因此，微波场穿透深度 = $Z = 1/\alpha' = 1/0.469 = 2.13cm$

（3）为了求取半功率穿透深度，我们利用Lambert表达式［式（4.199）］的变形式来求d：

$$d = \frac{0.347}{\alpha'} = \frac{0.347}{0.469} = 0.74cm$$

（4）在2450MHz和20℃条件下，计算得到的马铃薯的半功率穿透深度为0.74m。

4.8.5 微波炉

典型的微波炉由以下主要部件构成（图4.45）。

■功率源　功率源将电源转变成提供磁控管所需的高压电源。磁控管通常需要几千伏的直流电。

■磁控管（即功率管）　磁控管是将提供的功率转化成微波能的振荡器。磁控管发射出高频辐射能。发射出的辐射会以高频率方式改变极性（例如，家用微波炉用最常用的2450MHz磁控管以每秒2.45×10^9周期工作）。

■波导（或传输部分）　波导将发生的能量从磁控管输送到微波炉腔。在家用微波炉中，波导只有几厘米长，而工业设备的波导可长达几米。波导中的能量损失通常很小。

■搅拌器　搅拌器通常是一个风扇形分散器，它通过旋转使传输来的微波均匀地散射到整个炉子。搅拌器改变了标准的波形，这样可以更好地使能量在炉腔内分配。当加热非均相材料时，这一点特别重要。

■炉腔　炉腔将加热食品围在金属壁内。金属壁使得来自搅拌器的微波受到折射，以不同大小的能量密度从各个方向射入食品。进入食品的能量被食品吸收转变成为热量。炉腔的大小与波长有关。炉腔壁的长度应当大于波长的1/2，并在微波行进方向取半波长的倍数。频率为2450MHz的微波的计算波长是12.2cm，因此，炉腔壁必须大于6.1cm。炉腔门应包括安全机构和密封机构，以拦住加热过程中炉内的微波能。

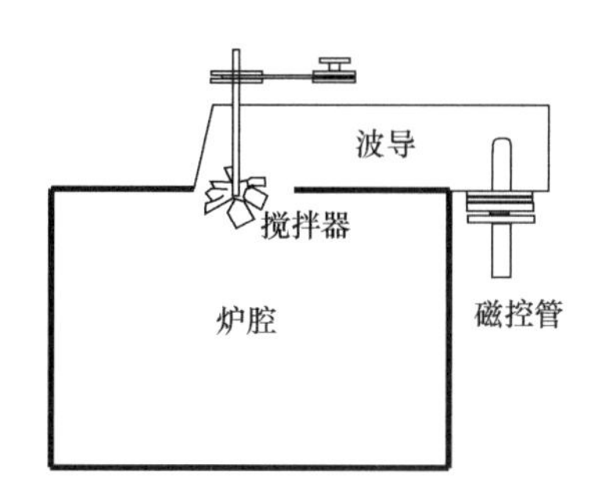

图 4.45 微波炉的主要构成

4.8.6 食品的微波加热

用微波场加热食品，与传统加热方法相比有几方面的优点。以下是值得注意的微波加热的重要特点。

4.8.6.1 加热速率快

介质材料的加热速度与微波系统的功率输出成正比。在工业微波设备中，典型的功率输出范围可在 5～100kW。虽然可从微波场获得高速加热效果，但许多食品应用需要控制食品受热的速率。非常高速的加热可能得不到需要的物理和生物化学上的反应。微波加热速度通过输出功率控制实现。用于加热的功率也与产品的质量成正比。

4.8.6.2 冷冻食品

冷冻食品的微波加热受到具有不同介电性质的冰与水的很大影响（见表 4.7）。由于冰的介电损失因子低，所以它与水相比，会透过更多的微波。因而，冰不如水那样容易加热。因此，用微波对冷冻食品解冻时，必须注意保持冷冻食品的温度靠近食品的冰点。如果食品中的冰融化，可能会产生热量的流失，因为水的高介电损失因子会使水加热得相当快。

表 4.7 水和冰在 2450MHz 中的介电性质

	相对介电常数 ε'	相对介电损失常数 ε''	损失正切 $\tan\delta$
冰	3.2	0.0029	0.0009
水（25℃）	78	12.48	0.16

资料来源：Schiffman（1986）。

4.8.6.3 材料的形状与密度

在加热均匀性方面，食品物料的形状起很重要的作用。不均匀形状会产生局部加热；同样，锐边和锐角会产生不均匀加热。

4.8.6.4 食品的组成

食品的组成决定了它在微波场中的加热行为。食品的水分含量直接影响到微波的吸收量。食品的水分含量高使得它的介电损失因子（ε''）增大。对于低水分含量食品，比热容比介电损失对加热过程有更大的影响。因此，由于低水分含量食品比热容低的原因，它们可以获得相当快的微波加热速度。带有大量空气的多孔性食品，因空气的热导率低，食品材料会像优良绝缘体那样表现出良好的微波加热速率效果。另一个对微波加热速率有很大影响的因素是盐分含量。如前所述，增加离子浓度会促进微波加热。因此增加食品的盐分含量会提高加热速率。虽然油的介电损失与水比起来要低得多，但油的比热容只有水的一半。由于含油量高的产品只需要非常少的热量来提高温度，因而比热容成了主要的影响因素，从而，油与水相比微波加热要快得多（Ohlsson，1983）。更详细的有关以上这些及更多的微波对食品加热的影响因素，请参见 Schiffman（1986）及 Decareau 和 Peterson（1986）有关这方面的文献。

食品微波加工的主要工业应用有：冷冻食品（如冷冻肉、鱼、黄油和浆果）的解冻（将冷冻食品的温度提高到 -4 ~ -2℃）；糊状物、速溶茶、香草、蘑菇、鱼蛋白、面包片、洋葱、米饼、海藻、快餐食品和蛋黄的干燥；培根、肉饼和马铃薯的蒸煮；橘汁、谷物、种子的真空干燥，肉、蔬菜和水果的冷冻干燥；制备食品的巴氏杀菌和灭菌；面包的焙烤；坚果、咖啡豆和可可豆的烘烤（Decareau，1992；Giese，1992）。

习题①

4.1 计算厚度为 200mm 的混凝土墙壁的单位面积传热速率，两壁面的温度分别为 20℃和 50℃。混凝土的热导率为 0.935W/（m·℃）。

4.2 仓库的侧墙高 3m、宽 10m、厚 25cm，其热导率为 $k=0.85$W/（m·℃）。如果白天内墙面温度为22℃，外墙面温度为4℃：(a) 利用热阻概念计算墙的热阻；(b) 假定为稳定状态，计算通过墙的传热速率。

4.3 实验测量配方食品的热导率。实验样品为厚 5mm 的大平板食品。实验发现，当板两侧维持 35℃温差，在稳定态条件下，测得的单位面积的传热速率为 4700W/m^2。请计算食品的热导率，并列出获得结果的两个假设条件。

4.4 请估计苹果酱在 35℃时的热导率（水分含量 =78.8% 湿基）。

4.5 炉子上放置直径 20cm 的平底盘锅。锅由钢制成［$k=15$W/（m·℃）］，它装有 98℃沸腾的水。锅的平底厚 0.4cm。锅底内侧与水接触面的温度是 105℃。(a) 如果通过锅底的传热速率是 450W，确定暴露在加热炉侧锅底面的温度。(b) 确定沸水的对流传热系数。

---

① 习题中带“*”号的解题难度较大。

4.6 10m 长的不锈钢［$k=15W/(m\cdot℃)$］管子内径为 70mm，外径为 80mm。管子内壁温度为 150℃，外壁温度为 30℃。没有热源，传热属于稳定态。请计算通过管壁的传热速率。

4.7 某多层矩形墙壁，第一层热阻为 0.005℃/W，第二层热阻为 0.2℃/W，第三层热阻为 0.1℃/W。此多层墙壁从一侧到另一侧的总温度梯度为 70℃。（a）确定通过墙壁的热通量；（b）假设温度梯度保持不变，如果第二层热阻增加到 0.4℃/W，那么对墙壁热通量的影响是多少（以百分率计）？

4.8 用一块绝热板降低炉子向房间的热损失。板的一面的温度为 100℃，另一面为 20℃。希望将绝热板的热损失控制在 $120W/m^2$ 以下。如果板子的热导率为 $0.05W/(m\cdot℃)$，请计算需要的板子厚度。

4.9 一台冰柜的尺寸如下：长 =50cm、宽 =40cm、高 30cm，它由 3cm 厚的绝热材料制成［$k=0.033W/(m\cdot℃)$］。冰柜装了 30kg 的 0℃ 的冰。假定冰柜内壁温度维持在 0℃。冰的融解热为 333.2kJ/kg。假定冰柜壁外温度维持在 25℃。请问冰全部融解完需要多长时间？假定通过冰柜底的热损失可以忽略不计。

*4.10 干度为 80% 的蒸汽用于加热固形物含量为 40% 的番茄酱，番茄酱以 400kg/h 的流量通过蒸汽夹层加热器。蒸汽的压力为 169.06kPa，通过加热器的流量为 50kg/h。如果产品的比热容为 $3.2kJ/(kg\cdot K)$，请确定初温为 50℃ 的产品离开加热器时的温度。确定加热后产品的总固形物含量。假定受加热番茄酱的比热容为 $3.5kJ/(kg\cdot℃)$。

4.11 内径为 2.5cm、外径为 5cm 的不锈钢管［$k=15W/(m\cdot℃)$］用于输送高压蒸汽。管子用一层 5cm 厚的材料［$k=0.18W/(m\cdot℃)$］绝热处理。钢管内壁温度为 300℃，绝热层外的温度为 90℃。（a）确定每米长管子的传热速率。（b）选择的绝热材料的熔点是 220℃。你认为绝热层的完整性会在以上所列条件下受到影响吗？

4.12 25℃ 的空气在维持 200℃ 温度的加热钢板上吹过。钢板面积为 50cm×40cm、厚为 2.5cm。钢板上面的对流传热系数为 $20W/(m^2\cdot K)$。钢的热导率是 $45W/(m\cdot K)$。请计算从钢板上面损失热量的速率。

4.13 液体食品在管式热交换器中加热。管子的内壁温度为 110℃。管子的内径为 30mm。产品流量为 0.5kg/s。如果产品的初温为 7℃，请计算对流传热系数。产品的热性质如下：比热容 $=3.7kJ/(kg\cdot℃)$，热导率 $=0.6W/(m\cdot℃)$，产品黏度 $=500\times10^{-6}Pa\cdot s$、密度 $=1000kg/m^3$，在 110℃ 时的黏度 $=410\times10^{-6}Pa\cdot s$。

4.14 请计算垂直的直径为 100mm、长为 0.5m 的不锈钢管的自然对流传热系数。此绝热管的表面温度为 145℃，而空气的温度为 40℃。

*4.15 长 30m、外径 75mm 的管子用于输送 1000kg/h 的蒸汽。蒸汽压强为 198.53kPa。蒸汽进入管子时的干度为 0.98，离开另一端时的最小干度为 0.95。管外有一层热导率为 $0.2W/(m\cdot K)$ 的绝热材料层。请确定绝热层的最小厚度。绝热层外表温度为 25℃。忽略管子材料的传导热阻，并假定管子内无压力损失。

4.16 请估计水平蒸汽管自然对流传热系数。此加有绝热层处理的管外表温度为 80℃。周围环境空气温度为 25℃。绝热管的外径为 10cm。

4.17　垂直圆柱状容器在温度为25℃的空气中自然冷却。如果容器的初温是100℃，请计算在初始冷却期容器表面的自然对流传热系数。容器的直径为1m，高为2m。

4.18　流量为1kg/s的水在内径为5cm的管中流动。如果管子的内表面温度为90℃，而平均水温为50℃，请计算对流传热系数。

4.19　鼓风机以0.01m/s的流速将空气吹过一根管子。管子的内表面温度为40℃。空气经过5m长的管子后平均温度从80℃降到60℃。管子的内径为2cm。请利用适当的无量纲关系式估计对流传热系数。

4.20　橙子置于泵送的冷水流中，请估计（外径 =5cm）橙子外的对流传热系数。橙子周围的水流速度为0.1m/s。橙子的表面温度为20℃，水的平均温度为0℃。

4.21　一平壁置于38℃的温度环境中。壁上覆盖一层2.5cm厚的［热导率 =1.8W/(m·K)］绝热层，靠绝热层一侧壁面的温度为320℃。此壁以对流方式向环境损失热量。请计算保证绝热层外表面温度不超过40℃条件下的对流传热系数。

*4.22　150℃的蒸汽在内半径50mm、外半径55mm的管子中流动。蒸汽与管内壁之间的对流传热系数为2500W/（m^2·℃）。管子外表置于20℃、对流传热系数为10W/(m^2·℃)的空气中。假定是稳定态传热并且无热量产生，请计算每米管子上蒸汽向空气传热的速率。假设不锈钢的热传导率为15W/（m·℃）。

4.23　冷藏室外墙长10mm、高3m，由一层100mm厚的混凝土层［k = 0.935W/(m·℃)］和一层10cm厚的纤维绝热层［k =0.048W/（m·℃)］构成。冷藏室内壁温度为 -10℃，对流传热系数是40W/（m^2·K)，而外面的温度为30℃，外墙壁的对流传热系数是10W/（m^2·K)。请计算总传热系数。

4.24　一个高1.2m、宽2m的双层平板玻璃窗由两层3mm厚的［k = 0.78W/(m·℃)］玻璃构成，将12mm宽的［k =0.026W/（m·℃)］静止空气夹在里面。一天中窗内温度维持在24℃，窗外温度为 -5℃，请确定经过此窗的稳定传热速率。设窗内外的对流传热系数分别为h_1 =10W/（m^2·℃）和h_2 =25W/（m^2·℃)，并且忽略不计任何辐射传热。(注：将传热看成静止空气传热模式)。

4.25　构建一个宽4m、长6m、高3m的速冻室。墙壁和天花板包括1.7mm不锈钢［k =15W/（m·℃)］，1.7cm泡沫绝热层［k =0.036W/（m·℃)］，一层待选定厚度的软木板［k =0.043W/（m·℃)］，及1.27cm厚的衬里木板［k =0.104W/（m·℃)］。速冻室外的空气温度为32℃。木板一侧的对流传热系数为5w/（m^2·℃)，而在钢板一侧的对流传热系数为2W/（m^2·℃)。如果外面空气的露点温度为29℃，请计算为防止水分在冷冻机外壁凝结所需要的软木板厚度。计算通过墙壁和天花板的传热速率。

4.26　温度为90℃的液体食品在没有绝热的管子中输送。产品的流量是0.25kg/s、密度为1000kg/m^3、比热容为4kJ/（kg·K)、黏度为8×10^{-6}Pa·s、热导率为0.55W/(m·K)。假定可以忽略黏度修正项。管子为内径20mm、厚3mm的不锈钢管［k =15W/(m·K)］。管外温度为15℃。如果管外的对流传热系数为18W/（m^2·K)，请计算在稳定状态条件下单位管长产品的热损失。

*4.27　液体食品泵送通过1cm厚的钢管。管子的内径为5cm。液体食品的平均温度为

90℃。管内表面温度为80℃。管内表面对流传热系数为15W/（m^2·K）。管子有一层2cm厚的绝热层。管外空气平均温度为20℃。绝热层外表面传热系数是3W/（m^2·K）。

（a）计算暴露在空气中的绝热层外的温度；

（b）请讨论，如果管长加倍，将如何影响绝热层的表面温度。

4.28 一根用来泵送番茄酱的金属管，管内表面积的总传热系数为2W/（m^2·K）。管子的内径是5cm，厚度为2cm。金属的热导率为20W/（m·K）。请计算管外的对流传热系数。管内的对流传热系数为5W/（m^2·K）。

4.29 冷藏室维持在-18℃。冷藏室的内部尺寸为5m×5m×3m。墙、天花板和地坪由一内层2.5cm厚的木头衬里、7cm厚的绝热层和11cm厚的外层构成。相应材料的热传导率为：木头0.104W/（m·K）、玻璃纤维0.04W/（m·K）、砖头0.69W/（m·K）。木头到静止空气的对流传热系数为2.5W/（m^2·K），从运动空气到砖头的对流传热系数是4W/（m^2·K）。外侧环境温度为25℃。求：（a）总传热系数；（b）暴露面的温度；（c）里面的温度。

4.30 压强为169.60kPa的蒸汽在（内径=7cm、厚=3mm）管内壁冷凝。管子内、外对流传热系数分别为1000W/（m^2·K）和10W/（m^2·K）。管子的热导率为45W/（m·K）。假定所有的热阻基于管子外径计算，求：（a）由管子、蒸汽和管外贡献的热阻百分数；（b）如果管子周围的温度为25℃，求管子外表面温度。

4.31 外径为100mm的钢管用两层绝热层包裹。内绝热层厚40mm，热导率为0.07W/（m·K）。外绝热层厚20mm，热导率为0.15W/（m·K）。管子用于输送压强为700kPa的蒸汽。绝热层外侧的温度为24℃。如果管子长10m，并且钢管子传导热阻和蒸汽侧的对流热阻可以忽略不计，求：（a）每小时的热损失；（b）两绝热层界面的温度。

*4.32 厚1cm、长1m、内径5cm的钢管，用4cm厚的绝热层包裹。钢管内侧表面温度为100℃。绝热层外环境温度为20℃。绝热层外的对流传热系数是50W/（m^2·K）。计算钢管与绝热层界面的温度。钢的热导率是54W/（m·K），绝热层的热导率是0.04W/（m·K）。

4.33 计算一根钢管基于内表面积的总传热系数。钢管的内径为10cm，厚为2cm。管子内对流传热系数为350W/（m^2·℃），管子外对流传热系数为25W/（m^2·℃），管子热导率是15W/（m·℃）。如果管子用于输送平均温度为110℃的蒸汽，并且环境温度为20℃，求从管子散热的速率。

*4.34 温度为-40℃的饱和制冷剂（氟利昂，R-12）在内径为20mm、厚为2mm的铜管内流动。铜管用厚40mm的绝热层包裹［k=0.02W/（m·K）］。求每米铜管得到的热量。管内、外对流传热系数分别为500W/（m^2·K）和5W/（m^2·K）。环境空气的温度为25℃。比较每小时每米管子在加绝热层和不加绝热层情况下蒸发的制冷剂量。制冷剂在-40℃时的潜热为1390kJ/kg。

4.35 为了冷却热的食用油，有工程师建议用泵将油输送通过一根浸在附近湖中的管子。管子（外径=15cm）将以水平方向设置。管子平均外表温度为130℃。假定环境水温为10℃。管子长100m。假定湖水是静止的，求：（a）估计从管表面对水的对流传热系数。(b) 计算热量从管子向水传递的速率。

4.36 液体食品在顺流管式热交换器内管中流动,从20℃加热到40℃。外管的加热介质(水)从90℃冷却到50℃。以管子内直径为基准的总传热系数为2000W/(m^2·℃)。热交换器的内直径是10cm。水的平均比热容是4.181kJ/(kg·℃)。计算外管中水的质量流量。

*4.37 逆流式热交换器用于将液体食品从15℃加热到70℃。热交换器的内径为23mm、长10m、总传热系数为2000W/(m^2·K)。加热介质水进入热交换器的温度为95℃,离开热交换器时的温度为85℃。请根据以上条件计算产品和水的流量。产品的比热容为3.7kJ(kg·K),水的比热容为4.18kJ/(kg·K)。

4.38 10m长的逆流热交换器用于将液体食品从20℃加热到80℃。加热介质为油,它进入热交换器的温度为150℃,从热交换器出来的温度为60℃。液体食品的比热容为3.9kJ/(kg·K)。基于内表面积的总传热系数为1000W/(m^2·K)。管子的内径为7cm。

(a) 估计液体食品的流量;

(b) 如果热交换器在同样的进出口温度条件下以顺流方式操作,求液体食品的流量。

4.39 计算表面温度为100℃的面包吸收的辐射热量(W)。炉子表面温度1000℃。面包的总表面积为0.15m^2,面包表面的辐射率是0.8。假设炉子是一台黑体辐射炉。

4.40 请估计装有配方食品的圆柱形罐头加热30min后几何中心的温度。罐头直径为5cm、高为3cm。食品的热导率为0.5W/(m·℃)、比热容=3.9kJ/(kg·℃)、密度=950kg/m^3。表面热阻可忽略不计。环境介质温度为100℃,食品的初始均一温度为20℃。

4.41 比热容为2kJ/(kg·K),密度为850kg/m^{3}的一批8m^{3}的油,用一只带搅拌器的加热面积为1.5m^{2}的蒸汽夹层锅加热。油一侧的对流传热系数是500W/(m^2·K),蒸汽侧的对流传热系数为1000W/(m^2·K)。如果蒸汽温度为130℃,油的初温为20℃,请估计加热10min后油的温度。

4.42 请判断,一台管式热交换器是否可以在以下条件下操作:流体A进口温度为120℃,出口温度为40℃;流体B进口温度为30℃,出口温度为70℃。请计算对数平均温度。

4.43 在一台逆流式热交换器中将流量为1.5kg/s的乳从70℃冷却到30℃。冷却用流量为2kg/s、温度为5℃的水进行。内管的内直径为2cm。总传热系数为500W/(m^2℃)。请确定热交换器的长度。

4.44 一台不锈钢套管式热交换器[k=15W/(m·℃)]内管的内直径为2cm、外直径为2.5cm。外壳管的内径为4cm。内管内的对流传热系数为550W/(m^2·℃),而此管管外的对流传热系数为900W/(m^2·℃)。由于长期连续操作产生的结垢增加了额外的传热热阻。由内管的内壁结垢层引起的热阻为0.0002m^2·℃/W。求:(a) 单位长度热交换器的总热阻;(b) 分别求出根据内管的管内面积和管外面积计算的总传热系数(U_i和U_o)。

4.45 5℃的水用于将苹果从初温20℃冷却到8℃。冷水在苹果表面流动产生的对流传热系数为10W/(m^2·K)。假定苹果是直径为8cm的球体,并且要冷却到其中心温度为

8℃。苹果的性质如下：热导率 0.4W/（m·K），比热容 3.8kJ/（kg·K），密度 960kg/m^3。求苹果必须在水中冷却的时间。

4.46　密度为 1025kg/m^3、比热容为 3.77kJ/（kg·K）的液体食品装在罐头中加热。罐头的尺寸为：直径 8.5cm，高度 10.5cm。用一个 115℃的杀菌锅进行加热，罐头内侧的对流传热系数为 50W/（m^2·K），罐头外侧的对流传热系数为 5000W/（m^2·K）。如果产品的初温为 70℃，求经过 10min 加热以后产品的温度。

4.47　为例 4.21 创建一张电子表格。所有条件与例题相同，如果热交换器使用的加热板号为 21 或 31，试确定热水和苹果汁的出口温度。

*4.48　一种传导－冷却型食品，其密度为 1000kg/m^3、比热容为 4kJ/（kg·K）、热导率为 0.4W/（m·K）被加热到 80℃。产品在一个高度为 10cm、直径为 8cm 的罐头中用冷水冷却（冷水在罐头表面的对流传热系数为 10W/（m^2·K）。确定将产品中心温度在 7h 内降低到 50℃所需要的时间。罐头壁的传导热阻忽略不计。

4.49　将煮熟的土豆泥装在盘（深度为 30mm）中用一台鼓风冷却设备冷却，2℃的冷风在产品表面剧烈吹过。产品初温为 95℃、热导率为 0.37W/（m·K）、比热容为 3.7kJ/（kg·K）、密度为 1000kg/m^3。假定表面传热热阻可以忽略不计，请计算冷却 30min 后产品的中心温度。

4.50　将例 4.9 编写成一张电子表，确定以下绝热厚度情况下，两绝热层之间的温度：（a）2cm；（b）4cm；（c）6cm；（d）8cm；（e）10cm。

4.51　温度为 22℃的液体食品以 0.3kg/s 的流量逆流进入套管式换热器。80℃的热水以 1.2kg/s 流量进入加热环形部分。水的平均比热容为 4.18kJ/（kg·℃）。基于内表面的总传热系数为 500W/（m^2·℃）。内管直径为 7cm，长为 10m。假设为稳态条件。假设液体食品比热容为 4.1kJ/（kg·℃）。试计算液体食品和水的出口温度。

4.52　半径为 1cm 的纯铜球浸入一个搅动的油浴中，油浴有一个 130℃的均匀温度。铜球的初温为 20℃。请编写一张电子表预测以下条件下铜球内的温度：在三个不同对流传热系数［5W/（m^2·℃）、10W/（m^2·℃）和 100W/（m^2·℃）］条件下，5min 一个间隔直到温度升到 130℃。用得到的温度－时间作图。

4.53　平均温度为 90℃的热水，以 0.1kg/s 的流量被泵送经过一根置于环境空气的水平金属管。管子的内径为 2.5cm、厚为 1cm。管内表面温度为 85℃。暴露于空气中的管外温度为 80℃。空气的平均温度为 20℃。

（a）确定管内水的对流传热系数；

（b）确定管外空气的对流传热系数；

（c）希望使管内的对流传热系数提高一倍，需要改变什么操作条件？改变的程度如何？

4.54　装有固体食品的（直径 12cm，高 3cm）圆柱形罐头用 12℃的冷水进行冷却。固体食品的初温为 95℃。对流传热系数为 200W/（m^2·℃）。

（a）确定 3h 后罐头几何中心的温度。固体食品的热性质如下：k＝0.36W/(m·℃)；密度为 950kg/m^3；比热容为 3.9kJ/（kg·℃）。

(b) 如果将此圆柱罐看成一个无限长圆柱体（或无限大平板）是否合理？为什么？

4.55　一根内径为1cm的三层管内壁温度为120℃。从里到外，第一层厚2cm，其热导率为15W/（m·℃）；第二层厚3cm，其热导率为0.04W/（m·℃）；第三层厚1cm，其热导率为164W/（m·℃）。组合管外表面温度为60℃。

(a) 确定稳定态条件下通过管子的传热速率；

(b) 请提出一个快速估计以上求解值的方法。

4.56　已知生鸡蛋加热到72℃时将变硬。为了生产方形鸡蛋，要将蛋液盘置于蒸汽中蒸煮。

(a) 在下列所给条件下，鸡蛋需要煮多长时间？盘子的尺寸为30cm长、30cm宽和2cm深。蛋液的热导率为0.45W/（m·℃）；密度为800kg/m^3；比热容为3.8kJ/（kg·℃）；表面对流传热系数为5000W/（m^2·℃）；蛋液的初温为2℃。蒸汽的压强为169.0kPa。忽略金属盘的传导热阻。

(b) 为了完成以上任务，每一盘蛋液上空气的流量必须维持多少？在169.06kPa条件下，水的蒸发潜热为2216.5kJ/kg。

4.57　求某立方体中心温度升到80℃所需的时间。立方体的体积为125m^3。材料的热导率为0.4W/（m·℃）、密度为950kg/m^3、比热容为3.4kJ/（kg·K）。材料的初温为20℃。环境温度为90℃。立方体置于一流体中，表面传热热阻可以忽略不计。

4.58　管式热交换器用于将液体食品从30℃加热到70℃。加热介质的温度从90℃降到60℃。

(a) 请问，该热交换器是顺流的还是逆流的？

(b) 求对数平均温差；

(c) 如果传热面积为20m^2，而总传热系数为100W/（m^2·℃），求从加热介质到液体食品的传热速率。

(d) 如果液体的比热容是3.9kJ/（kg·℃），液体食品的流量是多少？假定没有对环境的热损失。

4.59　用入口温度为120℃的油在热交换器内将水从20℃加热到80℃。油的出口温度为75℃。热交换器的总传热系数为2W/（m^2·℃），加热面积为30m^2。请问热交换器中水的流量是多少？

4.60　用热电偶测量食品的温度时，可以将感测温度的热电偶的接点看作球形。现用热电偶测量加热炉中的热空气。热空气的对流传热系数为400W/（m^2·K）。热电偶联接点的性质为：k=25W/（m·℃）、c_p=450J/（kg·K）、ρ=8000kg/m^3。将联接点看成直径为0.0007m的球形体。如果联接点的初温为25℃，并且它被置于炉中温度为200℃的热空气区域，请问，热电偶联接点的温度升到199℃需要多少时间？

4.61　欧姆加热器管内径为0.07m，长为2m。加热器所用电压为15000V。30℃的液体食品以0.2kg/s流量泵送通过加热器。基于加热器管内表面的总传热系数为200W/（m^2·℃）。液体食品比热容为4000J/（kg·℃）。环境空气温度为25℃。假定液体食品性质类似于0.1mol/L磷酸钠溶液。试确定液体食品的出口温度。

4.62 用一根［k=45W/（m·℃）］不锈钢管输送75℃的液体食品。该管子的内径为2.5cm、厚为1cm。基于内径的总传热系数为40W/（m^2·K）。管子内的对流传热系数为50W/（m^2·K）。请计算管外对流传热系数。

4.63 将例4.16编成电子表。如果管子的内径为：（a）2.5cm；（b）3.5cm；（c）4.5cm；（d）5.5cm，求1m长管子上的热损失。

*4.64 Choi和Okos（1983）给出了番茄汁密度与温度的数字化对应关系。若干温度下果汁密度与固形物含量的关系列于下表。

固形物	T=30℃	T=40℃	T=50℃	T=60℃	T=70℃	T=80℃
0%	997	998	984	985	979	972
4.8%	1018	1018	1012	1006	1003	997
8.3%	1032	1032	1026	1026	1020	1017
13.9%	1070	1067	1064	1061	1058	1048
21.5%	1107	1108	1102	1102	1093	1086
40.0%	1190	1191	1188	1185	1179	1176
60.0%	1290	1294	1288	1289	1286	1276
80.0%	1387	1391	1385	1382	1379	1376

试编制一段MATLAB程序，绘制40℃温度下果汁密度值对固形物百分比的曲线。利用图形窗工具菜单中的基本拟合选项，选用适当多项式对数据进行拟合。提交所编写的程序，得到作图及所确定的方程。

*4.65 Choi和Okos（1983）根据番茄汁密度与温度对应关系图进行了数字化整理。将干温度下果汁密度与固形物含量的关系列于习题4.64的表中。编写一段MATLAB程序对Choi和Okos开发的番茄汁密度模型进行评价，并利用该模型作图。

$$\rho = \rho_s X_s + \rho_w X_w$$

$$\rho_w = 9.9989 \times 10^2 - 6.0334 \times 10^{-2} T - 3.6710 \times 10^{-3} T^2$$

$$\rho_s = 1.4693 \times 10^3 + 5.4667 \times 10^{-1} T - 6.9646 \times 10^{-3} T^2$$

式中 ρ——密度，kg/m^3

ρ_w——水的密度，kg/m^3

ρ_s——固形物密度，kg/m^3

T——果汁温度，℃

X_s——果汁固形物百分含量，%

X_w——果汁水分百分含量，%

根据此模型绘制40℃时的实验数据曲线。

*4.66 Telis－Romero等（1998）报道了橙汁比热容与温度和水分含量（%）的函数

关系。部分数字化数据列于下表。

X_w（质量分数）	c_p /[kJ/(kg·℃)]				
	$T=8℃$	$T=18℃$	$T=27℃$	$T=47℃$	$T=62℃$
0.34	2.32	2.35	2.38	2.43	2.45
0.40	2.49	2.51	2.53	2.59	2.61
0.44	2.59	2.62	2.64	2.68	2.72
0.50	2.74	2.78	2.80	2.85	2.88
0.55	2.88	2.91	2.93	2.98	3.01
0.59	2.99	3.01	3.03	3.08	3.12
0.63	3.10	3.12	3.14	3.19	3.23
0.69	3.26	3.28	3.30	3.36	3.39
0.73	3.37	3.39	3.41	3.46	3.49

注意，所有果汁比热容是温度和固形物含量的函数。

两个通用经验公式通常用于估计植物材料及其果汁的比热容。第一个称为 Siebel 关联式，可用于估计“无脂肪水果、蔬菜、果泥以及植物浓缩物”的比热容：

$$c_p = 3.349X_w + 0.8374$$

第二个等式由 ASHRAE 手册－基础部分（2005）给出：

$$c_p = 4.187(0.6X_w + 0.4)$$

利用 MATLAB，用表中给出的所有温度数据建立 c_p－水分含量曲线，并与用以上两经验式计算得到的值进行比较。

4.67　下式为 Bergman 等人（2011）给出的内部和表面有限热阻无限平板传热的温度解公式：

$$\frac{T-T_a}{T_i-T_a} = \sum_{n=1}^{\infty} C_n \exp(-\beta_n^2 N_{Fo})\cos(\beta_n x/d_c)$$

$$C_n = \frac{4\sin(\beta_n)}{2\beta_n + \sin(2\beta_n)}$$

$$\beta_n \tan\beta_n = N_{Bi}$$

他们给了由系列毕渥数确定的超越方程前四个根的 β 值。在 $N_{Bi}=0.5$ 时前四个根为：$\beta_1=0.6533$、$\beta_2=3.2923$、$\beta_3=6.3616$ 和 $\beta_4=9.4775$。写一个 MATLAB 程序用于估算以下条件平板的温度：

$$d_c = 0.055\text{m}$$

$$k = 0.34\text{W/(m·℃)}$$

$$c_p = 3500\text{J/(kg·℃)}$$

$$\rho = 900kg/m^3$$
$$N_{Bi} = 0.5$$
$$T_a = 100℃$$
$$T_i = 35℃$$

在 20min、40min 和 60min 时间范围内，用温度 $T(x, t)$ 对 0 ~ 0.055m 的系列 x 作图。

*4.68 撰写一段利用 MATLAB"pdepe"功能的程序，估算以下条件无限平板的温度：

$$d_c = 0.055m$$
$$k = 0.34W/(m \cdot ℃)$$
$$c_p = 3500J/(kg \cdot ℃)$$
$$\rho = 900kg/m^3$$
$$N_{Bi} = 0.5$$
$$T_a = 100℃$$
$$T_i = 35℃$$

在 20min、40min 和 60min 时间范围内，用温度 $T(x, t)$ 对 0 ~ 0.055m 的系列 x 作图。

符号

A 面积（m^2）

a 式（4.70）中的系数

α 热扩散系数（m^2/s）

α' 衰减因子（m^{-1}）

b 两邻近板之间的距离（m）

β 体积膨胀系数（K^{-1}）

C_F 清洗因素（无量纲）

C_H 热容率［kJ/（s·℃）］

C_{min} 最小热容率［kJ/（s·℃）］

C^* 热容率比（无量纲）

c_p 恒压比热容［kJ/（kg·℃）］

c_v 恒容比热容［kJ/（kg·℃）］

χ 折射率（无量纲）

D 直径（m）

d_c 特征尺寸（m）

D_e 当量直径（m）

d 穿透深度（m）

E 电场强度（V/cm）

E_V 电压(V)
ε 辐射率(无量纲)
ε_E 热交换效率(无量纲)
ε' 相对介电常数(无量纲)
ε'' 相对介电损失常数(无量纲)
F 形状因子(无量纲)
f_h 加热速率因子(s)
f 摩擦系数(无量纲)
f' 频率(Hz)
g 重力加速度(m/s^2)
h 对流传热系数[W/($m^2 \cdot K$)]
I 电流(A)
J_0 零级贝塞尔函数
J_1 一级贝塞尔函数
j_c 中心温度滞后因子
j_m 平均温度滞后因子
K 式(4.185)系数
k 热导率[W/($m \cdot K$)]
κ_E 电导[西门子(S)]
L 长度(m)
l 流体层厚度(m)
λ 波长(m)
λ_n 特征值根
M 质量浓度(%)
m 质量(kg);式(4.59)和式(4.70)中的系数
m'' 式(4.184)中的系数
$\dot{m}$ 质量流量(kg/s)
μ 黏度($Pa \cdot s$)
N 板数
N_{Bi} 毕渥数(无量纲)
N_{Fo} 傅里叶数(无量纲)
N_{Gr} 格拉晓夫数(无量纲)
N_{Nu} 努塞尔数(无量纲)
N_{Pr} 普朗特数(无量纲)
N_{Re} 雷诺数(无量纲)
N_{Ra} 瑞利数(无量纲)
n 式(4.59)中的系数

v 运动黏度（m^2/s）
P 穿透深度处的功率（W）
P_D 功率散失（W/cm^3）
P_o 入射功率（W/cm^3）
ϕ 吸收率（无量纲）
Φ 函数
ψ 透射率（无量纲）
Q 得到或失去的热量（kJ）
q 传热速率（W）
q''' 热量发生速率（W/m^3）
R_E 电阻（Ω）
R_f 结垢热阻［（m^2·℃）/W］
R_t 热阻（℃/W）
r 半径或半径方向的可变距离（m）
r_c 临界半径
ρ 密度（kg/m^3）
σ 斯忒藩－玻尔兹曼常数［5.669×10^{-8}W/（m^2·K^4）］
σ_E 电导率（S/m）
σ_0 0℃时的电导率（S/m）
T 温度（℃）
t 时间（s）
T_e 出口温度（℃）
T_A 绝对温度（K）或鲍尔法中的拟初始温度（℃）
T_a 环境介质温度（℃）
T_f 膜温度（℃）
T_i 初始或入口温度（℃）
T_P 平板表面温度（℃）
T_s 表面温度（℃）
T_∞ 远离固体表面的流体温度（℃）
$\tan\delta$ 损失正切（无量纲）
U 总传热系数［W/（m^2·℃）］
$\bar{u}$ 速度（m/s）
V 容积（m^3）
w 板的宽度（m）
X 质量分数（无量纲）
x x 方向的可变距离（m）
Y 体积分数（无量纲）

Z　深度（m）

z　空间坐标

ξ　代表形状和辐射率的因子（无量纲）

下标：

a，灰分；b，主体，平均；c，通道；ci，内清洁表面；co，外清洁表面；f，脂肪；fi，内结垢表面；fo，外结垢表面；h，碳水化合物；i，内表面；lm，对数平均；m，水分；o，外表面；p，蛋白质；r，半径方向；s，固体；x，x 方向；w，在壁处（或水）；H，热流；C，冷流；P，产品流。

参考文献

American Society of Heating, Refrigerating and Air Conditioning Engineers, Inc., 2009. ASHRAE Handbook – Fundamentals. ASHRAE, Atlanta, Georgia.

Bergman, T. L., Lavine, A. S., Incropera, F. P., DeWitt, D. P., 2011. Fundamentals of Heat and Mass Transfer, seventh ed. John Wiley and Sons, inc., New York.

Brennan, J. G., Butters, J. R., Cowell, N. D., Lilly, A. E. V., 1990. Food Engineering Operations, third ed. Elsevier Science Publishing Co., New York.

Cengel, Y. A., Boles, M. A., 2010. Thermodynamics. An Engineering Approach, seventh ed. McGraw Hill, Boston.

Charm, S. E., 1978. The Fundamentals of Food Engineering, third ed. AVI Publ. Co., Westport, Connecticut.

Choi, Y., Okos, M. R., 1986. Effects of temperature and composition on the thermal properties of food. In: Le Maguer, M., Jelen, P. (Eds.), Food Engineering and Process Applications, Vol. 1. "Transport Phenomena". Elsevier Applied Science Publishers, London, pp. 93 – 101.

Choi, Y., Okos, M. R., 1983. The thermal properties of tomato juice concentrates. Trans. ASAE 26 (1), 305 – 315.

Copson, D. A., 1975. Microwave Heating. AVI Publ. Co., Westport, Connecticut.

Coulsen, J. M., Richardson, J. F., 1999. Chemical Engineering, Vol. 1. Pergamon Press, Oxford.

Das, S. K., 2005. Process Heat Transfer. Alpha Science International Ltd., Harrow, UK.

Decareau, R. V., 1992. Microwave Foods: New Product Development. Food and Nutrition Press, Trumbull, Connecticut.

Decareau, R. V., Peterson, R. A., 1986. Microwave Processing and Engineering. VCH Publ., Deerfield Beach, Florida.

Dickerson Jr., R. W., 1969. Thermal properties of foods. In: Tressler, D. K., Van Arsdel, W. B., Copley, M. J. (Eds.), The Freezing Preservation of Foods, fourth ed., Vol. 2. AVI Publ. Co., Westport, Connecticut, pp. 26 – 51.

Giese, J., 1992. Advances in microwave food processing. Food Tech. 46 (9), 118 – 123.

Green, D. W., Perry, R. H., 2007. Perry's Chemical Engineer's Handbook, eighth ed. McGraw – Hill, New York.

Heldman, D. R., Lund, D. B., 2007. Handbook of Food Engineering. CRC Press, Taylor & Francis Group, Boca

Raton, Florida.

Heldman, D. R. , Singh, R. P. , 1981. Food Process Engineering, second ed. AVI Publ. Co. , Westport, Connecticut.

Holman, J. P. , 2009. Heat Transfer, Tenth ed. McGraw - Hill, New York.

Hottel, H. C. , 1930. Radiant heat transmission. Mech. Eng. 52 (7), 700.

IFT, 1989. Microwave food processing. A scientific status summary by the IFT expert panel on food safety and nutrition. Food Tech. 43 (1), 117 - 126.

Kakac, S. , Liu, H. , 1998. Heat Exchangers. Selection, Rating and Thermal Design. CRC Press, Boca Raton, Florida.

Kreith, F. , 1973. Principles of Heat Transfer. IEP - A Dun - Donnelley Publisher, New York.

Lin, Z. , Cleland, A. C. , Sellarach, G. F. , Cleland, D. J. , 1996. A simple method for prediction of chilling times: Extension to threedimensional irregular shapes. Int. J. Refrigeration 19, 107 - 114, Erratum, Int. J. Refrigeration. 23, 168.

Mertens, B. , Knorr, D. , 1992. Developments of nonthermal processes for food preservation. Food Tech. 46 (5), 124 - 133.

Mudgett, R. E. , 1986. Microwave properties and heating characteristics of foods. Food Tech. 40 (6), 84 - 93.

Myers, G. E. , 1971. Analytical Methods in Conduction Heat Transfer. McGraw - Hill, New York.

Ohlsson, T. , 1983. Fundamentals of microwave cooking. Microw. World 4 (2), 4.

Palaniappan, S. , Sastry, S. K. , 1991. Electrical conductivity of selected solid foods during ohmic heating. J. Food Proc. Engr. 14, 221 - 236.

Pflug, I. J. , Blaisdell, J. L. , Kopelman, J. , 1965. Developing temperature - time curves for objects that can be approximated by a sphere, infinite plate or infinite cylinder. ASHRAE Trans. 71 (1), 238 - 248.

Pham, Q. T. , 2001. Prediction of cooling/freezing time and heat loads. In: Sun, D. W. (Ed.), Advances in Food Refrigeration. Leatherhead International, Leatherhead, Surrey, UK.

Rotstein, E. , Singh, R. P. , Valentas, K. J. , 1997. Handbook of Food Engineering Practice. CRC Press, Boca Raton, Florida.

Schiffman, R. F. , 1986. Food product development for microwave processing. Food Tech. 40 (6), 94 - 98.

Schneider, P. J. , 1963. Temperature Response Charts. Wiley, New York.

Siebel, J. E. , 1892. Specific heat of various products. Ice Refrigeration 2, 256.

Singh, R. P. , 1994. Food Properties Database. RAR Press, Davis, California.

Sweat, V. E. , 1974. Experimental values of thermal conductivity of selected fruits and vegetables. J. Food Sci. 39, 1080.

Sweat, V. E. , 1975. Modeling thermal conductivity of meats. Trans. Am. Soc. Agric. Eng. 18 (1), 564 - 565, 567, 568.

Sweat, V. E. , 1986. Thermal properties of foods. In: Rao, M. A. , Rizvi, S. S. H. (Eds.), Engineering Properties of Foods. Marcel Dekker Inc. , New York, pp. 49 - 87.

Telis - Romero, J. , Telis, V. R. N. , Gabas, A. L. , Yamashita, F. , 1998. Thermophysical properties of Brazilian orange juice as affected by temperature and water content. J. Food Engr. 38, 27 - 40.

Von Hippel, A. R. , 1954. Dielectrics and Waves. MIT Press, Cambridge, Massachusetts.

Watt, B. K. , Merrill, A. L. , 1975. Composition of Foods, Raw, Processed, Prepared. Agriculture Handbook,

Number 8. United States Department of Agriculture, Washington, D. C.

Whitaker, S. , 1977. Fundamental Principles of Heat Transfer. Krieger Publishing Co. , Melbourne, Florida.

5

保藏加工

食品工业中，人们将消除潜在食源性疾病的处理步骤称为保藏加工。巴氏杀菌是一种利用热能提高产品温度杀灭特定病原微生物的传统保藏加工。巴氏杀菌的产品可在冷藏条件下稳定贮存。商业灭菌是一种更强烈的热加工，这种加工可降低产品中所有微生物数量并得到货架稳定的罐头产品。近年来，利用高压和脉冲电场之类无需加热就能降低食品中微生物总数的技术已经得到研究。热加工问题已在 Ball 和 Olson（1957）、Stumbo（1973）、NFPA（1980）、Lopez（1969）和 Teixiera（1992）等标准参考文献中得到详细介绍。Zhang 等人（2011）的文献介绍了非热加工问题。

5.1 加工系统

用于食品保藏加工的系统因所用的加工类型不同而有很大差异。传统热加工系统设备用于提高产品温度，随后保持一段时间，最后由高温冷却下来。另一些保藏加工系统涉及利用试剂与食品接触一段时间，以降低产品内部的劣化作用。对于受处理食品而言，各种加工系统均有其独特之处。

5.1.1 巴氏杀菌和热烫系统

许多食品采用中等程度的热加工，旨在消除病原微生物和其他导致产品劣化的组分，从而延长食品的保质期和安全性。这类加工中，最著名的是用于消除食品中特定病原微生物的巴氏杀菌热加工。热烫是一种类似的热加工，用于使食品中的酶钝化并防止出现产品劣化反应。这两种加工过程均在不采用通常商业杀菌所用高温处理的条件下实现加工目的。

大多数巴氏杀菌系统用于液体食品，重点关注实现特定时间 - 温度过程。如图 5.1 所示为一种典型的巴氏杀菌系统。连续高温短时（HTST）巴氏杀菌系统由若干基本部分构成，包括：

■ 用于产品加热/冷却的热交换器　多数情况下采用板式热交换器将产品加热到所需温度。加热介质可用热水，也可以用蒸汽，并利用热回收段提高流程热效率。此段中的加热介质为热和产品。热交换器设有利用冷水作冷却介质的独立部分。

■ 保持管　保持管是巴氏杀菌系统的重要组成部分。虽然杀菌作用在加热、保温和冷却段有积累作用，但美国食品和药物管理局（FDA）只考虑保持阶段的杀菌能力（Dignan等人，1989）。因此，为实现均匀和足够的热加工，保持管的设计至关重要。

■ 泵和流量控制　位于保持管上游的计量泵用于产品保持所需要的流量。这种场合通常采用正位移泵。离心泵对于压降较为敏感，只能用于CIP清洗。

■ 分流阀　分流阀（FDV）是任何巴氏杀菌系统的重要控制点。这种远程电磁阀位于保持管下游。位于保持管出口处的温度传感器用于控制分流阀；温度高于设定巴氏杀菌温度时，该阀保持在向前流动位置。如果产品温度降到低于所需巴氏杀菌温度，分流阀转向使产品流向系统未加热产品入口。阀门和传感器用于防止未受到设定时间－温度处理的产品进入产品包装系统。

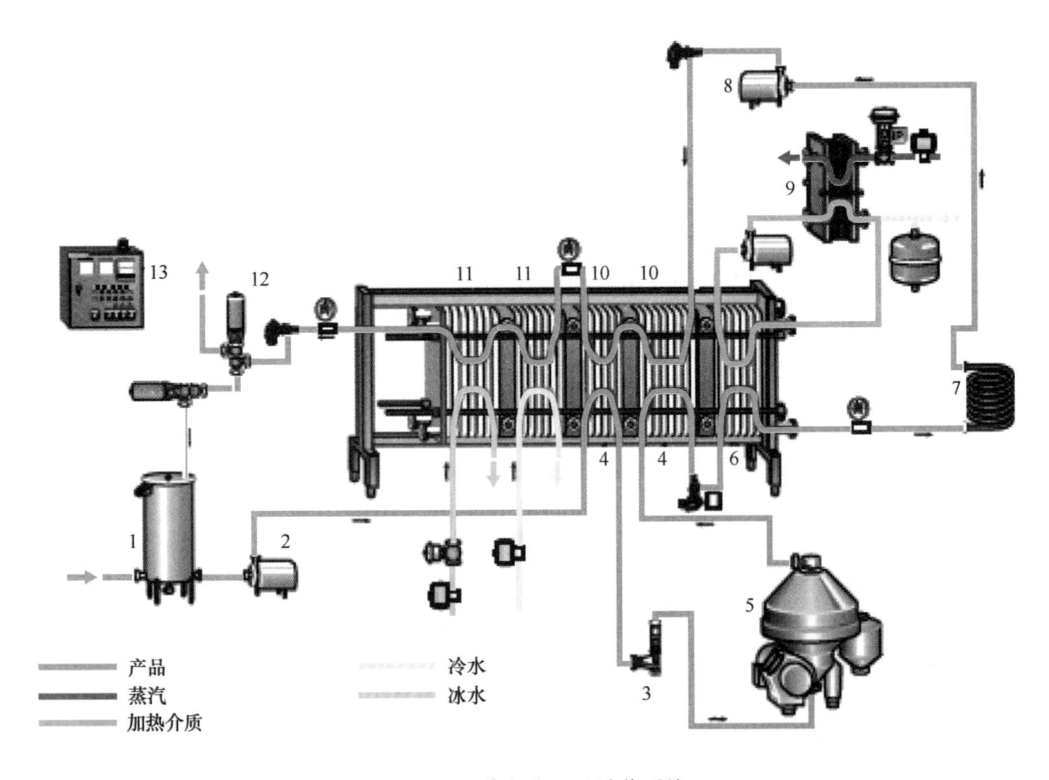

图5.1　一种牛乳巴氏杀菌系统

1—平衡罐　2—进料泵　3—流量控制器　4—再生预热段　5—离心澄清机　6—加热段　7—保温管　8—增压泵　9—热水加热系统　10—再生冷却段　11—冷却段　12—分流阀　13—控制面板

（资料来源：Alph Laval 公司）

热烫系统用于完成类似于巴氏杀菌的热加工，但适用于固体食品钝化酶系统。典型热烫系统如图5.2所示。由于这类系统用于固体食品，因此热烫系统要采用固体产品输送系统。在热烫系统内，可用蒸汽或过热水加热块状产品。输送机形式和速度确保热处理能使产品酶系统失活。一般情况下，块状产品加热最慢位置的过程温度最高，产品在此与蒸汽或热水接触。热烫过程的第二阶段，产品置于通常由冷空气或冷水构成的冷却环境。块状产品加热/冷却最慢位置的温度-时间分布是热烫过程的关键，它由通过该系统两个阶段的输送机速度所决定。

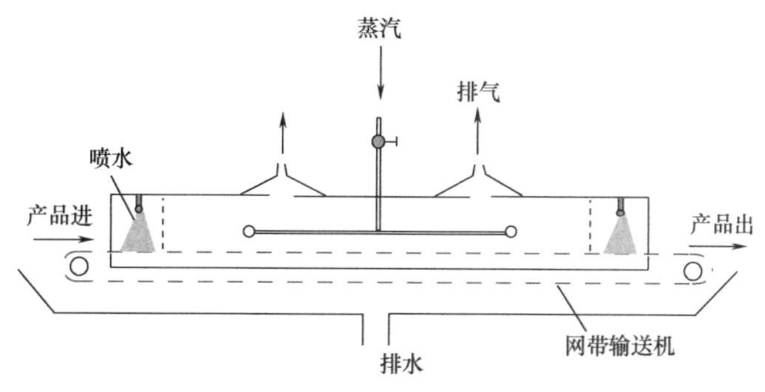

图5.2 一种蒸汽热烫系统
（资料来源：Rumsey，1982）

5.1.2 商业无菌系统

利用热加工生产货架稳定食品称为商业无菌化。商业无菌热加工系统在指定时间内使产品升高相当高的温度。通常，用于这类加工的温度超过水的沸点，因此所用设备必须具有这种功能。商业无菌系统分为三类：间歇式、连续式和无菌包装式。这些类别中，间歇式和连续式系统用于对包装在容器内的产品进行热处理。无菌包装式系统用于装入容器进行包装之前的产品，因此无菌处理过产品的容器包装需经另外的过程实现。

5.1.2.1 间歇杀菌系统

典型间歇式商业杀菌系统称为静止杀菌锅。如图5.3所示，静止杀菌锅是一种使产品置于高于水沸点温度的容器。这种容器必须保持高达475kPa的压力，或者必须维持对应135~150℃蒸汽温度的压力。静止杀菌锅控制系统用于在一定时间内使容器内压力和温度提高到所需水平，在预定条件状态下保持一段指定时间，然后再回到环境压力和温度条件。产品在进入这类杀菌系统之前要预先装入容器并进行密封。

装有产品的容器置于杀菌锅内。杀菌锅密封后要引入高压蒸汽，直到达到所需的压力和温度。杀菌锅达到最终所需压力和温度后，要使装在包装容器中的产物保持一段预定时间。预先确定的一定温度下的保温时间，可使产品得到商业无菌所需的热处理。保温结束后，要释放压力并使产品容器的环境温度降低。

5.1.2.2 连续加压杀菌系统

用于实现商业无菌加工的连续式杀菌器有多种系统。一种称为无篮杀菌系统，可自动实现罐头产品的装锅和卸锅。这种系统实际上是半连续式的，先以连续方式将产品容器装入杀菌锅，随后密封容器，再执行与间歇系统一样的热杀菌管理。热加工后，产品容器以自动方式卸出杀菌系统。

一种真正连续式静水压杀菌系统如图5.4所示。这种静水压系统采用塔式结构，有两个可使产品移动的保持高压蒸汽环境的水柱。水柱的高度足以保持杀菌所需的蒸汽压力和

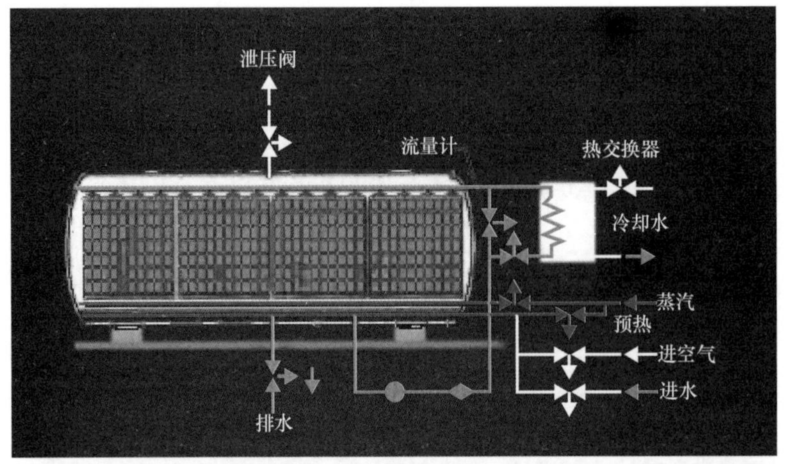

图5.3 用于食品商业无菌化加工的典型间歇式高压杀菌锅系统
（资料来源：FMC公司）

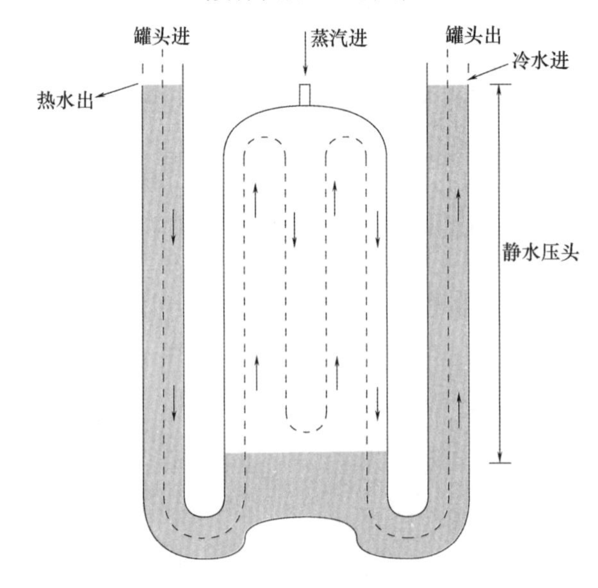

图5.4 罐头食品静水压杀菌系统结构示意图

温度。携带产品的输送机构以连续方式通过该杀菌系统容腔。产品容器由热水柱进入该杀菌系统预热。产品预热完成后再进入蒸汽环境。杀菌过程最后阶段是产品容器通过冷水塔。产品在系统中的停留时间取决于传送带速度。实际上，产品所需的热加工程度是蒸汽温度和产品输送时间的函数。

5.1.2.3 蒸煮袋杀菌系统

大多数商业杀菌系统用于金属罐头装食品。柔性蒸煮袋装产品要用另一种系统进行杀菌，这种系统能使袋装产品均匀地被杀菌容器内的蒸汽所包围。这种间歇系统包括使产品能在蒸汽环境中悬置的独特杀菌篮，从而可使产品以最有效的方式受到加热。由于薄膜袋两侧同时与加热介质接触，因此产品冷点位置能迅速达到所需的杀菌温度，并可迅速冷却以完成热加工过程。

5.1.2.4 无菌处理系统

无菌处理是另一种食品连续杀菌方法，如图5.5所示。这类系统的独特之处在于产品在包装之前进行灭菌处理。这类无菌系统要对包装容器独立灭菌，并且产品要在无菌环境中进行填充包装。这类系统仅限于可用泵送通过加热和冷却热交换器的产品。利用高压蒸汽作热交换器的加热介质，可使产品加热到100℃以上的温度。产品加热以后泵送通过一段保持管，以实现热加工所需的停留时间要求。产物在热交换器中用冷水作介质进行冷却。这类系统不适用于固体食品，但通过改进，用可于含固体颗粒的高黏度食品和液体产品。

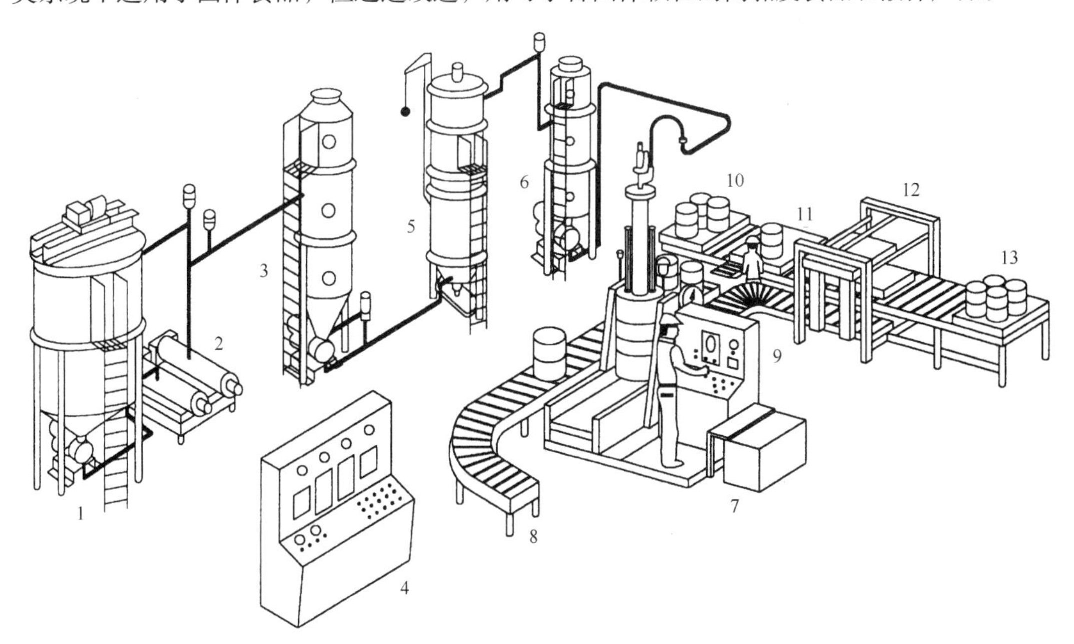

图5.5 无菌处理系统

1—带泵的进料罐 2—刮板式热交换器 3—带无菌泵的蒸汽加压保温罐 4—过程控制柜 5—无菌刮板式冷却器 6—氮气加压聚冷罐 7—无菌低压圆桶填充机 8—空桶输送带 9—翻转器 10—垫板上的待填充空桶 11—人工脱去桶垫板 12—半自动包装桶垫板器 13—垫于板上的装料桶（卸下）

5.1.3 超高压系统

利用高压对食品进行保藏处理的技术已进入潜在商业化阶段。历史上，研究表明300～800MPa的超高压处理可以降低微生物活菌总数。近年来，出现了一些能够显著降低食品中微生物总数的超高压系统。

食品加工用典型超高压（UHP）系统如图5.6所示。该系统的主要部件是维持高压所需的压力容器。该压力容器的传递介质与产品接触，对产品及其所含微生物产生作用。目前，超高压系统以间歇或半连续方式操作。

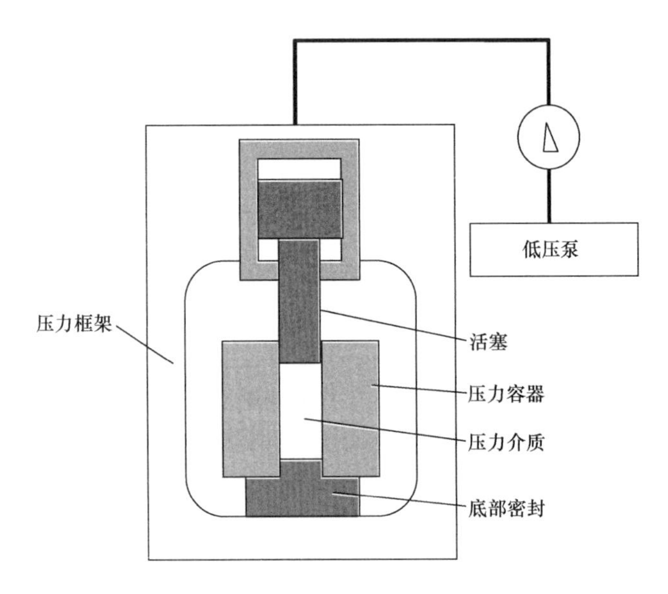

图5.6　超高压杀菌系统示意图
（资料来源：Mertens和Desplace，1993）

利用超高压对固体食品或容器装产品进行处理时，通常将产品装置在系统容器中，然后在产品周围填充传递介质。高压容器压力既可通过输送液体传递介质的高压泵实现，也可通过活塞运动使产品周围介质体积缩小实现。容器达到所需压力后，保持一段时间，使微生物总数降低到所需程度。压力保持期结束后，释放压力，完成处理。

适用于可泵送产品的超高压系统可利用高压补偿将产品引入高压容器。这类半连续系统通过将水引入直接与产品接触的自由活塞背面来提高产品的压力。处理结束后，产品被抽出容器，再进入下一次循环操作。处理过的产品必须在无菌环境中进行填充包装。

超高压过程中，由于绝热加热作用，产品温度会上升。通常产品以3℃/100MPa的方式升温，但具体升温幅度与产品组成有关。这种温度升高是否会对高压杀菌过程产生影响，取决于进入UHP系统的产品温度。

5.1.4 脉冲电场系统

脉冲电场对食品进行处理，会降低其中的微生物种群数。这种用于处理食品的系统需要一个电场发生器和一个处理室，以使产品在受控制条件下接受电场处理。

一般，处理室能使产品以受控制方式通过脉冲电场区接受处理。大多数脉冲电场杀菌系统用于可用泵和管道输送的液体食品，电场发生部件围绕产品输送管布置。电场发生系统至少由两个电极构成：一个为高压电极，另一个电极接地。脉冲电场处理就是使产品在两电极之间受到处理。

已经开发出几种电极和产品流装置，如图5.7所示。这些装置包括平行板型、同轴电缆型和共线型。虽然平行板型装置可提供最均匀的电场强度，但其强度仍然会在边界区域降低。在商业化运行的产品流量条件下，脉冲频率会导致产品温度上升。

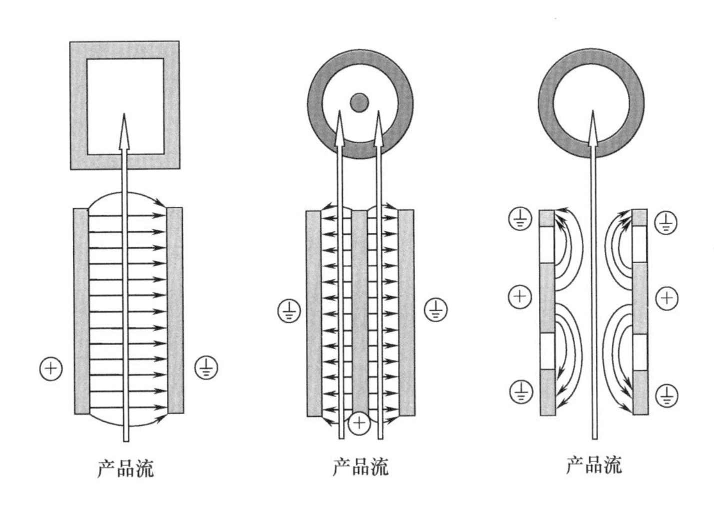

图5.7 三种连续流动脉冲电场系统结构示意图
（资料来源：Toepfl，Heinz 和 Knorr，2005）

脉冲电场杀菌过程的主要变量是电场强度。杀菌用的电场强度取决于微生物群体，可低至2kV/cm，也可高达35kV/cm。对于所有微生物而言，其数量降低率随电场强度增大而升高。脉冲电场杀菌过程的另一影响因素是脉冲的几何形状。

温度是脉冲电场杀菌的另一变量，它对脉冲电场杀菌过程的有效性有高度协同作用。产品组成也会影响脉冲电场杀菌过程，高导电性产品有利于提高杀菌过程的有效性。液体产物中存在气泡或颗粒物需要慎重对待。

5.1.5 其他保藏系统

一些保藏新技术也得到了研究，这些技术包括紫外光、脉冲光和超声波。这些技术的应用尚未发展到商业经营规模。高电压电弧放电、振荡磁场和X射线在食品方面的应用非常有限。微波、无线电频率和欧姆感应加热系统已被开发用于食品，但依赖于增加产品的温度以实现该过程。

5.2 微生物残存曲线

食品保藏加工中，要通过外在作用来降低存在于食品中的微生物数量。大肠杆菌、沙门菌或李斯特单弧菌等的营养细胞，其数量的降低模式如图5.8所示。微生物芽孢数量也会以类似的方式降低，但有一个初始滞后期。这些曲线称为微生物残存曲线。虽然这些曲线经常用一级模型描述，但逐渐有迹象表明，对保藏加工进行设计时，其他模型更为合适。

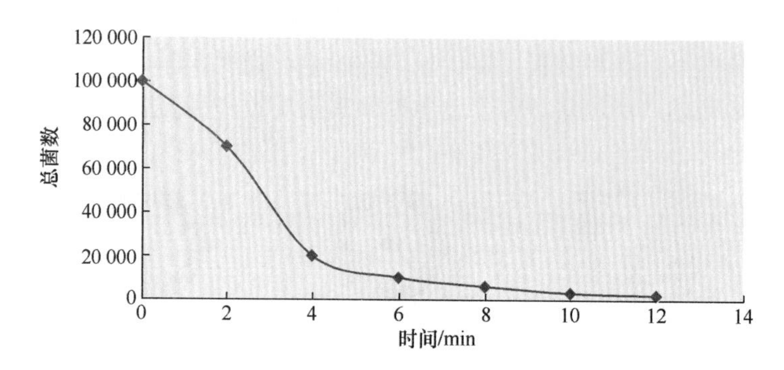

图5.8　微生物总数残存曲线

微生物曲线的一般描述模型为：

$$\frac{dN}{dt} = -kN^n \tag{5.1}$$

其中，k是速率常数，n是模型的级。此一般模型描述了微生物数量降低与时间函数关系。

式（5.1）的一个特例是：

$$\frac{dN}{dt} = -kN \tag{5.2}$$

此处，n是1.0，此式符合一级动力学模型。这一基本模型已经用于描述热致死微生物数量残存曲线。用残存曲线数据在半对数坐标中作图，可以得到一条如图5.9所示的直线。该直线的斜率是一级速率常数（k），它的倒数就是微生物数降低一个对数周期对应的时间（D）。

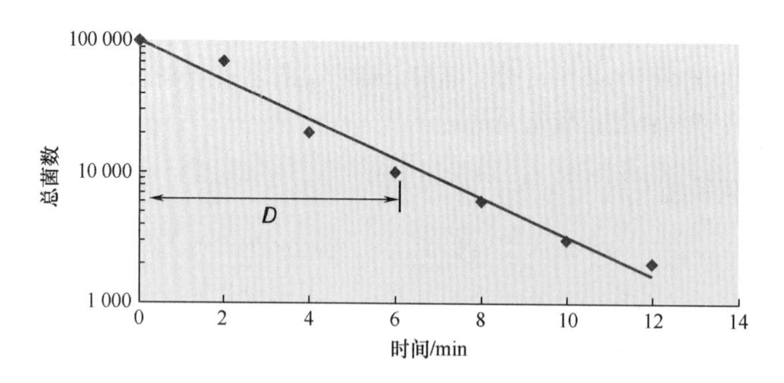

图5.9　半对数坐标上的微生物总数残存曲线

D值定义为用于将微生物数量降低90%所需的时间。或者说，D值是微生物数量降低一个对数周期所需的时间。根据D值定义，可用以下方程描述微生物残存曲线：

$$\log N_0 - \log N = \frac{t}{D} \tag{5.3}$$

或

$$D = \frac{t}{\log N_0 - \log N} \tag{5.4}$$

及

$$N/N_0 = 10^{-t/D} \tag{5.5}$$

当微生物的初始数量为 N_0，N 为时间 t 所对应的数量时，可以得到式（5.2）的一个解：

$$\frac{N}{N_0} = e^{-kt} \tag{5.6}$$

比较式（5.5）和式（5.6），显然

$$k = \frac{2.303}{D} \tag{5.7}$$

化学反应动力学常用式（5.1）描述，化学组分的变化速率用一级速率常数（k）表示。许多食品加工过程中的品质变化可用一级速率常数（k）描述。

例 5.1

以下是芽孢悬液在 120℃ 条件进行耐热试验得到的数据

时间/min	残存数
0	10^6
4	1.1×10^5
8	1.2×10^4
12	1.2×10^3

请确定微生物的 D 值。

方法：

用微生物数量在半对数坐标上对时间作图，求取斜率。

解：

（1）在一张半对数作图纸上，用微生物残存数与时间关系数据作图（图 E5.1）。根据

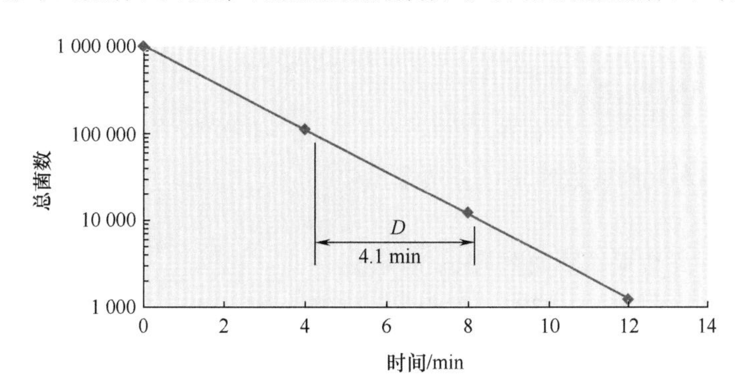

图 E5.1 图解法确定例 5.1 中的 D 值

得到的直线，确定微生物芽孢数量降低一个对周期所需的时间（D 值）为 4min。

（2）此题的另一种解法是，将数据编入电子表，对微生物残存数取自然对数，将这些数据输入线性回归模型。得到的 D 值为 4.1min。

某些情形下，微生物种群残存曲线可能不符合一级模型。这类情况下建议用以下关系式：

$$\log N_0 - \log N = \left[\frac{t}{D'}\right]^n \tag{5.8}$$

其中，D' 是一个类似于对数降低时间的参数，n 是对数残存曲线偏差的修正常数。当残存曲线向上凹时，n 值将小于 1.0，下凹时 n 值大于 1.0。

例 5.2

食品经 300MPa 超高压处理得到以下残存曲线数据：

时间/s	总菌数
0	1000
1	100
2	31
3	20
4	30
5	10
6	6
7	6
8	5
16	2
24	1

试确定描述残存曲线所需的参数。

方法：

式（5.8）可重新整理为：

$$\log[\log(N_0/N)] = n[\log t - \log D']$$

残存曲线对数对时间对数作图估算两个参数。

解：

（1）用残存曲线数据作图如图 E5.2 所示。

（2）由曲线得：斜率 =0.3381，截距 =0.0425。

（3）因此

$$D' = 10\left(-\frac{0.0425}{0.3381}\right) = 0.74\text{s 和 } n = 0.34$$

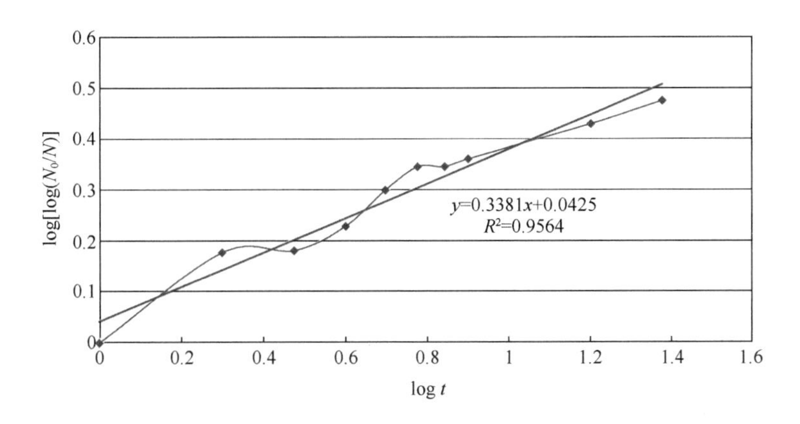

图 E5.2　图解法确定例 5.2 中 D'值

5.3　外部因素影响

微生物数残存曲线会受到一些外部因素的影响。微生物数下降的速率，随着杀菌参数（如温度、压力、脉冲电场）强度的提高而增加。将一定数量的微生物置于一系列的高温下处理，结果会得到一条一级模型的曲线。

在化学反应动力学中，我们用阿累纽斯方程描述温度对速度常数的影响。这样，

$$k = Be^{-(E_a/R_gT_A)} \tag{5.9}$$

或

$$\ln k = \ln B - \frac{E_a}{R_gT_A} \tag{5.10}$$

这里，温度对速率常数（k）的影响以活化能（E_a）大小表示。这些常数可通过实验数据确定。如图 5.10 所示，以 $\ln k$ 对 $1/T_A$ 作图，可以确定线性曲线的斜率等于 E_a/R_g。

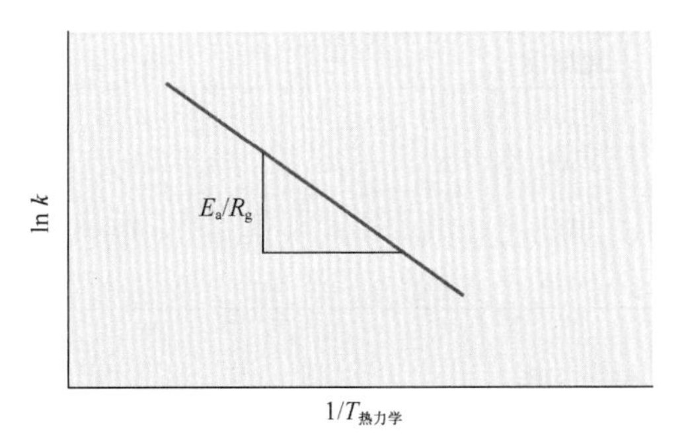

图 5.10　反应速率常数（k）对热力学温度倒数的阿累纽斯关系

传统热加工中，用微生物的耐热性常数（z）来描述温度对 D 值的影响。耐热性常数（z）定义为使得 D 值降低 90% 所需要升高的温度值。用不同温度下的 D 值在半对数坐标

上作曲线，D 值改变一个对数周期所对应的温度增加就是 z 值（图 5.11）。

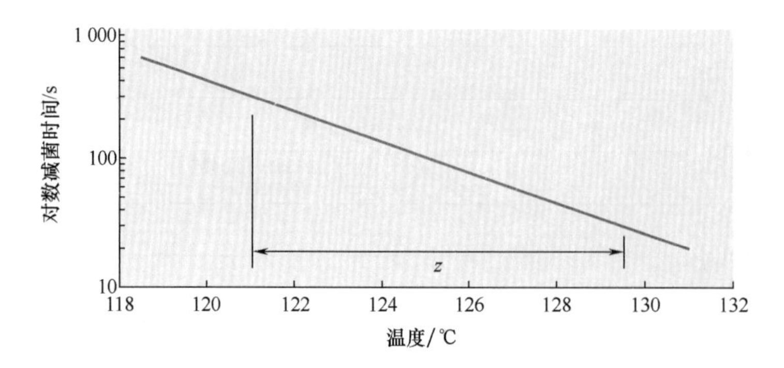

图 5.11　用于确定微生物耐热性常数（z）值的对数减菌时间与温度的关系曲线

根据定义，z 可以用下式表示：

$$z = \frac{T_2 - T_1}{\log D_{T_1} - \log D_{T_2}} \tag{5.11}$$

比较式（5.9）和式（5.10），并注意到 $k = 2.303/D$

$$E_a = \frac{2.303 R_g}{z}(T_{A_1} \times T_{A_2}) \tag{5.12}$$

作为附加参数，压力对微生物数量活化能的影响，可以描述如下：

$$\ln k = \ln k_R - \left[\frac{V(p - p_R)}{R_g T_A}\right] \tag{5.13}$$

式中　V——活化体积常数

p_R——参比压力

活化体积常数可根据实验数据确定。在恒定温度下，用 $\ln k$ 对（$p - p_R$）作图，得到的线性曲线斜率是 $V/R_g T_A$。

例 5.3

以下是芽孢悬液在不同温度下测量得到的 D 值数据

温度/℃	D/min
104	27.5
107	14.5
113	4.0
116	2.2

请确定芽孢的耐热性常数 z 值

方法：

用 D 值对温度在半对数坐标上作图，作图得到的直线斜率可用以求 z 值。

解：

（1）用 D 值对温度在半对数坐标上作图（图 E5.3）；

（2）将作图点连成直线；

（3）根据得到的作图直线可知，D 值下降一个对数周期，需要升高温度 11℃；

（4）基于以上分析，得 $z=11$℃；

（5）也可以对 D 值的对数值和温度数组，用程序进行线性回归。得到的 z 值是 11.1℃。

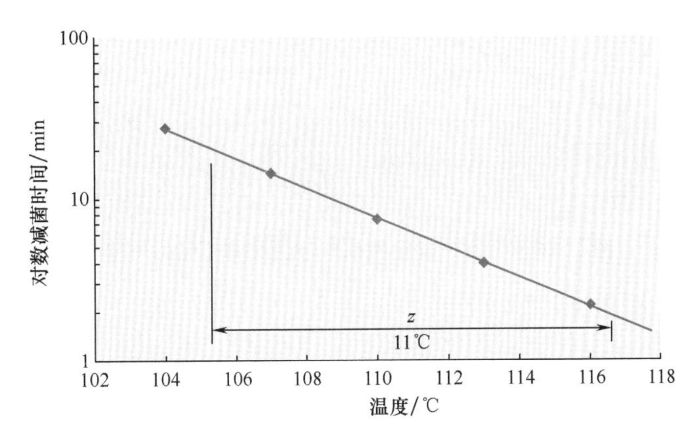

图 E5.3　图解法确定例 5.3 中微生物耐热性常数 z 值

例 5.4

Mussa 等人（1999）的数据表明：单核细胞增生李斯特菌斯科特 A 的失活速率 30℃温度下是压力的函数：

压力/MPa	速率（k）/（$\times 10^{-2}\mathrm{min}^{-1}$）
200	4.34
250	7.49
300	14.3
350	27.0
400	65.2

利用所提供的数据，估计活化体积常数（V）。

方法：

活化体积常数（V）可由式（5.13）估计。如图所示，k 对（$p-p_R$）是线性关系，其斜率为 V/R_gT_A 斜率。

解：

（1）所给数据已在图 E.5.4 中绘制为 $\ln k$ –（$p-p_R$）曲线，其中 p_R 为 200MPa。

（2）结果表明线性关系的斜率为：

$$V/R_gT_A=-0.0134\times 10^{-6}\mathrm{Pa}^{-1}$$

而对于 $R_g=8.314\mathrm{m}^3\cdot\mathrm{Pa}/(\mathrm{mol}\cdot\mathrm{K})$ 和 $T_A=303\mathrm{K}$

$$V = -3.383 \times 10^{-5} m^3/mol$$

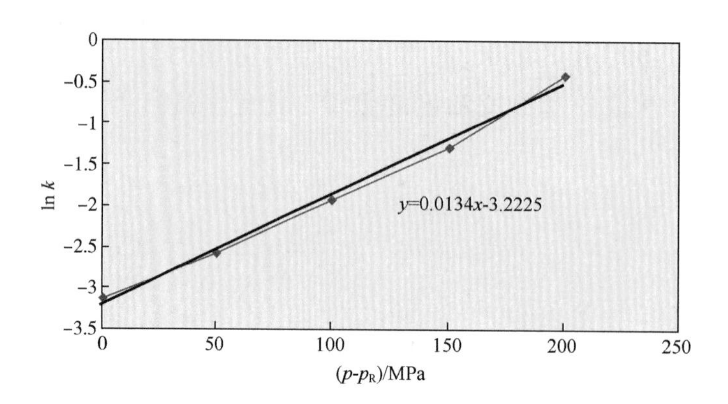

图 E5.4　图解法确定例 5.4 中活化体积常数（V）

5.4　热致死时间 F

热致死时间 F 是用于杀灭规定数量营养细胞或芽孢所需的总时间。只要微生物残存曲线符合一级模型，这一时间也可以用 D 值的倍数表示。例如，使微生物数量降低 99.99%，相当于微生物数降低 4 个对数周期，即 $F = 4D$。为获得货架寿命稳定（即常温下长期贮存稳定）的食品，杀菌时常用的热致死时间 $F = 12D$（其中的 D 值为肉毒杆菌的）。当微生物残存曲线的形状不确定性时，为了证实热致死时间的适当与否，需要终点数据。

在有关热处理的食品科学文献中，表示 F 值时，一般带一个代表处理温度的下标和一个代表被处理微生物 z 值的角标。因此，F_T^z 表示温度 T 和耐热性为 z 的热致死时间。通常用作参比的热致死时间（以华氏温度表示）为 F_{250}^{18}，即（用摄氏温标时）F_{121}^{10}。这一参比热致死时间（简写为 F_0），表示 z 值为 10℃（即 18℉）和杀菌温度为 121℃（即 250℉）下杀死一定微生物所需的时间。

非热处理的微生物致死时间会有与微生物热处理残存曲线相同的关系，即有同样的微生物数量降低速率关系。F 的大小代表对微生物进行杀菌处理的总时间，这是达到规定微生物数量杀灭程度所需要的时间。

5.5　腐败概率

对于货架寿命稳定的食品，其杀菌过程设计除了要保证微生物学安全性以外，还要满足尽量消除腐败发生的要求。整批受处理产品中发生腐败的容器数量可用腐败概率估计。

式（5.3）中的 N 代表一定热致死时间 F 条件下所期望的微生物最终数量。

$$\log N_0 - \log N = \frac{F}{D} \tag{5.14}$$

如果 r 是受杀菌处理的容器数量，N_0是每一容器内腐败微生物的数量，那么，在杀菌开始时的微生物总数为 rN_0，并且

$$\log(rN_0) - \log(rN) = \frac{F}{D} \tag{5.15}$$

如果杀菌处理的目标是达到整批被处理的容器中只出现一个残存微生物的概率，那么

$$\log(rN_0) = \frac{F}{D} \tag{5.16}$$

即

$$rN_0 = 10^{F/D} \tag{5.17}$$

或

$$\frac{1}{r} = \frac{N_0}{10^{F/D}} \tag{5.18}$$

式（5.18）左侧的比率代表了全部杀菌容器中出现一个容器腐败的概率。如果初始含菌量和微生物 D 值已知，就可利用此表达式对达到规定腐败概率目标所需的热致死时间进行估计。值得注意的是，腐败概率表达式假设腐败微生物的残存曲线服从一级模型。

例 5.5

微生物的 $D_{113}=4\text{min}$，微生物原始菌数为 10^4个，在 113℃温度下处理 50min。请估计腐败概率。

方法：

利用式（5.18）计算腐败概率。

解：

（1）根据式（5.18）

$$\frac{1}{r} = \frac{10^4}{10^{50/4}} = \frac{10^4}{10^{12.5}} = 10^{-8.5}$$

因此

$$r = 10^{8.5} = 10^8 \times 10^{0.5} = 10^8 \times \sqrt{10} = 3.16 \times 10^8$$

（2）由于 $r=3.16\times10^8$，所以在 3.16×10^8个容器中，可以期望有一个容器腐败，或在 10^9个容器中，大约有 3 个容器腐败。

5.6 杀菌过程计算的一般方法

杀菌过程通用计算方法的基础是 Bigelow 等人的经典文献（1920）。它是现代热杀菌计算的基础。通用计算方法的主要计算依据是一定数量的对象菌在所有产品杀菌温度下的热致死时间。值得注意的是，热致死时间随杀菌温度的提高而缩短。

早期的计算方法涉及建立一条杀菌曲线。这一曲线是在普通坐标上绘制得到的杀菌率

(F/t) 曲线。杀菌率是给定温度下的热致死时间除以该温度下的实际时间。当这些杀菌率对时间作图时，曲线下的面积便是以时间作单位的该加工条件的致死效果。假定每一温度下的时间增量相同，则较高温度下的致死率变得较小。

通用方法杀菌计算可以根据两个关系进行，一是热致死时间和残存曲线之间的关系［这一关系曲线由式（5.14）所给］，二是由式（5.11）所描述的热致死时间与耐热性常数之间的关系。利用热致死时间与 D 值关系，式（5.11）可以改写为：

$$\log\left(\frac{F_R}{F}\right) = \frac{(T - T_R)}{z} \tag{5.19}$$

或

$$\frac{F_R}{F} = 10^{(T-T_R)/z} \tag{5.20}$$

如果参比温度（T_R）下的热致死时间已知，那么式（5.20）就可用于计算任何温度（T）下的热致死时间（F）。根据 Ball（1923）的理论，式（5.20）可以定义为致死率，即温度 T 时的热致死时间对参比温度 T_R 时热致死时间的比率。如图 5.12 所示，致死率曲线是致死率（LR）对热处理时间的曲线。致死率曲线下的面积被定义为致死值，即时间和（以参比温度表示的）温度对微生物数量作用的累积效果。通常，这一致死值称为 F，F 是用规定温度曲线表示的热处理效果。为了避免与热致死时间的混肴，将致死值定义为：

$$L = \int 10^{(T-T_R)/z} dt \tag{5.21}$$

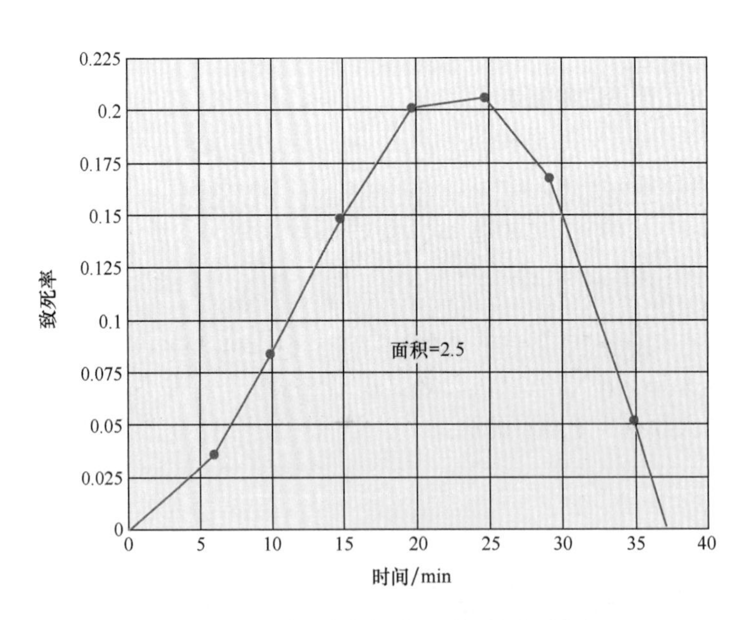

图 5.12　热致死率与热处理时间的关系曲线

对杀菌时间进行估计时，要求的杀菌处理所产生的致死值（L）必须与目标热致死时间相符，这个目标热致死时间由式（5.18）规定。这是应用热杀菌通用计算方法的关键。

5.6.1 巴氏杀菌的应用

在巴氏杀菌中，食品被加热到规定的温度，并按规定时间在此温度下保温。与巴氏杀菌相关的致死值只根据保持时间确定；而在加热升温和冷却降温期间的杀菌作用不明显，所以不加考虑。对牛乳进行巴氏杀菌（如前面图 2.1 所示）的依据是：病源菌的 D_{63} = 2.5min、z = 4.1℃，以及 12D 的热致死时间（即 30min）。这一杀菌条件可保证该病源菌的存活概率低到可以忽略不计。

传统间歇式巴氏杀菌是在 63℃条件下保温 30min 实现的。应用参比温度 63℃、30min 的保温时间所产生的致死率是 1.0。如图 5.13 所示，巴氏杀菌的致死值是致死率曲线下的面积，即 30min。

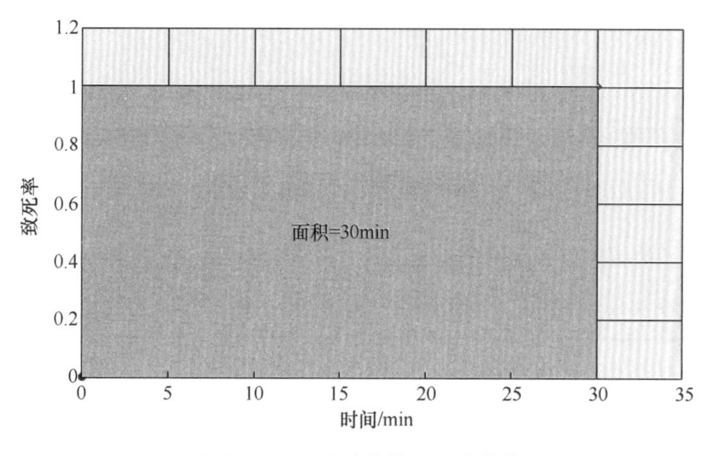

图 5.13 巴氏杀菌的致死率曲线

连续高温短时（HTST）巴氏杀菌的特点是大部分致死值在温度接近于加热介质温度的保温期获得。加热和冷却对致死值的贡献大小取决于加热和冷却速率，也取决于加热和冷却的方法。

HTST 巴氏杀菌是一个连续过程。此过程将产品温度加热到 71.5℃后，通过保温管获得所需的保温时间。当 HTST 杀菌以 63℃为参比温度时，其致死率为 120。为了获得与间歇巴氏杀菌相同的致死值，需要的保温时间是 15s。

例 5.6

热杀菌条件如下：瞬时地将产品加热到 138℃，随后保温 4s 并又瞬时地冷却。如果微生物的耐热性（z）为 8.5℃，请估计 121℃时的致死值。

方法：

利用式（5.20）的修正形式表达热致死时间和计算致死值。图 E5.5 为温度和相应时间的曲线。

解：

（1）利用式（5.20）修正形式

$$\frac{F_{138}}{F_{121}} = 10^{(121-138)/8.5}$$

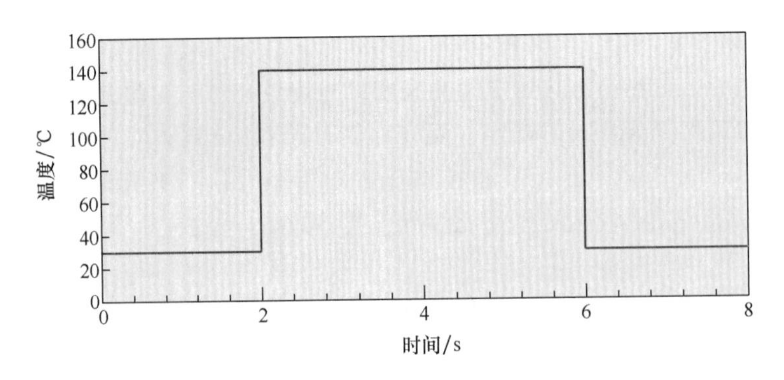

图 E5.5　例 5.6 中热处理的温度曲线

即

$$F_{121} = (4\text{s})\ 10^{(138-121)/8.5} = 4 \times 10^{2} = 400\text{s}$$

（2）为了表达同样的热处理效果，121℃时的热致死值是 138℃时的 100 倍。

实际情形中，热杀菌过程不可能实现瞬时升温或冷却。加热或冷却过程总会有致死值的积累。

例 5.7

某食品利用超高压工艺降低腐败微生物总数。该过程条件如下：

时间/min	压力/MPa
0	0
1	100
2	200
3	300
4	400
5	400
6	400
7	400
8	200
9	100
10	0

试估计该过程导致的微生物总数降低量，如果初始含菌数为 2×10^{3}。该腐败菌对压力处理的响应为：$D_{200}=60\text{min}$ 及 $z_{\text{p}}=130\text{MPa}$。

方法：

由于与保持时间相比，压力上升或下降在较长时间完成，因此，操作过程的三个阶段均需要考虑。微生物总数降低根据升压、保持和降压阶段的致死率计算。利用总致死率计算微生物数的减少量。

解：

（1）高压处理过程各阶段的微生物致死率如下表所示：

时间	致死率
0	0
1	0.1701
2	1.0000
3	5.8780
4	34.5511
5	34.5511
6	34.5511
7	34.5511
8	1.0000
9	0.1701
10	0
总计	146.4226

计算表明，高压加工过程的微生物总致死率为146.42min。利用此值及微生物残存曲线方程，可得到以下结果：

$$N = (2 \times 10^3)10^{(-146.42/60)}$$

$$N = 7$$

计算表明，高压处理残存的腐败微生物数量为7。

5.6.2 商业灭菌

食品的商业灭菌可以在间歇式杀菌锅或连续式杀菌系统中完成。食品商业灭菌的目的是通过充分的杀菌处理来降低微生物的数量，从而生产出非冷藏条件下货架稳定的产品。由于存在于这些产品中的微生物属于芽孢，因此，要根据代表芽孢的较高耐热性的适当动力学参数来制订杀菌条件。虽然这类产品中微生物的耐热性会随pH不同而有所差异，但对于低酸性（$pH > 4.5$）食品来说，必须采用最严厉的杀菌条件。这类产品可用肉毒梭状芽孢杆菌作为对象菌，这种细菌的动力学参数为：$D_{121} = 0.2min$ 和 $z = 10℃$。由于一些腐败微生物的耐热性超过肉毒梭状芽孢杆菌，因此也可以用这些腐败菌的动力学参数作为制订杀菌条件的依据。

用高压杀菌锅对罐头食品进行杀菌的过程，会受到以下三个因素的影响。

（1）产品的物理特性。固体食品主要依靠传导传热，而液体食品主要以对流方式传热。

（2）必须根据罐头食品中加热最慢位置的温度历程来建立杀菌条件。

（3）加热最慢位置升到加热介质温度所需要的时间，可能会占总杀菌时间相当大的部分，有的甚至到杀菌结束也达不到加热介质的温度。

为了以应用术语来表示杀菌条件，产品在杀菌锅中的时间必须确定。如图 5.14 所示，杀菌锅温度升到最终稳定温度需要一定时间。加热最慢位置的温度将如曲线所示变化；该处的温度达不到杀菌锅的最终稳定状态（T_M），而当冷却介质进入后，罐头冷点的温度下降又出现明显滞后。热杀菌效果用测量到的温度曲线生成的致死率曲线表示（图 5.12）。

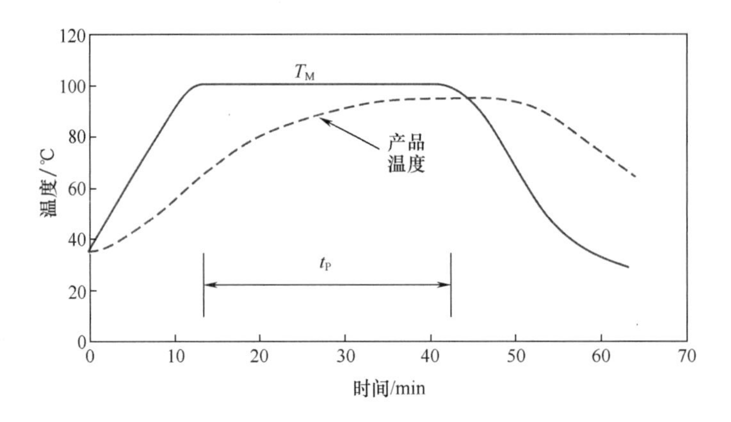

图 5.14　加热过程中典型的加热介质和产品的温度曲线

许多情况下，热杀菌计算的目的是为了估计达到热致死时间目标所需的实际杀菌时间（F）。在应用中，操作时间（t_p）是产品加热终点（冷却开始点）温度时刻与杀菌锅达到加热介质稳定温度时刻的差值。建立杀菌条件就是选择与目标热致死时间相当的操作时间（t_p）。如图 5.15 所示，三条曲线之一的热致死值会与目标热致死时间相当，而要选择的正是这条曲线的操作时间。

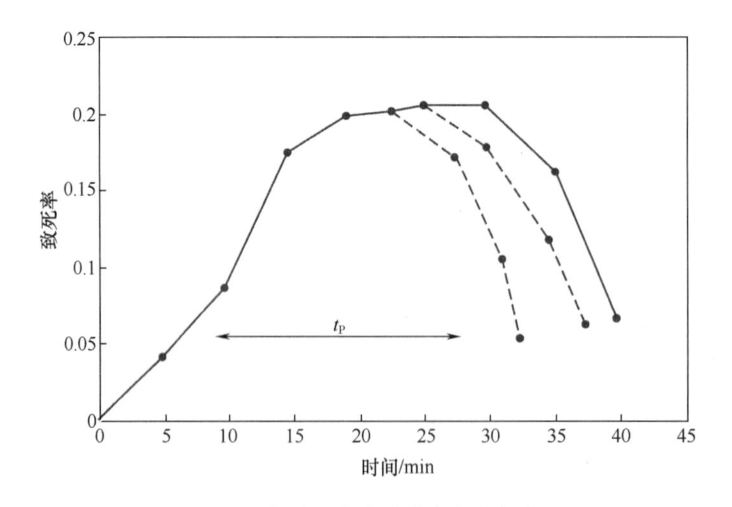

图 5.15　根据致死率曲线确定加热操作时间

例 5.8

罐装液体食品的加热冷点温度随时间的变化如下：

时间/min	温度/℃	时间/min	温度/℃
0	75	4	135
1	105	5	120
2	125	6	100
3	140		

此热处理是针对 D_{121} 为 1.1min 和 $z=11$℃ 的微生物的。请估计此热处理的致死值（F_{121}）。

已知：

D_{121} 为 1.1min

$z=11$℃

温度－时间数据如本题陈述部分所示

方法：

计算每一时间间隔的致死率，将计算到的不同致死率相加即可得到所求的致死值。

解：

（1）利用式（5.20）计算致死率

$$LR = 10^{(T-121)/11}$$

（2）计算得到的每一时间间隔的致死率如下：

时间/min	致死率	时间/min	致死率
0	0	4	18.738
1	0.035	5	0.811
2	2.310	6	0.012
3	53.367		合计 75.273

（3）如上所见，以 1min 为时间间隔的总致死值为 75.273min。

（4）致死值是

$$F_{121} = 75.273\text{min}$$

5.6.3 无菌处理与包装

连续 UHT 处理系统对液体食品加热可能需要一定时间使产品温度从初温升至保温管温度。保温以后使产品降温也需要较长一段时间。由于管理上的原因，对于连续处理系统，保温管前后的相关致死值可以不考虑。在致死率曲线中，由这两部分构成的致死值大小将取决于加热时间、冷却时间以及保温时间。只有加热是瞬时（将蒸汽喷入产品或将产品注入蒸汽中会出现这种效果）和冷却是瞬时（闪蒸冷却会有这种效果）的情形下，无菌热处理的致死值才只由保温时间积累构成。

例 5.9

液体食品用中试型 HTST 系统进行试验，有一种微生物残存下来。实验室试验得到的这种微生物的 $D_{121}=1.1\text{min}$、$z=11℃$。食品处理前最大含菌量为 10^5/g，使用的最大容器容量为 1000g。期望处理后食品中发生腐败的概率为每 10000 只容器中少于一个。试验得到的记录温度如下：

处理阶段	时间/s	温度/℃
加热	0.5	104
加热	1.3	111
加热	3.4	127
加热	5.3	135
加热	6.5	138
保温	8.3	140
保温	12.3	140
冷却	12.9	127
冷却	14.1	114
冷却	16.2	106

请计算为达到希望的灭菌效果所需要的最短保温时间。

方法：

计算达到期望腐败率所需增加的保温时间。

解：

（1）由于期望达到的是每 10000 只容器中出现 1 个残存微生物（即在 10^7g 液体食品中出现一个残存微生物）的减菌效果，因此必须将微生物数 10^5 个/g 降低到 1 个/10^7g。这相当于使微生物数降低 12 个对数周期，从而热处理必须达到 $12D_{121}$ 或 $F_{121}=12\times1.1=13.2\text{min}$ 的程度。

（2）为了估计所希望灭菌过程是否适当，必须确定 121℃下的当量时间致死值。

（3）测得的杀菌过程时间－温度关系已经绘制成如图 E5.6 所示的曲线。此外，以 1s 为时间间隔的中值温度已由表 E5.1 给出。注意，中点温度取自保温期每秒的中点的温度。由于 1s 的一半是 0.5s，因此保温期的中点数为 8.3 + 0.5 = 8.8s、9.8s、10.8s 和 11.8s。所有的中点温度和相应的时间均列于表 E5.1 中。

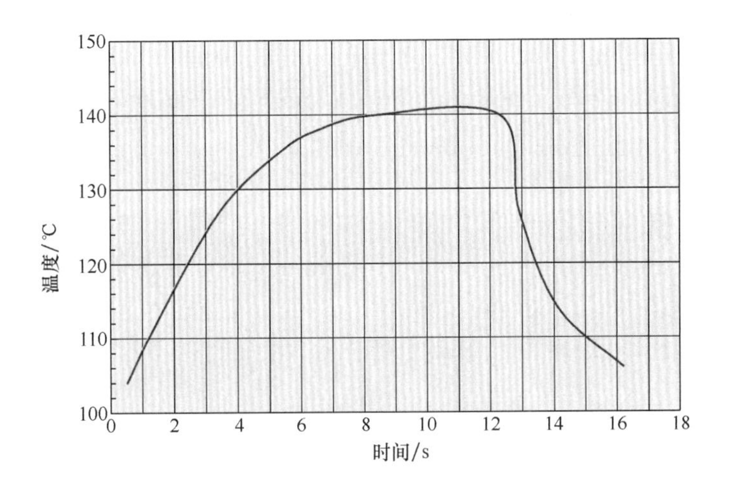

图 E5.6 例 5.9 中热处理温度曲线

表 E5.1 例 5.6 中的致死率计算

时间/s	中点温度/℃	致死率
0.8	107	0.001
1.8	114.5	0.005
2.8	122.4	0.025
3.8	128.7	0.094
4.8	132.9	0.226
5.8	136.25	0.456
6.8	138.3	0.701
7.8	139.4	0.882
8.8	140	1.000
9.8	140	1.000
10.8	140	1.000
11.8	140	1.000
12.8	129.2	0.104
13.8	117.25	0.008
14.8	111	0.002
15.8	108	0.001
		合计 6.505

（4）这种情形下，用保温期温度作参比温度的热致死率计算如下

$$致死率 = 10^{(T-140)/z}$$

由于选择1s时间间隔，因此可以绘制一幅柱状图，从而可以通过图形积分得到总致死值（图E5.7）。柱状图构成的面积为6.505s，与表E5.1中致死率列中的总致死值相同。这一积累的致死值代表了140℃下处理6.505s的杀菌程序。

（5）计算杀菌处理的当量值

$$F_{121}^{11} = F_{140}^{11} \times 10^{(140-121)/11} = 6.505(53.4) = 347\text{s} = 5.79\text{min}$$

（6）由于希望的杀菌时间是13.2min，因此在121℃温度条件下，还需要再增加7.41min的杀菌时间。

（7）可以通过将保温时间在4s基础上延长的方法获得增加的杀菌处理。将增加杀菌处理再转化成140℃下的当量值，

$$F_{140}^{11} = F_{121}^{11} \times 10^{(121-140)/11} = 7.41 \times 0.0187 = 0.139\text{min} = 8.31\text{s}$$

（8）为了获得希望的杀菌处理，总的保温时间为

$$4 + 8.31 = 12.31(\text{s})$$

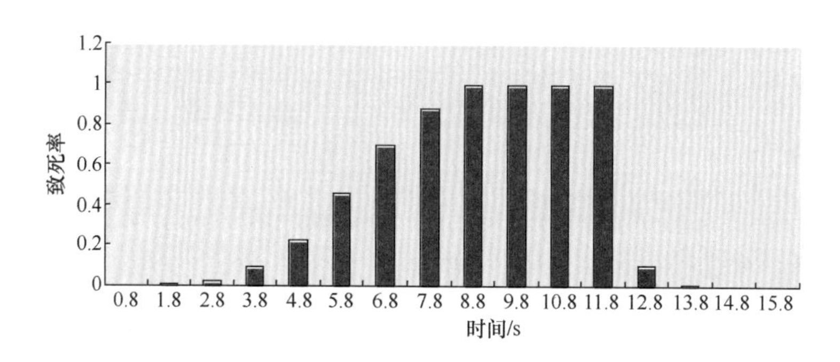

图E5.7　例5.9中热处理的致死率

低酸性带颗粒液体食品的杀菌对于加热和冷却系统而言是一个棘手问题。间接式加热系统中，为保证颗粒物得到足够的杀菌处理加热，常常使载体液体受到过度处理。APV公司的Jupiter系统采用的是将颗粒物与液体分开进行灭菌的方式，但这种系统还未获得商业化接受效果。

在连续式处理系统中，颗粒物的加热和冷却通过传导方式进行。第4章关于过渡态热传导的方程可用于颗粒内的传热描述。正如传热方程的解所示，流体/颗粒界面上的对流传热系数（h_{fp}）对颗粒的传热有很大的影响。

对于流体在球体表面的流动，可用Ranz和Marshall（1952）建立的关联式。

$$N_{Nu} = 2.0 + 0.6N_{Re}^{0.5}N_{Pr}^{0.33} \tag{5.22}$$

如果假设粒子和流体有相同流动速度，则雷诺数可以简化为零，从而

$$N_{Nu} = 2.0 \tag{5.23}$$

式（5.23）是对流体和颗粒间的对流传热系数的最保守估计式。在传热系数方面进行研究的有Happell（1985）、Zuritz等人（1987）、Sastry等人（1989）和Chandarana等人（1989）。这些研究强调指出，流体与颗粒界面上的对流传热系数较小。注意，尽管将颗粒/流体界面的对流传热系数假定为无穷大可以简化问题的求解（deRuyter和Burnet，1973；Manson和Cullen，1974），但这种假设得到的颗粒温度预测值会比实际的高很多，从而导

致杀菌值不足。由 Chandarana 等人（1990）建立的适用于淀粉液的关系式如下

$$N_{Nu} = 2 + 2.82 \times 10^{-3} N_{Re}^{1.16} N_{Pr}^{0.89}$$
$$1.23 < N_{Re} < 27.38 \quad (5.24)$$
$$9.47 < N_{Pr} < 376.18$$

适用于水的关系式如下：

$$N_{Nu} = 2 + 1.33 \times 10^{-3} N_{Re}^{1.08}$$
$$287.29 < N_{Re} < 880.76 \quad (5.25)$$

这些关系式适用的对流传热系数，对于淀粉溶液范围在 55～89W/（m^2·℃），对于水范围在 65～107W/（m^2·℃）。保温管是无菌处理系统的重要部件。虽然在加热、保温和冷却阶段均有致死值积累，但 FDA 只考虑保温阶段的致死值积累（Dignan 等人，1989）。因此，为了获得足够均匀的热处理效果，保温管的设计是至关重要的。

用于食品无菌包装的系统不计其数。不同无菌包装系统间的差异，主要表现在包装容器的大小和形状，以及所用的包装材料不同。所有无菌包装系统的关键都是将产品装入包装容器操作的空间设计。必须对此空间进行无菌化处理，从而防止经过杀菌后的产品在灌装时受到再污染。此外，许多包装系统还有对与食品接触的包装材料面进行杀菌的构件。

例 5.10

一个无菌热处理系统用于蔬菜汁的灭菌，蔬菜汁内最大的颗粒物料是直径为 15mm 的球形土豆。载体液是淀粉液。淀粉液在系统的托板式热交换器出口部位可达到 140℃，然后进入保温管。颗粒物进入保温管时有 80℃的均匀温度。产品以 1.5m^3/h 流量和层流状态通过内径为 4.75cm 的保温管。颗粒与流体之间的相对速度是 0.005m/s。该热处理必须使颗粒中心获得 12 个对数周期的杀菌效果。热处理对象微生物的 D_{121} 值为 2.665s，耐热性因子（z）为 10℃。淀粉液的比热容为 4.0kJ/（kg·℃），热导率为0.6W/（m·℃），密度为 1000kg/m^3，黏度为 1.5×10^{-2} Pa·s。请确定达到规定杀菌效果所需的保温管长度。

方法：

根据颗粒内部热传导和颗粒表面对流传热系数对最大颗粒的中心温度进行估计。根据最大颗粒的中心温度预测致死值，将此致死值与对象菌热致死时间比较。以最大颗粒在保温管中心的速度及对象菌致死时间为依据，确定颗粒在管中的滞留时间，然后确定保温管的长度。

解：

（1）利用图 4.35 估计颗粒中心的温度历程。需要求出 N_{Fo}和 N_{Bi}的倒数。

（2）确定毕渥数的倒数：

$$k = 0.554\text{W/(m·K)}(\text{从附录表 A.2.2 查到})$$
$$d_c = 0.0075\text{m}(\text{特征尺寸})$$

利用式（5.24）计算对流传热系数（h）。根据颗粒直径和颗粒与载体溶液间的相对

速度确定雷诺数

$$N_{Re} = \frac{1000(kg/m^3) \times 0.015(m) \times 0.005(m/s)}{1.5 \times 10^{-2}(Pa \cdot s)} = 5$$

再根据淀粉载体溶液的性质，得

$$N_{Pr} = \frac{4000[J/(kg \cdot ℃)] \times 1.5 \times 10^{-2}(Pa \cdot s)}{0.6[W/(m \cdot ℃)]} = 100$$

从而

$$N_{Nu} = 2 + 2.82 \times 10^{-3} (5)^{1.16} (100)^{0.89} = 3.099$$

从而

$$h = \frac{3.099 \times 0.6[W/(m \cdot K)]}{0.0075(m)}$$

$$h = 248W/(m^2 \cdot ℃)$$

从而

$$\frac{k}{hd_c} = \frac{0.554[W/(m \cdot ℃)]}{248[W/(m^2 \cdot ℃)] \times 0.0075(m)} = 0.3$$

（3）N_{Fo}值将取决于

$$N_{Fo} = \frac{\alpha t}{d_c^2}$$

$$\alpha = \frac{k}{\rho c_p} = \frac{0.554[W/(m \cdot ℃)]}{950(kg/m^3) \times 3634[J/(kg \cdot ℃)]} = 1.6 \times 10^{-7} m^2/s$$

110℃水的密度从附录表 A. 4. 1 中查取，热导率从附录表 A. 2. 2 查取，比热容从附录表 A. 2. 1 查取。

（4）利用图 4. 35，预测球形颗粒中心的温度历程如下表所示。

时间/s	N_{Fo}	温度比	温度/℃
0	0	1.0	80
60	0.171	0.75	95.1
80	0.228	0.62	103.1
100	0.284	0.5	110.1
120	0.341	0.41	115.6
140	0.398	0.33	120.2
160	0.455	0.27	123.9

（5）在对以颗粒中心温度历程为基础的致死值进行估计以前，先计算最大颗粒的热致死时间：

$$F_{121} = 12D_{121} = 12 \times 2.665 = 31.98s$$

（6）利用颗粒中心的温度历程及致死率

$$LR = 10^{(T-121)/10}$$

可以计算出以 20s 为时间间隔的致死率，结果如下表所示。

时间/s	温度/℃	致死率
0	80	—
60	95. 1	0. 00257
80	103. 1	0. 016218
100	110. 1	0. 081283
120	115. 6	0. 288403
140	120. 2	0. 831764
160	123. 9	1. 976969

（7）请注意，每一致死率代表20s时间间隔内的值，第一个150s，即第一个时间间隔的终点（中点时间是140s，温度是116℃）的热致死值贡献是24. 406358s。这一值由热致死率与20s相乘得到。

（8）将以上热致死值从目标热致死时间中减去

$$31.98 - 24.406358 = 7.57364\text{s}$$

此值是必须在150s与170s时间间隔中增加的热致死值。

（9）根据160s中心所在时间间隔的热致死率，增加的时间为：

$$\frac{7.57364}{1.97696} = 3.8309\text{s}$$

（10）热处理需要的总滞留时间为

$$150 + 3.8309 = 153.8309\text{s 即 } 2.56\text{min}$$

（11）利用体积流量1. 5m³/h和保温管直径0. 0475m

$$\bar{u} = \frac{1.5}{\pi \times 0.02375^2} = 846(\text{m/h}) = 14.1\text{m/min}$$

（12）根据层流

$$u_{\text{max}} = \frac{\bar{u}}{0.5} = \frac{14.1}{0.5} = 28.2(\text{m/min})$$

（13）由于颗粒以最大速度运动，因此颗粒的速度为28. 2m/min。

（14）利用滞留时间2. 56min，得

$$\text{保温管长度} = 28.2 \times 2.56 = 72.34(\text{m})$$

5.6.4　联合处理

同时利用多种机制来减少微生物数量的做法越来越多。这些过程的目的是在确保降低微生物数量的前提下，同时提高一种或多种食品质量属性的保留。联合加工过程可对每一过程的优势特征进行优化。

联合过程的很好例子是压力热处理（PATP）。这种方法利用对气体、液体或固体施压使产品温度升高。虽然温度升高的幅度因产品组分不同而有差异，但一般压力每增加100MPa温度上升3～5℃。由于因压力增加引起的温度上升非常迅速，因此产品可以以比

正常加热过程快得多的速率升温。另外，整个产品结构内升温均匀，因此无需关注产品存在冷点的问题。最后，压力降低后，产品温度又回到加压以前相同的温度。高压处理的另一个好处是可对过程进行控制，因为杀菌过程主要发生在产品保持压力阶段。PATP 应用也包括压力对微生物数量的影响。所有杀菌过程致死率计算均基于微生物的热失活作用。

PATP 处理对食品质量保留方面有显著改善。如先前所述，微生物总数降低的动力学参数关系与产品质量保留参数相比，鼓励使用高温短时过程。PATP 能快速均匀加热达到最终温度，随后可保持均匀的温度和压力。所预期的微生物数降低实现后，就可降低压力，温度会随压力变化迅速下降，然后再用传统方法进一步冷却。

PATP 概念应用需注意使微生物数降低所需的高温，也要注意压力对具体产品的影响。这些方面的关键参数决定处理前产品应有的温度和压力处理的工艺。例如，如果为使微生物数量在适当时间内降低需要有 120℃的温度，并且产品组成规定了每增加 100MPa 温度上升 4℃，便可建立其他处理参数。利用 500MPa 压力处理可上升的温度为 20℃，因此压力处理前要将产品预热到 100℃。加压力过程结束后，产品温度将回到 100℃，然后再进一步用传统方法冷却。

例 5.11

为保护产品的热敏性组分，用 550MPa 压力对产品进行 PATP 处理。120℃温度下的微生物致死率常数（k）为 1/min。压力增加引起的产品升温为每 100MPa 升 4.5℃。杀菌处理要求将微生物总数降低 10 个对数周期。试估计 120℃保温时间及处理前所需的预热产品温度。如果 120℃温度下产品品质属性的速率常数为 0.01/min，试估计产品质量属性的保留。

方法：

通过确定 120℃下使微生物数降低 10 个对数周期所需的时间，便可得到所需的保持时间。预处理温度根据 550MPa 压力引起的温度升高决定。过程保持时间确定后，就可估计产品质量属性的保留。

解：

（1）利用一级存活曲线表达式［式（5.6）］：

$$\frac{N}{N_0} = e^{-kt}$$

$$10^{-10} = e^{(-t)}$$

可得到在 550MPa 下的保持时间为 $t = 23.03$min。

（2）由于压力以 4.5℃/100MPa 使产品升温，因此产品总升温为 24.75℃，又由于要求的保持温度为 120℃，因此要将产品温度预热到 95.25℃。

（3）根据 23.03min 的保留时间，产品质量属性保留为：

$$\frac{C}{C_0} = e^{(-kt)} = e^{(-0.01 \times 23.03)} = 0.794$$

因此产品质量保留率为 79.4%。

（4）应当指出的是，以上保持时间和质量保留并没有考虑加压处理前的温度效应，也没有考虑压力降低过程的效应。可以假设这些影响相对较小，因此上述结果接近实际情况。

5.7 数学方法

通用杀菌计算方法的明显局限性在于它只能利用间接方法确立杀菌锅内罐头食品商业灭菌的操作时间。这一局限性早已为 Ball（1923）认识到，并提出了一个解决此问题的公式法。这种方法利用了第 4 章介绍的加热曲线方程，此方程的形式为：

$$\log(T_M - T) = -\frac{t}{f_h} + \log[j_h(T_M - T)] \tag{5.26}$$

注意，式（5.26）只适用于（第 4 章讨论过的）未完成温度比小于 0.7 的场合。然而，这种局限性在热处理计算中通常不太重要，因为致死值的积累只发生在较长的时间过程中。假定食品容器中特定位置（通常是加热最慢点）的最终期望温度为 T_B。将产品加热终点的温度与加热介质的温度差定义为：

$$g = T_M - T_B \tag{5.27}$$

那么

$$\log(g) = -\frac{t_B}{f_h} + \log[j_h(T_M - T_i)] \tag{5.28}$$

即

$$t_B = f_h \log\left[\frac{j_h(T_M - T_i)}{g}\right] \tag{5.29}$$

式（5.29）得到的是产品容器内某一点达到某一期望温度值（T_B）所需要的实际时间（t_B）。T_B由参数（g）所规定。利用式（5.29）进行计算，需要知道被加工罐装产品加热最慢点的加热速率常数（f_h）和滞后常数（j_h）。

Ball 的公式法结合了对一组热杀菌条件下的致死率曲线的分析。根据加热介质温度确定的热致死时间（U）定义如下：

$$U = F_R 10^{(T_R - T_M)/z} \tag{5.30}$$

致死率曲线的分析结果可用于绘制如图 5.16 所示的 $f_h/U - \log g$ 曲线图。这是根据微生物的 $z = 10$℃及加热介质与冷却介质之间温差（$T_M - T_{CM}$）为 100℃条件得到的图线。曲线图（图 5.16）中的致死值数据，包括了冷却阶段积累的致死值，以此反映加热最慢点产品冷却的 4 个不同大小的滞后常数（j_c）。致死率分析也假定冷却速率常数（j_c）与加热速率常数（f_h）大小相等。基于其他 z 值和（$T_M - T_{CM}$）值的曲线图也已经建立，因此可以用来解决条件相当的问题。此外，还有适用于加热速率常数不等于冷却速率常数情形的方法和曲线图。

应用数学法时，尤其要注意食品在杀菌锅进行商业灭菌的具体条件。如图 5.14 所示，杀菌锅达到加热介质稳定温度需要一定的时间。这一加热介质温度发生变化的阶段称为“升温时间”（t_{cut}），它会影响产品的加热，因此为了预测产品的温度，这一时间需要调

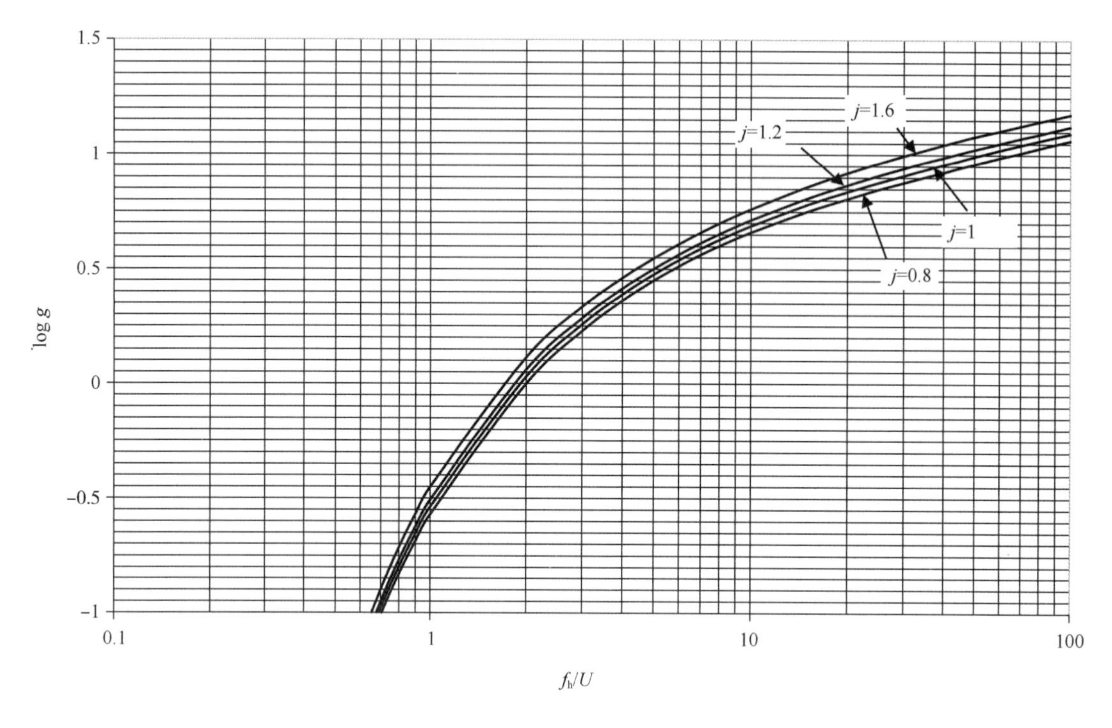

图 5.16　热处理计算数学方法的参数估计图

节。由于加热速率常数的大小是由恒定的加热介质温度确定的，因此 t_{cut} 对被预测产品温度的影响也扩大到了加热最慢位置的温度向加热介质的温度靠拢的速率。根据经验，t_{cut} 对热处理时间的影响可以用以下的关系式表示：

$$t_B = t_P + 0.42t_{cut} \tag{5.31}$$

此式给出了实际杀菌时间（t_B）和操作时间（t_p）之间的关系。

以上介绍的数学方法提供了直接对杀菌锅操作时间进行预测的方法。建立起目标热致死时间以后，根据微生物安全或可接受的腐败率，可以利用式（5.30）计算热介质温度（U）条件下的热致死时间。下一步是利用（f_h/U）从图 5.16 得到 $\log g$。从图 5.16 得到 g 值后，可用式（5.29）确定实际杀菌时间（t_B）。最后用式（5.31）计算实际操作时间（t_p）。

例 5.12

传导型产品装在罐头内进行加热杀菌；加热冷点的 $f_h = 40\text{min}$、$j_h = 1.602$、$j_c = 1.602$。杀菌锅温度为 125℃，产品初温为 24℃，并且杀菌锅升温时间为 5min。腐败微生物的 $D_{121} = 1.1\text{min}$ 和 $z = 10℃$。已经确定的可接受的腐败率为 100 万只加工罐头中出现 1 罐。每罐原始微生物含量为 10^3 个。请确定操作时间。

已知：

$f_h = 40\text{min}$

$j_h = 1.602$

$j_c = 1.602$

杀菌锅温度 = 125℃

产品初温 = 24℃

杀菌锅的升温时间 = 5min

$D_{121} = 1.1\text{min}$

$z = 10$℃

初始微生物负荷 = 10^3 个/罐

方法：

根据可接受腐败率建立目标热致死时间后，可以用数学方法确定操作时间。

解：

（1）利用式（5.18）

$$\frac{1}{10^6} = \frac{10^3}{10^{F/1.1}}$$

因此，$F_{121} = 9 \times 1.1 = 9.9$（min）。

（2）为了利用图 5.16，必须确定 125℃下的 f_h/U；

$$U = F_{121} 10^{(T_R - T)/z}$$

$$U = 9.9 \times 10^{(121-125)/10} = 3.94(\text{min})$$

因此，$f_h/U = 40/3.94 = 10.15$

（3）根据图 5.16

$$\text{在} f_h/U = 10.15 \text{处}, \log g = 0.77$$

从而

$$g = 5.88$$

（4）利用式（5.31）

$$t_B = 40\log\left[\frac{1.602 \times (125 - 24)}{5.88}\right]$$

$$t_B = 57.58(\text{min})$$

（5）利用式（5.31）

$$t_P = 57.58 - 0.42(5) = 55.48(\text{min})$$

5.7.1 蒸煮袋加工

蒸煮袋加工问题既可用一般方法解决，也可用数学方法解决。蒸煮袋的商业无菌化杀菌过程有其独特性，利用典型杀菌锅环境对蒸煮袋食品进行处理可以提高产品的质量。蒸煮袋产品质量改善是由于使蒸煮袋产品几何中心得到所需的热处理，不对整袋产品内容物造成严重影响。

例 5.13

例 5.12 所述过程既可在金属罐内实现，也可在蒸煮袋内实现。试根据以下动力学参数比较加工过程对浓缩番茄中番茄红素的保留：$k_{125} = 0.0189/\text{min}$，$E_A = 88.7\text{kJ/mol}$。容器内产品量为 1.125kg，罐头尺寸为直径 8cm、高 25cm。蒸煮袋尺寸厚 2cm，长和宽均为 25cm。

方法：

为比较同种加工过程两种容器中番茄红素的保留，应该确定加工过程对容器内所有产品质量的影响情形。这可根据加工过程和处理使产品达到的平均温度来估计。

解：

（1）如例 5.12 所指出，完成加工所需要时间为 57.58min。

（2）要确定加工终了时产品的平均温度，可在式（5.26）中利用图 4.42 滞后因子 (j_m)：

$$\log(125 - T_m) = -57.58/40 + \log[0.707 \times (125 - 24)]$$

$$T_m = 122.4℃$$

注意，罐头几何形状可用无限长圆柱体描述

$$f_h = 40\text{min};\ j_c = 1.602;\ j_m = 0.707$$

（3）根据此平均产品温度，得

$$g = 125 - 122.4 = 2.596℃$$

$$\log g = 0.414$$

（4）利用 j_m =0.707 查图 5.16 得

$$f_h/U = 4.7$$

因此

$$U_{125} = 40/4.7 = 8.51\text{min}$$

（5）根据处理时间和温度，可估计加工后罐头装番茄浓缩物的番茄红素保留

$$\text{保留} = 100e^{(-0.0189 \times 8.51)} = 85.1$$

（6）计算表明罐头装浓缩番茄中的番茄红素经过加工后可保留 85.1%。

（7）需要提供一个无限长圆柱体和一个无限大平板几何形状的精确的比较关系如下

$$\alpha = 0.398\frac{d_c^2}{f_{hc}} = 0.933\frac{d_c^2}{f_{hp}}$$

其中产品热扩散系数已经由无限长圆柱体和无限大平板关系决定。

（8）利用上面的关系，得

$$f_{hp} = \frac{0.933 \times 1^2 \times 40}{0.398 \times 4^2} = 5.86\text{min}$$

使无限平板的加热速率常数与无限长圆柱体的同一常数（f_{hc} =40min）相当。

（9）根据式（5.30）确定蒸煮袋的加工过程，首先

$$U_{125} = 3.94\text{min}$$

根据所要降低的总菌数目标，那么

$$\frac{f_h}{U} = \frac{5.86}{3.94} = 1.4875$$

对于无限大平板，由图 5.16 得 $\log g$ =0.1，由图 4.41 得到 j_c =1.273

$$\log g = -0.22;\ g = 0.603$$

再利用式（5.29）及图 4.41 得到的 j_c =1.273，得

$$t_B = 5.86\log\left[\frac{1.273 \times (125 - 24)}{0.603}\right]$$

$$t_B = 13.65\text{min}$$

这是为实现杀菌目标所需的处理时间。

（10）再用式（5.28）估计袋装番茄浓缩物中番茄红素在加工中的保留

$$\log(125 - T_m) = -\frac{13.65}{5.86} + \log[0.808 \times (125 - 24)]$$

其中，无限大平板几何的 $j_m = 0.808$（图 4.42）

$$T_m = 124.62℃$$

（11）利用平均温度

$$g = 125 - 124.62 = 0.382$$

和

$$\log g = -0.4174$$

（12）利用图 5.16，由无限大平板 $j_m = 0.82$，得

$$\frac{f_h}{U} = 1.35$$

和

$$U_{125} = \frac{5.86}{1.35} = 4.34\text{min}$$

（13）根据以上计算，番茄红素保留为

$$保留 = 100e^{[-0.0189 \times 4.34]} = 92.12$$

（14）这些计算结果表明，袋装番茄浓缩物的番茄红素保留率为 92.12%。

习题

5.1 根据下列所给的微生物芽孢悬液的耐热性试验，确定该微生物的 D 值。

时间/min	残存微生物数
0	10^6
15	2.9×10^5
30	8.4×10^4
45	2.4×10^4
60	6.9×10^3

在普通和半对数坐标中画出微生物残存曲线。

5.2 110℃温度下的残存曲线试验结果表明一级速率常数（k）为 0.307/min。如果在 10min 时有 4.9×10^4 残存微生物，请确定 5min、15min 和 20min 时的残存率（N/N_0）。

5.3　某微生物的 $D_{110}=6\text{min}$、$D_{116}=1.5\text{min}$、$D_{121}=0.35\text{min}$、$D_{127}=0.09\text{min}$，请确定该微生物的 z 值。

5.4　用于描述 110℃时微生物总菌存活曲线的参数为：$D'=1.2\text{min}$ 和 $n=0.4$。如果原始菌数为 2×10^5，试确定处理 10min 后的微生物残存数。

5.5　某产品用 7min 的 F_0 值作为可接受腐败的经济指标。请确定 115℃时的杀菌时间。

5.6　希望最终微生物数量为原始菌数的 0.00058。如果原始菌数为 5×10^4，并且残存曲线可以用 $D_{121}=1.5\text{min}$ 和 $z=11$℃描述，估计 110℃温度下达到所需杀菌概率需要多少时间。

5.7　超高压（UHP）处理用于加工含有病原菌的果汁。病原菌在 400MPa 时的速率常数（k）为 0.652/min，活化体积常数为 $3.5\times10^{-5}\text{m}^3/\text{mol}$。如果原始病原菌含量为每罐 5 个，试确定 350MPa 处理到病原菌存活率为 10^{-7} 所需的处理时间。

5.8　要用一种热杀菌的方法降低与包装材料液体食品接触面微生物数。腐败微生物的 $D_{121}=10\text{min}$、$z=8$℃。微生物在包装材料面上的密度为 100 个/cm^2，每一包与产品接触的包装材料面积是 8cm^2。推荐的杀菌强度为 $9D$。

（a）确定容器在 140℃条件下的杀菌时间；（b）根据包装材料表面的残存微生物数，请估计 10×10^6 包产品中，出现腐败的包装品数。

5.9　从一种液体食品的杀菌过程中收集到以下温度－时间数据：

时间/s	温度/℃	时间/s	温度/℃
0	20	12	98.5
2	90	14	97
4	95	16	95
6	97	18	90
8	98.5	20	20
10	99.5		

请用 $z=10$℃的病原菌估计致死值（F_{100}）。如果初始微生物数为 3.5×10^5 及 $D_{100}=0.1\text{min}$，请估计此热杀菌的残存微生物数。

5.10　某种罐头液体食品在杀菌锅中用 125℃温度杀菌。罐头直径为 4cm、高为 5cm。产品的密度为 1000kg/m^3，比热容为 3.9kJ/（kg·℃）。由蒸汽到产品的总传热系数为 500W/（m^2·℃）。

（a）如果产品的初始温度为 60℃，请以 30s 为时间间隔，估计产品升温达到 120℃过程中的产品温度；（b）如果腐败微生物的 D_{121} 为 0.7min、z 为 10℃，请估计杀菌过程中加热阶段的致死率（F_{121}）。

5.11　由一个无菌处理系统的保温管中预测得到的颗粒产品中心温度如下：

时间/s	温度/℃
0	85
5	91
10	103
15	110
20	116
25	120
30	123

热处理目的是降低一种耐热微生物的芽孢数量，该种微生物芽孢的 $D_{121}=0.4\text{min}$、$z=9$℃。

（a）如果初始含菌量为每颗粒含 100 个，请估计无菌处理后残存芽孢的概率；（b）请估计一种 D_{121} 为 2min、$z=20$℃的品质的保留率。

5.12　已经为一种传导型 307×407 罐头食品建立杀菌方式。产品的初始温度为 20℃、加热介质（杀菌锅）温度为 125℃。腐败微生物的 $D_{121}=4\text{min}$、$z=10$℃。杀菌锅升温时间为 5min，其 $f_h=40\text{min}$、$j_h=1.7$、$j_c=1.2$。

（a）如果初始微生物数为 2×10^5/罐，要求的腐败率为每 10^7 罐中发生 1 罐腐败，请估计目标致死值（F）；（b）计算杀菌锅的操作时间，并确定加热终点时产品的温度。

5.13　为某热加工食品制订杀菌工艺，要求确保每百万容器产品出现的腐败产品不超过 5 个容器。该产品加热/冷却特性为 $f_h=5\text{min}$，$j_h=1.2$ 和 $j_c=1.4$。加热介质温度为 125℃，冷却介质温度为 25℃。腐败微生物的耐热性为：$D_{121}=5\text{min}$ 及 $z=12$℃，每容器的原始菌数为 123 个。

（a）估计热处理过程，指出任何需要的假设；（b）估计 121℃时速率常数（k）$=1\text{min}$ 和 $E_a=25\text{kJ/mol}$ 条件下热敏性产品质量属性的保留率。产品的 j_m 为 0.95。

5.14　选择一个用于大块胡萝卜片（直径 3cm，厚 3cm）热烫的系统。胡萝卜酶系统的 $D_{100}=5\text{min}$ 及 $z=35$℃。在 98℃水中测定胡萝卜片中心时间－温度历程表明，$f_h=5\text{min}$ 和 $j_h=1.4$。试估计，为使酶活力降低到 0.01%，需要在 98℃温度下处理多少时间。如果胡萝卜的热敏性组分的 $D_{100}=125\text{min}$ 及 $z=50$℃，试估这种热敏组分的热烫处理保留率（$j_m=0.9$）。

5.15　鸡胸脯肉沙门菌和李斯特菌的 D 值如下表所示。

温度/℃	55.0	57.5	60.0	62.5	65.0	67.5	70.0
沙门菌 D 值/min	30.1	12.9	5.88	2.51	1.16	0.358	0.238
李斯特 D 值/min	50.8	27.2	5.02	2.42	1.71	0.400	0.187

引自 Murphy 等（2000）。

（a）编写一段 MATLAB 程序，用于绘制 $\log_{10}$（D）－温度曲线。利用基本曲线拟合功能，确定 z 值。将结果与 Murphy 等报道的沙门菌和李斯特菌 $z=6.53$℃和 6.29℃的结果比较。

（b）根据 a 部分确定李斯特菌 D 值，计算其 k 值。确定活化能 E_a 和阿累纽斯常数 A。将结果与 Murphy 报道的 $E_a = 352.2/\mathrm{kJ/mol}$ 和 $A = 5.06 \times 10^{54}$（1/min）结果进行比较。

符号

α　热扩散系数（m^2/s）
B　阿累纽斯常数
d_c　特征尺寸（m）
D　十进制递减时间（s）
D'　式（5.8）的时间常数
E_a　活化能（kJ/kg）
f_h　加热速率因子（s）
F　热致死时间（s）
F_0　121℃和 $z = 10$℃下的标准热致死时间
F_R　参比温度下的标准热致死时间（s）
g　加热介质温度与杀菌加热阶段终点温度之差（℃）
h　对流传热系数［W/（m^2·℃）］
j_c　冷却滞后因子
j_h　温度滞后因子
k　反应速率常数（s^{-1}）
L　致死值（s）
n　反应级数
N　微生物数
N_0　时间为零时的微生物数
N_{Re}　雷诺数
N_{Pr}　普朗特准数
N_{Nu}　努塞尔准数
p　压强（kPa）
p_R　参比压强（kPa）
R_g　气体常数［kJ/（kg·K）］
r　处理的容器数
t　时间（s）
t_{cut}　杀菌锅升温时间（s）
t_B　数学方法中的操作时间（s）
t_P　操作时间（s）
T_B　杀菌加热阶段末的温度（℃）

T_{cm} 冷却介质温度（℃）
T_i 初始温度（℃）
T_m 介质温度（℃）
T_R 参比温度（℃）
T 温度（℃）
T_A 绝对温度（K）
$\bar{u}$ 平均速度（m/s）
V 活化体积常数
z 耐热性因子（℃）

参考文献

Ball, C. O., 1923. Thermal process time for canned foods. Bull. Natl. Res. Council, 7 Part 1 (37), 76.

Ball, C. O., 1936. Apparatus for a method of canning. U. S. Patent 2, 020, 303.

Ball, C. O., Olson, F. C. W., 1957. Sterilization in Food Technology. McGraw-Hill, New York.

Bigelow, W. D., Bohart, G. S., Richardson, A. C., Ball, C. O., 1920. Heat penetration in processing canned foods. National Canners Association Bulletin, No. 16L.

Chandarana, D., Gavin III, A., 1989. Establishing thermal processes for heterogeneous foods to be processed aseptically: a theoretical comparison of process development methods. J. Food Sci. 54 (1), 198 – 204.

Chandarana, D., Gavin III, A., Wheaton, F. W., 1989. Simulation of parameters for modeling aseptic processing of foods containing particulates. Food Technol. 43 (3), 137 – 143.

Chandarana, D. I., Gavin III, A., Wheaton, F. W., 1990. Particle/fluid interface heat transfer under UHT conditions at low particle/fluid relative velocities. J. Food Process Eng. 13, 191 – 206.

Danckwerts, P. V., 1953. Continuous flow systems. Chem. Eng. Sci. 2, 1. deRuyter, P. W., Burnet, R., 1973. Estimation of process conditions for continuous sterilization of food containing particulates. Food Technol. 27 (7), 44.

Dignan, D. M., Barry, M. R., Pflug, I. J., Gardine, T. D., 1989. Safety considerations in establishing aseptic processes for low-acid foods containing particulates. Food Technol. 43 (3), 118 – 121.

Dixon, M. S., Warshall, R. B., Crerar, J. B., 1963. Food processing method and apparatus. U. S. Patent No. 3, 096, 161.

Heppell, N. J., 1985. Measurement of the liquid-solid heat transfer coefficient during continuous sterilization of foodstuffs containing particles. Proceedings of Symposium of Aseptic Processing and Packing of Foods. Tylosand, Sweden, Sept. 9 – 12.

Lopez, A., 1981. A Complete Course in Canning, eleventh ed. The Canning Trade, Baltimore, Maryland.

Manson, J. E., Cullen, J. F., 1974. Thermal process simulation for aseptic processing of foods containing discrete particulate matter. J. Food Sci. 39, 1084.

Martin, W. M., 1948. Flash process, aseptic fill, are used in new canning unit. Food Ind. 20, 832 – 836.

Mertens, B., Desplace, G., 1993. Engineering aspects of high pressure technology in the food industry. Food Technol. 47 (6), 164 – 169.

McCoy, S. C. , Zuritz, C. A. , Sastry, S. K. , 1987. Residence time distribution of simulated food particles in a holding tube. ASAE Paper No. 87 – 6536. American Society of Agricultural Engineers, St. Joseph, Michigan.

Mitchell, E. L. , 1989. A review of aseptic processing. Adv. Food Res. 32, 1 – 37.

Murphy, R. Y. , Marks, B. P. , Johnson, E. R. , Johnson, M. G. , 2000. Thermal inactivation kinetics of *Salmonella* and *Listeria* in ground chicken breast meat and liquid medium. J. Food Sci. 65 (4), 706 – 710.

Mussa, D. M. , Ramaswamy, H. S. , Smith, J. P. , 1999. High pressure destruction kinetics of *Listeria Monocytogenes* in pork. J. Food Protection 62 (1), 40 – 45.

NFPA, 1980. Laboratory Manual for Food Canners and Processors. AVI Publishing Co, Westport, Connecticut.

Palmer, J. , Jones, V. , 1976. Prediction of holding times for continuous thermal processing of power law fluids. J. Food Sci. 41 (5), 1233.

Ranz, W. E. , Marshall Jr. , W. R. , 1952. Evaporation from drops. Chem. Eng. Prog. 48, 141 – 180.

Rumsey, T. R. , 1982. Energy use in food blanching. In: Singh, R. P. (Ed.), Energy in Food Processing. Elsevier Science Publishers, Amsterdam.

Sastry, S. , 1986. Mathematical evaluation of process schedules for aseptic processing of low-acid foods containing discrete particulates. J. Food Sci. 51, 1323.

Sastry, S. K. , Heskitt, B. F. , Blaisdell, J. L. , 1989. Experimental and modeling studies on convective heat transfer at the particle-liquid interface in aseptic processing systems. Food Technol. 43 (3), 132 – 136.

Sizer, C. , 1982. Aseptic system and European experience. Proceeding Annual Short Course Food Industries, 22nd, 93 – 100. University of Florida, Gainesville.

Somerville, J. , Balasubramanian, V. M. , 2009. Pressure-assisted thermal sterilization of low-acid shelf-stable foods. Resour. Eng. Technol. Sustainable World 16 (7), 14 – 17.

Stumbo, C. R. , 1973. Thermobacteriology in Food Processing. Academic Press, New York.

Teixiera, A. A. , 2007. Thermal processing of canned foods. In: Heldman, D. R. , Lund, D. B. (Eds.), Handbook of Food Engineering. CRC Press, Taylor & Francis Group, Boca Raton, Florida, Ch. 11.

Torpfl, S. , Heinz, V. , Knorr, D. , 2005. Overview of pulsed electric field processing for food. In: Da-Wen Sun (Ed.), Emerging Technologies for Food Processing. Elsevier Academic Press, London.

Weisser, H. , 1972. Untersuchungen zum Warmeubergang im Kratzkuhler. Ph. D. Thesis, Karlsruhe Universitat, Germany.

Zhang, Q. H. , Barbosa-Cánovas, G. V. , Balasubramaniam, B. , Dunne, C. P. , Farkas, D. , Yuan, J. (Eds.), 2011. Nonthermal Technologies to Process Foods. Wiley-Blackwell, Oxford, UK.

Zuritz, C. A. , McCoy, S. , Sastry, S. K. , 1987. Convective heat transfer coefficients for non-Newtonian flow past food-shaped particulates. ASAE Paper No. 87 – 6538. American Society of Agricultural Engineers, St. Joseph, Michigan.

6

制　冷

温度在维持贮藏食品品质方面起着重要作用。低温可以延缓食品变质反应的速度。一般认为，温度每降低10℃，变质反应的速度就可降低一半。

早期，人们利用冰来获取低温。人们使冰在绝热的食品贮藏室中融化（图6.1）。融化过程中，冰从固态转变为液态水需要（333.2kJ/kg）潜热。这部分热量由绝热室内靠近冰的食品提供。

图6.1　冰盒

当今，冷却过程通过机械制冷系统实现。制冷系统可以将冷藏间的热量传递到方便排热的地方。热量通过制冷剂传递，制冷剂像水一样会改变状态——从液态变成气态。与水不同的是，制冷剂的沸点比水要低得多。例如，工厂中通常使用的氨，其在大气压强下的沸点是-33.3℃，这一温度与相同压强下水的沸点（100℃）相比低了许多。氨与水相似，为了在沸点从液态变成气态，也需要潜热。制冷剂的沸点随压强而变。因此，为了使氨的沸点升到0℃，必须将压强提高到430.3kPa。

如图6.2所示为一个非常简单的利用制冷剂的制冷系统。此系统唯一的缺点是制冷剂只能使用一次。由于制冷剂昂贵，所以必须重复使用。因此，上述系统必须改成能够将制

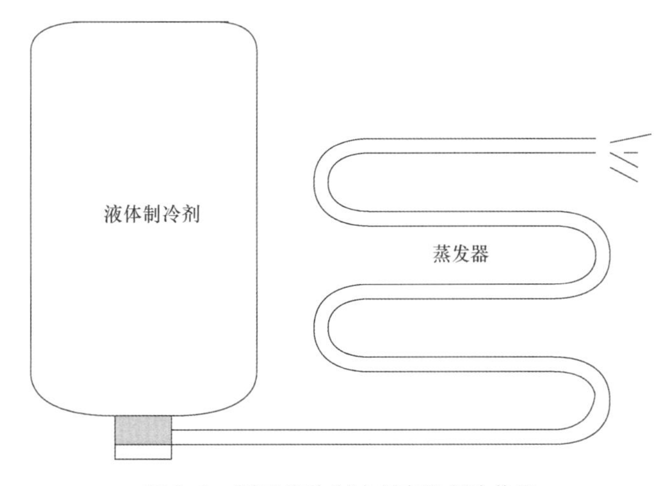

图6.2　利用液体制冷剂实现制冷作用

冷蒸汽回收，并能使其状态转化成可以重复使用的液态制冷剂的系统。这一功能可以通过机械蒸汽压缩系统实现。

在讨论机械蒸汽压缩系统以前，有必要先介绍一下制冷剂的性质。制冷剂必须根据指定温度下的适当性质来选择。然后介绍机械蒸汽压缩制冷系统的各组成部分。我们将利用制冷剂的热力学图来讨论机械蒸汽压缩制冷系统。本章结论部分包括了一些利用数学表达式进行简单制冷系统设计的应用问题。

6.1 制冷剂的选择

市场上有各种各样的可供机械蒸汽压缩系统使用的制冷剂。制冷剂要根据几个操作特性来选择，这些特性有助于判断制冷剂是否适用于所给制冷系统。以下为一些通常需要考虑的重要的制冷剂特点：

（1）蒸发潜热　最好选用高潜热的制冷剂。对于给定的制冷量，蒸发潜热高意味着单位时间需要的制冷剂循环量少。

（2）冷凝压强　过高的冷凝压强会在冷凝器和管路方面增加不少开支。

（3）冻结温度　制冷剂的冻结温度必须低于蒸发器温度。

（4）临界温度　制冷剂应该有足够高的临界温度。临界温度以上，制冷剂再也不能液化。尤其在空气冷却式冷凝器中，临界温度必须高于可预料到的最高大气温度。

（5）毒性　包括空调系统在内的许多应用场合，制冷剂必须是无毒性的。

（6）可燃性　制冷剂必须是不可燃的。

（7）腐蚀性　制冷剂对于制冷系统的结构材料应无腐蚀作用。

（8）化学稳定性　制冷剂在化学上必须稳定。

（9）泄漏检测　制冷剂在制冷系统中出现泄漏应当容易检测到。

（10）成本　工业应用中最好采用低成本的制冷剂。

（11）环境影响　制冷系统泄漏而释放出的制冷剂不能对环境造成危害。

表 6.1 为一些常用制冷剂的性质及操作特性。表中给出的是 -15℃（5℉）和 30℃（86℉）（分别为蒸发器和冷凝器温度）温度下的操作特性。这两个温度是美国采暖、制冷和空调工程师协会（ASHRAE）用来比较制冷剂的标准温度。

在所有制冷剂中，氨的蒸发潜热特别高。氨对铁和钢均无腐蚀作用，但对铜、青铜和黄铜都有腐蚀作用。氨对黏膜和眼睛有刺激作用。空气中氨体积含量超过 0.5% 时对人体有毒性。利用氨作制冷剂的系统一旦发生泄漏，可方便地通过嗅觉发现，也可通过燃烧硫黄蜡烛将其检测出，此时氨蒸气会产生白烟。

制冷剂的标准名称以 ANSI/ASHRAE 34 -1978 号标准为基础。一些常用制冷剂及它们的标准列于表 6.2。

商业应用的一些制冷剂属于卤烃类化合物，但它们的使用量已大大缩小，本节后面将对此加以讨论。制冷剂 -12，也称为氟利昂 12，是二氯二氟甲烷。与氨（R -717）相比，它的蒸发潜热较小；因此，为了完成相同制冷量，需要用重量较多的氟利昂 12。

表 6.1 常用制冷剂比较（操作条件：蒸发温度为 -15℃，冷凝温度为 30℃）

化学分子式	氟利昂 12（二氯二氟甲烷，CCl_2F_2）	氟利昂 22（一氯二氟甲烷，$CHClF_2$）	四氟乙烷（CH_2FCF_3）	氨（NH_3）
相对分子质量	120.9	86.5	102.3	17.0
101.3kPa 时的沸点/℃	-29.8	-40.8	-26.16	-33.3
-15℃时的蒸发压强/kPa	182.7	296.4	164.0	236.5
30℃时的冷凝压强/kPa	744.6	1203.0	770.1	1166.5
101.3kPa 时的冻结点/℃	-157.8	-160.0	-96.6	-77.8
临界温度/℃	112.2	96.1	101.1	132.8
临界压强/kPa	4415.7	4936.1	4060	11423.4
压缩机排放温度/℃	37.8	55.0	43	98.9
压缩比（30℃/-15℃）	4.07	5.06	4.81	4.94
-15℃时的蒸发潜热/（kJ/kg）	161.7	217.7	209.5	1314.2
（理想状态的）马力/吨制冷剂	1.002	1.011	1.03	0.989
（理想状态的）循环制冷剂/吨制冷/（kg/s）	2.8×10^{-2}	2.1×10^{-2}	2.38×10^{-2}	0.31×10^{-2}
压缩机排放量/吨制冷剂/（m^3/s）	2.7×10^{-3}	1.7×10^{-3}	2.2×10^{-3}	1.6×10^{-3}
稳定性（毒性分解产物）	是	是	否	否
可燃性	无	无	无	有
气味	轻微	轻微	轻微	辛辣苦味

表 6.2 制冷剂的标准名称

制冷剂编号	化学名称	化学分子式
卤烃类		
12	二氯二氟甲烷	CCl_2F_2
22	一氯二氟甲烷	$CHClF_2$
30	二氯甲烷	CH_2Cl_2
114	二氯四氟乙烷	$CClF_2CClF_2$
134a	1，1，1，2-四氟乙烷	CH_2FCF_3
共沸混合物	R-22/R-115	$CHClF_2/CClF_2CF_3$
502		
无机化合物	氨	NH_3
717		

氟利昂-22（一氯二氟甲烷）应用于（-70～-40℃）低温场合。与 R-12 相比，利用比体积较小的 R-22，在活塞大小相同的压缩机中可带走更多的热量。

20 世纪 70 年代中期，有人首次推测，由于氯氟碳化合物（CFCs）极其稳定，会在较低层大气中有较长寿命，从而经过一段时间后会迁移到高层大气中。外大气层中，CFCs 分子的含氯部分会被太阳紫外线辐射分解，从而会与臭氧作用，导致臭氧浓度的消耗。外大气层的臭氧消耗会让更多有害的太阳紫外线辐射到达地球表面。20 世纪 90 年代初，人们对 CFCs 破坏地球防护性臭氧层提出了更多的直接关注。许多常用的制冷剂是含氯的氯氟碳化物（CFCs）。CFCs 的替代物是氢氟碳化物（HFCs）和氢氯氟碳化物（HCFCs）。氢氟碳化物因含有弱碳－氢键而较容易分解，因此被推测具有较短的生命周期。

1987 年 9 月 16 日达成的蒙特利尔协议及其修正条款，在外层臭氧层消耗物质控制方面提供了一个框架。这一国际协定的主要成果是逐步淘汰 CFCs、HCFCs、哈龙类物质（Halons）和甲基溴化物。发展中国家仍然允许生产这些物质，但这些国家也被要求到 2010 年停止 CFC 的生产与进口。在本章的例题中，我们将利用 R－12（氟利昂）、R－717（氨）和 HFC 134a 的热力学数据来对制冷装置的设计与操作问题进行求解。

6.2 制冷系统的设备

简单机械蒸汽压缩制冷系统的主要设备如图 6.3 所示。当制冷剂流过这些设备时，它从液态变成气态，然后再变成液态。制冷剂流动可以顺着图 6.3 中的路径来加以考察。

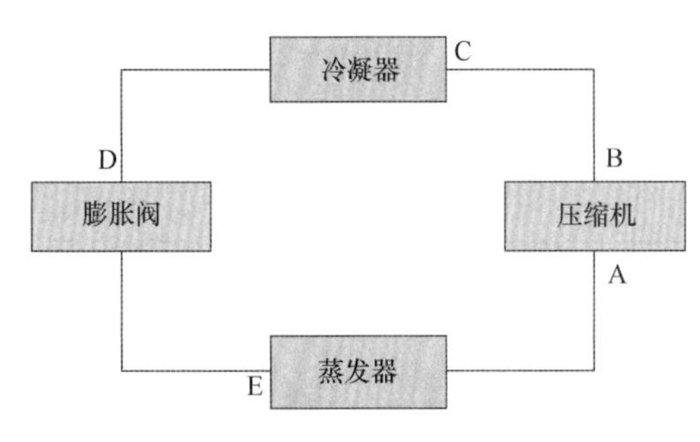

图 6.3 机械蒸汽压缩制冷系统

制冷剂在图 6.3 中刚进入膨胀阀前面的 D 位置时处于饱和液态。它的温度等于或低于其冷凝温度。膨胀阀将制冷系统分成高压区和低压区。制冷剂通过膨胀阀后成为低压低温状态。由于压强降低，部分液体制冷剂变成气体。离开膨胀阀的液/气混合物称为“闪蒸气”。

液/气混合物进入位于 E 位置的蒸发器盘管。蒸发器中的制冷剂通过吸收蒸发盘管周围介质的热量而完全气化成为气体。由于从环境得到附加的热量，饱和蒸汽可成为过热状态。

饱和或过热状态的蒸汽进入 A 处的压缩机，在此被压缩成高压状态的制冷剂。这一高压必须低于制冷剂临界压强，但又必须有足够高的压强，以保证制冷剂有略高于吸热介质（如环境空气或井水）的温度。在压缩机内，蒸汽压缩过程按等熵方式进行（称为等熵过程）。制冷剂随着压强的增加其温度也升高，从而得到过热状态的制冷剂（如图中 B 位置所示）。

过热蒸汽随后进入冷凝器。在空气冷却或水冷却冷凝器中，制冷剂将其热量交给环境介质。如图中位置 D 所示，制冷剂在冷凝器中又冷凝成为液体状态。全部制冷剂转变成为饱和液体以后，由于向环境介质释放了额外的热量，制冷剂的温度会下降到冷凝温度以下；换句话说，制冷剂可以成为过冷态。然后过冷或饱和制冷液又进入膨胀阀，循环继续进行。

6.2.1 蒸发器

液体制冷剂在蒸发器内蒸发成为气态。改变状态需要潜热，这一潜热从环境获取。

蒸发器可以根据用途分为两大类。直接膨胀蒸发器，它允许制冷剂在蒸发器的盘管内蒸发；盘管直接与被制冷物体或流体接触。间接膨胀蒸发器先利用制冷剂在盘管内蒸发使载体介质（如水或盐水）冷却，再将冷却后的载体泵送到需要制冷的物体。当系统有多处位置用冷时，可使用间接式蒸发器。如果温度大于冰点，就可以用水作载冷剂。对于更低的温度，通常使用盐水（适当浓度的 $CaCl_2$）或醇类（如乙二醇或丙三醇）作载冷剂。

蒸发器可以有光管式、翅片管式或片式等类型，如图 6.4 所示。光管式蒸发器最为简单，容易除霜和清洗。加在翅片管式蒸发器中的翅片增加了表面积，从而提高了传热速率。片式蒸发器可使制冷剂与被冷却产品（如液体食品）进行间接接触。

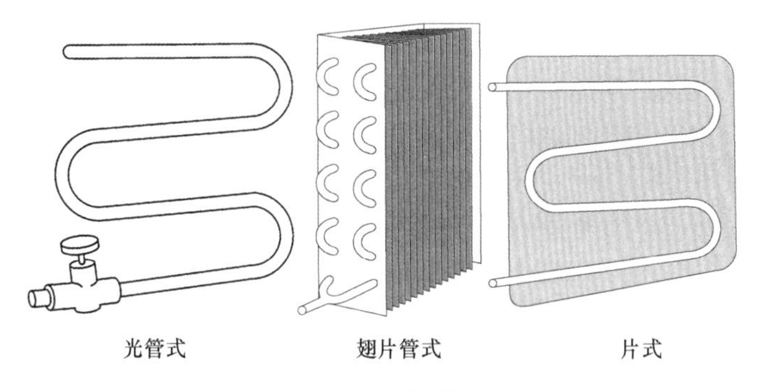

图 6.4　不同类型的蒸发器盘管
（资料来源：Carrier 公司）

蒸发器也可以分为直接膨胀式和满溢式。直接膨胀式蒸发器中，制冷剂不循环。制冷剂通过连续的管子时从液体变成气体。而满溢式蒸发器允许制冷剂循环。液体制冷剂通过节流装置后进入沸腾室。如图 6.5 所示，液体制冷剂在蒸发盘管中沸腾并从环境吸取热量。液体制冷剂在沸腾罐和蒸发盘管间循环。制冷剂气体离开沸腾罐再回到压缩机。

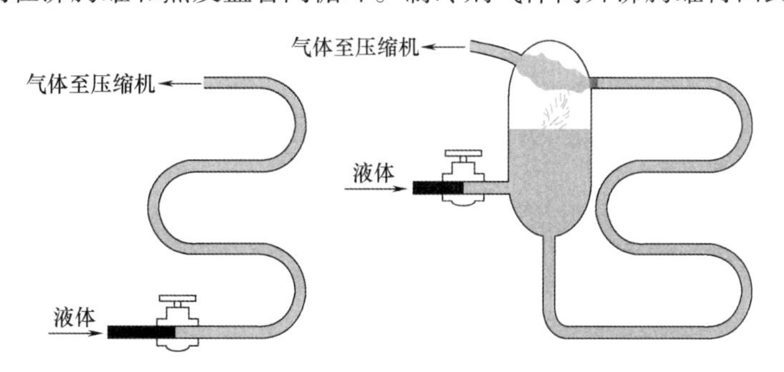

图 6.5　直接膨胀式与满溢式蒸发器
（资料来源：Carrier 公司）

6.2.2 压缩机

制冷剂以低温低压状态进入压缩机。压缩机将制冷剂压强和温度提高。只有通过压缩作用，才能使制冷剂在冷凝器中释放热量。压缩过程使制冷剂温度升到超过冷凝器环境温度，这样的制冷剂与环境之间的温度梯度可使热量从制冷剂流向环境。

三种常用的压缩机类型是往复式、离心式和旋转式。从名称上可以看出，往复式压缩机包含一个往复运动的圆柱形活塞（图 6.6）。往复式压缩机使用最普遍，单机的制冷能力从不到 1 冷吨到 100 冷吨不等（冷吨的定义见 6.4.1 节）。离心式压缩机包含一个带若干叶片的高速旋转叶轮。旋转式压缩机主要由圆筒内旋转的叶片构成。

制冷压缩机可以用电动机驱动，也可以用内燃机驱动。如图 6.7 所示为一台典型的电动机驱动的往复式压缩机。

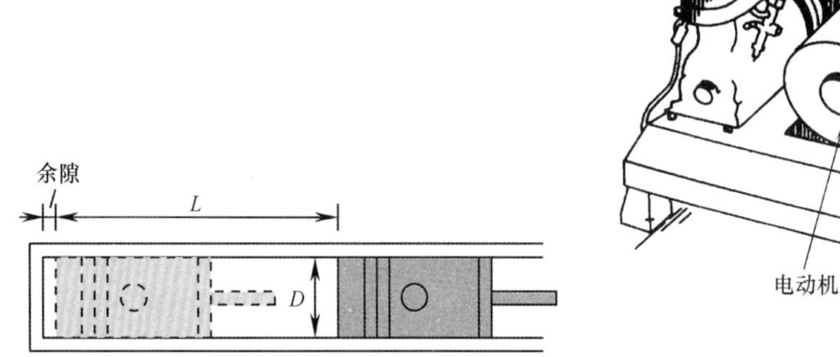

图 6.6　活塞的操作

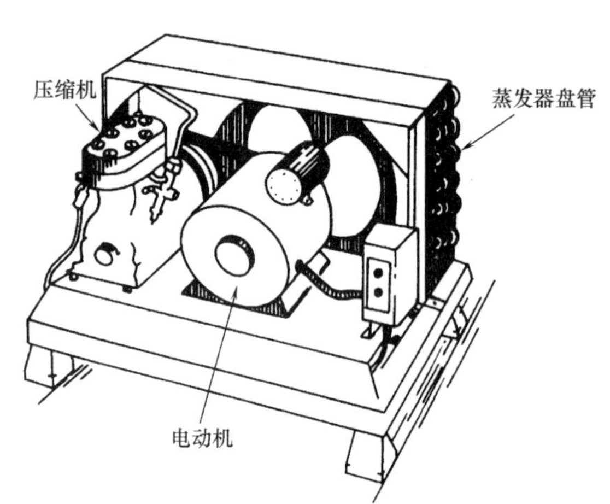

图 6.7　典型的电机驱动、气缸压缩机、空气冷却制冷系统

压缩比是压缩机操作性能的重要参数。压缩机的生产能力受多个因素影响。与设计有关的因素包括：①活塞的行程；②活塞头与汽缸端之间的余隙；③吸气和排气阀的大小。其他的影响因素与操作条件有关。这些因素包括：①每分钟的转数；②制冷剂类型；③吸气压强；④排气压强。

活塞的行程可按下式计算：

$$活塞行程 = \frac{\pi D^2 LN}{4}$$

式中　D——活塞缸的直径，cm

L——冲程的长度，cm

N——缸数

压缩机的排气量可以根据以下方程计算：

$$压缩排气量 = 活塞排气量 \times 每分钟转数$$

活塞的排气量可以根据图 6.8 分析。A 点表示吸气压强下 100% 充满制冷剂蒸汽的活塞缸体积。B 点处，制冷剂蒸汽被压缩到缸体积的 15%。在压缩周期内，吸气阀和排气阀均保持关闭状态。在排放周期 BC，排气阀打开，气体释放。缸体的容积减小到 5%。此值代表了活塞端与缸底构成的容积。在活塞开始向相反方向移动的膨胀周期 CD 内，保留在余隙内的高压气体膨胀。人们总是试图使余隙空间做得尽量小，因为余隙空间代表了制冷能力的损失。过程 AD 代表吸气作用；在此过程中吸气阀保持打开状态，使得蒸汽进入气缸。活塞重新回到 A 点位置，再次重复整个运行周期。

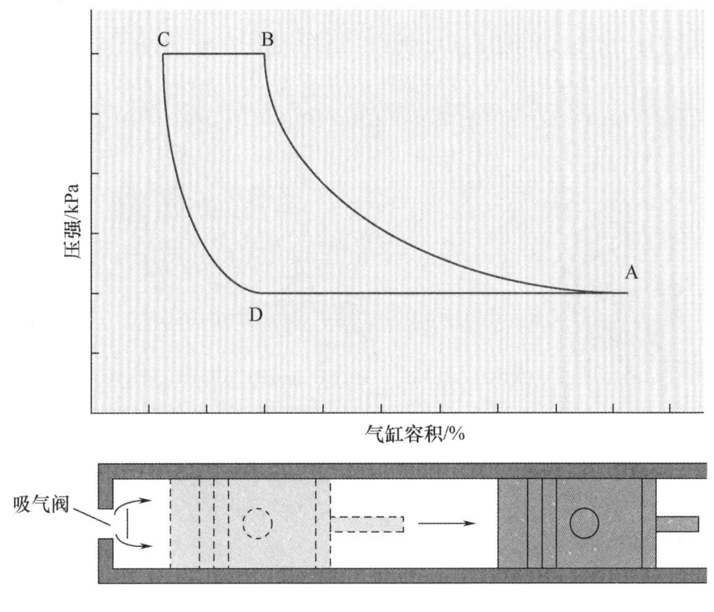

图 6.8 往复式压缩机的一个完全循环

实际操作中，由于经过阀门时有压降，因此吸气和排气压强线（BC 和 DA）不是直线。实际排气线位于图 6.8 所示的理论直线之上，实际吸气线位于理论直线之下。产生这一差异的原因是，排气开始时，气缸内压强必须大于排气压强，才能使排气阀克服弹簧压力而打开。同样，吸气过程开始时，压强必须低于吸气压强才能打开吸气阀门。

由于制冷负荷很少恒定，因此经常需要控制压缩机的制冷量。所以，压缩机经常需要以（相对设计制冷能力的）部分负荷状态运行。压缩机的制冷量可以通过以下方式控制：①控制转速（每分钟转数）；②利用压缩机高压侧与低压侧间的旁路；③通过保持吸气阀打开，构成压缩机内旁路。

压缩机的转速可用变速电机控制。

气体旁路是最普遍制冷量控制方法。在一种旁路系统中，压缩机的排气侧与吸气侧相通。压缩机的排放侧气体可直接用电磁阀与吸气侧接通。这样截断了来自压缩机气缸的制冷剂，从而降低了压缩机的制冷能力。这种旁路系统并不表现任何功率降低的效果。

较合理的旁路系统是使吸气阀保持打开，使制冷剂气体重复简单进出气缸的过程。因此，这种旁路中的气缸并不排放制冷剂。压缩机吸气口采用封闭式电磁阀控制。在多缸式压缩机中，当制冷负荷低时，可以有意地使几只气缸空转。四缸式压缩机，如果三只气缸空转，就可以降低高达 75% 的压缩机制冷能力。

6.2.3 冷凝器

冷凝器在制冷系统中的作用是将制冷剂的热量转移给另一个介质，如空气或水。通过排放热量，气态的制冷剂在冷凝器内冷凝为液体。

冷凝器的主要形式有：①水冷式；②空冷式；③蒸发式。在蒸发式冷凝器中，既可以用空气，也可以用水作为冷却介质。

三种常用的水冷式冷凝器是：①套管式；②壳管式（图 6.9）；③盘管式。

套管式冷凝器中，水由泵输送通过内管，制冷剂在外管流动。为提高传热效果，一般采用逆流式。过去，虽然常用套管式冷凝器，但这类热交换器使用大量密封圈和法兰，有维护方面的问题。

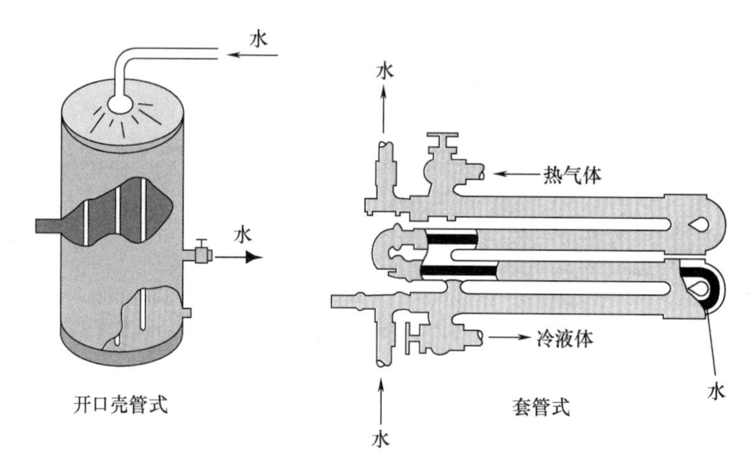

图 6.9　开口壳管式与套管式冷凝器
（资料来源：Carrier 公司）

壳管式冷凝器中，水在管内流动而制冷剂在壳内流动。在管子上安装肋片可以改善传热效果。这类冷凝器成本低也容易维护。

盘管式冷凝器的壳体内安装有盘旋的翅片水管。一般来说，这种冷凝器最紧凑，价格也低。

空冷式冷凝器既可以是翅片管式，也可以是板式（图 6.10）。管子上加翅片可以使紧

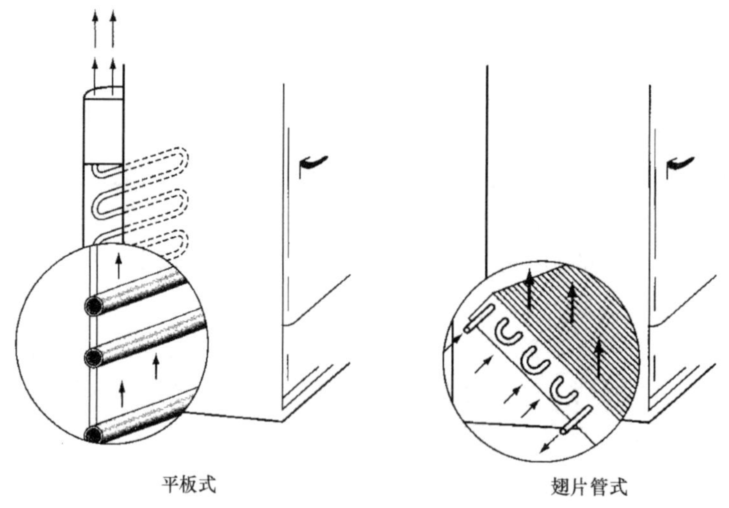

图 6.10　平板式和翅片管式冷凝器
（资料来源：Carrier 公司）

凑的冷凝器获得大的传热面积。板式冷凝器没有翅片，因此它们需要相当大的表面积。然而，这类冷凝器结构上便宜，很少需要维护。这两种冷凝器在家用冰箱中均有采用。

空冷式冷凝器也可利用风扇推动空气流动。风扇有助于在冷凝器表面获得高对流传热系数。

在蒸发式冷凝器中，循环水泵抽取冷凝器底盘中的水，然后喷淋到冷凝器盘管上。水蒸发需要的潜热从制冷剂获得。如图 6.11 示意了一种蒸发式冷凝器。蒸发式冷凝器的规模可以很大。

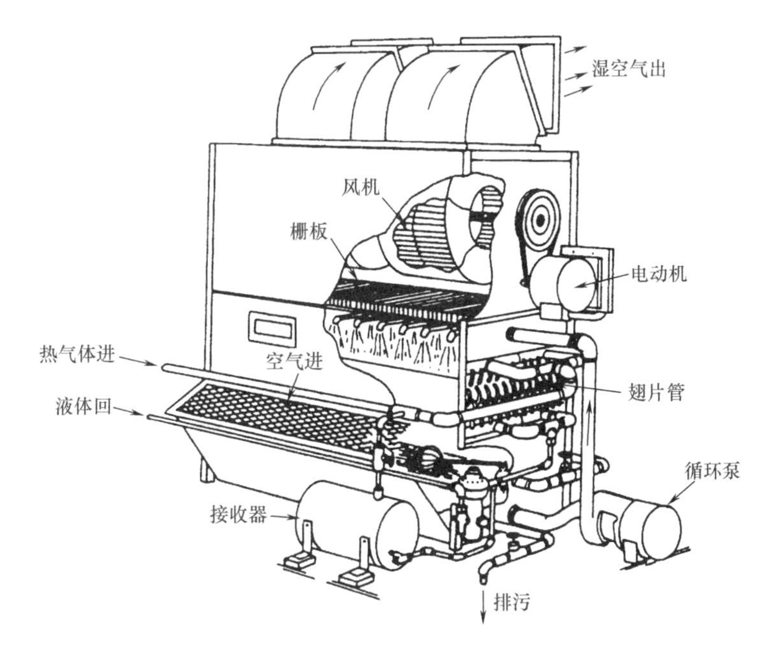

图 6.11　蒸发式冷凝器

（资料来源：Jennings，1979）

6.2.4　膨胀阀

膨胀阀本质上是一种节流装置，它控制液体制冷剂向蒸发器的流动。膨胀阀可以是手动操作的，也可通过装在制冷系统另一位置的压强或温度传感器来加以控制。

制冷系统中常用的节流装置包括：①手动膨胀阀；②自动低压浮球阀；③自动高压浮球阀；④自动膨胀阀；⑤热力膨胀阀。

如图 6.12 所示为一种简单的手动膨胀阀。这种阀通过手动调节，使高压制冷液按需要的流量进入低压制冷气体/液体侧。制冷剂通过膨胀阀时变冷。制冷液放出的热量被部分制冷液吸收转变成为蒸汽。这种部分制冷剂经过膨胀阀转变成气体的现象称为“闪蒸”。

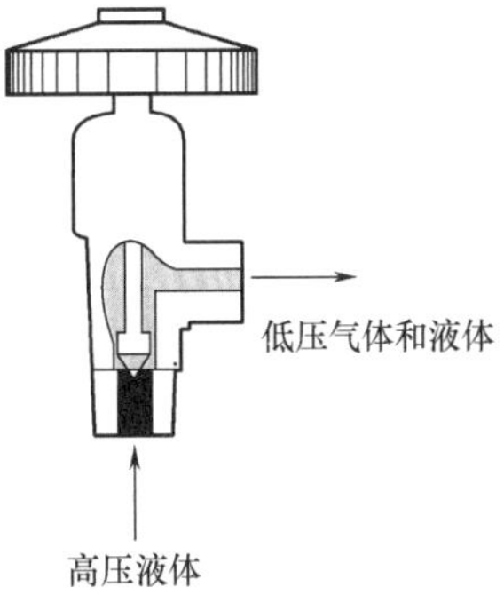

图 6.12　手动控制膨胀阀

（资料来源：Carrier 公司）

自动低压浮球阀用于满溢式蒸发器，如图 6.13 所示。低压浮球阀的浮球位于系统的低压侧。随着较多制冷剂的蒸发，浮球会下降从而打开节流孔，让更多的制冷液由高压侧进入低压侧。节流孔随浮球的上升而关闭。这种膨胀阀简单、运动稳定、有很好的控制性能。

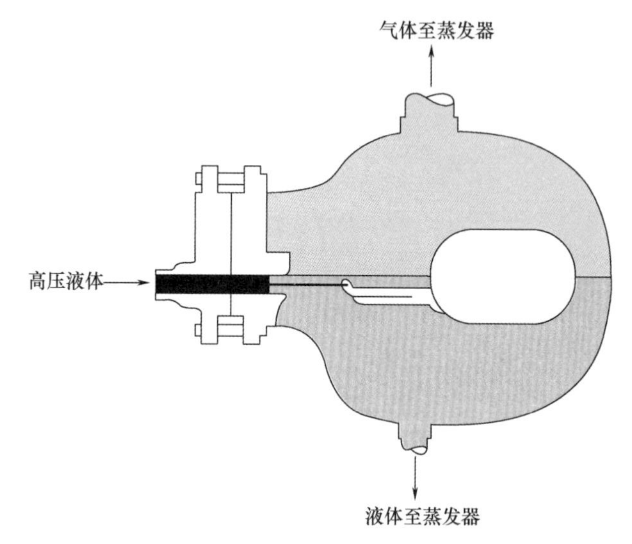

图 6.13　低压浮球阀

（资料来源：Carrier 公司）

自动高压浮球阀的浮球浸没在高压制冷液中（图 6.14）。随着热制冷气体在冷凝器中冷凝成液体，室内的制冷剂液位上升。浮球也随之上浮并将节流孔打开，使制冷液流入蒸发器。

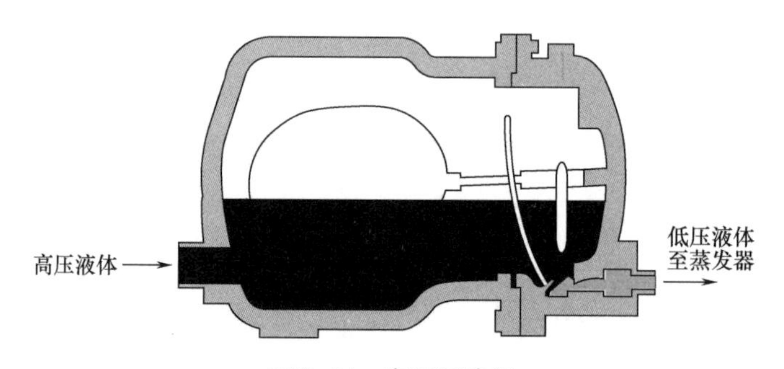

图 6.14　高压浮球阀

（资料来源：Carrier 公司）

自动膨胀阀使蒸发器维持恒定的压强。如图 6.15 所示，蒸发器压强升高使得薄膜克服弹簧压力而上升，从而将阀关闭。当蒸发器的压强下降时，阀打开。这种阀适用于要求维持恒定制冷负荷和恒定蒸发温度的场合，如家用冰箱。

热力膨胀阀包括了一个贴在压缩机吸气管上的感温包（图 6.16）。这一感温包用于感测离开蒸发器的过热气体温度。较高的感温包温度使得包内流体（通常是同一种制冷剂）的压强升高。升高的压强通过恒温管传递到波纹管和薄膜室，使膨胀阀开启从而使更多的液体制冷剂流过。热力膨胀阀是制冷工业中使用最普遍的一种节流装置。

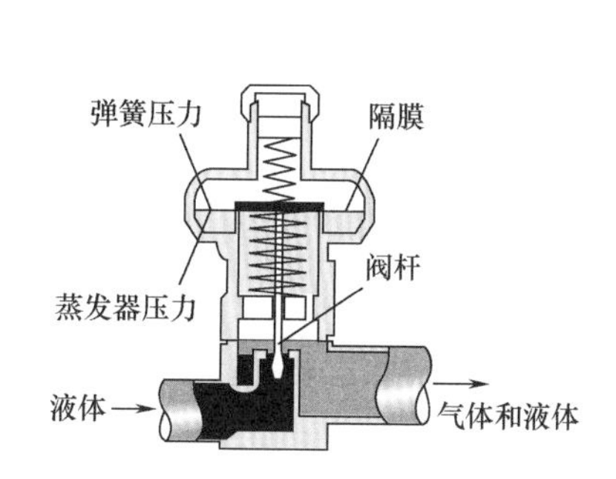

图 6. 15　自动膨胀阀
（资料来源：Carrier 公司）

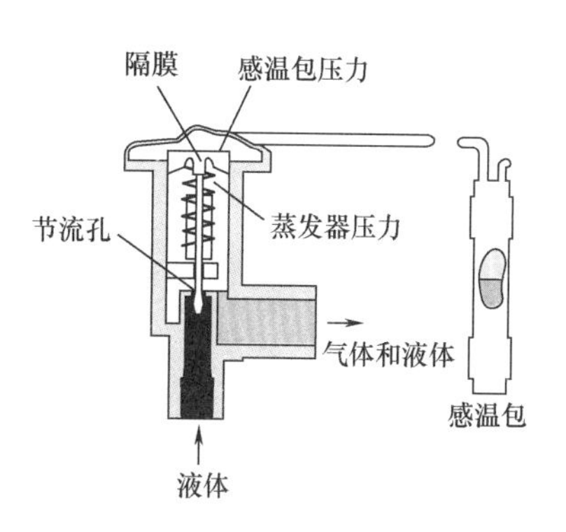

图 6. 16　热力膨胀阀
（资料来源：Carrier 公司）

6. 3　压 – 焓图

制冷剂的压强和焓随其经过制冷系统不同设备而变化。在蒸发器和冷凝器内，制冷剂的焓会发生变化，而压强保持不变。在压缩阶段，压缩机做功，制冷剂的焓随着压强一起升高。膨胀阀是一个等焓过程，它使制冷液受控制地由制冷系统的高压侧进入低压侧。

文献中广泛使用到可提供制冷剂热力性质的图表。这些图在制冷系统的早期构思阶段相当有用。根据图表，可以方便地领会标准制冷过程及从标准过程变化得到的过程。最常用的图是用 x 和 y 轴分别表示焓和压强的图。另一种图是用 x 和 y 轴分别表示熵和温度的图。包括蒸发器、压缩机、冷凝器和膨胀阀在内的整个制冷周期可以方便地在压 – 焓图上描述。如图 A. 6. 1（见附录）所示是氟利昂 R – 12 制冷剂的压 – 焓图。此图采用了国际制冷协会（IIR）的参数标准，将0℃时的标准制冷剂焓值定为200kJ/kg。其他制冷剂图表也可从制冷剂厂商得到。按美国采暖、制冷与空调工程师协会标准绘制的图，使用了不同的参比焓值（ASHRAE，1981）。

如图 6. 17 所示为压 – 焓图的框架描述图。压强（kPa）标在对数竖轴上。水平轴所标的是焓值（kJ/kg）。

根据饱和液体和饱和蒸汽曲线可以将压 – 焓图分成不同的区域。在图 6. 17 的示意图中，由钟形曲线包围的区域是代表液体和蒸汽制冷剂共存的两相区。穿过整个图的水平线是恒压线。温度线在钟形区内是水平线，在过冷区内是竖直线，而在过热区内是下斜曲线。饱和液体线左侧的区域代表低于一定压强下饱和液体温度的过冷制冷液。干饱和蒸汽曲线右侧的区域是一定压强下高于饱和蒸汽温度的过热温度区。钟形曲线内的干度线可用于确定制冷剂的液体和蒸汽含量。

现在让我们来考虑一个简单的蒸发压缩制冷系统，制冷剂以饱和液体状态进入膨胀阀，以饱和蒸汽状态离开蒸发器。这样的系统可用图 6. 18 所示的压 – 焓图表示。

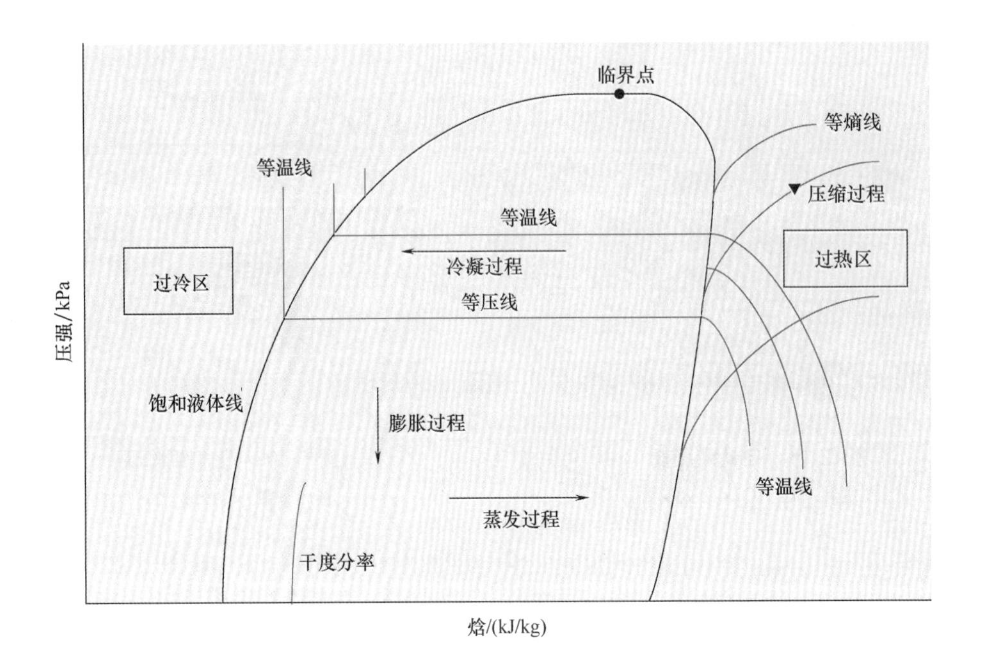

图 6.17　压 - 焓图

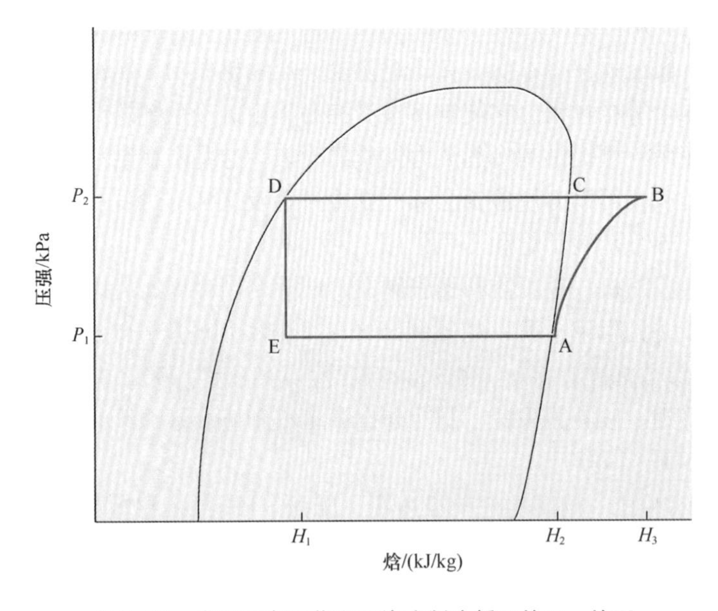

图 6.18　饱和温度下蒸汽压缩式制冷循环的压 - 焓图

当干饱和蒸汽进入压缩机，制冷剂的状态用 A 点表示。制冷剂蒸汽的压强为 P_1、焓为 H_2。压缩过程将制冷剂蒸汽的压强等熵地压缩提高到 P_2。B 点位于过热蒸汽区。压缩过程使制冷剂的焓从 H_2 增加到 H_3。在冷凝器内，首先在冷凝器的去过热区将制冷剂的过热热除去，然后使冷凝潜热从 C 移动到 D。当制冷剂经过膨胀阀时，压强降为 P_1，H_1 焓值保持恒定。部分制冷剂在膨胀阀内发生闪蒸，结果可用既包含液体又包含蒸汽的 E 点表示。液体 - 蒸汽制冷剂在蒸发器内接受热量而完全转变成蒸汽状态。蒸发器内的制冷剂状态由 E 到 A 的水平线代表；压强在 P_1 恒定维持，焓由 H_1 增加到 H_2。

实际操作中，会出现偏离上述制冷状态变化过程的情形。例如，通常会遇到如图 6.19 所示的制冷循环。为了防止制冷液进入压缩机，制冷剂在到达蒸发器出口处以前，要在蒸发器内完全变成饱和蒸汽状态。制冷剂转变成蒸汽后，如果仍然滞留在蒸发器的盘管内，那么由于存在温度梯度的原因，会进一步从环境得到热量。这样当制冷剂蒸汽进入压缩机的吸气口时就成了过热蒸汽，而其压强 P_1 仍然维持在蒸发器 A′点的水平。

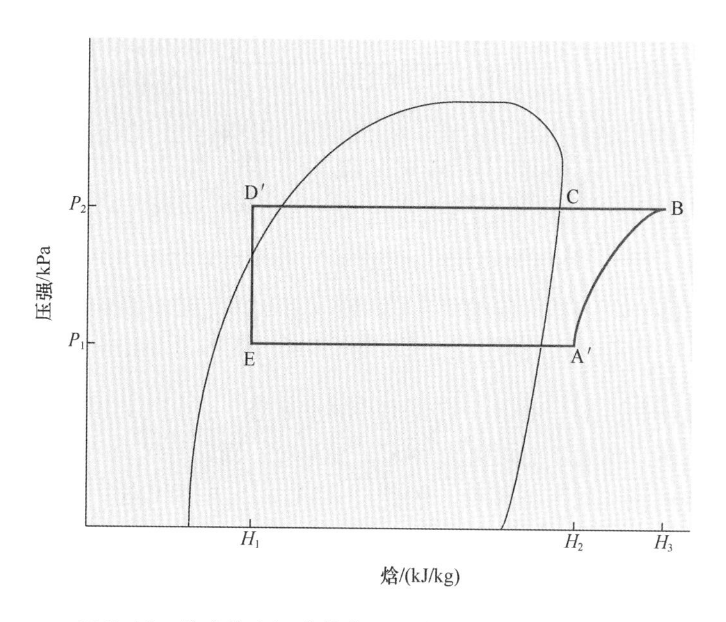

图 6.19　偏离饱和温度的蒸汽压缩制冷循环的压－焓图

另一个与理想制冷循环偏离的情况是制冷剂过冷。制冷剂可以在冷凝器和膨胀阀之间的一个收集器中得到过冷。过冷制冷剂的压强维持在 P_2，此压强与冷凝器的相同。另一个造成过冷的原因是从制冷剂损失的热量完全传给了仍留在冷凝器盘管中的饱和液体。在所示的压－焓图中，制冷剂过冷状态用 D′表示。

如图 A.6.1 所示的压－焓图可用于查取 H_1、H_2 和 H_3 值。由于过热区数条曲线挤在一起，因此将此区域放大可方便地描绘 A、B 过程和读取 H_3 值（图 A.6.2 是 R－12 的压－焓图，A.6.3 是 R－717 的压－焓图）。

前面提到，温熵图也可以描述制冷循环。图 6.20 为制冷循环的温－熵图。A 到 B 过程（压缩过程）和 D 到 E 过程（膨胀过程）是等熵过程，由竖直线代表。C 到 D 和 E 到 A 是绝热过程，由水平线表示。离开压缩机的过热蒸汽由 B 点表示。

6.3.1　压－焓表

较精确的制冷剂焓值和其他热力学性质可从表中查到，附录表 A.6.1、表 A.6.2 和表 A.6.3 分别是制冷剂 R－12、R－717 和 R134a 的压－焓表。

以下介绍利用压－焓表确定制冷剂焓值的方法。查表以前，最好先画一个制冷循环的压－焓草图。例如，图 6.21 为描述一个蒸发器温度为 －20℃ 和冷凝温度为 30℃ 的制冷循

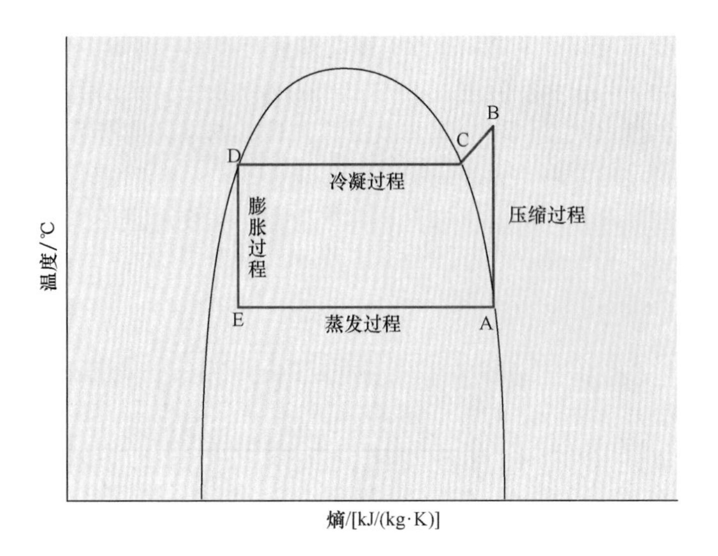

图 6.20　制冷循环的温 - 熵图

环草图。假定用氨作制冷剂。由于 A 代表饱和蒸汽状态，我们可以从表 A.6.2 得到 -20℃时该制冷剂在饱和蒸汽状态时的焓值为 1437.23kJ/kg。因此，H_2是 1437.23kJ/kg。位置 D 代表了冷凝器中饱和液体状态的温度。因此从表 A.6.2 的 30℃处，可以查到饱和液体状态氨的焓是 341.76kJ/kg。为了确定焓值 H_3，虽然可根据不同过热条件从过热性质表格查取，但使用起来较麻烦，因为要用几次插值计算才能得到所需的值。因此，使用放大了的过热区图较方便：例如，可用图 A.6.3 确定 H_3值（=1710kJ/kg）。

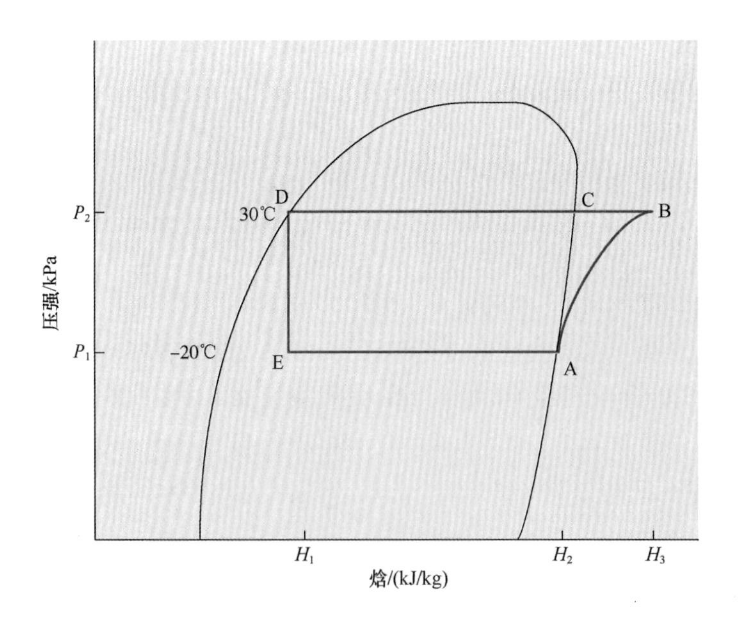

图 6.21　蒸发温度为 -20℃、冷凝温度为 30℃的制冷循环压 - 焓图

6.3.2 利用计算机辅助手段确定制冷剂的热力学性质

制冷剂的热力学性质还可以利用经验关联式计算机辅助方法确定。Cleland（1986）为几种常用制冷剂提供了这样的关系式。用于制冷剂 R－12、R－22、R－134a 和 R－717 的关系式和它们的系数如下。

（1）蒸汽压

$$p_{饱和} = \exp[a_1 + a_2/(T_{饱和} + a_3)] \tag{6.1}$$

式中 $p_{饱和}$——饱和蒸汽压

$T_{饱和}$——饱和温度

（2）饱和温度

$$T_{饱和} = a_2/[\ln(p_{饱和}) - a_1] - a_3 \tag{6.2}$$

（3）液体焓

$$\Delta T_b = T_{饱和} + T_L \tag{6.3}$$

$$H_L = a_4 + a_5 T_L + a_6 T_L^2 + a_6 T_L^3 \tag{6.4}$$

式中 T_b——过冷液体的温度

T_L——液体制冷剂的温度

H_L——液体制冷剂的焓

（4）饱和蒸汽焓

$$H_{i1} = a_8 + a_9 T_{饱和} + a_{10} T_{饱和}^2 + a_{11} T_{饱和}^3 \tag{6.5}$$

$$H_v = H_{i1} + a_{12} \tag{6.6}$$

式中 H_{i1}——一个中间焓值

H_v——饱和蒸汽的焓值

（5）过热蒸汽焓

$$\Delta T_s = T_s - T_{饱和} \tag{6.7}$$

$$\begin{aligned} H_{i2} = H_{i1}[1 &+ a_{13}\Delta T_s + a_{14}(\Delta T_s)^2 + a_{15}(\Delta T_s)(T_{饱和}) \\ &+ a_{16}(\Delta T_s)^2(T_{饱和}) + a_{17}(\Delta T_s)(T_{饱和})^2 \\ &+ a_{18}(\Delta T_s)^2(T_{饱和})^2] \end{aligned} \tag{6.8}$$

$$H_s = H_{i2} + a_{i2} \tag{6.9}$$

式中 T_s——过热蒸汽的温度

H_{i2}——一个中间焓值

H_s——过热蒸汽的焓值

（6）饱和蒸汽比体积

$$v_v = \exp[a_{19} + a_{20}/(T_{饱和} + 273.15)](a_{21} + a_{22}T_{饱和} + a_{23}T_{饱和}^2 + a_{24}T_{饱和}^3) \tag{6.10}$$

其中，v_v是饱和蒸汽的比体积。

（7）过热蒸汽的比体积

$$\begin{aligned} v_s = v_v[1.0 &+ a_{25}(\Delta T_s) + a_{26}(\Delta T_s)^2 + a_{27}(\Delta T_s)(T_{饱和}) \\ &+ a_{28}(\Delta T_s)^2(T_{饱和}) + a_{29}(\Delta T_s)(T_{饱和})^2 + a_{30}(\Delta T_s)^2(T_{饱和})^2] \end{aligned} \tag{6.11}$$

其中，v_s是过热蒸汽的比体积。

（8）吸入口没有过热蒸汽的等熵压缩焓变化

$$\Delta h = \frac{c}{c-1}P_1 v_1\left[\left(\frac{P_2}{P_1}\right)^{(c-1)/c} - 1\right] \tag{6.12}$$

式中　c——一个经验常数

P——绝对压强

v——比体积

下标 1 和 2——分别代表压缩机吸入口和排出口的条件

$$\Delta T_c = T_{饱和2} - T_{饱和1} \tag{6.13}$$

其中，ΔT_c 是压缩引起的饱和温度变化。

$$\begin{aligned} c_{i1} = {} & a_{31} + a_{32}(T_{饱和1}) + a_{33}(T_{饱和1})^2 + a_{34}(T_{饱和1})(\Delta T_c) \\ & + a_{35}(\Delta T_{饱和1})^2(\Delta T_c) + a_{36}(T_{饱和1})(\Delta T_c)^2 \\ & + a_{37}(T_{饱和1})^2(\Delta T_c) + a_{38}(\Delta T_c) \end{aligned} \tag{6.14}$$

$$c = c_{i1} \tag{6.15}$$

表 6.3 给出了以上方程的系数。有关这些方程的适用范围和精度参见 Cleland（1986）的文献。

表 6.3　计算制冷剂热力学性质数值方程的系数

系数	R-12	R-22	R-717	R-134a
a_1	20.82963	21.25384	22.11874	21.51297
a_2	-2033.5646	-2025.4518	-2233.8226	-2200.981
a_3	248.3	248.94	244.2	246.61
a_4	200000	200000	200000	100000
a_5	923.88	1170.36	4751.63	1335.29
a_6	0.83716	1.68674	2.04493	1.7065
a_7 $(\times 10^{-3})$	5.3772	5.2703	-37.875	7.6741
a_8	187565	250027	1441467	249455
a_9	428.992	367.265	920.154	606.163
a_{10}	-0.75152	-1.84133	-10.20556	-1.50644
a_{11} $(\times 10^{-3})$	5.6695	-11.4556	-26.5126	-18.2426
a_{12}	163994	155482	15689	299048
a_{13} $(\times 10^{-3})$	3.43263	2.85446	1.68973	3.48186
a_{14} $(\times 10^{-7})$	7.27473	4.0129	-3.47675	16.886
a_{15} $(\times 10^{-6})$	7.27759	13.3612	8.55525	9.2642
a_{16} $(\times 10^{-8})$	-6.63650	-8.11617	-3.04755	-7.698
a_{17} $(\times 10^{-8})$	6.95693	14.1194	9.79201	17.07
a_{18} $(\times 10^{-10})$	-4.17264	-9.53294	-3.62549	-12.13
a_{19}	-11.58643	-11.82344	-11.09867	-12.4539

续表

系数	R-12	R-22	R-717	R-134a
a_{20}	2372.495	2390.321	2691.680	2669
a_{21}	1.00755	1.01859	0.99675	1.01357
a_{22} $(\times 10^{-4})$	4.94025	5.09433	4.02288	10.6736
a_{23} $(\times 10^{-6})$	-6.04777	-14.8464	2.64170	-9.2532
a_{24} $(\times 10^{-7})$	-2.29472	-2.49547	-1.75152	-3.2192
a_{25} $(\times 10^{-3})$	4.99659	5.23275	4.77321	4.7881
a_{26} $(\times 10^{-6})$	-5.11093	-5.59394	-3.11142	-3.965
a_{27} $(\times 10^{-5})$	2.04917	3.45555	1.58632	2.5817
a_{28} $(\times 10^{-7})$	-1.51970	-2.31649	-0.91676	-1.8506
a_{29} $(\times 10^{-7})$	3.64536	5.80303	2.97255	8.5739
a_{30} $(\times 10^{-9})$	-1.67593	-3.20189	-0.86668	-5.401
a_{31}	1.086089	1.137423	1.325798	1.06469
a_{32} $(\times 10^{-3})$	-1.81486	-1.50914	0.24520	-1.6907
a_{33} $(\times 10^{-6})$	-14.8704	-5.59643	3.10683	-8.56
a_{34} $(\times 10^{-6})$	2.20685	-8.74677	-11.3335	-21.35
a_{35} $(\times 10^{-7})$	1.97069	-1.49547	-1.42736	-6.173
a_{36} $(\times 10^{-8})$	-7.86500	5.97029	6.35817	20.74
a_{37} $(\times 10^{-9})$	-1.96889	1.41458	0.95979	7.72
a_{38} $(\times 10^{-4})$	-5.62656	-4.52580	-3.82295	-6.103

6.4 蒸汽压缩制冷分析中有用的数学表达式

6.4.1 冷负荷

冷负荷是从温度需降到一定水平的空间（或物体）中去除热量的速率。机械制冷出现以前，冰是使用最广泛的冷却介质。冷负荷常常与融冰连在一起。商业中仍然普遍使用的一个常用单位是“冷吨”。一冷吨等于1t冰的融解潜热［2000lb×144（Btu/lb）］/24h=288000Btu/24h=3.5168kW。因此，一个机械制冷系统具有从被制冷空间以3.5168kW速率吸取热量的能力，则这个制冷系统便具有一冷吨的制冷能力。

根据给定空间计算冷负荷需要考虑几个因素。如果该空间贮存的产品是新鲜的水果或蔬菜，则这些产品会产生呼吸热。要使产品和空间保持低温，必须将这种呼吸热去除。表A.2.6给出了一些新鲜水果和蔬菜的呼吸热值。影响冷负荷计算的其他因素包括：通过墙壁、地坪和天花板进入的热量，开门引入的热量，灯光、人体和装卸货物的铲车等产生的热量。

例 6.1

计算贮存在 5℃冷藏室中的 2000kg 卷心菜产生热量引起的冷负荷。

已知:

卷心菜贮存量 = 2000kg

贮存温度 = 5℃

方法:

利用附录表 A.2.6 查取卷心菜的呼吸热。

解:

（1）从表 A.2.6 查得 5℃时卷心菜的呼吸热为 28 ~ 63W/Mg;

（2）为了设计，取上限值 63W/Mg;

（3）2000kg 卷心菜的总发热量为

$$(2000\text{kg})(63\text{W/Mg}) \times \left(\frac{1\text{Mg}}{1000\text{kg}}\right) = 126\text{W}$$

（4）由贮存在 5℃条件的 2000kg 卷心菜引起的冷负荷速率为 126W。

6.4.2 压缩机

等熵压缩阶段对制冷剂做功可以根据制冷剂的焓值升高和其流量计算。

$$q_w = \dot{m}(H_3 - H_2) \tag{6.16}$$

式中 $\dot{m}$——制冷剂的质量流量，kg/s

H_3——压缩终了时制冷剂的焓，kJ/kg 制冷剂

H_2——压缩开始时制冷剂的焓，kJ/kg 制冷剂

6.4.3 冷凝器

制冷剂在冷凝器内恒压冷却。制冷剂排到环境的热量可以表达为

$$q_c = \dot{m}(H_3 - H_1) \tag{6.17}$$

式中 q_c——冷凝器内的热交换速率，kW

H_1——制冷剂从冷凝器流出时的焓，kJ/kg 制冷剂

6.4.4 蒸发器

蒸发器内制冷剂在恒压条件下，从环境接受热量，由液体变成蒸汽。制冷剂在蒸发器进出口条件下的焓值之差称为制冷效果。制冷剂在蒸发器内蒸发时吸收热量的速率为

$$q_e = \dot{m}(H_2 - H_1) \tag{6.18}$$

式中 q_e——蒸发器内热交换速率，制冷效果为 $H_2 - H_1$

6.4.5 制冷系数

机械制冷系统的目的是为了将低温环境的热量转移到高温环境。制冷效果或从低温环

境吸收的热量，要比用于产生这一效果做功的功热当量值大得多。因此，像发动机一样，制冷系统的性能用其产生的制冷效果对产生此效果所做功之比来度量。这一比值称为制冷系数。制冷系数用于指示制冷系统的效率。

制冷系数（C. O. P. ）定义如下：制冷剂流过蒸发器吸收的热量与提供给压缩机能量的热当量值之比。

$$\text{C. O. P.} = \frac{H_2 - H_1}{H_3 - H_2} \quad (6.19)$$

6.4.6 制冷剂流量

制冷剂流量取决于系统的总冷负荷及系统的制冷效果。制冷系统的总冷负荷是从被冷却空间（或物体）吸收的热量（见 6.4.1 节）。制冷剂流量可以通过下式确定：

$$\dot{m} = \frac{q}{(H_2 - H_1)} \quad (6.20)$$

式中　$\dot{m}$——制冷剂流量，kg/s

q——总冷负荷速率，kW

例 6.2

蒸汽压缩制冷系统以 R－134a 作制冷剂，将某冷藏室维持在 2℃。蒸发器和冷凝器的温度分别为－5℃和 40℃。制冷负荷为 20t。请计算制冷剂的质量流量、需要的压缩机功率及 C. O. P. 。假定该制冷系统在饱和条件下运行，压缩机的效率为 85%。

已知：

室温＝2℃

蒸发器温度＝－5℃

冷凝器温度＝40℃

制冷负荷＝20t

压缩机效率＝85%

方法：

在 R－134a 压－焓图上画出制冷循环。根据制冷循环图可以查出用于式（6.16）～式（6.20）的焓值。

解：

（1）在 R－134a 压－焓图上画出代表蒸发器和冷凝器条件的线段 EA 和 DC（图 E6.1）。从等焓线（可能需要内插确定）A 点出发与 DC 线延长线的 B 点相交。从 D 点画竖直线与 EA 线交于 E 点。这样，ABCDE 代表了饱和条件下所给数据的制冷循环。

（2）根据所画的制冷循环图，得到以下数据：

蒸发器压强＝243kPa

冷凝器压强＝1015kPa

H_1＝156kJ/kg

H_2＝296kJ/kg

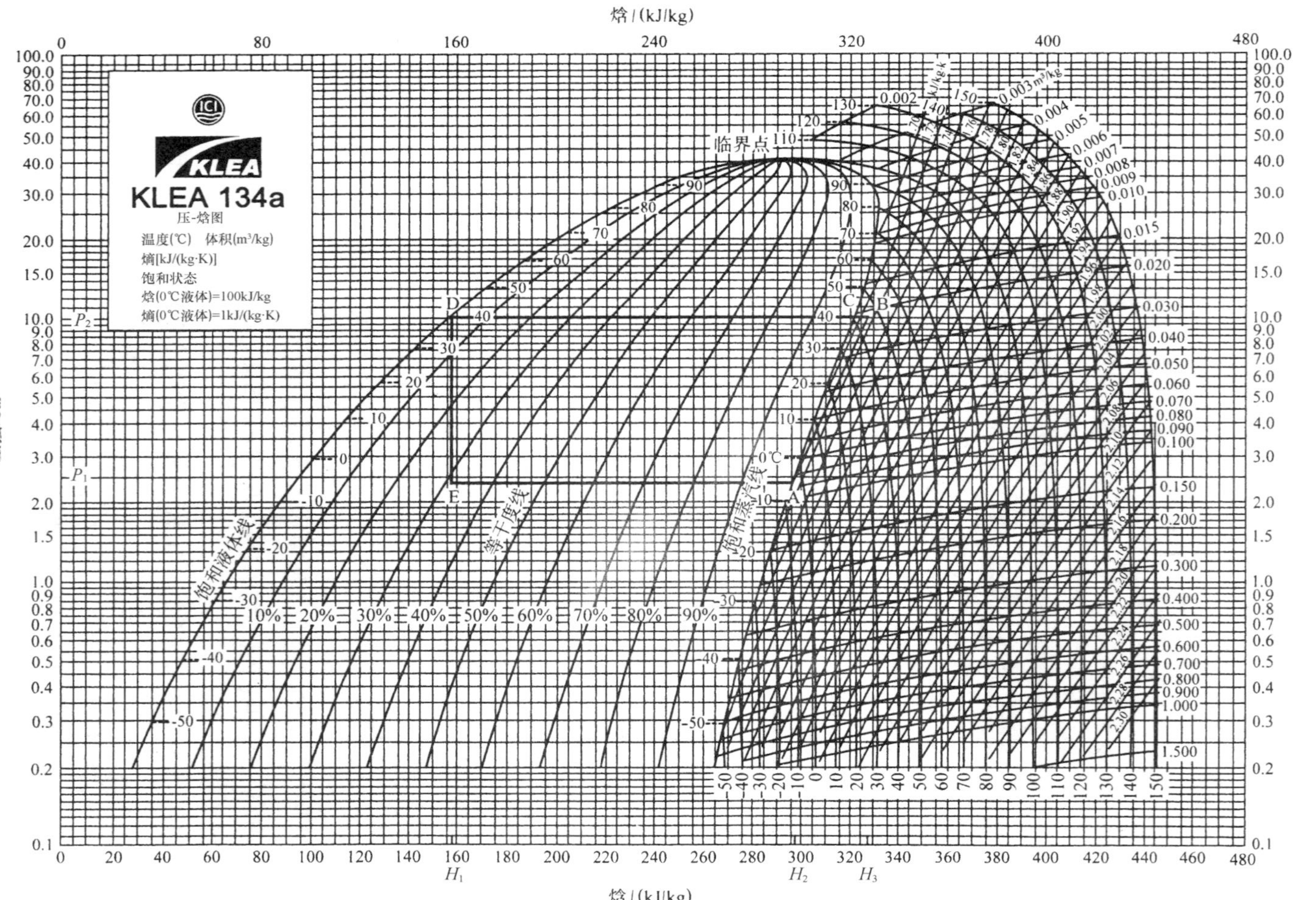

图 E6.1 例 6.2 中蒸汽压缩制冷循环的压－焓图

$H_3 = 327 \text{kJ/kg}$

（3）根据式（6.20），（注意，1 冷吨 =303852kJ/24h）制冷剂的质量流量为

$$\dot{m} = \frac{(20\text{t})(303852\text{kJ/t})}{(24\text{h})(3600\text{s/h})(296\text{kJ/kg} - 156\text{kJ/kg})} = 0.502\text{kg/s}$$

（4）根据式（6.16）压缩机的功率需要（假设压缩机的效率是 85%）为

$$q_w = \frac{(0.502\text{kg/s})(327\text{kJ/kg} - 296\text{kJ/kg})}{0.85}$$

$$= 18.31\text{kW}$$

（5）根据式（6.19），制冷系数是

$$\text{C. O. P.} = \frac{(296\text{kJ/kg} - 156\text{kJ/kg})}{(327\text{kJ/kg} - 296\text{kJ/kg})} = 4.52$$

例 6.3

利用压－焓表重新对例 6.2 进行求解。

已知：

室温 =2℃

蒸发器温度 = －5℃

冷凝器温度 =40℃

制冷负荷 =20t

压缩机效率 =85%

方法：

利用附录中 R－134a 压－焓表 A.6.3。此外，还利用过热气体区域部分放大图 A.6.5。

解：

（1）最好先画出（类似于图 6.18）代表待查数据的压－焓草图。

（2）利用压－焓表时，重要的是要知道制冷剂在 A、B、D 和 E 点的状态条件。可知，制冷剂在 A 点以饱和蒸汽形式存在，在 D 点以饱和液体形式存在。A 点处制冷剂的温度为 －5℃，D 点处温度为 40℃。

（3）在 －5℃，饱和蒸汽的焓为 295.59kJ/kg。因此，$H_2 = 295.59 \text{kJ/kg}$。

（4）在 40℃，饱和液体的焓为 156.49kJ/kg。因此，$H_1 = 156.49 \text{kJ/kg}$。

（5）由画于图 A.6.5 的该循环的过热部分，得 H_3 为 327kJ/kg。

（6）其余计算与例 6.2 的相同。

例 6.4

假定例 6.2 中的制冷剂蒸汽温度在离开蒸发器时先增加 10℃后再进入压缩机，而制冷液从冷凝器出来先过冷 15℃后再进入膨胀阀，请再对例 6.2 所求内容进行求解。

已知：

见例 6.2

过热度 = 10℃

过冷度 = 15℃

方法:

在压 - 焓图上画出含有过热和过冷的制冷循环。

解:

（1）由于增加的过热度为 10℃，制冷剂蒸汽进入压缩机的温度为 5℃，而液体离开冷凝器的温度为 25℃。

（2）画出代表蒸发器温度 -5℃的 EA 线段。

（3）在图 E6.2 中，将 EA 线段延长到 EA_1。A_1点的温度 5℃位于过热区的绝热线上。

（4）从 A_1出发，沿等熵线画线段 A_1B。

（5）在代表冷凝器温度的 40℃处画线水平段 BD。

（6）延长 BD 到 D_1，D_1点由从饱和液体线 25℃处画竖直线与 BD 延长线相交确定。

（7）画 D_1E 线，这条竖直线代表膨胀阀中绝热过程。

（8）根据制冷循环 EA_1BCD_1，确定以下焓值:

$$H_1 = 137\text{kJ/kg}$$
$$H_2 = 305\text{kJ/kg}$$
$$H_3 = 338\text{kJ/kg}$$

（9）因此

$$\text{制冷剂质量流量} = \frac{(20\text{t})(303852\text{kJ/t})}{(24\text{h})(3600\text{s/h})(305\text{kJ/kg} - 137\text{kJ/kg})} = 0.42\text{kg/s}$$

（10）根据式（6.16）压缩机的功率需要（假设压缩机的效率是 85%）为

$$q_w = \frac{(0.42\text{kg/s})(338\text{kJ/kg} - 305\text{kJ/kg})}{0.85}$$
$$= 16.3\text{kW}$$

（11）根据式（6.19），制冷系数是

$$\text{C. O. P.} = \frac{(305\text{kJ/kg} - 137\text{kJ/kg})}{(338\text{kJ/kg} - 305\text{kJ/kg})}$$
$$= 5.1$$

（12）本例说明了过热和过冷对制冷剂流量和压缩机功率的影响。

例 6.5

用氨替代 R.134a 作制冷剂，对例 6.2 重新求解。

已知:

与例 6.2 相同

方法:

利用氨的压 - 焓表 A.6.2 和氨压 - 焓图过热区的放大图 A.6.3。

解:

（1）画出（类似于图 6.18）代表 A、B、C、D 和 E 点的压 - 焓草图。

（2）在 A 点处，制冷剂以饱和蒸汽形式存在。由 A.6.2 查得饱和氨蒸汽在 -5℃时的

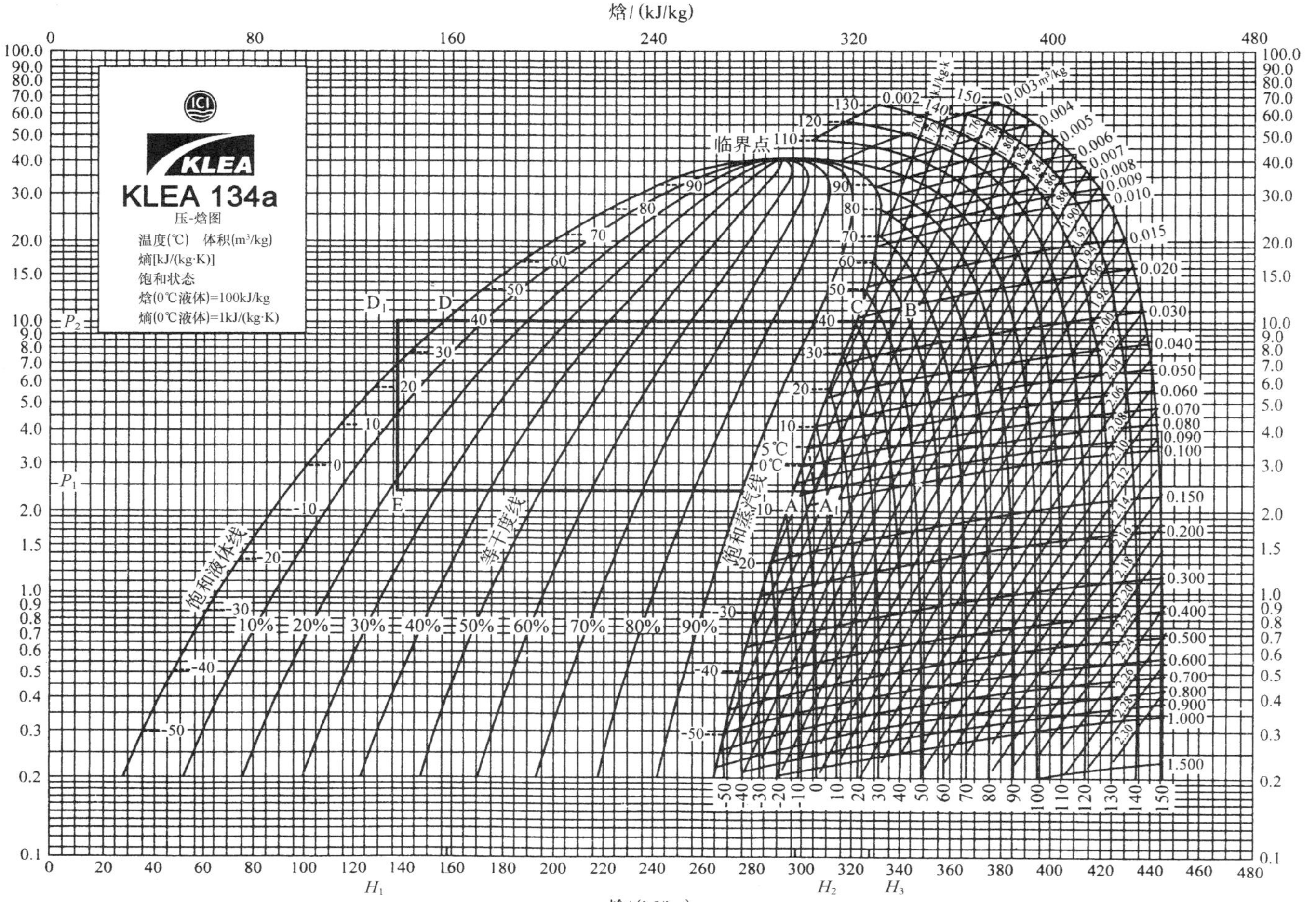

图 E6.2 例 6.4 中蒸汽压缩制冷循环的压－焓图

焓为 1456.15kJ/kg。因此，H_2 = 1456.15kJ/kg。

（3）在 D 点处，制冷剂以饱和液体形式存在。由 A.6.2 查得饱和氨液在 40℃时的焓为 390.59kJ/kg。因此，H_1 = 390.59kJ/kg。

（4）由图 A.6.3 找到 B 点，得 H_3 为 1680kJ/kg。

（5）根据式（6.20），制冷剂的质量流量为

$$\dot{m} = \frac{(20\text{t})(303852\text{kJ/t})}{(24\text{h})(3600\text{s/h})(1456.15\text{kJ/kg} - 390.59\text{kJ/kg})} = 0.066\text{kg/s}$$

（6）根据式（6.16）压缩机的功率需要（假设压缩机的效率是 85%）为

$$q_w = \frac{(0.066\text{kg/s})(1680\text{kJ/kg} - 1456.15\text{kJ/kg})}{0.85}$$

$$= 17.38\text{kW}$$

（7）根据式（6.19），制冷系数为

$$\text{C.O.P.} = \frac{(1456.15\text{kJ/kg} - 390.59\text{kJ/kg})}{(1680\text{kJ/kg} - 1456.15\text{kJ/kg})}$$

$$= 4.76$$

（8）与 R－134a 相比，利用氨作制冷剂，质量流量降低了 84%。

例 6.6

利用电子表格，编写一个计算机辅助程序，确定制冷剂 R－12、R－134a 和 R717 的下列性质。

a. 冷凝器温度下饱和液体的焓；

b. 蒸发器温度下饱和蒸汽的焓；

c. 蒸发器温度下饱和蒸汽的比体积。

d. 利用 R－12、R－134a 和 R717 的电子表，确定 H_1、H_2和 H_3值。

已知：

与例 6.2 相同。

方法：

利用 Cleland（1986，1994）的经验关系式，用 Excel™编写适用于 R－12、R－134a 和 R717 的电子表。

解：

（1）利用 Cleland（1986，1994）的经验关系式编写的电子表见图 E6.3、图 E6.4 和图 E6.5。所有经验关系式均填写在 D6∶H11 表格区域。

（2）要用到以下输入参数：吸入口（饱和蒸汽）的温度；（膨胀阀入口处）饱和液体的温度。

（3）进行以下内容的计算：

①根据压缩机吸气温度计算（饱和）压强；

②由冷凝器中制冷剂温度计算（饱和）压强；

③H_1；

④H_2；

⑤进入压缩机吸气口饱和蒸汽的比体积；

⑥中间常数（见 Cledand，1986）；

⑦对例 6.2 中的等熵压缩过程，可以计算 ΔH，与 H_2 相加后得 H_3；

⑧图 E6.3、图 E6.4 的图 E6.5 分别提供了 R－12、R－134a 和 R717 的压－焓关系电子表。

（4）根据例 6.2 所给的条件，

$$T_{蒸发器} = -5℃$$

$$T_{冷凝器} = 40℃$$

（5）由 R－12 的电子表算得

$$H_1 = 238.64\text{kJ/kg}$$

$$H_2 = 349.4\text{kJ/kg}$$

$$H_3 = 372.46\text{kJ/kg}$$

（6）由 R－717 电子表算得

$$H_1 = 390.91\text{kJ/kg}$$

$$H_2 = 1452.30\text{kJ/kg}$$

$$H_3 = 1668.21\text{kJ/kg}$$

（7）由 R－134a 电子表算得

$$H_1 = 134.57\text{kJ/kg}$$

$$H_2 = 273.81\text{kJ/kg}$$

$$H_3 = 323.36\text{kJ/kg}$$

	A	B	C	D	E	F	G	H	I	J	K
1	T_蒸发器(℃)	－5									
2	T_冷凝器(℃)	40									
3	T_冷凝器-T_蒸发器(℃)	45	← =B2-B1		← Cleand(1986)系数 R-12(氟里昂)						
4											
5											
6				20.82963	－2033.546	248.3	200000	923.88			
7				0.83716	5.38E－03	187565	428.992	－0.75152			
8				5.67E－03	163994	－11.58643	2372.495	1.00755			
9				4.94E－04	－6.05E－06	－2.29E－07	1.09E＋00	－1.81E－03			
10				－1.49E－05	2.21E－06	1.97E－07	－7.87E－08	－1.97E－09			
11				－5.63E－04							
12											
13	P_吸气	260.76	← =EXP(D6+E6/(B1+F6))/1000								
14	P_排气	961.25	← =EXP(D6+E6/(B2+F6))/1000								
15											
16	H_1	238.64	← =(G6+H6*B2+D7*B2^2+E7*B2^3)/1000								
17	H_2	349.39	← =(F7+G7*B1+H7*B1^2+D8*B1^3+E8)/1000								
18	v_饱和	0.06	← =EXP(F8+G8/(B1+273.15))*(H8+D9*B1+E9*B1^2+F9*B1^3)								
19	p_恒定	1.07	← =G9+H9*B1+D10*B1^2+E10*B1*B3+F10*B1^2*B3+G10*B1*B3^2+H10*B1^2*B3+D11*B3								
20	delta_H（kJ/kg）	23.07	← =((B19/(B19-1))*B13*1000*B18((E14/B13)^((B19-1)/B19)-1))/1000								
21	H_3（kJ/kg）	372.47	← =B17+B20								

图 E6.3　确定氟利昂 R－12 制冷剂各项性质的电子表

	A	B	C	D	E	F	G	H	I	J	K
1	T_蒸发器（℃）	-40									
2	T_冷凝器（℃）	25									
3	T_冷凝器 - T_蒸发器（℃）	65	← =B2-B1		Cleand(1986)系数						
4					R-134a						
5											
6				21. 51297	-2200. 981	246. 61	100000	1335. 29			
7				1. 7065	0. 007674	249. 455	606. 163	-1. 50644			
8				-0. 018243	299048	-12. 4539	2669	1. 01357			
9				1. 07E -03	-9. 25E -06	-3. 22E -07	1. 06469	-0. 001691			
10				-8. 56E -06	-2. 14E -05	-6. 17E -07	2. 074E -07	7. 72E -09			
11				-0. 00061							
12											
13	P_吸气	52. 06	← =EXP(D6+E6/(B1+F6))/1000								
14	P_排气	666. 31	← =EXP(D6+E6/(B2+F6))/1000								
15											
16	H_1	134. 57	← =(G6+H6*B2+D7*B2^2+E7*B2^3)/1000								
17	H_2	273. 81	← =(F7+G7*B1+H7*B1^2+D8*B1^3+E8)/1000								
18	v_饱和	0. 36	← =EXP(F8+G8/(B1+273.15))*(H8+D9*B1+E9*B1^2+F9*B1^3)								
19	p_恒定	1. 04	← =G9+H9*B1+D10*B1^2+E10*B1*B3+F10*B1^2*B3+G10*B1*B3^2+H10*B1^2*B3+D11*B3								
20	delta_H（kJ/kg）	49. 55	← =((B19/(B19-1))*B13*1000*B18((E14/B13)^((B19-1)/B19)-1))/1000								
21	H_3（kJ/kg）	323. 36	← =B17+B20								

图 E6. 4　确定 R – 134a 制冷剂各项性质的电子表

	A	B	C	D	E	F	G	H	I	J	K
1	T_蒸发器（℃）	-5									
2	T_冷凝器（℃）	40									
3	T_冷凝器 - T_蒸发器（℃）	45	← =B2-B1		Cleand(1986)系数						
4					R-717(氨)						
5											
6				22. 11874	-2233. 823	244. 2	200000	4751. 63			
7				2. 04493	-0. 37875	1441467	920. 154	-10. 20556			
8				-0. 026513	15689	-11. 09867	2691. 68	0. 99675			
9				0. 000402	2. 64 – E06	-1. 75E -07	1. 325798	000245			
10				3. 11E -06	1. 13E -05	1. 43E -07	6. 36E -08	9. 60E -10			
11				-0. 000382							
12											
13	P_吸气	355. 05	← =EXP(D6+E6/(B1+F6))/1000								
14	P_排气	1557. 67	← =EXP(D6+E6/(B2+F6))/1000								
15											
16	H_1	390. 91	← =(G6+H6*B2+D7*B2^2+E7*B2^3)/1000								
17	H_2	1452. 30	← =(F7+G7*B1+H7*B1^2+D8*B1^3+E8)/1000								
18	v_饱和	0. 34	← =EXP(F8+G8/(B1+273.15))*(H8+D9*B1+E9*B1^2+F9*B1^3)								
19	p_恒定	1. 30	← =G9+H9*B1+D10*B1^2+E10*B1*B3+F10*B1^2*B3+G10*B1*B3^2+H10*B1^2*B3+D11*B3								
20	delta_H（kJ/kg）	215. 91	← =((B19/(B19-1))*B13*1000*B18((E14/B13)^((B19-1)/B19)-1))/1000								
21	H_3（kJ/kg）	1668. 22	← =B17+B20								

图 E6. 5　确定氨制冷剂 R – 717 各项性质的电子表

6.5 多级制冷系统

多级制冷系统涉及一台以上的压缩机，通常是为了降低系统的总功率。虽然增加压缩机要增加投资，但可调式多级制冷系统总的操作成本一定降低。下面讨论双级制冷系统中常用的方法——闪蒸气体去除系统。

6.5.1 闪蒸气体去除系统

由前面图6.18可见，制冷剂以饱和液体状态离开冷凝器，膨胀阀存在一个高压冷凝器压强到低压蒸发器压强的压降。伴随这一制冷剂压降，有部分制冷剂液体转变成了蒸汽状态，部分制冷液转变成蒸汽态就是常称的“闪蒸”现象。如果我们将这种状态的制冷剂看作压强在 P_1 与 P_2 之间的一种中间制冷剂状态，例如图6.22中的K点状态，则此状态下存在部分蒸汽，但大部分以液体形式存在。在膨胀阀中早已转变成为蒸汽的制冷剂在蒸发器内不再起任何作用。因此，最好在膨胀阀将这部分中间压强状态的蒸汽用另一台小型压缩机压缩到冷凝压强。含少量（因朝蒸发器靠近的压强低而进一步闪蒸产生的）蒸汽的液体制冷剂则进入蒸发器。

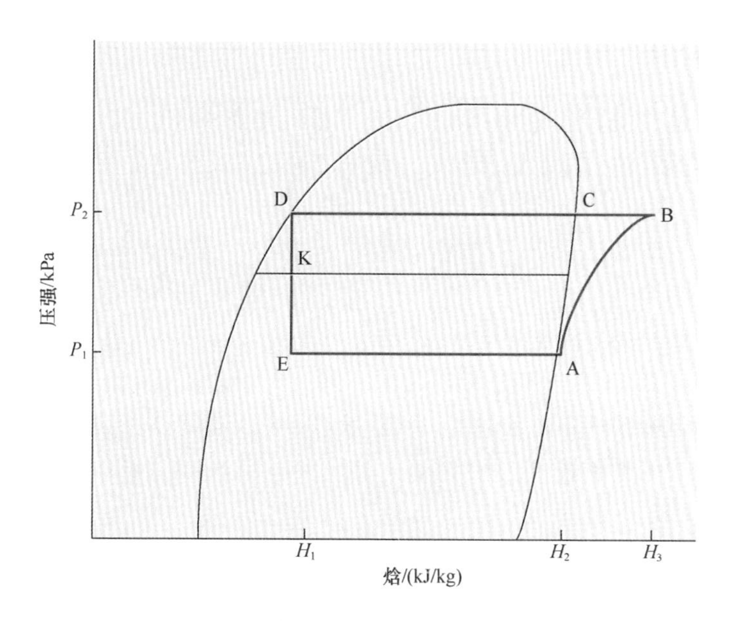

图6.22 闪蒸气体去除系统的压－焓图示意

闪蒸气体去除系统如图6.23所示。离开冷凝器被允许通过节流阀的液体制冷剂，其流量由闪蒸罐的液位控制。制冷剂蒸汽与液体在闪蒸罐分离。液体制冷剂随后通过膨胀阀进入蒸发器，而蒸汽则进入第二个压缩机。闪蒸气体去除系统的使用可降低总功率需要量。

当冷凝器与蒸发器的温差较大时有明显降低总功率需要量的效果，换句话说，这种系

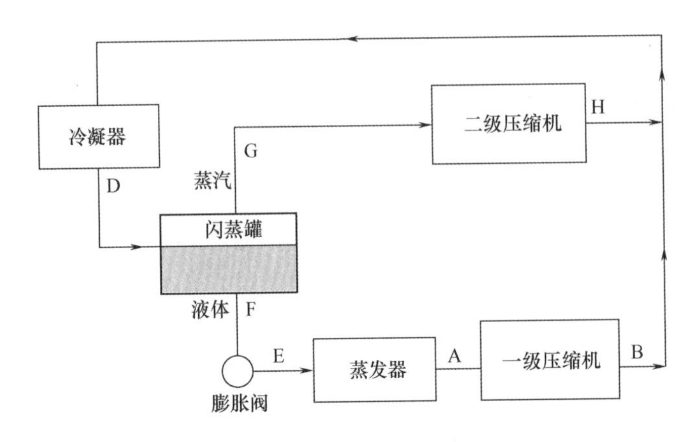

图 6.23　闪蒸气体去除系统

统最适用于低温冷却或冷冻应用。用于压缩闪蒸气体的压缩机通常较小，并且一级压缩机也比无闪蒸气体去除的标准系统压缩机小。由于大部分闪蒸气体得到了去除，并且气体的体积比液体的大，因此蒸发器中供制冷剂进出的管路也较小。闪蒸气体去除系统成本的增加包括：二级压缩机（虽然较小）、闪蒸罐和相关的阀件、管路和管件等。例 6.7 为利用闪蒸气体去除系统的示例。

例 6.7

某氨制冷系统的蒸发器温度为 -20℃、冷凝器温度为 40℃。该系统在 519kPa 的中间压强条件下采用闪蒸气体去除系统。问每吨制冷剂的功率需要量降低多少？（见图 6.23）

已知：

蒸发器温度 = -20℃

冷凝器温度 =40℃

闪蒸气体去除系统的中间压强 =519kPa

方法：

先求出理想氨制冷循环中的各焓值，然后考虑加入闪蒸气体去除系统后制冷系统的各焓值。利用例 6.6 中的电子表求这些焓值。

解：

（1）利用氨的电子程序表（见图 E6.6），求理想系统和改进系统的焓值如下：

理想系统

$$H_1 = 391\text{kJ/kg}$$
$$H_2 = 1435\text{kJ/kg}$$
$$H_3 = 1750\text{kJ/kg}$$

改进系统

$$H'_1 = 200\text{kJ/kg}$$
$$H'_2 = 1457\text{kJ/kg}$$
$$H'_3 = 1642\text{kJ/kg}$$

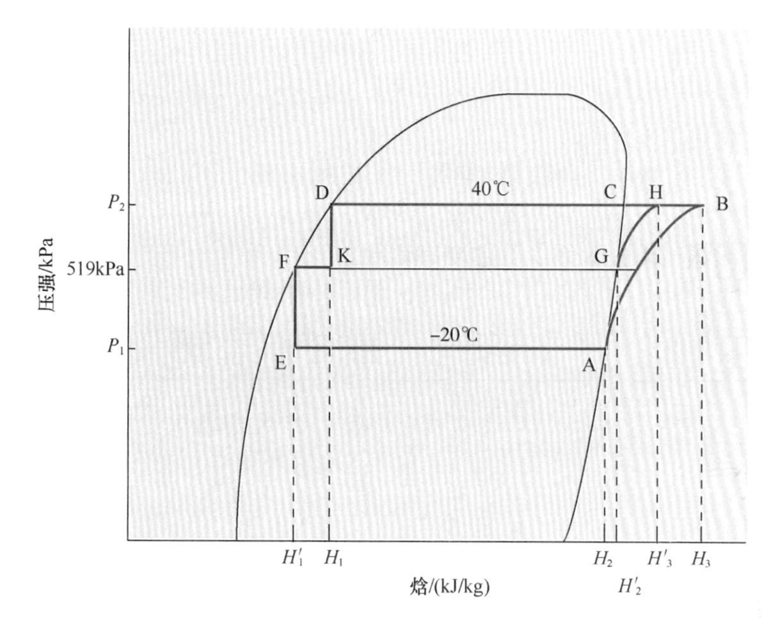

图 E6.6　例 6.7 描述的闪蒸气体去除系统的压－焓图

理想系统

（2）制冷剂流量可以按每冷吨制冷负荷（注意，1 冷吨等于 3.517kW）计算如下

$$\dot{m} = \frac{3.517\text{kJ/s}}{1435\text{kJ/kg} - 391\text{kJ/kg}}$$
$$= 0.00337\text{kg/s}$$

（3）因此，压缩机的功率为

$$q_w = (0.00337\text{kg/s})(1750\text{kJ/kg} - 1435\text{kJ/kg})$$
$$= 1.062\text{kW/冷吨}$$

改进系统

（4）为了确定改进系统压缩机的功率需要，必须先求出制冷剂流量。通过蒸发器和第一压缩机的制冷剂流量计算如下

$$\dot{m}_A = \dot{m}_B = \dot{m}_F = \dot{m}_E = \frac{3.517\text{kJ/s}}{1435\text{kJ/kg} - 200\text{kJ/kg}} = 0.00285\text{kg/s}$$

其中，$\dot{m}$ 是制冷剂的流量，下标 A、B、F、E 对应于图 E6.6 中的位置。

（5）为了确定改进系统中第二级压缩机的功率需要，必须先求出通过该压缩机的制冷剂流量。这可通过闪蒸罐的质量和能量衡算求取。从而

$$\dot{m}_D = \dot{m}_E + \dot{m}_G$$
$$\dot{m}_D = 0.00285 + \dot{m}_G$$

（6）能量平衡得

$$(\dot{m}_D)(H_1) = (0.00285)(H'_1) + (\dot{m}_G)(H'_2)$$
$$(0.00285 + \dot{m}_G)(391) = (0.00285 \times 200) + (\dot{m}_G)(1457)$$

（7）解质量和能量平衡方程得

$$\dot{m}_G = 0.000511\text{kg/s}$$

（8）从而，第一级压缩机的功率需要为

$$q_{w1} = 0.00285 \times (1750 - 1435)$$
$$= 0.8977(\mathrm{kW})$$

而第二级压缩机的功率需要为

$$q_{w2} = 0.000511 \times (1642 - 1457)$$
$$= 0.0945(\mathrm{kW})$$

（9）因此，闪蒸气体去除系统的总功率需要为

$$q_w = 0.8977 + 0.0945 = 0.992(\mathrm{kW})$$

（10）从而，利用闪蒸气体去除系统的效果为降低了7%的总功率需要量。

习题[①]

6.1　某饱和氨（R－717）简单压缩制冷系统的蒸发温度为－20℃、冷凝器温度为30℃。求该系统的C. O. P.。

6.2　一个10冷吨制冷能力的系统，制冷剂在蒸发器中的压强为210kPa，而在冷凝器中的压强为750kPa。如果使用的制冷剂为饱和条件的氨，计算压缩机的理论功率需要量。

6.3　一个食品冷藏室需要15冷吨的制冷系统维持温度。该系统的蒸发温度为－8℃，冷凝器温度为30℃。利用氨（R－717）作制冷剂，系统在饱和条件下操作。求：（a）C. O. P.；（b）制冷剂流量；（c）冷凝器取走的热量。

*6.4　其他条件同6.3题，但制冷剂在进入膨胀阀以前过冷5℃，而在蒸发器过热6℃。求解与题6.3相同的内容。

*6.5　某蒸汽压缩制冷系统，利用氨（R－717）作制冷剂，蒸发器的操作温度是－5℃，冷凝温度为40℃。如果蒸发器的温度提高5℃，而冷凝器的温度保持40℃不变。计算下列内容的百分变化情况：（a）每千克制冷剂流量的制冷效果；（b）C. O. P.；（c）压缩热；（d）理论功率需要量；（e）冷凝器的热量排除速率，由于蒸发温度升高而产生的变化。

6.6　一个利用氨（R－717）作制冷剂的蒸汽压缩制冷系统，蒸发器的操作温度为－20℃，冷凝器原来的操作温度为30℃。希望了解冷凝器温度提高到35℃对操作产生的影响。请计算下列内容的百分变化情况：（a）每千克制冷剂流量的制冷效果；（b）C. O. P.；（c）压缩热；（d）理论功率需要量；（e）冷凝器的热量排除速率，由于冷凝温度升高而产生的变化。

6.7　冷却产品用的冷间由R－134a蒸汽压缩制冷系统维持温度。制冷系统的蒸发器温度为0℃，冷凝器压强为900kPa。冷凝器是一个逆流管式热交换器，进水温度是25℃，出水温度是35℃。制冷系统的冷负荷为5冷吨。请估计下列内容：（a）冷凝器的热交换

---

①　习题中带“*”号的解题难度较大。

速率；（b）效率为80%的压缩机的功率需要量；（c）系统的制冷系数；（d）当总传热系数为500W/（m^2·℃）时，计算冷凝器的传热面积；（e）通过冷凝器的水流量。

6.8 氨（R－717）蒸汽压缩制冷系统在饱和条件下操作。得到以下数据：冷凝器压强为900kPa；进入蒸发器的制冷剂状态含液体70%。这一系统用于维持温度为－5℃的温度控制室。温度控制室墙壁提供的热传导总热阻相当于0.5m^2·℃/W。墙壁外和天花板外的对流传热系数为2W/（m^2·℃），而墙壁内和天花板内的对流传热系数为10W/（m^2·℃）。室外环境温度是38℃。墙和天花板的总面积为100m^2。地板的热侵入忽略不计。（a）计算以上系统的制冷剂流量；（b）计算维持以上条件的压缩机的功率（kW）需要量。

6.9 一个利用R－134a作制冷剂的蒸汽压缩系统在理想条件下操作。系统用于为冷藏室提供冷空气。系统的蒸发器温度为－35℃，冷凝器温度为40℃。你请了一位顾问寻求不同的节能方式。该顾问认为如果冷凝器温度降到0℃，压缩的功可以节省一半。请验核一下这位顾问的数字结论是否成立，如果不是，提出你的观点。

6.10 装在一个大容器中的100kg液体食品，要在10min内将温度从40℃冷却到5℃。该液体食品的比热容为3600J/（kg·℃）。冷却通过将蒸发盘管浸入液体食品完成。蒸发器盘管的温度为1℃，冷凝器温度是41℃。采用的制冷剂是R－134a。请在压－焓图上画出制冷循环，并利用制冷剂性质表求解下列内容：（a）用压－焓图示意R－134a的制冷循环；（b）确定R－134a的流量；（c）确定系统的C.O.P.；（d）如果冷凝器是逆流管式热交换器，用水作冷却介质，水的温度从10℃增加到30℃，请确定该冷凝器需要的热交换器管子的长度。热交换器的总传热系数为U_0＝1000W/（m^2·℃）；热交换器内管的外径为2.2cm、内径为2cm。

符号

c	式（6.12）中的经验常数
c_{i1}	式（6.14）中的经验常数
D	活塞缸内径（cm）
Δh	绝热压缩的焓变化（kJ/kg）
H_1	冷凝器出口处制冷剂的焓（kJ/kg制冷剂）
H_2	压缩行程开始时制冷剂的焓（kJ/kg制冷剂）
H_3	压缩行程结束时制冷剂的焓（kJ/kg制冷剂）
H_{i1}、H_{i2}	式（6.5）和式（6.8）的中间焓值
H_L	液体制冷剂的焓（与H_1相同）（kJ/kg制冷剂）
H_s	过热蒸汽的焓（与H_3相同）（kJ/kg制冷剂）
H_v	饱和蒸汽的焓（与H_2相同）（kJ/kg制冷剂）
L	行程（cm）
$\dot{m}$	制冷剂质量流量（kg/s）
N	活塞缸数

P　压强（kPa）
p　蒸发压强（kPa）
p_c　临界点的蒸发压强（kPa）
$P_{饱和}$　饱和压强（kPa）
q　冷负荷速率（kW）
q_c　冷凝器的热交换速率（kW）
q_e　蒸发器吸热速率（kW）
q_w　对制冷剂作功速率（kW）
T_b　过冷液体温度（℃）
T_c　临界点温度（℃）
T_L　液体制冷剂温度（℃）
T_s　过热蒸汽温度（℃）
$T_{饱和}$　饱和蒸汽温度（℃）
U　总传热系数［W/（$m^2 \cdot K$）］
V　比体积（m^3/kg）
v_s　过热蒸汽的比体积（m^3/kg）
v_v　饱和蒸汽的比体积（m^3/kg）

参考文献

American Society of Heating, Refrigerating and Air-Conditioning Engineers, Inc, 2009. ASHRAE Handbook-Fundamentals. ASHRAE, Atlanta, Georgia.

Cleland, A. C., 1986. Computer subroutines for rapid evaluation of refrigerant thermodynamic properties. Int. J. Refrigeration 9 (Nov.), 346-351.

Cleland, A. C., 1994. Polynomial curve-fits for refrigerant thermodynamic properties: extension to include R134a. Int. J. Refrigeration 17 (4), 245-249.

Jennings, B. H., 1970. Environmental Engineering, Analysis and Practice. International Textbook Company, New York.

McLinden, M. O., 1990. Thermodynamic properties of CFC alternatives: A survey of the available data. Int. J. Refrigeration 13 (3), 149-162.

Stoecker, W. F., Jones, J. W., 1982. Refrigeration and Air Conditioning. McGraw-Hill, New York.

7 食品冷冻

食品冷冻保藏已经成为美国和世界其他地方的主要工业。例如，从 1970 年到 1999 年，美国的人均冷冻蔬菜消费量从 20kg 增加到了 38kg。

食品冷冻保藏有几方面的机制。低于 0℃ 的温度下，微生物的生长速率明显降低，从而也明显地降低了微生物引起的食品变质的程度。同样的温度效应也适用于其他正常情形下的食品变质反应，例如酶促反应和氧化反应。另外，产品中冰晶的形成也使水参与多种反应的有效浓度发生了变化。随着温度的降低，更多的水转变成了固体状态，减少了变质反应所需的水分量。

虽然冷冻作为一种加工过程通常可以获得高质量的消费产品，但冷冻产品的质量受到冷冻过程和冷冻贮藏条件的影响。冷冻速率，也就是使食品的温度从冰点以上降低到冰点以下所允许的时间，对产品的质量有影响，但这种影响因食品品种不同而有差异。有些产品要求快速冷冻（冻结时间短），目的是在食品结构内形成小的冰晶体，以保持产品的质构品质。另一些产品的品质不受质构变化的影响，因此不必采用成本较高的快速冷冻手段。还有一些产品，它们的几何构型和大小不允许快速冻结。贮藏温度条件对冷冻食品的品质有很大的影响。提高贮藏温度会降低冷冻贮藏过程的品质保留，而贮藏期间的温度波动对产品质量的影响更大。

从上面的简单介绍可以看出，冷冻过程的优化与产品的特性有关。冷冻系统种类很多，但每一种系统往往是根据某种具体产品设计的，这样可以在高效率生产的同时又达到最大限度保证产品品质的效果。必须重视产品在冷冻系统中的滞留时间，也需要重视对冻结时间的精确预测。

7.1 冷冻系统

为了完成食品的冻结，产品必须在低温介质中保持足够的时间，以除去产品的显热和结冰潜热。除去显热和潜热的结果是产品的温度降低及其中的水从液态转变为固态（冰）。多数情况下，冷冻食品在贮藏温度下大约有 10% 的水保持液体状态。为了在较短时间内完成冻结过程，要利用温度远低于产品终温的冷冻介质，并且尽量提高对流传热系数。

冷冻过程可以通过间接或直接接触方式完成。多数情况下，所用系统的类型取决于产品的特性，产品冷冻前后的特性都需要考虑。有不少场合，不能采用产品与制冷剂直接接触的方式冷冻。

7.1.1 间接接触系统

无数食品冷冻系统中，产品与制冷剂在整个冷冻过程中是由隔离物分开的。这种类型的系统可由图 7.1 示意。虽然许多系统在食品与制冷剂之间使用了不透性材料隔离，但间接冷冻系统包括所有非直接接触的冷冻系统，也包括产品包装作为隔离物的冷冻系统。

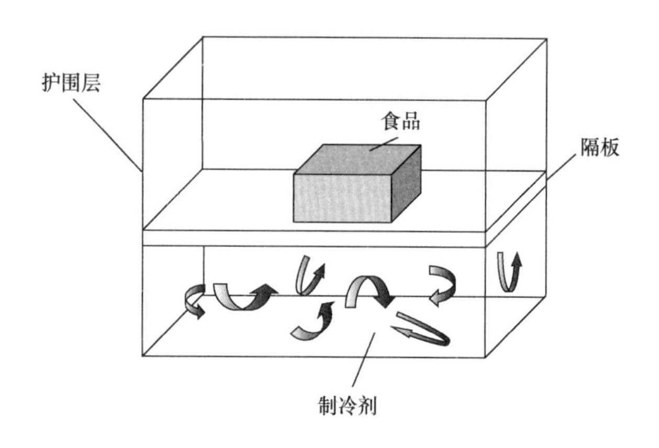

图 7.1 间接接触式冷冻系统示意图

7.1.1.1 板式冷冻机

最容易认出的间接冷冻系统是（如图 7.2 所示的）板式冷冻机。如图所示，产品夹于两冷冻板之间受到冻结。多数场合，产品与制冷剂之间的隔离物应包括热交换隔板和包装材料。通过隔离层（隔板和包装材料）的传热可以用加压的方式来强化，以降低隔离层的热阻（图 7.2）。有时，板式冷冻系统利用单面板与产品接触，从而利用单面板和单面包装材料传热来完成食品的冻结。可以预料，这样的系统传热效率较低，因而投资和操作成

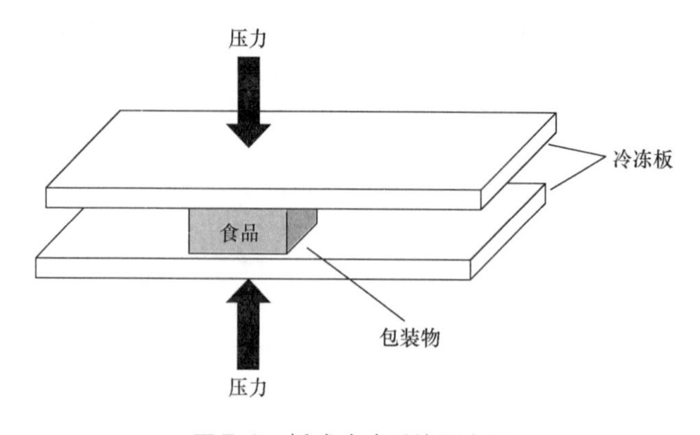

图 7.2 板式冷冻系统示意图

本高。

板式冷冻系统可以间歇方式操作，将产品搁在冷冻板上，经过一定时间后完成冷冻。这种情况下，冷冻时间便是产品在系统中的滞留时间，滞留时间包括了产品从初温降低到某一预定终温所需的总时间。一般而言，间歇板式冷冻系统适合于处理产品种类和包装大小经常变化的加工生产。

板式冷冻系统也可以连续方式操作，使放置产品的冷冻板以一定的方式运动。如图7.3所示为夹于冷冻板之间的产品的整个冷冻过程。冷冻板（及产品）根据控制器指令向上或横向运动。在冷冻系统的入口和出口处，冷冻板打开，让产品进出系统。在连续板式冷冻系统中，冷冻时间是指产品进出系统的时间。在滞留时间内，系统将产品的显热和潜热取走，以获得需要的冷冻产品温度。

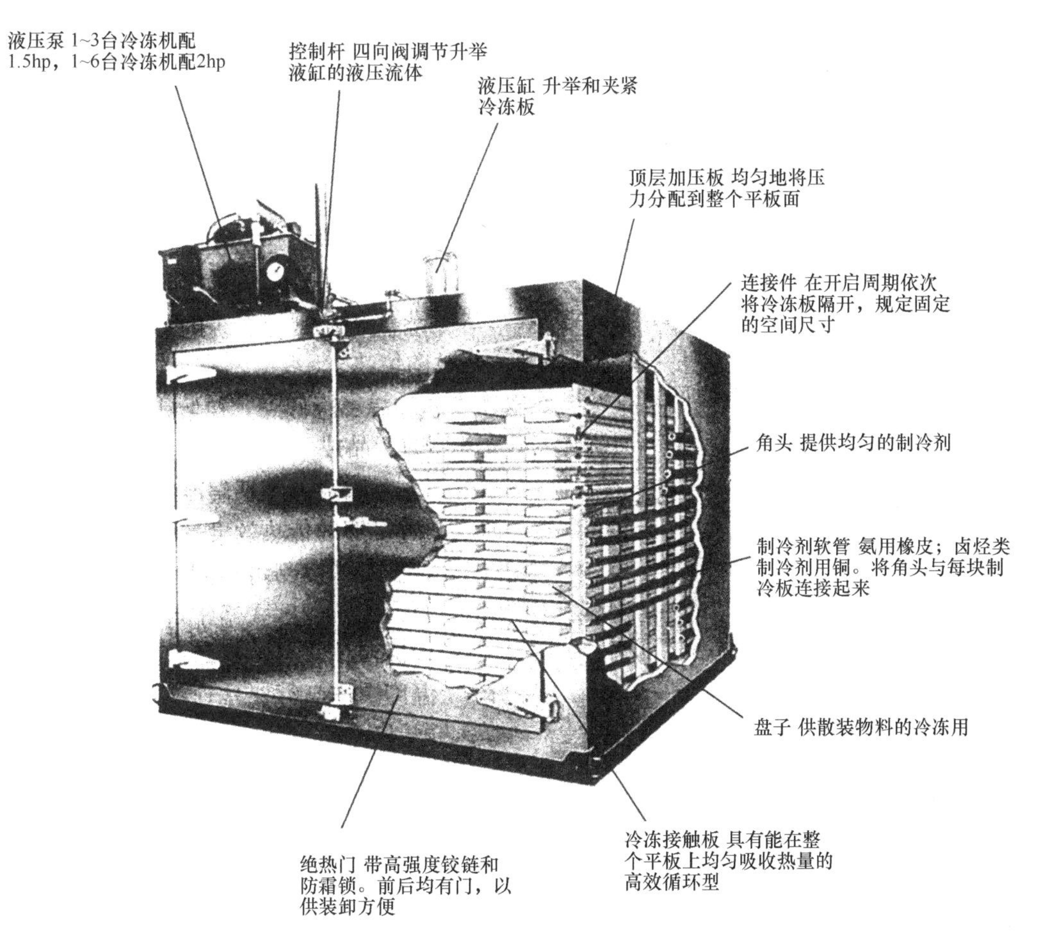

图7.3　板式冷冻系统

（资料来源：CREPACO公司）

7.1.1.2　鼓风式冷冻机

许多产品的大小或形状可能不便用板式冷冻机进行冻结。遇到这种情形，鼓风式冷冻机成了最好的可选择冷冻设备。有时包装膜是间接冷冻的隔离层，而冷空气成了冷源。

鼓风式冷冻机可以设计成简单的冷间。这时，产品放在室内，根据所需的冷冻时间使低温空气围绕产品循环流动。这是一种间歇式的操作模式，而且冷室除了起冷冻作用以外，还可以作冷藏室用。多数情况下，鼓风式冷冻需要较长的冷冻时间，原因有：冷空气经过产品的流速较低、产品与冷空气不能很好地接触、产品与空气之间的温差小等。

多数鼓风式冷冻机是如图 7.4 所示的连续式冷冻机。这些系统中，产品装载在传输带上通过一个高速空气流区。输送带的长度和速度根据冷冻时间而定。由于空气温度非常低、流速高，并且与包装产品之间有良好的接触，因而连续式冷冻所需时间相对较短。

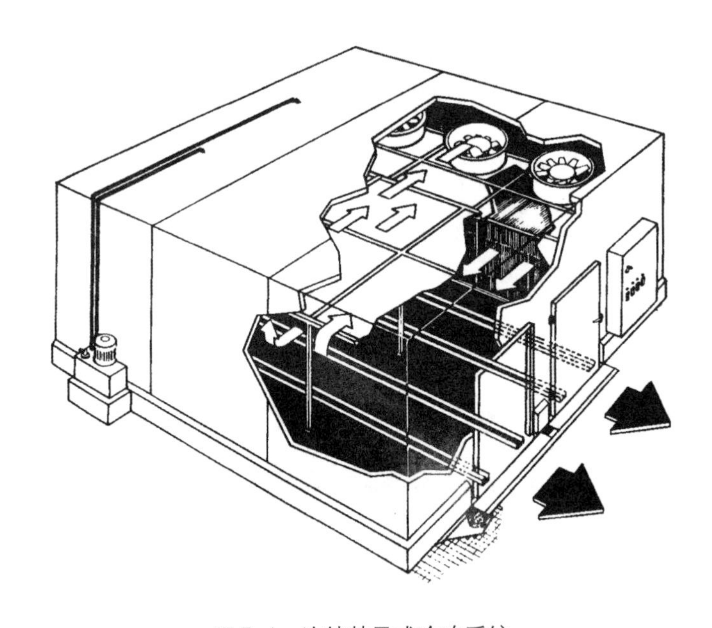

图 7.4　连续鼓风式冷冻系统

（资料来源：Frigcoscandia Contracting 公司）

连续鼓风式冷冻机的输送带可以用不同的结构安排经过冷风区。除了如图 7.4 所示的输送带形式以外，还有盘式输送带、螺旋输送带和滚筒式输送带等。采用何种输送形式通常要根据产品的特性而定。

7.1.1.3　用于液体食品的冷冻机

第三种间接冷冻系统主要是用于液体食品的冷冻机。许多情形下，包装以前从液体食品除去热量的方法最有效。虽然，用于液体食品的间接式热交换器都可用作冷冻设备，但最常用的是（如 4.1.3 节所描述的）旋转刮板式热交换器。这类用于液体食品冷冻的热交换器是专门为冷冻而设计的，产品圆筒外的夹套构成了蒸汽压缩制冷系统的蒸发室。通过对制冷系统低压侧的调节，可有效地控制热交换面上的传热。

产品在冷冻室的滞留时间足以使冷冻液体食品的温度降低到其初始冰晶形成温度以下若干度。在这些温度下，去除了 60% ~80% 的潜热的产品成了冷冻冰晶悬浮液。在此条件下，产品仍可方便地流动装入包装容器，此包装产品最后需要在低温冷冻室进行最后冻结。旋转刮板式热交换器可使产品悬液与冷面之间有足够的传热效果。

液体食品可用间歇或连续方式进行冷冻。间歇式系统使给定量的未冻液体置于冷冻器内冷冻到指定的温度。产品容器是一个刮板式热交换器，但是一个间歇式系统。冰淇淋冷冻系统带有将空气掺入冷冻浆料的装置，可使产品获得需要的质地。

连续液体食品冷冻系统如图 7.5 所示。由图可见，基本系统是一个利用制冷剂相变作冷媒的旋转刮板式热交换器。转子起混合器的作用，刮板起强化热交换面传热的作用。这些系统可以使被冻结产品在滞留时间内冷却到需要发生任何其他变化的温度，然后进行包装和最后冷冻。

图 7.5　用于液体食品的连续冷冻系统

（资料来源：Cherry – Burrel 公司）

7.1.2　直接接触系统

如图 7.6 所示的直接使制冷剂与食品接触的冷冻系统有若干种。多数情况下，这类系统操作效率较高，因为制冷剂与产品之间没有传热障碍。这些系统中使用的制冷剂可以是高速流动的低温空气，也可是发生相变的与食品直接接触的液体制冷剂。这些系统都是单体速冻（IQF）设备。

7.1.2.1　空气流

高速流动的低温空气直接与小体积产品接触的速冻属于 IQF 形式。低温空气与高对流传热系数（高速空气）及小体积产品的结合，产生了冷冻时间短的速冻效果。在这些系统

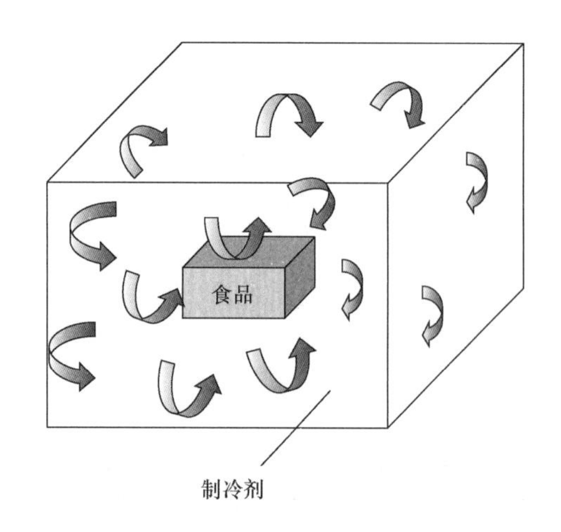

图7.6　直接接触冷冻系统示意图

中，置于输送器的产品，在滞留时间可控制条件下通过高速空气流区。能采用这类系统进行冻结的产品仅限于那些具有适当几何形状并需要速冻保留品质的产品。

流化床单体速冻系统是常规鼓风式IQF系统的改进形式，如图7.7所示。在这类速冻系统中，高速空气垂直向上吹过装载产品、通过整个系统的网带输送机。通过细心调整空气速度与产品大小的关系，可以使产品在输送带上升起并悬浮在冷空气中。虽然，空气流不足以使产品在所有时间保持悬浮，但流态化作用可使冷冻过程获得最大对流传热系数。这种冷冻过程适用于在适当空气速度下可以流态化的产品。

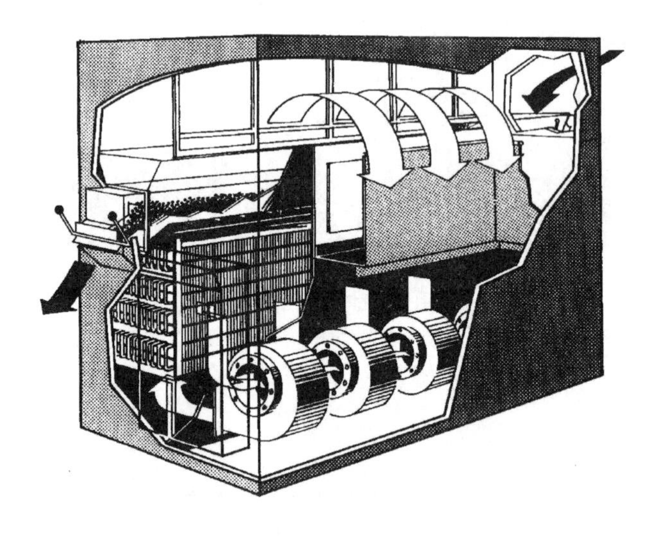

图7.7　流化床冷冻系统
（资料来源：Frigoscandia Contracting 公司）

7.1.2.2　沉浸式冷冻

将食品浸入液体制冷剂中，可使产品表面降到非常低的温度。假定产品相对较小，这种冷冻过程非常快，即可以在IQF条件下进行冻结。对于一般产品，沉浸式冷冻时间短于鼓风式或流化床式系统的冷冻时间。如图 7.8 所示，产品输送经过制冷剂浴，制冷剂从产品吸收热量由液体变成蒸汽。这类系统最常用的制冷剂是氮和二氧化碳。

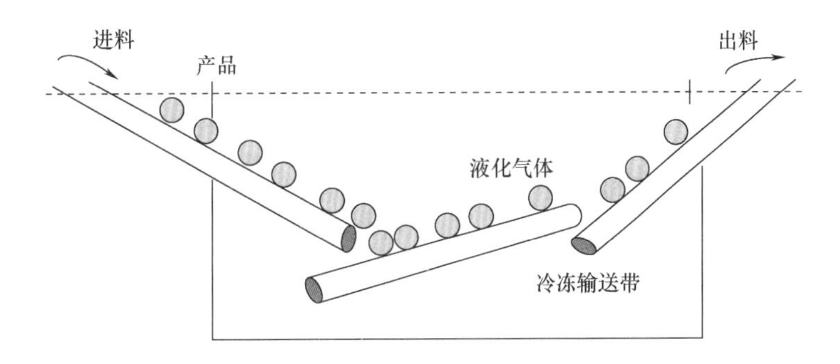

图 7.8 沉浸式冷冻系统示意图

如图 7.9 所示为商用沉浸式 IQF 冷冻系统。在此系统中，产品冷冻箱充满了制冷剂蒸汽，而产品被输送经过该系统。此外，也有用喷淋头将液体制冷剂洒到产品上的系统，制冷剂从产品吸收热量后由液体变成蒸汽。沉浸式冷冻系统的主要缺点之一是制冷剂的成本高。这是由于冻结产品时制冷剂液体要转变成蒸汽，而离开冷冻箱的制冷剂蒸汽又难以回收。这些制冷剂价格昂贵，因而，冷冻系统的总效率取决于对冷冻室产生的制冷剂蒸汽的回收利用能力。

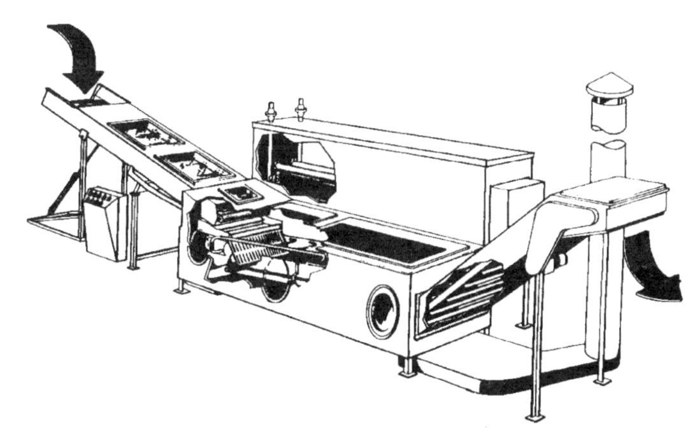

图 7.9 利用液体制冷剂的单体速冻（IQF）示意图

（资料来源：Frigcoscandia Contracting 公司）

7.2 冷冻食品性质

冷冻过程对食品的热性质有很大的影响。由于食品中含有大量的水分，而相变会对水的性质产生影响，因此食品的热性质也会相应地发生变化。随着食品的温度降低到水的初始冻结点以下，食品中的水分由液体变成固体，产品的密度、热导率、热含量（焓），以及表观比热容也均会逐渐发生变化。

7.2.1 密度

固态水（冰）的密度小于液态水的密度。同样，冷冻食品的密度会小于未冻食品的密度。如图 7.10 示意了温度对密度的影响。冷冻食品的密度逐渐变化是由于其中的水分冻结随温度而变所致。密度变化的大小与食品中的水分含量成比例。

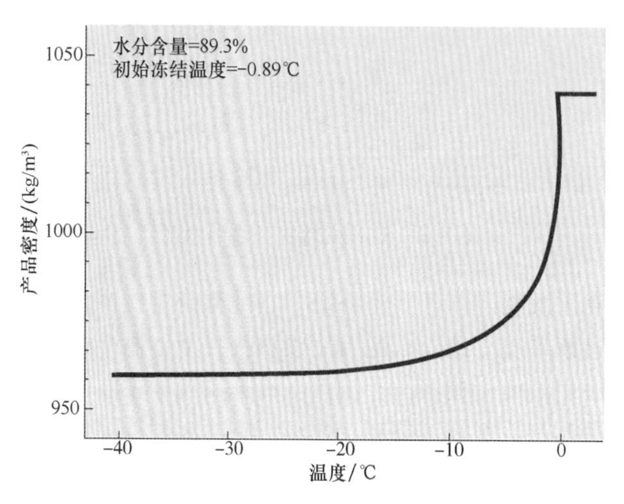

图 7.10 冷冻对草莓的预测密度的影响
（资料来源：Heldman 和 Lund，1992）

7.2.2 热导率

冰的热导率约是液态水的 4 倍。这一关系同样会对冷冻食品产生影响。由于产品中水分相变是随温度逐渐发生的，因此产品的热导率会发生如图 7.11 所示的变化。部分热导率的增加发生在产品初始冻结点以下的 10℃ 内。如果产品含有纤维结构，那么，垂直于纤

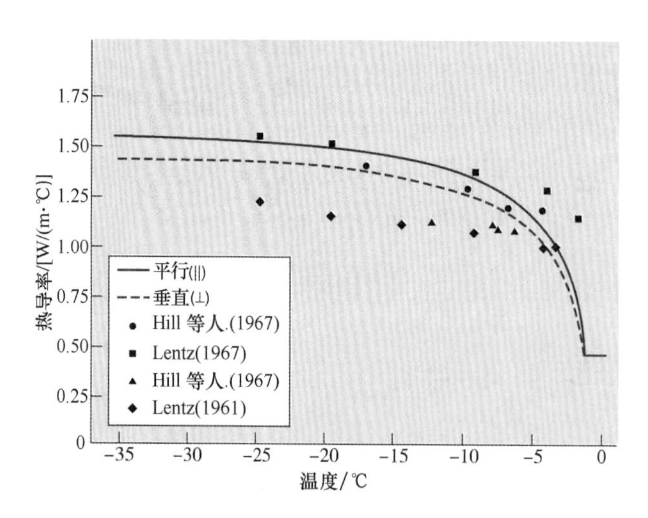

图 7.11 温度对冷冻瘦牛肉热导率的影响
（资料来源：Heldman 和 Lund，1992）

维方向测量得到的热导率会较小。

7.2.3 焓

冷冻食品的焓是计算食品冷冻需冷量的重要性质。食品的焓通常以 -40℃时为零，并且如图 7.12 所示，随温度的增加而增加。食品初始冻结点以下 10℃内焓发生显著变化，此时产品中大部分水发生了相变。

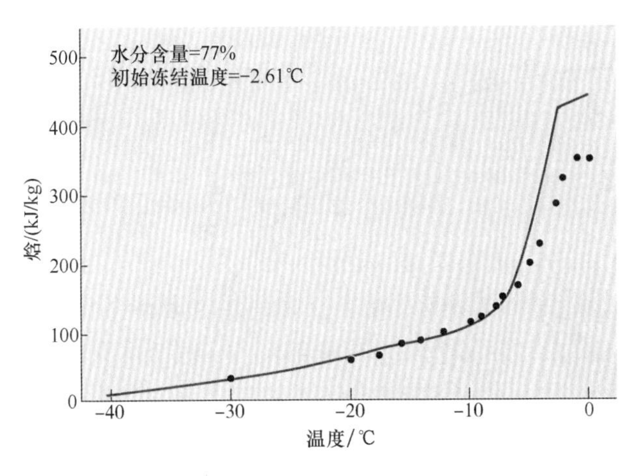

图 7.12 甜樱桃的焓与温度的关系

（资料来源：Heldman 和 Lund，1992）

7.2.4 表观比热容

根据比热容的热力学定义，食品表观比热容与温度之间会有如图 7.13 所示的关系。由图可见，低于初始冻结点 20℃以上的冻结食品比热容与未冻结食品比热容没有多大差

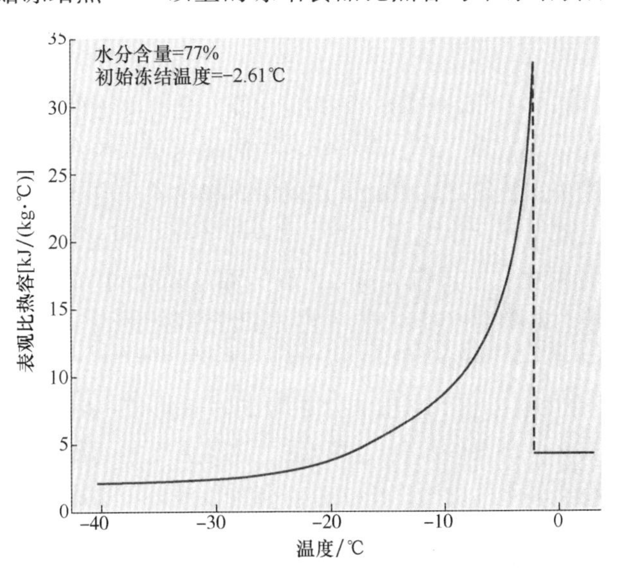

图 7.13 预测到的冷甜樱桃的表观比热容与温度的关系

（资料来源：Heldman 和 Lund，2007）

异。比热容关系曲线明显反映了产品中大部分水分发生相变的温度范围。

7.2.5 表观热扩散系数

用冷冻食品的密度、热导率和表观比热容进行计算，可以得到如图 7.14 所示的冷冻食品表观热扩散系数与温度关系曲线。此关系曲线表明，在初始冻结点以下，食品的热扩散系数随温度降低而逐渐增加。冷冻食品的热扩散系数明显大于未冻食品的热扩散系数。

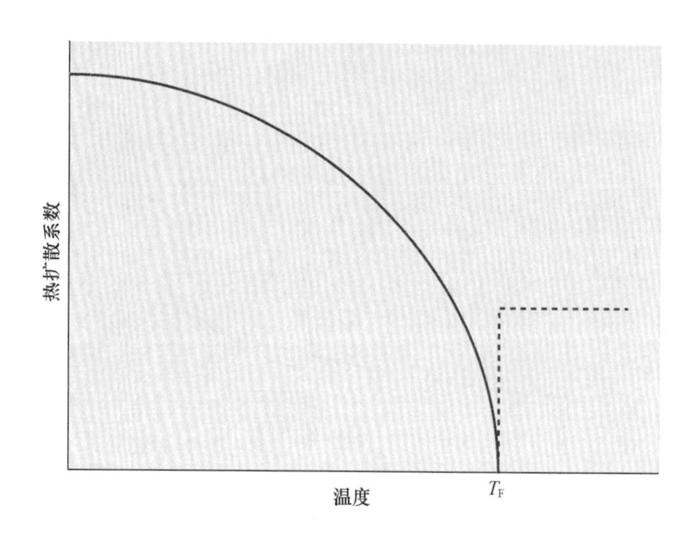

图 7.14 根据初始冻结温度预测到的食品冷冻过程中热扩散速率与温度的关系

（资料来源：Heldman 和 Lund，1992）

7.3 冷冻时间

确定冷冻时间是冷冻加工设计中的一项关键计算。进行冷冻的食品内任何部位都要经过三个明显阶段：预冻、变相和后冻。现在以一个简单例子来说明这三个阶段。首先，将水浇入冰块盘，放入家用冰箱的冷冻室，通过置于冰块盘的热电偶来测量纯水冻结成冰的温度变化。实验的第二部分是用热电偶（插入马铃薯条内）测量置于冻藏室的一小条马铃薯（如法国炸薯条）的温度。所得的水和马铃薯的温度随时间的变化有如图 7.15 所示的曲线关系。在冷却阶段，水的温度随着显热的去除而下降到冰点。水的变化温度曲线显示了小幅度的过冷（低于 0℃）现象；一旦成核作用发生及冰晶开始形成，冷冻点就升至 0℃。随后的温度维持在冰点，直到从液态水中取走融解热使水完全变成固体冰。在后冷冻阶段，随着显热的去除，所有的水变成冰以后，冰的温度迅速下降。

马铃薯的冷冻曲线类似于水的冷冻曲线，但有明显差异。预冻阶段的马铃薯温度与水的温度相似，随着显热的去除而下降。但由于食品中存在溶质的原因，晶核化和冰晶开始形成的温度比水的低。经过简短的过冷期，潜热逐渐随着温度降低而被去除。马铃薯冷冻曲线与水冷冻曲线的偏离是由食品冷冻过程中的浓缩效应引起的。随着食品中的水转变成

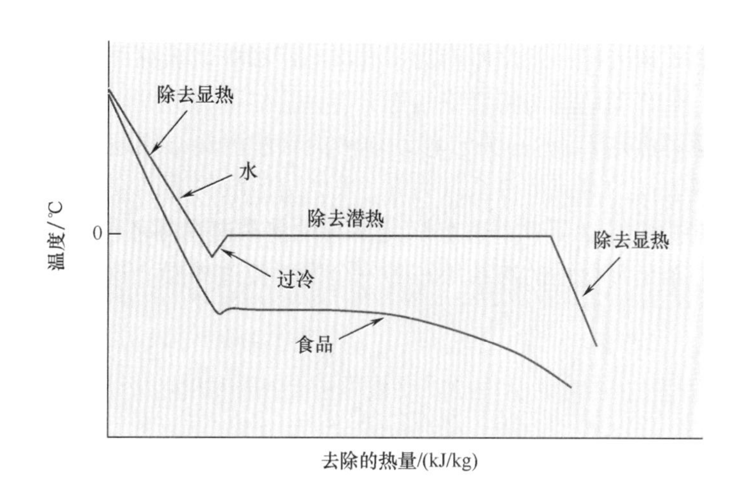

图7.15 水和食品材料的冷冻过程

冰，其余的水与溶质构成了浓度更高的溶液，从而使冰点下降。这种温度随着潜热去除而逐渐变化的过程，会一直进行到食品基本上成为冰与固体食品的混合物为止。经过这一阶段以后，直到某一预设的终点温度为止，去除的大部分是显热。通常，水果和蔬菜被冷冻到 -18℃，而含较多脂肪的食品（如冰淇淋和多脂鱼）要冷冻到 -25℃左右。通过以上简单冷冻实验，可以得出以下几点结论：①冷冻涉及显热和潜热的去除；②纯水在不同冷冻期表现出明显的变化，而食品的这些变化不太明显；③冷冻食品在其终点温度时可能仍然还有以液体状态存在的水。事实上，冷冻到 -18℃的食品中仍然有高达10%左右的水以液体状态存在。这种高度浓缩的未冻结水在冷冻食品的贮藏中起重要的作用。

如本章开始所指出的，冷冻时间的选择是冷冻系统确保产品质量最佳的关键因素。冷冻时间可用来确定系统的生产能力。我们将介绍两种预测食品冻结时间的方法。第一种利用普朗克方程的方法比较简单，但它存在某些明显的局限性。第二种方法——Pham 法——有赖于更完整的冷冻过程物理方面，从而能提供较精确的结果。Pham 法可编写成电子表以使计算变得简便。

7.3.1 普朗克方程

预测冷冻时间的第一种也是最流行的方法是由普朗克（1913）提出的，Ede（1949）首先将其应用于食品领域。这一方程只描述冷冻过程发生的相变情况。现在让我们考虑厚度为 a 的无限平板（图7.16）。我们假定构成平板的材料为水。由于这种方法忽略预冷阶段，因此平板的初始温度和材料的初始冰点温度（T_F）相同。对于水，其初始冰点为0℃。该平板置于温度为 T_a 的冷冻介质（如鼓风式冷冻机的低温空气）中。传热发生在一维方向。经过

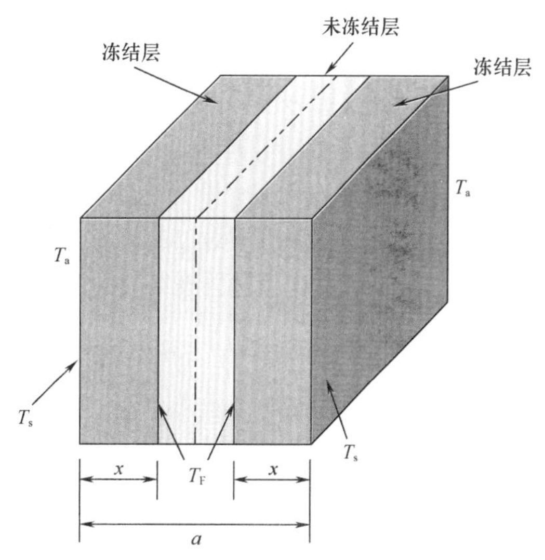

图7.16 利用普朗克方程确定冻结时间

一段时间以后，会出现三层：两层厚度为 x 的冻结层和中间未冻结层。先来考察平板的右侧。平板内的一个移动前沿面将已冻结部分与未冻结部分分开。随着水在移动前沿转变为冰，会产生融解潜热 L。这一来自移动前沿的融解潜热必须通过已冻结层传给外面的冷冻介质。平板表面的对流传热系数为 h。未冻结区域的温度在冻结前沿推进到平板的中心面以前，维持在 T_F。其次，我们假定从移动前沿向周围环境的传热速率为 q。传热经过两个层：一个是传导性的冻结层；另一个是对流边界层。这样，可以写出以下的表达式：

$$q = \frac{A(T_F - T_a)}{\frac{1}{h} + \frac{x}{k_f}} \tag{7.1}$$

这里，分母是对流性外层和内部传导性冻结层的热阻总和。移动冻结前沿向前推进的速率为 dx/dt，产生的热量是融解潜热 L。因此，

$$q = AL\rho_f \frac{dx}{dt} \tag{7.2}$$

由于冻结前沿产生的全部热量必须转移到周围介质中，因此，式（7.1）与式（7.2）相等，可得

$$L\rho_f \frac{dx}{dt} = \frac{(T_F - T_a)}{\frac{1}{h} + \frac{x}{k_f}} \tag{7.3}$$

分离变量，重新排列各项后建立积分式［注意到冻结前沿推进到平板中心（$a/2$）处时完成冻结过程］，得

$$\int_0^{t_f} dt = \frac{L\rho_f}{(T_F - T_a)} \int_0^{a/2} \left(\frac{1}{h} + \frac{x}{k_f}\right) dx \tag{7.4}$$

对上式积分得到冻结时间 t_f，

$$t_f = \frac{L\rho_f}{(T_F - T_a)} \left(\frac{a}{2h} + \frac{a^2}{8k_f}\right) dx \tag{7.5}$$

我们推导得到的式（7.5）适用于无限平板。然而，用同样的步骤，也可以得到无限长圆柱体或球形体的表达式，但要用不同的几何常数。另外，将式（7.5）应用于水分含量为 m_m 的食品材料，必须用食品材料的融解潜热 L_f 替代水的融解潜热 L，即，

$$L_f = m_m L \tag{7.6}$$

式中 m_m——食品的水分含量（分率）

L——水的融解潜热，333.2kJ/（kg·K）

因此，用于计算食品材料冻结时间的通用表达式（称为普朗克方程）为

$$t_F = \frac{\rho_f L_f}{(T_F - T_a)} \left(\frac{P'a}{h} + \frac{R'a^2}{k_f}\right) dx \tag{7.7}$$

式中 ρ_f——冻结材料的密度，kg/m^3

L_f——食品的潜热变化，kJ/kg

T_F——冻结温度，℃

T_a——冷冻空气的温度，℃

h——材料表面的对流传热系数，W/（m^2·℃）

a——物体厚度/直径，m

k_f——冻结材料的热导率，W/（m·℃）

常数 P' 和 R'——产品形状的修正系数，对于无限平板 $P'=\frac{1}{2}$，$R'=\frac{1}{8}$；对于无限长圆柱，$P'=\frac{1}{4}$，$R'=\frac{1}{16}$；对于球体，$P'=\frac{1}{6}$，$R'=\frac{1}{24}$

普朗克方程的局限性在于方程中计算成员的定量赋值较难。冷冻食品的密度值难找到或难测量。虽然许多食品的初始冻结点可从数据表查到，但此计算冻结时间的方程并不用到产品的初温和终温。方程中的热导率 k 应该用冻结产品的热导率值，而许多食品并没有现成的精确热导率值。

尽管存在这方面的局限性，但普朗克方程使用起来容易，是最流行的预测冻结时间的方法。大多数其他冻结时间的分析方法均是以普朗克方程为基础的修正式，主要目的在于克服普朗克方程原型的局限性。

例 7.1

某球形食品用鼓风式冷冻机进行冷冻。产品的初温为 10℃，而冷风温度为 −40℃。产品的直径为 7cm，密度为 1000kg/m³，初始冻结温度是 −1.25℃；冷冻产品的热导率为 1.2W/（m·K），其融解潜热为 250kJ/kg。

已知：

产品初温 $T_i=10℃$

空气温度 $T=-40℃$

初始冻结温度 $T_F=-1.25℃$

产品直径 $a=7cm=0.007m$

产品密度 $\rho_f=1000kg/m^3$

冷冻产品的热导率 $k=1.2W/(m\cdot K)$

潜热 $H_L=250kJ/kg$

球体的形状系数

$$P'=\frac{1}{6},\quad R'=\frac{1}{24}$$

对流传热系数 $h_c=50W/(m^2\cdot K)$

方法：

将所给已知参数代入普朗克方程［式（7.7）］计算冻结时间。

解：

（1）应用式（7.7）

$$t_F=\frac{(1000kg/m^3)(250kJ/kg)}{[-1.25℃-(-40℃)]}\times\left\{\frac{(0.07m)}{6[50W/(m^2\cdot K)]}+\frac{(0.07m)^2}{24[1.2W/(m\cdot K)]}\right\}$$

$$=[6.452\times10^3kJ/(m^3\cdot ℃)]\times\left(2.33\times10^{-4}\frac{m^3\cdot K}{W}+1.7014\times10^{-4}\frac{m^3\cdot K}{W}\right)$$

$$=2.6kJ/W$$

（2）由于 1000J = 1kJ 及 1W = 1J/s，所以

$$t_F = 2.6 \times 10^3 \text{s} = 0.72\text{h}$$

7.3.2 其他冷冻时间预测方法

人们提出了大量的扩大冷冻时间预测范围的分析方程和方法。这其中包括了 Nagaoka 等人（1955）、Charm 和 Slavin（1962）、Tao（1967）、Joshi 和 Tao（1974）、Tien 和 Geiger（1967，1968）、Tien 和 Koumo（1968、1969）和 Mott（1964）提出的方程和方法。总体而言，所有这些方法在规定的实验条件下都可以得到满意的结果。除了分析方法以外，在 Cleland（1990）的综述、Singh 和 Mannapperuma（1990）的文献中也报道了用数值法预测冷冻时间。Mannapperuma 和 Singh（1989）发现，基于逐渐相变热传导焓公式的数值法得到的食品冷冻/融解时间预测结果能很好地与实验结果吻合。

7.3.3 冷冻时间的 pharm 预测法

Pham（1986）提出了一个预测食品冷冻和解冻时间的方法。他的方法将大小有限、形状不规则的物体近似地看成椭球体。这一方法的另一个优点是使用方便，而且可以得到较精确的结果。在以下几节中，我们将首先讨论利用这一方法确定一维无限平板冷冻时间，然后考虑其他形状物体的冷冻时间预测。使用时此方法要作以下假定：

①环境条件为恒定；

②初始温度 T_i 是常数；

③最终温度 T_c 值固定；

④物体表面的对流传热服从牛顿冷却定律。

参见图 7.17 所示的冷冻曲线。利用“平均冻结温度” T_{fm} 将冷冻曲线分成两部分：第一部分主要是预冷阶段，略带一些相变成分，第二部分主要由相变和后冷却阶段构成。Pham（1986）利用各种食品的冷冻实验数据，得出了以下确定 T_{fm} 的方程：

$$T_{fm} = 1.8 + 0.263T_c + 0.105T_a \tag{7.8}$$

式中 T_c——最终中心温度，℃

T_a——冷冻介质的温度

式（7.8）是一个推导得到的经验方程，此方程适用于大多数多水分含量的生物材料。这是 Pham 法中使用的唯一的经验表达式。

任何简单形状物体的冷冻时间可用以下方程计算：

$$t = \frac{d_c}{E_f h}\left(\frac{\Delta H_1}{\Delta T_1} + \frac{\Delta H_2}{\Delta T_2}\right)\left(1 + \frac{N_{Bi}}{2}\right) \tag{7.9}$$

式中 d_c——特征尺寸，可以是距中心的最近距离，或为半径，m

h——对流传热系数，W/（m^2·℃）

E_f——形状系数，是一个当量传热的物理量。对于无限平板 $E_f = 1$，对于无限圆柱体 $E_f = 2$，对于球体 $E_f = 3$

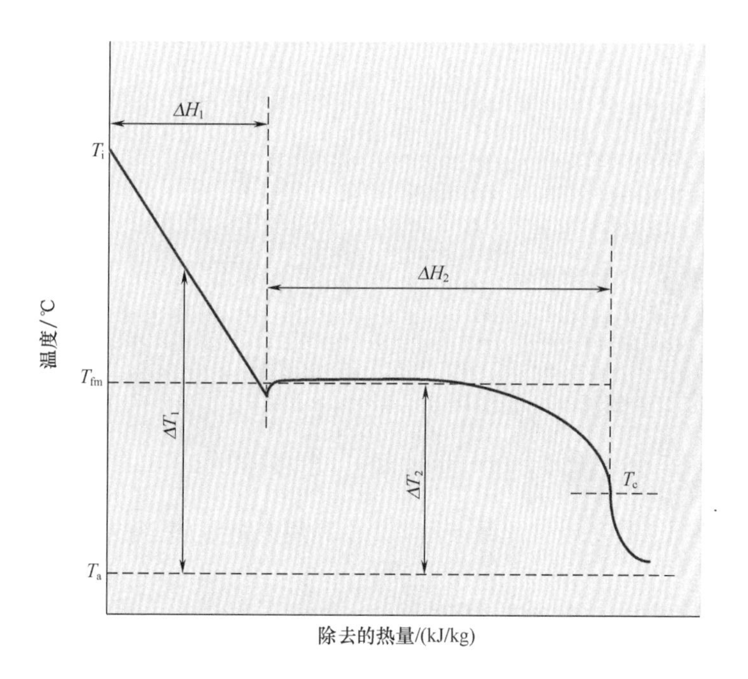

图 7.17 食品冷冻过程，分段运用 Pham 法

式（7.9）中的其他参数如下所述。

ΔH_1是预冷阶段体积比焓差（J/m^3），由下式求取

$$\Delta H_1 = \rho_u c_u (T_i - T_{fm}) \tag{7.10}$$

式中 c_u——未冻结材料的比热容，J/（kg · K）

T_i——材料的初始温度,℃

ΔH_2是相变和后冷期间的比体积焓差（J/m^3），由下式求取

$$\Delta H_2 = \rho_f [L_f + c_f (T_{fm} - T_c)] \tag{7.11}$$

式中 c_f——冻结材料的比热容，kJ/（kg · K）

L_f——食品的融解潜热，J/kg

ρ_f——冻结材料的密度

温度梯度 ΔT_1和 ΔT_2根据下列方程求取

$$\Delta T_1 = \left(\frac{T_i + T_{fm}}{2}\right) - T_a \tag{7.12}$$

$$\Delta T_2 = T_{fm} - T_a \tag{7.13}$$

利用 Pham 法计算冷冻时间，首先要计算式（7.8）、式（7.10）~式（7.13）中各计算因子，然后将这些因子代入式（7.9）求取冷冻时间。注意，式（7.9）用于求取无限平板、无限长圆柱体和球体时要用不同的计算因子 E_f。

例 7.2

用 Pham 法重新求取例 7.1 中的冷冻时间。新增的信息如下：最终的中心温度为

−18℃，未冻结产品的密度为 1000kg/m^3，冻结产品的密度为 950kg/m^3，产品的水分含量为75%。

已知：

产品初温 $T_i = 10℃$

空气温度 $T = -40℃$

产品直径 $a = 7\text{cm} = 0.007\text{m}$

未冻结产品密度 $= 1000\text{kg/m}^3$

冻结产品密度 $= 950\text{kg/m}^3$

冷冻产品的热导率 $k = 1.2\text{W/(m·K)}$

最终中心温度 $= -18℃$

水分含量 $= 0.75$

方法：

利用 Pham 法计算冷冻时间，并与例 7.1 中利用普朗克方程得到的结果进行比较。

解：

（1）利用式（7.8）计算 T_{fm}

$$T_{fm} = 1.8 + [0.263 \times (-18)] + [0.105 \times (-40)]$$

$$T_{fm} = -7.134℃$$

（2）利用式（7.10）计算 ΔH_1

$$\Delta H_1 = 1000(\text{kg/m}^3) \times 3.6[\text{kJ/(kg·K)}] \times 1000(\text{J/kJ}) \times [10-(-7.134)](℃)$$

$$\Delta H_1 = 61682400\text{J/m}^3$$

（3）利用式（7.11）计算 ΔH_2

$$\Delta H_2 = 950(\text{kg/m}^3) \times \left\{\begin{array}{l} 0.75 \times 333.2[\text{kJ/(kg·K)}] \times 1000(\text{J/kJ}) + 1.8[\text{kJ/(kg·K)}] \\ \times 1000(\text{J/kJ}) \times [-7.134-(-18)](℃) \end{array}\right\}$$

$$\Delta H_2 = 255985860\text{J/m}^3$$

（4）利用式（7.12）计算 ΔT_1

$$\Delta T_1 = \left[\frac{10+(-7.134)}{2}\right] - (-40)$$

$$\Delta T_1 = 41.43℃$$

（5）利用式（7.13）计算 ΔT_2

$$\Delta T_2 = [7.134-(-40)]$$

$$\Delta T_2 = 32.87℃$$

（6）计算毕渥数

$$N_{Bi} = \frac{50[\text{W/(m}^2\text{·K)}] \times 0.035(\text{m})}{1.2[\text{W/(m·K)}]}$$

$$N_{Bi} = 1.46$$

（7）将（1）到（6）步计算的结果代入式（7.9），注意，对于球形体，$E_f = 3$，

$$t = \frac{0.035(\text{m})}{3 \times 50[\text{W/(m}^2\text{·K)}]} + \left[\frac{61682400(\text{J/m}^3)}{41.43(℃)} + \frac{255985860(\text{J/m}^3)}{32.87(℃)}\right]\left(1+\frac{1.46}{2}\right)$$

$$\text{时间} = 3745.06\text{s} = 1.04\text{h}$$

（8）正如所料，用普朗克方程预测到的冷冻时间（0.72h）比用 Pham 法得到的预测

时间（1.04h）短。出现这一差异的主要原因是普朗克方程没有考虑用于将产品显热去除的预冻和后冻阶段的时间。

7.3.4 有限大小物体的冷冻时间预测

Pham 法也可以用来计算其他常见形状（如有限圆柱体、有限长方体和砖形）冷冻食品的冷冻时间。利用适当的形状因子 E_f，可用 Pham 方程（7.9）来进行这样的计算。为了计算，需要 β_1 和 β_2 这两个无量纲比。参考用于有限物体的图 7.18。

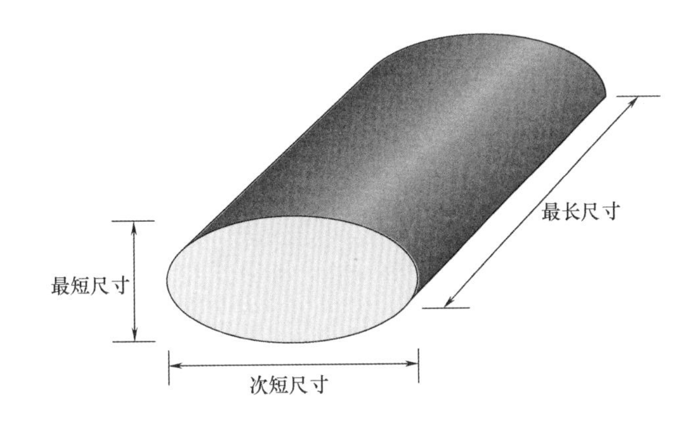

图 7.18 确定有限物体的形状因子

$$\beta_1 = \frac{物体次短尺寸}{物体最短尺寸} \tag{7.14}$$

和

$$\beta_2 = \frac{物体最长尺寸}{物体最短尺寸} \tag{7.15}$$

当量尺寸 E_f 的计算如下

$$E_f = G_1 + G_2E_1 + G_3E_2 \tag{7.16}$$

其中 G_1、G_2 和 G_3 由表 7.1 查取，E_1 和 E_2 根据下列二式计算：

$$E_1 = \frac{X_1}{\beta_1} + (1 - X_1)\frac{0.73}{\beta_1^{2.5}} \tag{7.17}$$

$$E_2 = \frac{X_2}{\beta_2} + (1 - X_2)\frac{0.73}{\beta_2^{2.5}} \tag{7.18}$$

其中，X_1 和 X_2 根据下二式求取

$$X_1 = \frac{2.32\beta_1^{-1.77}}{(2N_{Bi})^{1.34} + 2.32\beta_1^{-1.77}} \tag{7.19}$$

$$X_2 = \frac{2.32\beta_2^{-1.77}}{(2N_{Bi})^{1.34} + 2.32\beta_2^{-1.77}} \tag{7.20}$$

表 7.1 不同形状的 G 值

	G_1	G_2	G_3
有限圆柱体，高 < 直径	1	2	0
有限圆柱体，高 > 直径	2	0	1
长方体条	1	1	0
长方体块	1	1	1

例 7.3

长、宽、厚分别为 1m、0.6m 和 0.25m 的大平板形的瘦牛肉用毕渥数为 2.5 的鼓风式冷冻机进行冻结。请根据所给尺寸计算形状因子。

已知：

长 = 1m

宽 = 0.6m

厚 = 0.25m

$N_{Bi} = 2.5$

方法：

利用式（7.14）~式（7.20）确定所给有限平板的形状因子 E_f。

解：

（1）最长尺寸是 1m，最短尺寸是 0.25m。因此

$$\beta_1 = \frac{0.6}{0.25} = 2.4$$

$$\beta_2 = \frac{1}{0.25} = 4$$

（2）根据式（7.19）

$$X_1 = \frac{2.32 \times 2.4^{-1.77}}{(2 \times 2.5)^{1.34} + 2.32 \times 2.4^{-1.77}}$$

$$X_1 = 0.05392$$

根据式（7.20）

$$X_2 = \frac{2.32 \times 4^{-1.77}}{(2 \times 2.5)^{1.34} + 2.32 \times 4^{-1.77}}$$

$$X_2 = 0.02256$$

（3）根据式（7.17）和式（7.18）分别计算 E_1 和 E_2

$$E_1 = \frac{0.05393}{2.4} + (1 - 0.05393)\frac{0.73}{2.4^{2.5}}$$

$$E_1 = 0.09987$$

$$E_2 = \frac{0.02256}{4} + (1 - 0.02256)\frac{0.73}{4^{2.5}}$$

$$E_2 = 0.027938$$

（4）由表7.1查得 G_1、G_2和 G_3分别为1、1、1。

（5）根据式（7.16）

$$E_f = 1 + 0.09987 + 0.02794$$

$$E_f = 1.128$$

（6）有限平板形牛肉的形状因子为1.128。这是可以估计到的，因为此值应该大于1而小于2（用于无限长圆柱体的形状因子）。

例7.4

水分含量为74.5%的瘦牛肉长、宽和厚分别为1m、0.6m和0.25m，置于鼓风式冷冻机中进行冻结。冷冻机的 $h_c = 30W/(m^2 \cdot K)$，空气温度为-30℃。如果产品的初温为5℃，请估计将产品冷冻到-10℃所需要的时间。测得的产品初始冻结点温度为-1.75℃。冷冻牛肉的热导率为1.5W/(m·K)、未冻结牛肉的比热容为3.5kJ/(kg·K)。假定产品的密度为1050kg/m³，而冻结牛肉的比热容可以根据冰的性质估计为1.8kJ/(kg·K)。

已知：

产品长 $d_2 = 1m$

产品宽 $d_1 = 0.6m$

产品厚 $a = 0.25m$

对流传热系数 $h_c = 30W/(m^2 \cdot K)$

空气温度 $T_\infty = -30℃$

产品初温 $T_i = 5℃$

初始冻结点 $T_F = -1.75℃$

产品密度 $\rho = 1050kg/m^3$

焓差（ΔH）=0.745（333.22kJ/kg）-248.25kJ/kg（根据产品的水分含量估计）

冻结产品的热导率 $k = 1.5W/(m \cdot K)$

产品的比热容（c_{pu}）=3.5kJ/(kg·K)

冷冻产品的比热容（c_{pf}）=1.8kJ/(kg·K)

方法：

利用Pham模型计算冷冻时间。本题用电子表求解。

解：

如图E7.1所示为根据所给数据得到的电子表求解的结果。完成冻结需要26.6h。

	A	B	C	D	E	F	G	H
1	已知							
2	T_i	5						
3	T_a	-30						
4	T_c	-10						
5	c_{pu}	3.5						
6	rho	1050						
7	mc	0.745						
8	c_{pf}	1.8						
9	rhou	1050						
10	rhof	1050						
11	h_3	0						
12	k_f	1.5						
13	d_c	0.125						
14								
15	beta1	2.4	← =0.6/0.25					
16	beta2	4	← =1/0.25					
17	X_1	0.0539285	← =(2.32*B15^-1.77)/((2*B28)^1.34+2.32*B15^-1.77)					
18	X_2	0.0225586	← =(2.32*B16^-1.77)/((2*B28)^1.34+2.32*B16^-1.77)					
19	E_1	0.0998662	← =B17/B15+(1-B17)*0.73/(B15^2.5)					
20	E_2	0.0279375	← =B18/B16+(1-B18)*0.73/(B16^2.5)					
21	E	1.1278038	← =1+1*B19+1*B20					
22								
23	T_{fm}	-3.98	← =1.8+0.263*B4+0.105*B3					
24	DH1	33001500	← =B9*B5*1000*(B2-B23)					
25	DH2	272023500	← =B10*(B7*333.2*1000+B8*1000*(B23-B4))					
26	DT1	30.51	← =(B2+B23)/2-B3					
27	DT2	26.02	← =B23-B3					
28	毕渥数	2.5	← =B11*B13/B12					
29								
30	时间（s）	95894.858	← =(B13/(B21*B11))*(B24/B26+B25/B27)*(1+B28/2)					
31	时间（h）	26.637461	← =B30/3600					

图 E7.1　对例 7.4 求解的电子表

7.3.5　冷冻时间的实验测量

冷冻时间的验核或冷冻时间不能进行预测时，需要用实验方法对冷冻时间进行测量。测量方法的设计条件应当尽量模拟实际条件，并且应当提供至少一个位置的全部冷冻过程的温度历程。如果只用一个位置，则应当将温度传感器设在产品冷却最慢的位置。介质温度和影响对流传热系数的边界条件应当与实际条件相同。某些条件下，用于估计冷冻时间的温度历程应当用不同的、对冷冻时间有影响的变量进行测量。

7.3.6 影响冷冻时间的因素

由普朗克方程可见，多种因素对冷冻时间有影响，从而会影响食品冷冻设备的设计。影响最大的因素之一是冷冻介质的温度，使用较低温度的介质可以明显缩短冷冻时间。产品的大小也对冷冻时间有很大影响。

对冷冻时间影响最大的因素是对流传热系数（h）。这一因素可在设备设计时加以利用，以获得所需的对流传热系数，因此需要仔细地分析。对流传热系数较小时，很小的变化就会对冷冻时间产生较大的影响。产品的初温和终温也会对冷冻时间产生一些影响，但普朗克方程没有考虑这方面的影响。由普朗克方程可见，产品的性质（T_F、ρ、k）对冷冻时间的预测有影响。虽然这些因素在设备设计时是不可变的，但对这些性质具体值的选择，对于正确地预测冷冻时间来说很重要。Heldman（1983）详细分析过所有影响冷冻时间预测的因素。

7.3.7 冷冻速率

国际制冷协会（IIR，1986）将初温与终温之差除以冷冻时间定义为产品或包装品的冷冻速率（℃/h）。由于不同的产品位置的温度在冷冻期间会发生变化，因此提出了局部冷冻速率的概念。局部冷冻速率的定义是：产品中某一部位的初温与规定温度之差除以该部位达到规定温度所需时间。

7.3.8 解冻时间

在工业加工中，需要将冷冻食品解冻，以便进一步进行加工。虽然冻结与解冻在两者均发生相变这一点上有相似之处，但也有若干不同之处。例如，由于表面结霜而后又融化，使得解冻时的表面边界条件变得复杂（Mannapperuma 和 Signh，1989）。Cleland 提出的一个使用起来比较方便的解冻时间预测方程如下：

$$t_t = \frac{2C_u DV}{Ak_u}\left(\frac{P_1}{N_{Bi} \times N_{ste}} + \frac{P_2}{N_{Ste}}\right) \tag{7.21}$$

其中，

毕渥数，
$$N_{Bi} = \frac{hD}{k_u} \tag{7.22}$$

斯蒂芬数，
$$N_{Ste} = C_u \frac{(T_a - T_F)}{\Delta H_{10}} \tag{7.23}$$

普朗克数，
$$N_{Pk} = C_f \frac{(T_F - T_i)}{\Delta H_{10}} \tag{7.24}$$

$$P_1 = 0.5(0.7754 + 2.2828 \times N_{Ste} \times N_{Pk}) \tag{7.25}$$

$$P_2 = 0.125(0.4271 + 2.122N_{Ste} - 1.4847 \times N_{Ste}^2) \tag{7.26}$$

式中 A——表面积，m^2

C_u——未冻结部分的体积比热容量，J/（m^3 · ℃）

C_f——冻结部分的体积比热容量，J/（m^3 · ℃）

D——厚度或直径，m

h——对流换热系数，W/（m^2·℃）

ΔH_{10}——从-10℃到0℃的焓变，J/m^3

k_u——未冻结部分的热导率，W/（m·℃）

T_a——环境解冻介质温度，℃

T_F——产品解冻温度，℃

T_i——产品初始温度，℃

V——体积，m^3

根据 Cleland 等人（1986），以上公式的有效范围为：

$$0.6 < N_{Bi} < 57.3$$

$$0.085 < N_{Ste} < 0.768$$

$$0.065 < N_{Pk} < 0.272$$

例 7.5

球形模拟食品（23%甲基纤维素凝胶）在43.6℃的环境温度下解冻，产品的初始温度为-30.2℃，球体的直径为11.2cm，对流换热系数为45.7W/（m^2·℃），未冷冻基纤维素凝胶的导热系数为0.55W/（m·℃），体积比热容为3.71MJ/（m^3·℃），冻结产品的体积比热容为1.9MJ/（m^3·℃），从-10℃到0℃的焓变化为226MJ/m^3，产品的解冻温度为-0.6℃，未解冻产品的热传导率为0.55W/（m·℃）。计算解冻时间。

已知：

环境空气温度 T_a = 43.6℃，

产品初始温度 T_i = -30.2℃，

球体直径 D = 11.2cm = 0.112m，

对流换热系数 h = 45.7W/（m^2·℃），

未冻结甲基纤维凝胶的热导率 k_u = 0.55W/（m·℃），

未冻结产品的体积比热容 C_u = 3.71MJ/（m^3·℃），

冻结产品的比热容 C_f = 51.9MJ/（m^3·℃），

-10℃到0℃的焓变 = 226MJ/m^3，

产品解冻温度 T_F = -0.6℃，

未冻结产品的导热系数 k_u = 0.55W/（m·℃）。

方法：

可利用式（7.21）计算解冻时间。

解：

（1）利用式（7.22）计算毕渥数

$$N_{Bi} = \frac{45.7[W/(m^2 \cdot ℃)] \times 0.112(m)}{0.55[W/(m^2 \cdot ℃)]} = 9.31$$

（2）利用式（7.23）计算斯蒂芬数

$$N_{Ste} = \frac{3.71 \times 10^6[J/(m^3 \cdot ℃)] \times [43.6 - (-0.6)](℃)}{226 \times 10^6(J/m^3)} = 0.73$$

(3) 利用式 (7.24) 计算普朗克数

$$N_{Pk} = \frac{1.9 \times 10^6[J/(m^3 \cdot ℃)] \times [-(-0.6) - (-30.2)](℃)}{226 \times 10^6} = 0.25$$

(4) 利用式 (7.25) 计算常数 P_1

$$P_1 = 0.5 \times (0.7754 + 2.2828 \times 0.73 \times 0.25) = 0.594$$

(5) 利用式 (7.26) 计算常数 P_2

$$P_2 = 0.125 \times (0.4271 + 2.122 \times 0.73 - 1.4847 \times 0.73^2) = 0.148$$

(6) 利用式 (7.21) 计算解冻时间 t_t

注意到对于半径为 r 的球 $\frac{V}{A} = \frac{\frac{4\pi r^3}{3}}{4\pi r^2} = \frac{r}{3} = \frac{D}{6}$

$$t_t = \frac{2 \times 3.71 \times 10^6[J/(m^3 \cdot ℃)] \times 0.112(m) \times 0.112(m)}{0.55[J/(m^3 \cdot ℃)] \times 6}\left(\frac{0.594}{9.31 \times 0.73} + \frac{0.148}{0.73}\right) = 8083s = 2.27h$$

解冻时间估计为2.27h，此解冻时间与 Cleland 等人 (1986) 的实验测量值2.43h 比较接近。

7.4 冷冻食品的贮藏

虽然食品冷冻的效率大多数直接受冷冻过程影响，但冷冻食品的品质却很大程度上受贮藏条件影响。由于低温降低了品质下降因素产生的影响，因此冷冻食品的贮藏温度非常重要。这方面主要需考虑的是，在满足延长贮藏期目的和保证制冷效率不降低的前提下，采用尽可能低的贮藏温度。

造成冷冻食品品质下降最主要的因素是贮藏温度波动。如果贮藏温度发生周期性变化，那么冷冻食品的贮藏期将大大缩短。Schwimmer 等 (1955)、VanArsdel 和 Guagangi (1959) 对冷冻食品贮藏期作过定量研究；VanArsdel 等人 (1969) 对此作过综述报道。较新的研究有，Singh 和 Wang (1977) 及 Heldman 和 Lai (1983) 介绍过用数值法和计算机进行冷冻食品贮存时间的预测。

国际冷冻协会 (1986) 基于冷冻食品贮藏的实验数据，提出过冷冻食品贮藏推荐报告。

7.4.1 冷藏过程中食品的品质变化

冷冻食品的贮藏期通常用实际贮藏期 (PSL) 表示。产品的实际贮藏期是指冷冻后保持可以食用和后续加工的冷冻产品贮藏期 (国际制冷协会，1986)。

表7.2 列出了各种冷冻食品的实际贮藏期。与大多数冷冻食品相比，冷冻鱼的货架寿命较短。商业食品冷链中通常使用的冷冻食品贮藏温度为 -18℃。但是，对于海产品，为

了保持产品品质，最好用更低的温度贮藏。

表7.2　不同贮藏温度下冷冻食品的实际贮藏期

产品	贮存时间/月		
	-12℃	-18℃	-24℃
水果			
树莓/草莓（生）	5	24	>24
在糖中的树莓/草莓	3	24	>24
桃、杏、樱桃（生）	4	18	>24
在糖中的桃、杏、樱桃	3	18	>24
果汁浓缩物	—	24	>24
蔬菜			
（带嫩芽的）芦笋	3	12	>24
青豆	4	15	>24
利马豆	—	18	>24
西蓝花	—	15	24
球芽甘蓝	6	15	>24
胡萝卜	10	18	>24
菜花	4	15	>24
带芯玉米	—	12	18
切段玉米	4	15	>24
（人工栽培的）蘑菇	2	8	>24
青豌豆	6	24	>24
红辣椒和青辣椒	—	6	12
油炸马铃薯片	9	24	>24
（切碎的）菠菜	4	18	>24
洋葱	—	10	15
（漂烫后的）韭菜	—	18	—
肉禽类			
（未包装的）牛肉胴体①	8	15	24
牛排/牛肉块	8	18	24
牛肉糜	6	10	15
（未包装的）小牛胴体	6	12	15
小牛排/块	6	12	15
（真空包装的）培根切片	12	12	12
整鸡	9	18	>24

续表

产品	贮存时间/月		
	-12℃	-18℃	-24℃
鸡块	9	18	>24
整火鸡	8	15	>24
整鸭、整鹅	6	12	18
肝	4	12	18
海产品			
包冰衣的多脂鱼类	3	5	>9
低脂鱼②	4	9	>12
（煮熟的）带壳龙虾、螃蟹、虾类	4	6	>12
蛤和牡蛎	4	6	>9
（煮过的）虾仁	2	5	>9
蛋类			
全蛋液	—	12	>24
乳和乳制品			
无盐黄油，pH 4.7	15	18	20
有盐黄油，pH 4.7	8	12	14
无盐甜黄油，pH 6.6	—	>24	>24
有盐甜黄油，（2%）pH 6.6	20	>24	>24
稀奶油	—	12	15
冰淇淋	1	6	24
焙烤和糖果制品			
蛋糕（干酪蛋糕、松糕、巧克力大蛋糕、水果蛋糕等）	—	15	24
面包	—	3	—
生面团	—	12	18

资料来源：IIR（1986）。

注：①胴体可用织带包裹。

②对于低脂鱼排，在-18℃、-24℃和-30℃温度下的实际贮藏期分别为6、9和12个月。

另一个用于描述冷冻食品贮藏期的术语是高质量贮存期（HQL）。国际制冷协会（1986）的高质量贮存期定义如下：以冷冻刚完成的产品作对照样品，感官试验的统计显著性差异（$p<0.01$）的贮藏产品贮藏期。观察到的差异用“刚能识别差异”描述。当用三角试验进行品质感官试验时，刚能识别差异可以这样推定：如果70%有经验的品尝人员能成功地将产品与对照样品辨认出，就认为是刚能识别差异的产品。用作对照的样品是规定贮藏期内证明没有发生可检出差异的产品（国际制冷协会，1986）。通常用于贮藏对照样品的温度是-35℃。

冷冻食品的品质损失可以通过可接受贮藏期实验数据进行预测。Singh 和 Wang

（1977）及 Heldman 和 Lai（1983）介绍了用数值法和计算机辅助预测冷冻食品贮藏期的方法。该方法以冻藏期食品变化动力学分析为依据。

Jul（1984）提供了冷冻食品在不同冷链环节的一般滞留时间值。图 7.19 给出了冷冻草莓可接受贮藏期的数据（Jul，1984）。图中可接受货架寿命是根据实验数据得出的。请参见表 7.3，第 1 列描述的是冷链，从生产商的仓库开始到消费者的冰箱结束。第 2 列和第 3 列表示冷链中各种环节可接受的时间和温度。第 4 列是与图 7.19 中的温度相对应的可接受贮藏天数。第 5 列是第 4 列数值的倒数乘以 100 得到的每天百分损失值。第 6 列给出的是第 2 列乘以第 5 列得到的计算损失值。这样，在表 7.3 所示的例子中，经历 344.1d 的冷链期后，草莓的可接受性品质损失了 77.3%。这一分析有助于确定冷链中主要发生品质损失的环节。如表 7.3 所示的例子中，产品品质损失主要发生在生产商和零售商的库存期。对于一定的食品，降低贮藏温度或缩短贮藏期可以降低品质损失。

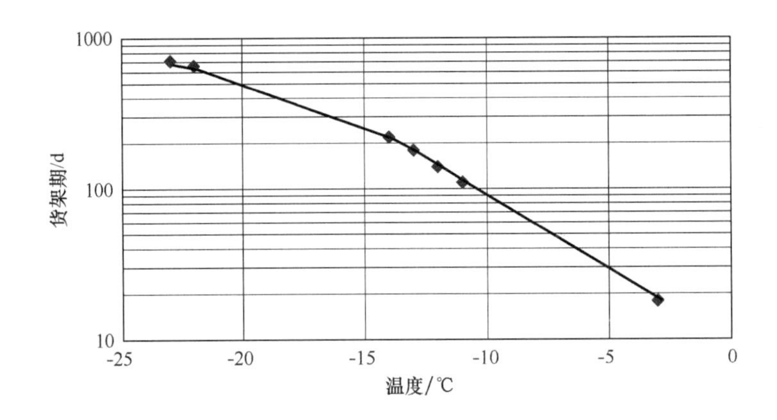

图 7.19　冷冻草莓货架期与温度在半对数坐标上的关系曲线

表 7.3　草莓在冷链中不同阶段品质损失的举例

贮存阶段	时间/d	温度/℃	可接受性/d	每天损失/（百分数/d）	损失百分数/%
生产商	250	-22	660	0.15152	37.88
运输	2	-14	220	0.45455	0.91
仓储	50	-23	710	0.14085	7.04
运输	1	-12	140	0.71429	0.71
零售	21	-11	110	0.90909	19.09
运输	0.1	-3	18	5.55556	0.56
家庭冰箱	20	-13	180	0.55556	11.11
	总贮藏期（d）=344.1			总品质损失（百分数）=77.30	

资料来源：Jul（1984）。

习题[①]

7.1 某种食品水分含量为68%，请估计融化潜热。

7.2 对水分含量为80%的食品进行冷冻处理。请估计（有80%的水分冻结的）-10℃的产品的比热容。产品干固体的比热容为2.0kJ/（kg·℃）。假定-10℃时水的比热容与0℃时水的比热容相同。

7.3 厚度为5cm的牛排在-30℃的室内进行冻结。产品的水分含量为73%、密度为970kg/m^3、（冻结产品的）热导率为1.1W/（m·K）。请利用普朗克方程估计冷冻时间。产品的初始冻结温度为-1.75℃，并且冷冻室内空气运动可提供的对流传热系数为5W/（m^2·K）。

*7.4 部分冻结的冰淇淋在完成冻结过程以前进行包装。用鼓风方式对尺寸为8cm×10cm×20cm的包装产品进行冻结，对流传热系数为50W/（m^2·K）。刚包装后的产品温度为-5℃，而冷风的温度为-25℃。产品的密度为700kg/m^3。冻结产品的热导率为1.2W/（m·K）、比热容为1.9kJ/（kg·K）。如果鼓风冷冻期间从产品中去除的潜热为100kJ/kg，请估计冷冻时间。

*7.5 水分含量为68%的食品装在6cm直径的圆罐头内进行冻结。产品的密度为1000kg/m^3、产品的初始冻结温度为-2℃。在-15℃的冷冻介质下经过10h冷冻后，产品的温度降到-10℃。假定该罐高为无限，请估计冷冻介质的对流传热系数。

7.6 请建立一张电子表格，对例7.4进行求解。确定h_c值分别为30W/（m^2·K）、50W/（m^2·K）、80W/（m^2·K）和100W/（m^2·K）条件下的冷冻时间。

7.7 利用例7.4建立的电子表，确定下列形状瘦牛肉的冷冻时间。

（a）直径为0.5m、长为1m的有限圆柱体；

（b）直径为0.5m的无限长圆柱体；

（c）直径为0.5m的球体。

7.8 形状为小球粒的预制食品在鼓风冷冻机中进行冻结。该冷冻机的冷风温度为-40℃。产品的初温度为25℃。小球的直径为1cm，产品的密度为980kg/m^3。产品的初始冻结温度为-2.5℃。产品的融解潜热为280kJ/kg。冻结产品的热导率为1.9W/（m·℃）。冷风产生的对流传热系数为50W/（m^2·℃）。请计算冷冻时间。

7.9 某食品用鼓风冷冻机进行冷冻，请用普朗克方程估计对流传热系数。产品为直径2cm的无限长圆柱体，在冷冻机内的冷冻时间为20min。产品的性质如下：冻结材料的热传导率=1.8W/（m·℃）、密度=890kg/m^3、融解潜热=260kJ/kg、初始冻结点=-1.9℃。产品的初始温度为25℃，空气的温度为-35℃。

7.10 利用普朗克方程确定水分含量为88%的马铃薯球的冷冻时间。该马铃薯用-40℃温度的鼓风式冷冻机进行冷冻，冷冻机的对流传热系数为40W/（m^2·K）。冷冻马铃薯热导率的估计值为1.3W/（m·℃），其密度为890kg/m^3。马铃薯的初始冻结温度为

---

① 习题中带“*”号的解题难度较大。

-2℃。马铃薯球的直径为2cm。

7.11 假如毕渥数均为1.33，请计算以下物体的形状因子 E_f：（a）具有以下尺寸的肉饼：长、宽和高分别为25cm、12cm 和 10cm；（b）有限圆柱体：长 =25cm、直径 =12cm；（c）直径为12cm 的球体；（d）从三种形状计算到的结果，可以得出什么结论？

7.12 请用普朗克方程计算（水分含量为85%的）肉饼的冷冻时间。该肉饼的尺寸为：长 =25cm、宽 =12cm、高 =10cm。对流传热系数为40W/（m^2·℃）。冷空气的温度为 -40℃。产品的初始温度为10℃，要求的冷冻肉饼的终温为 -18℃。产品的初始冻结温度为 -1.8℃。冷冻肉饼的热导率为1.5W/（m·℃），而未冻肉的比热容为1.9kJ/（kg·K）。该肉饼的密度为1020kg/m^3。

7.13 某种冷冻甜食装在长、宽和高分别为15cm、10cm 和7cm 的长方形包装盒内出售。在制造过程中，该甜食混合物在1℃条件下进行包装。混合物的水分含量为90%。未冻结甜食混合物的比热容为3.5kJ/（kg·℃）。该包装品随后置于鼓风式冷冻机中进行冻结。冷冻机的对流传热系数为35W/（m^2·℃）、冷风温度为 -40℃。冷冻甜食的终温为 -25℃。该混合物的性质如下：未冻结甜食密度 =750kg/m^3、冻结甜食的热导率为1.3W/（m·℃）、冻结甜食的比热容为1.85kJ/（kg·℃）。鼓风冷冻阶段除去的潜热为120kJ/kg。请用 Pham 法估计冷冻时间。

7.14 利用 MATLAB，用表 A.2.7 所给数据，绘制一张 -30~20℃温度范围的豌豆焓 - 温度曲线。根据 Pham 等人（1994）提出的以下豌豆焓 - 温度关系式，在同一张图中绘制豌豆的焓 - 温度曲线。

$$H=\begin{cases}A+c_fT+\dfrac{B}{T}; & T\leqslant T_i\\ H_0+c_uT; & T>T_i\end{cases}$$

Pham 等人报道的豌豆焓方程的参数值为：

A =90.3kJ/kg

c_f =2.45kJ/kg℃

B = -199kJ·℃/kg

T_i = -0.75℃

H_0 =357kJ/kg

c_u =4.17kJ/（kg·℃）

讨论结果出现差异的原因。

7.15 利用 MATLAB 及表 A.2.7 数据，在 -30~20℃温度范围内，绘出牛肉焓 - 温度关系曲线。根据 Pham 等人（1994）提出的以下瘦牛肉和碎牛肉饼的焓 - 温度关系式，在同一张图中绘制瘦牛肉和碎牛肉饼的焓 - 温度曲线。

$$H=\begin{cases}H+c_fT+\dfrac{B}{T}; & T\leqslant T_i\\ H_0+c_uT; & T>T_i\end{cases}$$

Pham 等人报道的瘦牛肉焓方程的参数值为：

A =83.0kJ/kg

c_f =2.26kJ/（kg·℃）

$B = -163\text{kJ} \cdot ℃/\text{kg}$

$T_i = -0.70℃$

$H_0 = 317\text{kJ/kg}$

$c_u = 3.64\text{kJ/(kg} \cdot ℃)$

Pham 等人报道的碎牛肉饼焓方程的参数值为：

$A = 53.3\text{kJ/kg}$

$c_f = 1.59\text{kJ/(kg} \cdot ℃)$

$B = -444\text{kJ} \cdot ℃/\text{kg}$

$T_i = -1.94℃$

$H_0 = 285\text{kJ/kg}$

$c_u = 3.53\text{kJ/(kg} \cdot ℃)$

讨论结果出现差异的原因。

符号

A	面积（m^2）
a	平板厚度（m）
c_f	冻结材料的比热容［J/（kg·℃）］
c_u	未冻结材料的比热容［J/（kg·℃）］
C_f	冻结材料体积比热容［J/（m^3·℃）］
C_u	未冻结材料体积比热容［J/（m^3·℃）］
d_c	特征尺寸（m）
D	总厚度或直径（m）
E_1、E_2	形状常数
E_f	形状因子
G_1、G_2、G_3	常数
h	对流传热系数［W/（m^2·℃）］
k_f	冻结材料的热导率［W/（m·℃）］
L	水的融解潜热，333.2kJ/kg
L_f	食品融解潜热（kJ/kg）
m_m	水分含量（质量分数）
N_{Bi}	毕渥数，无量纲
N_{Pk}	普朗克数，无量纲
N_{Pr}	普朗特数，无量纲
N_{Ste}	斯蒂芬数，无量纲
P'	常数
P_1、P_2	常数

q	传热速率
R'	常数
T_a	冷冻介质温度（℃）
T_c	最终中心温度（℃）
T_F	初始冻结温度（℃）
T_{fm}	平均冻结时间（s）
T_i	初始温度（℃）
T_s	表面温度（℃）
t_t	解冻时间（s）
V	体积（m^3）
x	空间坐标
ΔH_1	预冷过程的比体积焓差（J/m^3）
ΔH_{10}	从 -10～0℃的比体积焓差（J/m^3）
ΔH_2	相变和后冷冻的比体积焓差（J/m^3）
β_1、β_2	无量纲比率
ρ	密度（kg/m^3）
ρ_f	冻结材料的密度（kg/m^3）
ρ_u	未冻结材料的密度（kg/m^3）

参考文献

Chandra, P. K. , Singh, R. P. , 1994. Applied Numerical Methods for Agricultural Engineers. CRC Press, Boca Raton, Florida.

Charm, S. E. , Slavin, J. , 1962. A method for calculating freezing time of rectangular packages of food. Annexe. Bull. Inst. Int. Froid. 567 - 578.

Cleland, A. C. , 1990. Food refrigeration processes, analysis. Design and Simulation. Elsevier Applied Science, New York.

Cleland, A. C. , Earle, R. L. , 1976. A new method for prediction of surface heat-transfer coefficients in freezing. Annexe. Bull. Inst. Int. Froid. 1, 361.

Cleland, A. C. , Earle, R. L. , 1977. A comparison of analytical and numerical methods of predicting the freezing times of foods. J. Food Sci. 42, 1390 - 1395.

Cleland, A. C. , Earle, R. L. , 1979a. A comparison of methods for predicting the freezing times of cylindrical and spherical foodstuffs. J. Food Sci. 44, 958 - 963.

Cleland, A. C. , Earle, R. L. , 1979b. Prediction of freezing times for foods in rectangular packages. J. Food Sci. 44, 964 - 970.

Cleland D. J. , 1991. A generally applicable simple method for prediction of food freezing and thawing times. Paper presented at the 18th International Congress of Refrigeration. Montreal, Quebec.

Cleland, D. J. , Cleland, A. C. , Earle, R. L. , Byrne, S. J. , 1986. Prediction of thawing times for foods of simple shape. Int. J. Refrig. 9, 220 – 228.

Cleland, D. J., Cleland, A. C., Earle, R. L., 1987. Prediction of freezing and thawing times for multi-dimensional shapes by simple formulae: I—Regular shapes. Int. J. Refrig. 10, 156 – 164.

Ede, A. J., 1949. The calculation of the freezing and thawing of foodstuffs. Mod. Refrig. 52, 52.

Heldman, D. R., 1983. Factors influencing food freezing rates. Food Technol. 37 (4), 103 – 109.

Heldman, D. R., Gorby, D. P., 1975. Prediction of thermal conductivity of frozen foods. Trans. ASAE 18, 740.

Heldman, D. R., Lai, D. J., 1983. A model for prediction of shelf-life for frozen foods. Proceedings of the 16th International Congress Refrigeration Commission C2, 427 – 433.

Heldman, D. R., Lund, D. B., 2007. Handbook of Food Engineering, second ed. Taylor and Francis Group, Boca Raton, Florida.

Hill, J. E., Litman, J. E., Sutherland, J. E., 1967. Thermal conductivity of various meats. Food Technol. 21, 1143.

IIR, 1986. Recommendations for the Processing and Handling of Frozen Foods, third ed. International Institute of Refrigeration, Paris, France.

Joshi, C., Tao, L. C., 1974. A numerical method of simulating the axisymmetrical freezing of food systems. J. Food Sci. 39, 623.

Jul, M., 1984. The Quality of Frozen Foods. Academic Press, Orlando.

Lentz, C. P., 1961. Thermal conductivity of meats, fats, gelatin gels and ice. Food Technol. 15, 243.

Mannapperuma, J. D., Singh, R. P., 1989. A computer-aided method for the prediction of properties and freezing/thawing times of foods. J. Food Eng. 9, 275 – 304.

Mott, L. F., 1964. The prediction of product freezing time. Aust. Refrig. Air Cond. Heat 18, 16.

Nagaoka, J., Takagi, S., Hotani, S., 1955. Experiments on the freezing of fish in an air-blast freezer. Proceedings of the Ninth International Congress Refrigeration 2, 4.

Pham, Q. T., 1986. Simplified equation for predicting the freezing time of foodstuffs. J. Food Technol. 21, 209 – 219.

Pham, Q. T., Wee, H. K., Kemp, R. M., Lindsay, D. T., 1994. Determination of the enthalpy of foods by an adiabatic calorimeter. J. Food Eng. 21, 137 – 156.

Plank, R. Z., 1913. Z. Gesamte Kalte-Ind. 20, 109, (cited by Ede, 1949).

Schwimmer, S., Ingraham, L. L., Hughes, H. M., 1955. Temperature tolerance in frozen food processing. Ind. Eng. Chem. 47 (6), 1149 – 1151.

Singh, R. P., 1995. Principles of heat transfer. In: Kulp, K., Lorenz, K., Brümmer, J. (Eds.), Frozen and Refrigerated Doughs and Batters. American Association of Cereal Chemists, Inc, (Chapter 11).

Singh, R. P., 2000. Scientific principles of shelf life evaluation. In: Man, C. M. D., Jones, A. A. (Eds.), Shelf-Life Evaluation of Foods, second ed. Aspen Publishers Inc., Gaithesberg, Maryland, pp. 3 – 22.

Singh, R. P., Mannapperuma, J. D., 1990. Developments in food freezing. In: Schwartzberg, H., Rao, A. (Eds.), Biotechnology and Food Process Engineering. Marcel Dekker, New York.

Singh, R. P., Sarkar, A., 2005. Thermal properties of frozen foods. In: Rao, M. A., Rizvi, S. S. H., Datta, A. K. (Eds.), Engineering Properties of Foods. CRC Press, Taylor and Francis Group, Boca Raton, Florida, pp. 175 – 207.

Singh, R. P., Wang, C. Y., 1977. Quality of frozen foods—A review. J. Food Process Eng. 1 (2), 97.

Singh, R. P., Wirakartakusumah, M. A., 1992. Advances in Food Engineering. CRC Press, Boca Raton, Florida.

Tao, L. C., 1967. Generalized numerical solutions of freezing a saturated liquid in cylinders and spheres. AIChE

J. 13, 165.

Taub, I. A., Singh, R. P., 1998. Food Storage Stability. CRC Press, Boca Raton, Florida.

Tien, R. H., Geiger, G. E., 1967. A heat transfer analysis of the solidification of a binary eutectic system. J. Heat Transfer 9, 230.

Tien, R. H., Geiger, G. E., 1968. The unidimensional solidification of a binary eutectic system with a time-dependent surface temperature. J. Heat Transfer 9C (1), 27.

Tien, R. H., Koumo, V., 1968. Unidimensional solidification of a slab variable surface temperature. Trans. Metal Soc. AIME 242, 283.

Tien, R. H., Koumo, V., 1969. Effect of density change on the solidification of alloys. Am. Soc. Mech. Eng. [Pap.] 69 - HT - 45

Van Arsdel, W. B., Guadagni, D. G., 1959. Time-temperature tolerance of frozen foods. XV. Method of using temperature histories to estimate changes in frozen food quality. Food Technol. 13 (1), 14 - 19.

Van Arsdel, W. B., Copley, M. J., Olson, R. D., 1969. Quality and Stability of Frozen Foods. Wiley, New York.

8 蒸　发

蒸发是一项重要的单元操作，常用以除去稀液食品水分获得浓缩液产品。从食品中除去水分可提高产品的微生物学稳定性，也有利于降低其贮运成本。蒸发过程的一个典型例子是制造番茄酱，原来固形物含量为5%～6%的番茄汁，经过蒸发可以得到总固形物含量为35%～37%的番茄酱。蒸发不同于脱水，因为蒸发得到的仍然是液态产品。蒸发也不同于蒸馏，因为在蒸发过程中产生的蒸汽不再进行分馏。

如图8.1所示为简单的蒸发器示意图。蒸发器的基本构成是一个包容热交换器的大蒸发室；低压蒸汽与产品之间主要通过非接触式的热交换器传热。产品在蒸发室内处于真空状态。真空的存在增大了蒸汽和产品之间的温差，也使产品能在较低温度下沸腾，从而降低了热损害程度。产生的蒸汽通过冷凝器到达真空系统。加热蒸汽在热交换器内冷凝成水被排走。

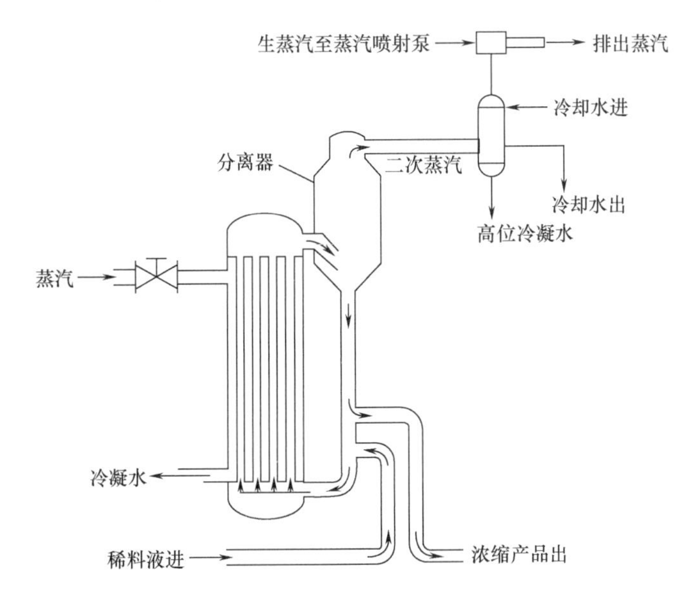

图8.1　单效蒸发器示意图

如图8.1所示的蒸发器中，产生的蒸汽没有经过进一步的余热利用而直接排走，因此这种类型的蒸发器称为单效蒸发器，因为产生的蒸汽被排走了。如果蒸发产生的蒸汽被再次用作另一个蒸发器的加热介质（图 8.2），那么这种蒸发系统称为多效蒸发器。更确切地说，如图 8.2 所示的蒸发器是一种三效蒸发器，因为从第一和第二效（或蒸发室）产生的蒸汽又分别用作第二和第三效的加热介质。

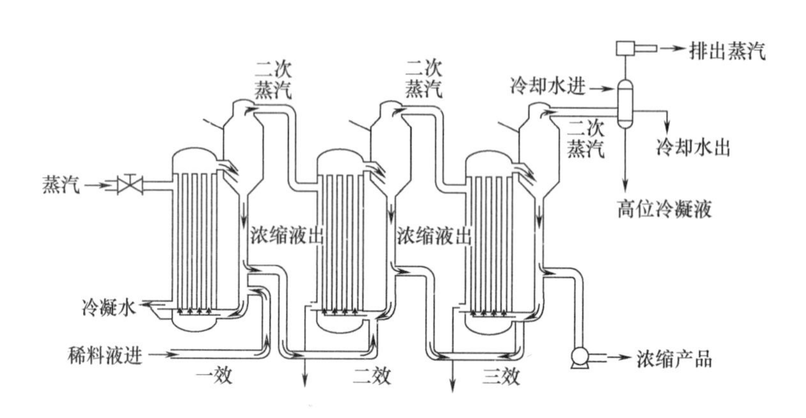

图 8.2　三效蒸发器示意图

值得一提的是，在多效蒸发器中，生蒸汽只在第一效使用。后面几效中用蒸发蒸汽作加热介质提高了生蒸汽的能量利用效率。部分浓缩的产品离开第一效后进入第二效。经过进一步浓缩，产品从第二效出来成为第三效的进料。达到预定浓度的产品从第三效出来。这种特殊的安排称为并流加料系统。工业实践中其他流程安排还包括逆流加料和平流加料系统。

液体食品的特性对蒸发过程有很大的影响。随着水分的除去，余下液体的浓度不断增加，结果降低了热量的传递。液体的沸点随着浓缩进行而升高，结果使加热介质与产品之间的温差变小。这种温差降低了传热速率。

食品以其热敏性而著称。为了避免产品品质过度损失，应当在尽量低的沸点下进行蒸发，并且蒸发的时间也应尽量短。

此外，热交换表面的结垢也会严重降低传热速率。经常性的停机对热交换表面进行清洗也会降低设备的生产能力。液体食品在蒸发过程中产生泡沫会造成产品随蒸汽一起逸出而流失。在设计蒸发系统时，必须注意上面所述的产品特点。

本章我们将讨论液体食品在浓缩过程中的沸点升高、基于蒸汽与产品间热交换方式分类的各种蒸发器，然后讨论单效和多效蒸发器的设计。

8.1　沸点升高

溶液（液体食品）的沸点升高定义为一定压强下比纯水沸点高出部分的温度。

杜林（Dühring）规则可用作估计沸点升高的简单方法。杜林规则指出，溶液的沸点温度与水的沸点温度之间存在线性关系。这种线性关系并不适用于很大范围的温度，但一定温度范围内这种关系相当好。如图 8.3 所示为氯化钠 - 水系统的杜林线。例 8.1 为利用此图进行沸点升高估计的示例。

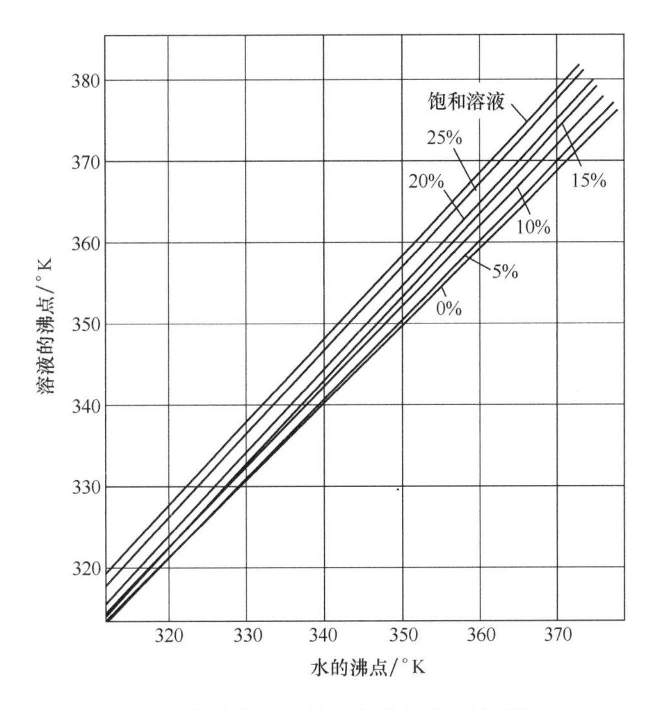

图 8.3 示意氯化钠溶液浓度与沸点升高关系的杜林线

（资料来源：Coulson 和 Richardson，1978）

例 8.1

利用杜林图确定某种液体食品的初始沸点和最终沸点。食品的组成所产生的蒸汽压与氯化钠的类似。蒸发器内的压强为 20kPa。产品的总固形物浓度从 5% 浓缩到 25%。

已知：

初始浓度 =5% 总固形物

最终浓度 =25% 总固形物

压强 =20kPa

方法：

为了用图 8.3 所示的杜林图来估计沸点升高，需要知道相同压强下水的沸点。此值可以从蒸汽表上查到。然后可以直接从图 8.3 查得液体食品的沸点。

步骤：

（1）由蒸汽表（附录 A.4.2）查取与 20kPa 对应的水的沸点为 60℃。

（2）由图 8.3 查得，

总固形物含量为 5% 的初始溶液的沸点为 333K =60℃；

总固形物含量为 25% 的最终溶液的沸点为 337K =64℃。

由于液体的沸点随浓缩进行而升高，从而导致蒸汽与产品间的温度差下降，因此对沸点升高需要加以注意。温差降低会造成蒸汽与产品间传热速率的下降。

8.2 蒸发器的类型

食品工业使用的蒸发器类型有好几种。本节简单介绍一些常用的蒸发器类型。

8.2.1 间歇锅式蒸发器

食品工业中结构最简单且使用历史可能最长的蒸发器，是由图 8.4 所示的间歇锅式蒸发器。产品在蒸汽夹套式球形容器中受到加热。加热容器可以是敞开的，也可与真空冷凝器相连。真空可使产品在低于常压沸点的温度下沸腾，从而可以降低热敏性产品的热损害。

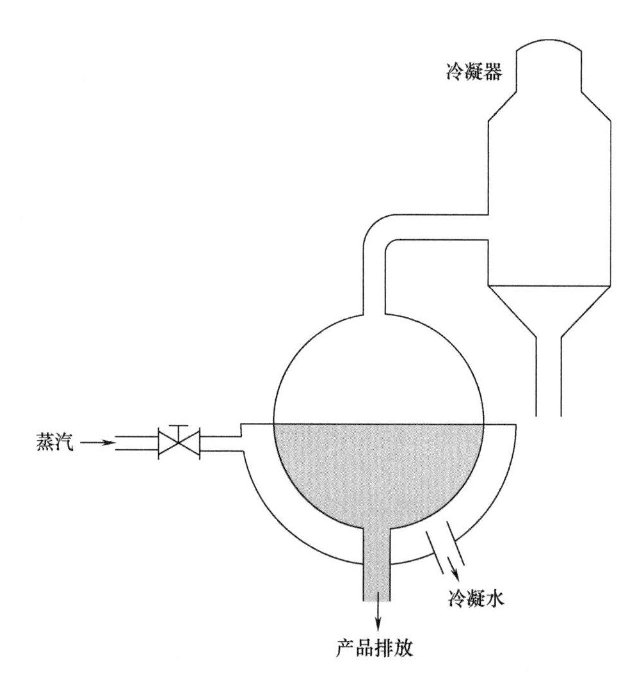

图 8.4 锅式蒸发器
（资料来源：APV Equipment 公司）

锅式蒸发器，其单位体积所占的传热面积小。因此，产品的滞留时间一般非常长，可长达数小时。产品加热主要靠自然对流，所以对流传热系数小。低效的传热特点使得锅式蒸发器的生产能力大大下降。

8.2.2 自然循环蒸发器

自然循环式蒸发器，长 1 ~ 2m、直径 50 ~ 100mm 的短管通常垂直地排列在蒸汽加热室内。整个（由蒸汽加热腔和管子构成的）加热段位于蒸发器底部。受热的产品在管子内以自然对流的方式上升，而加热蒸汽在管外冷凝成水。蒸发在管内发生而使产品得到浓缩。浓缩产品通过中央循环管又回落到蒸发器的底部。如图 8.5 所示为一种自然循环蒸发器。可在主蒸发室外安排一个壳管式热交换器，对进料液体进行预热。

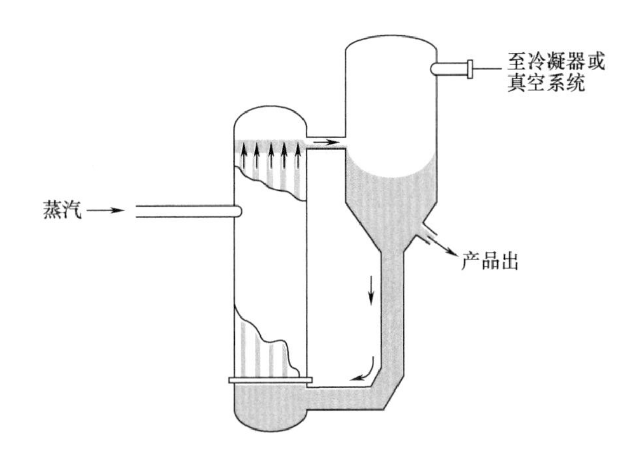

图 8.5　自然循环蒸发器

（资料来源：APV Equipment 公司）

8.2.3　升膜式蒸发器

在升膜式蒸发器（图 8.6）中，低流速的液体食品在 10～15m 长的竖直管中沸腾。这些管子由管外蒸汽加热。液体由这些加热管底部形成的蒸汽带动上升。向上运动的蒸汽使得液体在快速向上运动过程中形成一层薄膜。为了获得完全形成的薄膜，产品与加热蒸汽之间的温差必须在 14℃以上。这类蒸发器可以获得高对流传热系数。虽然这类蒸发操作大多以单程方式完成，但如果有必要，也可以使液体循环以达到要求的浓度。

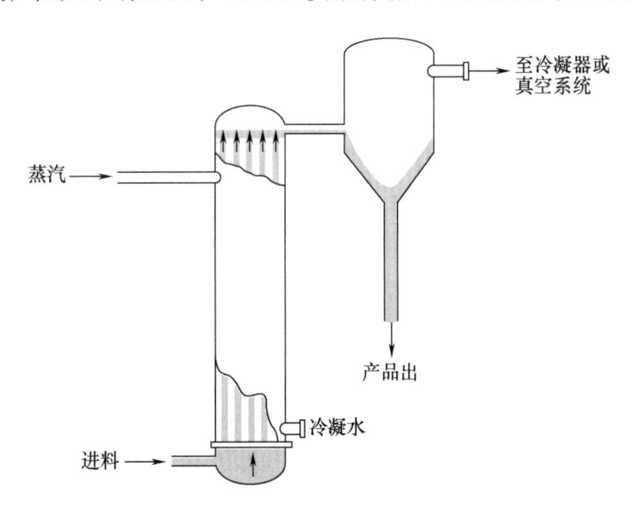

图 8.6　升膜式蒸发器

（资料来源：APV Equipment 公司）

8.2.4　降膜式蒸发器

降膜式蒸发器与升膜式蒸发器不同，它的液体薄膜是在重力作用下在竖直管内向下运动的（图 8.7）。这种蒸发器设计较复杂，因为与升膜式蒸发器相比，薄膜在管内向下流动时要获得均匀的薄膜分布难度较大。但这可以利用专门的分配器或喷嘴来加以克服。

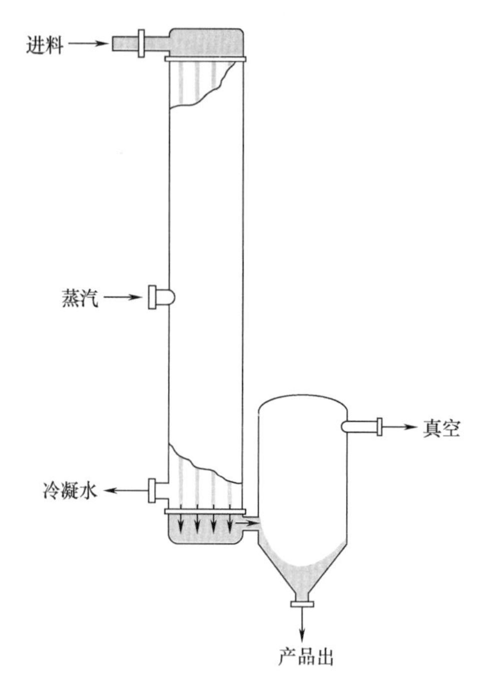

图 8.7　降膜式蒸发器
（资料来源：APV Equipment 公司）

降膜式蒸发器比升膜式蒸发器的效率高许多。例如，如果加热蒸汽的温度是 110℃，而最后一效的沸点温度是 50℃，那么总的温差为 60℃。由于升膜式蒸发器加热壁需要 14℃的温差，因此这一总温差下最多可以安排出 4 效的蒸发系统。但如果改成降膜式，则有可能安排出 10 效以上的蒸发系统。与升膜式蒸发器相比，降膜式蒸发器可用来处理较黏稠的料液。这种蒸发器最适合用于处理高热敏性的产品，例如橙汁。降膜式蒸发器中料液的一般滞留时间为 20 ~ 30s，而升膜式蒸发器中，一般滞留时间为 3 ~ 4min。

8.2.5　升降膜式蒸发器

在升降膜式蒸发器中，产品通过在蒸发器的升膜蒸发区和降膜蒸发区的循环来完成浓缩操作。如图 8.8 所示，产品经过升膜区管子上升首先得到浓缩，然后，预浓缩的产品在降膜区管子中下降蒸发达到最终浓度。

8.2.6　强制循环蒸发器

强制循环蒸发器中，高流量液体食品在间接式热交换器中循环（图 8.9）。管子顶部上方存在的静压头抑制了所有液体的沸腾。分离器内绝对压强稍低于管内的绝对压强。因此，液体进入分离器后会出现闪蒸而形成蒸汽。热交换器加热壁两侧的温差通常为 3 ~ 5℃。通常用轴流泵维持 2 ~ 5m/s 线速度的高循环流量，而在自然循环蒸发器中，流体流动线速度只有0.3~1m/s。与其他类型的蒸发器相比，这种形式的蒸发器投资和操作成本均非常低。

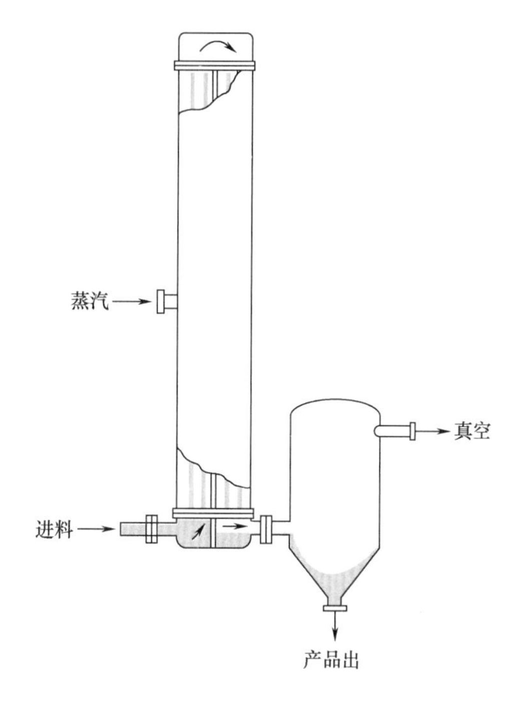

图8.8 升降膜式蒸发器

（资料来源：APV Equipment 公司）

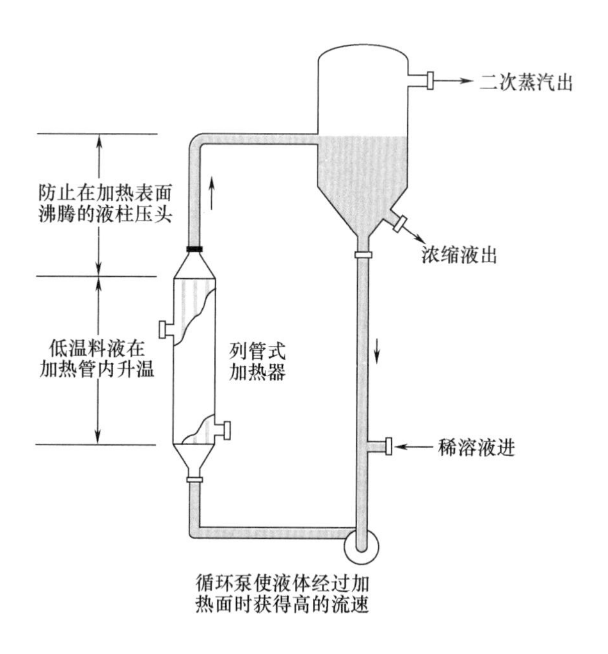

图8.9 强制循环蒸发器

（资料来源：APV Equipment 公司）

8.2.7 搅拌薄膜式蒸发器

如图 8.10 所示，非常黏稠的液体食品进料，通过刮刀分散在圆筒形加热壁内侧。由于高速搅拌，这种蒸发器可以获得相当高的传热速率。圆筒形结构能获得的单位体积产品加热面积较低。用高压蒸汽作加热介质可提高加热壁温，从而可以获得适当的蒸发速率。这种蒸发器的主要缺点是投资和操作成本高，同时生产能力较低。

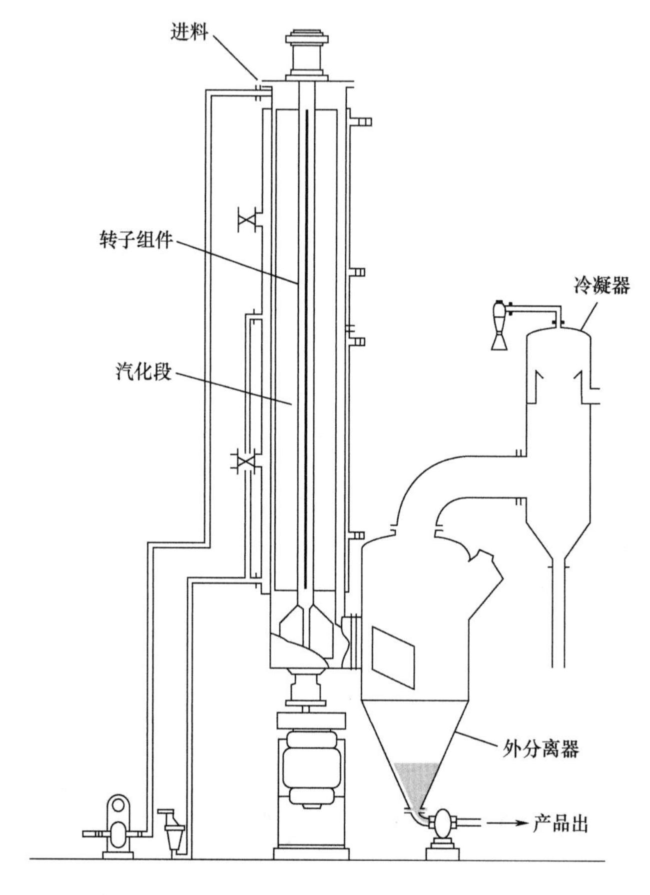

图 8.10 搅拌薄膜式蒸发器

（资料来源：APV Equipment 公司）

除了管形蒸发器以外，工业界也使用板式蒸发器。板式蒸发器采用的原理有：升降膜、降膜、刮膜和强制循环等。板式构型具有某些较受欢迎的特点。升降膜板式蒸发器结构更紧凑，因此要求的占地面积比管式设备小。这种类型蒸发器的热交换面积可以方便地得到调整。水分蒸发量在 25000 ~ 30000kg 的降膜板式蒸发器并不少见。

表 8.1 对用于浓缩液体食品的不同类型蒸发器的特点进行了比较归纳。这是一般情形下的特点。这些类型的蒸发器经过专门改造，可实现特殊要求的作业。

表 8.1 液体食品浓缩用的蒸发器类型[①]

蒸发器类型	管长	循环	黏度/($\times 10^{-3}$Pa·s)	悬浮固体适应能力	多效适用性	机械蒸汽减压	传热速率	滞留时间	投资	备注
垂直管式	长	自然	50 以下	是	是	否	中等	高	低	
垂直管式	长	有助于	150 以下	是	是	否	良好	高	低－中	
垂直管式	短	自然	20 以下	是	是	否	中等	高	高	加热管与分离器连在一起
垂直管式	短	有助于	2000 以下	是	否	否	低	非常高	高	加热管与分离器连在一起
垂直管式	长	强制抑制沸腾	500 以下	是	有限	否	中等	非常高	非常高	用于放大操作
板式换热器形式	N/A	强制抑制沸腾	500 以下	有限	是	否	良好	中等	中等	用于放大操作
垂直管升膜式	长	无或有限	1000 以下	不宜采用	是	否	良好	低	中等	
垂直管升降膜式	中等	无或有限	2000 以下	不宜采用	是	否	良好	低	中等	
板式升降膜式	N/A	无或有限	2000 以下	非常有限	是	否	良好	低	低－中等	
垂直管降膜式	长	无或有限	3000 以下	不宜采用	是	是	优	非常低	中等	用于热敏性产品
垂直管降膜式	长	中等	1000 以下	是	是	是	良好	低	中等	
板式降膜式	N/A	无或有限	3000 以下	否	是	是	优	非常低	中等	用于热敏性产品
刮板式	N/A	无	10000 以下	是	否	否	优	低	非常高	

注：①引自 APV Equipment 公司。

8.3 单效蒸发器的设计

如图 8.11 所示的单效蒸发器中，原料稀液由泵送入加热室，加热室直接用蒸汽加热。进入热交换器的蒸汽将其蒸发潜热交给进料稀液而自身以冷凝水状态从系统排出。

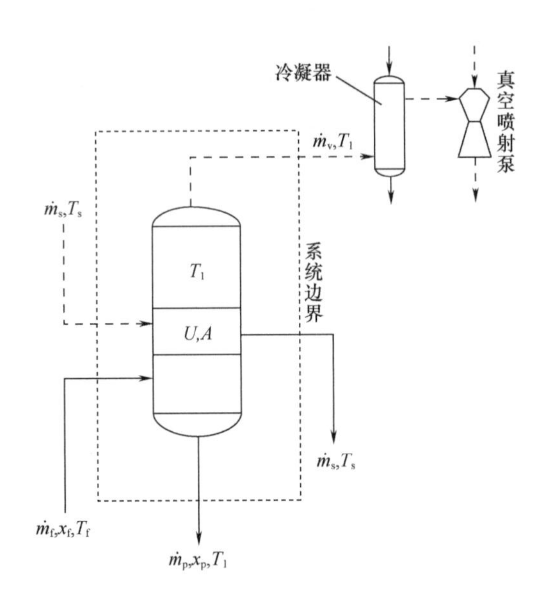

图 8.11　单效蒸发器示意图

蒸发温度 T_1 通过维持蒸发室的真空度来控制。离开产品的二次蒸汽经过冷凝器进入真空系统。蒸发系统的真空度通常用蒸汽喷射泵或真空泵来维持。在间歇系统中，进料液一直被加热到规定浓度达到为止。浓缩的产品然后由泵抽出蒸发系统。

对蒸发系统进行热量和质量平衡可以确定各种设计和操作方面的变量值。这些变量可包括质量流量、产品的最终浓度以及热交换面积。

以下表达式可以分别通过流量和产品固形物的质量平衡得到。

$$\dot{m}_f = \dot{m}_v + \dot{m}_p \tag{8.1}$$

式中　$\dot{m}_f$——稀液体进料的质量流量，kg/s

$\dot{m}_v$——蒸汽的质量流量，kg/s

$\dot{m}_p$——浓缩产品的质量流量，kg/s

$$x_f\dot{m}_f = x_p\dot{m}_p \tag{8.2}$$

式中　x_f——进料的固形物含量（无量纲）

x_p——产品流中的固形物含量（无量纲）

蒸发器系统的焓平衡可利用以下表达式进行：

$$\dot{m}_f H_f + \dot{m}_s H_{vs} = \dot{m}_v H_{v1} + \dot{m}_p H_{p1} + \dot{m}_s H_{cs} \tag{8.3}$$

式中　$\dot{m}_s$——蒸发的质量流量，kg/s

H_f——稀液体进料的焓，kJ/kg

H_{p1}——浓缩产品的焓，kJ/kg

H_{vs}——与温度 T_s 对应的饱和蒸汽焓，kJ/kg

H_{v1}——与温度 T_1 对应的饱和蒸汽焓，kJ/kg

H_{cs}——冷凝水的焓，kJ/kg

T_s——蒸汽温度，℃

T_1——蒸发器内维持的沸点温度,℃

式（8.3）的第一项，$\dot{m}_f H_f$ 代表进料液体的总焓，其中，H_f是 T_f和 x_f的函数，T_f为稀进料液体的温度。焓 H_f可以从下式计算到：

$$H_f = c_{pf}(T_f - 0℃) \tag{8.4}$$

进料液体比热容（c_{pf}）既可从附录表 A. 2. 1 查取，也可根据式（4. 3）或式（4. 4）计算。

第二项，$\dot{m}_s H_{vs}$，给出了蒸汽总热含量。假定使用的是饱和蒸汽。焓 H_{vs}根据蒸汽温度 T_s由蒸汽表（表 A. 4. 2）查出。

式（8. 3）右侧的第一项，$\dot{m}_v H_{v1}$，代表离开系统蒸汽的总热含量。焓 H_{v1}根据蒸汽温度 T_1由蒸汽表（表 A. 4. 2）查出。

第二项，$\dot{m}_p H_{p1}$，是离开蒸发器浓缩制品的总焓。焓 H_{p1}可用下式计算：

$$H_{p1} = c_{pp}(T_1 - 0℃) \tag{8.5}$$

式中　c_{pp}——浓缩产品的比热容，kJ/（kg · ℃）

同样，c_{pp}既可从表 A. 2. 1 查取，也可根据式（4. 3）或式（4. 4）计算。

最后一项，$\dot{m}_s H_{cs}$代表离开蒸发器冷凝水的总焓。由于蒸发器使用的是一个间接式热交换器，因此进入蒸发器的蒸汽的质量流量与离开蒸发器的冷凝水的质量流量相等。焓 H_{cs}可以从蒸汽表（表 A. 4. 2）按 T_s时饱和液体水的焓查取。如果离开系统的冷凝水的温度低于 T_s，则应当用较低的温度来确定饱和液体水的焓。

除了以上所给的质量和焓平衡式以外，在计算蒸发器设计和操作变量时，还用到以下两个方程。

对于热交换器，其传热速率可从下式求取：

$$q = UA(T_s - T_1) = \dot{m}_s H_{vs} - \dot{m}_s H_{cs} \tag{8.6}$$

式中　q——传热速率，W

U——总传热系数，W/（m^2 · K）

A——热交换器的面积，m^2

由于热交换器产品侧热阻增加，总传热系数会随产品浓度升高而下降。此外，产品的沸点随着产品浓度的升高而升高。式（8. 6）使用的是一个恒定的总传热系数，因此可能会导致蒸发设备的“超量设计”。

“蒸汽经济性”是一个经常用来表示蒸发器操作性能的指标。此项指标是消耗的单位蒸汽质量流量与进料液体产生的水蒸气质量流量之比。

$$\text{蒸汽经济性} = \dot{m}_v / \dot{m}_s \tag{8.7}$$

单效蒸发器系统的正常蒸汽经济性值接近于 1。

例 8. 2

苹果汁用自然对流蒸发器进行浓缩。在稳定状态下，稀果汁以 0. 67kg/s 的流量进料。稀果汁的浓度为 11% 总固形物。浓缩果汁的浓度为 75% 总固形物。稀果汁和浓缩果汁的比热容分别为 3. 9kJ/（kg · ℃）和 2. 3kJ/（kg · ℃）。生蒸汽的压强为 304. 42kPa。进料温度为43.3℃。产品在蒸发器内的沸点为62.2℃，假定总传热系数为943W/（m²·℃）。假如忽略沸点升高，请计算浓缩产品的质量流量、蒸汽需要量、蒸汽经济性，以及蒸发器的热交换面积。蒸发器示意图见图E8.1。

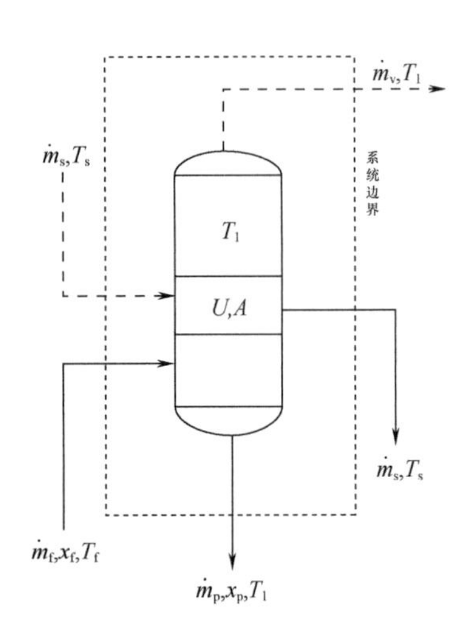

图 E8.1　单效蒸发器示意图

已知：

进料的质量流量 $\dot{m}_f = 0.67\text{kg/s}$

进料的浓度 $x_f = 0.11$

产品的浓度 $x_p = 0.75$

蒸发压强 $= 304.42\text{kPa}$

进料温度 $T_f = 43.3℃$

蒸发器内沸点温度 $T_1 = 62.2℃$

总传热系数 $U = 943\text{W/（m}^2\cdot℃）$

进料稀果汁比热容 $c_{pf} = 3.9\text{kJ/（kg}\cdot℃）$

浓缩产品比热容 $c_{pp} = 2.3\text{kJ/（kg}\cdot℃）$

方法：

利用式（8.1）、式（8.2）和式（8.3）的热量和质量平衡确定未知数。从蒸汽表查取蒸汽和二次蒸汽的适当焓值。

解：

（1）根据式（8.2）

$$0.11 \times 0.67\text{kg/s} = 0.75\dot{m}_p$$

$$\dot{m}_p = 0.098\text{kg/s}$$

因此，浓缩产品的质量流量为0.098kg/s。

（2）根据式（8.1）

$$\dot{m}_v = (0.67\text{kg/s}) - (0.098\text{kg/s})$$

$$\dot{m}_v = 0.57\text{kg/s}$$

因此，二次蒸汽的质量流量为0.57kg/s。

（3）为了应用式（8.3），需要首先确定以下计算因素的值。

根据式（8.4）

$$H_f = [3.9\text{kJ/（kg}\cdot℃）](43.3℃ - 0℃) = 168.9\text{kg/kg}$$

根据式（8.5）

$$H_{p1} = [2.3\text{kJ/（kg}\cdot℃）](62.2℃ - 0℃) = 143.1\text{kg/kg}$$

从蒸汽表（附录表A.4.2）查得

304.42kPa时的蒸汽温度 = 134℃

蒸汽温度为134℃处的饱和蒸汽的焓 $H_{vs} = 2725.9\text{kJ/kg}$

蒸汽温度为134℃处的饱和液体的焓 $H_{cs} = 563.41\text{kJ/kg}$

蒸汽温度为62.2℃处的饱和二次蒸汽的焓 $H_{v1} = 2613.4\text{kJ/kg}$

$$(0.67\text{kg/s})(168.9\text{kJ/kg}) + (\dot{m}_s\text{kg/s})(2725.9\text{kJ/kg})$$

$$= (0.57\text{kg/s})(2613.4\text{kJ/kg}) + (0.098\text{kg/s})(143.1\text{kJ/kg}) + (\dot{m}_s\text{kg/s})(563.41\text{kJ/kg})$$

$$2162.49\dot{m}_s = 1390.5$$

$$\dot{m}_s = 0.64\text{kg/s}$$

（4）利用式（8.7）计算蒸汽经济性

$$\text{蒸汽经济性} = \frac{\dot{m}_v}{\dot{m}_s} = \frac{0.57}{0.64} = 0.89\text{kg 水/kg 蒸汽}$$

（5）利用式（8.6）计算传热面积

$$A\,[943\text{W}/(\text{m}^2\cdot℃)](134℃ - 62.2℃)$$
$$= (0.64\text{kg/s})(2725.9 - 563.14\text{kJ/kg})(1000\text{J/kJ})$$
$$A = 20.4\text{m}^2$$

8.4 多效蒸发器的设计

如图 8.12 所示的三效蒸发器中，稀液体食品被泵送到一效蒸发器。蒸汽进入热交换器将热量交给产品，而自身成为冷凝水排出系统外。从一效产生的二次蒸汽用作二效蒸发器的加热介质，二效的进料是来自一效的得到部分浓缩的产品。二效产生的二次蒸汽用作三效的加热介质，达到规定浓度的最终产品用泵抽出三效蒸发室。三效产生的二次蒸汽进入冷凝器最终到达真空系统。在所示的并流加料系统中，由一效得到部分浓缩的产品进入二效。经过进一步浓缩后，产品离开二效进入三效。最后，达到规定浓度的产品离开三效

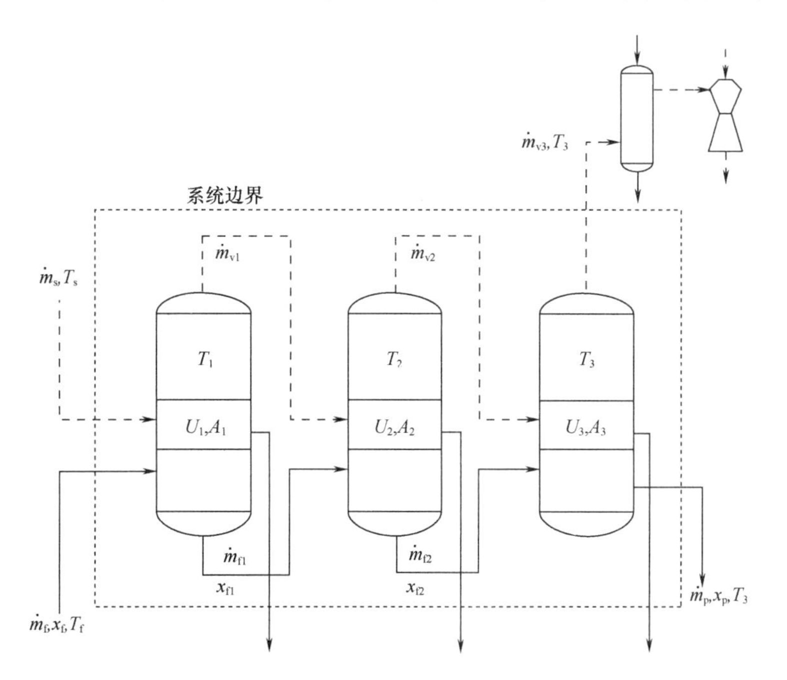

图 8.12　三效蒸发器示意图

蒸发器。

多效蒸发器的设计计算可按 8.3 节讨论的单效蒸发器的方式进行。

对蒸汽系统的各种流量进行质量平衡，

$$\dot{m}_f = \dot{m}_{v1} + \dot{m}_{v2} + \dot{m}_{v3} + \dot{m}_p \tag{8.8}$$

式中 $\dot{m}_f$——进入一效的稀进料液的质量流量，kg/s

$\dot{m}_{v1}$、$\dot{m}_{v2}$、$\dot{m}_{v3}$——分别为来自一、二和三效的二次蒸汽质量流量，kg/s

$\dot{m}_p$——从第三效出来的浓缩产品的质量流量，kg/s

利用各流量的固形物含量建立质量平衡

$$x_f \dot{m}_f = x_p \dot{m}_p \tag{8.9}$$

其中，x_f是一效进料液流中的（无量纲）固形物含量，而 x_p是三效出来的产品流的（无量纲）固形物含量。

分别写出各效的焓平衡。

$$\dot{m}_f H_f + \dot{m}_s H_{vs} = \dot{m}_{v1} H_{v1} + \dot{m}_{f1} H_{f1} + \dot{m}_s H_{cs} \tag{8.10}$$

$$\dot{m}_{f1} H_{f1} + \dot{m}_{v1} H_{v1} = \dot{m}_{v2} H_{v2} + \dot{m}_{f2} H_{f2} + \dot{m}_{v1} H_{c1} \tag{8.11}$$

$$\dot{m}_{f2} H_{f2} + \dot{m}_{v2} H_{v2} = \dot{m}_{v3} H_{v3} + \dot{m}_p H_{p3} + \dot{m}_{v2} H_{c2} \tag{8.12}$$

其中，下标 1、2 和 3 分别表示一效、二效和三效。其他符号与前面单效蒸发器中的定义相同。

各效热交换器的传热可用以下三式表示

$$q_1 = U_1 A_1 (T_s - T_1) = \dot{m}_s H_{vs} - \dot{m}_s H_{cs} \tag{8.13}$$

$$q_2 = U_2 A_2 (T_1 - T_2) = \dot{m}_{v1} H_{v1} - \dot{m}_{v1} H_{c1} \tag{8.14}$$

$$q_3 = U_3 A_3 (T_2 - T_3) = \dot{m}_{v2} H_{v2} - \dot{m}_{v2} H_{c2} \tag{8.15}$$

如图 8.12 所示的三效蒸发器的蒸汽经济性由下式计算

$$\text{蒸汽经济性} = \frac{\dot{m}_{v1} + \dot{m}_{v2} + \dot{m}_{v3}}{\dot{m}_s} \tag{8.16}$$

例 8.3 为评价三效蒸发器性能中应用以上这些式子的例子。

例 8.3

计算一个双效并流加料蒸发器（见图 E8.2）的蒸汽需要量。该蒸发器用来将 11% 总固形物含量的液体食品浓缩到 50% 总固形物的浓缩液。温度为 20℃ 的进料流量为 10000kg/h。第二效中液体的沸点为 70℃。进入一效的生蒸汽压强为 198.5kPa。从一效出来的浓缩液温度为 95℃，从二效出来的浓缩液温度为 70℃。一效的总传热系数为 1000W/(m^2·℃)；二效的总传热系数为 800W/(m^2·℃)；初始、中间和最终浓度下该液体食品的比热容分别为 3.8kJ/(kg·℃)、3.0kJ/(kg·℃) 和 2.5kJ/(kg·℃)。假定每效的加热面积和温度梯度相同。

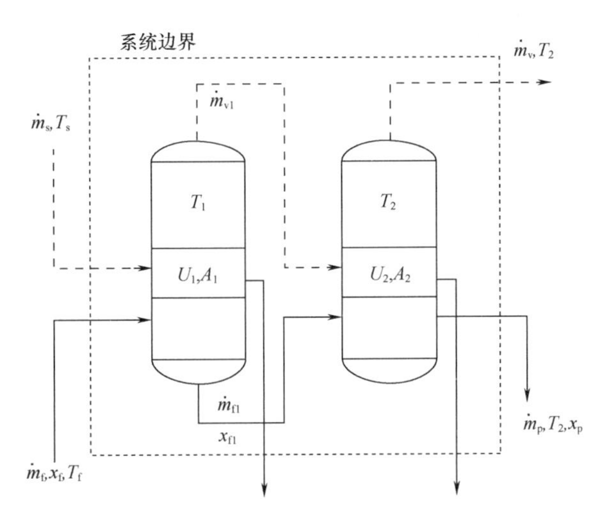

图 E8.2 双效蒸发器示意图

已知：

进料的质量流量 $\dot{m}_f = 10000\text{kg/h} = 2.78\text{kg/s}$

进料浓度 $x_f = 0.11$

产品浓度 $x_p = 0.5$

蒸汽压强 = 198.5kPa

进料温度 = 20℃

二效的沸点温度 $T_2 = 70℃$

一效总传热系数 $U_1 = 1000\text{W/（m}^2 \cdot ℃\text{）}$

二效总传热系数 $U_2 = 800\text{W/（m}^2 \cdot ℃\text{）}$

稀进料液的比热容 $c_{pf} = 3.8\text{kJ/（kg} \cdot ℃\text{）}$

中间浓度料液的比热容 $c'_{pf} = 3.0\text{kJ/（kg} \cdot ℃\text{）}$

浓缩产品的比热容 $c_{pp} = 2.5\text{kJ/（kg} \cdot ℃\text{）}$

方法：

由于这是一个双效蒸发器，可以利用式（8.8）～式（8.11）、式（8.13）和式（8.14）修正形式。蒸汽和二次蒸汽的焓值可从蒸汽表查取。

解：

（1）根据式（8.9）

$$0.11 \times 2.78\text{kg/s} = 0.5\dot{m}_p$$

$$\dot{m}_p = 0.61\text{kg/s}$$

（2）根据式（8.8）

$$2.78 = \dot{m}_{v1} + \dot{m}_{v2} + 0.61$$

因此，总水分蒸发量为

$$\dot{m}_{v1} + \dot{m}_{v2} = 2.17\text{kg/s}$$

（3）供应的蒸汽是 198.5kPa 即 120℃，二效的温度为 70℃，因此总温度梯度为 50℃。

$$\Delta T_1 + \Delta T_2 = 50℃$$

假定每效的温度梯度相等

$$\Delta T_1 = \Delta T_2 = 25℃$$

（4）一效和二效的传热面积相同。因此，根据式（8.13）和式（8.1），

$$\frac{q_1}{U_1(T_s - T_1)} = \frac{q_2}{U_2(T_1 - T_2)}$$

即

$$\frac{\dot{m}_s H_{vs} - \dot{m}_s H_{cs}}{U_1(T_s - T_1)} = \frac{\dot{m}_{v1} H_{v1} - \dot{m}_{v1} H_{c1}}{U_2(T_1 - T_2)}$$

（5）为了利用式（8.10）和式（8.11），需要求取产品的焓值。

$$H_f = c_{pf}(T_f - 0) = [3.8\text{kJ}/(\text{kg}\cdot℃)](20℃ - 0℃) = 76\text{kJ/kg}$$

$$H_{f1} = c'_{pf}(T_1 - 0) = [3.0\text{kJ}/(\text{kg}\cdot℃)](95℃ - 0℃) = 285\text{kJ/kg}$$

$$H_{f2} = c'_{pp}(T_2 - 0) = [2.5\text{kJ}/(\text{kg}\cdot℃)](70℃ - 0℃) = 175\text{kJ/kg}$$

此外，根据蒸汽表，

在 $T_s = 120℃$ 时

$$H_{vs} = 2706.3\text{kJ/kg}$$

$$H_{cs} = 503.71\text{kJ/kg}$$

在 $T_1 = 95℃$ 时

$$H_{v1} = 2668.1\text{kJ/kg}$$

$$H_{c1} = 397.96\text{kJ/kg}$$

在 $T_2 = 70℃$ 时

$$H_{vs} = 2626.8\text{kJ/kg}$$

$$H_{cs} = 292.98\text{kJ/kg}$$

（6）这样，可将以上第（5）步得到的焓值代入第（4）步的方程，

$$\frac{[(\dot{m}_s\text{kg/s})(2706.3\text{kJ/kg}) - (\dot{m}_s\text{kg/s})(503.71\text{kJ/kg})](1000\text{J/kJ})}{[1000\text{W}/(\text{m}^2\cdot℃)](120℃ - 95℃)}$$

$$= \frac{[(\dot{m}_{v1}\text{kg/s})(2668.1\text{kJ/kg}) - (\dot{m}_{v1}\text{kg/s})(397.96\text{kJ/kg})](1000\text{J/kJ})}{[800\text{W}/(\text{m}^2\cdot℃)](95℃ - 70℃)}$$

即

$$\frac{2202.59\dot{m}_s}{25000} = \frac{2270.14\dot{m}_{v1}}{20000}$$

（7）应用式（8.10）和式（8.11），

$$(2.78)(76) + (\dot{m}_s)(2706.3) = (\dot{m}_{v1})(2668.1) + (\dot{m}_s)(285) + (\dot{m}_s)(503.7)$$

$$(\dot{m}_{f1})(285) + (\dot{m}_{v1})(2668.1) = (\dot{m}_{v2})(2626.8) + (\dot{m}_p)(175) + (\dot{m}_{v1})(397.96)$$

（8）将代表产品、进料、二次蒸汽和生蒸汽质量流量的方程联立在一起。

由第（1）步：

$$\dot{m}_p = 0.6$$

由第（2）步：

$$\dot{m}_{v1} + \dot{m}_{v2} = 2.17$$

由第（6）步：

$$0.088\dot{m}_s = 0.114\dot{m}_{v1}$$

由第（7）步：

$$2202.59\dot{m}_s = 2668.1\dot{m}_{v1} + 285\dot{m}_{f1} - 211.28$$

$$2270.14\dot{m}_{v1} = 2626.8\dot{m}_{v2} + 175\dot{m}_p - 285\dot{m}_{f1}$$

（9）第（8）步中，有5个方程和5个未知数，即 $\dot{m}_p$、$\dot{m}_{v1}$、$\dot{m}_{v2}$、$\dot{m}_s$ 和 $\dot{m}_{f1}$。下面用电子表解以上的方程组。以下方法在 Excel 上执行。

（10）以上方程未知数全移到左侧写成联立方程。再重排方程，这样可以将系数方便地排成矩阵。电子表法将利用矩阵转换过程解以下的联立方程。

$$\dot{m}_p + 0\dot{m}_s + 0\dot{m}_{v1} + 0\dot{m}_{v2} + 0\dot{m}_{f1} = 0.61$$

$$0\dot{m}_p + 0\dot{m}_s + \dot{m}_{v1} + \dot{m}_{v2} + 0\dot{m}_{f1} = 2.17$$

$$0\dot{m}_p + 0.088\dot{m}_s - 0.114\dot{m}_{v1} + 0\dot{m}_{v2} + 0\dot{m}_{f1} = 0$$

$$0\dot{m}_p + 2202.59\dot{m}_s - 2668.1\dot{m}_{v1} + 0\dot{m}_{v2} - 285\dot{m}_{f1} = -211.25$$

$$-175\dot{m}_p + 0\dot{m}_s + 2270.14\dot{m}_{v1} - 2626.8\dot{m}_{v2} + 285\dot{m}_{f1} = 0$$

（11）如图 E8.3 所示，将以上方程左侧的系数填入电子表的 B2∶F6 区域；将方程右侧的系数填入电子表 H2∶H6 区域。

（12）（从 B9 开始拖动鼠标）选择另一个区域 B9∶F13。在 B9 单元格中键入 + MINVERSE（B2∶F6）同时按下“CTRL”“SHIFT”键。这一步骤将 B2∶F6 区域的矩阵转换，得到如 B9∶F13 区域所示的系数。

（13）从单元格 H9 开始，拖动鼠标选择 H9∶H13 区域。在 H9 单元格中键入 + MMULT（B9∶F13，H2∶H6）。同时按下“CTRL”“SHIFT”键。从而得到：

$$\dot{m}_p = 0.61\text{kg/s}$$

$$\dot{m}_s = 1.43\text{kg/s}$$

$$\dot{m}_{v1} = 1.10\text{kg/s}$$

$$\dot{m}_{v2} = 1.07\text{kg/s}$$

$$\dot{m}_{f1} = 1.46\text{kg/s}$$

（14）计算得蒸汽需要量为 1.43kg/s。

（15）计算蒸汽经济性如下

$$\frac{\dot{m}_{v1} + \dot{m}_{v2}}{\dot{m}_s} = \frac{1.10 + 1.07}{1.43} = 1.5\text{kg 二次蒸汽/kg 生蒸汽}$$

	A	B	C	D	E	F	G	H
1								
2		1.000	0.000	0.000	0.000	0.000		0.61
3		0.000	0.000	1.000	1.000	0.000		2.17
4		0.000	0.088	-0.114	0.000	0.000		0
5		0.000	2202.590	-2668.100	0.000	-285.000		-211.28
6		-175.000	0.000	2270.140	-2626.800	285.000		0
7								= + MMULT（B9∶F13，H2∶H6）
8		= + MINVERSE（B2∶F6）						
9		1.000	0.000	0.000	0.000	0.000		0.61
10		0.045	0.670	4.984	0.000	0.000		1.43
11		0.034	0.517	-4.925	0.000	0.000		1.10
12		-0.034	0.483	4.925	0.000	0.000		1.07
13		0.022	0.336	84.621	-0.003	0.000		1.46
14								

图 E8.3　解联立方程的电子表

8.5 蒸汽再压缩系统

上面关于多效蒸发器的讨论中提到了如何利用产生的二次蒸汽作为下一效的加热介质。为了降低能耗，可利用两种二次蒸汽再压缩系统。它们是热再压缩系统和机械式蒸汽再压缩系统。下面对这两种系统作简单介绍。

8.5.1 热再压缩

热再压缩，如图 8.13 所示，主要利用一只蒸汽喷射器将部分产生的二次蒸汽压缩。排出的二次蒸汽的压强和温度通过再压缩均得到提高。这种系统通常适用于单效蒸发器或多效蒸发器的第一效。在生蒸汽压强较高、蒸发过程需要的压强较低时可以采用这种系统。

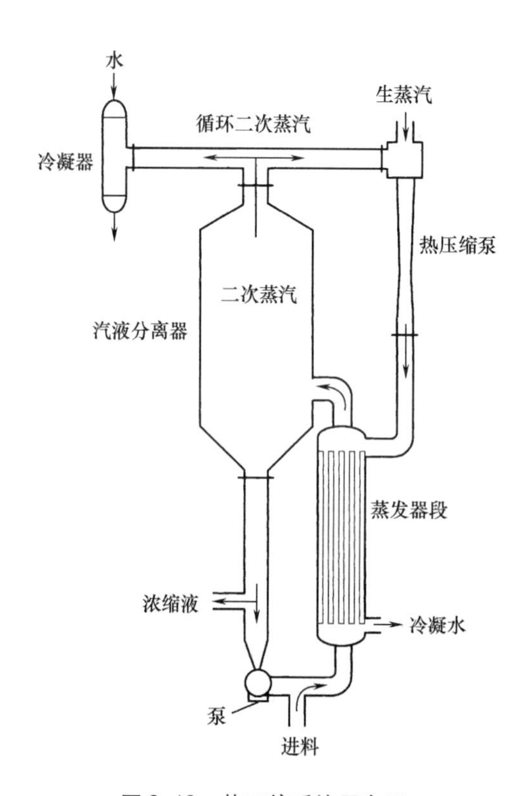

图 8.13 热压缩系统示意图

8.5.2 机械式蒸汽再压缩

机械式蒸汽再压缩过程，如图 8.14 所示，可对所有离开蒸发器的二次蒸汽进行压缩。蒸汽由压缩机械压缩，压缩机可由电机、蒸汽涡轮或气体引擎驱动。如有高压蒸汽，则宜采用蒸汽涡轮驱动的压缩机进行机械式蒸汽再压缩。有低价电源的场合宜采用电机驱动的压缩机。

机械式蒸汽再压缩在降低能耗方面很有效。在优化条件下，这类系统可以达到15%的节能效果。由于使用大功率的压缩机，因此这些系统运行时噪声很大。

设计蒸汽再压缩系统的数学方法已经超出本教科书的范围。

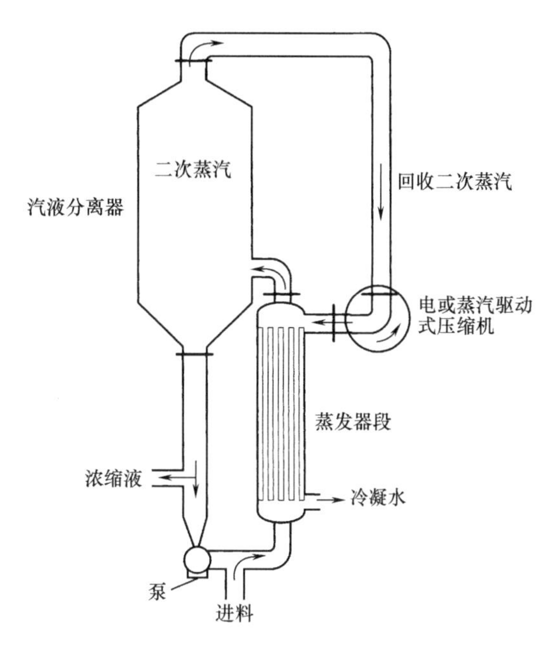

图8.14 机械式二次蒸汽再压缩系统示意图

习题[①]

8.1 温度为20℃、总固形物含量为5%的果汁用单效蒸发器进行浓缩。蒸发器有足够的真空度，可使产品在80℃条件下蒸发，而提供的蒸汽干度为85%，压强为169.06kPa。希望达到的最终产品浓度为40%总固形物。浓缩产品离开蒸发器时的流量为3000kg/h。请计算：（a）蒸汽需要量；（b）如果浓缩物从系统出来的温度为90℃，请计算蒸汽经济性。进料液体的比热容为4.05kJ/（kg·℃），浓缩产品的比热容为3.175kJ/（kg·℃）。

8.2 用单效蒸发器将流量为10000kg/h、总固形物含量为5%的番茄汁蒸发成总固形物含量为30%的浓缩液。进入蒸发器的番茄汁温度为15℃。蒸发器用143.27kPa的蒸汽（干度为80%）。蒸发器内的真空度可使番茄汁在75℃沸腾。请计算：（a）蒸汽需要量；（b）此过程的蒸汽经济性。假定冷凝水在75℃时排出系统。进料液体的比热容为4.1kJ/（kg·℃），浓缩产品的比热容为3.1kJ/（kg·℃）。

*8.3 要用四效蒸发器来浓缩一种果汁。这种果汁没有明显沸点升高。提供的蒸汽压强为143.27kPa，产品在第四效的沸点为45℃。一效的总传热系数为3000W/（m^2·℃），

① 习题中带“*”号的解题难度较大。

二效的总传热系数为2500W/（m^2·℃），三效的总传热系数为2100W/（m^2·℃），四效的总传热系数为1800W/（m^2·℃）。请计算产品在一效、二效、三效和四效中的沸点温度。假定各效的加热面积相等，均为$50m^2$。进入一效蒸汽的质量流量为2400kg/h，总固形物为5%的液体进入一效的流量为15000kg/h，离开一效的浓缩产品的总固形物含量为6.25%，离开二效的产品的总固形物含量为8.82%。

*8.4　一台双效蒸发器用于浓缩流量为25000kg/h的果汁。果汁在80℃时的浓度为10%。要求将该果汁浓缩到总固形物含量为50%。提供的蒸汽压强为1.668atm。二效二次蒸汽的冷凝温度为40℃。一效和二效的总传热系数分别为1000W/（m^2·℃）和800W/（m^2·℃）。假定每效的加热面积相等，请计算蒸汽经济性及每效所需的加热面积。[提示：假设$(\Delta T)_{第2效}=1.3\times(\Delta T)_{第1效}$]

*8.5　双效蒸发器用于将总固形物含量为5%的液体食品浓缩到总固形物含量为35%的产品。浓缩产品离开二效时的流量为1000kg/h。果汁进入一效时温度为60℃。所用的饱和蒸汽压强为169.06kPa。假定每效的加热面积相等，并且在第二效内的蒸发温度为40℃。第一效和第二效的总传热系数分别为850W/（m^2·℃）和600W/（m^2·℃）。请计算蒸汽经济性及每效需要的加热面积。[提示：假设$(\Delta T)_{第1效}=(\Delta T)_{第2效}$，并且至少做一次重复]

*8.6　利用MATLAB解习题8.5。可参见www.rpaulsingh.com中MATLAB使用的教程。

*8.7　利用单效蒸发器浓缩番茄汁。番茄汁的出口浓度（x_1）通过调节出口外产品流量（$\dot{m}_p$）控制，进料流量（$\dot{m}_f$）用于维持蒸发器产品液位。

测量结果为：

$$T_s=130℃\qquad T_1=48℃\qquad T_f=25℃$$

$$x_f=0.05\qquad x_1=0.30\qquad A=28m^2$$

$$U=1705W/(m^2\cdot ℃)$$

（1）利用MATLAB计算进料流量（$\dot{m}_f$）、蒸汽消耗量（$\dot{m}_s$）和蒸汽经济性。

（2）如果进料浓度通过预处理增加至$x_f=0.10$，重新计算$\dot{m}_f$、$\dot{m}_s$和蒸汽经济性。

假设无沸点升高并且是稳定状态。利用Irvine和Liley（1984）方程求取蒸汽性质，并用ASHRAE模型计算番茄汁的焓。

8.8　番茄汁单效蒸发器的总传热系数与产品温度和浓度有以下经验关系：

$$U=(4.086\times T_1+72.6)/x_1\ [W/(m^2\cdot ℃)]$$

已知信息如下：

$$\dot{m}_f=2.58kg/s\qquad x_f=0.05\qquad T_f=71.1℃$$

$$A=46.5m^2\qquad T_1=93.3℃\qquad T_s=126.7℃$$

试利用MATLAB的fsolve非线性方程解题器功能求：$\dot{m}_p$、$\dot{m}_v$、$\dot{m}_s$、x_1及蒸汽经济性。

假设无沸点升高并且是稳定状态。利用Irvine和Liley（1984）方程求取蒸汽性质，并用ASHRAE模型计算番茄汁的焓。

符号

A　热交换器面积（m^2）
c_{pf}　进料稀液的比热容［kJ/（kg·℃）］
c_{pp}　浓缩产品的比热容［kJ/（kg·℃）］
ΔT　蒸发器内的温度梯度；蒸汽的温度－蒸发室液体沸点温度（℃）
H_{cs}　温度 T_s 时冷凝水的焓（kJ/kg）
H_f　进料液的焓（kJ/kg）
H_p　浓缩产品的焓（kJ/kg）
H_{v1}　温度为 T_1 的饱和蒸汽的焓（kJ/kg）
H_{vs}　温度为 T_s 的饱和蒸汽的焓（kJ/kg）
$\dot{m}_f$　进料稀液的质量流量（kg/s）
$\dot{m}_p$　浓缩制品的质量流量（kg/s）
$\dot{m}_s$　蒸汽或冷凝液的质量流量（kg/s）
$\dot{m}_v$　蒸汽的质量流量（kg/s）
q　传热速率（W）
T_1　蒸发室内的沸点温度（℃）
T_f　进料稀液的温度（℃）
T_s　蒸汽温度（℃）
T　温度（℃）
U　总传热系数［W/（m^2·K）］
x_f　进料的固形物含量（无量纲）
x_p　产品的固形物含量（无量纲）

参考文献

American Society of Heating, Refrigerating and Air Conditioning Engineers, Inc., 2009. ASHRAE Handbook – Fundamentals. ASHRAE, Atlanta, Georgia.

Anonymous, 1977. Upgrading Existing Evaporators to Reduce Energy Consumption. Technical Information Center, Department ofEnergy, Oak Ridge, Tennessee.

Blakebrough, N., 1968. Biochemical and Biological Engineering Science. Academic Press, New York.

Charm, S. E., 1978. The Fundamentals of Food Engineering, third ed. AVI Publ. Co, Westport, Connecticut.

Coulson, J. M., Richardson, J. F., 1994. Chemical Engineering. Butterworth – Heinemann, New York.

Geankoplis, C. J., 2003. Transport Processes and Principles (Includes Unit Operations), fourth ed. Prentice Hall, New Jersey.

Irvine, T. F., Liley, P. E., 1984. Steam and Gas Tables with Computer Equations, Appendix I, 23. Academic

Press, Inc. , Orlando.

Kern, D. W. , 1950. Process Heat Transfer. McGraw - Hill, New York.

McCabe, W. L. , Smith, J. C. , Harriott, P. , 2004. Unit Operations of Chemical Engineering, seventh ed. McGraw - Hill, New York.

9

湿空气性质

湿空气性质学是有关确定气体－蒸汽混合物热力学性质的一门学科。这门学科中应用最广的是空气水蒸气系统。

在设计和分析各种食品加工过程和贮藏系统时，需要了解湿空气性质计算的步骤。设计用于贮存新鲜产品的空调设备、谷物干燥器以及食品加工厂冷却塔时间之前必须了解湿空气的性质。

本章中，我们将给出湿空气计算中重要的湿空气热力学性质定义，介绍确定湿空气性质的湿空气图，以及讨论空调过程的评价步骤。

9.1 干空气的性质

9.1.1 空气的组成

空气是由几种气体组成的混合物。空气的组成因地理位置和海拔不同而稍有变化。科学研究中一般接受的空气组成称为标准空气。标准空气的组成见表 9.1。

表 9.1 标准空气的组成

组成	体积数
氮	78.084000
氧	20.947600
氩	0.934000
二氧化碳	0.031400
氖	0.001818
氦	0.000524
其他气体（微量的甲烷、二氧化硫、氢、氪和氙）	0.000658
	100.0000000

标准干空气的表观相对分子质量是28.9645。干空气的气体常数（R_a）计算如下

$$\frac{8314.41}{28.965}=287.055\mathrm{m^3\cdot Pa/(kg\cdot K)}$$

9.1.2 干空气的比体积

干空气的比体积可以通过理想气体定律确定

$$V'_a=\frac{R_aT_A}{p_a} \tag{9.1}$$

式中 V'_a——干空气的比体积，m^3/kg

T_A——热力学温度，K

p_a——干空气的分压，kPa

R_a——气体常数，$m^3\cdot Pa/(kg\cdot K)$

9.1.3 干空气的比热容

在1atm（101.325kPa）下，在-40～60℃温度范围内，可使用0.997～1.022kJ/（kg·K）范围的干空气比热容 c_{pa}。对于多数计算，可用1.005kJ/kJ/（kg·K）作为空气的平均比热容。

9.1.4 干空气的焓

干空气的焓是一个相对值，因此需要取一个基准点。在湿空气计算中，通常选大气压下0℃的空气作为基准。如使用大气压作为标准，则可用以下方程计算湿空气的焓：

$$H_a=1.005(T_a-T_0) \tag{9.2}$$

式中 H_a——干空气的焓，kJ/kg

T_a——干球温度,℃

T_0——参比温度（通常选0℃）

9.1.5 干球温度

干球温度是未经改变的温度传感器所指示的温度。干球温度相对于（将在9.3.8讨论的）湿球温度而言，湿球温度是用带有一层水的温度传感器测到的温度。本书中没有专门指明的温度均指干球温度。

9.2 水蒸气的性质

前面9.1节中给出了标准空气的组成。但空气中始终带有一些水分。湿空气是干空气与水蒸气的双组分混合物。在压强和温度较低时，空气中的水蒸气以过热状态存在。含过热水蒸气的空气是清晰的；但某些条件下，空气中的水分以悬浮水滴状态存在，从而成了通常所说的“雾”。

水的相对分子质量是18.01534。水蒸气的气体常数可用下式确定

$$R_w = \frac{8314.41}{18.01534} = 461.52\text{m}^3 \cdot \text{Pa/(kg} \cdot \text{K)}$$

9.2.1 水蒸气的比体积

66℃以下的饱和或过热水蒸气服从理想气体定律。因此，可以从气体状态方程来确定它的性质。

$$V'_w = \frac{R_w T_A}{p_w} \tag{9.3}$$

式中 p_w——水蒸气的分压，kPa

V'_w——水蒸气的比体积，m^3/kg

R_w——水蒸气的气体常数，m^3·Pa/（kg·K）

T_A——热力学温度，K

9.2.2 水蒸气的比热容

实验表明，在-71～124℃，饱和与过热水蒸气的比热容只发生稍许变化。为方便起见，可选1.88kJ/（kg·K）作为水蒸气的比热容值。

9.2.3 水蒸气的焓

水蒸气的焓可用下式确定

$$H_w = 2501.4 + 1.88(T_a - T_0) \tag{9.4}$$

式中 H_w——饱和或过热水蒸气的焓，kJ/kg

T_a——干球温度,℃

T_0——参比温度,℃

9.3 湿空气的性质

与其他气体分子类似，空气-水蒸气混合物中的水分子也对周围产生压力。空气-水蒸气混合物并不服从理想气体定律，但压强在3atm以下时，应用此定律仍可得到足够的精度。

9.3.1 吉布斯-道尔顿定律

大气压下的空气-水蒸气混合物能很好地服从吉布斯-道尔顿定律。因此，理想气体混合物产生的总压等于组分气体独立产生的分压之和。大气空气产生一个大气压的总压。根据吉布斯-道尔顿定律，

$$p_B = p_a + p_w \tag{9.5}$$

式中 p_B——湿空气的大气压强或总压，kPa

p_a——干空气分压，kPa

p_w——水蒸气分压，kPa

9.3.2 露点温度

存在于空气中的水蒸气可以看成是低压蒸汽。当空气温度等于水蒸气分压对应的饱和温度时，空气中的水蒸气成为饱和状态。这一空气温度称为露点温度。露点温度可以从蒸汽表查到；例如，如果水蒸气的分压为 2.064kPa，由于与其相对应的饱和温度为 18℃，因此所对应的露点温度为 18℃。

下面对露点进行概念性描述。空气－水蒸气混合物在恒压、恒湿条下冷却，当其达到饱和状态时可读到一个温度。进一步降低温度会出现水分凝结。凝结作用刚开始时的温度称为露点温度。

9.3.3 湿度（或湿含量）

湿度 W（有时称为湿含量或比湿度）是指单位质量干空气所含的水蒸气质量。湿度常用单位为：kg 水/kg 干空气。因此

$$W=\frac{m_w}{m_a} \tag{9.6}$$

即

$$W=\left(\frac{18.01534}{28.9645}\right)\frac{x_w}{x_a}=0.622\frac{x_w}{x_a} \tag{9.7}$$

式中 x_w——水蒸气的摩尔分数

x_a——干空气的摩尔分数

摩尔分数 x_w 和 x_a 可以用分压表示。表示干空气、水蒸气和混合物的理想气体方程分别为

$$p_aV=n_aRT \tag{9.8}$$

$$p_wV=n_wRT \tag{9.9}$$

$$pV=nRT \tag{9.10}$$

式（9.10）可写成

$$(p_a+p_w)V=(n_a+n_w)RT \tag{9.11}$$

式（9.8）除以式（9.11）得

$$\frac{p_a}{p_a+p_w}=\frac{n_a}{n_a+n_w}=x_a \tag{9.12}$$

式（9.9）除以式（9.11）得

$$\frac{p_w}{p_a+p_w}=\frac{n_w}{n_a+n_w}=x_w \tag{9.13}$$

因此，结合式（9.7）、式（9.12）和式（9.13）得

$$W=0.622\frac{p_w}{p_a}$$

由于，$p_a=p_B-p_w$，故

$$W = 0.622 \frac{p_w}{p_B - p_w} \tag{9.14}$$

9.3.4 相对湿度

相对湿度（ϕ）是给定湿空气中水蒸气摩尔分数与相同温度和压强下饱和湿空气水蒸气摩尔分数之比。因此，

$$\phi = \frac{x_w}{x_{ws}} \times 100 \tag{9.15}$$

由式（9.13）得

$$\phi = \frac{p_w}{p_{ws}} \times 100$$

其中，p_{ws}是水蒸气的饱和压强。

当满足理想气体条件时，相对湿度也可以用空气中水蒸气密度与干球温度下饱和水蒸气密度之比表示。从而，

$$\phi = \frac{\rho_w}{\rho_s} \times 100 \tag{9.16}$$

式中　ρ_w——空气中水蒸气的密度，kg/m^3

ρ_s——空气干球温度下饱和水蒸气的密度，kg/m^3

相对湿度不是空气水分含量的绝对量度。它只表示空气水分含量与干球温度下饱和空气中最大水分含量的相比值。由于空气中最大水分含量随温度升高而增加，因此在表示相对湿度时必须指出空气的温度。

9.3.5 空气－水蒸气混合物的湿比热容

湿空气的湿比热容（c_s）是指使1kg干空气及其所带的水蒸气温度升高1K所需的热量（kJ）。由于干空气和水蒸气的比热容分别是1.005kJ/（kg干空气·K）和1.88kJ/（kg水·K），因此湿空气的湿比热容为

$$c_s = 1.005 + 1.88W \tag{9.17}$$

式中　c_s——湿空气的湿比热容，kJ/（kg干空气·K）

W——空气的湿度，kg水/kg干空气

9.3.6 湿空气的比体积

湿空气的比体积是指1kg干空气及其所带的水蒸气所占的体积。湿空气的比体积常用的单位是m^3/kg干空气。

$$V'_m = \left(\frac{22.4\text{m}^3}{1\text{kg}\cdot\text{mol}}\right)\left(\frac{1\text{kg}\cdot\text{mol 空气}}{29\text{kg 空气}}\right)\left(\frac{T_a+273}{0+273}\right) + \left(\frac{22.4\text{m}^3}{1\text{kg}\cdot\text{mol}}\right)\left(\frac{1\text{kg}\cdot\text{mol 水}}{18\text{kg 水}}\right)\left(\frac{T_a+273}{0+273}\right)\frac{W\text{kg 水}}{\text{kg 空气}} \tag{9.18}$$

$$V'_m = (0.082T_a + 22.4)\left(\frac{1}{29} + \frac{W}{18}\right) \tag{9.19}$$

例 9.1

请计算 92℃和湿度为 0.01kg 水/kg 干空气的空气比体积。

已知：

干球温度 =92℃

湿度 =0.01kg 水/kg 干空气

解：

$$V'_{m} = (0.082 \times 92 + 22.4)\left(\frac{1}{29} + \frac{0.01}{18}\right) = 1.049\text{m}^3/\text{kg 干空气}$$

9.3.7 空气的绝热饱和

空气的绝热饱和现象与食品材料对流干燥有很大的关系。

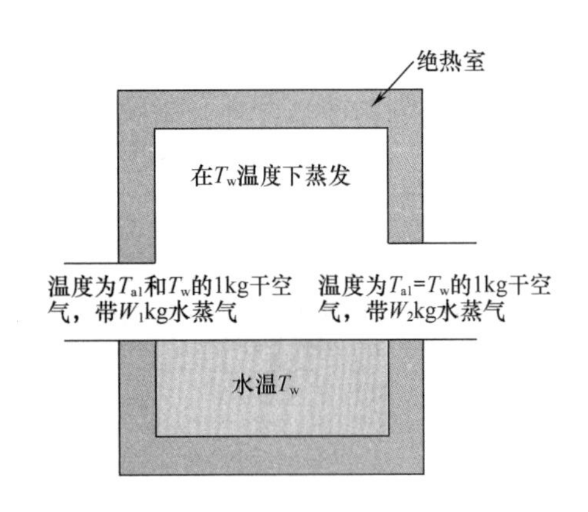

图 9.1 绝热室中空气的绝热饱和
（资料来源：Jennings，1970）

空气的绝热饱和现象可由以下的实验观察到。在如图 9.1 所示的一个绝热良好的小室中，使空气与大面积水接触。保证绝热室不与环境有热交换（绝热条件）。在此过程中，部分进入空气的显热转变成了潜热。

在以上条件下，水通过蒸发进入空气，部分进入空气的显热转变成了潜热，总的结果是空气出现饱和。这一现象称为绝热饱和。

绝热饱和方程为

$$T_{a1} = H_L \frac{(W_2 - W_1)}{(1.005 + 1.88W_1)} + T_{a2} \tag{9.20}$$

式（9.20）可以写成

$$\frac{W_2 - W_1}{T_{a1} - T_{a2}} = \frac{\bar{c}_s}{H_L} \tag{9.21}$$

其中，$\bar{c}_s = 1.005 + 1.88(W_1 + W_2)/2$

例 9.2

干球温度为 60℃、湿球温度为 27.5℃、湿度为 0.01kg 水/kg 干空气的空气，与水绝热混合，然后冷却成湿度为 0.02kg 水/kg 干空气的空气。请问调节而成的空气最终温度为多少？

已知：

输入：干球温度为 60℃

湿球温度为 27.5℃

初始湿度 W_1 =0.01kg 水/kg 干空气

最终湿度 W_2 =0.02kg 水/kg 干空气

解:

(1) 由表 A.4.2，查得 27.5℃时的汽化潜热 =2436.37kJ/kg

(2) 利用式 (9.20)

$$T_{出口}=60-\frac{2436.37\times(0.02-0.01)}{1.005+1.88\times0.015}=36.4℃$$

9.3.8 湿球温度

在描述空气-水蒸气混合物时，通常使用两个湿球温度——湿空气湿球温度和热力学湿球温度。对于湿空气，这两个温度几乎相等。然而，在其他气体-蒸汽系统中，这两个温度可有很大差异。

空气的湿球温度是用由湿纱带包裹感温泡的水银温度计测量得到的温度，测量时温度计置于未饱和高速流动（约 5m/s）的空气中。也可以通过湿纱布包裹的水银温度计在未饱和空气中运动来测量湿球温度。当湿纱带置于未饱和空气时，由于湿纱带的饱和蒸汽压大于未饱和空气中水分的蒸汽压，因此会发生水分蒸发。

蒸发过程需要从湿纱带吸取潜热，从而使得被包裹的感温泡温度下降。随着湿纱带温度低于空气的干球温度，显热将由空气传向湿纱带，从而又使湿纱带的温度上升。达到稳定状态时，从空气传向湿纱带的热量等于湿纱带上水分蒸发需要的潜热。这一由湿球温度计（或类似的温度传感器）测量到的温度称为湿球温度。

如上所述，测量湿球温度时必须使空气相对于湿纱带运动，否则湿纱布的温度将维持在 T_a 与 T_w 之间。

与空气湿球温度不一样，热力学湿球温度是被水蒸气绝热饱和的空气温度。对于空气，动力学湿球温度几乎与空气湿球温度相等。

由 Carrier 推导得到的空气-水蒸气混合物分压数学方程广泛用于湿空气性质的确定。方程如下

$$p_w=p_{wb}-\frac{(p_B-p_{wb})(T_a-T_w)}{1555.56-0.722T_w} \tag{9.22}$$

式中 p_w——露点温度下的水蒸气分压，kPa

p_B——大气压，kPa

p_{wb}——湿球温度下饱和压强，kPa

T_a——干球温度,℃

T_w——湿球温度,℃

例 9.3

空气的干球温度为 40℃、湿球温度为 30℃。请确定该空气的露点温度、湿度、湿比体积及相对湿度。

已知：

干球温度 =40℃

湿球温度 =30℃

解：

（1）从附录表 A. 4. 2 查得

40℃时的水蒸气压 =7. 384kPa

30℃时的水蒸气压 =4. 246kPa

（2）根据式（9. 22）

$$p_w = 4.246 - \frac{(101.325 - 4.246) \times (40 - 30)}{1555.56 - (0.722 \times 30)}$$
$$= 3.613 \text{ (kPa)}$$

从表 A. 4. 2 查得与 3. 613kPa 相对应的温度为 27. 2℃。因此，露点温度 =27. 2℃。

（3）根据式（9. 14）计算湿度如下

$$W = \frac{0.622 \times 3.613}{101.325 - 3.613} = 0.023 \text{ (kg 水/kg 干空气)}$$

（4）根据式（9. 19）求湿空气比体积

$$V'_m = (0.082 \times 40 + 22.4)\left(\frac{1}{29} + \frac{0.023}{18}\right)$$
$$= 0.918 \text{ (m}^3\text{/kg 干空气)}$$

（5）相对湿度：根据式（9. 15），相对湿度是干球温度下空气中水蒸气分压（3. 613kPa）与同温度下饱和水蒸气压（7. 384kPa）之比，即

$$\phi = \frac{3.613}{7.384} \times 100 = 48.9\%$$

例 9. 4

空气的干球温度为 35℃，湿球温度为 25℃。编写一个电子表，用于确定空气的露点温度、湿度、湿比体积和相对湿度。

已知：

干球温度 =35℃

湿球温度 =25℃

解：

（1）用 Excel 编写电子表。在饱和条件下，为了根据温度确定压强，或根据压强确定温度，需要用到 Martin（1961）和 Steltz（1958）的经验公式。本电子表使用的公式适用温度范围在 10 ~93℃，对应的水蒸气压范围在 0. 029 ~65. 26kPa。

（2）图 E9. 1 所示为电子表所用的公式及计算结果。计算湿空气性质的步骤与例 9. 3 相同。

（3）在单元格 D1∶E2 和 E4∶E12 中输入经验系数；这些系数由 Martin（1961）和 Steltz 等（1958）的文献中得到。

（4）在单元格区域 B3∶B13 中输入计算湿空气性质的表达式。

（5）在单元格 B1 中输入 35，在 B2 中输入 25。用电子表计算结果。

	A	B	C	D	E
1	干球温度	35	℃	7.46908269	-7.50675994E-03
2	湿球温度	25	℃	-4.6203229E-09	-1.215470111E-03
3	×1	-610.398			
4	×2	-628.398			35.15789
5	干球温度时蒸汽压	5.622	kPa		24.592588
6	湿球温度时蒸汽压	3.167	kPa		2.1182069
7	水蒸气分压（SI 单位）	2.529	kPa		-0.3414474
8	水蒸气分压（英制单位）	0.367	psia		0.15741642
9	水蒸气分压 inter	1.299			-0.031329585
10	露点温度	21.27	℃		0.003865828
11	湿度比	0.016	kg 水/kg 干空气		-2.49018E-05
12	比体积	0.904	m^3/kg 干空气		6.8401559E-06
13	相对湿度	44.98	%		
14					
15					
16					
17					
18					
19					
20					
21					
22					
23					
24					
25					
26					
27					
28					
29					
30					
31					
32					
33					
34					
35					
36					

B3 =(B1*1.8+32)-705.398

B4 =(B2*1.8+32)-705.398

B5 =6.895*EXP(8.0728362+(B3*(D1+E1*B3+D2*B3^3)/((1+E2*B3)*((B1*1.8+32)+459.688))))

B6 =6.895*EXP(8.0728362+(B4*(D1+E1*B4+D2*B4^3)/((1+E2*B4)*((B2*1.8+32)+459.688))))

B7 =B6-((101.325-B6)*(B1-B2)/(1555.56-(0.722*B2)))

B8 =B7/6.895

B9 =LN(10*B8)

B10 =((E4+E5*B9+E6(B9)^2+E7*(B9)^3+E8*(B9)^4+E9*(B9)^5+E10*(B9)^6+E11*(B9)^7+E12*(B9)^7+E12(B9)^8-32)/1.8

B11 =0.622*B7/(101.325-B7)

B12 =(0.082*B1+22.4)*(1/29+0.023/18)

B13 =B7/B5*100

步骤：

1）单元格 B3 到 B13 中输入所示的方程

2）单元格 D1,E1,E2,E4 到 E12 中输入所示的系数，这些系数由 Martin(1961)给出

3）单元格 B1 和 B2 中输入温度值，结果显示于单元格 B10 到 B13

图 E9.1　例 9.1 中湿空气性质的计算

9.4 空气性质图

9.4.1 空气性质图的结构

从前面几节内容可以清楚看出，各种空气－水蒸气混合物的性质是相互关联的，并且这种性质可以用适当的数学方法计算出。湿空气性质也可以在根据一定大气压制定的湿空气性质图中查到。如果知道两个独立变量，那么就可以从湿空气图中迅速查到其余性质的值。

湿空气图的结构可以通过图9.2来加以了解。湿空气图的基本坐标由代表干球温度的横轴和代表湿度的纵轴构成。湿球温度和露点温度位于向右上方跷的曲线上。等湿球温度斜线见图9.2。等焓线与等湿球温度线一致。相对湿度曲线也是向右上方跷的曲线。注意，饱和曲线代表相对湿度为100%。等比体积线也是一组斜线，但斜率与湿球温度线的不同。

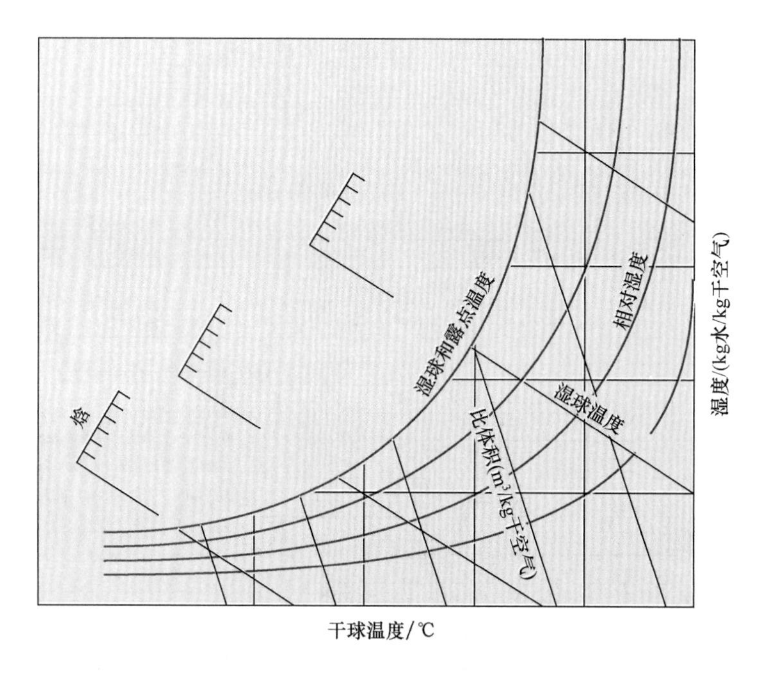

图9.2　湿空气性质图示意

包含全部热力学数据的湿空气图见附录A.5。要利用此图，需要预先知道两个独立的湿空气参数值，这样可以在湿空气图上确定一个点。然后可以从图上读取其余性质的值。以图E9.2为例，根据已知的干球和湿球温度确定A点以后，就可以读取其他湿空气参数值，如相对湿度、湿度、比体积和焓。根据已知点的位置，有可能要求用插值法确定某一性质的具体值。

值得注意的是，附录A.5所给的湿空气图是以101.325kPa作为大气压强绘制的。所有本书讨论的例题均假定大气压强为101.325kPa。对于其他压强值，则需要专门根据此压强绘图。

例9.5

空气的干球温度为60℃、湿球温度为35℃。请利用湿空气性质图（附录A.5）确定该空气的相对湿度、湿度、比体积、焓和露点温度。

解：

（1）根据两个所给的独立性质值，在湿空气图上确定一个点。如示意图E9.2所示，以下步骤说明如何利用此图查取所需要的值。

（2）A点的位置：60℃干球温度线向上与35℃的湿球温度线相交点。

（3）相对湿度：读取通过A点的相对湿度值，$\phi=20\%$。

（4）湿度：A点水平向右移动在纵坐标轴上读取 $W=0.026$kg 水/kg 干空气。

（5）焓：等焓斜线（与等湿球温度线相同）向左移动读取 $H_w=129$kJ/kg 干空气。

（6）比体积：在两条比体积线之间插值读取 $V'_m=0.98\text{m}^3$/kg 干空气。

（7）露点温度：A点水平向左移动与100%相对湿度线（饱和曲线）相交。交点处的温度便是露点温度，即29℃。

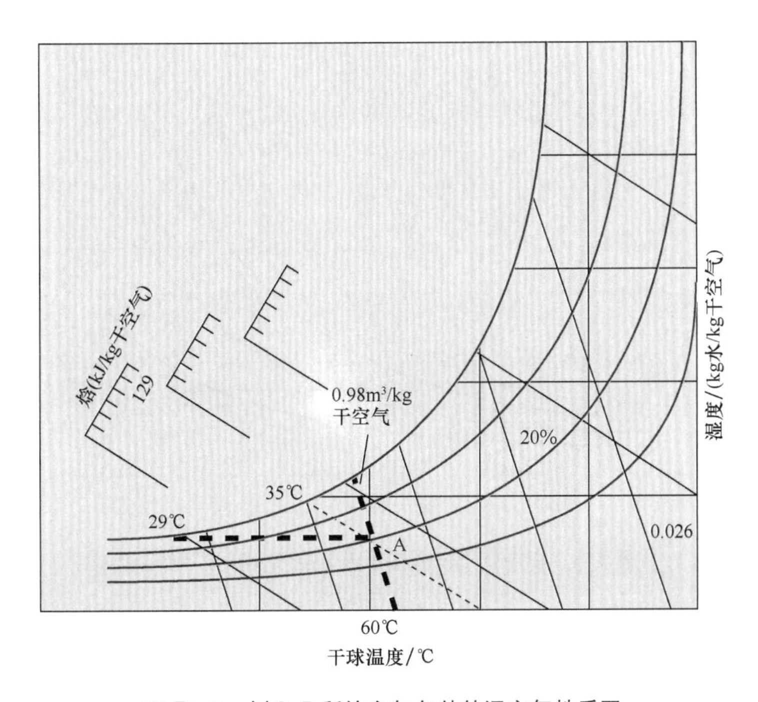

图E9.2　例9.5所给空气条件的湿空气性质图

9.4.2　利用空气性质图对复杂空气调节过程进行评估

利用湿空气图可以对一些空气调节的过程进行估计。通常，根据预定点在湿空气图上连线（这些线代表了调节过程中空气性质的变化情况）就可以描述整个空气调节过程。这种分析的价值在于它可以比较快地为一些食品贮藏设施和加工设备设计提供有用的信息估计，包括空气调节、干燥、蒸汽冷却、空气的加湿和去湿等。以下讨论食品加工空气调节过程中的一些重要应用。

9.4.2.1 空气加热（或冷却）

空气加热（或冷却）不涉及对空气进行加湿或去湿。在加热（或冷却）过程中，空气的湿度维持恒定。因此，湿空气图中的水平线可以代表加热（或冷却）过程。

如图 9.3 所示，AB 线代表了一个加热/冷却过程。显然，如果空气－水蒸气混合物被加热，则干球温度会升高，从而过程状态会从 A 变成 B。相反，冷却过程会由 B 变为 A。

状态 A 变成状态 B 所需要的热能，可用下式进行计算：

$$q = \dot{m}\ (H_B - H_A) \tag{9.23}$$

其中，H_B、H_A是由湿空气图读取到的焓值。

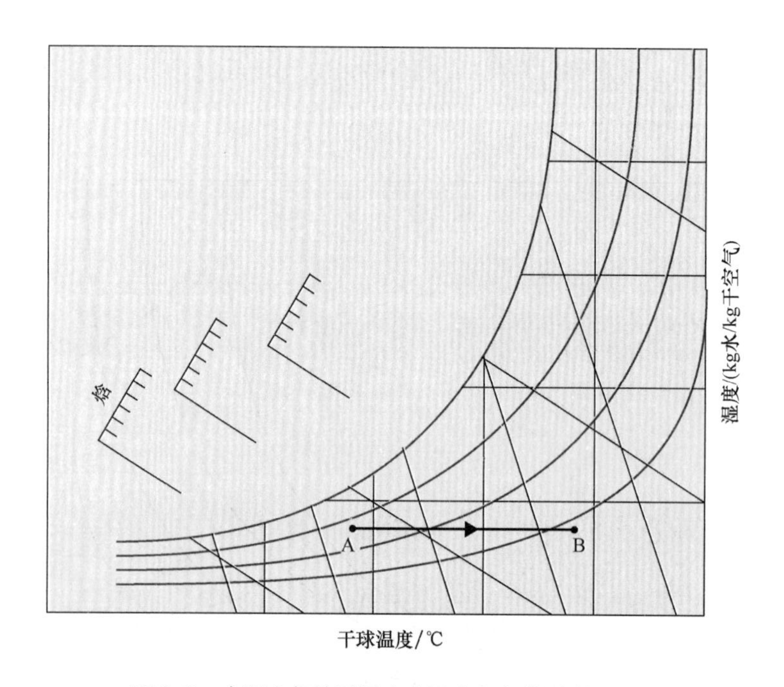

图 9.3 在湿空气性质图上表示空气加热过程 A—B

例 9.6

将干球温度 30℃、相对湿度 80%、流量 $10m^3/s$ 的室外空气加热到干球温度 80℃，请计算所需的热能量。

解：

（1）利用湿空气图，找到与干球温度 30℃、相对湿度 80% 对应的空气性质：焓 H_1 = 85.2kJ/kg 干空气、湿度 W_1 = 0.0215kg 水/kg 干空气、比体积 $V'_m = 0.89m^3/kg$ 干空气。加热过程终点，空气的干球温度为 80℃，湿度为 0.0215kg 水/kg 干空气。从湿空气图读取的其余状态值如下：焓 H_2 = 140kJ/kg 干空气，相对湿度 $\phi_2 = 7\%$ 。

（2）利用式（9.23）

$$q = \frac{10}{0.89} \times (140 - 85.2) = 615.7 \text{ (kJ/s)} = 615.7\text{kW}$$

（3）完成所给过程所需的加热速率为615.7kW。

（4）在这些计算中，做了加热过程无水分增加的假设。但如果直接用燃气或燃油加热系统加热，则情况就不是这样，因为在这些燃烧过程中会产生少量的水分（见3.2.2节）。

9.4.2.2 空气混合

通常需要将两种不同状态的湿空气进行混合。对此，同样可以用湿空气图方便地确定混合空气的状态。

确定混合空气状态点的步骤如图9.4所示。首先在湿空气图上确定两股空气的状态点A和B，再将两点用直线连起来。然后按两股空气流的重量比例将上直线分成两部分。如果两股空气流的重量相同，则如图9.4所示，混合空气点将位于AB线的中点C。

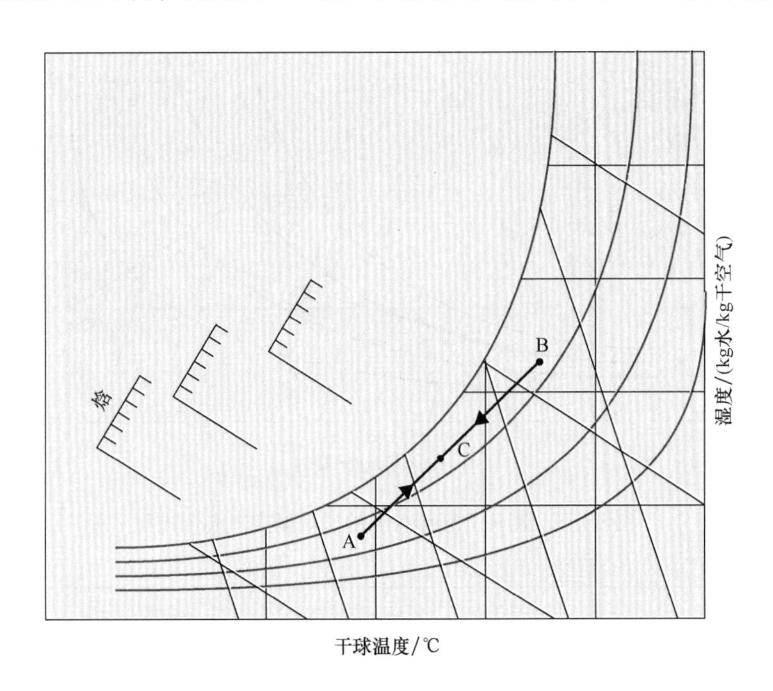

图9.4 在湿空气性质图上表示等量空气混合过程

例9.7

为了节约能源，将食品干燥器改造成可利用部分排出废气（与新鲜空气混合使用）的形式。干燥器排出废气的流量为10m^3/s、温度为70℃、相对湿度为30%，与流量20m^3/s、温度30℃、相对湿度为60%的环境空气混合。请利用湿空气图（附录A.5），确定混合空气的干球温度和湿度。

解:

（1）根据所给数据，如图 E9.3 所示，分别在湿空气图上确定代表排出废气和新鲜空气状态的 A 点和 B 点。

（2）将 A 和 B 连成直线。

（3）根据两种空气质量对混合空气的相对贡献，将 AB 分成两段。由于混合空气中新鲜空气占 2 份而排出废气占 1 份，因此，AB 线按 1∶2 确定 C 点。从而短线 AC 代表较多成分的空气（新鲜空气）质量。

（4）C 点所代表的混合空气的干球温度为 44℃，湿度为 0.032kg 水/kg 干空气。

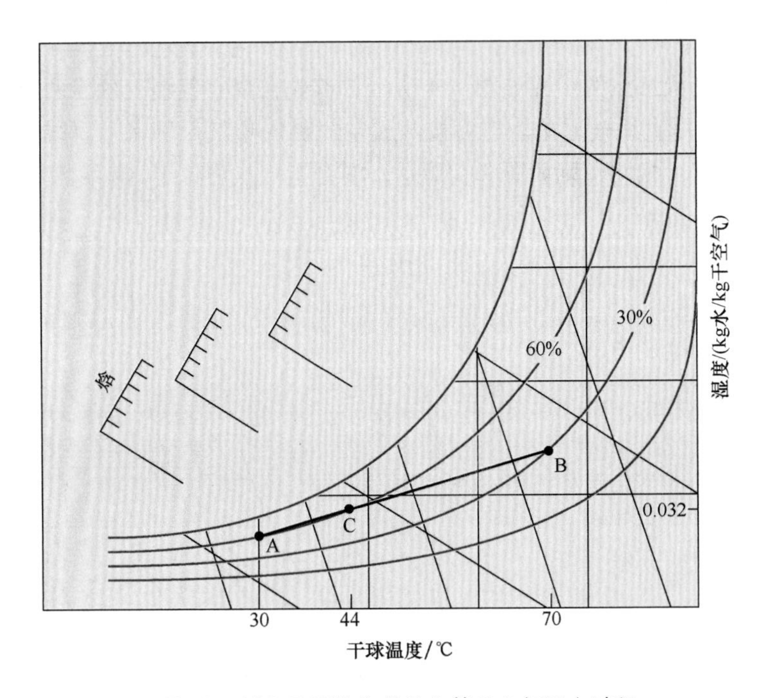

图 E9.3　例 9.7 所给条件的非等量空气混合过程

9.4.2.3　干燥

热空气通过湿颗粒食品床层时，其干燥过程可以在湿空气图上描述为绝热饱和过程。干燥产品所需的蒸发热量只由干燥空气提供；干燥器与环境没有传导性或辐射性热传递发生。当空气通过食品床层时，由于较多水分以蒸汽状态保持在空气中，因此，大部分空气的显热转变成潜热。

如图 9.5 所示，在绝热饱和过程中，空气的干球温度会下降，而焓维持不变，这也意味着湿球温度也不变。由于空气从产品得到水分，所以空气的湿度会增加。

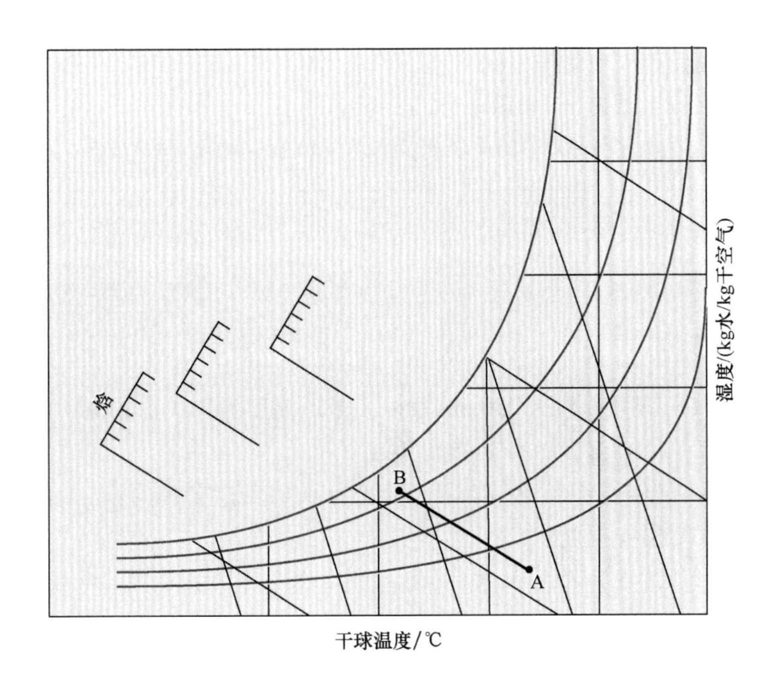

图9.5 在湿空气图上表示干燥（或绝热饱和）过程

例9.8

大米用温度为50℃、相对湿度为10%的热空气，在箱式干燥器中进行干燥。空气离开干燥箱时处于饱和状态。请确定每千克干空气可除去的水分。

解：

（1）如图E9.4所示，在湿空气图上找出A点位置。由A点可读出该点的湿度 = 0.0078kg水/kg干空气。

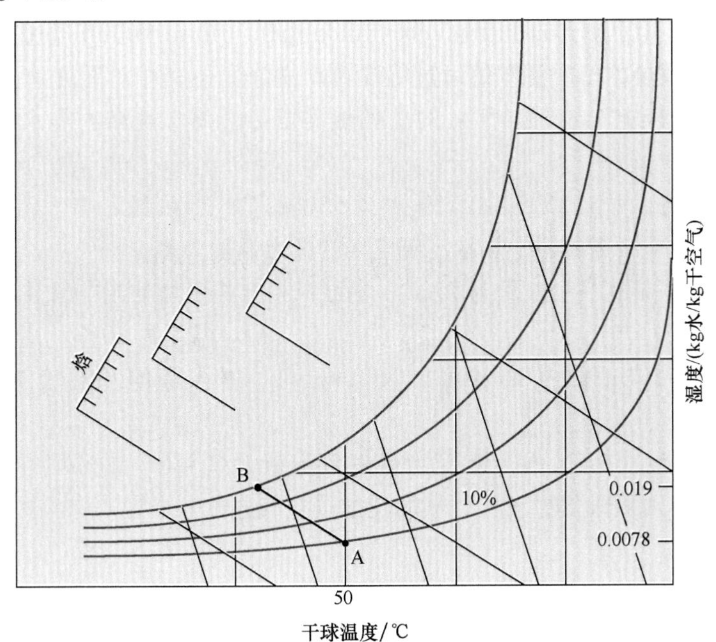

图E9.4 例9.8所给条件的干燥过程

（2）沿等焓线找到饱和曲线上的 B 点。

（3）在 B 点，读到湿度 =0.019kg 水/kg 干空气。

（4）从大米除去的水分 =0.019 - 0.0078 =0.0112kg 水/kg 干空气。

习题[①]

9.1　空气在气压表上读数为750mm 汞柱，干球温度为30℃，湿球温度为20℃。请确定：（a）相对湿度；（b）湿度；（c）露点温度。

9.2　请计算大气压下温度为 27℃、湿度为 0.015kg 空气的：（a）水蒸气分压；（b）相对湿度；（c）露点温度。

9.3　请计算气压读数为755mm 汞柱、温度为21℃、相对湿度为30%的空气的：（a）比体积；（b）焓；（c）湿度。

*9.4　大气压为755mm 汞柱时，一个绝热过程中，空气湿球温度为11℃，干球温度为36℃。请确定：（a）由绝热方程确定湿度；（b）36℃的蒸汽压和相对温度；（c）露点温度。

9.5　大气压为760mm 汞柱的空气，其干球温度为22℃，湿球温度为20℃。请利用湿空气图确定：（a）相对湿度；（b）湿度；（c）露点温度；（d）以每千克干空气为基准的空气焓；（e）湿空气的比体积（m^3/kg 干空气）。

9.6　流量为2kg/s、干球温度为46℃、湿球温度为20℃的湿空气流与另一流量 3kg/s、干球温度为25℃、相对湿度 60% 湿空气流混合。请利用湿空气图确定混合空气的：（a）湿度；（b）焓；（c）干球温度。

*9.7　对干球温度为20℃、相对湿度为80% 的空气进行加热加湿，使其状态为40℃、相对湿度为40%。为了达到以上目的，可有以下操作：（a）使空气通过加热喷水空气洗涤器；（b）显热预热，然后使空气通过循环喷水洗涤器使其相对湿度达到95%，再加热到需要的状态。请确定（a）和（b）的总加热需要量、喷水洗涤的需水量、循环喷水的加湿效率。

9.8　用一般的炉子对35℃、相对湿度为55% 的空气加热到70℃。请根据湿空气图确定：单位立方初始空气需要多少热量？新空气的露点温度为多少？

*9.9　水冷却塔带有一个流量为75m^3/s 的鼓风机。进入塔的湿空气温度为25℃，湿球温度为20℃。离开冷却塔的混合空气温度为30℃、相对温度为80%。请确定在不使水循环的情况下达到冷却目的所需的水流量（kg/s）。进入塔的水温度为40℃、离开时为25℃。

*9.10　露点温度为1℃、相对湿度为60% 和流量为 1.5m^3/s 的环境空气通过一个电加热器。空气被加热到干球温度50℃。然后使加热空气通过一个盘式干燥器。干燥器中装有

---

① 习题中带“*”号的解题难度较大。

200 kg 初始水分含量为 80%（湿基）的苹果片。进入干燥器的空气露点温度为 21.2℃。

（a）如果电能成本为 5 美分/（kW·h），请计算单位操作时间加热用电价。

（b）计算单位操作时间空气从苹果片除去的水分量。

（c）如果干燥器操作 2 h，苹果片的最终水分含量（湿基）为多少?

9.11　空气的干球温度为 20℃，湿球温度为 15℃。请用湿空气图确定：（a）水分含量；（b）相对湿度；（c）焓；（d）露点；（e）比体积。

9.12　在一个加湿器中，干球温度为 40℃，相对湿度为 10% 的空气被加湿到相对湿度 40%。请确定加湿器中每千克干空气所需要加入的水分。

9.13　干球温度为 100℃，相对湿度为 4% 的空气通过一个冷却盘管，冷却到干球温度 40℃。请问此过程从空气中除去多少热量?

9.14　干球温度为 40℃、湿球温度为 20℃ 的空气先被加热到干球温度 90℃。然后，通过一个有待干燥的杏片床层。从杏片床顶出来的空气的干球温度为 60℃。该空气通过一个脱湿器后成为相对湿度 10% 的空气。请在湿空气图上明确地标出每一步的路径。该空气通过杏片床和脱水器时的流速为 4m/s，而床层的直径为 0.5m。

（a）确定每秒钟从杏片床除去的水分克数。

（b）确定每秒钟从脱水器除去的水分克数。

9.15　在湿空气图上根据下列数据标明加热加湿过程。初始空气的干球温度为 40℃，相对湿度为 30%。空气加热到干球温度为 80℃。加热后的空气然后通过一个加湿器成为相对湿度 25% 状态。根据这一过程，计算：（a）每千克干空气的水分含量变化；（b）从初始空气到最后加湿空气的焓变化。

9.16　干球温度为 30℃，相对湿度为 30% 的空气经过一个加热器成为干球温度为 80℃ 的空气。该加热空气然后通过一个有待干燥的宠物食品床层干燥器。从干燥器出来的空气的干球温度为 60℃。出来的空气再次加热到 80℃ 后，通过另外一个宠物食品干燥器。从第一个干燥器出来的空气为饱和状态。请在湿空气图上明确标明从环境空气开始到从第二个干燥器出来的饱和状态结束的空气路径。确定每千克干空气在第一干燥器和第二干燥器中除去的水分量。

符号

c_{pa}　干空气的比热容 [kJ/（kg·K）]

c_{pw}　水蒸气的比热容 [kJ/（kg·K）]

c_s　湿空气的比热容 [kJ/（kg 干空气·K）]

H_a　干空气的焓（kJ/kg）

H_L　汽化潜热（kJ/kg）

H_w　饱和或过热水蒸气的焓（kJ/kg）

m_a　干空气的质量（kg）

$\dot{m}$　湿空气的质量流量（kg/s）

M_w　水的相对分子质量
m_w　水蒸气质量（kg）
n　分子数量
n_a　空气的分子数量
n_w　水蒸气的分子数量
p　分压（kPa）
p_a　干空气的分压（kPa）
p_B　湿空气的总压（kPa）
p_w　水蒸气的分压（kPa）
p_{wb}　湿球温度下的水蒸气分压（kPa）
p_{ws}　饱和水蒸气压（kPa）
ϕ　相对湿度（%）
q　传热速率（kW）
R　气体常数［$m^3 \cdot Pa/(kg \cdot K)$］
R_a　干空气气体常数［$m^3 \cdot Pa/(kg \cdot K)$］
R_0　通用气体常数［$8314.41 m^3 \cdot Pa/(kg \cdot K)$］
R_w　水蒸气气体常数［$m^3 \cdot Pa/(kg \cdot K)$］
ρ_s　干球温度下饱和水蒸气密度（kg/m^3）
ρ_w　空气中水蒸气密度（kg/m^3）
T　温度（℃）
T_A　热力学温度（K）
T_a　干球温度（℃）
T_0　参比温度（℃）
T_w　湿球温度（℃）
V　体积（m^3）
V'_a　干空气比体积（m^3/kg 干空气）
V'_m　湿空气比体积（m^3/kg）
V'_w　水蒸气比体积（m^3/kg）
W　湿度（kg 水/kg 干空气）
x_a　干空气摩尔分数
x_w　水蒸气摩尔分数
x_{ws}　饱和空气摩尔分数

参考文献

American Society of Heating, Refrigerating and Air-Conditioning Engineers, Inc., 2009. ASHRAE Handbook: Fundamentals. ASHRAE, Atlanta, Georgia.

Geankoplis, C. J., 2003. Transport Processes and Separation Process Principles (Includes Unit Operations), fourth ed. Prentice Hall, New Jersey.

Jennings, B. H., 1970. Environmental Engineering, Analysis and Practice. International Textbook Company, New York.

Martin, T. W., 1961. Improved computer oriented methods for calculation of steam properties. J. Heat Transfer 83, 515 – 516.

Steltz, W. G., Silvestri, G. J., 1958. The formulation of steam properties for digital computer application. Trans. ASME 80, 967 – 973.

10

传质

食品加工过程中，我们经常创造一些条件促进化学反应，从而可以最有效的方式生产最终产品。食品加工除了生产希望的产品以外，通常还可得到一些副产品。这些副产品从加工的角度来看可能不希望有，但也可能具有经济价值。为了回收这些次要产品，必须采用分离的手段将它们从主产品中分离出来。在设计分离过程时，有必要对传质过程加以了解。

在创造有利条件使反应物相互接触发生专门反应的过程中，质量传递起着关键作用。当反应物进入专门位置后，会以最佳速率发生反应。在这些条件下，我们会发现这些反应速度会受到向反应位置运动的反应物速度的限制，或者会受到终产物离开反应位置速度的限制。换句话说，反应受到传质限制，而不是受到反应动力学的限制。

为了研究食品中的传质，必须理解本书到处出现的“质量传递”这一术语。在使流体从一个位置向另一个位置整体输送时，发生的是（一定质量的）流体运动。我们将质量传递此术语限于描述流体或混合物中某种成分的迁移。这种迁移发生的原因是系统物理平衡的改变，这种物理平衡改变又是由浓度差引起的。这种质量传递可发生在相内，也可以发生在相际。

现举一个例子。如果我们小心地往清澈的水中滴一滴墨水，该墨水会从接触水的那点位置出发，朝所有方向迁移。起初，墨水滴的浓度非常高，而水中的墨水浓度为零，因此墨水滴与清水之间存在一个浓度差。随着墨水不断迁移，这种浓度差异会降低。当墨水全部消失在水中时，浓度梯度为零，质量传递过程就会停止。浓度梯度是某一成分在一定环境中运动的“推动力”。例如，如果人们在室内打开一个装有高度挥发性物质（如指甲油）的瓶子，那么由于室内存在丙酮浓度梯度作用，作为指甲油成分的丙酮会朝室内各处迁移。如果空气是静止的，那么丙酮的迁移是其分子随机运动的结果。如果有一个风扇或其他手段使空气产生湍动，那么这种湍动会促进丙酮向远距离传递。

我们会在本章发现，质量传递与热量传递有一些相似之处。本章会遇到一些在传热中使用的术语，如通量、梯度、阻力、传递系数和边界层。

根据第1章讨论的热力学第二定律，不平衡的系统随着时间的推移会朝平衡方向运动。对于化学反应，只要某种成分在一个区域内的化学势与另一个区域内的化学势存在差异，那么该化学反应就是偏离平衡的反应。随着时间推移，反应朝平衡方向发展，从而使得该化学物在整个区域内达到均匀的化学势。化学势差可以由各处不同的反应物浓度、温度和/或压强差造成，也可以由其他外在（如重力）作用场造成。

10.1 扩散过程

质量传递涉及发生在分子水平的质量扩散和由对流引起的整体输送。质量扩散可以用费克扩散定律描述。该扩散定律指出，一种组分在单位面积上的质量通量正比于它的浓度梯度。因此，对于组分 B，

$$\frac{\dot{m}_B}{A} = -D\frac{\partial \rho}{\partial x} \tag{10.1}$$

式中 $\dot{m}_B$——组分 B 的质量流量，kg/s

ρ——组分 B 的质量浓度，kg/m^3

D——质量扩散系数，m^2/s

A——面积，m^2

质量通量也被表示成 kg - mol/s，组分 B 的浓度也可以表示成 $kg-mol/m^3$。

我们注意到费克定律与傅里叶的热传导定律相似

$$\frac{q}{A} = -k\frac{\partial T}{\partial x}$$

也与剪切应切 - 剪切应变关系的牛顿方程相似

$$\sigma = -\mu\frac{\partial u}{\partial y}$$

以上三类传递方程上的相似性意味着在质量传递、热量传递和动量传递方面还有进一步的相似性存在。我们将在后面 10.1.2 节讨论这方面的相似性。

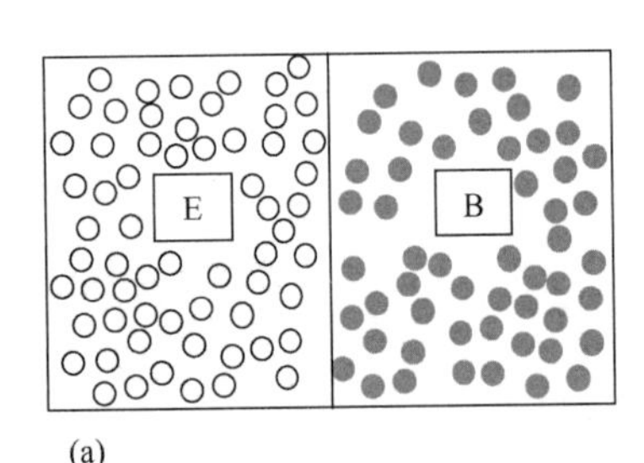

(a)

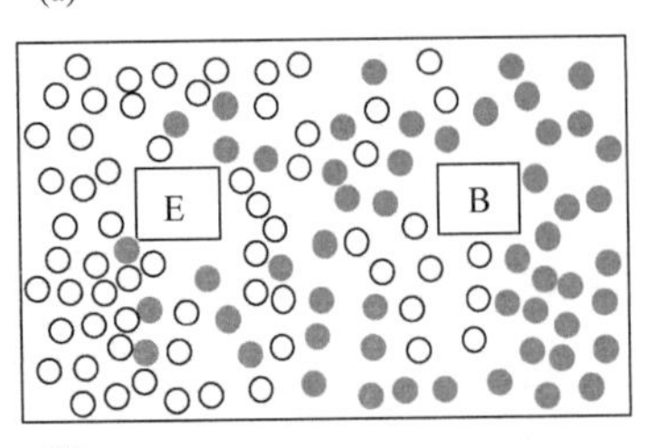

(b)

图 10.1 气体在封闭室内扩散

现在让我们来考察一个小室中起初由隔离物分开的 B 和 E 两种气体［图 10.1（a）］。在某一时刻，将隔离物取走，由于存在浓度梯度，B 和 E 会相向扩散。以下的推导描述气体 B 朝气体 E 和气体 E 朝气体 B 的扩散。如图 10.1（b）示意了隔离物取走一段时间后的气体浓度情况。用单位体积分子数表示气体的浓度。在简化图中，圆圈代表一种气体的分子，分子朝随机方向运动。然而，由于气体 B 的初始浓度在隔离物的右侧较高，从而 B 分子从右向左运动的可能性很大——结果出现了 B 由右向左的净传输。同样，E 会有从左向右的净传输。

根据理想气体定律，

$$p_B = \rho_B R_B T \tag{10.2}$$

式中 p_B——气体 B 的分压，kPa

R_B——气体 B 的气体常数

T——热力学温度，K

ρ_B——B 的质量浓度，kg/m³

气体 B 的气体常数 R_B可以用通用气体常数 R_u表达：

$$R_B = \frac{R_u}{M_B} \tag{10.3}$$

其中，R_u是通用气体常数 8314.41m³・Pa/（kmol・K），即 8.314m³・Pa/（mol・K），而 M_B是气体 B 的摩尔质量。

从而，根据式（10.2）：

$$\rho_B = \frac{p_B}{R_B T} \tag{10.4}$$

即

$$\rho_B = \frac{p_B M_B}{R_u T} \tag{10.5}$$

由于 ρ_B是质量浓度，我们可以将式（10.5）代入式（10.1），这样

$$\frac{\dot{m}_B}{A} = -D_{BE}\frac{d}{dx}\left(\frac{p_B M_B}{R_u T}\right) \tag{10.6}$$

即

$$\frac{\dot{m}_B}{A} = -\frac{D_{BE} M_B}{R_u T}\frac{dp_B}{dx} \tag{10.7}$$

质量扩散系数 D_{BE}指气体 B 在气体 E 中的扩散系数。

式（10.7）描述了气体 B 在气体 E 中的扩散。同样，可以用式（10.8）表示气体 E 在气体 B 中的扩散。

$$\frac{\dot{m}_E}{\mathrm{A}} = -\frac{D_{EB} M_E}{R_u T}\frac{dp_E}{dx} \tag{10.8}$$

液体或气体在固体中的质量扩散系数小于气体在液体中的质量扩散系数。这种扩散系数大小上的差异是由分子的可运动性引起的。质量扩散系数值的单位是平方厘米每秒（cm²/s）。固体中质量扩散系数的大小范围在 $10^{-9} \sim 10^{-1}$cm²/s；液体中质量扩散系数的大小范围在 $10^{-6} \sim 10^{-5}$cm²/s；在气体中，质量扩散系数的大小范围在 $10^{-1} \sim 5 \times 10^{-1}$cm²/s。质量扩散系数大小是温度和浓度的函数；对于气体，压强对质量扩散系数有很大的影响。

表 10.1（a）和表 10.1（b）给出了一些气体在空气和在水中的代表性质量扩散系数值。

表 10.1（a） 一些气体在 20℃水中的扩散系数

气体	D/（$\times 10^{-9}$ m^2/s）
氨	1.8
二氧化碳	1.8
氯	1.6
氢	5.3
氮	1.9
氧	2.1
对于其他温度，$D_T = D_{20}$［$1 + 0.02$（$T - 20$）］	

表 10.1（b） 一些气体和蒸汽在标准空气中的扩散系数

气体	D/（$\times 10^{-6}$ m^2/s）
氨	17.0
苯	7.7
二氧化碳	13.8
乙醇	10.2
氢	61.1
甲醇	13.3
氮	13.2
氧	17.8
二氧化硫	10.3
三氧化硫	9.4
水蒸气	21.9

10.1.1 气体（和液体）通过固体的稳定态扩散

假定扩散系数与浓度无关，则根据式（10.1）可得

$$\frac{\dot{m}_A}{A} = -D_{AB}\frac{d\rho_A}{dx} \tag{10.9}$$

其中，D_{AB}是气体 A（或液体 A）在固体 B 中的质量扩散系数。$\dot{m}$ 和 ρ 的下标 A 代表某种气体或液体通过某种固体。实际上，D_{AB}表示的是通过固体的有效扩散系数。

对式（10.9）分离变量并积分

$$\frac{\dot{m}_A}{A}\int_{x_1}^{x_2} dx = -D_{AB}\int_{c_{A1}}^{c_{A2}} d\rho_A \tag{10.10}$$

$$\frac{\dot{m}_A}{A} = \frac{D_{AB}(\rho_{A1} - \rho_{A2})}{(x_2 - x_1)} \tag{10.11}$$

式（10.11）适用于浓度梯度为（$\rho_{A1} - \rho_{A2}$）并且在 x_1 和 x_2 处不随时间而变的一维扩

散。此外，此表达式适用于直角坐标系。对于柱形体，可以应用柱坐标得到以下的方程：

$$\dot{m}_A = \frac{D_{AB}2\pi L\ (\rho_{A1} - \rho_{A2})}{\ln \frac{r_2}{r_1}} \quad (10.12)$$

式（10.12）适用于发生在圆柱（由中心向表面，或由表面向中心的）半径方向扩散的情形。为了使质量传递成为稳定态，表面和中心的浓度必须不随时间而变。

稳定态扩散的条件有必要加以强调。在边界上的浓度必须与时间无关，而且扩散限于所讨论固体内的分子运动。另外，质量扩散系数不受浓度影响，并且在固体内不存在温度梯度。固体中的质量扩散系数大小既与固体有关，也与在固体中扩散的气体或液体有关。

10.1.2 对流性传质

当一种组分由于浓度梯度而发生的传输受到对流促进时，该组分的质量通量将高于分子扩散时的质量通量。液体和气体中会出现对流传递，多孔性固体结构中也会出现对流传递。分子扩散和对流质量传递的相对贡献将取决于在液体或气体中的对流情况。

对流质量传递系数 k_m 定义为单位面积单位浓度差下发生的质量传递量。因此，

$$k_m = \frac{\dot{m}_B}{A\ (\rho_{B1} - \rho_{B2})} \quad (10.13)$$

式中 $\dot{m}_B$——质量通量，kg/s

ρ——组分 B 的单位体积质量浓度，kg/m^3

A——面积，m^2

k_m——对流质量传递系数，$m^3/(m^2 \cdot s)$ 或 m/s。该系数代表每秒通过 $1m^2$ 边界的组分 B 的体积（m^3）

运用式（10.5）的关系，由对流引起的质量传递成为：

$$\dot{m}_B = \frac{k_m A M_B}{R_u T_A}\ (p_{B1} - p_{B2}) \quad (10.14)$$

这一表达式可用于根据质量传递区域的蒸汽压对质量能量进行估计。

当空气中发生水蒸气质量传递时，可以将式（10.14）与式（9.14）组合得到：

$$\dot{m}_B = \frac{k_m A M_B p}{0.622 R_u T_A}\ (W_1 - W_2) \quad (10.15)$$

上式可用于计算水蒸气在空气中的对流输送，其中的传递梯度是对流质量传输区内的湿度梯度。

对流质量传递系数可以利用量纲分析手段预测，这种预测方法类似于第 4 章中对流传热系数的预测方法。本节我们将讨论一些与传质有关的重要的无量纲数。

在分析分子扩散与强制对流质量传递共存情形时，需要用到以下重要变量：组分 A 在流体 B 中的质量扩散系数 D_{AB}、流体的流速 u、流体的密度 ρ、流体的黏度 μ、特征尺寸 d_c，以及对流质量传递系数 k_m。在自然对流情形下，还要考虑的重要变量包括重力加速度 g 和质量密度差 $\Delta\rho$。以上变量组合成以下无量纲准数：

$$N_{Sh} = \frac{k_m d_c}{D_{AB}} \quad (10.16)$$

$$N_{\mathrm{Sc}}=\frac{\mu}{\rho D_{\mathrm{AB}}} \tag{10.17}$$

$$N_{\mathrm{Re}}=\frac{\rho u d_{\mathrm{c}}}{\mu} \tag{10.18}$$

$$N_{\mathrm{Le}}=\frac{k}{\rho c_p D_{\mathrm{AB}}} \tag{10.19}$$

如图 10.2 所示为流体在平板上流动的情形。对于从平板前沿开始的边界层，我们可以分别写出以下动量、能量和浓度的方程。

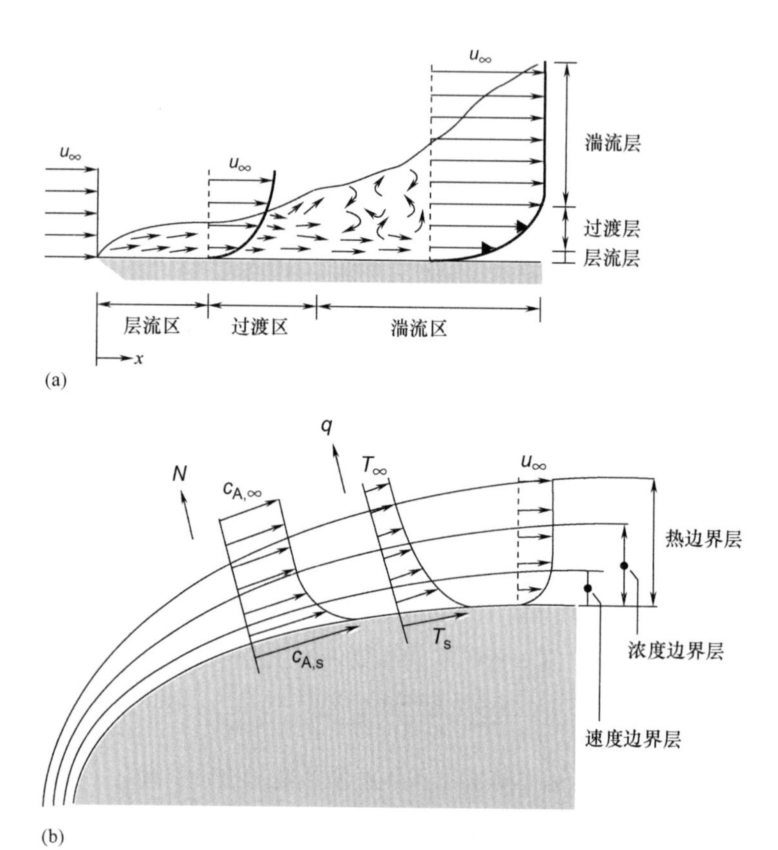

图 10.2　(a) 平板上边界层的发展；
(b) 表面热边界层、浓度边界层和速度边界层的发展
（资料来源：Incropera 和 Dewitt 等，2007）

$$u_x\frac{\partial u_x}{\partial x}+u_y\frac{\partial u_x}{\partial y}=\frac{\mu}{\rho}\frac{\partial^2 u_x}{\partial y^2} \tag{10.20}$$

$$u_x\frac{\partial T}{\partial x}+u_y\frac{\partial T}{\partial y}=\alpha\frac{\partial^2 T}{\partial y^2} \tag{10.21}$$

$$u_x\frac{\partial c_{\mathrm{A}}}{\partial x}+u_y\frac{\partial c_{\mathrm{A}}}{\partial y}=D_{\mathrm{AB}}\frac{\partial^2 c_{\mathrm{A}}}{\partial y^2} \tag{10.22}$$

在式（10.22）中，c_{A}代表组分 A 在边界层内的浓度。

注意到

$$\frac{\mu}{\rho\alpha}=\frac{\mu c_p}{k}=N_{Pr}=\text{普朗特数} \tag{10.23}$$

从而，普朗特数为流速与温度分布之间建立了联系。

根据式（10.20）和式（10.22），如果

$$\frac{\mu}{\rho D_{AB}}=1 \tag{10.24}$$

那么，流速与浓度曲线会有相同的形状。其比率

$$\frac{\mu}{\rho D_{AB}}=N_{Sc}=\text{斯密特数} \tag{10.25}$$

如果

$$\frac{\alpha}{D_{AB}}=1 \tag{10.26}$$

则浓度和温度会有相同形状的分布。

比率

$$\frac{\alpha}{D_{AB}}=N_{Le}=\text{路易斯数} \tag{10.27}$$

关联这些强制对流情形无量纲准数的函数关系式如下：

$$N_{Sh}=f\left(N_{Re},\ N_{sc}\right) \tag{10.28}$$

如果我们将质量传递的关联式与第 4 章中的传热关联式进行比较，可以明显看到两者之间的相似性。假定，流速、温度和浓度的无量纲分布相似，则传热中的努塞尔数和普朗特数可以分别用质量传递中的舍伍德数 N_{sh} 和斯密特数 N_{sc} 取代。从而可以导出：

$$N_{Sh}=\frac{\text{总传递质量}}{\text{分子扩散引起的总传递质量}} \tag{10.29}$$

$$N_{Sc}=\frac{\text{动量的分子扩散}}{\text{质量的分子扩散}} \tag{10.30}$$

下面我们将讨论用于估计对流传质系数（k_m）的无量纲关联式。这些关联式基于下列假设：

■恒定的物理性质；

■流体中无化学反应；

■界面上只有小的整体流动；

■无黏性分散作用；

■无辐射能交换；

■无压强、热或力引起的扩散。

10.1.3 经过平板的层流

当 $N_{Re}<5\times10^5$ 时，在平板上出现层流，关联式如下：

$$N_{Sh_x}=\frac{k_{m,x}x}{D_{AB}}=0.322N_{Re_L}^{1/2}N_{Sc}^{1/3}\quad N_{Sc}\geqslant0.6 \tag{10.31}$$

式（10.31）中，舍伍德数中的对流质量传递系数 $k_{m,x}$ 是固定位置的值；因此，$N_{sh,x}$ 称为局部舍伍德数。在舍伍德数和雷诺数中使用的特征尺寸是平板上流动前沿距离。

当流动是发生在整个平板上的层流时，我们可以从以下关系式中得到平均舍伍德数：

$$N_{Sh_L}=\frac{k_{m,L}L}{D_{AB}}=0.664N_{Re_L}^{1/2}N_{Sc}^{1/3}\quad N_{Sc}\geqslant 0.6 \tag{10.32}$$

式（10.32）中，使用的特征尺寸是平板的总长 L；由舍伍德准数得到的对流传质系数 $k_{m,L}$ 是整块平板上的平均值。

例 10.1

请确定装满水的盘子中水的蒸发速率。空气以 2m/s 的速度流过盘子表面。水和空气的温度为 25℃。盘子的宽度为 45cm，在空气流动方向上的长度为 20cm。空气中水蒸气的扩散系数 $D=0.26\times10^{-4}\text{m}^2/\text{s}$。

已知：

速度 = 2m/s

水和空气的温度 = 25℃

盘子的宽度 = 45cm

盘子的长度 = 20cm

扩散系数 = $0.26\times10^{-4}\text{m}^2/\text{s}$

25℃时空气的运动黏度 = $16.14\times10^{-6}\text{m}^2/\text{s}$

方法：

先确定雷诺数，然后利用一个近似的无因次修正式求传质系数和水的蒸发速率。

解：

（1）在 20cm 盘长度方向的雷诺数为

$$N_{Re}=\frac{2\times0.2}{16.4\times10^{-6}}=24783$$

由于 $N_{Re}<5\times10^5$，流动是层流。

（2）利用式（10.32）

$$N_{Sh}=\frac{k_m L}{D_{AB}}=0.664\ (N_{Re})^{1/2}\ (N_{Sc})^{1/3}$$

其中，

$$N_{Sc}=\frac{v}{D_{AB}}=\frac{16.14\times10^{-6}}{0.26\times10^{-4}}=0.62$$

（3）因此

$$\frac{k_m\times0.2}{0.26\times10^{-4}}=0.664\ (24783)^{1/2}\ (0.62)^{1/3}$$

$$k_m=1.1587\times10^{-2}\ (\text{m/s})$$

（4）盘中的蒸发速率为

$$\dot{m}_A=k_m\text{A}\ (\rho_{A,s}-\rho_{A,\infty})$$

其中，$\rho_{A,s}$是饱和条件下的浓度，

$$\rho_{A,s} = \rho_{A,s} = 0.02298 kg/m^3$$

$\rho_{A,\infty}$是自由流中的水浓度；由于相对湿度是50%，则

$$\rho_{A,\infty} = 0.5 \times 0.02298 = 0.01149\ (kg/m^3)$$

（5）因此，

$$\dot{m}_A = (1.1587 \times 10^{-2} m/s) \times (0.45m \times 0.2m) \times (0.02298kg/m^3 - 0.01149kg/m^3)$$

$$\dot{m}_A = 1.1982 \times 10^{-5} kg/s$$

（6）从盘中得到的水蒸发速率为0.043kg/h。

例 10.2

利用空气中水蒸气分压和水面水蒸气分压，确定例10.1描述的盘中水的蒸发速率。空气的相对湿度为50%。

已知：

空气流速 =2m/s

（空气和水的）温度 =25℃

盘宽 =0.45m

盘长 =0.2m

空气中水的扩散系数 = $0.26 \times 10^{-4} m^2/s$

（25℃时）空气的运动黏度 = $16.14 \times 10^{-6} m^2/s$

空气的相对湿度 =50%

饱和水蒸气压 =3.179kPa（按温度25℃由附录表A.4.2查得）

水的分子质量 =18kg/（kg·mol）

气体常数 =$8.314 m^3 \cdot kPa/(kg \cdot mol \cdot K)$

方法：

利用与例10.1相同的方法求质量传递系数。用分压梯度计算水的蒸发速率。

解：

（1）根据例10.1的计算，质量传递系数 $k_m = 1.16 \times 10^{-2} m/s$。

（2）利用相对湿度定义，相对湿度为50%的空气中水的分压为

$$p_{B2} = \left(\frac{\% RH}{100}\right)(p_{B1}) = \frac{50}{100} \times 3.179 = 1.5895\ (kPa)$$

（3）利用式（10.4）

$$\dot{m}_B = \frac{1.16 \times 10^{-2}\ (m/s) \times (0.2 \times 0.45)\ (m^2) \times 18\ [kg/(kg \cdot mol)]}{8.314\ [m^3 \cdot kPa/(kg \cdot mol \cdot K)] \times (25 + 273)\ (K)} \times (3.179 - 1.5895)\ (kPa)$$

（4）从而

$$\dot{m}_B = 1.2 \times 10^{-5} kg/s = 0.043kg\ 水/h$$

例 10.3

利用空气湿度及水表面的湿度，求例题 10.1 中盘中水的蒸发速率。

已知：

空气流速 $=2\text{m/s}$

（空气和水的）温度 $=25℃$

盘宽 $=0.45\text{m}$

盘长 $=0.2\text{m}$

空气中水的扩散系数 $=0.26\times10^{-4}\text{m}^2/\text{s}$

（25℃时）空气的运动黏度 $=16.14\times10^{-6}\text{m}^2/\text{s}$

空气的相对湿度 $=50\%$

水的分子质量 $=18\ \text{kg/(kg·mol)}$

气体常数 $R=8.314\ \text{kPa/(kg·mol·K)}$

大气压 $=101.325\ \text{kPa}$

方法：

用例 10.1 中的方法求质量传递速率。用湿度梯度计算水蒸发速率。

解：

（1）根据例 10.1，质量传递系数 $k_m=1.16\times10^{-2}\text{m/s}$。

（2）由湿空气图（图 A.5），确定水表面的（25℃）饱和空气的湿度。

$$W_1=0.0202\text{kg 水/kg 干空气}$$

（3）利用湿空气图（图 A.5），读得 25℃及 50% 相对湿度空气的湿度为

$$W_2=0.0101\text{kg 水/kg 干空气}$$

（4）利用式（10.15），计算水从盘表面向空气迁移的质量通量

$$\dot{m}_B=\frac{1.16\times10^{-2}\ (\text{m/s})\times(0.2\times0.45)\ (\text{m}^2)\times18\ [\text{kg/(kg·mol)}]\times101.325\ (\text{kPa})}{(0.622\times8.314)\ [\text{m}^3\cdot\text{kPa/(kg·mol·K)}]\times(25+273)\ (\text{K})\times(0.0202-0.0101)\ (\text{kg 水/kg 干空气})}$$

（5）从而

$$\dot{m}_B=1.25\times10^{-5}\text{kg/s}=0.045\text{kg 水/h}$$

10.1.4 经过平板的湍流

湍流流动（$N_{Re}>5\times10^5$）通过平板的无量纲数之间的关系式为：

$$N_{Sh_x}=\frac{k_{m,x}x}{D_{AB}}=0.0296N_{Re_x}^{4/5}N_{Sc}^{1/3}\quad 0.6<N_{Sc}<3000 \tag{10.33}$$

在式（10.33）中，特征尺寸是平板流动前沿的距离，而对流传质传递系数是特征尺寸 x 处的局部对流传质系数。

用于确定湍流平均对流传质系数的关联式为：

$$N_{Sh_L}=\frac{k_{m,L}L}{D_{AB}}=0.036N_{Re}^{0.8}N_{Pr}^{0.33} \tag{10.34}$$

式（10.34）中使用的特征尺寸是平板全长。

10.1.5 管中的层流

管中层流情形下，可以使用以下方程：

$$\overline{N}_{Sh_d}=\frac{k_m d_c}{D_{AB}}=1.86\left(\frac{N_{Re_d}N_{Sc}}{L/d_c}\right)^{1/3} \quad N_{Re}<10000 \tag{10.35}$$

其中，特征尺寸 d_c 是管子的直径。

10.1.6 管中的湍流

对于管中湍流

$$\overline{N}_{Sh_d}=\frac{k_m d_c}{D_{AB}}=0.023N_{Re_d}^{0.8}N_{Sc}^{1/3} \quad N_{Re}<10000 \tag{10.36}$$

其中，特征尺寸 d_c 是管子的直径。

10.1.7 经过球体流动的传质

进出球形物体的传质可用类似于传热情形的 Froessling 关联方程式（4.96）：

$$\overline{N}_{Sh_d}=2.0+(0.4N_{Re_d}^{1/2}+0.06N_{Re_d}^{2/3})N_{Sc}^{0.4} \tag{10.37}$$

对于自由液滴的传质，可用以下表达式：

$$\overline{N}_{Sh_d}=2.0+0.06N_{Re_d}^{1/2}N_{Sc}^{1/3} \tag{10.38}$$

例 10.4

某直径为 0.3175cm 的球形葡萄糖置于流速为 0.15m/s 的水流中。水温为 25℃。葡萄糖的扩散系数为 0.69×10^{-5} cm²/s。请确定传质系数。

已知：

球体直径 = 0.3175cm = 0.003175m

水的流速 = 0.15m/s

水的温度 = 25℃

葡萄糖在水中的扩散系数 = 0.69×10^{-5} cm²/s

由附录表 A.41，查得 25℃时水的性质如下：

密度 = 997.1kg/m³

黏度 = 880.637×10^{-6} Pa · s

方法：

首先确定雷诺数和斯密特数。由于葡萄糖浸于水流中，所以用式（10.38）来确定舍伍德数。再根据舍伍德数求取传质系数。

解：

（1）雷诺数为

$$N_{Re}=\frac{997.1\ (\text{kg/m}^3)\times0.15\ (\text{m/s})\times0.003175\ (\text{m})}{880.637\times10^{-6}\ (\text{Pa}\cdot\text{s})}=539$$

（2）斯密特数为

$$N_{Sc}=\frac{880.637\times10^{-6}\text{Pa}\cdot\text{s}\times100000\text{cm}^2/\text{m}^2}{997.1\times0.69\times10^{-5}\text{cm}^2/\text{s}}$$

$$=1279$$

（3）用式（10.38）来确定舍伍德数

$$N_{Sh}=2.0+0.6\ (1279)^{1/3}\times\ (539)^{1/2}$$

$$=153$$

（4）传质系数

$$k_m=\frac{153\times0.69\times10^{-5}\ (\text{cm}^2/\text{s})}{0.00317\text{m}\times10000\ (\text{cm}^2/\text{s})}$$

$$=3.32\times10^{-5}\text{m/s}$$

（5）在假定葡萄糖在水中的溶解不会明显改变水的物理性质的前提下，所求的传质系数为 3.32×10^{-5}m/s。

10.2 非稳定态传质

在许多应用中，食品组分的浓度变化速率会随时间而增加或降低。例如，盐在固体食品中的扩散、干燥食品中挥发性风味物的扩散、食品内抗菌物质的扩散。某些条件下，食品中的液体扩散会在等温条件下发生。最后，干制食品在贮藏过程中吸收水分是水蒸气在干燥食品结构中扩散的结果。

10.2.1 过渡态扩散

食品组分在产品中的扩散可以用下式描述：

$$\frac{\partial c}{\partial t}=D\left(\frac{\partial^2 c}{\partial x^2}\right) \tag{10.39}$$

其中，c 是在固体食品中扩散组分的浓度，它是时间 t 的函数。质量扩散系数 D 与稳定态扩散中产品与扩散组分的性质相同。许多参考文献中给出了式（10.39）的分析解，其中以 Crank（1975）所给出的几何和边界条件最为完整。影响方程解形式的关键因素是固体的几何结构，以及用以描述固体表面状态的边界条件。得到的一系列解类似于非稳定态传热的解。

人们绘制了一些非稳定态的传质图表，例如，图 10.3 是由 Treybal（1968）所建立的。此图给出了三种标准几何体（无限大平板、无限长圆柱体和球体）的浓度比与无量纲比 Dt/d_c^2 的关系。图 10.3 中的浓度比包括：某一时刻（t）整体平均浓度（c_{ma}）、扩散组分在食品周围介质中的浓度（c_m），以及扩散组分在食品中的初始浓度（c_i）。如第 4 章对非稳定传热情形一样，特征尺寸（d_c）随几何体形式而定：无限大平板取板的半厚度、无限长圆柱体取其半径、球体也是取它的半径。此外，图 10.3 还假定，与食品内部的扩散相比，物体表面的传质阻力可以忽略不计。对于多数食品应用场合，这一假设是合理的，因为液体或气体在固体食品结构内的质量扩散系数 D，与气体或液体在边界上的质量传递相比很小。物体表面的对流作用会促进物体表面边界层的质量传递。应当注意，作为时间函数的食品平均质量浓度并不提供多少传质信息，因此应当考虑食品内部随时间而变的浓度分布。

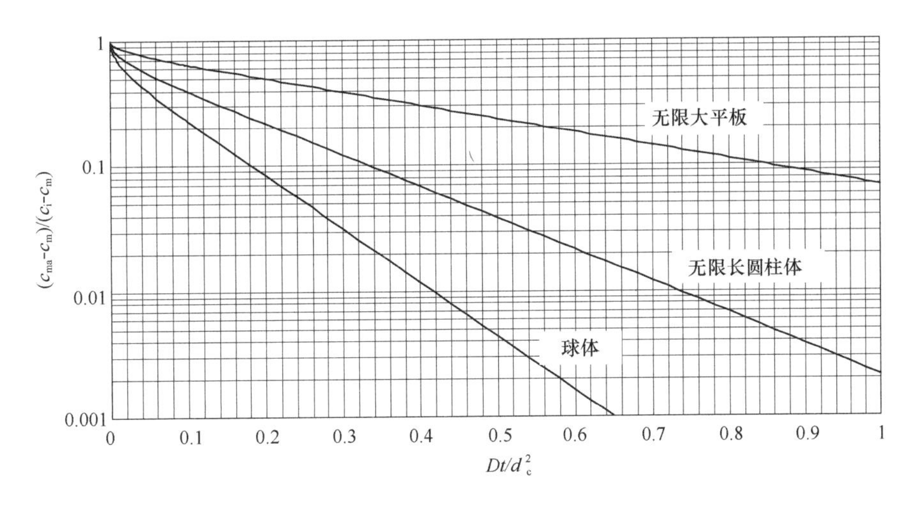

图 10.3　三种标准几何体中平均质量浓度的非稳定态传质图

（资料来源：Trebal，1968）

例 10.5

厚度为 4.8mm 的大麻哈鱼肉片用盐来进行保藏。鱼肉表面的盐浓度为 0.533kg/kg 无盐大麻哈鱼（SFS），鱼肉内初始盐浓度为 0.012kg/kgSFS。如果盐在大麻哈鱼中的扩散系数 D 为 $8.7\times10^{-11}\text{m}^2/\text{s}$，请确定鱼肉平均盐浓度达到 0.4kg/kgSFS 所需的时间。

已知：

无限大平板特征尺寸，$d_c=2.4\text{mm}=2.4\times10^{-3}\text{m}$

鱼片表面的盐浓度，$c_m=0.533\text{kg/kgSFS}$

初始盐浓度，$c_i=0.012\text{kg/kgSFS}$

质量平均浓度，$c_{ma}=0.4\text{kg/kgSFS}$

$D=8.7810^{-11}\text{m}^2/\text{s}$

方法：

根据浓度比，在非稳定传质图中（图 10.3）找出对应的无量纲比 Dt/d_c^2。

解：

（1）浓度比

$$\frac{c_{ma}-c_m}{c_i-c_m}=\frac{0.4-0.533}{0.012-0.533}=0.255$$

（2）由图 10.3 查得

$$\frac{Dt}{d_c^2}=0.46$$

（3）因此

$$时间 = \frac{0.46d_c^2}{D} = \frac{0.46 \times (2.4 \times 10^{-3})^2\ (m^2)}{8.78 \times 10^{-11}\ (m^2/s)} = 3.018 \times 10^4 s$$

时间 = 8.38h

（4）使鱼肉中盐的质量平均浓度达到0.4kg/kgSFS，需要8.38h。

下面是一个在食品非稳定态质量传递应用中较有用的关系式：

$$\frac{c - c_m}{c_i - c_m} = f\ (\bar{N}_{Bi},\ \bar{N}_{Fo}) \tag{10.40}$$

式中 $\bar{N}_{Bi}$——传质毕渥数

$\bar{N}_{Fo}$——传质傅里叶数

根据物体表面的对流传质系数和食品结构内部气体或液体扩散系数，较完整的应用式（10.40）可以得到食品内浓度分布的预测。

图10.3是另一种传质图，它是根据第4章讨论的传热相似性得到的。当将其应用于质量传递时，所使用的是如下所示的扩散速率方程：

$$\log\ (c_m - c)\ = -\frac{t}{\bar{f}} + \log\ [\bar{j}\ (c_m - c_i)] \tag{10.41}$$

其中，扩散速率常数（$\bar{f}$）代表浓度梯度改变一个周期所需的时间，滞后系数（$\bar{j}$）描述扩散初期浓度与时间关系中的非线性区域。

采用第4章Pflug等人（1965）提出的算图，可以确定扩散速率方程中需要的系数（$\bar{f}$，$\bar{j}$）。扩散速率常数（$\bar{f}$）由图4.40确定，其中的无量纲准数$\bar{f}D/d_c^2$是传质毕渥数的函数。注意，当将图4.40用于质量传递时，要在图中使用适当的符号。显然，0.1～100之间的传质毕渥数对传质影响最大。毕渥数小于0.1时，可以忽略内部阻力对传质的影响，食品内部的浓度变化主要由产品表面的对流传质系数大小控制。贮藏期间的气体或蒸汽通过包装膜进入多孔性食品，可作为这种情形传质应用的例子。在传质毕渥数大于100时，可以忽略外部传质阻力，食品内部浓度随时间变化主要受扩散系数D大小的控制。由于式（10.41）采用的是级数解第一项的式子，因此，如第4章所讨论的，它只适用于傅里叶数大于0.2的情形。

滞后系数（$\bar{j}$）受传质毕渥数影响的情形如图4.41和图4.42所示。在图4.41中，描述传质毕渥数对物体几何中心处滞后系数（$\bar{j}_c$）的影响。如图4.42示意了传质毕渥数对物体平均浓度位置滞后系数（$\bar{j}_m$）的影响。对以上两系数影响最明显的传质毕渥数范围在0.1～100。

以上方法可用于预测食品达到平均浓度所需时间，也可用于预测食品中心达到预定浓度所需时间。确定传质毕渥数后，可以从图4.40、图4.41和图4.42得到适当的值。可以根据质量扩散系数D和产品的特征尺寸计算出扩散速率常数。当给出产品介质中扩散物浓度和食品中扩散物初始浓度时，以上系数可用于扩散速率方程，对扩散时间进行计算。

例10.6

例10.5中的盐在大麻哈鱼肉中扩散的问题也可用扩散速率方程描述。请确定使鱼肉含盐量增加到0.4kg/kgSFS所需的时间。

已知：

$d_c = 2.4\text{mm} = 2.4 \times 10^{-3}\text{m}$

$c_m = 0.533\text{kg/kg SFS}$

$c_i = 0.012\text{kg/kg SFS}$

$D = 8.78 \times 10^{-11}\text{m}^2/\text{s}$

$c_{mc} = 0.4\text{kg/kg SFS}$

方法：

先由图4.40和图4.42确定扩散速率常数（$\bar{f}$）和滞后常数（$\bar{j}_m$），再用扩散速率方程计算所需的时间。

解：

（1）估计扩散速率常数

由于鱼肉表面的盐浓度已经测到，所以在鱼表面的传质阻力可以忽略，并且$\overline{N}_{Bi} \gg 40$。由图4.40的无限大平板图中得

$$\frac{\bar{f}D}{d_c^2} = 0.97$$

（2）从而

$$f = \frac{0.97 \times (2.4 \times 10^{-3})^2\ (\text{m}^2)}{8.78 \times 10^{-11}\ (\text{m}^2/\text{s})} = 6.36 \times 10^4\text{s} = 17.68\text{h}$$

（3）利用图4.42，在$\overline{N}_{Bi} \gg 40$处得，

$$\bar{j}_m = 0.82$$

（4）利用扩散速率方程：

$$\log\ (0.533 - 0.4)\ = -\frac{t}{17.68} + \log\ [0.82 \times\ (0.533 - 0.012)]\ - 0.876$$

$$= -\frac{t}{17.68} +\ (-0.369)$$

$$t = 17.68 \times\ (0.876 - 0.369)\ = 8.96\text{h}$$

10.2.2 气体的扩散

将扩散速率方程专门应用于非稳定态气体质量传递过程时，可以利用浓度与分压成正比的方程（10.5）。结合这一关系式，可以得到以下的扩散速率表达式：

$$\log\ (p_m - p)\ = -\frac{t}{\bar{f}} + \log\ [\bar{j}\ (p_m - p_i)] \tag{10.42}$$

而扩散气体在食品中的分压变化可以该气体分压的形式预测。这一形式的扩散速率方程可应用于氧气或类似气体在食品中的扩散。

利用水蒸气分压表示的水分活度定义式，可以将扩散速率方程表示成：

$$\log\ (a_{wm} - a_w)\ = -\frac{t}{\bar{f}} + \log\ [\bar{j}\ (a_{wm} - a_{wi})] \tag{10.43}$$

根据干燥制品环境的水分活度（相对湿度），可以预测产品的水分活度的变化。这一形式的扩散速率方程可用于在给定环境中贮存一定时期的食品水分活度的预测，也可用于贮藏期达到水分活度限所需时间的预测。这些应用与干燥食品或中等水分食品货架期的预测有密切关系。

例 10.7

将干面条单独置于温度为15℃、相对湿度为50%的环境中。水蒸气在面条中的扩散系数为$12\times10^{-12}m^2/s$，面条周围的传质系数为$1.2\times10^{-4}m/s$。面条的直径为1cm。如果产品的初始水分活度为0.05，请估计一周以后该面条的水分活度。

已知：

特征尺寸，无限圆柱体，$d_c=0.005m$

$k_m=1.2\times10^{-4}m/s$

$D=12\times10^{-12}m^2/s$

$a_{wm}=0.5$（根据相对湿度=50%）

$a_{wi}=0.05$

方法：

首先计算传质毕渥数，然后确定扩散速率方程中使用的相关系数。

解：

（1）面条的传质毕渥数为

$$\overline{N}_{Bi}=5\times10^4$$

（2）利用图 4.40

$$\frac{\bar{f}D}{d_c^2}=0.4$$

$$\bar{f}=\frac{0.4\times(0.005)^2\ (m^2)}{12\times10^{-12}\ (m^2/s)}=8.3\times10^5s=231.5h$$

（3）利用图 4.42

$$\bar{j}_m=0.7$$

（4）利用扩散速率方程

$$\log(0.5-a_w)=-\frac{168}{231.5}+\log[0.7\times(0.5-0.05)]$$

从而，

$$a_w=0.44$$

（5）从以上计算可知，一周以后面条中平均水分活度为0.44。

可用前面传热描述的方法，将扩散速率方程应用于有限几何体。对于有限长圆柱体和有限平板的主要表达式依次为：

$$\frac{1}{\bar{f}}=\frac{1}{\bar{f}_{IS}}+\frac{1}{\bar{f}_{IC}} \tag{10.44}$$

$$\frac{1}{\bar{f}}=\frac{1}{\bar{f}_{IS1}}+\frac{1}{\bar{f}_{IS2}}+\frac{1}{\bar{f}_{IS3}} \tag{10.45}$$

类似地，有限长圆柱体和有限平板的系数$\bar{j}$分别为：

$$\bar{j} = \bar{j}_{IS} \times \bar{j}_{IC} \tag{10.46}$$

$$\bar{j} = \bar{j}_{IS1} \times \bar{j}_{IS2} \times \bar{j}_{IS3} \tag{10.47}$$

选用适当的表达式并求取其中的系数（$\bar{f},\bar{j}$）以后，就可以用来预测随时间而变的浓度、分压或水分活度。

例 10.8

确定例 10.7 中的面条中心的水分活度升到 0.3 所需要的时间。面条的长为 2cm，而直径为 1cm。

已知：

特征尺寸，无限圆柱体，$d_c = 0.005$m

特征尺寸，无限平板，$d_c = 0.01$m

$k_m = 1.2 \times 10^{-4}$m/s

$D = 12 \times 10^{-12}$m^2/s

$a_{wm} = 0.5$（根据相对湿度 = 50%）

$a_{wi} = 0.05$

$a_w = 0.3$

方法：

首先计算传质毕渥数，然后用图 4.40 和图 4.41 确定扩散速率方程中用到的系数。

解：

（1）所求的无限大平板及无限长圆柱体的传质毕渥数均超过 5×10^4。

（2）利用例 10.7 中的计算

$$\bar{f}_{IC} = 231.5\text{h}$$

（3）利用图 4.40（无限大平板）

$$\frac{\bar{f}D}{d_c^2} = 0.97$$

（4）从而

$$\bar{f}_{IS} = \frac{0.97 \times (0.01)^2}{12 \times 10^{-12}} = 8.08 \times 10^6\text{s} = 2245.4\text{h}$$

（5）由图 4.41 得

无限大平板：$\bar{j}_{cs} = 1.27$　无限长圆柱：$\bar{j}_{ci} = 1.60$

（6）应用式（10.44）

$$\frac{1}{\bar{f}} = \frac{1}{2245.4} + \frac{1}{231.5}$$

$$\bar{f} = 209.86\ (\text{h})$$

（7）应用式（10.46）

$$\bar{j}_c = 1.27 \times 1.60 = 2.04$$

（8）根据扩散速率方程

$$\log(0.5-0.3) = -\frac{t}{209.86} + \log[2.04\times(0.5-0.05)]$$

$$t = 138.89 \text{ (h)}$$

（9）面条中心水分活度达到0.3所需要的时间为138.89 h，即5.8d。

习题①

10.1 水滴以自由下降速度穿过20℃的空气。空气相对湿度为10%，水滴为湿球温度。水蒸气在空气中的扩散系数为$0.2\times10^{-4}m^2/s$。试估计100μm直径水滴的对流传质系数。

10.2 由高水分食品向周围空气表面传递蒸汽的舍伍德数为2.78。如果产品在空气运动方向的大小为15cm，并且水汽在空气中的质量扩散系数为$1.8\times10^{-5}m^2/s$，试计算水分的对流质量传递系数。

10.3 某风味物质装在直径5mm的延时释放球体内。将球体置于液体食品中，在20℃温度下贮存一个月后完全释放出该风味物质。球体内的风味物质浓度为100%，其在液体食品中的质量扩散系数为$7.8\times10^{-9}m^2/s$。试估算该风味物质从延时释放球表面进入液体食品的稳定态质量通量。风味化合物的对流质量传递系数为50m/s。

10.4 某干燥剂用于除去温度为50℃、相对湿度为90%的空气流中的水汽。此干燥剂为长25cm、宽10cm的平板，并且其与空气流接触的表面维持0.04的水活度。空气流以5m/s的速度沿25cm板长度方向流动经过板表面。空气中的水汽质量扩散系数为$0.18\times10^{-3}m^2/s$。试计算水蒸气从空气流到干燥剂表面的质量流量。

*10.5 黄瓜用20% NaCl的盐水保藏。黄瓜的初始NaCl浓度为0.6%，水分含量为96.1%（湿基）。黄瓜表面对流质量传递系数足以使传质毕渥数大于100。NaCl在水中的质量扩散系数为$1.5\times10^{-9}m^2/s$。试估计2cm黄瓜中心盐浓度达到15%所需的时间。注意，黄瓜中的盐浓度百分数为每千克黄瓜所含NaCl的千克数，而盐水浓度为每千克水所含的NaCl千克数。

10.6 1cm厚的苹果片暴露于80%相对湿度中一周。一周后，苹果的水分活度由初始的0.1提高到0.6。产品表面的对流质量传递系数是$8\times10^{-3}m^2/s$。试估算水蒸气在苹果中的质量扩散系数。

符号

A 面积（m^2）

① 习题中带“*”号的解题难度较大。

a_w 水分活度
ρ 浓度（kg/m^3或 $kg \cdot mol/m^3$）
c_p 比热容［kJ/（kg·℃）］
d_c 特征尺寸（m）
E_p 渗透活化能（kcal/mol）
$\bar{f}$ 浓度梯度变化一个对数周期所需的时间（s）
$\bar{j}$ 质量传递的滞后系数（无量纲）
k 热导率［W/（m·℃）］
k_m 传质系数（m/s）
L 长度（m）
M 分子质量
$\dot{m}$ 质量流量（kg/s）
$\overline{N}_{Bi}$ 传质毕渥数
$\overline{N}_{Fo}$ 傅里叶传质质量
N_{Le} 路易斯数（无量纲）
N_{Re} 雷诺数（无量纲）
N_{Sc} 斯密特数（无量纲）
N_{Sh} 舍伍德数（无量纲）
p 气体分压（kPa）
P 渗透性系数
q 传热速率（W）
R 气体常数［m^3·Pa/（kg·K）］
r 极坐标（m）
R_u 通用气体常数［m^3·Pa/（kg·mol·K）］
σ 剪切应力（Pa）
S 溶解性［mol/（cm^3·atm）］
T 温度（K）
t 时间（s）
v 运动黏度（m/s）
u 流速（m/s）
W 湿度比（kg 水/kg 干空气）
x 距离坐标（m）
α 热扩散系数（m^2/s）
μ 黏度（Pa·s）

下标：A，组分 A；B，组分 B；E，组分 E；i，初始；IC，无限长圆柱；IS，无限大平板；m，介质；ma，质量平均；S，表面位置；x，可变距离；1，位置 1；2，位置 2。

参考文献

Bergman, T. L. , Lavine, A. S. , Incropera, F. P. , DeWitt, D. P. , 2011. Fundamentals of Heat and Mass Transfer, seventh ed. John Wiley and Sons, Inc. , New York.

Crank, J. , 1980. The Mathematics of Diffusion, second ed. Oxford University Press, London.

McCabe, W. L. , Smith, J. C. , Harriott, P. , 2004. Unit Operations of Chemical Engineering, seventh ed. McGraw – Hill, New York.

Pflug, I. J. , Blaisdell, J. L. , Kopelman, J. , 1965. Developing temperature-time curves for objects that can be approximated by a sphere, infinite plate, or infinite cylinder. ASHRAE Trans. 71 (1), 238 – 248.

Rotstein, E. , Singh, R. P. , Valentas, K. , 1997. Handbook of Food Engineering Practice. CRC Press, Boca Raton, Florida.

Treybal, R. E. , 1980. Mass Transfer Operations, third ed. McGraw – Hill, New York.

11

膜分离

膜分离系统已在化学工业中得到广泛应用。目前膜分离正在食品工业中得到较普遍的应用。食品工业中典型的膜分离应用的例子有：水的纯化，以及果汁、乳、酒精饮料和废水的浓缩和纯化。

食品工业最经常采用的浓缩方法是蒸发。在蒸发过程中，为了使产品中的水发生相变（见第8章），必须给产品提供足够的、相当于汽化潜热的热能。在蒸发器中，汽化潜热占了蒸发操作成本相当大的部分。在膜分离系统中，水从液体产品的分离不需要发生相变。

在膜分离系统中，含有两种（或两种以上）组分的流体与对某些组分（如流体中的水）通过有选择性的膜接触，结果被选择的组分比其他组分更容易通过膜。膜的物理化学性质（如孔径和孔径分布）对液体分离有影响。如图11.1所示，反渗透膜允许水通过，而不允许盐和糖通过。超滤膜可用于对组分进行分子水平的分馏分离。微滤用于悬浮粒子的分离。各种膜分离技术的应用如图11.2所示。

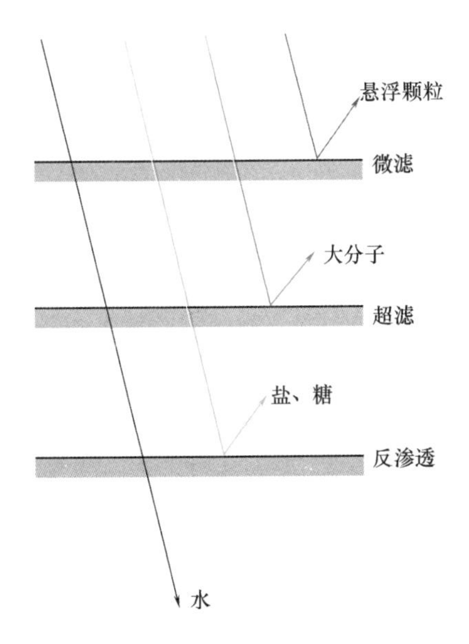

图11.1　利用膜系统分离不同大小分子的物质

（资料来源：Cheryon，1989）

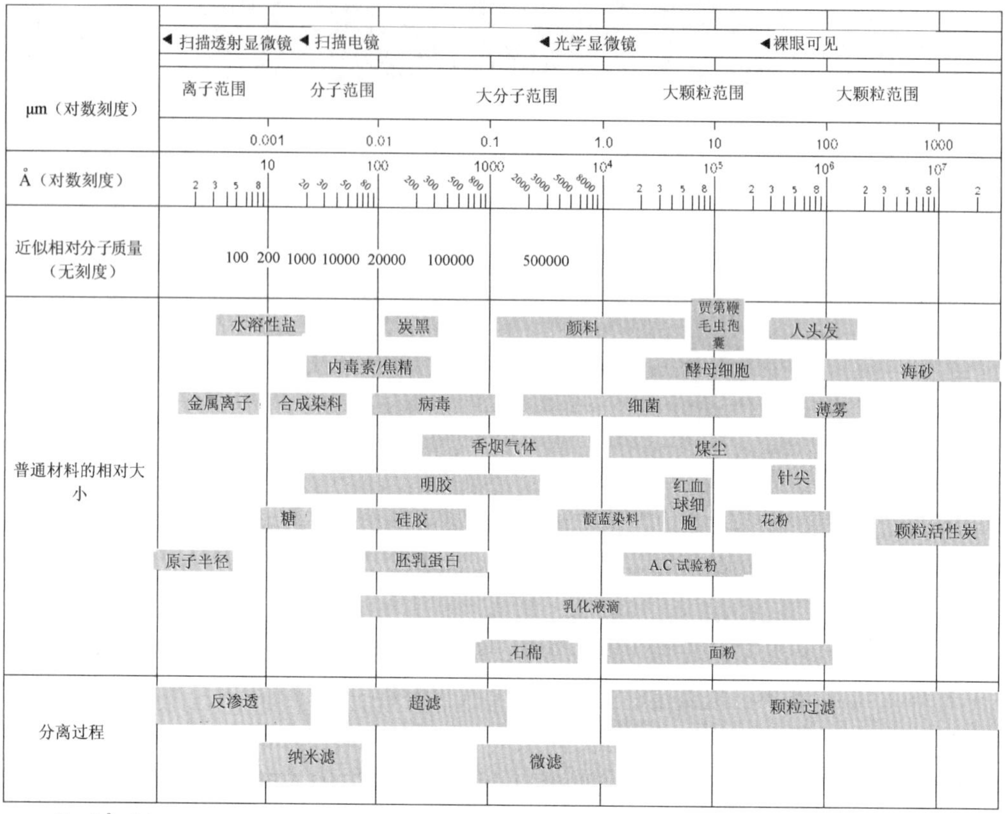

	◀扫描透射显微镜 ◀扫描电镜 ◀光学显微镜 ◀裸眼可见
μm（对数刻度）	离子范围 分子范围 大分子范围 大颗粒范围 大颗粒范围
	0.001 0.01 0.1 1.0 10 100 1000
Å（对数刻度）	2 3 5 8 10 20 30 50 80 100 200 300 500 800 1000 2000 3000 5000 8000 10^4 2 3 5 8 10^5 2 3 5 8 10^6 2 3 5 8 10^7 2
近似相对分子质量（无刻度）	100 200 1000 10000 20000 100000 500000
普通材料的相对大小	水溶性盐、炭黑、颜料、贾第鞭毛虫孢囊、人头发、内毒素/焦精、酵母细胞、海砂、金属离子、合成染料、病毒、细菌、薄雾、香烟气体、煤尘、明胶、针尖、红血球细胞、糖、硅胶、靛蓝染料、花粉、颗粒活性炭、原子半径、胚乳蛋白、A.C试验粉、乳化液滴、石棉、面粉
分离过程	反渗透、超滤、颗粒过滤、纳米滤、微滤

注：1Å=0.1nm

图 11.2 分离谱

（资料来源：Osmonic 公司）

选择组分的透过是驱动力作用的结果。在透析中，膜两侧的浓度差是驱动力，而在反渗透、超滤和微滤系统中，流体压强是主要的驱动力。微滤系统需要的流体压强最低（1～2bar）。超滤系统在较高的压强下操作；其操作压强范围在 1～7bar（即 15～100psig）。这些压强用于克服由（在 11.5 节讨论的）膜表面大分子层引起的流体阻力。反渗透系统为了克服渗透压，需要的流体压强要高许多，范围在 20～50bar（300～750psi）。

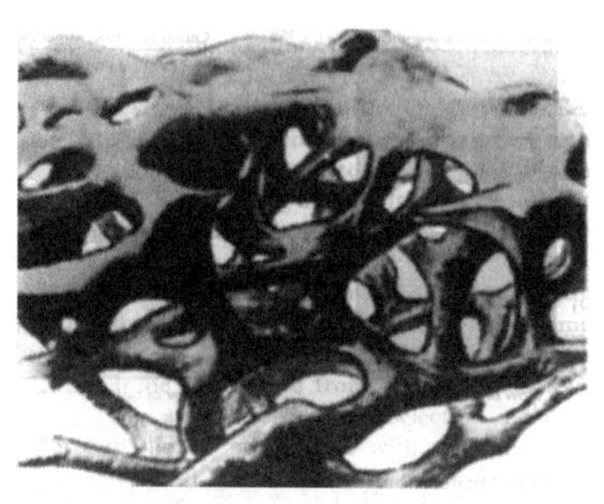

图 11.3 一种超滤膜的结构

要对选择性透过进行了解，最好先对膜的结构进行分析。如图 11.3 是一种由高分子链交联而成的膜材料示意。任何通过膜传输的物料必须通过膜的内部间隙。如果膜的内部间隙小，则输送物料会以挤压附近高分子链的方式通过膜。膜对通过物质运动的阻力与膜的“疏”“密”程度有关。含有许多交联键和容易结晶的高分子膜被认为是“密”的，因而它对输送物料的透过会产生相当大的阻力。

下面我们讨论三种类型的膜系统，即电渗析、反渗透和超滤。

11.1 电渗析系统

电渗析系统分离过程以溶液离子的选择性为基础。这类系统的膜对要通过的离子（阴离子或阳离子）有选择性。被选择的离子通过半透性膜时从水中脱除。这些膜不允许水的通过。

如果膜中的高分子链带有固定的负电荷，则这类膜对任何试图进入膜的阴离子会有排斥作用。如图 11.4 示意了这种作用。例如，带负电荷的高分子链对阳离子有吸引力，从而会让阳离子通过。在这类膜中，高分子链交联的间距应当足够大，以便尽量减小离子输送的阻力。同时，交联间距又不能太大，否则得不到足够的排斥力，从而也不能产生希望的选择性。如图 11.5 示意了电渗析系统利用离子选择性膜的情形。

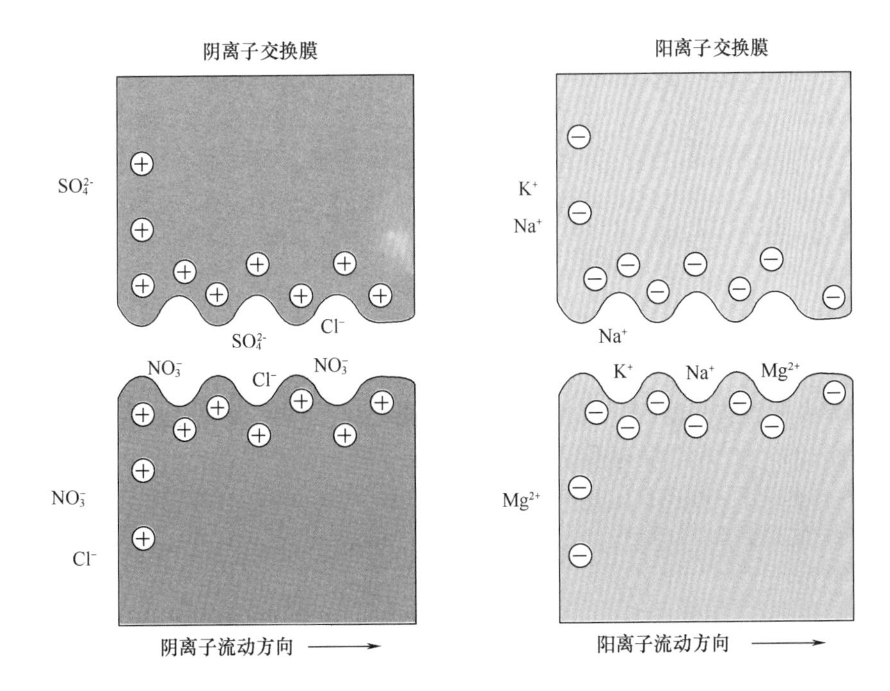

图 11.4　离子选择性膜中离子的运动

（资料来源：Applegate，1984）

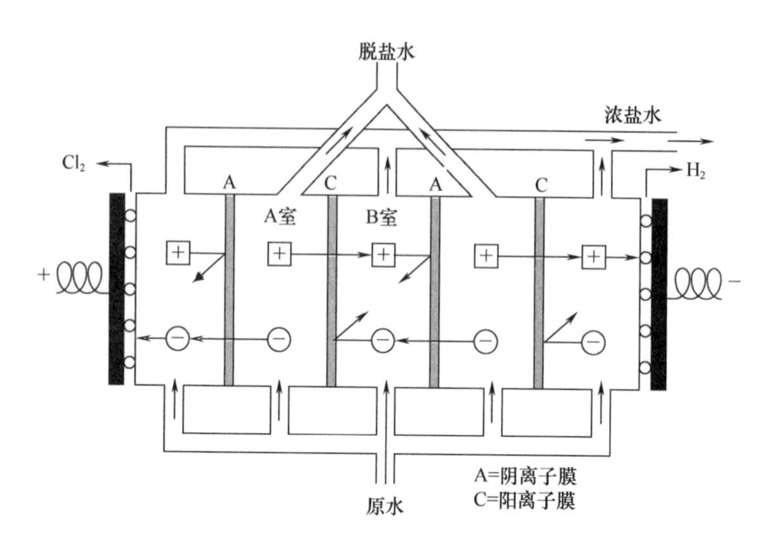

图 11.5　电渗析系统脱盐

（资料来源：Lacey，1972）

电渗析系统利用电流使离子通过膜。离子膜有固定的离子基团，这些基团与膜材料化学上是连在一起的。如图 11.5 所示，电渗析系统使用一组交替排列的阴、阳离子膜。相邻的膜夹成一个个（厚度为 0.5～1.0mm 的）含溶液的液槽。膜组的两端有提供电荷的电极。离子膜中高分子链上固定电荷只允许相容离子在膜内运动。因而，阳离子可以方便地在阳离子膜内运动，但会受到阴离子膜的排斥。

我们来分析一下阳离子（如盐溶液中的 Na^+）在系统中的路径（图 11.5）。A 室中的阳离子受到阴电极的吸引，可以方便地通过阳离子交换膜。但阴离子却受到排斥而又重新回到原来的溶液中。阳离子进入 B 室后，就不能继续向右运动，因为阴离子交换膜产生使它们朝左侧运动的排斥作用。因此，在交替相隔的液槽中得到了离子富集或脱去离子的溶液。

电渗析已经广泛用于膜分离脱盐加工中，这些膜可使离子通过，但不允许水通过。离开去离子液槽的水便是脱盐产品，而从离子富集液槽出来的是浓盐水。在脱盐应用中，阴离子选择性膜由带季胺基团的聚苯乙烯制成；阳离子选择性膜由带磺酸基团的聚苯乙烯制成。磺酸基团和胺基分别带负电和正电。带相反电荷的离子被吸引到离子膜，因而可以方便地从膜的一侧向另一侧迁移。这种离子迁移产生了电流。模中的孔隙很小，不能使水通过。电渗析过程不能去除胶体物质、细菌或非离子物质。

电渗析过程的能量消耗可用下式计算：

$$E = I^2 n R_c t \tag{11.1}$$

式中　E——能量消耗，J

I——通过膜组的电流，A

n——膜组中的槽数

R_c——液槽电阻，Ω

t——时间，s

电流可根据下式计算：

$$I = \frac{zF\dot{m}\Delta c}{U} \tag{11.2}$$

式中 z——电化价

F——法拉第常数，96500A/s 当量

$\dot{m}$——进料溶液的流量，L/s

Δc——进料与产品间的浓度差

U——电流利用因子

I——直流电，A

由式（11.1）和式（11.2）得

$$E = (nR_c t)\left(\frac{zF\dot{m}\Delta c}{U}\right)^2 \tag{11.3}$$

根据式（11.3），显然，对于水的脱离子应用，脱盐所需的能量与进料中的盐浓度成正比。盐浓度高，消耗的能量也相应地高。总溶解固形物低于 10000mg/kg 的水用电渗析处理一般来说不经济。通常，对于化学应用，最为经济的电渗析应用要求的进料总固形物含量（TDS）在 1000 ~ 5000mg/L，而得到的产品的总固形物含量为 500mg/L。美国公共健康饮用水标准要求自来水中的 TDS 不得超过 500mg/kg（虽然高达 1000mg/kg 也被认为可接受）。表 11.1 给出了不同水平盐水的总固形物含量。

在日本，电渗析被广泛用于从海水中提取食盐。电渗析的其他应用包括对乳清和橙汁脱盐。

表 11.1 盐水总溶解固形物含量

水种类	总溶解固形物/（mg/kg）
淡水	<1000
盐味水	
盐味适中	1000 ~ 5000
盐味适度	5000 ~ 15000
盐味重	15000 ~ 35000
海水	35000（近似）

11.2 反渗透膜系统

人们常用植物或动物膜将含有不同溶质浓度的两种溶液隔开，而纯水可以通过膜。水由水浓度高（溶质浓度低）的溶液向水浓度低（溶质浓度高）的溶液迁移，最终使得膜两侧的水浓度相等。这种水的运动通常称为渗透。植物根从土壤吸收水分便是一种渗透现象。植物根毛周围土壤的水含量通常很高，而植物根细胞中由于有溶解糖、盐和其他物质的缘故而水含量低。渗透扩散作用使土壤中的水进入根毛。

现以含盐水溶液为例进行讨论。在图 11.6（a）中，半透性膜将相同溶质浓度的溶液分成 A 和 B 两个室。由于溶剂（水）在膜两侧的化学势相等，因而没有经过膜的净水流动发生。在图 11.6（b）中，A 室溶液的溶质浓度比 B 室溶液的溶质浓度高；也就是说，A 室的水浓度比 B 室的低。这也意味着 A 室溶剂（水）的化学势与要比 B 室的低。结果，水会从 B 室流向 A 室。如图 11.6（c）所示，由于这种水的运动，会使 A 室中水的体积增加。一旦达到平衡，则增加的体积代表了压头（或压强）的变化，这个压强差与溶液的渗透压相等。如果外压大于 A 室内溶液的渗透压［图 11.6（d）］，则 A 室中水的化学势将增加，结果水会由 A 室流向 B 室。由外压超过渗透压引起的使水朝相反方向流动的过程称为反渗透。

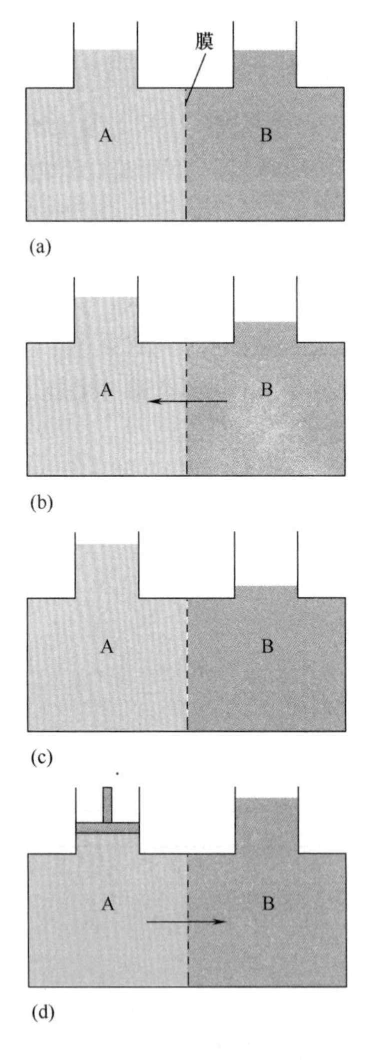

图 11.6　反渗透过程：（a）A 和 B 室的溶质浓度相等；（b）水从 B 室向 A 室运动；（c）渗透压平衡；（d）反渗透水从 A 室向 B 室运动

反渗透膜系统是应用外压将水从水－溶质混合物中除去的系统。与电渗析不同，用于反渗透系统的膜必须能透过水。

20世纪50年代，人们发现高度组织化的醋酸纤维高分子材料含有能与水（及其他溶剂，如氨和酒精等）缔合成氢键的基团。如图11.7所示为醋酸纤维聚合物的化学结构。水分子中的氢与醋酸纤维中的羰基结合成键。这种出现在膜侧面的水分子氢键，随后会通过与相邻基团结合成键的方式，做通过膜的运动。在水分子朝另一侧透过过程中一直发生这种作用。如图11.7所示，聚合物必须带有高度组织化的羰基，否则水分子不能透过膜。水分子从一个氢键位置向下一个氢键位置运动的驱动力是膜两侧的压强差。

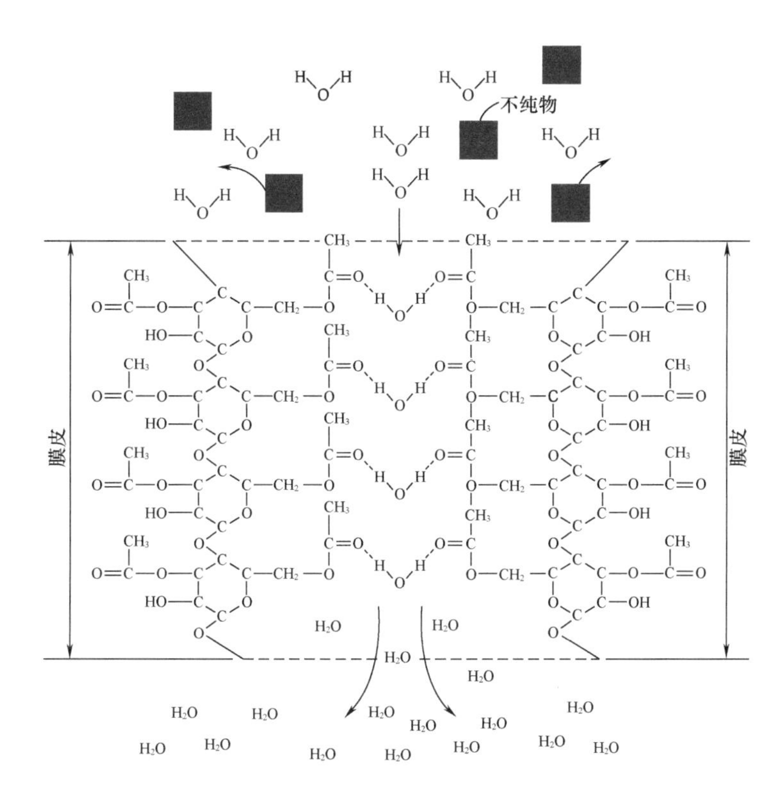

图11.7 水通过醋酸纤维膜运动
（资料来源：Lacey，1972）

聚合物膜结构上存在聚合物链与间隙。由于用作反渗透膜的聚合物是高度组织化的，因此它的结构也一定紧密，从而内部的间隙很小。

为了得到高的膜通量，膜的厚度必须小。20世纪50年代后期，Loeb和Sourirajan发明了一种方法，将相当致密的各向异性醋酸纤维膜贴在支撑性基质结构材料上。自他们最初发现以后，在膜材料的选择方面取得了许多进展。

在反渗透系统中水是称为“透过物”的渗透物质，而留下溶质的浓缩液称为“保留物”。

稀溶液的渗透压（Π）可以用范托夫方程求取，这一方程利用了稀溶液的依数性。

$$\Pi = \frac{cRT}{M} \tag{11.4}$$

式中 Π——渗透压，Pa

c——溶液的溶质浓度，kg/m³

T——热力学温度，K

R——气体常数

M——摩尔质量

例 11.1

请估计 20℃时，总固形物含量为 11% 的橙汁的渗透压。

已知：

固形物浓度 =11% =0.11 kg 固形物/kg 产品

温度 =20℃ =293K

方法：

利用范托夫方程（式 11.4）进行计算，并假定橙汁中影响渗透压的主要成分是葡萄糖。

解：

（1）根据碳水化合物的密度 1593kg/m³估计橙汁的密度。

$$\rho = 0.11 \times 1593 + 0.89 \times 998.2$$

$$= 1063.6\ (\mathrm{kg/m^3})$$

（2）式（11.4）中的浓度 c 为

$$c = 0.11\ (\text{kg 固形物/kg 产品}) \times 1063.6\ (\mathrm{kg/m^3})$$

$$= 117\ \text{kg 固形物} \cdot \mathrm{m^3}\ \text{产品}$$

（3）利用式（11.4）

$$\Pi = \frac{117\ (\text{kg 固形物/m}^3\ \text{产品}) \times 8.314\ [\mathrm{m^3 \cdot kPa/(mol \cdot K)}] \times 293\ (\mathrm{K})}{180\ (\mathrm{kg/mol})}$$

（4）$\Pi = 1583.5$ kPa

由式（11.4）我们可以看出，小分子溶液的渗透压较高。另一个计算渗透压的方程，适用的溶液范围更广，精度也较高，利用了吉布斯关系的这一方程形式如下：

$$\Pi = -\frac{RT\ln X_A}{V_m} \tag{11.5}$$

式中 V_m——纯液体的摩尔体积

X_A——纯液体的摩尔分数

表 11.2 给出了某些食品材料的渗透压值。小分子组分的食品渗透压较高。有关食品或食品组分的渗透压值的数据相当有限。这些数据在膜处理中非常重要。例如，为了用反渗透膜对某种料液进行分离，提供的压强必须超过原料液的渗透压。

表 11.2 室温下食品及食品组分的渗透压

食品	浓度	渗透压/kPa
乳	9%非脂乳固形物	690
乳清	6%总固形物	690
橙汁	11%总固形物	1587
苹果汁	15%总固形物	2070
葡萄汁	16%总固形物	2070
咖啡提取物	28%总固形物	3450
乳糖	50g/L	380
氯化钠	10g/L	862
乳酸	10g/L	552

资料来源：Cheryan（1998）

例 11.2

请用吉布斯关系式，估计 20℃时、总固形物含量为 11%的橙汁的渗透压。

已知：

固形物浓度 = 11%

温度 = 20℃

方法：

吉布斯关系就是式（11.5），需要计算纯液体的摩尔体积和摩尔分数。

解：

（1）根据总固形物含量为 0.11kg 固形物/kg 产品，得摩尔分数为：

$$X_A = \frac{\frac{0.89}{18}}{\frac{0.89}{18}+\frac{0.11}{180}}$$

$$=0.9878$$

（2）水的摩尔体积为：

$$\frac{1}{V_m}=\frac{0.89\ (\text{kg 水/kg 产品})\ \times 1063.6\ (\text{kg 产品/m}^3\ \text{产品})}{18\ [\text{kg/}\ (\text{kg}\cdot\text{mol})]}$$

$$=0.019\text{m}^3/\text{mol}$$

其中产品的密度由例 11.1 得到。

（3）利用式（11.5）得

$$\Pi=-\frac{8.314\ [\text{m}^3\cdot\text{kPa/}\ (\text{kg}\cdot\text{mol}\cdot\text{K})]\ \times 293\ (\text{K})}{0.019\ [\text{m}^3/\ (\text{kg}\cdot\text{mol})]}\ln 0.9878$$

$$\Pi=1573.8\text{kPa}$$

在建立膜通量与膜两侧压差关系时可利用哈根－泊肃叶定律，因此

$$N = K_p\ (\Delta P - \Delta \Pi) \tag{11.6}$$

式中 N——溶剂渗透的通量

K_p——膜渗透性系数

ΔP——膜两侧的静压差

$\Delta \Pi$——膜两侧液体的渗透压差

Matsuura 等人（1973）提出了更为专门的通过反渗透膜的水通量表达式：

$$N = K_p\ [\Delta P - \pi\ (X_{c2})\ + \pi\ (X_{c3})] \tag{11.7}$$

式中 X_{c2}——膜表面浓缩边界层溶液中碳的质量分数

X_{c3}——透过水中碳的质量分数

X_c通常表示被分离溶液中碳的质量分数，X_{c2}的大小会超过原料液和离开系统浓缩产品的碳含量。Matsuura 等人（1973）建议用下式求渗透性系数：

$$K_p = \frac{N_w}{3600 A_e \Delta P} \tag{11.8}$$

式中 N_W——有效膜面积条件下纯水的渗透速率

A_e——有效膜面积

K_p——其大小是膜性质的函数，如孔隙率、孔径分布和膜的厚度等

此外，溶剂的黏度也对渗透性系数有影响。对于高排斥性（即它们不允许大多数水中不纯物通过）膜，可以忽略透过物的渗透压。Matsuura 等人（1973）测量过醋酸纤维膜的渗透性系数，发现其值为 3.379×10^{-6}kg 水/（m^2 · kPa）。

Matsuura 等（1973）提出了另一种如下所示的反渗透操作中水通量表达式：

$$N = S_p\left(\frac{1 - X_{c3}}{X_{c3}}\right)(c_2 X_{c2} - c_3 X_{c3}) \tag{11.9}$$

$$N = k_m c_1 (1 - X_{c3}) \ln\left(\frac{X_{c2} - X_{c3}}{X_{c1} - X_{c3}}\right) \tag{11.10}$$

其中，S_p是溶质输送参数，它是溶质和膜性能的函数。表 11.3 给出了测量到的溶质输送参数的一般范围。式（11.9）和式（11.10）中的浓度（c_1、c_2、c_3）的单位是 kg 水/m^3，分别代表进料、膜边界处和通过膜溶液的浓度。对流质量传递系数（k_m）是膜表面产品流动的函数，此值可以通过第 10 章中的无量纲表达式来估计。

液体的渗透压值有助于对膜的选择，因为所选择的膜在物理上必须能够支持高于渗透压的膜两侧压差。

表 11.3 4137kPa（600psig）[①]条件下进料浓度对果汁溶质 $D/K\delta$ 的影响

膜序号	进料溶液	进料液中碳含量/（mg/kg）	可溶物输送参数 S_p/（$\times 10^5$cm/s）
J7	苹果汁	29900	0.81
		43800	0.84
		61900	0.66

续表

膜序号	进料溶液	进料液中碳含量/（mg/kg）	可溶物输送参数 S_p/（$\times10^5$cm/s）
J7	苹果汁	84800	0.36
J8	菠萝汁	29800	0.64
		47300	0.43
		62200	0.24
		80400	0.35
J9	橙汁	30800	1.32
		45000	0.97
		80200	1.18
J10	柚子汁	31700	0.66
		45900	0.35
		58500	0.77
		86900	0.43
J11	葡萄汁	33300	1.12
		48100	0.63
		62700	0.39
		81500	0.69

资料来源：Matsuura 等（1973）。

注：①实验在非流动型装置中完成。

11.3 膜的性能

水通过膜的流量由下式表示：

$$\dot{m}_w=\frac{K_wA\left(\Delta P-\Delta\Pi\right)}{t} \tag{11.11}$$

式中 $\dot{m}_w$——水的流量，kg/s

ΔP——膜两侧的静压差，kPa

$\Delta\Pi$——膜两侧液体的渗透压差，kPa

t——时间，s

A——面积，m^2

K_w——通过膜的水渗透性系数，kg/（m^2·kPa）

溶质通过膜的流量由下式计算：

$$\dot{m}_s = \frac{K_s A \Delta c}{t} \tag{11.12}$$

式中　$\dot{m}_s$——溶质的流量

Δc——膜两侧溶质浓度差，kg/m³

K_s——溶质渗透性系数，L/m

由式（11.11）和式（11.12）可以看出，显然，通过增加膜两侧的静压强梯度，可以提高水通过膜的流量。静水压梯度对溶质的流量没有影响。溶质流量受膜两侧的浓度梯度影响。

膜的性能经常用“保留因子”（R_f）描述：

$$R_f = \frac{(c_f - c_p)}{c_f} \tag{11.13}$$

式中　c_f——进料液中溶质的浓度，kg/m³

c_p——透过物中溶质的浓度，kg/m³

另一个用于描述膜分离性能的因子是“折射因子”（R_j）

$$R_j = \frac{(c_f - c_p)}{c_p} \tag{11.14}$$

膜分离性能可以用“分子截留量”，即溶质中能通过膜的最大分子质量来描述。

另一个用于表示膜分离性能的量是百分转化率，Z。

$$Z = \frac{\dot{m}_p \times 100}{\dot{m}_f} \tag{11.15}$$

式中　$\dot{m}_p$——产品流量

$\dot{m}_f$——进料流量

因此，70%的百分转化率操作是指100kg/h的进料将产生70kg/h的产品（透过物）和30kg/h的保留物。

11.4　超滤膜系统

超滤膜的孔隙比反渗透膜的大得多。超滤膜主要用于分级分离目的：即将高低不同的分子质量溶质分离开来。由于超滤膜有较大的孔径，因此与反渗透膜系统相比，超滤膜系统要求的静水压驱动力要小得多。通常，超滤膜系统要求的压强范围在70～700kPa。如图11.2所示，超滤膜孔大小范围在0.001～0.02mm，截留相对分子质量范围在1000～80000。

通过超滤膜的通量可以由下式计算得到：

$$N = KA\Delta P \tag{11.16}$$

式中　ΔP——膜两侧的压强差

K——膜渗透性常数，kg/（m²·kPa·s）

A——膜面积，m²

例 11.3

利用超滤膜分离水的方法对乳清进行浓缩。进料的固形物含量为6%，流量为10kg/min，要求将乳清浓缩到总固形物含量20%。膜管的内径为5cm，提供的压强为2000kPa。如果膜管的渗透性常数为4×10^{-5}kg 水/（m^2·kPa·s），请估计水通过膜的通量。

已知：

进料浓度 =6% 总固形物 =0.06 kg 溶质/kg 产品

最终浓度 =20% 总固形物 =0.2 kg 溶质/kg 产品

膜管直径 =5cm =0.05m

操作压强 =2000kPa

膜渗透常数 =4×10^{-5}kg 水/（m^2·kPa·s）

方法：

利用式（11.16）及质量衡算确定质量通量及膜管的长度。

解：

（1）利用膜系统的质量衡算

$$\text{进料} = \text{水通量} + \text{浓缩产品}$$
$$10 = N + N_p$$

及

$$10(0.06) = N_p(0.2)$$
$$N_p = 3 \text{ kg 浓缩产品/min}$$

从而

$$N = 7 \text{ kg 水/min（通过膜）}$$

（2）利用式（11.16）

$$A = \frac{7(\text{kg/min})}{4 \times 10^{-5}\text{kg 水/}(\text{m}^2 \cdot \text{kPa} \cdot \text{s}) \times 2000(\text{kPa}) \times 60(\text{s/min})}$$
$$A = 1.46\text{m}^2$$

（3）由于 $d = 0.05$cm，所以

$$L = \frac{1.46(\text{m}^2)}{\pi \times 0.05(\text{m})} = 9.28\text{m}$$

11.5 浓度极化

在膜分离操作中，当含有盐和颗粒的溶液靠近半透性膜时，一些分子会在膜表面的边界层积聚（图 11.8）。这样，在膜表面附近边界层上的保留物浓度会比主体溶液中的浓度高。这一现象称为浓度极化，它对膜系统的操作有很大的影响。

浓度极化在反渗透和超滤系统均会出现。此外，浓度极化的原因相同，但影响的结果有所不同。在反渗透操作中，低分子质量物质被保留在膜的表面，增加了膜表面的溶质浓度，也增加了膜表面的渗透压［式（11.4）］。在给定的膜操作压强下，增加渗透压会降

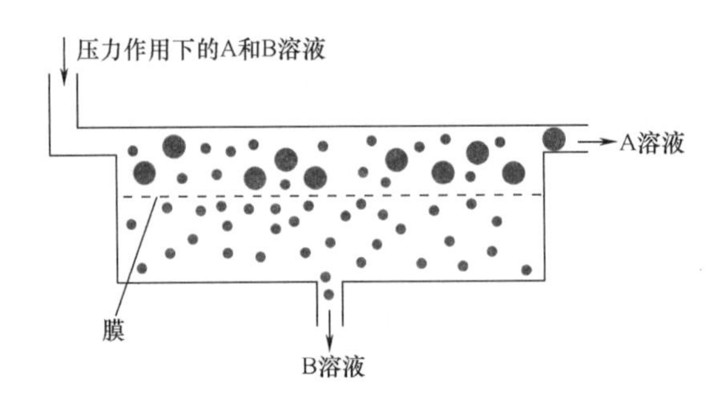

图 11.8　压力驱动式膜分离系统的分离过程

低膜的通量［式（11.6）］。在超滤膜中，因为被保留在膜表面的是些大分子，它们对渗透压的影响较小。然而，这些保留的分子会在膜的表面产生沉淀和形成固形物层。这种形成凝胶的现象将在本节后面进行讨论。

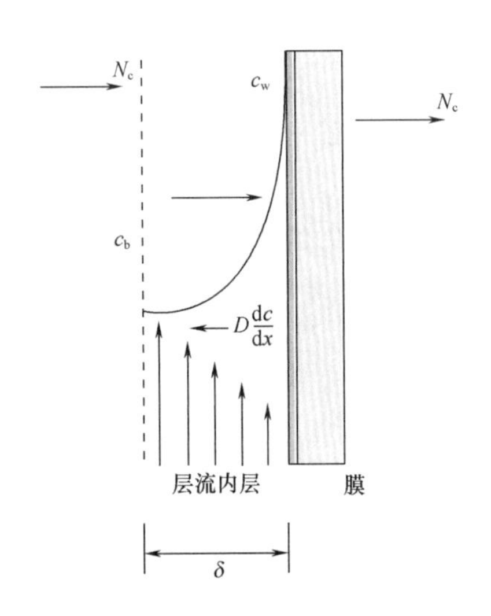

图 11.9　反映浓度极化的超滤过程中的溶质浓度
（资料来源：Schweitzer，1979）

膜表面的溶质浓度分布可用图 11.9 说明。溶质透过膜时，溶质在膜表面的浓度 c_w，将比主体溶液中的溶质浓度 c_b 高。这是因为溶质朝膜运动时的对流性传输所致。由于在膜表面溶质浓度增加，在膜壁与主体溶液间会出现一个浓度梯度，从而导致溶质的反向扩散。在稳定态时，反向扩散必须与对流性通量相等。溶质对流性传输的速率可以写成

$$\text{溶质对流性传输} = N_c c \tag{11.17}$$

式中　N_c——透过物的通量速率，$m^3/(m^2 \cdot s)$

　　c——溶质的浓度，kg/m^3

在膜表面受到折射的溶质反向朝主体液体运动。溶质反向传输速率可以表示为

$$\text{溶质反向传输速率} = D\frac{dc}{dx} \tag{11.18}$$

式中　D——溶质的扩散系数，m^2/s

在稳定态条件下，溶质对流传输等于浓度梯度引起的反向传输。因此，

$$D\frac{\mathrm{d}c}{\mathrm{d}x}=N_{c}c \tag{11.19}$$

分离变量并根据以下边界条件：$x=0$ 处 $c=c_{w}$，$x=\delta$ 处 $c=c_{b}$进行积分得

$$\frac{N_{c}\delta}{D}=\ln\frac{c_{w}}{c_{b}} \tag{11.20}$$

$$N_{c}=\frac{D}{\delta}\ln\frac{c_{w}}{c_{b}} \tag{11.21}$$

上式也可以重排成

$$\frac{c_{w}}{c_{b}}=\exp\left(\frac{N_{c}\delta}{D}\right) \tag{11.22}$$

根据式（11.22），c_{w}/c_{b}（也称为浓度膜）膜的通量和边界层厚度呈现指数增加关系，但随溶质扩散系数值增加呈负指数下降关系。因此，在高透性膜（如超滤膜）及溶质分子质量较大时，浓度极化尤其严重。边界层厚度是膜表面流动状态的结果。

以上推导对反渗透和超滤膜均适用。在超滤膜情形下，如上所述，膜表面的溶质浓度会迅速升高，并且有可能出现沉淀，形成凝胶层（图 11.10）。这一凝胶层对渗透作用的阻力可能比膜本身的阻力来得大。在这类情形下，凝胶层表面的溶质浓度不再受主体溶液溶质浓度、膜的特性、操作压强或流动条件的影响。

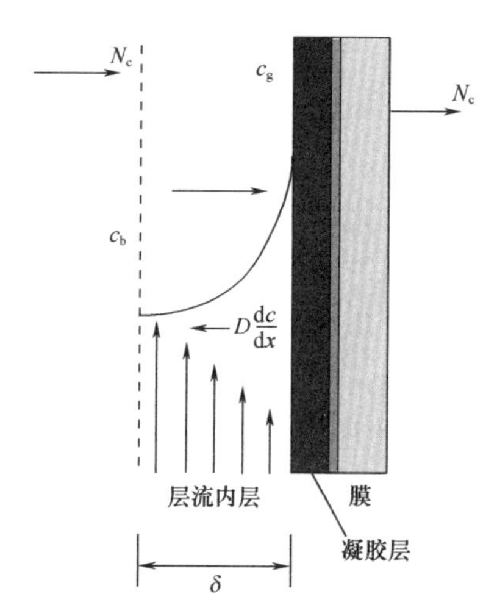

图 11.10 反映凝胶层形成的超滤膜浓度分布曲线
（资料来源：Schweitzer，1979）

针对操作压强不再对通量产生影响的情形，可以将式（11.22）重写成

$$N_{c}=k_{m}\ln\left(\frac{c_{w}}{c_{b}}\right) \tag{11.23}$$

式中 k_{m}——传质系数，L/（m^{2}·h）

式（11.23）表明，超滤速率主要受主体液中溶质浓度（c_{b}）及传质系数 k_{m}的影响。传质系数可以通过无量纲分析来加以估计。

$$N_{Sh}=(N_{Re})^{a}(N_{Sc})^{b} \tag{11.24}$$

其中，

舍伍德数，$N_{Sh}=\frac{k_m d_c}{D}$

雷诺数，$N_{Re}=\frac{\rho \bar{u} d_c}{\mu}$

斯密特数，$N_{Sc}=\frac{\mu_c}{\rho D}$

$d_c=4\left(\frac{有效流动截面}{浸润周边}\right)$

对于湍流，

$$N_{Sh}=0.023\ (N_{Re})^{0.8}\ (N_{Sc})^{0.33} \tag{11.25}$$

例 11.4 和例 11.5 是两个利用无量纲分析确定传质系数的例子（Cheryan，1998）。

常用的超滤膜材料包括醋酸纤维、聚氯乙烯、聚砜、聚碳酸酯和聚丙烯腈。

例 11.4

反渗透（RO）系统用于浓缩温度为 20℃、总固形物含量为 10.75 的苹果汁。该系统有 10 根直径为 1.5cm 的膜管，进料流量为 150kg/min。进料液的密度为 1050kg/m^3、黏度为 1×10^{-3}Pa·s。当溶质扩散系数为 8×10^{-8}m^2/s、操作压强为 6895kPa 时，请估计通过 RO 膜的水通量。

已知：

进料浓度 = 0.1075kg 固形物/kg 产品

进料流量 = 150kg/min 或 每根管 15kg/min

进料准密度 = 1050 kg/m^3

进料准黏度 = 1×10^{-3} Pa·s

方法：

利用式（11.7）和式（11.10）估计膜边界层上的摩尔浓度。确定膜边界层浓度以后，用式（11.7）估计水的通量。

解：

（1）由于式（11.10）中需要用到对流传质系数 k_m，因此要用无量纲关系式［式（11.24）］进行求解。

（2）根据 15kg/min 的质量流量：

$$\bar{u}=\frac{15\ (\text{kg/min})}{\left[\pi\frac{(1.5/100)^2}{4}\right](\text{m})^2\times60\ (\text{s/min})\ \times1050\ (\text{kg/m}^3)}$$

$$=1.35\text{m/s}$$

（3）然后求雷诺数：

$$N_{Re}=\frac{1050\ (\text{kg/m}^3)\ \times1.35\ (\text{m/s})\ \times0.015\ (\text{m})}{1.0\times10^{-3}\ (\text{Pa}\cdot\text{s})}$$

$$=21263$$

（4）再求斯密特数：

$$N_{Sc}=\frac{1\times10^{-3}\ (Pa\cdot s)}{1050\ (kg/m^3)\ \times\ (8\times10^{-8})\ (m^2/s)}=11.9$$

（5）利用式（11.25），

$$N_{Sh}=0.023\times21263^{0.8}\times11.9^{0.33}=150.9$$

及

$$k_m=\frac{150.9\times\ (8\times10^{-8})}{0.015}=8.05\times10^{-4}\ (m^2/s)$$

（6）利用式（11.7），

$$K_p=3.379\times10^{-6}\text{kg 水/（}m^2\cdot s\cdot kPa\text{）（对于醋酸纤维膜）}$$

利用式（11.4）

$$\Pi=\frac{0.1075\times1050\ (kg/m^3)\ \times8.314\ [m^3\cdot kPa/\ (kg\cdot mol\cdot K)]\ \times293\ (K)}{180\ [kg/\ (kg\cdot mol)]}$$

$=1528kPa$

X_{c2} = 未知

X_{c3} = 假设为零

$\Delta P=6895kPa$

（7）利用式（11.10），

其中，c_1 =（0.1075kg 固形物/kg 产品）×（1050kg 产品/m^3产品）

=112.875 kg 固形物/m^3产品

$k_m=8.05\times10^{-4}m^2/s$

X_{c3} = 假定为零

$X_{c1}=0.0438$（由表 11.3 查得的碳质量分数）

从而

$$N=112.875\text{（kg 固形物/}m^3\text{ 产品）}\times\ (8.05\times10^{-4})\ (m^2/s)\ \times\ln\left(\frac{X_{c2}}{0.0438}\right)$$

（8）利用式（11.7）和式（11.10）：

$$X_{c2}=0.0565$$

此为膜边界层处的碳质量分数。

（9）将 X_{c2}的值代入第（7）步计算得

$$N=23.1\times10^{-3}\text{kg 水/（}m^2\cdot s\text{）}$$

$$=1.388\text{kg 水/（}m^2\cdot min\text{）}$$

$$=83.3\text{kg 水/（}m^2\cdot h\text{）}$$

例 11.5

请确定用于浓缩牛乳的管式超滤系统的通量。系统的条件如下：乳的密度 = 1.03g/cm^3、黏度 = 0.8cP、扩散系数 = 7×10^{-7} cm^2/s，c_B = 3.1%（单位体积质量）。膜管的直径 = 1.1cm、长度 = 220cm、管数 = 15、流速 = 1.5m/s。

已知：

乳的密度 = 1.03g/cm^3 = 1030kg/m^3

乳的黏度 = 0.8cP = 0.8 $\times 10^{-3}$ Pa · s

质量扩散系数 = $7 \times 10^{-7} cm^2/s = 7 \times 10^{-11} m^2/s$

主体浓度 = 0.031kg/m^3

凝胶浓度 = 0.22kg/m^3

膜管直径 = 0.011m

膜管长度 = 220cm = 2.2m

膜管数量 = 15

流速 = 1.5m/s

方法：

利用无量纲方程估计对流传质系数，用式（11.23）确定水的通量。

解：

（1）计算雷诺数：

$$N_{Re} = \frac{1030\ (kg/m^3) \times 1.5\ (m/s) \times 0.011\ (m)}{0.8 \times 10^{-3}\ (Pa \cdot s)} = 21244$$

（2）计算斯密特准数

$$N_{Sc} = \frac{0.8 \times 10^{-3}\ (Pa \cdot s)}{1030\ (kg/m^3) \times (7 \times 10^{-11})\ (m^2/s)} = 11.1 \times 10^3$$

（3）由于是湍流，因此

$$N_{Sh} = 0.023 \times 21244^{0.8} \times (11.1 \times 10^3)^{0.33}$$

$$N_{Sh} = 1440$$

（4）从而

$$k_m = \frac{1440 \times (7 \times 10^{-11})\ (m^2/s)}{0.011\ (m)}$$

$$= 9.16 \times 10^{-6} m/s$$

（5）利用式（11.23）

$$N = (9.16 \times 10^{-6})\ (m/s) \times 998.2\ (kg/m^3) \times \ln\left(\frac{0.22}{0.031}\right)$$

$$= 0.018 kg/(m^2 s)$$

（6）计算总膜面积

$$A = \pi \times 0.011 \times 2.2 = 0.076 m^2/管$$

$$总面积 = 0.076 \times 15\ 管 = 1.14 m^2$$

（7）通过膜的水总通量为

水总通量 = [64.8kg 水/（$m^2 \cdot h$）]（1.14m^2）= 73.87kg 水/h

11.6 反渗透和超滤系统的类型

反渗透和超滤系统中主要使用四种类型的膜组件：板框式、管式、螺旋式和中空纤维式。表 11.4 对这四种类型的膜作了一般比较。以下对每种类型的膜进行简单讨论。

11.6.1 板框式

板框架式膜系统由许多平板膜与隔板交替相叠而成。如图 11.11 所示，隔板提供了流动通道。(通常 50 ~ 500 μm 厚的) 膜贴在惰性多孔板上，多孔板的流动阻力很小。进料和保留物走交替相隔的通道。这种膜的安排与第 4 章描述的板式换热器非常相似。

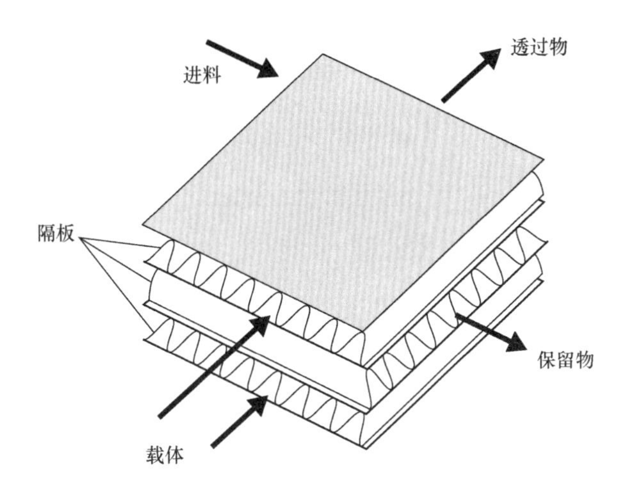

图 11.11 板框式膜分离系统的模式

表 11.4 处理特性相关的膜构型特性比较

特性	板框式	螺旋式	壳管式	中空纤维式
装载密度/ (m^2/m^3)	200 ~ 400	300 ~ 900	150 ~ 300	9000 ~ 30000
通量/ [m^3/ (m^2 · d)]	0.3 ~ 1.0	0.3 ~ 1.0	0.3 ~ 1.0	0.004 ~ 0.08
能量密度/ [m^3/ (m^3 · d)]	60 ~ 400	90 ~ 900	45 ~ 300	36 ~ 2400
进料口径/mm	5	1.3	13	0.1
膜更换方式	换膜片	换膜组件	换膜管	换整个膜组件
膜更换劳动强度	大	中	大	中
压降				
产品侧	中	中	低	高
进料侧	中	中	高	低
浓度极化	高	中	高	低
悬浮物积累	低/中	中/高	低	高

11.6.2 管式

管式构型是第一种商业反渗透系统的膜构型。它由多孔性管及涂在上面的膜材料（如醋酸纤维）构成。通常，泵送进入管内的进料液被迫从径向通过多孔壁，最后通过分离膜（图 11.12）。水从膜的外表面渗出，而浓缩“保留”液从管的出口端流出。这种类型的膜在大体积流量情况下费用较贵，因为膜面积相对较小。

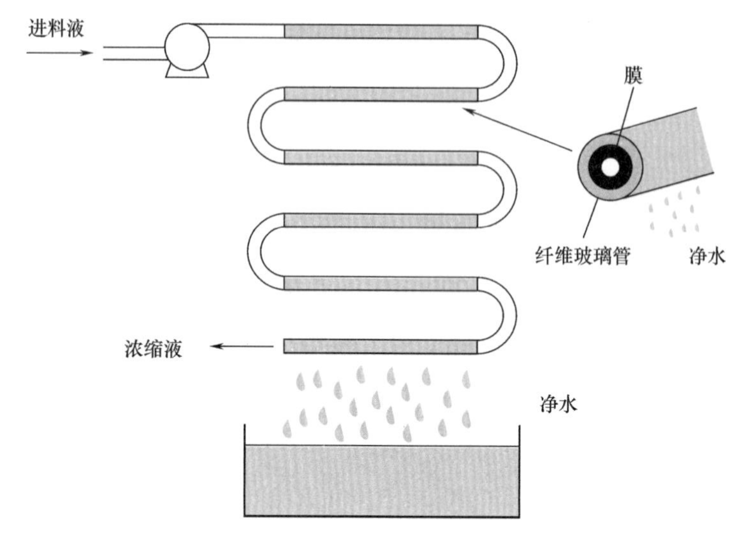

图 11.12　管式膜系统

11.6.3　螺旋式

螺旋式是在管式膜结构后出现的一种主要的商业化膜构型，其目的是增加单位体积装置的膜面积。如图 11.13 所示，这种构型的膜可以看成是多层式的构型。两层膜由一层塑料网隔开，膜的两面是多孔薄片。这五层材料螺旋地卷绕在一根开有许多小孔的管子上。卷层的两端是密封的，以防进料与产品流的混合。整个螺旋卷筒装在耐压的管式金属套筒内。用泵送入的料液从螺旋卷筒多孔管一端进入。料液进入（有助于产生湍流防止结垢的）塑料网内，然后径向透过分离膜进入多孔层。透过物（水）在多孔薄层内以螺旋方式行进，通过出口管离开膜组件，而保留物通过螺旋卷筒的另一端离开膜组。螺旋膜组件

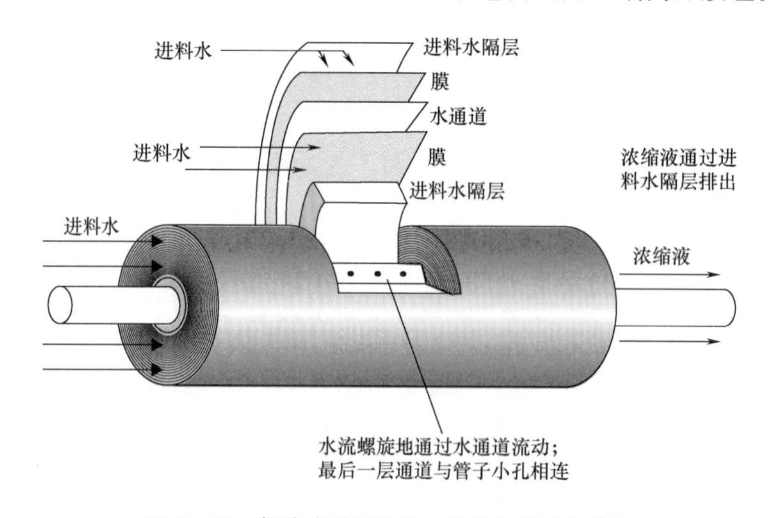

图 11.13　螺旋式膜系统的水流动方式示意截面

的典型尺寸为：直径 11cm、长 84cm、膜间距 0.7mm、膜面积 $5m^2$。反渗透和超滤装置中使用的螺旋膜构型相似。

11.6.4 中空纤维

杜邦公司于 1970 年首先引入使用芳纶中空纤维。中空纤维如头发丝一般细，内径约 40μm，外径约 85μm。许多中空纤维（几百万）成束地装在一个多孔分配管内（图 11.14）。在反渗透系统中，中空纤维束的两端用环氧树脂胶住。这类纤维具有相当大的表面积，因此，中空纤维膜系统结构可以做得非常紧凑。进料水通过分配管引入；沿中空纤维外侧进入纤维内腔后朝纤维端流动，由透过液出口端流出膜组件。保留物（即盐水）留在中空纤维管的外侧，从组件的盐水出口端离开膜组件。中空纤维主要用于水的纯化。液体食品难于用中空纤维系统处理，因为容易出现纤维结垢问题。

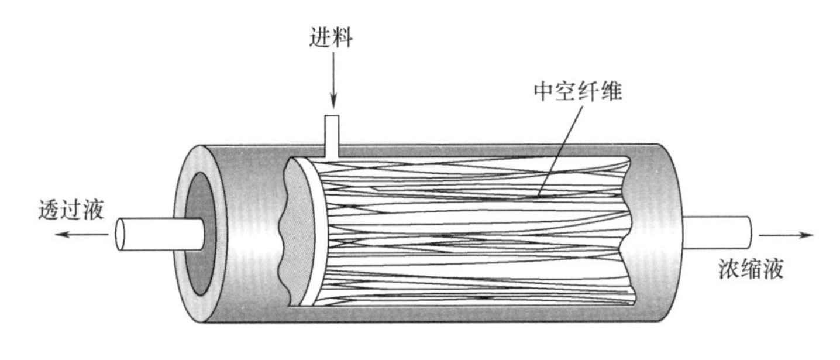

中空纤维原理

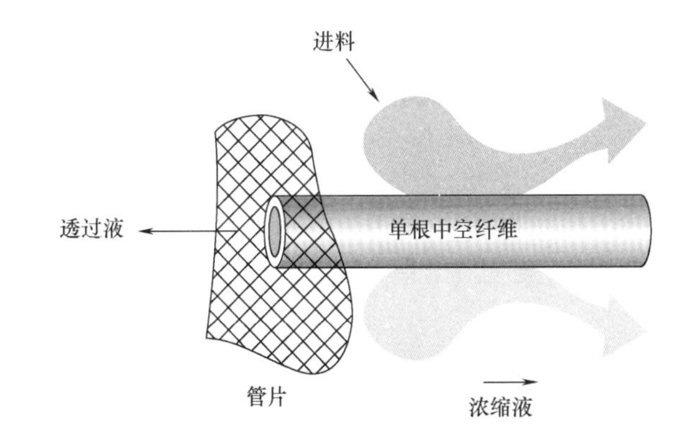

典型中空纤维截面

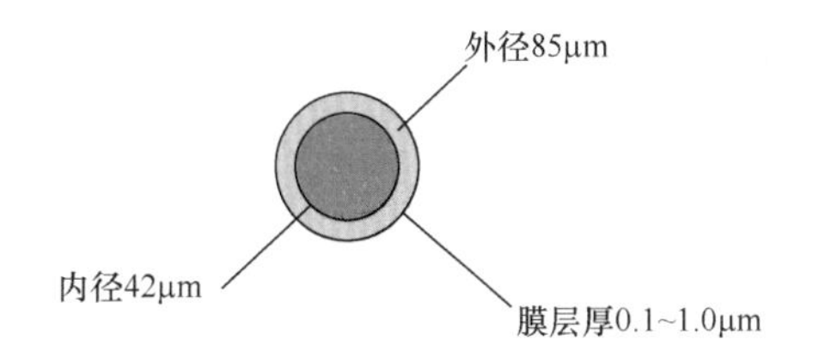

图 11.14 中空纤维膜

超滤使用的中空纤维膜与反渗透使用的中空纤维膜有很大的区别。超滤应用的中空纤维是由丙烯酸酯共聚物制成的。

膜分离系统在食品工业中多用来分离乳品和果汁。其他工业化应用还有咖啡、茶、酒精、明胶、蛋、血、玉米和大豆加工等。

习题

11.1 某超滤系统用于明胶浓缩。已有的数据如下：质量分数为5%固形物时的通量为1630 L/（m^2·d）；质量分数为10%固形物时的通量为700L/（m^2·d）。求凝胶层的浓度及固形物含量为7%时的通量。

11.2 请估计10℃时20%蔗糖液的渗透压。

11.3 总固形物浓度为6%的乳清液用反渗透进行浓缩。膜渗透系数为0.02kg/（m^2·h·kPa）。求维持反渗透系统220kg/（m^2·h）通量所需的膜两侧压差。

11.4 温度为30℃、初始固形物含量为10%的橙汁用超滤系统浓缩到总固形物含量35%。超滤系统采用6根直径为1.5cm的膜管。产品性质如下：密度1100 kg/m^3、黏度1.3×10^{-3}Pa·s，溶质扩散系数$2 \times 10^{-8}$$m^2$/s。膜表面溶质浓度为25%。请计算达到浓缩要求所需的膜管长度。

11.5 由100根长10m、直径1.0cm管膜构成的反渗透（RO）系统，用于将橙汁从固形物含量11%浓缩到40%。RO膜的渗透系数为0.2kg水/（m^2·h·kPa），原料液进料流量为200kg/min。

（a）求完成规定的浓缩任务所要求的通过膜的水通量（kg水/h）。

（b）估计系统操作所需要的膜两侧的静压差ΔP。

符号

A 面积（m^2）

A_c 有效膜面积（m^2）

c 溶质浓度（kg/m^3）

c_b 主体溶液浓度（kg/m^3）

c_f 进料溶质浓度（kg/m^3）

c_g 凝胶层表面浓度（kg/m^3）

c_p 透过液溶质浓度（kg/m^3）

c_w 水的浓度（kg/m^3）

d_c 特征尺寸（m）

D 溶质扩散系数（m^2/s）

Δc 溶质浓度差（kg/m^3）

δ 层流亚层

E 能量消耗（J）

F 法拉第常数（96500A/s 当量）

I 通过电渗析组的电流（A）

K 膜渗透常数［kg/（m^2·kPa·s）］

k_m 传质系数［L/（m^2·h）］

K_p 膜渗透系数

K_s 通过膜的溶质渗透性系数（L/m）

K_w 通过膜的水渗透性系数［kg/（m^2·kPa·s）］

$\dot{m}$ 进料溶液流量（L/s）

$\dot{m}_p$ 产品流量（kg/s）

$\dot{m}_s$ 溶质流量（kg/s）

$\dot{m}_w$ 水流量（kg/s）

M 摩尔质量

μ 黏度（Pa·s）

n 电渗析器的槽数

N 渗透物通量［m^3/（m^2·s）］

N_c 对流渗透通量率［m^3/（m^2·s）］

N_{Re} 雷诺数，无量纲

N_{Sc} 斯密特数，无量纲

N_{Sh} 舍伍德数，无量纲

N_W 有效膜面积的纯水渗透速率［m^3/（m^2·s）］

Π 渗透压（Pa）

$\Delta\Pi$ 进料液与透过液之间的渗透压差（Pa）

ΔP 膜两侧静压差（Pa）

ρ 密度（kg/m^3）

R 通用气体常数［m^3·Pa/（kg·mol·K）］

R_c 膜电阻（Ω）

R_f 保留因子

R_j 折射因素

S_p 溶质输送参数

T 温度（绝对）

t 时间（s）

U 电流利用因子

$\bar{u}$ 平均速度（m/s）

V_m 纯液体的摩尔体积

X_A 纯液体的摩尔分数

X_c　被分离溶液中碳的质量分数

Z　膜操作转化百分数

z　电化合价

参考文献

Applegate, L., 1984. Membrane separation processes. Chem. Eng. June 11, 64 – 89.

Cheryan, M., 1989. Membrane separations: mechanisms and models. In: Singh, R. P., Medina, A. (Eds.), Food Properties and Computer-Aided Engineering of Food Processing Systems. Kluwer Academic Publishers, Amsterdam.

Cheryan, M., 1998. Ultrafiltration and Microfiltration Handbook, second ed. CRC Press, Boca Raton, Florida.

Lacey, R. E., 1972. Membrane separation processes. Chem. Eng. September 4, 56 – 74.

Matsuura, T., Baxter, A. G., Sourirajan, S., 1973. Concentration of juices by reverse osmosis using porous cellulose acetate membranes. Acta Aliment. 2, 109 – 150.

McCabe, W. L., Smith, J. C., Harriott, P., 2004. Unit Operations of Chemical Engineering, seventh ed. McGraw – Hill, New York.

Schweitzer, P. A., 1997. Handbook of Separation Techniques for Chemical Engineers, third ed. McGraw – Hill, New York.

12

干 燥

食品脱水干燥是最古老的保藏方法之一。将食品中的水分含量降低到非常低的水平，抑制了微生物生长，也大大降低了其他变质反应的程度。脱水除了起保藏作用以外，还可以大大减少食品的质量和体积，从而可以提高产品贮运效率。干燥食品通常使消费者使用起来更方便。

水果、蔬菜及类似的食品，在进行脱水保藏时均面临一个共同的难题。由于这些产品均有结构形态要求，因此水分脱除必须以对产品品质影响最小的方式进行。这要求脱水得到的干制品能够几乎恢复到原来的水平。为了得到期望的效果和规定物理结构的干燥食品，必须优化干燥过程中产品的传热传质条件。设计这类干燥过程要求对产品结构内发生的传热传质进行仔细分析。只有经过对传递过程的了解分析，才能获得最大的干燥效率和最佳产品品质。

12.1 基本干燥过程

为了以最有效的方式除去食品中的水分，在设计食品干燥系统时，必须考虑产品中发生的各种过程及其发生机制。这些过程和机制对具有一定物理结构的食品很有意义，因为产品结构对食品中水分的迁移有影响。

12.1.1 水分活度

食品干燥过程中的一项重要参数是规定脱水过程极限的平衡条件。这一参数不仅是水分迁移梯度的重要组成部分，而且水分活度在干制食品贮藏稳定性分析中具有重要意义。

水分活度的定义是产品的平衡相对湿度除以100。大多数食品的水分含量与水分活度的关系如图12.1所示。西格玛型等温线是典型的干燥食品的曲线，同一食品的吸附与解吸曲线出现差异也是干燥食品的特点。水分活度不仅规定了食品对不同变质反应的贮存稳定性（图12.2），平衡水分含量也是食品脱水的水分梯度下限。可以预料，高温下得到的平衡水分含量低，因而可以除去大量的水分。

最广泛使用的平衡水分等温线模型之一是GAB模型（GAB是Guggenheim－Anderson－DeBoer的缩写）。这种模型可利用食品的吸附数据拟合得到等温曲线。

GAB模型的表达式如下：

$$\frac{w}{w_m}=\frac{Cka_w}{(1-ka_w)(1-ka_w+Cka_w)} \tag{12.1}$$

式中　w——平衡水分含量，（干基）%

w_m——单分子层水分含量，（干基）%

C——哥根哈姆常数 $=C'\exp(H_1-H_m)/RT$

H_1——纯水蒸气冷凝热

H_m——第一层的吸附热

k——以主体液体为基准的多层修正因子，$=k'\exp(H_1-H_q)/RT$

H_q——多层总吸附热

GAB模型适用的最高水分活度为0.9。以下为Bizot（1983）提出的水分活度与平衡水分含量曲线拟合的步骤。

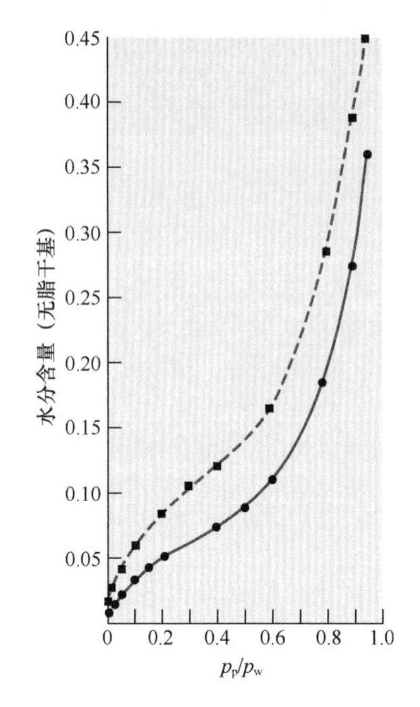

图12.1　冷冻干燥食品的平衡水分含量等温线

（资料来源：Heldman和Singh，1981）

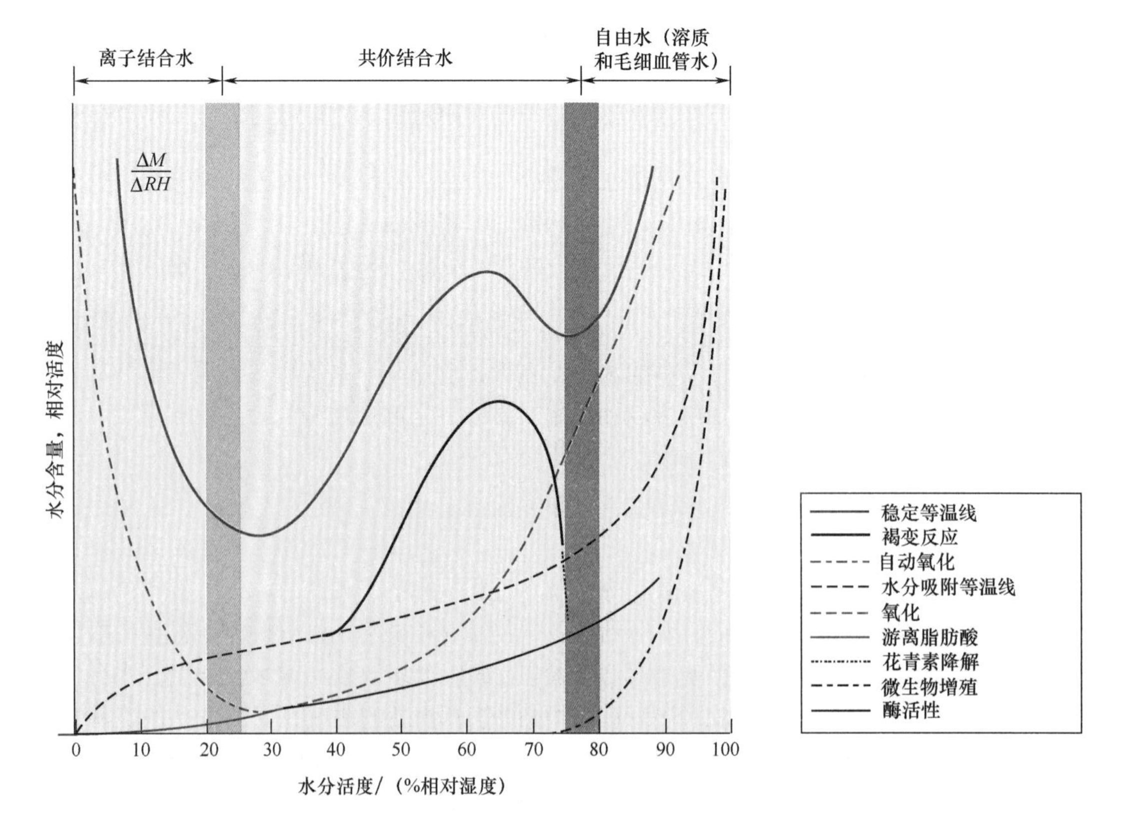

图12.2　水分活度对食品中各种变质作用速率的影响

（资料来源：Rockland和Nishi，1980）

式（12.1）可以变形为：

$$\frac{a_w}{w} = \alpha a_w^2 + \beta a_w + \gamma \qquad (12.2)$$

其中，

$$\alpha = \frac{k}{w_m}\left(\frac{1}{C} - 1\right); \beta = \frac{1}{w_m}\left(1 - \frac{2}{C}\right); \gamma = \frac{1}{w_m Ck}$$

式（12.2）表明，GAB 方程是一个三参数模型。利用式（12.2）可对水分活度和平衡水分含量数据进行回归，从而可以得到 α、β 和 γ 这三个系数。根据这三个系数，就可以求出 k、w_m、C 值。

例 12.1

干燥食品置于温度为15℃、相对湿度为30%的环境中5h，没有发生重量变化。测得的水分含量为7.5%（湿基）。产品移到相对湿度50%的环境中，产品的重量在平衡达到时增加了0.1kg/kg 产品，

（a）确定第一和第二环境下产品的水分活度。

（b）计算两种环境下产品的水分含量（干基）。

已知：

平衡相对湿度 =30%　　　　（在第一环境下）

产品含水量 =7.5%（湿基）（在第一环境下）

对于30%相对湿度，水分含量将为0.075kg 水/kg 产品

方法：

产品的水分活度由平衡相对湿度除以100得到。产品的干基水分含量是以单位干燥固形物所含的水分质量表示的。

解：

（1）产品的水分活度由平衡相对湿度除以100得到；第一环境情况下产品的水分活度为0.3，第二环境情形下为0.5。

（2）在平衡相对湿度30%情形下，产品的干基水分含量为：

$$7.5\% = \frac{7.5\text{kg 水}}{100\text{kg 产品}} = 0.075\text{kg 水/kg 产品}$$

或

$$\frac{0.075\text{kg 水/kg 产品}}{0.925\text{kg 固形物/kg 产品}} = 0.08108\text{kg 水/kg 固形物}$$

$$= 8.11\%\ \text{MC(干基)}$$

（3）根据相对湿度50%时的水分增加量

$$0.075\text{kg 水/kg 产品} + 0.1\text{kg 水/kg 产品} = 0.175\text{kg 水/kg 产品} = 17.5\%\ \text{MC（湿基）}$$

或

$$0.175\text{kg 水/kg 产品} = 0.212\frac{\text{kg 水}}{\text{kg 固形物}} = 21.2\%\ \text{MC（干基）}$$

12.1.2 水分扩散

产品结构中水分（或水蒸气）的扩散作用会使食品大量失水。这部分水分运动随之会在产品内某些部位发生水分的蒸发。水分扩散的速率可以用第10章介绍的分子扩散表达式确定。水分迁移的质量通量是蒸汽压梯度的函数，也是水蒸气在空气中质量扩散系数、水蒸气在产品结构中迁移距离及温度的函数。由于水分蒸发需要热能，因此这一过程同时发生传热和传质。

产品表面的对流传质状况对产品脱水有部分影响。虽然这一传输过程不是速率限制因素，但不应当忽略边界条件优化对水分传输的重要性。

12.1.3 干燥速率曲线

如图12.3所示，一般食品脱水过程将经过一系列干燥速率阶段。当食品和所含水分的温度稍有升高便发生第一干燥阶段（AB）。第一干燥阶段过后，产品会在恒温和恒速率（BC）条件下失去大量水分。在恒速率干燥阶段，产品的温度等于空气的湿球温度。多数情况下，恒速率干燥阶段会持续到临界水分含量为止。低于临界水分含量时，干燥速率随时间而降低，会出现一个或一个以上的降速干燥期（CE）。临界水分含量可以很好辨认，因为干燥速率会发生突然的变化。

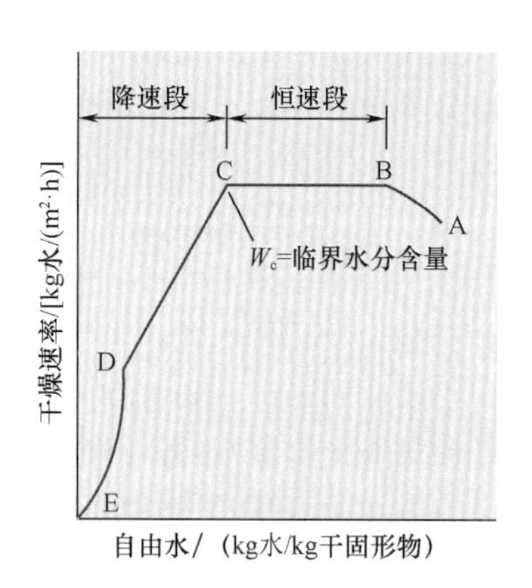

图12.3 恒速和降速干燥期示意
（资料来源：Heldman和Singh，1981）

12.1.4 传热和传质

如前所述，食品干燥同时涉及热量和质量传递。热量传递发生在食品结构内部，它与产品表面和产品内部水分表面之间的温度梯度有关。由于有充分的热量供水分蒸发，产生的蒸汽会从产品内部水分表面向产品表面迁移。水蒸气扩散的推动力是液态水面的蒸汽压与产品表面空气中蒸汽压之差。产品结构内发生的是分子水平的热量和质量传递，传热的限制因素是产品结构的热导率，而传质与空气中水蒸气的分子扩散成正比。

由于干燥速率直接受制于四个过程中最慢的一个过程，因此必须对所有的过程加以考虑。对于大多数产品，产品内部传热和传质过程是干燥速率限制性过程。

例12.2

某食品的初始水分含量为77%（湿基），临界水分含量为30%（湿基）。如果恒速期干燥速率为0.1kg水/（$m^2 \cdot s$），请计算产品干燥降速期开始的时间。产品是边长为5cm的立方体，初始产品的密度为950kg/m^3。

已知：

初始水分含量=77%（湿基）

临界水分含量=30%（湿基）

恒速期干燥速率 = 0.1kg 水/（$m^2 \cdot s$）

产品尺寸 = 边长为 5cm 的立方体

初始产品密度 = 950kg/m^3

方法：

恒速干燥时间取决于被除去的水分质量及水分除去的速率。要除去的水分质量必须以干基表示，而水分脱除速率必须考虑产品表面积。

解：

（1）产品的初始水分含量为

$$0.77\text{kg 水/kg 产品} = 3.35\text{kg 水/kg 固形物}$$

（2）产品的临界水分含量为

$$0.3\text{kg 水/kg 产品} = 0.43\text{kg 水/kg 固形物}$$

（3）恒速期要从产品除去的水分量为

$$3.35 - 0.43 = 2.92\text{kg 水/kg 固形物}$$

（4）产品在干燥过程中的表面积为

$$0.05\text{m} \times 0.05\text{m} = 2.5 \times 10^{-3}\text{m}^2\text{/面}$$

$$2.5 \times 10^{-3} \times 6\text{ 面} = 0.015\text{m}^2$$

（5）干燥速率为

$$0.1\text{kg 水/（m}^2 \cdot \text{s）} \times 0.015\text{m}^2 = 1.5 \times 10^{-3}\text{kg 水/s}$$

（6）利用产品密度，可以确定产品的初始质量。

$$950\text{kg/m}^3 \times (0.05)^3\text{m}^3 = 0.11875\text{kg 产品}$$

$$0.11875\text{kg 产品} \times 0.23\text{kg 固形物/kg 产品} = 0.0273\text{kg 固形物}$$

（7）被除去的总水分为

$$2.92\text{kg 水/kg 固形物} \times 0.0273\text{kg 固形物} = 0.07975\text{kg 水}$$

（8）利用干燥速率，可以求出恒速干燥期的时间。

$$\frac{0.07975\text{kg 水}}{1.5 \times 10^{-3}\text{kg 水/s}} = 53.2\text{s}$$

12.2 干燥系统

根据传热和传质分析，最有效的干燥系统应当在空气与产品内部维持最大的蒸汽压梯度和最大的温度梯度。这些条件及在产品表面维持高对流系数，可以由若干不同的干燥系统提供。我们将介绍几种有代表性的食品干燥系统。

12.2.1 盘式或箱式干燥器

这种类型的干燥系统利用盘或类似的器具装产品，将产品置于封闭空间的热空气中。箱体或类似的封闭体（图 12.4）内的热空气对装在盘子上的食品进行干燥。为了获得高效的传热和传质效果，产品表面的空气流速率相对较高。

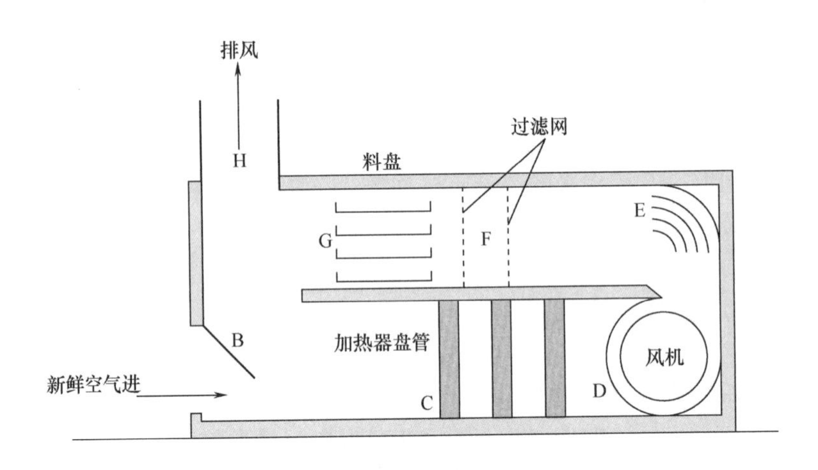

图 12.4　箱型盘式干燥器示意图
（资料来源：Van Arsdel 等，1973）

箱式干燥器稍经改造，就可以成为如图 12.5 所示的真空干燥器。这种类型的干燥系统利用真空使产品周围的蒸汽压尽量保持最低。压强的降低也降低了产品水分蒸发所要求的温度。

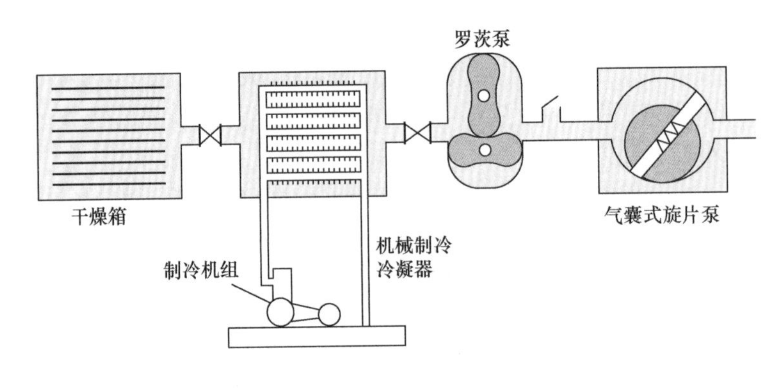

图 12.5　真空干燥箱
（资料来源：Potter，1978）

多数情况下，箱式干燥器以间歇方式操作，它的缺点是系统内不同部位的产品得不到相同的干燥效果。一般说来，为了提高产品的干燥均匀性，应当在干燥时使盘子转动。

12.2.2　隧道式干燥器

如图 12.6 和图 12.7 为隧道式干燥器的两个示例。如图所示，从隧道一端进入的加热空气，以一定流速通过装在小车上的食品盘子。装产品的小车以一定速度通过隧道，以维持要求的干燥时间。产品可以与加热空气流同向移动，以得到顺流干燥效果（图 12.6），也可以逆流的方式进行操作（图 12.7），此时食品移动的方向与空气流方向相反。具体使用何种方式取决于产品及其品质特性对温度的敏感性。

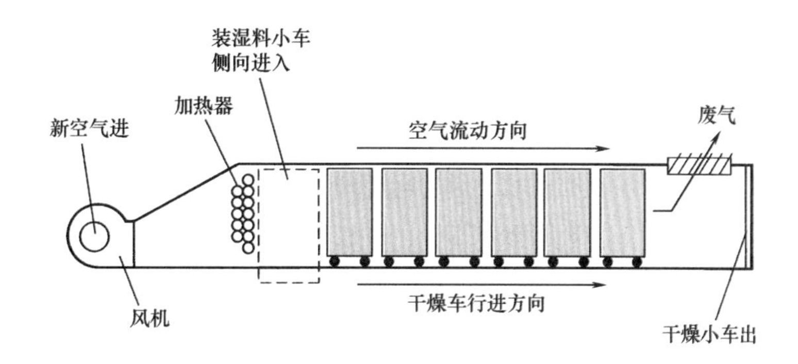

图 12.6 顺流隧道式干燥器示意图
（资料来源：Van Arsdel，1951）

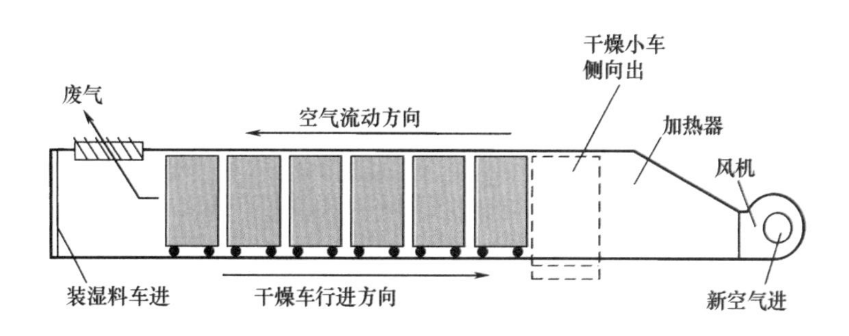

图 12.7 逆流隧道式干燥器示意图
（资料来源：Van Arsdel，1951）

在顺流系统中，高水分产品与高温空气接触，蒸发作用可维持较低的产品温度。在隧道出口附近，较低水分的产品与较低温度的空气接触。在逆流系统中，高温空气与低水分产品接触，进入隧道的产品与加热空气之间温差较小。虽然逆流式系统总效率比顺流式的高，但从产品品质角度考虑，不宜采用这种操作方式。为了节约能源，应当尽量考虑空气的循环利用。

12.2.3 膨化干燥

膨化干燥是一种相对较新的干燥过程，它已经在几种水果和蔬菜的干燥中得到成功应用。这种干燥过程使较小块的产品先在高温高压环境下短时保持，然后移至大气压下。这样可以产生水分闪蒸效果，从而可使产品内的蒸发水分得以散去。膨化干燥的产品具有高度的孔隙率，因而具有复水性好的特点。膨化干燥对于降速干燥期长的产品特别有效。快速水分蒸发和产生的产品多孔性可使最终干燥阶段的水分得以迅速除去。

膨化干燥对于2cm见方的产品效果最好。这类产品颗粒干燥速率快而均匀，并可在15min内得以复水。虽然并非所有食品都能做成这样的形状，但用此条件得到优良品质的干燥过程还是值得研究者进一步探究。

12.2.4 流化床干燥

第二种较新的用于固体颗粒食品干燥的方法结合了流化床概念。在此系统中，产品颗粒在整个干燥阶段悬浮在加热空气中。如图 12.8 所示，产品在系统中的运动随着水分的蒸发而得到强化。由流化颗粒构成的产品运动使得产品表面得到均匀的干燥。流化床干燥的主要限制是允许得到高效干燥的颗粒大小。可以预料，较小的颗粒可以在较低空气流速下维持悬浮，并且干燥速率快。虽然这些都是有利于干燥的特征，但并非所有产品都可用流态化方式干燥。

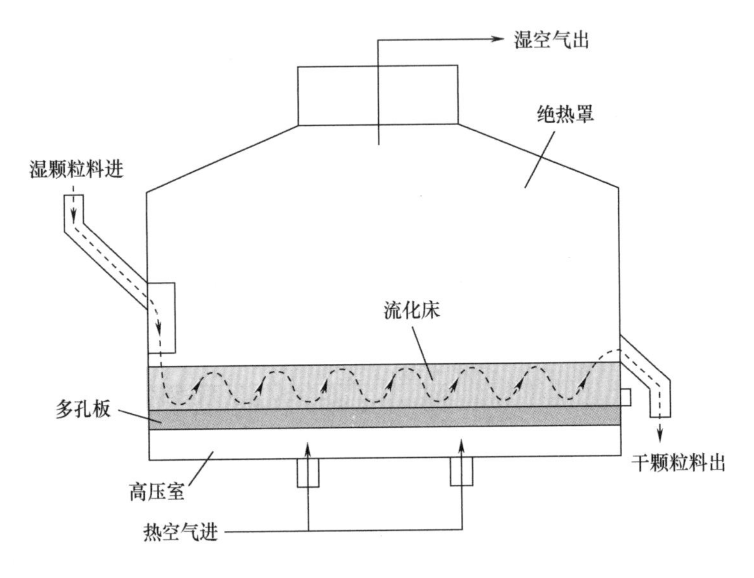

图 12.8 流化床干燥器示意图
（资料来源：Joslyn，1963）

12.2.5 喷雾干燥

液体食品通常采用喷雾干燥机进行干燥。雾化（或喷雾）的液体食品在干燥室内与热空气接触而除去水分。虽然干燥室有各种各样的形式，但可用图 12.9 示意液滴进入加热空气流的情形。

食品液滴与加热空气一起运动的过程中发生水分蒸发，蒸发的水分由空气带走。许多干燥发生在恒速期，液滴表面的传质条件是此阶段的干燥速率限制因素。干燥达到临界水分含量时，干燥食品粒子结构成为降速干燥期的影响因素。在此阶段干燥过程中，粒子内水分扩散是干燥速率限制参数。

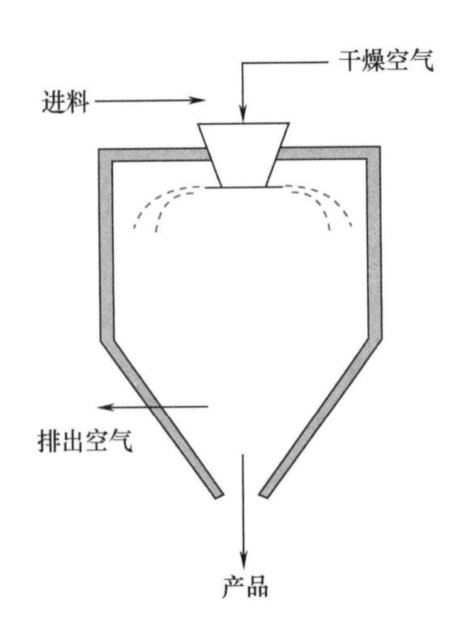

图 12.9 喷雾干燥系统示意图

干燥食品粒子离开干燥室后，在旋风分离器中与空气分离开。然后水分含量通常低于 5% 的干燥产品被装入密封容器。产品固形物在喷雾干燥器内由于受到蒸发性冷却作用保护，产品品质极好。这种小粒径的干燥产品有助于与水混合复原。

12.2.6 冷冻干燥

冷冻干燥原理是：先降低产品温度，使大部分产品内的水分成为冰，再降低产品周围的压强，使冰升华。当产品品质成为影响消费者接受性的重要因素时，可以考虑用冷冻干燥方法除去产品的水分。

冷冻干燥有其独特的传热传质过程。根据冷冻干燥系统的构型（图 12.10），传热可以发生在冷冻产品层，也可以出现在干燥产品层。显然，通过冻结层的传热会很快而不会成为速率限制因素。通过干燥产品层的传热速率慢，因为在真空状态下高度多孔性结构的热导率低。以上两种传热方式下，传质均发生在干燥产品层。由于真空中分子扩散速率低，因此可以预料，水蒸气扩散是干燥的限制性过程。

冷冻干燥过程的优点是低温升华可得到优质产品，并可以保持产品原有的结构。获得这些优点所需要付出的代价是产品冷冻和真空要求提供大量的能量。

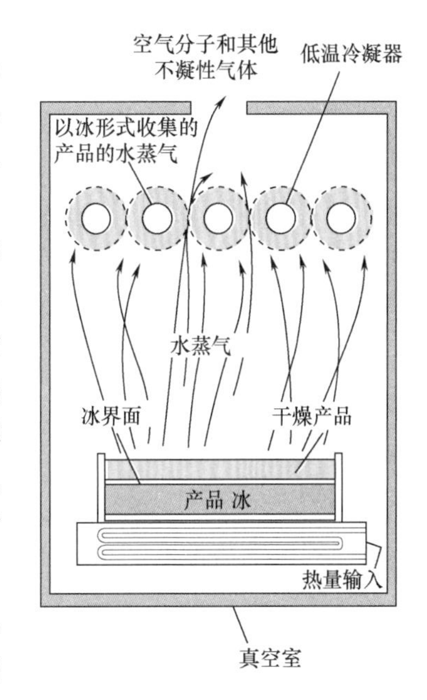

图 12.10 冷冻干燥系统示意图
（资料来源：Vitris 公司）

12.3 干燥系统设计

设计干燥系统需要考虑多方面的因素。直接影响干燥系统生产能力的因素包括：加热空气的数量与质量，以及具体产品所需的干燥时间。这些因素需要采用不同的方法加以分析。

12.3.1 质量和能量平衡

如图 12.11 所示，整个干燥系统的质量和能量平衡涉及多个影响干燥系统设计的因素。虽然所示意的分析是针对逆流系统的，但同样的方法可应用于顺流或间歇式干燥系统。

图 12.11 干燥过程的质量和能量衡算

进入和离开干燥系统的水分总平衡为

$$\dot{m}_a W_2 + \dot{m}_p w_1 = \dot{m}_a W_1 + \dot{m}_p w_2 \tag{12.3}$$

式中 $\dot{m}_a$——空气流量，kg 干空气/h

$\dot{m}_p$——产品流量，kg 干固形物/h

W——空气湿度，kg 水/kg 干空气

w——产品水分含量，干基，kg 水/kg 干固形物

值得一提的是，式（12.3）是以干空气和无水的产品固形物作为计算基准的。

例 12.3

某种水分含量为68%（湿基）的食品，用箱式干燥器干燥成水分含量5.5%（湿基）的产品。干燥空气进入系统的温度为54℃、相对湿度为10%；离开系统时的温度30℃、相对湿度为70%。整个干燥期内产品的温度为25℃。请计算以1kg产品固形物为基准的干燥空气需要量。

已知：

产品初始水分含量 $w_1 = 0.68/0.32 = 2.125$kg 水/kg 固形物

产品终了水分含量 $w_2 = 0.055/0.945 = 0.0582$kg 水/kg 固形物

进入系统的空气 = 54℃和10%相对湿度

离开系统的空气 = 30℃和70%相对湿度

产品温度 = 25℃

计算基准 = 1kg 产品固形物

方法：

干燥空气需要量可以用式（12.3）的变形式确定：

$$(\dot{m}_a/\dot{m}_p)W_2 + w_1 = (\dot{m}_a/\dot{m}_p)W_1 + w_2$$

解：

（1）利用附录 A.5 的湿空气图

$W_1 = 0.0186$kg 水/kg 干空气（根据30℃和70%相对湿度）

$W_2 = 0.0094$kg 水/kg 干空气（根据54℃和10%相对湿度）

（2）利用由式（12.3）修改得到的方程

$$\dot{m}_a/\dot{m}_p\,(0.0094\text{kg 水/kg 干空气}) + 2.125\text{kg 水/kg 固形物}$$

$$= \dot{m}_a/\dot{m}_p\,(0.0186\text{kg 水/kg 干空气}) + 0.0582\text{kg 水/kg 固形物}$$

$$0.0092\,\dot{m}_a/\dot{m}_p = 2.067$$

$$\dot{m}_a/\dot{m}_p = 224.65\text{kg 干空气/kg 固形物}$$

干燥系统的能量平衡用以下关系式表示

$$\dot{m}_a H_{a2} + \dot{m}_p H_{p1} = \dot{m}_a H_{a1} + \dot{m}_p H_{a2} + q \tag{12.4}$$

式中 q——从干燥系统损失的热能

H_a——空气的焓（kJ/kg 干空气）

H_p——产品的焓（kJ/kg 干固形物）

空气与产品焓的表达式如下：

$$H_a = c_s(T_a - T_0) + WH_L \quad (12.5)$$

式中 c_s——空气的比热容［kJ/（kg 干空气·K）］=1.005+1.88W［见式（9.17）］

T_a——空气温度，℃

T_0——参比温度，℃

H_L——水的汽化潜热，kJ/kg 水

且

$$H_p = c_{pp}(T_p - T_0) + wc_{pw}(T_p - T_0) \quad (12.6)$$

式中 c_{pp}——产品固形物的比热容，kJ/（kg 固形物·K）

T_p——产品温度，℃

c_{pw}——水的比热容，kJ/（kg 固形物·K）

利用这些方程可以根据输入空气特性、产品处理量来求取所需空气的量，以及确定系统输出空气的特性。

例 12.4

一流化床干燥器用于干燥胡萝卜片。进入干燥器的产品水分含量为60%（湿基）、温度为25℃；离开干燥器的产品水分含量为10%（湿基）。温度为20℃、相对湿度为60%的环境空气经加热到120℃后，以700kg 干空气/h 的流量进入干燥器。请估计干燥器的生产能力。假定产品离开干燥器时的温度等于空气的湿球温度，而产品固形物的比热容为2.0kJ/（kg·℃）。离开干燥器的空气温度比产品的温度高10℃。

已知：

初始产品水分含量（w_1）=0.6/0.4=1.5kg 水/kg 固形物

初始空气状态=20℃和60%相对湿度（W_2=0.009kg 水/kg 干空气）

进入干燥器的空气温度=120℃

空气流量 $\dot{m}_a$=700kg 干空气/h

终了产品水分含量（w_2）=0.1/0.9=0.111kg 水/kg 固形物

产品固形物比热容（c_{pp}）=2.0kJ/（kg·℃）

产品离开干燥器时的温度=空气的湿球温度

终了空气温度（T_{a1}）=T_{p2}+10℃

方法：

根据物料衡算式［式（12.3）］和能量衡算式［式（12.4）］确定干燥器的生产能力。所需的参数从湿空气图（附录 A.5）查取。

解：

（1）利用式（12.3）：

$$(700\text{kg 干空气/h})(0.009\text{kg 水/kg 干空气}) + \dot{m}_p(1.5\text{kg 水/kg 固形物})$$
$$= (700\text{kg 干空气/h})\ W_1 + \dot{m}_p(0.111\text{kg 水/kg 固形物})$$

（2）为了利用式（12.4），需要根据式（12.5）和式（12.6）计算下列内容：
对于空气：

$$H_{a2}=c_{s2}\ (120-0)\ +0.009H_{L2}$$

其中

$$c_{s2}=1.005+1.88\times 0.009=1.0219\text{kJ/（kg 干空气·K）}$$
$$H_{L2}=2202.59\text{kJ/kg 水（由附录表 A.4.2 查 120℃处得）}$$

因此，

$$H_{a2}=\text{［1.0219kJ/（kg 干空气·K）］（120℃）+（0.009kg 水/kg 干空气）（2202.59kJ/kg 水）}$$
$$H_{a2}=142.45\text{kJ/kg 干空气}$$

由于 $T_{p2}=38℃$［空气的湿球温度（附录 A.5）］

$$T_{a1}=38+10=48℃$$

从而，

$$H_{a1}=c_{s1}\ (T_{a1}-0)\ +W_1H_{L1}$$

其中

$$c_{s1}=1.005+1.88W_1$$
$$H_{L1}=2387.56\text{kJ/kg 水（由表 A.4.2 查 48℃处得）}$$

因此，

$$H_{a1}=\text{（}1.005+1.88W_1\text{）（48℃）}+W_1\text{（2387.56kJ/kg 水）}$$

对于产品

$$H_{p1}=\text{[2.0kJ/(kg 固形物·K)](25℃ −0)+(1.5kg 水/kg 固形物)[4.187kJ/(kg 水·K)](25℃ −0)}$$
$$=206.75\text{kJ/kg 固形物}$$
$$H_{p2}=\text{[2.0kJ/(kg 固形物·K)]}(T_{p2}-0)\text{+(0.111kg 水/kg 固形物)[4.175kJ/(kg 水·K)]}(T_{p2}-0)$$

从而根据式（12.4），

$$\text{(700kg 干空气/h)(142.45kJ/kg 干空气)}+\dot{m}_p\text{(206.75kg }H_2O\text{/kg 固形物)}$$
$$=\text{(700kg 干空气/h)[(1.005+1.88}W_1\text{)(48℃)+}W_1\text{(2387.56kJ/kg 水)]}+$$
$$\dot{m}_p\text{\{[2.0kJ/(kg 固形物·K)](38℃)+}$$
$$\text{(0.111kg 水/kg 固形物)[4.175kJ/(kg 水·K)](38℃)\}}+0$$

其中，$q=0$ 表示忽略从干燥器表面损失的热量。
（3）物料衡算式（第 1 步）和能量衡算式（第 2 步）可以联立求解：

①$700\times 0.009+1.5\dot{m}_p=700W_1+0.111\dot{m}_p$

②$700\times 142.45+\dot{m}_p\ (206.75)\ =700\ [\ (1.005+1.88W_1)\ \times 48+2387.45W_1]\ +$

$\dot{m}_p\ (2.0\times 38+0.111\times 4.175\times 38)$

①$6.3+1.5\dot{m}_p=700W_1+0.111\dot{m}_p$

②$99715+206.75\dot{m}_p=700\ (48.24+2477.8W_1)\ +93.61\dot{m}_p$

①$W_1=\ (1.389\dot{m}_p+6.3)\ /700$

②$65947+113.1\dot{m}_p=1734460W_1$

从而

$$65947+113.1\dot{m}_p=1734460W_1\ (1.389\dot{m}_p+6.3)\ /700$$

$$\dot{m}_p = 15.12\text{kg 固形物/h}$$

（4）空气离开干燥器的绝对湿度是：

$$W_1 = (1.389 \times 15.12 + 6.3)/700 = 0.039 \ (\text{kg 水/kg 干空气})$$

表明离开干燥器的空气的温度为48℃，相对湿度为55%。

12.3.2 干燥时间预测

为了确定用于达到要求的产品水分含量降低水平，必须估计从产品中去除水分的速率。对于恒速干燥期，除去水分的速率可以表示为：

$$\dot{m}_c = \frac{w_0 - w_c}{t_c} \tag{12.7}$$

式中 $\dot{m}_c$——恒速干燥期除去水分的速率，s^{-1}

w_c——临界水分含量，kg 水/kg 干燥固体

w_0——初始水分含量，kg 水/kg 干燥固体

t_c——恒速期干燥时间，s

在恒速干燥期，热能从热空气传递到产品表面，水蒸气从产品表面传递到热空气。传递的热能由下式表示：

$$q = hA(T_a - T_s) \tag{12.8}$$

式中 q——传热速率，W

h——对流传热系数，W/（$m^2 \cdot K$）

A——与热空气接触的产品面积，m^2

T_a——加热空气温度，℃

T_s——产品表面温度，℃

应当注意，在恒速干燥期，产品表面的温度将等于加热空气的湿球温度。

恒速干燥期的水分蒸发量由以下质量传递关系式表示：

$$\dot{m}_c = \frac{k_m A M_w P}{0.622 R T_A}(W_s - W_a) \tag{12.9}$$

式中 k_m——对流传热系数，W/（$m^2 \cdot K$）

A——产品表面积，m^2

M_w——水的摩尔质量

P——大气压强，kPa

R——通用气体常数，8314.41$m^3 \cdot$Pa/（kg·mol·K）

T_A——绝对温度，K

W_a——空气湿度，kg 水/kg 干空气

W_s——产品表面的空气湿度，kg 水/kg 干空气

在式（12.9）中，产品表面空气湿度是流经产品表面空气的饱和值，可以由湿空气图确定。

如果恒速干燥期的干燥速率根据产品表面相变热量求取，则可应用以下表达式：

$$q = \dot{m}_c H_L \tag{12.10}$$

式中　H_L——空气湿球温度下水的汽化潜热，kJ/kg 水

将式（12.10）与式（12.8）结合，可以得到以下水蒸气传递速率的表达式：

$$\dot{m}_c = \frac{w_0 - w_c}{t_c} = \frac{hA}{H_L}(T_a - T_s) \tag{12.11}$$

从而，可以得到以下预测恒速干燥期干燥时间的式子：

$$t_c = \frac{H_L(w_0 - w_c)}{hA(T_a - T_s)} \tag{12.12}$$

由式（12.12）可知，恒速干燥时间正比于初始水分含量与临界水分含量之差，而反比于产品表面与加热空气之间的温度梯度。

恒速干燥期的干燥时间也可以利用式（12.7），再结合式（12.9），求解得到以下的表达式：

$$t_c = \frac{0.622\,RT_A(w_0 - w_c)}{k_m AM_w P(W_s - W_a)} \tag{12.13}$$

上式表明，恒速干燥时间正比于产品表面空气湿度与热空气湿度之差。

例 12.5

某固体食品在隧道式干燥器中用温度为 90℃ 的空气进行干燥。产品尺寸为 1cm × 5cm × 10cm。产品表面的热空气的对流传质系数为 0.1m/s。产品的初始水分含量为 85%、临界水分含量为 42%、密度为 875kg/m³。加热空气由温度为 25℃、相对湿度为 50% 的新鲜空气加热而成。请估计恒速干燥期时间。

已知：

初始水分含量，$w_0 = 0.85/0.15 = 5.67$kg 水/kg 固形物

临界水分含量，$w_c = 0.42/0.58 = 0.724$kg 水/kg 固形物

加热空气温度，$T_a = 90$℃

对流传质系数，$k_m = 0.1$m/s

产品表面积，$A = 0.05 \times 0.1 = 0.005\text{m}^2$

水的分子质量，$M_w = 18$kg/mol

大气压，$P = 101.325$kPa

方法：

恒速干燥期的产品脱水速率用产品表面向流经产品表面空气的质量传递表达。

解：

（1）为了利用式（12.13），必须先确定加热空气的湿度和产品表面空气的湿度。

（2）由于加热以前的空气温度为 25℃、相对湿度为 50%，因此根据湿空气图（图 A.5），可查得热空气的湿度为（W_a）为 0.01kg 水/kg 干空气。

（3）根据产品表面空气状态为饱和状态，湿球温度为 33.7℃，由湿空气图得 W_s 为 0.034kg 水/kg 干空气。

（4）式（12.13）中的温度是加热空气温度（90℃）与产品表面温度（33.7℃）的平均值，因此，$T_A = 62.85 + 273 = 335.85\text{K}$

（5）式（12.13）成为

$$t_c = \frac{0.622\left(\frac{\text{kg 水}}{\text{kg 干空气}}\right) \times 8.314\left(\frac{\text{m}^3 \cdot \text{kPa}}{\text{mol} \cdot \text{K}}\right) \times 335.85(\text{K}) \times (5.67 - 0.724)\left(\frac{\text{kg 水}}{\text{mol}}\right)}{0.1(\text{m/s}) \times 0.005(\text{m}^2) \times 18\left(\frac{\text{kg 水}}{\text{mol}}\right) \times 101.325(\text{kPa}) \times (0.034 - 0.01)\left(\frac{\text{kg 水}}{\text{kg 干空气}}\right)}$$

$$t_c = 3.925 \times 10^5 \text{s/kg 固形物}$$

（6）由于每片产品的体积为

$$0.05 \times 0.1 \times 0.01 = 5 \times 10^{-5}\ (\text{m}^3)$$

所以每片产品的质量为

$$5 \times 10^{-5}\ (\text{m}^3)\ \times 875\ (\text{kg/m}^3)\ = 0.04375\text{kg}$$

每片产品的固形物含量为

$$0.04375\ (\text{kg})\ \times 0.15\ (\text{kg 固形物/kg 产品})\ = 6.5625 \times 10^{-3}\text{kg 固形物}$$

（7）根据每片产品的固形物含量

$$t_c = 3.925 \times 105\ (\text{s/kg 固形物})\ \times 6.5625 \times 10^{-3}\ (\text{kg 固形物})$$

$$t_c = 2575.85\text{s} = 42.9\text{min}$$

（8）此结果表明，每片产品在恒速干燥期的干燥时间为42.9min。

前面12.1.3节提到，食品中除去的部分水分发生在降速干燥期。这段干燥期从临界水分含量（w_c）出现开始，直到水分降到平衡水分含量（w_e）结束。在此干燥期内，产品温度开始升到湿球温度以上，水分在产品结构内部的扩散成为速率限制因素。用于描述此阶段水分扩散的表达式与产品的形状有关。对于无限大平板几何体，降速干燥期可用下式描述：

$$\frac{w - w_e}{w_c - w_e} = \frac{8}{\pi^2}\exp\left(-\frac{\pi^2 Dt}{4d_c^2}\right) \tag{12.14}$$

式中　d_c——特征尺寸，平板厚度的一半，m

D——有效扩散系数，m^2/s

t——干燥时间，s

干燥时间的表达式为

$$t_F = \frac{4d_c^2}{\pi^2 D}\ln\left[\frac{8}{\pi^2}\left(\frac{w_c - w_e}{w - w_e}\right)\right] \tag{12.15}$$

用于无限长圆柱体产品的降速期干燥时间表达式为：

$$t_F = \frac{d_c^2}{\beta^2 D}\ln\left[\frac{4}{\beta^2}\left(\frac{w_c - w_e}{w - w_e}\right)\right] \tag{12.16}$$

其中，d_c是特征尺寸，取圆柱体的半径（m）；β是零级贝塞尔函数方程的第一个根，其大小为2.4048。最后，球体产品的降速干燥期时间可以用下式预测：

$$t_F = \frac{d_c^2}{\pi^2 D}\ln\left[\frac{6}{\pi^2}\left(\frac{w_c - w_e}{w - w_e}\right)\right] \tag{12.17}$$

其中，d_c是特征常数，取球体的半径（m）。

三个预测降速干燥时间方程中的关键参数是代表产品结构内部水分迁移能力的有效扩散系数。这一特性的大小与水蒸气在空气中的扩散系数相接近，但受到食品结构的影响。

例 12.6

面条的降速干燥期从临界水分含量0.58kg 水/kg 固形物开始，到最终水分含量0.22kg 水/kg 固形物结束。水蒸气在面条内的扩散系数为$2\times10^{-7}cm^2/s$，面条的厚度为3mm。面条的平衡水分含量为0.2kg 水/kg 固形物。请估计该降速期时间。

已知：

特征尺寸（半厚度），$d_c=0.0015m$

质量扩散系数，$D=2\times10^{-7}cm^2/s=2\times10^{-11}m^2/s$

临界水分含量，$w_c=0.58$kg 水/kg 固形物

平衡水分含量，$w_e=0.2$kg 水/kg 固形物

终了水分含量，$w=0.22$kg 水/kg 固形物

方法：

假定面条为无限大平板，对降速干燥期的时间进行估计。

解：

利用式（12.15）

$$t_F=\frac{4\times0.0015^2(m^2)}{\pi^2\times2\times10^{-11}(m^2/s)}\ln\left[\frac{8}{\pi^2}\left(\frac{0.58-0.20}{0.22-0.20}\right)\right]$$

$$=1.24675\times10^5s$$

$$t_F=34.6h$$

喷雾干燥是恒速干燥过程受表面水分蒸发限制的例子。在干燥室内，食品液滴经过热空气运动的过程中水分从液滴表面转变成蒸汽相。热空气将水蒸气从液滴表面除去。在恒速干燥期，干燥速率受到液滴表面的传热传质限制。

在恒速干燥期，喷雾干燥可以用从热空气到液滴表面的传热进行描述，也可以用从液滴表面到热空气的传质进行描述。当干燥过程用传热项描述时，可以根据式（4.69）估计对流传热系数。如果以传质项描述，则其传质系数可用式（10.38）估计。用于估计这些表面传递系数的表达式有明显的相似形式。

在降速干燥期，喷雾干燥的速率受到产品粒子结构内部的传热传质控制。对于传热控制过程，可通过产品结构的传导过程来描述传热，这种传热与产品固形物的热导率和产品孔隙结构参数成正比。水蒸气通过产品粒子孔隙结构气相的扩散是传质过程。

根据式（12.12）和式（12.17），可以得到一个专门描述喷雾干燥过程的表达式。根据球体的表面积为$4\pi R^2$，式（12.12）可变成：

$$t_c=\frac{H_L(w_0-w_c)}{4\pi R_d^2h(W_s-W_a)} \tag{12.18}$$

其中，R_d是食品液滴的半径。

Ranz 和 Marshall（1952）提出，喷雾干燥过程中液滴表面的对流传热系数，可以通过空气的热传导率与液滴的半径之比来估计。利用这一关系式，喷雾干燥过程液滴恒速干燥时间为：

$$t_c = \frac{H_L(w_0 - w_c)}{4\pi R_d k_a (T_a - T_s)} \tag{12.19}$$

根据质量传递，可以推导得到类似的恒速期干燥时间的关系式。

利用这些推导式，得到的食品液滴总喷雾干燥时间为：

$$t = \frac{H_L(w_0 - w_c)}{4\pi R_d k_a (T_a - T_s)} + \frac{R_p^2}{\pi^2 D}\ln\left[\frac{6}{\pi^2}\left(\frac{w_c - w_e}{w - w_e}\right)\right] \tag{12.20}$$

其中，R_p是临界水分含量时的产品粒子半径。式（12.20）右侧第一项为恒速干燥期时间。第二项代表了降速干燥期时间。式（12.20）的关键参数是临界水分含量（w_c）状态下的液滴/粒子半径（R_p）。虽然这两个参数通常需要通过实验测定得到，但式（12.20）中的其他参数却可以通过手册查到。

例 12.7

总固形物为5%的脱脂乳用喷雾干燥成水分含量为4%的乳粉。干燥器用的热空气温度为120℃、相对湿度为7%。脱脂乳的密度为1000kg/m^3、最大滴径为120μm。临界水分含量为45%，在临界水分含量时产品粒子的直径为25.5μm。平衡水分含量为3.85%，水蒸气在产品粒子内的质量扩散系数为5×10^{-11}m^2/s。请估计喷雾干燥器内产品的干燥时间。

已知：

初始水分含量，w_0 = 0.95kg 水/kg 产品 = 19kg 水/kg 固形物

临界水分含量，w_c = 0.45kg 水/kg 产品 = 0.818kg 水/kg 固形物

终了水分含量，w = 0.04kg 水/kg 产品 = 0.042kg 水/kg 固形物

平衡水分含量，w_e = 0.0385kg 水/kg 产品 = 0.04kg 水/kg 固形物

热空气温度，T_a = 120℃

热空气相对湿度，RH = 7%

液滴半径，$R_d = 60\times10^{-6}$m

粒子半径，$R_p = 12.75\times10^{-6}$m

质量扩散系数，$D = 5\times10^{-11}$m^2/s

液体产品密度，ρ = 1000kg/m^3

方法：

脱脂乳液滴干燥总时间包括恒速干燥时间和降速干燥时间。

解：

（1）为了利用式（12.19）预测恒速干燥时间，必须估计液滴表面的温度，也必须确定汽化潜热。

（2）利用湿空气图（附录图 A.5），查得热空气（120℃，7% RH）的湿球温度为

57.1℃。由于在恒速干燥期液滴温度不会超过热空气的湿球温度，因此可以将液滴表面的温度估计为57.1℃。

（3）利用饱和蒸汽表（表A.4.2），查得57.1℃时的汽化潜热为2354kJ/kg。

（4）由附录表A.4.4查得，120℃热空气的热导率 $k_a=0.032\mathrm{W/(m\cdot ℃)}$。

（5）利用式（12.19），

$$t_c=\frac{2365.5(\mathrm{kJ/kg})\times(19-0.818)(\mathrm{kg/kg\ 固形物})\times1000(\mathrm{J/kJ})}{4\pi\times60\times10^{-6}(\mathrm{m})\times0.032[\mathrm{W/(m\cdot ℃)}]\times(120-57.1)(℃)}$$

$$=2.834\times10^{10}\mathrm{s/kg\ 固形物}$$

（6）由于式（12.19）的结果是以单位产品固形物为基准的，所以必须估计液滴中的固形物量。利用液滴的体积、密度和固形物质量分数，得

$$质量(\mathrm{kg\ 固形物/kg\ 液滴})=\rho V(0.05)(\mathrm{kg\ 固形物/kg\ 产品})$$

$$质量=1000(\mathrm{kg\ 产品/m^3})\times\left[\frac{4}{3}(60\times10^{-6})^3\pi(\mathrm{m^3})\right]\times0.05(\mathrm{kg\ 固形物/kg\ 产品})$$

$$质量=4.524\times10^{-11}\mathrm{kg\ 固形物/液滴}$$

（7）恒速干燥时间=1.282s

（8）为了估计降速期干燥时间，假设产品粒子为球形，从而可以应用式（12.17）得到：

$$t_F=\frac{(12.75\times10^{-6})^2\ (\mathrm{m^2})}{\pi^2\times5\times10^{-11}(\mathrm{m^2/s})}\ln\left[\frac{6\ (0.818-0.04)}{\pi^2\ (0.042-0.04)}\right]$$

$$t_F=1.801\mathrm{s}$$

（9）总干燥时间为：

$$t=1.282+1.801=3.08\mathrm{s}$$

冷冻干燥是干燥速率受内部传质限制的例子。图12.10是简化了的冷冻干燥系统的传热传质分析，因为传热发生在加热板与干燥前沿间的冻结产品层，因而水分扩散成了速率限制过程。

King（1970，1973）曾对图12.10所示的冷冻干燥传热传质进行过分析，提出的一个干燥时间计算式如下所示：

$$t=\frac{RT_AL^2}{8\,DMV_w(P_i-P_a)}\left(1+\frac{4D}{k_mL}\right) \tag{12.21}$$

式中 L——产品层的厚度，m

T_A——绝对温度，K

M——分子质量，kg/(kg·mol)

V_w——水的比体积，$\mathrm{m^3/kg}$

P_i——冰的蒸汽压，Pa

P_a——冷凝器表面空气中的水蒸气压，Pa

k_m——传质系数，$\mathrm{kg\cdot mol/(s\cdot m^2\cdot Pa)}$

R——通用气体常数，$[8314.41\mathrm{m^3\cdot Pa/(kg\cdot mol\cdot K)}]$

D——扩散系数，$\mathrm{m^2/s}$

式（12.21）只适用于干燥产品层内水分扩散是干燥速率限制因素的场合。计算干燥时间，需要了解水分扩散系数 D 和传质系数 k_m，而这两个参数通常与产品有关。通常这两个性质的值必须单独进行测量得到。

例 12.8

浓缩咖啡液经冷冻成为厚 2cm、温度为 −70℃的冻结产品，然后置于 30℃的加热板上进行冷冻干燥。冷冻干燥室的压强为 38.11Pa，冷凝器的温度为 −65℃。用于描述过程的性质已经由实验系统测试得到；质量扩散系数 $=2\times10^{-3}m^2/s$，传质系数 $=1.5kg\cdot mol/(s\cdot m^2\cdot Pa)$。浓缩物的初始水分含量为 40%，干燥产品固形物的密度为 $1400kg/m^3$。请计算该产品的干燥时间。

已知：

产品层厚度 = 2cm = 0.02m

质量扩散系数 $=2\times10^{-3}m^2/s$

传质系数 $=1.5kg\cdot mol/(s\cdot m^2\cdot Pa)$

方法：

利用式（12.21）计算咖啡浓缩物的干燥时间。

解：

（1）为了利用式（12.21），首先需要根据热力学数据表确定几个参数。

通用气体常数 $=8314.41m^3\cdot Pa/(kg\cdot mol\cdot K)$

热力学温度 = 243K（根据冰在 38.11Pa 时的温度）

冰的蒸汽压（P_1）= 38.11Pa

冷凝器表面的蒸汽压（P_a）= 0.5Pa

水的摩尔质量（M_w）= 18g/mol

（2）水的比体积根据产品的初始水分含量和产品固形物的密度计算。

水分含量（干基）= 0.4/0.6 = 0.667kg 水/kg 固形物

从而

$$V_w=\frac{1}{0.667\times1400}=0.00107\ \frac{m^3\ \text{固形物}}{kg\ \text{水}}$$

（3）利用式（12.21）

$$t=\frac{8314.41\times243\times(0.02)^2}{8\times(2\times10^{-3})\times18\times0.00107\times(38.11-0.5)}\left[1+\frac{4\times(2\times10^{-3})}{1.5\times0.02}\right]$$

$$t=88324s=1472min=24.5h$$

干燥过程降低了食品的重量，也有可能减小食品的体积。这两方面的缩减，除提高了产品的贮存稳定性以外，也提高了产品贮运的效率。为具体食品选择最合适的干燥过程取决于两个主要条件：干燥的成本和产品的品质。

本章讨论的所有干燥过程中，如果以单位水分去除为基准计，则箱式或隧道式热风干燥成本最低。真空干燥的成本要高一些，其值与流化床干燥的成本接近。膨化干燥过程比前面几种干燥过程的成本还要昂贵些，但这种方法似乎要比冷冻干燥的效率高一些。

各种干燥过程在比较产品品质方面得到的优劣顺序与比较操作效率方面得到的高低顺序相反。冷冻干燥可生产出高质量的产品，因此，有可能利用产品价格来弥补干燥的额外成本。根据现有的资料分析，膨化干燥与冷冻干燥相比，产品品质相当，成本却略低些。流化床干燥与真空干燥得到的产品品质基本类似，但成本却比膨化干燥和冷冻干燥的低。品质最低的干燥产品是通过成本最低的隧道式和箱式热风干燥产生的。这些比较虽然说明干燥成本与干燥产品的品质有相关性，但还是应当认识到，干燥过程的选择最终取决于干燥产品的接受性。干燥前后制品的物理特性也可能是干燥过程选择的决定因素。

习题[①]

12.1 以下是收集到的某种食品的平衡水分含量数据：

水分活度	平衡水分含量/(g水/g产品)	水分活度	平衡水分含量/(g水/g产品)
0.1	0.060	0.5	0.125
0.2	0.085	0.6	0.148
0.3	0.110	0.7	0.173
0.4	0.122	0.8	0.232

请根据这些数据绘制出以干基水分含量为基准的平衡水分曲线。

12.2 产品的水分含量为56%（湿基），以10kg/h的速率进入隧道式干燥器进行干燥。提供给隧道干燥器的热风温度为50℃、相对湿度为10%、流量为1500kg/h。离开干燥器时的加热空气与产品平衡，温度为25℃、相对温度为50%。请确定产品离开干燥器时的水分含量及最终水分活度。

*12.3 某逆流式隧道干燥器用于将苹果片从初始水分含量70%（湿基）干燥到5%。如果整个干燥器内产品的温度为20℃，产品固形物的比热容为2.2kJ/（kg·℃），求干燥产量为100kg/h的产品所需的热空气量，并确定排出空气的相对湿度。

12.4 用箱式干燥器干燥一种食品新产品。该产品的初始水分含量为75%（湿基），要求用10min时间将水分含量降低到临界水平的30%（湿基）。如果总干燥时间为15min，请估计干燥终了时产品的水分含量。

12.5 以下为Labuza等人（1985）在25℃温度下用鱼粉试验得到的数据。请根据这些数据建立GAB模型，并确定模型中的k、w_m和C值。

① 习题中带“*”号的解题难度较大。

a_w	g 水/100g 固形物	a_w	g 水/100g 固形物
0. 115	2. 12	0. 536	7. 65
0. 234	3. 83	0. 654	10. 29
0. 329	5. 53	0. 765	13. 40
0. 443	6. 82	0. 848	17. 50

12. 6　用逆流干燥器在稳定态条件下对阿月浑子果进行干燥。用25℃的空气将该仁果从水分含量80%（湿基）干燥到12%（湿基）。进入干燥器的空气温度为25℃（干球温度）、相对湿度为80%。加热器提供的热量为84kJ/kg 干空气。离开干燥器的空气相对湿度为90%。请根据这些数据求解以下内容：

（a）离开干燥器加热区的空气相对湿度是多少？

（b）离开干燥器的空气温度为多少（干球温度）？

（c）干燥50kg/h 阿月浑子果，需要的空气流量为多少（m^3/s）？

12. 7　将重20kg 的食品材料样品从初始水分含量为450%（干基）干燥到水分含量25%（湿基）。试问每千克干固形物除去的水分是多少？

12. 8　进入干燥器的空气干球温度为60℃、露点温度为25℃。离开干燥器的空气温度为40℃，相对湿度为60%。产品的初始水分含量为72%（湿基）。通过干燥器的空气流量为200kg 干空气/h。产品的质量流量为1000kg 干固形物/h。干燥产品的最终水分含量为多少（湿基）？

12. 9　一种新型食品的恒速干燥期必须在5min 内完成；产品从初始水分含量75%干燥至临界水分含量40%。干燥用的热空气温度为95℃、相对湿度为10%。与空气相接触的产品表面宽为10cm，空气运动方向经过的产品长度为20cm。水蒸气在空气中的扩散系数为$1.3\times10^{-3}m^2/s$。产品的厚度为5cm、密度为$900kg/m^3$。

（a）请估计产品表面所需的传质系数。

（b）计算所需的空气流速。

12. 10　喷雾干燥器的直径为5m、高度为10m，用于将脱脂乳干燥成水分含量为5%的乳粉。温度为25℃、相对湿度为75%的环境空气，经加热后成为120℃的空气进入与产品液滴（和产品粒子）顺流的干燥系统。温度为45℃的脱脂乳经雾化进入热空气，喷雾得到的最大液滴直径为120μm。产品的临界水分含量为30%，临界水分含量下的产品粒子直径为25μm。干燥器出口处干燥脱脂乳粉的温度为55℃，平衡水分含量为3. 5%。水蒸气在产品粒子内的扩散系数为$7.4\times10^{-7}m^2/s$，产品固形物的比热容为2. 0kJ/（kg · K）。离开干燥器的加热空气温度比产品温度高5℃。求干燥器的生产能力（产量以单位时间5%水分含量的产品计）。

12. 11　喷雾干燥器的直径为5m、高度为10m，用于将脱脂乳干燥成水分含量为5%的乳粉。温度为25℃、相对湿度为75%的环境空气，经加热后成为120℃的空气进入与产品液滴（和产品粒子）顺流的干燥系统。温度为45℃、水分含量为90. 5%的脱脂乳，经雾化进入干燥器，离开干燥器的产品温度为55℃。产品固形物的比热容为2. 0kJ/（kg · K）。离开干燥器的加热空气温度比产品温度高5℃。求：（a）干燥系统的生产能力（以单位时间5%水分含量的产品产量计）；（b）离开干燥器的空气温度和相对湿度；（c）加热进入干燥器的空气所需热能。

12.12 用隧道式干燥器对初始水分含量为85%的食品进行干燥。产品通过宽1m、长10m的干燥器输送机。加热空气的温度为100℃、体积流量为240m^3/min；加热空气由温度为25℃、相对湿度为40%的环境空气加热得到。干燥器的空气流动截面为4m^2，产品在输送器上的厚度为1.5cm。

（a）假定所有产品水分的脱除发生在恒速干燥阶段。请估计离开干燥器的空气的温度和相对湿度。

（b）确定产品离开干燥器时的水分含量。

12.13 脱脂乳的降速干燥阶段开始出现在临界水分含量25%时，终了水分含量为4%。干燥用温度为120℃的空气，由温度为20℃、相对湿度为40%的环境空气加热得到。临界水分含量时的产品粒子的直径为20μm，产品固形物的比热容为2.0kJ/（kg·K）。水蒸气在产品粒子内的扩散系数为$3.7\times10^{-12}m^2/s$，产品粒子的密度为1150kg/m^3。

（a）如果产品的平衡水分含量为3.5%，请估计降速干燥期时间。

（b）如果产品干燥需要的热空气流量为5000m^3/min，请确定用于将空气加热到120℃所需要的热能。

12.14 隧道式干燥器用于干燥装在10cm×10cm×1cm盘中的新食品。水分只从产品表面除去。温度为100℃的加热空气，由温度为20℃、相对湿度为40%、流量为1000m^3/min的环境空气加热得到。离开系统的产品温度比湿球温度高5℃，离开系统的空气温度比产品温度高10℃。产品的初始水分含量为85%，进入干燥器的产品密度为800kg/m^3、温度为20℃。产品的临界水分含量为30%，平衡水分含量为3.0%。干燥过程中产品体积不发生变化。干燥器中产品表面的对流传热系数为500W/（m^2·K），水蒸气在产品内的传质系数为$1.7\times10^{-7}m^2/s$。产品固形物的比热容（$c_{p固形物}$）为2.0kJ/（kg·K）。请估计以下内容：（a）离开干燥器水分含量为4.0%的产品量；（b）离开干燥器空气的温度和相对湿度；（c）加热进入干燥器的空气所需要的热能。

12.15 利用MATLAB及以下所给经验公式，估算并绘制25℃时湿度范围在$0.01<a_W<0.95$糙米的水分平衡解吸和吸附曲线。

解吸过程（Basunia和Abe，2001）：

$$M = C_1 - C_3\ln[-(T+C_2)\ln(a_W)];C_1 = 31.652, C_2 = 19.498, C_3 = 5.274$$

吸附过程（Basunia和Abe，1999）：

$$M = \frac{-1}{b_3}\ln\left[-\left(\frac{T+b_2}{b_1}\right)\ln(a_W)\right];b_1 = 594.85, b_2 = 49.71, b_3 = 0.2045$$

M=水分含量（%干基）

T=温度（℃）

a_w=水分活度

12.16 利用MATLAB非线性回归（nlinfit）功能及下表所给糙米水分（解吸）数据，求出以下Guggenheim－Anderson－Deboer（GAB）方程的参数（m_0，A，B）。

$$m = \frac{m_0ABa_w}{(1-Ba_w)(1-Ba_w+ABa_w)}$$

水分活度	样品 1（%干基）	样品 2（%干基）	样品 3（%干基）
0.05	6.5	6.2	6.3
0.1	7.5	7.3	7.7
0.2	8.2	8.5	8.4
0.3	10.5	10.5	10.7
0.4	12.2	12.0	12.0
0.5	13.5	13.4	13.7
0.6	15.0	15.1	15.3
0.7	17.0	17.2	17.0
0.8	19.8	19.7	19.4
0.9	23.5	23.3	23.8
0.95	27.4	27.6	27.9

符号

a_w　水分活度（无量纲）

A　与热空气接触的产品表面积（m^2）

β　零级贝塞尔函数方程的第一个根

C　Guggenheim 常数 $= C'\exp(H_1 - H_m)/RT$

c_{pp}　产品固形物的比热容［kJ/（kg 固形物·K）］

c_{pw}　水的比热容［kJ/（kg 水·K）］

c_s　湿空气比热容［kJ/（kg 干空气·K）］$=1.005+1.88W$［见式（9.17）］

D　扩散系数（m^2/s）

d_c　特征尺寸（m）

h　对流传热系数［W/（m^2·K）］

H_1　纯水蒸气的冷凝潜热

H_a　空气的焓［kJ/（kg 干空气）］

H_L　水的汽化潜热（kJ/kg 水）

H_m　在初级部位上第一层的总吸附热

H_p　产品的焓（kJ/kg 干固形物）

H_q　多分子层总吸附热

K　对于平均液体多分子层性质的修正因子 $= k'\exp(H_1 - H_q)/RT$

k_m　对流传质系数（m/s）或［kg·mol/（s·m^2·Pa）］

L　产品层的厚度（m）

M　摩尔质量［kg/（kg·mol）］

$\dot{m}_a$　空气流量（kg 干空气/h）

$\dot{m}_c$　恒速干燥期的水分去除速率（s^{-1}）
$\dot{m}_p$　产品流量（kg 干固形物/h）
P　大气压（kPa）
P_a　冷凝器表面空气中的水蒸气压（Pa）
P_i　冰的蒸汽压（Pa）
q　传热速率（W）
R　通用气体常数［8314.41m^3·Pa/（mol·K）］
R_d　食品液滴的半径
R_p　临界水分含量时产品粒子的半径
t　干燥时间
T_0　0℃参比温度
T_a　空气温度（℃）
T_A　绝对温度（K）
t_c　恒速干燥时间（s）
T_p　产品温度（℃）
T_s　产品表面温度（℃）
V_w　水的比体积（m^3/kg 水）
w　产品水分含量，干基（kg 水/kg 干固形物）
w_c　临界水分含量（kg 水/kg 干固形物）
w_e　平衡水分含量（kg 水/kg 干固形物）
w_m　单分子层水分含量，干基分率
W_0　绝对湿度（kg 水/kg 干空气）
W_a　空气湿度（kg 水/kg 干空气）
W_s　产品表面的空气湿度（kg 水/kg 干空气）
下标：w，水。

参考文献

Basunia, M. A., Abe, T., 1999. Moisture adsorption isotherms of rough rice. J. Food Eng. 42, 235 - 242.

Basunia, M. A., Abe, T., 2001. Moisture desorption isotherms of medium grain rough rice. J. Stored Prod. Res. 37, 205 - 219.

Bizot, H., 1983. Using the GAB model to construct sorption isotherms. In: Jowitt, R., Escher, F., Hallstrom, B., Meffert, H. Th., Spiess, W. E. L., Vos, G. (Eds.), Physical properties of foods. Applied Science Publishers, London, pp. 43 - 54.

Charm, S. E., 1978. The Fundamentals of Food Engineering, third ed. AVI Publ. Co., Westport, Connecticut.

Eisenhardt, N. H., Cording Jr., J., Eskew, R. K., Sullivan, J. F., 1962. Quick - cooking dehydrated vegetable pieces. Food Technol. 16 (5), 143 - 146.

Fish, B. P. , 1958. Diffusion and thermodynamics of water in potato starch gel. Fundamental Aspects of Dehydration of Foodstuffs. Macmillan, New York, 143 – 157.

Flink, J. M. , 1977. Energy analysis in dehydration processes. Food Technol. 31 (3), 77.

Forrest, J. C. , 1968. Drying processes. In: Blakebrough, N. (Ed.), Biochemical and Biological Engineering Science. Academic Press, New York, pp. 97 – 135.

Gorling, P. , 1958. Physical phenomena during the drying of foodstuffs. In: Fundamental Aspects of the Dehydration of Foodstuffs. Macmillan, New York, 42 – 53.

Heldman, D. R. , Hohner, G. A. , 1974. Atmospheric freeze – drying processes of food. J. Food Sci. 39, 147.

Heldman, D. R. , Singh, R. P. , 1981. Food Process Engineering. AVI Publishing, Connecticut.

Jason, A. C. , 1958. A study of evaporation and diffusion processes in the drying of fish muscle. In: Fundamental Aspects of the Dehydration of Foodstuffs. Macmillan, New York, 103 – 135.

Joslyn, M. A. , 1963. Food processing by drying and dehydration. In: Joslyn, M. A. , Heid, J. L. (Eds.), Food Processing Operations, vol. 2. AVI Publ. Co. , Westport, Connecticut, pp. 545 – 584.

King, C. J. , 1970. Freeze – drying of foodstuffs. CRC Crit. Rev. Food Technol. 1, 379.

King, C. J. , 1973. Freeze – drying. In: Van Arsdel, W. B. , Copley, M. J. , Morgan Jr, A. I. (Eds.), Food Dehydration, second ed. , vol. 1. AVI Publ. Co. , Westport, Connecticut, pp. 161 – 200.

Labuza, T. P. , 1968. Sorption phenomena in foods. CRC Crit. Rev. Food Technol. 2, 355.

Labuza, T. P. , Kaanane, A. , Chen, J. Y. , 1985. Effect of temperature on the moisture sorption isotherms and water activity shift of two dehydrated foods. J. Food Sci. 50, 385.

Potter, N. N. , Hotchkiss, J. H. , 1998. Food Science, fifth ed. Springer Science + Business Media, Inc. , New York.

Ranz, W. E. , Marshall Jr. , W. R. , 1952. Evaporation from drops. Chem. Eng. Prog. 48, 141 – 180.

Rockland, L. B. , Nishi, S. K. , 1980. Influence of water activity on food product quality and stability. Food Technol. 34 (4), 42 – 51.

Sherwood, T. K. , 1929. Drying of solids. Ind. Eng. Chem. 21, 12.

Sherwood, T. K. , 1931. Application of theoretical diffusion equations to the drying of solids. Trans. Am. Inst. Chem. Eng. 27, 190.

Van Arsdel, W. B. , 1951. Tunnel – and – truck dehydrators, as used for dehydrating vegetables. USDA Agric. Res. Admin. Pub. AIC – 308, Washington, D. C.

Van Arsdel, W. B. , Copley, M. J. , Morgan Jr. , A. I. (Eds.), 1973. Food Dehydration, second ed. , vol. 1. AVI Publ. Co. , Westport, Connecticut.

13

辅助过程

本章介绍各种应用于食品工业的辅助过程。其中有些过程，例如混合，在食品加工中应用较普遍。另一些过程，例如过滤、沉淀和离心则多用于专门场合。每种过程涉及的内容包括在其设计和操作中有用的数学关系式。

13.1 过滤

从液体中除去固体颗粒的方法与从空气中除去固体颗粒的方法有所不同。这种固体颗粒的脱除过程可以用标准方程描述。本节将讨论某些过程方程，并对一些过滤技术的特殊应用进行讨论。

13.1.1 操作方程

一般而言，过滤可认为是被过滤流体通过固体截留介质的过程（图 13.1）。随着从流体中分出的固体在过滤介质中积累，使得过滤过程的流动阻力不断增加。这些因素对过滤速率均有影响。此外，对过滤速率有影响的因素还包括：

- 过滤介质两侧的压降
- 过滤面积
- 滤过液的黏度
- 由流体中除去的固体所决定的滤饼阻力
- 过滤介质的阻力

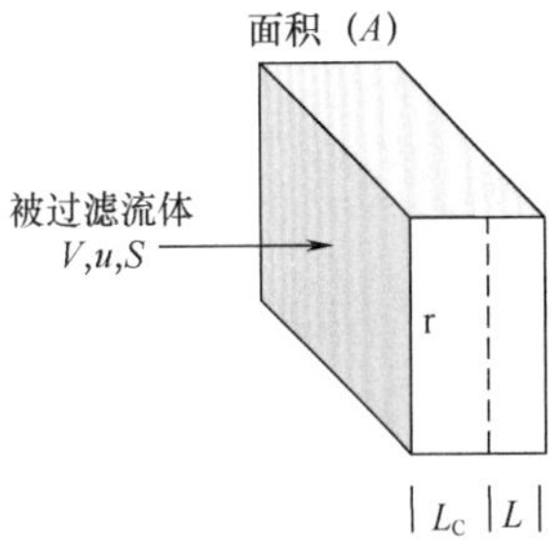

面积（A）

被过滤流体 V,u,S

r

L_c L

图 13.1 过滤过程示意图

过滤速率可由下式表示：

$$过滤速率 = \frac{驱动力}{阻力} \tag{13.1}$$

其中，驱动力是流体通过过滤介质所需要的压力，而阻力取决于几个因素。总阻力可用下式表示：

$$R = \mu r'(L_c + L) \tag{13.2}$$

式中　L_c——滤饼上积累的固形物厚度

μ——流体的黏度

L——过滤介质的虚拟厚度

式（13.2）中的 r' 表示滤饼比阻力，是形成滤饼颗粒的性质。Earle（1983）利用下式描述 L_c：

$$L_c = \frac{SV}{A} \tag{13.3}$$

式中　S——被过滤液中固形物含量

V——通过截面积为 A 的过滤器的滤液体积

A——过滤器截面积

滤饼厚度代表所有积累固形物的总厚度。某些过滤过程，这一厚度与真实情形相符。利用式（13.2）和式（13.3）可以得到以下用于计算总阻力的公式：

$$R = \mu r'\left(\frac{SV}{A} + L\right) \tag{13.4}$$

式（13.1）与式（13.4）结合，可以得到以下过滤速率表达式：

$$\frac{dV}{dt} = \frac{A\Delta P}{\mu r'\left(\frac{SV}{A} + L\right)} \tag{13.5}$$

式（13.5）是描述过滤过程的表达式，如果转化成适当形式，可用于解决过程放大问题。

过滤过程可分为两个阶段：①恒速过滤阶段，通常发生在过滤过程的早期；②恒压过滤，发生在过滤操作的后期。

13.1.1.1　恒速过滤

由式(13.5)积分得到，可用于确定恒速过滤阶段获得一定过滤速率所需压降的方程如下：

$$\frac{V}{t} = \frac{A\Delta P}{\mu r'\left(\frac{SV}{A} + L\right)} \tag{13.6}$$

即

$$\Delta P = \frac{\mu r'}{A^2 t}(SV^2 + LAV) \tag{13.7}$$

如过滤介质厚度可以忽略不计，则式（13.6）可用不同形式表示。表示压降随时间变化的关系式如下：

$$\Delta P = \frac{\mu r' SV^2}{A^2 t} \tag{13.8}$$

许多场合可利用式（13.8）预测过滤器过滤早期所需压降。

例 13.1

一空气过滤器用于除去品质控制实验室所用空气中的小颗粒。所用空气过滤器的过滤面积为 0.5m^2。如果经过 1h 使用后，该空气过滤器的压降为 0.25cm 水柱，请确定压降增加至 2.5cm 水柱时过滤器的使用时间。

已知：

空气的体积流率 $=0.5m^3/s$

过滤面积 $=0.5m^2$

压降 =0. 25cm 水柱

使用时间 =1h

更换过滤器前的压降 =2. 5cm 水柱

方法：

可利用式（13. 8）确定比阻力和空气颗粒含量的乘积。将此乘积及 2. 5cm 水柱压降代入式（13. 8），可以计算出需要更换过滤器的时间。

解：

（1）根据空气过滤特点，可认为属恒速过滤，并可忽略过滤介质的厚度。

（2）根据所给信息及式（13. 8），可以得到比阻力（r'）和空气颗粒含量（S）的乘积：

$$r'S = \frac{\Delta P A^2 t}{\mu V^2}$$

（3）0. 25cm 水柱的压降可用下式转换成常用单位表示：

0. 25cm 水柱 =24. 52Pa

（4）利用式（13. 8）计算过滤 1h 后的 $r'S$

$$r'S = \frac{(24.5\text{Pa})(0.5\text{m}^2)(3600\text{s})}{(1.7\times10^{-5}\text{kg/ms})(0.5\times3600)}$$

式中，$\mu=1.7\times10^{-5}$是从附录表 A. 4. 4 查到的 0℃空气的黏度。

$$r'S = 396/\text{m}^2$$

（5）利用 $r'S=396/\text{m}^2$ 及式（13. 8），可以计算 ΔP 增加到 2. 5cm 水柱时所需的过滤时间。

（6）ΔP 转换成常用单位表示：

2. 5cm 水柱 =245. 16Pa

因此

$$\frac{t}{V^2} = \frac{(1.7\times10^{-5})\times396}{(0.5)^2\times245.16} = 1.11\times10^{-4}\text{s/m}^6$$

（7）由于通过过滤器的体积流量是 $0.5m^3/s$

$$\frac{V}{t} = 0.5\text{m}^3/\text{s}$$

因此

$$V^2 = 0.25t^2$$

即

$$t = 1.11\times10^{-4}\times0.25t^2 = 2.775\times10^{-5}t^2$$

及

$$t = \frac{1}{2.775\times10^{-5}} = 36.036\text{s}$$

$$t = 10\text{h}$$

（8）因此过滤器操作 10h 以后应当更换。

13.1.1.2 恒压过滤

由式（13.5），可得到以下描述恒压过滤的方程：

$$\frac{\mu r'S}{A}\int_0^V V\mathrm{d}V + \mu r'L\int_0^V \mathrm{d}V = A\Delta P\int_0^t \mathrm{d}t \tag{13.9}$$

积分后得到以下设计用方程：

$$\frac{tA}{V} = \frac{\mu r'SV}{2\Delta PA} + \frac{\mu r'L}{\Delta P} \tag{13.10}$$

如忽略过滤器介质厚度（L），则上式成为：

$$t = \frac{\mu r'SV^2}{2A^2\Delta P} \tag{13.11}$$

上式主要用于给定体积流体维持恒压过滤所需的过滤时间。使用这一方程时，需要采用各种方式以获得手头没有的信息。例如，某些固形物的滤饼比阻力（r'）可能不知，因此必须通过实验确定。Earle（1983）介绍了取得这些参数的方法，Charm（1978）对过滤常数确定进行过讨论，过滤常数较前面介绍的参数复杂。

例 13.2

某液体用在 200kPa 压力下通过面积为 $0.2\mathrm{m}^2$ 的滤器进行过滤。初始结果表明，过滤 $0.3\mathrm{m}^3$ 液体需要 5min。试确定过滤速率降到 $5\times10^{-5}\mathrm{m}^3/\mathrm{s}$ 时所需的过滤时间。

已知：

压降 = 200kPa

过滤面积 = $0.2\mathrm{m}^2$

时间 = 5min

液体体积 = $0.3\mathrm{m}^3$

过滤速率 = $5\times10^{-5}\mathrm{m}^3/\mathrm{s}$

方法：

先用式（13.11）确定 $\mu r'S$，再用式（13.5）求算过滤液体积，最后用式（13.11）计算过滤时间。

解：

（1）由于假定过滤属于恒压过滤，因此可以利用式（13.11）和 5min 时获得的数据，用下式

计算：

$$\mu r'S = \frac{2A^2\Delta Pt}{V^2} = \frac{2\times(0.2)^2\times200000\times(5\times60)}{0.3^2}$$

$$\mu r'S = 53.33\times10^6\mathrm{kg}/(\mathrm{m}^3\cdot\mathrm{s})$$

（2）应用式（13.5）（假定 L 可以忽略）

$$5\times10^{-5} = \frac{(0.2)^2\times200000}{(53.33\times10^6)V}$$

$$V = 3\mathrm{m}^3$$

（3）应用式（13.11）：

$$t = \frac{(53.33 \times 10^6)(3)^2}{2 \times (0.2)^2 \times 200000} = 29998\text{s}$$

t = 499.9min 表明过滤速率降到 $5 \times 10^{-5}\text{m}^3/\text{s}$ 以前要经过 500min 的恒压过滤阶段。

由式（13.5）可以发现，过滤过程直接取决于过滤介质和被过滤流体两个因素。在式（13.5）中，过滤介质由面积（A）和比阻力（r'）描述。过滤介质与被过滤流体的类型有很大关系。液体过滤时，过滤介质往往主要由来自液体的固形物构成。这种滤饼必须由某种类型的结构物所支承，这种结构物对过滤过程影响有限。某些场合，可用（毛、棉、麻）编织物做支承材料，对于特殊类型的液体，也可用颗粒材料作支承物。不管怎样，支承材料的主要作用是支承收集到的固形物，从而使这些固形物起到液体过滤介质的作用。

空气除尘用的过滤器设计与液体过滤器设计有很大差异。这种场合，整个过滤器充满过滤介质，而收集到的固形物对于过滤过程的影响非常小。空气过滤器的过滤介质是过滤纤维的多孔集合体，孔径取决于要除去的空气颗粒大小。因此，空气过滤基本上全是恒流量过滤过程。

式（13.5）中的第二个影响过滤速率的因素是被过滤流体的黏度（μ）。过滤速率与被过滤流体的黏度成反比关系；随着流体黏度的增加，必须会引起过滤速率的下降。流体黏度对过滤过程有非常大的影响，因此各种设计计算均必须考虑流体黏度。

13.1.2 过滤机制

人们对空气除尘的过滤机制已有较好认识。Whitby 和 Lundgren（1965）列出了以下四种机制：①布朗扩散；②拦截作用；③惯性撞击；④静电吸引。Decker 等（1962）指出，服从斯托克斯定律的沉积作用也可被认为是一种过滤机制。布朗扩散机制对于除去大于 0.5μm 颗粒的过滤影响很小。这种特殊的过滤机制在过滤纤维分离空气流颗粒并与颗粒接触中起作用。较大颗粒即使没能从空气流分离出来，也可利用拦截作用除去。

当颗粒随空气流动，并且与过滤纤维相距足够近，就可以被惯性撞击作用除去。大于 1μm 的颗粒通常可由这种机制除去。这种过滤机制的结果是，当颗粒与过滤纤维带有不同电荷或相反电荷时，空气流中的颗粒会分离出来，并沉积在过滤纤维上。非常大的颗粒会受重力影响而与空气流分离，结果沉积在过滤纤维上。这种机制对于小颗粒去除的贡献可能非常小。

液体除去固形物的机制尚未得到很好确立，并且与空气除颗粒可能有很大差异。液体除固体的机制与过滤模式有关。在液体快速通过过滤介质的过滤初期，过滤机制大多是直接拦截作用或惯性撞击作用。滤饼建立以后的恒压过滤阶段，过滤液会以流线形式通过滤饼流动。

13.1.3 过滤系统设计

虽然描述给定系统过滤速率的表达式表面上较为简单，但利用这些公式却需要了解若干系统参数。多数情形下不会知道过滤流体的黏度和过滤介质的比阻力。为了解过滤关系某性特征，通常做法是先进行规模过滤试验，然后进行全过程放大。诸如式（13.7）和式（13.11）之类的表达式，非常适用于放大。小规模或中试规模操作通常用于确定小过滤机在恒定压力下过滤一段时间的滤过液体积。

Earle（1983）利用得到的数据绘成如图 E13.1 所示的图线。为获得过滤曲线，我们利用式（13.10），并且认为不可忽略 L。利用中试规模数据获得图 E13.1 所示关系后，我们可用于确定适用于放大过滤过程的过滤常数。某些场合，最好收集不同压力和/或不同过滤面积下的中试数据。

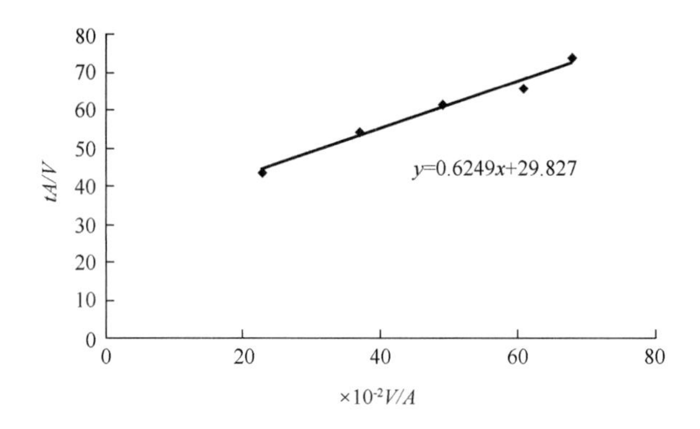

图 E13.1　中试过滤设备操作获得的数据曲线

例 13.3

要设计一过滤系统，该系统利用 400kPa 恒定压力，以 2h 时间过滤 4m^3 滤浆。必要的设计条件，在 140kPa 恒压下通过 0.1m^2 过滤面积的过滤实验得到。实验得到的结果如下：

时间/min	过滤体积/（$\times 10^{-2}$m^3）
10	2.3
20	3.7
30	4.9
40	6.1
50	6.8

试为过滤设计确定条件。

已知：

体积 = 4m^3

时间 = 2h

压力 = 400kPa

实验过滤面积 = 0. 1m^2

实验压力 = 140kPa

方法：

首先作 $tA/V - V/A$ 图，从中得到斜率和截距，用于建立设计方程，最后确定所需过滤面积。

解：

（1）应用式（13. 10），由 tA/V 对 V/A 作图应当是直线，其斜率为 $\mu r'S/\Delta P$，并且在纵坐标上的截距为 $\mu r'L/\Delta P$。

（2）由提供的实验数据得

$V/A \times 10^{-2}$	tA/V
23	43. 48
37	54. 05
49	61. 22
61	65. 57
68	73. 53

（3）根据图 E13. 1 所示结果，可得斜率为 62. 5、纵坐标截距为 29. 83 的设计方程

$$\frac{tA}{V} = 62.5\frac{V}{A} + 29.83$$

（4）由于压力和面积是存在于实验室和设计之间的变量，因此必须作适当的调整

$$\text{斜率} = 62.5 = \frac{\mu r'S}{2(140000)};\ \mu r'S = 1.75 \times 10^7$$

$$\text{截距} = 29.83 = \frac{\mu r'L}{140000};\ \mu r'L = 4176200$$

因此，设计方程成为

$$\frac{tA}{V} = \frac{1.75 \times 10^7}{\Delta P}\left(\frac{V}{A}\right) + \frac{4176200}{\Delta P}$$

（5）由于要设计的过滤系统的已知条件为：$t = 2\text{h} = 120\text{min}$；$V = 4\text{m}^3$；$\Delta P = 400\text{kPa}$

因此

$$\frac{120A}{4} = \frac{1.75 \times 10^7}{400000}\left(\frac{4}{A}\right) + \frac{4176200}{400000}$$

$$30A = \frac{1.75}{A} + 10.44$$

$$A = 2.6\text{m}^2$$

（6）由以上二次方程的正解得到过滤面积为 2. 6m^2。

13.2 沉淀

沉淀是利用重力或离心力从流体中分离固形物的过程。在食品工业中，多数涉及沉淀的过程用于从液体或气体中分离颗粒固体。显然，利用重力除去流体中颗粒有相当多的应用。

13.2.1 低浓度悬浮液的沉降速度

低浓度悬浮液中的颗粒的沉降速率与悬浮流体颗粒自油沉降速度有关。

各颗粒的自由沉降速度按此颗粒假设为悬浮体中唯一颗粒来确定。由于颗粒与悬浮体之间不存在相互作用，因此这种类型的沉降通常称为自由沉降。通过对颗粒所受作用力进行分析，可以预测确定颗粒的自由沉降速度。与重力抗衡的力称为拖拽力，可以下式表示：

$$F_D = 3\pi\mu du \tag{13.12}$$

式中 u——颗粒与流体之间的相对速度

d——颗粒直径

μ——流体黏度

只要颗粒雷诺数小于0.2，就可以应用式（13.12），食品加工大多数应用符合这种情形。Coulson 和 Richardson（1978）提出了颗粒雷诺数大于0.2的表达式。重力（F_G）除了与重力加速度有关以外，也是颗粒体积和密度差的函数，下式所示为重力表达式：

$$F_G = \frac{1}{6}\pi d^3(\rho_p - \rho_f)g \tag{13.13}$$

其中，d 为球形颗粒的直径。使式（13.12）等于式（13.13）（在颗粒自由沉降速度下一定存在这些条件），就可以解出以下自由沉降速度的表达式：

$$u_t = \frac{d^2 g}{18\mu}(\rho_p - \rho_f) \tag{13.14}$$

由式（13.14）可见，自由沉降速度与颗粒直径的平方成正比。自由沉降速度也与颗粒密度和流体性质有关。式（13.14）是斯托克定律最普通的形式，只适用于层流和球形颗粒。如果颗粒为非球形，通常要考虑引入代表不规则颗粒形状和球形度及其对自由沉淀速度的影响的形状因子。

当雷诺数大于1000不存在层流时，必须对拖拽力条件进行修正。使用修正条件的自由沉降速度公式成为

$$u_t = \sqrt{\frac{4dg(\rho_p - \rho_g)}{3C_d\rho_f}} \tag{13.15}$$

式中拖曳力系数 C_d是雷诺数的函数，如图13.2所示。

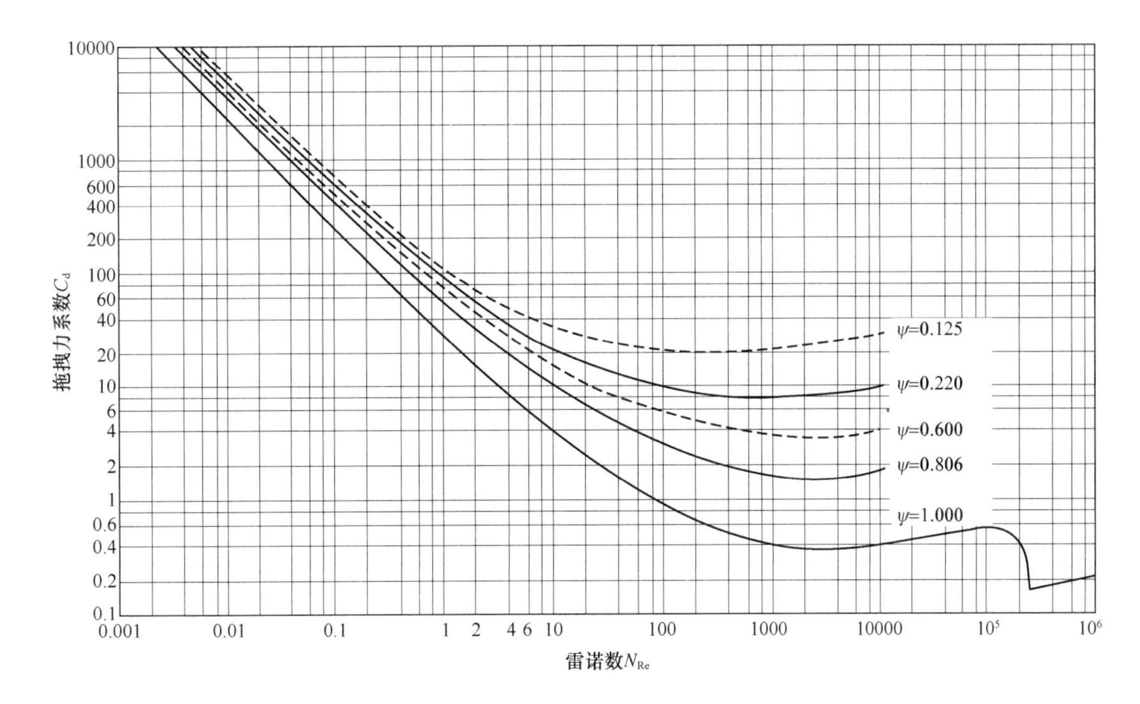

图 13.2 雷诺数对球体拖拽力系数的影响（ψ 代表球形度）

（资料来源：Foust 等人，1960）

例 13.4

收获和输送过程对蓝莓之类果实的损伤，直接与这类果实在空气中的自由沉降速度有关。试计算直径为 0.6cm、密度为 1120kg/m^3 的蓝莓在 21℃ 常压空气中的自由沉降速度。

已知：

蓝莓直径 = 0.6cm

密度 = 1120kg/m^3

空气温度 = 21℃

方法：

可用式（13.14）计算蓝莓的自由沉降速度。另外还可以通过计算雷诺数来验证该式的有效性。如果不能使用该式，则可以利用图 13.2 和式（13.15）得到拖拽力系数，并重新计算自由沉降速度。

解：

（1）式（13.14）可利用以下参数：$d = 0.6\text{cm}$，$g = 9.806\text{m/s}^2$，$\mu = 1.828 \times 10^{-5}\text{kg/(m·s)}$，$\rho_p = 1120\text{kg/m}^3$，$\rho_f = 1.2\text{kg/m}^3$。

（2）利用式（13.14）

$$u_t = \frac{(0.006)^2 \times 9.806}{18 \times (1.828 \times 10^{-5})}(1120 - 1.21) = 1200(\text{m/s})$$

（3）验核颗粒雷诺数

$$N_{Re} = \frac{1.2 \times 0.006 \times 1120}{1.828 \times 10^{-5}} = 4.73 \times 10^5$$

表明不存在层流，因此现有条件不能应用式（13.14）。

（4）利用式（13.15），及由图13.2中得到的$C_d=0.2$，在雷诺数为4.73×10^5条件计算

$$u_t=\left[\frac{4}{3}\frac{0.006\times9.806}{0.2\times1.2}(1120-1.2)\right]^{1/2}=19.1(m/s)$$

（5）验核颗粒雷诺数

$$N_{Re}=\frac{1.2\times0.006\times19.1}{1.828\times10^{-5}}=7523$$

表明$C_d=0.4$，因此

$$u_t=\left[\frac{4}{3}\frac{0.006\times9.806}{0.4\times1.2}(1120-1.2)\right]^{1/2}=13.5(m/s)$$

（6）最后验核雷诺数

$$N_{Re}=\frac{1.2\times0.006\times13.5}{1.828\times10^{-5}}=5317$$

说明$C_d=0.4$是恰当的，因此假定蓝莓为球形体的自由沉降速度为13.5m/s。

13.2.2 高浓度悬浮液的沉降速度

悬浮液中固形物浓度足够高，斯托克定律不再能够描述沉降速度。在颗粒粒度介于6～10μm的场合，构成固形物悬浮液的颗粒会以相同速率沉降。这一速率与利用悬浮液中最小和最大粒度得到的平均粒度的斯托克定律预测速度有关。物理学清楚地表明，较大颗粒的沉降速率会因流体性质受到较小颗粒的影响而降低。较小颗粒的沉降速率会受较大颗粒运动影响而加速。

颗粒沉降产生的不同固形物浓度区域可以得到很好确定。恒定速率的固形物运动会在柱状悬浮分离器顶层产生清液。紧随清液下方的是固形物浓缩区，这一区域的固形物以恒定速率运动。在沉降固形物下方不同浓度的固形物积聚区，含有悬浮液中的最大颗粒。这些区域的相对大小会受颗粒大小和粒度分布影响。

Cloulson和Richardson（1978）对高浓度悬浮液中固形物沉降速度的各种实验研究进行过综述。其中之一是用悬浮液的密度和黏度取代流体的密度和粒度，对斯托克定律进行修正。从而可以得到以下描述悬浮液沉降速率的方程：

$$u_s=\frac{KD^2(\rho_p-\rho_s)g}{\mu_s}\tag{13.16}$$

其中，K是需要通过实验确定的常数。多数场合，人们试图根据悬浮液组成来预测其密度和黏度。另一种方法是考虑悬浮颗粒之间的空隙，该空隙允许流体向上朝悬浮柱上层运动。得到的颗粒沉降速度的表达式如下：

$$u_p=\frac{D^2(\rho_p-\rho_s)g}{18\mu}f(e)\tag{13.17}$$

其中，$f(e)$是悬浮液空隙的函数。式（13.17）仍然是斯托克定律的修正式，它使用的是流体的密度和黏度。该式具体使用的悬浮液空隙率函数每次必须通过实验确定。虽然式（13.6）和式（13.7）都有各自的限制，但它们可为高浓度大颗粒悬浮液提供实

用结果。小颗粒悬浮液的沉降速率表达式存在相当大的误差，因此有待开发可接受的表达式。

例 13.5

一沉降罐用于对食品加工厂废水中较大颗粒进行沉降处理。罐入口处液体对固形物的质量为 9kg 液/kg 固形物；输入流量为 0.1kg/s。从底部离开沉降罐的沉淀物的液固比应为 1kg 液体/kg 固形物。水的密度为 $993kg/m^3$。如固形物在水中的沉降速率为 0.0001m/s，试确定需要的沉降面积。

已知：

入口处液固质量比 = 9kg 液/kg 固形物

入口流量 = 0.1kg/s

沉淀物组成 = 1kg 液体/kg 固形物

固形物在水中的沉降速率 = 0.0001m/s

水的密度 = $993kg/m^3$

解：

（1）利用质量流量方式、入口和出口水状态差异，得到以下液体在沉降罐中上升速度的公式

$$u_f = \frac{(C_i - C_o)w}{A\rho}$$

其中 C_i 和 C_o 为废水中液体对固形物的质量比。

（2）根据已知信息

$$C_i = 9 \quad w = 0.1$$

$$C_o = 1 \quad \rho = 993$$

（3）由于液体的上升速度应当等于固形物的沉降速度，因此所需的沉降面积为：

$$A = \frac{(9-1) \times 0.1}{0.0001 \times 993} = 8(m^2)$$

除了悬浮液中固形物和流体的性质以外，还有其他影响沉降过程的因素。悬浮液的高度通常不会影响沉降速率，也不会影响沉淀物的质地。在给定初始高度下通过实验确定的液体或流体－沉淀物界面高度随时间变化的结果，可用于预测任何其他初始高度条件下的界面随时间变化规律。如果沉降柱直径对颗粒直径的比值小于 100，则沉降柱的直径会影响沉降速率。这种情形下，沉降柱的柱壁会对沉降速率有阻滞作用。通常，悬浮液的浓度对沉降速率有影响，较高浓度趋于降低沉降物沉淀速率。

可通过沉降从空气中除去固形物，例如除去喷雾干燥过程尾气的固形物。将颗粒悬浮体引入静态空气柱，空气中的固态颗粒会趋于沉降到楼板表面。利用本章前面介绍的简单计算公式进行计算可以发现，对于通常遇到的颗粒类型，这种沉降过程相当慢。因此，沉降过程通常不在这方面应用。最好采用其他力提高这类空气悬浮体中的颗粒的沉降速率，下节将对此作较详尽的讨论。

13.3 离心

许多过程中，两种液体或液与固形物分离的沉降速度不够快，达不到足够高的分离效率，这种情形下，可利用离心力加速分离过程。

13.3.1 基本方程

第一个为圆周运动颗粒受力基本方程如下：

$$F_c = \frac{mr\omega^2}{g_c} \tag{13.18}$$

其中，ω 为圆周运动颗粒的角速度。由于 ω 可以用颗粒切向速度与其距旋转中心的半径（r）表示，因此式（13.18）可写成：

$$F_c = \left(\frac{m}{g_c}\right)\frac{u^2}{r} \tag{13.19}$$

Earle（1983）提出，如果颗粒旋转速度以每分转数表达，则式（13.19）可以写成：

$$F_c = 0.011\frac{mrN^2}{g_c} \tag{13.20}$$

其中 N 为每分钟的转数。

式（13.20）表明，作用在颗粒上的离心力与其距旋转中心的距离 r、旋转离心速度 N 及颗粒的质量 m 有关。例如，如果含有不同密度颗粒的流体置于旋转钵中，则高密度颗粒由于受到较大离心力的作用，会朝钵体的外侧运动。这会使较低密度颗粒朝钵体的内侧区域运动，如图 13.3 所示。这一原理可用于分离含有不同密度组分的液体食品。

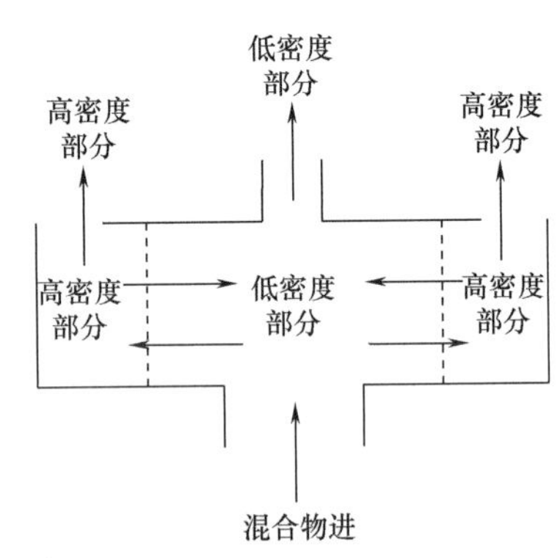

图 13.3　利用离心力分离不同密度流体

13.3.2 分离速率

不同密度材料分离速率通常可以两相相对速度表示。用于描述这种相对速度的一种表达式形式与计算自由沉降速度的式（13.14）相同，但重力加速度（g）用离心力加速参数取代。这种离心加速作用可以下式表示：

$$a = r\left(\frac{2\pi N}{60}\right)^2 \tag{13.21}$$

其中，N 为离心机的转速，r/min。将式（13.21）代入式（13.14），得到下式，表示球形颗粒在离心力场中分离的速度：

$$u_c = \frac{D^2N^2r(\rho_p - \rho_s)}{1640\mu} \tag{13.22}$$

式（13.22）应用于任何两相存在不同密度的情形。该式明确表示以速度（u_c）表示的离心分离速率直接与下列因素有关：两相的密度、距旋转中心的距离、旋转速度及高密度相中颗粒的直径。

例 13.6

液固悬浮液中的固体颗粒拟用离心力进行分离。颗粒的直径为 100μm，密度为 800kg/m³。液体为水，其密度为 993kg/m³，分离的有效半径为 7.5cm。如果要求的分离速度为 0.03m/s，试确定离心机所需的转速。

已知：

颗粒直径 = 100μm

密度 = 800kg/m³

水的密度 = 993kg/m³

有效分离半径 = 7.5cm

要求的分离速度 = 0.03m/s

方法：

利用式（13.22）计算所需的离心转速。

解：

以水的黏度为 5.95×10^{-4}kg/（m·s）代入式（13.22）进行计算

$$N^2 = \frac{1640\mu u_c}{D^2 r(\rho_p - \rho_s)} = \frac{1640(5.95\times10^{-4})}{0.075\ (100\times10^{-6})^2(993-800)}(0.03)$$

$$N^2 = 2.02\times10^5(1/s^2)$$

$$N = 26940\text{r/min}$$

13.3.3 液－液分离

涉及两液相分离的场合，通常容易用分离过程中两相的界面来描述。作用在分离柱中液滴上的微分离心力可以写成：

$$dF_c = \frac{dm}{g_c} r\omega^2 \tag{13.23}$$

其中（dm）为液滴的质量。式（13.23）可写成：

$$\frac{dF_c}{2\pi rb} = dP = \frac{\rho\omega^2 r dr}{g_c} a \tag{13.24}$$

其中，（dP）为液滴受到的微分压力，而 b 是分离钵的高度。在分离筒的两个不同半径范围对式（13.24）进行积分，便可得到以下计算两半径间存在压力差的公式：

$$P_2 - P_1 = \frac{\rho\omega^2(r_2^2 - r_1^2)}{2g_c} \tag{13.25}$$

在分离柱的某一位置，一相的压力必须等于另一相的压力，因此，这种情形下两相可分别用式（13.25）表达，并可以下式表达压力相等式的半径：

$$\frac{\rho_A\omega^2(r_n^2 - r_1^2)}{2g_c} = \frac{\rho_B\omega^2(r_n^2 - r_2^2)}{2g_c} \tag{13.26}$$

通过求解两相等压半径，可以得到以下表达式：

$$r_n^2 = \frac{\rho_A r_1^2 - \rho_B r_2^2}{\rho_A - \rho_B} \tag{13.27}$$

其中，ρ_A 等于重液相的密度，而 ρ_B 是轻液相的密度。式（13.27）为分离柱设计的基本公式。等压半径是两相出现分离处的半径，它与两个半径（r_1 和 r_2）有关。这两个值可以独立地变化，从而可以根据各相的密度实现对两相分离进行优化。

例 13.7

为全脂乳分离稀奶油离心分离过程设计输入和输出。脱脂乳的密度为 1025kg/m³。说明必要的输出条件，如果稀奶油输出半径为 2.5cm，而脱脂乳的输出半径为 5cm。试提出适当的输出半径条件。稀奶油的密度为 865kg/m³。

已知：

乳密度 = 1025kg/m³

稀奶油输出半径 = 2.5cm

脱脂乳输出半径 = 5cm

稀奶油密度 = 865kg/m³

方法：

利用式（13.27）求取中心区域半径，然后利用此信息形成设计示意图。

解：

（1）用式（13.27）计算中心区域半径

$$r_n^2 = \frac{1025 \times (0.05)^2 - 865 \times (0.05)^2}{1025 - 865}$$

$$r_n^2 = 0.0126$$

$$r_n = 0.112\text{m} = 11.2\text{cm}$$

（2）根据所给信息及中心区域半径的计算结果得到的分离器输出设计如图 E13.2（a）所示。

（3）同样，输入部分应设计成尽量使产品以最短距离进入中心区域［图 E13.2（b）］。

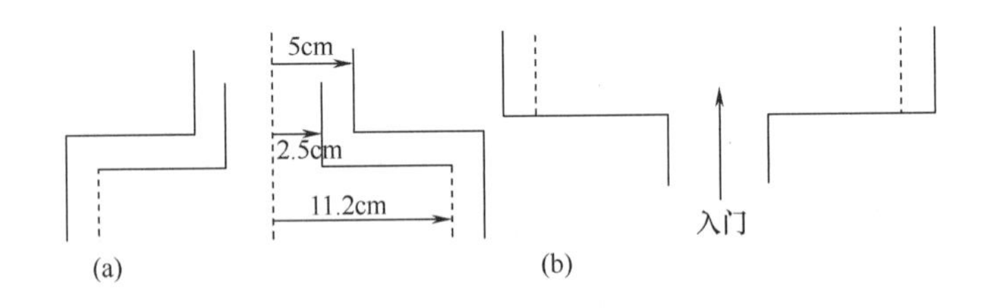

图 E13.2 离心分离机示意图

13.3.4 粒子 - 气体分离

从气相中分离固体是许多食品加工的一项普通操作。最常见的是干燥操作完成后从气流中分离喷雾干燥产品。这项操作通常在所谓的旋风分离器中完成。本节前面提出的基本方程在此仍然适用，而式（13.22）可用于计算从空气流分离固形物的速率。

由此表达式可见，必须考虑颗粒直径，另外还需要考虑固形物的密度及空气流的密度。

13.4 混合

混合是食品工业中一种普通操作。每当有配料要加到食品中时，就需要混合装置。所用的混合装置类型通常根据混合食品性质确定。由于混合产品的品质要根据其配料的分配均匀性判断，因此混合装置的设计及其操作必须谨慎选择，以便工作能够产生所希望的效果。

工业界利用搅拌进行混合。搅拌是应用机械力使物料在容器中作圆周运动或类似运动。混合可是同相或多相中的两种或多种物料混合在一起。混合使用的机械力使得一种物料随机地分相在另一种物料中。混合的例子包括固体与流体混合、固体与固体混合，或者流体与流体混合，流体既可以是液体，也可以是气体。

“混合”与“搅拌”的差异可通过下面的解释加以理解。混合始终涉及两种或多种物料，或涉及两相或多相相同物料。例如，可以对装满冷水的容器进行搅拌，但在混合时，可以通过在冷水中加热水以提高混合物的温度，也可以在水中加入不同相物料，例如，水中加糖。

两种或多种物料混合的目的是得到最终均匀的混合物。然而，“均匀性”混合物与取样样品大小有关。将玉米糖浆和水之类液体混合得到的均匀性，会比葡萄干与面粉这样的两种不同粒度的固体混合物的均匀性大。显然，从含有葡萄干和面粉的混合物中所取样本的大小必须大于单个葡萄干的大小，否则混合物无法含有葡萄干。

食品加工对液体食品进行搅拌出于不同原因，例如使一种液体与另一种易溶液体混合（玉米糖浆与水）、将气体加入到液体（例如碳酸化过程），或者使一种液体与另一种不溶性液体混合成蛋黄酱之类的乳化物。许多易碎食品加配料时需要混合，但要注意防止这些产品出现任何物理损坏（例如马铃薯沙拉、通心粉沙拉）。

食品工业中各种混合操作的复杂程度有大有小。简单的混合体系涉及两种低黏度互溶液体混合，而将树胶混合到某种液体中要复杂得到多，因为混合物黏度会随混合进行而改变。将少量的一种物料与主体物料混合，例如将香料加到面粉中，必须确保所有物料得到充分混合。

混合过程既可以间歇模式，也可以连续模式进行。虽然连续系统尺寸较小，并且有利于降低操作批次之间的差异，但它们要求受处理的材料有较好的流动性。在间歇系统中，不同混合批次之间存在较大差异。而且，间歇设备劳动强度较大，但容易进行调整，只要更换搅拌桨就可以。

13.4.1 搅拌设备

如图 13.4 所示为用于搅拌的典型容器。搅拌容器既可敞开，也可封闭，有时可以在真空下进行操作。搅拌容器中间设有一根搅拌轴，该轴与设在容器顶部的电机相连。搅拌过程需要加热或冷却时，可使用含循环传热介质的夹套式搅拌容器。搅拌桨位于搅拌轴下端。有些搅拌轴是偏心设置的。另一些搅拌器会在同一容器安装一根以上搅拌桨。搅拌罐底呈圆形，因为尖角对流体运动有阻碍作用。不同大小搅拌罐所安装搅拌桨大小和位置的典型几何比如表 13.1 所示。

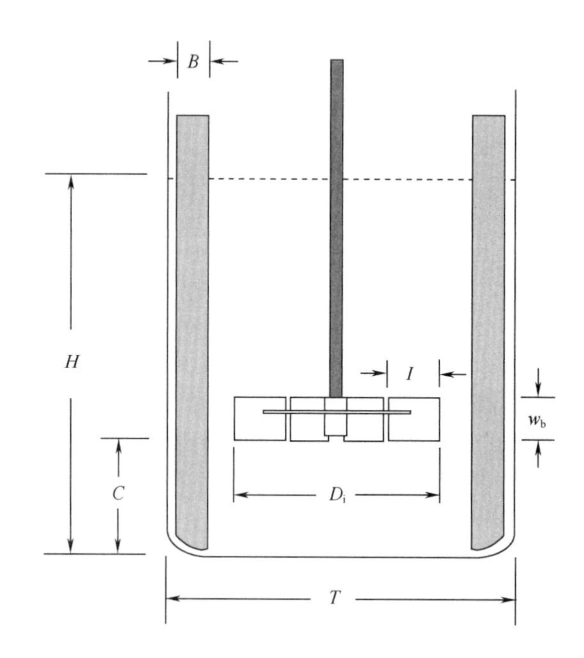

图 13.4　带叶轮和挡板的搅拌容器示意图

通常使用的搅拌桨有三类：推进桨、平桨和涡轮桨。

表 13.1　常见搅拌桨的典型几何比

比例	典型值	标准搅拌系统的比例
H/T	1 ~ 3	1
D_i/T	1/4 ~ 2/3	1/3
C/T	1/4 ~ 1/2	1/3
C/D_i	~ 1	1
B/T	1/12 ~ 1/10	1/10
w_b/D_i	1/8 ~ 1/5	1/5

13.4.1.1 船用推进器式搅拌器

螺旋桨式搅拌器如图 13.5 所示，通常有三片桨叶，类似于船上用于推水的推进器。推进器型搅拌器通常用于低黏度流体，运行转速高。推进器产生的液流与搅拌轴平行。这种流动模式称为轴向流。如图 13.5 所示，流体沿搅拌罐壁向上运动，并沿中心轴向下运动。

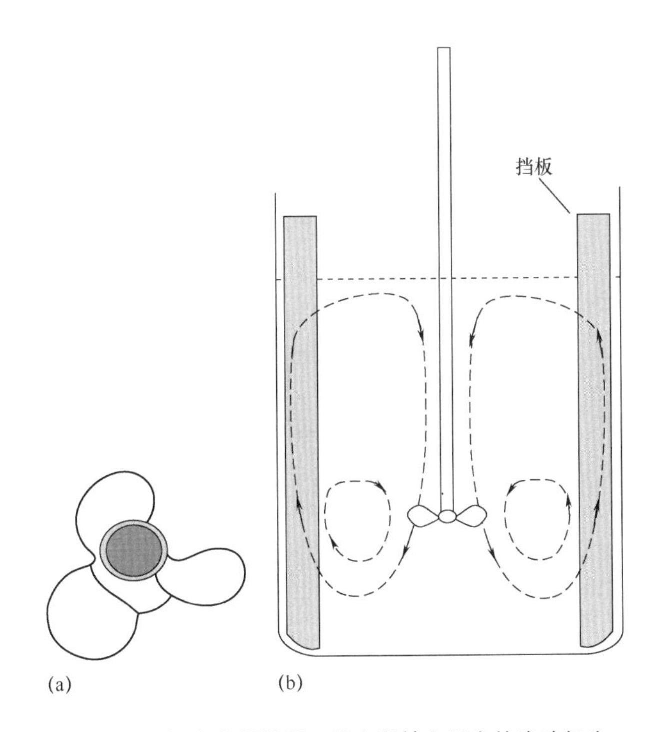

图 13.5 螺旋桨搅拌器及其在搅拌容器内的流动行为

13.4.1.2 平桨式搅拌器

平桨式搅拌器通常有两片或四片桨叶（图 13.6）。叶片可平装或带一定角度。桨叶转动时将液体朝径向和切向推送。垂直方向没有运动。这种搅拌器在低速（每分钟 20～150 转）条件下可起有效搅拌作用。当平桨搅拌器在高速下操作时，混合容器必须配置挡板，以防止物料以塞流模式运动。搅拌器对搅拌罐的比值范围在 0.5～0.9。为尽量减少物料加热时结垢而要求对容器内壁刮扫时，可使用如图 13.6 所示的锚式搅拌桨。

13.4.1.3 涡轮搅拌器

涡轮搅拌器类似于带多片短叶片的平桨搅拌器。涡轮的直径通常小于搅拌容器直径的一半。如图 13.7 所示，叶片倾斜安装可产生轴向流。平板涡轮搅拌器使液体朝径向排送。在曲面叶片涡轮中，叶片曲线与旋转方向相背离。这种调整可使食品少受机械剪切作用，因此较适合易碎食品。

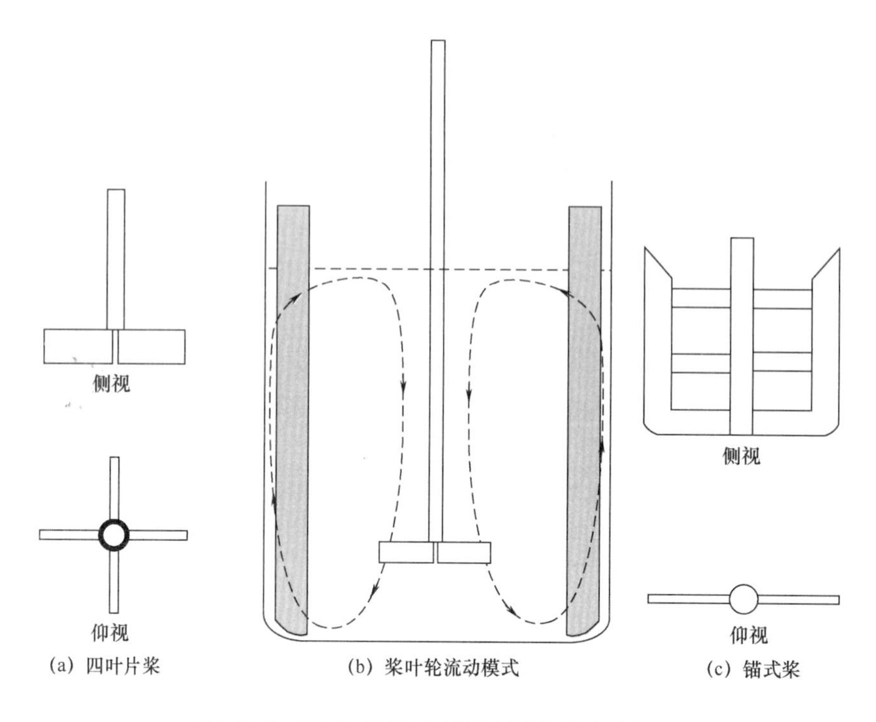

图 13.6　桨叶轮及其在搅拌容器内的流动行为

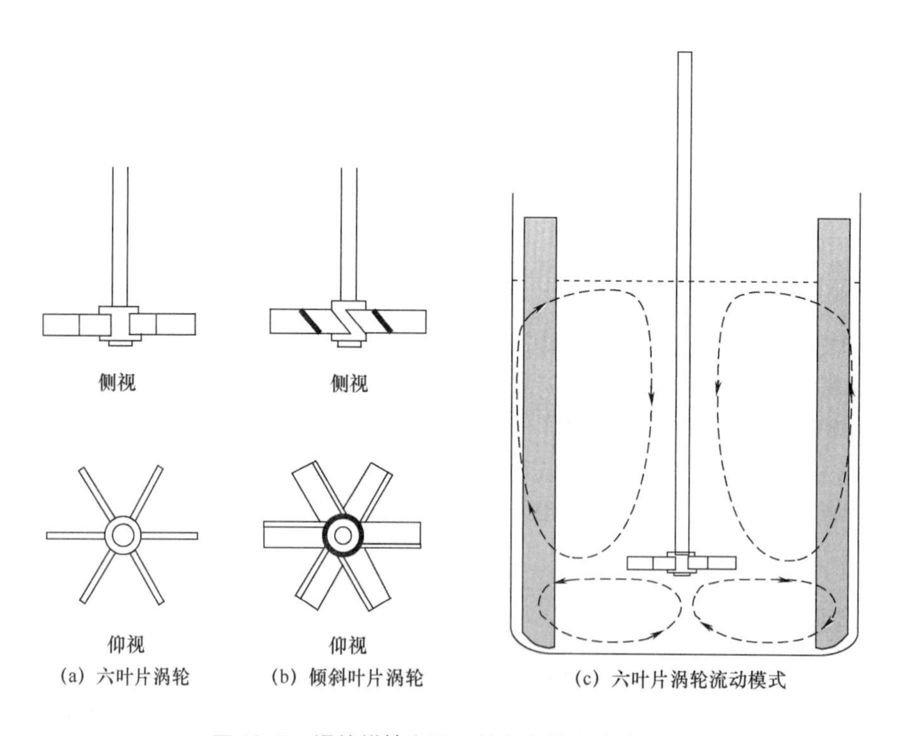

图 13.7　涡轮搅拌容器及其在容器内流动模式

如表 13.2 所示为各种搅拌器类型及推荐的产品黏度范围。

表 13.2 不同范围黏度适用的搅拌器

搅拌器类型	产品黏度范围/（Pa·s）
螺旋桨	<3
涡轮	<100
锚式	50~500
螺带式	500~1000

13.4.2 搅拌器的功率

设计搅拌系统时，必须知道用于驱动搅拌器所需的功率。搅拌器所需的功率受若干产品和设备变量影响。由于众多变量不便开发可用于设计的关系式，因此必须采用经验计算方法来估算搅拌驱动所需的功率。

在经验方法中，我们利用因次分析来开发各种可测物理量之间的关系式。搅拌所需的功率是搅拌器和搅拌罐大小和形状的函数，也与搅拌器转速、重力和诸如黏度和密度之类流体性质有关。利用宾汉姆 π 原理（附录 A.9），可以得到以下搅拌系统重要变量的函数式：

$$f\left(\frac{\rho N D_{\mathrm{i}}^{2}}{\mu}, \frac{N^{2} D_{\mathrm{i}}}{g}, \frac{P_{\mathrm{r}}}{\rho N^{3} D_{\mathrm{i}}^{5}}, \frac{D_{\mathrm{i}}}{T}, \frac{D_{\mathrm{i}}}{H}, \frac{D_{\mathrm{i}}}{C}, \frac{D_{\mathrm{i}}}{p}, \frac{D_{\mathrm{i}}}{w_{\mathrm{b}}}, \frac{D_{\mathrm{i}}}{l}, \frac{n_{2}}{n_{1}}\right)=0 \tag{13.28}$$

式中 ρ——流体密度，kg/m^3

D_i——搅拌器直径，m

μ——流体黏度，kg/（m·s）

N——搅拌器转速，r/s

g——重力加速度，m/s^2

P_r——搅拌器消耗的功率，J/s

H——搅拌罐中液体深度，m

C——搅拌器离容器底的距离，m

l——搅拌叶片长度，m

w_b——搅拌叶片宽，m

p——搅拌叶片的倾斜度

n——搅拌桨叶片数。

式（13.28）中左侧最后几项是搅拌器和容器的几何尺寸关联项。最后一项是搅拌桨叶片比。

下面介绍式（13.28）中最前三个无量纲数。第一项是雷诺数，

$$N_{\mathrm{Re}}=\frac{\rho N D_{\mathrm{i}}^{2}}{\mu} \tag{13.29}$$

第二项是弗劳德数，它是惯性力与重力之比。

$$N_F = \frac{N^2 D_i}{g} \tag{13.30}$$

许多搅拌场合弗劳德数有重要影响。例如，具有自由液面的敞开容器，如果不装挡板，则会在搅拌桨的作用下形成旋涡，从而重力作用在决定旋涡形状时起着重要作用。当容器装挡板时，则弗鲁德数可以忽略。

第三项称为功率数，N_P，它由下式定义：

$$N_P = \frac{P_r}{\rho N^3 D_i^5} \tag{13.31}$$

N_p是无量纲数，当式中功率单位为 kg·m^2/s^{3}时，该数成为无因次。

研究者报道对系列搅拌器几何设计的功率数与雷诺数之间的关系（Rushton 等，1950；Bates 等，1966）。在搅拌罐方面，雷诺数低于 10 时为层流，大于 100000 为湍流，介于 10 和 100000 之间被认为是过渡流。

由不同类型搅拌系统试验得到的实验数据构成的双对数图如图 13.8 所示，其中功率数为纵坐标，雷诺数为横坐标。可以利用图 13.8 计算搅拌系统所需的功率，但需要注意，此图只适用于图中所示的搅拌器形式和几何结构。因此，必须首先确保所给问题条件与图中所示的类似。文献中可以找到其他类型搅拌器形式和几何结构的类似关系图。

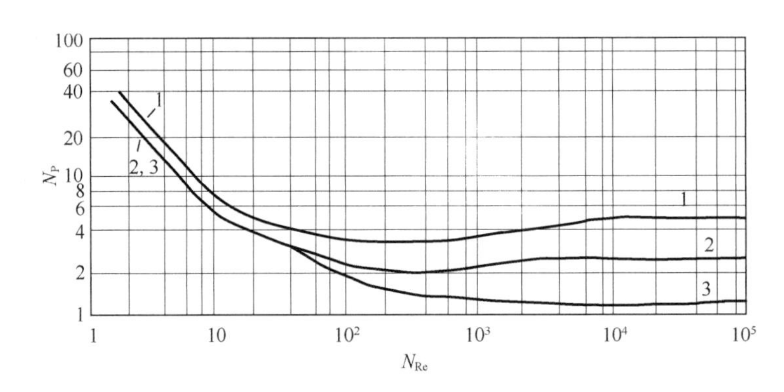

图 13.8 各种叶轮功率数与雷诺数的关系（曲线 1 为带盘扁平六叶片涡轮四挡板容器；$w_b/D_i=1/5$，$B/T=1/12$；曲线 2 为扁平六叶片敞开涡轮四挡板容器，$w_b/D_i=1/8$，$B/T=1/12$；曲线 3 为叶片倾斜 45°扁平六叶片敞开涡轮四挡板容器，$w_b/D_i=1/8$，$B/T=1/12$）

（资料来源：Bates 等，1963）

由图 13.8 可以看出，桨式和涡轮式搅拌器在层流区操作，功率数与雷诺数成线性下降关系。在湍流区，功率数相当恒定。

例 13.8

利用涡轮搅拌系统对浓缩果汁进行搅拌，果汁的黏度为 0.03Pa·s，密度为 1100kg/m^3。碟形搅拌器带 6 个桨叶。搅拌罐直径为 1.8m。液体在搅拌罐中的高度与罐的直径相等。搅拌器的直径为 0.5m。搅拌桨叶片宽度为 0.1m。搅拌罐带有四个挡板，每一挡板的宽度为 0.15m。如果涡轮搅拌器以 100r/min 转速操作，试确定所需的功率。

已知：

搅拌器直径，$D_i=0.5\text{m}$

搅拌罐直径，$T=1.8\text{m}$

搅拌叶宽度，$w_b=0.1\text{m}$

挡板宽度，$B=0.15\text{m}$

搅拌转速，$N=100\text{r/min}$

流体密度，$\rho=1100\text{kg/m}^3$

流体黏度，$\mu=0.03\text{Pa}\cdot\text{s}$

方法：

先计算雷诺数。可以看到本例的涡轮类型、大小和挡板数与图 13.8 曲线 1 所给的条件相同。因此，通过计算得到的雷诺数可以利用图 13.8 确定功率数。由功率数可求出所需的功率。

解：

（1）根据式（13.29）

$$N_{Re}=\frac{D_i^2 N\rho}{\mu}=\frac{(0.5\text{m})^2(1.667\text{r/s})(1100\ \text{kg/m}^3)}{0.03[\text{kg/(m}\cdot\text{s)}]}$$

$$N_{Re}=15280$$

（2）图 13.8 中，曲线 1 适用于带碟板的六平桨涡轮搅拌器，其 $D_i/w_b=5$，并且搅拌带有四个挡板，其 $B/T=1/12$。这些条件适用于问题所给尺寸，因此可以用曲线 1 确定功率数。根据雷诺数 1.5×10^4，从图 13.8 查到的功率数为

$$N_p=5$$

（3）根据式（13.31）

$$P_r=N_p\rho N^3 D_i^5=5.0(1100\text{kg/m}^3)(1.667\text{r/s})^3(0.5\text{m})^5$$

$$P_r=796.2\text{J/s}=0.796\text{kW}$$

（4）需要输入的搅拌器功率是 0.796kW。因此为混合器选择的电机功率必须大于 0.8kW。

习题[①]

13.1 空气过滤器通常在经过 100h 操作压降达到 5cm 时需要更换。过滤器大小为 1m × 3m，使用的空气流量为 $1.5\text{m}^3/\text{s}$。试计算空气流量变为 $2.5\text{m}^3/\text{s}$ 后的过滤器使用寿命。

13.2 利用自由沉降速度估计草莓果实的有效直径。如果自由沉降速度为 15m/s，果实的密度为 1150kg/m^3，试计算草莓的有效直径。

13.3 要采用 7000r/min 的离心分离机将水悬浮液中 50μm 的颗粒除去。如果分离速度为 0.05m/s 及颗粒密度为 850kg/m^3，试计算有效分离半径。

*13.4 一台面积为 0.5m^2 的过滤机用于在 100kPa 压力下对某种液体进行过滤。一台过

---

① 带“＊”的表示题目难度较大。

滤面积为 1cm^{2}的实验室规模过滤机，在相同压力下，对 0.01m^{3}该液体进行过滤 1min。试计算商业过滤机过滤 2h 时的过滤速率。

13.5　用离心分离机将乳分离成脱脂乳和稀奶油。分离机的入口半径为 25cm，脂脱乳出口半径为 10cm。已知，稀奶油和脱脂乳的密度分别为 865kg/m^{3}和 1025kg/m^3，试估计稀奶油出口径。

符号

A	面积（m^2）
a	加速度（m/s^2）
b	离心分离钵的高度（m）
B	挡板的宽度（m）
c	溶液中的固形物浓度，以单位质量固形物所含液体表示（kg 液体/kg 固形物）
C	搅拌桨至容器底部的距离（m）
d	颗粒直径（μm，10^{-6}m）
D_i	搅拌桨直径（m）
F	力（N）
$f(e)$	用于式（13.17）的函数
g	重力加速度（m/s^2）
g_c	式（13.18）和式（13.19）中的常数
H	搅拌罐中的液体高度（m）
K	实验常数
L	液体过滤系统中的过滤材料厚度（m）
L_c	液体过滤系统中的滤饼厚度（m）
l	挡板长度（m）
m	离心力场中的颗粒质量（kg）
n	叶片数目
N	转速（r/min）
N_p	功率数
N_{Re}	雷诺数
N_{Fr}	弗劳德数
p	叶片倾斜度（°）
P	分离过程相同位置的总压力（Pa）
P_r	功率（kg·m^2/m^3）
R	过滤分离系统阻力
r	半径（m）
r'	滤饼比阻力

S 滤液中的固形物含量（kg 固形物/m^3液体）
t 时间（s）
u 速度（m/s）
V 滤液体积（m^3）
w 质量流量（kg/s）
μ 黏度（kg/ms）
ω 角速度（m/s）
ρ 密度（kg/m^3）
ψ 球形度

下标：A，式（13.26）中高密度分数；B，式（13.26）中低密度分数；c，离心分离系统；D，颗粒曳力；f，流体分数部分；G，分离系统中的重力部分；i，输入条件；n，离心分离系统中相当压力的位置；p，固形物或颗粒分率；s，分离过程中的悬浮液；t，终端条件；1，2，一般位置或时间点。

参考文献

Bates, R. L., Fondy, P. L., Corpstein, R. R., 1963. An examination of some geometric parameters of impeller power. Ind. Eng. Chem. Proc. Des. Dev. 2, 310.

Charm, S. E., 1978. The Fundamentals of Food Engineering, third ed. AVI Publishing Co, Westport, Conn.

Coulson, J. M., Richardson, J. F., 1978. Chemical Engineering, third ed., vol. 11. Pergamon Press, Elmsford, N. Y.

Decker, H. M., Buchanan, L. M., Hall, L. B., Goddard, K. R., 1962. Air Filtration of Microbial Particles. Public Health Service, Publ. 593, U. S. Govt. Printing Office, Washington, D. C.

Earle, R. L., 1983. Unit Operations in Food Processing, second ed. Pergamon Press, Elmsford, N. Y.

Foust, A. S., Wenzel, L. A., Clump, C. W., Maus, L., Anderson, L. B., 1960. Principles of Unit Operations. John Wiley & Sons, New York.

Geankoplis, C. J., 2003. Transport Processes and Separation Process Principles (Includes Unit Operations), fourth ed. Prentice Hall, New Jersey.

Rushton, J. H., Costich, E. W., Everett, H. J., 1950. Power characteristics of mixing impellers. Chem. Eng. Progr. 46 (395), 467.

Whitby, K. T., Lundgren, D. A., 1965. The mechanics of air cleaning. Trans. Am. Soc. Chem. Engrs. 8 (3), 342.

14 食品的挤压过程

挤压是一种利用压力迫使物料通过小口转化成希望形状和形式产品的过程。该过程包括一系列单元操作，如混合、捏合、剪切、加热、冷却和成型。许多食品通过挤压蒸煮制造而成，这种制造工艺同时利用热能和压力将原料食品配料转化为受欢迎产品，如早餐谷物、面食、宠物食品、小吃和肉制品。

14.1 背景介绍

挤压过程与高分子科学技术密切有关。19 世纪 50 年代中期，挤压首先被用于生产无缝铅管。第一种人造热塑性塑料赛璐珞在 19 世纪 60 年代基于纤维素和硝酸反应制造而成。1907 年制造的电木以及 1912 年制造的保护涂层树脂甘酞借助于挤压加工而成。挤压过程真正用于食品始于 20 世纪 30 年代，并在随后的 50 年里得到发展，挤压过程设备的产能和复杂性得到提高。

各种挤压系统通常包含五个主要部分。这些组成部分是：

- 进料系统，由过程相关配料容器和输送系统构成
- 泵，使各种配料通过挤压过程相关步骤
- 反应容器，其实现各种关键过程，如混合、揉捏、剪切、加热和冷却
- 二级喂料系统，用于加入为获得产品特征所需的辅料或能量
- 出口组件（通常称为模具），用于节流，有利于最终产品的成型

这些组件以不同形式出现，各种挤压系统可能不同，具体形式与所用设备和待制造产品有关。

早期挤压过程的实例包括面食制品（通心粉、意大利面条等）及由即食谷物转变而成的挤出粒。目前挤压应用包括商业化生产谷物产品（玉米片、爆米花、脆面包和点心）、果味产品（水果软糖、甘草糖和硬糖）、蛋白质产品（质构化植物蛋白）、饲料（宠物食品）和香料产品（风味剂）。

食品制造中应用的挤压过程非常复杂，难以在本文中进行详细描述和讨论。许多文献

提供了过程设计、使用的设备和过程产品等方面的详细信息。主要参考文献包括 Harper（1981）；Mercier、Linko 和 Harper（1989）；Kokini、Ho 和 Karwe（1992）；以及 Levine 和 Miller（2006）。此处提供的信息旨在为食品科学本科学生介绍挤压过程的定量和定性方面内容。

14.2 挤压基本原理

挤压过程涉及各种传递过程，包括物料在挤压系统中流动、向物料传递热能及物料内部热能传递，以及向物料传质及物料内部传质。各种类型挤压过程均涉及物料在系统通道内流动。各种可通过挤压进行处理的食品配料均称为挤压物。挤压过程各种成分通过限定几何形状的通道流动。挤压过程所需的功率直接取决于物料通过通道的流动特性。如第 2 章所指出的，这种功率要求也与所用流体的性质有关。通常，这种性质属于挤压物流变学内容的一部分。

挤压料流变学使用的关系式包括许多第 2 章给出的基本表达式，首先给出定义黏度的基本关系式。剪切应力（σ）与剪切速率（γ）关系式如式（2.10）所示：

$$\sigma = \mu\left(\frac{du}{dy}\right)$$

此关系式中挤压物的主要特性是黏度（μ）。由于大多数食品挤压物具有高度非牛顿性，其表观黏度随剪切速率升高而降低。如第 2 章所示，这些物料可由 Herschel－Bulkley 模型或式（2.161）描述：

$$\sigma = K\left(\frac{du}{dy}\right)^n + \sigma_o$$

应用于挤压物时，这种三参数模型通常简化为以下两参数模型：

$$\sigma = K\left(\frac{du}{dy}\right)^n \tag{14.1}$$

其中稠度系数（K）和流动习性指数（n）是决定挤压物流变特性的参数。基于对食品挤压物流动行为研究，发现这类物料的流动习性指数通常小于 1.0。

对食品挤压物流动有显著影响的另外两个参数是水分含量和温度。为了将这些附加的因素考虑在内，推出了以下关系式：

$$\sigma = K_o e^{\left(\frac{A}{T}\right)} e^{(BM)} \left(\frac{du}{dy}\right)^n \tag{14.2}$$

此关系式包含两个附加参数：对温度（T）影响估计的活化能量常数（A），以及类似的对干基水分含量（M）影响估计的水分含量常数（B）。表 14.1 列出了食品挤压物典型流变性质。这些特性和常量均有可能在挤压过程发生变化，但所列值的大小基本可用于对挤压机性能进行初步估计。

虽然挤压物可能在挤压系统的管状几何体中流动，但挤压机通道可包括若干几何形状。许多情形下，挤压物的流动几何形状可由挤压机机筒矩形横截面描述（Harper，1981）。为了模拟挤压物在挤压机内的流动行为，假设流动为充分发展了的不可压缩流体稳定层流。此外，由螺杆螺纹与机筒内表面形成的矩形截面通道被假定为一个滑过通道的

表 14.1 报道的食品挤压物的指数律模型［式（14.2)］

材料	K_o	n	温度/℃	水分范围/%	A (K)	B (1/%M_{DB})	参考文献
熟谷物面团（80%玉米糁，20%燕麦粉）	78.5	0.51	67~100	25~30	2500	-7.9a	Harper 等，1971
预糊化玉米粉	36.0	0.36	90~150	22~35	4390	214	Cervone and Harper，1978
大豆糁	0.79	0.34	35~60	32	3670	—	Remsen and Clark，1978
硬小麦面团	1885	0.41	35~52	27.5~32.5	1800	-6.8	Levine，1982
玉米糁	28000	~0.5	177	13	—	—	
	17000	~0.5	193	13	—	—	van Zuilichem 等，1974
	7600	~0.5	207	13	—	—	
全脂大豆	3440	0.3	120	15~30	—	—	Fricke 等，1977
湿食品	223	0.78	95	35	—	—	Tsao 等，1978
预糊化玉米粉	17200	0.34	88	32	—	—	Hermann and Harper，1974
香肠乳化物	430	0.21	15	63	—	—	Toledo 等，1977
粗粒小麦粉	20000	0.5	45	30	—	—	Nazarov 等，1971
脱脂大豆	110600	0.05	100	25	—	—	Jao 等，1978
	15900	0.40	130	25	—	—	
	671	0.75	160	25	—	—	
	78400	0.13	100	28	—	—	
	23100	0.34	130	28	—	—	
	299	0.65	160	28	—	—	
	28800	0.19	100	35	—	—	
	28600	0.18	130	35	—	—	
	17800	0.16	160	35	—	—	
小麦面粉	4450	0.35	33	43	—	—	Launay and Bure，1973
脱脂大豆粉	1210	0.49	54	25	—	—	Luxenburg 等，1985
	868	0.045	54	50	—	—	
	700	0.43	54	75	—	—	
	1580	0.37	54	85	—	—	
	2360	0.31	54	100	—	—	
	2270	0.31	54	110	—	—	

注：a 湿基水分含量

无限平板（Harper，1981)。基于这些假设，对于在矩形笛卡尔坐标中的轴向流动，其动量通量微分方程为

$$\frac{d\sigma}{dy} = \frac{\Delta P}{L} \tag{14.3}$$

式中　L——通道长度（流动方向距离）

　　y——机筒表面到螺旋表面的间距（垂直方向距离）

经积分可得到通道中层流时的剪切应力（σ）表达式：

$$\sigma = \frac{\Delta P}{L}y + C \tag{14.4}$$

其中，C 是积分常数。必须注意的是，上式既适用于牛顿流体也适用于非牛顿流体。在牛顿流体情况下，此式与式（2.28）结合可得到下式。

$$\mu\frac{du}{dy} = \frac{\Delta P}{L}y + C \tag{14.5}$$

对上式积分可得到以下通道内流体速度分布的表达：

$$\int u = \int \left| \left(\frac{\Delta P}{\mu L}\right)y + C_1 \right| dy \tag{14.6}$$

积分后的速度分布式如下：

$$u = \frac{\Delta P}{2\mu L}y^2 + C_1 y + C_2 \tag{14.7}$$

其中积分常数（C_1 和 C_2）可通过考虑零（机筒表面，$y=0$）到螺杆表面（$y=H$）范围的速度分布确定

$$u = \frac{\Delta PH^2}{2\mu L}\left(\frac{y}{H} - \frac{y^2}{H^2}\right) + \frac{u_{壁}}{H}y \tag{14.8}$$

其中，ΔP 是通道长度（L）方向的绝对压降。

可用以下一般表达式对流体体积流量进行估算

$$dV = u(y)Wdy \tag{14.9}$$

在矩形截面范围对式（14.9）积分可得到

$$\int_0^V dV = \int_0^H \left[\frac{\Delta PH^2}{2\mu L}\left(\frac{y}{H} - \frac{y^2}{H^2}\right) + \frac{u_{壁}}{H}y\right]Wdy \tag{14.10}$$

对上积分式分析，可得到以下牛顿流体在通道截面的体积流量表达式：

$$V = \frac{\Delta PWH^3}{12\mu L} + \frac{u_{壁}HW}{2} \tag{14.11}$$

通过通道的平均流速可以由下式计算

$$u_{平均} = \frac{V}{WH} = \frac{\Delta PH^2}{12\mu L} + \frac{u_{壁}}{2} \tag{14.12}$$

例 14.1

水分含量 18%（W_b）的玉米粉通过宽 5cm、高 2cm 和长 50cm 的挤压机定量区。估计的筒壁速度为 0.3m/s。挤压物的流变特性根据 66700Pa · s 黏度和 1200kg/m^3 估计。如果压力降保持在 3000kPa，试估计通过挤压机模孔的质量流量。

已知：

水分含量　　18% 湿基

通道横截面　5cm × 2cm

通道长度 50cm

黏度 66700Pa·s

密度 $1200kg/m^3$

压力 3000kPa

方法：

利用式（14.11）求取体积流量，并利用所给密度将其转换成质量流量。

解：

利用式（14.11）

$$V = \frac{(3 \times 10^6) \times 0.05 \times (0.02)^3}{12 \times 66700 \times 0.5} + \frac{0.3 \times 0.02 \times 0.05}{2}$$

$$V = 1.53 \times 10^{-4} m^3/s$$

利用所给的挤压物密度 $1200kg/m^3$，可得到如下的质量流量计算结果：

$$\dot{m} = (1.53 \times 10^{-4}) \times 1200 = 0.1835kg/s = 660kg/h$$

前面提到，大部分食品挤压物料属于非牛顿型，且需用适当关系式来描述其流动特性。这些类型流体在圆柱形管道中的流动特性在2.9节阐述过。在挤压系统中，这类流体的流动大多发生在矩形截面通道（通常假设为平面窄缝），剪切应力表达由式（14.4）给出。

幂律流体的剪切应力由下式给出

$$\sigma = K\left(\frac{du}{dy}\right)^n \tag{14.13}$$

其中稠度系数（K）和流动习性指数（n）是幂律流体的特性。

将式（14.4）与式（14.13）结合可以得到以下关系式。

$$K\left(\frac{du}{dy}\right)^n = \frac{\Delta P}{L}y + C \tag{14.14}$$

假定 du/dy 在通道内为正（其速度由 $y=0$ 处的零增大到 $y=H$ 处的 $u_{壁}$），则上式可写成

$$\frac{du}{dy} = \left(\frac{\Delta P}{KL}y + C_1\right)^{\frac{1}{n}} \tag{14.15}$$

由上式可得到如下积分式

$$\int du = \int \left(\frac{\Delta P}{KL}y + C_1\right)^{\frac{1}{n}} dy \tag{14.16}$$

积分后可得到以下表达式

$$u(y) = \frac{nKL}{(n+1)\Delta P}\left(\frac{\Delta P}{KL}y + C_1\right)^{\frac{n+1}{n}} + C_2 \tag{14.17}$$

积分常数（C_1和C_2）可通过考虑通道内速度场的边界条件来确定（即在 $y=0$ 处 $u=0$，以及在 $y=H$ 处 $u=u_{壁}$）。然而，与牛顿流体情形不同的是，不能直接得到 C_1和 C_2的表达式。因而，得到以下关系式

$$\left[\left(\frac{\Delta P}{KL}y + C_1\right)^{\frac{n+1}{n}} - C_1^{\frac{n+1}{n}}\right] = \frac{u_{壁}(n+1)\Delta P}{nKL} \tag{14.18}$$

$$C_2 = \frac{nKL}{(n+1)\Delta P}C_1^{\frac{n+1}{n}} \tag{14.19}$$

为获得幂律流体速度分布，式（14.17）必须与式（14.18）和式（14.19）结合。注意，在式（14.17）、式（14.18）和式（14.19）中的 ΔP 是跨越“L”长度通道的实际压降（即 ΔP 为负值）。

这些方程通常不能进行分析解，因而一般采用数值法或近似法求解。

Rauwendaal（1986）利用下式得到非牛顿流体在挤压机出口的体积流量

$$V = \frac{(4+n)}{10}WHu_{壁} - \frac{1}{(1+2n)}\frac{WH^3}{4K}\left(\frac{u_{壁}}{H}\right)^{1-n}\frac{\Delta P}{L} \tag{14.20}$$

例 14.2

一种 25% 水分含量（w_b）的非牛顿（幂律）型大豆粉挤压物要用泵送往挤压机。计量段通道的尺寸如下：宽 5cm，高 2cm，长 50cm。挤压物性质如下：稠度系数为 1210Pa · s^n，流动习性指数为 0.49，密度 1100kg/m^3。要维持 600kg/h 的质量流量，试估算压降。

已知：

水分含量	25% 湿基
通道横截面	5cm × 2cm
通道长度	50cm
稠度系数	1210Pa · s^n
流动习性指数	0.49
密度	1100kg/m^3
质量流量	600kg/h

方法：

先求体积流量，然后用式（14.20）计算压降。

解：

600kg/h 的质量流量的体积流量是

$$V = \frac{600}{1100} = 0.545\ \frac{m^3}{h} = 1.39 \times 10^{-4} m^3/s$$

利用式（14.20）

$$\Delta P = \left[1.39 \times 10^{-4} - \frac{(4+0.49) \times 0.05 \times 0.02 \times 0.3}{10}\right] \times$$

$$\frac{(1+2 \times 0.49) \times 4 \times 1210 \times 0.5}{0.05 \times 0.02^3}\left(\frac{0.02}{0.3}\right)^{(0.49-1)}$$

$$\Delta P = 204972 Pa = 205 kPa$$

14.3 挤压系统

挤压系统可以分为四种不同类型。这四种类型包括两种不同操作方法——冷挤压和挤压蒸煮，以及两种不同机筒配置——单螺杆和双螺杆。两种机筒配置均可用任一方法操作。

14.3.1 冷挤压

冷挤压常用于使挤压物在模具下游形成特定形状。在此过程中，挤压物在不外加热能的条件下被泵送通过模头。这类制备烘焙前面团所用捏合步骤的简单系统可称为冷挤压系统。此外，也可在冷挤压系统中纳入用于产生共挤压产品的较复杂系统（图14.1）。如图所示，终产品部分被泵送通过设定形状开口，使最先出来的部分成连续管状物。同时，终产品的第二部分被引入模具之前，成为外管内部空间的填充物，如图14.2。过程最后一步将管状产品切割成适当长度。

在一般情况下，冷挤压用于混合、揉捏、分散、组织化、溶解，并形成食品或产品配料。典型食品包括糕点面团、单件糖果或甜食、面食、热狗，及某些宠物食品。这类挤压机可视为低剪切挤压机，因而模具上游产生的压力较低。

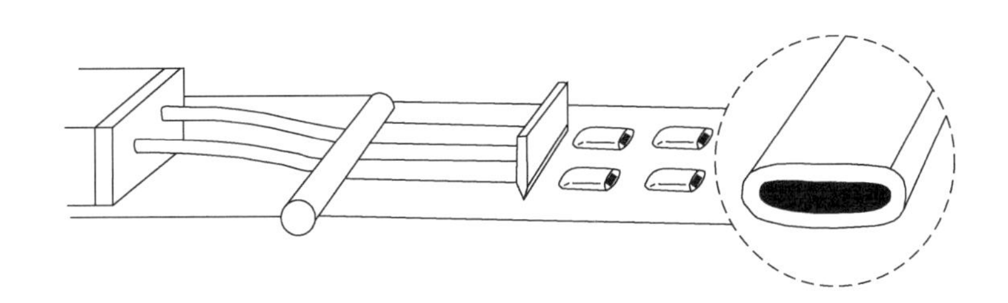

图14.1 冷挤压操作
（资料来源：Moore，1994）

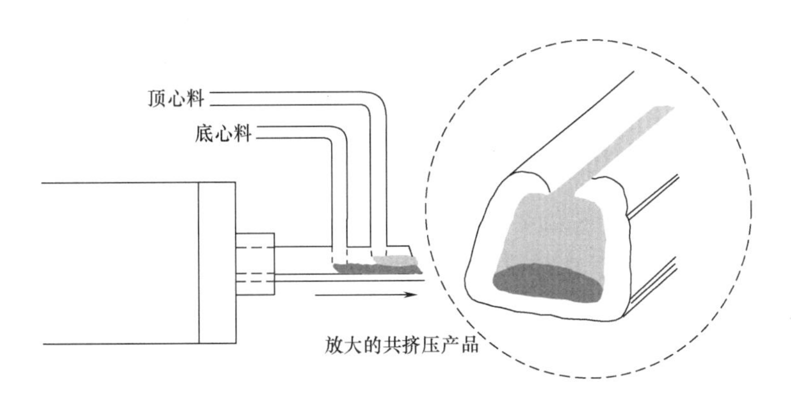

图14.2 利用共挤压生产夹心产品
（资料来源：Moore，1994）

14.3.2 挤压蒸煮

引入热能的挤压过程称为挤压蒸煮。此过程中加入的热能既可以来自外部热源，也可以通过挤压机内表面与挤压物接触摩擦产生。如图 14.3 所示为热能的加入发生在挤压系统机筒表面。热能可通过机筒壁表面传递到用于产生挤压物的配料。此外，由机筒表面和筒内配料摩擦产生的机械能量也以热能形式耗散在挤压物中。

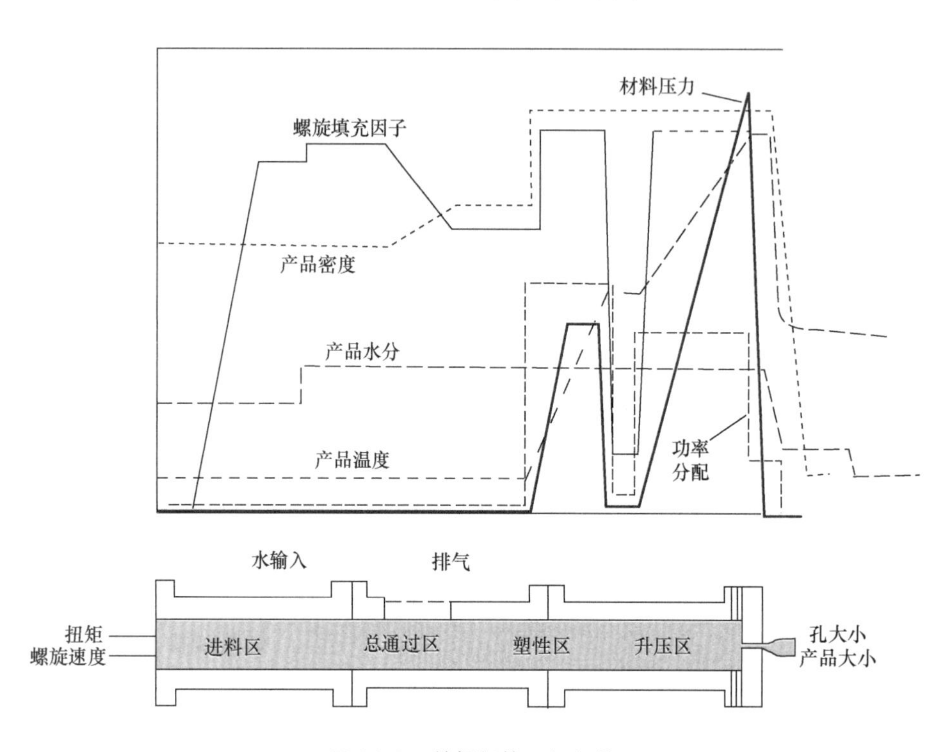

图 14.3 单螺杆挤压机组件

（资料来源：Werner 和 Pfleiderer 公司）

挤压过程中的“蒸煮”有别于大多数其他热过程。输入配料形成挤压物过程中，受到高压高温作用。挤压机筒的几何形状被设计为使配料从入口到出口压力增加的形式。机筒的出口是一块“模板”——其开截面比机筒小得多。一部分蒸煮过程发生在模头下游，此处压力发生急剧变化。压力变化导致快速降温，并使挤压物释放水分。这些变化发生在图 14.4 所示设备之中。各种温度、压力和水分含量组合可用于产生无数产品特性。例如，个体挤压物密度是模具压降的函数。

图 14.4 挤压机出口端的食品挤压模具

（资料来源：Miller 和 Mulvaney，2000）

14.3.3 单螺杆挤压机

单螺杆挤压系统的挤压机筒安装有将挤压物输送通过机筒的单螺杆或螺旋推进器。如图 14.5 所示，挤压物通过螺旋中心与机筒构成的空间输送。通过该系统的挤压物的流量正比于螺杆转速（r/min）。

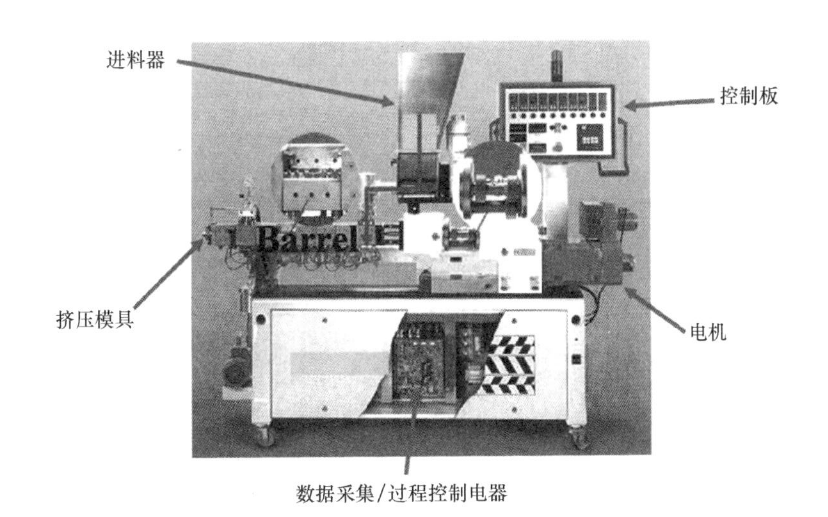

图 14.5 单螺杆挤压机照片
（资料来源：Leistritz 公司）

单螺杆挤压系统由三部分构成（图 14.6）：

■ 进料段。此段引入各种配料，并对其进行初步混合。螺杆旋转作用使物料朝过渡或压缩段移动。

■ 压缩或过渡段。配料在此随压力和温度增加而开始过渡成为挤压物。随着流动通道尺寸缩小，物料被压缩，机械能量以升温形式被耗散。此区域可称捏合区，配料的物理和化学特性发生显著变化。

■ 计量（或蒸煮）段。由于流动通道尺寸缩小和剪切作用增加，挤压物在此受到进一步压缩。某些挤压机机筒整体尺寸也随之减小。

单螺杆挤压机也可根据剪切作用分类。一般而言，低剪切挤压机的机筒表面比较光滑，流动通道较大，而螺杆转速较低（3~4r/min）。中等剪切挤压机特征包括具有开槽筒表面和流动通道截面较小，并具有中等螺杆转速（10~25r/min）。高剪切挤压机具有高螺杆转速（30~45r/min），螺杆的螺距和螺纹深度可变，机筒表面开槽。各种类型挤压机生产的挤压产品具有不同性质特征。

单螺杆挤压机的操作附加尺寸由机筒内壁与螺牙间的流动特性决定。虽然螺旋作用会使物料向前流动，但在机筒与螺牙间会出现逆流。逆流是挤压物从上游向下游移动压力增加所致。产生逆流的另一方面原因是螺牙与机筒之间出现物料泄漏；这种类型的逆流可通过在机筒表面设槽来减少。

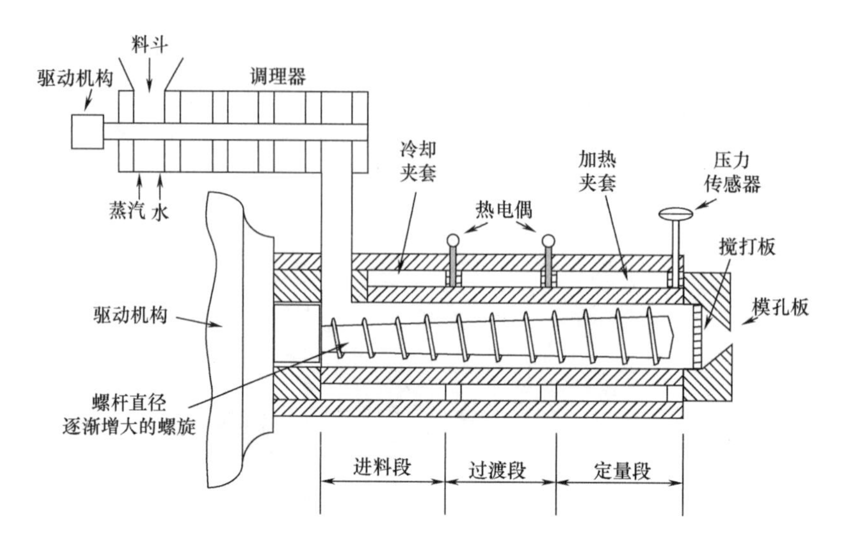

图 14.6 单螺杆挤压机机筒分区
（资料来源：Harper，1989）

14.3.4 双螺杆挤压机

双螺杆挤压机机筒内装有两根平行螺杆。如图 14.7 所示，这两根螺杆可以同向旋转，也可反向旋转。已开发出各种螺旋或推送器结构，如图 14.8 所示结构包括完全啮合式、自洁式和同向旋转式双螺杆系统。这种独特系统具有自洁作用、混合较好、适中的剪切力及较高产能的特点，已在许多食品加工过程中应用。

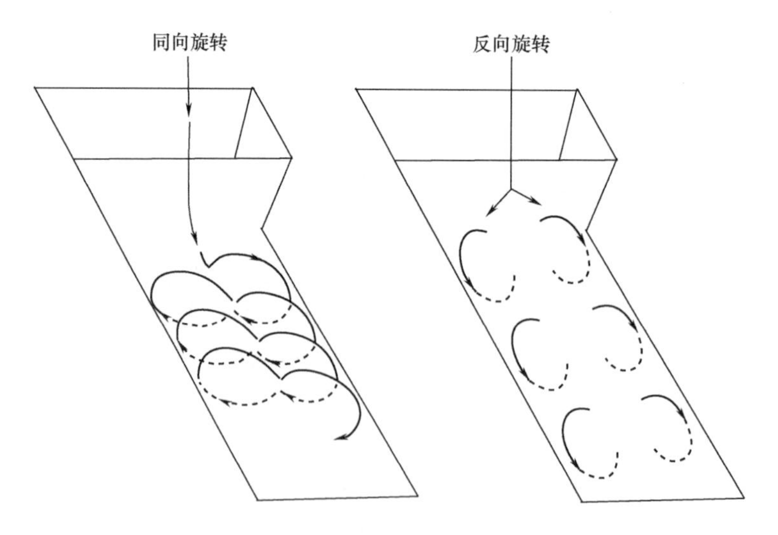

图 14.7 双螺杆挤压机的螺杆旋转
（资料来源：Wiedmann，1992）

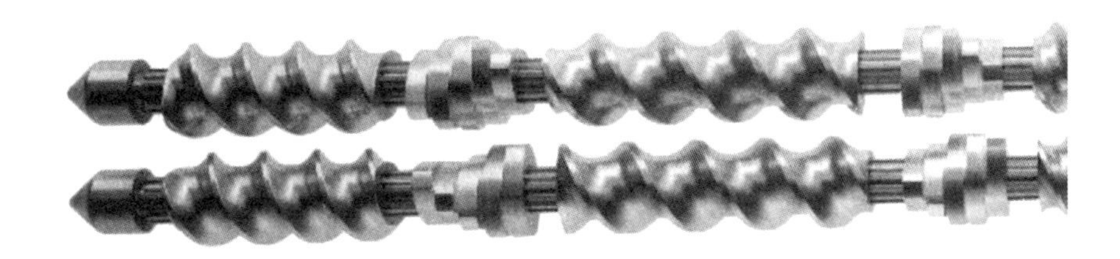

图 14.8 双螺杆挤压机的螺旋结构

双螺杆挤压机具有许多优点。这类挤压系统的产量可以不受进料速率和螺杆转速影响。过程变量包括填充程度、温度、剪切历程和热传递，所有这些变量均可影响挤压产品特性。双螺杆系统在多方面具有较大灵活性，例如允许较高水分含量的挤压物以及较高浓度组分（脂质、碳水化合物等）。这类系统通常磨损较少，原因是处于产品挤压所需高压部分的机筒筒体较短。最后，双螺杆挤压机接受粒度范围较宽的配料。

其他构型的双螺杆挤压机包括非啮合式反向旋转型、啮合式反向旋转型，以及非啮合式同向旋转型。各种构型具有专门用途，设计和放大需要经过复杂分析。

14.4 挤压系统设计

挤压机的操作功率需求是关键设计因素之一。功率消耗与被挤压物料性质、挤压机形式、挤压机电机类型和挤压条件有关。虽然单螺杆挤压机与双螺杆挤压机在估计功耗方面各有独特之处，但挤压操作的总功率消耗（P_t）可用以下一般方法估计：

$$P_t = P_s + V_d \Delta P \tag{14.21}$$

其中，P_s是进料剪切引起的黏性耗散部分功率，上式第二项是使物料流过机筒和挤压机模具所需的功率。

用于黏性耗散的功率可用以下螺杆功率数（N_P）表达：

$$N_p = \frac{P_s}{\rho N^3 D^4 L} \tag{14.22}$$

式中考虑的因素有螺杆转速（N）、螺杆直径（D）、螺杆长度（L）及挤压物密度（ρ）。如图 14.9 所示，螺杆功率数大小与螺杆旋转雷诺数（N_{Res}）有关。对于幂律型挤压物，所述螺杆旋转雷诺数由下式定义：

$$N_{Res} = \frac{\rho (DN)^{2-n} H^n}{K\pi^{2+n}} \tag{14.23}$$

挤压机螺杆的曳流速率（V_d）可用下式估计：

$$V_d = \frac{\pi NDWH}{2} \tag{14.24}$$

此值是挤压系统总功率需求近似估计的关键表达式。

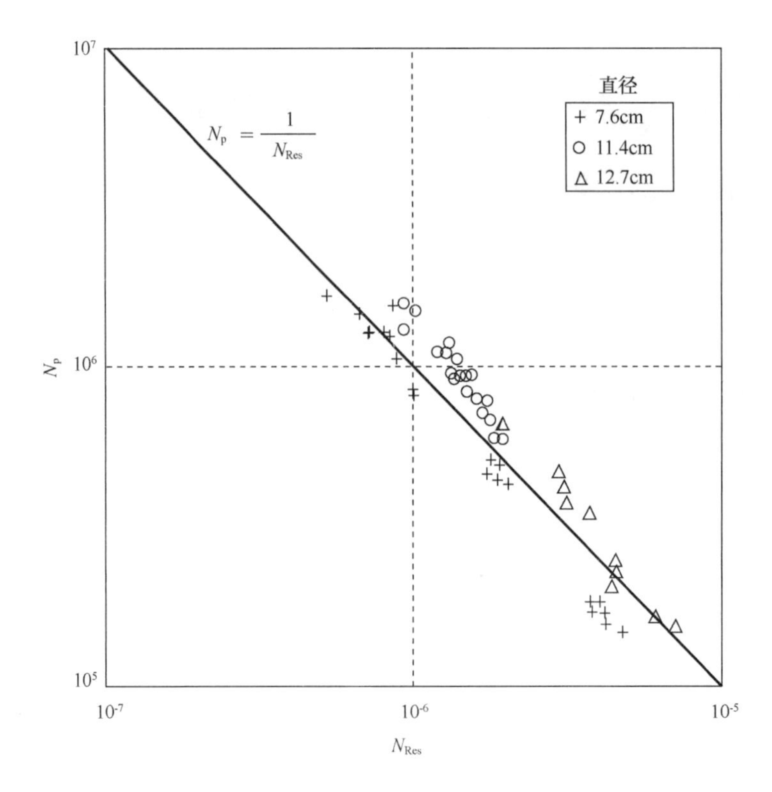

图 14.9　挤压机功率消耗的无因次数关系

（资料来源：Levin，1982）

例 14.3

估计水分含量30%（湿基）的玉米粉用单螺杆挤压机挤压所需的机械功率。挤压物在135℃时的表观黏度为1765Pa·s、密度为1200kg/m³。螺杆直径为7.5cm，螺杆长度为50cm。机筒内通道深度为2cm，宽度为2.5cm。该系统在300kg/h流量及75r/min螺杆转速下操作。估计的筒壁速度为0.3m/s。

已知：

水分含量	30%湿基
表观黏度	1765Pa·s
温度	1358℃
密度	1200kg/m³
螺杆直径	7.5cm
螺杆长	50cm
通道深	2cm
通道宽	2.5cm
质量流量	300kg/h
螺杆转速	75r/min

方法：

分别利用式（14.23）和图14.9计算螺杆旋转雷诺数及螺杆功率数。结果将用于计算黏性耗散功率。根据体积流速和黏性耗散功率消耗计算规定压力降下的总功率需求。

解：

（1）挤压机总机械功率根据式（14.21）估计。黏性耗散功率通过计算螺杆旋转雷诺数［式（14.23）］得到。注意 $n=1$

$$N_{Res}=\frac{1200\times0.075\times\left(\frac{75}{60}\right)\times0.02}{1765\times(\pi)^3}$$

$$N_{Res}=4.11\times10^{-5}$$

（2）根据图14.9确定螺杆功率数如下

$$N_p=2.4323\times10^4$$

（3）根据式（14.22）计算得到的黏性耗散功率如下

$$P_s=1200\times\left(\frac{75}{60}\right)^3(0.075)^4\times0.5\times(2.4323\times10^4)=901.8\text{W}$$

（4）将质量流量转换成体积流量之后，用式（14.11）估计模具中的压力变化

$$V=\frac{300\text{kg/h}}{(3600\text{s/h})(1200\text{kg/m}^3)}=6.944\times10^{-5}\text{m}^3/\text{s}$$

因此，

$$\Delta P=\left(6.944\times10^{-5}-\frac{0.3\times0.02\times0.025}{2}\right)\frac{12\times1765\times0.5}{0.025\times(0.05)^3}$$

$$\Delta P=-2.94\times10^5\text{Pa}$$

注意，下述计算中将利用 ΔP 的绝对值。

（5）利用式（14.21）求取所需功率为

$$P_t=901.8+(2.94\times10^5)(6.944\times10^{-5})$$

$$P_t=922\text{W}=0.92\text{kW}$$

例14.4

小麦粉面团用单螺杆挤压机挤压。该机螺杆长50cm，直径6cm。通道尺寸如下：宽2cm，高1cm。面团性质为：稠度系数4450Pa·s^n，流动习性指数0.35，密度1200kg/m^3。系统物料流量为270kg/h，螺杆转速200r/min，机筒壁线速度0.6m/s。试估计系统功率需求。

已知：

螺杆直径	6cm
螺杆长度	50cm
通道深	1cm
通道宽	2cm
稠度系数	4450Pa·s^n

流动习性指数　0.35

物料密度　　$1200kg/m^3$

物料流量　　270kg/h

螺杆转速　　200r/min

筒壁速度　　0.6m/s

方法：

先计算螺杆旋转雷诺数并利用图14.9获得螺杆功率数。然后用式（14.22）求取黏性耗散所需的功率。接下来，用式（14.20）确定横跨模头的压力变化。再用式（14.21）计算总功率需求。

解：

（1）首先用式（14.23）估计机筒管内剪切作用所致黏性耗散的功率。螺杆旋转雷诺数计算如下：

$$N_{Res} = \frac{1200 \times \left[\left(\frac{6}{100}\right)\left(\frac{200}{60}\right)\right]^{[2-0.35]}\left(\frac{1}{100}\right)^{0.35}}{4450 \times (\pi)^{2.35}}$$

$$= 2.566 \times 10^{-4}$$

（2）然后利用图14.9

$$N_p = \frac{1}{N_{Res}} = \frac{1}{2.566 \times 10^{-4}}$$

$$N_p = 3.987 \times 10^3$$

（3）利用式（14.22）计算黏性耗散功率如下：

$$P_s = 1200 \times \left(\frac{200}{60}\right)^3\left(\frac{6}{100}\right)^4\left(\frac{50}{100}\right)(3.897 \times 10^3)$$

$$P_s = 1122W = 1.12kW$$

（4）第二步估计物料流经模头所需机械功率。式（14.20）经重新整理可以得到获得横跨模具的压力变化ΔP

$$\Delta P = \left(6.25 \times 10^{-5} - \frac{4.35 \times 0.02 \times 0.01 \times 0.6}{10}\right) \times \left[\frac{(1+0.7) \times 4 \times 4450}{0.02 \times (0.01)^3}\right](0.5)\left(\frac{0.6}{0.01}\right)^{(0.35-1)}$$

因

$$V = \frac{270}{1200 \times 3600} = 6.25 \times 10^{-5} m^3/s$$

所以

$$\Delta P = 5.443 \times 10^5 Pa$$

（5）利用式（14.21）

$$P_t = 1122 + (5.443 \times 10^5)(6.25 \times 10^{-5})$$

$$P_t = 1122 + 34.02$$

$$P_t = 1156W = 1.16kW$$

14.5 较复杂系统的设计

本章为挤压系统基本设计步骤提出了一些概念。然而，对于典型食品挤压系统设计还有许多其他需要考虑的因素。提出的分析实例因材料流动特性是牛顿型的还是非牛顿型的而有明显区别。

许多复杂设计将挤压系统机筒与螺旋构型放在一起考虑。为了将通道深度、螺旋直径和流动几何条件等因素考虑在内，需要对基本设计表达式进行调整。这些调整根据流动习性指数之类的流动特点进行。还要根据机筒内泄漏对流动影响加以调整，这种泄漏通常发生在螺杆与机筒之间。模具结构也对挤压系统的系统操作特征有显著影响。模具尺寸和形状，以及机筒尺寸与形状关系可对许多操作参数产生影响。通常不对温度进行详细考虑。

挤压原料从进料区到模具出口端的运动过程中会发生急剧变化。典型设计表达式虽然有专门输入的物料性质参数，但没有考虑这些性质受到过程的影响。螺杆结构会影响系统运行特性。机筒直径和通道尺寸经常随机筒长度发生改变。对于双螺杆系统，机筒内的两杆螺杆配置需要特殊考虑。呈现表达式的调整因子已提出并可在相关文献中找到。

由于挤压过程温度控制具有重要意义，因此必须考虑挤压物料的热量进出传递。虽然现有信息有限，但已有的几个关键表达式可用于估计这方面的影响。另一个对挤压物料特性产生影响的因素是滞留时间分布。系统内所发生的所有反应和变化均是时间的函数，被挤压物料特性也会受滞留时间影响。

习题[①]

14.1 用于对谷物面团挤压的单螺杆挤压机具有以下尺寸，螺杆长 25cm，通道高 0.5cm，通道宽 3cm。面团的表观黏度为 1700Pa · s。面团密度为 1200kg/m^3。估计的筒壁速度为 0.3m/s。如果要求的质量流量为 108kg/h，试计算压降。

14.2 利用单螺杆挤压机对淀粉进行预糊化处理。螺杆尺寸如下：通道宽 3cm，通道高 0.5cm，螺杆长度 50cm。筒壁速度估计为 0.31m/s。物料的稠度系数为 3300Pa · s^n，流动习性指数为 0.5。需要的质量流量是 91kg/h。物料密度为 1200kg/m^3。计算挤压过程的压降。

*14.3 某谷物面团用单螺杆挤压机处理。根据下面提供的已知信息对挤压机功率要求进行估算。螺杆长 50cm，直径 10cm。通道宽 3cm，通道高 1cm。估计的筒壁线速度为 0.4m/s。面团的密度为 1200kg/m^3，表观黏度为 1765Pa · s。质量流量为 254kg/h。螺杆转速为 75r/min。

---

① 带“*”号的解题难度较大。

符号

A	活化能量常数（J/kg）
B	水分含量常数（% 干基）
C_1	积分常数［见式（14.16）］
D	螺杆直径（m）
γ	剪切速率（1/s）
H	通道高度（m）
K	稠度系数（$Pa \cdot s^n$）
K_o	稠度系数［见式（14.2）］
L	通道或螺杆长度（m）
μ	黏度（Pa·s）
$\dot{m}$	质量流量（kg/s）
M	水分含量（% 干基）
n	流动习性指数
N	螺杆转速（r/s）
N_P	螺杆功率数
N_{Res}	螺杆旋转雷诺数
ΔP	压降（Pa）
P_t	挤压机功耗（W）
P_s	黏性耗散功耗（W）
ρ	密度（kg/m^3）
σ	剪切应力（Pa）
T	温度（℃）或（K）
u	速度（m/s）
u_{max}	最大速度（m/s）
$u_{平均}$	平均流速（m/s）
V	体积流量（m^3/s）
V_d	曳流量（m^3/s）
W	通道宽度（m）
Z	垂直尺寸

参考文献

Cervone, N. W., Harper, J. M., 1978. Viscosity of an intermediate moisture dough. J. Food Process Eng. 2, 83 –95.

Fang, Q., Hanna, M. A., Lan, Y., 2011. Extrusion system components, Encyclopedia of Agricultural, Food and Biological Engineering, second ed. CRC Press, Boca Raton, FL, pp 465 -469.

Fang, Q., Hanna, M. A., Lan, Y., 2011. Extrusion system design, Encyclopedia of Agricultural, Food and Biological Engineering, second ed. CRC Press, Boca Raton, FL, pp 470 -473.

Fellows, P. J., 2009. Chapter 13: Extrusion, Food Processing Technology: Principles and Practices, third ed. Woodhead Publishing, CRC Press, London.

Fricke, A. L., Clark, J. P., Mason, T. F., 1977. Cooking and drying of fortified cereal foods: extruder design. AIChE Symp. Ser. 73, 134 - 141.

Harper, J. M., 1981. Extrusion of Foods, vol. 1, vol. 2. CRC Press, Inc., Boca Raton, Florida.

Harper, J. M., 1989. Food extruders and their applications. In: Mercier, C., Linko, P., Harper, J. M. (Eds.), Extrusion Cooking. American Association of Cereal Chemists, St, Paul, Minnesota.

Harper, J. M., Rhodes, T. P., Wanninger, L. A., 1971. Viscosity model for cooked cereal dough. AIChE Symp. Ser. 67, 40 -43.

Hermann, D. V., Harper, J. M., 1974. Modeling a forming foods extruder. J. Food Sci. 39, 1039 - 1044.

Hsieh, Fu - hung., 2011. Extrusion power requirements, Encyclopedia of Agricultural, Food and Biological Engineering, second ed. CRC Press, Boca Raton, Florida, pp 474 -476.

Jao, Y. C., Chen, A. H., Leandowski, D., Irwin, W. E., 1978. Engineering analysis of soy dough. J. Food Process Eng. 2, 97 - 112.

Kokini, J. L., Ho, C - T., Karwe, M. V. (Eds.), 1992. Food Extrusion Science and Technology. Marcel Dekker, Inc., New York.

Launay, B., Bure, J., 1973. Application of a viscometric method to the study of wheat flour doughs. J. Texture Stud. 4, 82 - 101.

Levine, L., Miller, R. C., 2006. Chapter 12: Extrusion Processes, Handbook of Food Engineering, second ed. CRC Press, Boca Raton, Florida.

Levine, L., 1982. Estimating output and power of food extruders. J. Food Process Eng. 6, 1 - 13.

Luxenburg, L. A., Baird, D. O., Joseph, E. O., 1985. Background studies in the modeling of extrusion cooking processes for soy flour doughs. Biotechnol. Prog. 1, 33 -38.

Mercier, C., Linko, P., Harper, J. M. (Eds.), 1989. Cooking Extrusion. American Association of Cereal Chemists, St, Paul, Minnesota.

Miller, R. C., Mulvaney, S. J., 2000. Unit operations and equipment IV. Extrusion and Extruders, Chapter 6. In: Fast, R. B., Caldwell, E. F. (Eds.), Breakfast Cereals and How They Are Made. American Association of Cereal Chemists, St, Paul, Minnesota.

Moore, G., 1994. Snack food extrusion, Chapter 4. In: Frame, N. D. (Ed.), The Technology of Extrusion Cooking. Blackie Academic & Professional, London.

Nazarov, N. I., Azarov, B. M., Chaplin, M. A., 1971. Capillary viscometry of macaroni dough. Izv. Vyssh. Uchebn. Zaaved. Pishch. Teknol. 1971, 149.

Rauwendaal, C., 2001. Polymer Extrusion, fourth ed. Carl Hanser, New York.

Remsen, C. H., Clark, P. J., 1978. Viscosity model for a cooking dough. J. Food Process Eng. 2, 39 -64.

Toledo, R., Cabot, J., Brown, D., 1977. Relationship between composition, stability and rheological properties of rat comminuted meat batters. J. Food Sci. 42, 726.

Tsao, T. F., Harper, J. M., Repholz, K. M., 1978. The effects of screw geometry on the extruder operational characteristics. AIChE Symp. Ser. 74, 142 - 147.

van Zuilichem, D. J., Buisman, G., Stolp, W., 1974. Shear behavior of extruded maize. Paper presented at the 4th Int. Cong. Food Sci. Technol., International Union of Food Science and Technology, Madrid.

Wiedmann, W., 1992. Improved product quality through twin – screw extrusion and closed – loop quality control, Chapter 35. In: Kokini, J. L., Ho, C. T., Karwe, M. V. (Eds.), Food Extrusion Science and Technology. Marcel Dekker, Inc, New York.

15

包装概念

食品包装为避免食品受到包装体内外的影响而得到发展，也出于消费者对产品方便性和安全性方面的期望而得到发展。最近一项调查显示，美国有72%的消费者愿意支付额外开销以得到包装产品在配送新鲜度方面的保障。许多新包装开发主要集中在延长产品保质期和为消费者提供高质量产品方面。如果不在所用包装材料方面取得显著进展，并且在食品包装中引入各种传感器，就不可能在这些方面取得进展。

15.1 简介

历史上，食品包装随着对各种期望响应而得到发展。食品包装的功能已由Yam等(1992)、March（2001）、Robertson（2006）和Krochta（2007）进行过阐述。食品包装的四种基本功能是：

- 容纳产品
- 保护产品
- 传播信息
- 使用方便

容器取决于食品类型，液体与固体或干粉相比需要不同的包装类型。产品保护是大多数包装的关键功能，目的是维护食品质量安全。传播信息功能最主要体现在包装外表的各类信息，包括简单的产品说明和产品配料信息。食品的方便性与包装设计有很大关系。这四项食品包装基本功能的重要程度因食品不同而异。其他影响包装的因素包括包装制造效率、包装对环境的影响，以及包装提供的食品安全水平。

15.2 食品保护

选择包装材料和进行包装设计的关键是食品所需的保护程度。如图15.1总结了食品包装在这方面的作用。一般情况下，保护作用需要根据产品填充后到消费前期间可影响食品品质属性的因素来确定。环境参数，如氧、氮、二氧化碳、水蒸气或香气，直接或间接与产品接触会受到包装属性的影响。由于与氧化劣化作用，许多食品对周围环境的氧浓度敏感。新鲜食品的保质期会受到直接接触的二氧化碳浓度的影响。同样，直接与干制品或中间水分食品接触的水蒸气浓度必须得到控制。所有情况下，包装材料性能在产品货架期和消费品质方面起着重要作用。

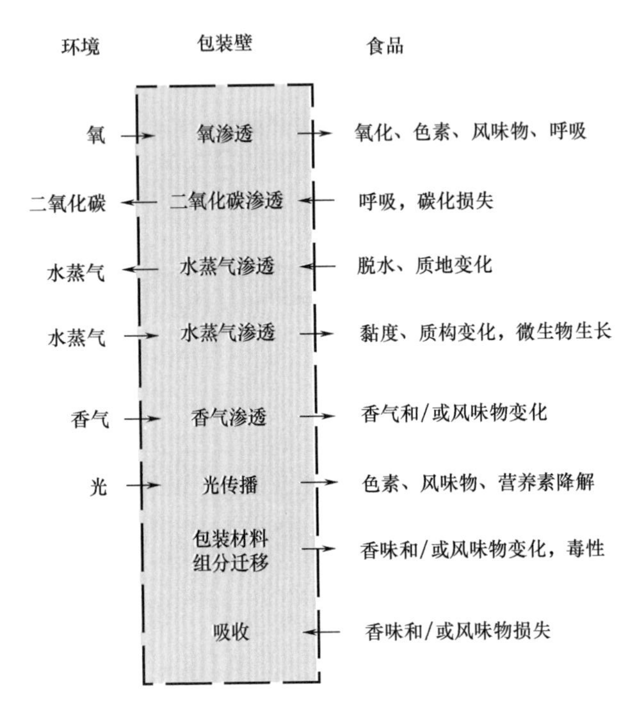

图 15.1　食品、包装和环境的相互作用

（资料来源：Linssen 和 Roozen，1994）

15.3　容纳产品

食品包装的功能直接与包装材料有关。各种材料均可用于包装食品，包括玻璃、金属、塑料和纸。每种材料具有独特的食品包装性能和应用。

用于食品的玻璃容器可产生完全隔绝各种气体、水蒸气和香气的作用，但对于光敏性产品，不能使产品免受周围环境光照的影响。与其他包装材料相比，玻璃的主要缺点是较重。

金属容器大量用于长货架期食品（如水果和蔬菜），是玻璃容器的较好替代物。使用的金属包括钢、锡和铝，分别可用于具体的食品或饮料。由于结构完整性，金属容器已用于热加工食品，许多高温高压杀菌食品使用金属容器。金属容器较重，并且容器制造工艺复杂。

塑料包装材料应用数量越来越多并用于多种食品。大多数塑料包装材料是热塑性或热固性聚合物。热塑性聚合物是用于大量食品产品的基本材料，并提供基于特定封装设计的显著灵活性以满足食物的需求。塑料薄膜质量轻，并且可清楚地看到在包装内的产品。聚合物对氧气、二氧化碳、氮气、水蒸气和香味的渗透性提供了在满足特定食品要求的包装材料设计方面的挑战和机遇。

由于纸在各级包装中的广泛用途，因此其被用于食品包装多于任何其他材料。它是最通用和灵活的材料类型。其主要缺点是对氧、水蒸气和类似的试剂缺少一个屏障，易导致产品质量的劣化。

15.4 传递产品信息

食品包装用于传递与消费者有关的产品信息。这种出现在标签上的信息包括法规要求的产品配料信息及对产品促销的信息。

15.5 产品方便性

为了提高方便性，食品包装采用了各种形式。其创新方面有包装开启、产品取用、产品再密封、预制备包装物。方便性仍将是未来食品包装的创新方向。

15.6 包装材料的传质

选择食品包装系统的一个重要方面是包装材料的阻隔性能。为了保持食品脆性和新鲜，所用的包装材料必须具有隔水性。通过避光包装可最大限度地降低食品酸败程度。为降低食品成分氧化程度，所选包装材料必须具有良好的隔氧性。使用对香气有特殊阻隔能力的包装材料可维持食品原有香气和风味。因此，选择适当包装材料，有利于延长食品保质期。包装材料的阻隔性能可以渗透性表示。

包装材料渗透性是具体气体或蒸汽通过包装材料能力的量度。定量地说，渗透性是一定“驱动力”下，单位时间单位面积转移气体或蒸汽的质量。扩散传质情况下，驱动力是浓度或分压差。如果驱动力是总压差，则传质会由气体或蒸气主体流动而起。高分子膜可看成蠕虫聚集体，蠕虫代表高分子材料的长链。蠕虫间隙犹如可供其他物质通过的空间。蠕虫的蠕动可代表聚合物链的热运动。

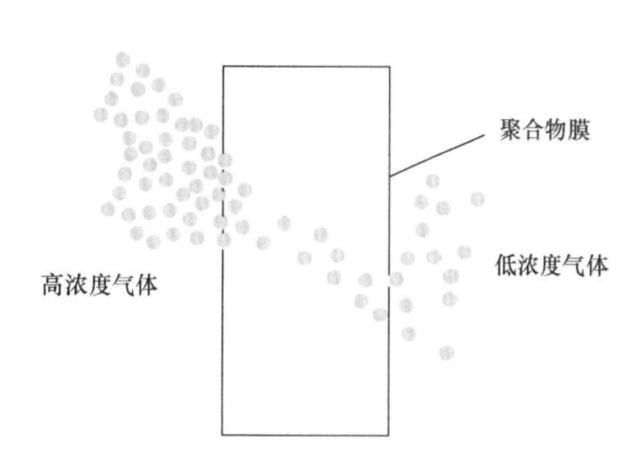

图 15.2 通过聚合物材料的气体传质

聚合材料的传质可用三步骤过程描述。参见图 15.2，步骤 1，气体或液体分子溶解于膜壁上的聚合物材料中形成较高浓度。步骤 2，这些气体或蒸汽分子通过聚合物材料向浓度较低的膜另一侧扩散。分子运动与聚合物材料中的“孔”的多少有关。这种“孔”因热扰动作用引起的聚合物滑动而形成。最后，步骤3涉及气体或蒸汽分子解吸，并从膜表面蒸发。

仍然可使用扩散作用的菲克定律，用气体通过聚合材料的传递过程建立表达式。根据式（10.11）：

$$\frac{\dot{m}_B}{A}=\frac{D_B(c_{B1}-c_{B2})}{x_2-x_1} \tag{15.1}$$

此式足以用来确定通量，$\dot{m}_B/A$，但膜表面气体浓度比其分压难测量。气体浓度可用亨利定律根据其分压确定，

$$c=Sp \tag{15.2}$$

式中 S——溶解度，mol/（cm^3·atm）

p——气体分压，atm

因此得

$$\dot{m}_B=\frac{D_B SA(p_{B1}-p_{B2})}{x_2-x_1} \tag{15.3}$$

式中 $D_B S$ 称为渗透系数，P_B。

$$P_B=\frac{(气体量)(膜厚度)}{(面积)(膜两侧压差)} \tag{15.4}$$

表15.1列出了各种报道过的渗透系数单位。

表15.1 各种渗透系数单位的转换因子

	$\frac{cm^3 \cdot cm}{s \cdot cm^2 \ (cm汞柱)}$	$\frac{cm^3 \cdot cm}{s \cdot cm^2 \ (Pa)}$	$\frac{cm^3 \cdot cm}{d \cdot m^2 \ (atm)}$
$\frac{cm^3 \cdot cm}{s \cdot cm^2 \ (cm汞柱)}$	1	7.5×10^{-4}	6.57×10^{10}
$\frac{cm^3 \cdot mm}{s \cdot cm^2 \ (cm汞柱)}$	10^{-1}	7.5×10^{-5}	6.57×10^{9}
$\frac{cm^3 \cdot mm}{s \cdot cm^2 \ (atm)}$	1.32×10^{-2}	9.9×10^{-6}	8.64×10^{8}
$\frac{cm^3 \cdot mil}{d \cdot m^2 \ (atm)}$	3.87×10^{-14}	2.9×10^{-17}	2.54×10^{-3}
$\frac{in^3 \cdot mil}{d \cdot 100in^2 \ (atm)}$	9.82×10^{-12}	7.37×10^{-15}	6.46×10^{-1}
$\frac{cm^3 \cdot cm}{d \cdot m^2 \ (atm)}$	1.52×10^{-11}	1.14×10^{-14}	1

资料来源：Yasuda和Stannett（1989）。

有些作者使用的另一个参数是透过率（permeance），这个参数未经单位厚度修正。有时报道的水蒸气透过率单位既未校正为单位厚度，也未校正到单位压力，但对此值的报道必须给出所用厚度、湿度和温度。例如，水蒸气透过率被定义为指定厚度和温度及/或在一侧相对湿度约为0%、另一侧为95%条件下，每天每100cm^2包装面透过水的克数。

15.6.1 包装材料对“固定”气体的渗透性

氧、氮、氢和二氧化碳之类低沸点气体，称为“固定”气体。它们在通过包装材料的渗透率方面的表现类似理想行为。O_2、CO_2和N_2对几种聚合物材料的渗透率如表15.2所示。显然，任何给定气体对各种材料存在不同渗透率。例如，硅橡胶的氧渗透性比莎纶的大10万倍以上。此外，不同气体通过相同材料存在一定规律性。例如，二氧化碳的渗透速率比氧快4~6倍，而氧的渗透速率又比氮快4~6倍。由于二氧化碳是三种气体分子中渗透速率最大的一种，因此，正如所料，它的扩散系数低。二氧化碳的渗透系数很高，因为它在聚合物中的溶解度S比其他气体大得多。

表15.2 渗透系数、扩散常数和聚合物溶解系数[a]

聚合物	浸透物	T/℃	$P\times10^{10}$	$D\times10^{6}$	$S\times10^{2}$
聚（乙烯）（相对密度0.914）	O_2	25	2.88	0.46	4.78
	CO_2	25	12.6	0.37	25.8
	N_2	25	0.969	0.32	2.31
	H_2O	25	90		
聚（乙烯）（相对密度0.964）	O_2	25	0.403	0.17	1.81
	CO_2	25	1.69	0.116	11.1
	CO	25	0.193	0.096	1.53
	N_2	25	0.143	0.093	1.17
	H_2O	25	12.0		
聚（丙烯）	H_2	20	41	2.12	
	N_2	30	0.44		
	O_2	30	2.3		
	CO_2	30	9.2		
	H_2O	25	51		
聚（氧乙烯对苯二甲酰）［聚（对苯二甲酸乙二醇酯）］的结晶	O_2	25	0.035	0.0035	7.5
	N_2	25	0.0065	0.0014	5.0
	CO_2	25	0.17	0.0006	200
	H_2O	25	130		
醋酸纤维素	N_2	30	0.28		
	O_2	30	0.78		
	CO_2	30	22.7		
	H_2O	25	5500		
纤维素（玻璃纸）	N_2	25	0.0032		
	O_2	25	0.0021		
	CO_2	25	0.0047		
	H_2O	25	1900		

续表

聚合物	浸透物	T/℃	$P\times10^{10}$	$D\times10^{6}$	$S\times10^{2}$
聚（乙酸乙烯酯）	O_2	30	0.50	0.055	6.3
聚（乙烯醇）	H_2	25	0.009		
	N_2	14[b]	<0.001		
		14[c]	0.33	0.045	5.32
	O_2	25	0.0089		
	CO_2	25	0.012		
		23[b]	0.001		190
		23[d]	11.9	0.0476	
	环氧乙烷	0	0.002		
聚（氯乙烯）	H_2	25	1.70	0.500	2.58
	N_2	25	0.0118	0.00378	2.37
	O_2	25	0.0453	0.0118	2.92
	CO_2	25	0.157	0.00250	47.7
	H_2O	25	275	0.0238	8780.0
聚（偏二氯乙烯）（莎纶）	N_2	30	0.00094		
	O_2	30	0.0053		
	CO_2	30	0.03		
	H_2O	25	0.5		
聚［亚氨基（1－氧代六）］（尼龙6）	N_2	30	0.0095		
	O_2	30	0.038		
	CO_2	20	0.088		
		30[b]	0.10		
		30[e]	0.29		
	H_2O	25	177		
聚［亚氨基（1－氧代1，11－十一烷）］（尼龙11）	CO_2	40	1.00	0.019	40

资料来源：Yasuda 和 Stannett（1989）。

注：

a 所用单位如下：P［cm^3（STP）·cm·cm^{-2}·s^{-1}（cm汞柱）$^{-1}$］，D（cm^2·s^{-1}），S［cm^3（STP）·cm^{-3}·atm^{-1}］。为获得相应SI单位系数，应使用以下因子：$P\times7.5\times10^{-4}$＝［cm^3（STP）·cm·cm^{-2}·s^{-1}·Pa^{-1}］；$S\times0.987\times10^{-5}$＝［$cm^3$（STP）·$cm^{-3}$·$Pa^{-1}$］。

b 相对湿度0%。

c 相对湿度90%

d 相对湿度94%

e 相对湿度95%

固定气体还显示以下理想行为：

①渗透率可认为与浓度无关。

②渗透率随温度按照以下关系变化：

$$P = P_o e^{-E_p/RT} \tag{15.5}$$

其中 E_p 为渗透率活化能（kcal/mol）。

某些材料的渗透率温度曲线出现转折，临界温度以上材料可渗透性要大得多。聚醋酸乙烯酯的转折温度大约是30℃，而聚苯乙烯的转折温度约为80℃。出现温度转折是由于玻璃化转变温度（T'_g）所致，低于该温度材料为玻璃态，高于此温度材料呈橡胶状。

例 15.1

0.1mm 聚乙烯薄膜在密闭试验装置中通过维持膜两侧一定水蒸气压方式来测定其渗透系数。薄膜高水蒸气侧维持在 90% RH，而膜的另一侧用一种盐（$ZnCl \cdot \frac{1}{2}H_2O$）维持 10% RH。暴露于蒸气传递的膜面积为 10cm × 10cm。试验在 30℃下进行，记录 50g 重干燥剂盐 24h 后的重量。试根据这些数据，计算该膜的渗透系数。

已知：

膜厚度 = 0.1mm = 1×10^{-4}m

高相对湿度 = 90%

低相对湿度 = 10%

温度 = 30℃

膜面积 = 10cm × 10cm = 100cm^2 = 0.01m^2

水分流量 = 50g/24h = 5.787×10^{-4}g 水/s

方法：

先将蒸汽压力表示为空气水分含量，再用式（15.4）计算渗透系数（P_B）。

解：

（1）利用式（9.16）修正蒸汽压

$$\phi = \frac{p_w}{p_{ws}} \times 100$$

（2）由表 A.4.2 查取

$$30℃\text{ 时}, p_{ws} = 4.246\text{kPa}$$

（3）由步骤（1）和（2），得 10% 相对湿度时水分分压为，

$$p_{ws} = 4.246 \times (10/100)$$
$$= 0.4246\text{kPa}$$

90% 相对湿度时水分分压为，

$$p_w = 4.246 \times (90/100)$$
$$= 3.821\text{kPa}$$

利用式（15.4）求解渗透系数

$$P_B = \frac{(5.787 \times 10^{-4}\text{g 水}/\text{s})(1 \times 10^{-4}\text{m})}{(0.01\text{m}^2)(3.821\text{kPa} - 0.4246\text{kPa})(1000\text{Pa/kPa})}$$

$$P_B = 1.7 \times 10^{-9}[\text{g 水} \cdot \text{m}/(\text{m}^2 \cdot \text{Pa} \cdot \text{s})]$$

（4）计算得到的膜渗透系数为 1.7×10^{-9} [g 水 · m/（m^2 · Pa · s）]；该单位可转换为表 15.1 所列的任何其他单位形式。

15.7 食品包装的创新

食品包装创新活动包括许多方面，这种创新活动旨在改善食品的安全性、保质期和方便性。食品包装有三大类：被动式包装、活性包装和智能包装。活性包装系统有简单和高级两种类型。智能包装系统是简单互动型包装。

15.7.1 被动式包装

被动式包装系统在产品和包装环境之间起物理屏障作用。

大部分传统食品包装可归为被动式包装系统。金属罐、玻璃瓶和许多软包装材料是产品和环境之间的物理屏障。这些包装系统确保大多数环境性质和环境中所含的物质不与食品接触。一般情况下，这些包装要能为产品提供最大保护，并对容器内发生的各种变化没有任何响应。

被动式包装系统方面的创新活动仍然是为聚合物容器和膜开发新型阻隔性涂层。这些新材料减少或控制对容器内食品安全性或保质期有影响物质的渗透。

15.7.2 活性包装

活性包装系统对包装环境内变化进行检测或传感，随后根据检测到的变化对包装性质进行调整。

15.7.2.1 简单活性

不含活性成分和/或活性聚合物的包装系统称为简单活性系统。活性包装系统以某种方式对包装内变化做出响应。最早出现的活性包装系统是气调包装（MAP）。用于 MAP 的包装材料具有控制包装内与食品接触气氛的性质。包装膜是一个简单例子，这种包装膜有助于维持装有呼吸作用的水果和蔬菜包装内氧气和二氧化碳的所需浓度。

15.7.2.2 高级活性

包含活性成分和/或活性功能聚合物的包装系统属于高级活性系统。高级活性包装系统可分为两大类。纳入氧清除剂的包装系统是一个可吸收包装环境内及与产品接触的不良物质的高级活性包装系统例子。通常情况下，清除剂包括塞入包装内的降低氧气水平的小袋。这类小袋的替代做法是将活性清除系统与包装材料结合在一起，如膜或瓶盖。

“吸收”型系统的第二个例子是乙烯清除剂。乙烯使跃变型水果和蔬菜熟化、加速衰老和降低保质期。将乙烯 - 吸收材料与包装系统结合可延长这类产品的保质期。

水分含量或水分活度是许多食品保质期的限制性因素。对于这类产品，最好在包装中加入吸水性材料。更复杂的控制，可能需要对包装体内产品的湿度进行调控。

另一种高级活性包装系统例子是MAP，其阻隔性与气体吹扫作用相结合可使产品处于理想稳态大气组成氛围。其活性吸收包装系统可用于控制不良风味组分或二氧化碳浓度。

高级活性包装系统正朝着能够对包装体内不良活性释放某些物质的方面发展。例如，针对微生物生长，释放抗微生物剂可用以延长冷藏食品保质期。类似地，可在包装薄膜中纳入抗氧化剂，对膜和包装内产品进行保护，以防产品劣变。包装与风味化合物结合具有很大的发展机会。在食品保质期内释放的这类化合物可以掩盖异味或提高产品感官特性。

15.7.3 智能包装

能够感测环境变化，并能产生响应调节的包装系统称为智能包装系统。已经确立的智能包装系统的四个目的是：

①提高产品质量和产品价值；

②增加便利性；

③改变透气性能；

④防盗、防伪和防篡改。

15.7.3.1 简单智能系统

由一个传感器、一种环境反应性组分和/或计算机通信装置构成的包装系统属于简单智能包装系统。品质或新鲜度指示器是简单智能包装系统实例，可用于指示产品品质属性。这些内置或外置指示器/传感器可指示经过的时间、温度、湿度、时间－温度、过渡撞击或气体浓度。这种传感器的主要功能是指示储存和配送过程中的品质损失。另一些传感器可指示颜色、生理状况（损伤）和微生物生长变化。

第二类简单智能包装系统是时间－温度指示器（Taoukis等，1991）。贴在包装外表面的温度指示标签可报告该表面经历过的最高温度。时间－温度积分器可通过对包装表面受到的时间和温度影响进行积分，提供更精确的信息（Wells和Singh，1988a，b；Taoukis和Labuza，1989）。这两类指示器的缺点是指示的信息可能不能反映产品受到的实际影响。

内置式气体水平指示传感器属于简单智能包装系统组成部分。置于包装内的这类传感器可对气体浓度进行监测，并产生基于颜色改变的快速视觉监视效果。除了对食品品质测控以外，这种传感器可对包装损伤进行检测。市场上已出现可用于监测氧（O_2）和二氧化碳（CO_2）的指示器。这类指示器经过改装可通过对二氧化碳增加水平的监测来实现对微生物生长的检测。

用于供应链及可追溯性管理的简单智能包装系统，可自动采集配送过程数据并与互联网联系起来。实例包括从农场到配送点再到消费者的水果容器跟踪器。目前，散装容器上带的射频识别（RFID）牌可提供整个配送过程有关内容物、重量、位置和时间的信息。未来有可能将RFID牌置于单独食品包装中。

另一种方便型简单智能包装系统可与智能烹饪器具系统结合。带有食品和包装条形码基本信息的这类系统通过提供制备指令、保持食品库存以及识别到期日期等方式为电气器具提供服务。

15.7.3.2 交互式智能包装系统

交互式智能包装系统利用各种机制对（传感器、指示器或积分器）信号做出响应。例如，交互式智能包装系统可通过改变渗透特性，以适应储存和分配过程中包装食品在新鲜度和品质方面的变化。新型改进的智能透气膜可针对不同新鲜产品调节渗透性，也可根据产品温度变化来调节渗透性。这种包装膜是根据呼吸速率受温度影响的知识被开发出来的。这类系统适用于高呼吸速率产品和鲜切产品。

交互式智能包装系统正朝着防盗、防伪和防篡改方向发展。为了实现这一目的，简单智能包装系统可装上被盗用前是无形的标签或标牌，如果发生篡改标签或标牌会永久性改变颜色。更为复杂的装置可通过全息图、特殊墨水和染料、激光标签、条形码和电子标签数据来对伪造和盗用作出响应。

15.8 食品包装和产品保质期

食品包装可对产品货架寿命产生显著影响。如前所述，这些影响与包装保护类型密切相关。根据产品劣化信息和包装保护类型可对包装影响进行量化。以下先开发有助于描述储存过程中食品变质行为的表达式。

15.8.1 保质期评估的科学基础

食品保质期评估的科学基础基于化学动力学原理（Labuza，1982；Singh，2000）。本节将讨论品质属性（Q）随时间变化的过程。品质属性的一般速率表达式可以写成

$$\pm\frac{\mathrm{d}(Q)}{\mathrm{d}t}=k(Q)^n \tag{15.6}$$

其中 ± 表示储存期间品质属性可以增加也可以减小，k 是拟正向速率常数，n 是反应级数。这里先使温度、湿度和光照之类影响货架寿命的储存环境因素保持恒定。

如果品质属性随时间减少，那么将式（15.6）写成

$$-\frac{\mathrm{d}(Q)}{\mathrm{d}t}=k(Q)^n \tag{15.7}$$

15.8.1.1 零级反应

如图 15.3 根据不同储存期测量到的残余品质属性标绘而成。这种过程呈线性，表明品质属性损失率在整个储存期间保持不变。这类行为可在许多保质期研究中观察到，包括酶促降解和非酶促褐变质量的变化。往往导致腐臭风味发展的脂质氧化过程也表现出类似行为。

图 15.3 中的线性图表示零级反应。因此，如果在式（15.7）中代入 $n=0$，就可得到

$$-\frac{\mathrm{d}Q}{\mathrm{d}t}=k \tag{15.8}$$

应用分离变量方法可得到上式的代数解。可将初始品质属性设为 Q_i，而将经过一段储

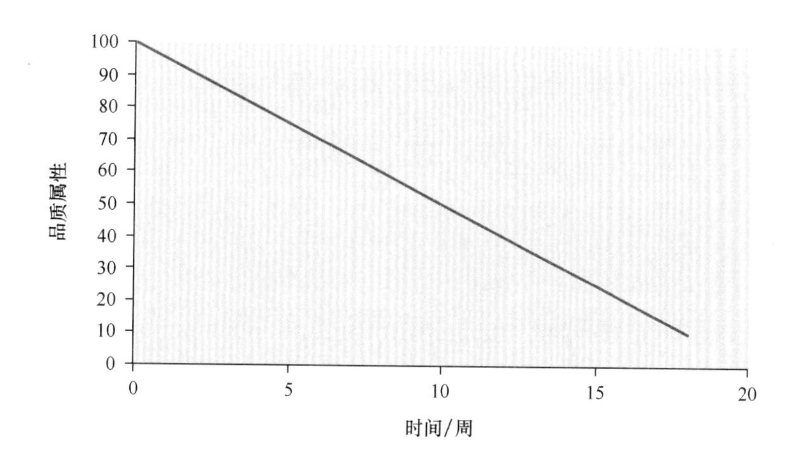

图 15.3 残余品质属性随时间线性下降作图

存时间 t 后的品质属性设为 Q。

于是

$$-\int_{(Q_i)}^{(Q)} \mathrm{d}(Q) = k\int_0^t \mathrm{d}t \tag{15.9}$$

积分得

$$-\left|(Q)\right|_{(Q_i)}^{(Q)} = kt \tag{15.10}$$

即

$$(Q_i) - (Q) = kt \tag{15.11}$$

式（15.11）左侧表示服从零级动力学反应的反应程度（ξ）。这样

$$\xi = kt \tag{15.12}$$

如果设 Q_f 为食品保质期结束时（t_s）时产品的品质属性，那么就可由式（15.11）得到

$$(Q_f) = (Q_i) - kt_s \tag{15.13}$$

也就是说，品质属性遵循零级动力学的食品保质期为

$$t_s = \frac{(Q_i) - (Q_f)}{k} \tag{15.14}$$

15.8.1.2 一级反应

让我们考虑另一个货架期问题，其中测量到的品质属性如图 15.4 曲线所示。此图给出的是品质属性指数下降过程。在此项研究中，品质属性损失速度取决于剩余品质属性量。指数下降的食品变质反应包括第 5 章中介绍的维生素和蛋白质损失，以及微生物生长。品质属性的指数降低可由一级动力学描述，其中反应速率 $n=1$。因此，可将式(15.7) 重写为

$$-\frac{\mathrm{d}(Q)}{\mathrm{d}t} = k(Q) \tag{15.15}$$

再用分离变量方法将此式重写为

$$-\frac{\mathrm{d}(Q)}{(Q)}=k\mathrm{d}t \tag{15.16}$$

再假设初始品质属性为（Q_i），经过时间 t 后降低为（Q），那么

$$-\int_{(Q_i)}^{(Q)}\frac{\mathrm{d}(Q)}{(Q)}=k\int_0^t\mathrm{d}t \tag{15.17}$$

积分得

$$\left|\ln(Q)\right|_{(Q_i)}^{(Q)}=k\left|t\right|_0^t \tag{15.18}$$

或

$$\ln(Q_i)-\ln(Q)=kt \tag{15.19}$$

因此对于一级反应，得到的反应程度估计为

$$\xi=\ln(Q_i)-\ln(Q) \tag{15.20}$$

也可将式（15.19）改写为

$$\ln\frac{(Q)}{(Q_i)}=-kt \tag{15.21}$$

为了确定经过某一储存期后的品质变化分数，可以将式（15.21）重写为

$$\frac{(Q)}{(Q_i)}=\mathrm{e}^{-kt} \tag{15.22}$$

在式（15.21）中，（Q）是经过一段储存时间 t 后残余的品质属性值。

如果（Q_f）表示保质期末品质属性量，则根据式（15.21）可得

$$t_s=\frac{\ln\frac{(Q)}{(Q_i)}}{k} \tag{15.23}$$

如果要了解品质属性的半衰期，则可容易地根据式（15.23）求出。代入 $Q_f=0.5Q_i$得

$$t_{\frac{1}{2}}=\frac{\ln 2}{k}=\frac{0.693}{k} \tag{15.24}$$

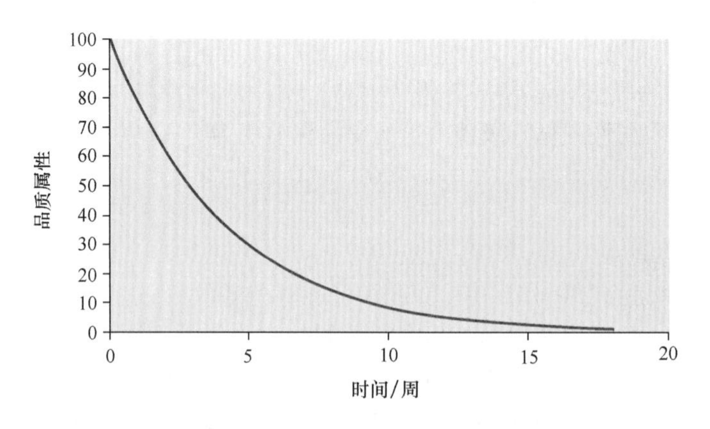

图 15.4 残余品质属性随时间呈对数下降的变化曲线

式（15.14）和式（15.24）已被用于预测食品保质期，即产品从储存开始到品质属性恶化到不可接受水平（Q_f）所需的时间。速率常数（k）根据食品关键劣化反应确立，也可通过保质期评估确定。

产品储存期间的环境条件影响可通过速率常数（k）大小来表示。最明显的环境变量是温度，温度对速率常数的影响可通过阿累纽斯方程表示［式（5.9）］：

$$k = Be^{\left(-\frac{E_A}{RT_A}\right)} \tag{15.25}$$

其中，活化能常数（E_A）量化温度对储存期间产品品质劣化速率的影响。该表达式主要用于货架期加速试验，这种试验提高实验温度以加速产品劣化过程。这些方法可使我们能够通过较高温度量化较短保质期时间（几天或几周），而实际保质期要长得多（1～2年）。

多数情形下，包装对产品保质期的影响关系中，除温度以外还有其他参数。如前所述，氧、水蒸气、氮、二氧化碳，及其他环境参数浓度均可影响食品劣化反应。为将这些参数影响纳入货架期预测，需要了解这些变量对速率常数的影响。可用这类附加关系式，然后与具体物质在包装层迁移的表达式结合起来。本章前面介绍过这类以式（15.1）为基础并使用适当渗透系数的表达式。

例 15.2

某干早餐谷物已用抗坏血酸（维生素C）强化。谷物储存期间抗坏血酸降解作用是产品水分活度的函数。该谷物包装必须确保水分活度保持在足够低水平，以维持所需维生素C水平。

谷物的初始水分活度为0.1，并且水分含量为3.0%（干基）。产品的水分含量和水分活度之间的关系被确定为

$$w = 0.175a_w + 0.0075$$

抗坏血酸在水分活度为0.1时的降解速率常数（k）为1.701×10^{-5}/min，并且该降解速率常数按以下关系随水分活度增大：

$$k = 2.733 \times 10^{-5}a_w + 1.428 \times 10^{-5}$$

包装尺寸为20cm×30cm×5cm，包装内装0.5kg产品。为确保在60%相对湿度和30℃环境中储存14d后保留60%初始抗坏血酸量，试为厚度1mm的包装膜选择渗透性。

已知：

产品初始水分含量（w）=3.0%（干基）

产品初始水分活度（a_w）=0.1

储存环境相对湿度=60%

抗坏血酸降解速率常数（k）=1.701×10^{-5}/min

期望保质期=14d

包装面积=0.17m²

方法：

渗透性用（P_B）=D_BS表示的式（15.3）是解题所用的关键表达式。抗坏血酸失效率用于确定14d货架期内抗坏血酸损失超过60%所允许的最大水分活度。根据确定的最大允许水分活度，可以确定14d贮期内可加入到产品中的总水量，也可确定给定厚度包装膜的渗透性。

解：

（1）利用式（15.22）确定产品保质期间的平均速率常数：

$$0.6 = \exp[-(k_{平均})(14d)(24h/d)(60min/h)]$$

$$k_{平均} = 2.53 \times 10^{-5}/min$$

（2）水分活度和速率常数之间关系为：

$$2.53 \times 10^{-5} = 2.733 \times 10^{-5} a_w + 1.428 \times 10^{-5}$$

$$a_w = 0.4$$

（3）为了确定水分活度增加到0.4所需的水分变化量，必须将水分活度转换为水分含量。典型的转换关系式是式（12.1），但本产品水分活度0.1～0.4范围适用的关系式是

$$w = 0.175 a_w + 0.0075$$

根据这一关系式，给定产品水分活度0.4时的水分含量为

$$w = 0.175 \times 0.4 + 0.0075 = 0.0775 \quad 或 \quad 7.75\%(干基)$$

（4）在14d储存期内，水分含量可从3%增加至7.75%，即

$$0.0775 - 0.03 = 0.0475 kg 水/kg 产品固形物$$

即14d内经过包装膜转移的水分量为0.02375kg水/包产品。因此传递速率为

$$= \frac{0.02375 kg 水}{(14d)(24h/d)(60min/h)}$$

$$= 1.178 \times 10^{-6} kg 水/min$$

（5）利用式（15.4）

$$P_B = \frac{(1.178 \times 10^{-6} kg 水/min)(1 \times 10^{-3} m)}{(60s/min)(0.17m^2)[(2.5476 - 0.4246)kPa](1000Pa/kPa)}$$

其中：$P_{ws} = 4.246 \times 0.6 = 2.5476$

$P_w = 4.246 \times 0.1 = 0.4246$

$P_B = 5.44 \times 10^{-14} kg \cdot m/(m^2 \cdot Pa \cdot s)$

（6）将单位置换成与表15.1的单位一致：

$$P_B = 6.44 \times 10^{-10} cm^3 \cdot cm/(cm^2 \cdot s \cdot cm 汞柱)$$

（7）根据表15.2所列信息，聚偏二氯乙烯是确保所需保质期的适当包装膜。

15.9 总结

食品包装和食品的近期创新使产品安全性、便利性、保质期和整体质量方面出现了许多改善。新包装使储存和配送期间产品变化有可能得到探测，也有可能根据包装设计进行调节。未来发展将推出可延长食品保质期和提高品质属性更先进的包装。

“纳米科学”的进展对未来包装创新具有潜在影响。纳米领域的研究成果将产生具有使食品免受各种类型有害物质影响的独特性能的纳米材料。这些材料将有可能使各种包装系统具有表面抗菌性，并能对微生物和生化活动进行感测。应用纳米科学将产生能够针对pH、压力、温度、光照，以及包装内出现的其他反应副产物变化进行调节的包装材料。

习题[①]

15.1 装在 1cm×4cm×3cm 的盒子中的干制食品，利用聚合物膜保护产品的氧敏感性。膜两侧浓度梯度根据空气中的氧浓度和包装内 1% 氧浓度确定。氧在聚合物膜中的扩散系数为 $3\times10^{-16}m^2/s$。该产品保质期根据产品中氧化反应使用掉 0.5mol 氧气所需的时间而定。试估计为确保 10 个月的产品保质期需要的膜厚度。

*15.2 干制食品储存于厚度为 0.75mm 的聚丙烯薄膜包装内。包装尺寸为 15cm×15cm×5cm，包装内的产品质量为 0.75kg。产品的初始水分活度为 0.05，初始水分含量为 2%（干基）。产品的一个关键组分对水分活度敏感，其变质的速率常数可由下式表示

$$k = 5\times10^{-5}a_w + 1.5$$

产品水分活度与水分含量之间关系由 GAB 常数规定

$$K = 1.05$$

$$C = 5.0$$

$$w_o = 1.1\%$$

产品在 25℃ 及 50% 相对湿度环境中储存。产品的保持期按该关键组分强度降低到 50% 初始量确定。试预测产品的保质期。

符号

A　面积（m^2）

a_w　水分活度

B　阿累纽斯常数

C　GAB 常数

c　浓度（kg/m^3 或 $kg\cdot mol/m^3$）

D　质量扩散系数（m^2/s）

E_A　温度活化能（kJ/kg）

E_P　渗透率活化能（kcal/mol）

K　GAB 常数

K　品质变化速率常数（1/s）

m　质量通量（kg/s）

n　反应级数

p　气体分压（kPa）

P　包装膜渗透性

Q　品质属性量

---

① 带“*”的解题难度较大。

R 气体常数［m^3·Pa/（kg·mol·K）］

S 溶解度［mol/（cm^3·atm）］

ξ 反应程度

T 温度（℃）

T_A 绝对温度（K）

t 时间（s）

t_s 保质期（s）

$t_{1/2}$ 半衰期（s）

w 水分含量（%，干基）

w_o 单分子层水分含量（%，干基）

x 距离坐标（m）

下标：B，组分 B；i，初始条件；f，最终条件；o，标准条件；w，水蒸气；ws，饱和水蒸气；1，位置 1；2，位置 2。

参考文献

Brody, A. L., 2011. Packaging: modified atmosphere. In: Heldman, D. R., Moraru, C. I. (Eds.), Encyclopedia of Agricultural, Food and Biological Engineering, second ed. CRC Press, Boca Raton, Florida, pp. 1206 – 1210.

De Kruijf, N., van Beest, M. D., 2011. Packaging: Active. In: Heldman, D. R., Moraru, C. I. (Eds.), Encyclopedia of Agricultural, Food and Biological Engineering, second ed. CRC Press, Boca Raton, Florida, pp. 1181 – 1185.

Krochta, J. M., 2007. Food Packaging. In: Heldman, D. R., Lund, D. B. (Eds.), Handbook of Food Engineering. CRC Press, Taylor & Francis Group, Boca Raton, Florida.

Krochta, J. M., 2011. Packaging permeability. In: Heldman, D. R., Moraru, C. I. (Eds.), Encyclopedia of Agricultural, Food and Biological Engineering, second ed. CRC Press, Boca Raton, Florida, pp. 1211 – 1217.

Labuza, T. P., 1982. Shelf-Life Dating of Foods. Food and Nutrition Press, Westport, Connecticut.

Linssen, J. P. H., Roozen, J. P., 1994. Food flavour and packaging interactions. In: Mathlouthi, M. (Ed.), Food Packaging and Preservation. Blackie Academic and Professional, New York, pp. 48 – 61.

March, K. S., 2001. Looking at packaging in a new way to reduce food losses. Food Technol 55, 48 – 52.

Roberston, G. L., 2012. Food Packaging—Principles and Practice, third ed. CRC Press, Taylor and Francis Group, Boca Raton, Florida.

Rodrigues, E. T., Han, J. H., 2011. Packaging: intelligent. In: Heldman, D. R., Moraur, C. I. (Eds.), Encyclopedia of Agricultural, Food and Biological Engineering, second ed. CRC Press, Boca Raton, Florida, pp. 1199 – 1205.

Shellhammer, T. H., 2011. Packaging: flexible. In: Heldman, D. R., Moraur, C. I. (Eds.), Encyclopedia of Agricultural, Food and Biological Engineering, second ed. CRC Press, Boca Raton, Florida, pp. 1186 – 1191.

Singh, R. P., 2000. Scientific principles of Shelf-life evaluation. In: Man, C. M. D., Jones, A. A.

(Eds.), Shelf-Life Evaluation of Foods. Aspen Publication, Maryland, pp. 3 – 22.

Steven, M. D., Hotchkiss, J. H., 2011. Packaging: functions. In: Heldman, D. R., Moraur, C. I. (Eds.), Encyclopedia of Agricultural, Food and Biological Engineering, second ed. CRC Press, Boca Raton, Florida, pp. 1195 – 1198.

Taoukis, P. S., Labuza, T. P., 1989. Applicability of time-temperature indicators as food quality monitors under non-isothermal conditions. J. Food Sci. 54, 783.

Taoukis, P. S., Fu, B., Labuza, T. P., 1991. Time temperature indicators. Food Tech. 45 (10), 70 – 82.

Wells, J. H., Singh, R. P., 1988a. A kinetic approach to food quality prediction using full-history time-temperature indicators. J. Food Sci. 53 (6), 1866 – 1871, 1893.

Wells, J. H., Singh, R. P., 1988b. Application of time-temperature indicators in monitoring changes in quality attributes of perishable and semiperishable foods. J. Food Sci. 53 (1), 148 – 156.

Yam, K. L., Paik, J. S., Lai, C. C., 1991. Food packaging, part 1. General considerations. In: Hui, Y. H. (Ed.), Encyclopedia of Food Science & Technology. John Wiley & Sons, Inc., New York.

Yasuda, H., Stannett, V., 2003. Permeability coefficients. In: Brandrup, J., Immergut, E. H., Grulke, E. A. (Eds.), Polymer Handbook, fourth ed. Wiley, New York.

附 录

A.1 SI 单位及换算因子

A.1.1 SI 单位的使用规则

以下为一些国际会议、国际标准化组织和美国农业工程师协会推荐的 SI 单位的使用规则。

A.1.1.1 SI 前缀

表 A.1.1 给出了 SI 制前缀及其符号。前缀符号用罗马字体表示，在前缀符号与单位符号之间没有空格。前缀提供了大小级别，从而避免了大量的数字出现。例如，19200m 或 19.2×10^3m 成为 19.2km。

表 A.1.1 SI 前缀

因子	前缀	符号	因子	前缀	符号
10^{18}	艾可萨（exa）	E	10^{-1}	分（deci）	d
10^{15}	拍它（peta）	P	10^{-2}	厘（centi）	c
10^{12}	太拉（tera）	T	10^{-3}	毫（milli）	m
10^{9}	吉咖（giga）	G	10^{-6}	微（micro）	μ
10^{6}	兆（mega）	M	10^{-9}	纳诺（nano）	n
10^{3}	千（kilo）	k	10^{-12}	皮可（pico）	p
10^{2}	百（hecto）	h	10^{-15}	飞母托（femto）	f
10^{1}	十（deka）	da	10^{-18}	阿托（atto）	a

带指数的前缀表示单位的倍数或约量用指数表示，例如，

$$1\text{mm}^3 = (10^{-3}\text{m})^3 = 10^{-9}\text{m}^3$$

$$1\text{cm}^{-1} = (10^{-2}\text{m})^{-1} = 10^2\text{m}^{-1}$$

不使用由两个或两个以上 SI 前缀组合而成的前缀。例如，

1nm 不能写成 1 mμm

在基本单位中，由于历史原因，只有质量单位带前缀。为了得到单位质量的十分级或约数，在“克”前加上前缀。

分数形式的组合单位，除了用“千克”以外，将前缀加到分母中。例如，使用 2. 5kJ/s，而不使用 2. 5J/ms；但使用 550J/kg，而不使用 5. 5dJ/g。

在选择前缀时，最好选择能使单位前的数值范围在 0. 1 ~ 1000。然而，不应使用双重或用连字符表示的前缀。如使用 GJ，而不使用 kMJ。

A. 1. 1. 2　大写

单位符号的一般写法如下：单位符号一般用小写罗马字（正体）；但是，如果符号是从适当的名词衍生而成的，则第一个字母用罗马大写，例如，K，N。这些符号不跟句号。

如果单位是未缩写形式的，则第一个字母小写（即使是从专有名词派生的单位也是如此）：例如，kelvin（开尔文），newton（牛顿）。除了符号 E（exa）、P（peta）、T（tera）、G（giga）和 M（mega）以外，数值前缀的字母小写。

A. 1. 1. 3　复数

在复数形式下，单位符号保持不变。在不是缩写形式情形下，复数形式单位以通常形式写出。例如，45newtons 或 45N；22centimeters 可以写成 25cm。

A. 1. 1. 4　标点符号

对于小于 1 的数值，在小数点前必须加零。除非正好出现在句末，否则 SI 制符号后不应当使用句号。英语国家用一个点代表小数点；其他国家使用逗号。对于大的数值，应当三个数字为一组用空格分开，但不用逗号分开。例如，使用 3 456 789. 291 22 写法，而不能写成 3，456，789. 291，22。

A. 1. 1. 5　导出单位

由两个或两个以上单位构成的单位，可以有两种表示法：

N · m 或 Nm

可以用斜线、水平线或负指数表示有相除关系的两个单位构成的单位。例如，

$$\text{m/s} \quad \frac{\text{m}}{\text{s}} \quad \text{m} \cdot \text{s}^{-1}$$

同一项单位中不重复使用斜线符号。在复杂情况下，可以使用括号或负指数。例如

m/s^2 或 $\text{m} \cdot \text{s}^{-2}$ 不能写成 m/s/s

J/（s · m · K）或 $\text{J} \cdot \text{s}^{-1} \cdot \text{m}^{-1} \cdot \text{K}^{-1}$ 不能写成 J/s/m/K

表 A. 1. 2 常用换算因子

重力加速度 $g = 9.80665\ m/s^2$ $g = 980.665\ cm/s^2$ $g = 32.17\ ft/s^2$ $1ft/s^2 = 0.304799\ m/s^2$	密度 $1lb_m/ft^3 = 16.0185\ kg/m^3$ $1lb_m/gal = 1.198246 \times 10^2 kg/m^3$ 0℃，760mm 汞柱时，干空气的密度 = 1. 2929 g/L 0℃，760mm 汞柱时，1kg mol 理想气体 = 22. 414 m^3
面积 $1acre = 4.046856 \times 10^3 m^2$ $1ft^2 = 0.0929m^2$ $1in^2 = 6.4516 \times 10^{-4} m^2$	扩散系数 $1ft^2/h = 2.581 \times 10^{-5} m^2/s$
能量 1Btu = 1055J = 1. 055kJ 1Btu = 252. 16cal 1kcal = 4. 184kJ $1J = 1N \cdot m = 1kg \cdot m^2/s^2$ $1kW \cdot h = 3.6 \times 10^3 kJ$	质量 1 克拉 = 2×10^{-4}kg $1lb_m = 0.45359kg$ $1lb_m$ = 16oz = 7000grains 1ton（米制） = 1000kg
焓 $1Btu/lb_m = 2.3258kJ/kg$	传质系数 1lb · mol/（h · ft^2 · mol 分数） = 1.3562×10^{-3}kg · mol/（s · m^2 · mol 分数）
力 $1lb_f = 4.4482N$ $1N = 1kg \cdot m/s^2$ $1dyne = 1g \cdot cm/s^2 = 10^{-5} kg \cdot m/s^2$	功率 1hp = 0. 7457kW 1W = 14. 34cal/min $1hp = 550ft \cdot lb_f/s$ 1Btu/h = 0. 29307W 1hp = 0. 7068Btu/s 1J/s = 1W
热流量 1Btu/h = 0. 29307W 1Btu/min = 17. 58W $1kJ/h = 2.778 \times 10^{-4} kW$ 1J/s = 1W	压强 1psia = 6. 895 kPa $1psia = 6.895 \times 10^3\ N/m^2$ $1bar = 1 \times 10^5 Pa = 1 \times 10^5 N/m^2$ $1Pa = 1N/m^2$ 1mm 汞柱（0℃） = $1.333224 \times 10^2 N/m^2$ 1atm = 29. 921in 汞柱（0℃） 1atm = 33. 90ft 水柱（4℃） $1atm = 14.696psia = 1.01325 \times 10^5\ N/m^2$ 1atm = 1. 01325bar 1atm = 760mm 汞柱（0℃） = $1.01325 \times 10^5 Pa$ $1lb_f/ft^2 = 4.788 \times 10^2 dyne/cm^2 = 47.88\ N/m^2$

续表

热通量 1Btu/（h·ft^2）=3.1546W/m^2	比热容 1Btu/（lb$_m$·℉）=4.1865J/（g·K） 1Btu/（lb$_m$·℉）=1cal/（g·℃）
传热系数 1Btu/（h·ft^2·℉）=5，6783W/（m^2·K） 1Btu/（h·ft^2·℉）=1.3571×10^{-4} cal/（s·cm^2·℃）	温度 $T_{℉}=T_{℃}\times1.8+32$ $T_{℃}=(T_{℉}-32)/1.8$
长度 1ft=0.3048m 1 微米=10^{-6}m=1 μm 1Å=10^{-10}m 1in=2.54×10^{-2} m 1 英里=1.609344×10^3 m	热导率 1Btu/（h·ft·℉）=1.731W/（m·K） 1Btu·in/（ft^2·h·℉）=1.442279×10^{-2} W/（m·K）
黏度 1lb$_m$/（ft·h）=0.4134cP 1lb$_m$/（ft·s）=1488.16cP 1cp=10^{-2}g/（cm·s）= 10^{-2}poise 1cp=10^{-3}Pa·s=10^{-3}kg/（m·s）=10^{-3}N·s/m^2 1lb$_f$·s/ft^2=4.7879×10^{4}cP 1N·s/m^2=1Pa·s 1kg/（m·s）=1Pa·s	体积 1ft^3 = 0.02832m^3 1U.S. gal=3.785×10^{-3}m^3 1L=1000cm^3 1m^3=1000L 1U.S. gal=4qt 1ft^3=7.481U.S. gal 1（英）gal=1.20094U.S. gal
功 1hp·h=0.7457kW·h 1hp·h=2544.5Btu 1ft·lb$_f$=1.35582J	

表 A.1.3　压强的换算因子

	lb$_f$/in^2	kPa	kg$_f$/cm^2	in 汞柱（21℃）	mm 汞柱（21℃）	in 水柱（21℃）	atm
lb$_f$/in^2	=1	689.473×10^{-2}	0.07031	2.036	51.715	27.71	0.06805
kPa	=0.1450383	1	101.972×10^{-1}	0.2952997	7.5003	4.0188	986.923×10^{-5}
kg$_f$/cm^2	=14.2234	980.665×10^{-1}	1	28.959	735.550	394.0918	967.841×10^{-3}
in 汞柱（21℃）	=0.4912	338.64×10^{-2}	0.03452	1	25.40	13.608	0.03342
mm 汞柱（21℃）	=0.01934	0.1333273	1.359×10^{-3}	0.03937	1	0.5398	1.315×10^{-3}
in 水柱（21℃）	=0.03609	24.883×10^{-2}	2.537×10^{-3}	0.0735	1.8665	1	2.458×10^{-3}
atm	=14.6959	101.3251	1.03323	29.9212	760	406	1

A.2 食品的物理性质

表 A.2.1 食品的比热容

产品	组分含量/%					比热容	
	水	蛋白质	碳水化合物	脂肪	灰分	式（4.4）/[kJ/（kg·K）]	实验①/[kJ/（kg·K）]
牛肉（汉堡包）	68.3	20.7	0.0	10.0	1.0	3.35	3.52
鱼罐头	70.7	27.1	0.0	0.3	2.6	3.35	
淀粉	12.0	0.5	87.0	0.2	0.3	1.754	
橙汁	87.5	0.8	11.1	0.2	0.4	3.822	
肝、生牛肉	74.9	15.0	0.9	9.1	1.1	3.525	
脱脂乳粉	3.5	35.6	52.0	1.0	7.9	1.520	
黄油	15.5	0.6	0.4	81.0	2.5	2.043	2.051～2.135
全脂巴氏消毒乳	87.0	3.5	4.9	3.9	0.7	3.831	3.852
包装蓝莓浆	73.0	0.4	23.6	0.4	2.6	3.445	
生鳕鱼	82.6	15.0	0.0	0.4	2.0	3.697	
脱脂乳	90.5	3.5	5.1	0.1	0.8	3.935	3.977～4.019
番茄酱	81.4	1.8	14.6	1.8	0.4	3.676	
瘦牛肉	77.0	22.0	—	—	1.0	3.579	
蛋黄	49.0	13.0	—	11.0	1.0	2.449	2.810
鲜鱼	76.0	19.0	—	—	1.4	3.500	3.600
瘦牛肉	71.7	21.6	0.0	5.7	1.0	3.437	3.433
马铃薯	79.8	2.1	17.1	0.1	0.9	3.634	3.517
生苹果	84.4	0.2	14.5	0.6	0.3	3.759	3.726～4.019
咸肉	49.9	27.6	0.3	17.5	4.7	2.851	2.01
黄瓜	96.1	0.5	1.9	0.1	1.4	4.061	4.103
包装黑莓浆	76.0	0.7	22.9	0.2	0.2	3.521	
马铃薯	75.0	0.0	23.0	0.0	2.0	3.483	3.517
小牛肉	68.0	21.0	0.0	10.0	1.0	3.349	3.223
鱼	80.0	15.0	4.0	0.3	0.7	3.651	3.60
乡村干酪	65.0	25.0	1.0	2.0	7.0	3.215	3.265
虾	66.2	26.8	0.0	1.4	0.0	3.404	3.014
沙丁鱼	57.4	25.7	1.2	11.0	0.0	3.002	3.014
牛排	60.0	25.0	0.0	13.0	0.0	3.115	3.056
鲜胡萝卜	88.2	1.2	9.3	0.3	1.1	3.864	3.81～3.935

资料来源：Heldman 和 Singh（1981）。

注：①实验比热容值引自 Reidy（1968）。

表 A. 2. 2　某些食品的热导率

产品	水分含量/%	温度/℃	热导率/［W/（m·K）］
苹果	85. 6	2 ~ 36	0. 393
苹果酱	78. 8	2 ~ 36	0. 516
冷冻干燥牛肉			
1000mm 汞柱压强	—	0	0. 065
0. 001mm 汞柱压强	—	0	0. 037
瘦牛肉			
垂直于纤维	78. 9	7	0. 476
垂直于纤维	78. 9	62	0. 485
平行于纤维	78. 7	8	0. 431
平行于纤维	78. 7	61	0. 447
牛肉脂肪	—	24 ~ 38	0. 19
黄油	15	46	0. 197
鳕鱼	83	2. 8	0. 544
玉米	0. 91	8 ~ 25	0. 141
	30. 2	8 ~ 25	0. 172
冻全蛋	—	-10 ~ -6	0. 97
蛋清	—	36	0. 577
蛋黄	—	33	0. 338
鱼肌肉	—	0 ~ 10	0. 557
全葡萄	—	30	0. 45
蜂蜜	12. 6	2	0. 502
	80	2	0. 344
	14. 8	69	0. 623
	80	69	0. 415
苹果汁	87. 4	20	0. 559
	87. 4	80	0. 632
	36. 0	20	0. 389
	36. 0	80	0. 436
羊羔			
垂直于纤维	71. 8	5	0. 45
		61	0. 478
平行于纤维	71. 0	5	0. 415
		61	0. 422

续表

产品	水分含量/%	温度/℃	热导率/[W/(m·K)]
乳	—	37	0.530
浓缩乳	90	24	0.571
	—	78	0.641
	50	26	0.329
	—	78	0.364
脱脂乳	—	1.5	0.538
	—	80	0.635
脱脂乳粉	4.2	39	0.419
橄榄油	—	15	0.189
	—	100	0.163
混合橙子	—	30	0.431
黑眼青豆	—	3~17	0.312
猪肉			
垂直于纤维	75.1	6	0.488
		60	0.54
平行于纤维	75.9	4	0.443
		61	0.489
猪油	—	25	0.152
生鲜马铃薯	81.5	1~32	0.554
马铃薯淀粉凝胶	—	1~67	0.04
油炸鸡肉	69.1~74.9	4~27	0.412
大麻哈鱼			
垂直于纤维	73	4	0.502
盐	—	87	0.247
香肠馅	65.72	24	0.407
大豆油粕	13.2	7~10	0.069
草莓	—	14~25	0.675
糖	—	29~62	0.087~0.22
火鸡胸			
垂直于纤维	74	3	0.502
平行于纤维	74	3	0.523

续表

产品	水分含量/%	温度/℃	热导率/［W/（m·K）］
小牛肉			
垂直于纤维	75	6	0.476
		62	0.489
平行于纤维	75	5	0.441
		60	0.452
动植物油	—	4～187	0.169
小麦面粉	8.8	43	0.45
		65.5	0.689
		1.7	0.542
乳清		80	0.641

资料来源：Reidy（1968）。

表 A.2.3　某些食品的热扩散系数

产品	水分含量/（%湿基）	温度①/℃	热扩散系数/（$\times 10^{-7} m^2/s$）
水果、蔬菜及副产品			
整苹果（Red Delicious）	85	0～30	1.37
苹果酱	37	5	1.05
	37	65	1.12
	80	5	1.22
	80	65	1.40
	—	26～129	1.67
鲜鳄梨	—	24，0	1.24
鳄梨种子	—	24，0	1.29
整个鳄梨	—	41，0	1.54
鲜香蕉	76	5	1.18
	76	65	1.42
烘豆	—	4～122	1.68
酸鲜樱桃	—	30，0	1.32
葡萄（Marsh，flesh）	88.8	—	1.27
葡萄（Marsh，albedo）	72.2	—	1.09
整柠檬	—	40，0	1.07
利马豆泥	—	26～122	1.80
豌豆泥	—	26～128	1.82

续表

产品	水分含量/（%湿基）	温度①/℃	热扩散系数/（$\times 10^{-7}$ m^2/s）
整桃	—	27，4	1.39
鲜马铃薯	—	25	1.70
马铃薯泥	78	5	1.23
	78	65	1.45
芜菁甘蓝	—	48，0	1.34
整南瓜	—	47，0	1.71
鲜草莓	92	5	1.27
甜菜	—	14，60	1.26
整甘薯	—	35	1.06
	—	55	1.39
	—	70	1.91
番茄酱	—	4，26	1.48
鱼和肉制品			
鳕鱼	81	5	1.22
	81	65	1.42
腌牛肉	65	5	1.32
	65	65	1.18
牛肩胛肉②	66	40~65	1.23
牛股肉②	71	40~65	1.33
牛舌②	68	40~65	1.32
大比目鱼	76	40~65	1.47
烟熏火腿	64	5	1.18
	64	40~65	1.38
水	—	30	1.48
	—	65	1.60
冰	—	0	11.82

资料来源：Singh（1982）. Reprinted from Food Technology 36（2），87－91. Copyright © by Institute of Food Technologists。

注：①此处两个温度由一个逗号隔开给出，第一个为样品的初始温度，第二个为环境温度。

②数据只适用于加热过程中流出的但保持在食品样品中的汁液。

表 A. 2. 4 液体食品的黏度

产品	组成	温度/℃	黏度/（Pa·s）
稀奶油	10% 脂肪	40	0. 00148
	10% 脂肪	60	0. 00107
	10% 脂肪	80	0. 00083
稀奶油	20% 脂肪	60	0. 00171
	30% 脂肪	60	0. 00289
	40% 脂肪	60	0. 00510
均质乳	—	20	0. 0020
	—	40	0. 0015
	—	60	0. 000775
	—	80	0. 0006
原乳	—	0	0. 00344
	—	10	0. 00264
	—	20	0. 00199
	—	30	0. 00149
	—	40	0. 00123
玉米油	—	25	0. 0565
	—	38	0. 0317
棉子油	—	20	0. 0704
	—	38	0. 0306
花生油	—	25	0. 0656
	—	38	0. 0251
葵花籽油	—	25	0. 0522
	—	38	0. 0286
大豆油	—	30	0. 04
荞麦（花）蜜	18. 6% T. S.	24. 8	3. 86
鼠尾草（花）蜜	18. 6% T. S.	25. 9	8. 88
白丁香（花）蜜	18. 2% T. S.	25. 0	4. 80
苹果汁	20°Brix	27	0. 0021
	60°Brix	27	0. 03
葡萄汁	20°Brix	27	0. 0025
	60°Brix	27	0. 11
玉米糖浆	48. 4% T. S.	27	0. 053

资料来源：Steffe（1983）。

表 A. 2. 5 不同温度下冰的性质

温度/℃	热导率/ [W/ (m·K)]	比热容/ [kJ/ (kg·℃)]	密度/ (kg/m³)
-101	3.50	1.382	925.8
-73	3.08	1.587	924.2
-45.5	2.72	1.783	922.6
-23	2.41	1.922	919.4
-18	2.37	1.955	919.4
-12	2.32	1.989	919.4
-7	2.27	2.022	917.8
0	2.22	2.050	916.2

资料来源：Dickerson (1969)。

表 A. 2. 6 不同贮存温度下新鲜水果与蔬菜的近似产热量

产品	每兆克产热量/ (W/Mg)①			
	0℃	5℃	10℃	15℃
苹果	10 ~ 12	15 ~ 21	41 ~ 61	41 ~ 92
杏	15 ~ 17	19 ~ 27	33 ~ 56	63 ~ 101
朝鲜蓟	67 ~ 133	94 ~ 177	161 ~ 291	229 ~ 429
芦笋	81 ~ 237	161 ~ 403	269 ~ 902	471 ~ 970
鳄梨	—	59 ~ 89	—	183 ~ 464
成熟香蕉	—	—	65 ~ 116	87 ~ 164
青豆或四季豆	—	101 ~ 103	161 ~ 172	251 ~ 276
去壳利马豆	31 ~ 89	58 ~ 106	—	296 ~ 369
甜菜	16 ~ 21	27 ~ 28	35 ~ 40	50 ~ 69
黑莓	46 ~ 68	85 ~ 135	154 ~ 280	208 ~ 431
蓝莓	7 ~ 31	27 ~ 36	69 ~ 104	101 ~ 183
嫩茎西蓝花	55 ~ 63	102 ~ 474	—	514 ~ 1000
球芽甘蓝	46 ~ 71	95 ~ 143	186 ~ 250	282 ~ 316
卷心菜	12 ~ 40	28 ~ 63	36 ~ 86	66 ~ 169
罗马甜瓜	15 ~ 17	26 ~ 30	46	100 ~ 114
去根胡萝卜	46	58	93	117
菜花	53 ~ 71	61 ~ 81	100 ~ 144	136 ~ 242
芹菜	21	32	58 ~ 81	110
酸樱桃	17 ~ 39	38 ~ 39	—	81 ~ 148
甜玉米	125	230	331	482
酸果蔓	—	12 ~ 14	—	—
黄瓜	—	—	68 ~ 86	71 ~ 98

续表

产品	每兆克产热量/（W/Mg）①			
	0℃	5℃	10℃	15℃
无花果	—	32～39	65～68	145～187
大蒜	9～32	17～29	27～29	32～81
醋栗	20～26	36～40	—	64～95
柚子	—	—	20～27	35～38
美国葡萄	8	16	23	47
欧洲葡萄	4～7	9～17	24	30～35
蜜瓜	—	9～15	24	35～47
辣根	24	32	78	97
大头菜	30	48	93	145
韭葱	28～48	58～86	158～201	245～346
柠檬	9	15	33	47
莴苣头	27～50	39～59	64～118	114～121
莴苣叶	68	87	116	186
蘑菇	83～129	210	297	—
坚果（未标品种）	2	5	10	10
秋葵	—	163	258	431
洋葱	7～9	10～20	21	33
青洋葱	31～66	51～201	107～174	195～288
橄榄	—	—	—	64～115
橙子	9	14～19	35～40	38～67
桃子	11～19	19～27	46	98～125
梨子	8～20	15～46	23～63	45～159
带夹豌豆	90～138	163～226	—	529～599
甜椒	—	—	43	68
Wickson 李子	6～9	12～27	27～34	35～37
未成熟马铃薯	—	35	42～62	42～92
成熟马铃薯	—	17～20	20～30	20～35
带根萝卜	43～51	57～62	92～108	207～230
去根萝卜	16～17	23～24	45～47	82～97
树莓	52～74	92～114	82～164	243～300
去根大黄	24～39	32～54	—	92～134
菠菜	—	136	327	529

续表

产品	每兆克产热量/（W/Mg）①			
	0℃	5℃	10℃	15℃
黄南瓜	35～38	42～55	103～108	222～269
草莓	36～52	48～98	145～280	210～273
甘薯	—	—	39～95	47～85
成熟番茄	—	21	45	61
青番茄	—	—	42	79
芜箐根	26	28～30	—	63～71
西瓜	—	9～12	22	—

资料来源：美国采暖、制冷和空调工程师协会，引用得到总部在乔治亚州亚特兰大市的该学会允许（1978）。

注：①转换因子：（W/Mg）×74.12898＝Btu/（t·24h）。

表 A.2.7　冷冻食品的焓

温度/℃	牛肉/（kJ/kg）	羊肉/（kJ/kg）	禽肉/（kJ/kg）	鱼/（kJ/kg）	豆子/（kJ/kg）	西蓝花/（kJ/kg）	豌豆/（kJ/kg）	马铃薯泥/（kJ/kg）	米饭/（kJ/kg）
-28.9	14.7	19.3	11.2	9.1	4.4	42	11.2	9.1	18.1
-23.3	27.7	31.4	23.5	21.6	16.5	16.3	23.5	21.6	31.9
-17.8	42.6	45.4	37.7	35.6	29.3	28.8	37.7	35.6	47.7
-12.2	62.8	67.2	55.6	52.1	43.7	42.8	55.6	52.1	70.0
-9.4	77.7	842	68.1	63.9	52.1	51.2	68.1	63.9	87.5
-6.7	101.2	112.6	87.5	80.7	63.3	62.1	87.5	80.7	115.1
-5.6	115.8	130.9	99.1	91.2	69.8	67.9	99.1	91.2	133.0
-4.4	136.9	157.7	104.4	105.1	77.9	75.6	104.4	105.1	158.9
-3.9	151.6	176.8	126.8	115.1	83.0	80.7	126.8	115.1	176.9
-3.3	170.9	201.6	141.6	128.2	90.2	87.2	141.6	128.2	177.9
-2.8	197.2	228.2	142.3	145.1	99.1	95.6	142.3	145.1	233.5
-2.2	236.5	229.8	191.7	170.7	112.1	107.7	191.7	170.7	242.3
-1.7	278.2	231.2	240.9	212.1	132.8	126.9	240.9	212.1	243.9
-1.1	280.0	232.8	295.4	295.1	173.7	165.1	295.4	295.1	245.6
1.7	288.4	240.7	304.5	317.7	361.9	366.8	304.5	317.7	254.9
4.4	297.9	248.4	313.8	327.2	372.6	377.5	313.8	327.2	261.4
7.2	306.8	256.3	323.1	336.5	383.3	388.2	323.1	336.5	269.3
10	315.8	263.9	332.1	346.3	393.8	398.9	332.1	346.3	277.2
15.6	333.5	279.6	350.5	365.4	414.7	420.3	350.5	365.4	292.8

资料来源：Mott（1964）。引用得到《澳大利亚制冷空气加热》编者 H. G. Goldstein 允许。

表 A. 2. 8　某些食品的组分值　　单位：%

食品	水	蛋白质	脂肪	碳水化合物	灰分
新鲜苹果	84. 4	0. 2	0. 6	14. 5	0. 3
苹果酱	88. 5	0. 2	0. 2	10. 8	0. 6
芦笋	91. 7	2. 5	0. 2	5. 0	0. 6
利马豆	67. 5	8. 4	0. 5	22. 1	1. 5
生汉堡包牛肉	68. 3	20. 7	10. 0	0. 0	1. 0
白面团	35. 8	8. 7	3. 2	50. 4	1. 9
黄油	15. 5	0. 6	81. 0	0. 4	2. 5
鳕鱼	81. 2	17. 6	0. 3	0. 0	1. 2
生甜玉米	72. 7	3. 5	1. 0	22. 1	0. 7
低脂稀奶油	79. 7	3. 2	11. 7	4. 6	0. 6
蛋	73. 7	12. 9	11. 5	0. 9	1. 0
大蒜	61. 3	6. 2	0. 2	30. 8	1. 5
莴苣	95. 5	0. 9	0. 1	2. 9	0. 6
全乳	87. 4	3. 5	3. 5	4. 9	0. 7
橙汁	88. 3	0. 7	0. 2	10. 4	0. 4
桃子	89. 1	0. 6	0. 1	9. 7	0. 5
生花生	5. 6	26. 0	47. 5	18. 6	2. 3
生豌豆	78. 0	6. 3	0. 4	14. 4	0. 9
生菠萝	85. 3	0. 4	0. 2	13. 7	0. 4
生马铃薯	79. 8	2. 1	0. 1	17. 1	0. 9
大米	12. 0	6. 7	0. 4	80. 4	0. 5
菠菜	90. 7	3. 2	0. 3	4. 3	1. 5
番茄	93. 5	1. 1	0. 2	4. 7	0. 5
火鸡	64. 2	20. 1	14. 7	0. 0	1. 0
芜菁	91. 5	1. 0	0. 2	6. 6	0. 7
（全乳）酸乳	88. 0	3. 0	3. 4	4. 9	0. 7

表 A.2.9　估计食品性质的系数

性质	组成	温度函数	标准差	相对误差/%
k/[W/(m·℃)]	蛋白质	$k=1.7881\times10^{-1}+1.1958\times10^{-3}T-2.2178\times10^{-6}T^2$	0.012	5.91
	脂肪	$k=1.8071\times10^{-1}-2.7604\times10^{-4}T-1.7749\times10^{-7}T^2$	0.0032	1.95
	碳水化合物	$k=2.0141\times10^{-1}+1.3874\times10^{-3}T-4.3312\times10^{-6}T^2$	0.0134	5.42
	纤维	$k=1.8331\times10^{-1}+1.2497\times10^{-3}T-3.1683\times10^{-6}T^2$	0.0127	5.55
	灰分	$k=3.2962\times10^{-1}+1.4011\times10^{-3}T-2.9069\times10^{-6}T^2$	0.0083	2.15
	水分	$k=5.7109\times10^{-1}+1.7625\times10^{-3}T-6.7036\times10^{-6}T^2$	0.0028	0.45
	冰	$k=2.2196-6.2489\times10^{-3}T+1.0154\times10^{-4}T^2$	0.0079	0.79
α/(mm^2/s)	蛋白质	$\alpha=6.8714\times10^{-2}+4.7578\times10^{-4}T-1.4646\times10^{-6}T^2$	0.0038	4.50
	脂肪	$\alpha=9.8777\times10^{-2}-1.2569\times10^{-3}T-3.8286\times10^{-8}T^2$	0.0020	2.15
	碳水化合物	$\alpha=8.0842\times10^{-2}+5.3052\times10^{-4}T-2.3218\times10^{-6}T^2$	0.0058	5.84
	纤维	$\alpha=7.3976\times10^{-2}+5.1902\times10^{-4}T-2.2202\times10^{-6}T^2$	0.0026	3.14
	灰分	$\alpha=1.2461\times10^{-1}+3.7321\times10^{-4}T-1.2244\times10^{-6}T^2$	0.0022	1.61
	水分	$\alpha=1.3168\times10^{-1}+6.2477\times10^{-4}T-2.4022\times10^{-6}T^2$	0.0022×10^{-6}	1.44
	冰	$\alpha=1.1756-6.0833\times10^{-3}T+9.5037\times10^{-5}T^2$	0.0044×10^{-6}	0.33
ρ/(kg/m^3)	蛋白质	$\rho=1.3299\times10^3-5.1840\times10^{-1}T$	39.9501	3.07
	脂肪	$\rho=9.2559\times10^2-4.1757\times10^{-1}T$	4.2554	0.47
	碳水化合物	$\rho=1.5991\times10^3-3.1046\times10^{-1}T$	93.1249	5.98
	纤维	$\rho=1.3115\times10^3-3.6589\times10^{-1}T$	8.2687	0.64
	灰分	$\rho=2.4238\times10^3-2.8063\times10^{-1}T$	2.2315	0.09
	水分	$\rho=9.9718\times10^3+3.1439\times10^{-3}T-3.7574\times10^{-3}T^2$	2.1044	0.22
	冰	$\rho=9.1689\times10^2-1.3071\times10^{-1}T$	0.5382	0.06
c_p/[kJ/(kg·℃)]	蛋白质	$c_p=2.0082+1.2089\times10^{-3}T-1.3129\times10^{-6}T^2$	0.1147	5.57
	脂肪	$c_p=1.9842-1.4733\times10^{-3}T-4.8008\times10^{-6}T^2$	0.0236	1.16
	碳水化合物	$c_p=1.5488+1.9625\times10^{-3}T-5.9399\times10^{-6}T^2$	0.0986	5.96
	纤维	$c_p=1.8459+1.8306\times10^{-3}T-4.6509\times10^{-6}T^2$	0.0293	1.66
	灰分	$c_p=1.0926-1.8896\times10^{-3}T-3.6817\times10^{-6}T^2$	0.0296	2.47
	水分①	$c_p=4.0817-5.3062\times10^{-3}T+9.9516\times10^{-4}T^2$	0.0988	2.15
	水分②	$c_p=4.1762-9.0864\times10^{-5}T+5.4731\times10^{-6}T^2$	0.0159	0.38
	冰	$c_p=2.0623+6.0769\times10^{-3}T$	0.0014	0.07

资料来源：Choi 和 Okos（1986）。

注：①用于 -40 ~ 0℃温度范围。

②用于 0 ~ 150℃温度范围。

A.3 非食品材料的物理性质

表 A.3.1 金属材料的物理性质

金属	20℃时的性质			
	ρ/（kg/m³）	c_p/［kJ/（kg·℃）］	k/［W/（m·℃）］	α/（$\times 10^{-5}$m²/s）
铝				
纯铝	2707	0.896	204	8.418
铝-铜（硬铝，94%~96%铝，3%~5%铜，微量镁）	2787	0.883	164	6.676
铝-硅（含铜铝硅合金，86.5%铝，1%铜）	2659	0.867	137	5.933
铝-硅（铝硅合金，78%~80%铝，20%~22%硅）	2627	0.854	161	7.172
铝-镁-硅，97%铝，1%镁，1%硅，1%锰	2707	0.892	177	7.311
铅	11373	0.130	35	2.343
铁				
纯铁	7897	0.452	73	2.034
钢				
（碳$_{max}$ =1.5%）				
碳钢				
碳=0.5%	7833	0.465	54	1.474
1.0%	7801	0.473	43	1.172
1.5%	7753	0.486	36	0.970
镍钢				
镍=0%	7897	0.452	73	2.026
20%	7933	0.46	19	0.526
40%	8169	0.46	10	0.279
80%	8618	0.46	35	0.872
不胀钢36%镍	8137	0.46	10.7	0.286
铬钢				
铬=0%	7897	0.452	73	2.026
1%	7865	0.46	61	1.665
5%	7833	0.46	40	1.110
20%	7689	0.46	22	0.635
铬-镍（Cr-Ni）				
15%铬，10%镍	7865	0.46	19	0.526

续表

金属	20℃时的性质			
	ρ/（kg/m³）	c_p/［kJ/（kg·℃）］	k/［W/（m·℃）］	α/（$\times10^{-5}$m²/s）
18%铬，8%镍（V2A）	7817	0.46	16.3	0.444
20%铬，15%镍	7833	0.46	15.1	0.415
25%铬，20%镍	7865	0.46	12.8	0.361
钨钢				
钨=0%	7897	0.452	73	2.026
钨=1%	7913	0.448	66	1.858
钨=5%	8073	0.435	54	1.525
钨=10%	8314	0.419	48	1.391
铜				
纯铜	8954	0.3831	386	11.234
铝青铜（95%铜，5%铝）	8666	0.410	83	2.330
青铜（75%铜，25%锡）	8666	0.343	26	0.859
紫铜（85%铜，9%锡，6%锌）	8714	0.385	61	1.804
黄铜（70%铜，30%锌）	8522	0.385	111	3.412
德银（62%铜，15%镍，22%锌）	8618	0.394	24.9	0.733
康铜（60%铜，40%镍）	8922	0.410	22.7	0.612
镁				
纯镁	1746	1.013	171	9.708
镁-铝（电解的），6%～8%铝，1%～2%锌	1810	1.00	66	3.605
钼	10220	0.251	123	4.790
镍				
纯镍（99.9%）	8906	0.4459	90	2.266
镍-铬（90%镍，10%铬）	8666	0.444	17	0.444
80%镍，20%铬	8314	0.444	12.6	0.343
银				
极纯	10524	0.2340	419	17.004
纯（99.9%）	10524	0.2340	407	16.563
纯锡	7304	0.2265	64	3.884
钨	19350	0.1344	163	6.271
纯锌	7144	0.3844	112.2	4.106

资料来源：引自 Holman（2002）。经出版商同意复制。

表 A. 3. 2 非金属材料的物理性质

物质	温度/℃	k/［W/(m·℃)］	ρ/（kg/m³）	c/［kJ/(kg·℃)］	α/（×10⁻⁷ m²/s）
沥青	20～55	0.74～0.76			
砖					
普通建筑砖	20	0.69	1600	0.84	5.2
耐火砖（133℃烧制）	500	1.04	2000	0.96	5.4
	800	1.07			
	1100	1.09			
普通水泥		0.29	1500		
白水泥	23	1.16			
混凝土、煤渣	23	0.76			
窗玻璃	20	0.78（平均）	2700	0.84	3.4
灰泥、石膏	20	0.48	1440	0.84	4.0
金属条	20	0.47			
木条	20	0.28			
石头					
花岗石		1.73～3.98	2640	0.82	8～18
石灰石	100～300	1.26～1.33	2500	0.90	5.6～5.9
大理石		2.07～2.94	2500～2700	0.80	10～13.6
沙岩	40	1.83	2160～2300	0.71	11.2～11.9
木头（经过木纹）					
柏树	30	0.097	460		
杉木	23	0.11	420	2.72	0.96
枫木或橡木	30	0.166	540	2.4	1.28
黄松	23	0.147	640	2.8	0.82
白松	30	0.112	430		
石棉					
松散石棉	-45	0.149			
	0	0.154	470～570	0.816	3.3～4
	100	0.161			
石棉板	51	0.166			
瓦楞纸板	—	0.064			
纸板（160kg/m³）	30	0.043	160		

续表

物质	温度/℃	k/［W/（m·℃）］	ρ/（kg/m³）	c/［kJ/（kg·℃）］	α/（×10⁻⁷ m²/s）
软木（再制粒）	32	0.045	45～120	1.88	2～5.3
碎软木	32	0.043	150		
硅藻土	0	0.061	320		
纤维（绝热板）	20	0.048	240		
玻璃丝（24kg/m³）	23	0.038	24	0.7	22.6
氧化镁（85%）	38	0.067	270		
	93	0.071			
	150	0.074			
	204	0.080			
岩棉绝缘纤维（24kg/ m³，松散）	32	0.040	160		
	150	0.067			
	260	0.087			
锯末	23	0.059			
刨花	23	0.059			

资料来源：Holman（2002）。经出版商同意复制。

表 A.3.3　各种表面的发射率

材料	波长与平均温度				
	9.3μm 38℃	5.4μm 260℃	3.6μm 260℃	1.8μm 1370℃	0.6μm 太阳
金属					
铝					
光滑	0.04	0.05	0.08	0.19	～0.3
氧化	0.11	0.12	0.18		
24－ST 风化的	0.4	0.32	0.27		
粗糙表面	0.22				
阳极电镀（1000℉）	0.94	0.42	0.60	0.34	
黄铜					
光滑	0.10	0.10			
氧化	0.61				

续表

材料	波长与平均温度				
	9.3μm 38℃	**5.4μm 260℃**	**3.6μm 260℃**	**1.8μm 1370℃**	**0.6μm 太阳**
铬，光滑	0.08	0.17	0.26	0.40	0.49
铜					
光滑	0.04	0.05	0.18	0.17	
氧化	0.87	0.83	0.77		
铁					
光滑	0.06	0.08	0.13	0.25	0.45
铸铁，氧化	0.63	0.66	0.76		
电镀，新	0.23	—	—	0.42	0.66
电镀，脏	0.28	—	—	0.90	0.89
粗钢板	0.94	0.97	0.98		
氧化	0.96	—	0.85	—	0.74
镁	0.07	0.13	0.18	0.24	0.30
银，光滑	0.01	0.02	0.03	—	0.11
不锈钢					
18－8，光滑	0.15	0.18	0.22		
18－8，风化的	0.85	0.85	0.85		
钢管					
氧化	—	0.88			
钨丝	0.03	—	—	~0.18	0.36①
锌					
光滑	0.02	0.03	0.04	0.06	0.46
镀锌钢板	~0.25				
建筑与绝热材料					
沥青	0.93	—	0.9	—	0.93
砖					
红砖	0.93	—	—	—	0.7
耐火砖	0.9	—	~0.7	~0.75	
硅砖	0.9	—	~0.75	0.84	
菱镁矿耐火物	0.9	—	—	~0.4	

续表

材料	波长与平均温度				
	9.3μm 38℃	5.4μm 260℃	3.6μm 260℃	1.8μm 1370℃	0.6μm 太阳
瓷釉，白色	0.9				
纸，白色	0.95	—	0.82	0.25	0.28
石膏	0.91				
屋顶板	0.93				
搪瓷钢，白色	—	—	—	0.65	0.47
油漆					
银光漆	0.65	0.65			
黑漆	0.96	0.98			
灯黑漆	0.96	0.97	—	0.97	0.97
红漆	0.96	—	—	—	0.74
黄漆	0.95	—	0.5	—	0.30
油漆（各种颜色）	~0.94	~0.9			
白漆（ZnO）	0.95	—	0.91	—	0.18
其他					
冰	~0.97②				
水	~0.96				
碳，T-碳，0.9%灰分	0.82	0.80	0.79		
木头	~0.93				
玻璃	0.9	—	—	—	（低）

资料来源：Kreith（1973）。版权为1973年Harper和Row出版公司所有，经出版商许可可重印。

注：①温度为3315℃。

②温度为0℃。

A.4 水和空气的物理性质

表 A.4.1 饱和压力下水的物理性质

温度		密度	体积膨胀系数	比热	热导率	热扩散系数	黏度	运动黏度	普朗特数
t/℃	T/K	ρ/(kg/m³)	β/(×10⁻⁴ K⁻¹)	c_p/[kJ/(kg·℃)]	k/[W/(m·K)]	α/(×10⁻⁶ m²/s)	μ/(×10⁻⁶ Pa·s)	ν/(×10⁻⁶ m²/s)	N_{Pr}
0	273.15	999.9	-0.7	4.226	0.558	0.131	1793.636	1.789	13.7
5	278.15	1000.0	—	4.206	0.568	0.135	1534.741	1.535	11.4
10	283.15	999.7	0.95	4.195	0.577	0.137	1296.439	1.300	9.5
15	288.15	999.1	—	4.187	0.587	0.141	1135.61	1.146	8.1
20	293.15	998.2	21	4.182	0.597	0.143	993.414	1.006	7.0
25	298.15	997.1	—	4.178	0.606	0.146	880.637	0.884	6.1
30	303.15	995.7	3.0	4.176	0.615	0.149	792.377	0.805	5.4
35	308.15	994.1	—	4.175	0.624	0.150	719.808	0.725	4.8
40	313.15	992.2	3.9	4.175	0.633	0.151	658.026	0.658	4.3
45	318.15	990.2	—	4.176	0.640	0.155	605.070	0.611	3.9
50	323.15	988.1	4.6	4.178	0.647	0.157	555.055	0.556	3.55
55	328.15	985.7	—	4.179	0.652	0.158	509.946	0.517	3.27
60	333.15	983.2	5.3	4.181	0.658	0.159	471.650	0.478	3.00
65	338.15	980.6	—	4.184	0.663	0.161	435.415	0.444	2.76
70	343.15	977.8	5.8	4.187	0.668	0.163	404.034	0.415	2.55
75	348.15	974.9	—	4.190	0 671	0.164	376.575	0.366	2.23
80	353.15	971.8	6.3	4.114	0.673	0.165	352.059	0.364	2.25
85	358.15	968.7	—	4.198	0.676	0.166	328.523	0.339	2.04
90	363.15	965.3	7.0	4.202	0.678	0.167	308.909	0.326	1.95
95	368.15	961.9	—	4.206	0.680	0.168	292.238	0.310	1.84
100	373.15	958.4	7.5	4.211	0.682	0.169	277.528	0.294	1.75
110	383.15	951.0	8.0	4.224	0.684	0.170	254.973	0.268	1.57
120	393.15	943.5	8.5	4.232	0.684	0.171	235.360	0.244	1.43
130	403.15	934.8	9.1	4.250	0.685	0.172	211.824	0.226	1.32
140	413.15	926 3	9.7	4.257	0.686	0.172	201.036	0.212	1.23
150	423.15	916.9	10.3	4.270	0.684	0.173	185.346	0.201	1.17
160	433.15	907.6	10.8	4.285	0.680	0.173	171.616	0.191	1.10
170	443.15	897.3	11.5	4.396	0.679	0.172	162.290	0.181	1.05

续表

温度 t/℃	温度 T/K	密度 ρ/(kg/m³)	体积膨胀系数 β/(×10⁻⁴ K⁻¹)	比热 c_p/[kJ/(kg·K)]	热导率 k/[W/(m·K)]	热扩散系数 α/(×10⁻⁶ m²/s)	黏度 μ/(×10⁻⁶ Pa·s)	运动黏度 ν/(×10⁻⁶ m²/s)	普朗特数 N_{Pr}
180	453. 15	886. 6	12. 1	4. 396	0. 673	0. 172	152. 003	0. 173	1. 01
190	463. 15	876. 0	12. 8	4. 480	0. 670	0. 171	145. 138	0. 166	0 97
200	473. 15	862. 8	13. 5	4 501	0. 665	0. 170	139. 254	0. 160	0. 95
210	483. 15	852. 8	14. 3	4. 560	0. 655	0. 168	131. 409	0. 154	0. 92
220	493. 15	837. 0	15. 2	4. 605	0. 652	0. 167	124. 544	0. 149	0. 90
230	503. 15	827. 3	16. 2	4. 690	0. 637	0. 164	119. 641	0. 145	0. 88
240	513. 15	809. 0	17. 2	4. 731	0. 634	0. 162	113. 757	0. 141	0. 86
250	523. 15	799. 2	18. 6	4. 857	0. 618	0. 160	109. 834	0. 137	0. 86

资料来源：Raznjevic（1978）。

表 A. 4. 2　饱和蒸汽性质

温度/℃	蒸汽压/kPa	比体积/（m³/kg）		焓/（kJ/kg）		熵/[kJ/（kg·℃）]	
		液体	饱和蒸汽	液体（H_c）	饱和蒸汽（H_v）	液体	饱和蒸汽
0. 01	0. 6113	0. 0010002	206. 136	0. 00	2501. 4	0. 0000	9. 1562
3	0. 7577	0. 0010001	168. 132	11. 57	2506. 9	0. 0457	9. 0773
6	0. 9349	0. 0010001	137. 734	25. 20	2512. 4	0. 0912	9. 0003
9	1. 1477	0. 0010003	113. 386	37. 80	2517. 9	0. 1362	8. 9253
12	1. 4022	0. 0010005	93. 784	50. 41	2523. 4	0. 1806	8. 8524
15	1. 7051	0. 0010009	77. 926	62 99	2528. 9	0. 2245	8. 7814
18	2. 0640	0. 0010014	65. 038	75. 58	2534. 4	0. 2679	8. 7123
21	2. 487	0. 0010020	54. 514	88. 14	2539. 9	0. 3109	8. 6450
24	2. 985	0. 0010027	45. 883	100. 70	2545. 4	0. 3534	8. 5794
27	3. 567	0. 0010035	38. 774	113. 25	2550. 8	0. 3954	8. 5156
30	4. 246	0. 0010043	32. 894	125. 79	2556. 3	0. 4369	8. 4533
33	5. 034	0. 0010053	28. 011	138. 33	2561. 7	0. 4781	8. 3927
36	5. 947	0. 0010063	23. 940	150. 86	2567. 1	0. 5188	8. 3336
40	7. 384	0. 0010078	19. 523	167. 57	2574. 3	0. 5725	8. 2570
45	9. 593	0. 0010099	15. 258	188. 45	2583. 2	0. 6387	8. 1648
50	12. 349	0. 0010121	12. 032	209. 33	2592. 1	0. 7038	8. 0763
55	15. 758	0. 0010146	9. 568	230. 23	2600. 9	0. 7679	7. 9913
60	19. 940	0. 0010172	7. 671	251. 13	2609. 6	0. 8312	7. 9096

续表

温度/℃	蒸汽压/kPa	比体积/（m³/kg）		焓/（kJ/kg）		熵/［kJ/（kg·℃)］	
		液体	饱和蒸汽	液体（H_c）	饱和蒸汽（H_v）	液体	饱和蒸汽
65	25.03	0.0010199	6.197	272.06	2618.3	0.8935	7.8310
70	31.19	0.0010228	5.042	292.98	2026.8	0.9549	7.7553
75	38.58	0.0010259	4.131	313.93	2635.3	1.0155	7.6824
80	47.39	0.0010291	3.407	334.91	2643.7	1.0753	7.6122
85	57.83	0.0010325	2.828	355.90	2651.9	1.1343	7.5445
90	70.14	0 0010360	2.361	376.92	2660.1	1.1925	7.4791
95	84.55	0.0010397	1.9819	397.96	2668.1	1.2500	7.4159
100	101.35	0.0010435	1.6729	419.04	2676.1	1.3069	7.3549
105	120.82	0.0010475	1.4194	440.15	2683.8	1.3630	7.2958
110	143.27	0.0010516	1.2102	461.30	2691.5	1.4185	7.2387
115	169.06	0.0010559	1.0366	482.48	2699.0	1.4734	7.1833
120	198.53	0.0010603	0.8919	503.71	2706.3	1.5276	7.1296
125	232.1	0.0010649	0.7706	524.99	2713.5	1.5813	7.0775
130	270.1	0.0010697	0.6685	546.31	2720.5	1.6344	7.0269
135	313.0	0.0010746	0.5822	567.69	2727.3	1.6870	6.9777
140	316.3	0 0010797	0.5089	589.13	2733.9	1.7391	6.9299
145	415.4	0.0010850	0.4463	610.63	2740.3	1.7907	6.8833
150	475.8	0.0010905	0.3928	632.20	2746.5	1.8418	6.8379
155	543.1	0.0010961	0.3468	653.84	2752.4	1.8925	6.7935
160	617.8	0.0011020	0.3071	675.55	2758.1	1.9427	6.7502
165	700.5	0.0011080	0.2727	697.34	2763.5	1.9925	6.7078
170	791.7	0.0011143	0.2428	719.21	2768.7	2.0419	6.6663
175	892.0	0 0011207	0.2168	741.17	2773.6	2.0909	6.6256
180	1002.1	0.0011274	0.19405	763.22	2778.2	2.1396	6.5857
190	1254.4	0.0011414	0.15654	807.62	2786.4	2.2359	6.5079
200	1553.8	0.0011565	0.12736	852.45	2793.2	2.3309	6.4323
225	2548	0.0011992	0.07849	966.78	2803.3	2.5639	6.2503
250	3973	0.0012512	0.05013	1085.36	2801.5	2.7927	6.0730
275	5942	0.0013168	0.03279	1210.07	2785.0	3.0208	5.8938
300	8581	0.0010436	0.02167	1344.0	2749.0	3.2534	5.7045

资料来源：Keenan 等（1969）报道的数据简略引用。版权为 1969 年 John Wiley 和 Sons 公司所有，经过出版公司许可重印。

表 A. 4. 3　过热蒸汽性质（蒸汽表）

绝对压强/kPa（饱和温度℃）[①]		温度/℃							
		100	150	200	250	300	360	420	500
10（45. 81）	V	17. 196	19. 512	21. 825	24. 136	26. 445	29. 216	31. 986	35. 679
	H	2687. 5	2783. 0	2879. 5	2977. 3	3076. 5	3197. 6	3320. 9	3489. 1
	s	8. 4479	8. 6882	8. 9038	9. 1002	9. 2813	9. 4821	9. 6682	9. 8978
50（81. 33）	V	3. 418	3. 889	4. 356	4. 820	5. 284	5. 839	6. 394	7. 134
	H	2682. 5	2780. 1	2877. 7	2976. 0	3075. 5	3196. 8	3320. 4	3488. 7
	s	7. 6947	7. 9401	8. 1580	8. 3556	8. 5373	8. 7385	8. 9249	9. 1546
75（91. 78）	V	2. 270	2. 587	2. 900	3. 21	3. 520	3. 89	4. 262	4. 75
	H	2679. 4	2778. 2	2876. 5	2975. 2	3074. 9	3196. 4	3320. 0	3488. 4
	s	7. 5009	7. 7496	7. 9690	8. 1673	8. 3493	8. 5508	8. 7374	8. 9672
100（99. 63）	V	1. 6958	1. 9364	2. 172	2. 406	2. 639	2. 917	3. 195	3. 565
	H	2676. 2	2776. 4	2875. 3	2974. 3	3074. 3	3195. 9	3319. 6	3488. 1
	s	7. 3614	7. 6134	7. 8343	8. 0333	8. 2158	8. 4175	8. 6042	8. 8342
150（111. 37）	V		1. 2853	1. 4443	1. 6012	1. 7570	1. 9432	2. 129	2. 376
	H		2772. 6	2872. 9	2972. 7	3073. 1	3195. 0	3318. 9	3487. 6
	s		7. 4193	7. 6433	7. 8438	8. 0720	8. 2293	8. 4163	8. 6466
400（143. 63）	V		0. 4708	0. 5342	0. 5951	0. 6458	0. 7257	0. 7960	0. 8893
	H		2752. 8	2860. 5	2964. 2	3066. 8	3190. 3	3315. 3	3484. 9
	s		6. 9299	7. 1706	7. 3789	7. 5662	7. 7712	7. 9598	8. 1913
700（164. 97）	V			0. 2999	0. 3363	0. 3714	0. 4126	0. 4533	0. 5070
	H			2844. 8	2953. 6	3059. 1	3184. 7	3310. 9	3481. 7
	s			6. 8865	7. 1053	7. 2979	7. 5063	7. 6968	7. 9299
1000（179. 91）	V			0. 2060	0. 2327	0. 2579	0. 2873	0. 3162	0. 3541
	H			2827. 9	2942. 6	3051. 2	3178. 9	3306. 5	3478. 5
	s			6. 6940	6. 9247	7. 1229	7. 3349	7. 5275	7. 7622
1500（198. 32）	V			0. 13248	0. 15195	0. 16966	0. 18988	0. 2095	0. 2352
	H			2796. 8	2923. 3	3037. 6	3. 1692	3299. 1	3473. 1
	s			6. 4546	6. 7090	6. 9179	7. 1363	7. 3323	7. 5698
2000（212. 42）	V				0. 11144	0. 12547	0. 14113	0. 15616	0. 17568
	H				2902. 5	3023. 5	3159. 3	3291. 6	3467. 6
	s				6. 5453	6. 7664	6. 9917	7. 1915	7. 4317
2500（223. 99）	V				0. 08700	0. 09890	0. 11186	0. 12414	0. 13998
	H				2880. 1	3008. 8	3149. 1	3284. 0	3462. 1
	s				6. 4085	6. 6438	6. 8767	7. 0803	7. 3234

续表

绝对压强/kPa（饱和温度℃）①		温度/℃							
		100	150	200	250	300	360	420	500
3000（233.90）	V				0.07058	0.08114	0.09233	0.10279	0.11619
	H				2855.8	2993.5	3138.7	3276.3	3456.5
	s				6.2872	6.5390	6.7801	6.9878	7.2338

资料来源：Keenan 等（1969）报道的数据节略。版权为 1969 年 John Wiley 和 Sons 公司所有，经过出版公司许可重印。

①V，比体积，m^3/kg；H，焓，kJ/kg；s，熵，kJ/（kg·K）。

表 A.4.4　干空气在大气压下的物理性质

温度		密度 ρ/(kg/m^3)	体积膨胀系数 β/(×10^{-4} K^{-1})	比热容 c_p/[kJ/(kg·K)]	热导率 k/[W/(m·K)]	热扩散系数 α/(×10^{-6} m^2/s)	黏度 μ/(×10^{-6} Pa·s)	运动黏度 ν/(×10^{-6} m^2/s)	普朗特数 N_{Pr}
t/℃	T/K								
−20	253.15	1.365	3.97	1.005	0.0226	16.8	16.279	12.0	0.71
0	273.15	1.252	3.65	1.011	0.0237	19.2	17.456	13.9	0.71
10	283.15	1.206	3.53	1.010	0.0244	20.7	17.848	14.66	0.71
20	293.15	1.164	3.41	1.012	0.0251	22.0	18.240	15.7	0.71
30	303.15	1.127	3.30	1.013	0.0258	23.4	18.682	16.58	0.71
40	313.15	1.092	3.20	1.014	0.0265	24.8	19.123	17.6	0.71
50	323.15	1.057	3.10	1.016	0.0272	26.2	19.515	18.58	0.71
60	333.15	1.025	3.00	1.017	0.0279	27.6	19.907	19.4	0.71
70	343.15	0.996	2.91	1.018	0.0286	29.2	20.398	20.65	0.71
80	353.15	0.968	2.83	1.019	0.0293	30.6	20.790	21.5	0.71
90	363.15	0.942	2.76	1.021	0.0300	32.2	21.231	22.82	0.71
100	373.15	0.916	2.69	1.022	0.0307	33.6	21.673	23.6	0.71
120	393.15	0.870	2.55	1.025	0.0320	37.0	22.555	25.9	0.71
140	413.15	0.827	2.43	1.027	0.0333	40.0	23.340	28.2	0.71
150	423.15	0.810	2.37	1.028	0.0336	41.2	23.732	29.4	0.71
160	433.15	0.789	2.31	1.030	0.0344	43.3	24.124	30.6	0.71
180	453.15	0.755	2.20	1.032	0.0357	47.0	24.909	33.0	0.71
200	473.15	0.723	2.11	1.035	0.0370	49.7	25.693	35.5	0.71
250	523.15	0.653	1.89	1.043	0.0400	60.0	27.557	42.2	0.71

资料来源：Raznjevic（1978）。

A.5　湿空气图

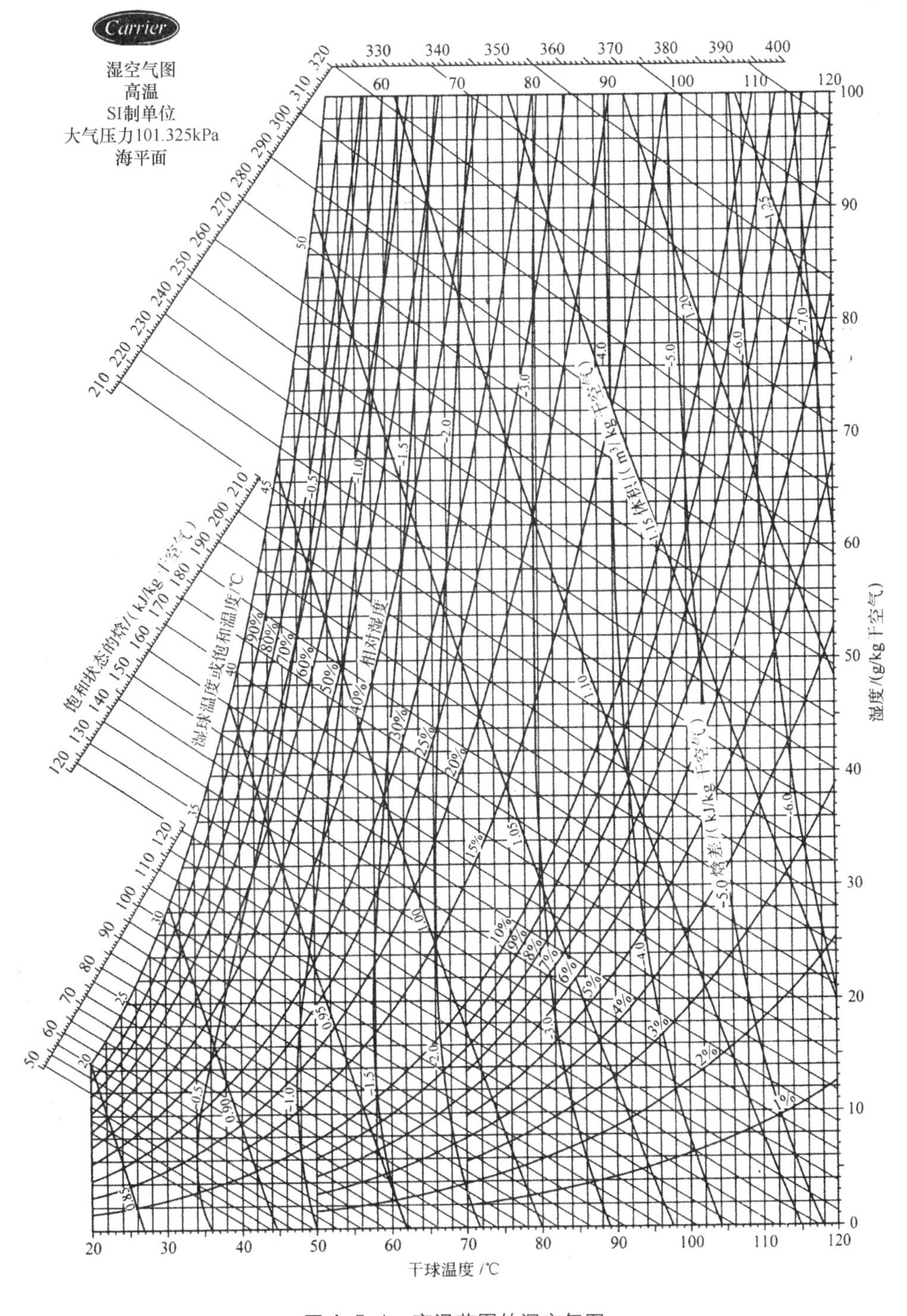

图 A.5.1　高温范围的湿空气图

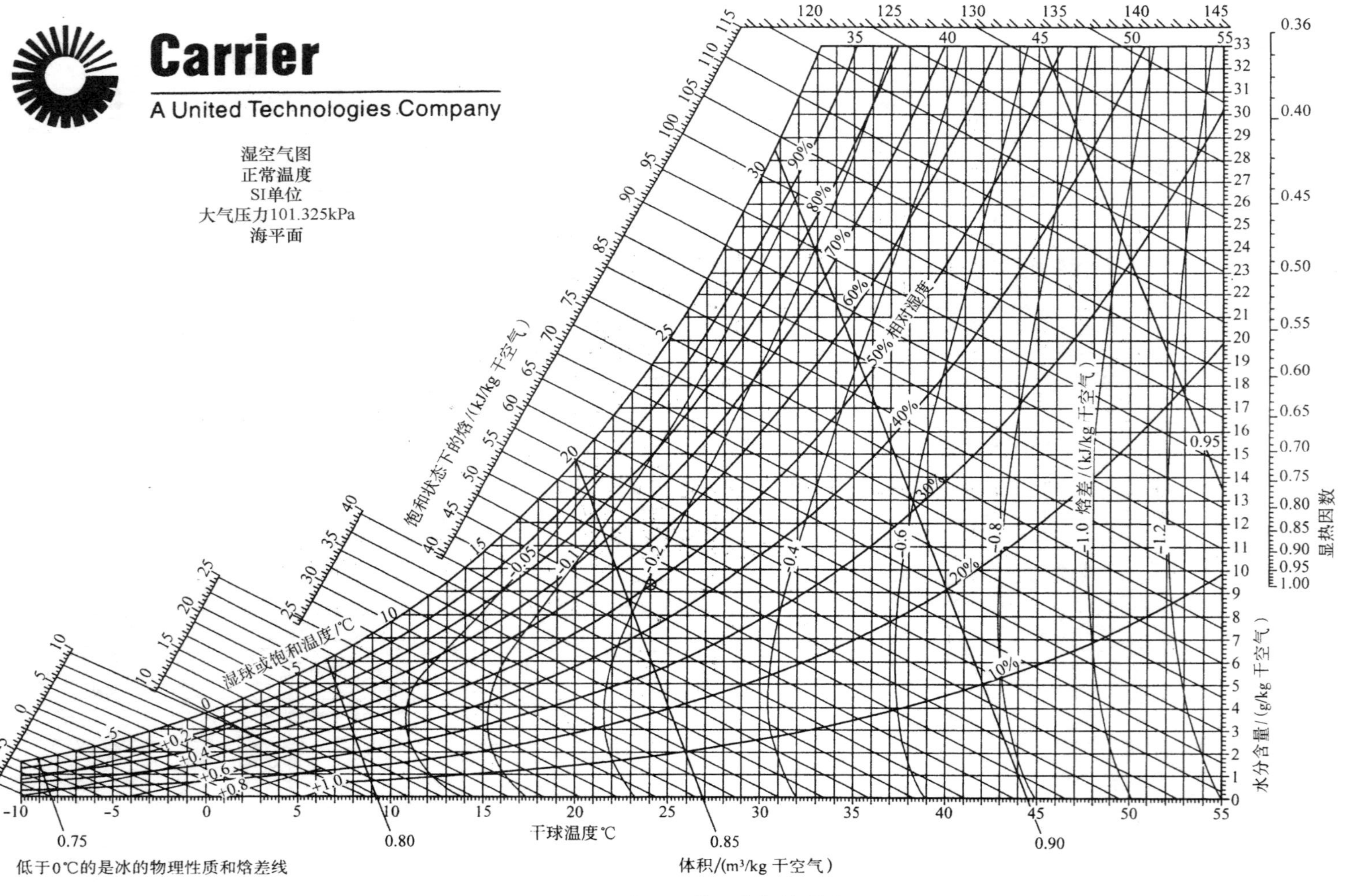

图A.5.2 低温下的湿空气性质图

A.6　压-焓数据

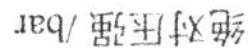

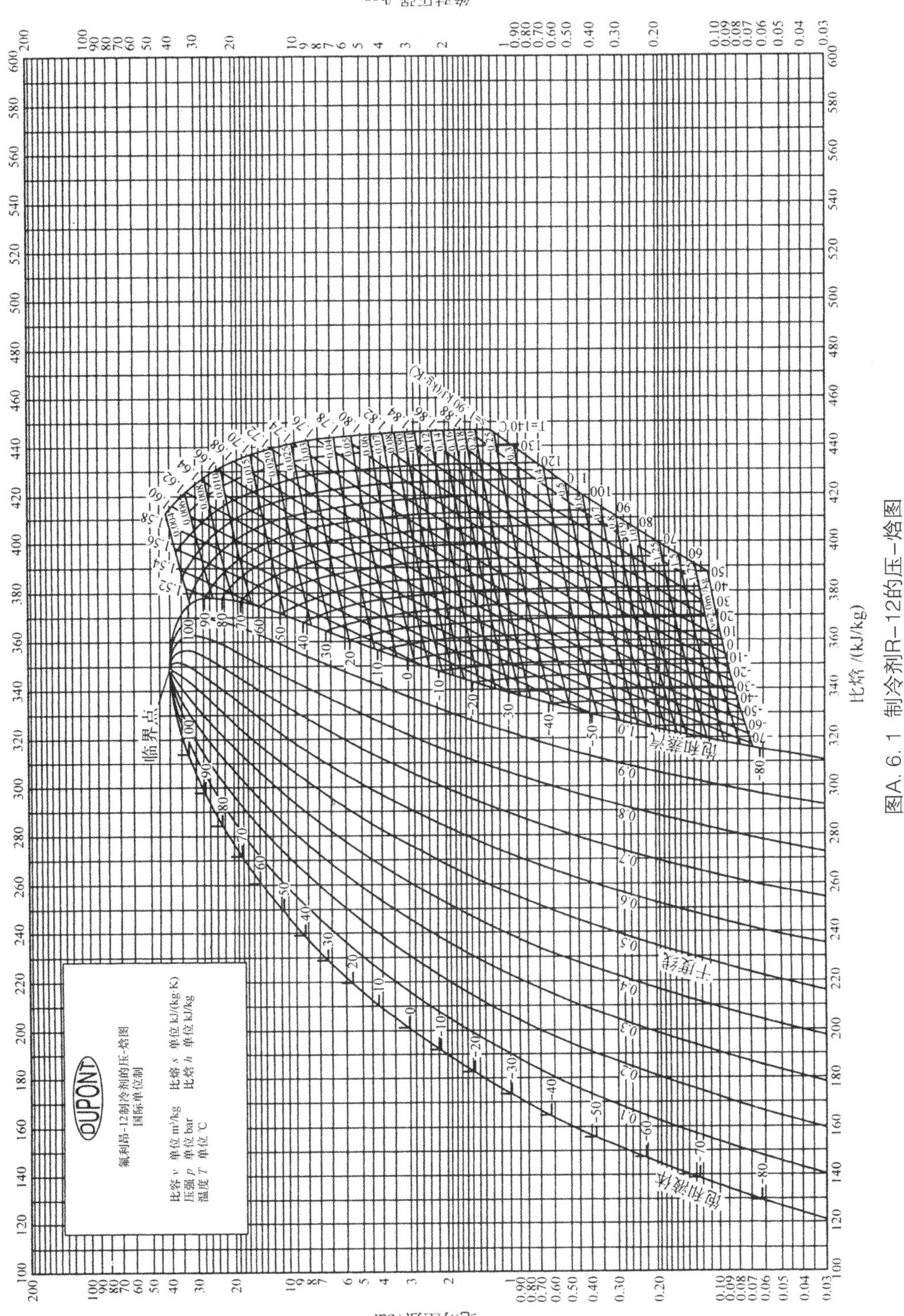

图A.6.1　制冷剂R-12的压-焓图

表 A. 6. 1　R－12 的饱和液体和蒸汽的性质①

温度/℃	绝对压强/kPa	焓/（kJ/kg）		熵/［kJ/（kg·K）］		比体积/（L/kg）	
		h_f	h_g	s_f	s_g	v_f	v_g
-60	22. 62	146. 463	324. 236	0. 77977	1. 61373	0. 63689	637. 911
-55	29. 98	150. 808	326. 567	0. 79990	1. 60552	0. 64226	491. 000
-50	39. 15	155. 169	328. 897	0. 81964	1. 59810	0. 64782	383. 105
-45	50. 44	159. 549	331. 223	0. 83901	1. 59142	0. 65355	302. 683
-40	64. 17	163. 948	333. 541	0. 85805	1. 58539	0. 65949	241. 910
-35	80. 71	168. 396	335. 849	0. 86776	1. 57996	0. 66563	195. 398
-30	100. 41	172. 810	338. 143	0. 89516	1. 57507	0. 67200	159. 375
-28	109. 27	174. 593	339. 057	0. 90244	1. 57326	0. 67461	147. 275
-26	118. 72	176. 380	339. 968	0. 90967	1. 57152	0. 67726	136. 284
-24	128. 80	178. 171	340. 876	0. 91686	1. 56985	0. 67996	126. 282
-22	139. 53	179. 965	341. 780	0. 92400	1. 56825	0. 68269	117. 167
-20	150. 93	181. 764	342. 682	0. 93110	1. 56672	0. 68547	108. 847
-18	163. 04	183. 567	343. 580	0. 93816	1. 56526	0. 68829	101. 242
-16	175. 89	185. 374	344. 474	0. 94518	1. 56385	0. 69115	94. 2788
-14	189. 50	187. 185	345. 365	0. 95216	1. 56250	0. 69407	87. 8951
-12	203. 90	189. 001	346. 252	0. 95910	1. 56121	0. 60703	82. 0344
-10	219. 12	190. 822	347. 134	0. 96601	1. 55997	0. 70004	76. 6464
-9	227. 04	191. 734	347. 574	0. 96945	1. 55938	0. 70157	74. 1155
-8	235. 19	192. 647	348. 012	0. 97287	1. 55897	0. 70310	71. 6864
-7	243. 55	193. 562	348. 450	0. 97629	1. 55822	0. 70465	69. 3543
-6	252. 14	194. 477	348. 886	0. 97971	1. 55765	0. 70622	67. 1146
-5	260. 96	195. 395	349. 321	0. 98311	1. 55710	0. 70780	64. 9629
-4	270. 01	196. 313	349. 755	0. 98650	1. 55657	0. 70939	62. 8952
-3	279. 30	197. 233	350. 187	0. 98989	1. 55604	0. 71099	60. 9075
-2	288. 82	198. 154	350. 619	0. 99327	1. 55552	0. 71261	58. 9963
-1	298. 59	199. 076	351. 049	0. 99664	1. 55502	0. 71425	57. 1579
0	308. 61	200. 000	351. 477	1. 00000	1. 55452	0. 71590	55. 3892
1	318. 88	200. 925	351. 905	1. 00355	1. 55404	0. 71756	53. 6869
2	329. 40	201. 852	352. 331	1. 00670	1. 55356	0. 71324	52. 0481
3	340. 19	202. 780	352. 755	1. 01004	1. 55310	0. 72094	50. 4700
4	351. 24	203. 710	353. 179	1. 01337	1. 55264	0. 72265	48. 9499
5	363. 55	204. 642	353. 600	1. 01670	1. 55220	0. 72438	47. 4853

续表

温度/℃	绝对压强/kPa	焓/(kJ/kg)		熵/[kJ/(kg·K)]		比体积/(L/kg)	
		h_f	h_g	s_f	s_g	v_f	v_g
6	374. 14	205. 575	354. 020	1. 02001	1. 55176	0. 72612	46. 0737
7	386. 01	206. 509	354. 439	1. 02333	1. 55133	0. 72788	44. 7129
8	398. 15	207. 445	354. 856	1. 02663	1. 55091	0. 72966	43. 4006
9	410. 58	208. 383	355. 272	1. 02993	1. 55050	0. 73146	42. 1349
10	423. 30	209. 323	355. 686	1. 03322	1. 55010	0. 73326	40. 9137
11	436. 31	210. 264	356. 098	1. 03650	1. 54970	0. 73510	39. 7352
12	449. 62	211. 207	356. 509	1. 03978	1. 54931	0. 73695	38. 5975
13	463. 23	212. 152	356. 918	1. 04305	1. 54893	0. 73882	37. 4991
14	477. 14	213. 099	357. 325	1. 04632	1. 54856	0. 74071	36. 4382
15	491. 37	214. 048	357. 730	1. 04958	1. 54819	0. 74262	35. 4133
16	505. 91	214. 998	358. 134	1. 05284	1. 54783	0. 74455	34. 4230
17	520. 76	215. 951	358. 535	1. 05609	1. 54748	0. 74649	33. 4658
18	535. 94	216. 906	358. 935	1. 05933	1. 54713	0. 74846	32. 5405
19	551. 45	217. 863	359. 333	1. 06258	1. 54679	0. 75045	31. 6457
20	567. 29	218. 821	359. 729	1. 06581	1. 54645	0. 75246	30. 7802
21	583. 47	219. 783	360. 122	1. 06904	1. 54612	0. 75449	29. 9429
22	599. 98	220. 746	360. 514	1. 07227	1. 54579	0. 75655	29. 1327
23	616. 84	221. 712	360. 904	1. 07549	1. 54547	0. 75863	28. 3485
24	634. 05	222. 680	361. 291	1. 07871	1. 54515	0. 76073	27. 5894
25	651. 62	223. 650	361. 676	1. 08193	1. 54484	0. 76286	26. 8542
26	669. 54	224. 623	362. 059	1. 08514	1. 54453	0. 76501	26. 1442
27	687. 82	225. 598	362. 439	1. 08835	1. 54423	0. 76718	25. 4524
28	706. 47	226. 576	362. 817	1. 09155	1. 54393	0. 76938	24. 7840
29	725. 50	227. 557	363. 193	1. 09475	1. 54363	0. 77161	24. 1362
30	744. 90	228. 540	363. 566	1. 09795	1. 54334	0. 77386	23. 5082
31	764. 68	229. 526	363. 937	1. 10115	1. 54305	0. 77614	22. 8993
32	784. 85	230. 515	364. 305	1. 10434	1. 54276	0. 77845	22. 3088
33	805. 41	231. 506	364. 670	1. 10753	1. 54247	0. 78079	21. 7359
34	826. 36	232. 501	365. 033	1. 11072	1. 54219	0. 78316	21. 1802
35	847. 72	233. 498	365. 392	1. 11391	1. 54191	0. 78556	20. 6408
36	869. 48	234. 499	365. 749	1. 11710	1. 54163	0. 78799	20. 1173
37	891 64	235 503	366. 103	1. 12028	1. 54135	0. 79045	19. 6091

续表

温度/℃	绝对压强/kPa	焓/（kJ/kg）		熵/［kJ/（kg·K）］		比体积/（L/kg）	
		h_f	h_g	s_f	s_g	v_f	v_g
38	914.23	236.510	366.454	1.12347	1.54107	0 79294	19.1156
39	937.23	237 521	366.802	1.12665	1.54079	0.79546	18.6362
40	960.65	238.535	367.146	1.12984	1.54051	0 79802	18.1706
41	984.51	239.552	367.487	1.13302	1.54024	0.80062	17.7182
42	1008.8	240.574	367.825	1.13620	1.53996	0.80325	17.2785
43	1033.5	241.598	368.160	1.13938	1.53968	0.80592	16.8511
44	1058.7	242.627	368.491	1.14257	1.53941	0.80863	16.4356
45	1084.3	243.659	368.818	1.14575	1.53913	0.81137	16.0316
46	1110.4	244.696	369.141	1.14894	1.53885	0.81416	15.6386
47	1136.9	245.736	369.461	1.15213	1.53856	0.81698	15.2563
48	1163.9	246.781	369.777	1.15532	1.53828	0.81985	14.8844
49	1191.4	247.830	370.088	1.15851	1.53799	0.82277	14.5224
50	1219.3	248.884	370.396	1.16170	1.53770	0.82573	14.1701
52	1276.6	251.004	370.997	1.16810	1.53712	0.83179	13.4931
54	1335.9	253.144	371.581	1.17451	1.53651	0.83804	12.8509
56	1397.2	255.304	372.145	1.18093	1.53589	0.84451	12.2412
58	1460.5	257.486	372.688	1.18738	1.53524	0.85121	11.6620
60	1525.9	259.690	373.210	1.19384	1 53457	0.85814	11.1113
62	1593.5	261.918	373.707	1.20034	1.53387	0.86534	10.5872
64	1663.2	264.172	374.810	1.20686	1.53313	0.87282	10.0881
66	1735.1	266.452	374.625	1.21342	1.53235	0.88059	9.61234
68	1809.3	268.762	375.042	1.22001	1.53153	0.88870	9.15844
70	1885.8	271.102	375.427	1.22665	1.53066	0.89716	8.72502
75	2087.5	277.100	376.234	1.24347	1.52821	0.92009	7.72258
80	2304.6	283.341	376.777	1.26069	1.52526	0.94612	6.82143
85	2538.0	289.879	376.985	1.27845	1.52164	0.97621	6.00494
90	2788.5	296.788	376.748	1.29691	1.51708	1.01190	5.25759
95	3056.9	304.181	375.887	1.31637	1.51113	1.05581	4.56341
100	3344.1	312.261	374.070	1.33732	1.50296	1.11311	3.90280

资料来源：Stoecker（1988）。

注：①下标：f=液体；g=气体。

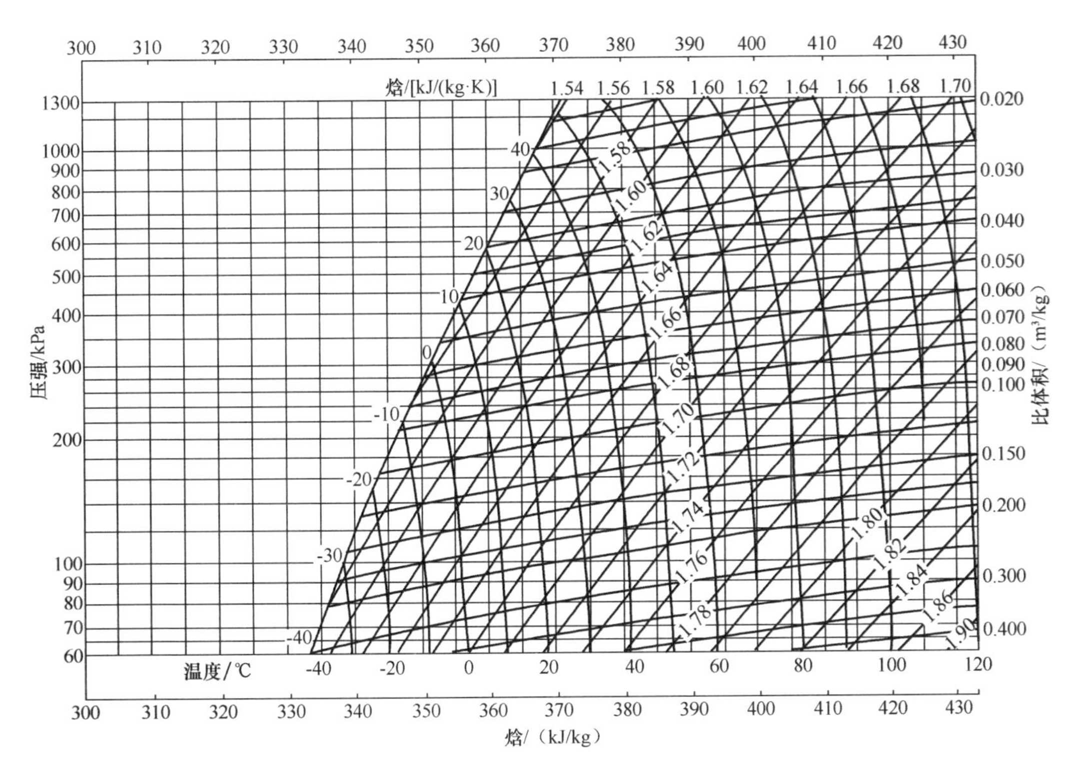

图 A. 6. 2 过热 R－12 蒸气的压－焓图

（资料来源：丹麦技术大学）

表 A. 6. 2 R－717（氨）饱和液和蒸气的性质[①]

温度/℃	绝对压强 /kPa	焓/（kJ/kg）		熵/［kJ/（kg·K）］		比体积/（L/kg）	
		h_f	h_g	s_f	s_g	v_f	h_f
－60	21. 99	－69. 5330	1373. 19	－0. 10909	6. 6592	1. 4010	4685. 08
－55	30. 29	－47. 5062	1382. 01	－0. 00717	6. 5454	1. 4126	3474. 22
－50	41. 03	－25. 4342	1390. 64	－0. 09264	6. 4382	1. 4245	2616. 51
－45	54. 74	－3. 3020	1399. 07	－0. 19049	6. 3369	1. 4367	1998. 91
－40	72. 01	18. 9024	1407. 26	0. 28651	6. 2410	1. 4493	1547. 36
－35	93. 49	41. 1883	1415. 20	0. 38082	6. 1501	1. 4623	1212. 49
－30	119. 90	63. 5629	1422. 86	0. 47351	6. 0636	1. 4757	960. 867
－28	132. 02	72. 5387	1425. 84	0. 51015	6. 0302	1. 4811	878. 100
－26	145. 11	81. 5300	1428. 76	0. 54655	5. 9974	1. 4867	803. 761
－24	159. 22	90. 5370	1431. 64	0. 58272	5. 9652	1. 4923	736. 868
－22	174. 41	99. 5600	1434. 46	0. 61865	5. 9336	1. 4980	676. 570
－20	190. 74	108. 599	1437. 23	0. 65436	5. 9025	1. 5037	622. 122
－18	208. 26	117. 656	1439. 94	0. 68984	5. 8720	1. 5096	572. 875
－16	227. 04	126. 729	1442. 60	0. 72511	5. 8420	1. 5155	528. 257
－14	247. 14	135. 820	1445. 20	0. 76016	5. 8125	1. 5215	487. 769

续表

温度/℃	绝对压强/kPa	焓/（kJ/kg）		熵/［kJ/（kg·K）］		比体积/（L/kg）	
		h_f	h_g	s_f	s_g	v_f	h_f
-12	268.63	144.929	1447.74	0.79501	5.7835	1.5276	450.971
-10	291.57	154.056	1450.22	0.82965	5.7550	1.5338	417.477
-9	303.60	158.628	1451.44	0.84690	5.7409	1.5369	401.860
-8	316.02	163.204	1452.64	0.86410	5.7269	1.5400	386.944
-7	328.84	167.785	1453.83	0.88125	5.7131	1.5432	372.692
-6	342.07	172.371	1455.00	0.89835	5.6993	1.5464	359.071
-5	355.71	176.962	1456.15	0.91541	5.6856	1.5496	346.046
-4	369.77	181.559	1457.29	0.93242	5.6721	1.5528	333.589
-3	384.26	186.161	1458.42	0.94938	5.6586	1.5561	321.670
-2	399.20	190.768	1459.53	0.96630	5.6453	1.5594	310.263
-1	414.58	195.381	1460.62	0.98317	5.6320	1.5627	299.340
0	430.43	200.000	1461.70	1.00000	5.6189	1.5660	288.880
1	446.74	204.625	1462.76	1.01679	5.6058	1.5694	278.858
2	463.53	209.256	1463.80	1.03354	5.5929	1.5727	269.253
3	480.81	213.892	1464.83	1.05024	5.5800	1.5762	260.046
4	498.59	218.535	1465.84	1.06691	5.5672	1.5796	251.216
5	516.87	223.185	1466.84	1.08353	5.5545	1.5831	242.745
6	535.67	227.841	1467.82	1.10012	5.5419	1.5866	234.618
7	555.00	232.503	1468.78	1.11667	5.5294	1.5901	226.817
8	574.87	237.172	1469.72	1.13317	5.5170	1.5936	219.326
9	595.28	241.848	1470.64	1.14964	5.5046	1.5972	212.132
10	616.25	246.531	1471.57	1.16607	5.4924	1.6008	205.221
11	637.78	251.221	1472.46	1.18246	5.4802	1.6045	198.580
12	659.89	255.918	1473.34	1.19882	5.4681	1.6081	192.196
13	682.59	260.622	1474.20	1.21515	5.4561	1.6118	186.058
14	705.88	265.334	1475.05	1.23144	5.4441	1.6156	180.154
15	729.29	270.053	1475.88	1.24769	5.4322	1.6193	174.475
16	754.31	274.779	1476.69	1.26391	5.4204	1.6231	169.009
17	779.46	279.513	1477.48	1.28010	5.4087	1.6269	163.748
18	805.25	284.255	1478.25	1.29626	5.3971	1.6308	158.683
19	831.69	289.005	1479.01	1.31238	5.3855	1.6347	153.804
20	858.79	293.762	1479.75	1.32847	5.3740	1.6386	149.106
21	886.57	298.527	1480.48	1.34452	5.3626	1.6426	144.578
22	915.03	303.300	1481.18	1.36055	5.3512	1.6466	140.214
23	944.18	308.081	1481.87	1.37654	5.3399	1.6507	136.006

续表

温度/℃	绝对压强/kPa	焓/（kJ/kg）		熵/［kJ/（kg·K）］		比体积/（L/kg）	
		h_f	h_g	s_f	s_g	v_f	h_f
24	974.03	312.870	1482.53	1.39250	5.3286	1.6547	131.950
25	1004.6	316.667	1483.18	1.40843	5.3175	1.6588	128.037
26	1035.9	322.471	1483.81	1.42433	4.3063	1.6630	124.261
27	1068.0	327.284	1484.42	1.44020	5.2953	1.6672	120.619
28	1100.7	332.104	1485.01	1.45064	5.2843	1.6714	117.103
29	1134.3	336.933	1485.59	1.47185	5.2733	1.6757	113.708
30	1168.6	341.769	1486.14	1.48762	5.2624	1.6800	110.430
31	1203.7	346.614	1486.67	1.50337	5.2516	1.6844	107.263
32	1239.6	351.466	1487.18	1.51908	5.2408	1.6888	104.205
33	1276.3	356.326	1487.66	1.53477	5.2300	1.6932	101.248
34	1313.9	361.195	1488.13	1.55042	5.2193	1.6977	98.3913
35	1352.2	366.072	1488.57	1.56605	5.2086	1.7023	95.6290
36	1391.5	370.957	1488.99	1.58165	5.1980	1.7069	92.9579
37	1431.5	375.851	1489.39	1.59722	5.1874	1.7115	90.3743
38	1472.4	380.754	1489.76	1.61276	5.1768	1.7162	87.8748
39	1514.3	385.666	1490.10	1.62828	5.1663	1.7209	85.4561
40	1557.0	390.587	1490.42	1.64377	5.1558	1.7257	83.1150
41	1600.6	395.519	1490.71	1.65924	5.1453	1.7305	80.8484
42	1645.1	400.462	1490.98	1.67470	5.1349	1.7354	78.6536
43	1690.6	405.416	1491.21	1.69013	5.1244	1.7404	76.5276
44	1737.0	410.382	1491.41	1.70554	5.1140	1.7454	74.4678
45	1784.3	415.362	1491.58	1.72095	5.1036	1.7504	72.4716
46	1832.6	420.358	1491.72	1.73635	5.0932	1.7555	70.5365
47	1881.9	425.369	1491.83	1.75174	5.0827	1.7607	68.6602
48	1932.2	430.399	1491.88	1.76714	5.0723	1.7659	66.8403
49	1983.5	435.450	1491.91	1.78255	5.0618	1.7712	65.0746
50	2035.9	440.523	1491.89	1.79798	5.0514	1.7766	63.3608
51	2089.2	445.623	1491.83	1.81343	5.0409	1.7820	61.6971
52	2143.6	450.751	1491.73	1.82891	5.0303	1.7875	60.0813
53	2199.1	455.913	1491.58	1.84445	5.0198	1.7931	58.5114
54	2255.6	461.112	1491.38	1.86004	5.0092	1.7987	56.9855
55	2313.2	466.353	1491.12	1.87571	4.9985	1.8044	55.5019

资料来源：Stoecker（1988）。

注：①下标：f = 液体；g = 气体。

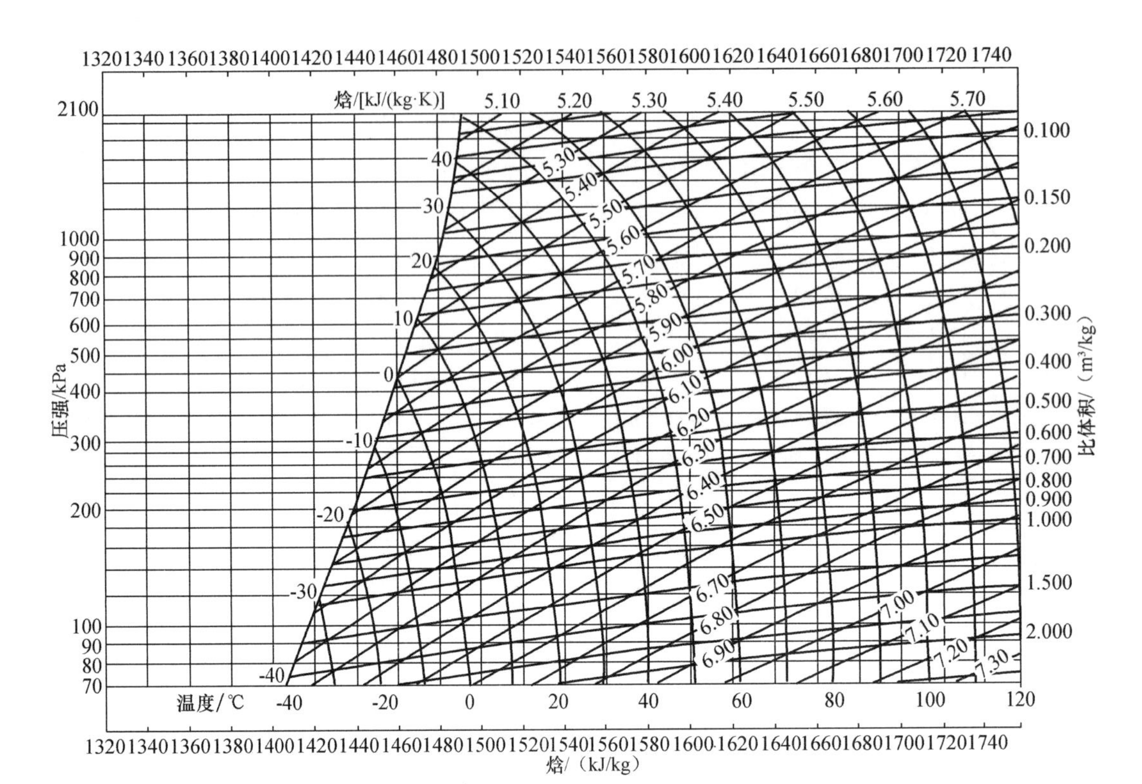

图 A. 6. 3　过热 R－717（氨）蒸气的压－焓图
（资料来源：丹麦技术大学）

表 A. 6. 3　R－134a 饱和液体和蒸气的性质

温度/℃	绝对压强/bar	密度/（kg/m^3）		焓/（kJ/kg）		熵/［kg/（kg·K）］	
		液体	气体	液体	气体	液体	气体
-60	0. 15935	1472. 0	0. 9291	24. 109	261. 491	0. 68772	1. 8014
-55	0. 21856	1458. 5	1. 2489	30. 191	264. 633	0. 7159	1. 79059
-50	0. 29477	1444. 9	1. 6526	36. 302	267. 779	0. 74358	1. 7809
-45	0. 39139	1431. 0	2. 1552	42. 448	270. 926	0. 77078	1. 77222
-40	0. 51225	1417. 0	2. 7733	48. 631	274. 068	0. 79756	1. 76448
-35	0. 66153	1402. 7	3. 5252	54. 857	277. 203	0. 82393	1. 75757
-30	0. 84379	1388. 2	4. 4307	61. 130	280. 324	0. 84995	1. 75142
-28	0. 92701	1382. 3	4. 8406	63. 653	281. 569	0. 86026	1. 74916
-26	1. 01662	1376. 4	5. 2800	66. 185	282. 81	0. 87051	1. 74701
-24	1. 11295	1370. 5	5. 7504	68. 725	284. 048	0. 88072	1. 74495
-22	1. 21636	1364. 4	6. 2533	71. 274	285. 282	0. 89088	1. 743

续表

温度/℃	绝对压强/bar	密度/（kg/m³）		焓/（kJ/kg）		熵/［kg/（kg·K）］	
		液体	气体	液体	气体	液体	气体
-20	1.32719	1358.4	6.7903	73.833	286.513	0.901	1.74113
-18	1.44582	1352.3	7.3630	76.401	287.739	0.91107	1.73936
-16	1.57260	1346.2	7.9733	78.980	288.961	0.9211	1.73767
-14	1.70793	1340.0	8.6228	81.568	290.179	0.93109	1.73607
-12	1.85218	1333.7	9.3135	84.167	291.391	0.94104	1.73454
-10	2.00575	1327.4	10.047	86.777	292.598	0.95095	1.73309
-9	2.08615	1324.3	10.431	88.086	293.199	0.95589	1.73239
-8	2.16904	1321.1	10.826	89.398	293.798	0.96082	1.73171
-7	2.25446	1317.9	11.233	90.713	294.396	0.96575	1.73105
-6	2.34246	1314.7	11.652	92.031	294.993	0.97067	1.7304
-5	2.43310	1311.5	12.083	93.351	295.588	0.97557	1.72977
-4	2.52643	1308.2	12.526	94.675	296.181	0.98047	1.72915
-3	2.62250	1305.0	12.983	96.002	296.772	0.98537	1.72855
-2	2.72136	1301.7	13.453	97.331	297.362	0.99025	1.72796
-1	2.82307	1298.4	13.936	98.664	297.95	0.99513	1.72739
0	2.92769	1295.1	14.433	100.00	298.536	1	1.72684
1	3.03526	1291.8	14.944	101.339	299.12	1.00486	1.72629
2	3.14584	1288.5	15.469	102.681	299.701	1.00972	1.72577
3	3.25950	1285.1	16.009	104.027	300.281	1.01457	1.72525
4	3.37627	1281.8	16.564	105.376	300.859	1.01941	1.72474
5	3.49623	1278.4	17.134	106.728	301.434	1.02425	1.72425
6	3.61942	1275.0	17.719	108.083	302.008	1.02908	1.72377
7	3.74591	1271.6	18.321	109.442	302.578	1.0339	1.7233
8	3.87575	1268.2	18.939	110.805	303.147	1.03872	1.72285
9	4.00900	1264.7	19.574	112.171	303.713	1.04353	1.7224
10	4.14571	1261.2	20.226	113.540	304.276	1.04834	1.72196
11	4.28595	1257.8	20.895	114.913	304.837	1.05314	1.72153

续表

温度/℃	绝对压强/bar	密度/（kg/m³）		焓/（kJ/kg）		熵/［kg/（kg·K）］	
		液体	气体	液体	气体	液体	气体
12	4. 42978	1254. 3	21. 583	116. 290	305. 396	1. 05793	1. 72112
13	4. 57725	1250. 7	22. 288	117. 670	305. 951	1. 06273	1. 72071
14	4. 72842	1247. 2	23. 012	119. 054	306. 504	1. 06751	1. 72031
15	4. 88336	1243. 6	23. 755	120. 441	307. 054	1. 07229	1. 71991
16	5. 04212	1240. 0	24. 518	121. 833	307. 6	1. 07707	1. 71953
17	5. 20477	1236. 4	25. 301	123. 228	308. 144	1. 08184	1. 71915
18	5. 37137	1232. 8	26. 104	124. 627	308. 685	1. 08661	1. 71878
19	5. 54197	1229. 2	26. 928	126. 030	309. 222	1. 09137	1. 71842
20	5. 71665	1225. 5	27. 773	127. 437	309. 756	1. 09613	1. 71806
21	5. 89546	1221. 8	28. 640	128. 848	310. 287	1. 10089	1. 71771
22	6. 07846	1218. 1	29. 529	130. 263	310. 814	1. 10564	1. 71736
23	6. 26573	1214. 3	30. 422	131. 683	311. 337	1. 11039	1. 71702
24	6. 45732	1210. 6	31. 378	133. 106	311. 857	1. 11513	1. 71668
25	6. 65330	1206. 8	32. 337	134. 533	312. 373	1. 11987	1. 71635
26	6. 85374	1203. 0	33. 322	135. 965	312. 885	1. 12461	1. 71602
27	7. 05869	1199. 2	34. 331	137. 401	313. 393	1. 12935	1. 71569
28	7. 26823	1195. 3	35. 367	138. 842	313. 897	1. 13408	1. 71537
29	7. 48241	1191. 4	36. 428	140. 287	314. 397	1. 13881	1. 71505
30	7. 70132	1187. 5	37. 517	141. 736	314. 892	1. 14354	1. 71473
31	7. 92501	1183. 5	38. 634	143. 190	315. 383	1. 14826	1. 71441
32	8. 15355	1179. 6	39. 779	144. 649	315. 869	1. 15299	1. 71409
33	8. 38701	1175. 6	40. 953	146. 112	316. 351	1. 15771	1. 71377
34	8. 62545	1171. 5	42. 157	147. 580	316. 827	1. 16243	1. 71346
35	8. 86896	1167. 5	43. 391	149. 053	317. 299	1. 16715	1. 71314
36	9. 11759	1163. 4	44. 658	150. 530	317. 765	1. 17187	1. 71282
37	9. 37142	1159. 2	45. 956	152. 013	318. 226	1. 17659	1. 7125
38	9. 63052	1155. 1	47. 288	153. 500	318. 681	1. 1813	1. 71217

续表

温度/℃	绝对压强/bar	密度/(kg/m³)		焓/(kJ/kg)		熵/[kg/(kg·K)]	
		液体	气体	液体	气体	液体	气体
39	9.89496	1150.9	48.654	154.993	319.131	1.18602	1.71185
40	10.1648	1146.7	50.055	156.491	319.575	1.19073	1.71152
41	10.4401	1142.4	51.492	157.994	320.013	1.19545	1.71119
42	10.7210	1138.1	52.967	159.503	320.445	1.20017	1.71085
43	11.0076	1133.7	54.479	161.017	320.87	1.20488	1.71051
44	11.2998	1129.4	56.031	162.537	321.289	1.2096	1.71016
45	11.5978	1124.9	57.623	164.062	321.701	1.21432	1.70981
46	11.9017	1120.5	59.256	165.593	322.106	1.21904	1.70945
47	12.2115	1116.0	60.933	167.130	322.504	1.22376	1.70908
48	12.5273	1111.4	62.645	168.673	322.894	1.22848	1.7087
49	12.8492	1106.8	64.421	170.222	323.277	1.23321	1.70832
50	13.1773	1102.2	66.234	171.778	323.652	1.23794	1.70792
52	13.8523	1092.8	70.009	174.908	324.376	1.24741	1.7071
54	14.5529	1083.1	73.992	178.065	325.066	1.25689	1.70623
56	15.2799	1073.3	78.198	181.251	325.717	1.26639	1.7053
58	16.0339	1063.2	82.643	184.467	326.329	1.27592	1.70431
60	16.8156	1052.9	87.346	187.715	326.896	1.28548	1.70325
62	17.6258	1042.2	92.328	190.996	327.417	1.29507	1.70211
64	18.4653	1031.3	97.611	194.314	327.886	1.30469	1.70087
66	19.3347	1020.1	103.223	197.671	328.3	1.31437	1.69954
68	20.2349	1008.5	109.196	201.070	328.654	1.3241	1.69808
70	21.1668	996.49	115.564	204.515	328.941	1.3339	1.6965
75	23.6409	964.48	133.511	213.359	329.321	1.35876	1.69184
80	26.3336	928.78	155.130	222.616	329.095	1.38434	1.68585
85	29.2625	887.82	181.955	232.448	328.023	1.41108	1.67794
90	32.4489	838.51	216.936	243.168	325.655	1.43978	1.66692
95	35.9210	773.06	267.322	255.551	320.915	1.47246	1.65001
100	39.7254	649.71	367.064	273.641	309.037	1.5198	1.61466

资料来源：ICI化学与高分子公司（KLEA 134a）；以0℃时焓值100kJ/kg为参比。

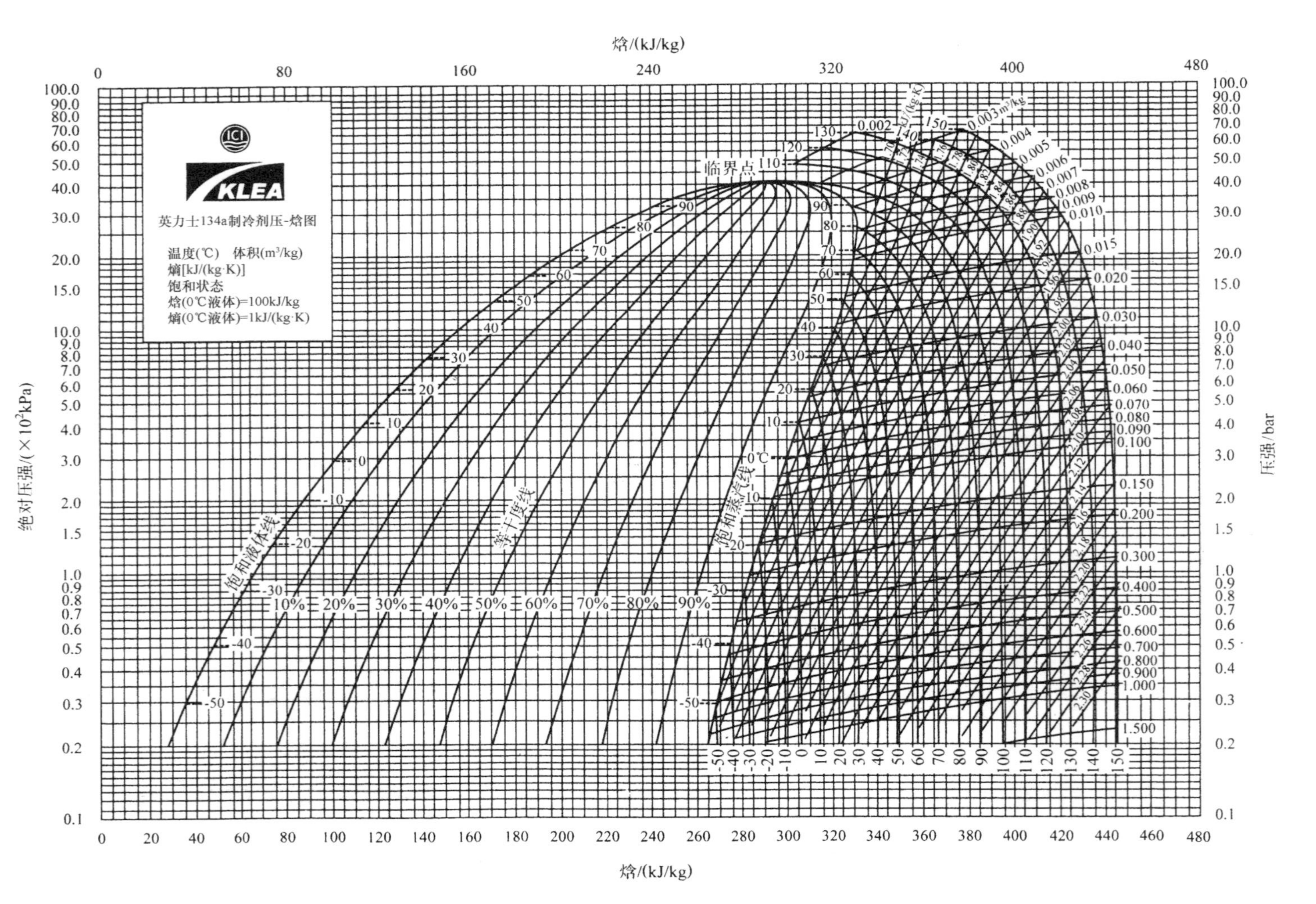

图 A.6.4 R－134a 的压－焓图

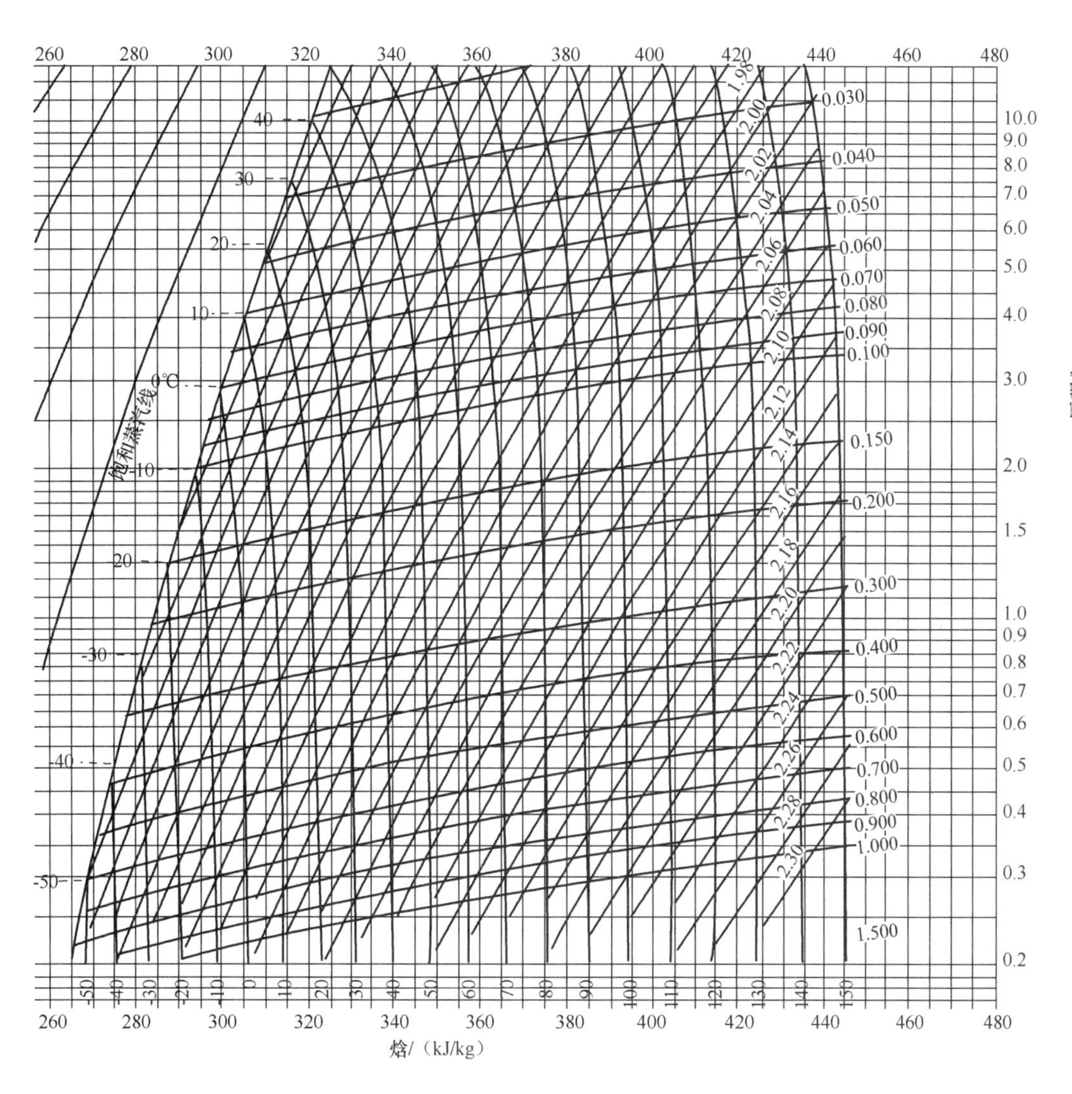

图 A. 6. 5　R－134a 的压－焓（放大）图

（资料来源：ICI 公司）

A. 7　食品加工过程设备图例（符合英国和美国标准）

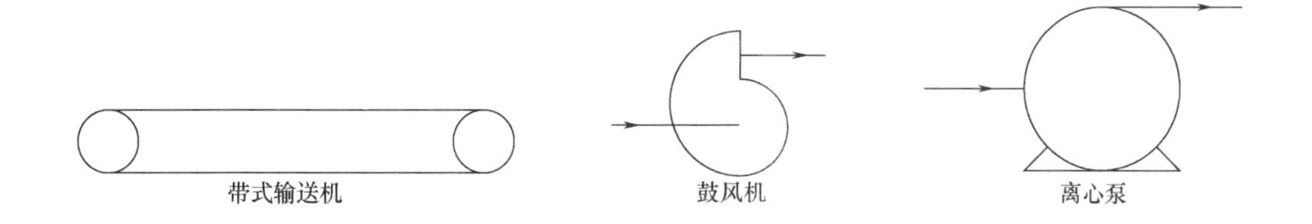

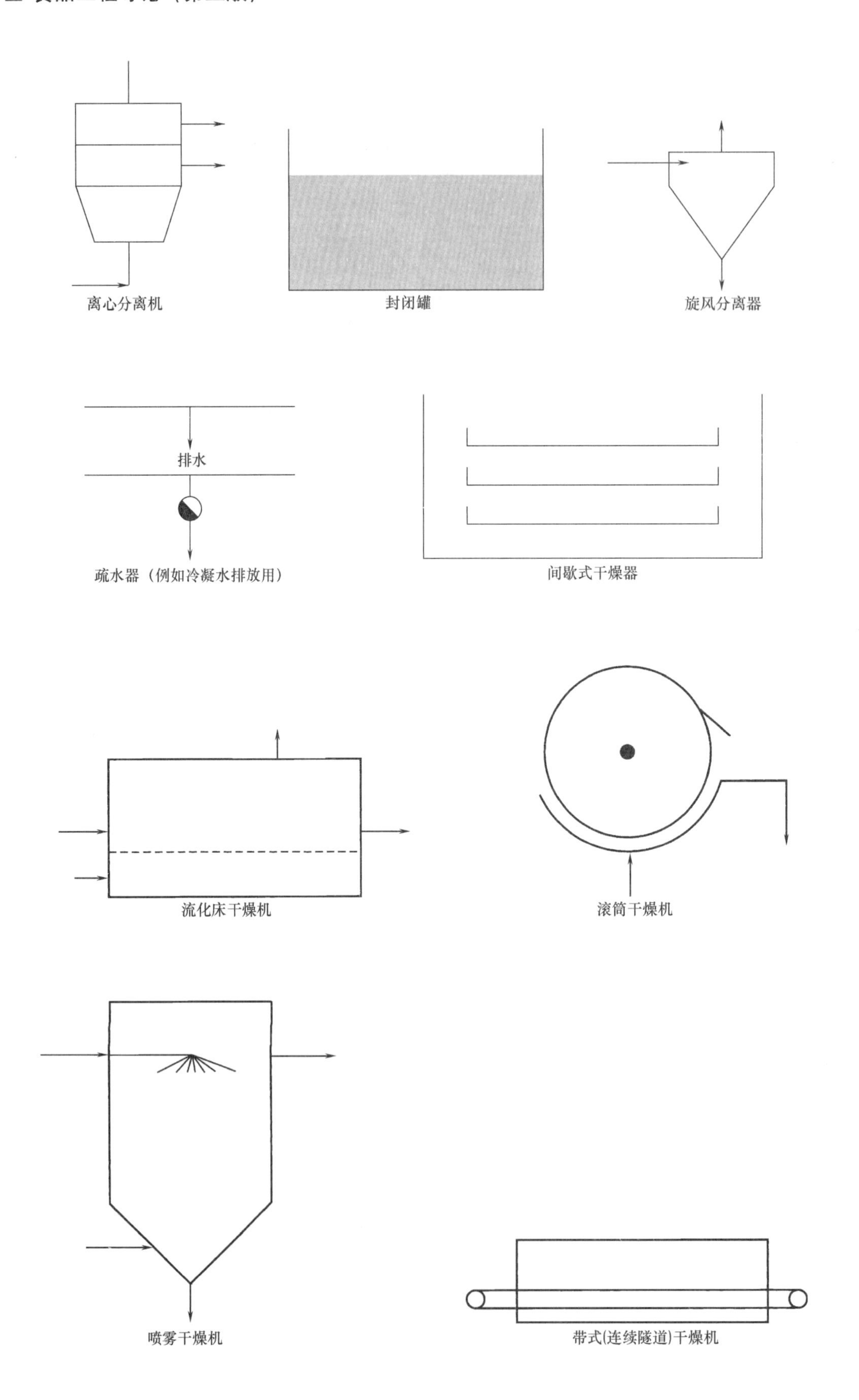
离心分离机
封闭罐
旋风分离器
排水
疏水器（例如冷凝水排放用）
间歇式干燥器
流化床干燥机
滚筒干燥机
喷雾干燥机
带式(连续隧道)干燥机

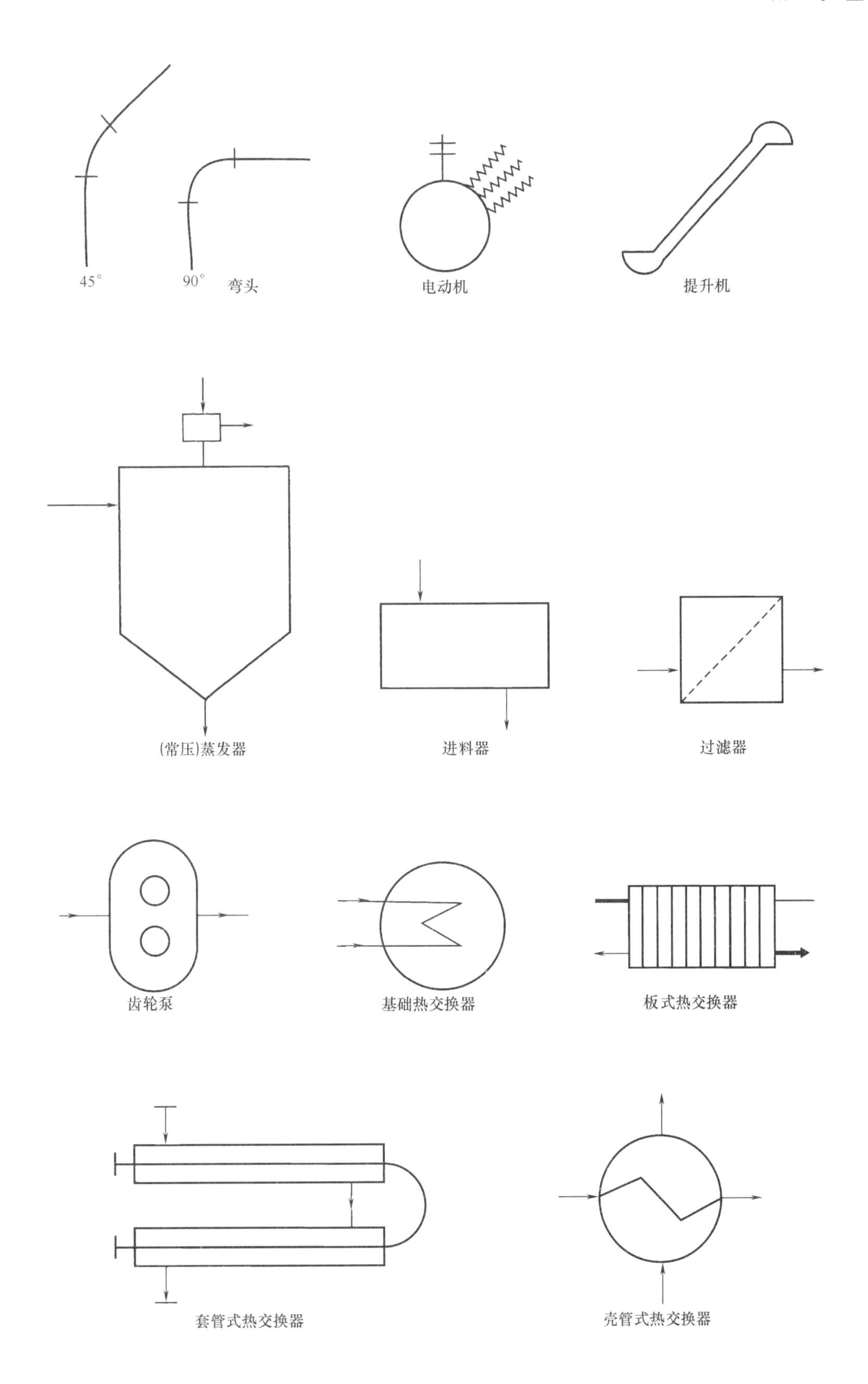
45°
90°
弯头
电动机
提升机
(常压)蒸发器
进料器
过滤器
齿轮泵
基础热交换器
板式热交换器
套管式热交换器
壳管式热交换器

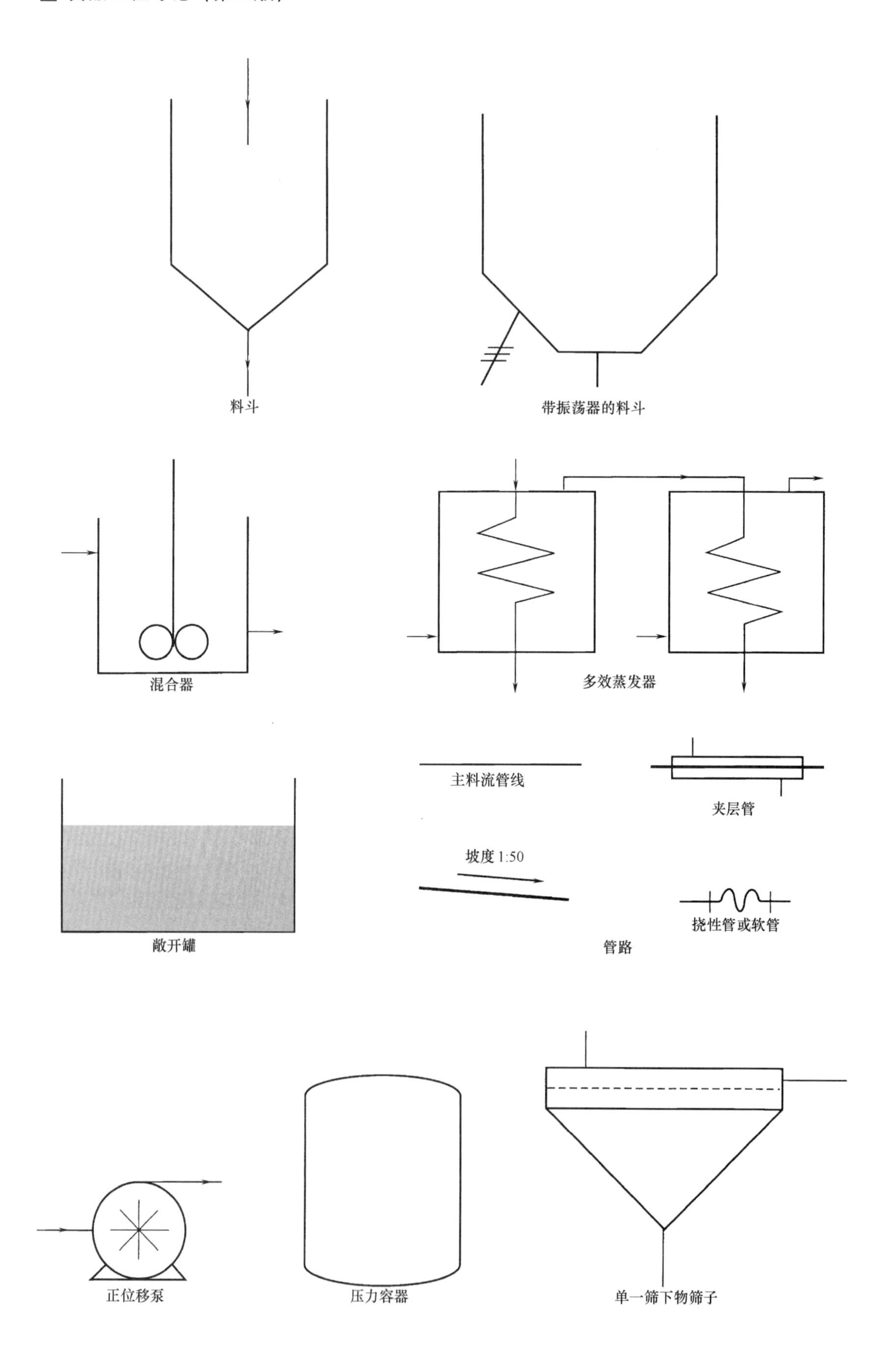
料斗
带振荡器的料斗
混合器
多效蒸发器
敞开罐
主料流管线
夹层管
坡度 1:50
挠性管或软管
管路
正位移泵
压力容器
单一筛下物筛子

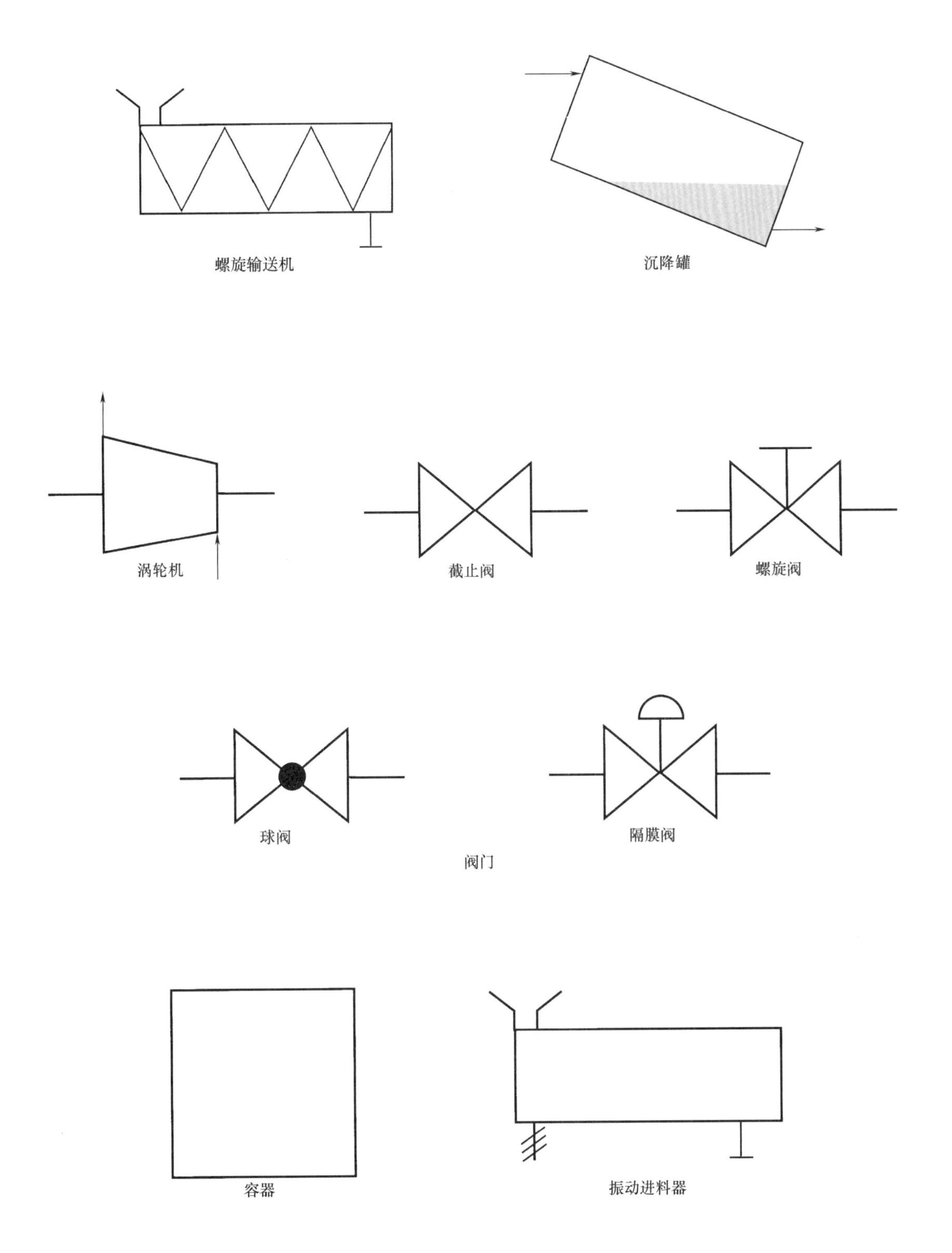
螺旋输送机
沉降罐
涡轮机
截止阀
螺旋阀
球阀
隔膜阀
阀门
容器
振动进料器

A.8 其他

表 A.8.1 物体的数值与面积/体积

数值

$\pi = 3.142$

$e = 2.718$

$\ln 2 = 0.6931$

$\ln 10 = 2.303$

$\lg e = 0.4343$

面积和体积

物体	面积/表面积	体积
圆，半径 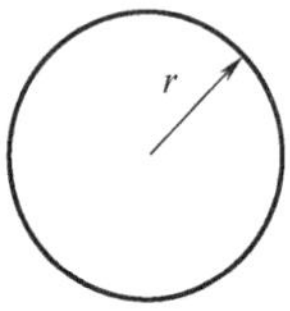	πr^2	（圆周长 $= 2\pi r$）
球体，半径 r 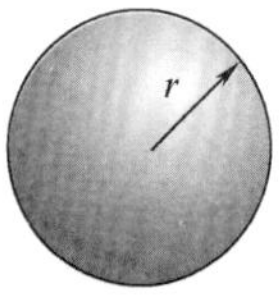	$4\pi r^2$	$\frac{4}{3}\pi r^3$
圆柱体，半径 r，高 h 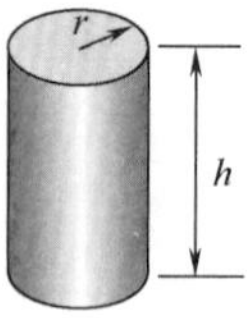	$2\pi r^2 + 2\pi rh$	$\pi r^2 h$
长方体 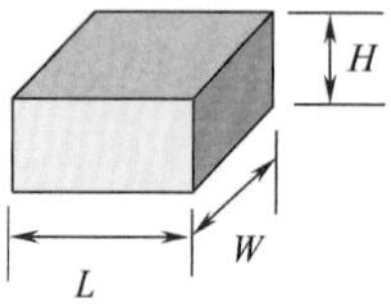	$2(L \cdot W + W \cdot H + L \cdot H)$	$L \cdot W \cdot H$

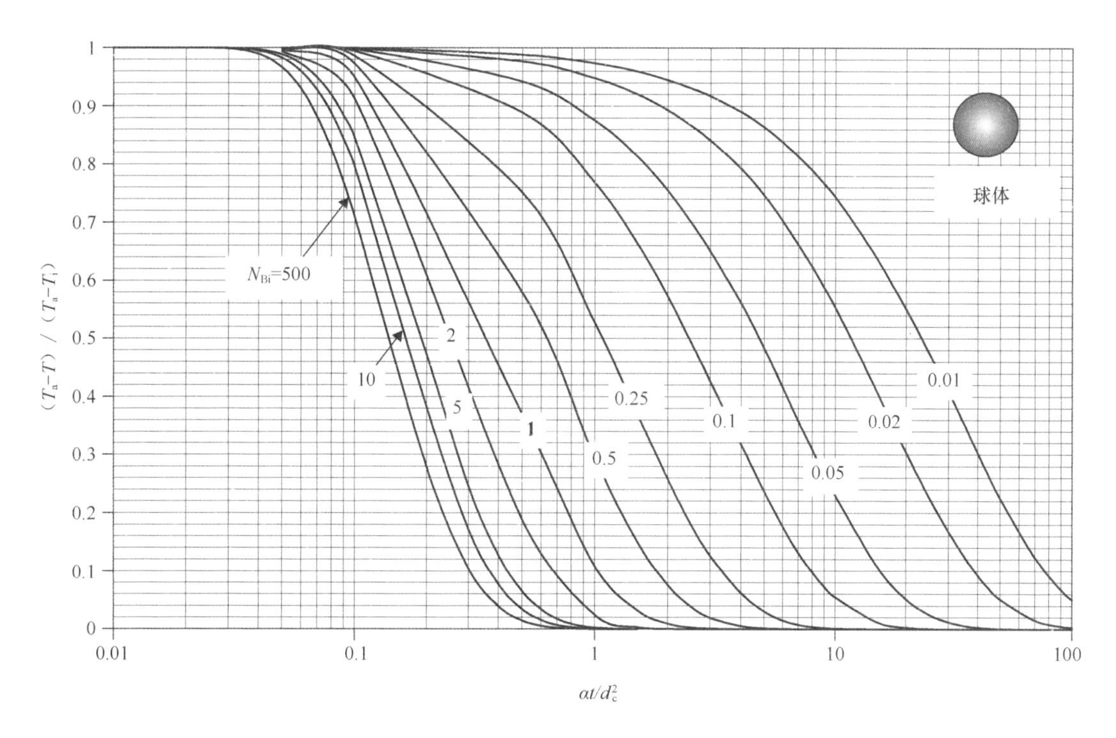

图 A. 8. 1　（刻度放大了的）球体几何中心的温度

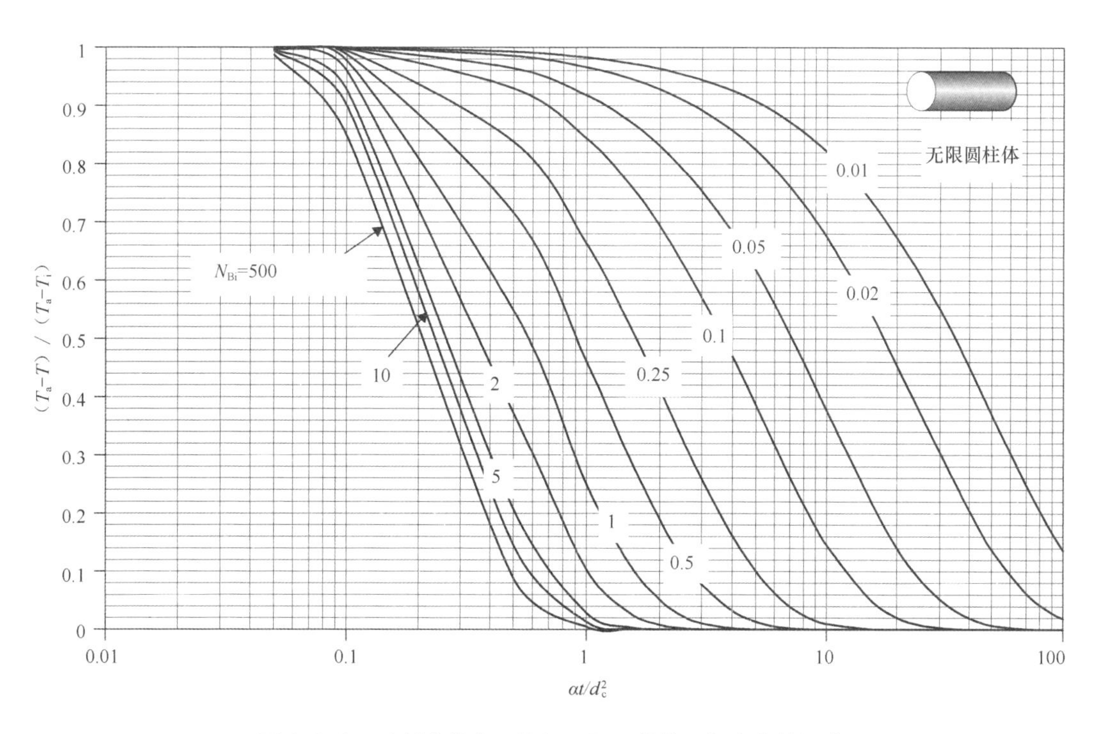

图 A. 8. 2　（刻度放大了的）无限圆柱体几何中心的温度

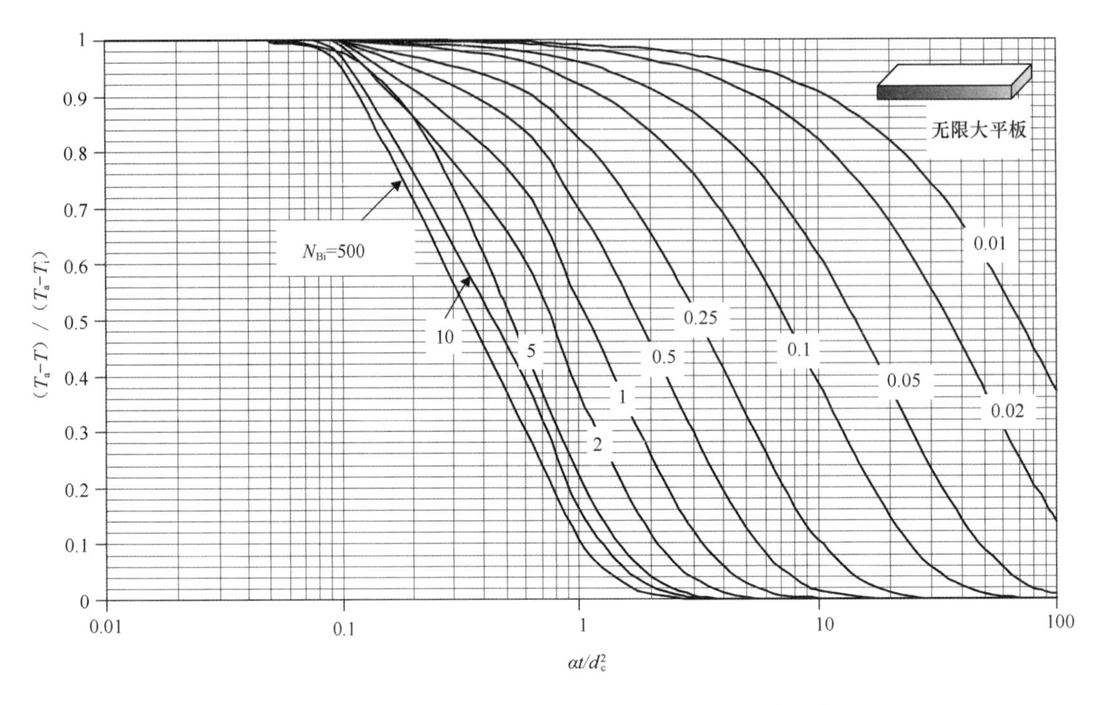

图 A. 8. 3　（刻度放大了的）无限大平板中间面的温度

A. 9　因次分析

工程分析中，常常会遇到不能用标准分析方法解决的问题。例如流体流动过程，因固体表面高度复杂性而不能得到简单的分析解。同样，固体表面向流体热传的复杂性，也只能通过大大简化手段才能确定对流传热系数。为解决这类问题，要采用实验研究方法。

实验方法要求首先明确界定具体问题的物理系统。然后，对各种可能影响参数的物理因素进行实验。很有可能所要确定的重要因素相当多。这样的实验任务会变得繁重。例如，对流传热系数变量的影响因素有七个：流体速度、黏度、密度、热导率、比热容、特征尺寸，以及轴向距离。如果按固定其余所有变量，对每一变量进行四水平试验，那么在此实验方案中，每一变量需进行 4^7 即 16384 次实验！这将会是一项艰巨任务。利用因次分析，既可以大大减少实验次数，又可以获得所有必要信息。正如本节后面将看到的，通过因次分析，只要通过大大减少的（即 64）实验次数，就可得到同样的信息。

A. 9. 1　宾汉姆 π 原理

因次分析中使用的宾汉姆 π 原理是一种严格的数学方法。根据此定理，物理现象相关联的独立因次组数 π_i，等于显著变量总数 A 减去定义所有变量因次所需的基本因次数 J。各无因次数组之间的关系式可写成：

$$\pi_1 = 函数(\pi_2, \pi_3, \cdots, \pi_N) \tag{A.9.1}$$

表 A.9.1 选择的实验变量因次			
因素	符号	单位（SI）	因次
对流传热系数	h	$J \cdot s^{-1} \cdot m^{-2} \cdot K^{-1}$ $kg \cdot s^{-3} \cdot K^{-1}$	$[M/(t^3T)]$
管径	D	m	$[L]$
热导率	k	$J \cdot s^{-1} \cdot m^{-1} \cdot K^{-1}$ $kg \cdot m \cdot s^{-3} \cdot K^{-1}$	$[ML/(t^3T)]$
密度	ρ	$kg \cdot m^{-3}$	$[M/L^3]$
黏度	μ	$kg \cdot m^{-1} \cdot s^{-1}$	$[M/(Lt)]$
速度	u	$m \cdot s^{-1}$	$[L/t]$
比热容	c_p	$J \cdot kg^{-1} \cdot K^{-1}$ $m^2 \cdot s^{-2} \cdot K^{-1}$	$[L^2/(t^2T)]$
入口长度	X	m	$[L]$

以下利用因次分析，建立用于估计管道中液体对流热传递系数的关联式。假定液体流动是湍流。根据对此系统以往的知识，可以列出七个对对流传热系数有重要影响的变量。

表 A.9.1 有 8 个变量，即 h，D，k，ρ，μ，u，c_p 和 X，而且，有 4 个基本因次，质量 $[M]$、长度 $[L]$、温度 $[T]$ 和时间 $[T]$。根据宾汉姆 π 原理，$A=8$ 和 $J=4$，因此

$$N = A - J \tag{A.9.2}$$

$$N = 8 - 4 = 4$$

因此，有 4 个无因次变量。将它们称为 π_1、π_2、π_3 和 π_4。

然后，按以下方式选择变量组：每组包含以上四个基本因次变量。每一数组均包括变量 D、k、ρ、μ，其余变量 h、u、c_p 和 X 作为最后变量加入以上各组。无因次数组的选择如下：

$$\pi_1 = D^a k^b \rho^c \mu^d h^e \tag{A.9.3}$$

$$\pi_2 = D^a k^b \rho^c \mu^d u^e \tag{A.9.4}$$

$$\pi_3 = D^a k^b \rho^c \mu^d c_p^e \tag{A.9.5}$$

$$\pi_4 = D^a k^b \rho^c \mu^d X^e \tag{A.9.6}$$

接下来，我们将替换式（A.9.3）至式（A.9.6）中变量的因次：

$$\pi_1 = [L]^a[M]^b[L]^b[t]^{-3b}[T]^{-b}[M]^c[L]^{-3c}[M]^d[L]^{-d}[t]^{-d}[M]^e[t]^{-3e}[T]^{-e} \tag{A.9.7}$$

为使 π_1 成为无因次，每一基本因次指数必须为零，因此

$$\text{对于 } L\text{:}\quad a + b - 3c - d = 0 \tag{A.9.8}$$

$$\text{对于 } M\text{:}\quad b + c + d + e = 0 \tag{A.9.9}$$

$$\text{对于 } t\text{:}\quad -3b - d - 3e = 0 \tag{A.9.10}$$

$$\text{对于 } T\text{:}\quad -b - e = 0 \tag{A.9.11}$$

解上述方程组，以 e 表示

$$b=-e$$
$$d=0$$
$$c=0$$
$$a=e$$

利用 a，b，c 和 d 的计算值代入式（A.9.3）

$$\pi_1=(D)^e(k)^{-e}(h)^e \quad (A.9.12)$$

$$\pi_1=\frac{(h)^e(D)^e}{(k)^e}=(N_{Nu})^e \quad (A.9.13)$$

其中 π_1 是努塞尔数，N_{Nu}。

式（A.9.4）写成以下因次式

$$\pi_2=[L]^d[M]^b[L]^b[t]^{-3b}[T]^{-b}[M]^c[L]^{-3c}[M]^d[L]^{-d}[t]^{-d}[L]^e[t]^{-e} \quad (A.9.14)$$

对于 L：$a+b-3c-d+e=0$ （A.9.15）

对于 M：$b+c+d=0$ （A.9.16）

对于 t：$-3b-d-e=0$ （A.9.17）

对于 T：$-b=0$ （A.9.18）

再求解上述方程，以 e 表达

$$b=0$$
$$d=-e$$
$$c=e$$
$$a=e$$

$$\pi_2=(D)^e(\rho)^e(\mu)^{-e}(u)^e \quad (A.9.19)$$

$$\pi_2=\left(\frac{D\rho u}{\mu}\right)^e=(N_{Re})^e \quad (A.9.20)$$

式（A.9.5）写成以下因次式：

$$\pi_3=[L]^a[M]^b[L]^b[t]^{-3b}[T]^{-b}[M]^c[L]^{-3c}[M]^d[L]^{-d}[t]^{-d}[L]^{2e}[t]^{-2e}[T]^{-e} \quad (A.9.21)$$

将式（A.9.21）写成无因次形式：

对于 L：$a+b-3c-d+2e=0$ （A.9.22）

对于 M：$b+c+d=0$ （A.9.23）

对于 t：$-3b-d-2e=0$ （A.9.24）

对于 T：$-b-e=0$ （A.9.25）

求解以上方程，以 e 表达

$$b=-e$$
$$d=e$$
$$c=0$$
$$a=0$$

因此

$$\pi_3=(k)^{-e}(\mu)^e(c_p)^e \quad (A.9.26)$$

即

$$\pi_3 = \left(\frac{\mu c_p}{k}\right)^e = N_{Pr}^e \quad (A.9.27)$$

式（A.9.6）写成因次式：

$$\pi_4 = [L]^a[M]^b[L]^b[t]^{-3b}[T]^{-b}[M]^c[L]^{-3c}[M]^d[L]^{-d}[t]^{-d}[L]^e \quad (A.9.28)$$

式（A.9.28）写成无因次式：

$$对于 L: \quad a + b - 3c - d + e = 0 \quad (A.9.29)$$

$$对于 M: \quad b + c + d = 0 \quad (A.9.30)$$

$$对于 t: \quad -3b - d = 0 \quad (A.9.31)$$

$$对于 T: \quad -b = 0 \quad (A.9.32)$$

求解上述方程，以 e 表达

$$b = 0 \quad (A.9.33)$$

$$d = 0 \quad (A.9.34)$$

$$c = 0 \quad (A.9.35)$$

$$a = -e \quad (A.9.36)$$

因此

$$\pi_4 = (D)^{-e}(k)^0(\rho)^0(\mu)^0(X)^e \quad (A.9.37)$$

即

$$\pi_4 = \left(\frac{X}{D}\right)^e \quad (A.9.38)$$

由式（A.9.1）、式（A.9.13）、式（A.9.20）、式（A.9.27）和式（A.9.38），可得

$$N_{Nu} = 函数(N_{Re}, N_{Pr}, X/D) \quad (A.9.39)$$

为得到如式（A.9.39）所示形式的函数关系，必须通过分别改三个无因数值的方式进行实验。为得到所需函数关系式，假定在保持其他准数值不变的条件下每个准数取四个水平进行实验，则得到的实验次数为 $4^3 = 64$；与原来预期要进行的 16400 次实验相比，这无疑较容易实现。

参考文献

American Society of Agricultural Engineers, 1982. Agricultural Engineers Yearbook. ASAE, St. Joseph, Michigan.

American Society of Heating, Refrigerating and Air – Conditioning Engineers, Inc., 1978. Handbook and Product Directory. ASHRAE, Atlanta, Georgia, 1978 Applications.

Choi, Y., Okos, M. R., 1986. Effects of temperature and composition on the thermal properties of foods. In: Le Maguer, M., Jelen, P. (Eds.), Food Engineering and Process Applications, Volume 1: Transport Phenomena. Elsevier Applied Science Publishers, London, pp. 93 – 101.

Dickerson Jr., R. W., 1969. Thermal properties of foods. In: Tressler, D. K., Van Arsdel, W. B., Copley, M. J. (Eds.), The Freezing Preservation of Foods, fourth ed., Volume 2. AVI Publ. Co., Westport, Connecticut, pp. 26 – 51.

Heldman, D. R., Singh, R. P., 1981. Food Process Engineering, second ed. AVI Publ. Co., Westport, Connecticut.

Holman, J. P., 2010. Heat Transfer, tenth ed. McGraw - Hill, New York.

Keenan, J. H., Keyes, F. G., Hill, P. G., Moore, J. G., 1969. Steam Tables—Metric Units. Wiley, New York.

Raznjevic, K., 1978. Handbook of Thermodynamic Tables and Charts. Hemisphere Publ. Corp, Washington, D. C.

Reidy, G. A., 1968. Thermal properties of foods and methods of their determination. M. S. Thesis, Food Science Department, Michigan State University, East Lansing.

Singh, R. P., 1982. Thermal diffusivity in food processing. Food Technol. 36 (2), 87 - 91.

Steffe, J. F., 1983. Rheological Properties of Liquid Foods. ASAE Paper No. 83 - 6512. ASAE, St. Joseph, Michigan.

Stoecker, W. F., 1988. Industrial Refrigeration. Business News Publishing Company, Troy, Michigan.